注册结构工程师考试用书

一级注册结构工程师基础考试
复　习　教　程

（第二版）

（下　册）

兰定筠　主编

中国建筑工业出版社

目　录

(上　册)

（下　册）

第十一章　土 木 工 程 材 料

第一节　材料科学与物质结构基础知识

一、材料的组成与结构

材料的组成、结构（构造）是影响材料性质的内部因素，对材料性质起着决定性的作用。

1. 材料的组成

材料的组成包括材料的化学组成、矿物组成和相组成。它不仅影响材料的化学性质，也是决定材料的物理、力学性质的重要因素。

（1）化学组成

化学组成（也称化学成分）是指构成材料的化学元素及化合物的种类及数量。当材料与自然环境或各类物质相接触时，它们之间必然按化学变化规律发生作用。例如材料受到酸、碱、盐类等物质的侵蚀作用，材料遇到火焰时燃烧，以及钢材和其他金属材料的腐蚀等都属于化学作用。

材料的化学组成决定着材料的化学稳定性、大气稳定性、耐火性等性质。例如石膏、石灰和石灰石的主要化学组成分别是 $CaSO_4$、CaO 和 $CaCO_3$，它决定了石膏、石灰易溶于水而耐水性差，而石灰石较稳定；普通硅酸盐水泥主要由 CaO、SiO_2、Al_2O_3 等氧化物形成的硅酸钙及铝酸钙等矿物组成，它决定了水泥易水化形成凝胶体，具有胶凝性，且呈碱性；石油沥青则由多种 C—H 化合物及其衍生物组成，故决定了其易于老化等。各种材料均有其自身的化学组成，不同化学组成的材料具有不同的化学、物理及力学性质。因此，化学组成是材料性质的物质基础，它对材料的性质起着决定性作用。

根据材料的化学组成，材料可分为无机材料、有机材料和复合材料，见表 11-1-1。其中，复合材料是指由两种及两种以上的有机或无机材料按照一定的工艺制成的材料。

土木工程材料的分类　　　　**表 11-1-1**

材料分类		实例
无机材料	金属材料	黑色金属：钢、铁、不锈钢等
		有色金属：铝、铜等及其合金
	非金属材料	石材料：砂、石及各种石料制品
		烧土制品：砖、瓦、陶瓷、玻璃等
		胶凝材料：石膏、石灰、水泥、水玻璃等
		混凝土及硅酸盐制品：混凝土、砂浆及硅酸盐制品
		无机纤维材料：玻璃纤维、矿物棉等

续表

材料分类		实例
有机材料	沥青材料	石油沥青、煤沥青、沥青制品
	高分子材料	塑料、涂料、胶粘剂、合成橡胶等
	植物质材料	木材、竹材等
复合材料	有机-无机复合材料	聚合物混凝土、沥青混合料、玻璃钢等
	金属-无机非金属复合材料	钢筋混凝土、钢纤维混凝土、钢管混凝土等
	金属-有机复合材料	PVC 钢板、有机涂层铝合金板、轻质金属夹芯板等

(2) 矿物组成

矿物是指由地质作用形成的具有相对固定的化学组成和确定的内部结构的天然单质或化合物。矿物必须是具有特定的化学组成和结晶结构的无机物。矿物组成是指构成材料的矿物的种类和数量。大多数土木工程材料的矿物组成是复杂的，复杂的矿物组成是决定其性质的主要因素。例如花岗岩的主要矿物组成为石英（结晶 SiO_2）、长石（结晶铝硅酸盐），属酸性结晶岩，因此，花岗岩的强度高、硬度大、耐磨性好，可用于室内外环境；大理石的主要矿物组成为方解石（结晶碳酸钙）或白云石（结晶碳酸钙镁复盐），属碱性结晶岩，因此，大理石的强度 、硬度、耐磨性不如花岗石，主要用于室内环境。水泥因熟料矿物不同或含量不同，表现出的水泥性质不同，如硅酸盐水泥中，硅酸三钙含量高，其硬化速度较快，早期强度与后期强度均较高。

(3) 相组成

相是指具有相同的物理性质和化学性质的物质。例如表 11-1-1 中的复合材料就是由两相或两相以上物质组成的材料。混凝土、建筑涂料等是多相组成的材料。

2. 材料的结构

材料的结构可分为：微观结构、细观结构和宏观结构三个层次。

(1) 微观结构

微观结构是指原子、分子层次上的结构。可用电子显微镜、X 射线等分析研究材料的微观结构特征。微观结构的尺寸分辨范围为“埃”(Å，0.1nm)～“纳米”(nm)，$1nm=1\times10^{-9}m$。材料的许多物理性质，如强度、硬度、弹塑性、熔点、导热性、导电性等均由其微观结构特征所决定。

从微观结构层次上，材料可分为：晶体、玻璃体、胶体。

1) 晶体

质点（离子、原子、分子）在空间上按特定的规则呈周期性排列所形成的结构称为晶体。晶体的原子排列示意图见图 11-1-1(a)。晶体具有的特点是：特定的几何外形；各向异性；固定的熔点和化学稳定性；结晶接触点和晶面。注意，晶体材料又是由大量排列不规则的晶粒组成，因此，晶体材料整体具有各向同性的性质。

按晶体的质点及结合键的不同，晶体可分为：①原子晶体：中性原子以共价键结合的晶体；②离子晶体：正负离子以离子键结合的晶体；③分子晶体：以分子间的范德华力结合的晶体；④金属晶体：以金属阳离子为晶格，由自由电子与金属阳离子间的金属键结合的晶体，其具体性质见表 11-1-2。

晶体的类型及性质　　**表 11-1-2**

晶体的类型	原子晶体	离子晶体	分子晶体	金属晶体
微粒间的作用力	共价键	离子键	分子间力（范德华力）	金属键
熔点、沸点	高	较高	低	一般较高
强度、硬度	大	较大	小	一般较大
延展性	差	差	差	良
导电性	绝缘体或半导体	水溶液或熔融体导电性良好	绝缘体	良
实例	石英、金刚石、碳化硅	NaCl、MgO、Na_2SO_4	CO_2、H_2O、CH_4	Na、Al、Fe 合金

在金属材料中，晶数的形状和大小也会影响材料的性质。常采用热处理的方法，使金属晶粒产生变化，以收到调节和控制金属材料机械性能（强度、韧性、硬度等）的效果。金属晶体在外力作用下具有弹性变形的特点。当外力达到一定程度时，由于某一晶面上的剪应力达到一定限度，沿该晶面发生相对的滑动，因而材料产生塑性变形。软钢和一些有色金属（铜、铝等）都是具有塑性的材料。

2）玻璃体

玻璃体是熔融的物质经急冷而形成的无定形体，是非晶体。熔融物经慢冷，内部质子可以进行规则的排列而形成晶体；若冷却速度较快，达到凝固温度时，它还具有很大的黏度，致使内部质点来不及按一定的规则进行排列，就已经凝固成为固体，此时得到的就是玻璃体结构，见图 11-1-1(b)。因其质点排列无规律，具有各向同性，而且没有固定的熔点，熔融时只出现软化现象。

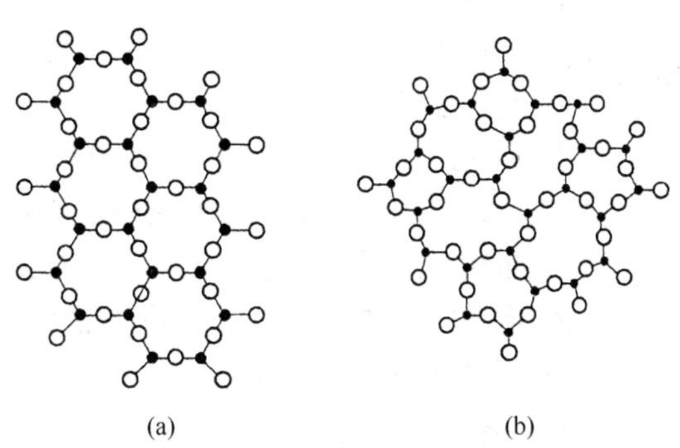

图 11-1-1　晶体与非晶体的原子排列示意图
（a）晶体；（b）非晶体（玻璃体）

由于在急冷过程中，质点间的能量以内能的形式储存起来，使玻璃体具有化学不稳定性，即具有潜在的化学活性，在一定条件下容易与其他物质发生化学反应。例如火山灰、粒化高炉矿渣等。

3）胶体

胶体是指一些细小的固体粒子（粒径约 1～100nm）分散在介质中所组成的结构。一般属于非晶体。由于胶体的质点很微小，表面积很大，所以表面能很大，吸附能力很强，使胶体具有很强的黏结力。

胶体中分散的微粒可以借布朗运动而自由运动时，这种胶体称溶胶，溶胶具有较大的流动性，建筑涂料就是利用这一性质配制而成的。当溶胶脱水或微粒产生凝聚，使分散质点不能再按布朗运动自由移动时，称为凝胶，凝胶具有触变性，即将凝胶搅拌或振动，又能变成溶胶。水泥浆、新拌混凝土、胶粘剂等均表现有触变性。当凝胶完全脱水则成干凝胶体，它具有固体的性质，即产生强度。硅酸盐水泥主要水化产物的最后形式就是干凝胶体。

非晶体材料在外力作用下，其弹性变形和塑性变形没有明显的界限，一般会同时产生弹性变形和塑性变形。

(2) 细观结构

细观结构(也称显微结构或亚微观结构)是用光学显微镜等分析研究材料的结构特征。细观结构的尺寸范围在微米(μm)数量级。土木工程材料的细观结构,针对具体材料进行分类研究。从细观结构层次上,天然岩石可分为矿物、晶体颗粒、非晶体;混凝土可分为水泥石、集料和界面;钢材可分为铁素体、渗碳体、珠光体;木材可分为木纤维、导管髓线、树脂道。

材料在细观结构层次上,其组成不同则性质不同。这些组成的特征、数量、分布以及界面性质等,对材料的性能有重要影响。例如钢材的晶粒尺寸越小,钢材强度越高。

(3) 宏观结构

土木工程材料的宏观结构是用肉眼或放大镜可分辨的粗大材料层次,其尺寸在0.10mm以上数量级。

1) 按孔隙特征分类

① 密实结构。密实结构材料的内部基本无孔隙,结构致密。这类材料的特点是强度和硬度较高,吸水性小,抗渗性和抗冻性较好,耐磨性较好,保温隔热性差,如钢材、天然石材、玻璃、玻璃钢等。

② 多孔结构。它是指具有粗大孔隙的结构,其内部存在着均匀分布的闭口或部分开口的孔隙。多孔结构的材料,其性质决定于孔隙的特征、多少、大小及分布等。该类材料强度较低,如加气混凝土、泡沫混凝土、泡沫塑料等。

③ 微孔结构。它是指具有微细孔隙的结构,如石膏制品、黏土砖等。该类材料的质量轻、保温隔热、吸声隔声性能好。

2) 按构造特征分类

① 堆聚结构。它是由骨料与胶凝材料胶结成的结构。堆聚结构的材料种类很多,如水泥混凝土、砂浆、沥青混凝土等。

② 纤维结构。纤维结构材料的内部组成具有方向性,纤维束之间存在较多的孔隙。这类材料的性质具有明显的方向性,一般平行于纤维束方向的强度相对较高,导热性相对较大,如木材、玻璃纤维、石棉等。

③ 层状结构。层状结构材料的内部具有叠合结构。层状结构是用胶粘材料将不同的片状材料或具有各向异性的片状材料胶粘叠合成整体,可获得平面各向同性,更重要的是可以显著提高材料的强度、硬度、保温隔热性等性质,扩大其使用范围,如胶合板、石膏板等。

④ 散粒结构(也称粒状结构)。散粒结构材料的内部呈松散颗粒状。颗粒有密实颗粒和轻质多孔颗粒之分。如砂子、石子等,因其致密、强度高,适合用于大孔混凝土的骨料;如陶粒、膨胀珍珠岩等,因其多孔结构,适合用于保温隔热材料。散粒结构的颗粒之间存在着大量的空隙,其空隙率主要取决于颗粒级配。

⑤ 纹理结构。天然材料在生长或形成过程中自然造就天然纹理,如木材、大理石、花岗石等;人工材料可人为制作纹理,如瓷质彩胎砖、人造花岗岩板材等。这些天然或人工制造的纹理,使材料具有美丽的外观。

【例 11-1-1】(历年真题)具有一定的化学组成、内部质点周期排列的固体,称为:

A. 晶体　　B. 凝胶体

C. 玻璃体　　D. 溶胶体

【解答】根据晶体的定义和性质，应选 A 项。

【例 11-1-2】（历年真题）玻璃态物质：

A. 具有固定熔点　　B. 不具有固定熔点

C. 是各向异性材料　　D. 内部质点规则排列

【解答】玻璃态物质不具有固定熔点，应选 B 项。

【例 11-1-3】（历年真题）NaCl 晶体内部的结合力是：

A. 金属键　　B. 共价键

C. 离子键　　D. 氢键

【解答】NaCl 晶体内部的结合力是离子键，应选 C 项。

二、建筑材料的基本物理性质

★★★1. 材料的密度、表观密度和堆积密度

（1）密度（ρ）

密度是干燥材料在绝对密实状态下，单位体积的质量。用公式表示为（图 11-1-2）：

$$\rho=\frac{m}{V} \tag{11-1-1}$$

式中，ρ为密度（g/cm^3）；m 为材料在干燥状态下的质量（g）；V 为干燥材料在绝对密度状态下的体积（cm^3）。

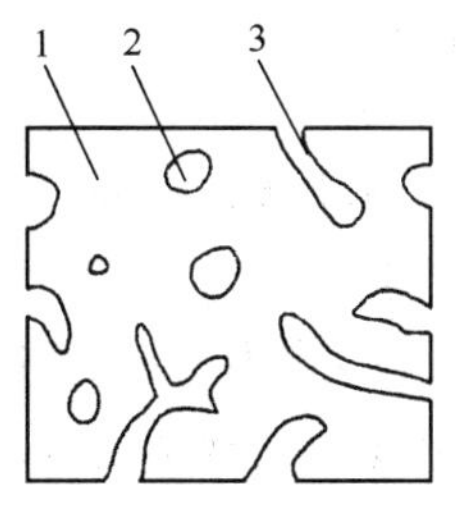

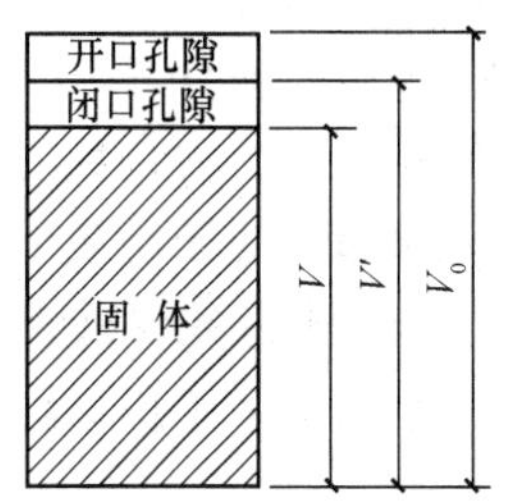

图 11-1-2　自然状态下体积示意图

1—固体；2—闭口孔隙；3—开口孔隙

材料的密度只取决于材料自身的物质组成及微观结构，与孔隙状态无关。当材料的物质组成与微观结构一定时，材料的密度为常数。除钢材、玻璃等外，绝大多数土木工程材料内部均含有一定的孔隙。测定内部含有孔隙的材料密度时，应将材料磨成细粉（粒径小于 0.20mm），经干燥后用李氏比重瓶测得其纯固体体积。材料磨得越细，测得的密度值越精确。材料密度试验用李氏比重瓶。

相对密度（d_s），也称比重，是指用材料的质量与同体积水（4℃、标准大气压下）的质量的比值表示，无量纲，其值与材料的密度值相同（即数值上相同）。

（2）表观密度

材料在自然状态下单位体积的质量称为材料的表观密度。用公式表示为（图 11-1-2）：

$$\rho_0=\frac{m}{V_0} \tag{11-1-2}$$

式中，ρ_0 为材料的表观密度（g/cm^3 或 kg/m^3）；m 为材料在自然状态下的质量（g 或 kg）；V_0 为材料在自然状态下的体积（cm^3 或 m^3）。

材料在自然状态下的体积包含材料的固体物质实体积、闭口孔隙体积和开口孔隙体积。材料的表观密度与其含水状况有关。材料在自然状态下含水率变化时，其质量和体积均有所变化，因此，测定材料表观密度时，应同时测定其含水率，并予以注明。通常所讲

的表观密度是指气干状态下的，但是材料进行对比试验时应处于绝对干操状态。气干状态、绝对干燥状态的定义，见本节后面内容。

通常测定材料在自然状态下的体积时，对于规则形状的材料，可直接用量具测定其外部尺寸并进行计算；对于不规则形状且质地坚硬、开口孔隙率小（吸水率小）的材料，通常采用排水或排液置换法测定；对于不规则形状且开口孔隙率较大（吸水率大）并易与水等发生反应的材料，在材料试样表面采取涂蜡等措施，使表观体积（尤其是开口孔隙体积）测试结果更为准确。

（3）堆积密度

粉状（或散粒）材料在自然堆积状态下单位体积的质量称为堆积密度。用公式表示为：

$$\rho_0' = \frac{m}{V_0'} \tag{11-1-3}$$

式中，ρ_0' 为材料的堆积密度（kg/m^3）；m 为材料在自然堆积状态下的质量（kg）；V_0' 为材料在自然堆积状态下的体积（m^3）。

散粒材料在自然堆积状态下的体积，即包含颗粒的固体物质实体积及其闭口、开口孔隙体积，又包含颗粒之间的空隙体积。通常所讲的堆积密度是指气干状态下的，材料进行对比试验时应按绝对干燥状态。

由于大多数材料中或多或少含有一些孔隙，因此，对同一材料而言，有：$\rho > \rho_0 > \rho_0'$。

常用土木工程材料的密度、表观密度和堆积密度见表 11-1-3。

常用土木工程材料的密度、表观密度、堆积密度和孔隙率　　表 11-1-3

材料	密度（g/m^3）	表观密度（kg/m^3）	堆积密度（kg/m^3）	孔隙率（%）
石灰石	2.65～2.80	1800～2600	—	—
花岗岩	2.60～2.90	2500～2800	—	0.5～3.0
碎石（石灰石）	2.65～2.80	2300～2700	1400～1700	
河砂	2.60～2.90	2670	1450～1650	
黏土	2.60		1600～1800	
烧结普通砖	2.50～2.80	1600～1800	—	20～40
烧结空心砖	2.50	1000～1400	—	—
水泥	2.80～3.20	—		—
普通混凝土	—	2000～2800	—	5～20
轻骨料混凝土	—	800～1900	—	
木材	1.55	400～800	—	55～75
钢材	7.85	7850	—	0
泡沫塑料	—	20～50	—	
玻璃	2.55	2550	—	0

【例 11-1-4】（历年真题）材料在绝对密实状态下，单位体积的质量称为：

A. 密度　　B. 表观密度　　C. 密实度　　D. 堆积密度

【解答】在绝对密实状态下，材料单位体积的质量称为密度，应选 A 项。

★★★2. 材料的孔隙率和空隙率

（1）孔隙率与密实度

材料的孔隙体积占总体积的百分率称为孔隙率。用公式表示为：

$$P_0=\frac{V_0-V}{V_0}\times 100\%=\left(1-\frac{\rho_0}{\rho}\right)\times 100\% \tag{11-1-4}$$

材料孔隙率的大小直接反映材料的密实程度，孔隙率小，则密实度高。孔隙率相同的材料，其孔隙特征可以不同。按孔隙的特征，材料的孔隙可分为开口孔隙（连通孔隙）和闭口孔隙（封闭孔隙）。按孔径大小，孔隙可分为微孔、小孔及大孔。材料的孔隙率大小、孔隙特征、孔径大小、孔隙分布等，直接影响材料的力学性能、热物理性能、耐久性能等。一般而言，孔隙率较小，闭口微孔较多且孔隙分布均匀的材料，其强度较高，导热系数较小（保温隔热性较好），吸水性较小，抗渗性和抗冻性较好。当开口孔隙率较大时，材料的吸水性、透水性和吸声性较好，但其抗冻性和抗渗性较差。

密实度 D 是指材料的固体物质占总体积的百分率。因此，对同一材料而言，有：$P_0+D=1$。

（2）空隙率与填充率

散粒材料堆积体积中，颗粒间空隙体积占总体积的百分率称为空隙率。用公式表示为：

$$P'_0=\frac{V'_0-V}{V'_0}\times 100\%=\left(1-\frac{\rho'_0}{\rho_0}\right)\times 100\% \tag{11-1-5}$$

空隙率的大小反映散粒材料颗粒之间相互填充的密实程度。

填充率 D' 是指散粒材料堆积体积中，颗粒体积占总体积的百分率。因此，对同一材料而言，有：$P'_0+D'=1$。

空隙率的大小反映了散粒材料的颗粒互相填充的致密程度。在配制普通混凝土时，砂子、石子的空隙率是作为控制混凝土中的骨料级配与计算混凝土含砂率时的重要依据。常见材料的空隙率见表 11-1-2。

【例 11-1-5】（历年真题）下列与材料的孔隙率没有关系的是：

A. 强度　　B. 绝热性　　C. 密度　　D. 耐久性

【解答】材料的密度与其孔隙率无关，应选 C 项。

【例 11-1-6】（历年真题）材料的孔隙率低，则其：

A. 密度增大而强度提高　　B. 表观密度增大而强度提高

C. 密度减小而强度降低　　D. 表观密度减小而强度降低

【解答】密度与孔隙率无关，故排除 A、C 项。

材料孔隙率低，其表观密度增大而强度提高，应选 B 项。

【例 11-1-7】（历年真题）密度为 2.6g/cm^3 的岩石具有 10%的孔隙率，其表观密度为：

A. 2340kg/m^3　　B. 2680kg/m^3　　C. 2600kg/m^3　　D. 2364kg/m^3

【解答】空隙率$=\left(1-\frac{\rho_0}{\rho}\right)\times 100\%$，则：

$$10\%=\left(1-\frac{\rho_0}{2.6}\right)\times 100\%,\ \rho_0=2.34\text{g/cm}^3=2340\text{kg/m}^3$$

应选 A 项。

★★★3. 材料的亲水性和憎水性

当材料与水或空气中的水接触时，有些材料能被水润湿，有些材料则不能被水润湿。材料能被水润湿的原因是材料与水接触时，材料与水之间的分子亲合力大于水分子之间的内聚力，材料表现为亲水性。当材料与水之间的分子亲合力小于水分子之间的内聚力时，材料不能被水润湿，材料表现为憎水性。

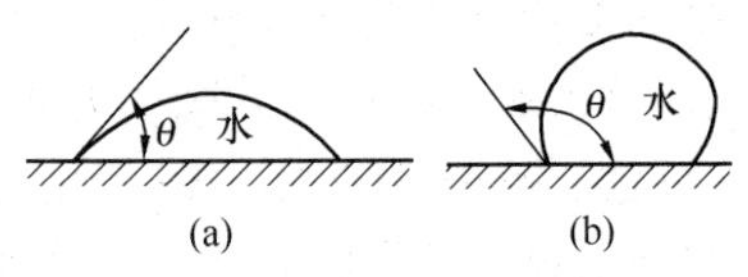

图 11-1-3 材料润湿边角

(a) 亲水性材料；(b) 憎水性材料

材料被水润湿的情况可用润湿边角 θ 表示。当材料与水接触时，在材料、水、空气这三相体的交点处，沿水滴表面引切线，该切线与材料和水接触面的夹角 θ，称为润湿边角，如图 11-1-3 所示。θ 角越小，表明材料越易被水润湿。试验证明，当 $0°<\theta\leqslant 90°$ 时［图 11-1-3(a)］，材料表面易吸附水，材料易被水润湿而表现出亲水性，这种材料称为亲水性材料；当 $\theta>90°$ 时［图 11-1-3(b)］，材料表面不易吸附水，材料不易被水润湿而表现出憎水性，这种材料称为憎水性材料；当 $\theta=0°$ 时，表明材料完全被水润湿，这种材料称为完全亲水性材料。

材料的亲水性和憎水性主要与材料的物质组成、结构等有关。土木工程材料大多数为亲水性材料，如水泥、混凝土、砂浆、石灰、石膏、砖、木材等，有些材料如沥青、玻璃、塑料等为憎水性材料。憎水性材料常被用作防水、防潮材料，或用作亲水性材料的覆面层，以提高其防水、防潮性能。

★★★4. 材料的吸水性和吸湿性

(1) 材料的含水状态

材料一般有绝干状态、气干状态、饱和面干状态和湿润状态四种含水状态，如图 11-1-4所示。材料内外不含任何水分的状态称绝干状态（或全干状态）［图 11-1-4(a)］，通常在 105℃条件下烘干而得，故又称烘干状态。材料在水中浸泡足够长的时间，充分饱水后刚取出时，内部所有孔隙充满水分，而且表面存在水膜的状态称为湿润状态［图 11-1-4(d)］。用潮抹布拭去湿润材料的表面水分而不吸出孔隙中的水分，即孔隙内充满水分而表面干燥的状态称为饱和面干状态［图 11-1-4(c)］。材料存放时通常置于空气环境中，材料表面无水、孔隙中有部分水但不饱和的状态称为气干状态［图 11-1-4(b)］。

在上述四种状态中，对同一个材料试样，从全干状态到湿润状态，其含水量从零起依次增大。材料在全干和饱和面干状态时有确定的含水量；材料处于绝干和湿润状态时，其

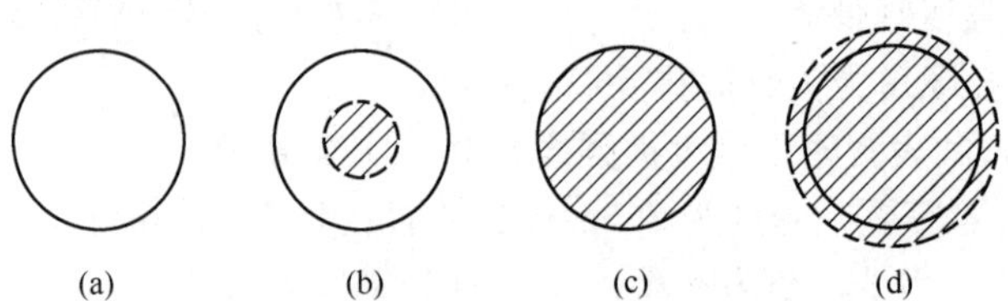

图 11-1-4 材料含水状态示意图

(a) 绝干状态；(b) 气干状态；(c) 饱和面干状态；(d) 湿润状态

含水量是不确定的。

（2）吸水性

材料在水中吸收水分的性质称为吸水性。材料的吸水性用吸水率表示，有两种表示方法：质量吸水率；体积吸水率。

质量吸水率是指材料在吸水饱和时，其内部所吸收的水分质量占材料干质量的百分率。用公式表示为：

$$W_m = \frac{m_b - m_g}{m_g} \times 100\% \tag{11-1-6}$$

式中，W_m 为材料的质量吸水率（%）；m_b 为材料在吸水饱和状态下的质量（g）；m_g 为材料在干燥状态下的质量（g）。

材料的吸水性与材料的亲水性、憎水性有关，还与材料的孔隙率及孔隙特征等有关。对于细微开口的孔隙，孔隙率越大，则吸水率越大。闭口的孔隙内水分不易进入，而开口大孔内虽然水分易进入，但不易存留，只能润湿孔壁，所以吸水率较小。各种材料的吸水率差异很大，如花岗岩的吸水率只有 0.5%～0.7%，混凝土的吸水率为 2%～3%，烧结普通砖的吸水率为 8%～20%，木材的吸水率可超过 100%。

（3）吸湿性

材料在大气环境中吸收水分的性质称为吸湿性。材料的吸湿性用含水率表示。含水率（W_h 或 w）是指材料内部含水质量占材料干质量的百分率。用公式表示为：

$$W_h = w = \frac{m_s - m_g}{m_g} \times 100\% \tag{11-1-7}$$

式中，W_h 为材料的含水率（%）；m_s 为材料在吸湿状态下的质量（g）；m_g 为材料在干燥状态下的质量（g）。

材料的吸湿性随着所处环境的相对湿度和温度的变化而改变，当相对湿度较大且温度较低时，材料的含水率较大，反之则小。材料中所含水分与所处环境的相对湿度相平衡时的含水率，称为平衡含水率。具有细微开口孔隙的材料，吸湿性特别强。

材料的吸水性和吸湿性均对材料的性能产生不利影响。材料吸水后会导致其自重增大、导热性增大、变形增大，材料的强度、保温隔热性能和耐久性等将产生不同程度的下降。材料干湿交替还会引起其尺寸形状的改变（如湿胀干缩），从而影响正常使用。

【例 11-1-8】（历年真题）憎水材料的润湿角：

A. ＞90°　　B. ≤90°　　C. ＞135°　　D. ≤180°

【解答】憎水材料的润湿角＞90°，应选 A 项。

【例 11-1-9】（历年真题）混凝土用集料的内部孔隙充满水但表面没有水膜，该含水状态被称为：

A. 气干状态　　B. 绝干状态

C. 润湿状态　　D. 饱和面干状态

【解答】混凝土用集料的内部孔隙充满水但表面无水膜，该含水状态称为饱和面干状态，应选 D 项。

【例 11-1-10】（历年真题）含水率 3%的砂 500g，其中所含的水量为：

A. 15g　　B. 14.6g　　C. 20g　　D. 13.5g

【解答】 $3\%=\frac{m_1-m}{m}\times100\%=\frac{500-m}{m}\times100\%$，可得：$m=485.4$g

$$m_{水}=500-485.4=14.6\text{g}$$

或者　$3\%=\frac{m_{水}}{500-m_{水}}\times100\%$，可得：$m_{水}=14.6$g

应选 B 项。

★★★5. 材料的耐水性、抗渗性和抗冻性

(1) 耐水性

材料在吸水饱和状态下，强度不显著降低的性质称为耐水性。材料的耐水性用软化系数表示：

$$K_R=\frac{f_w}{f_d} \tag{11-1-8}$$

式中，K_R 为材料的软化系数；f_w 为材料在吸水饱和状态下的抗压强度（MPa）；f_d 为材料在干燥状态下的抗压强度（MPa）。

软化系数的大小反映材料在吸水饱和后强度降低的程度。材料的软化系数主要与材料的物质组成、结构等有关。一般来说，材料被水浸湿后，强度均会有所降低。软化系数越小，表示材料吸水饱和后强度下降越多，即耐水性越差。材料的软化系数在 0～1 之间。如黏土 $K_R=0$，而金属 $K_R=1$。通常将软化系数大于等于 0.85 的材料，称为耐水性材料。长期处于水中或潮湿环境中的重要结构，要选择软化系数大于等于 0.85 的耐水性材料。用于受潮较轻或次要结构的材料，其软化系数不宜小于 0.75。

(2) 抗渗性

材料抵抗压力水渗透的性质称为抗渗性。材料的抗渗性常用渗透系数 K_s 表示。渗透系数的含义是：一定厚度的材料，在单位水头压力作用下，在单位时间内渗透单位面积的水量。用公式表示为：

$$K_s=\frac{Qd}{AtH} \tag{11-1-9}$$

式中，K_s 为渗透系数（cm/h）；Q 为渗透水量（cm^3）；d 为材料厚度（cm）；A 为渗水面积（cm^2）；t 为渗水时间（h）；H 为静水压力水头（cm）。

渗透系数 K_s 值越大，表示渗透材料的水量越多，即抗渗性越差。

混凝土的抗渗性通常用抗渗等级表示，抗渗等级是按规定要求的试件，按照标准要求逐级施加水压力，规定数量的试件所能承受的最大水压力。抗渗等级符号“Pn”中，n 为该材料在标准试验条件下所能承受的最大水压力的 10 倍数，如 P4、P6、P8、P10、P12 分别表示材料能承受 0.4MPa、0.6MPa、0.8MPa、1.0MPa、1.2MPa 的水压力而不渗水。

材料的抗渗性主要与材料的物质组成、结构等有关，尤其与其孔隙率、孔隙大小、孔隙特征有关。开口大孔的孔隙中水最易渗入，其抗渗性最差。细微开口的孔隙中水易渗入，故这种孔隙越多，材料的抗渗性越差。闭口孔隙中水不易渗入，因此，闭口孔隙率大的材料，其抗渗性良好。此外，憎水性材料的抗渗性优于亲水性材料。

抗渗性是决定材料耐久性的重要因素之一。在设计地下结构、压力管道等承受水压力的结构时，均要求其所用材料具有一定的抗渗性。抗渗性也是检验防水材料质量的重要指标。

（3）抗冻性

材料经受规定条件下的多次冻融循环作用，其质量损失率或抗压强度损失率（或相对动弹性模量下降）满足规定要求的性质称为材料的抗冻性。材料的抗冻性通常用抗冻标号或抗冻等级表示。

混凝土的抗冻标号用符号“Dn”表示，其中n即为最大冻融循环次数，如D50、D100等；其抗冻等级用符号“Fn”表示，其中n为最大冻融循环次数，如F50、F100等，具体内容见本章第四节。

材料遭受冻融破坏主要是因为其孔隙中的水结冰所致。水结冰时体积增大约9%，若材料孔隙中充满水，则水结冰膨胀对孔壁产生冻胀应力，当此应力超过材料的抗拉强度时，孔壁将产生局部开裂。随着冻融循环次数的增多，材料破坏加重。因此，材料的抗冻性取决于其孔隙率、孔隙特征、充水程度和材料对水结冰膨胀所产生的冻胀应力的抵抗能力。

抗冻性良好的材料，抵抗使用环境温度变化、冻融交替等破坏作用的能力较强，所以抗冻性常作为决定材料耐久性的重要因素之一。在设计寒冷地区及寒冷环境的建筑物时，必须考虑材料的抗冻性。

★6. 材料的热物理性能

土木工程材料除了满足必要的强度及其他性能要求外，为了降低建筑物的使用能耗，以及为生产和生活创造适宜的条件，常要求材料具有一定的热物理性能。通常考虑的热物理性能有导热系数、热阻、比热容等。

（1）导热系数

材料传导热量的性质称为导热性。材料的导热性可用导热系数表示。导热系数是指材料在稳定传热条件下，1m厚的材料，两侧表面的温差为1度（K或℃），在1h内透过$1m^2$面积传递的热量。用公式表示为：

$$\lambda=\frac{Qa}{(T_1-T_2)A\cdot t} \tag{11-1-10}$$

式中，λ为材料的导热系数[W/(m·K)]；Q为传热量（J）；a为材料厚度（m）；A为传热面积（m^2）；T为传热时间（s）；(T_1-T_2)为材料两侧表面温差（K）。

衡量材料保温隔热性能优劣的主要指标是导热系数λ[W/(m·K)]。材料的导热系数越小，则通过材料传递的热量越少，表示材料的保温隔热性能越好。通常将$\lambda\leqslant$ 0.23W/(m·K)的材料称为绝热材料。

导热系数是材料的固有特性，导热系数与材料的物质组成、结构等有关，尤其与其孔隙率、孔隙特征、湿度、温度和热流方向等有着密切关系。一般地，金属材料、无机材料、晶体材料的导热系数分别大于非金属材料、有机材料、非晶体材料。由于密闭干燥空气的导热系数很小，约为0.023W/(m·K)，所以，闭口孔隙率较大的材料其导热系数较小，但是如果孔隙粗大或贯通，由于对流作用，材料的导热系数反而增大。材料受潮或受冻后，其导热系数显著增大，这是由于水和冰的导热系数比空气的导热系数大很多，水的导热系数约为 0.581W/(m·K)，冰的导热系数约为 2.326W/(m·K)。因此，材料处于干燥状态，有利于发挥其保温隔热效果。

典型材料的导热系数见表 11-1-4。

典型材料的导热系数和比热容 **表 11-1-4**

材料	导热系数 [W/(m·K)]	比热容 [J/(g·K)]	材料	导热系数 [W/(m·K)]	比热容 [J/(g·K)]
钢材	58.0	0.48	黏土空心砖	0.64	0.92
花岩石	3.49	0.92	松木	0.17～0.35	2.51
普通混凝土	1.74	0.88	泡沫塑料	0.03	1.30
水泥砂浆	0.93	0.84	冰	2.20	2.05
白灰砂浆	0.81	0.84	水	0.60	4.19
普通黏土砖	0.81	0.84	空气	0.025	1.00

热阻 R 是指导热系数 λ 与材料厚度 a 之比的倒数，$R=1/(\lambda/a)=a/\lambda$，它表明热量通过材料层时所受到的阻力。

(2) 热容量

热容量是指材料在温度发生变化时吸收或放出热量的能力，其大小用比热容来表示。比热容是指单位质量的材料，温度升高或降低单位温度所吸收或放出的热量。用公式表示为：

$$c=\frac{Q}{m(T_1-T_2)} \tag{11-1-11}$$

式中，c 为材料的比热容 [kJ/(kg·K)]；Q 为材料吸收或放出的热量 (kJ)；m 为材料的质量 (kg)；(T_1-T_2) 为材料受热或冷却前后的温度差 (K)。

材料的比热容主要取决于矿物成分和有机成分含量，它对保持建筑物内部温度稳定有很大作用。典型材料的比热容见表 11-1-4。

【例 11-1-11】(历年真题) 材料孔隙中可能存在三种介质：水、空气、冰，其导热能力顺序为：

A. 水>冰>空气　　B. 冰>水>空气

C. 空气>水>冰　　C. 空气>冰>水

【解答】按导热能力顺序为：冰>水>空气，应选 B 项。

【例 11-1-12】(历年真题) 在组成一定时，为使材料的导热系数降低，应：

A. 提高材料的孔隙率

B. 提高材料的含水率

C. 增加开口大孔的比例

D. 提高材料的密实度

【解答】采用排除法，B、C、D项均错误；提高材料的孔隙率，即提高空气含量，则材料的导热系数降低，应选A项。

★三、土木工程材料的力学性质

【例11-1-13】（历年真题）土木工程中使用的大量无机非金属材料，叙述错误的是：

A. 亲水性材料　　B. 脆性材料

C. 主要用于承压构件　　D. 完全弹性材料

【解答】混凝土材料不是完全弹性材料，故选D项。

【例11-1-14】（历年真题）弹性体受拉应力时，所受应力与纵向应变之比称为：

A. 弹性模量　　B. 泊松比

C. 体积模量　　D. 剪切模量

【解答】弹性体受拉应力，拉应力与纵向应变之比称为弹性模量，应选A项。

四、土木工程材料的耐久性

材料的耐久性是指材料在各种环境因素综合作用下，能经久不变质、不破坏，长久保持其性能的性质。耐久性是材料的一项综合性质，如抗冻性、抗渗性、抗碳化性、抗风化性、大气稳定性、耐腐蚀性等均属耐久性的范畴。此外，材料的强度、耐磨性、耐热性等也与材料的耐久性有着密切关系。

建筑物在使用过程中，材料除了因内在原因使其组成、结构、性能等发生变化以外，还由于长期受到周围复杂环境及各种自然因素的共同作用，使其性能劣化、破坏。这些作用可分为物理作用、化学作用、生物作用和机械作用等。

习　题

11-1-1　（历年真题）下列矿物中仅含有碳元素的是：

A. 石膏　　B. 芒硝　　C. 石墨　　D. 石英

11-1-2　（历年真题）材料积蓄热量的能力称为：

A. 导热系数　　B. 热容量　　C. 温度　　D. 传热系数

11-1-3　（历年真题）材料的孔隙率增加，特别是开口孔隙率增加时，会使材料的性能发生如下变化：

A. 抗冻性、抗渗性、耐腐蚀性提高　　B. 抗冻性、抗渗性、耐腐蚀性降低

C. 密度、导热系数、软化系数提高　　D. 密度、导热系数、软化系数降低

11-1-4　（历年真题）当外力达到一定限度后，材料突然破坏，且破坏时无明显的塑性变形，材料的这种性质称为：

A. 弹性　　B. 塑性　　C. 脆性　　D. 韧性

11-1-5　（历年真题）下列材料中属于韧性材料的是：

A. 烧结普通砖　　B. 石材
C. 高强混凝土　　D. 木材

11-1-6 (历年真题) 轻质无机材料吸水后，该材料的：
A. 密实度增加　　B. 绝热性能提高
C. 导热系数增大　　D. 孔隙率降低

11-1-7 (历年真题) 材料吸水率越大，则：
A. 强度越低　　B. 含水率越低
C. 孔隙率越大　　D. 毛细孔越多

11-1-8 (历年真题) 某种多孔材料密度为 2.4g/cm^3，表观密度为 1.8g/cm^3。该多孔材料的孔隙率为：
A. 20%　　B. 25%　　C. 30%　　D. 35%

11-1-9 两种元素化合形成离子化合物，其阴离子将：
A. 获得电子　　B. 失去电子
C. 既不获得也不失去电子　　D. 与别的阴离子共用自由电子

11-1-10 一般来说，同一组成、不同表观密度的无机非金属材料，表观密度大者的：
A. 强度高　　B. 强度低　　C. 孔隙率大　　D. 空隙率大

11-1-11 脆性材料的断裂强度取决于：
A. 材料中的最大裂纹长度　　B. 材料中的最小裂纹长度
C. 材料中的裂纹数量　　D. 材料中的裂纹密度

第二节　气硬性无机胶凝材料

在一定条件下，经过一系列的物理作用、化学作用，能将散粒或块状材料粘结成整体并具有一定强度的材料，统称为胶凝材料。根据胶凝材料的化学组成，可将其分为无机胶凝材料和有机胶凝材料两大类，见表 11-2-1。

胶凝材料的分类　　**表 11-2-1**

胶凝材料类别		实例
无机胶凝材料	气硬性胶凝材料	石灰、石膏、水玻璃、菱苦土等
	水硬性胶凝材料	各种水泥
有机胶凝材料		石油沥青、煤沥青、各种树脂等

无机胶凝材料是以无机化合物为基本成分的胶凝材料，根据其凝结硬化条件的不同，可分为气硬性胶凝材料和水硬性胶凝材料：(1) 气硬性胶凝材料是指只能在空气中凝结硬化，也只能在空气中保持和发展其强度的无机胶凝材料。常用的气硬性胶凝材料主要有石膏、石灰和水玻璃等。气硬性胶凝材料一般只适用于干燥环境，而不宜用于潮湿环境，更不可用于水中；(2) 水硬性胶凝材料是指既能在空气中，也能更好地在水中凝结硬化、保持并继续发展其强度的无机胶凝材料。常用的水硬性胶凝材料包括各种水泥。水硬性胶凝

材料既适用于干燥环境，又适用于潮湿环境或水下工程。

★★★一、石灰

目前，常用的石灰产品有磨细生石灰粉、消石灰粉和石灰膏。在建材行业标准中，将建筑石灰分为：建筑生石灰、建筑生石灰粉和建筑消石灰（粉）。

1. 石灰的原料与生产

石灰（Lime）的生产实际是将含有碳酸钙的天然岩石（如石灰石、白云石、白垩等）在适当温度（900℃）下煅烧，使碳酸钙分解成氧化钙，即得到白色或灰白色的块状生石灰。生石灰的主要成分是氧化钙（CaO）。将块状生石灰磨细成粉状，可得到生石灰粉。

$$CaCO_3 \xrightarrow{900\sim1100℃} CaO + CO_2\uparrow$$

如果温度过低或煅烧时间不足，碳酸钙则不能完全分解，将生成所谓的“欠火石灰”。由于欠火石灰存在没有被完全分解的石灰石块，而碳酸钙不溶于水，也无胶结能力，在熟化及使用时常作为残渣被废弃，因此，石灰的利用率将降低。如果煅烧时间过长或温度过高，将生成颜色较深，表面被黏土杂质融化形成的致密玻璃釉状物包覆的所谓“过火石灰”。过火石灰熟化速度十分缓慢，在使用一段时间以后才开始熟化，释放大量热量并体积膨胀，容易造成石灰产品及构件的鼓包、隆起、开裂等现象，从而影响工程质量。

根据《建筑生石灰》JC/T 479—2013 规定，当生石灰中 MgO 含量不多于 5%时，称为钙质生石灰（分为：CL90、CL85、CL75 三个等级）；当生石灰中 MgO 含量多于 5%时，称为镁质生石灰（分为：ML85、ML80 两个等级）。同等级的钙质生石灰质量优于镁质生石灰。

2. 石灰的熟化

石灰的熟化是指生石灰（CaO）与水反应生成熟石灰［$Ca(OH)_2$］的过程，又称石灰的消解或消化。生石灰的熟化反应如下：

$$CaO + H_2O \longrightarrow Ca(OH)_2 + 64.9kJ/mol$$

按照石灰的用途，有两种常用的石灰熟化方法：石灰膏法和消石灰粉法。

（1）石灰膏法

将生石灰块在化灰池中与水反应熟化成石灰浆，使石灰浆通过一定孔径的滤网流入储灰坑，石灰浆沉淀后除去上层的水分，得到的膏状体称为石灰膏。石灰膏主要用于拌制砌筑砂浆和抹面砂浆。石灰膏的主要成分为氢氧化钙和水。

为了消除过火石灰的危害，石灰膏在使用之前须进行“陈伏”。陈伏是指石灰膏（或石灰乳）在储灰坑中放置 2 周以上时间，使过火石灰逐渐熟化。其间石灰膏表面应保持一层水分，目的是使其与空气隔绝，以免与空气中的二氧化碳发生碳化反应。

（2）消石灰粉法

该方法是在块状生石灰中加入适量的水，使块状生石灰熟化成粉状的消石灰，也称熟石灰粉。消石灰粉的主要成分是氢氧化钙。熟化时，在工地现场，也可采用分层（每层 50cm）融淋法对生石灰进行熟化。消石灰粉主要用于配制土木工程中的石灰土（石灰＋黏土）和三合土（石灰＋黏土＋砂石）。按照《建筑消石灰》JC/T 481—2013 的规定，扣除游离水与结合水后按干基数计算，MgO 含量不多于 5%的消石灰称为钙质消石灰（分为：HCL90、HCL85、HCL75 三个等级）；MgO 含量多于 5%的消石灰称为镁质消石灰（分为：HML85、HML80 两个等级）。

消石灰粉在使用前，一般也需要“陈伏”。如果将生石灰磨细后使用，则不需“陈伏”，其原因是粉磨过程使过火石灰的比表面积大大增加，并均匀分散在生石灰粉中，使得水化反应速度加快，几乎可以与正品石灰同步熟化，不致引起过火石灰的各种危害。

3. 石灰的凝结与硬化

石灰浆体能在空气中逐渐凝结硬化，主要由结晶和碳化两个同时作用的过程来完成。

（1）结晶过程

石灰浆中的游离水分蒸发或被基体吸收，使 $Ca(OH)_2$ 以晶体形态析出，石灰浆体逐渐失去塑性，并凝结硬化具有一定强度。

（2）碳化过程

$Ca(OH)_2$ 在潮湿条件下与空气中的 CO_2 反应生成 $CaCO_3$ 晶体，析出的水分逐渐被蒸发，其反应式为：

$$Ca(OH)_2+CO_2+nH_2O \longrightarrow CaCO_3+(n+1)H_2O$$

由于碳化作用在表层生成 $CaCO_3$ 结晶的薄层阻碍了 CO_2 的进一步深入和水分蒸发，而且空气中 CO_2 的浓度低，故石灰的碳化速度缓慢。

4. 石灰的主要技术性质

（1）可塑性、保水性好。将石灰浆掺入水泥砂浆中，可显著提高砂浆的可塑性和保水性。

（2）凝结硬化慢、强度低。石灰浆和石灰膏在凝结硬化过程中结晶作用相对较快，一般 1～2d 即可凝结硬化，但其碳化作用受外界环境湿度、空气中 CO_2 浓度和表面碳化层厚度的影响，其碳化速度极其缓慢。

（3）硬化时体积收缩大。石灰在硬化过程中，由于大量的游离水分蒸发，使得体积显著地收缩，易出现干缩裂缝，故石灰浆不宜单独使用，一般要掺入骨料（如细砂）或纤维材料（如麻刀、纸筋等），以抵抗收缩产生的拉应力，防止开裂。

（4）耐水性差。生石灰在放置过程中会缓慢吸收空气中的水分而自动水化，再与空气中的 CO_2 作用生成 $CaCO_3$，失去胶结能力。硬化后的石灰，如果长期处于潮湿环境或水中，$Ca(OH)_2$ 会逐渐溶解而导致结构破坏，故耐水性差。

5. 石灰的应用

（1）制作石灰乳和石灰砂浆

将消石灰粉或水化好的石灰膏加入大量水调制成稀浆，成为石灰乳，或配制成石灰砂浆，用于要求不高的室内粉刷或抹面。为了克服石灰砂浆收缩大、易开裂等缺点，配制时常需加入纸筋、麻刀等。

（2）拌制石灰土和三合土

石灰粉和黏土拌合称为石灰土（亦称灰土），若再加入砂和石屑、炉渣等即为三合土。在潮湿环境中，由于 $Ca(OH)_2$ 能和黏土中少量的活性 SiO_2 和 Al_2O_3 反应生成具有水硬性的产物，使黏土的密实度、强度和耐水性得到改善，因此，可用于多层建筑物的基础和道路垫层。

(3) 生产硅酸盐制品

以磨细生石灰（或熟石灰粉）和硅质材料（如砂、粉煤灰、煤矸石等）为主要原料，加水拌合，经过成型、养护（常压蒸汽养护或高压蒸汽养护）等工序制得的制品，统称为硅酸盐制品，常用的有粉煤灰砖、灰砂砖、硅酸盐砌块、加气混凝土等。

【例 11-2-1】（历年真题）石灰的陈伏期应为：

A. 两个月以上　　B. 两星期以上

C. 一个星期以上　　D. 两天以上

【解答】石灰的陈伏期应两星期以上，应选 B 项。

【例 11-2-2】（历年真题）在三合土中，不同材料组分间可发生的反应里，(　　)与土作用，生成了不溶性的水化硅酸钙和水化铝酸钙。

A. $3CaO \cdot SiO_2$　　B. $2CaO \cdot SiO_2$

C. $CaSO_4 \cdot 2H_2O$　　D. CaO

【解答】三合土中石灰粉成分为 CaO，与水反应生成 $Ca(OH)_2$，然后 $Ca(OH)_2$ 与黏土中少量活性 SiO_2 和 Al_2O_3 反应生成具有不溶性的水合物，应选 D 项。

★★★二、建筑石膏

1. 建筑石膏的原料与生产

生产石膏的主要原料是天然二水石膏（$CaSO_4 \cdot 2H_2O$）（亦称软石膏或生石膏），它是生产石膏胶凝材料的主要原料。

将天然二水石膏在107～170℃条件下加热脱去部分结晶水而制得的β型半水石膏称为建筑石膏（亦称熟石膏），分子式为 $CaSO_4 \cdot \frac{1}{2}H_2O$，其脱水反应式如下：

$$CaSO_4 \cdot 2H_2O \xrightarrow{107\sim170℃} CaSO_4 \cdot \frac{1}{2}H_2O + 1\frac{1}{2}H_2O\uparrow$$

石膏在加热过程中，随着温度和压力不同，其产品的性能也随之变化。若将石膏在125℃、0.13MPa 压力的蒸压锅内蒸炼，则生成 α 型半水石膏，其晶粒较粗，拌制石膏浆体时的需水量较小，硬化后强度较高，故称为高强石膏。

当温度升高到 170～200℃时，脱水加速，半水石膏成为可溶性硬石膏（$CaSO_4$-Ⅲ），与水调和仍然很快凝结硬化，强度低。当温度升高到 200～250℃时，石膏中残留的水分很少，凝结硬化很慢，但遇水后还能逐渐生成半水石膏直至二水石膏。

当温度高于 400℃时，石膏完全失去水分，成为不溶性硬石膏（$CaSO_4$-Ⅱ），失去凝结硬化能力，称为死烧石膏。但加入适量激发剂混合磨细后又能凝结硬化，成为无水石膏水泥。

当温度高于 800℃时，部分石膏分解出 CaO，磨细后的产品成为高温煅烧石膏，此时 CaO 起碱性激发剂的作用，硬化后有较高的强度和耐磨性，抗水性也较好，也称地板石膏。

2. 建筑石膏的水化、凝结与硬化

建筑石膏加水拌合后，与水相互作用，由原先的半水石膏逐渐反应生成二水石膏，这个过程称为水化。反应式如下：

$$CaSO_4 \cdot \frac{1}{2}H_2O + 1\frac{1}{2}H_2O \longrightarrow CaSO_4 \cdot 2H_2O$$

建筑石膏的凝结硬化是复杂的物理化学变化和连续的溶解、水化、胶化与结晶的过程。建筑石膏（半水石膏）极易溶于水，加水后很快达到饱和溶液而分解出溶解度低的二水石膏胶体。由于二水石膏的析出，半水石膏溶液转变成非饱和状态，又有新的半水石膏溶解，接着继续重复水化和胶化过程。随着析出二水石膏胶体的不断增多，彼此互相联结，使石膏具有了强度。同时，溶液中的游离水分不断减少，结晶体之间的摩擦力、粘结力逐渐增大，石膏强度也随之增加，最后成为坚硬的固体。

3. 建筑石膏的主要技术性质

（1）凝结硬化快、体积微膨胀

建筑石膏在加水后的 3～5min 内便开始失去塑性，一般在 30min 左右即可完全凝结。为了满足施工操作的要求，可加入缓凝剂。建筑石膏凝结硬化时不像石灰和水泥那样出现体积收缩现象，反而略有膨胀。

（2）孔隙率大、表观密度小

为满足施工要求的可塑性，建筑石膏往往多加水，由于多余水分的蒸发，在内部形成大量孔隙，孔隙率可达 50%～60%。因此，表观密度一般为 800～1000kg/m^3，属于轻质材料。石膏制品孔隙为微细的毛细孔，吸声能力强，导热系数小，保温隔热及节能效果好。

（3）吸湿性强、防火性能好

当空气中水分含量过高即湿度过大时，石膏制品能通过毛细管很快吸收水分；当空气湿度减小时，又很快地向周围释散水分。因此，石膏制品具有一定的室内空气湿度调节功能。硬化后的石膏制品含有占其总质量 20.93%的结合水，遇火时，结合水吸收热量后大量蒸发，在制品表面形成水蒸气幕并隔绝空气，在缓解石膏制品本身温度升高的同时，可有效地阻止火势的蔓延。

（4）耐水性、抗冻性和耐热性差

由于硬化后的建筑石膏具有很强的吸湿性和吸水性，在潮湿条件下，晶粒间的结合力减弱，导致强度降低，其软化系数仅为 0.2～0.3。另外，当建筑石膏及制品浸泡在水中时，由于二水石膏微溶于水，也会使其强度有所降低。因此，建筑石膏属不耐水材料，在储存时需要防水、防潮，储存期一般不超过三个月。

若建筑石膏吸水饱和后受冻，孔隙中的水结冰膨胀而易破坏，故抗冻性较差。若在温度过高的环境中使用（超过 65℃），二水石膏会脱水分解，造成强度降低，因此，建筑石膏不宜用于温度过高的环境中。

4. 建筑石膏的技术标准

建筑石膏的主要技术指标有组成、强度、细度和凝结时间。根据《建筑石膏》GB/T 9776—2008 的规定，建筑石膏产品中 β 半水硫酸钙（β-$CaSO_4 \cdot \frac{1}{2}H_2O$）的含量应不小于 60.0%。按原材料种类分为三类：天然建筑石膏（代号 N）、脱硫建筑石膏（代号 S）和磷建筑石膏（代号 P）。按 2h 抗折强度将建筑石膏分为 3.0、2.0、1.6 三个等级。凝结时间，初凝：≥3min；终凝：≤30min。

5. 建筑石膏的应用

建筑石膏适宜用作室内装饰、保温绝热、吸声及阻燃等方面的材料，一般做成石膏抹面灰浆、建筑装饰制品、石膏板等。由于石膏板具有长期徐变的性质，在潮湿的环境中更严重，所以不宜用于承重结构，主要用作室内墙体、墙面装饰和吊顶等。

习　题

11-2-1　经过“陈伏”处理后，石灰浆体的主要成分是

A. CaO　　B. $Ca(OH)_2$

C. $CaCO_3$　　D. $Ca(OH)_2+H_2O$

11-2-2　生石灰和消石灰的化学式分别为：

A. $Ca(OH)_2$ 和 $CaCO_3$　　B. CaO 和 $CaCO_3$

C. $Ca(OH)_2$ 和 CaO　　D. CaO 和 $Ca(OH)_2$

11-2-3　用石灰浆罩墙面时，为避免收缩开裂，其正确的调制方法是掺入：

A. 适量盐　　B. 适量纤维材料

C. 适量石膏　　D. 适量白水泥

11-2-4　下列各项中，属于建筑石膏性能优点的是：

A. 耐水性好　　B. 抗冻性好

C. 保温性能好　　D. 抗渗性好

11-2-5　下面各项指标中，(　　)与建筑石膏的质量等级划分无关。

A. 强度　　B. 细度

C. 体积密度　　D. 凝结时间

第三节　水　　泥

水泥属于水硬性胶凝材料。水泥按熟料矿物种类可分为硅酸盐水泥、铝酸盐水泥、硫铝酸盐水泥和铁铝酸盐水泥等系列。其中，硅酸盐系列水泥按性能和用途可分为通用硅酸盐水泥、专用水泥和特性水泥，见表 11-3-1。建筑工程中常用的水泥主要是通用硅酸盐水泥。

水泥种类　　**表 11-3-1**

水泥系列		水泥品种
硅酸盐系列水泥	通用水泥	硅酸盐水泥、普通硅酸盐水泥、矿渣硅酸盐水泥、火山灰质硅酸盐水泥、粉煤灰硅酸盐水泥、复合硅酸盐水泥
	专用水泥	专门用途的水泥，如道路水泥、油井水泥等
	特性水泥	某种性能较突出的水泥，如白色硅酸盐水泥、抗硫酸盐硅酸盐水泥、快硬硅酸盐水泥等
特种水泥		硅酸盐系列以外的其他水泥统称为特种水泥，如铝酸盐水泥、硫铝酸盐水泥、铁铝酸盐水泥等

★★★一、硅酸盐水泥

生产硅酸盐水泥的原料主要是石灰质和黏土质原料两类。石灰质原料主要提供 CaO，常采用石灰石、白垩、石灰质凝灰岩等。黏土质原料主要提供 SiO_2、Al_2O_3 及 Fe_2O_3，常采用黏土、黏土质页岩、黄土等。有时两种原料化学成分不能满足要求，还需加入少量校正原料来调整，常采用黄铁矿渣等。将石灰石、黏土和铁矿粉按比例混合磨细得到水泥生料。

由硅酸盐水泥熟料加适量石膏，掺加不大于5%的石灰石或粒化高炉矿渣磨细制成的水硬性胶凝材料称为硅酸盐水泥。不掺加混合材料（指石灰石或粒化高炉矿渣）的硅酸盐水泥称为Ⅰ型硅酸盐水泥，代号为P·Ⅰ；在硅酸盐水泥混磨时掺加不超过水泥质量5%混合材料的硅酸盐水泥称为Ⅱ型硅酸盐水泥，代号为P·Ⅱ。

生产水泥时，加入适量石膏的目的是延缓水泥的凝结，满足工程施工要求。

【例 11-3-1】（历年真题）硅酸盐水泥生产过程中添加适量的石膏，目的是为了调节：

A. 水泥的密度　　B. 水泥的比表面积

C. 水泥的强度　　D. 水泥的凝结时间

【解答】硅酸盐水泥生产过程中添加适量的石膏，目的是为了调节水泥的凝结时间，应选D项。

1. 硅酸盐水泥熟料的矿物组成

水泥生料在高温煅烧条件下，其成分 CaO、SiO_2、Fe_2O_3 和 Al_2O_3 之间发生化学反应，生成熟料的主要矿物成分见表 11-3-2。

硅酸盐水泥熟料的矿物成分　　表 11-3-2

矿物成分	化学式	化学或简写	含量（%）
硅酸三钙	$3CaO \cdot SiO_2$	C_3S	38～60
硅酸二钙	$2CaO \cdot SiO_2$	C_2S	15～37
铝酸三钙	$3CaO \cdot Al_2O_3$	C_3A	7～15
铁铝酸四钙	$4CaO \cdot Al_2O_3 \cdot Fe_2O_3$	C_4AF	10～18

水泥熟料配以适当的石膏、混合材料在磨机中磨成细粉，即得到水泥。

2. 硅酸盐水泥的水化与凝结硬化

水泥与水拌合后，最初形成具有可塑性的水泥净浆，水泥颗粒表面的矿物成分与水发生化学反应，即水泥的水化。随着水化反应的进行，水泥浆体逐渐变稠失去塑性，但尚不具有强度，这个过程称为水泥的凝结。随着水化反应的继续进行，凝结的水泥浆开始产生强度并逐渐发展成为坚硬的水泥石固体，这一过程称为水泥的硬化。水化是水泥凝结硬化的前提，凝结硬化则是水泥水化的结果。

（1）硅酸盐水泥的水化

硅酸盐水泥与水拌合后，其熟料颗粒表面的四种矿物立即与水发生水化反应，生成水化产物。各矿物的水化反应如下：

$$2(3CaO \cdot SiO_2)+6H_2O = 3CaO \cdot 2SiO_2 \cdot 3H_2O+3Ca(OH)_2$$

（水化硅酸钙凝胶）　（氢氧化钙晶体）

$$2(2CaO \cdot SiO_2)+4H_2O = 3CaO \cdot 2SiO_2 \cdot 3H_2O + Ca(OH)_2$$

（水化硅酸钙凝胶）　　（氢氧化钙晶体）

$$3CaO \cdot Al_2O_3 + 6H_2O = 3CaO \cdot Al_2O_3 \cdot 6H_2O$$

（水化铝酸钙晶体）

$$4CaO \cdot Al_2O_3 \cdot Fe_2O_3 + 7H_2O = 3CaO \cdot Al_2O_2 \cdot 6H_2O + CaO \cdot Fe_2O_3 \cdot H_2O$$

（水化铝酸钙晶体）　　（水化铁酸钙凝胶）

上述反应中，生成的水化硅酸钙（简写成C-S-H）几乎不溶于水，而以胶体微粒析出，并逐渐凝聚成为凝胶。

上述水泥的四种矿物单独与水作用，每一种矿物成分都表现出不同的水化特性，见表 11-3-3。

硅酸盐水泥熟料矿物的水化特性　　**表 11-3-3**

矿物	水化速度	凝结硬化速度	放热量	强度		抗化学侵蚀性	收缩
				早期	后期		
硅酸三钙（C_3S）	快	快	多	高	高	差	大
硅酸二钙（C_2S）	慢	慢	少	低	高	较好	中
铝酸三钙（C_3A）	最快	快	最多	低	低	最差	最大
铁铝酸四钙（C_4AF）	快	快	中	低	低	好	小

由于硅酸盐水泥是由具有不同水化特性的熟料矿物组成的混合物，如果改变熟料中矿物组成的比例，水泥的性质即发生相应的变化。例如，增加熟料中硅酸三钙和铝酸三钙的相对含量，硅酸盐水泥的凝结硬化速度加快，即可制得快硬硅酸盐水泥；增加硅酸二钙的相对含量，适当降低硅酸三钙和铝酸三钙的相对含量，即可制得低水化热的硅酸盐水泥。

由上述可知，铝酸三钙的剧烈水化会使浆体迅速产生凝结，这在使用时便无法正常施工。因此，在水泥生产时必须加入适量的石膏调凝剂，使水泥的凝结时间满足工程施工的要求。水泥中适量的石膏与水化铝酸三钙反应生成高硫型水化硫铝酸钙（$3CaO \cdot Al_3O_3 \cdot 3CaSO_4 \cdot 32H_2O$），又称钙矾石（AFt）。石膏完全消耗后，一部分钙矾石将转变为单硫型水化硫铝酸钙（AFm）晶体。水化硫铝酸钙是难溶于水的针状晶体，它沉淀在熟料颗粒的周围，阻碍了水分的进入，故起到了延缓水泥凝结的作用。

硅酸盐水泥与水反应后，生成的主要水化产物有：水化硅酸钙凝胶（C-S-H）、水化铁酸钙凝胶（C-F-H）、氢氧化钙晶体（CH）、水化铝酸钙晶体、水化硫铝酸钙晶体。在完全水化的水泥中，水化硅酸钙约占 70%，氢氧化钙约占 20%，钙矾石（AFt）和单硫型水化硫铝酸钙（AFm）约占 7%。

硅酸盐水泥的水化放热曲线如图 11-3-1所示，可将其划分为三个阶段：

1）钙矾石形成期。铝酸三钙（C_3A）率先水化，迅速形成钙矾石，这是导致第一放热峰出现的主要因素。

2）硅酸三钙水化期。硅酸三钙（C_3S）水化迅速，大量放热，形成第二个放热峰。有时会有第三放热峰或在第二放热峰上出现一个“峰肩”，这是由 AFt 转化成 AFm 引起的。硅酸二钙（C_2S）和铁铝酸四钙（C_4AF）亦不同程度地参与这两个阶段的反应，生成相应的水化产物。

3）结构形成发展期。随着各种水化产物的增多，放热速率变低并趋于稳定，水化产物开始填入原先由水所占据的空间，再逐渐连接并相互交织，逐步发展成硬化的浆体结构。

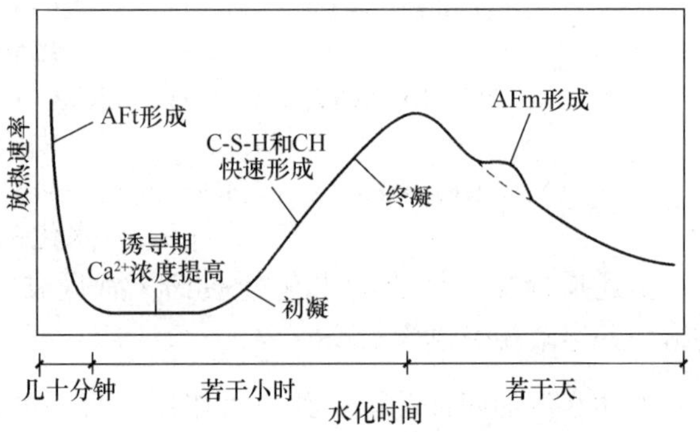

图 11-3-1　硅酸盐水泥的水化放热曲线

（2）硅酸盐水泥的凝结硬化

1）凝结硬化过程

硅酸盐水泥的凝结硬化理论，自1882年以来，至今仍有各种论点。目前，一般按水化反应速率和水泥浆体的结构特征，将其凝结硬化过程分为：初始反应期、潜伏期、凝结期、硬化期四个阶段。

① 初始反应期。水泥与水接触后立即发生水化反应，在初始的5～10min内，放热速率先急剧增长，然后又降至很低的数值。在此阶段，铝酸三钙溶于水并与石膏反应，生成水化铝酸钙凝胶和钙矾石覆盖在水泥颗粒表面。

② 潜伏期。在初始反应期后，有相当长一段时间（1～2h），由于水泥颗粒表面覆盖了水化铝酸钙凝胶和钙矾石晶体，阻碍了水泥颗粒的进一步水化，故水泥水化十分缓慢。

③ 凝结期。在潜伏期后由于渗透压的作用，水泥颗粒表面的膜层破裂，水泥继续水化，放热速率又开始增大，6h后又缓慢下降。在此阶段，水化产物不断增加并填充水泥颗粒之间的空间，随着接触点的增多，形成了由分子力结合的凝聚结构，使水泥浆体逐渐失去塑性，这一过程称为水泥的凝结。此阶段结束约有15%的水泥水化。

④ 硬化期。在凝结期后，放热速率缓慢下降，水泥水化仍在继续进行。在这一过程中，水化产物越来越多，它们更进一步地填充孔隙且彼此间的结合亦更加紧密，使得水泥浆体产生强度，这一过程称为水泥的硬化。硬化期是一个相当长的时间过程，在适当的养护条件下，水泥硬化可以持续很长时间，几个月、几年、甚至几十年后强度还会继续增长。

注意，水泥凝结硬化过程的各个阶段不是彼此截然分开，而是交错进行的。

硬化后的水泥石是由凝胶体（C-S-H凝胶）、结晶体（氢氧化钙、AFt、AFm和水化铝酸钙）、未水化的水泥颗粒、孔隙、水和少量的空气组成的非匀质结构，它是一个固、液、气三相多孔体。

2）硬化水泥浆体中的孔

硬化水泥浆体中的孔按照形成方式的不同可以分为：气孔、毛细孔和C-S-H中的层间孔（亦称凝胶孔）。气孔是水泥浆体在拌制过程中带入的少量空气形成的，其孔径较大，一般大于5μm，对强度会产生不利影响。毛细孔是由原有的充水空间未被水化产物充填所留下的空间形成的。毛细孔的体积和尺寸由水灰比及水泥水化的程度所决定，一般在250～5000nm之间，在一定条件下毛细孔水失去会产生干缩。C-S-H为层状结构，C-S-H层间孔（凝胶孔）都很微小，一般在1～250nm之间，不会对水化水泥浆体的强度和渗透性产生不利影响。

【例 11-3-2】（历年真题）水泥中不同矿物水化速率有较大差别，因此可以通过其在水泥中的相对含量来满足不同工程对水泥水化速率与凝结时间的要求。早强水泥要求水泥水化速度快，因此以下矿物含量较高的是：

A. 石膏　　B. 铁铝酸四钙　　C. 硅酸三钙　　D. 硅酸二钙

【解答】根据水泥熟料矿物的水化特性，要求硅酸三钙的含量较高，应选 C 项。

【例 11-3-3】（历年真题）普通硅酸盐水泥的水化反应为放热反应，并且有两个典型的放热峰，其中第二个放热峰对应：

A. 硅酸三钙的水化　　B. 硅酸二钙的水化

C. 铁铝酸四钙的水化　　D. 铝酸三钙的水化

【解答】第二个放热峰对应硅酸三钙的水化，应选 A 项。

【例 11-3-4】（历年真题）硬化水泥浆体中的孔隙可分为水化硅酸钙凝胶的层间孔隙、毛细孔隙和气孔，其中对材料耐久性产生主要影响的是毛细孔隙，其尺寸的数量级为：

A. 1nm　　B. 1μm　　C. 1mm　　D. 1cm

【解答】毛细孔隙尺寸的数量级为 nm，应选 A 项。

【例 11-3-5】（历年真题）硬化水泥浆体的强度与自身的孔隙率有关，与强度直接相关的孔隙率是指：

A. 总孔隙率　　B. 毛细孔隙率　　C. 气孔孔隙率　　D. 层间孔隙率

【解答】硬化水泥浆体的强度直接与毛细孔隙率相关，基本与层间孔隙率无关，应选 B 项。

3）影响硅酸盐水泥凝结硬化的主要因素

从硅酸盐水泥熟料的单矿物水化及凝结硬化特性可知，熟料的矿物组成直接影响着水泥水化与凝结硬化。此外，水泥的凝结硬化还与水泥细度、石膏掺量、水泥浆的水灰比、温度、湿度和养护龄期等有关。

① 水泥浆的水灰比。为使水泥浆体具有一定塑性和流动性，故加入的水量通常要大大超过水泥充分水化时所需的水量，多余的水在硬化的水泥石内形成毛细孔隙，水灰比越大，形成凝胶结构时间越长，凝结时间越长。同时，硬化水泥石的毛细孔隙率越大，水泥石的强度随其增加而呈直线下降。

② 温度与湿度。温度升高，水泥的水化反应加速，从而使其凝结硬化速率加快，早期强度提高，但后期强度反而可能有所下降。相反，在较低温度下，水泥的凝结硬化速度慢，早期强度低，但因生成的水化产物较致密而可以获得较高的最终强度；负温下水结成冰时，水泥的水化将停止。因此，用水泥拌制的砂浆和混凝土，在浇筑后应保水养护。

③ 养护龄期。水泥的水化硬化是一个较长时期不断进行的过程，随着时间的增加，水泥的水化程度提高，凝胶体不断增多，毛细孔减少，水泥石强度不断增加。

3. 硅酸盐水泥石的侵蚀与预防

硅酸盐水泥硬化后，在通常使用条件下具有优良的耐久性。但在某些侵蚀性液体或气体等介质的作用下，水泥石会逐渐遭受侵蚀，导致其性能降低甚至结构破坏，这种现象称为水泥石的侵蚀。

（1）水泥石侵蚀类型

水泥石侵蚀原因、作用机理较为复杂，其侵蚀类型可分为：

1）软水侵蚀（亦称溶出性侵蚀）

不含或仅含少量重碳酸盐（含 HCO_3^- 的盐）的水称为软水，如雨水、蒸馏水、冷凝水及部分江水、湖水等。当水泥石长期与流动的软水相接触时，水泥石中的氢氧化钙被水溶解，并不断流失，使水泥石变疏松，导致其结构破坏和强度降低。

2）酸类侵蚀

工业废水及地下水中常含有盐酸、硝酸、氢氟酸等无机酸以及醋酸、蚁酸等有机酸，它们均可与水泥石中的氢氧化钙反应，生成易溶物，从而导致水泥石结构的溶解性破坏。

3）强碱侵蚀

当强碱的浓度不高时，一般对水泥石没有侵蚀作用。但是，当强碱的浓度较高（如氢氧化钠）且水泥石中存在较高含量的水化铝酸钙时，与强碱反应生成的铝酸钠易溶于水，此时可造成水泥石的侵蚀破坏。

4）盐类侵蚀

在水中通常溶有大量的盐类，某些溶解于水中的盐类会与水泥石相互作用产生置换反应，生成一些易溶或无胶结能力或产生膨胀的物质，从而使水泥石结构破坏。最常见的盐类侵蚀是硫酸盐侵蚀。硫酸盐侵蚀是由于水中溶有一些易溶的硫酸盐，它们与水泥石中的氢氧化钙反应生成硫酸钙，硫酸钙再与水泥石中的固态水化铝酸钙反应生成钙矾石，体积急剧膨胀（约 1.5 倍），使水泥石结构破坏。钙矾石呈针状晶体，常称其为“水泥杆菌”。

（2）水泥石侵蚀原则与防止

水泥石受到的侵蚀作用通常是上述几种侵蚀类型同时发生，且互相影响，水泥石侵蚀原因与防止措施，见表 11-3-4。

水泥石侵蚀原因与防止措施 **表 11-3-4**

水泥石侵蚀原因		防止措施
内因	水泥石中存在易被侵蚀的组分，如氢氧化钙、AFm、水化铝酸钙等	在水泥中掺入活性混合材；合理选用水泥品种
	水泥石本身不致密，有很多毛细孔通道	提高水泥石的密实度
外因	周围环境中存在侵蚀性介质，如流动的软水和酸、盐、强碱等	合理选用水泥品种；设置隔离层或保护层

★★★二、掺混合材料的硅酸盐水泥

1. 概述

（1）混合材料

掺混合材料的硅酸盐水泥包括普通硅酸盐水泥（简称普通水泥）、矿渣硅酸盐水泥（简称矿渣水泥）、火山灰质硅酸盐水泥（简称火山灰水泥）、粉煤灰硅酸盐水泥（简称粉煤灰水泥）和复合硅酸盐水泥（简称复合水泥）。磨制水泥时掺入的人工或天然矿物材料称为混合材料。混合材料按其性能可分为活性混合材料和非活性混合材料两大类。

活性混合材料掺入水泥中的主要作用是：改善水泥的某些性能、调节水泥强度、降低水化热、降低生产成本、增加水泥产量、扩大水泥品种。

非活性混合材料掺入水泥中的主要作用是:调节水泥强度、降低水化热、降低生产成本、增加水泥产量。

常见的活性混合材料有:

1）粒化高炉矿渣或粒化高炉矿渣粉:应符合《用于水泥中的粒化高炉矿渣》GB/T 203、《用于水泥、砂浆和混凝土中的粒化高炉渣粉》GB/T 18046的规定，其化学成分主要为CaO、SiO_2、Al_2O_3和MgO，活性成分主要是活性氧化铝Al_2O_3和活性氧化硅SiO_2。

2）火山灰质混合材料:应符合《用于水泥中的火山灰质混合材料》GB/T 2847的规定，其化学成分主要是SiO_2、Al_2O_3，其品种较多，天然的有:火山灰、凝灰岩、浮石、沸石岩、硅藻土或硅藻岩；人工的有:烧页岩、烧黏土、煤渣、煤矸石、硅质渣。其活性成分也是活性Al_2O_3和活性SiO_2。

3）粉煤灰:应符合《用于水泥和混凝土中的粉煤灰》GB/T 1596的规定，其化学成分主要是SiO_2、Al_2O_3和Fe_2O_3，以及少量的CaO。其活性成分主要是活性Al_2O_3和活性SiO_2，以及玻璃体。

4）硅粉:它是硅铁合金生产过程排出的烟气，遇冷凝聚所形成的微细球玻璃质粉末，其化学成分主要是SiO_2，其活性成分是活性SiO_2。硅粉掺入水泥时，能加速水泥的水化硬化过程，改善硬化水泥浆体的微观结构，提高其强度。

常用的非活性混合材料有磨细石英砂、石灰石、窑灰、慢冷矿渣，以及不符合质量标准的活性混合材料可加以磨细作为非活性混合材料。

(2) 活性混合材料的水化

掺活性混合材料的硅酸盐水泥与水拌合后，首先是水泥熟料水化，之后是水泥熟料的水化产物——$Ca(OH)_2$与活性混合材料中的活性SiO_2和活性Al_2O_3发生水化反应（亦称火山灰反应）生成水化产物（C-S-H凝胶和水化铝酸钙）。由此可知，掺活性混合材料的硅酸盐水泥的水化速度较慢，故早期强度较低，而由于水泥中熟料含量相对减少，故水化热较低。

2. 组分要求

通用硅酸盐水泥的组分要求，见表11-3-5和表11-3-6。其中，普通水泥的掺入混合材料较少，故其性质与硅酸盐水泥相近。矿渣水泥、粉煤灰水泥、火山灰水泥和复合水泥，其掺入混合材料较多，属于掺大量混合材料的硅酸盐水泥，故其性质与硅酸盐水泥有不同。

通用硅酸盐水泥的组分要求　　**表11-3-5**

品种	代号	组分（质量分数）（%）				
		主要组分				替代组分
		熟料＋石膏	粒化高炉矿渣	粉煤灰	火山灰质混合材料	
普通硅酸盐水泥	P·O	80～95	5～20[a]			0～5[b]
矿渣硅酸盐水泥	P·S·A	50～80	20～50	—	—	0～8[c]
	P·S·B	30～50	50～70	—	—	

续表

品种	代号	组分（质量分数）(%)				
		主要组分				替代组分
		熟料＋石膏	粒化高炉矿渣	粉煤灰	火山灰质混合材料	
粉煤灰硅酸盐水泥	P·F	60～80	—	20～40	—	—
火山灰质硅酸盐水泥	P·P	60～80	—	—	20～40	—

注：a 本组分材料由符合本标准规定的粒化高炉矿渣、粉煤灰、火山灰质混合材料组成。

b 本替代组分为符合本标准规定的石灰石、砂岩、窑灰中的一种材料。

c 本替代组分为符合本标准规定的粉煤灰、火山灰、石灰石、砂岩、窑灰中的一种材料。

复合硅酸盐水泥的组分要求　　表 11-3-6

品种	代号	组分（质量分数）(%)						
		主要组分						替代组分
		熟料＋石膏	粒化高炉矿渣	粉煤灰	火山灰质混合材料	石灰石	砂岩	
复合硅酸盐水泥	P·C	50～80	20～50[a]					0～8[b]

注：a 本组分材料由符合本标准规定的粒化高炉矿渣、粉煤灰、火山灰质混合材料、石灰石和砂岩中的三种（含）以上材料组成。其中石灰石和砂岩的总量小于水泥质量的 20%。

b 本替代组分为符合本标准规定的窑灰。

石灰石、砂岩的亚甲基蓝值不大于 1.4g/kg。

【例 11-3-6】（历年真题）水泥中掺入的活性混合材料能够与水泥水化产生的氢氧化钙发生反应，生成水化硅酸钙等水化产物，该反应被称为：

A. 火山灰反应　　B. 沉淀反应

C. 碳化反应　　C. 钙矾石延迟生成反应

【解答】水泥中掺入的活性混合材料与水泥水化产生的氢氧化钙反应，生成水化硅酸钙等，该反应称为火山灰反应，或称二次反应，应选 A 项。

【例 11-3-7】（历年真题）我国现行《通用硅酸盐水泥》GB 175 中，符号“P·C”代表：

A. 普通硅酸盐水泥　　B. 硅酸盐水泥

C. 粉煤灰硅酸盐水泥　　D. 复合硅酸盐水泥

【解答】符号“P·C”中“C”为复合的英文的第一个字母，故代表复合硅酸盐水泥，应选 D 项。

★★★三、通用硅酸盐水泥的技术性质

《通用硅酸盐水泥》GB 175 规定，硅酸盐水泥的技术要求包括：化学要求（不溶物、烧失量、三氧化硫、氧化镁、氯离子）、水泥中水溶性铬（Ⅵ）、碱含量、物理要求（凝结时间、安定性、强度、细度）和放射性。其中，氯离子含量≤0.10%，当有更低要求时，买卖双方协商确定。

水泥出厂检验项目为：水泥的组分、化学要求、凝结时间、沸煮法检验合格、强度和细度。

1. 细度

水泥的细度是指水泥颗粒的粗细程度。水泥颗粒公称粒径一般在 80μm（0.08mm）以下，水泥颗粒越细，水泥的总比表面积越大，水化时与水接触的面积就越大，水化反应的速率就越大且越充分。如果水泥的颗粒过细，会增加需水量和收缩变形，而且磨制水泥时的能耗及成本会增大。一般认为，水泥颗粒粒径小于 40μm（0.04mm）时才具有较高的活性，水泥颗粒粒径大于 100μm（0.1mm）时其活性很小。通常采用比表面积法或筛析法来测定水泥的细度。

硅酸盐水泥细度以比表面积表示，不低于 $300m^2/kg$、但不大于 $400m^2/kg$。普通硅酸盐水泥、矿渣硅酸盐水泥、粉煤灰硅酸盐水泥、火山灰硅酸盐水泥、复合硅酸盐水泥的细度以 45μm 方孔筛筛余表示，不小于 5%。当有特殊要求时，由买卖双方协商确定。

2. 凝结时间

水泥的凝结时间是指从加水开始，到水泥浆失去塑性所需的时间。凝结时间分初凝时间与终凝时间，初凝时间为自加水起至水泥净浆开始失去可塑性所需的时间；终凝时间为自加起水起至水泥净浆完全失去可塑性并开始产生强度所需的时间。

水泥凝结时间的测定是以标准稠度的水泥净浆，在规定的温度和湿度条件下，采用凝结时间测定仪（维卡仪）进行测定。标准稠度的水泥净浆是指将拌合结束后的适量水泥净浆置于维卡仪，以试杆沉入水泥净浆并距离板 6±1mm 的水泥净浆，其拌合水量为该水泥的标准稠度用水量，按水泥质量的百分比计，硅酸盐水泥的标准稠度用水量一般在 24%～30%之间。

硅酸盐水泥的初凝时间不小于 45min，终凝时间不大于 390min。

普通硅酸盐水泥、矿渣硅酸盐水泥、粉煤灰硅酸盐水泥、火山灰硅酸盐水泥、复合硅酸盐水泥的初凝时间不小于 45min，终凝时间不大于 600min。

3. 安定性

水泥安定性是指水泥浆体硬化后其体积变化的均匀性。如果水泥的体积安定性不良，水泥硬化后将产生不均匀的体积变化，会导致水泥制品膨胀性裂缝，降低工程质量，甚至引起严重事故。

引起水泥体积安定性不良的原因主要是由于水泥熟料中所含的游离氧化钙（f-CaO），游离氧化镁（f-MgO），或生产水泥时加入过多的石膏引起的。

沸煮能加速 f-CaO 的水化，国家标准规定用沸煮法检验安定性；f-MgO 的水化比 f-CaO 更缓慢，沸煮法已不能检验，国家标准规定用压蒸法检验安定性；由石膏造成的安定性不良，需经长期浸在常温水中才能发现，不便于检验，故国家标准规定矿渣硅酸盐水泥中的 SO_3 含量不得超过 4.0%，其他硅酸盐水泥中的 SO_3 含量不得超过 3.5%。

4. 强度

水泥的强度是评定其质量与品质的重要指标，也是划分强度等级的依据。根据《水泥胶砂强度检验方法（ISO 法）》GB/T 17671—2021 的规定，水泥的强度采用胶砂强度表示，按水（225g）∶水泥（450g）∶标准砂（1350g）＝0.5∶1∶3 的质量比混合，即水灰比为 0.5，按规定的方法制成 40mm×40mm×160mm 的标准胶砂试件，在标准温度（20±1℃）的水中养护，分别测定其在 3d 和 28d 的抗折强度值与抗压强度值。根据 3d 和 28d 抗折强度与抗压强度的测定结果，来划分水泥的强度等级。

硅酸盐水泥、普通水泥分为：42.5、42.5R、52.5、52.5R、62.5、62.5R六个强度等级；矿渣水泥、粉煤灰水泥和火山灰水泥分为：32.5、32.5R、42.5、42.5R、52.5、52.5R六个强度等级；复合水泥分为42.5、42.5R、52.5、52.5R四个等级。其中，代号R表示快硬型水泥。通用硅酸盐水泥不同龄期强度应符合表11-3-7的规定。

通用硅酸盐水泥不同龄期强度要求 **表11-3-7**

强度等级	抗压强度（MPa）		抗折强度（MPa）	
	3d	28d	3d	28d
32.5	≥12.0	≥32.5	≥3.0	≥5.5
32.5R	≥17.0		≥4.0	
42.5	≥17.0	≥42.5	≥4.0	≥6.5
42.5R	≥22.0		≥4.5	
52.5	≥22.0	≥52.5	≥4.5	≥7.0
52.5R	≥27.0		≥5.0	
62.5	≥27.0	≥62.5	≥5.0	≥8.0
62.5R	≥32.0		≥5.5	

5. 碱含量

通常用氧化钠当量（R_2O）表示水泥或混凝土体系中的碱含量，由于Na_2O与K_2O分子量比为0.658，故碱含量按$R_2O=Na_2O+0.658K_2O$计算的质量百分率来表示。当水泥混凝土中的碱含量超过一定量时，碱物质会与骨料中的活性成分（如SiO_2）发生碱骨料反应，生成膨胀性或吸水膨胀性物质（如碱硅凝胶N-S-H或K-S-H），造成水泥混凝土工程开裂（地图状裂纹）破坏。为防止发生此类碱骨料反应，需对水泥中的碱含量进行控制。碱含量作为选择性指标，当用户要求提供低碱水泥时，由买卖双方协商确定。

【例11-3-8】（历年真题）水泥颗粒的大小通常用水泥的细度来表征，水泥的细度是指：

A. 单位质量水泥占有的体积　　B. 单位体积水泥的颗粒总表面积

C. 单位质量水泥的颗粒总表面积　　D. 单位颗粒表面积的水泥质量

【解答】水泥细度是指单位质量水泥的颗粒总表面积，应选C项。

【例11-3-9】（历年真题）伴随着水泥的水化和各种水化产物的陆续生成，水泥浆的流动性发生较大的变化；其中，水泥浆的初凝是指其：

A. 开始明显固化　　B. 黏性开始减小

C. 流动性基本丧失　　D. 强度达到一定水平

【解答】水泥的水化过程，水泥浆的初凝是指其流动性基本丧失，应选C项。

四、通用硅酸盐水泥的运输与贮存

通用硅酸盐水泥在运输与贮存时不应受潮和混入杂物，不同品种和强度等级的水泥在贮存中应避免混杂。水泥贮存日久，易吸收空气中的水分和二氧化碳，在水泥颗粒表面进行缓慢的水化和碳化作用，从而丧失其胶结能力，降低强度，即使在条件良好的仓库里贮存，时间也不宜过长。一般贮存3个月后，水泥强度降低10%～20%；6个月后，降低15%～30%。因此，水泥自出厂至使用，不应超过3个月，存放超过6个月，必须重新试验，鉴定后方可使用。

五、通用硅酸盐水泥的基本性质与选用

1. 基本性质与应用

通用硅酸盐水泥的基本性质，见表11-3-8。其中，矿渣水泥、火山灰水泥、粉煤灰水泥和复合水泥的特性，解释如下：

(1) 矿渣水泥:粒化高炉矿渣玻璃体的保水性差，故矿渣水泥的抗渗性差、干缩性较大、保水性差，其优点是耐热性较好。

(2) 火山灰水泥:火山灰质混合材料含大量微细孔隙，其保水性好，故火山灰水泥的抗渗性好、保水性好，其缺点是干缩性大、耐磨性较差。

(3) 粉煤灰水泥:粉煤灰为表面致密的球形颗粒，其保水性差，故粉煤灰水泥的抗渗性差、耐磨性较差，其优点是干缩性小。

(4) 复合水泥:其性能介于普通水泥和上述三种混合材料硅酸盐水泥之间。

通用硅酸盐水泥的基本性质　　**表11-3-8**

项目	硅酸盐水泥	普通水泥	矿渣水泥	火山灰水泥	粉煤灰水泥	复合水泥
共性			1. 早期强度低，后期强度增长快；2. 对温度敏感，适合高温养护；3. 水化热小；4. 抗侵蚀性好；5. 抗冻性差；6. 抗碳化较差			
特性	1. 早期强度高，后期强度高 2. 水化热较大 3. 抗冻性好 4. 抗碳化好 5. 耐磨性好 6. 耐热性较好 7. 抗侵蚀较差	1. 早期强度稍低，后期强度高 2. 水化热较大 3. 抗冻性较好 4. 抗碳化好 5. 耐磨性较好 6. 耐热性差 7. 抗侵蚀增强	耐热性较好； 抗渗性差； 干缩较大	保水性好； 抗渗性好； 干缩大； 耐磨性差	抗裂性好； 抗渗性差； 干缩小； 耐磨性较差	干缩较大

2. 应用

(1) 硅酸盐水泥:它用于配制高强度混凝土、先张法预应力混凝土制品、道路、低温下施工的工程和一般受热（<250℃）的工程。一般不适用于大体积混凝土和地下工程，特别是有化学侵蚀的工程。

(2) 普通水泥：它可用于任何无特殊要求的工程。一般不适用于受热工程、道路、低温下施工工程、大体积混凝土工程和地下工程，特别是有化学侵蚀的工程。

(3) 矿渣水泥：它可用于无特殊要求的一般结构工程，适用于地下、水利和大体积等混凝土工程，在一般受热工程（<250℃）和蒸汽养护构件中可优先采用，不宜用于需要早强和受冻融循环、干湿交替的工程。

(4) 火山灰水泥和粉煤灰水泥：它们可用于一般无特殊要求的结构工程，适用于地下、水利和大体积等混凝土工程，不宜用于冻融循环、干湿交替的工程。

(5) 复合水泥：它可用于无特殊要求的一般结构工程，适用于地下、水利和大体积等混凝土工程，特别是有化学侵蚀的工程，不宜用于需要早强和受冻融循环、干湿交替的工程中。

3. 通用硅酸盐水泥的选用

通用硅酸盐水泥的选用，见表 11-3-9。

通用硅酸盐水泥的选用 **表 11-3-9**

混凝土工程特点及所处环境条件		优先选用	可以选用	不宜选用
普通混凝土	在一般气候环境中的混凝土	普通水泥	矿渣水泥、火山灰水泥、粉煤灰水泥、复合水泥	
	在干燥环境中的混凝土	普通水泥	矿渣水泥	火山灰水泥、粉煤灰水泥
	干湿交替中的混凝土	普通水泥、硅酸盐水泥		矿渣水泥、火山灰水泥、粉煤灰水泥、复合水泥
	在高湿或处于水中的混凝土	矿渣水泥、火山灰水泥、粉煤灰水泥、复合水泥	普通水泥	
	大体积混凝土	矿渣水泥、火山灰水泥、粉煤灰水泥、复合水泥	普通水泥	硅酸盐水泥
有特殊要求的混凝土	有快硬、高强要求的混凝土	硅酸盐水泥	普通水泥	矿渣水泥、火山灰水泥、粉煤灰水泥、复合水泥
	严寒地区露天混凝土、寒冷地区处于水位升降范围内的混凝土	普通水泥	矿渣水泥	火山灰水泥、粉煤灰水泥
	严寒地区处于水位升降范围内的混凝土	普通水泥		火山灰水泥、矿渣水泥、粉煤灰水泥、复合水泥
	有抗渗要求的混凝土	普通水泥、火山灰水泥		矿渣水泥、粉煤灰水泥
	有耐磨性要求的混凝土	硅酸盐水泥、普通水泥	矿渣水泥	火山灰水泥、粉煤灰水泥
	受侵蚀介质作用的混凝土	矿渣水泥、火山灰水泥、粉煤灰水泥、复合水泥		硅酸盐水泥、普通水泥

【例 11-3-10】（历年真题）某工程基础部分使用大体积混凝土浇筑，为降低水泥水化温升，针对水泥可以采用如下措施：

A. 加大水泥用量　　　　B. 掺入活性混合材料

C. 提高水泥细度　　　　D. 减少碱含量

【解答】大体积混凝土浇筑，为降低水泥水化温升，对水泥可采用掺入活性混合材料，应选 B 项。

★六、其他品种水泥

习　　题

11-3-1　（历年真题）硬化的水泥浆体中，位于水化硅酸钙凝胶的层间孔隙中的水与凝胶有很强的结合作用，一旦失去，水泥浆体将会：

A. 发生主要矿物解体　　B. 保持体积不变
C. 发生显著的收缩　　D. 发生明显的温度变化

11-3-2　（历年真题）硅酸盐水泥熟料中含量最大的矿物成分是：

A. 硅酸三钙　　B. 硅酸二钙
C. 铝酸三钙　　D. 铁铝酸四钙

11-3-3　水泥体积安定性是指水泥在硬化过程中（　　）变化是否均匀的性质。

A. 质量　　B. 放热量　　C. 水化速度　　D. 体积

11-3-4　引起硅酸盐水泥体积安定性不良的原因是含有过量的：

①游离氧化钠；②游离氧化钙；③游离氧化镁；④石膏；⑤氧化硅。

A. ②③④　　B. ①②③　　C. ①②④　　D. ②③⑤

11-3-5　水泥强度是指：

A. 水泥胶砂的强度　　B. 水泥净浆的强度
C. 混凝土试块的强度　　D. 水泥颗粒间粘结力

11-3-6　对于有抗掺要求的混凝土工程，不宜使用：

A. 普通硅酸盐水泥　　B. 火山灰水泥
C. 矿渣水泥　　D. 粉煤灰水泥

11-3-7　下列水泥不宜用于有耐磨性要求的混凝土工程的是：

A. 硅酸盐水泥　　B. 火山灰水泥
C. 普通水泥　　D. 高铝水泥

11-3-8　高层建筑基础工程的混凝土宜优先选用：

A. 普通水泥　　B. 矿渣水泥
C. 火山灰水泥　　D. 粉煤灰水泥

第四节　混　凝　土

一、概述

混凝土是指用胶凝材料将粗骨料、细骨料胶结成整体的复合固体材料的总称。

1. 混凝土的分类

(1) 按表观密度分类

1) 重混凝土。其干表观密度大于 2800kg/m^3。它是采用了密度很大的重骨料(如重晶石、铁矿石、钢屑等),也可以同时采用重水泥(如钡水泥、锶水泥)。重混凝土具有防射线的性能,故又称防辐射混凝土,主要用作核能工程的屏蔽结构材料。

2) 普通混凝土。其干表观密度为 2000~2800kg/m^3,一般在 2400kg/m^3 左右。它是用普通的天然砂、石作骨料,以水泥为主要胶凝材料,掺入适量粉煤灰、矿粉等掺合料和外加剂配制而成,通常简称混凝土,主要用作各种土木工程的承重结构材料。

3) 轻混凝土。其干表观密度小于 2000kg/m^3。它是采用轻质多孔的骨料,或者不用骨料而掺入加气剂或泡沫剂等,造成多孔结构的混凝土,包括轻骨料混凝土、多孔混凝土、大孔混凝土等,其用途可分为结构用、保温用、结构兼保温等。

(2) 按所用胶凝材料分类

混凝土按其所用胶凝材料可分为水泥混凝土、沥青混凝土、聚合物混凝土、石膏混凝土、水玻璃混凝土等。

(3) 按用途分类

混凝土按其用途可分为结构混凝土(即普通混凝土)、防水混凝土、耐热混凝土、耐酸混凝土、泵送混凝土、自密实混凝土、膨胀混凝土、防辐射混凝土、纤维混凝土、高性能混凝土、道路混凝土等。

【例 11-4-1】(历年真题)骨料的性质会影响混凝土的性质,两者的强度无明显关系,但两者关系密切的性质是:

A. 弹性模量　　B. 泊松比　　C. 密度　　D. 吸水率

【解答】骨料与混凝土之间关系密切的是密度,如重混凝土,其采用重骨料,应选 C 项。

2. 普通混凝土

普通混凝土的优点是:原材料来源丰富,施工方便,抗压强度高,耐久性好,适应性好(即性能可根据需要设计调整);其缺点是:自重大、抗拉强度低、抗裂性差,收缩变形大。

★★★二、普通混凝土原材料的技术要求

粗骨料(石)和细骨料(砂子)在普通混凝土中主要起骨架作用,同时,由于其弹性模量较大,故也可发挥抑制混凝土早期和后期收缩的作用。胶凝材料(水泥与矿物掺合料)、外加剂与水拌合后,形成的水泥浆包裹在骨料表面并填充骨料间的空隙,在混凝土硬化前主要起润滑作用,赋予混凝土拌合物良好的工作性,便于施工;硬化后主要起胶结作用,将粗、细骨料胶结成一个整体,使混凝土产生强度,成为坚硬的人造石材。掺加矿物掺合料不仅可降低成本,还可改善混凝土性能,如降低混凝土水化温升、提高硬化混凝土耐久性等。掺加外加剂的目的主要是调整混凝土拌合物和硬化混凝土的性能。

1. 水泥

(1) 水泥品种的选择

配制混凝土时,应根据混凝土工程的特点、施工条件、环境状况、经济成本等因素进行综合考虑,合理地选择。

(2) 水泥强度等级的选择

配制混凝土时,水泥强度等级的选择应与所配制混凝土的强度等级相适应。高强度要

求的混凝土应选用高强度等级的水泥，低强度要求的混凝土应选用低强度等级的水泥。根据经验，配制中低强度混凝土时，水泥强度等级是混凝土强度等级的 1.5～2.0 倍为宜；配制高强度混凝土时，水泥强度等级是混凝土强度等级的 0.9～1.5 倍为宜。若采取某些措施（如外加剂等），情况有所不同。

2. 细骨料

《普通混凝土用砂、石质量与检验方法标准》JGJ 52—2006 规定，公称粒径小于 5.00mm 的岩石颗粒称为砂；《建设用砂》GB/T 14684—2022 规定，粒径小于 4.75mm 的岩石颗粒称为砂。按 JGJ 52，砂公称粒径范围为：0.16～5.00mm；按 GB/T 14684，砂粒径范围为：0.15～4.75mm。

常用的细骨料有河砂、湖砂、海砂、山砂、机制砂（也称为人工砂）和混合砂。其中，混合砂是由机制砂和天然砂按一定比例混合而成的砂。根据 GB/T 14684，砂质量指标分为Ⅰ类、Ⅱ类和Ⅲ类。Ⅰ类用于强度等级大于 C60 的混凝土；Ⅱ类用于 C30～C60 的混凝土；Ⅲ类用于强度等级小于 C30 的混凝土。

细骨料的主要质量指标有：

(1) 含泥量、泥块含量和有害物质

天然砂中的泥（粒径小于 75μm 的颗粒）和泥块（砂中原粒径大于 1.18mm，经水浸泡、淘洗等处理后小于 600μm 的颗粒）对混凝土性能是有害的。泥包裹于骨料表面，隔断水泥石与骨料间的粘结，削弱混凝土中骨料与水泥石之间的界面粘结作用，当含泥量较多时，会降低混凝土强度和耐久性，增加混凝土干缩。泥块在混凝土内成为薄弱部位，会使混凝土强度和耐久性下降。天然砂的含泥量和泥块含量应符合表 11-4-1 的规定。

砂中有害物质包括云母、轻物质、有机物、硫化物及硫酸盐、氯盐等，海砂中有害物质还包括贝壳等。云母是表面光滑的小薄片，会降低混凝土拌合物的和易性，也会降低混凝土的强度和耐久性。硫化物及硫酸盐主要由硫铁矿（FeS_2）和石膏（$CaSO_4$）等杂物带入，它们与水泥石中固态水化铝酸钙反应生成钙矾石，反应产物的固相体积膨胀，易引起混凝土膨胀开裂。有机物会延缓水泥的水化，降低混凝土的强度，尤其是早期强度。Cl^- 易导致钢筋混凝土中的钢筋锈蚀，钢筋锈蚀后体积膨胀且受力面减小，从而引起混凝土开裂。天然砂中有害物质含量应符合表 11-4-1 的规定。

砂的技术要求　　**表 11-4-1**

项目		Ⅰ类	Ⅱ类	Ⅲ类
有害物质	云母含量（按质量计，%）	≤1.0	≤2.0	≤2.0
	硫化物及硫酸盐含量（按 SO_3 质量计，%）	≤0.5	≤0.5	≤0.5
	有机物含量（用比色法试验）	合格	合格	合格
	轻物质（按质量计，%）	≤1.0	≤1.0	≤1.0
	氯化物含量（以氯离子质量计，%）	≤0.01	≤0.02	≤0.06
	贝壳（按质量计，%）	≤3.0	≤5.0	≤8.0
含泥量（按质重量计，%）		≤1.0	≤3.0	≤5.0
泥块含量（按质量计，%）		≤0.2	≤1.0	≤2.0

按 JGJ 52 的规定，由于氯离子对钢筋有严重的腐蚀作用，当采用海砂配制钢筋混凝

土时，经淡水冲洗后海砂中氯离子含量要求小于或等于 0.06%（以干砂重计）；对预应力混凝土不宜采用海砂，若必须使用海砂时，需经淡水冲洗至氯离子含量小于或等于 0.02%。按 GB/T 14684 的规定，钢筋混凝土用净化处理的海砂，其氯化物含量应小于或等于 0.02%。此外，用海砂配制素混凝土，氯离子含量不受限制。

（2）砂的粗细程度与颗粒级配

砂的颗粒级配是指砂中不同粒径颗粒的分布情况。级配良好的砂可使其空隙率和总表面积均较小，从而达到节约水泥，提高混凝土密实性及强度的目的。

砂的粗细程度是指不同粒径的砂粒混合体平均粒径大小。通常用细度模数（M_x）表示，其值并不等于平均粒径，但能较准确地反映砂的粗细程度。细度模数 M_x 越大，表示砂越粗，单位质量总表面积（或比表面积）越小；M_x 越小，则砂比表面积越大。

砂的粗细程度和颗粒级配用筛分析方法测定，用细度模数表示粗细，用级配区表示砂的级配。筛分析是用一套孔径为 9.50mm、4.75mm、2.36mm、1.18mm、0.600mm、0.300mm、0.150mm 的方孔筛，将 500g 干砂由粗到细依次过筛，称量各筛上的筛余量 m_i（g），计算各筛上的分计筛余率 a_i（%），再计算累计筛余率 A_i（%）。a_i 和 A_i 的计算关系见表 11-4-2。

累计筛余与分计筛余计算关系 表 11-4-2

方孔筛边长尺寸（mm）	筛余量（g）	分计筛余（%）	累计筛余（%）
4.75	m_1	$a_1=m_1/m$	$A_1=a_1$
2.36	m_2	$a_2=m_2/m$	$A_2=A_1+a_2$
1.18	m_3	$a_3=m_3/m$	$A_3=A_2+a_3$
0.600	m_4	$a_4=m_4/m$	$A_4=A_3+a_4$
0.300	m_5	$a_5=m_5/m$	$A_5=A_4+a_5$
0.150	m_6	$a_6=m_6/m$	$A_6=A_5+a_6$
底盘	$m_{底}$	$m=m_1+m_2+m_3+m_4+m_5+m_6+m_{底}$	

细度模数根据下式计算（精确至 0.01）：

$$M_x=\frac{(A_2+A_3+A_4+A_5+A_6)-5A_1}{100-A_1} \tag{11-4-1}$$

根据细度模数 M_x 大小将砂分类为：M_x=3.7～3.1，粗砂；M_x=3.0～2.3，中砂；M_x=2.2～1.6，细砂；M_x=1.5～0.7，特细砂。

按 GB/T 14684 的规定，除特细砂外，Ⅰ类砂的累计筛余应符合表 11-4-3 中 2 区的规定，分计筛余应符合表 11-4-4 的规定；Ⅱ类和Ⅲ类砂的累计筛余应符合表 11-4-3 的规定。砂的实际颗粒级配除 4.75mm 和 0.60mm 筛档外，可以超出，但各级累计筛余超出值总和不应大于 5%。

累计筛余 表 11-4-3

砂的分类	天然砂			机制砂、混合砂		
级配区	1 区	2 区	3 区	1 区	2 区	3 区
方孔筛尺寸	累计筛余（%）					
4.75mm	10～0	10～0	10～0	5～0	5～0	5～0
2.36mm	35～5	25～0	15～0	35～5	25～0	15～0

续表

砂的分类	天然砂			机制砂、混合砂		
1.18mm	65～35	50～10	25～0	65～35	50～10	25～0～
600μm	85～71	70～41	40～16	85～71	70～41	40～16
300μm	95～80	92～70	85～55	95～80	92～70	85～55
150μm	100～90	100～90	100～90	97～85	94～80	94～75

分计筛余　　**表 11-4-4**

方筛孔尺寸（mm）	4.75[a]	2.36	1.18	0.60	0.30	0.15[b]	筛底[c]
分计筛余（%）	0～10	10～15	10～25	20～31	20～30	5～15	0～20

注：a　对于机制砂，4.75mm 筛的分计筛余不应大于 5%。

b　对于 MB>1.4 的机制砂，0.15mm 筛和筛底的分计筛余之和不应大于 25%。

c　对于天然砂，筛底的分计筛余不应大于 10%。

砂的颗粒级配根据 0.600mm 方筛孔对应的累计筛余百分率A_4，分成 1 区、2 区和 3 区三个级配区，见表 11-4-3。级配良好的粗砂应落在 1 区；级配良好的中砂应落在 2 区；细砂则在 3 区。按 JGJ 52 的规定，砂的颗粒级配为：Ⅰ区、Ⅱ区、Ⅲ区，其分别对应表 11-4-3 中的 1 区、2 区、3 区。

配制混凝土时宜优先选用 2 区（或Ⅱ区）砂。当采用较粗的 1 区（或Ⅰ区）砂时，应适当提高砂率，并保持足够的水泥用量，以满足混凝土的和易性。当采用 3 区（或Ⅲ区）砂时，宜适当降低砂率，以节约水泥用量。配制泵送混凝土时，宜选用中砂。

（3）坚固性

天然砂是由岩石经自然风化作用而成，机制砂也会含大量风化岩体，在冻融或干湿循环作用下有可能持续风化。因此，严寒及寒冷地区室外工程并处于湿潮或干湿交替状态下的混凝土，有抗疲劳、抗冲击的混凝土，有腐蚀介质存在或处于水位升降区的混凝土等，应做坚固性检验。根据 GB/T 14684 的规定，天然砂采用硫酸钠溶液浸泡→烘干→浸泡循环试验法检验，测定 5 个循环后的质量损失率，指标应符合表 11-4-5 的要求。机制砂不仅要满足表 11-4-5，还应采用压碎指标法进行试验，压碎指标应小于表 11-4-6 的要求。

天然砂的坚固性指标　　**表 11-4-5**

项目	Ⅰ类	Ⅱ类	Ⅲ类
循环后质量损失（%）　≤	8	8	10

机制砂的压碎指标　　**表 11-4-6**

项目	Ⅰ类	Ⅱ类	Ⅲ类
单级最大压碎指标（%）　≤	20	25	30

（4）石粉含量与片状颗粒含量

机制砂的石粉含量应满足表 11-4-7 的要求。

机制砂的石粉含量 **表 11-4-7**

类型	亚甲蓝值(MB)	石粉含量(质量分数)(%)
Ⅰ类	MB≤0.5	≤15.0
	0.5<MB≤1.0	≤10.0
	1.0<MB≤1.4 或快速试验合格	≤5.0
	MB>1.4 或快速试验不合格	≤1.0[a]
Ⅱ类	MB≤1.0	≤15.0
	1.0<MB≤1.4 或快速试验合格	≤10.0
	MB>1.4 或快速法不合格	≤3.0[a]
Ⅲ类	MB≤1.4 或快速试验合格	≤15.0
	MB>1.4 或快速法不合格	≤5.0[a]

注:a　砂浆用砂的石粉含量不作限制。

Ⅰ类机制砂的片状颗粒含量不应大于10%。

【例 11-4-2】(历年真题)描述混凝土用砂粗细程度的指标是:

A. 细度模数　　B. 级配曲线　　C. 最大粒径　　D. 最小粒径

【解答】描述混凝土用砂粗细程度的指标是细度模数,应选 A 项。

3. 粗骨料

根据《建设用卵石、碎石》GB/T 14685—2022 的规定,粒径大于 4.75mm 的岩石颗粒为粗骨料;按 JGJ 52 的规定,公称粒径大于 5.00mm 的岩石颗粒为粗骨料。

混凝土工程中常用的有碎石和卵石两大类。碎石为岩石经破碎、筛分而得;卵石多为自然形成的河卵石经筛分而得。根据 GB/T 14685 的规定,卵石和碎石的技术要求分为Ⅰ类、Ⅱ类和Ⅲ类。Ⅰ类用于强度等级大于 C60 的混凝土;Ⅱ类用于 C30～C60 的混凝土;Ⅲ类用于小于 C30 的混凝土。

粗骨料的主要技术指标有:

(1) 含泥量、泥块含量和有害物质含量

根据 GB/T 14685 的规定,粗骨料的含泥量、泥块含量和有害物质含量应符合表 11-4-8的要求。

碎石或卵石的技术指标 **表 11-4-8**

项目		指标		
		Ⅰ类	Ⅱ类	Ⅲ类
卵石含泥量(按质量计,%)		≤0.5	≤1.0	≤1.5
碎石泥粉含量(按质量计,%)		≤0.5	≤1.5	≤2.0
泥块含量(按质量计,%)		≤0.1	≤0.2	≤0.7
有害物质	硫化物及硫酸盐含量(按 SO_3 质量计,%)	≤0.5	≤1.0	≤1.0
	有机物含量	合格	合格	合格
针片状颗粒(按质量计,%)		≤5	≤8	≤15
坚固性质量损失(%)		≤5	≤8	≤12

续表

项目	指标		
	Ⅰ类	Ⅱ类	Ⅲ类
碎石压碎指标（%）	≤10	≤20	≤30
卵石压碎指标（%）	≤12	≤14	≤16
空隙率（%）	≤43	≤45	≤47
吸水率（%）	≤1.0	≤2.0	≤2.5

（2）颗粒形态

粗骨料的颗粒形状以近立方体或近球状体为最佳，但在岩石破碎加工过程中往往产生一定量的针、片状，使骨料的空隙率增大，并降低混凝土的强度，特别是抗折强度。针状颗粒是指粗骨料颗粒的最大一维尺寸大于该颗粒所属粒级的平均粒径 2.4 倍的颗粒；片状颗粒是指最小一维尺寸小于该颗粒所属粒级的平均粒径 0.4 倍的颗粒。各类别粗骨料针片状含量要符合表 11-4-8 的要求。

粗骨料的表面特征指表面粗糙程度。碎石表面比卵石粗糙，且多棱角，因此，拌制的混凝土拌合物流动性较差，但与水泥粘结强度较高，配合比相同时，混凝土强度相对较高。

（3）坚固性

粗骨料的坚固性指标与砂相似，各类别骨料的质量损失应符合表 11-4-8 的要求。

（4）强度

碎石和卵石的强度可用岩石的抗压强度或压碎值指标两种方法表示。岩石的抗压强度采用 ϕ50mm×50mm 的圆柱体或边长为 50mm 的立方体试样测定。一般要求其抗压强度大于配制混凝土强度的 1.5 倍。在水饱和状态下，岩石抗压强度：岩浆岩应不小于 80MPa，变质岩应不小于 60MPa，沉积岩应不小于 45MPa。

压碎值指标是将 9.5～19mm 的石子 m 克，装入专用试样筒中，施加 200kN 的荷载，卸载后用边长 2.36mm 的方孔筛筛去被压碎的细粒，称量筛余，计作 m_1，则压碎值指标 Q（%）按下式计算：

$$Q = \frac{m - m_1}{m} \times 100\% \tag{11-4-2}$$

压碎值越小，表示石子强度越高，反之亦然。各类别骨料的压碎值指标应符合表 11-4-8的要求。

（5）颗粒级配与最大粒径

粗骨料的颗粒级配是指大小石子搭配适当，使粗骨料的空隙率和总表面积均较小，这样拌制的混凝土水泥用量少，密实度较好，有利于改善混凝土的和易性，提高其强度。粗骨料的公称粒级上限称为最大粒径 D_{max}。

石子的粒级分为连续粒级和单粒粒级两种。连续粒级是指 5mm 以上至最大粒径 D_{max}，各粒级均占一定比例，且在一定范围内。单粒粒级是指从 1/2 最大粒径开始至 D_{max}。单粒粒级主要用于配制具有要求级配的连续粒级，也可与连续粒级混合使用，以改善级配或配成较大密实度的连续粒级。单粒粒级一般不宜单独用来配制混凝土。

石子的级配与砂的级配一样，通过一套标准筛筛分试验，计算累计筛余率确定。根据GB/T 14685的规定，碎石和卵石级配均应符合表11-4-9的要求。

碎石或卵石的颗粒级配范围 **表11-4-9**

公称粒径(mm)		累计筛余(%) 方孔筛孔径(mm)											
		2.36	4.75	9.50	16.0	19.0	26.5	31.5	37.5	53.0	63.0	75.0	90.0
连续粒级	5～16	95～100	85～100	30～60	0～10	0	—	—	—	—	—	—	—
	5～20	95～100	90～100	40～80	—	0～10	0	—	—	—	—	—	—
	5～25	95～100	90～100		30～70	—	0～5	0	—	—	—	—	—
	5～31.5	95～100	90～100	70～90	—	15～45	—	0～5	0	—	—	—	—
	5～40	—	95～100	70～90	—	30～65	—	—	0～5	0	—	—	—
单粒粒级	5～10	95～100	80～100	0～15	0	—	—	—	—	—	—	—	—
	10～16	—	95～100	80～100	0～15	0	—	—	—	—	—	—	—
	10～20	—	95～100	85～100		0～15	0	—	—	—	—	—	—
	16～25	—	—	95～100	55～70	25～40	0～10	0	—	—	—	—	—
	16～31.5	—	95～100	—	85～100	—	—	0～10	0	—	—	—	—
	20～40	—	—	95～100		80～100	—	—	0～10	0	—	—	—
	25～31.5	—	—	—	95～100	—	80～100	0～10	0	—	—	—	—
	40～80	—	—	—	—	95～100	—	—	70～100	—	30～60	0～10	0

注："—"表示该孔径累计筛余不作要求；"0"表示该孔径累计筛余为0。

混凝土所用粗骨料的粒径越大，其表面积越小，通常空隙率也相应减小，因此所需的浆体或砂浆数量也可相应减少，有利于节约水泥、降低成本，并改善混凝土性能。在条件许可的情况下，应尽量选择较大粒径的骨料。

《混凝土结构工程施工规范》GB 50666—2011规定：粗骨料最大粒径不应大于构件最小截面尺寸的1/4，同时不应大于钢筋净距的3/4；对于混凝土实心板，粗骨料最大粒径不宜超过板厚的1/3，且不应大于40mm。

对于泵送混凝土，当泵送高度在50m以下时，粗骨料最大粒径与输送管内径之比，碎石不宜大于1∶3.0，卵石不宜大于1∶2.5；泵送高度为50～100m时，碎石不宜大于1∶4.0，卵石不宜大于1∶3.0；泵送高度大于100m时，碎石不宜大于1∶5.0，卵石不宜大于1∶4.0。

(6) 碱骨料反应

按GB/T 14685的规定，经碱骨料反应试验后，试件应无裂缝、酥裂、胶体外溢等现象，在规定的试验龄期膨胀率应小于0.10%。

【例11-4-3】(历年真题)混凝土用骨料的粒形对骨料的空隙率有很大的影响，会最终影响到混凝土的：

A. 孔隙率　　B. 强度

C. 导热系数　　D. 弹性模量

【解答】骨料的粒形会最终影响到混凝土的强度，应选B项。

4. 水

根据《混凝土用水标准》JGJ 63—2006 的规定，凡符合国家标准的生活饮用水，均可拌制各种混凝土。海水可拌制素混凝土，但不宜拌制有饰面要求的素混凝土，更不得拌制钢筋混凝土和预应力混凝土。

5. 矿物掺合料

混凝土矿物掺合料（亦称矿物外加剂）是指以氧化硅、氧化铝和其他有效矿物为主要成分，在混凝土中可以代替部分水泥、改善混凝土综合性能，且掺量一般不小于5%的具有火山灰活性的粉体材料。在混凝土中的作用机理除了微粉的填充效应、形态效应外，主要是活性 SiO_2 和 Al_2O_3 与 $Ca(OH)_2$ 作用生成 C-S-H 凝胶、水化铝酸钙、水化硫铝酸钙。

常用品种有粉煤灰、矿物（即粒化高炉矿渣粉）、硅灰、磨细沸石粉、偏高岭土、硅藻土、烧页岩、沸腾炉渣、钢渣粉、磷渣粉和复合掺和料等。随着凝土技术的进步，矿物掺合料的内容也在不断拓展，如磨细石灰石粉、磨细石英砂粉、硅质石粉等非活性矿物掺合料（又称惰性掺合料）。

矿物掺合料的主要功能有：①改善混凝土的和易性；②降低混凝土水化温升；③提高早期强度或增进后期强度；④提高混凝土的耐久性。

【例 11-4-4】（历年真题）粉煤灰是现代混凝土材料胶凝材料中常见的矿物掺合物，其主要活性成分是：

A. 二氧化硅和氧化钙　　B. 二氧化硅和三氧化二铝

C. 氧化钙和三氧化二铝　　D. 氧化铁和三氧化二铝

【解答】粉煤灰的主要活性成分是二氧化硅和三氧化二铝，应选 B 项。

6. 混凝土外加剂

外加剂是指能有效改善混凝土某项或多项性能的一类材料。其掺量一般只占胶凝材料用量的5%以下，却能显著改善混凝土的和易性、强度、耐久性或调节凝结时间。

根据《混凝土外加剂术语》GB/T 8075—2017 的规定，混凝土外加剂按其主要使用功能分为四类，见表 11-4-10。

混凝土化学外加剂的功能分类　　表 11-4-10

功能分类	外加剂名称
改善混凝土拌合物流变性能的外加剂	减水剂、泵送剂等
调节混凝土凝结时间和硬化性能的外加剂	缓凝剂、促凝剂、速凝剂、早强剂等
改善混凝土耐久性的外加剂	引气剂、防水剂、阻锈剂等
改善混凝土其他性能的外加剂	膨胀剂、防冻剂、着色剂等

除上述四类使用功能的外加剂外，通过它们合理搭配还可形成各种多功能外加剂，如引气减水剂、缓凝减水剂、早强减水剂等。

（1）减水剂

减水剂是指在混凝土坍落度相同的条件下，能减少拌合用水量的外加剂。其主要功能是：①配合比不变时显著提高流动性；②流动性和胶凝材料用量不变时，减少用水量，降低水胶比，提高强度；③保持流动性和强度不变时，节约胶凝材料用量，降低成本；④配置高强度性能混凝土；⑤改善混凝土其他性能，如缓凝型减水剂可使水泥水化放热速度减速，引气型减水剂可提高混凝土的抗渗性和抗冻性等。

作为最早期使用的木质素系和糖蜜类减水剂，由于减水率低、综合性能差，已很少单独使用。目前工程上常用的品种有：

1）萘磺酸盐系减水剂（简称萘系减水剂）、树脂系减水剂（如磺化三聚氰胺甲醛树脂减水剂），均属于非引气型高效减水剂，主要适用于配制高强、早强、流态和蒸养混凝土制品和工程，也可用于一般工程。

2）聚羧酸系高性能减水剂，其减水率可达25%以上，坍落度损失小。掺聚羧酸系减水剂的混凝土具有相对较高的优质微气泡，特别适用于配制高强泵送混凝土、具有早强要求的混凝土和流态混凝土。聚羧酸系减水剂的价格相对较高，但掺量相对较低，故有较好的性价比。

（2）早强剂

早强剂是指能加速混凝土早期强度发展并对后期强度无显著影响的外加剂。它的主要作用机理是加速水泥水化速度，加速水化产物的早期结晶和沉淀。其主要功能是缩短混凝土施工养护期，加快施工进度，提高模板周转率。它适用于有早强要求的混凝土工程及低温、冬期施工、预制构件，以及紧急抢修施工工程等。

1）氯化钙（$CaCl_2$）早强剂：能使混凝土3d强度提高50%～100%，但后期强度不一定提高，甚至可能低于基准混凝土。由于Cl^-对钢筋有腐蚀作用，故钢筋混凝土中掺量应严格控制在1%以内，并与阻锈剂亚硝酸钠等复合使用。

2）硫酸钠早强剂（又称元明粉）：早强效果不及$CaCl_2$。对矿渣水泥混凝土早强效果较显著，但后期强度略有下降。硫酸钠早强剂在预应力混凝土结构中的掺量不得大于1%；潮湿环境中的钢筋混凝土结构中掺量不得大于1.5%。

3）有机胺类早强剂：最常用的三乙醇胺为无色或淡黄色油状液体，呈碱性，易溶于水。三乙醇胺的掺量极微，一般为胶凝材料用量的0.02%～0.05%，虽然早强效果不及$CaCl_2$，但后期强度不下降并略有提高，且对混凝土耐久性无不利影响。掺量不宜超过0.1%，否则可能导致混凝土后期强度下降。

（3）缓凝剂

缓凝剂是指能延长混凝土的初凝和终凝时间的外加剂。最常用的缓凝剂为木钙和糖蜜。糖蜜的缓凝效果优于木钙，一般能缓凝3h以上。针对超长和超大混凝土结构、大型水利工程等，其缓凝时间有时要求24h以上，目前常用葡萄酸钠、羟基羧酸及其盐类等。缓凝剂主要用于大体积混凝土的施工降低其水化热并推迟温峰出现时间，夏季高温施工和连续浇捣的混凝土，泵送及滑模施工，以及远距离运输。

（4）速凝剂

速凝剂是指能使混凝土迅速硬化的外加剂。一般初凝时间小于5min，终凝时间小于10min，1h内即产生强度，3d强度可达基准混凝土的3倍以上，但后期强度一般低于基准混凝土。速凝剂主要用于喷射混凝土、紧急抢修工程、军事工程、防洪堵水工程等。

（5）引气剂

引气剂是指混凝土在搅拌过程中能引入大量均匀、稳定且封闭的微小气泡的外加剂。气泡直径一般为0.02～1.0mm，绝大部分小于0.2mm。常用引气剂有松香树脂、脂肪醇磺酸盐、烷基和烷基芳烃磺酸类、皂苷类以及蛋白质盐、石油磺盐酸等。掺量一般为

0.005%～0.01%。严防超量掺用，否则将严重降低混凝土强度。

引气剂主要应用于具有较高抗渗和抗冻要求的混凝土工程，提高混凝土耐久性，也可用来改善泵送性。由于引气剂导致混凝土含气量提高，混凝土有效受力面积减小，故混凝土强度将下降。一般每增加1%含气量，抗压强度下降5%左右，抗折强度下降2%～3%。

（6）防冻剂

防冻剂指能使混凝土中水的冰点下降，保证混凝土在负温下凝结硬化并产生足够强度的外加剂。

（7）膨胀剂

膨胀剂是指混凝土凝结硬化过程中生成膨胀性产物或气体，使混凝土产生一定体积膨胀的外加剂。掺入膨胀剂的目的是补偿混凝土自收缩、干缩和温度变形，防止混凝土开裂，并提高混凝土的密实性和防水性能。常用膨胀剂品种有硫铝酸钙、氧化钙、氧化镁、铁屑膨胀剂和复合膨胀剂等，也有采用加气类膨胀剂，如铝粉膨胀剂。膨胀剂主要应用于地下室底板和侧墙混凝土、超长结构混凝土、有抗渗要求的混凝土等。

【例 11-4-5】（历年真题）混凝土中添加减水剂能够在保持相同坍落度的前提下，大幅减小其用水量，因此能够提高混凝土的：

A. 流动性　　B. 强度　　C. 黏聚性　　D. 捣实性

【解答】混凝土中添加减水剂可大幅减小其用水量，故降低水灰比，提高混凝土的强度，应选B项。

【例 11-4-6】（历年真题）大体积混凝土施工不宜掺：

A. 速凝剂　　B. 缓凝剂　　C. 减水剂　　D. 防水剂

【解答】大体积混凝土施工时释放出大量热量，故不宜掺速凝剂，应选A项。

★★★三、普通混凝土的技术性质

1. 新拌混凝土的和易性

（1）和易性的概念与测试

新拌混凝土（亦称混凝土拌合物）的和易性是指拌合物易于搅拌、运输、浇捣成型，并获得质量均匀密实混凝土的综合性能。通常用流动性、黏聚性和保水性三项指标表示。流动性是指拌合物在自重或外力作用下产生流动的难易程度；黏聚性是指拌合物各组成材料之间不产生分层离析现象；保水性是指拌合物不产生严重的泌水现象。

混凝土拌合物的和易性是一项极其复杂的综合性能，通常通过测定其流动性，再辅以其他直观观察或经验综合评定。

根据《普通混凝土拌合物性能试验方法标准》GB/T 50080—2016 的规定，稠度是表征混凝土拌合物流动性的指标，可用坍落度、维勃稠度或扩展度表示。

1）坍落度。它是指混凝土拌合物在自重作用下坍落的高度，坍落度试验［图 11-4-1(a)］适用于骨料最大公称粒径不大于 40mm、坍落度不小于 10mm 的情况。

2）扩展度。它是指混凝土拌合物坍落后扩展的直径。扩展度试验［图 11-4-1(b)］适用于骨料最大公称粒径不大于 40mm、坍落度不小于 160mm 的情况。适用于泵送高强混凝土、自密实混凝土。

3）维勃稠度。维勃稠度试验（图 11-4-2）宜用于骨料最大公称粒径不大于 40mm、维勃稠度在 5～30s 的混凝土拌合物维勃稠度的测定，适用于干硬性混凝土拌合物。

混凝土拌合物的坍落度、扩展度和维勃稠度的等级划分，分别见表 11-4-11、表 11-4-12 和表 11-4-13。可知，坍落度越大或扩展度越大，表明混凝土拌合物的流动性越好；维勃稠度越大，则混凝土拌合物的流动性越差。

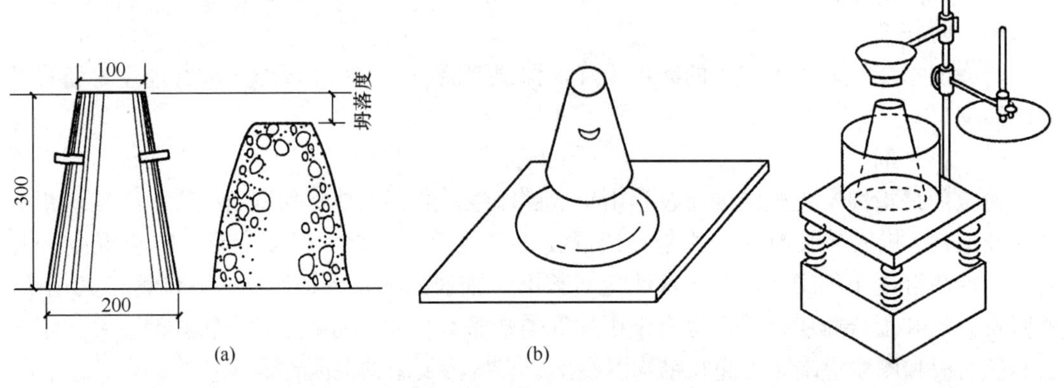

图 11-4-1 坍落度和坍落扩展度试验
（a）坍落度；（b）坍落扩展度

图 11-4-2 维勃稠度试验示意图

混凝土拌合物的坍落度等级划分 表 11-4-11

等级	坍落度（mm）	等级	坍落度（mm）
S1	10～40	S4	160～210
S2	50～90	S5	≥220
S3	100～150		

混凝土拌合物的扩展度等级划分 表 11-4-12

等级	扩展度（mm）	等级	扩展度（mm）
F1	≤340	F4	490～550
F2	350～410	F5	560～620
F3	420～480	F6	≥630

混凝土拌合物的维勃稠度等级划分 表 11-4-13

等级	维勃稠度（s）	等级	维勃稠度（s）
V0	≥31	V3	10～6
V1	30～21	V4	5～3
V2	20～11		

按坍落度的不同，可将混凝土拌合物分为：干硬性混凝土（坍落度 10mm 且须用维勃稠度来表示其稠度）、塑性混凝土（坍落度为 10～90mm）、流动性混凝土（坍落度为 100～150mm）和大流动性混凝土（坍落度≥160mm）。

实际施工中，选择混凝土拌合物的坍落度是依据构件截面的大小、钢筋疏密、入模方式、捣实方法来确定。当构件截面尺寸较小，或钢筋较密，或人工插捣时，坍落度可选择大些，反之亦然。总之，应以保证能顺利施工为前提，坍落度尽量选小些为宜。

（2）影响和易性的因素

1）单位用水量

单位用水量是混凝土流动性的决定因素。用水量增大，流动性随之增大。但用水量大带来的不利影响是保水性和黏聚性变差，易产生泌水分层离析，从而影响混凝土的匀质性、强度和耐久性。试验研究证明在原材料品质一定的条件下，单位用水量一旦选定，$1m^3$ 混凝土的胶凝材料用量增减 $50\sim100kg/m^3$，流动性基本保持不变，这一规律称为固定用水量定则。

2）水胶比（W/B）

水胶比是指用水量与胶凝材料（Binder）的质量比。在胶凝材料用量和骨料用量不变的情况下，水胶比增大，相当于单位用水量增大，浆体变稀，拌合物流动性也随之增大，反之亦然。用水量增大带来的负面影响是严重降低混凝土的保水性，增大泌水，同时使黏聚性也下降。但水胶比也不宜太小，否则因流动性过低影响混凝土振捣密实，易产生麻面和空洞。合理的水胶比是混凝土拌合物流动性、保水性和黏聚性的良好保证。

3）砂率

砂率是指混凝土中砂的用量占砂、石总量的百分比。砂率对粗、细骨料总的表面积和空隙率有很大影响。砂率大，则粗、细骨料总的表面积大，在水泥浆数量一定的前提下，减薄了起到润滑作用的水泥浆层厚度，使混凝土拌合物流动性减小，如图 11-4-3(a) 所示。若砂率过小，包裹在粗骨料表面的砂浆层厚度过薄，也会降低混凝土拌合物的流动性［图 11-4-3(a)］。因此，在配制混凝土时，应选用合理砂率。当采用合理砂率时，在用水量及胶凝材料用量一定的情况下，能使混凝土拌合物获得最好的流动性，且保持良好的黏聚性及保水性。如图 11-4-3(b) 所示，采用合理砂率时，在保持混凝土拌合物坍落度基本相同，且能保持黏聚性及保水性良好的情况下，其用水量及胶凝材料用量为最小值。

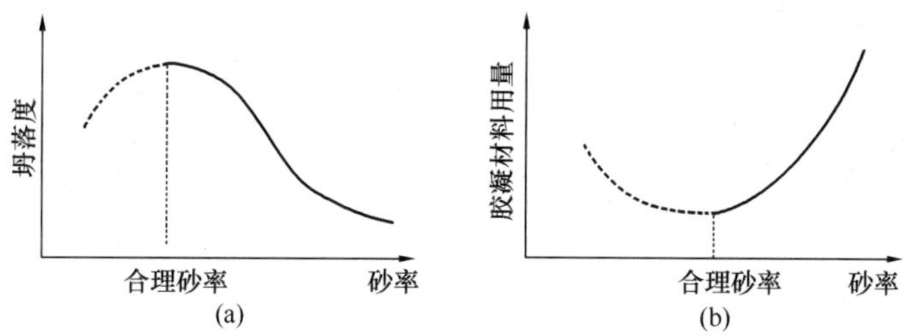

图 11-4-3　砂率与混凝土流动性和胶凝材料用量的关系

（a）砂率与坍落度的关系；（b）砂率与胶凝材料用量的关系

合理砂率可通过试验确定。此外，合理砂率可参照《普通混凝土配合比设计规程》JGJ 55—2011，具体见本节后面内容。

4）水泥品种及细度

如火山灰质水泥、矿渣水泥配制的混凝土流动性比普通水泥小。在流动性相同的情况下，矿渣水泥的保水性能较差，黏聚性也较差。同品种水泥越细，流动性越差，但黏聚性和保水性越好。

5）骨料的品种和粗细程度

卵石表面光滑，碎石粗糙且多棱角，因此，卵石配制的混凝土流动性较好，但黏聚性和保水性则相对较差。河砂与山砂、机制砂的差异与上述相似。对级配符合要求的砂石料来说，粗骨料粒径越大，砂子的细度模数越大，则流动性越大，但黏聚性和保水性有所下降。

6）掺合料品种和掺量

掺合料品种对流动性的影响非常显著。如Ⅰ级粉煤灰可增大流动性，并使保水性得以改善，Ⅱ级粉煤灰则有可能降低流动性；硅灰则严重降低混凝土流动性，但黏聚性和保水性得以改善；超细磨的矿粉通常也降低流动性，但当其较粗时则对流动性影响较小。

7）外加剂

改善混凝土和易性的外加剂主要有减水剂和引气剂。它们能使混凝土在不增加用水量的条件下增加流动性，并具有良好的黏聚性和保水性。

8）时间和气候条件

随着胶凝材料水化和水分蒸发，混凝土的流动性将随着时间的延长而下降。气温高、湿度小、风速大将加速流动性的损失。

(3) 混凝土和易性的改善措施

1）尽可能选用合理砂率。

2）当坍落度大于设计要求时，可在保持砂率不变的前提下，增加砂石用量。

3）当混凝土流动性小于设计要求时，为了保证混凝土的强度和耐久性，不能单独加水，必须保持水胶比不变，增加胶凝材料用量。但胶凝材料用量增加，成本提高，收缩和水化热增大，且可能导致黏聚性和保水性下降。

4）改善骨料级配，既可增加混凝土流动性，也能改善黏聚性和保水性。

5）掺减水剂或引气剂，是改善混凝土和易性的最有效措施。

【例 11-4-7】（历年真题）在不影响混凝土强度的前提下，当混凝土的流动性太大或太小时，调整的方法通常是：

A. 增减用水量　　　　B. 保持水灰比不变，增减水泥用量

C. 增大或减小水灰比　　　　D. 增减砂石比

【解答】当不影响混凝土强度的前提下，改善其流动性，可采取保持水灰比不变，增减水泥用量，应选 B 项。

★★★2. 硬化混凝土的强度

(1) 混凝土的受压变形与破坏机理

1）混凝土硬化后的结构状态

硬化混凝土是由粗、细骨料和硬化水泥浆组成的，而硬化水泥浆由水泥水化物、未水化水泥颗粒、自由水、气孔等组成，并且在骨料表面及骨料与硬化水泥浆体之间也存在孔隙及裂缝等。

通过显微镜观察到，在混凝土内，从粗骨料表面至硬化水泥浆体有一厚度约为 10～50μm 的区域范围，通常称为界面过渡区。该过渡区结构较疏松、密度小、强度低，对混凝土强度和抗渗性都不利。

混凝土硬化后，在受力前，其内部已存在大量肉眼看不到的原始裂缝，其中以界面微裂缝为主。界面是指石子与硬化水泥浆的粘结面。界面微裂缝形成的原因是：①水泥浆在硬化过程中产生的体积变化（如化学减缩、湿胀、干缩等）与粗骨料体积变化一致而形成

的；②由于混凝土成型后的泌水作用，在粗骨料下方形成水隙，待混凝土硬化后，水分蒸发而形成的。界面微裂缝对混凝土强度影响极大。

2）混凝土的受压变形与破坏机理

硬化后的混凝土，在施加外力时，界面微裂缝处出现应力集中，随着外力的增大，裂缝就会延伸和扩展，最后导致混凝土破坏。混凝土的受压破坏实际上是裂缝的失稳扩展到贯通的过程。混凝土裂缝的扩展可分为如图 11-4-4 所示的四个阶段，每个阶段的裂缝状态示意图见图 11-4-5。

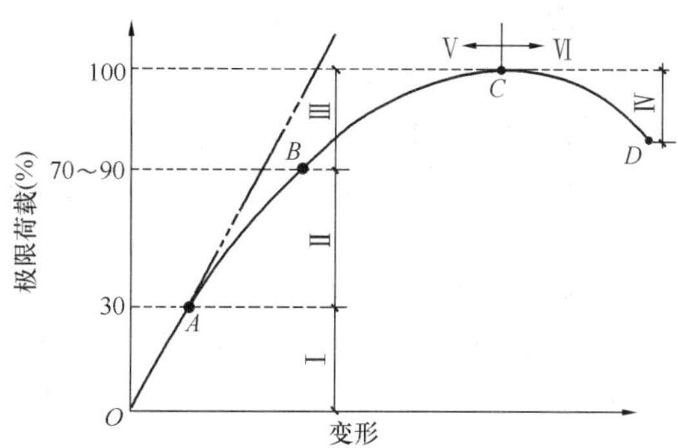

图 11-4-4　混凝土受压变形曲线

Ⅰ—界面裂缝无明显变化；Ⅱ—界面裂缝增长；Ⅲ—出现砂浆裂缝和连续裂缝；Ⅳ—连续裂缝迅速发展；Ⅴ—裂缝缓慢发展；Ⅵ—裂缝迅速增长

当荷载到达“比例极限”（约为极限荷载的 30%）以前，界面裂缝无明显变化（图 11-4-5中Ⅰ）。此时，荷载与变形接近直线关系（图 11-4-4 曲线的 OA 段）；荷载超过“比例极限”以后，界面裂缝的数量、长度、宽度都不断扩大，界面借摩擦阻力继续承担荷载，但尚无明显的砂浆裂缝（图 11-4-5 中Ⅱ）。此时，变形增大的速度超过荷载增大的速度，荷载与变形之间不再接近直线关系（图 11-4-4 曲线的 AB 段）。荷载超过“临界荷载”（为极限荷载的 70%～90%）以后，在界面裂缝继续发展的同时，开始出现砂浆裂缝，并将临近的界面裂缝连接起来成为连续裂缝（图 11-4-5 中Ⅲ），此时，变形增大的速度进一步加快，荷载-变形曲线明显地弯向变形轴方向（图 11-4-4 曲线的 BC 段）。超过极限荷载后，连续裂缝急速地扩展（图 11-4-5 中Ⅳ）。此时，混凝土的承载力下降，荷载减小而变形迅速增大，以致完全破坏，荷载-变形曲线逐渐下降而最后结束（图 11-4-4 曲线的 CD 段）。因此，混凝土的受力破坏过程实际上是混凝土裂缝的发生和发展过程，也是混凝土内部结构由连续到不连续的演变过程。

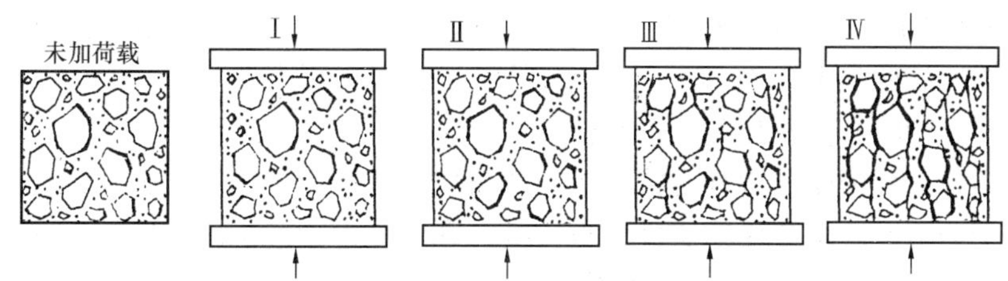

图 11-4-5　混凝土不同受力阶段裂缝示意图

【例 11-4-8】（历年真题）混凝土材料在单向受压条件下的应力-应变曲线呈现明显的非线性特征，在外部应力达到抗压强度的 30%左右时，图线发生弯曲，这时应力-应变关系的非线性主要是由于：

A. 材料出现贯穿裂缝　　　　B. 骨料被压碎

C. 界面过渡区裂缝的增长　　D. 材料中孔隙被压缩

【解答】 外部应力达到混凝土抗压强度的30%左右时，界面过渡区裂缝增长，应选C项。

（2）混凝土的立方体抗压强度

按照《混凝土物理力学性能试验方法标准》GB/T 50081—2019的规定，制作边长为150mm的立方体试件，在标准条件（温度20±2℃，相对湿度95%以上）下，养护到28d龄期或设计龄期，测得的抗压强度值为混凝土立方体试件抗压强度（简称立方体抗压强度），以 f_{cu} 表示。

在实际的混凝土工程中，允许采用非标准尺寸的试件，由于试件的环箍效应，试件自身的缺陷（如裂缝、孔隙），导致试件尺寸越大，其测得的抗压强度越低。当混凝土强度等级小于C60时，用非标准试件测得的强度均应乘以尺寸换算系数，对200mm×200mm×200mm试件可取为1.05；对100mm×100mm×100mm试件可取为0.95。

混凝土试件的立方体抗压强度试验应按现行《混凝土物理力学性能试验方法标准》GB/T 50081—2019的规定，每组混凝土试件立方体抗压强度值的确定，应符合下列规定：

1）取3个试件测值的算术平均值作为每组试件的强度值；

2）当3个测值中的最大值或最小值与中间值之差超过中间值的15%时，取中间值作为该组试件的强度值；

3）当最大值和最小值与中间值之差均超过中间值的15%时，该组试件的试验结果无效。

根据《混凝土强度检验评定标准》GB/T 50107—2010的规定，混凝土的强度等级应按立方体抗压强度标准值划分。混凝土强度等级应采用符号C与立方体抗压强度标准值 $f_{cu,k}$（以 N/mm^2 计）表示。立方体抗压强度标准值应为按标准方法制作和养护的边长为150mm的立方体试件，用标准试验方法在28d龄期测得的混凝土抗压强度总体分布中的一个值，强度低于该值的概率应为5%，即具有不低于95%的保证率。

根据《混凝土质量控制标准》GB 50164—2011规定，普通混凝土划分为C10、C15、C20、C25、C30、C35、C40、C45、C50、C55、C60、C65、C70、C75、C80、C85、C90、C95、C100共19个强度等级。如C30表示立方体抗压强度标准值为 $30N/mm^2$，混凝土立方体抗压强度大于等于 $30N/mm^2$ 的概率要求95%以上。

（3）混凝土的轴心抗压强度（也称棱柱体抗压强度）

考虑到实际工程中受压构件是棱柱体，故采用棱柱体试件比用立方体试件更能反映混凝土的实际受压情况。由棱柱体试件测得的抗压强度称为轴心抗压强度 f_{cp}。国家标准规定采用150mm×150mm×300mm的标准棱柱体试件进行轴心抗压强度试验，也可采用非标准尺寸的棱柱体试件。当混凝土强度等级低于C60时，用非标准试件测得的强度值均应乘以尺寸换算系数，200mm×200mm×400mm的试件尺寸换算系数为1.05；100mm×100mm×300mm的试件为0.95。

试验研究表明，当立方体抗压强度在 $f_{cu}=10\sim55N/mm^2$ 的范围内时，轴心抗压强度 f_{cp} 与 f_{cu} 之比约为0.7～0.80。

（4）混凝土的劈裂抗拉强度

混凝土的抗拉强度很低，其抗拉强度与抗压强度之比值仅为1/20～1/10，且该比值随混凝土强度的提高而减小，即混凝土强度越大，脆性越大。结构设计时，通常不考虑混凝土所承受拉应力，而仅考虑钢筋承受拉应力，但抗拉强度对提高混凝土抗裂性具有重要意义，是裂缝宽度和裂缝间距计算的主要指标，也可用来间接衡量混凝土与钢筋的粘结强度。

由于用轴向拉伸试验测定混凝土的抗拉强度困难、测试值准确度较低，因此，采用劈裂法间接测定混凝土的抗拉强度，即劈裂抗拉强度 f_{ts}。劈拉试验的标准试件尺寸为边长 150mm 的立方体，在上下两相对面的中心线上施加均布线荷载，使试件内竖向平面上产生均布拉应力。混凝土的劈裂抗拉强度 f_{ts} 按下式计算：

$$f_{ts}=\frac{2F}{\pi A}=0.637\frac{F}{A} \tag{11-4-3}$$

式中，F 为试件破坏荷载（N）；A 为试件劈裂面面积（N/mm^2）。

当采用 100mm×100mm×100mm 的非标准试件时，其测得的劈裂抗拉强度值应乘以尺寸换算系数 0.85。

（5）复合应力状态下混凝土的强度

1）双向（亦称双轴）压力下：混凝土一向的强度随另一向的压力的增加而增大，混凝土双向受压强度比单向（即单轴）受压强度大，最多可提高 27%左右。

2）三向（亦称三轴）压力下：由于受到侧向压力的约束作用，最大主压应力轴的抗压强度有较大程度的增长，其变化规律随两侧向压应力的比值和大小而不同。在工程中，混凝土柱设置螺旋箍、箍筋或钢管来约束混凝土，使混凝土处于三向压力作用下，改善柱的受力性能。

【例 11-4-9】（历年真题）对于混凝土强度受到其材料组成、养护条件及试验方法的影响，其中试验方法的影响主要体现在：

A. 试验设备的选择　　　　B. 试验地点的选择

C. 试件尺寸的选择　　　　D. 温湿环境的选择

【解答】试验方法的影响主要体现在试件尺寸的选择，应选 C 项。

【例 11-4-10】（历年真题）根据混凝土的劈裂强度可推断出其：

A. 抗压强度　　　　B. 抗剪强度

C. 抗拉强度　　　　D. 弹性模量

【解答】根据混凝土的劈裂强度可推断出其抗拉强度，应选 C 项。

【例 11-4-11】（历年真题）混凝土的单轴抗压强度与三轴抗压强度相比：

A. 数值较大　　　　B. 数值较小

C. 数值相同　　　　D. 大小不能确定

【解答】混凝土的单轴抗压强度与其三轴抗压强度相比数值较小，应选 B 项。

（6）影响混凝土抗压强度的因素

1）胶凝材料强度和水胶比

胶凝材料强度和水胶比是决定混凝土抗压强度的主要因素。混凝土的强度主要来自胶凝材料强度以及与骨料之同的粘结力。胶凝材料强度越高，则自身强度及与骨料的粘结强度就越高，混凝土强度也越高。

水泥完全水化的理论需水量约为水泥重的 23%，作为胶凝材料完全水化的需水量可能更小，但实际拌制混凝土时，为获得良好的和易性，水胶比往往大于该理论值，多余水分蒸发后，在混凝土内部留下孔隙，且水胶比越大，留下的孔隙越大，使有效承压面积减少，混凝土强度也就越小。此外，多余水分在混凝土内的迁移上升过程中遇到粗骨料时，由于受到粗骨料的阻碍，水分往往在其底部积聚，形成水泡，极大地削弱了砂浆与骨料的粘结强度，使混凝土强度下降。因此，在胶凝材料强度和其他条件相同的情况下，水胶比越小，混凝土强度越高，水胶比越大，混凝土强度越低。但水胶比太小，混凝土过于干稠，不能保证振捣均匀密实，反而使得强度降低。试验证明，在相同的情况下，混凝土的强度（f_{cu}）与水胶比呈有规律的曲线关系，而与胶水比（B/W）则呈线性关系。通过大量试验资料的数理统计分析，建立了混凝土强度经验公式（又称鲍罗米公式）：

$$f_{cu}=\alpha_a f_b\left(\frac{B}{W}-\alpha_b\right) \tag{11-4-4}$$

式中，f_{cu}为混凝土的立方体抗压强度（MPa）；$\frac{B}{W}$为混凝土的胶水比，即胶凝材料与用水量之比，当无矿物掺合料时，为水泥与用水量之比（C/W）；f_b 为胶凝材料 28d 胶砂抗压强度（MPa）；α_a、α_b 为与骨料种类有关的经验系数；可按《普通混凝土配合比设计规程》JGJ 55—2011 采用，碎石：$\alpha_a=0.53$，$\alpha_b=0.20$；卵石：$\alpha_a=0.49$，$\alpha_b=0.13$。

2）骨料的质量（品质）

骨料的颗粒形状和表面粗糙度对强度影响较为显著，如碎石表面较粗糙，多棱角，与砂浆的机械啮合力（即粘结强度）提高，混凝土强度较高。相反，卵石表面光洁，强度也较低。砂的作用效果与粗骨料类似。当粗骨料中针片状含量较高时，将降低混凝土强度，对抗折强度的影响更显著。所以在骨料选择时要尽量选用接近球状体的颗粒。

3）施工方法

一般情况下，采用机械振捣比人工振捣均匀密实，强度也略高。机械振捣允许采用更小的水胶比，获得更高的强度。此外，高频振捣、多频振捣和二次振捣工艺等，均有利于提高强度。

4）养护条件

混凝土浇筑成型后的养护温度、湿度是决定强度发展的主要外部因素。

养护环境温度高，水泥水化速度加快，混凝土强度发展也快，早期强度高；反之亦然。但是，针对不加掺合料的水泥混凝土，当养护温度超过 40℃以上时，虽然能提高早期强度，但 28d 以后的强度通常比 20℃标准养护的低。当温度在冰点以下时，不但水泥水化停止，而且有可能因冰冻导致混凝土结构疏松，强度严重降低，因此，冬期施工的混凝土应特别加强防冻措施。

空气相对湿度低，空气干燥，混凝土中的水分蒸发加快，严重时导致混凝土缺水而停止水化，强度发展受阻。另外，混凝土在强度较低时失水过快，极易引起干缩开裂，影响耐久性。因此，应特别加强早期的浇水养护，确保内部有足够的水分使胶凝材料充分水化。对于采用硅酸盐水泥、普通硅酸盐水泥或矿渣硅酸盐水泥配制的混凝土，采用浇水和潮湿覆盖的养护时间不得少于 7d。对于采用粉煤灰硅酸盐水泥、火山灰质硅酸盐水泥、复合硅酸盐水泥配制的混凝土，或掺加缓凝剂的混凝土以及大掺量矿物掺合料混凝土，采用浇水和潮湿覆盖的养护时间不得少于 14d。

5）龄期

龄期是指混凝土在正常养护下所经历的时间。随养护龄期增长，胶凝材料水化程度提高，凝胶体增多，自由水和孔隙率减少，密实度提高，混凝土强度也随之提高。最初的 7d 内强度增长较快，而后增幅减小，28d 以后，强度增长更趋缓慢，但如果养护条件得当，则在几年、甚至数十年内仍将有所增长。在标准养护下，普通硅酸盐水泥配制的混凝土，混凝土强度的发展大致与龄期的对数成正比关系：

$$f_{cu,n}=\frac{\lg n}{\lg 28}f_{cu,28} \tag{11-4-5}$$

式中，$f_{cu,n}$为标准养护 nd 时混凝土的抗压强度（N/mm^2）；$f_{cu,28}$为标准养护 28d 的混凝土抗压强度（N/mm^2）；n 为龄期（d），$n\geqslant 3$。

6）外加剂

在混凝土中掺入减水剂，可在保证相同流动性前提下，减少用水量，降低水胶比，从而提高混凝土的强度。

（7）提高混凝土强度的措施

1）采用高强度等级水泥。

2）尽可能降低水胶比。可掺入高性能减水剂，减少用水量，降低水胶比，提高混凝土强度。

3）采用优质砂石骨料，选择合理砂率。

4）采用机械搅拌和机械振捣，确保搅拌均匀性和振捣密实性。

5）改善养护条件，保证一定的温度和湿度条件，必要时可采用蒸汽养护，提高早期强度。用粉煤灰水泥、矿渣水泥、火山灰水泥配制的混凝土，蒸汽养护的增强效果更加显著，不仅能提高早期强度，也能提高后期强度。

6）掺入减水剂或早强剂，提高混凝土的强度或早期强度。

7）掺硅灰或超细矿渣粉，提高混凝土强度。

【例 11-4-12】（历年真题）混凝土强度的形成受到其养护条件的影响，主要是指：

A. 环境温湿度　　B. 搅拌时间

C. 试件大小　　D. 混凝土水胶比

【解答】混凝土强度的形成受到环境温度、湿度的影响，应选 A 项。

【例 11-4-13】（历年真题）混凝土强度是在标准养护条件下达到标准养护龄期后测量得到的，如实际工程中混凝土的环境温度比标准养护温度低了 10℃，则混凝土的最终强度与标准强度相比：

A. 一定较低　　B. 一定较高　　C. 不能确定　　D. 相同

【解答】当实际工程中混凝土的环境温度比标准养护温度低 10℃时，其最终强度与标准强度相同，应选 D 项。

【例 11-4-14】（历年真题）混凝土材料的抗压强度与下列哪个因素不直接相关：

A. 骨料强度　　B. 硬化水泥浆强度

C. 骨料界面过渡区　　D. 拌合用水的品质

【解答】混凝土的强度与拌合用水的品质不直接相关，应选 D 项。

3. 混凝土的变形性能

混凝土在凝结硬化过程和凝结硬化以后，均会产生一定量的体积变形，主要包括化学收缩、干湿变形、自收缩、温度变形以及荷载作用下的变形。按变形性质可分为可逆变形与不可逆变形、弹性变形与塑性变形。

★（1）化学收缩

由水泥和胶凝材料的水化和凝结硬化而产生的自身体积减缩称为化学收缩。其收缩值随混凝土龄期的增加而增大，大致与时间的对数成正比，亦即早期收缩大，后期收缩小。一般在混凝土成型后 40d 内增长较快，以后渐趋稳定。收缩量与水泥及胶凝材料用量、水泥及胶凝材料品种有关。水泥及胶凝材料用量越大，化学收缩值越大。化学收缩是不可恢复的。

★（2）干湿变形

混凝土的干湿变形是指干燥收缩（简称干缩）和吸湿膨胀（简称湿胀）。干缩是指混凝土内部水分向外部迁移蒸发引起的体积变形。湿胀是指混凝土吸湿或吸水引起的膨胀，湿胀对混凝土无害。

混凝土在空气中硬化，当环境湿度较小时，首先失去自由水，自由水失去不引起收缩；继续干燥时，毛细孔水蒸发，在毛细孔中形成负压产生收缩，该收缩在重新吸附水分后会有所恢复；再继续干燥则引起凝胶体颗粒的吸附水（或凝胶孔水）也发生部分蒸发，导致凝胶颗粒之间发生紧缩，这部分收缩是不可恢复的。因此，混凝土的干缩变形在重新吸水后大部分可以恢复，但有 30%～60%不能完全恢复。干缩可使混凝土表面产生较大拉应力而引起开裂，导致混凝土抗渗性、抗冻性和抗侵蚀性等下降。结构设计中混凝土干缩率取值为 $(1.5\sim2.0)\times10^{-4}$mm/mm。

影响混凝土干缩的因素有：水泥品种、水泥用量和用水量，粗细骨料的品质，养护条件等。

★（3）自收缩

自收缩与干缩的产生机理在实质上可以认为是一致的，常温条件下主要由毛细孔失水，形成水凹液面而产生收缩应力。不同的是：自收缩是因水泥水化导致混凝土内部缺水，外部水分未能及时补充而产生，这在低水胶比高强高性能混凝土中极其普遍。研究表明，当混凝土的水胶比低于 0.3 时，自收缩率高达 $(2.0\sim4.0)\times10^{-4}$mm/mm。

★（4）温度变形

混凝土也具有热胀冷缩的性质。混凝土的温度膨胀系数约为 1.0×10^{-5}mm/(mm·℃)，即温度升高 1℃，每米膨胀 0.01mm。温度变形对大体积混凝土、大面积混凝土、超长结构混凝土等极为不利，易产生温度裂缝。

在混凝土硬化初期，水泥水化放出较多的热量，混凝土又是热的不良导体，散热较慢，因此在大体积混凝土内部的温度较外部高，有时可达 50℃～70℃。这将使内部混凝土的体积产生较大的膨胀，而外部混凝土却随气温降低而收缩。内部膨胀和外部收缩互相制约，在外表混凝土中将产生很大拉应力，严重时使混凝土产生裂缝。因此，对大体积混凝土工程，必须尽量设法减少混凝土发热量，如采用低热水泥、减少水泥用量、采用人工降温等措施。超长混凝土结构物应每隔一段距离设置一道伸缩缝、配制温度钢筋等。

★（5）影响混凝土收缩的因素及减少收缩的措施

混凝土中水泥石失去水分是引起收缩的主要原因，骨料的收缩值很小且抑制水泥石的收缩。

1）胶凝材料用量：在水胶比一定时，胶凝材料（尤其是水泥）用量越大，混凝土收缩值也越大。相反，骨料含量越高，胶凝材料用量越少，则混凝土收缩越小。

2）水胶比：在胶凝材料用量一定时，水胶比越大，意味着多余水分越多，蒸发收缩值也越大。因此要严格控制水胶比，尽量降低水胶比。

3）胶凝材料品种和强度：一般情况下，矿渣水泥比普通水泥收缩大。高强度水泥比低强度水泥收缩大。硅灰掺合料会增大混凝土的收缩。在良好养护条件下，矿粉与粉煤灰掺合料能减少混凝土的收缩。

4）骨料的规格与质量：骨料的粒径越大、级配越好，混凝土干缩越少。

5）环境条件：气温越高、环境湿度越小、风速越大，混凝土的干燥速度越快，在混凝土凝结硬化初期特别容易引起干缩开裂，故必须加强早期保湿养护。

★★★（6）在荷载作用下的变形

1）在短期荷载作用下的变形

① 混凝土的弹塑性变形

混凝土是多相复合物质，不是完全的弹性体而是弹塑性体。在受力时，混凝土既会产生可以恢复的弹性变形，也会产生不可恢复的塑性变形，其应力-应变曲线不是直线而是曲线，如图 11-4-6 所示。

在重复荷载作用下的应力-应变曲线如图 11-4-7 所示，其曲线形式因作用力的大小不

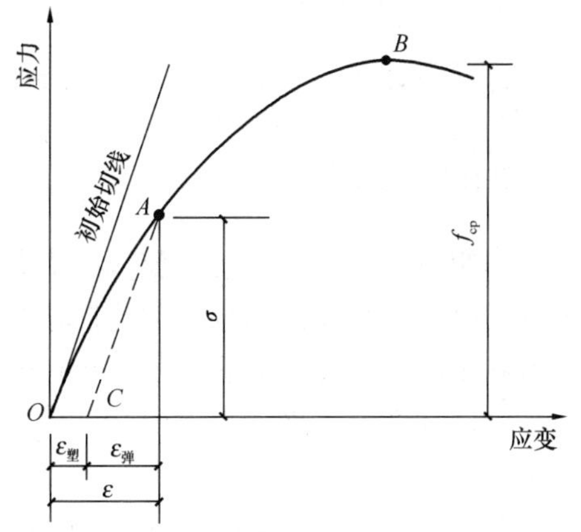

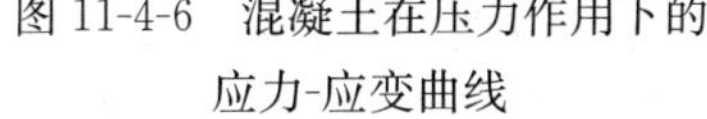
图 11-4-6　混凝土在压力作用下的应力-应变曲线

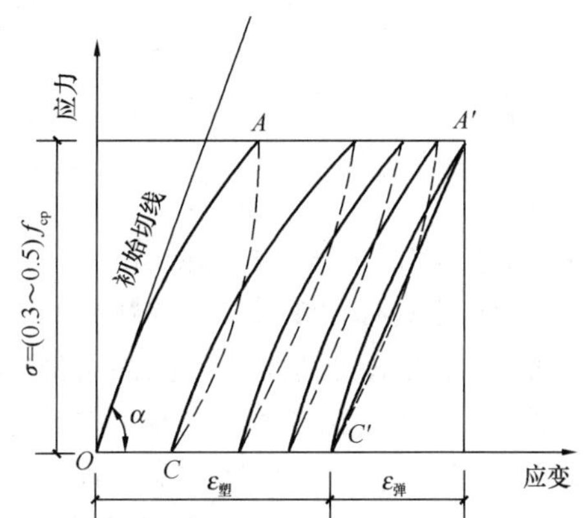

图 11-4-7　混凝土在低应力重复荷载作用下的应力-应变曲线

同而不同。当应力小于（0.3～0.5）f_{cp}（混凝土轴心抗压强度）时，每次卸荷都残留一部分塑性变形 $\varepsilon_{塑}$，但随重复次数的增加，$\varepsilon_{塑}$ 的增量逐渐减小，最后曲线稳定于 $A'C'$线，它与初始切线大致平行。若所加应力在（0.5～0.7）f_{cp}以上重复时，随重复次数的增加，塑性应变逐渐增加，最终将导致混凝土的疲劳破坏。

② 混凝土的弹性模量

根据《混凝土物理力学性能试验方法标准》GB/T 50081—2019 的规定，混凝土的静力

受压弹性模量是以棱柱体(150mm×150mm×300mm)试件轴心抗压强度的1/3作为控制值，在此应力水平下重复加荷-卸荷至少2次以上，以基本消除塑性变形后测得的应力-应变之比值，是一个条件弹性模量。采用这种方法测定的弹性模量 E_c 可作为混凝土结构设计的依据。对于C15～C80混凝土，E_c 值为(2.20～3.80)×10^4 N/mm^2。影响混凝土的弹性模量的因素有：a. 骨料含量越高，骨料自身的弹性模量越大，则混凝土弹性模量越大；b. 混凝土水胶比越小，越密实，弹性模量越大；c. 混凝土养护龄期越长，弹性模量也越大；d. 早期养护温度较低时，弹性模量较大，亦即蒸汽养护混凝土的弹性模量较小；e. 掺入引气剂将使混凝土弹性模量下降。

2）徐变

徐变是指混凝土在长期恒载作用下，随时间延长，沿作用力方向缓慢发展的变形。混凝土的应变与持荷时间关系曲线如图11-4-8所示，当混凝土受荷作用后，即产生瞬时应变，瞬时应变以弹性变形为主。随着荷载持续时间的增长，混凝土的徐变在加荷早期增长较快，然后逐渐减慢，2～3年后才趋于稳定。徐变变形可达瞬时变形的2～4倍。普通混凝土的最终徐变为(3～15)×10^{-4} m/m。当混凝土卸载后，一部分变形瞬时恢复，一部分要过一段时间才能恢复(称为徐变恢复)，剩余的变形是不可恢复的(称为残余变形)。

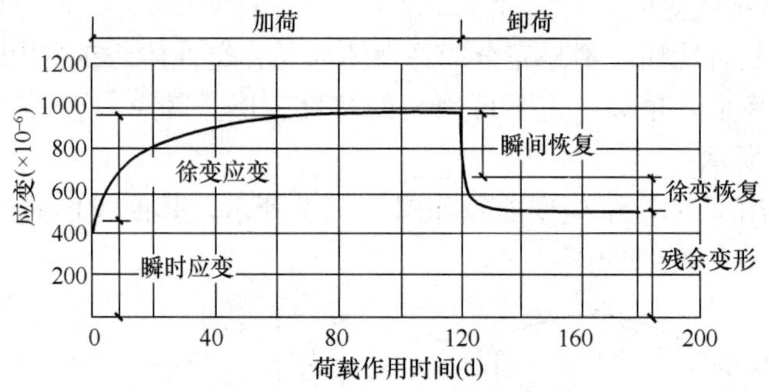

图11-4-8 混凝土的应变与持荷时间的关系曲线

混凝土产生徐变，一般认为是由于在长期荷载作用下，水泥石中的凝胶体产生黏性流动，向毛细孔中迁移，或者凝胶体颗粒的吸附水(或凝胶孔水)向内部毛细孔迁移渗透所致。因此，影响混凝土徐变的主要因素是水泥用量和水胶比。水泥用量越多，混凝土中凝胶体含量越大；水胶比越大，混凝土中的毛细孔越多，这两个方面均会使混凝土的徐变增大。此外，加荷时间越短，所加荷载越大，混凝土徐变越大。

混凝土的徐变对混凝土及钢筋混凝土结构物的影响有有利的一面，也有不利的一面。徐变有利于削弱由温度、干缩等引起的约束变形，防止裂缝的产生；对钢筋混凝土构件能消除其内部的应力集中，使应力较均匀地重新分布；对大体积混凝土，能消除一部分由于温度变形所产生的破坏应力。但在预应力混凝土结构中，混凝土的徐变将使钢筋的预应力受到损失。

【例11-4-15】(历年真题) 增大混凝土的骨料含量，混凝土的徐变和干燥收缩的变化规律为：

A. 都会增大　　B. 都会减小

C. 徐变增大，干燥收缩减小　　D. 徐变减小，干燥收缩增大

【解答】增大骨料含量，混凝土的徐变和干燥收缩都会减小，应选 B 项。

【例 11-4-16】（历年真题）混凝土的干燥收缩和徐变规律相似，而且最终变形量也相互接近，原因是两者有相同的微观机理，均为：

A. 毛细孔的排水　　B. 过渡区的变形

C. 骨料的吸水　　D. 凝胶孔水分的移动

【解答】混凝土的干燥收缩和徐变，两者相同的微观机理是凝胶孔水分的移动，应选 D 项。

★★★4. 混凝土的耐久性

混凝土的耐久性是指混凝土在所处环境及使用条件下经久耐用的性能。通常根据不同的结构部位和使用环境，用混凝土的抗渗性、抗侵蚀性、抗冻性、抗碳化性和抗碱-骨料反应综合评价混凝土的耐久性。

（1）混凝土的抗渗性

混凝土的抗渗性是指抵抗压力液体（水、油、溶液等）和气体渗透作用的能力。抗渗性是决定混凝土耐久性最主要的技术指标。因为抗渗性好，即密实性高，外界腐蚀介质不易侵入内部，从而抗侵蚀性相应提高。同样，水不易进入混凝土内部，冰冻破坏作用和风化作用减小。因此，混凝土的抗渗性可以认为是混凝土耐久性指标的综合体现。

混凝土的抗渗性能用抗渗等级表示。抗渗等级是根据《普通混凝土长期性能和耐久性能试验方法标准》GB/T 50082—2009 的规定，通过试验确定。根据《混凝土质量控制标准》GB 50164—2011 的规定，混凝土抗渗性能分为 P4、P6、P8、P10、P12 和>P12 共六个等级，分别表示混凝土能抵抗 0.4MPa、0.6MPa、0.8MPa、1.0MPa、1.2MPa 和大于 1.2MPa 的水压力而不渗漏。抗渗混凝土一般是指抗渗等级大于等于 P6 级。

混凝土的抗渗性主要与混凝土的密实度和孔隙率以及孔隙特征有关。混凝土中相互连通的孔隙越多、孔径越大，则混凝土的抗渗性越差。

（2）混凝土的抗侵蚀性

当混凝土所处环境中含有侵蚀性介质时，混凝土便会遭受侵蚀，通常有软水侵蚀、硫酸盐侵蚀、镁盐侵蚀、碳酸侵蚀、一般酸侵蚀与强碱侵蚀等。

混凝土的抗侵蚀性与所用水泥的品种、混凝土的密实程度和孔隙特征有关。密实和孔隙封闭的混凝土，环境水不易侵入，则其抗侵蚀性较强。所以，提高混凝土抗侵蚀性的措施，主要是合理选择水泥品种、降低水胶比、提高混凝土的密实度和改善孔结构。

（3）混凝土的抗冻性

混凝土的抗冻性是指混凝土在吸水饱和状态下，能经受多次冻融循环而不破坏，同时也不严重降低强度的性能。混凝土的抗冻性用抗冻等级或抗冻标号表示。混凝土抗冻性能的测定有两种方法：①快冻法，采用标准养护 28d 龄期的 100mm×100mm×400mm 棱柱体试件，在水饱和后，在试件中心温度为−18～5℃情况下进行冻融循环，以混凝土快速冻融循环后，相对动弹性模量下降到 60%，或质量损失率已达到 5%，或达到规定的冻融循环次数时的最大冻融循环次数表示，分为 F50、F100、F150、F200、F250、F300、F350、F400 和大于 F400 九个抗冻等级；②慢冻法，采用标准养护 28d 龄期的边长 100mm 的立方体试件，在水饱和后，在−18～20℃情况下进行冻融循环，以混凝土慢速冻融循环后，抗压强度损失率已达到 25%，或质量损失率已达到 5%，或达到规定的冻融循环次数时的最大冻融循环次数来表示，分为 D50、D100、D150、D200 和大于 D200 五个抗冻标号。

影响混凝土抗冻性的主要因素有：①水胶比或孔隙率。水胶比大，则孔隙率大，导致吸水率增大，冰冻破坏严重，抗冻性差。故应降低水胶比，提高混凝土密实度。②孔隙特征。连通毛细孔易吸水饱和，冻害严重。若为封闭孔，则不易吸水，冻害就小。故加入引气剂能提高抗冻性。③混凝土的自身强度。在相同的冰冻破坏应力作用下，混凝土强度越高，冻害程度也就越低。④混凝土孔隙的吸水饱和程度、降温速度和冰冻温度。

混凝土道路工程、桥梁工程还存在盐冻破坏问题，为防止冰雪冻滑影响交通，常在路面、桥面撒除冰盐。除冰盐会使混凝土的饱水程度、膨胀压力、渗透压力提高，加大冰冻的破坏力，且在干燥时盐会在孔中结晶，产生结晶压力，两方面共同作用，使混凝土路面、桥面剥蚀。因此，盐冻的破坏力更大。

混凝土的抗冻耐久性指数 DF 是指混凝土试件经 300 次快速冻融循环后混凝土的动弹性模量 E_1 与其初始值 E_0 的比值，$DF=100\times E_1/E_0$；在达到 300 次循环之前 E_1 已降至初始值的 60%或试件重量损失已达到 5%的试件，以此时的循环次数 N 计算其 DF 值，$DF=0.6\times 100\times N/300$。

（4）混凝土的抗碳化性

混凝土的碳化是空气中的CO_2与水泥石中的$Ca(OH)_2$在有水的条件下发生化学反应，生成碳酸钙和水的过程，碳化也称为中性化。碳化过程是 CO_2 由表及里向混凝土内部逐渐扩散的过程。未经碳化的混凝土 pH 值为 12～13，碳化后 pH 值为 8.5～10，接近中性。

碳化对混凝土性能有明显的影响：①减弱对钢筋的保护作用。由于水泥水化过程中生成大量的 $Ca(OH)_2$，使混凝土孔隙中充满饱和的 $Ca(OH)_2$ 溶液，其 pH 值可以达到 12.6～13。这种强碱性环境能使混凝土中的钢筋表面生成一层钝化薄膜，从而保护钢筋免于锈蚀。碳化降低了混凝土的碱度，当 pH 值低于 10 时，钢筋表面钝化膜破坏，导致钢筋锈蚀。②当碳化深度超过钢筋的保护层时，钢筋不仅易发生锈蚀，还会因此引起体积膨胀，使混凝土保护层开裂或剥落，进而又加速混凝土进一步碳化。③碳化会引起混凝土的收缩，使混凝土表面碳化层产生拉应力，可能产生微细裂缝，从而降低混凝土的抗折强度。

混凝土抗碳化的措施是通过掺加减水剂，尽量减小水胶比，或掺加引气剂，使开口气孔转变为闭口气孔，并加强振捣和养护等提高混凝土密实度。

（5）混凝土的抗碱-骨料反应

混凝土中的碱性氧化物（Na_2O、K_2O）与骨料中的活性 SiO_2、活性碳酸盐发生化学反应生成碱-硅酸盐凝胶或碱-碳酸盐凝胶，沉积在骨料与水泥胶体的界面上，吸水后体积膨胀 3 倍以上导致混凝土开裂破坏。一旦发生则很难修复。

预防碱-骨料反应的措施是：①控制水泥的碱含量；②尽量采用非碱活性骨料，当采用碱活性骨料时，严格控制其碱含量，进行碱-骨料试验；③掺加矿合料，其在水泥水化硬化过程中吸收溶液中的 Na^+ 和 K^+，使 Na^+、K^+ 不集中于骨料颗粒周围，可减轻或消除碱-骨料反应引起的膨胀破坏。

【例 11-4-17】（历年真题）在寒冷地区的混凝土发生冻融破坏时，如果表面有盐类作用，其破坏程度：

A. 会减轻　　　　B. 会加重

C. 与有无盐类无关　　　　D. 视盐类浓度而定

【解答】除发生冻融破坏，还会发生盐冻破坏，故破坏程度会加重，应选 B 项。

【例 11-4-18】（历年真题）在我国西北干旱和盐渍土地区，影响地面混凝土构件耐久性的主要过程是：

A. 碱-骨料反应　　B. 混凝土碳化反应

C. 盐结晶破坏　　D. 盐类化学反应

【解答】在我国西北干旱和盐渍土地区，影响地面混凝土构件耐久性的主要是盐类化学反应，应选 D 项。

【例 11-4-19】（历年真题）混凝土的碱-骨料反应是内部碱性孔隙溶液和骨料中的活性成分发生了反应，因此以下措施中对于控制工程中碱-骨料反应最为有效的是：

A. 控制环境温度　　B. 控制环境湿度

C. 降低混凝土含碱量　　D. 改善骨料级配

【解答】控制工程中混凝土的碱-骨料反应最为有效的是降低混凝土含碱量，应选 C 项。

（6）提高混凝土耐久性的措施

1）控制混凝土最大水胶比（表 11-4-14）和最小胶凝材料用量。

2）合理选择胶凝材料品种。

3）选用良好的骨料和级配。

4）加强施工质量控制，确保振捣密实和良好的养护。

5）采用适宜的外加剂。

结构混凝土材料的耐久性基本要求　　表 11-4-14

环境等级	最大水胶比	最低强度等级	水溶性氯离子最大含量（%）	最大碱含量（kg/m^3）
一	0.60	C25	0.30	不限制
二 a	0.55	C25	0.20	3.0
二 b	0.50（0.55）	C30（C25）	0.15	
三 a	0.45（0.50）	C35（C30）	0.10	
三 b	0.40	C40	0.10	

注：1. 氯离子含量按氯离子占胶凝材料用量的质量百分比计算；
2. 预应力构件混凝土中的最大氯离子含量为 0.06%；其最低混凝土强度等级宜按表中的规定提高两个等级；
3. 素混凝土构件的水胶比及最低强度等级的要求可适当放松；
4. 有可靠工程经验时，二类环境中的最低混凝土强度等级可降低一个等级；
5. 处于严寒和寒冷地区二 b、三 a 类环境中的混凝土应使用引气剂，并可采用括号中的有关参数；
6. 当使用非碱活性骨料时，对混凝土中的碱含量可不作限制。

【例 11-4-20】（历年真题）从工程角度，混凝土中钢筋防锈的最经济措施是：

A. 使用高效减水剂　　B. 使用钢筋阻锈剂

C. 使用不锈钢钢筋　　D. 增加混凝土保护层厚度

【解答】混凝土中钢筋防锈可采用上述四项措施，从最经济的角度，应选 A 项。

★★★四、普通混凝土配合比设计

1. 基本要求和三个基本参数

（1）基本要求

混凝土配合比是指 1m^3 混凝土中各组成材料的用量，或各组成材料之重量比。配合比设计的目的是为满足以下四项基本要求：

1）满足施工要求的和易性。

2）满足设计的强度等级，并具有 95%的保证率。

3）满足工程所处环境对混凝土的耐久性要求。

4）经济合理，最大限度节约胶凝材料用量，降低混凝土成本。

（2）三个基本参数

为了达到混凝土配合比设计的四项基本要求，关键是要控制好水胶比（W/B）、单位用水量和砂率三个基本参数。

1）水胶比：水胶比根据设计要求的混凝土强度和耐久性确定，其确定原则为：在满足混凝土设计强度和耐久性的基础上，选用较大水胶比，以节约胶凝材料，降低混凝土成本。

2）单位用水量：单位用水量主要根据坍落度要求和粗骨料品种、最大粒径确定，其确定原则为：在满足施工和易性的基础上，尽量选用较小的单位用水量，以节约胶凝材料。

3）砂率：合理砂率的确定原则为：砂子的用量填满石子的空隙略有富余；应尽可能选用最优砂率。

【例 11-4-21】（历年真题）混凝土配合比设计中需要确定的基本变量不包括：

A. 混凝土用水量　　B. 混凝土砂率

C. 混凝土粗骨料用量　　D. 混凝土密度

【解答】混凝土配合比设计中需要确定的基本变量不包括混凝土密度，应选 D 项。

【例 11-4-22】（历年真题）混凝土配合比设计通常需满足多项基本要求，这些基本要求不包括：

A. 混凝土强度　　B. 混凝土和易性

C. 混凝土用水量　　D. 混凝土成本

【解答】混凝土配合比设计的基本要求不包括混凝土用水量，应选 C 项。

2. 混凝土配合比设计计算

混凝土配合比设计步骤为：首先根据原始技术资料计算“初步计算配合比”；然后经试配调整获得满足和易性要求的“基准配合比”；再经强度和耐久性检验定出满足设计要求、施工要求和经济合理的“实验室配合比”；最后根据施工现场砂、石料的含水率换算成“施工配合比”。

（1）初步计算配合比

1）计算混凝土配制强度，根据《普通混凝土配合比设计规程》JGJ 55—2011 的规定，当混凝土的设计强度等级小于 C60 时，配制强度应按下式确定：

$$f_{cu,0} > f_{cu,k} + 1.645\sigma \tag{11-4-6}$$

式中，$f_{cu,0}$ 为混凝土配制强度（MPa）；$f_{cu,k}$ 为混凝土立方体抗压强度标准值，这里取混凝土的设计强度等级值（MPa）；σ 为混凝土强度标准差（MPa）。

2）确定水胶比（W/B），按下式计算：

$$W/B = \frac{\alpha_a f_b}{f_{cu,0} + \alpha_a \alpha_b f_b} \tag{11-4-7}$$

式中，f_b 为胶凝材料 28d 胶砂抗压强度（MPa），可实测；回归系数 α_a、α_b 取值，碎石：$\alpha_a=0.53$，$\alpha_b=0.20$；卵石：$\alpha_a=0.49$，$\alpha_b=0.13$。

上式计算得到的$\left(\frac{W}{B}\right)_{计}$与耐久性要求（表 11-4-14 规定）的最大水胶比$\left(\frac{W}{B}\right)_{耐}$进行比较，最终取 $\frac{W}{B}=\min\left[\left(\frac{W}{B}\right)_{计},\left(\frac{W}{B}\right)_{耐}\right]$。

3）确定单位用水量 m_w

水胶比在 0.40～0.80 时，JGJ 55 规定：

塑性混凝土的用水量（kg/m^3）　　**表 5.2.1-2**

拌合物稠度		卵石最大公称粒径（mm）				碎石最大公称粒径（mm）			
项目	指标	10.0	20.0	31.5	40.0	16.0	20.0	31.5	40.0
坍落度（mm）	10～30	190	170	160	150	200	185	175	165
	35～50	200	180	170	160	210	195	185	175
	55～70	210	190	180	170	220	205	195	185
	75～90	215	195	185	175	230	215	205	195

注：1　本表用水量系采用中砂时的取值。采用细砂时，每立方米混凝土用水量可增加 5kg～10kg；采用粗砂时，可减少 5kg～10kg。

2　掺用矿物掺合料和外加剂时，用水量应相应调整。

若掺外加剂（如减水剂），混凝土的单位用水量，JGJ 55 规定：

5.2.2　掺外加剂时，每立方米流动性或大流动性混凝土的用水量（m_{w0}）可按下式计算：

$$m_{w0}=m'_{w0}(1-\beta) \tag{5.2.2}$$

式中：m_{w0}——计算配合比每立方米混凝土的用水量（kg/m^3）；

m'_{w0}——未掺外加剂时推定的满足实际坍落度要求的每立方米混凝土用水量（kg/m^3），以本规程表 5.2.1-2 中 90mm 坍落度的用水量为基础，按每增大 20mm 坍落度相应增加 $5kg/m^3$ 用水量来计算；

β——外加剂的减水率（%），应经混凝土试验确定。

5.2.3　每立方米混凝土中外加剂用量（m_{a0}）应按下式计算：

$$m_{a0}=m_{b0}\beta_a \tag{5.2.3}$$

式中：m_{a0}——计算配合比每立方米混凝土中外加剂用量（kg/m^3）；

m_{b0}——计算配合比每立方米混凝土中胶凝材料用量（kg/m^3）；

β_a——外加剂掺量（%），应经混凝土试验确定。

4）计算每立方米混凝土的胶凝材料用量

JGJ 55 规定：

5.3.1 每立方米混凝土的胶凝材料用量（m_{b0}）应按式（5.3.1）计算，并应进行试拌调整。

$$m_{b0}=\frac{m_{w0}}{W/B} \tag{5.3.1}$$

上述计算得到的$m_{b0,计}$，与JGJ 55要求的最小胶凝材料用量$m_{b0,最小}$进行比较，最终取$m_{b0}=\max(m_{b0,计},\ m_{b0,最小})$。

当掺加矿物掺合料时，JGJ 55规定：

5.3.2 每立方米混凝土的矿物掺合料用量（m_{f0}）应按下式计算：

$$m_{f0}=m_{b0}\beta_f \tag{5.3.2}$$

式中：m_{f0}——计算配合比每立方米混凝土中矿物掺合料用量（kg/m^3）；

β_f——矿物掺合料掺量（%）。

5.3.3 每立方米混凝土的水泥用量（m_{c0}）应按下式计算：

$$m_{c0}=m_{b0}-m_{f0} \tag{5.3.3}$$

式中：m_{c0}——计算配合比每立方米混凝土中水泥用量（kg/m^3）。

5）确定合理砂率

坍落度为10～60mm的混凝土，JGJ 55规定：

混凝土的砂率（%） **表5.4.2**

水胶比	卵石最大公称粒径（mm）			碎石最大公称粒径（mm）		
	10.0	20.0	40.0	16.0	20.0	40.0
0.40	26～32	25～31	24～30	30～35	29～34	27～32
0.50	30～35	29～34	28～33	33～38	32～37	30～35
0.60	33～38	32～37	31～36	36～41	35～40	33～38
0.70	36～41	35～40	34～39	39～44	38～43	36～41

6）计算砂、石用量，并确定“初步计算配合比”

JGJ 55规定：

5.5.1 当采用质量法计算混凝土配合比时，粗、细骨料用量应按式（5.5.1-1）计算；砂率应按式（5.5.1-2）计算。

$$m_{f0}+m_{c0}+m_{g0}+m_{s0}+m_{w0}=m_{cp} \tag{5.5.1-1}$$

$$\beta_s=\frac{m_{s0}}{m_{g0}+m_{s0}}\times 100\% \tag{5.5.1-2}$$

式中：m_{g0}——计算配合比每立方米混凝土的粗骨料用量（kg/m^3）；

m_{s0}——计算配合比每立方米混凝土的细骨料用量（kg/m^3）；

β_s——砂率（%）；

m_{cp}——每立方米混凝土拌合物的假定质量（kg），可取2350kg/m^3～2450kg/m^3。

5.5.2 当采用体积法计算混凝土配合比时，砂率应按式（5.5.1-2）计算，粗、细骨料用量应按式（5.5.2）计算。

$$\frac{m_{c0}}{\rho_c}+\frac{m_{f0}}{\rho_f}+\frac{m_{g0}}{\rho_g}+\frac{m_{s0}}{\rho_s}+\frac{m_{w0}}{\rho_w}+0.01\alpha=1 \tag{5.5.2}$$

式中：ρ_c——水泥密度（kg/m^3）；

ρ_f——矿物掺合料密度（kg/m^3）；

ρ_g——粗骨料的表观密度（kg/m^3）；

ρ_s——细骨料的表观密度（kg/m^3）；

ρ_w——水的密度（kg/m^3），可取 $1000kg/m^3$；

α——混凝土的含气量百分数，在不使用引气剂或引气型外加剂时，α 可取 1。

（2）基准配合比和实验室配合比

因为以上求出的各材料用量不一定能够符合实际情况，故必须经过试拌调整，直到混凝土拌合物的和易性符合要求为止，然后提出供检验混凝土强度用的基准配合比。当试拌调整工作完成后，应测出混凝土拌合物的实际表观密度（ρ_{0h}）。

经过和易性调整试验得出的混凝土基准配合比，其水胶比值不一定选用恰当，其结果是强度不一定符合要求，所以应检验混凝土的强度。一般采用三个不同的配合比，其中一个为基准配合比，另外两个配合比的水胶比值，应较基准配合比分别增加及减少 0.05，其用水量应该与基准配合比相同，但砂率可作适当调整。每个配合比制作一组试件，标准养护 28d 试压。

（3）施工配合比

实验室得出的配合比，是以干燥材料为基准的，而工地现场存放的砂、石材料都含有一定的水分。所以现场材料的实际称量应按工地砂、石的含水情况进行修正，修正后的配合比称作施工配合比。设工地测出砂的含水率为 a、石子的含水率为 b，则上述实验室配合比换算为施工配合比为（每 $1m^3$ 各材料用量）：

水泥：　$m'_c=m_c$

矿物掺合料：　$m'_f=m_f$

砂：　$m'_s=m_s(1+a)$

石：　$m'_g=m_g(1+b)$

水：　$m'_w=m_w-m_s\cdot a-m_g\cdot b$

习　题

11-4-1 （历年真题）在混凝土配合比设计中，选用合理砂率的主要目的是：

A. 提高混凝土的强度　　B. 改善拌合物的和易性

C. 节省水泥　　D. 节省粗骨料

11-4-2 （历年真题）在下列混凝土的技术性能中，正确的是：

A. 抗剪强度大于抗压强度

B. 轴心抗压强度小于立方体抗压强度

C. 混凝土不受力时内部无裂纹

D. 徐变对混凝土有害无利

11-4-3 （历年真题）混凝土材料在外部力学荷载、环境温度以及内部物理化学过程的作用下均会产生变形，以下属于内部物理化学过程引起的变形是：

A. 混凝土徐变　　B. 混凝土干燥收缩

C. 混凝土温度收缩　　D. 混凝土自身收缩

11-4-4 （历年真题）在沿海地区，钢筋混凝土构件的主要耐久性问题是：

A. 内部钢筋锈蚀　　B. 碱-骨料反应

C. 硫酸盐反应　　D. 冻融破坏

11-4-5 （历年真题）影响混凝土的徐变但不影响其干燥收缩的因素为：

A. 环境湿度　　B. 混凝土水灰比

C. 混凝土骨料含量　　D. 外部应力水平

11-4-6 （历年真题）混凝土的强度受到其材料组成的影响，决定混凝土强度的主要因素是：

A. 骨料密度　　B. 砂的细度模数

C. 外加剂种类　　D. 水灰（胶）比

11-4-7 （历年真题）水泥混凝土遭受最严重的化学腐蚀为：

A. 溶出性腐蚀　　B. 一般酸腐蚀

C. 镁盐腐蚀　　D. 硫酸盐腐蚀

11-4-8 （历年真题）我国使用立方体试件来测定混凝土的抗压强度，其标准立方体试件的边长为：

A. 100mm　　B. 125mm　　C. 150mm　　D. 200mm

11-4-9 （历年真题）现代混凝土使用的活性矿物掺合料不包括：

A. 粉煤灰　　B. 硅灰

C. 磨细的石英砂　　D. 粒化高炉矿渣

第五节　建　筑　钢　材

一、概述

生铁是指含碳量大于2%的铁碳合金。钢材是以铁为主要元素，含碳量一般在2%以下，还含有其他微量元素的材料。建筑钢材是指建筑工程中使用的各种钢材，包括钢结构用各种型材（如圆钢、角钢、工字钢、管钢等）和板材；混凝土结构用钢筋、钢丝、钢绞线等。

建筑钢材的优点是：材质均匀，性能可靠，强度高，具有一定的塑性和韧性，具有承受冲击和振动荷载的能力，可焊接、铆接或螺栓连接，便于装配；其缺点是：耐久性差、易锈蚀、维修费用大。

建筑钢材的分类方法如下：

(1) 按冶炼时脱氧程度分类：沸腾钢（代号F)、半镇静钢（b)、镇静钢（Z)、特殊镇静钢（TZ）。其中，沸腾钢的质量较差，但其成本低、产量高，可用于一般工程。

（2）按化学成分分类：碳素钢、合金钢。

（3）碳素钢按碳的含量分类：低碳钢(含碳量小于0.25%)，中碳钢(含碳量为0.25%～0.6%)，高碳钢（含碳量大于0.6%）。

（4）合金钢按掺入合金元素（一种或多种）的总量分类：低合金钢（合金元素总含量小于5%），中合金钢(合金元素总含量为5%～10%)，高合金钢(合金元素总含量大于10%)。

（5）按钢材品质分类：普通钢、优质钢、高级优质钢和特级优质钢。

（6）按用途分类：结构钢、工具钢、特殊钢和专用钢。

常用建筑钢材是碳素钢中的低碳钢和低合金钢。

★★★二、钢材的技术性质

钢材的技术性质包括力学性能和工艺性能。其中，力学性能有抗拉性能、抗冲击性能、耐疲劳性能和硬度；工艺性能有冷弯性能和可焊接性能。

1. 力学性能

（1）抗拉性能

抗拉性能是钢材最主要的技术性能，通过拉伸试验可以测得屈服强度、抗拉强度和伸长率，这些是钢材的重要技术性能指标。低碳钢从受拉到拉断，经历了如下四个阶段（图 11-5-1）：

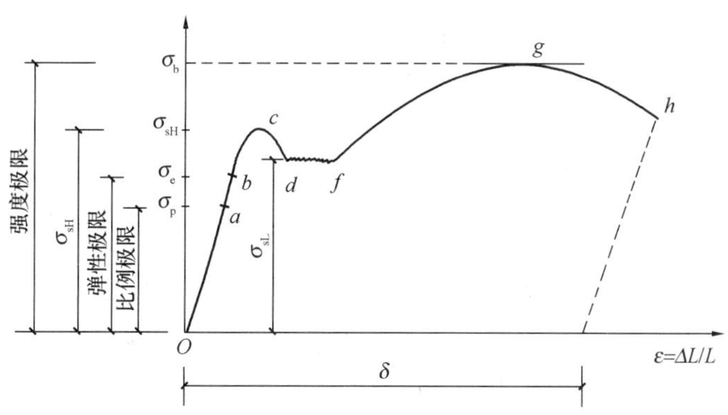

图 11-5-1 低碳钢受拉的应力-应变曲线

1）弹性阶段

a 点以前，应力 σ 与应变 ε 的关系为线弹性，即 $\sigma=E\varepsilon$，E 为钢材的弹性模量，a 点所对应的应力称为比例极限,用 σ_p 表示。过 a 点后，ab 段的应力 σ 与应变 ε 的关系不再成比例，但仍然为弹性变形，b 点所对应的应力称为弹性极限，用 σ_e 表示。

2）屈服阶段

bf 段为屈服阶段。应力与应变不成比例变化。应力超过 σ_e 后，即开始产生塑性变形。应力到达 σ_{sH} 之后，变形急剧增加，应力则在不大的范围内波动，直到 d 点止。σ_{sH}点是屈服上限，σ_{sL}点是屈服下限。当应力到达 σ_{sH}点时，钢材抵抗外力能力下降，发生屈服现象。σ_{sL}是屈服阶段应力波动的次低值，它表示钢材在工作状态允许达到的应力值。当应力超过屈服下限时，变形迅速发展，将产生不可恢复的永久变形，尽管尚未破坏但已不能满足正常使用要求，故在设计中一般以屈服下限作为屈服强度，并且作为强度取值的依据。

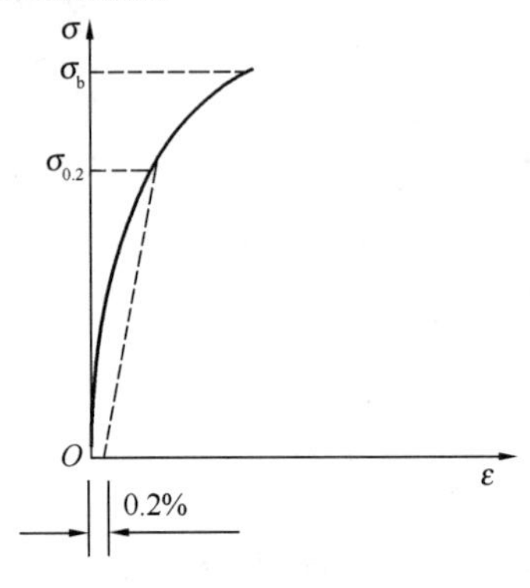

图 11-5-2　中碳钢或高碳钢受拉的应力-应变曲线

3）强化阶段

fg 段为强化阶段。对应于最高点 *g* 的应力称为抗拉强度。抗拉强度不能直接利用，但屈服下限和抗拉强度的比值（即屈强比 σ_{sL}/σ_b）却能反映钢材的安全可靠程度和利用率。屈强比越小，表明材料的安全性和可靠性越高，材料不易发生危险的脆性断裂。如果屈强比太小，则利用率低，造成钢材浪费。对于在外力作用下屈服现象不明显的硬钢类，规定产生残余变形为 $0.2\%L_0$ 时的应力作为屈服强度，用 $\sigma_{0.2}$ 表示（图 11-5-2）。

4）颈缩阶段

gh 段为颈缩阶段。过 *g* 点后，钢材抵抗变形的能力明显降低。钢材被拉长，并在变形最大处发生“颈缩”，直至断裂。

① 伸长率

将拉断的钢材拼合后，测出标距部分的长度，便可按下式求得其断后伸长率 δ：

$$\delta = \frac{L_1 - L_0}{L_0} \times 100\% \tag{11-5-1}$$

式中，L_0 为试件原始标距长度（mm）；L_1 为试件拉断后标距部分的长度（mm）。

通常钢材拉伸试件的原始标距取 $L_0=5d$ 或 $L_0=10d$，d 为试件的直径，其断后伸长率分别用 δ_5 和 δ_{10} 表示。对于同一钢材，δ_5 大于 δ_{10}。

断后伸长率反映了钢材的塑性大小，在工程中具有重要意义。塑性大，钢质软，结构塑性变形大，影响使用。塑性小，钢质硬脆，超载后易断裂破坏。塑性良好的钢材，偶尔超载，产生塑性变形，会使内部应力重新分布，不致由于应力集中而发生脆断。

② 最大力总延伸率

断后伸长率只反映颈缩断口区域的残余变形，不能反映颈缩出现之前整体的平均变形，也不能反映弹性变形，这与钢材拉断时刻应变状态下的变形相差较大，而且，各类钢材的颈缩特征也有差异，再加上断口拼接误差，较难真实反映钢材的拉伸变形特性。为此，引入钢材在最大力作用下原始标距的总延伸率，其公式表达为：

$$\delta_{gt} = \left(\frac{L - L_0}{L_0} + \frac{\sigma_b}{E}\right) \times 100\% \tag{11-5-2}$$

式中，δ_{gt} 为最大力总延伸率（%）；L 为断裂后标记间的距离（mm）；L_0 为试验前的原始标记间的距离（mm），不包含颈缩区，一般取为 100mm；σ_b 为抗拉强度实测值（MPa）；E 为钢材的弹性模量（MPa）。

③ 断面收缩率

钢材的塑性也可以用断面收缩率 ψ 表示，即试件断裂后横截面积的最大缩减量与原始横截面积之比的百分率，用公式表达为：

$$\psi = \frac{A_0 - A_1}{A_0} \times 100\% \tag{11-5-3}$$

式中，ψ 为断面收缩率（%）；A_0 为试验前原始横截面积（mm^2）；A_1 为断裂后最小横截面积（mm^2）。

（2）冲击韧性

冲击韧性反映钢材抵抗冲击荷载的能力。钢材的冲击韧性是以试件冲断时，单位面积上所吸收的能量作为冲击韧性指标，用冲击值 a_k（J/cm^2）表示。影响钢材冲击韧性的主要因素有：化学成分、冶炼质量、冷作硬化及时效、环境温度等。

钢材冲击韧性一开始随温度降低而缓慢下降，但是当温度降低至一定范围时，钢材的冲击韧性骤然下降而呈脆性，即冷脆性，此时的温度称为脆性转变温度（亦称脆性临界温度）。脆性转变温度越低，表明钢材的低温冲击韧性越好。为此，在负温条件下使用的结构，设计时必须考虑钢材的冷脆性，应选用脆性转变温度低于最低使用温度的钢材。

（3）耐疲劳性

钢材在交变荷载反复作用下，在远小于抗拉强度时发生突然破坏，这种破坏叫疲劳破坏。疲劳破坏的危险应力用疲劳极限或疲劳强度表示。疲劳极限是指钢材在交变荷载作用下，在规定的周期基数内不发生断裂所能承受的最大应力。

（4）硬度

硬度是指钢材抵抗硬物压入表面的能力。硬度值与钢材的力学性能之间有着一定的相关性。根据我国现行标准，测定钢材硬度的方法有：布氏硬度法、洛氏硬度法和维氏硬度法三种。常用的硬度指标为布氏硬度（代号 HB）和洛氏硬度（代号 HR）。

硬度的大小既可用以判断钢材的软硬程度，也可近似地估计钢材的抗拉强度。

【例 11-5-1】（历年真题）衡量钢材的塑性高低的技术指标为：

A. 屈服强度　　B. 抗拉强度

C. 断后伸长率　　D. 冲击韧性

【解答】 衡量钢材的塑性高低的技术指标为断后伸长率，应选 C 项。

【例 11-5-2】（历年真题）钢材试件受拉应力-应变曲线上从原点到弹性极限点称为：

A. 弹性阶段　　B. 屈服阶段

C. 强化阶段　　D. 颈缩阶段

【解答】 钢材试件受拉应力-应变曲线上从原点到弹性极限点称为弹性阶段，应选 A 项。

2. 工艺性能

钢材应具有良好的工艺性能，以满足施工工艺的要求。

（1）冷弯性能

冷弯性能是在常温条件下，钢材承受弯曲变形的能力，是反映钢材缺陷的一种重要工艺性能。钢材的冷弯性能常用弯曲试验时的弯曲角度、弯心直径 d 与试件直径（或厚度）

a 的比值（d/a）来表示。钢材弯曲试验时，弯曲角度越大，d/a 越小，则表示对冷弯性能的要求越高。试件弯曲处若无裂纹、起层及断裂等现象，则认为其冷弯性能合格。

钢材的冷弯性能也是反映钢材在静荷载作用下的塑性，是在不利的弯曲变形下对钢材塑性的严格检验，它能反映钢材内部晶格组织是否均匀、是否存在内应力及夹杂物等缺陷。冷弯试验还可用于检验钢材焊接接头的焊接质量。

（2）焊接性能

在土木工程中，钢材间的连接绝大多数采用焊接方式来完成，因此，要求钢材具有良好的可焊接性能。焊接性能主要受化学元素及其含量的影响，含碳量高将增加焊接的硬脆性，含碳量小于0.25%的碳素钢具有良好的可焊性，含碳量大于0.3%时，焊接性能变差，加入合金元素如（硅、锰、钒、钛等）也将增大焊接的硬脆性，降低可焊性，特别是硫对焊接产生热裂纹及硬脆性。为了改善焊接后的硬脆性，对于合金钢，焊接时一般要采用焊前预热及焊后热处理等措施。

【例 11-5-3】（历年真题）对钢材的冷弯性能要求越高，试验时采用的：

A. 弯曲角度越大，弯心直径对试件直径的比值越大

B. 弯曲角度越小，弯心直径对试件直径的比值越小

C. 弯曲角度越小，弯心直径对试件直径的比值越大

D. 弯曲角度越大，弯心直径对试件直径的比值越小

【解答】 对钢材的冷弯性能要求越高，则要求弯曲角度越大，d/a 越小，应选 D 项。

3. 影响钢材性能的主要因素

（1）钢材的基本组织

碳素钢冶炼时钢水冷却过程中，其铁和碳有三种结合形式：固溶体、化合物（Fe_3C）和机械混合物。这三种形式的 Fe-C 在一定条件下形成具有一定形态的聚合体，称为钢的组织。常温下钢的基本组织主要有以下三种：

1）铁素体。它是 C 在 α-Fe 中的固溶体，由于 α-Fe 体心立方体晶格的原子空隙小，溶碳能力较差，故铁素体含碳量很少（小于 0.02%），因此，其塑性、韧性很好，但强度、硬度很低。

2）渗碳体。它是铁和碳的化合物 Fe_3C，其含碳量最高（达 6.67%），晶体结构复杂，塑性差，性硬脆，抗拉强度低。

3）珠光体。它是铁素体和渗碳体的机械混合物，含碳量较低（0.8%），层状结构，塑性和韧性较好，强度较高。

此外，在高温 727°以上的钢中还存在奥氏体，其塑性好，故高温下钢材容易轧制成材。

图 11-5-3 显示了碳素钢中基本组织的相对含量与其含碳量的关系。当含碳量小于 0.8%时，钢的基本组织由铁素体和珠光体组成，随着含碳量提高，铁素体逐渐减少而珠光体逐渐增大，钢材塑性、韧性则随强度、硬度逐渐提高而降低。当含碳量为 0.8%时，钢的基本组织仅为珠光体。

建筑钢材其含碳量均在 0.8%以下，所以其基本组织由铁素体和珠光体组成，这决定了建筑钢材具有较高的强度，同时塑性、韧性也较好。

【例 11-5-4】（历年真题）当含碳量为 0.8%时，钢材的晶体组织全部是：

A. 珠光体　　　　　B. 渗碳体

C. 铁素体　　　　　D. 奥氏体

【解答】 当含碳量为0.8%时，钢材的晶体组织全部是珠光体，应选A项。

(2) 化学成分

钢材中化学成分除了主要的铁（Fe）以外，还含有少量的碳（C）、硅（Si）、锰（Mn）、磷（P）、硫（S）、氧（O）、氮（N）、钛（Ti）、钒（V）等元素，这些元素虽然含量少，但是对钢材性能有很大影响。

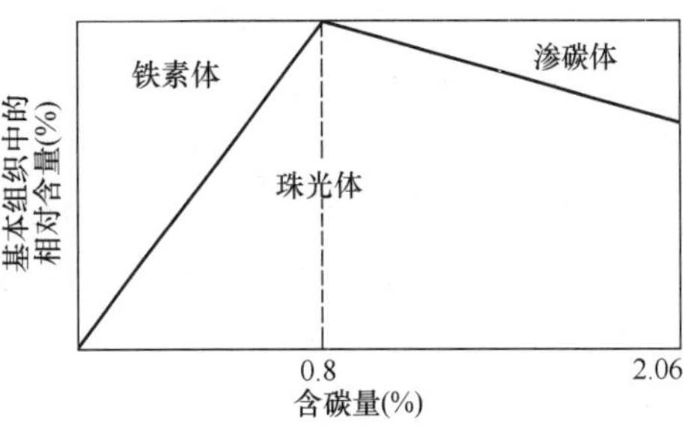

图 11-5-3　碳素钢中基本组织相对含量与含碳量的关系

1）碳。碳对钢材性能的影响如图 11-5-4 所示。钢材中碳含量小于0.8%时，随着碳含量的增加，钢材的强度和硬度提高、塑性和韧性降低；碳含量大于 1.0%时，随着碳含量的增加，钢材的硬度和脆性增大、强度和塑性降低。碳含量大于 0.3%时，随着碳含量的增加，钢材的可焊性显著降低、焊接性能变差、冷脆性和时效敏感性增大、耐大气腐蚀性降低。

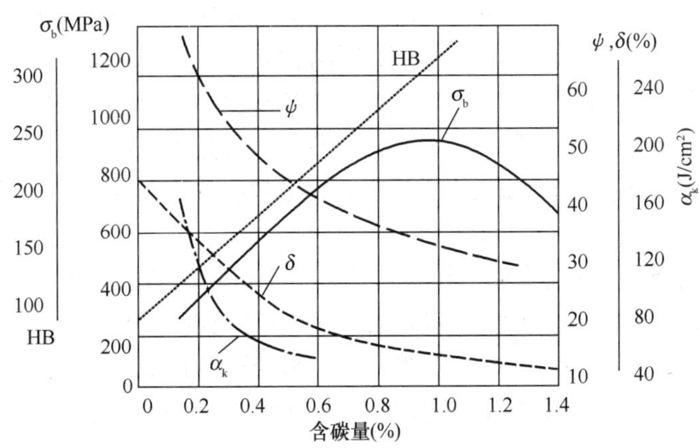

图 11-5-4　碳含量对碳素钢性能的影响

σ_b—抗拉强度；δ—伸长率；a_k—冲击韧性；ψ—断面收缩率；HB—硬度

2）硅。硅是作为脱氧剂而存在的，硅含量较低（小于 1.0%）时，随着硅含量的增加，钢材的强度、抗疲劳性、耐腐蚀性及抗氧化性等提高，而对塑性和韧性无明显影响，但是对钢材的可焊性和冷加工性能有所影响。

3）锰。锰具有很强的脱氧去硫能力，能消除或减轻氧、硫所引起的热脆性。随着锰含量的增加，显著改善钢材的热加工性能，钢材的强度、硬度及耐磨性等提高。锰含量小于1.0%时，对钢材的塑性和韧性无明显影响。锰是低合金钢的主加合金元素，一般低合金钢的锰含量为1.0%～2.0%。

4）硫。硫是有害元素。随着硫含量的增加，钢材的热脆性增大，可焊性、冲击韧性、耐疲劳性和抗腐蚀性等降低。硫含量要小于0.045%。

5）磷。磷是有害元素。随着磷含量的增加，钢材的强度、屈强比、硬度、耐磨性和耐蚀性等提高，塑性、韧性、可焊性显著降低。特别是温度越低，对钢材的塑性和韧性的影响越大，增大钢材的冷脆性。磷含量要小于0.045%。

6）氧。氧是有害元素。随着氧含量的增加，钢材的强度有所降低，塑性特别是韧性显著降低，可焊性变差。氧会造成钢材的热脆性。氧含量要小于0.03%。

7）氮。氮对钢材性能的影响与磷相似。随着氮含量的增加，钢材的强度提高，但是塑性特别是韧性显著降低，可焊性变差，冷脆性加剧。氮在铝、铌、钒等元素的配合下可以减少其不利影响，改善钢材性能，可作为低合金钢的合金元素使用。氮含量要小于0.008%。

8）钛和钒。钛和钒是常用的微量合金元素。

【例 11-5-5】（历年真题）钢材中的含碳量降低，会降低钢材的：

A. 强度　　B. 塑性　　C. 可焊性　　D. 韧性

【解答】含碳量降低，会降低钢材的强度，应选A项。

【例 11-5-6】（历年真题）使钢材冷脆性加剧的主要元素是：

A. 碳（C）　　B. 硫（S）　　C. 磷（P）　　D. 锰（Mn）

【解答】磷（P）加剧了钢材的冷脆性，应选C项。

三、钢材的冷加工和时效

将钢材在常温下进行冷拉、冷拔、冷轧、冷扭等，使之产生一定的塑性变形，强度和硬度明显提高，塑性和韧性有所降低，这个过程称为钢材的冷加工（或冷加工强化、冷作强化）。

将冷拉后的钢筋，在常温下存放15～20d，或加热至100～200℃并保持2h左右，其屈服强度、抗拉强度及硬度进一步提高，这个过程称为时效处理。前者称为自然时效，后者称为人工时效。强度较低的钢筋可采用自然时效，强度较高的钢筋则需要采用人工时效。

1. 冷拉

将热轧钢筋用拉伸设备在常温下拉长，使之产生一定的塑性变形称为冷拉。冷拉后的钢筋不仅屈服强度提高20%～30%，同时还增加钢筋长度（4%～10%），因此，冷拉也是节约钢材（一般10%～20%）的一种措施。钢材经冷拉后屈服阶段缩短，伸长率减小，材质变硬。实际冷拉时，应通过试验确定冷拉控制参数。钢筋的冷拉可采用控制应力或控制冷拉率的方法。

如图11-5-5所示，虚线为冷拉后的钢筋应力-应变曲线，可知，屈服强度提高，抗拉强度基本不变，但抗压强度不提高，塑性和韧性降低，弹性模量稍有下降，屈服台阶不明显。

如图11-5-5所示，由冷拉、时效后的钢筋应力-应变曲线可知，屈服强度进一步提高，抗拉强度有所提高，但抗压强度不提高，塑性和韧性相应降低。此时，有明显的屈服台阶。

2. 冷拔

将光圆钢筋通过硬质合金拔丝模孔强行拉拔称为冷拔。钢筋在冷拔过程中，不仅受拉，同时还受到挤压作用。如图11-5-6所示，经过冷拔后，钢筋的屈服强度提高，一般可提高40%～60%，抗拉强度和抗压强度均提高，但是塑性明显降低，弹性模量稍有下降，具有硬钢的特性。

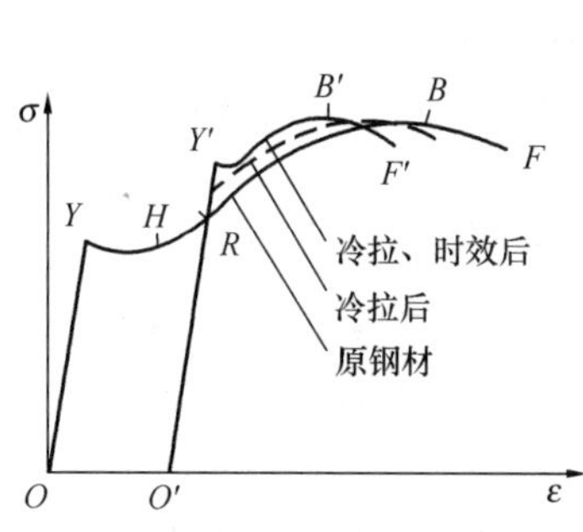

图 11-5-5　钢筋冷拉和时效后的应力-应变关系

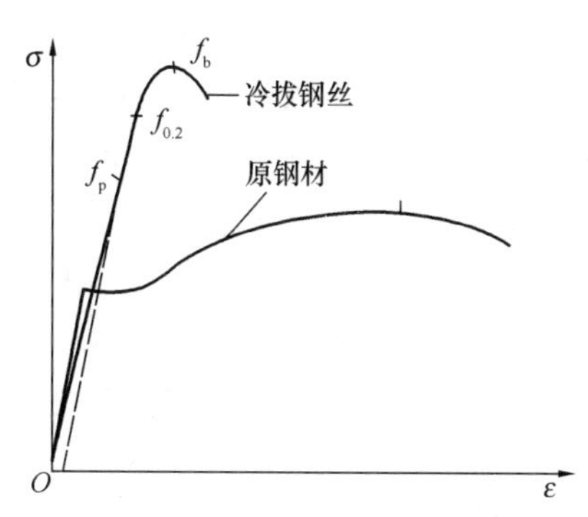

图 11-5-6　冷拔低碳钢丝的应力-应变关系

【例 11-5-7】（历年真题）钢材冷加工对力学性能有影响，下列说法不正确的是：

A. 冷拉后，钢材塑性、韧性均降低

B. 冷拉后，钢材抗拉强度、抗压强度均升高

C. 冷拔后，钢材抗拉强度、抗压强度均升高

D. 钢筋冷拉并经时效处理后，屈服点及抗拉强度均升高

【解答】冷拉后，钢材抗拉强度升高，但抗压强度未升高，故 B 项不正确，选 B 项。

★★★四、建筑钢材的技术标准和选用

建筑钢材可分为钢结构用钢、混凝土结构用钢。

1. 主要钢种

（1）碳素结构钢

根据国家标准《碳素结构钢》GB/T 700—2006 的规定，碳素结构钢牌号分为 Q195、Q215、Q235 和 Q275。碳素结构钢的牌号由屈服强度的字母 Q、屈服强度数值、质量等级符号（A、B、C、D）、脱氧方法符号（F、Z、TZ）四个部分按顺序构成。镇静钢（Z）和特殊镇静钢（TZ）在钢的牌号中可以省略。按冲击韧性的试验温度，钢材质量等级分为 A、B、C、D。其中，A 级不提供冲击韧性保证。B、C、D 级分别提供 20℃、0℃和−20℃的冲击韧性，故 D 级质量级别最高。如 Q235AF，表示此碳素结构钢是屈服强度为 235MPa 的 A 级沸腾钢。

碳素结构钢随着牌号的增大，其碳含量和锰含量增加，强度和硬度提高，而塑性和韧性降低，弯曲性能逐渐变差。

选用碳素结构钢，应综合考虑结构的工作环境条件、承受荷载类型（动荷载或静荷载等）、承受荷载方式（直接或间接等）、连接方式（焊接或非焊接等）等。应用最广泛的碳素结构钢是 Q235，由于其具有较高的强度，良好的塑性、韧性及可焊性，综合性能好，故能较好地满足一般钢结构和钢筋混凝土结构的用钢要求。用 Q235 钢大量轧制各种型钢、钢板及钢筋。Q235A 级钢仅可用于钢结构工作温度高于 0℃的不需要验算疲劳的结构，不宜用于焊接结构。

（2）低合金高强度结构钢

低合金高强度结构钢是在碳素结构钢的基础上，加入总量小于 5%的合金元素制成的结构钢。所加入的合金元素主要有锰、硅、钒、钛、铌、铬、镍等。根据《低合金高强度

结构钢》GB/T 1591—2018 的规定，低合金高强度结构钢按钢材生产工艺和热处理分为：

1）热轧（AR 或 WAR）：钢材未经任何特殊轧制和（或）热处理的状态。

2）正火（N）：钢材加热到高于相变点温度以上的一个合适的温度，然后在空气中冷却至低于某相变点温度的热处理工艺。

3）正火轧制（+N）：最终变形是在一定温度范围内的轧制过程中进行，使钢材达到一种正火后的状态，以便即使正火后也可达到规定的力学性能数值的轧制工艺。

4）热机械轧制（M）：钢材的最终变形是在一定温度范围内进行的轧制工艺，从而保证钢材获得仅通过热处理无法获得的性能。

低合金高强度结构钢的牌号是由屈服强度字母 Q，规定的最小上屈服强度数值，交货状态代号，质量等级符号（B、C、D、E、F）四个部分构成。其中，交货状态为热轧时，交货状态代号 AR 或 WAR 可省略；交货状态为正火或正火轧制状态时，交货代号均用 N 表示；交货状态为热机械轧制状态时，交货代号用 M 表示。例如：Q355ND 表示该钢材的屈服强度为 355MPa，交货状态为正火（或正火轧制）的 D 级钢；Q390MC 表示该钢材的屈服强度为 390MPa，交货状态为热机械轧制的 C 级钢。在低合金高强度结构钢中，热轧钢的牌号有：Q355、Q390、Q420 和 Q460；正火或正火轧制钢的牌号有：Q355N、Q390N、Q420N 和 Q460N；热机械轧制钢的牌号有：Q355M、Q390M、420M、Q460M、Q500M、Q550M、Q620M 和 Q690M。

低合金高强度结构钢与碳素结构钢相比，强度较高，综合性能好，所以在相同使用条件下，可比碳素结构钢节省用钢 20%～30%，对减轻结构自重有利。低合金高强度结构钢广泛用于钢结构和钢筋混凝土结构中，特别适用于各种重型结构、高层结构、大跨度结构及大柱网结构等。

【例 11-5-8】（历年真题）钢材牌号（如 Q390）中的数值表示钢材的：

A. 抗拉强度　　B. 弹性模量　　C. 屈服强度　　D. 疲劳强度

【解答】钢材牌号中的数值表示钢材的屈服强度，应选 C 项。

【例 11-5-9】（历年真题）相同牌号的碳素结构钢中，质量等级最高的是(　　)级。

A. A　　B. B　　C. C　　D. D

【解答】相同牌号的碳素结构钢中，质量等级最高的是 D 级，应选 D 项。

2. 混凝土结构用钢筋

混凝土结构用钢筋主要由碳素结构钢和低合金结构钢轧制而成，主要有钢筋混凝土结构用热轧钢筋、余热处理钢筋、冷轧带肋钢筋等普通钢筋和预应力混凝土结构用钢丝、钢绞线、预应力螺纹钢筋等预应力筋。

（1）钢筋混凝土用热轧钢筋

钢筋混凝土用热轧钢筋具有较好的延性、可焊性、机械连接性能及施工适应性，所以是在混凝土结构工程中用量最多的普通钢筋。根据其表面形状分为光圆钢筋和带肋钢筋两类。带肋钢筋有月牙肋钢筋和等高肋钢筋等。

根据《钢筋混凝土用钢 第 1 部分：热轧光圆钢筋》GB/T 1499.1—2017 的规定，热轧光圆钢筋适用于钢筋混凝土用热轧直条、盘卷光圆钢筋，不适用于由成品钢材再次轧制成的再生钢筋。

热轧光圆钢筋的牌号是由 HPB 和屈服强度特征值构成，其中 H、P、B 分别为热轧

(Hot rolled)、光圆（Plain)、钢筋（Bars）三个词的英文首位字母，其力学性能见表 11-5-1。

热轧光圆钢筋为Ⅰ级钢筋，用符号Φ 表示。

热轧光圆钢筋、热轧带肋钢筋的牌号、力学性能和弯曲性能　　表 11-5-1

表面形状	牌号	公称直径 a（%）	下屈服强度 σ_s（MPa）	抗拉强度 σ_b（MPa）	断后伸长率 δ（%）	最大力总延伸率 δ_{gt}（%）	弯曲试验（180°）弯心直径（d）钢筋公称直径（a）
			不小于				
光圆钢筋	HPB300	6～22	300	420	25	10.0	$d=a$
带肋钢筋	HRB400 HRBF400 HRB400E HRBF400E	6～25 28～40 >40～50	400	540	16 —	7.5 9.0	4a 5a 6a
	HRB500 HRBF500 HRB500E HRBF500E	6～25 28～40 >40～50	500	630	15 —	7.5 9.0	6a 7a 8a
	HRB600	6～25 28～40 >40～50	600	730	14	7.5	6a 7a 8a

热轧光圆钢筋强度较低，塑性及焊接性能好，伸长率大，便于弯折成型和进行各种冷加工，广泛用于钢筋混凝土构件中，作为小型钢筋混凝土结构构件的受力钢筋和各种钢筋混凝土结构构件的箍筋等。

根据《钢筋混凝土用钢　第 2 部分：热轧带肋钢筋》GB/T 1499.2—2018，热轧带肋钢筋适用于钢筋混凝土用普通热轧带肋钢筋和细晶粒热轧带肋钢筋，不适用于由成品钢材再次轧制成的再生钢筋及余热处理钢筋。

普通热轧带肋钢筋的牌号是由 HRB 和屈服强度特征值及 E 构成，其中 H、R、B 分别为热轧（Hot rolled)、带肋（Ribbed)、钢筋（Bars）三个词的英文首位字母，E 是"地震"的英文（Earthquake）首位字母。

细晶粒热轧带肋钢筋的牌号是由 HRBF 和屈服强度特征值及 E 构成，其中 F 为细（Fine）的英文首位字母。其他字母含义同前。

热轧带肋钢筋的力学性能见表 11-5-1。

热轧带肋钢筋可分为Ⅲ、Ⅳ和Ⅴ级钢筋，Ⅲ级包括 HRB400、HRBF400、HRB400E 和 HRBF400E，用符号Φ 或 Φ^{F} 表示；Ⅳ级包括 HRB500、HRBF500、HRB500E 和 HRBF500E，用符号Φ 或 Φ^{F} 表示；Ⅴ级包括 HRB600。注意：老规范中有 HRB335 钢筋，为Ⅱ级钢筋，用Φ表示，现已淘汰。

（2）钢筋混凝土用余热处理钢筋

钢筋混凝土用余热处理钢筋是热轧后利用热处理原理进行表面控制冷却，并利用芯部余热自身完成回火处理所得的成品钢筋。余热处理后钢筋的强度提高，但是其延性、可焊性、机械连接性能及施工适应性降低。一般可用于对变形性能及加工性能要求不高的构件中，如基础、大体积混凝土、楼板、墙体以及次要的中小结构构件等。

根据《钢筋混凝土用余热处理钢筋》GB 13014—2013，按屈服强度特征值分为400、500级，按用途分为可焊和非可焊。余热处理钢筋有RRB400、RRB400W和RRB500三种，其中，RRB为余热处理钢筋的英文缩写，W为焊接的英文缩写。《混凝土结构设计规范》GB 50010规定，应采用RRB400，其力学性能与HRB400相同，即为Ⅲ级钢筋，用符号Φ^{R}表示。

(3) 冷轧带肋钢筋

冷轧带肋钢筋是由热轧光圆钢筋为母材，经冷轧减径后其表面冷轧成二面肋、三面肋(月牙肋)和四面肋的钢筋。根据《冷轧带肋钢筋》GB13788—2017，牌号由CRB和抗拉强度特征值及H构成。C、R、B、H分别表示冷轧（Cold rolled)、带肋（Ribbed)、钢筋（Bars)、高延性（High elongation）四个词的英文首位字母。

冷轧带肋钢筋分为CRB550、CRB650、CRB800、CRB600H、CRB680H、CRB800H六个牌号。CRB550、CRB600H为普通钢筋混凝土用钢筋，CRB650、CRB800、CRB800H为预应力混凝土用钢筋，CRB680H既可作为普通钢筋混凝土用钢筋，也可作为预应力混凝土用钢筋。冷轧带肋钢筋也适用于制造焊接网。

(4) 预应力混凝土用钢丝

根据《预应力混凝土用钢丝》GB/T 5223—2014，钢丝按加工状态分为冷拉钢丝（代号为WCD）和消除应力低松弛钢丝（代号为WLR）两类；钢丝按外形分为光圆钢丝(代号为P)、螺旋肋钢丝（代号为H）和刻痕钢丝（代号为I）三种。

预应力混凝土用钢丝具有强度高、柔性好、松弛率低、抗腐蚀性强、质量稳定、安全可靠等特点，主要用于大跨度屋架及薄腹梁、大跨度吊车梁、桥梁等预应力结构。

(5) 预应力混凝土用钢绞线

预应力混凝土用钢绞线应以热轧盘条钢丝为原料，经冷拔后捻制而成。捻制后，钢绞线应进行连续的稳定化处理。根据《预应力混凝土用钢绞线》GB/T 5224—2014，钢绞线按结构分为8类，其结构代号分别为：1×2（用两根钢丝捻制)、1×3（用三根钢丝捻制)、1×3I（用三根刻痕钢丝捻制)、1×7（用七根钢丝捻制的标准型)、1×7I（用六根刻痕钢丝和一根光圆中心钢丝捻制)、1×7C（用七根钢丝捻制又经模拔)、1×19S（用十九根钢丝捻制的1+9+9西鲁式）等。其中，常用的是1×7结构钢绞线。

预应力混凝土用钢绞线具有强度高、与混凝土粘结性能好、易于锚固等特点，常用于大跨度、重荷载的预应力混凝土结构。

(6) 预应力混凝土用螺纹钢筋

预应力混凝土用螺纹钢筋（也称精轧螺纹钢筋）是一种热轧成带有不连续外螺纹的直条大直径预应力筋，该钢筋在任意截面处，均可用带有匹配形状的内螺纹的连接器或锚具进行连接或锚固。预应力混凝土用螺纹钢筋以屈服强度划分级别，其代号为PSB（Prestressing Screw Bars）加规定屈服强度最小值表示，例如PSB830表示屈服强度最小值为830MPa的钢筋。螺纹钢筋的公称直径为15～75mm，《预应力混凝土用螺纹钢筋》GB/T 20065—2016推荐的钢筋公称直径为25mm和32mm。

3. 钢结构用钢

钢结构用钢材主要是热轧成型的钢板、型钢，以及冷加工成型的冷轧薄钢板和冷弯薄壁型钢等。

（1）钢板

钢板有厚钢板、薄钢板、扁钢（或带钢）之分。厚钢板常用于大型梁、柱等实腹式构件的翼缘板、腹板及节点板；薄钢板主要用于制造冷弯薄壁型钢；扁钢可用于焊接组合梁、柱的翼缘板、各种连接板和加劲肋等。钢板截面的表示方法是在符号“—”后加“宽度×厚度”尺寸，如—300×20。

（2）热轧型钢

常用的热轧型钢有角钢、工字钢、H 型钢和槽钢。

1）角钢分为等边角钢和不等边角钢两种。角钢主要用来制作桁架结构的杆件和支撑连接杆件。角钢型号的表示方法是在符号“L”后加“长边宽×短边宽×厚度”，或加“边长×厚度”。

2）工字钢分为普通工字钢和轻型工字钢。普通工字钢的型号用符号“I”后加截面高度的厘米数来表示、20 号以上的工字钢又按腹板的厚度不同，分为 a、b 或 a、b、c 等类别。

3）H型钢的基本类型可分为宽翼缘（HW）、中翼缘（HM）、窄翼缘（HN）和薄壁（HT）四类，还可剖分成 T 型钢，代号分别为 TW、TM、TN。H 型钢和相应的 T 型钢的型号分别为代号后加“高度 H×宽度 B×腹板厚度 t_1×翼缘厚度 t_2”，如 HW400×400×13×21 和 TW200×400×13×21。宽翼缘和中翼缘 H 型钢可用于钢柱等受压构件，窄翼缘 H 型钢则适用于钢梁等受弯构件。

4）槽钢分为普通槽钢和轻型槽钢两种。槽钢适于作檩条等双向受弯构件。

（3）冷弯薄壁型钢

冷弯薄壁型钢是采用 1.5～6mm 厚的钢板经冷弯和辊压成型的型材以及采用 0.4～1.6mm 的薄钢板经辊压成型的压型钢板，适用于轻钢建筑结构。

★五、建筑钢材的防锈和防火

1. 钢材的防锈

钢材的锈蚀是指钢材表面与周围介质发生化学或电化学作用而引起的破坏现象。化学腐蚀指钢材与周围介质（如氧气、二氧化碳、二氧化硫和水等）直接发生化学作用，生成疏松的氧化物而引起的腐蚀现象。化学腐蚀在干燥环境中的速度缓慢，但在干湿交替的情况下腐蚀速度大大加快。电化学腐蚀是指钢材与电解质溶液接触形成微电池而产生的腐蚀现象。钢材在大气中的腐蚀，实际上是化学腐蚀和电化学腐蚀共同作用所致，以电化学腐蚀为主。

对于钢结构用型钢的防锈，主要采用在钢材表面涂覆耐腐蚀性好的金属（镀锌、镀铜和镀铬等）和刷漆（即非金属涂层覆盖，即由底漆、中间漆和面漆组成）的方法，来提高钢材的耐腐蚀能力。

对于混凝土用钢筋的防锈，主要是提高混凝土的密实度，保证钢筋外侧混凝土保护层的厚度，限制氯盐外加剂的掺加量。此外，还可采用环氧树脂涂刷钢筋、镀锌钢筋、掺加阻锈剂等措施。

2. 钢材的防火

钢材在火灾发生及高温条件下将失去原有的性能和承载能力。由耐火试验可知，裸露的钢梁的耐火时间仅为15～20min。温度在200℃以内时，钢材的性能基本不变；当温度超过300℃以后，钢材的弹性模量、屈服强度和极限强度均开始显著下降；当温度达到500℃时，钢材的屈服点降到常温时的50%，会发生塑性变形而导致破坏。钢结构抗火性能差，其主要原因是：一是钢材热传导系数很大，火灾下钢构件升温快；二是钢材强度随温度升高而迅速降低。

钢材的防火措施主要是采用包覆的办法，用防火涂料或不燃性板材将钢构件包裹。防火涂料按受热时的变化分为膨胀型（薄型）和非膨胀型（厚型）两种。膨胀型防火涂料的涂层厚度为2～7mm，由于其内含膨胀组分，遇火后会膨胀增厚5～10倍，形成多孔结构，从而起到隔热防火作用。非膨胀型防火涂料的涂层厚度一般为8～50mm，密度小、强度低，喷涂后需再用装饰面层隔护，耐火极限可达0.5～3.0h。

习　题

11-5-1 （历年真题）衡量钢材均匀变形时的塑性变形能力的技术指标为：

A. 冷弯性能　　B. 抗拉强度　　C. 伸长率　　D. 冲击韧性

11-5-2 同一钢材分别以5倍于直径和10倍于直径的长度作为原始标距，所测得的伸长率δ_5和δ_{10}关系为：

A. $\delta_5>\delta_{10}$　　B. $\delta_5<\delta_{10}$　　C. $\delta_5\geqslant\delta_{10}$　　D. $\delta_5\leqslant\delta_{10}$

11-5-3 下列关于冲击韧性的叙述，合理的是：

A. 冲击韧性指标是通过对试件进行弯曲试验来确定的

B. 使用环境的温度影响钢材的冲击韧性

C. 钢材的脆性临界温度越高，说明钢材的低温冲击韧性越好

D. 对于承受荷载较大的结构用钢，必须进行冲击韧性检验

11-5-4 建筑钢材产生冷加工强化的原因是：

A. 钢材在塑性变形中缺陷增多，晶格严重畸变

B. 钢材在塑性变形中消除晶格缺陷，晶格畸变减小

C. 钢材在冷加工过程中密实度提高

D. 钢材在冷加工过程中形成较多的具有硬脆性渗碳体

11-5-5 钢材经过冷加工、时效处理后，性能发生的变化为：

A. 屈服点和抗拉强度提高，塑性和韧性降低

B. 屈服点降低，抗拉强度、塑性、韧性都有提高

C. 屈服点提高，抗拉强度、塑性、韧性都有降低

D. 屈服点降低，抗拉强度提高，塑性、韧性都有降低

11-5-6 表明钢材超过屈服点工作时的可靠性的指标是：

A. 比强度　　B. 屈强比

C. 屈服强度　　D. 屈服比

11-5-7 使钢材产生热脆性的有害元素主要是：

A. 碳　　B. 硫　　C. 磷　　D. 氧

11-5-8　建筑钢材腐蚀的主要原因是：

A. 物理腐蚀　　B. 化学腐蚀　　C. 电化学腐蚀　　D. 大气腐蚀

第六节　沥青及改性沥青

沥青是一种有机胶凝材料，是由一些极其复杂的高分子碳氢化合物及其非金属（如氧、氮、硫等）衍生物所组成的混合物。在常温下，沥青呈褐色或黑褐色的固体、半固体或黏稠液体状态。按产源，沥青分为地沥青（包括天然沥青和石油沥青）、焦油沥青（包括煤沥青和页岩沥青）两大类。其中，在建筑工程中石油沥青应用最普遍。

★★★一、石油沥青

石油沥青是石油原油经各种炼制工艺加工而得到的沥青产品，可分为建筑石油沥青、道路石油沥青和普通石油沥青。石油沥青是憎水性材料。

1. 石油沥青的组成

石油沥青的化学组成分析是将沥青分离为化学性质相近，而且与其工程性能有一定联系的几个化学成分组，这些组称为组分。

石油沥青的主要组分是油分、树脂和地沥青质。

（1）油分。它是一种常温下呈淡黄色至红褐色的油状液体，分子量在100～500之间，是石油沥青中分子量最低的组分，密度介于0.7～1.0g/cm^{3}之间。它能溶于石油醚、三氯乙烯、四氯化碳、苯和丙酮等有机溶剂中，但不溶于乙醇。油分在石油沥青中的含量为40%～60%。由于油分是沥青中分子量最小和密度最小的组分，油分对沥青性质的影响主要表现为降低稠度和黏滞度，增加流动性，降低软化点。油分含量越多，沥青的流动性越好，软化点越低。

（2）树脂（亦称胶质或脂胶）。它是一种颜色介于黄色至红褐色之间的黏稠状物质（半固体），分子量比油分大，在600～1000之间，密度为1.0～1.1g/cm^3。树脂在石油沥青中的含量为15%～30%。它赋予沥青一定的粘结性和塑性。树脂的含量直接决定着沥青的变形能力和粘结力，树脂的含量增加，沥青的延度和粘结力增加。

（3）地沥青质（亦称沥青质）。它是一种深褐色至黑色固态无定形的脆性固体微粒。分子量在1000～6000之间，密度大于1.0g/cm^3。对光的敏感性强，感光后就不能溶解。地沥青质在石油中含量为10%～30%。地沥青质属于固态组分，无固定软化点。地沥青质决定着沥青的粘结力、黏度和温度稳定性。地沥青质的含量越高，石油沥青的软化点越高，黏性越大，温度稳定性越好，但同时沥青硬度提高。

此外，石油沥青中还含2%～3%的沥青碳和似碳物，为无定形的黑色固体粉末，分子量大约为75000，密度大于1g/cm^3，对沥青性质的影响表现为降低塑性和黏性，增加老化程度。但由于含量极少，所以对沥青的性质影响不大。

石油沥青中还含有蜡，它会降低石油沥青的粘结性和塑性，同时对温度特别敏感（即温度稳定性差），所以蜡是石油沥青的有害成分，应严格限制其含量。

在长期使用过程中，受大气的作用，部分油分挥发，而部分树脂逐步聚合为大分子组分，即地沥青质组分增多，使石油沥青的塑性降低，黏滞性增大，变脆并硬。

石油沥青属于胶体结构，以地沥青质为核心，周围吸附部分树脂和油分，构成胶团，无数的胶团分散在油分中而形成胶体结构。按其组分的含量及化学结构不同，胶体结构可分为：溶胶型、凝胶型、溶-凝胶型。建筑工程中多采用凝胶型石油沥青。

2. 技术性质

(1) 黏滞性(黏性)

沥青材料在外力作用下抵抗黏性变形的能力称为沥青的黏滞性。黏滞性是反映材料内部阻碍其相对运动的一种特性，也是我国现行标准划分沥青标号的主要性能指标。沥青的黏滞性与其组分及所处的温度有关。当沥青质含量较高，又有适量的胶质，且油分含量较少时，黏滞性较大。温度升高时，黏滞性随之降低，反之则增大。

一般采用针入度来表示石油沥青的黏滞性，其数值越小，表明黏性越大。针入度是在温度为25℃时，以附重100g的标准针，经5s沉入沥青试样中的深度，每深1/10mm，定为1度。

(2) 塑性

塑性是指石油沥青在外力作用时产生变形而不破坏，除去外力后，仍保持变形后的形状的性质。它是沥青性质的重要指标之一。石油沥青中树脂含量较多，且其他组分含量又适当时，则塑性较大。影响沥青塑性的因素有温度和沥青膜层厚度，温度升高，则塑性增大；膜层越厚，则塑性越大。

石油沥青的塑性用延度表示。延度越大，塑性越好。沥青延度是把沥青试样制成∞字形标准试模(中间最小截面积1cm^2)在规定速度(每分钟5cm)和规定温度(25℃)下拉断时的长度，以“cm”为单位表示。

(3) 温度稳定性

石油沥青的性质(包括黏滞性、塑性等)随温度的变化呈现较大的波动，这种性能称为沥青的温度稳定性(也称温度敏感性)。沥青没有一定的熔点。

沥青的温度稳定性用软化点来表示。它表示沥青在某一固定重力作用下，随温度升高逐渐软化，最后流淌垂下至一定距离时的温度。软化点值越高，沥青的温度稳定性越好。

我国现行试验法是采用环球法软化点仪测定软化点。该法是沥青试样注于内径为18.9mm的铜环中，环上置一重3.5g的钢球，在规定的加热速度(5℃/min)下进行加热，沥青试样逐渐软化，直至在钢球荷重作用下，使沥青产生25.4mm挠度时的温度，称为软化点。

建筑工程宜选用温度敏感性较小的沥青。例如沥青防水卷材铺设的屋顶在炎热的夏季阳光下会发生流淌现象，这反映了沥青材料的温度敏感性大。

上述针入度、延度和软化点称为沥青的“三大指标”。

(4) 大气稳定性

大气稳定性是指石油沥青在热、阳光、氧气和潮湿等因素的长期综合作用下抵抗老化的性能。在阳光、空气和热的综合作用下，沥青各组分会不断递变。树脂转变为地沥青质比油分转变为树脂的速度快很多。因此，石油沥青随着时间的进展而流动性和塑性逐渐减小，针入度和延度减小，软化点增高，硬脆性逐渐增大，直至脆裂。这个过程称为石油沥青的“老化”。所以大气稳定性可以抗“老化”性能来说明。

石油沥青的大气稳定性常以蒸发损失和蒸发后针入度比来评定。其测定方法是：先测定沥青试样的重量及其针入度，然后将试样置于加热损失试验专用的烘箱中，在160℃下蒸发 5h，待冷却后再测定其重量及针入度。计算蒸发损失重量占原重量的百分数称为蒸发损失；计算蒸发后针入度占原针入度的百分数称为蒸发后针入度比。

(5) 其他性质

溶解度是指石油沥青在三氯乙烯、四氯化碳或苯中溶解的百分率，以表示石油沥青中有效物质的含量，即纯净程度。那些不溶解的物质会降低沥青的性能，应把不溶物视为有害物质（如沥青碳或似碳物）而加以限制。

闪点（也称闪火点）是指加热沥青至挥发出的可燃气体和空气的混合物，在规定条件下与火焰接触，初次闪火（有蓝色闪光）时的沥青温度（℃）。

燃点（也称着火点）是指加热沥青产生的气体和空气的混合物，与火焰接触能持续燃烧 5s 以上时沥青的温度（℃）。燃点温度比闪点温度约高 10℃，沥青质组分多的沥青相差越多，液体沥青由于轻质成分较多，闪点和燃点的温度相差很小。

闪点和燃点的高低表明沥青引起火灾或爆炸的可能性的大小，它关系到运输、贮存和加热使用等方面的安全。例如建筑石油沥青闪点约 230℃，在熬制时一般温度为 185～200℃，为安全起见，沥青应与火焰隔离。

3. 建筑石油沥青

建筑石油沥青按针入度值划为 10 号、30 号、40 号三个牌号，见表 11-6-1。

建筑石油沥青技术要求　　**表 11-6-1**

技术指标项目	质量指标		
	10 号	30 号	40 号
针入度（25°C，100g，5s）(1/10mm)	10～25	26～35	36～50
针入度（0°C，200g，5s）(1/10mm)，≥	3	6	6
延度（25°C，5cm/min）(cm)，≥	1.5	2.5	3.5
软化点（环球法）(°C)	95	75	60
溶解度（三氯乙烯）(%)，≥	99.0		
蒸发后质量变化（163°C，5h）(%)，≤	1		
蒸发后 25℃针入度比（%），≥	65		
闪点（开口杯法）(°C)，≥	260		

注：46℃针入度报告应为实测值。

在同一品种石油沥青中，牌号越大，相应的针入度值越大（黏性越小），延度越大（塑性越大），软化点越低（温度稳定性越差）。

选用建筑石油沥青的原则是根据工程性质（房屋、防腐等）及当地气候条件、所处工程部位（屋面、地下）来选用。在满足上述要求的前提下，尽量选用牌号高的石油沥青。对于屋面防水工程，应主要考虑沥青的高温稳定性，宜选用软化点较高的沥青，如 10 号沥青或 10 号与 30 号的混合沥青。对于地下室防水工程，应主要考虑沥青的耐老化性，选用软化点较低的沥青，如 40 号沥青。

当某一种牌号的石油沥青不能满足工程技术要求时，需用不同牌号沥青进行掺配。在进行掺配时，为了不使掺配后的沥青胶体结构破坏，应选用表面张力相近和化学性质相似的沥青。研究证明同产源的沥青容易保证掺配后的沥青胶体结构的均匀性。所谓同产源是指同属石油沥青，或同属煤沥青（或煤焦油）。

【例 11-6-1】（历年真题）为了提高沥青的温度稳定性，可以采取的措施是：

A. 提高地沥青质的含量　　B. 降低环境温度

C. 提高油分含量　　D. 提高树脂含量

【解答】为了提高沥青的温度稳定性，可采取提高地沥青质的含量，应选 A 项。

【例 11-6-2】（历年真题）为了提高沥青的塑性、粘结性和可流动性，应增加：

A. 油分含量　　B. 树脂含量

C. 地沥青质含量　　D. 焦油含量

【解答】为了提高沥青的塑性、粘结性和可流动性，应增加树脂含量，应选 B 项。

二、煤沥青

煤沥青是炼焦厂或煤气厂的副产品。烟煤在干馏过程中的挥发物质，经冷凝而成黑色黏性液体称为煤焦油，煤焦油经分馏加工提取轻油、中油、重油、蒽油以后，所得残渣即为煤沥青。根据蒸馏程度不同，煤沥青分为低温沥青、中温沥青和高温沥青三种。建筑工程所采用的煤沥青多为黏稠或半固体的低温沥青。

与石油沥青相比，煤沥青的技术特点是温度稳定性较低、大气稳定性较差，但与矿质骨料的粘附性较好、耐腐蚀性强。因此，煤沥青适用于木材等的表面防腐处理。

★★★三、改性石油沥青

建筑工程上使用的沥青必需具有一定的物理性质和粘附性。在低温条件下应有弹性和塑性；在高温条件下要有足够的强度和稳定性；在加工和使用条件下具有抗“老化”能力；还应与各种矿料和结构表面有较强的粘附力；对构件变形的适应性和耐疲劳性。通常，石油加工厂制备的沥青不一定能全面满足这些要求，因此，常用橡胶、树脂和矿物填料等改性。橡胶、树脂和矿物填料等通称为石油沥青的改性材料。

1. 橡胶类改性沥青

橡胶是沥青的重要改性材料，它与沥青有较好的混溶性，并能使沥青具有橡胶的很多优点，如高温变形性小，低温柔性好。由于橡胶的品种不同，掺入的方法也有所不同，而各种橡胶沥青的性能也有差异。常用的有：丁基橡胶改性沥青、再生橡胶改性沥青和氯丁橡胶改性沥青。

2. 树脂类改性沥青

用树脂改性石油沥青，可以改进沥青的耐寒性、耐热性、粘结性和不透气性。由于石油沥青中含芳香性化合物很少，故树脂与石油沥青的相溶性较差，而且可用的树脂品种也较少，常用的有：古马隆树脂、聚乙烯、聚丙烯、酚醛树脂及天然松香等。

3. 橡胶和树脂改性沥青

橡胶和树脂同时用于改善沥青的性质，使沥青同时具有橡胶和树脂的特性，并且树脂比橡胶便宜，橡胶与树脂又有较好的混溶性，故效果较好。

4. 矿物填充料改性沥青

为提高沥青的粘结能力和耐热性，减小沥青的温度敏感性，经常加入一定数量的矿物填充料。常用的矿物填充料大多是粉状的和纤维状的，主要的有滑石粉、硅藻土、云母粉、石棉粉、粉煤灰、高岭土、白垩粉等。

【例 11-6-3】（历年真题）下列几种矿物粉料中，适合做沥青的矿物填充料的是：

A. 石灰石粉　　B. 石英砂粉　　C. 花岗岩粉　　D. 滑石粉

【解答】适合做沥青的矿物填充料是滑石粉，应选 D 项。

★★★四、沥青的应用

沥青的使用方法很多，可以作为涂层涂刷，也可以配制成各种防水材料制品。沥青按施工方法的不同分热用和冷用两种。热用是指加热沥青使其软化流动，并趁热施工；冷用是将沥青加溶剂稀释或用乳化剂乳化成液体，在常温下施工。使用沥青时，加热温度不宜过高，时间不宜过长，以防老化，并且不应超过沥青的闪点，还应与火源隔开以防着火，同时，要防止烫伤、中毒等事故。

1. 防水涂料

（1）沥青基防水涂料

1）冷底子油

冷底子油是用汽油、柴油、煤油、苯等稀释剂对石油沥青进行稀释后的油状物。由于在常温下主要用于防水工程的底层，故称冷底子油。冷底子油黏度小，具有良好的流动性，涂刷在混凝土、砂浆或木材等基面上，能很快渗入基层孔隙中，待溶剂挥发后便与基面牢固结合。

冷底子油形成的涂膜较薄，一般不单独作防水材料使用，只作某些防水材料的配套材料，施工时应在基层上先涂刷一道冷底子油，再刷沥青防水涂料或防水卷材。冷底子油应涂刷在干燥的基面上，不宜在有雨、雾、雪的环境中施工。

2）沥青胶（沥青玛瑺脂）

沥青胶是在沥青中掺入适量的粉状或纤维状矿物填充料，经均匀混合而制成的胶状物材料，属于矿物填充料改性沥青。常用的矿物填充料主要有滑石粉、石灰石粉、木屑粉、石棉粉等。沥青胶具有较好的黏性、耐热性和柔韧性。沥青胶主要用于粘贴卷材、嵌缝、接头、补漏及作防水层的底层。

3）乳化沥青

乳化沥青是沥青微粒（粒径 1μm）分散在有乳化剂的水中而成的乳胶体。制作时，首先在水中加入少量乳化剂，再将沥青热熔后缓缓倒入，同时高速搅拌，使沥青分散成微小颗粒，均匀分散于水中。乳化沥青可涂刷或喷涂在基层表面上作为防潮或防水层，用以粘贴玻璃纤维毡片（或布）作屋面防水层，或用于拌制冷用沥青砂浆和沥青混凝土。

4）水性沥青防水涂料

水性沥青防水涂料是以沥青为基料配制而成的水乳型或溶剂型防水涂料。涂料的乳化是借助于乳化剂的作用，在机械搅拌下，将熔化的沥青微粒（粒径 1～10μm）均匀地分散在溶剂中，使其形成稳定的悬浮体。常用的乳化剂有石灰膏、水玻璃、动物胶、松香、肥皂等。目前，最常用的水性沥青防水涂料有 AE-1 和 AE-2 两种类型。AE-1 型是用矿物胶体乳化剂配制的乳化沥青为基料，以石棉纤维或其他无机矿物作为填料的防水涂料，又称水性沥青基厚质防水涂料；AE-2 型是用化学乳化剂配制的乳化沥青为基料，掺有氯丁胶乳或再生胶等橡胶水分散体的防水涂料，又称水性沥青基薄质防水涂料。

(2) 高聚物改性沥青防水涂料

高聚物改性沥青防水涂料是以沥青为基料，用合成高分子聚合物改性而制成的水乳型或溶剂型防水涂料，如氯丁橡胶改性沥青防水涂料、水乳型橡胶改性沥青防水涂料、SBS 和 APP 改性沥青防水涂料等。该类防水涂料柔韧性、抗裂性、拉伸强度、耐高低温性能、使用寿命等性能均比沥青基防水涂料有较大改善，广泛应用于各级屋面、地下室以及卫生间的防水工程。

【例 11-6-4】(历年真题) 配制乳化沥青时需要加入:

A. 有机溶剂　　B. 乳化剂

C. 塑化剂　　D. 无机填料

【解答】配制乳化沥青时需要加入乳化剂，应选 B 项。

2. 防水卷材

(1) 沥青防水卷材

根据防水材料中有无基胎增强材料，沥青防水卷材分为有胎沥青防水卷材和无胎沥青防水卷材。有胎沥青防水卷材是以原纸、纤维毡、纤维布、金属箔、塑料膜等材料中的一种或数种复合为胎基，浸涂沥青或改性沥青后，用隔离材料覆盖其表面所制成的防水卷材。无胎沥青防水卷材是以橡胶或沥青、树脂、配合剂和填料为原料，经热融混合成型而制成的防水卷材。

油毡和油纸是常用的沥青防水卷材。油毡按所使用原纸单位平方米的质量 (g) 数划分为 200 号、350 号和 500 号三个标号；按浸渍材料总量和物理性能，油毡分为合格品、一等品和优等品三个等级。200 号油毡适用于简易防水、临时性建筑防水、防潮及包装等；350 号和 500 号油毡适用于多层建筑防水。

(2) 改性沥青防水卷材

改性沥青防水卷材是以合成高分子聚合物改性沥青为涂覆层，以纤维织物或纤维毡为胎基，粉状、片状、粒状或薄膜材料为隔离层而制成的厚度为 2～4mm 的防水卷材。改性沥青防水卷材具有高温不流淌、低温不脆裂、拉伸强度较高、延伸率较大等性能特点。常用的改性沥青防水卷材有弹性体改性沥青防水卷材（也称 SBS 改性沥青防水卷材）和塑性体改性沥青防水卷材（也称 APP 改性沥青防水卷材）。

3. 密封材料

建筑防水沥青嵌缝油膏是以石油沥青为基料，加入改性材料、稀释剂及填充料混合制成的冷用膏状材料，简称油膏。改性材料有废橡胶粉和硫化鱼油；稀释剂有松焦油、松节重油和机油；填充料有石棉绒和滑石粉等。油膏主要作为屋面、墙面、沟和槽的防水嵌缝材料。

习　题

11-6-1 (历年真题) 在测定沥青的延度和针入度时，需保持以下哪项条件恒定?

A. 室内温度　　B. 试件所处水浴的温度

C. 试件质量　　D. 试件的养护条件

11-6-2 (历年真题) 石油沥青的软化点反映了沥青的:

A. 黏滞性　　B. 温度敏感性　　C. 强度　　D. 耐久性

11-6-3　（历年真题）沥青老化后，其组分的变化规律是：

A. 油脂增多　　B. 树脂增多

C. 地沥青质增多　　D. 沥青碳增多

11-6-4　（历年真题）石油沥青的针入度指标反映了石油沥青的：

A. 黏滞性　　B. 温度敏感性　　C. 塑性　　D. 大气稳定性

第七节　木　　材

木材作为一种建筑材料，有其显著的特性：强度高，质地轻，弹性好，易加工，具有很好的耐冲击性、抗震性；导热性低，隔热、隔声、绝缘性好；具有独特的纹理，装饰性好。木材是可再生资源，符合可持续发展战略。当然，木材也有一些缺陷，如构造不均匀、各向异性、易吸潮、易变形、易受虫菌的侵蚀、易腐朽、易燃烧等。

★★★一、木材的分类与组成

1. 分类

由树叶的外观形状可将木材分为针叶树木材和阔叶树木材。

针叶树树干通直且高大，纹理平顺，材质较均匀，易于加工，木质较软，又称软木。其强度较高，材质较轻，胀缩变形较小，耐腐蚀性较强，在工程中广泛用作承重构件（如梁、柱、屋架、门窗等），也用作模板。常用树种有柏木、东北落叶松、油松、红松、云南松、马尾松、西南云杉、油杉、铁杉、红皮云杉、西北玄杉、冷杉、鱼鳞云杉等。

阔叶树树干通直部分较短，材质较硬。加工较难，又称硬木。其强度高，一般较重，纹理显著，胀缩变形较大，易翘曲、开裂。常用作尺寸较小的构件及装修材料。常用树种有栎木、青冈、水曲柳、樟木、锥栗、紫心木、桦木、大叶椴等。

按木材的用途和加工的不同，可以分为原条、原木和锯材。原条是指已经去皮、根及树梢，但尚未加工成规定尺寸的木料；原木是指由原条按一定尺寸加工成规定直径和长度的木材；锯材是指原木经制材加工而成的成品材或半成品材，分为方木（亦称方材）和板材。

2. 组成

木材的组成（或构造）分为宏观构造和微观构造。

（1）宏观构造

将木材切成如图 11-7-1 所示的 3 个切面，即横切面、径切面、弦切面，用肉眼和放大镜可以观察到木材的宏观构造。从径切面上可看到，树木是由髓心、木质部和树皮等部分组成。木质部是木材使用的主要部分。靠近树中心颜色较深的部分称为心材。靠近边缘颜色较浅的部分称为边材。心材比边材含水率低，变形小，抗腐蚀性好。

从横切面上看到木质部具有深浅相间的同心圆环，此谓年轮。在同一年轮内，春天生长的木质，细胞壁薄，形体较大，质较松，色较浅，称为春材（早材）；夏秋两季生长的木质，细胞腔小而壁厚，质较密，色较深，称为夏材（晚材）。一个年轮内晚材所占的比例称为晚材率。相同树种，年轮越密而均匀，材质越好；夏材部分越多，晚材率越大，木材强度越高。

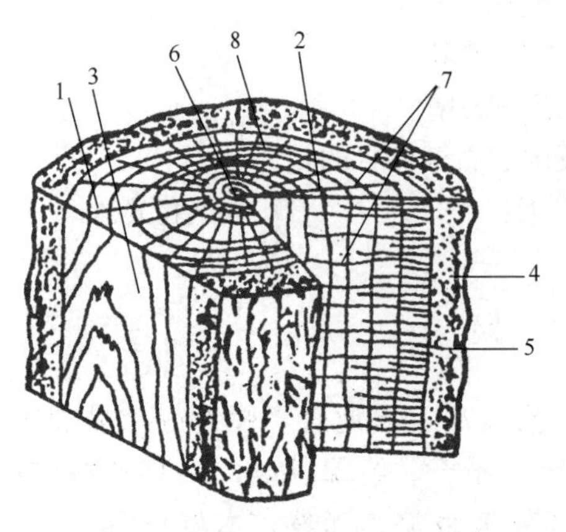

图 11-7-1 木材的宏观构造

1—横切面；2—径切面；3—弦切面；4—树皮；5—木质部；6—髓心；7—髓线；8—年轮

(2) 微观构造

在显微镜下可观察到木材是由无数管状空腔细胞紧密结合而成，绝大部分管状细胞纵向排列，少数横向排列（如髓线）。每个细胞由细胞壁和细胞腔组成，细胞壁由若干层细纤维组成，其间微小的间隙能吸收和渗透水分，细纤维的纵向连接比横向牢固，故细胞壁的纵向强度比横向强度高。细胞壁越厚、细胞腔越小的木材越密实，其表观密度越大，强度也越高，但胀缩变形也较大。

【例 11-7-1】（历年真题）下列木材中适宜做装饰材料的是：

A. 松木　　B. 杉木

C. 水曲柳　　D. 柏木

【解答】适宜做装饰材料的是水曲柳，应选C项。

★★★二、木材的性质

1. 含水率、纤维饱和点与平衡含水率

木材的含水率是指木材所含水的质量占干燥木材质量的百分数。含水率的大小对木材的湿胀干缩性和强度影响很大。

木材中所含水分可分为自由水和吸附水。其中，自由水是存在于细胞腔和细胞间隙中的水分，吸附水是指被吸附在细胞壁内细纤维之间的水分。水分进入木材后，首先吸附在细胞壁内的细纤维中，成为吸附水。吸附水饱和后，其余的水则成为自由水。自由水的变化只影响木材的表观密度、燃烧性和抗腐蚀性，而吸附水的变化是影响木材强度和胀缩变形的主要因素。

当木材中无自由水，而细胞壁内充满吸附水并达到饱和时的含水率称为纤维饱和点。纤维饱和点是木材物理力学性质发生变化的转折点。纤维饱和点因树种不同而异，一般为25%～35%。

干燥的木材能从周围湿空气中吸收水分，而潮湿的木材也能在较干燥的空气中失去水分，且含水率随着环境的温度和湿度变化而改变。当木材长时间处于一定的温度和湿度环境中时，木材中的含水量最后会达到与周围空气湿度相平衡的状态，此时的木材含水率称为平衡含水率。平衡含水率是木材进行干燥时的重要指标。我国北方木材的平衡含水率约为12%，南方木材的平衡含水率约为18%，长江流域木材的平衡含水率一般为15%左右。

2. 湿胀与干缩

当木材的含水率在纤维饱和点以下时，随着含水率的增大，木材体积产生膨胀；随着含水率减小，木材体积收缩；而当木材含水率在纤维饱和点以上变化时，只是自由水增减，木材的重量改变，而木材的体积不发生变化。

由于木材构造的不均质性，各方向的胀缩变形也不一致。同一木材中，弦向胀缩变形最大，径向次之，纵向最小。

3. 强度及其影响因素

(1) 强度

木材的强度包括抗压、抗拉、抗弯和抗剪强度。由于木材是各向异性材料，因而其抗压、抗拉和抗剪强度又有顺纹和横纹的区别。

木材的顺纹抗压强度是指压力作用方向与木材纤维方向平行时的强度，这种受压破坏是因细胞壁失去稳定而非纤维的断裂。木材的顺纹抗拉强度是指拉力方向与木材纤维方向一致时的强度，这种受拉破坏往往不是纤维被拉断而是纤维间被撕裂。顺纹抗拉强度是木材所有强度中最高的（表 11-7-1），但在实际应用中，由于木材存在的各种缺陷（如木节、斜纹、裂缝等）对其影响极大，同时，受拉构件连接处应力复杂，使木材的顺纹抗拉强度难以充分利用。木材的剪切见图 11-7-2，其强度见表 11-7-1。

木材理论上各强度大小关系　　**表 11-7-1**

抗压		抗拉		抗弯	抗剪		
顺纹	横纹	顺纹	横纹		顺纹	横纹	横纹切断
1	1/10～1/3	2～3	1/20～1/3	1.5～2	1/7～1/3	1/14～1/6	0.5～1

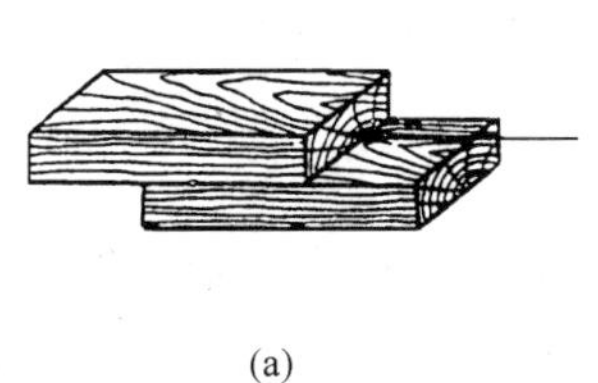
(a)

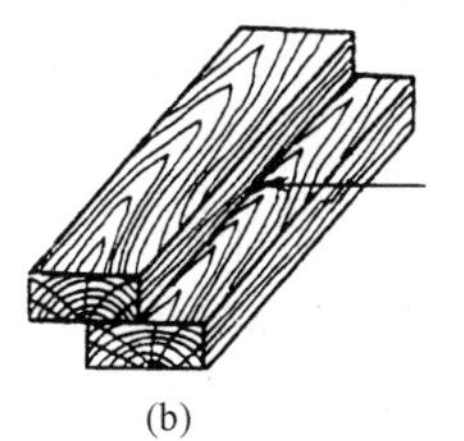
(b)

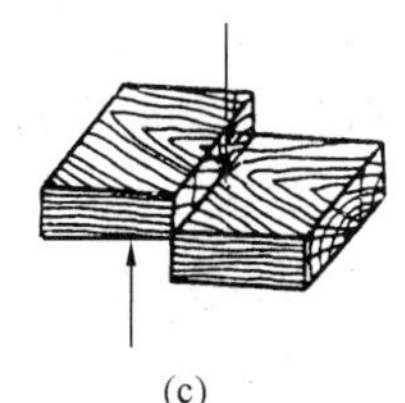
(c)

图 11-7-2　木材的剪切

(a) 顺纹剪切；(b) 横纹剪切；(c) 横纹切断

(2) 影响强度的因素

1) 含水率。当木材含水率在纤维饱和点以下时，随含水率降低，即吸附水减少，细胞壁趋于紧密，木材强度提高；反之，当含水率升高时，由于亲水的细胞壁逐渐软化而使木材强度降低。当木材含水率在纤维饱和点以上变化时，仅是细胞腔内自由水的变化，木材的强度不改变。

含水率变化对木材抗弯强度和顺纹抗压强度影响较大，对顺纹抗剪强度影响较小，对顺纹抗拉强度几乎没有影响。

根据《无疵小试样木材物理力学性质试验方法　第 2 部分：取样方法和一般要求》GB/T 1927.2—2021的规定，木材的强度标准值应在实验室温度 20±2℃和相对湿度65%±3%，木材平衡含水率为 12%的条件下进行测定。

2) 负荷时间。木材的持久强度比短期荷载作用下的极限强度低得多，一般为短期极限强度的 50%～60%。

3) 温度。木材的强度随环境温度升高而降低。因此，长期处于 50℃以上的建筑不宜采用木结构。

4) 缺陷。木材的缺陷包括木节、斜纹、裂纹、腐朽和虫害等。木节分为活节、死节、松软节、腐朽节等几种，活节影响较小。木节使木材顺纹抗拉强度显著降低，对顺纹抗压强度影响较小。在木材受横纹抗压和剪切时，木节反而增加其强度。

【例 11-7-2】（历年真题）同种木材的各种强度中最高的是：

A. 顺纹抗拉强度　　B. 顺纹抗压强度

C. 横纹抗拉强度　　D. 横纹抗压强度

【解答】同种木材的各种强度中最高的是顺纹抗拉强度，应选 A 项。

【例 11-7-3】（历年真题）测定木材强度标准值时，木材的含水率需调整到：

A. 平衡含水率　　B. 纤维饱和点

C. 绝对干燥状态　　D. 12%

【解答】测定木材强度标准值时，木材的含水率需调整到 12%，应选 D 项。

【例 11-7-4】（历年真题）导致木材物理力学性质发生改变的临界含水率是：

A. 最大含水率　　B. 平衡含水率　　C. 纤维饱和点　　D. 最小含水率

【解答】导致木材物理力学性质发生改变的临界含水率是纤维饱和点，应选 C 项。

★三、木材的保护

1. 木材的干燥

木材的含水状况对木材的性能具有较大影响，在加工和使用木材之前应对木材进行一定程度的干燥处理，以防止木材收缩变形和翘曲开裂，尽可能地提高强度和耐久性。木材的干燥方法有自然干燥法和人工干燥法。

2. 木材的防腐

木材腐朽为真菌侵害所致。木材中常见的真菌有霉菌、变色菌、腐朽菌三种。前两种真菌只能使木材变色，影响其外观，而对木材的力学性质影响不大，腐朽菌通过分泌酶将木材细胞壁物质分解为其所需养料，使木材腐朽败坏。真菌在木材中的生存和繁殖必须同时具备 3 个条件：适当的水分、空气和温度。最适宜腐朽菌繁殖的条件是：木材含水率为 35%～50%，温度为 25～30℃，木材中有一定量的空气存在。木材除易受真菌侵蚀外，还会遭受昆虫的蛀蚀（如白蚁、天牛、蠹虫等）。

木材的防腐防虫通常采用的方法：①通过通风、排湿，表面涂刷油漆等，保持其经常处于干燥状态，使其含水率在 20%以下；②注入化学防腐剂、防虫剂。

3. 木材的防火

木材的防火方法：①表面处理法，它是采用不燃性材料（如金属、水泥砂浆、防火涂料等）覆盖在木材的表面，阻止木材直接与火接触；②注入阻燃剂（或防火剂）。

★★★四、木材的应用

1. 承重材料

原木、方木（方材）、板材可作木结构房屋的承重构件。

2. 装饰制品

（1）木地板。木地板分为条木地板和拼花地板。木地板应选用木纹美观，不易开裂变形，有适当硬度，耐腐朽，较耐磨的优质木材。木地板应经干燥、变形稳定后再加工制作。

（2）胶合板。胶合板按质量和使用胶料不同分为Ⅰ、Ⅱ、Ⅲ、Ⅳ类。胶合板最大的特点是改变了木材的各向异性，材质均匀、吸湿变形小、幅面大、不易翘曲，而且有着美丽的花纹。

（3）纤维板。纤维板是将树皮、刨花、树枝等废材经破碎浸泡、研磨成木浆，加入胶料，热压成型，干燥处理而成的人造板材。纤维板按密度不同分为硬质纤维板（表观密度大于 800kg/m^3）、中密度纤维板（表观密度大于 500kg/m^3）、软质纤维板（表观密度小于 500kg/m^3）。硬质纤维板主要用作室内壁板、门板、地板、家具等。中密度纤维板主要用于隔断、隔墙和家具等。软质纤维板主要用于吊顶和墙面吸声材料。

（4）刨花板、木丝板、木屑板。刨花板、木丝板、木屑板是分别以刨花木渣、短小废料刨制的木丝、木屑等为原料，经干燥后拌入胶料，再经热压成型而制成的人造板材。这类板材一般表观密度较小，强度较低，主要用作绝热和吸声材料，但其中热压树脂刨花板和木屑板，其表面可粘贴塑料贴面或胶合板作饰面层，这样既增加了板材的强度，又使板材具有装饰性，可用作吊顶、隔墙、家具等材料。

（5）细木工板。细木工板是由上、下两面层和芯材三部分组成，上、下面层均为胶合板，芯材是由木材加工使用中剩下的短小木料经再加工成木条，最后用胶将其粘拼在面层板上并经压合而制成。这种板材一般厚 20mm 左右，长 2000mm 左右，宽 1000mm 左右，强度较高，幅面大，表面平整，使用方便。细木工板可代替实木板应用，普遍用作建筑室内门、隔墙、隔断、橱柜等的装修。

（6）复合地板。复合地板是一种多层叠压木地板，板材 80％为木质。这种地板通常是由面层、芯板和背层三部分组成。其中，面层又由数层叠压而成，每层都有其不同的特色和功能。复合地板适用于客厅、起居室、卧室等地面铺装。

【例 11-7-5】（历年真题）将木材破碎浸泡，研磨成浆，加入一定量粘合剂，经热压成型、干燥处理而制成的人造板材，称为：

A. 胶合板　　B. 纤维板　　C. 刨花板　　D. 大芯板

【解答】将木材破碎浸泡，研磨成浆，加入粘合剂，再次热压成型的人造板材称为纤维板，应选 B 项。

习　题

11-7-1　（历年真题）木材在生长、采伐、储运、加工和使用过程中会产生一些缺陷，这些缺陷对（　　）影响最大。

A. 横纹抗压　　B. 顺纹抗拉　　C. 横向抗压　　D. 顺纹抗剪

11-7-2　木材的胀缩变形沿（　　）最小。

A. 纵向　　B. 弦向　　C. 径向　　D. 无法确定

11-7-3　木节降低木材的强度，其中对（　　）强度影响最大。

A. 抗弯　　B. 抗拉　　C. 抗剪　　D. 抗压

11-7-4　木材干燥时，首先失去的水分是：

A. 自由水　　B. 吸附水　　C. 化合水　　D. 结晶水

11-7-5　含水率对木材强度影响最大的是：

A. 顺纹抗压强度　　B. 横纹抗压强度

C. 顺纹抗拉强度　　D. 顺纹抗剪强度

第八节 石 材

一、岩石的形成与分类

天然石材是指从天然岩石（体）中开采未经加工或经加工制成块状、板状或特定形状的石材的总称。天然岩石根据其形成的地质条件不同，可分为岩浆岩、沉积岩、变质岩三大类。

1. 岩浆岩

岩浆岩又称火成岩，它是地壳深处的熔融岩浆上升到地表附近或喷出地表经冷凝而形成的岩石。根据岩浆冷凝情况不同，岩浆岩又可分为深成岩、喷出岩和火山岩三种。

深成岩是地壳深处的岩浆，其特点是：矿物结晶完整，晶粒粗大，结构致密，呈块状构造；具有抗压强度高，吸水率小，表观密度大，抗冻性、耐磨性、耐水性良好。常见的深成岩有花岗岩、正长岩、闪长岩、橄榄岩。

喷出岩是岩浆喷出地表后，在压力骤减、迅速冷却的条件下形成的岩石。其特点是大部分结晶不完全，多呈细小结晶（隐晶质）或玻璃质（解晶质）。常见的喷出岩有玄武岩、安山岩、辉绿岩。

火山岩是火山爆发时，岩浆被喷到空中急速冷却后形成的岩石。其特点是呈多孔玻璃质结构，表观密度小。常见的火山岩有火山灰、浮石、火山渣、火山凝灰岩等。

2. 沉积岩

沉积岩又称水成岩。它是地表的各种岩石经自然风化、风力搬迁、流水冲移等作用后，再沉积而形成的岩石。主要存在于地表及离地表不太深处。其特征是层状构造，外观多层理（各层的成分、结构、颜色、层厚等均不相同），表观密度小，孔隙率和吸水率较大，强度较低，耐久性较差。根据沉积岩的生成条件，沉积岩可分为机械沉积岩（如砂岩、页岩）、生物沉积岩（如石灰岩、硅藻土）、化学沉积岩（石膏、白云岩）三种。

3. 变质岩

变质岩是由地壳中原有的岩浆岩或沉积岩，由于地壳变动和岩浆活动产生的温度和压力，使原岩石在固态状态下发生再结晶，使其矿物成分、结构构造以至化学成分部分或全部改变而形成的岩石。如大理岩、石英岩、片麻岩等。

【例 11-8-1】（历年真题）地表岩石经长期风化、破碎后，在外力作用下搬运、堆积，再经胶结、压实等再造作用而形成的岩石称为：

A. 变质岩　　B. 沉积岩　　C. 岩浆岩　　D. 火成岩

【解答】地表岩石经长期风化、破碎后，在外力作用下搬运、堆积，再经胶结、压实等作用而生成的岩石称为沉积岩，应选 B 项。

★★★二、石材的技术性质

石材的技术性质可分为物理性质、力学性质和工艺性质。

1. 物理性质

物理性质主要有：表观密度、吸水性、耐水性、抗冻性、耐热性、导热性、光泽度和放射性元素含量。

表观密度大于 1800kg/m^3 的称为重质石材，否则称为轻质石材。

吸水率低于1.5%的岩石称为低吸水性岩石；吸水率介于1.5%～3.0%的称为中吸水性岩石；吸水率高于3.0%的称为高吸水性岩石。花岗岩的吸水率通常小于0.5%。

石材的耐水性用软化系数表示。软化系数大于0.90为高耐水性石材，软化系数在0.7～9.0之间为中耐水性石材，软化系数在0.6～0.7之间为低耐水性石材。一般软化系数低于0.6的石材，不允许用于重要建筑。

为确保石材的强度、耐久性等性能，一般要求所采用石材的表观密度较大、吸水率小、耐水性好、抗冻性好以及耐热性好。

2. 力学性质

（1）抗压强度。天然饰面石材的抗压强度是在饰面石材干燥、吸水饱和条件下用边长50mm的立方体或直径50mm×50mm的圆柱体试件的抗压强度值来表示，分为MU100、MU80、MU60、MU50、MU40、MU30、MU20、MU15、MU10九个等级。建筑工程中承 重石材的抗压强度是用70mm的立方体试块在吸水饱和状态下的抗压强度值表示，分为MU100、MU80、MU60、MU50、MU40、MU30、MU20七个等级。

（2）抗拉强度。石材的抗拉强度较小，为其抗压强度的$\frac{1}{20}$～$\frac{1}{10}$。

（3）冲击韧性。石材的冲击韧性取决于矿物成分与构造。

（4）硬度。石材的硬度指抵抗刻划的能力，以莫氏强度（相对硬度）或肖氏硬度（绝对硬度）表示。它取决于矿物的硬度与构造。石材的硬度与抗压强度具有良好的相关性，一般抗压强度越高，其硬度也越高。硬度越高，其耐磨性和抗刻划性越好，但表面加工越困难。装饰石材的莫氏硬度一般在5～7之间。

（5）耐磨性。耐磨性是指石材在使用条件下抵抗摩擦、边缘剪切以及冲击等复杂作用的性质。石材的耐磨性以单位面积磨耗量表示。石材的耐磨性与其矿物的硬度、结构、构造特征以及石材的抗压强度和冲击韧性等有关。

3. 工艺性质

石材的工艺性质指开采及加工的适应性，包括加工性、磨光性和抗钻性。

加工性指对岩石进行劈解、破碎与凿琢等加工时的难易程度。强度、硬度较高的石材，不易加工；质脆而粗糙，颗粒交错结构，含层状或片状构造或已风化的岩石，都难以满足加工要求。

磨光性指岩石能否磨成光滑表面的性质。致密、均匀、细粒的岩石，一般都有良好的磨光性。磨光性用磨光值（*PSV*）表示。

抗钻性指岩石钻孔的难易程度。影响抗钻性的因素很复杂，一般与岩石的强度、硬度等性质有关。

【例 11-8-2】（历年真题）以下性质中哪个不属于石材的工艺性质：

A. 加工性　　B. 抗酸腐蚀性

C. 抗钻性　　D. 磨光性

【解答】抗酸腐蚀性不属于石材的工艺性质，应选B项。

★★★三、石材的应用

1. 花岩石

花岗石是岩浆岩（火成岩）中的深成岩，是地壳内部熔融的岩浆上升至地壳某一深处冷凝而成的岩石。构成花岗岩的主要造岩矿物有长石（结晶铝硅酸盐）、石英（结晶 SiO_2）和少量云母（片状含水铝硅酸盐）。从化学成分看，花岗岩主要含 SiO_2（约70%）和 Al_2O_3，CaO 和 MgO 含量很少，因此，属酸性结晶深成岩。

花岩石的特点是：①硬度大，耐磨性好；②耐久性好，花岗岩的化学组成主要为酸性的 SiO_2，具有高度抗酸腐蚀性；③耐火性差，由于花岗岩中的石英在 573℃和 870℃会发生相变膨胀，引起岩石开裂破坏，因而耐火性不高；④可以打磨抛光；⑤自重大，硬度大，开采和加工困难；⑥某些花岗岩含有微量放射性元素，对人体有害。

花岗石板材质感丰富，具有华丽高贵的装饰效果，且质地坚硬、耐久性好，所以是室内外高级装饰材料，主要用于建筑物的墙、柱、地、楼梯、台阶、栏杆等表面装饰及服务台、展示台等。

2. 大理石

工程地质学中所指的大理岩是由石灰岩或白云岩变质而成的变质岩，主要矿物成分是方解石或白云石，主要化学成分为碳酸盐类（碳酸钙或碳酸镁）。但建筑工程上通常所说的大理石是广义的，是指具有装饰功能，可锯切、研磨、抛光的各种沉积岩和变质岩，属沉积岩的大致有致密石灰岩、砂岩、白云岩等；属变质岩的大致有大理岩、石英岩、蛇纹岩等。

大理石耐久性次于花岗岩。天然大理石硬度较低，容易加工和磨光，材质均匀，抗压强度为 50～140MPa。大理石铺设地面，磨光面容易损坏，其耐用年限一般在 30～80 年。大理石为碱性岩石，不耐酸，抗风化能力差，除个别品种（如汉白玉、艾叶青等）外，一般不宜用于室外装饰。

大理石板材用于装饰等级要求较高的建筑物饰面，主要用于室内饰面，如墙面、地面、柱面、台面、栏杆、踏步等。

3. 承重的石材（毛石与料石）

（1）毛石：毛石是指岩石经爆破后所得形状不规则的石块，形状不规则的称为乱毛石，有两个大致平行面的称为平毛石。建筑上用毛石一般要求中部厚度不小于 200mm，抗压强度应大于 10MPa，软化系数应不小于 0.85。毛石常用来砌筑基础、勒脚、墙身、挡土墙，还可以用来制作毛石混凝土。

（2）料石：料石是指经加工而成规则的六面体块石，按表面加工的平整程度分为：毛料石、粗料石和细料石。料石按形状可分为条石、方石及拱石。料石主要应用于建筑物的基础、勒脚、墙体等部位。

习　　题

11-8-1 土木工程中常用的石灰岩、石膏岩、菱镁矿，它们均属于：

A. 岩浆岩　　B. 变质岩　　C. 沉积岩　　D. 火山岩

11-8-2 花岗岩与石灰岩在强度和吸水性方面的差异，描述正确的是：

A. 前者强度较高，吸水率较小　　B. 前者强度较高，吸水率较大

C. 前者强度较低，吸水率较小　　D. 前者强度较低，吸水率较大

11-8-3 石材的矿物组成决定其性质，对于花岗石而言，影响其耐久性和耐磨性的矿物是：

A. 方解石和白云石　　B. 石英和长石

C. 云母　　　　　　　　　　D. 石膏

11-8-4　提高混凝土耐酸性，不能使用（　　）骨料。

A. 玄武岩　　B. 白云岩　　C. 花岗岩　　D. 石英砂

11-8-5　大理石较耐：

A. 硫酸　　B. 盐酸　　C. 草酸　　D. 碱

第九节　黏　　土

★一、黏土的组成与性能

★二、黏土的应用

习　　题

11-9-1　黏土是由（　　）长期风化而成。

A. 碳酸盐类岩石　　　　　　B. 铝硅酸盐类岩石

C. 硫酸盐类岩石　　　　　　D. 大理岩

11-9-2　黏土由可塑状态进入流动状态时的含水量指标是：

A. 液限　　　　　　B. 塑限

C. 塑性指数　　　　D. 塑性指标

11-9-3　土的性能指标中，一部分可通过试验直接测定，其余需要由试验数据换算得到。下列指标中，需要换算得到的是：

A. 土的密度　　B. 土粒密度　　C. 土的含水率　　D. 土的孔隙率

第十一章　习题解答

第十二章　工　程　测　量

第一节　测 量 基 本 概 念

一、地球的形状和大小

1. 测量学概述

测量学是研究地球的形状、大小，以及确定地面（包括空中和地下）点位的科学。它的内容包括测定和测设两个方面。测定是指通过各种测量工作，把地球表面的形状和大小缩绘成地形图，或得到相应的数字信息，供国民经济建设及国防工程的规划、设计、管理和科学研究使用。测设是指把图纸上规划设计好的建筑物、构筑物的位置在地面上标定出来，作为施工的依据。

工程测量学是研究工程建设各阶段及运营使用阶段所进行的各种测量工作，其主要内容是：测绘地形图，在地形图上进行规划设计、建（构）筑物的施工放样、工程质量检测及工程安全的变形监测等。

2. 地球的形状和大小

测量学的实质是确定地面点的空间位置。要测量地球表面上点的相互位置，必须首先建立一个共同的坐标系统，而测量工作是在地球表面上进行，因此，测量的坐标与地球的大小形状有密切关系。地球的自然表面有高山、丘陵、平原、盆地及海洋等起伏状态。对整个地球而言，海洋的面积约占71%，陆地的面积约占29%，可以认为是一个由水面包围的球体。

由于地球的自转运动，地球上任一点都要受到离心力和地球引力的双重作用，这两个力的合力称为重力，重力的方向线称为铅垂线。铅垂线是测量工作的基准线。

假想静止不动的水面延伸穿过陆地，包围了整个地球，形成一个闭合的曲面，这个曲面称为水准面。水准面是受地球重力影响而形成的，它的特点是面上任意一点的铅垂线都垂直于该点的曲面。由于水面可高可低，因此，符合这个特点的水准面有无数个，其中与平均海水面相吻合的水准面称为大地水准面。

由于地球内部质量分布不均匀，重力也受其影响，引起铅垂线方向的变动，致使大地水准面成为一个复杂的曲面。为此，选用一个非常接近大地水准面，并可用数学式表示的几何形状来代表地球总的形状。这个数学形体是由椭圆绕其短轴旋转而成的旋转椭球体（亦称地球椭球体），其旋转轴与地球自转轴重合，其表面称为旋转椭球面（参考椭球面）。决定地球椭球体的大小和形状的元素为椭圆的长半轴 a、短半轴 b、扁率 f，其关系式为：

$$f=\frac{a-b}{a} \tag{12-1-1}$$

目前，取 a=6378140m，b=6356755.288m，则 f=1/298.257。

由于地球椭球体的扁率很小，当测区面积不大时，可以将其当作圆球看待，其半径 R

按下式计算：

$$R=\frac{1}{3}(2a+b) \tag{12-1-2}$$

R 近似值为 6371km。

【例 12-1-1】（历年真题）下列何项作为测量野外工作的基准线：

A. 水平线　　B. 法线方向　　C. 铅垂线　　D. 坐标纵轴方向

【解答】铅垂线是测量野外工作的基准线，应选 C 项。

★★★二、地面点位的确定

1. 坐标

空间是三维的，因此，表示地面点在某个空间坐标系中的位置需要三个参数，可知，确定地面点位的实质就是确定其在某个空间坐标系中的三维坐标。

（1）地理坐标

按坐标所依据的基本线和基本面的不同以及求坐标方法的不同，地理坐标可分为天文地理坐标和大地地理坐标两种。

1）天文地理坐标

天文地理坐标又称天文坐标，是表示地面点在大地水准面上的位置，用天文经度 λ 和天文纬度 φ 表示。如图 12-1-1 所示，过地面上任意一点的铅垂线与地轴 PP_1 所组成的平面称为该点的子午面。子午面与球面的交线称为子午线（亦称经线或真子午线）。F 点的经度 λ，是过 F 点的子午面 $PFKP_1OP$ 与首子午面 $PGMP_1OP$（通过英国格林尼治天文台的子午面为计算经度的起始面）所组成的夹角（两面角），自首子午线向东或向西计算，数值为 0°～180°。在首子午线以东为东经，以西为西经，同一子午线上各点的经度相同。

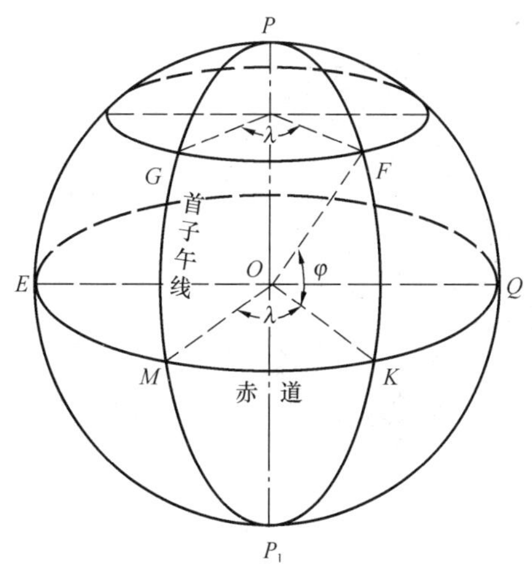

图 12-1-1　地理坐标

F 点的纬度 φ，是 F 点的铅垂线 FO 与赤道平面 $EMKQO$ 之间的夹角，自赤道起向南或向北计算，数值为 0°～90°，在赤道以北为北纬，以南为南纬。经度和纬度的值是用天文测量，陀螺经纬仪测量方法测定。例如我国首都北京中心地区的概括天文坐标为东经 116°25′，北纬 39°54′。

2）大地地理坐标

大地地理坐标又称为大地坐标，是表示地面点在旋转椭球面上的位置，用大地经度 L 和大地纬度 B 表示。F 点的大地经度 L，就是包含 F 点的子午面和首子午面所夹的两面角；F 点的大地纬度 B，就是过 F 点的法线（与旋转椭圆球面垂直的线）与赤道面的夹角。大地经、纬度是根据一个起始的大地点（大地原点，该点的大地经纬度与天文经纬度一致）的大地坐标，再按大地测量所得的数据推算而得的。我国曾采用“1954 年北京坐标系”并于 1987 年废止，然后采用陕西省泾阳县永乐镇某点为国家大地原点，由此建立新的统一坐标系，称为“1980 年国家大地坐标系”。

自2008年7月1日起，我国采用2000国家大地坐标系（简称CGCS2000）。2000国家大地坐标系是地心坐标系，原点为包括海洋和大气在内的整个地球的质量中心，Z轴指向BIH1984.0定义的协议极地方向（BIH国际时间局），X轴指向BIH1984.0定义的零子午面与协议赤道的交点，Y轴按右手坐标系确定。精确的地心坐标系对于卫星定位测量、全球性卫星导航等具有重要意义。我国北斗卫星导航系统BDS的坐标系统是采用CGCS2000。

（2）高斯平面直角坐标

高斯投影的方法首先是将地球按经线划分成带，称为投影带，投影带是从首子午线起，每隔经度6°划为一带（称为6°带），如图12-1-2（a）所示，自西向东将整个地球划分为60个带。带号从首子午线开始，用阿拉伯数字表示，位于各带中央的子午线称为该带的中央子午线，如图12-1-2（b）所示，第一个6°带的中央子午线的经度为3°，任意一个带的中央子午线经度λ_0，可按下式计算：

$$\lambda_0 = 6°N - 3° \tag{12-1-3}$$

式中，N为6°带的投影带号。

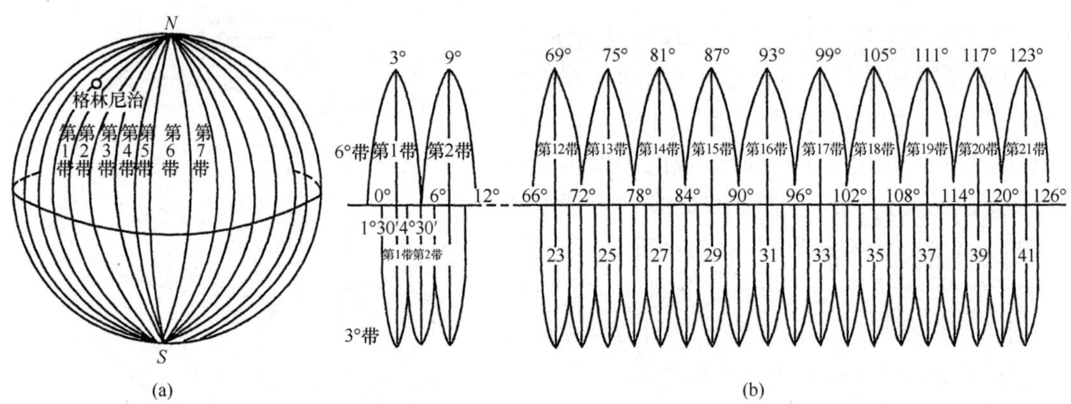

图12-1-2　投影分带与6°（3°）带

投影时设想取一个空心圆柱体与地球椭球体的某一中央子午线相切，在球面图形与柱面图形保持等角的条件下，将球面上图形投影在圆柱面上，然后将圆柱体沿着通过南北极母线切开，并展开成为平面。投影后，中央子午线与赤道为互相垂直的直线，以中央子午线为坐标纵轴x，以赤道为坐标横轴y，两轴的交点作为坐标原点O，组成高斯平面直角坐标系，如图12-1-3（a）所示。在坐标系内，规定x轴向北为正，y轴向东为正。我国位于北半球，x坐标值为正，y坐标则有正有负。例如图12-1-3（a）中，$y_A = +34680$m，$y_B = -35240$m，为避免出现负值，将每带的坐标原点向西移500km，则每点的横坐标值也均为正值，如图12-1-3（b）中，$y_A = 500000 + 34680 = 534680$m，$y_B = 500000 - 35240 = 464760$m。

6°可以满足中小比例尺测图精度的要求（1∶2.5万以上），对于更大比例尺的地图，则可用3°带［图12-1-2（b）］或1.5°带投影。3°带中央子午线在奇数带时与6°带中央子午线重合，6°带的中央子午线和分带子午线都是3°带的中央子午线，6°带第1带的中央子午线就是3°带第1带的中央子午线。各3°带中央子午线经度为：

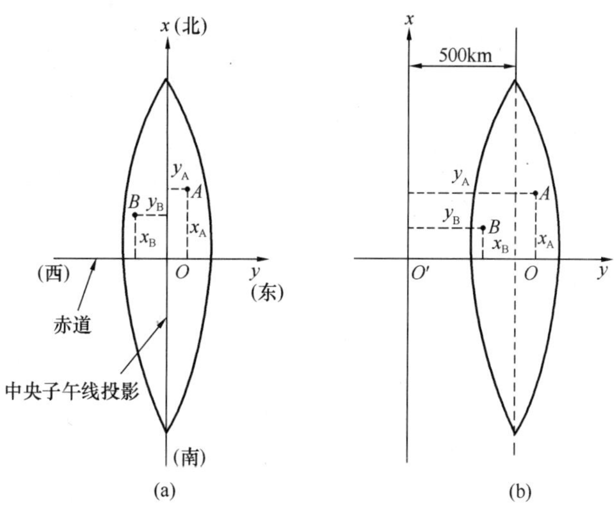

图 12-1-3　高斯平面直角坐标系

$$\lambda'_0 = 3°N' \tag{12-1-4}$$

式中，N'为 3°带的投影带号。

例如，某点的经度为 116°30′，分别确定其在高斯投影 6°带和 3°带的带号。此时，分别按：6°带，$\lambda_0 = INT\left(\dfrac{116°30'}{6°}+1\right)=20$；3°带，$\lambda'_0 = INT\left(\dfrac{116°30'+1°30'}{3°}\right)=39$。符号 INT 表示取整数。

我国横跨的 6°带为第 13～23 带（共计 11 个），横跨的 3°带为第 25～45 带（共计 21 个）。

（3）独立平面直角坐标

当测量区域较小时，可以用水平面代替作为投影面的球面，用独立平面直角坐标系（图 12-1-4）来确定点位。测量上采用的平面直角坐标系与数学上的基本相同，但坐标轴互换，象限的顺序相反。测量上取南北为标准方向，向北为 x 轴正向，顺时针方向量度，这样便于将数学的三角公式直接应用到测量计算上。原点 O 一般假定在测区西南以外，使测区内各点坐标均为正值，便于计算。

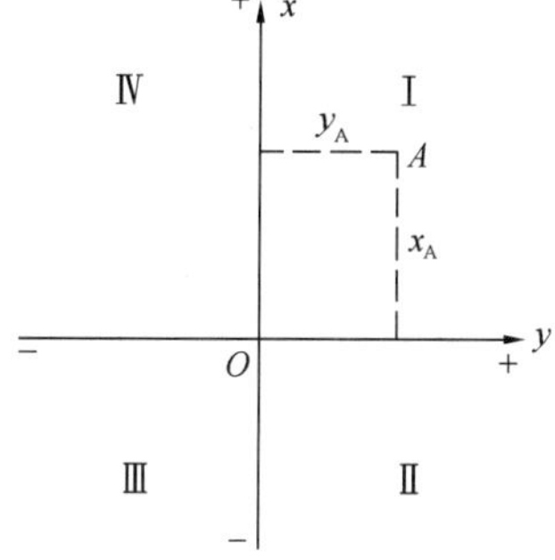

图 12-1-4　独立平面直角坐标系

2. 高程

地面点到大地水准面的铅垂距离称为绝对高程（亦称海拔），简称高程。如图 12-1-5 中，A、B 两点的绝对高程分别为 H_A、H_B。在局部地区，若无法知道绝对高程时，也可以假定一个水准面作为高程起算面，地面点到假定水准面的铅垂距离称为相对高程（又称假定高程）。A、B 点的相对高程分别以 H'_A、H'_B 表示。地面两点高程之差称为高差，用 h 表示。A、B 两点的高差为：

$$h_{AB} = H_B - H_A = H'_A - H'_B \tag{12-1-5}$$

可见，高差的大小与高程起算面无关。由于海水面受潮汐、风浪等影响，海水面的高低时刻在变化。通常是在海边设立验潮站，进行长期观测，求得海平面的平均高度作为高

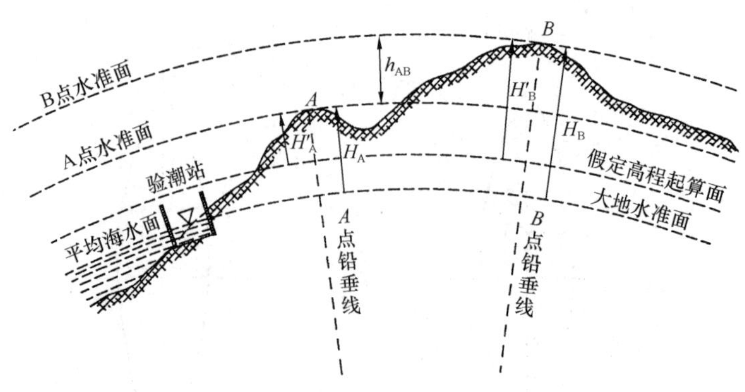

图 12-1-5　高程和高差

程零点，过该点的大地水准面作为高程基准面，即在大地水准面上的高程为零。我国采用“1985 年国家高程基准”，它是根据青岛验潮站 1952—1979 年的观测资料确定的黄海平均海水面（其高程为零）作为高程起算面，并在青岛建立了水准原点，水准原点的高程为 72.2604m，全国各地的高程均以它为基准进行推算。

★三、用水平面代替大地水准面的范围

如图 12-1-6 所示，球面 P 与水平面 P' 相切于 A 点，A、B 两点在球面上的弧长为 D，在水平面 P' 上的长度为 D'，地球半径为 R（R=6371km），距离 D 的距离误差 ΔD、相对误差 $\Delta D/D$ 分别为：

$$\Delta D=\frac{D^3}{3R^2} \tag{12-1-6}$$

$$\frac{\Delta D}{D}=\frac{D^2}{3R^2} \tag{12-1-7}$$

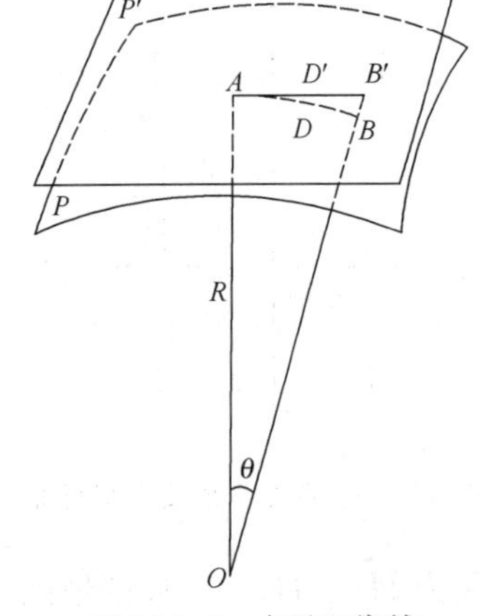

图 12-1-6　水平面代替水准面的影响

当 D=10km 时，ΔD=0.8cm，$\Delta D/D$=1∶1200000，这样微小的误差，就是在地面上进行最精密的距离测量也是容许的。因此，在以 10km 为半径，即面积约 320km² 范围内，以水平面代替大地水准面所产生的距离误差可以忽略不计。

如图 12-1-6 所示，BB' 为水平面代替大地水准面所产生的高程误差（亦称地球曲率的影响），令 $BB'=\Delta h$，则：

$$\Delta h=\frac{D^2}{2R} \tag{12-1-8}$$

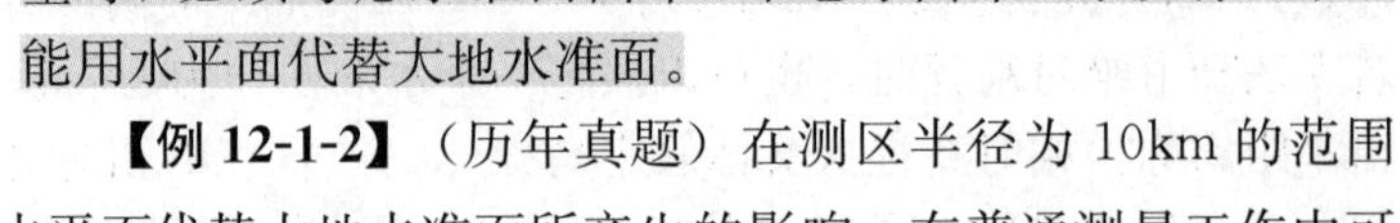

当 D=200m 时，Δh=3.1mm。因此，当进行高程测量时，必须考虑水准面曲率（即地球曲率）的影响，即不能用水平面代替大地水准面。

【例 12-1-2】（历年真题）在测区半径为 10km 的范围内，面积为 100km² 之内，以水平面代替大地水准面所产生的影响，在普通测量工作中可以忽略不计的为：

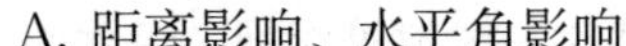

A. 距离影响、水平角影响　　B. 方位角影响、竖直角影响

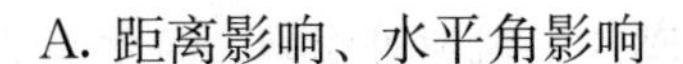

C. 距离影响、高差影响　　D. 坐标计算影响、高程计算影响

【解答】测区半径为 10km 的范围内，可忽略不计的是距离影响、水平角影响，应选 A 项。

★★★四、测量工作的基本概念

为了防止测量误差的逐渐传递，累积增大到不能容许的程度，要求测量工作遵循在布局上“由整体到局部”、在精度上“由高级到低级”、在次序上“先控制后碎部”的原则。同时，测量工作必须进行严格的检核，即：前一步工作未作检核不得进行下一步测量工作。

水平角、水平距离和高差是测量工作的三个基本观测量，是确定地面点三维坐标的三个基本要素。观测这三个要素的工作是测量的基本工作。

工程测量包括平面控制测量和高程控制测量。在平面控制测量中，平面控制网可按精度划分为等与级两种规格，由高到低依次宜为二、三、四等和一、二、三级。高程控制测量精度等级宜划分为二、三、四、五等。

【例 12-1-3】（历年真题）“从整体到局部、先控制后碎部”是测量工作应遵循的原则，遵循这个原则的要求包括下列何项？

A. 防止测量误差的积累　　B. 提高观测值精度

C. 防止观测值误差积累　　D. 提高控制点测量精度

【解答】上述测量工作应遵循的原则是为了防止测量误差的积累，应选 A 项。

【例 12-1-4】（历年真题）确定地面点位相对位置的三个基本观测量是水平距离及：

A. 水平角和方位角　　B. 水平角和高差

C. 方位角和竖直角　　D. 竖直角和高差

【解答】确定地面点位相对位置的基本观测量是水平距离、水平角、高差，应选 B 项。

习　题

12-1-1　（历年真题）下列哪项可作为测量工作的基准面？

A. 水准面　　B. 参考椭球面

C. 大地水准面　　D. 平均海水面

12-1-2　（历年真题）下列何项反映了测量工作应遵循的原则？

A. 先测量，后计算　　B. 先控制，后碎部

C. 先平面，后高程　　D. 先低精度，后高精度

12-1-3　（历年真题）测量学中高斯平面直角坐标系 x 轴、y 轴的定义为：

A. x 轴正向为东，y 轴正向为北　　B. x 轴正向为西，y 轴正向为南

C. x 轴正向为南，y 轴正向为东　　D. x 轴正向为北，y 轴正向为东

第二节　水　准　测　量

★★★一、水准测量原理

水准测量是利用水准仪提供一条水平视线，借助水准尺测定地面两点间的高差，从而由已知点高程及测得的高差求得待测点的高程。如图 12-2-1 所示，欲测定 A、B 两点的高

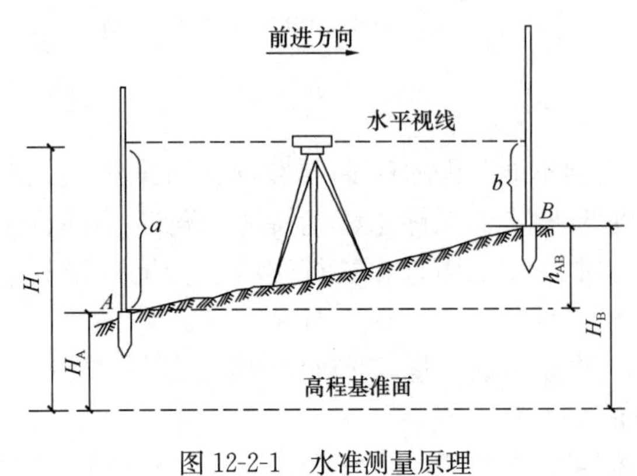

图 12-2-1 水准测量原理

差 h_{AB}，可在两点间安置水准仪，在两点上分别竖立水准尺，利用水准仪提供的水平视线，分别读取 A 点水准尺上的读数 a（称为后视读数）和 B 点水准尺的读数 b（称为前视读数），则 A、B 两点的高差为：

$$h_{AB}=a-b \tag{12-2-1}$$

高差法：

$$H_B=H_A+h_{AB} \tag{12-2-2}$$

仪高法：

$$H_i=H_A+a \tag{12-2-3}$$

$$H_B=H_i-b \tag{12-2-4}$$

式中，H_A 为已知点高程；H_B 为待测点的高程；H_i 为通过仪器的视线高程。

【例 12-2-1】（历年真题）下列何项是利用仪器所提供的一条水平视线来获取的？

A. 三角高程测量　　B. 物理高程测量

C. GPS 高程测量　　D. 水准测量

【解答】 水准测量是利用水准仪所提供的一条水平视线来获取的，应选 D 项。

【例 12-2-2】（历年真题）采用水准仪测量 A、B 两点间的高差，将已知高程点 A 作为后视，待求点 B 作为前视，先后在两尺上读取读数，得到后视读数 a 和前视读数 b，则 A、B 两点间的高差可以表示为：

A. $h_{BA}=a-b$　　B. $h_{AB}=b-a$

C. $h_{AB}=a-b$　　D. $h_{BA}=b-a$

【解答】 $h_{AB}=a-b$，应选 C 项。

二、水准仪的分类

水准测量使用的仪器为水准仪，按构造可分为光学水准仪（细分为：微倾式水准仪，其级别有 DS05、DS1、DS3、DS10 等，自动安平水准仪，其级别有 DSZ05、DSZ1、DSZ3、DSZ10 等）和数字水准仪（其级别有 DSZ05、DSZ1、DSZ3 等）。D、S 分别为"大地测量""水准仪"的汉语拼音的第一个字母；05、1、3、10 表示仪器的精度。如 DS3 表示该水准仪进行水准测量每千米往、返测高差精度为±3mm。DS3（或 DSZ3）水准仪是土木工程测量中常用的仪器。

三、水准仪的构造

首先介绍微倾式水准仪的构造，其他水准仪在本节后面作简要介绍。

微倾式水准仪由望远镜、水准器和基座三部分组成，各部件名称见图 12-2-2。

1. 望远镜

望远镜的作用是使观测者看清不同距离的目标，并提供一条照准目标的视线。望远镜主要由物镜、目镜、镜筒、调焦透镜、十字丝分划板、目镜等部件构成。十字丝分划板是安装在物镜和目镜之间的一块平板玻璃，上面刻有相互垂直的细线，称为十字丝。中间横的一条称为中丝（或横丝），与中丝平行的上、下两根短丝称为视距丝，用来测量距离

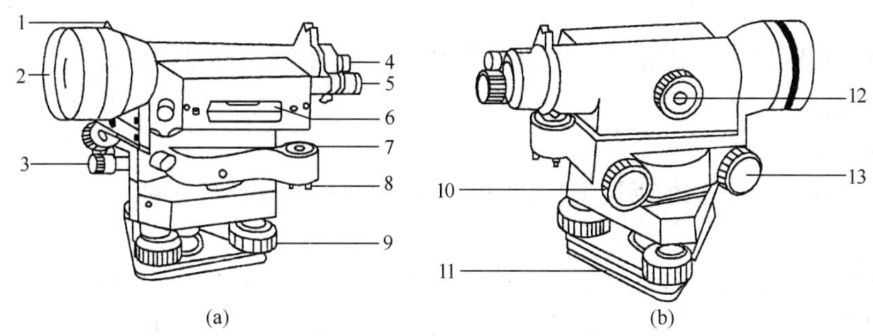

图 12-2-2　DS3 微倾式水准仪

1—准星；2—物镜；3—制动螺旋；4—目镜；5—符合水准器放大镜；6—水准管；7—圆水准器；8—圆水准器校正螺旋；9—脚螺旋；10—微倾螺旋；11—三角形底板；12—对光螺旋；13—微动螺旋

（图 12-2-3）。

2. 水准器

水准器是用来表示视准轴是否水平或仪器竖轴是否铅直的装置。水准器有管水准器和圆水准器两种。

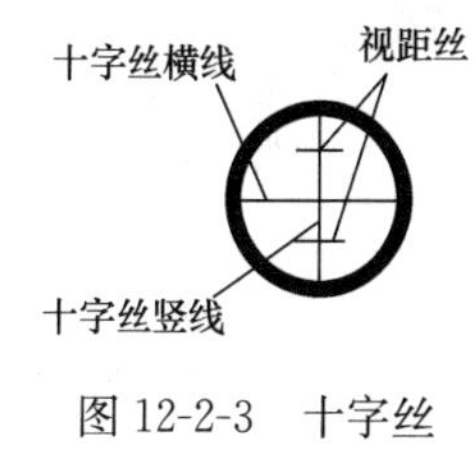

图 12-2-3　十字丝分划板

（1）管水准器。管水准器也称水准管，是纵向内壁琢磨成圆弧形的玻璃管，管内装满乙醇和乙醚的混合液，加热封闭冷却后，在管内形成一个气泡，水准管圆弧中点 O 称为水准管的零点。通过零点与圆弧相切的直线 LL' 称为水准管轴。当气泡中心与零点重合时，称气泡居中，这时水准管轴处于水平位置。水准管圆弧形表面上 2mm 弧长所对的圆心角 τ 称为水准管分划值，用公式表示为：

$$\tau = \frac{2}{R}\rho'' \tag{12-2-5}$$

式中，R 为水准管的圆弧半径（mm）；ρ'' 为弧度的秒值，$\rho''=206265''$。

水准管分划值的大小反映了仪器整平精度的高低。水准管半径越大，分划值越小，其灵敏度（整平仪器的精度）越高。DS3 水准仪的水准管分划值为 $20''$/（2mm）。

（2）圆水准器。圆水准器是一个圆柱形玻璃盒，其顶面内壁为球面，球面中央有一个圆圈。其圆心称为圆水准器的零点。通过零点所作球面的法线，称为圆水准器轴。当气泡居中时，圆水准器轴就处于铅直位置。圆水准器的分划值是指通过零点及圆水准器轴的任一纵断面上 2mm 弧长所对的圆心角。DS3 级水准仪圆水准器分划值一般为 $8'$/（2mm）。由于其精度较低，故只用于仪器的粗略整平。

3. 基座

基座主要由轴座、脚螺旋和连接板组成。仪器上部通过竖轴插入轴座内，由基座承托。整个仪器用连接螺旋与三脚架连接。

★★★四、水准仪的使用

用微倾式水准仪进行水准测量的操作程序为：粗平、瞄准、精平、读数。

1. 粗平

调节仪器脚螺旋使圆水准器气泡居中，以达到水准仪的竖轴铅直，视线大致水平。

2. 瞄准

通过望远镜镜筒外的缺口和准星瞄准水准尺，使镜筒内能清晰地看到水准尺和十字丝。若存在视差，应予清除。

3. 精平

调节微倾螺旋，使水准管气泡严格居中，以达到视准轴精确水平。

4. 读数

水准器气泡居中后，即可读取十字丝横丝在水准尺上的读数。读数时要按由小到大的方向，先用十字丝横丝估读出毫米数，再读厘米、分米、米数，并报出全部读数。

★★★五、水准测量方法及成果整理

1. 水准路线

当欲测的高程点距水准点较远或高差很大时，就需要连续多次安置仪器以测出两点的高差。如图 12-2-4 所示，已知高程的地面固定点称为水准点，用 BM 表示；中间起传递高程作用的点称为转点，用 TP 或 ZD 表示。水准路线的布置形式一般有下列三种(图 12-2-5)：

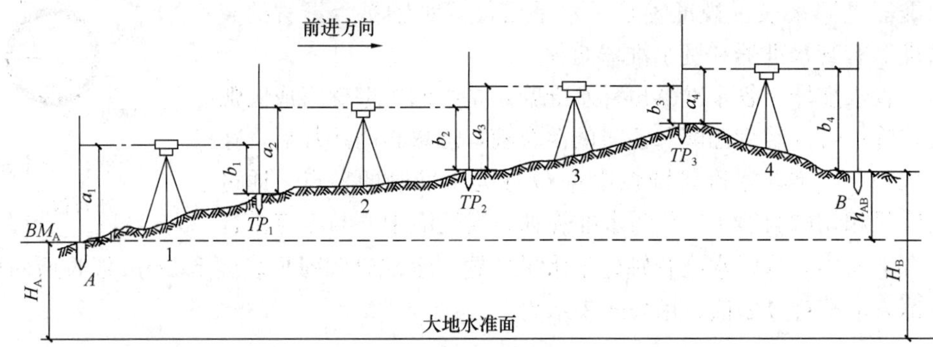

图 12-2-4　水准测量

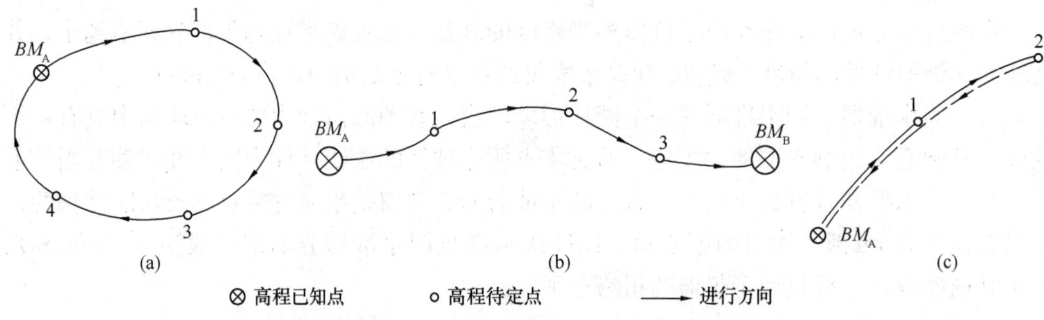

图 12-2-5　水准路线布置形式

(1) 闭合水准路线［图 12-2-5 (a)］：从一个已知的水准点出发，沿线测量各待定点，最后回到原水准点。

(2) 附合水准路线［图 12-2-5 (b)］：从一个已知的水准点出发，沿线测量各待定点，最后附合到另一个水测点。

(3) 支水准路线［图 12-2-5 (c)］：从一个已知的水准点出发，沿线测量各待定点，既不附合也不闭合到已知高程的水准点。因此，必须往返测。

2. 水准测量的检核工作

（1）计算检核

$$\sum h=\sum a-\sum b \tag{12-2-6}$$

上式可以检核高差计算的正确性。

$$H_B-H_A=\sum h \tag{12-2-7}$$

上式可以检核高程计算的正确性。

计算检核只能检查计算是否正确，并不能检核观测和记录是否发生错误。

（2）测站检核

对每一站的高差，都必须采取措施进行检核测量，这种检核称为测站检核。测站检核通常采用变动仪器高法或双面尺法。

1）变动仪器高法：是在同一个测站上用两次不同的仪器高度，测得两次高差以相互比较进行检核。即测得第一次高差后，改变仪器高度（应大于 10cm）重新安置，再测一次高差。两次所测高差之差不超过容许值，则认为符合要求，取其平均值作为最后结果。否则，必须重测。

2）双面尺法：是仪器的高度不变，而立在前视点和后视点上的水准尺分别用黑面和红面各进行一次读数，测得两次高差，相互进行检核。

（3）成果检核

测站检核只能检核一个测站上是否存在错误或误差超限。由于温度、风力、大气折光等外界条件引起的误差，尺子倾斜和估读的误差，以及水准仪本身的误差等，虽然在一个测站上反映不很明显，但随着测站数的增多使误差积累，有时也会超过规定的限差。因此，还必须进行整个水准路线的成果检核。检核路线的高差闭合差 f_h 是否在容许值范围内。

闭合水准路线　$$f_h=\sum h_{测} \tag{12-2-8}$$

附合水准路线　$$f_h=\sum h_{测}-(H_{终}-H_{始}) \tag{12-2-9}$$

支水准路线　$$f_h=\sum h_{往}+\sum h_{返} \tag{12-2-10}$$

图根水准测量指为地形测量而进行的水准测量，其水准测量的闭合差的要求按《工程测量标准》GB 50026—2020 的规定，即：

图根水准测量的主要技术要求　　表 5.2.12

每千米高差全中误差（mm）	附合路线长度（km）	水准仪级别	视线长度（m）	观测次数		往返较差、附合或环线闭合差（mm）	
				附合或闭合路线	支水准路线	平地	山地
20	≤5	DS10	≤100	往一次	往返各一次	$40\sqrt{L}$	$12\sqrt{n}$

注：1. L 为往返测段、附合或环线水准路线的长度（km）；n 为测站数。

2. 当水准路线布设成支线时，其路线长度不应大于 2.5km。

3. 成果整理

当 f_h 满足后，可进行高差闭合差的分配，对于闭合水准路线、附合水准路线，第 i 测段高差改正数 v_i 按其与距离（或与测站数）成正比的原则，反其符号进行分配：

$$v_i = -\frac{f_h}{n} n_i \tag{12-2-11}$$

$$或\ v_i = -\frac{f_h}{L} L_i \tag{12-2-12}$$

式中，n 为路线总测站数；n_i 为第 i 段测站数；L 为路线总长；L_i 为第 i 段路线长。

将 v_i 加在各相应测段的高差观测值上，得到改正后的高差；用每段改正后的高差计算各点的高程。

对于支水准路线，则取往、返测高差的绝对值的平均值（高差符号以往测为准）作为改正后的高差，其他同前述。

【例 12-2-3】（历年真题）水准测量实际工作时，计算出每个测站的高差后，需要进行计算检核，如果$\sum h=\sum a-\sum b$算式成立，则说明：

A. 各测站高差计算正确　　B. 前、后视读数正确

C. 高程计算正确　　D. 水准测量成果合格

【解答】 如果$\sum h=\sum a-\sum b$，说明各测站高差计算正确，应选 A 项。

【例 12-2-4】（历年真题）水准测量中，对每一测站的高差都必须采取措施进行检核测量，这种检核称为测站检核。下列哪一种属于常用的测站检核方法？

A. 双面尺法　　B. 黑面尺读数

C. 红面尺读数　　D. 单次仪器高法

【解答】 常用的测站检核方法是双面尺法，应选 A 项。

4. 水准测量的误差

(1) 仪器误差：仪器校后的残余误差（通过前、后视距相等，在高差计算中消除其影响）、水准尺误差等。

(2) 观测误差：水准器气泡居中误差、读数误差、视差影响和水准尺倾斜等。

(3) 环境误差：地球曲率差的影响（通过前、后视距相等，在高差计算中消除其影响）、大气折光差的影响、阳光及风的影响、仪器下沉和尺垫下沉等。

★六、水准仪的检验校正

水准仪的轴线如图 12-2-6 所示，图中 CC_1 为视准轴，LL_1 为水准管轴，$L'L'_1$ 为圆水准轴，VV_1 为仪器旋转轴（竖轴）。水准仪应满足下列条件：

(1) 圆水准轴平行于竖轴（$L'/\!/V$）；

(2) 横丝垂直于竖轴；

(3) 水准管轴平行于视准轴（$L/\!/C$）。

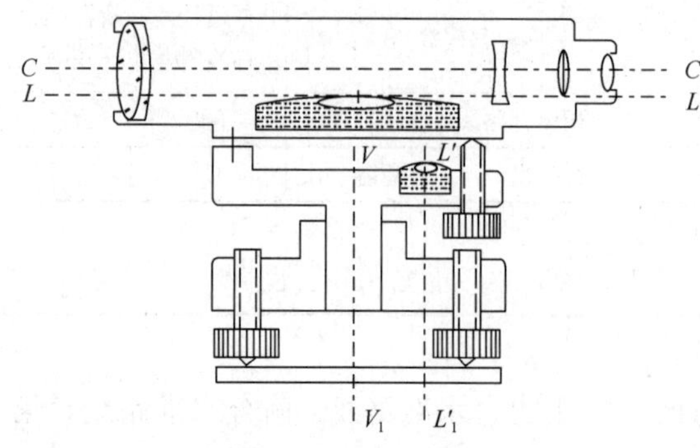

图 12-2-6　水准仪的轴线

其中，(1)、(2) 为次要条件，(3) 为主要条件。

1. 圆水准器轴平行于仪器竖轴的检验校正

检验：用脚螺旋使圆水准器气泡居中，此时圆水准器轴 $L'L'$ 处于竖直位置。然后将仪器旋转 180°，如果气泡仍居中，说明仪器竖轴 VV 与 $L'L'$平行。

否则，应校正。

校正：校正前应先稍松中间的固紧螺丝；然后调整三个校正螺丝，使气泡向居中位置移动偏离量的一半，然后再用脚螺旋整平，使圆水准器气泡居中，需反复进行直至仪器旋转到任何位置圆水准器气泡皆居中时为止；最后应注意拧紧固紧螺丝。

2. 十字丝横丝垂直于仪器竖轴的检验校正

检验：安置仪器后，先将横丝一端对准一个明显的点状目标 P，固定制动螺旋，转动微动螺旋，如果标志点 P 不离开横丝，则说明横丝垂直竖轴，不需要校正。否则，应校正。

校正：旋下靠目镜处的十字丝环外罩，用螺丝刀松开十字丝分划板的四个固定螺丝，按横丝倾斜的反方向转动分划板座，使十字丝横丝水平。再进行检验，如果P点始终在横丝上移动，则说明横丝已水平。

3. 视准轴平行于水准管轴的检验校正

检验：如图 12-2-7 所示，在 S_1 处安置水准仪，从仪器向两侧各量约 40m，定出等距离的 A、B 两点，打木桩或放置尺垫进行标志。在 S_1 处用变动仪高（或双面尺）法，则出 A、B 两点的高差。安置仪器于 B 点附近的 S_2 处，离 B 点约 3m，精平后读得 B 点水准尺上的读数为 b_2，因仪器离 B 点很近，两轴不平行引起的读数误差可忽略不计。故根据 b_2 和 A、B 两点的正确高差 h 算出 A 点尺上应有读数为：$a_2=b_2+h_{AB}$；然后，瞄准 A 点水准尺，读出水平视线读数 a_2'，如果 a_2' 与 a_2 相等，则说明两轴平行。否则，应校正。

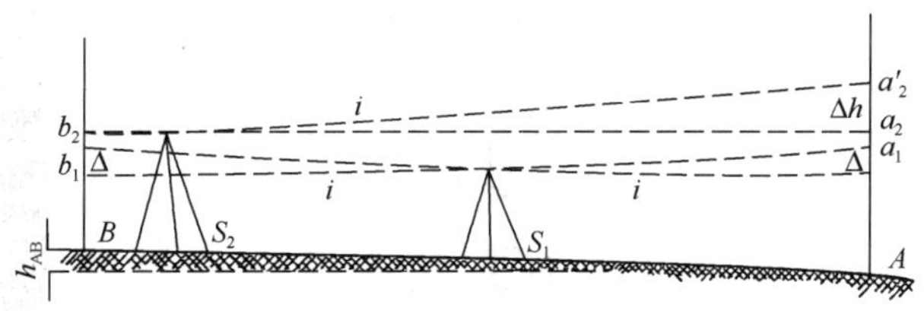

图 12-2-7　视准轴平行于水准管轴的校验

校正：转动微倾螺旋使中丝对准 A 点尺上正确读数 a_2，此时视准轴处于水平位置，但水准管气泡必然偏离中心。为了使水准管轴也处于水平位置，可用拨针拨动水准管一端的上、下两个校正螺丝，使气泡的两个半像符合。

★七、其他水准仪

1. 精密光学水准仪

DS05、DS1 光学水准仪属于精密光学水准仪，其构造与 DS3 微倾式水准仪基本相同，其主要用于国家一、二等水准测量和高精度的工程测量，如建筑物的变形监测、大型建筑物的施工测量、大型精密设备的安装测量等。与精密光学水准仪配套的是线条式因瓦水准尺，如图 12-2-8 所示。标尺中间的木槽装有一条因瓦合金带，带的两边注有厘米刻画（或 0.5cm 刻画），一边是基本分划，另一边是辅助分划。

此外，非精密光学水准仪采用单面尺、双面尺（图 12-2-9）。其中，双面尺的黑面尺（也称基本分划）的尺底端起点为零；红面尺（也称辅助分划）的尺底端起点是一个常数。双面尺一般成对使用，单号尺常数为4687mm，双号尺常数为4787mm。双面尺用于三、四等水准测量。

2. 自动安平光学水准仪

自动安平光学水准仪用设置在望远镜内的自动补偿器代替水准管，观测时，只需将仪器粗略整平，便可进行中丝读数。由于省略了“精平”，从而简化了操作，提高了观测速度。

3. 数字水准仪

数字水准仪采用条码式因瓦水准尺（图 12-2-10）与之配合使用。观测时，水准尺上的条码由水准仪望远镜后的数码相机接收，将采集到的标尺编码光信号转换成电信号，处理器将之与仪器内部存储的标尺编码信号进行比较，从而得到视距和中丝读数，显示在液晶窗中。当采用条码式玻璃钢水准尺时，数字水准仪的精度应降级使用。

图 12-2-8　线条式因瓦水准尺　　图 12-2-9　双面尺　　图 12-2-10　条码式因瓦水准尺

习　题

12-2-1　（历年真题）进行往返路线水准测量时，从理论上说$\sum h_{往}$与$\sum h_{返}$之间应具备的关系为：

A. 符号相反，绝对值不等　　B. 符号相反，绝对值相等

C. 符号相反，绝对值相等　　D. 符号相同，绝对值不等

12-2-2　（历年真题）DS3 型微倾式水准仪的主要组成部分是：

A. 物镜、水准器、基座　　B. 望远镜、水准器、基座

C. 望远镜、三脚架、基座　　D. 仪器箱、照准器、三脚架

12-2-3　（历年真题）微倾式水准仪轴线之间应满足相应的几何条件，其中满足的主要条件是下列哪项？

A. 圆水准器轴平行于仪器竖轴　　B. 十字丝横丝垂直于仪器竖轴

C. 视准轴平行于水准管轴　　　　D. 水准管轴垂直于圆水准器轴

12-2-4 （历年真题）水准测量中设 P 点为后视点，E 点为前视点，P 点的高程是 51.097m，当后视读数为 1.116m，前视读数为 1.357m 时，E 点的高程是：

A. 51.338m　　　　B. 52.454m

C. 50.856m　　　　D. 51.213m

第三节　角　度　测　量

一、水平角和垂直角观测原理

1. 水平角观测原理

如图 12-3-1 所示，A、B、C 为地面上任意三点，将三点沿铅垂线方向投影到水平面 H 上，得到相应的 A_1、B_1、C_1 点，则水平线 B_1A_1 与 B_1C_1 的夹角 β 即为地面 BA 与 BC 两方向线间的水平角。可见，地面上任意两直线间的水平角度为通过该两直线所作铅垂面间的两面角。

为了测定水平角值，可在 B 点的铅垂线上安置一架经纬仪，仪器必须有一个能水平放置的刻度圆盘——水平度盘，度盘上有顺时针方向的 0°～360°的刻度。另外，经纬仪还必须有一个能够瞄准远方目标的望远镜，望远镜不但可以在水平面内转动，而且还能在铅垂面内旋转。通过望远镜分别瞄准高低不同的目标 A 和 C，其在水平度盘上相应读数为 a 和 c，则水平角 β 即为两个读数之差，即：

$$\beta = c - a \tag{12-3-1}$$

2. 垂直角观测原理

同一铅垂面内，某方向的视线与水平线的夹角称为垂直角 α（又称竖直角），其角值为 0～±90°。对于垂直角，目标视线在水平线以上的称为仰角，角值为正；目标视线在水平线以下的称为俯角，角值为负，见图 12-3-2。为了测定垂直角，经纬仪还必须在铅垂面内装有一个刻度盘——垂直度盘（简称竖盘）。

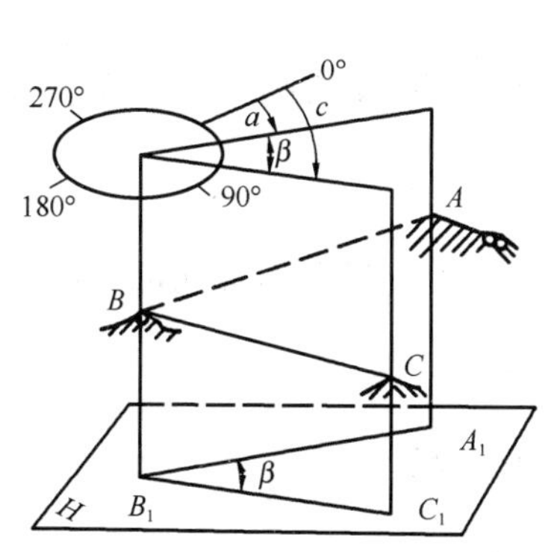

图 12-3-1　水平角观测原理

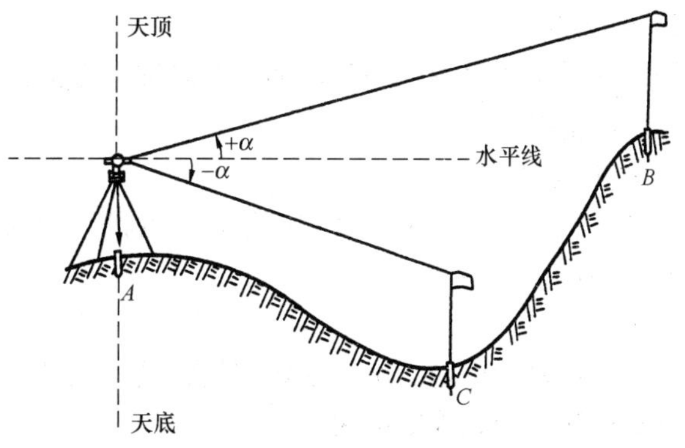

图 12-3-2　竖直角示意图

垂直角为度盘上两个方向的读数之差。由于垂直角的两个方向中的一个是水平方向，对某种经纬仪来说，视线水平时的竖盘读数应为 0°或 90°的倍数，故测量垂直角时，只要瞄准目标，读出竖盘读数，即可计算出垂直角。

【例 12-3-1】(历年真题) 测量中的竖直角是指在同一竖直面内，某一方向线与下列何项之间的夹角?

A. 坐标纵轴　　　　B. 仪器横轴

C. 正北方向　　　　D. 水平线

【解答】竖直角是指在同一竖直面内，某一方向线与水平线的夹角，应选 D 项。

二、经纬仪的构造

经纬仪可分为光学经纬仪和数字经纬仪(也称电子经纬仪)；按其精度可划分为 DJ_1、DJ_2、DJ_6 等级别，1、2、6 分别为该经纬仪一测回方向观测中误差的秒值。其中，DJ_2 用于三、四等平面控制测量及一般工程测量；DJ_6 用于图根控制测量及一般工程测量。

DJ_6 光学经纬仪主要由照准部、水平度盘和基座三部分组成(图 12-3-3)。

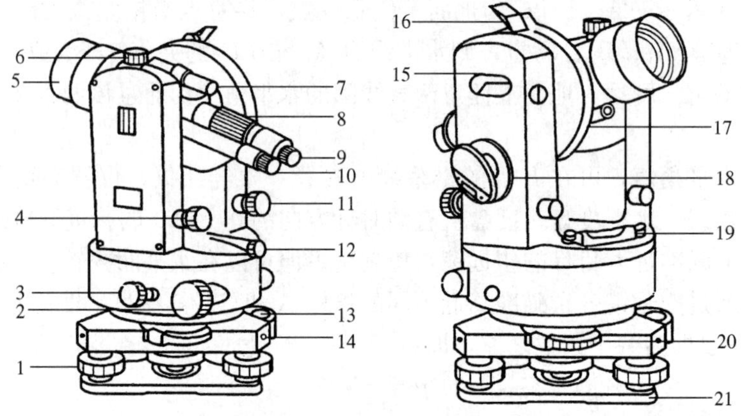

图 12-3-3　DJ_6 光学经纬仪的构造

1—脚螺旋；2—水平微动螺旋；3—水平制动螺旋；4—望远镜微动螺旋；5—望远镜物镜；6—望远镜制动螺旋；7—瞄准器；8—物镜调焦环；9—望远镜目镜；10—读数显微镜；11—竖盘水准管微动螺旋；12—光学对中器；13—圆水准器；14—基座；15—竖盘指标水准管；16—竖盘指标水准管观察镜；17—垂直度盘；18—度盘照明反光镜；19—照准部水准管；20—水平度盘位置变换轮；21—基座底板

1. 照准部

照准部是基座上方能够转动部分的总称，包括望远镜、支架、横轴、竖直度盘、水准器、读数设备等。

2. 水平度盘

水平度盘是由光学玻璃制成的精密刻度盘，分划为 0°～360°，按顺时针注记，每格为 1°或 30′，用以测量水平角。

3. 基座

基座是仪器的底座，由一固定螺旋将其与照准部连接在一起。

★★★三、经纬仪的使用

光学经纬仪的使用包括：对中、整平、瞄准、读数。

1. 对中

对中的目的是使水平度盘的中心与测站点中心位于同一铅垂线上。对中可利用垂球或光学对中器。目前，光学经纬仪均装有光学对中器，较垂球对中精度更高，且不受风的影响。

2. 整平

整平的目的是使仪器的竖直轴处于竖直位置和水平度盘处于水平位置。整平工作是利用基座上的三个脚螺旋，使照准部水准管在相互垂直的两个方向上气泡都居中。

3. 瞄准

将望远镜对向天空，调节目镜对光螺旋使十字丝清晰；然后用望远镜照门和准星（或光学瞄准器）瞄准目标，旋紧望远镜制动螺旋和水平制动螺旋，调节物镜对光螺旋使目标影像清晰，并消除视差；转动望远镜微动螺旋和照准部微动螺旋，使双丝夹住目标或单丝平分目标。

4. 读数

打开反光镜，调至合适位置，使读数窗明亮；然后调节读数显微镜调焦螺旋，使读数分划清晰，再读取度盘读数并记录。DJ_6 级光学经纬仪有分微尺和单平行玻璃测微器两种读数装置，后者现已较少采用。

【例 12-3-2】（历年真题）经纬仪的操作步骤是：

A. 整平、对中、瞄准、读数　　B. 对中、瞄准、精平、读数

C. 对中、整平、瞄准、读数　　D. 整平、瞄准、读数、记录

【解答】经纬仪的操作步骤是：对中、整平、瞄准、读数，应选 C 项。

★★★四、水平角观测

常用的水平角观测方法有：测回法；方向观测法。

1. 测回法

测回法见表 12-3-1 的备注，A 为测站，B 为始目标，C 为终目标，观测$\angle BAC$，其步骤如下：

（1）在 A 点安置经纬仪，对中、整平。

（2）用盘左位置（竖盘在望远镜左侧，也称正镜），瞄准 B，读取水平度盘读数 $b_{左}$，顺时针转动照准部，瞄准 C，读取 $C_{左}$。这称为上半测圆，其角值 $\beta_{左}$：

$$\beta_{左}=C_{左}-b_{左} \tag{12-3-2}$$

盘右位置，瞄准 C，读取 $C_{右}$，逆时针转动照准部，瞄准 B，读取 $b_{右}$。这称为下半测回，其角值 $\beta_{右}$：

$$\beta_{右}=C_{右}-b_{右} \tag{12-3-3}$$

上、下半测回合称为一测回。一测回角值为：

$$\beta=\frac{1}{2}(\beta_{左}+\beta_{右}) \tag{12-3-4}$$

测回法　　**表 12-3-1**

测站	竖盘位置	目标	水平度盘读数	半测回角值	一测回角值	备注
A	左	B	0°12′00″	60°12′21″	60°21′03″	(图：A、B、C、β)
		C	60°33′12″			
	右	B	180°12′36″	60°20′54″		
		C	240°33′30″			

注意，由于水平度盘是顺时针刻画和注记的，所以在计算水平角时，总是用右目标的

读数减去左目标的读数，如果不够减，则应在右目标的读数上加上 360°，再减去左目标的读数，决不可以倒过来减。

测回法用盘左、盘右观测，可以消除仪器某些系统误差对测角的影响，校核观测结果和提高观测结果的精度。对于DJ_6仪器，上、下半测回角值之差不得超过±40″，若超过此限应重新观测。为了减少度盘刻画不均匀误差对水平角的影响，各测回应利用仪器的复测装置或换盘手轮按 180°/n（n 为测回数）变换水平盘位置，即第一测回盘左时，左目标读数为略大于 0°的数值，以后各测回依次加 180°/n。

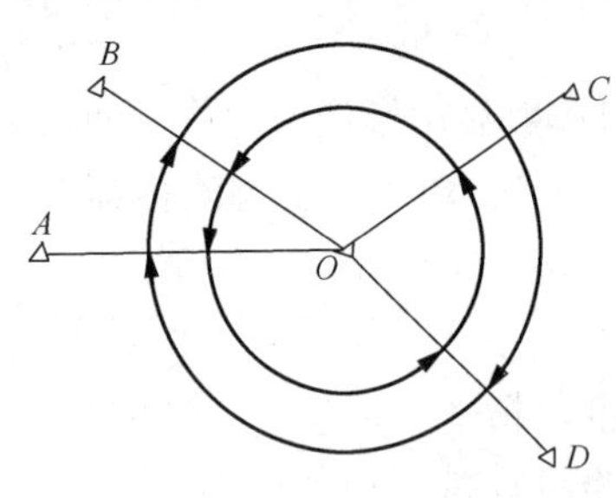

图 12-3-4　方向观测法

2. 方向观测法

当一个测站上需观测的方向在 3 个或 3 个以上时，应采用方向观测法，也称为全圆观测法或全圆测回法。现以图 12-3-4 为例介绍如下：

(1) O 为测站，选定起始方向 A，盘左位置，将水平度盘置于略大于 0°的数值，瞄准 A，读数；顺时针方向，依次瞄准 B、C、D，读数。

继续顺时针转动照准部，再次瞄准 A，读数。此操作称为归零，A 方向两次读数差称为半测回归零差。对于DJ_6经纬仪，归零差不应超过±18″，否则应重新观测，上述观测称为上半测回。

(2) 盘右位置，逆时针方向，依次观测 A、D、C、B、A 点，此为下半测回。

上、下半测回合称为一测回。如需观测多个测回，各测回仍按 180°/n 变换水平盘位置。

(3) 方向观测法计算

1) 计算两倍照准误差 $2C$

$$2C = \text{盘左读数} - (\text{盘右读数} \pm 180°) \tag{12-3-5}$$

2) 计算各方向的平均读数

$$\text{平均读数} = [\text{盘左读数} + (\text{盘右读数} \pm 180°)]/2 \tag{12-3-6}$$

由于存在归零读数，所以起始方向 A 有两个平均值，将这两个平均值再取平均值作为起始方向的方向值，通常在观测手簿上以圆括号标明。

3) 计算归零后方向值

将各方向的平均读数减去经两次平均后的起始方向平均值（即圆括号内的值），即得各方向归零后的方向值。

4) 计算各测回归零后方向值的平均值

将各测回同一方向归零后的方向值取平均数，作为各方向的最后结果。

《工程测量标准》GB 50026—2020 规定：

水平角方向观测法的技术要求　　　**表 3.3.8**

等级	仪器精度等级	半测回归零差（″）限差	一测回内 2C 互差（″）限差	同一方向值各测回较差（″）限差
四等及以上	0.5″级仪器	≤3	≤5	≤3
	1″级仪器	≤6	≤9	≤6
	2″级仪器	≤8	≤13	≤9

续表

等级	仪器精度等级	半测回归零差（″）限差	一测回内 2C 互差（″）限差	同一方向值各测回较差（″）限差
一级以下	2″级仪器	≤12	≤18	≤12
	6″级仪器	≤18	—	≤24

在上表中仪器精度等级，例如，2″级仪器是指在标准环境下一测回水平方向观测中误差标称为 2″的测角仪器。

3. 水平角观测的误差

（1）仪器误差：仪器制造、加工不完善所引起的误差，仪器检验校正不完善所引起的误差。

（2）观测误差：对中误差，整平误差，目标偏心影响，瞄准误差和读数误差。

（3）外界条件的影响：大气透明度，温度，大风和仪器下沉等。

【例 12-3-3】（历年真题）经纬仪测量水平角时，下列何种方法用于测量两个方向所夹的水平角：

A. 测回法　　B. 方向观测法

C. 半测回法　　D. 全圆方向法

【解答】经纬仪测量两个方向所夹的水平角采用测回法，应选 A 项。

★★★五、垂直角观测

光学经纬仪的竖盘装置，由竖直度盘、竖盘指标水准管和竖盘指标水准管微动螺旋组成。竖直度盘也是玻璃制成，以 0°～360°刻画，有顺时针和逆时针注记两种形式。竖盘固定在横轴一端，随望远镜一起转动。而竖盘读数指标与指标水准管、指标水准管的微动框架连成一体。转动指标水准管微动螺旋，气泡居中，读数指标处于正确位置，即可读取竖盘读数。

竖盘注记不同，盘左时，视线水平时的竖盘读数为 90°；盘右时，视线水平时的竖盘读数为 270°。

1. 垂直角观测与计算

（1）盘左，瞄准目标，使十字丝横丝精确地切于目标顶端，并使竖盘指标水准管气泡居中，读取盘左竖盘读数 L。

（2）盘右，同（1），读取盘右竖盘读数 R。

（3）计算，垂直角计算公式取决于竖盘的刻画形式。盘左时，将望远镜大致水平后上仰，若竖盘读数减小，则竖盘为顺时针注记；反之，为逆时针注记。

顺时针注记：

$$\alpha_{左}=90°-L \quad (12\text{-}3\text{-}7)$$

$$\alpha_{右}=R-270° \quad (12\text{-}3\text{-}8)$$

逆时针注记：

$$\alpha_{左}=L-90° \quad (12\text{-}3\text{-}9)$$

$$\alpha_{右}=270°-R \quad (12\text{-}3\text{-}10)$$

一测回垂直角

$$\alpha=\frac{\alpha_{左}+\alpha_{右}}{2} \quad (12\text{-}3\text{-}11)$$

2. 竖盘指标差

由于竖盘水准管与竖盘读数指标的关系不正确，使视线水平时的读数与应有读数有一个小的角度差 x，称为竖盘指标差。竖盘指标自动归零的经纬仪，同样可有竖盘指标差。

$$x=\frac{1}{2}(\alpha_{左}-\alpha_{右})=\frac{1}{2}(L+R-360^{\circ}) \tag{12-3-12}$$

在取盘左、盘右测得垂直角的平均值时，则可以消除竖盘指标差的影响。

DJ_6 光学经纬仪的竖盘指标差的变动范围不应超过±25″。

【例 12-3-4】（历年真题）光学经纬仪竖盘刻画的注记有顺时针方向与逆时针方向两种，若经纬仪竖盘刻画的注记为顺时针方向，则该仪器的竖直角计算公式为：

A. $\alpha_{左}=90^{\circ}-L$，$\alpha_{右}=270^{\circ}-R$　　B. $\alpha_{左}=90^{\circ}-L$，$\alpha_{右}=R-270^{\circ}$

C. $\alpha_{左}=L-90^{\circ}$，$\alpha_{右}=R-270^{\circ}$　　D. $\alpha_{左}=L-90^{\circ}$，$\alpha_{右}=270^{\circ}-R$

【解答】顺时针注记时，$\alpha_{左}=90^{\circ}-L$，$\alpha_{右}=R-270^{\circ}$，应选 B 项。

【例 12-3-5】（历年真题）光学经纬仪下列何种误差可以通过盘左、盘右取均值的方法消除？

A. 对中误差　　B. 视准轴误差　　C. 竖轴误差　　D. 照准误差

【解答】光学经纬仪的视准轴误差可通过盘左、盘右取均值的方法消除，应选 B 项。

★六、经纬仪的检验与校正

光学经纬仪的轴线如图 12-3-5 所示，VV_1 为竖轴，$L'L'_1$ 为圆水准轴，CC_1 为视准轴，HH_1 为横轴，LL_1 为平盘水准管轴。光学经纬仪的轴线应满足下列一些条件：

（1）平盘水准管轴垂直于竖轴（$LL_1\perp VV_1$）；

（2）视准轴垂直于横轴（$CC_1\perp HH_1$）；

（3）横轴垂直于竖轴（$HH_1\perp VV_1$）；

（4）十字丝竖丝垂直于横轴；

（5）圆水准轴平行于竖轴（$L'L'_1 /\!/ VV_1$）。

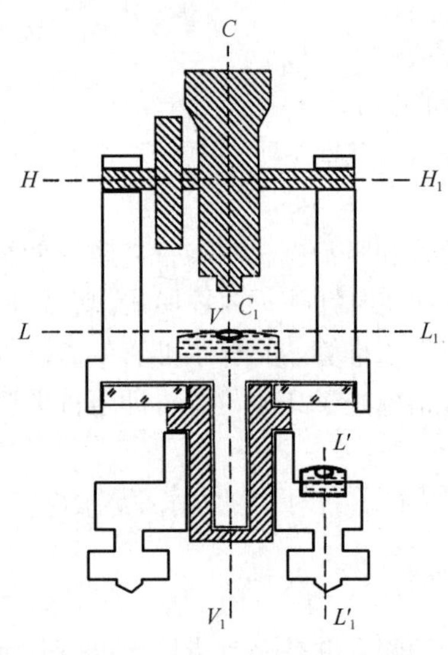

图 12-3-5　光学经纬仪的轴线

例如：当光学经纬仪的视准轴不垂直于横轴时，望远镜绕横轴旋转，此时，视准轴的轨迹是一个圆锥面。

又如：当光学经纬仪的竖轴铅垂，视准轴垂直于横轴，但横轴不水平时，望远镜绕横轴旋转，此时，视准轴的轨迹是一个倾斜面。

1. 照准部水准管轴垂直于竖轴（$LL_1\perp VV_1$）

检验：将仪器大致整平，使照部水准管平行于一对脚螺旋的连线，转动这两个脚螺旋使水准管气泡居中。然后转动照准部 180°，若气泡居中，说明条件满足。若气泡偏离超过一格，应进行校正。

校正：当水准管气泡居中，水准管轴水平，竖轴倾斜，竖轴与铅垂线之夹角为 α。当转动照准部 180°时，基座和竖轴位置不变，但气泡不居中，此时水准管轴与水平线的夹角为 2α，反映为气泡偏离中心的格值。用校正针拨动水准管校正螺丝，使气泡返回偏离量的一半，即 α，这时水准管轴就垂直于竖轴，再用脚螺旋使水准管气泡居中。这时，水准管轴水平，竖轴铅垂。此项检验校正需要反复进行，直至照准部处于任何位置，气泡偏离中心不大于一格为止。

2. 十字丝竖丝垂直于横轴

检验：用十字丝的交点精确瞄准一清晰目标点，将照准部水平制动螺旋和望远镜制动螺旋制紧，慢慢转动望远镜微动螺旋，使望远镜上、下移动，若目标点一直不离开竖丝，条件满足，否则需校正。

校正：此项校正与本章第二节水准仪十字丝校正方法相似。

3. 视准轴垂直于横轴（$CC_1 \perp HH_1$）

选择一平坦场地，如图 12-3-6（a）所示，A、B 两点相距约 60～100m，置仪器在中点 O 处，在 A 点竖立一标志，在 B 点与 OB 垂直地横置一有毫米分划的直尺，并使 A 点标志和 B 点直尺大致与仪器同高。盘左位置瞄准 A 点，制紧水平制动螺旋，旋转望远镜在 B 点直尺上读数 B_1。然后，盘右再瞄准 A 点，制紧水平制动螺旋，旋转望远镜在 B 尺上读数 B_2，如图 12-3-6（b）所示。若 B_1、B_2 两数相等，说明视准轴垂直于横轴，否则需校正。

校正：如图 12-3-6（b）所示，$\angle B_1OB_2 = 4C$。在尺上定出 B_3 点，使 $B_2B_3 = \frac{1}{4} B_1B_2$，则 OB_3 垂直于仪器的横轴。用校正针拨动左右两个十字丝校正螺丝，一松一紧，移动十字丝交点与 B_3 重合即可，这项检验与校正也需反复进行。

4. 横轴垂直于竖轴（$HH_1 \perp VV_1$）

检验：在距墙 30m 处安置经纬仪，用盘左位置瞄准墙上仰角大于 30°的高处目标 P，如图 12-3-7 所示，然后望远镜大致水平，在墙上标出十字丝交点 P_1。盘右同法标出 P_2，若 P_1 与 P_2 重合，说明横轴垂直于竖轴，否则需要校正。

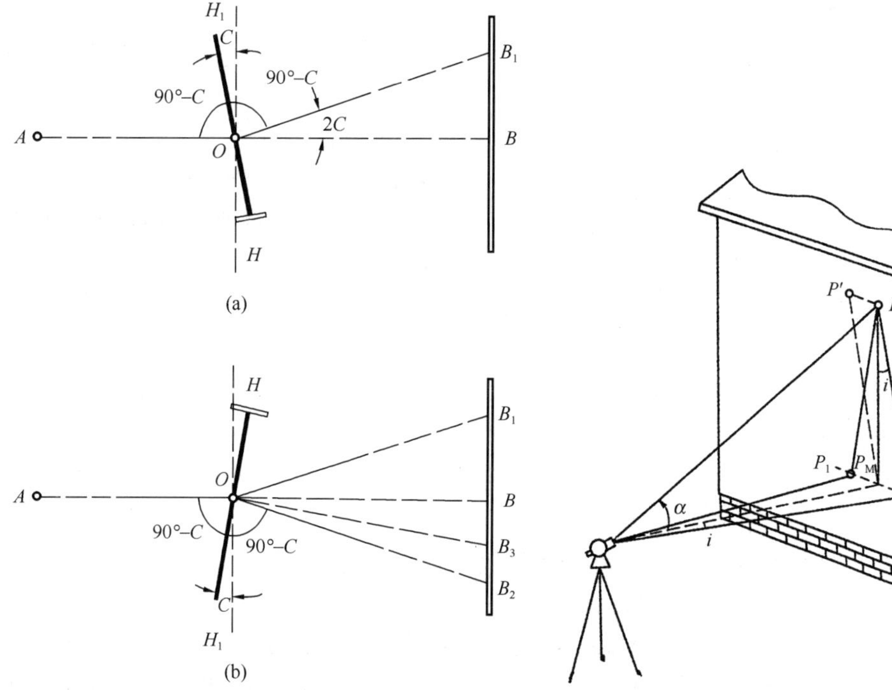

图 12-3-6　视准轴的检验校正

图 12-3-7　横轴的检验校正

校正：取 P_1、P_2 的中点 P_M，用盘右位置瞄准 P_M 点，固定照准部，抬高望远镜，此时十字丝交点必然偏离 P 点至 P'点。打开支架护盖，用校正针拨动支架校正螺丝，升高或降低横轴的一端，使十字丝交点瞄准 P 点。

5. 光学对中器视轴平行于竖轴

检验：将仪器安置在平坦的地面上，严格地整平仪器，在三脚架正下方地面上固定一张白纸，旋转对中器的目镜镜筒看清分划圆圈，推拉目镜镜筒看清地面上的白纸。根据分划板上圆圈中心在纸上标出一 点P，将照准部旋转 180°，如果该点仍位于圆圈中心，说明对中器视准轴平行于竖轴的条件满足；否则需要校正。

校正：将旋转 180°后分划圆圈中心位置 P'在纸上标出，取两点的中点 P''，校正转向棱镜的位置，直至圆圈中心对准中点为止。

【例 12-3-6】（历年真题）经纬仪有四条主要轴线，如果视准轴不垂直于横轴，此时望远镜绕横轴旋转时，则视准轴的轨迹是：

A. 一个圆锥面　　B. 一个倾斜面

C. 一个竖直面　　D. 一个不规则的曲面

【解答】视准轴不垂直于横轴，望远镜绕横轴旋转，视准轴的轨迹是一个圆锥面，应选 A 项。

★七、数字经纬仪

数字经纬仪（也称电子经纬仪）在结构和外观上与光学经纬仪相似，其不同点在于读数系统，其采用光电读数装置。目前大部分数字经纬仪测角系统采用编码度盘测角系统、光栅度盘测角系统和动态测角系统。

习　题

12-3-1 （历年真题）测站点与测量目标点位置不变，但仪器高度改变，则此时所测得的：

A. 水平角改变，竖直角不变　　B. 水平角改变，竖直角也改变

C. 水平角不变，竖直角改变　　D. 水平角不变，竖直角也不变

12-3-2 （历年真题）经纬仪有四条主要轴线，当竖轴铅垂，视准轴垂直于横轴时，但横轴不水平，此时望远镜绕横轴旋转时，则视准轴的轨迹是：

A. 一个圆锥面　　B. 一个倾斜面

C. 一个竖直面　　D. 一个不规则的曲面

12-3-3 （历年真题）经纬仪观测水平角时，若照准同一竖直面内不同高度的两个目标点，分别读取水平盘读数，此时两个目标点的水平度盘读数理论上应该是：

A. 相同的　　B. 不相同的　　C. 不一定相同　　D. 在特殊情况下相同

第四节　距离测量与直线定向

测量水平距离是测量的基本工作之一，水平距离是指地面上两点沿铅垂线方向在大地水准面上投影后得到的两点间的弧长。在半径 10km 的范围之内，由于地球曲率对距离的影响很小，因此，可以用水平面代替水准面，则地面上两点在水平面上投影后的水平长度

称为水平距离（简称平距）D；若测得的是倾斜距离（简称斜距）S，还必须改算为水平距离。

★★★一、钢尺量距

钢尺的长度有 20m、30m、50m 等多种，其基本分划为厘米，也有的基本分划为毫米。按钢尺的零点分划位置不同，有端点尺和刻线尺之分，端点尺的零点位于尺端，刻线尺是以尺前端的一刻线作为尺长的零点。此外，量距工具还有皮尺、因瓦尺等。

如果地面两点间距离较长或地面起伏较大，需要分段进行量测。为了使所量线段在一条直线上，需要在每一尺段首尾立标杆，将所量尺段标定在所测直线上的工作称为直线定线。一般量距采用目视定线，直线定线一般由远到近进行。当量矩精度要求较高时，应使用经纬仪或全站仪定线。

1. 平坦地区量距

为了提高量距精度，一般采用往、返丈量，取往、返距离的平均值作为最后结果，用相对误差 K 衡量测量精度，即：

$$D_{平均}=\frac{D_{往}+D_{返}}{2} \tag{12-4-1}$$

$$K=\frac{|D_{往}-D_{返}|}{D_{平均}}=\frac{|\Delta D|}{D_{平均}}=\frac{1}{\frac{D_{平均}}{|\Delta D|}}=\frac{1}{M} \tag{12-4-2}$$

平坦地区，钢尺量距一般方法的相对误差 $K\leqslant 1/3000$，困难地区相对误差 $K\leqslant 1/1000$。当要求钢尺量距的相对误差$K\leqslant 1/20000$时，应考虑钢尺的尺长方程式进行精密量距。

2. 倾斜地面量距

在倾斜地面上量距，根据地形情况可用水平量距法和倾斜量距法。当地面起伏不大时，可将钢尺拉平丈量，称为水平量距法。

当倾斜地面坡度均匀时，可以将钢尺贴在地面上量斜距 S，用水准测量方法测出高差 h，再将丈量的斜距换算成平距 D，称为倾斜量距法。

$$D=\sqrt{S^2-h^2} \tag{12-4-3}$$

$$D=S+\Delta D_{h} \tag{12-4-4}$$

$$\Delta D_{h}=-\frac{h^2}{2S} \tag{12-4-5}$$

式中，ΔD_{h} 为量距的高差改正（也称倾斜改正）。

3. 钢尺的尺长方程式

在一定的拉力下，用以温度为自变量的函数来表示钢尺尺长 l_{t}，即为尺长方程式：

$$l_{t}=l_{0}+\Delta l+\alpha(t-t_{0})l_{0} \tag{12-4-6}$$

式中，l_{t} 为钢尺在温度 t 时的实际长度（m）；l_{0} 为钢尺的名义长度（m）；Δl 为尺长改正数，即钢尺在温度 t_{0} 时的改正数（m）；α 为钢尺的膨胀系数，一般取 $\alpha=1.25\times10^{-5}/℃$；

t_0 为钢尺检定时的温度（℃），一般取 20℃；t 为钢尺使用时的温度（℃）。

尺长方程式中的尺长改正值 Δl 要经过钢尺检定，与标准长度相比较而求得。

4. 钢尺量距的成果整理

钢尺量距的成果整理一般应包括计算每段距离（边长）的量得长度、尺长改正、温度改正、高差改正（也称倾斜改正），最后算得的值为经过各项改正后的水平距离。

计算量得长度：

$$D'=n\times \text{尺段长}+\text{余长} \tag{12-4-7}$$

尺长改正：

$$\Delta D_l=D'\frac{\Delta l}{l_0} \tag{12-4-8}$$

温度改正：

$$\Delta D_t=D'\alpha\ (t-t_0) \tag{12-4-9}$$

高差改正：

$$\Delta D_h=-\frac{h^2}{2S} \tag{12-4-10}$$

经各项改正后，最终的水平距离为：

$$D_{终}=D'+\Delta D_l+\Delta D_t+\Delta D_h \tag{12-4-11}$$

钢尺量距的误差主要有：定线误差、尺长误差、温度误差、倾斜误差、拉力误差、对准误差和读数误差等。

作业前，应对钢尺进行检定，检定的相对误差不应大于 1/100000。钢尺量距的技术要求，《工程测量标准》规定：

普通钢尺量距的技术要求 **表 8.3.3-2**

等级	边长量距较差相对误差	作业尺数	量距总次数	定线最大偏差（mm）	尺段高差较差（mm）	读定次数	估读值至（mm）	温度读数值至（℃）	同尺各次或同段各尺的较差（mm）
二级	1/20000	1～2	2	50	≤10	3	0.5	0.5	≤2

【例 12-4-1】（历年真题）精密量距时，对钢尺量距的结果需要进行下列何项改正，才能达到距离测量精度要求？

A. 尺长改正、温度改正和倾斜改正　　　B. 尺长改正、拉力改正和温度改正

C. 温度改正、读数改正和拉力改正　　　D. 定线改正、倾斜改正和温度改正

【解答】对钢尺量距的结果需要进行尺长改正、温度改正和倾斜改正，应选 A 项。

★★★二、视距测量

视距测量是一种光学间接测距方法，它利用测量仪器的望远镜内十字丝平面上的视距丝及水准尺，根据光学原理，可以同时测定两点间的水平距离和高差，其测定距离的相对精度约为 1/300。

1. 视线水平与尺垂直

$$D = Kl \tag{12-4-12}$$

$$h = i - v \tag{12-4-13}$$

式中，K为视距常数，一般取100；l为尺间隔，为上丝读数a与下丝读数b之差，$l=a-b$；i为仪器高；v为中丝读数；h为测站点至立尺点（或目标点）的高差。

2. 视线倾斜与尺不垂直

$$D = Kl\cos^2\alpha \tag{12-4-14}$$

$$h = D\tan\alpha + i - v \tag{12-4-15}$$

式中，α为中丝读数为v时的视准轴倾斜角（即垂直角）。

【例 12-4-2】（历年真题）用视距测量方法求A、B两点间距离，通过观测得尺间隔$l=0.386$m，竖直角$\alpha=6°42'$，则A、B两点间水平距离为：

A. 38.1m　　B. 38.3m　　C. 38.6m　　D. 37.9m

【解答】$D=Kl\cos^2\alpha=100\times0.386\cos^2 6°42'=38.1$m，应选A项。

【例 12-4-3】（历年真题）视距测量中，设视距尺的尺间隔为l，视距常数为K，竖直角为α，仪器高为i，中丝读数为v，则测站点与目标点间高差计算公式为：

A. $h_{测点-目标点}=Kl\cos\alpha\tan\alpha-i+v$

B. $h_{测点-目标点}=Kl\cos^2\alpha\tan\alpha-i+v$

C. $h_{测点-目标点}=Kl\cos^2\alpha\tan\alpha+i-v$

D. $h_{目标点-测点}=Kl\cos^2\alpha\tan\alpha-i+v$

【解答】$h_{测点-目标点}=Kl\cos^2\alpha\tan\alpha+i-v$，应选C项。

★★★三、电磁波测距

电磁波测距是用电磁波（微波或光波）作为载波传输信号以测量两点间距离的一种方法。按其所采用的载波可分为：① 用微波段的无线电波作为载波的微波测距仪；②用激光作为载波的激光测距仪；③用红外光作为载波的红外光测距仪（亦称红外测距仪）。后两者统称为光电测距仪。

1. 光电测距仪的工作原理

光电测距仪的基本工作原理是利用已知光速c的光波，测定它在两点间的传播时间t，以计算距离。欲测定A、B两点间的距离时，将一台发射和接收光波的测距仪主机安置在一端A点，另一端B点安置反射棱镜，则其距离D可按下式计算：

$$D = \frac{1}{2}ct \tag{12-4-16}$$

利用先进的电子脉冲计数，能精确测定到$\pm10^{-8}$s，但由此引起的测距误差为±1.5m，故测距精度较低。为此，引入相位法测距，它是利用测定连续的调制光波在所测距离往返测程上的相位差来计算距离：

$$D = \frac{1}{2}ct = \frac{1}{2}\frac{\lambda}{T}(NT + \Delta T) = \frac{\lambda}{2T}\left(NT + \frac{\Delta\varphi}{2\pi}T\right) = \frac{\lambda}{2}\left(N + \frac{\Delta\varphi}{2\pi}\right) \tag{12-4-17}$$

由此可见，相位式光电测距的原理和钢卷尺量距相仿，相当于用一支长度为 $\lambda/2$ 的“光尺”来丈量距离，N 为“整尺段数”，$(\lambda/2)\times(\Delta\varphi/2\pi)$ 为“余长”。

由于测距仪的相位计只能分辨 $0\sim2\pi$ 之间的相位变化，即只能测出不足一个整周期的相位差 $\Delta\varphi$，而不能测出整周期数 N。例如：测尺为 10m，只能测出小于 10m 的距离。由于仪器测相精度一般为 1/1000，1km 的测尺测量精度只有米级。测尺越长，精度越低。为了兼顾测程和精度，目前测距仪常采用多个测尺频率进行测距。用短测尺（也称精尺）测定精确的小数，用长测尺（也称粗尺）测定距离的大数，将两者衔接起来，就解决了长距离测距数字直接显示的问题。

如某双频测距仪，测程为 1km，设计了精、粗两个测尺，精尺长 10m（载波频率 $f_1=15\text{MHz}$），粗尺长 1000m（载波频率 $f_2=150\text{kHz}$）。用精尺测 10m 以下小数，粗尺测 10m 以上大数。例如实测距离为 345.662m，其中：

精测结果	5.662m
粗测结果	345m
仪器显示结果	345.662m

2. 标称精度

光电测距仪的标称精度表达式为：

$$m_D=\pm(a+b\cdot D) \tag{12-4-18}$$

或

$$m_D=\pm(a+c\text{ppm}\cdot D) \tag{12-4-19}$$

式中，m_D 为测距中误差（mm）；a 为标称的测距固定误差（mm）；b 为标称的测距比例误差系数（mm/km）；D 为测距长度（km）；c 为比例误差系数；ppm 为百万分之一（10^{-6}）。

如某电磁波测距仪的标称精度为 $\pm$（3+3ppm）mm，用该仪器测得 200m 距离，其测距中误差 $m_D=\pm(3+3\times10^{-6}\times2000\times10^3)=\pm9\text{mm}$。此外，该测距仪的标称精度也可表达为：$\pm(3+3\times10^{-6}D)$ mm。

【例 12-4-4】（历年真题）某双频测距仪设置的第一个调制频率为 15MHz，其光尺长度为 10m，设置的第二个调制频率为 150kHz，它的光尺长度为 1000m，若测距仪的测相精度为 1∶1000，则测距仪的测尺精度可达到：

A. 1cm　　B. 100cm　　C. 1m　　D. 10cm

【解答】 精尺 10m 的测量精度 $=10\times\dfrac{1}{1000}=0.01\text{m}=1\text{cm}$

应选 A 项。

★四、全站仪和卫星定位测量

1. 全站仪

全站型电子速测仪简称全站仪，它由光电测距仪、电子经纬仪和微处理机组成。全站仪可在一个测站上同时测距和测角，能自动计算出待定点的坐标和高程，并能完成总的放样工作。全站仪通过传输接口将野外采集的数据传输给计算机，配以绘图软件以及绘图设备，实现测图的自动化，也可将设计数据传输给全站仪，从而进行高效率的施工放样测量工作。此外，全站仪设有测量应用软件，可以方便地进行悬高测量、偏心测量、后方交会等工作。

全站仪的结构原理如图12-4-1所示，由测角（测水平角、测竖直角）、测距、水平补偿和微机处理装置四大部分组成。其中，微机处理装置是由微处理器、存储器、输入和输出部分等组成。由微处理器对获取的倾斜距离、水平角、竖直角、垂直轴倾斜误差、视准轴误差、垂直度盘指标差、棱镜常数、气温、气压等信息加以处理，从而获得各项改正后的观测数据和计算数据。在仪器的只读存储器中固化了测量程序，测量过程由程序完成。

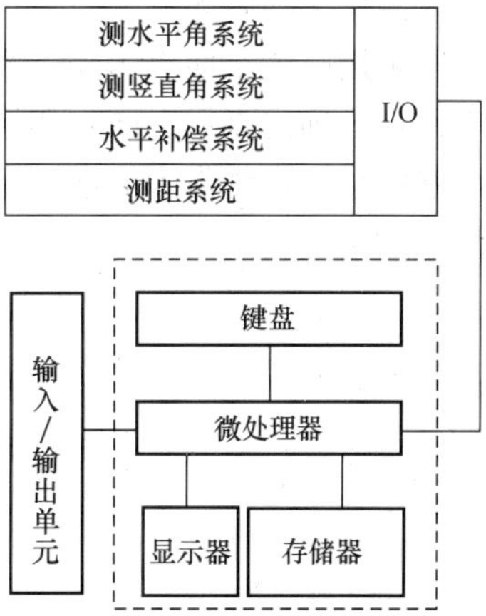

全站仪测距的标称精度表达式与光电测距仪的表达式相同，即：$m_D = \pm\ (a + b \cdot D)$，式中符号的定义，同前面光电测距仪。

图 12-4-1　全站仪的结构原理

2. 卫星定位测量

卫星定位测量泛指利用卫星定位接收机同时接收多个系统的多颗定位卫星信号，确定地面点位置的技术和方法，不仅包括相对定位，也包括单点定位或精密单位定位，同时包括实时与事后的动态定位，甚至还包括伪距定位。

卫星定位测量的概念，主要是面向多元化的全球空间卫星定位系统而提出的。目前，卫星导航系统（GNSS）有：中国的北斗卫星导航系统BDS，美国的全球卫星导航系统GPS、俄罗斯的格洛纳斯卫星导航系统 GLONASS、欧洲的伽利略卫星导航系统 GALILEO。这四大卫星导航系统均采用地心坐标系。

在工程测量中，卫星定位测量采用实时动态 RTK（Real-Time Kinematic）作业模式进行测量。RTK 测量可分为：单基站 RTK 测量技术和网络 RTK 测量技术。利用网络 RTK 测量技术可建立连续运行基准站系统 CORS。

单基站 RTK 测量能实时地提供测站点在指定坐标系中的三维定位结果，方便工程施工放样、地形测图、各种控制测量，极大地提高了外业作业效率。

CORS 系统是动态的、连续的空间数据参考框架，是一种快速、高精度获取空间信息的重要基础设施。CORS 系统可向大量用户同时提供高精度、高可靠性、实时定位信息，并实现城市测绘数据的完整统一。

★★★五、直线定向

直线定向是指确定直线与标准方向之间的水平夹角。

1. 标准方向及方位角

（1）真子午线方向

通过地球表面某点的真子午线的切线方向，称为该点的真子午线方向。通常用指向北极星的方向来表示近似的真子午线方向。不同真子午线上各点的真子午线方向不同，并且收敛于南北极。

（2）磁子午线方向

通过地球表面上某点的磁子午线的切线方向，称为该点的磁子午线方向。磁针在地球磁场的作用下，自由静止时其轴线指示的方向即磁子午线方向，磁子午线方向可用罗盘仪测定。同样，不同磁子午线上各点的磁子午线方向不同，也收敛于南北极。

(3) 坐标纵轴方向

我国采用高斯平面直角坐标系，其每一投影带中央子午线的投影为坐标纵轴方向，因此，在该带内确定直线方向就用该带的坐标纵轴方向作为标准方向。如采用假定坐标系，则用假定的坐标纵轴作为标准方向。在一个小范围内的同一平面直角坐标系中，各点处的坐标纵轴方向是相同的。

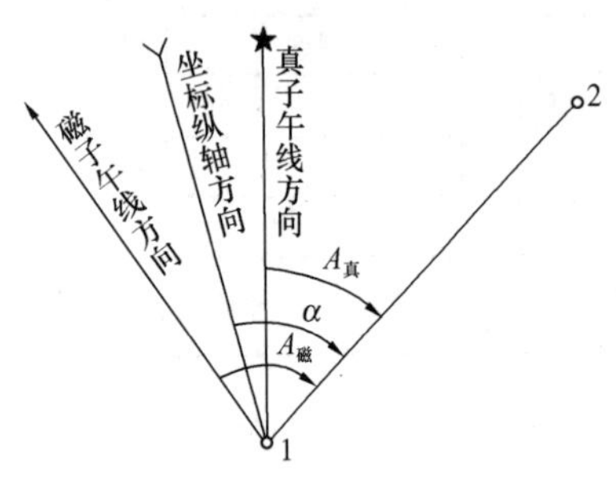

图 12-4-2 三种方位角及其关系

(4) 三种方位角

测量工作中，常采用方位角来表示直线的方向。由标准方向的北端起，顺时针量至某直线的水平夹角，称为该直线的方位角，角值为0°～360°。根据标准方向的不同，方位角分为真方位角、磁方位角和坐标方位角三种，如图 12-4-2 所示，若以坐标纵轴方向为标准方向，则直线 12 的方位角 α 称为该直线的坐标方位角；若以过 1 点的真子午线方向为标准方向，则直线 12 的方位角 $A_{真}$ 称为该直线的真方位角；若以过 1 点的磁子午线方向为标准方向，则直线 12 的方位角 $A_{磁}$ 称为该直线的磁方位角。

2. 两种偏角及方位角换算

(1) 磁偏角 δ

由于地磁南北极与地球的南北极并不重合，因此过地面上某点的真子午线方向与磁子午线方向常不重合，两者之间的夹角称为磁偏角 δ。磁针北端偏于真子午线以东称为东偏，偏于真子午线以西称为西偏。直线的真方位角与磁方位角之间可用下式换算：

$$A_{真} = A_{磁} + \delta \tag{12-4-20}$$

式中，磁偏角 δ，东偏取正值，西偏取负值。

(2) 子午线收敛角 γ

如图 12-4-3 所示，地面上 M、N 等点的真子午线方向与中央子午线之间的夹角，称为该点真子午线与中央子午线的收敛角 γ（简称子午线收敛角）。在中央子午线以东，γ 取正值；在中央子午线以西，γ 取负值。真方位角与坐标方位角之间的关系，可用下式进行换算：

$$A_{真} = \alpha + \gamma \tag{12-4-21}$$

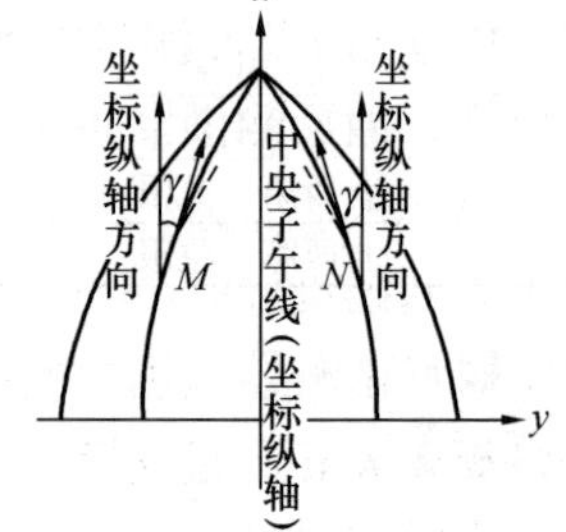

图 12-4-3 子午线收敛角

(3) 坐标方位角与磁方位角之间的关系

$$\alpha = A_{磁} + \delta - \gamma \tag{12-4-22}$$

3. 正、反坐标方位角

直线 12 的 1 点是起点，2 点是终点，起点 1 的坐标方位角为 α_{12}，终点 2 的坐标方位角为 α_{21}，则：

$$\alpha_{12} = \alpha_{21} \pm 180° \tag{12-4-23}$$

4. 坐标方位角的推算

如图 12-4-4 所示，已知 α_{AB}（也称为 $\alpha_{后}$），测得 AB 边与 $B1$ 边所夹的水平角 β_{b}，以及

各点的转折角 β_1、β_2 等，由图可以得到：

$$\alpha_{B1}=\alpha_{AB}+\beta_b-180^\circ \tag{12-4-24}$$

上述 β_b、β_1、β_2 等均为折线推算前进方向的左角，故其一般公式为：

$$\alpha_{前}=\alpha_{后}+\beta_{左}-180^\circ \tag{12-4-25}$$

同样，若测定的是右角，由图可以得到一般公式为：

$$\alpha_{前}=\alpha_{后}+180^\circ-\beta_{右} \tag{12-4-26}$$

5. 象限角

由标准方向的北端或者南端起，顺时针或者逆时针方向量至直线的锐角，并注出象限的名称，称为象限角。象限角为 0°～90°，用 R 表示。图 12-4-5 中直线 $O1$、$O2$、$O3$ 和 $O4$ 的象限角依次写为北东 R_1、南东 R_2、南西 R_3 和北西 R_4。坐标方位角与象限角之间的换算关系见表 12-4-1。

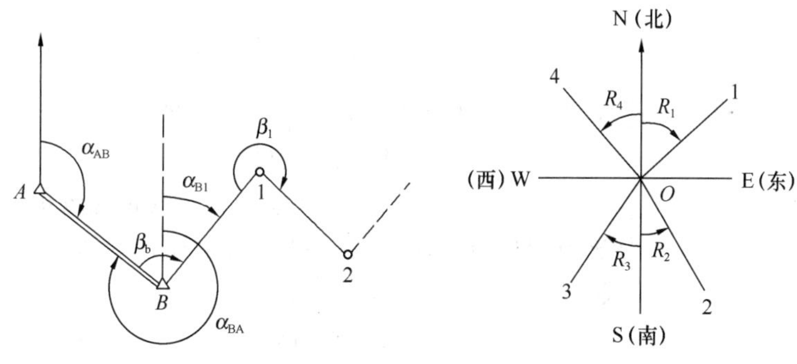

图 12-4-4 坐标方位角计算　　　图 12-4-5 象限角

坐标方位角与象限角之间的换算关系　　表 12-4-1

直线方向	由坐标方位角推算象限角	由象限角推算坐标方位角
北东第 1 象限	$R=\alpha$	$\alpha=R$
南东第 2 象限	$R=180^\circ-\alpha$	$\alpha=180^\circ-R$
南西第 3 象限	$R=\alpha-180^\circ$	$\alpha=R+180^\circ$
北西第 4 象限	$R=360^\circ-\alpha$	$\alpha=360^\circ-R$

【例 12-4-5】（历年真题）磁偏角和子午线收敛角分别是指磁子午线、中央子午线与下列哪项的夹角？

A. 坐标纵轴　　B. 指北线　　C. 坐标横轴　　D. 真子午线

【解答】磁偏角、子午线收敛角分别是磁子午线、中央子午线与真子午线的夹角，应选 D 项。

【例 12-4-6】（历年真题）已知直线 AB 方位角 $\alpha_{AB}=60^\circ30'18''$，$\angle BAC=90^\circ22'12''$，若 $\angle BAC$ 为左角，则直线 AC 的方位角 α_{AC} 等于：

A. 150°52′30″　　B. 29°51′54″

C. 89°37′48″　　D. 119°29′42″

【解答】折线推算前进方向为左角，则：

$$\begin{aligned}\alpha_{AC}&=\alpha_{BA}+\alpha_{BAC}-180^\circ=\alpha_{AB}+180^\circ+\alpha_{BAC}-180^\circ\\&=60^\circ30'18''+90^\circ22'12''=150^\circ52'30''\end{aligned}$$

应选 A 项。

习　题

12-4-1 （历年真题）某电磁波测距仪的标称精度为±（3+3ppm）mm，用该仪器测得 500m 距离，如不顾及其他因素影响，则产生的测距中误差为：

A. ±18mm　　B. ±3mm　　C. ±4.5mm　　D. ±6mm

12-4-2 （历年真题）下列何项对正、反坐标方位角的描述是正确的？

A. 正、反坐标方位角相差 180°　　B. 正坐标方位角比反坐标方位角小 180°

C. 正、反坐标方位角之和为 0　　D. 正坐标方位角比反坐标方位角大 180°

12-4-3 （历年真题）用视距测量方法测量水平距离时，水平距离 D 可用下列哪项公式表示（l 为尺间隔，α 为竖直角）？

A. $D=Kl\cos^2\alpha$　　B. $D=Kl\cos\alpha$

C. $D=\frac{1}{2}Kl\sin^2\alpha$　　D. $D=\frac{1}{2}Kl\sin\alpha$

12-4-4 （历年真题）钢尺量距时，下面哪项是不需要改正的？

A. 尺子改正　　B. 温度改正

C. 倾斜改正　　D. 地球曲率和大气折光改正

12-4-5 （历年真题）用视距测量方法求 C、D 两点间距离。通过观测得尺间隔 $l=0.276$m，竖直角 $\alpha=5°38'$，则 C、D 两点间的水平距离为：

A. 27.5m　　B. 27.6m

C. 27.4m　　D. 27.3m

12-4-6 （历年真题）用视距测量方法测量 A、B 两点高差，通过观测得尺间隔 $l=0.365$m，竖直角 $\alpha=3°15'00''$，仪器高 $i=1.460$m，中丝读数 2.379m，则 A、B 两点间高差 h_{AB} 为：

A. 1.15m　　B. 1.14m　　C. 1.16m　　D. 1.51m

第五节　测量误差基本知识

★★★一、测量误差的分类与特性

测量误差（也称真误差）Δ_i 是指真定值 X 与各观测值 l_i 之间的差异，即：$\Delta_i=X-l_i$。

1. 测量误差产生的原因

产生测量误差的原因，主要有三个方面：①人的原因。观测者的误差是由于观测者技术水平和感官能力的局限致使观测值产生的误差；②仪器的原因。仪器误差是由测量仪器构造上的缺陷、仪器自身精密度的限制致使观测值含有的误差；③外界条件的影响。它是指观测过程中不断变化的大气温度、湿度、透明度、风力、大气折光等因素给观测值带来的误差。

2. 测量误差的分类与特性

（1）粗差

粗差是一种量级较大的观测误差。例如，超限的观测值中往往就含有粗差。粗差也包括测量过程中各种失误引起的误差。粗差有时也称错误。含有粗差的观测值都不能使用。因此，一旦发现粗差，该观测值必须舍弃并重测。

（2）系统误差

在一定的观测条件下对某量进行一系列观测，若误差的符号和大小保持不变或按一定规律变化，这种误差称为系统误差。系统误差在观测成果中具有累积性。

在测量工作中，应尽量设法消除或减小系统误差。消除或减小系统误差的方法有三种：①严格检验与校正仪器，将仪器结构方面的误差限制在最小，如对仪器水准管的校正、各轴之间关系的校正等；②采用对称观测的方法和程序，限制或削弱系统误差的影响，如角度测量中采用盘左、盘右观测，水准测量中前后视距相等；③通过找出产生系统误差的原因和规律，对观测值进行系统误差的计算改正，如对距离观测值进行尺长改正、温度改正和倾斜改正，对竖直角进行指标差改正等。

（3）偶然误差

在一定的观测条件下对某量进行一系列观测，如果误差的符号和大小均呈现偶然性，即从表面现象看，误差的大小和符号没有规律性，这种误差称为偶然误差。产生偶然误差的原因往往是不固定的和难以控制的。

偶然误差的特性是：

1）在一定观测条件下的有限次观测中，偶然误差的绝对值不会超过一定的限值；

2）绝对值较小的误差出现的频率大，绝对值较大的误差出现的频率小；

3）绝对值相等的正、负误差具有大致相等的频率；

4）当观测次数无限增大时，偶然误差的理论平均值趋近于零，即偶然误差具有抵偿性，用公式表示为：

$$\lim_{n\to\infty}\frac{\Delta_1+\Delta_2+\cdots+\Delta_n}{n}=\lim_{n\to\infty}\frac{[\Delta]}{n}=0 \tag{12-5-1}$$

式中，[ ] 表示取括号中数值（偶然误差）的代数和。

当 $n\to\infty$ 时，偶然误差出现的频率即为其概率。如果以偶然误差的大小为横坐标，以其出现的概率密度为纵坐标，则偶然误差的特性可以表示为概率论中的正态分布曲线，其标准差为 σ。因此，观测值的精度取标准差 σ 是合适的。

【例 12-5-1】（历年真题）测量误差按其性质的不同可分为两类，它们是：

A. 读数误差和仪器误差　　B. 观测误差和计算误差

C. 系统误差和偶然误差　　D. 仪器误差和操作误差

【解答】测量误差按其性质不同分为：系统误差和偶然误差，应选 C 项。

【例 12-5-2】（历年真题）偶然误差具有下列何种特性：

A. 测量仪器产生的误差　　B. 外界环境影响产生的误差

C. 单个误差的出现没有一定的规律性　　D. 大量的误差缺乏统计规律性

【解答】偶然误差的特性：单个误差的出现没有一定的规律性，应选 C 项。

★二、评定精度的标准

1. 中误差

在实际测量工作中，不可能对某一量作无穷多次观测，因此，定义按有限的数次观测的真误差求得的标准差为“中误差”m，即：

$$m=\pm\sqrt{\frac{\Delta_1^2+\Delta_2^2+\cdots+\Delta_n^2}{n}}=\pm\sqrt{\frac{[\Delta\Delta]}{n}} \tag{12-5-2}$$

式中，$[\Delta\Delta]$ 为真误差的平方和。

2. 相对误差

在某些测量工作中，对观测值的精度仅用中误差来衡量还不能正确反映出观测值的精度，例如量距的误差与其长度有关。为此，用观测值的中误差与观测值之比的形式（也称“相对中误差”）描述观测的精度。

3. 极限误差

依据偶然误差的第一特性，在一定的观测条件下，偶然误差的绝对值不会超过一定的限值，这个限值就是容许误差（亦称极限误差）。偶然误差的绝对值大于 2 倍中误差的约占误差总数的 5%，而大于 3 倍中误差的仅占误差总数的 0.3%。一般进行的测量次数有限，3 倍中误差应该很少遇到。因此，以 2 倍中误差作为容许的误差极限，称为“容许误差”(也称为“限差”)，即：

$$\Delta_{容}=2m \tag{12-5-3}$$

★★★三、观测值的精度评定

1. 算术平均值

在相同的观测条件（等精度观测）下，对某个未知量进行 n 次观测，其观测值分别为 l_1，l_2，…，l_n，将这些观测值取算术平均值 $\overline{x}$，作为该量的最可靠的数值，称为“最或是值”：

$$\overline{x}=\frac{l_1+l_2+\cdots+l_n}{n}=\frac{[l]}{n} \tag{12-5-4}$$

2. 观测值的改正值

算术平均值与观测值之差称为观测值的改正值（亦称最或是误差）v_i：

$$v_i=\overline{x}-l_i \tag{12-5-5}$$

一组观测值取算术平均值后，其改正值之和恒等于零。这一结论可以作为计算中的校核。

3. 按观测值的改正值计算中误差

在一般情况下，观测值的真值 X 是不知道的，真误差 Δ_i 也就无法求得，此时，就不可能用式（12-5-2）求中误差。在同样的观测条件下对某一量进行多次观测，可以取其算术平均值 $\overline{x}$ 作为最或是值，也可以算得各个观测值的改正值 v_i；$\overline{x}$ 在观测次数无限增多时将趋近于真值 X。对于有限的观测次数，以 $\overline{x}$ 代替 X 即相应于以最或是误差 v_i 代替真误差 Δ_i，得到按最或是误差计算观测值的中误差的公式（称为白塞尔公式）：

$$m=\pm\sqrt{\frac{[vv]}{n-1}} \tag{12-5-6}$$

4. 算术平均值的中误差

在等精度观测下，根据误差传播定律，观测值的算术平均值（即最或是值）的中误差 $m_{\overline{x}}$ 为：

$$m_{\overline{x}}=\pm\frac{m}{\sqrt{n}}=\pm\sqrt{\frac{[vv]}{n(n-1)}} \tag{12-5-7}$$

【例 12-5-3】（历年真题）设 v 为一组同精度观测值改正数，则下列何项表示最或是值的中误差？

A. $m=\pm\sqrt{\frac{[vv]}{n(n-1)}}$　　B. $m=\pm\sqrt{\frac{[vv]}{n}}$

C. $m=\pm\frac{1}{n}\sqrt{\frac{[vv]}{n-1}}$　　D. $m=\pm\sqrt{\frac{[vv]}{n-1}}$

【解答】最或是值的中误差：$m=\pm\sqrt{\frac{[vv]}{n(n-1)}}$，应选 A 项。

★★★四、误差传播定律

在实际测量工作中，某些需要的量不是直接观测值，而是通过其他观测值用一定的函数关系间接求得的。设 $Z=f(x_1, x_2, \cdots, x_n)$，即 Z 是独立变量 x_1，x_2，…，x_n 的函数，函数 Z 的中误差为 m_Z，各独立变量 x_1，x_2，…，x_n 对应的观测值的中误差分别为 m_1，m_2，…，m_n。如果知道了 m_Z 与 m_i（$i=1, 2, \cdots, n$）之间的关系，就可以由各变量的观测值中误差来求得函数 Z 的中误差。各变量的观测值中误差与其函数的中误差之间的关系式，称为误差传播定律。一般函数 $Z=f(x_1, x_2, \cdots, x_n)$，$Z$ 的中误差为：

$$m_Z=\pm\sqrt{\left(\frac{\partial f}{\partial x_1}\right)^2 m_1^2+\left(\frac{\partial f}{\partial x_2}\right)^2 m_2^2+\cdots\left(\frac{\partial f}{\partial x_n}\right)^2 m_n^2} \tag{12-5-8}$$

上式是误差传播的最普遍的形式。其他函数，如线性函数、和差函数、倍函数等，都是一般函数的特殊情况。

1. 线性函数的中误差

$$Z=k_1x_1+k_2x_2+\cdots+k_nx_n \tag{12-5-9}$$

式中，k_1，k_2，…，k_n为任意常数；x_1，x_2，…，x_n为独立变量，相应的中误差分别为 m_1，m_2，…，m_n。

$$m_Z=\pm\sqrt{k_1^2m_1^2+k_2^2m_2^2+\cdots+k_n^2m_n^2} \tag{12-5-10}$$

2. 倍函数的中误差

$$Z=kx \tag{12-5-11}$$

式中，k 为任意常数；x 为独立变量，相应的中误差为 m_x。

$$m_Z=km_x \tag{12-5-12}$$

3. 和差函数的中误差

$$Z=x_1\pm x_2\pm\cdots\pm x_n \tag{12-5-13}$$

式中，x_1，…，x_n为独立变量，相应的中误差为 m_1，…，m_n。

$$m_Z=\pm\sqrt{m_1^2+m_2^2+\cdots+m_n^2} \tag{12-5-14}$$

各个自变量如果具有相同的精度，$m_1=m_2=\cdots=m_n=m$，则：

$$m_Z=\pm m\sqrt{n} \tag{12-5-15}$$

【例 12-5-4】（历年真题）设在三角形 ABC 中，直接观测了∠A 和∠B，$m_A=\pm4''$、

$m_B=\pm5''$，由∠A、∠B计算∠C，则∠C的中误差m_C为：

A. ±9″　　B. ±6.4″　　C. ±3″　　D. ±4.5″

【解答】 由于∠C=180°−∠A−∠B

$$m_C=\pm\sqrt{(-1)^2m_A^2+(-1)^2m_B^2}=\pm\sqrt{4^2+5^2}=\pm6.4''$$

应选B项。

【例 12-5-5】（历年真题）有一长方形水池，独立地观测得其边长$a=30.000\pm0.004$m，$b=25.000\pm0.003$m，则该水池的面积S及面积测量的精度m_S为：

A. 750±0.134m²　　B. 750±0.084m²

C. 750±0.025m²　　D. 750±0.142m²

【解答】 面积$S=ab=30\times25=750\text{m}^2$

$m_S=\pm\sqrt{b^2m_a^2+a^2m_b^2}=\sqrt{25^2\times0.004^2+30^2\times0.003^2}=\pm0.134\text{m}^2$

应选A项。

习　题

12-5-1（历年真题）误差具有下列哪种特性？

A. 系统误差不具有累积性　　B. 取均值可消除系统误差

C. 检校仪器可消除或减弱系统误差　　D. 理论上无法消除或者减弱偶然误差

12-5-2（历年真题）测量误差来源有三大类，包括：

A. 观测误差、仪器误差、外界环境的影响

B. 偶然误差、观测误差、外界环境的影响

C. 偶然误差、系统误差、观测误差

D. 仪器误差、观测误差、系统误差

12-5-3 丈量一段距离4次，结果分别为232.563m、232.543m、232.548m和232.538m，则算术平均值中误差和最后结果的相对中误差分别为：

A. ±5.4mm，1/43063　　B. ±5.4mm，1/24546

C. ±4.5mm，1/43063　　D. ±4.5mm，1/24546

12-5-4 用DJ_6级经纬仪测量一个角度，为了使得该角度的中误差≤±4″，则需要至少观测（　）个测回。

A. 4　　B. 5　　C. 6　　D. 7

12-5-5 n边形各内角观测值中误差均为±6″，则内角和的中误差为：

A. $\pm6''n$　　B. $\pm6''\sqrt{n}$　　C. $\pm6''/n$　　D. $\pm6''/\sqrt{n}$

12-5-6 观测三角形各内角3次，求得三角形闭合差分别为+8″、−10″和+2″，则三角形内角和的中误差为：

A. ±7.5″　　B. ±9.2″　　C. ±20″　　D. ±6.7″

12-5-7 用30m的钢尺丈量120m的距离，已知每尺段量距中误差为±4mm，则全长中误差为（　）mm。

A. ±16　　B. ±4　　C. ±8　　D. ±10

第六节　控　制　测　量

★★★一、控制测量概述

进行测量工作时，总是首先在测区内选择一些具有控制意义的点，组成一定的几何图形，形成测区的骨架，用相对精确的测量手段和计算方法，计算出这些点的平面坐标和高程，然后以其为基础测定其他更多地面点的坐标或进行施工放样。将这些具有控制意义的点称为控制点，由控制点按一定的规律和要求构成网状几何图形，称为控制网。对控制网进行布设、观测和计算，最终确定出控制点坐标的工作称为控制测量。控制网分为平面控制网和高程控制网，控制测量分为平面控制测量和高程控制测量。

1. 平面控制测量

平面控制测量是确定控制点的平面位置。平面控制网的经典布网形式有三角网（锁）、三边网、边角网和导线网。目前，常采用卫星定位网（即卫星定位控制网）。

国家平面控制网是在全国范围内建立的控制网，逐级控制，分为一、二、三、四等三角测量和一、二级精密导线测量。

工程控制测量是为大比例尺地形测量或为工程建筑物的施工放样及变形观测等专门用途而建立控制网。工程平面控制网的建立，可采用卫星定位测量、导线测量、三角形网测量等方法。

卫星定位测量可用于二、三、四等和一、二级控制网的建立；导线测量可用于三、四等和一、二、三级控制网的建立；三角形网测量可用于二、三、四等和一、二级控制网的建立。

图根控制网是直接为测图建立的控制图。

《工程测量标准》规定：

各等级导线测量的主要技术要求　　**表 3.3.1**

等级	导线长度(km)	平均边长(km)	测角中误差(″)	测距中误差(mm)	测距中对中误差	测回数				方位角闭合差(″)	导线全长相对闭合差
						0.5″级仪器	1″级仪器	2″级仪器	6″级仪器		
三等	14	3	1.8	20	1/150000	4	6	10	—	$3.6\sqrt{n}$	≤1/55000
四等	9	1.5	2.5	18	1/80000	2	4	6	—	$5\sqrt{n}$	≤1/35000
一级	4	0.5	5	15	1/30000	—	—	2	4	$10\sqrt{n}$	≤1/15000
二级	2.4	0.25	8	15	1/14000	—	—	1	3	$16\sqrt{n}$	≤1/10000
三级	1.2	0.1	12	15	1/7000	—	—	1	2	$24\sqrt{n}$	≤1/5000

注：1. n 为测站数；

2. 当测区测图的最大比例尺为 1∶1000 时，一、二、三级导线的导线长度、平均边长可放长，但最大长度不应大于表中规定相应长度的 2 倍。

图根导线测量的主要技术要求　　表 5.2.7

导线长度（m）	相对闭合差	测角中误差（″）		方位角闭合差（″）	
		首级控制	加密控制	首级控制	加密控制
$\leqslant \alpha \cdot M$	$\leqslant 1/(2000\times\alpha)$	20	30	$40\sqrt{n}$	$60\sqrt{n}$

注：1. α 为比例系数，取值宜为 1，当采用 1∶500、1∶1000 比例尺测图时，α 值可在 1～2 之间选用；

2. M 为测图比例尺的分母，但对于工矿区现状图测量，不论测图比例尺大小，M 应取值为 500。

【例 12-6-1】（历年真题）图根平面控制可以采用图根导线测量，当图根导线作为首级控制时，其方位角闭合差应符合下列(　　)规定。

A. 小于 $40''\sqrt{n}$　　B. 小于 $45''\sqrt{n}$

C. 小于 $50''\sqrt{n}$　　D. 小于 $60''\sqrt{n}$

【解答】图根平面控制采用图根导线测量，首级控制，其方位角闭合差小于 $40''\sqrt{n}$，应选 A 项。

2. 高程控制测量

建立高程控制网的主要方法是水准测量。国家水准测量分为一、二、三、四等级，逐级布设。

为了工程建设的需要所建立的高程控制测量，采用二、三、四、五等水准测量及直接为测地形图用的图根水准测量。各等级高程控制宜采用水准测量，四等及以下等级也可采用电磁波测距三角高程测量，五等还可采用卫星定位高程测量。

《工程测量标准》规定：

水准测量的主要技术要求　　表 4.2.1

等级	每千米高差全中误差（mm）	路线长度（km）	水准仪级别	水准尺	观测次数		往返较差、附合或环线闭合差	
					与已知点联测	附合或环线	平地（mm）	山地（mm）
二等	2	—	$DS1$、$DSZ1$	条码因瓦、线条式因瓦	往返各一次	往返各一次	$4\sqrt{L}$	—
三等	6	$\leqslant 50$	$DS1$、$DSZ1$	条码因瓦、线条式因瓦	往返各一次	往一次	$12\sqrt{L}$	$4\sqrt{n}$
			$DS3$、$DSZ3$	条码式玻璃钢、双面		往返各一次		
四等	10	$\leqslant 16$	$DS3$、$DSZ3$	条码式玻璃钢、双面	往返各一次	往一次	$20\sqrt{L}$	$6\sqrt{n}$
五等	15	—	$DS3$、$DSZ3$	条码式玻璃钢、单面	往返各一次	往一次	$30\sqrt{L}$	—

注：1. 节点之间或节点与高级点之间的路线长度不应大于表中规定的 70%；

2. L 为往返测段、附合或环线的水准线路长度（km），n 为测站数；

3. 数字水准测量和同等级的光学水准测量精度要求相同，作业方法在没有特指的情况下均称为水准测量；

4. $DSZ1$ 级数字水准仪若与条码式玻璃钢水准尺配套，精度降低为 $DSZ3$ 级。

数字水准仪观测的主要技术要求　　表 4.2.5

等级	水准仪级别	水准尺类别	视线长度（m）	前后视的距离较差（m）	前后视的距离较差累积（m）	视线离地面最低高度（m）	测站两次观测的高差较差（mm）	数字水准仪重复测量次数
二等	*DSZ*1	条码式因瓦尺	50	1.5	3.0	0.55	0.7	2
三等	*DSZ*1	条码式因瓦尺	100	2.0	5.0	0.45	1.5	2
四等	*DSZ*1	条码式因瓦尺	100	3.0	10.0	0.35	3.0	2
	*DSZ*1	条码式玻璃钢尺	100	3.0	10.0	0.35	5.0	2
五等	*DSZ*3	条码式玻璃钢尺	100	近似相等	—	—	—	—

注：1. 二等数字水准测量观测顺序，奇数站应为后—前—前—后，偶数站应为前—后—后—前；
2. 三等数字水准测量观测顺序应为后—前—前—后；四等数字水准测量观测顺序应为后—后—前—前；
3. 水准观测时，若受地面振动影响时，应停止测量。

光学水准仪观测的主要技术要求　　表 4.2.6

等级	水准仪级别	视线长度（m）	前后视距差（m）	任一测站上前后视距差累积（m）	视线离地面最低高度（m）	基、辅分划或黑、红面读数较差（mm）	基、辅分划或黑、红面所测高差较差（mm）
二等	*DS*1、*DSZ*1	50	1.0	3.0	0.5	0.5	0.7
三等	*DS*1、*DSZ*1	100	3.0	6.0	0.3	1.0	1.5
	*DS*3、*DSZ*3	75				2.0	3.0
四等	*DS*3、*DSZ*3	100	5.0	10.0	0.2	3.0	5.0
五等	*SD*3、*DSZ*3	100	近似相等	—	—	—	—

注：1. 二等光学水准测量观测顺序，往测时，奇数站应为后—前—前—后，偶数站应为前—后—后—前；返测时，奇数站应为前—后—后—前，偶数站应为后—前—前—后；
2. 三等光学水准测量观测顺序应为后—前—前—后；四等光学水准测量观测顺序应为后—后—前—前；
3. 二等水准视线长度小于 20m 时，视线高度不应低于 0.3m；
4. 三、四等水准采用变动仪器高度观测单面水准尺时，所测两次高差较差，应与黑面、红面所测高差之差的要求相同。

图根水准测量的技术要求，见本章第二节。

【例 12-6-2】（历年真题）进行三、四等水准测量，通常是使用双面水准尺，对于三等（*DS*3）水准测量红黑面高差之差的限差是：

A. 3mm　　B. 5mm　　C. 2mm　　D. 4mm

【解答】 三等（*DS*3）水准测量红黑面高差之差的限差为 3mm，应选 A 项。

【例 12-6-3】（历年真题）进行三、四等水准测量，视线长度和前后视距差都有一定的要求，光学水准仪的四等水准测量的前后视距差的限差是：

A. 10m　　B. 5m　　C. 8m　　D. 12m

【解答】光学水准仪四等水准测量的前后视距差的限差是 5m，应选 B 项。

★二、平面控制网的定位与定向

在工程测量中，地面的点位常采用高斯分带投影的方法建立直角坐标系。如图 12-6-1 所示，已知 1 点坐标（x_1，y_1），已测得 1-2 边的坐标方位角 α_{12} 和边长 D_{12}，待定点 2 点的坐标为：

$$x_2 = x_1 + \Delta x_{12} = x_1 + D_{12}\cos\alpha_{12} \quad (12\text{-}6\text{-}1)$$

$$y_2 = y_1 + \Delta y_{12} = y_1 + D_{12}\sin\alpha_{12} \quad (12\text{-}6\text{-}2)$$

式中，Δx_{12}、Δy_{12} 称为坐标增量。上述计算称为坐标正算。

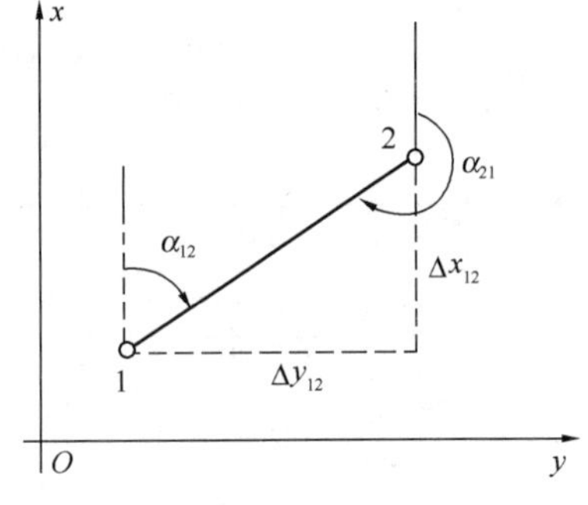

图 12-6-1　坐标增量计算

当已知 1、2 两点的坐标 x_1、y_1 和 x_2、y_2 时，求其坐标方位角和边长，则：

$$\alpha_{12} = \arctan\frac{\Delta y_{12}}{\Delta x_{12}} = \arctan\frac{y_2 - y_1}{x_2 - x_1} \quad (12\text{-}6\text{-}3)$$

$$D_{12} = \sqrt{\Delta x_{12}^2 + \Delta y_{12}^2} = \sqrt{(x_2 - x_1)^2 + (y_2 - y_1)^2} \quad (12\text{-}6\text{-}4)$$

上式中 α_{12} 有正负号，应根据 Δy_{12}、Δx_{12} 的等号将其转化为坐标方位角：

$\Delta y_{12} > 0$，$\Delta x_{12} > 0$ 时，$\alpha_{方} = \alpha_{12}$

$\Delta y_{12} > 0$，$\Delta x_{12} < 0$ 时，$\alpha_{方} = 180° - |\alpha_{12}|$

$\Delta y_{12} < 0$，$\Delta x_{12} > 0$ 时，$\alpha_{方} = 360° - |\alpha_{12}|$

$\Delta y_{12} < 0$，$\Delta x_{12} < 0$ 时，$\alpha_{方} = 180° + \alpha_{12}$

上述计算称为坐标反算。

平面控制网的直线定向及正、反坐标方位角，见本章第四节。

【例 12-6-4】（历年真题）在测量坐标计算中，已知某边 AB 长 $D_{AB} = 78.00$mm，该边坐标方位角 $\alpha_{AB} = 320°10'40''$，则该边的坐标增量为：

A. $\Delta X_{AB} = +60$m；$\Delta Y_{AB} = -50$m　　B. $\Delta X_{AB} = -50$m；$\Delta Y_{AB} = +50$m

C. $\Delta X_{AB} = -49.952$m；$\Delta Y_{AB} = +59.907$m　　D. $\Delta X_{AB} = +59.907$m；$\Delta Y_{AB} = -49.952$m

【解答】$\Delta X_{AB} = D\cos\alpha_{AB} = 78\cos320°10'40'' = +59.907$m，应选 D 项。

此外，$\Delta Y_{AB} = D\sin\alpha_{AB} = 78\sin320°10'40'' = -49.952$m。

【例 12-6-5】（历年真题）若 $\Delta X_{AB} < 0$，且 $\Delta Y_{AB} < 0$，则下列哪项表达了坐标方位角 α_{AB}？

A. $\alpha_{AB} = \arctan\dfrac{\Delta Y_{AB}}{\Delta X_{AB}}$　　B. $\alpha_{AB} = \arctan\dfrac{\Delta Y_{AB}}{\Delta X_{AB}} + \pi$

C. $\alpha_{AB} = \pi - \arctan\dfrac{\Delta Y_{AB}}{\Delta X_{AB}}$　　D. $\alpha_{AB} = \arctan\dfrac{\Delta Y_{AB}}{\Delta X_{AB}} - \pi$

【解答】由于 $\Delta X_{AB} < 0$，$\Delta Y_{AB} < 0$，则 $\alpha_{AB} = \arctan\dfrac{\Delta Y_{AB}}{\Delta X_{AB}} + \pi$

应选 B 项。

★★★三、导线测量

1. 基本概念

导线的布设有三种基本形式：闭合导线、附合导线和支导线，如图 12-6-2 所示。

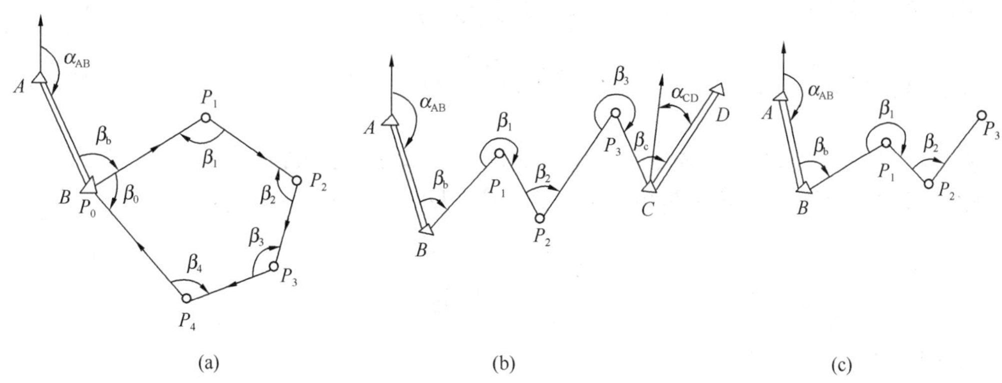

图 12-6-2

（a）闭合导线；（b）附合导线；（c）支导线

导线测量的外业工作包括：踏勘选点及建立标志、量边、测角和联测。

【例 12-6-6】（历年真题）导线测量的外业工作在踏勘选点工作完成后，需要进行下列何项工作？

A. 水平角测量和竖直角测量　　B. 方位角测量和距离测量

C. 高程测量和边长测量　　D. 水平角测量和边长测量

【解答】导线测量外业工作在踏勘选点工作完成后，进行水平角测量和边长测量，应选 D 项。

2. 闭合导线测量的内业计算

（1）角度闭合差的计算和调整

n 边闭合多边形的内角和$\sum\beta_{测}$ 与理论值（$n-2$）$\times180°$之差称为角度闭合差：

$$f_\beta=\sum\beta_{测}-\sum\beta_{理}=\sum\beta_{测}-(n-2)\times180° \tag{12-6-5}$$

检查 f_β 是否满足规范标准要求。当满足时，f_B 的分配原则是：闭合差反符号平均分配到各观测角度，即：$\beta_{改正后}=\beta_{测}+\dfrac{-f_\beta}{n}$。

（2）用改正后的导线角度推算各边的坐标方位角

左角
$$\alpha_{前}=\alpha_{后}+\beta_{左}-180° \tag{12-6-6}$$

右角
$$\alpha_{前}=\alpha_{后}+180°-\beta_{右} \tag{12-6-7}$$

上述公式来源见本章第四节。

（3）坐标增量闭合差的计算和调整

由已测的边长 D_i 和推算的方位角求坐标增量，即：$\Delta x_{测i}=D_i\cos\alpha$，$\Delta y_{测i}=D_i\sin\alpha$；从理论上讲，闭合导线各边的纵、横坐标增量代数和的理论值应分别等于零，即：$\sum\Delta x_{理}=0$，$\sum\Delta y_{理}=0$。但实际上，由于导线边长观测值中有误差，角度观测值虽然经过导线角度闭合差的调整，但仍有剩余的误差。因此，导致由边长、方位角推算而得的坐标增量也具有误差，从而产生纵坐标增量闭合差 f_x和横坐标增量闭合差 f_y，即：

$$f_x = \Sigma \Delta x_{测} - \Sigma \Delta x_{理} = \Sigma \Delta x_{测} \tag{12-6-8}$$

$$f_y = \Sigma \Delta y_{测} - \Sigma \Delta y_{理} = \Sigma \Delta y_{测} \tag{12-6-9}$$

导线全长闭合差

$$f = \sqrt{f_x^2 + f_y^2} \tag{12-6-10}$$

导线全长相对闭合差

$$K = \frac{f}{\Sigma D} = \frac{1}{\frac{\Sigma D}{f}} \tag{12-6-11}$$

检查 K 是否满足规范标准要求。当满足时，f_x 和 f_y 的分配原则是：

将增量闭合差反符号并按与边长成正比分配到对应边的增量中去：

$$V_{xi} = -\frac{f_x}{\Sigma D} D_i \tag{12-6-12}$$

$$V_{yi} = -\frac{f_y}{\Sigma D} D_i \tag{12-6-13}$$

改正后的坐标增量为：

$$\Delta x_i = \Delta x_{测i} + V_{xi} \tag{12-6-14}$$

$$\Delta y_i = \Delta y_{测i} + V_{yi} \tag{12-6-15}$$

(4) 计算各导线点的坐标

根据起始点的坐标、改正后的坐标增量，依次计算各导线点的坐标。

3. 附合导线测量的内业计算

附合导线计算的步骤与闭合导线完全相同。由于导线的形状、起始点和起始方位角位置分布的不同，仅是在计算导线角度闭合差和坐标增量闭合差时有所差别。

(1) 角度闭合差的计算和调整

右角

$$\Sigma \beta_{理} = \alpha_{始} - \alpha_{终} + n \times 180^\circ \tag{12-6-16}$$

左角

$$\Sigma \beta_{理} = \alpha_{终} - \alpha_{始} + n \times 180^\circ \tag{12-6-17}$$

$$f_\beta = \Sigma \beta_{测} - \Sigma \beta_{理} \tag{12-6-18}$$

容许的角度闭合差及角度闭合差的分配方法同闭合导线。

(2) 坐标增量闭合差计算和调整

$$\Sigma \Delta x_{理} = x_{终} - x_{始} \tag{13-6-19}$$

$$\Sigma \Delta y_{理} = y_{终} - y_{始} \tag{13-6-20}$$

$$f_x = \Sigma \Delta x_{测} - \Sigma \Delta x_{理} \tag{12-6-21}$$

$$f_y = \Sigma \Delta y_{测} - \Sigma \Delta y_{理} \tag{12-6-22}$$

附合导线的导线全长闭合差、全长相对闭合差及容许相对闭合差的计算，以及增量闭合差的调整同闭合导线。

4. 支导线测量的内业计算

支导线中没有多余观测值，因此也没有任何闭合差产生，导线的转折角和计算的坐标增量不需要进行改正。支导线的计算步骤如下：

(1) 根据观测的转折角推算各边坐标方位角；

(2) 根据各边的边长和方位角计算各边的坐标增量；

(3) 根据各边的坐标增量推算各点的坐标。

★四、交会定点

小地区平面控制网的个别控制点的加密可用测角交会、测边交会、边角交会等交会定点方法。测角交会法有前方交会、侧方交会和后方交会。

1. 前方交会

如图 12-6-3 所示，在已知点 A、B 分别对待定点 P 观测水平角 α、β，求 P 点坐标。此时，按余切公式直接求 P 点坐标：

$$x_P = \frac{x_A\cot\beta + x_B\cot\alpha - y_A + y_B}{\cot\alpha + \cot\beta} \tag{12-6-23}$$

$$y_P = \frac{y_A\cot\beta + y_B\cot\alpha + x_A - x_B}{\cot\alpha + \cot\beta} \tag{12-6-24}$$

2. 测边交会

如图 12-6-4 所示，已知 A、B 点坐标和测得 AP、BP 的边长，求待定点 P 的坐标：

$$e = \frac{D_{AB}^2 + D_{AP}^2 - D_{BP}^2}{2D_{AB}} \tag{12-6-25}$$

$$h = \sqrt{D_{AP}^2 - e^2} \tag{12-6-26}$$

$$x_P = x_A + e\cos\alpha_{AB} + h\sin\alpha_{AB} \tag{12-6-27}$$

$$y_P = y_A + e\cos\alpha_{AB} - h\sin\alpha_{AB} \tag{12-6-28}$$

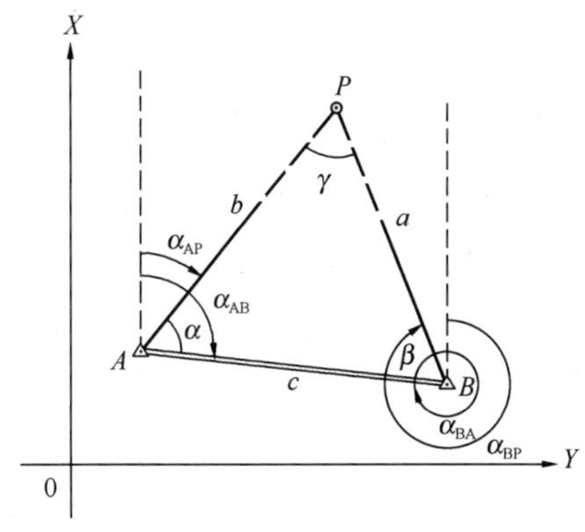

图 12-6-3　前方交会

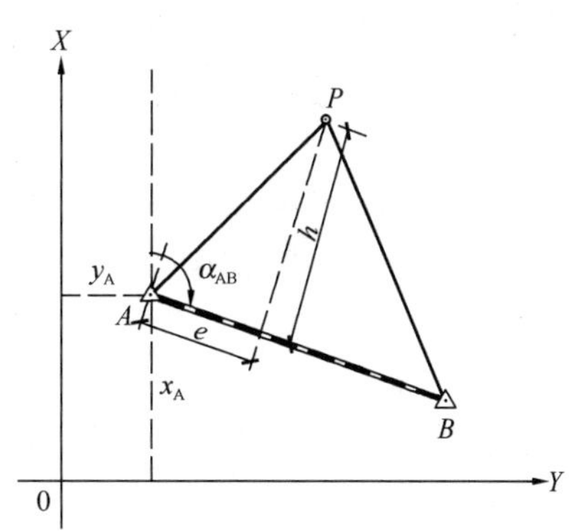

图 12-6-4　测边交会

★★★五、高程控制测量

1. 三、四等水准测量

三、四等水准测量，除用于国家高程控制网的加密外，还常用作小地区的首级高程控制网，以及工程建设地区内工程测量和变形观测的基本控制。三、四等水准网应从附近的国家一、二等水准点引测高程。

工程建设地区的三、四等水准点的间距可根据实际需要决定，一般地区应为 1～3km，工业厂区、城镇建筑区宜小于 1km。一个测区至少应有 3 个高程控制点。

三、四等水准测量使用的水准尺，光学经纬仪采用双面水准尺，具体见本章第二节。三、四等水准测量每站的观测顺序见前面《工程测量标准》表 4.2.5 注、表 4.2.6 注的规定，其主要是抵消水准仪与水准尺下沉产生的误差。

三、四等附合或闭合水准路线高差闭合差的计算、调整方法与普通水准测量相同，但

三、四等水准测量的成果处理应按最小二乘法进行平差。

2. 图根水准测量

相关内容，见本章第二节。

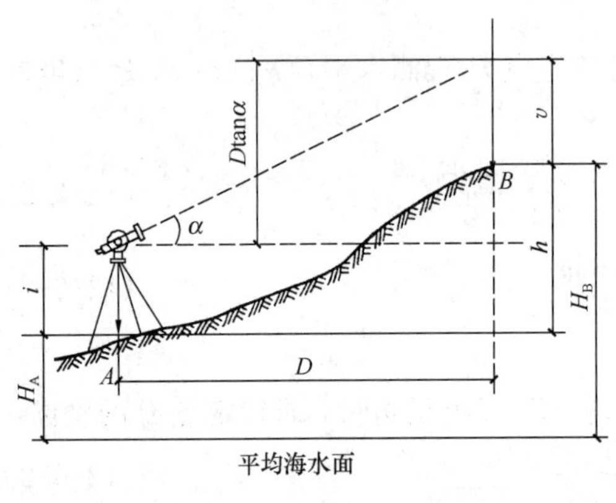

图 12-6-5　三角高程测量原理

3. 三角高程测量

如图 12-6-5 所示，已知 A 点的高程 H_A，欲知待测点 B 的高程 H_B。在 A 点安置经纬仪，量取仪器高 i，在 B 点竖立标尺，测出目标高 v，根据测得的两点间水平距离为 D 和竖直角 α，应用三角公式计算得到 B 点高程的方法，称为三角高程测量。公式表达为：

$$h = D\tan\alpha + i - v + f \tag{12-6-29}$$

$$H_B = H_A + D\tan\alpha + i - v + f \tag{12-6-30}$$

式中，f 为球差改正与气差改正，球差改正是针对地球曲率影响的改正；气差改正是针对大气折光影响的改正。

三角高程测量一般应进行往返测量，既由 A 向 B 观测，又由 B 向 A 观测，这样的观测称为对向观测（亦称双向观测）。对向观测可以消除地球曲率差和大气折光差的影响。

【例 12-6-7】（历年真题）在三角高程测量中，设水平距离为 D，α 为竖直角，仪器高为 i，中丝读数为 v，球气差改正为 f，则测站点与目标点间高差可表示为：

A. $D\tan\alpha+i-v+f$　　B. $D\tan\alpha+v-i+f$

C. $D\cos^2\alpha+i-v+f$　　D. $D\cos^2\alpha+v-i+f$

【解答】 测站点与目标点间高差为：$D\tan\alpha+i-v+f$

应选 A 项。

习　题

12-6-1（历年真题）坐标正算中，下列何项表达了横坐标增量？

A. $\Delta X_{AB}=D_{AB}\cdot\cos\alpha_{AB}$　　B. $\Delta Y_{AB}=D_{AB}\cdot\sin\alpha_{AB}$

C. $\Delta Y_{AB}=D\cdot\sin\alpha_{BA}$　　D. $\Delta X_{AB}=D\cdot\cos\alpha_{BA}$

12-6-2（历年真题）坐标正算中，下列何项表达了纵坐标增量？

A. $\Delta X_{AB}=D_{AB}\cdot\cos\alpha_{AB}$　　B. $\Delta Y_{AB}=D_{AB}\cdot\sin\alpha_{AB}$

C. $\Delta Y_{AB}=D\cdot\sin\alpha_{BA}$　　D. $\Delta X_{AB}=D\cdot\cos\alpha_{BA}$

12-6-3（历年真题）图根导线测量中，以下哪一项反映了导线全长相对闭合差精度要求？

A. $K\leqslant\frac{1}{2000}$　　B. $K\geqslant\frac{1}{2000}$

C. $K\leqslant\frac{1}{5000}$　　D. $K\approx\frac{1}{5000}$

第七节 地 形 图 测 绘

★★★一、地形图基本知识

地球表面的形态归纳起来可分为地物和地貌两大类。地面上有明显轮廓的、固定性自然物体和人工建筑物体都称为地物，如村庄、河流、湖泊、森林等。地貌是指地球表面的自然起伏状态，包括山地、平原、陡坎、崩崖等。当测区较小时，可将地面上的各种地物、地貌沿铅垂线方向投影到水平面上，再按照一定的比例缩小绘制成图，在图上仅表示地物的平面位置，并注有代表性的高程点，这种图称为平面图；在图上除表示地物的平面位置外，还通过特殊符号表示地貌的称为地形图。若测区较大，考虑地球曲率差的影响，采用专门的方法将观测成果编绘而成的图称为地图。地图上的图形因投影的关系都有一定的地形，但平面图上的图形与地面上的地物的图形是相似的，也即它们的相应角度相等，边长成比例。此外，还有数字地形测量图。以下主要介绍纸质地形图，而数字地形图在本节最后作简要说明。

【例 12-7-1】（历年真题）地形图是按一定比例，用规定的符号表示下列哪一项的正射投影图？

A. 地物的平面位置　　B. 地物地貌的平面位置和高程

C. 地貌高程位置　　D. 地面高低状态

【解答】地形图用规定的符号表示地物、地貌的平面位置、高程，应选 B 项。

1. 比例尺

纸质地形图上任意一线段的长度与地面上相应线段的实际水平长度之比，称为地形图的比例尺。比例尺的种类有数字比例尺、图示比例尺等。

数字比例尺一般用分子为 1 的分数形式表示。设图上某一线段的长度为 d，地面上相应线段的水平长度为 D，则该地形图的比例尺为：

$$\frac{d}{D}=\frac{1}{\frac{D}{d}}=\frac{1}{M} \tag{12-7-1}$$

式中，M 为比例尺分母。当图上 10mm 代表地面上 10m 的水平长度时，该图的比例尺即为1∶1000。由此可见，比例尺分母实际上就是实地水平长度缩绘到图上的缩小倍数。比例尺的大小以比例尺的比值衡量。比值越大（分母 M 越小），比例尺越大。通常称 1∶100 万、1∶50 万、1∶20 万为小比例尺地形图；1∶100000、1∶50000、1∶25000 为中比例尺地形图；1∶10000、1∶5000、1∶2000、1∶1000、1∶500 为大比例尺地形图。工程建设中通常采用大比例尺地形图。

为了用图方便，以及减小由于图纸伸缩而引起的误差，在绘制纸质地形图的同时，常在图纸上绘制图示比例尺。最常见的图示比例尺为直线比例尺。

把图上 0.1mm 所代表的实际水平长度称为比例尺精度。在测绘纸质地形图时，要根据测图比例尺确定合理的测图精度。例如，欲在图上能反映地面上 10cm 的水平距离精度，其采用的比例尺不应小于 0.1/100=1/1000。不同比例尺的比例尺精度见表 12-7-1。

不同比例尺的比例尺精度 **表 12-7-1**

比例尺	1∶500	1∶1000	1∶2000	1∶5000
比例尺精度（m）	0.05	0.10	0.20	0.50

注意，数字地形测量成图的地物平面位置和高程的精度，不决定于所显示图形的比例尺，而只决定于测图时测定点位的精度。

【例 12-7-2】（历年真题）某城镇需测绘地形图，要求在图上能反映地面上 0.2m 的精度，则采用的测图比例尺不得小于：

A. 1∶500　　B. 1∶1000　　C. 1∶2000　　D. 1∶100

【解答】 图上能反映地面上 0.2m 的精度，应采用的测图比例尺不得小于 0.1/(0.2×1000)＝1∶2000，应选 C 项。

2. 地形图的分幅和编号

地形图分幅的方法分为两类：一类是按经纬线分幅的梯形分幅法（亦称国际分幅）；另一类是按坐标格网分幅的矩形分幅法。

（1）梯形分幅法

梯形分幅法应执行《国家基本比例尺地形图分幅和编号》GB/T 13989—2012。1∶100万地形图的编号采用国际统一的行列式编号。如图12-7-1所示，从赤道起分别向南、向北，每纬差4°为一列，至纬度88°各分为22横列，依次用大写拉丁字母（字符码）A，B，C，…，V表示。从180°经线起，自西向东每经差6°为一行，分为60纵行，依次用阿拉伯数字（数字码）1，2，3，…，60 表示，以两极为中心，以纬度 88°为界的圆用 Z 表示。图 12-7-1 仅示出东经 0°～180°，未示出西经 0°～180°。例如，北京所在的 1∶100 万地形图图号为：J50。

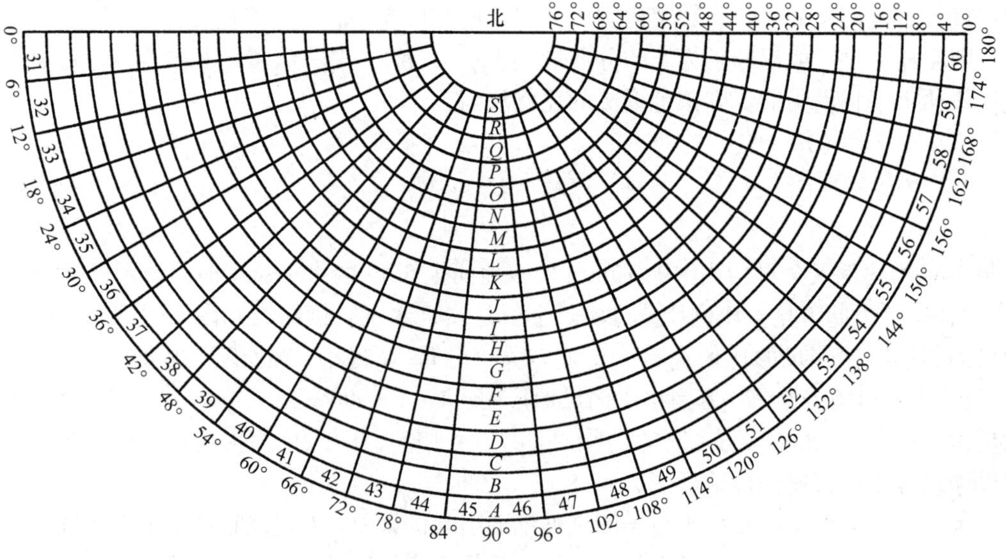

图 12-7-1　1∶1000000 地图分幅编号

1∶50 万～1∶5000 地形图的分幅全部由 1∶100 万地形图逐次加密划分而成，编号均以 1∶100 万比例尺地形图为基础，采用行列编号方法，由其所在的 1∶100 万比例尺地形图的图号、比例尺代码和图幅的行列号共10位码组成，编码长度相同，编码系列统一为一个根部，如图12-7-2所示。各种比例尺代码见表12-7-2。

比例尺代码表 **表12-7-2**

比例尺	1∶500000	1∶250000	1∶100000	1∶50000	1∶25000	1∶10000	1∶5000
代码	B	C	D	E	F	G	H

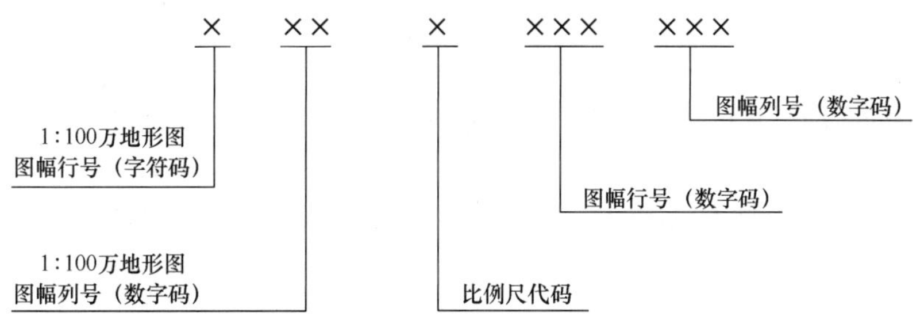

图12-7-2 地形图图号构成

现行国家基本比例尺地形图分幅、编号关系见表12-7-3。

现行国家基本比例尺地形图分幅、编号关系表 **表12-7-3**

比例尺		1∶100万	1∶50万	1∶25万	1∶10万	1∶5万	1∶2.5万	1∶1万	1∶5000
图幅范围	经差	6°	3	1°30′	30′	15′	7′30″	3′45″	1′52.5″
	纬差	4°	2°	1°	20′	10′	5′	2′30″	1′15″
行列数量关系	行数	1	2	4	12	24	48	96	192
	列数	1	2	4	12	24	48	96	129

例如，J50B001002是指纬度为38°～40°、经度为117°～120°，1∶50万比例尺，图幅行号为001，图幅列号为002。

（2）矩形分幅法

大比例尺地形图大多采用矩形分幅法，它是按统一的直角坐标格网划分的。图幅的大小为50cm×50cm、50cm×40cm或40cm×40cm，每幅图中以10cm×10cm为基本方格。地形图按矩形分幅时常用的编号方法有图幅西南角坐标编号法。

采用图廓西南角坐标千米数编号，x坐标在前，y坐标在后，中间用短线连接。1∶5000取至千米数，1∶2000、1∶1000取至0.1km；1∶500取至0.01km。例如，某幅1∶1000比例尺地形图西南角图廓点的坐标x=835000m，y=15500m，则该图幅编号为83.5-15.5。

【例12-7-3】（历年真题）某图幅编号为J50B001001，则该图比例尺为：

A. 1∶100000　　B. 1∶50000

C. 1∶500000　　D. 1∶250000

【解答】该图比例尺为1∶500000，应选C项。

3. 地形图图外注记

图名即本幅图的名称，是以所在图幅内最著名的地名、厂矿企业和村庄的名称来命名的。

图号是根据地形图分幅和编号方法编定的，并把图名、图号标注在北图廓上方的中央。

接图表用于说明本幅图与相邻图幅的关系，供索取相邻图幅时用。通常是中间一格画有斜线代表本图幅，四邻的8幅图分别标注图号或图名，并绘在图廓的左上方。

图廓是地形图的边界线，分内、外图廓。内图廓线即地形图分幅时的坐标格网经纬线。外图廓是距内图廓以外一定距离绘制的加粗平行线，仅起装饰作用。在内图廓外四角注有坐标值，并在内图廓线内侧，每隔10cm绘5mm的短线，表示坐标格网的位置。在图幅内绘有每隔10cm的坐标格网交叉点。

在中、小比例尺的图廓线的右下方，还绘有真子午线、磁子午线和坐标纵轴（中央子午线）3个方向之间的角度关系，称为三北方向图。利用该关系图可对图上任一方向的真方位角、磁方位角和坐标方位角作相互换算。

此外，图上还要标注本图的投影方式（地形图都是采用正投影的方式完成的）、坐标系统和高程系统，以及成图方法（如平板仪测量成果、野外数字测量成果等）。

★★★二、地形图图式

地形图对地物、地貌符号的样式、规格、颜色、使用以及地图注记和图廓整饰等都有统一规定，称为地形图图式。

1. 地物符号

地物符号分为比例符号、非比例符号、半比例符号和地物注记。

有些地物的轮廓较大，如房屋、运动场、湖泊、森林等，其形状和大小可以按测图比例尺缩绘在图纸上，再配以特定的符号予以说明，这种符号称为比例符号。

某些地物，如三角点、水准点、独立树、里程碑、钻孔等，因其轮廓较小，无法将其形状和大小按测图比例尺缩绘到图纸上，而该地物又很重要，必须表示出来，则不管地物的实际尺寸，而用规定的符号表示，这类符号称为非比例符号。

对于一些带状延伸的地物，如公路、通信线路及管道等，其长度可按测图比例尺缩绘，而宽度无法按比例尺缩绘，这种长度按比例、宽度不按比例的符号，称为半比例符号。

用文字、数字或特定的符号对地物加以说明，称为地物注记。例如，城镇、工厂、铁路、公路的名称，河流的流速、深度，道路的去向以及果树、森林的类别等。

在地形图上，对于某个具体地物，究竟是采用比例符号还是非比例符号，主要由测图比例尺决定。

2. 地貌符号

在图上表示地貌的方法很多，在测量工作中通常用等高线表示地貌。等高线是由地面上高程相同的相邻点所连接而成的闭合曲线。相邻等高线之间的高差，称为等高距，常以h表示。在同一幅图上，等高距是相同的。相邻等高线之间的水平距离称为等高线平距，常以d表示。因为同一幅地形图内，等高距是相同的，所以等高线平距d的大小直接与地面的坡度有关。等高线平距越小，地面坡度越陡，图上等高线就显得越密集；反之，则比较稀疏；当地面的坡度均匀时，等高线平距就相等。

（1）等高线的分类

1）首曲线：在同一幅地形图上，按规定的基本等高距描绘的等高线称为首曲线，也称基本等高线。首曲线用细实线描绘，如图12-7-3中高程为38m、42m的等高线。

2）计曲线：为了用图方便，每隔四根首曲线描绘一根较粗的等高线，称为计曲线，也称加粗等高线。为了计算和读图的方便，计曲线要加粗描绘并注记高程。如图 12-7-3 中高程为 40m 的等高线。

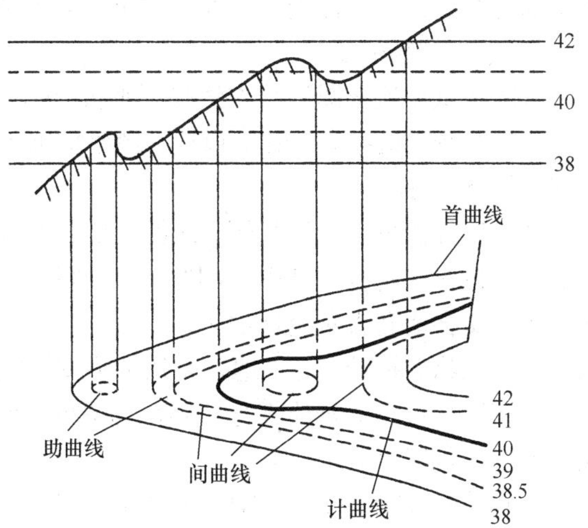

图 12-7-3　等高线分类

3）间曲线：当首曲线不能详细表示地貌特征时，则需在首曲线间加绘间曲线，按 1/2 基本等高距描绘的等高线称为间曲线，也称半距等高线。间曲线用细长虚线表示。如图 12-7-3 中高程为 39m、41m 的等高线。

4）助曲线：如采用了间曲线仍不能表示较小的地貌特征时，则应当在首曲线和间曲线间加绘助曲线，其等高距为基本等高距的 1/4，助曲线用细短虚线表示。如图 12-7-3 中高程为 38.5m 的等高线。间曲线和助曲线描绘时可不闭合。

（2）等高线的特性

1）同一条等高线上各点的高程相等。

2）等高线为闭合曲线，不能中断，如果不在本幅图内闭合，则必在相邻的其他图幅内闭合。

3）等高线只有在悬崖、绝壁处才能重合或相交。

4）等高线与山脊线、山谷线正交。

5）同一幅地形图上的等高距相同，故等高线平距大表示地面坡度小；等高线平距小表示地面坡度大；平距相同则坡度相同。

【例 12-7-4】（历年真题）同一张地形图上等高距是相等的，则地形图上陡坡的等高线是：

A. 汇合的　　　　B. 密集的　　　　C. 相交的　　　　D. 稀疏的

【解答】地形图上陡坡的等高线是密集的，应选 B 项。

（3）典型地貌的等高线

1）山头和洼地：其等高线都是一组闭合线，区别是：凡内圈等高线的高程注记大于外圈者为山头，小于外圈者为洼地；如果等高线上没有高程注记，则用示坡线表示。示坡线就是一条垂直于等高线而指示坡度降落方向的短线。

2）山脊和山谷：山脊等高线表现为一组凸向低处的曲线；山谷等高线表现为一组凸向高处的曲线。

3）鞍部：其等高线的特点是一圈大的闭合曲线内套有两组小的闭合曲线。

4）陡崖：采用陡崖符号来表示。

5）悬崖：其等高线出现相交，其下部凹进的等高线用虚线表示。

★三、地物平面图测绘和地形图测绘

地形图测绘是以控制点为测站，测绘出其周围的地物、地貌特征点，并依地形图图式规定的符号，按一定比例尺展绘在图纸上，形成地形图。地物平面图测绘仅针对地物。

1. 传统测图方法

传统的纸质地形图测绘方法采用平板仪与光学经纬仪联合测图，其具体步骤如下：

（1）测图前的准备工作。包括：图纸的准备、绘制坐标格网、仪器及资料的准备，以及展绘控制点等。

（2）碎部测量。碎部点是指地物、地貌的特征点，碎部测量就是测绘地物和地貌碎部点的平面位置和高程。其中，测定碎部点的平面位置的基本方法有：极坐标法、方向交会法、距离交会法和直角坐标法等。

（3）地物的描绘。对于地物要按地形图图式规定的符号表示，如房屋按其轮廓用直线连接；河流、道路的弯曲部分，则用圆滑的曲线连接。对于不能按比例描绘的地物，应按相应的非比例符号表示。

（4）等高线的勾绘。勾绘等高线时，首先用铅笔轻轻描绘出山脊线、山谷线等地性线，再根据碎部点的高程勾绘等高线。不能用等高线表示的地貌，如悬崖、峭壁、土堆、冲沟等，应按图式规定的符号表示。由于碎部点是选在地面坡度变化处，因此相邻点之间可视为均匀坡度。这样可在两相邻的碎部点的连线上，按平距与高差成比例的关系，内插出两点间各条等高线通过的位置。勾绘等高线时，要对照实地情况，先画计曲线，后画首曲线，并注意等高线通过山脊线、山谷线的走向。

2. 数字化测图

数学化测图可采用 RTK 测图、全站仪测图、地面三维激光扫描测图、移动测量系统测图、低空数字摄影测图、机载激光雷达扫描测图、扫描数字化等方法。

3. 地形测量图形成果

地形测量图形成果宜包括纸质地形图成果及数字地形成果。数字地形成果宜包括数字线划图、数字高程模型、数字正射影像图及数字三维模型，地形测量图形成果的主要特征可按表 12-7-4 分类。

地形测量图形成果的主要特征 **表 12-7-4**

产品特征	图形成果类型				
	纸质地形图原图	数字地形测量图形成果			
		数字线划图	数字高程模型	数字正射影像图	数字三维模型
数据来源	平板测图、人工手绘、模拟航测成图等	全站仪测图、卫星定位实时动态测图、数字航空摄影测量、扫描数字化等	数字航空摄影、机载激光雷达、3D激光扫描等	数字航空摄影、低空无人机摄影、遥感影像等	数字航空（地面）摄影、倾斜摄像测量、3D激光扫描等
技术特性	纸质图可量测、透明底图可晒图复制等	可量测、编辑、计算、矢量格式、自由缩放、叠加、漫游、查询等	立体直观、自由旋转、可量测切削等	精度高、信息丰富、直观逼真、现势性强等	真实性强、性价比高、立体直观、自由旋转、单张影像可量测等

续表

产品特征	图形成果类型				
	纸质地形图原图	数字地形测量图形成果			
		数字线划图	数字高程模型	数字正射影像图	数字三维模型
工程应用	几何作图等	生成地理空间数据库和数字线划图供规划设计使用等	数字沙盘、土石方量计算、线路工程选线等	城市规划管理、农村土地调查、区（流）域生态监测等	应急指挥、国土资源管理、数字城市、灾害评估、房产税收等

习　题

12-7-1　（历年真题）下列何项描述了比例尺精度的意义？

A. 数字地形图上 0.1mm 所代表的实地长度

B. 传统地形图上 0.1mm 所代表的实地长度

C. 数字地形图上 0.3mm 所代表的实地长度

D. 传统地形图上 0.3mm 所代表的实地长度

12-7-2　（历年真题）下列关于等高线的描述，正确的是：

A. 相同等高距下，等高线平距越小，地势越陡

B. 相同等高距下，等高线平距越大，地势越陡

C. 同一幅图中地形变化大时，可选择不同的基本等高距

D. 同一幅图中任意一条等高线一定是封闭的

第八节　地形图应用

★一、地形图应用的基本知识

1. 点位的坐标量测

如图 12-8-1 所示，从图上求 A 点的坐标时，可通过 A 点作坐标格网的平行线 mn、gh，再按图的比例尺量出 mA 和 gA 的长度，图中 $x_0=500\text{m}$，$y_0=1100\text{m}$，则：

$$x_A = x_0 + mA = 500 + mA \quad (12\text{-}8\text{-}1)$$

$$y_A = y_0 + gA = 1100 + gA \quad (12\text{-}8\text{-}2)$$

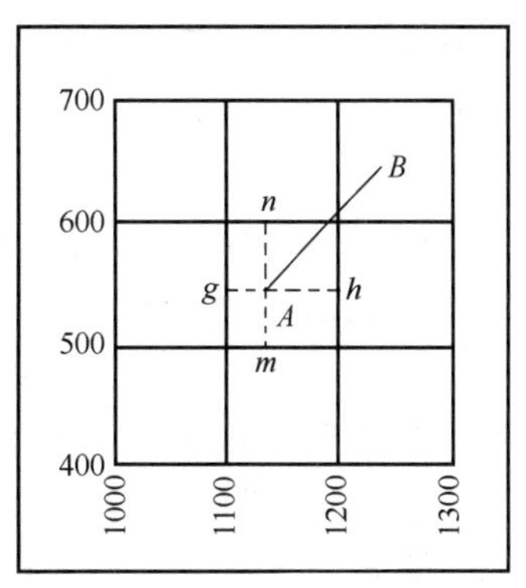

图 12-8-1　点的坐标量测

当考虑图纸伸缩的影响时，量出实际长度 mn、gh，若 mn 和 gh 不等于坐标格网的理论长度 l（一般为图上 10cm），则：

$$x_A = x_0 + \frac{mA}{mn} \cdot l \quad (12\text{-}8\text{-}3)$$

$$y_A = y_0 + \frac{gA}{gh} \cdot l \tag{12-8-4}$$

2. 两点间的水平距离量测

当欲求图上 A、B 两点间的水平距离 D 时，由上述得到 A、B 两点的坐标值 x_A、y_A 和 x_B、y_B，则：

$$D = \sqrt{(x_B - x_A)^2 + (y_B - y_A)^2} \tag{12-8-5}$$

当量测距离的精度要求不高时，也可以用比例尺直接在图上量取。

3. 直线的方位角量测

如图 12-8-1 所示，欲求直线 AB 的方位角，先利用式（12-8-3）、式（12-8-4）求得 A、B 两点的坐标，再用坐标反算的公式计算 AB 边方位角：

$$\alpha_{AB} = \arctan\left(\frac{y_B - y_A}{x_B - x_A}\right) \tag{12-8-6}$$

如果精度要求不高时，可以通过 A 点作平行于坐标纵轴（x 轴）的直线，然后用量角器直接在图上量取 AB 的方位角 α_{AB}。

4. 点位的高程及两点间的坡度量测

在等高线地形图上，如果所求点恰好位于某一根等高线上，则该点的高程就等于该等高线的高程。如果所求点位于两根等高线之间时，过该点作一条垂直于相邻等高线的线段，按比例关系求得其高程。

在地形图上求得相邻两点间的水平距离 D_{AB} 和高差 h_{AB} 以后，可以按下式计算 A、B 两点直线的地面坡度：

$$i_{AB} = \frac{h_{AB}}{D_{AB}} = \frac{H_B - H_A}{D_{AB}} \tag{12-8-7}$$

坡度 i 常以百分率（%）或千分率（‰）表示。坡度有正负号，正号为上坡，负号为下坡。

【例 12-8-1】（历年真题）下列何项表示 A、B 两点间坡度？

A. $i_{AB}=(h_{AB}/D_{AB})/\%$　　B. $i_{AB}=(H_B-H_A)/D_{AB}$

C. $i_{AB}=(H_A-H_B)/D_{AB}$　　D. $i_{AB}=[(H_A-H_B)/D_{AB}]\%$

【解答】 $i_{AB}=\frac{H_B-H_A}{D_{AB}}$，应选 B 项。

★★★二、工程建设中的地形图应用

1. 绘制地形断面图

断面图是显示指定方向地面起伏变化的剖面图。它是供道路、管道等设计坡度、计算土石方量及边坡放样用。欲求某一地形图上沿 MN 方向的断面图，首先，在图纸上绘 MN 水平线，过 M 点作 MN 垂直线，建立直角坐标系，横坐标轴表示水平距离，其比例尺与地形图的比例尺相同；纵坐标轴表示高程，为能更显示地面起伏形态，其比例尺是水平距离比例尺的 10 倍或 20 倍。然后，在地形图上沿 MN 方向线，量取各交点至 M 点的距离，按各点的距离数值，自 M 点起依次截取于横坐标轴上，则得各点在横坐标轴上的位置。在地形图上读取各点的高程，然后将各点的高程按高程比例尺画垂线，就得到了各点在断面图上的位置。最后，将各相邻点用平滑曲线连接起来，即 MN 方向的断面图。

2. 按限制坡度最短线路

道路、管线的初步设计阶段，一般在地形图上根据限制坡度或设计要求的坡度选择最短线路。已知限制坡度（或设计坡度）为 i、地形图比例尺为 $1/M$，等高距为 h。首先，计算出通过相邻两条等高线之间的最短距离 $d=h/(iM)$；然后，以路线起点（一般位于某一条等高线上）为圆心、d 为半径作弧与相邻等高线交于一点（如1点）；再以该交点（即1点）为圆心、d 为半径作弧与另一相邻等高线交于一点；依次类推，最后连接相邻交点所成线路即为最短线路。

3. 确定汇水面积

当道路跨越河流或沟谷时，需要修建桥梁或涵洞。桥梁或涵洞的孔径大小，取决于河流或沟谷的水流量，水的流量大小又取决于汇水面积。地面上某区域内雨水注入同一山谷或河流，并通过某一断面，这一区域的面积称为汇水面积。汇水面积可由地形图上山脊线的界线求得，即山脊线与断面所包围的面积，就是该断面的汇水面积。

4. 利用地形图计算面积

地形图上量测面积的方法有透明方格纸法、平行线法、坐标计算法（也称解析法）等。

【例 12-8-2】（历年真题）由地形图上量得某草坪面积为 632mm^2，若此地形图的比例尺为 1∶500，则该草坪实地面积 S 为：

A. 316m^2　　B. 31.6m^2　　C. 158m^2　　D. 15.8m^2

【解答】 实地面积 $S=632\times10^{-6}\times500^2=158\text{m}^2$

应选 C 项。

【例 12-8-3】（历年真题）在 1∶2000 的地形图上，量得某水库图上汇水面积为 $P=1.6\times10^4\text{cm}^2$，某次降水过程雨量为（每小时平均降雨量）$m=50\text{mm}$，降水时间 n 持续 2.5h，设蒸发系数 $k=0.4$，按汇水量 $Q=P\cdot m\cdot n\cdot k$ 计算，本次降水汇水量为：

A. $1.0\times10^{11}\text{cm}^3$　　B. $3.2\times10^{11}\text{cm}^3$

C. $1.0\times10^7\text{cm}^3$　　D. $2.0\times10^4\text{cm}^3$

【解答】 $P_{实}=1.6\times10^4\times2000^2=6.4\times10^{10}\text{cm}^2$

$Q=6.4\times10^{10}\times5\times2.5\times0.4=3.2\times10^{11}\text{cm}^3$

应选 B 项。

5. 确定土地平整时的土石方计算

土地平整一般采用方格网法和断面法。

设计成水平场地的土石方计算，其步骤如下：

(1) 在地形图的拟平整场地内绘制方格网，求各方格顶点的高程。

(2) 设计高程由工程的具体要求来确定。设计高程的等高线即为挖、填边界线。

(3) 计算各方格顶点挖填高度。

(4) 计算各方格挖、填土方量，即：填高（或挖高）×方格面积，最后得到总的挖方量、填方量。

★三、城市规划和建筑设计中的地形图应用

在城市规划中，首先需要按城市建设对地形的要求，在地形图上，对规划区域的地形进行整体认识和分析评价。以实现规划中能充分合理地利用自然地形条件，经济有效地使用城市土地，促进城市可持续发展。城市各项工程建设与设施对用地都有一定的要求，如地质、水文、地形等方面。在地形方面，表现在对不同地面坡度的要求、各类用地的布局，避开不良地段等。

在建筑设计中，在山地和丘陵地区，利用地形图，建筑群体的布置形式受到地形的制约，按带状分布形式，或团状分布形式，或星形分布形式等进行布置；适应地形陡缓曲直变化规律，设计结合自然地形，争取建筑群体有较好的朝向，并提高日照和通风的效果。

习　题

12-8-1 （历年真题）1∶500 地形图上，量得 AB 两点间的图上距离为 25.6mm，则 AB 间实地距离为：

A. 51.2m　　B. 5.12m　　C. 12.8m　　D. 1.25m

12-8-2 （历年真题）比例尺为 1∶2000 的地形图丈量得某地块的图上面积为 250cm²，则该地块的实地面积为：

A. 0.25km²　　B. 0.5km²

C. 25hm²　　D. 150 亩

12-8-3 （历年真题）在 1∶2000 地形图上有 A、B 两点，在地形图上求得 A、B 两点高程分别为 H_A=51.2m、H_B=46.7m，地形图上量 A、B 两点之间的距离 d_{AB}=93mm，则 AB 直线的坡度 i_{AB}为：

A. 4.1%　　B. −4.1%

C. 2%　　D. −2.42%

第九节　建筑工程测量

★★★一、建筑工程控制测量

建筑工程测量必须遵循“先控制，后碎部”的原则，在施工前，在建筑场地上要建立统一的施工控制网。在勘测阶段所建立的测图控制网，可以作为施工测量时使用，但是在勘测阶段时建筑物的设计位置尚未确定，测图控制网无法考虑满足施工测量要求，而且在施工现场由于大量的土方填挖，地面变化很大，原来布置的测图控制点往往会被破坏掉，因此在施工前，应在建筑场地重新建立施工控制网，以供建筑物的施工测量和变形监测等使用。

1. 平面控制网

施工平面控制网经常采用的形式有三角网、导线网、建筑基线或建筑方格网。选择平面控制网的形式，应根据建筑总平面图、建筑场地的大小、地形、施工方案等因素进行综合考虑。对于地形起伏较大的山区或丘陵地区，常用三角测量或边角测量方法建立控制网；对于地形平坦而通视比较困难的地区，如扩建或改建的施工场地，则可采用导线网；对于地面平坦而简单的小型建筑场地，常布置一条或几条建筑基线；对于地势平坦，建筑物众多且分布比较规则和密集的工业场地，一般采用建筑方格网。总之，施工控制网的形式应与设计总平面图的布局相一致。

（1）建筑方格网

建筑方格网的布置，应根据设计总平面图上各建筑物、构筑物、道路及各种管线的布设情况，结合现场的地形情况拟定。如图 12-9-1 所示，布置时应先选定建筑方格网的主轴

线 MN 和 CD，然后再布置方格网。方格网的形式可布置成正方形或矩形，当场区面积较大时，常分两级。首级可采用"十"字形、"口"字形或"田"字形，然后再加密方格网。《工程测量标准》规定：

8.2.4　建筑方格网的建立应符合下列规定：

1　建筑方格网测量的主要技术要求应符合表 8.2.4-1 的规定。

建筑方格网的主要技术要求　　　　**表 8.2.4-1**

等级	边长（m）	测角中误差（″）	相对中误差
一级	100～300	5	≤1/30000
二级	100～300	8	≤1/20000

2　建筑方格网点的布设应与建（构）筑物的设计轴线平行，并应构成正方形或矩形格网。

3　建筑方格网的测设方法可采用布网法或轴线法。当采用布网法时，宜增测方格网的对角线；当采用轴线法时，长轴线的定位点不得少于 3 个，点位偏离直线应在 5″以内，短轴线应根据长轴线定向，直角偏差应在 5″以内。水平角观测的测角中误差不应大于 2.5″。

（2）建筑基线

根据设计总平面图以及建筑物的布置情况，建筑基线可以设计成三点"一"字形、三点"L"形、四点"T"字形及五点"十"字形等形式，如图 12-9-2 所示。建筑基线应平行或垂直于主要建筑物的轴线，建筑基线主点间应相互通视，边长 100～300m。

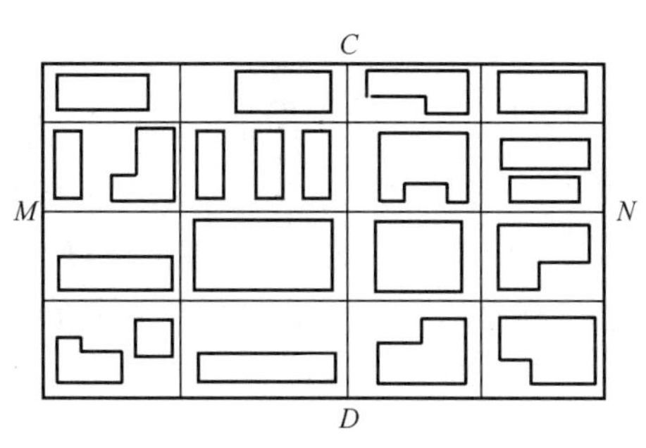

图 12-9-1　建筑方格网的布置

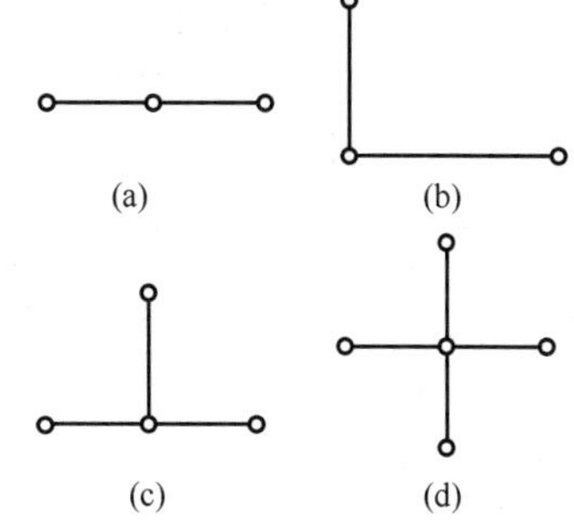

图 12-9-2　建筑基线的布置

（3）坐标系统转换

为便于进行建筑物的施工测量，常采用坐标轴与建筑物主轴线相一致或平行的施工坐标系（也称建筑坐标系）。如图 12-9-3所示，通常把施工坐标设为 A、B 轴，若已知施工坐标系原点 O' 的测量坐标（x'_0，y'_0），其 A 轴的测量坐标方位角为 α。设 P 点的施工坐标为（A_P，B_P），可按下式将其换算为测量坐标（x_P，y_P）：

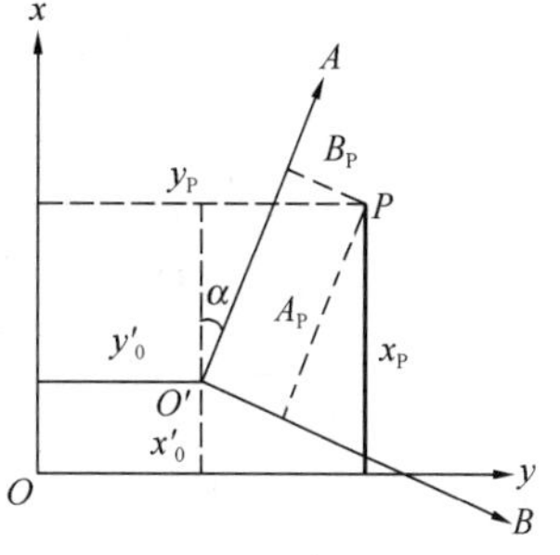

图 12-9-3　施工坐标与测量坐标的换算

$$x_P = x'_0 + A_P\cos\alpha - B_P\sin\alpha \qquad (12\text{-}9\text{-}1)$$

$$y_P = y'_0 + A_P \sin\alpha + B_P \cos\alpha \tag{12-9-2}$$

用矩阵表示为：

$$\begin{pmatrix} x_P \\ y_P \end{pmatrix} = \begin{pmatrix} x'_0 \\ y'_0 \end{pmatrix} + \begin{pmatrix} A_P \\ B_P \end{pmatrix} \begin{pmatrix} \cos\alpha & -\sin\alpha \\ \sin\alpha & \cos\alpha \end{pmatrix} \tag{12-9-3}$$

如已知 P 点的测量坐标，则可按下式将其换算为施工坐标：

$$A_P = (x_P - x'_0)\cos\alpha + (y_P - y'_0)\sin\alpha \tag{12-9-4}$$

$$B_P = (y_P - y'_0)\cos\alpha + (x_P - x'_0)\sin\alpha \tag{12-9-5}$$

用矩阵表示为：

$$\begin{pmatrix} A_P \\ B_P \end{pmatrix} = \begin{pmatrix} x_P - x'_0 \\ y_P - y'_0 \end{pmatrix} \begin{pmatrix} \cos\alpha & \sin\alpha \\ -\sin\alpha & \cos\alpha \end{pmatrix} \tag{12-9-6}$$

由于建筑工程中大量使用点的施工坐标，通常将控制点的测量坐标换算为施工坐标。

【例 12-9-1】（历年真题）施工控制网一般采用建筑方格网，对于建筑方格的首级控制技术要求应符合《工程测量标准》的要求，其主要技术要求为：

A. 边长：100～300m、测角中误差：5″、边长相对中误差：1/30000

B. 边长：150～350m、测角中误差：8″、边长相对中误差：1/10000

C. 边长：100～300m、测角中误差：6″、边长相对中误差：1/20000

D. 边长：800～200m、测角中误差：7″、边长相对中误差：1/15000

【解答】 根据《工程测量标准》8.2.4 条，应选 A 项。

【例 12-9-2】（历年真题）设 A、B 坐标系为施工坐标系，A 轴在测量坐标系中的方位角为 α，施工坐标系的原点为 O'，其坐标为 x_0 和 y_0，下列可表达点 P 的施工坐标 A_P、B_P 转换为测量坐标 x_P、y_P 的公式是：

A. $\begin{pmatrix} x_P - x_0 \\ y_P - y_0 \end{pmatrix} = \begin{pmatrix} \cos\alpha & -\sin\alpha \\ \sin\alpha & \cos\alpha \end{pmatrix} \begin{pmatrix} A_P \\ B_P \end{pmatrix}$　　B. $\begin{pmatrix} x_P - x_0 \\ y_P - y_0 \end{pmatrix} = \begin{pmatrix} \cos\alpha & \sin\alpha \\ \sin\alpha & \cos\alpha \end{pmatrix} \begin{pmatrix} A_P \\ B_P \end{pmatrix}$

C. $\begin{pmatrix} x_P - x_0 \\ y_P - y_0 \end{pmatrix} = \begin{pmatrix} \sin\alpha & -\cos\alpha \\ \cos\alpha & \sin\alpha \end{pmatrix} \begin{pmatrix} A_P \\ B_P \end{pmatrix}$　　D. $\begin{pmatrix} x_P - x_0 \\ y_P - y_0 \end{pmatrix} = \begin{pmatrix} \sin\alpha & \cos\alpha \\ \cos\alpha & \sin\alpha \end{pmatrix} \begin{pmatrix} A_P \\ B_P \end{pmatrix}$

【解答】 点 P 的施工坐标 A_P、B_P 转换为测量坐标 x_P、y_P，则有：$x_P - x_0 = \cos\alpha A_P - \sin\alpha B_P$，故选 A 项。

2. 高程控制网

建筑场地的高程控制网一般布设成两级。首级为整个场地的高程基本控制，应布设成闭合水准路线，尽量与国家水准点联测，可按四等水准要求进行观测。但对于连续生产的车间或下水管道等，则需采用三等水准测量的方法测定各水准点的高程。水准点应布设在场地平整范围之外、土质坚固的地方，并埋设成永久性标志，便于长期使用。另一级为加密网，以首级网为基础，可布设成附合路线或闭合路线，加密水准点可埋设成临时性标准，尽量靠近建筑物，以便使用，但应避免施工时被破坏。此外，为了测设方便和减小误差，在建筑物室内或附近应专门设置±0.000 标高水准点。注意，设计中各建筑物的±0.000 的高程不一定相等，应严格加以区别。

★★★二、施工测量

1. 施工测量的基本工作

在施工测量前，应建立健全测量组织和检查制度，并核对设计图纸和数据，如有不符之处要向监理或建设单位提出，进行修正。然后对施工现场进行实地踏勘，根据实际情况编制测设详图，计算测设数据并拟订施工测量方案。

（1）设计水平距离的测设（也称放样）

测设设计水平距离是从地面一已知点开始，沿已知方向测设（放样）出给定的水平距离以定出第二个端点的工作。根据放样的精度要求不同，可分为一般方法和精确方法。

如图 12-9-4 所示，在地面上，由已知点 A 开始，沿给定的 AC 方向，用钢尺量出已知水平距离 S 定出 B' 点。为了校核与提高放样精度，在起点处改变读数（10～12cm），按同法量已知距离定出 B'' 点。由于量距有误差，两点一般不重合，其误差 ΔS 的相对误差在容许范围内时，则取 $B'B''$ 的中点 B，AB 即为所放样的水平距离 S。

A　B′　B　B″　C

图 12-9-4　放样已知水平距离

当放样精度要求较高时，在地面放出的距离 $D_{放}$ 应是给定的水平距离 $D_{设}$ 考虑尺长改正 ΔD_l、温度改正 ΔD_t、高差改正 ΔD_h，但改正数的符号与精确量距时的符号相反，即：

$$D_{放} = D_{设} - (\Delta D_l + \Delta D_t + \Delta D_h) \tag{12-9-7}$$

（2）设计水平角度的测设

测设设计的水平角时，是按已知的水平角值和地面上已有的一个已知方向，把该角的另一个方向测设到地面上。一般方法（也称正倒镜分中法），如图 12-9-5（a）所示，欲测设出水平角 β，将经纬仪安置在 A 点，用盘左瞄准 B 点，读取度盘读数；向右旋转，当度盘读数增加 β 角值时，在视线方向上定出 C' 点。然后倒转望远镜（盘右），用同样步骤再在视线方向上定出另一点 C''，取 C' 和 C'' 的中点 C，则 $\angle BAC$ 就是要测设的 β 角。精确方法，如图 12-9-5（b）所示，在 A 点安置经纬仪，先用上述的方法，测设出 β 角，在地面上定出 C_1 点，再用多次测回较精确地测出 $\angle BAC_1 = \beta_1$，设 β_1 角比需要测设的 β 角值小了 $\Delta\beta$，即可根据 AC_1 的长度和小角值 $\Delta\beta$ 计算出垂直距离 C_1C 为：

$$C_1C = AC_1 \tan\Delta\beta = AC_1 \times \frac{\Delta\beta''}{\rho''} \tag{12-9-8}$$

（3）设计高程的测设

设计高程的测设是根据已知水准点的高程，在地面上标定出某设计高程的位置。如图 12-9-6 所示，测设时，先安置水准仪于水准点与待测设点之间，根据水准仪测得的视线高程 $H_{视}$ 和设计高程 $H_{设}$ 求出前视应读数 $b_{应} = H_{视} - H_{设}$，然后，以此水平视线和 $b_{应}$ 读数，上下移动水准尺，标定设计高程位置。

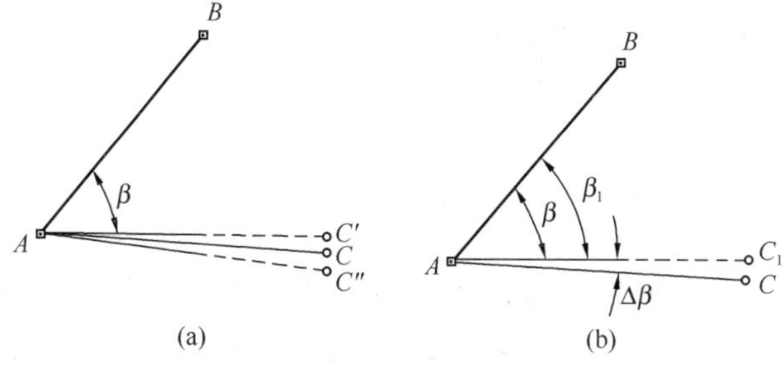

图 12-9-5　测设水平角

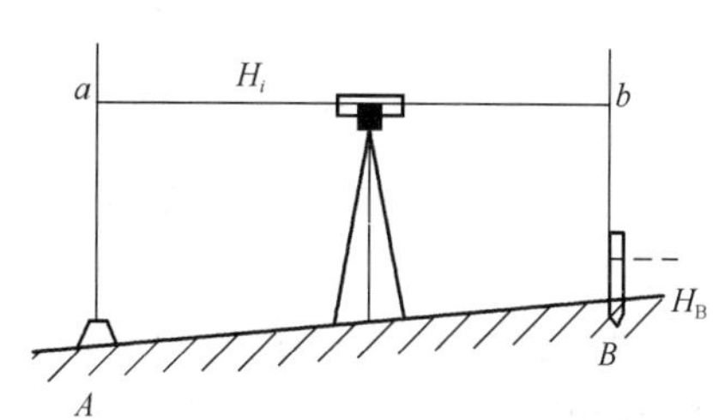

图 12-9-6　测设设计高程

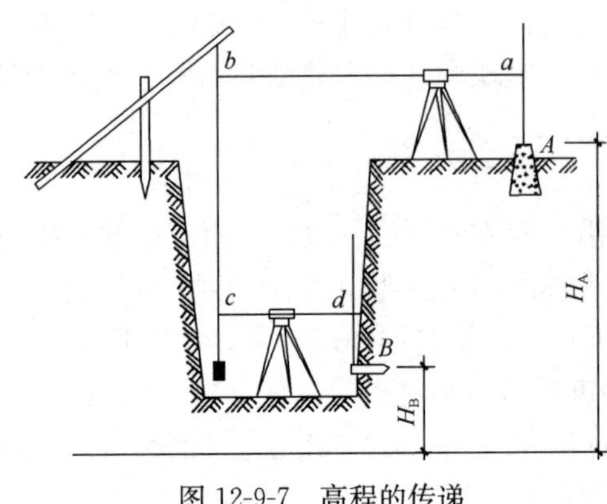

图 12-9-7　高程的传递

当开挖较深的基坑时，由于水准尺长度有限，可用钢尺将高程传递到基坑所设的临时水准点，再以此水准点测设所求各点高程。如图 12-9-7 所示，在基坑中悬吊一根钢尺，在尺下端吊一垂球，将水准仪分别安置在地面和井内，并读取 a、b、c、d 读数，则可根据水准点 A 的高程 H_A，计算出 B 点的高程 H_B，即：

$$H_B = H_A + a - (b - c) - d \quad (12\text{-}9\text{-}9)$$

$$d = a - (b - c) - h_{AB} \quad (12\text{-}9\text{-}10)$$

(4) 测设点的平面位置

1) 直角坐标法:直角坐标法是根据两个彼此垂直的水平距离测设点的平面位置的方法。如图 12-9-8 所示，P 为欲测设的待定点，A、B 为已知点。为将 P 点测设于地面，首先求出 P 点在直线 AB 上的垂足点 N，再求出 AN 的距离（图中记为 y）和垂距 NP（图中记为 x）。

2) 极坐标法:极坐标法是测设点位最常用的方法。如图 12-9-9 所示，首先根据控制点 A、B 的坐标和 P 点的设计坐标，按下式计算测设数据：

$$D = \sqrt{(x_P - x_A)^2 + (y_P - y_A)^2} \quad (12\text{-}9\text{-}11)$$

$$\alpha_{AP} = \arctan \frac{y_P - y_A}{x_P - x_A} \quad (12\text{-}9\text{-}12)$$

$$\alpha_{AB} = \arctan \frac{y_B - y_A}{x_B - x_A} \quad (12\text{-}9\text{-}13)$$

$$\beta = \alpha_{AP} - \alpha_{AB} \quad (12\text{-}9\text{-}14)$$

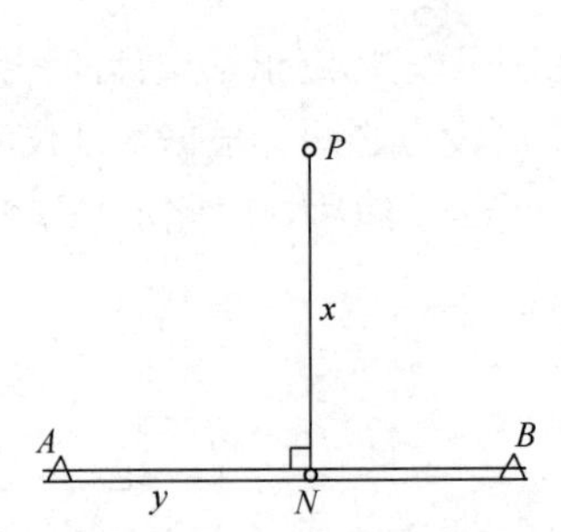

图 12-9-8　直角坐标法测设点位

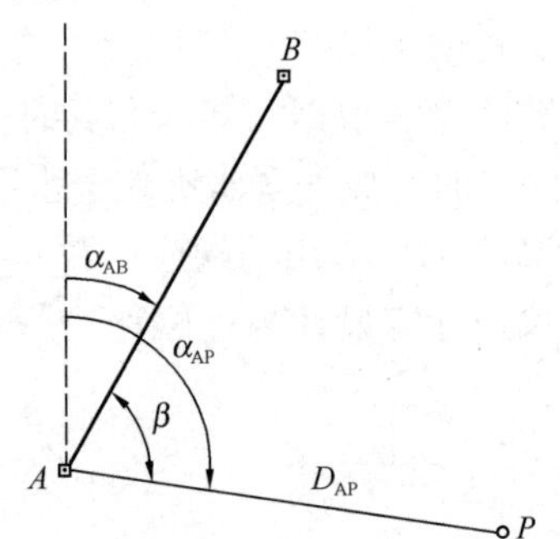

图 12-9-9　极坐标法测设点位

将经纬仪安置于 A 点，测设水平角 β，得到 AP 方向，然后在此方向上测设水平长度 D 即可确定 P 点的位置。AP 方向也可以直接根据方位角来确定；在 A 点瞄准另一已知点 B 时，将水平度盘读数设置成 α_{AB} 的数值，然后转动经纬仪照准部，使水平度盘读数为

α_{AP}，此时，视准轴的方向即为 AP 方向。

3）角度交会法:角度交会法是根据测设两个水平角度定出的两直线方向，交会出点的平面位置的方法。该法适用于不便量距或测设的点位远离控制点。

4）距离交会法:距离交会法是根据测设两个水平距离，交会出点的平面位置的方法。

【例 12-9-3】（历年真题）若施工现场附近有控制点若干个，如果采用极坐标方法进行点位的测设，则测设数据为：

A. 水平角和方位角　　B. 水平角和边长

C. 边长和方位角　　D. 坐标增量和水平角

【解答】采用极坐标法进行点位的测设，测设数据为水平角、边长，应选 B 项。

2. 建筑物的主轴线测设与定位测量

建筑物的主轴线是建筑物细部放样的依据，在建筑物施工前，应先在建筑场地上测设出建筑物的主轴线。建筑物主轴线的布设形式与作为施工控制测量的建筑基线相似，主轴线的点数不得少于 3 个。主轴线可根据建筑红线测设、现有建筑物测设、建筑基线或建筑方格网测设。

建筑物的定位，就是将建筑物外廓各轴线交点（简称角桩）测设在地面上，作为基础放样和细部放样的依据。

建筑物的放线，是指根据已定位的外墙轴线交点桩（角桩），详细测设出建筑物各轴线的交点桩（或称中心桩），然后根据交点桩按基础宽和放坡宽用白灰线撒出基槽开挖边界线。

由于在开挖基础时，角桩和中心桩要被挖掉，一般在基础开挖前把建筑物轴线延长到安全地点，并做好标志，作为开槽后各阶段施工中恢复轴线的依据。其方法有设置轴线控制桩和龙门板两种形式。

3. 基础施工的测量

当基槽（或基坑）开挖到距槽（坑）底 0.3～0.5m 时，需在槽（坑）壁上每隔 3～5m 及转角处设距槽（坑）底设计高程为整分米的水平桩，作为控制挖槽（坑）深度和修平槽（坑）底的依据。水平桩测设高程容许误差为±10mm。槽（坑）底清理好后，依据水平桩在槽（坑）底测设顶面恰为垫层标高的木桩，用以控制垫层的标高。

垫层打好后，根据轴线控制桩或龙门板上的轴线钉，用经纬仪将轴线投测到垫层上，然后在垫层上用墨线弹出基础边线，以便砌筑或支模板浇筑基础。

4. 多层建筑主体施工测量

多层建筑主体的轴线投测可采用吊锤球法、经纬仪投测法将轴线投测到各层楼板边缘或柱顶上。

高程的传递可采用皮数杆传递高程、钢尺直接尺量、悬吊钢尺法。

5. 高层建筑主体施工测量

基础施工完工后，应用经纬仪将建筑物主轴线精确地投测到建筑物底部，供向上引测轴线和其他后续工序施工使用；还应以建筑物主轴线为基准，将建筑物角点投测到基础顶面，且复核原来所作的柱列轴线。

轴线投测可采用外部的经纬仪引桩投测法，也可采用内部预留的传递孔（300mm×300mm），直接采用吊线坠法、激光铅垂仪法，将轴线控制点位垂直投测到任一楼层。

高层建筑的标高的传递，可以采用常用的皮数杆、钢尺直接测设法，还可以在楼梯间、电梯间等竖直空间悬吊钢尺，采用悬吊钢尺法将标高传递至施工面，以及全站仪天顶测距法。

★三、工业厂房安装测量

★★★四、建筑工程变形观测

为保证建筑物在施工阶段和使用阶段的安全，以及为建筑设计积累资料，必须在建筑施工中及竣工后使用期间进行变形观测（也称变形监测）。建筑工程变形观测包括沉降观测、倾斜观测、位移观测、裂缝观测、挠度观测等。

1. 基本规定

《建筑变形测量规范》JGJ 8—2016 对基本规定作了要求。建筑变形的测量精度等级，见表 12-9-1。

建筑变形的测量精度等级 **表 12-9-1**

等级	沉降监测点测站高差中误差（mm）	位移监测点坐标中误差（mm）	主要适用范围
特等	0.05	0.3	特高精度要求的变形测量
一等	0.15	1.0	地基基础设计为甲级的建筑的变形测量；重要的古建筑、历史建筑的变形测量
二等	0.5	3.0	地基基础设计为甲、乙级的建筑的变形测量；重要场地的边坡监测；重要的基坑监测
三等	1.5	10.0	地基基础设计为乙、丙级的建筑的变形测量；一般场地的边坡监测；一般的基坑监测
四等	3.0	20.0	精度要求低的变形测量

建筑变形测量的基准点应设置在变形影响范围以外且位置稳定、易于长期保存的地方，宜避开高压线。基准点可分为沉降基准点和位移基准点。当基准点与所测建筑距离较远致使变形测量作业不方便时，宜设置工作基点。

2. 沉降观测

沉降观测应设置沉降基准点。特等、一等沉降观测，基准点不应少于 4 个；其他等级沉降观测，基准点不应少于 3 个。基准点之间应形成闭合环。密集建筑区内，基准点与待测建筑的距离应大于该建筑基础最大深度的 2 倍。沉降基准点观测宜采用水准测量。对三等或四等沉降观测的基准点观测，当不便采用水准测量时，可采用三角高程测量方法。

民用建筑的沉降监测点宜布设的位置为：①建筑的四角、核心筒四角、大转角处及沿外墙每 10～20m 处或每隔 2～3 根柱基上；②高低层建筑、新旧建筑和纵横墙等交接处的两侧；③超高层建筑或大型网架结构的每个大型结构柱监测点数不宜少于 2 个，且应设置在对称位置。

高层建筑施工阶段，应每加高 1～2 层观测 1 次。

建筑运营（使用）阶段的观测次数，应视地基土类型和沉降速率大小确定。除有特殊要求外，可在第一年观测 3～4 次，第二年观测 2～3 次，第三年后每年观测 1 次，至沉降达到稳定状态或满足观测要求为止。

每期观测后，应计算各监测点的沉降量、累计沉降量、沉降速率及所有监测点的平均沉降量。

【例 12-9-4】（历年真题）建筑物的沉降观测是依据埋设在建筑物附近的水准点进行的，为了防止由于某个水准点的高程变动造成差错，一般至少埋设几个水准点？

A. 3 个　　B. 4 个　　C. 6 个　　D. 10 个以上

【解答】建筑物的沉降观测，一般至少埋设 3 个水准点，应选 A 项。

3. 倾斜观测

建筑物倾斜观测是用测量仪器测定建筑物的基础和上部结构的倾斜变化，包括倾斜的方向、大小、速率等。

基础倾斜是指基础两端由于不均匀沉降而产生的差异沉降现象；上部结构倾斜是指建筑的中心线或其墙、柱上某点相对于底部对应点产生的偏离现象。

当从建筑外部进行倾斜观测时，宜采用全站仪投点法、水平角观测法或前方交会法进行观测。当采用投点法时，测站点宜选在与倾斜方向成正交的方向线上距照准目标1.5～2.0 倍目标高度的固定位置，测站点的数量不宜少于 2 个。当建筑上监测点数量较多时，可采用激光扫描测量或近景摄影测量等方法进行观测。

当利用建筑或构件的顶部与底部之间的竖向通视条件进行倾斜观测时，可采用激光垂准测量或正、倒垂线等方法。

当利用相对沉降量间接确定建筑倾斜时，可采用水准测量或静力水准测量等方法通过测定差异沉降来计算倾斜值及倾斜方向。

倾斜观测的周期，宜根据倾斜速率每 1～3 个月观测 1 次。

4. 位移观测

建筑位移观测是根据平面控制点测定建筑物的平面位置随时间而移动的方向、大小、速率等。建筑位移观测方法常采用角度前方交会法、基准线法。

水平位移的基准点应选择在建筑变形以外的区域。水平位移监测点应选在建筑的墙角、柱基及一些重要位置，标志可采用墙上标志。

水平位移观测应根据现场作业条件，采用全站仪测量、卫星定位测量、激光测量或近景摄影测量等方法进行。

水平位移观测的周期，施工期间，可在建筑每加高 2～3 层观测 1 次；主体结构封顶后，可每 1～2 个月观测 1 次。使用期间，可在第一年观测 3～4 次，第二年观测 2～3 次，第三年后每年观测 1 次，直至稳定为止。

5. 裂缝观测

建筑裂缝观测应测定裂缝的位置分布和裂缝的走向、长度、宽度、深度及其变化情况。深度观测宜选在裂缝最宽的位置。裂缝观测标志应便于量测。长期观测时，可采用镶嵌或埋入墙面的金属标志、金属杆标志或楔形板标志；短期观测时，可采用油漆平行线标志或用建筑胶粘贴的金属片标志。当需要测出裂缝纵、横向变化值时，可采用坐标方格网板标志。

裂缝的宽度量测精度不应低于 1.0mm，长度量测精度不应低于 10.0mm，深度量测精度不应低于 3.0mm。

对数量少、量测方便的裂缝，可分别采用比例尺、小钢尺或游标卡尺等工具定期量出标志间距离求得裂缝变化值，或用方格网板定期读取坐标差计算裂缝变化值。对大面积且不便于人工量测的众多裂缝，宜采用前方交会或单片摄影方法观测。当需要连续监测裂缝变化时，可采用测缝计或传感器自动测记方法观测。对裂缝深度量测，当裂缝深度较小时，宜采用凿出法和单面接触超声波法监测；当深度较大时，宜采用超声波法监测。裂缝观测的周期应根据裂缝变化速率确定。开始时可半月测 1 次，以后 1 个月测 1 次。

★五、建筑竣工总平面图测绘

建筑工程竣工后，应编制竣工总平面图，应采用数字竣工图，为建筑物的使用、管理、维修、扩建或改建等提供图纸资料和数据。在建筑施工时，由于施工误差或设计更改，使竣工后建筑物的某些部位与原设计不完全相符。竣工图是根据施工过程中各阶段验收资料和竣工后的实测资料绘制的，故能全面、准确地反映建筑物竣工后的实际情况。

工程竣工总图的绘制内容为：

(1) 应绘出地面的建（构）筑物、道路、地面排水沟渠、树木及绿化地等。

(2) 矩形建（构）筑物的外墙角应注明两个以上点的坐标。

(3) 圆形建（构）筑物应注明中心坐标及接地处半径。

(4) 主要建筑物应注明室内地坪高程。

(5) 道路的起终点、交叉点应注明中心点的坐标和高程，弯道处应注明交角、半径及交点坐标，路面应注明宽度及铺装材料。

(6) 当不绘制分类专业图时，给水管道、排水管道、动力管道、工艺管道、电力及通信线路等在总图上绘制。

习　题

12-9-1 （历年真题）在工业企业建筑设计总平面图上，根据建（构）筑物的分布及建筑物的轴线方向，布设矩形网的主轴线，纵横两条主轴线要与建（构）筑物的轴线平行。下列哪项关于主轴线上定位点的个数的要求是正确的?

A. 不少于 2 个　　　　B. 不多于 3 个

C. 不少于 3 个　　　　D. 4 个以上

12-9-2 （历年真题）下述测量工作不属于变形测量的是：

A. 竣工测量　　　　B. 位移测量

C. 倾斜测量　　　　D. 挠度观测

12-9-3 （历年真题）建筑场的高程测量，为了便于建（构）筑物的内部测设，在建（构）筑物内设±0.000 点，一般情况（构）筑物的室内地坪高程作为±0.000，因此，各个建（构）筑物的±0.000 应该是：

A. 同一高程
B. 根据地形确定高程
C. 依据施工方便确定高程
D. 不是同一高程

第十二章　习题解答

第十三章　职　业　法　规

本章内容，读者可扫描二维码在线阅读。

第十三章　职业法规

第十四章　土木工程施工与管理

第一节　土石方工程与桩基工程

★一、土石方工程概述

土木工程中常见的土石方工程有：场地平整、基坑（槽）开挖、压实填土地基、路基填筑、基坑回填、地下工程土方开挖，以及边坡土石方开挖等。土石方工程施工往往具有工程量大、劳动繁重和施工条件复杂等特点，同时，受气候、水文、地质、地下障碍等因素的影响较大，不可确定的因素较多，因此，在工程施工前，应制定技术经济合理的施工方案。

1. 土石的工程分类

在土木工程施工中，按土石方开挖难易程度，将土石分为八类，见表 14-1-1，有助于合理选择施工方法，是确定土木工程劳动定额的依据。

土石的工程分类　　**表 14-1-1**

土的分类	土的名称	可松性系数		开挖方法及工具
		K_s	K'_s	
一类土（松软土）	砂土、粉土、冲积砂土层、疏松的种植土、淤泥（泥炭）	1.08～1.17	1.01～1.03	用锹、锄头开挖，少许用脚蹬
二类土（普通土）	粉质黏土；潮湿的黄土；夹有碎石、卵石的砂；粉土混卵（碎）石；种植土、填土	1.14～1.28	1.02～1.05	用锹、锄头开挖，少许用镐翻松
三类土（坚土）	软及中等密实黏土；重粉质黏土、砾石土；干黄土、粉质黏土；压实的填土	1.24～1.30	1.04～1.07	主要用镐，少许用锹、锄头挖掘，部分撬棍
四类土（砂砾坚土）	坚硬密实的黏性土或黄土；含碎石卵石的中等密实的黏性土或黄土；粗卵石；天然级配砂石；软泥灰岩	1.26～1.32	1.06～1.09	整个先用镐、撬棍，后用锹挖掘，部分使用风镐
五类土（软石）	硬质黏土；中密的页岩、泥灰岩、白垩土；胶结不紧的砾岩；软石灰岩及贝壳石灰岩	1.30～1.45	1.10～1.20	用镐或撬棍，大锤挖掘，部分使用爆破方法
六类土（次坚石）	泥岩、砂岩、砾岩；坚硬的页岩、泥灰岩、密实的石灰岩；风化花岗岩、片麻岩及正常岩	1.30～1.45	1.10～1.20	用爆破方法开挖，部分用风镐
七类土（坚石）	大理石；辉绿岩；玢岩；粗、中粒花岗岩；坚实的白云岩、砂岩、砾岩、片麻岩、石灰岩；微风化安山岩、玄武岩	1.30～1.45	1.10～1.20	用爆破方法开挖
八类土（特坚石）	安山岩；玄武岩；花岗片麻岩；坚实的细粒花岗岩、闪长岩、石英岩、辉长岩、辉绿岩、玢岩、角闪岩	1.45～1.50	1.20～1.30	用爆破方法开挖

2. 土的可松性

土具有可松性，即自然状态下的土经过开挖后，组织破坏，其体积因松散而增加，以后虽经回填压实，仍不能恢复至原来的体积。土的可松性程度用可松性系数表示，即：

最初可松性系数：
$$K_s = \frac{V_2}{V_1} \tag{14-1-1}$$

最后可松性系数：
$$K'_s = \frac{V_3}{V_1} \tag{14-1-2}$$

式中，V_1 为土在天然状态下的体积（m^3）；V_2 为土经开挖后的松散体积（m^3）；V_3 为土经填筑压实后的体积（m^3）。

土的可松性系数见表 14-1-1。土的可松性是挖填土方时，计算土方机械生产率、回填土方量、运输机具数量、场地平整规划竖向设计、土方平衡调配的重要参数。

3. 土石的休止角

土石的休止角是指在某一状态下的岩土体可以稳定的坡度。如粗砂，其干土、湿润土、潮湿土的休止角分别为 30°、35°和 27°。

4. 土石方工程的准备与辅助工作

（1）学习和审查图纸。

（2）查勘施工现场，收集施工需要的各项资料，为施工规划和准备提供可靠的资料和数据。

（3）编制施工方案，研究制定场地整平、基坑支护施工方案、排水降水施工方案、基坑开挖施工方案；绘制施工总平面布置图和基坑土石方开挖图；提出机具、劳动力计划。

（4）平整施工场地，清除现场障碍物。

（5）做好排水降水设施。

（6）设置测量控制网，做好轴线控制的测量和校核。

（7）根据工程特点，修建进场道路、生产和生活设施，敷设现场供水、供电线路。

（8）做好设备调配和维修工作，准备工程用料，配备工程施工技术、管理和作业人员；制定技术岗位责任制和技术、质量、安全、环境管理网络。

★二、场地平整

场地平整是指在建筑红线范围内的自然地形现状，通过人工或机械挖填平整改造成为设计所需要的平面，以利于现场平面布置和文明施工。场地平整以工程设计的建筑总平面图的室外地坪标高为依据，综合考虑工程施工的具体情况，按照总体规划、生产施工工艺、交通运输和场地排水等要求，并尽量使土方的挖填平衡。

一般情况下，场地平整的施工工序为：现场勘察→清除地面障碍物→标定整平范围→水准基点检核和引测→设置方格网和测量标高→计算土方挖填工程量→平整土方→场地压实处理→验收。

1. 场地设计标高确定的一般方法

对小型场地平整，可按场地平整施工中挖填土石方量相等的原则确定。将场地划分成边长为 a 的若干方格，并将方格网角点的原地形标高标在图上。原地形标高可利用等高线按插入法求得或在实地测量得到。场地设计标高 H_0 为：

$$H_0 = \frac{1}{4n}\sum_{i=1}^{n}(H_{i1} + H_{i2} + H_{i3} + H_{i4}) \tag{14-1-3}$$

式中，n 为方格数量；H_{i1}、H_{i2}、H_{i3}、H_{i4} 为第 i 个方格四个角点的原地形标高（m）。为便于计算，上式可改写为：

$$H_0 = \frac{1}{4n}(\Sigma H_1 + 2\Sigma H_2 + 3\Sigma H_3 + 4\Sigma H_4) \tag{14-1-4}$$

式中，H_1、H_2、H_3、H_4 分别为一个、二个、三个和四个方格所共有的角点的原地形标高（m）。

当考虑排水坡度时，调整后的平整标高 $H_n(m)$ 为：

单向排水时

$$H_n = H_0 \pm l \cdot i \tag{14-1-5}$$

双向排水时

$$H_n = H_0 \pm l_x i_x \pm l_y i_y \tag{14-1-6}$$

式中，l 为该点至 H_0 的距离（m）；i 为 x 方向或 y 方向的排水坡度；l_x、l_y 为该点于 x-x、y-y 方向距场地中心线的距离（m）；i_x、i_y 为分别为 x 方向和 y 方向的排水坡度；$\pm$ 表示该点比 H_0 高则取“+”号，反之取“-”号。

一般地，排水沟方向的排水坡度不应小于 2‰。

2. 最佳设计平面

按上述方法得到的设计平面，能使挖方量与填方量平衡，但不能保证总的土石方量最小。因此，对大型场地或地形比较复杂时，应采用最小二乘法的原理进行竖向规划设计，求出最佳设计平面。

3. 场地土石方量的计算、平衡和调配

确定场地平整标高后，以此为基准进行土方挖填平衡计算，确定平衡调配方案。填挖土方计算的方法有多种，常用的方法有：方格网法、横断面法、等高线法等。其中，方格网法适用于地形较平缓或台阶宽度较大的地段，计算方法较为复杂，精度较高。横断面法适用于地形起伏、狭长，挖填深度较大又不规则的地区。

计算出土石方的施工标高、挖填区面积、挖填区土石方量，并考虑各种变动因素（如土的可松性、压缩率、沉降量等）进行调整后，应对土石方进行综合平衡与调配。进行土石方平衡与调配，必须综合考虑工程和现场情况、进度要求和土石方施工方法，以及分期分批施工工程的土石方堆放和调运问题，确定平衡调配的原则之后，才可着手进行土石方平衡与调配工作，如划分土石方调配区，计算平均运距、单位土石方的运价，确定土石方的最优调配方案。土石方平衡与调配需编制相应的土石方调配图。

4. 机械化施工

大面积平整土石方宜采用推土机、铲运机、平地机等机械进行，大量挖方用挖掘机，用压路机压实。各类机械的特点、适用对象见本节后面内容。

★★★三、基坑工程

1. 基坑支护结构

根据工程特点、基坑周边环境、开挖深度、工程地质与水文地质、施工作业设备、施工季节和基坑安全等级等条件，基坑支护结构可选用支挡式结构、土钉墙、重力式水泥土墙、放坡或上述形式的组合。支护结构选型适用条件见表 14-1-2。

各类支护结构的适用条件　　表 14-1-2

<table>
<tr><th colspan="2" rowspan="2">结构类型</th><th colspan="3">适用条件</th></tr>
<tr><th>安全等级</th><th colspan="2">基坑深度、环境条件、土类和地下水条件</th></tr>
<tr><td rowspan="5">支挡式结构</td><td>锚拉式结构</td><td rowspan="5">一级
二级
三级</td><td>适用于较深的基坑</td><td rowspan="5">1. 排桩适用于可采用降水或截水帷幕的基坑
2. 地下连续墙宜同时用作主体地下结构外墙，可同时用于截水
3. 锚杆不宜用在软土层和高水位的碎石土、砂土层中
4. 当邻近基坑有建筑物地下室、地下构筑物等，锚杆的有效锚固长度不足时，不应采用锚杆
5. 当锚杆施工会造成基坑周边建（构）筑物的损害或违反城市地下空间规划等时，不应采用锚杆</td></tr>
<tr><td>支撑式结构</td><td>适用于较深的基坑</td></tr>
<tr><td>悬臂式结构</td><td>适用于较浅的基坑</td></tr>
<tr><td>双排桩</td><td>当锚拉式、支撑式和悬臂式结构不适用时，可考虑采用双排桩</td></tr>
<tr><td>支护结构与主体结构结合的逆作法</td><td>适用于基坑周边环境条件很复杂的深基坑</td></tr>
<tr><td rowspan="4">土钉墙</td><td>单一土钉墙</td><td rowspan="4">二级
三级</td><td>适用于地下水位以上或降水的非软土基坑，且基坑深度不宜大于 12m</td><td rowspan="4">当基坑潜在滑动面内有建筑物、重要地下管线时，不宜采用土钉墙</td></tr>
<tr><td>预应力锚杆复合土钉墙</td><td>适用于地下水位以上或降水的非软土基坑，且基坑深度不宜大于 15m</td></tr>
<tr><td>水泥土桩复合土钉墙</td><td>用于非软土基坑时，基坑深度不宜大于 12m；用于淤泥质土基坑时，基坑深度不宜大于 6m；不宜用在高水位的碎石土、砂土层中</td></tr>
<tr><td>微型桩复合土钉墙</td><td>适用于地下水位以上或降水的基坑，用于非软土基坑时，基坑深度不宜大于 12m；用于淤泥质土基坑时，基坑深度不宜大于 6m</td></tr>
<tr><td colspan="2">重力式水泥土墙</td><td>二级
三级</td><td colspan="2">适用于淤泥质土、淤泥基坑，且基坑深度不宜大于 7m</td></tr>
<tr><td colspan="2">放坡</td><td>三级</td><td colspan="2">1. 施工场地满足放坡条件
2. 放坡与上述支护结构形式结合</td></tr>
</table>

注：1. 当基坑不同部位的周边环境条件、土层性状、基坑深度等不同时，可在不同部位分别采用不同的支护形式；

2. 支护结构可采用上、下部以不同结构类型组合的形式。

对支护结构要进行强度、稳定和变形的计算，并且都必须满足要求。

(1) 放坡

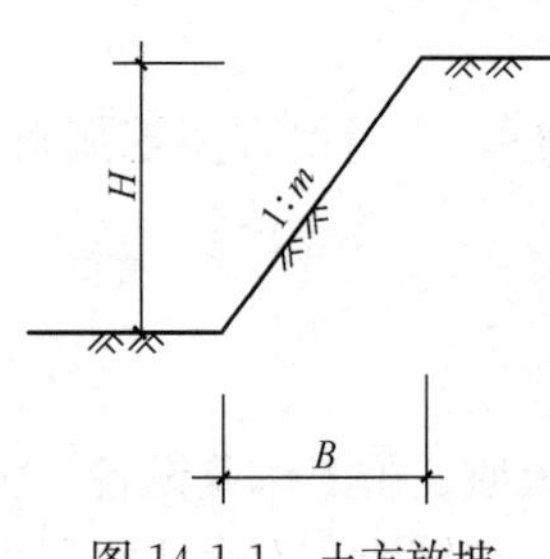

图 14-1-1　土方放坡

当基坑所处的场地较大而且周边环境较简单时，基坑开挖可以采用放坡形式，这样比较经济，而且施工也较简单。土方放坡开挖的边坡可做成直线形、折线形或踏步形，边坡坡度以其高度 H 与其底宽度 B 之比表示，如图 14-1-1 所示。

$$\text{土方边坡坡度} = \frac{H}{B} = \frac{1}{B/H} = \frac{1}{m} \qquad (14\text{-}1\text{-}7)$$

式中，$m = B/H$ 称为坡度系数。

施工中，土方放坡坡度的留设应考虑土质、开探深度、施工工期、地下水水位、坡顶荷载及气候条件因素。

边坡失稳一般是外界不利因素影响导致土体的下滑力增加或土体的抗剪强度降低。引起下滑力增加的因素主要有：坡顶上堆物、行车等荷载；雨水或地面水渗入土中，使土的含水量提高而使土的自重增加；地下水渗流产生一定的动水压力；土体竖向裂缝中的积水产生侧向静水压力等。引起土体抗剪强度降低的因素主要有：气候的影响使土质松软；土体内含水量增加而产生润滑作用等。因此，在土方施工中，要预估各种可能出现的情况，采取必要的措施护坡防坍，及时排除雨水、地面水，防止坡顶集中堆载及振动。常用的护坡方法有表面覆盖法、坡脚反压法和短桩护坡法等。

无支护措施的临时性挖方工程的边坡坡率允许值见表 14-1-3。

无支护措施的临时性挖方工程的边坡坡率允许值　　表 14-1-3

土的类别		边坡坡率（高：宽）
砂土	不包括细砂、粉砂	1∶1.25～1∶1.50
黏性土	坚硬	1∶0.75～1∶1.00
	硬塑、可塑	1∶1.00～1∶1.25
	软塑	1∶1.50 或更缓
碎石土	充填坚硬黏土、硬塑黏土	1∶0.50～1∶1.00
	充填砂土	1∶1.00～1∶1.50

注：1. 设计有要求时，应符合设计标准。

2. 本表适用于地下水位以上的土层。采用降水或其他加固措施时，可不受本表限制，但应计算复核。

3. 一次开挖深度，软土不应超过 4m，硬土不应超过 8m。

（2）支挡式结构

支挡式结构中支锚式支护结构主要由围护墙系统、支锚系统（支撑式或锚拉式系统）构成，如图 14-1-2（a）、(b）所示，其中，围护墙系统常用的形式有钢板桩、型钢水泥土搅拌墙、灌注桩排桩和地下连续墙等。非支锚式支护结构有悬臂式、双排桩等，见图 14-1-2（c）、(d)。

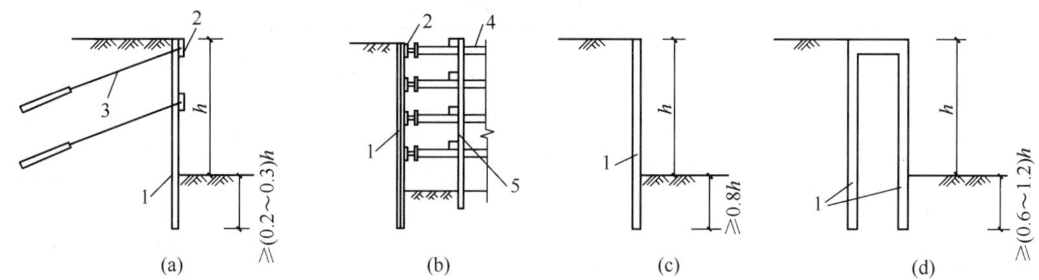

图 14-1-2　基坑支挡式结构

（a）锚拉式；（b）支撑式；（c）悬臂式；（d）双排桩

1—围护墙；2—围檩；3—锚杆；4—支撑；5—立柱

悬臂式、单层锚杆和单层支撑的支挡式结构的嵌固深度应满足嵌固稳定性的要求。

锚拉式和支撑式支挡结构的嵌固深度应满足坑底抗隆起稳定性要求；悬臂式支挡结构可不进行抗隆起稳定性要求。

锚拉式、悬臂式支挡结构和双排桩应满足整体滑动稳定性要求。

（3）土钉墙

土钉墙具有结构简单、施工方便、造价低廉的特点，因此，在基坑工程中得到广泛应用。土钉墙是通过钢筋、钢管或其他型钢对原位土进行加固的一种支护形式。土钉墙是随着土方逐层开挖、逐层将土钉体设置到土体中。此外，在土钉墙中复合水泥土搅拌桩、微型桩、预应力锚杆等可形成复合土钉墙。

（4）重力式水泥土墙

重力式水泥土墙是利用加固后的水泥土体形成的块体结构，并以其自重来平衡土压力，使支护结构保持稳定。由于它具有施工简单、效果好的特点，特别还兼有止水作用，因此，在基坑工程中得到了广泛应用。重力式水泥土墙稳定性验算包括倾覆稳定性、滑移稳定性和整体稳定性等。水泥土墙的倾覆和滑移稳定都取决于其重力和主、被动土压力的平衡，因此，重力式水泥土墙的位移一般较大，有时会达到开挖深度的 1/100 甚至更多。

【例 14-1-1】（历年真题）在建筑物稠密且为淤泥质土的基坑支护结构中，其支撑结构宜选用：

A. 自立式（悬臂式）　　B. 锚拉式

C. 土层锚杆　　D. 钢结构水平支撑

【解答】建筑物稠密地区，故排除 B、C 项；淤泥质土，宜选用钢结构水平支撑，应选 D 项。

2. 地下水控制

地下水控制的设计和施工应满足支护结构设计要求，根据场地及周边工程地质条件、水文地质条件和环境条件，并结合基坑支护和基础工程方案综合分析、确定。地下水控制方法可分为明排集水、降水、截水和回灌等形式单独或组合使用，见表 14-1-4。

常用地下水控制方法及适用条件　　**表 14-1-4**

<table>
<tr><th colspan="2">方法名称</th><th>土类</th><th>渗透系数（cm/s）</th><th>降水深度（地面以下）（m）</th><th>水文地质特征</th></tr>
<tr><td colspan="2">集水明排</td><td rowspan="6">填土、黏性土、粉土、砂土</td><td rowspan="3">1×10^{-7}～2×10^{-4}</td><td>≤3</td><td rowspan="6">上层滞水或潜水</td></tr>
<tr><td rowspan="6">降水</td><td>轻型井点</td><td>≤6</td></tr>
<tr><td>多级轻型井点</td><td>6～10</td></tr>
<tr><td>喷射井点</td><td>1×10^{-7}～2×10^{-4}</td><td>8～20</td></tr>
<tr><td>电渗井点</td><td>$<1\times10^{-7}$</td><td>6～10</td></tr>
<tr><td>真空降水管井</td><td>$>1\times10^{-6}$</td><td>>6</td></tr>
<tr><td>降水管井</td><td>黏性土、粉土、砂土、碎石土、黄土</td><td>$>1\times10^{-5}$</td><td>>6</td><td>含水丰富的潜水承压水和裂隙水</td></tr>
<tr><td colspan="2">截水</td><td>黏性土、粉土、砂土、碎石土、黄土</td><td>不限</td><td>不限</td><td>不限</td></tr>
<tr><td colspan="2">回灌</td><td>填土、粉土、砂土、碎石土、黄土</td><td>$>1\times10^{-5}$</td><td>不限</td><td>不限</td></tr>
</table>

（1）集水明排

在基坑外侧设置由集水井和排水沟组成的地表排水系统，集水井、排水沟与坑边的距离不宜小于 0.5m。基坑外侧地面集水井、排水沟应有可靠的防渗措施。根据基坑特点，沿基坑周围合适位置设置临时明沟和集水井（图 14-1-3），临时明沟和集水井应随土方开挖过程适时调整。土方开挖结束后，宜在坑内设置明沟、盲沟、集水井。基坑采用多级放坡开挖时，可在放坡平台上设置排水沟。挖至基坑底后，集水井井底宜低于坑底 1.0m。

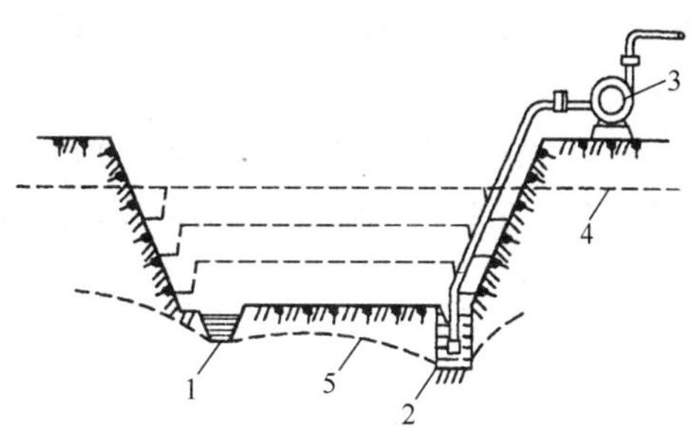

图 14-1-3　普通明沟排水方法

1—排水明沟；2—集水井；3—水泵；4—原地下水位线；5—降低后地下水位线

（2）降水

1）降水井的布置要求

各类降水井的布置要求按表 14-1-5，其中，电渗井点目前很少使用，故不再列出。降水管井可分为疏干降水井和减压降水井。

各类降水井的布置要求　　**表 14-1-5**

降水井类型	降水深度（地面以下）(m)	降水布置要求
轻型井点	≤6	井点管排距不宜大于 20m，滤管顶端宜位于坑底以下 1～2m。井管内真空度不应小于 65kPa
多级轻型井点	6～10	井点管排距不宜大于 20m，滤管顶端宜位于坡底和坑底以下 1～2m。井管内真空度不应小于 65kPa
喷射井点	8～20	井点管排距不宜大于 40m，井点深度与井点管排距有关，应比基坑设计开挖深度大 3～5m
降水管井	>6	井管轴心间距不宜大于 25m，成孔直径不宜小于 600mm，坑底以下的滤管长度不宜小于 5m，井底沉淀管长度不宜小于 1m
真空降水管井		利用降水管井采用真空降水，井管内真空度不应小于 65kPa

井点布置包括平面布置与高程布置。其中，平面布置即确定井点布置形式、总管长度、井点管数量、水泵数量及位置等。高程布置则确定井点管的埋设深度。

根据基坑（槽）形状，井点可采用单排布置、双排布置和环形布置，当土方施工机械需进出基坑时，也可采用 U 形布置，如图 14-1-4 所示。单排布置适用于基坑（槽）宽度

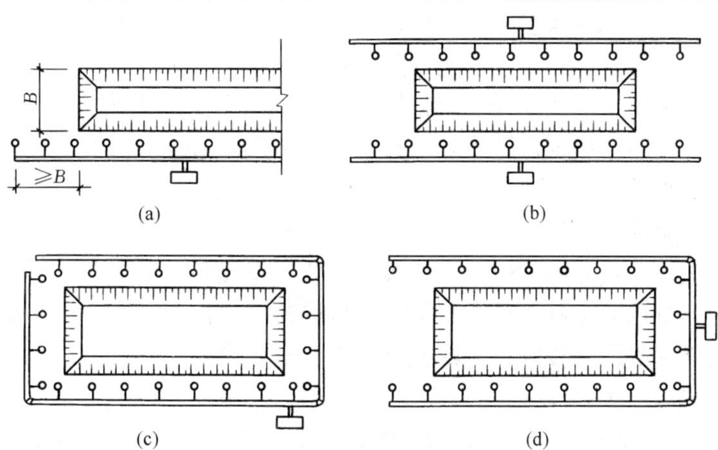

图 14-1-4　井点的平面布置

(a) 单排布置；(b) 双排布置；(c) 环形布置；(d) U 形布置

小于 6m，且降水深度不超过 5m 的情况。井点管应布置在地下水的上游一侧，两端延伸长度不宜小于坑（槽）的宽度。双排布置适用于基坑宽度大于 6m 或土质不良的情况。环形布置适用于大面积基坑。如采用 U 形布置，则井点管不封闭的一段应设在地下水的下游方向。

【例 14-1-2】（历年真题）某沟槽宽度为 10m，拟采用轻型井点降水，则其平面布置宜采用的形式为：

A. 单排　　B. 双排

C. 环形　　D. U 形

【解答】 沟槽宽度 10m，大于 6m，轻型井点降水的平面布置宜采用双排，应选 B 项。

2）井点系统的涌水量和降水井的数量

井点系统的涌水量按水井理论进行计算。根据地下水有无压力，水井分为无压井和承压井。当水井布置在具有潜水自由面的含水层中时（即地下水面为自由水面），称为无压井；当水井布置在承压含水层中时（含水层中的地下水充满在两层不透水层间，含水层中的地下水水面具有一定水压），称为承压井。当水井底部达到不透水层时称完整井，否则称为非完整井。各类井的涌水量计算方法都不同。

降水井的单井设计流量 q（m^3/d）：

$$q = 1.1\frac{Q}{n} \tag{14-1-8}$$

式中，Q 为基坑降水总涌水量（m^3/d）；n 为降水井数量。

降水井的单井出水能力 q_0（m^3/d）应大于单井设计流量 q（m^3/d）。管井的单井出水能力 q_0 为：

$$q_0 = 120\pi r_s l\sqrt[3]{k} \tag{14-1-9}$$

式中，r_s 为过滤器半径（m）；l 为过滤器进水部分长度；k 为渗透系数（m/d）。

承压含水层顶埋深小于基坑开挖深度，应采取有效的降水措施，将承压水水头降低至基坑开挖面和坑底以下。当验算基坑承压水稳定性不满足要求时，应通过有效的减压降水措施，将承压水水头降低至安全水头埋深以下。

（3）截水

基坑工程截水措施可采用水泥土搅拌桩、高压喷射注浆、地下连续墙、小齿口钢板桩等。有可靠工程经验时，可采用地层冻结技术（冻结法）阻隔地下水。当地质条件、环境条件复杂或基坑工程等级较高时，可采用多种隔水措施联合使用的方式，增强隔水可靠性。如搅拌桩结合旋喷桩、地下连续墙结合旋喷桩。

截水帷幕在设计深度范围内应保证连续性，在平面范围内宜封闭，确保隔水可靠性。其插入深度应根据坑内潜水降水要求、地基土抗渗流（或抗管涌）稳定性要求确定。截水帷幕的自身强度应满足设计要求，抗渗性能应满足自防渗要求。

（4）回灌

当基坑外地下水位降幅较大、基坑周围存在需要保护的建（构）筑物或地下管线时，宜采用地下水人工回灌措施。回灌措施包括回灌井、回灌砂井、回灌砂沟和水位观测井等。回灌砂井、回灌砂沟一般用于浅层潜水回灌，回灌井用于承压水回灌。

对于坑内减压降水，坑外回灌井深度不宜超过承压含水层中基坑截水帷幕的深度，避免影响坑内减压降水效果。对于坑外减压降水，回灌井与减压井的间距宜通过计算确定，回灌砂井或回灌砂沟与降水井点的距离一般不宜小于6m，如图14-1-5所示。在回灌保护范围内，应设置水位观测井，根据水位动态变化调节回灌水量。

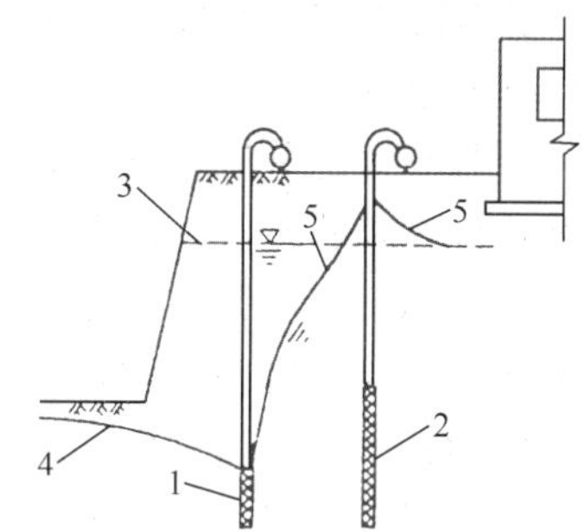

图14-1-5　回灌井点布置
1—降水井点；2—回灌井点；3—原水位线；4—基坑内降低后的水位线；5—回灌后水位线

回灌井施工结束至开始回灌，应至少有2～3周的时间间隔，以保证井管周围止水封闭层充分密实，防止或避免回灌水沿井管周围向上反渗、地面泥浆水喷溢。井管外侧止水封闭层顶至地面之间，宜用素混凝土充填密实。

3. 流砂防治

水在土中渗流，土颗粒将受到动水压力 G_D（亦称渗透力），$G_D=\gamma_w i$，i 为水力坡度，$i=\Delta h/L$ 即水头差与渗透路径之比。因此，动力压力 G_D 为一种体积力，其量纲与 γ_w（kN/m^3）相同。

基坑中土体受向上的动力压力 G_D 作用，其单位体积的土体有效重力为 γ'，则：

$$G_D \geqslant \gamma' \tag{14-1-10}$$

此时，土颗粒失去自重，处于悬浮状态，并能随着渗流的水一起流动，这种现象称为“流土”（当土为砂土时，习惯称为“流砂”）。可见，是否出现流砂的重要条件是动力压力的大小。因此，防治流砂的措施是：井点降水、加设支护结构、截水法、水下挖土法和枯水期施工等。

4. 基坑土方开挖

基坑土方工程应做好相关的施工准备工作，应编制基坑土方开挖施工方案和基坑开挖应急预案。土方开挖前应确保工程桩、围护结构等施工完毕，且强度达到设计要求；应通过降水等措施，保证坑内水位低于基坑开挖面及基坑底面不小于0.5m，同时开挖前应完成排水系统的设置；应对相关的基坑监测数据进行必要的分析。土方开挖施工机械主要有反铲挖掘机、抓铲机、土方运输车，其内容见本节后面。

机械挖土时应避免超挖，场地边角土方、边坡修整等应采用人工方式挖除。机械挖土时，坑底以上200～300mm范围内的土方应采用人工修底的方式挖除。基坑开挖至坑底标高应在验槽后及时进行垫层施工，垫层宜浇筑至基坑围护墙边或坡脚。

基坑开挖的分层厚度宜控制在3m以内，并应配合支护结构的设置和施工的要求，临近基坑边的局部深坑宜在大面积垫层完成后开挖。

基坑放坡开挖应根据土层性质、开挖深度、荷载等通过计算确定坡体坡度、放坡平台宽度，多级放坡开挖的基坑，坡间放坡平台宽度不宜小于3.0m。

采用土钉支护、土层锚杆支护的基坑工程，其土方开挖要求：①应在截水帷幕或排桩墙的强度和龄期满足设计要求后方可进行基坑开挖；②基坑开挖应分层分段进行，每层开挖深度应根据土钉、土层锚杆施工作业面确定，并满足设计工况要求，每层分段长度不宜大于30m；③每层每段开挖后应及时进行土钉、土层锚杆施工，缩短无支护暴露时间，上一层土钉支护、土层锚杆支护完成后的养护时间或强度满足设计要求后，方可开挖下一层土方。

设有内支撑的基坑开挖应遵循“先撑后挖、限时支撑”的原则，减小基坑无支撑暴露的时间和空间。

面积较大的基坑可根据周边环境保护要求、支撑布置形式等因素，采用盆式开挖、岛式开挖等方式施工，并结合开挖方式及时形成支撑或基础底板。盆式开挖时，盆边土方应分段、对称开挖，分段长度宜按照支撑布置形式确定，并限时设置支撑；岛式开挖时，基坑周边土方应分段、对称开挖。

饱和软土场地的基坑开挖时，挤土成桩的场地应在成桩休止一个月后待超孔隙水压消散后方可进行基坑开挖；基坑开挖应分层均衡开挖，分层厚度不应大于1m。

★★★四、土方的填筑与压实

1. 填方土料的选用

填方土料应符合设计要求，保证填方的强度与稳定性，填料应选择强度高、压缩性小、水稳定性好，便于施工的土、石料。设计无要求时，应符合下列要求：

(1) 不同填料不应混填；两种透水性不同的填料分层填筑时，上层宜填透水性较小的填料。

(2) 草皮土和有机质含量大于8%的土，不应用于有压实要求的回填区域。

(3) 淤泥和淤泥质土不宜作为填料，在软土或沼泽地区，经过处理且符合压实要求后，可用于回填次要部位或无压实要求的区域。

(4) 碎石类土或爆破石渣，可用于表层以下回填，可采用碾压法或强夯法施工。采用分层碾压时，厚度应根据压实机具通过试验确定，一般不宜超过500mm，其最大粒径不得超过每层厚度的3/4；采用强夯法施工时，填筑厚度和最大粒径应根据强夯夯击能量大小和施工条件通过试验确定，为了保证填料的均匀性，粒径一般不宜大于1m。

(5) 不同土类应分别经过击实试验测定填料的最大干密度和最佳含水量，填料含水量与最佳含水量的偏差控制在±2%范围内。

建筑地基、基坑回填的土料还应满足下列要求：

(1) 土料不得采用淤泥和淤泥质土，有机质含量不大于5%，土料含水量应满足压实要求。

(2) 碎石类土或爆破石渣用作回填土料时，其最大粒径不应大于每层铺填厚度的2/3，铺填时大块料不应集中，且不得回填在分段接头处。

【例 14-1-3】（历年真题）在填方工程中，如采用透水性不同的土料分层填筑时，下层宜填筑：

A. 渗透系数极小的填料　　B. 渗透系数较小的填料

C. 渗透系数中等的填料　　D. 渗透系数较大的填料

【解答】下层宜填筑渗透系数较大的填料，应选D项。

2. 压实方法与填筑要求

填土的压实方法有碾压、夯实和振动压实等几种。

碾压法适用于大面积填土工程。碾压机械有平碾（压路机）、羊足碾和汽胎碾。

平碾是最普遍的方法。羊足碾只适用于压实黏性土，因在砂土中碾压时，土的颗粒受到“羊足”较大的单位压力后会向四面移动，而使土的结构破坏。汽胎碾在工作时是弹性体，给土的压力较均匀，填土质量较好。碾压机械压实回填时，一般先静压后振动或先轻后重。例如松土应采用先轻后重，否则土层有强烈起伏现象。压实时应控制行驶速度，平碾和振动碾一般不宜超过 2km/h；羊足碾不宜超过 3km/h。每次碾压，机具应从两侧向中央进行，主轮应重叠 150mm 以上。

夯实法主要用于小面积填土以及在排水沟、电缆沟、涵洞、挡土墙等结构附近的区域，可以夯实黏性土或非黏性土。夯实机械有夯锤、内燃夯土机和蛙式打夯机等。夯锤的夯土影响深度可超过 1m，常用于夯实湿陷性黄土、杂填土以及含有石块的填土。内燃夯土机作用深度为 0.4～0.7m，它和蛙式打夯机都是应用较广的夯实机械。人力夯土（木夯、石夯）方法现已很少使用。

振动压实法主要用于压实非黏性土，采用的机械主要是振动压路机、平板振动器等。

分段填筑时，每层接缝处应作成大于 1∶1.5 的斜坡，碾迹重叠 0.5～1.0m，上下层错缝距离不应小于 1m。基坑土方回填宜对称、均衡地进行。

3. 影响填土压实的因素

(1) 压实功的影响

填土压实后的密度与压实机械在其上所施加的功有一定的关系。当土的含水量一定，在开始压实时，土的密度急剧增加，待到接近土的最大密度时，压实功增加许多，而土的密度则几乎没有变化。实际施工中，对不同的土应根据选择的压实机械和密实度要求选择合理的压实遍数。

(2) 含水量的影响

较为干燥的土，由于土颗粒之间的摩阻力较大而不易压实。当土具有适当含水量时，水起了润滑作用，土颗粒之间的摩阻力减小，从而易压实每种土都有其最佳含水量。土的这种含水量的条件下，使用同样的压实功进行压实，所得到的密度最大。各种土的最佳含水量 w_{op} 和所能获得的最大干密度，可由击实试验取得。

(3) 铺土厚度的影响

土的压实功的作用下，压应力随深度增加而逐渐减小，其影响深度与压实机械、土的性质和含水量等有关。铺土厚度应小于压实机械压土的有效作用深度。此外，还应考虑最优土层厚度，最优的铺土厚度应能使土方压实而机械的功耗费最少。填方每层的铺土厚度及压实遍数可按表 14-1-6 采用。

填方每层的铺土厚度和压实遍数　　**表 14-1-6**

压实机具	每层铺土厚度（mm）	每层压实遍数
平碾	250～300	6～8
振动压实机	250～300	3～4
柴油打夯机	200～250	3～4
人工打夯	<200	3～4

4. 填土压实的施工质量检验

在建筑工程中，填方工程质量检验的主控项目是标高和压实系数（或分层压实系数）。其中，压实系数 λ_c 为土的施工现场控制干密度 ρ_d 与最大干密度 ρ_{dmax} 的比值（$\lambda_c=\rho_d/\rho_{dmax}$）。在道路工程中以压实度表示。

压实系数 λ_c 的要求一般由设计根据工程结构类型、压实填土所在部位等确定，例如砌体结构和钢筋混凝土框架结构，在地基主要持力层范围内，$\lambda_c \geqslant 0.97$；在地基主要持力层范围以下，$\lambda_c \geqslant 0.95$。筏形基础地下室回填土的 $\lambda_c \geqslant 0.94$。

填土的最大干密度应通过击实试验确定，填土的控制干密度在施工现场可采用环刀法、灌砂法、灌水法或其他方法检验。采用轻型击实试验时，压实系数宜取高值，采用重型击实试验时，压实系数可取低值。

基坑和室内土方回填，每层按 100～500m^2 取样 1 组，且不应少于 1 组；桩基回填，每层抽样桩基总数的 10%，且不应少于 5 组；基槽和管沟回填，每层按 20～50m 取 1 组，且不应少于 1 组；场地平整填方，每层按 400～900m^2 取样 1 组，且不应少于 1 组。取样部位应在每层压实后的下半部。

土方回填的施工质量检测应分层进行，应在每层压实系数符合设计要求后方可铺填上层土。

【例 14-1-4】（历年真题）压实松土时，应采用：

A. 先用轻碾后用重碾　　B. 先振动碾压后停振碾压

C. 先压中间再压边缘　　D. 先快速后慢速

【解答】 压实松土时，应采用先轻碾后重碾，应选 A 项。

【例 14-1-5】（历年真题）关于土方填筑与压实，下列叙述正确的是：

A. 夯实法多用于大面积填土工程

B. 碾压法多用于建筑基坑土方回填

C. 振动压实法主要用于黏性土的压实

D. 有机质含量为 8%的土仅用于无压实要求的土

【解答】 根据土方压实的要求，A、B、C 项错误；根据土方填料的要求，D 项正确，应选 D 项。

【例 14-1-6】（历年真题）某基坑回填工程，检查其填土压实质量时，应：

A. 每三层取一次试样　　B. 每 1000m^3 取样不少于一组

C. 在每层上半部取样　　D. 以干密度作为检测指标

【解答】 应以填土的干密度作为检测指标，应选 D 项。其他项均错误。

★★★五、土石方机械化施工

1. 主要施工机械

(1) 推土机

推土机是场地平整施工的主要机械之一，它是在履带式拖拉机上安装推土板等工作装置而成的机械。推土机作业以切土和推运土方为主。推土机操纵灵活，运转方便，所需工作面较小、行驶速度快、易于转移，能爬 30°左右的缓坡。推土机适于推挖一至三类土。用于平整场地，移挖作填，回填土方，堆筑堤坝以及配合挖土机集中土方、修路开道等。推土机经济运距在 100m 以内，效率最高的运距为 60m。为提高生产率，可采用下坡推土、槽形推土以及并列推土等方法。

(2) 铲运机

在场地平整施工中，铲运机是一种能综合完成全部土方施工工序（挖土、装土、运土、卸土和平土）的机械。它适于一至三类土，常用于坡度 20°以内的大面积场地土方挖、填、平整、压实，也可用于堤坝填筑等。铲运机适用运距为 600～1500m，当运距为200～

350m 时效率最高。采用下坡铲土、跨铲法、推土机助铲法等，可缩短装土时间，提高土斗装土量，以充分发挥其效率。

（3）挖掘机

挖掘机根据工作装置不同分为正铲、反铲、抓铲，机械传动挖掘机还有拉铲。

1）正铲挖掘机：它适用于开挖停机面以上的土方，且需与汽车配合完成整个挖运工作。正铲挖掘机挖掘力大，适用于开挖含水量较小的一至四类土和经爆破的岩石及冻土。一般用于大型基坑工程，也可用于场地平整施工。正铲的开挖方式根据开挖路线与汽车相对位置的不同分为正向开挖、侧向装土和正向开挖、后方装土两种，前者生产率较高。

2）反铲挖掘机：它适用于开挖一至三类土，是基坑工程应用最广泛的一种机械。它应用于开挖停机面以下的土方，一般反铲的最大挖土深度为 4～6m 的基坑。反铲的开挖方式一般采用后退开挖法，即反铲停于基坑一端，后退挖土，向基坑侧边弃土或装汽车运走。

3）抓铲挖掘机：它施工作业通过吊索“直下直上”，适用于开挖较松软的土。对施工面狭窄而深的基坑、深槽、深井采用抓铲可取得理想效果，也可用于场地平整中的土堆与土丘的挖掘。抓铲还可用于挖取水中淤泥、装卸碎石、矿渣等松散材料。

4）拉铲挖掘机：它适用于一至三类土，可开挖停机面以下的土方，如较大基坑（槽）和沟渠，挖取水下泥土，也可用于大型场地平整、填筑路基、堤坝等。拉铲挖土时，依靠土斗自重及拉索拉力切土并装入土斗，卸土时斗齿朝下，利用惯性，较湿的黏土也能卸净。其缺点是：开挖的边坡及坑底平整度较差，需要较多的人工修坡（底）。

2. 施工机械选择

施工机械选择主要取决于施工对象特点、地下水位高低和土的含水量。

【例 14-1-7】（历年真题）反铲挖土机的挖土特点是：

A. 后退向下，强制切土　　　　B. 前进向上，强制切土

C. 前进向上，自重切土　　　　D. 直上直下，自重切土

【解答】反铲挖土机的挖土特点：后退向下，强制切土，应选 A 项。

★六、爆破工程

1. 基本概念

爆破是指把炸药埋置在岩土体内并引爆，炸药由原来很小体积通过化学变化瞬时转化为气体状态，体积剧增，并伴随很高的温度，使周围的岩土体介质产生压缩、破碎、松散和飞溅等，受到不同程度的破坏。其目的是开挖、填筑、拆除或取料等。

爆破石方的时候，用药量要根据岩石的硬度、岩石的缝隙、临空面大小、爆破的石方量以及施工经验决定。通常先进行理论计算，再结合试爆结果最后确定实际的用药量。

常用的起爆方法主要有两大类：电力起爆法和非电力起爆法（导火索起爆法、导爆索起爆法和导爆管起爆法）。

电力起爆法具有可靠性强，有效控制起爆顺序和时间，可远距离控作起爆，作业安全等优点，但技术要求较高，操作复杂。

导火索起爆法是利用导火索在燃烧时的火花引爆雷管，然后再使炸药发生爆炸，其操作简单、施工方便、机动灵活、成本低廉，但由于其安全性差，现已较少采用。

导爆索起爆法是直接起爆药卷的起爆方法，不需雷管，但本身须用雷管引爆。这种方法成本较高，主要用于深孔爆破、成组同时爆破。

导爆管起爆法的起爆系统由击发元件（起爆元件）、连接元件（传爆元件）及工作元件组成，其中导爆管是主体。导爆管被激发后传递出爆轰波是一种低爆速的弱爆轰波，不能直接起爆炸药，只能起爆雷管，再引爆炸药。导爆管起爆法具有传爆可靠性高、使用方便，安全性好、成本低，不受周围电场以及杂散电流等影响，可准确实现微差及延期爆破等优点，因此在工程中得到广泛应用。其缺点是：起爆前无法用仪表检测连接质量；不能用于有沼气和矿尘的场地等。

2. 爆破方法

（1）浅孔爆破法（亦称炮孔法）：它属于小爆破，一般炮孔直径25～50mm、深度不大于5m。浅孔爆破可用于开挖基坑、开采石料、松动冻土、爆破大块岩石及开挖路堑等。炮孔位置的布置要尽量利用临空面较多的地形，炮孔方向应尽量与临空面平行。

（2）深孔爆破法：其孔深一般大于5m，孔径大于50mm。深孔爆破应采用台阶爆破，台阶的高度应根据地质情况、开挖条件、机械设备状况等确定，一般可取8～15m。这种爆破方法的钻孔需要大型凿岩机或穿孔机等设备。其优点是效率高，一次爆落的石方量大。但爆落的岩石不太均匀，往往有10%～20%的大石块需要进行二次爆破。

（3）药壶法：它是在炮孔底部放入少量的炸药，经过几次爆破扩大成为圆球的形状，最后装入炸药进行爆破。与浅孔法相比，它具有爆破效果好、工效高、进度快、炸药消耗少等优点。但扩大药壶的操作较为复杂，爆落的岩石不均匀。

（4）硐室法：它是把炸药装进开挖好的硐室内进行爆破，是一种大型的爆破方法。装药的硐室一般设计成立方体，高度不宜超过2m，以利于开挖和装药。

（5）定向爆破法（亦称控制爆破）：其基本原理是炸药在岩体或土体内部爆炸时，岩、土沿着最小抵抗线（即药包中心到临空面最短距离）的方向飞溅出去。它常用于边坡工程的爆破。此外，它也用于旧有建（构）筑物、桥梁的拆除，基坑支撑的拆除等。

★★★七、桩基础工程

1. 概述

桩基础由桩和承台组成。桩的材料可用混凝土、钢、木或组合材料。

按承载性状分类，桩基础分为摩擦型桩和端承型桩。其中，摩擦型桩可分为：①摩擦桩，在承载能力极限状态下，桩顶竖向荷载由桩侧阻力承受，桩端阻力小到可忽略不计；②端承摩擦桩，在承载能力极限状态下，桩顶竖向荷载主要由桩侧阻力承受。端承型桩可分为：①端承桩，在承载能力极限状态下，桩顶竖向荷载由桩端阻力承受，桩侧阻力小到可忽略不计；②摩擦端承桩，在承载能力极限状态下，桩顶竖向荷载主要由桩端阻力承受。

按施工方法，桩可分为预制桩和灌注桩两大类。其中，预制桩是指在工厂或施工现场制成的各种形式的桩，然后用锤击、静压、振动或水冲等方法沉桩入土。灌注桩是指就地成孔，而后在钻孔中放置钢筋笼，灌注混凝土成桩。灌注桩根据成孔的方法，又可分为钻孔、挖孔、冲孔及沉管成孔等方法。

根据在成桩过程中是否挤土，桩分为：①非挤土桩，如干作业钻（挖）孔灌注桩、泥浆护壁钻孔灌注桩等；②部分挤土桩，如长螺旋压灌灌注桩、冲孔灌注桩、预钻孔打入

（静压）实心预制桩、打入（静压）敞口钢管桩、敞口预应力混凝土空心桩、H型钢柱等；③挤土桩，如沉管灌注桩、夯（挤）扩灌注桩、打入（静压）实心预制桩、闭口预应力混凝土空心桩和闭口钢管桩等。

桩的直径（边长）$d \leqslant 250$mm 的桩称为小直径桩；250mm$<d<$800mm 的桩称为中等直径桩；$d \geqslant 800$mm 的桩称为大直径桩。

2. 预制桩施工

预制桩一般有混凝土预制桩和钢桩。其中，混凝土预制桩可分为钢筋混凝土实心方桩和预应力混凝土空心管桩，前者多在工厂加工，也可在施工现场制作，后者则在工厂加工。

（1）预制桩的制作、起吊、运输和堆放

混凝土方桩的截面边长多为 250～350mm，普通混凝土方桩截面边长不应小于 200mm，预应力混凝土实心桩的截面边长不宜小于 350mm。如在工厂制作，长度不宜超过 12m；如在现场预制，长度不宜超过 30m。桩的接头不宜超过两个。

重叠法制作预制钢筋混凝土方桩时，桩与邻桩及底模之间的接触面应采取隔离措施，上层桩或邻桩的浇筑，应在下层桩或邻桩的混凝土达到设计强度的30％以上时方可进行。根据地基承载力确定叠制的层数。混凝土应由桩顶向桩尖连续浇筑，桩的表面应平整、密实。

混凝土预制桩的混凝土强度达到 70％后方可起吊，达到 100％后方可运输。吊点设置应按起吊后桩的正、负弯矩基本相等的原则。

预应力混凝土空心管桩的叠层堆放时，外径为 500～600mm 的桩不宜大于 5 层，外径为 300～400mm 的桩不宜大于 8 层，堆叠的层数还应满足地基承载力的要求，最下层应设两支点，支点垫木应选用木枋，垫木与吊点应保持在同一横断面上。

预制桩的沉桩方法有锤击法、静压法、振动法及水冲法等。

（2）锤击沉桩法

1）锤击沉桩机

锤击沉桩机有桩锤、桩架及动力装置三部分组成，选择时主要考虑桩锤与桩架。桩锤有落锤、蒸汽锤、柴油锤、液压锤及振动锤等。

用锤击沉桩时，为防止桩受冲击应力过大而损坏，宜采用“重锤轻击”方法。桩锤过轻，锤击能很大一部分被桩身吸收，桩头容易打碎而桩不易入土，或导致桩锤回弹。桩锤的选用应根据地质条件、桩型、桩的密集程度、单桩竖向承载力及现有施工条件等因素确定。

桩架的作用是悬吊桩锤，为桩锤导向，还能吊桩并可以在小范围内移动桩位。桩架的行走方式常有滚管式、轨道式、步履式及履带式四种。桩架的高度应满足施工要求，它一般等于桩长＋滑轮组高度＋桩锤高度＋桩帽高度＋起锤移位高度（取 1～2m）。

2）打桩施工

施工前的准备工作，完成场地平整，清除地上及地下障碍物，做好桩基施工图纸的会审与技术交底。布置测量控制网、水准基点，按平面图进行测量放线，定出桩基轴线，先定出中心，再引出两侧。设置的控制点和水准点的数量不少于 2 个，并应设在受打桩影响范围以外，以便随时检查桩位。

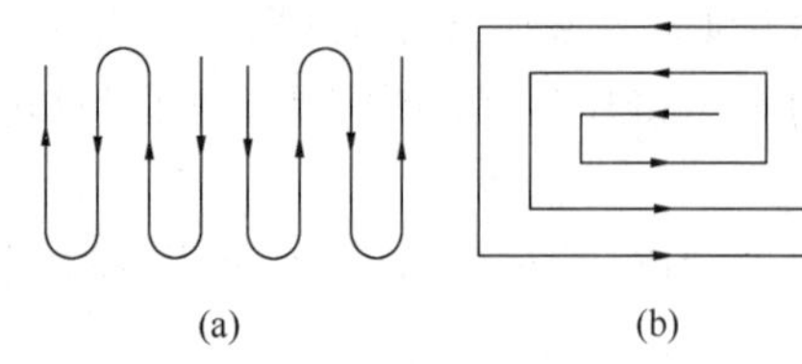

图 14-1-6　打桩顺序
(a) 由中间向两个方向施打；
(b) 由中间向四周施打

对于密集桩群，应采用自中间向两个方向，或自中间向四周对称施打，如图14-1-6所示。施工区毗邻建筑物或地下管线，应由毗邻被保护的一侧向另一方向施打。此外，根据设计标高及桩的规格，应先深后浅、先大后小、先长后短、先密后疏的次序进行，这样可以减小后施工的桩对先施工的桩的影响。

打桩机就位后，将桩锤和桩帽吊起，然后吊桩提升，垂直对准桩位缓缓送下插入土中，桩插入时垂直度偏差不得超过0.5%。然后固定桩帽和桩锤，使桩、桩帽、桩锤在同一铅垂线上，确保桩能垂直下沉。桩帽或送桩帽与桩周围应有5～10mm的间隙，在桩锤和桩帽之间应加弹性衬垫。打桩开始时，锤的落距应较小，待桩入土至一定深度且稳定后，再按规定的落距锤击。用落锤或单动汽锤打桩时，最大落距不宜大于1m，用柴油锤时，应使锤跳正常。混凝土桩的接桩可用焊接、法兰连接以及机械快速连接（螺纹式、啮合式）等。

3）打桩的质量控制

打桩终止沉桩的控制标准应符合下列要求：

① 终止沉桩应以桩端标高控制为主，贯入度（是指10击桩的平均入土深度）控制为辅；当桩端达到坚硬、硬塑的黏性土，中密以上粉土、砂土、碎石类土及风化岩时，可以贯入度控制为主，桩端标高控制为辅。

② 贯入度已达到设计要求而桩端标高未达到时，应继续锤击3阵，按每阵10击的贯入度不大于设计规定的数值予以确认，必要时施工控制贯入度应通过试验与设计协商确定。

预制桩的垂直偏差应控制在1%之内，斜桩的倾斜度偏差不得大于倾斜角正切值的15%（倾斜角是指桩的纵向中心线与铅垂线之间的夹角）。桩的平面位置的允许偏差见表14-1-7。

预制桩（钢桩）的平面位置的允许偏差　　　表 14-1-7

检查项目		允许偏差（mm）
带有基础梁的桩	垂直基础梁的中心线	$\leqslant 100+0.01H$
	沿基础梁的中心线	$\leqslant 150+0.01H$
承台桩	桩数为1～3根桩基中的桩	$\leqslant 100+0.01H$
	桩数大于或等于4根桩基中的桩	$\leqslant$1/2桩径$+0.01H$或1/2边长$+0.01H$

注：H为桩基施工面至设计桩顶的距离（mm）。

4）打桩对周边的影响与防治

为避免或减小打桩挤土效应及对邻近环境的影响，可采取的措施有：预钻孔沉桩；设置袋装砂井或塑料排水板，减少挤土现象；挖防振（挤）沟；设置隔离桩（墙）；采取合理打桩顺序，控制打桩速度。

（3）静力压桩法

静力压桩法是利用桩机本身的自重平衡沉桩阻力，在沉桩压力的作用下，克服压桩过程中的桩侧摩阻力及桩端阻力而将桩压入土中。它一般适用于软弱土层，广泛应用于闹市中心建筑密集的地区。静力压桩终压的控制标准应以标高为主，压力为辅。

（4）振动沉桩法

振动沉桩法是利用振动锤，激振桩身，减小桩身与土之间的摩擦力，依靠桩锤和桩体自重将桩沉入土中。它适用于软土、粉土、松砂等土层，不宜用于密实的粉性土、砾石。

【例 14-1-8】（历年真题）在沉桩前进行现场定位放线时，需设置的水准点应不少于：

A. 1个　　B. 2个　　C. 3个　　D. 4个

【解答】沉桩前的现场定位放线，需设置的水准点不少于 2 个，应选 B 项。

【例 14-1-9】（历年真题）在锤击沉桩施工中，如发现桩锤经常回弹大，桩下沉量小，说明：

A. 桩锤太重　　B. 桩锤太轻

C. 落距小　　D. 落距大

【解答】此时说明桩锤太轻，其冲击力太小，其冲击能被桩吸收，桩锤常回弹大，应选 B 项。

【例 14-1-10】（历年真题）当锤击桩沉桩采用以桩尖设计标高控制为主时，桩尖应处于的土层是：

A. 坚硬的黏土　　B. 碎石土

C. 风化岩　　D. 软土层

【解答】此时，桩尖应处于软土层，应选 D 项。

3. 灌注桩施工

灌注桩是直接在桩位上就地成孔，然后在孔内安放钢筋笼、灌注混凝土而成。根据成孔工艺不同，分为干作业成孔、泥浆护壁成孔、套管成孔和爆扩成孔等。灌注桩能适应各种地层的变化，无需接桩，施工时无振动、无挤土、噪声小，宜在建筑物密集地区使用。但与预制桩相比，存在质量不易控制、操作要求严格，桩的养护需占工期，成孔时有大量土渣泥浆排出等缺点。

（1）干作业成孔灌注桩

干作业成孔灌注桩适用于地下水位以上的黏性土、粉土、填土、中等密实以上的砂土、风化岩层等。目前常用螺旋钻机成孔，也有采用人工挖孔的。螺旋钻孔机的钻头是钻进取土的关键装置，常用的有锥式钻头、平底钻头及耙式钻头。其中，锥式钻头适用于黏性土；平底钻头适用于松散土层；耙式钻头适用于杂填土。人工挖孔桩的桩净距小于 2.5m 时，应采用间隔开挖和间隔灌注，且相邻排桩最小施工净距不应小于 5.0m。

（2）泥浆护壁成孔灌注桩

泥浆护壁成孔是用泥浆保护孔壁并排出土渣而成孔，它适用于在地下水位以上或以下的土层，还适用于地质情况复杂、夹层多、风化不均、软硬变化大的岩层。泥浆护壁钻孔灌注桩的护壁泥浆对保证成孔质量十分重要。

护壁泥浆具有保护孔壁、防止塌孔、排出土渣以及冷却与润滑钻头的作用。护壁泥浆是由高塑性黏土或膨润土和水拌合的混合物，还可在其中掺入其他掺合剂，如加重剂、分散剂、增黏剂及堵漏剂等。护壁泥浆一般在现场专门制备。

在钻孔时，需在孔口埋设护筒，护筒可以起到定位、保护孔口、维持水头等作用。泥浆液面应高出地下水位 0.5m 以上，如受水位涨落影响时，应增至 1.5m 以上。钻孔时泥浆不断循环，携带土渣排出桩孔。钻孔完成后应进行清孔，在清孔过程中泥浆不断置换，使孔底沉渣排出，端承型桩的孔底沉渣厚度不大于 50mm，摩擦型桩则不大于 100mm。

成孔机械有回转钻机、冲击钻、潜水钻机等，其中以回转钻机应用最多。

水下混凝土应具有良好的和易性，坍落度宜为 180～220mm。导管底部至孔底距离宜为 300～500mm。导管安装完毕后，应进行二次清孔。混凝土灌注过程中导管应始终埋入混凝土内，宜为 2～6m，导管应勤提勤拆；应连续灌注水下混凝土，并应经常检测混凝土面上升情况，灌注时间应确保混凝土不初凝。混凝土灌注应控制最后一次灌注量，超灌高度应高于设计桩顶标高 1.0m 以上，充盈系数不应小于 1.0。

(3) 沉管灌注桩

沉管灌注桩是利用锤击打桩法或振动沉管法将带有活瓣的钢制桩尖或混凝土桩靴的钢管沉入土中，然后边拔出钢管边向钢管内灌注混凝土而形成的桩。

沉管灌注桩的施工，应根据土质情况和荷载要求，选用单打法、复打法或反插法。单打法可用于含水量较小的土层，且宜采用预制桩尖，复打法及反插法可用于饱和土层。流动性淤泥土层、坚硬土层中不宜采用反插法。

1) 锤击沉管灌注桩

锤击沉管灌注桩宜用于一般黏性土、淤泥质土、砂土和人工填土地基。

桩管沉到设计标高并停止振动后应立即浇筑混凝土，灌注混凝土之前，应检查桩管内有无吞桩尖或进土、水及杂物。桩身配钢筋笼时，第一次混凝土应先灌至笼底标高，然后放置钢筋笼，再灌混凝土至桩顶标高。为了提高沉管灌注桩的质量和承载能力，可采用全长复打法。复打桩施工时，第一次灌注混凝土应达到自然地面，然后一边拔管一边清除粘在管壁上和散落在地面上的混凝土或残土。复打施工应在第一次灌注的混凝土初凝之前完成，初打与复打的桩轴线应重合。

2) 振动沉管灌注桩

振动沉管灌注桩的适用范围除与锤击沉管灌注桩相同外，还适用于稍密及中密的碎石土。它可采用单打法、反插法或复打法。

反插法施工时，在套管内灌满混凝土后先振动再开始拔管，每次拔管高度 0.5～1.0m，向下反插深度 0.3～0.5m。如此反复进行并始终保持振动，直至套管全部拔出地面。在拔管过程中，应分段添加混凝土，保持管内混凝土面高于地表面或高于地下水位1.0～1.5m。拔管速度应小于 0.5m/min。反插法能使桩的截面增大，从而提高桩的承载能力。

振动沉管灌注桩的复打法施工与锤击灌注桩复打法相同。

4. 灌注桩的质量控制

灌注桩的桩径、垂直度及桩位允许偏差见表 14-1-8。

灌注桩的桩径、垂直度及桩位允许偏差 **表 14-1-8**

成孔方法		桩径允许偏差(mm)	垂直度允许偏差	桩位允许偏差(mm)
泥浆护壁钻孔桩	$D<1000$mm	≥0	≤1/100	≤70+0.01H
	$D\geq1000$mm			≤100+0.01H

续表

成孔方法		桩径允许偏差（mm）	垂直度允许偏差	桩位允许偏差（mm）
套管成孔灌注桩	$D<500$mm	≥0	≤1/100	≤70+0.01H
	$D\geq500$mm			≤100+0.01H
干成孔灌注桩		≥0	≤1/100	≤70+0.01H
人工挖孔桩		≥0	≤1/200	≤50+0.005H

注：1　H 为桩基施工面至设计桩顶的距离（mm）；

2　D 为设计桩径（mm）。

【例 14-1-11】（历年真题）灌注桩的承载能力与施工方法有关，其承载力由低到高的顺序依次为：

A. 钻孔桩、复打沉管桩、单打沉管桩、反插沉管桩

B. 钻孔桩、单打沉管桩、复打沉管桩、反插沉管桩

C. 钻孔桩、单打沉管桩、反插沉管桩、复打沉管桩

D. 单打沉管桩、反插沉管桩、复打沉管桩、钻孔桩

【解答】 钻孔桩是非挤土桩，沉管桩是挤土桩，故钻孔桩承载力低；在沉管桩中，复打法挤土效应最强，复打沉管桩承载力最高，应选 C 项。

八、地基加固处理技术

地基加固处理技术见第十八章土力学与地基基础。

习　　题

14-1-1（历年真题）泥浆护壁成孔过程中，泥浆的作用除了保护孔壁、防止塌孔外，还有：

A. 提高钻进速度　　B. 排出土渣

C. 遇硬土层易钻进　　D. 保护钻机设备

14-1-2（历年真题）在预制桩打桩过程中，如发现贯入度有骤减，说明：

A. 桩尖破坏　　B. 桩身破坏

C. 桩下有障碍物　　D. 遇软土层

14-1-3（历年真题）最适用于在狭窄的现场施工的成孔方式是：

A. 沉管成孔　　B. 泥浆护壁钻孔

C. 人工挖孔　　D. 螺旋钻成孔

14-1-4（历年真题）场地平整前的首要工作是：

A. 计算挖方量和填方量　　B. 确定场地的设计标高

C. 选择土方机械　　D. 拟订调配方案

第二节　钢筋混凝土工程与预应力混凝土工程

★★★一、模板工程

模板系统由模板、支承件和连接件组成，要求它能保证结构和构件的形状尺寸准确；

有足够的强度、刚度和稳定性；接缝严密不漏浆；装拆方便可多次周转使用。常用的模板包括木模板、组合式模板、大型工具式模板（如大模板、爬升模板、滑升模板、隧道模和飞模），以及永久式模板等。

1. 模板的种类

（1）木模板

木模板通常事先在工厂或木工棚加工成拼板或定型板形式的基本构件，再把它们进行拼装形成所需要的模板系统。拼板一般用宽度小于 200mm 的木板，再用 25mm×35mm 的拼条钉成。作梁侧模使用时，荷载较小，一般采用 25mm 厚的木板制作；作承受较大荷载的梁底模使用时，拼板厚度加大到 40～50mm。目前，木模板主要用于异形构件。

（2）组合式模板

组合式模板可采取预拼装或整体安装整体拆除，也可采取散支散拆的方法。组合式模板包括组合钢模板、钢框木（竹）胶合板模板、塑料模板和铝合金模板等，其用于梁、柱、墙、楼板、基础等。其中，组合钢模板的部件主要由钢模板、连接件和支承件三大部分组成。钢模板包括平板模板、阴角模板、阳角模板、连接角模等。连接件包括 U 形卡、L 形插销、对拉螺栓、扣件等。支承件包括钢管支架、门式支架、斜撑等。

（3）大模板

大模板是一种大尺寸的工具式模板，主要用于剪力墙结构或框架-剪力墙结构中剪力墙的施工，也可用于框架-核心筒结构和筒体结构中竖向筒体墙的施工。一般是一块墙面用一块大模板。因为其重量大，配以相应的起重吊装机械，以工业化生产方式在施工现场浇筑钢筋混凝土墙体。装拆皆需起重机械吊装，提高了机械化程度，减少了用工量，缩短了工期，已形成一种工业化建筑体系。一块大模板由面板、加劲肋、竖楞、支撑桁架、稳定机构及附件组成。

（4）滑升模板

滑升模板（简称滑模）是一种工具式模板，宜用于现场浇筑高耸的构筑物和建筑物等，如烟囱、筒仓、电视塔、竖井、沉井、冷却塔和高层剪力墙结构及筒体结构。滑模装置主要由模板系统、操作平台系统、液压系统，以及施工精度控制系统等部分组成。滑模施工是在构筑物或建筑物底部，沿其墙、柱、梁等构件的周边组装高 1.2m 左右的滑升模板，随着向模板内不断地分层浇筑混凝土；用液压提升设备使模板不断地向上滑升，直到需要浇筑的高度为止。采用滑模施工，可以节约模板和支撑材料、加快施工速度和保证结构的整体性。但模板一次性投资多、耗钢量大，对建筑的立面造型和构件断面变化有一定的限制。

（5）爬升模板

爬升模板（简称爬模）是通过附着装置支承在建筑结构上，以液压油缸或千斤顶动力，以导轨为爬升轨道，随建筑结构逐层爬升、循环作业的施工工艺。爬升模板，由于它综合了大模板和滑升模板的优点，已形成了一种施工中模板不落地，混凝土表面质量易于保证的快捷、有效的施工方法，特别适用于高耸建（构）筑物竖向结构浇筑施工。爬升模板的组成包括附着装置、升降机构、防坠装置架体系统和模板系统。

（6）飞模

飞模又称台模，因其形状像一个台面，使用时利用起重机械将该模板体系直接从完毕的楼板下整体吊运飞出，周转到上层布置而得名。飞模是一种水平模板体系，属于大型工具式模板，主要由台面、支撑系统、行走系统和其他配套附件组成。它适用于大开间、大柱网、大进深的现浇钢筋混凝土楼板施工，对于无柱帽现浇板柱结构楼盖尤其适用。

（7）隧道模板

隧道模板是由若干个半隧道模板按建筑结构的开间、进深组拼而成的。它适用于在施工现场同时浇筑剪力墙结构的墙体和楼板混凝土。

（8）永久式模板

永久式模板是在浇筑混凝土时起模板作用，施工后不拆除，成为结构的一部分。它包括压型钢板模板、钢筋桁架组合模板等。

2. 模板工程的基本规定与设计

（1）基本规定

模板工程应编制专项施工方案。滑模、爬模等工具式模板工程及高大模板支架工程的专项施工方案，应进行技术论证。

模板及支架应根据施工过程中的各种工况进行设计，应具有足够的承载力和刚度，并应保证其整体稳固性。

（2）设计

模板及支架设计内容包括：①模板及支架的选型及构造设计；②荷载及其效应计算；③模板及支架的承载力、刚度、抗倾覆验算；④绘制模板及支架施工图。

模板及支架承载力计算的各项荷载可按表 14-2-1 确定，并应采用最不利的荷载基本组合进行设计。参与组合的永久荷载应包括：模板及支架自重（G_1）；新浇筑混凝土自重（G_2）；钢筋自重（G_3）；新浇筑混凝土对模板的侧压力（G_4）等。参与组合的可变荷载宜包括：施工人员及施工设备产生的荷载（Q_1）；混凝土下料产生的水平荷载（Q_2）；泵送混凝土或不均匀堆载等因素产生的附加水平荷载（Q_3）；风荷载（Q_4）等。

参与模板及支架承载力计算的各项荷载　　**表 14-2-1**

计算内容		参与荷载项
模板	底面模板的承载力	$G_1+G_2+G_3+Q_1$
	侧面模板的承载力	G_4+Q_2
支架	支架水平杆及节点的承载力	$G_1+G_2+G_3+Q_1$
	立杆的承载力	$G_1+G_2+G_3+Q_1+Q_4$
	支架结构的整体稳定	$G_1+G_2+G_3+Q_1+Q_3$ $G_1+G_2+G_3+Q_1+Q_4$

注：表中的“+”仅表示各项荷载参与组合，而不表示代数相加。

模板及支架的变形限值应根据结构工程要求确定，并宜符合下列规定：

1）对结构表面外露的模板，其挠度限值宜取为模板构件计算跨度的 1/400；

2）对结构表面隐藏的模板，其挠度限值宜取为模板构件计算跨度的 1/250；

3）支架的轴向压缩变形限值或侧向挠度限值，宜取为计算高度或计算跨度的 1/1000。

支架的高宽比不宜大于 3；当高宽比大于 3 时，应采取加强整体稳固性的措施。

支架应按混凝土浇筑前和混凝土浇筑时两种工况进行抗倾覆验算。

支架结构中钢构件的长细比不应超过表 14-2-2 规定的容许值。

支架结构钢构件容许长细比 **表 14-2-2**

构件类别	容许长细比
受压构件的支架立柱及桁架	180
受压构件的斜撑、剪力撑	200
受拉构件的钢杆件	350

多层楼板连续支模时，应分析多层楼板间荷载传递对支架和楼板结构的影响。

3. 模板工程的制作与安装

模板面板背楞的截面高度宜统一。模板制作与安装时，面板拼缝应严密。有防水要求的墙体，其模板对拉螺栓中部应设止水片，止水片应与对拉螺栓环焊。

支架立柱和竖向模板安装在土层上时，应设置具有足够强度和支承面积的垫板；土层应坚实，并应有排水措施；对湿陷性黄土、膨胀土，应有防水措施；对冻胀性土，应有防冻胀措施；对软土地基，必要时可采用堆载预压的方法调整模板面板安装高度。

安装模板时，应进行测量放线，并应采取保证模板位置准确的定位措施。对竖向构件的模板及支架，应根据混凝土一次浇筑高度和浇筑速度，采取竖向模板抗侧移、抗浮和抗倾覆措施。对水平构件的模板及支架，应结合不同的支架和模板面板形式，采取支架间、模板间及模板与支架间的有效拉结措施。对可能承受较大风荷载的模板，应采取防风措施。

对跨度不小于 4m 的梁、板，其模板施工起拱高度宜为梁、板跨度的1/1000～3/1000。起拱不得减小构件的截面高度。

支架的竖向斜撑和水平斜撑应与支架同步搭设，支架应与成型的混凝土结构拉结。

对现浇多层、高层混凝土结构，上、下楼层模板支架的立杆宜对准。模板及支架杆件等应分散堆放。

模板安装应与钢筋安装配合进行，梁柱节点的模板宜在钢筋安装后安装。

模板与混凝土接触面应清理干净并涂刷脱模剂，脱模剂不得污染钢筋和混凝土接槎处。

后浇带是指为适应环境温度变化、混凝土收缩、结构不均匀沉降等因素影响，在梁、板（包括基础底板）、墙等结构中预留的具有一定宽度且经过一定时间后再浇筑的混凝土带。后浇带分为收缩后浇带和沉降后浇带。收缩后浇带的带宽为800～1000mm。后浇带的模板及支架应独立设置。

4. 模板工程的拆除

模板拆除时，可采取先支的后拆、后支的先拆，先拆非承重模板、后拆承重模板的顺序，并应从上而下进行拆除。当混凝土强度能保证其表面及棱角不受损伤时，方可拆除侧模。多个楼层间连续支模的底层支架拆除时间，应根据连续支模的楼层间荷载分配和混凝土强度的增长情况确定。冬期施工高层建筑时，连续模板支架层数一般不少于 3 层。后张法预应力混凝土结构构件，侧模宜在预应力筋张拉前拆除，底模及支架不应在结构构件建立预应力前拆除。

底模及支架应在混凝土强度达到设计要求后再拆除；当设计无具体要求时，同条件养护的混凝土立方体试件抗压强度应符合表 14-2-3 的规定。

后浇带拆模时，混凝土强度应达到设计强度的 100%。

底模拆除时的混凝土强度要求　　**表 14-2-3**

构件类型	构件跨度（m）	达到设计混凝土强度等级值的百分数（%）
板	≤2	≥50
	>2，≤8	≥75
	>8	≥100
梁、拱、壳	≤8	≥75
	>8	≥100
悬臂结构		≥100

【例 14-2-1】（历年真题）既可用于水平混凝土构件，也可用于垂直混凝土构件的模板是：

A. 爬升模板　　B. 压型钢板永久性模板

C. 组合钢模板　　D. 大模板

【解答】组合钢模板可用于水平、垂直混凝土构件，应选 C 项。

【例 14-2-2】（历年真题）关于梁模板拆除的一般顺序，下面描述正确的是：

Ⅰ. 先支的先拆，后支的后拆；

Ⅱ. 先支的后拆，后支的先拆；

Ⅲ. 先拆除承重部分，后拆除非承重部分；

Ⅳ. 先拆除非承重部分，后拆除承重部分。

A. Ⅰ、Ⅲ　　B. Ⅱ、Ⅳ

C. Ⅰ、Ⅳ　　D. Ⅱ、Ⅲ

【解答】梁模板拆除的一般顺序为Ⅱ、Ⅳ，应选 B 项。

★★★二、钢筋工程

混凝土结构的钢筋分为普通钢筋和预应力筋。其中，普通钢筋包括热轧钢筋（热轧光圆钢筋 HPB300 和热轧带肋钢筋 HRB335、HRB400、HRB500）、余热处理钢筋（RRB400 等）；预应力筋包括预应力钢丝、钢纹线和预应力螺纹钢筋。需注意的是，根据《混凝土结构通用规范》GB 55008—2021，热轧带肋钢筋 HRB335 不再使用。HPB300 钢筋采用直径为 8～14mm。按供应形式，为便于运输，通常将直径为 6～10mm 的钢筋卷成圆盘，称盘圆或盘条钢筋；将直径大于 10mm 的钢筋轧成6～12m 长一根，称直条钢筋。

对有抗震设防要求的结构，抗震等级为一、二、三级的房屋建筑框架和斜撑（楼段）构件，其纵向受力普通钢筋应满足：①抗拉强度实测值与屈服强度实测值的比值不应小于 1.25，即强屈比≥1.25；②屈服强度实测值与屈服强度标准值的比值不应大于 1.30，即超强比（或称超屈比）≤1.30；③ 最大力总延伸率实测值不应小于 9%。

1. 钢筋冷加工

钢筋冷加工包括冷拉、冷拔等，其相关内容见第十一章土木工程材料。吊环应采用 HPB300 钢筋制作，严禁使用冷加工钢筋。

冷拔低碳钢丝，是指使直径 6～10mm 的光圆钢筋通过钨合金的拔丝模进行强力冷拉。冷拔后，其抗拉强度提高、塑性降低，呈硬钢性质。影响冷拔低碳钢丝质量的主要因素是：原材料的质量；冷拔总压缩率。冷拔低碳钢丝分为甲级、乙级。其中，甲级用于预应力筋。

2. 钢筋的验收

钢筋进场后，应经检查验收合格后才能使用。未经检查验收或检查验收不合格的钢筋严禁在工程中使用。钢筋进场检查验收应检查钢筋的质量证明文件，应按国家现行有关标准的规定抽样检验屈服强度、抗拉强度、伸长率、弯曲性能和重量偏差。

热轧钢筋进场应按批进行检查和验收，每抽由同一牌号、同一炉罐号、同一规格的钢筋组成。每批重量不大于60t。超过60t的部分，每增加40t(或不足40t的余数)，增加一个拉伸试验试样和一个弯曲试验试样。

冷轧带肋钢筋进场检查验收，每批重量不大于 60t。冷拔低碳钢丝，甲级，每批重量不大于 30t；乙级，每批重量不大于 50t。冷拔螺旋钢筋，每批重量不大于 50t。冷轧扭钢筋，每批重量不大于 20t。

有抗震设计要求的，结构构件的纵向受力钢筋的选用要求，见本书第十六章钢筋混凝土结构。

施工中发现钢筋脆断、焊接性能不良或力学性能显著不正常等现象时，应停止使用该批钢筋，并对该批钢筋进行化学成分检验或其他专项检验。

3. 钢筋加工

钢筋加工包括调直、除锈、下料切断、弯曲成型等工作。钢筋加工宜在常温状态下进行，加工过程中不应对钢筋进行加热。钢筋加工方法宜采用机械设备加工，有利于保证钢筋的加工质量。钢筋应一次弯折到位。

钢筋宜采用机械设备进行调直时，也可采用冷拉方法调直。当采用机械设备调直时，调直设备不应具有延伸功能。当采用冷拉方法调直时，HPB300 光圆钢筋的冷拉率不宜大于 4%；HRB400、HRBF400、HRB500、HRBF500 及 RRB400 带肋钢筋的冷拉率，不宜大于 1%。钢筋调直过程中不应损伤带肋钢筋的横肋。调直后的钢筋应平直，不应有局部弯折。

钢筋弯折的弯弧内直径应符合下列要求：

(1) 光圆钢筋，不应小于钢筋直径的 2.5 倍。

(2) 400MPa 级带肋钢筋，不应小于钢筋直径的 4 倍。

(3) 500MPa 级带肋钢筋，当直径为 28mm 以下时不应小于钢筋直径的 6 倍，当直径为 28mm 及以上时不应小于钢筋直径的 7 倍。

(4) 箍筋弯折处尚不应小于纵向受力钢筋直径。

箍筋、拉筋的末端应按设计要求做弯钩，并应符合下列要求：

(1) 一般结构构件，箍筋弯钩的弯折角度不应小于 90°，弯折后平直段长度不应小于箍筋直径的 5 倍；有抗震设防要求的，箍筋弯钩的弯折角度不应小于 135°，弯折后平直段长度不应小于箍筋直径的 10 倍和 75mm 两者之中的较大值。

(2) 圆形箍筋的搭接长度不应小于其受拉锚固长度，且两末端均应做不小于 135°的弯钩，弯折后平直段长度对一般结构构件不应小于箍筋直径的 5 倍；有抗震设防要求的，不应小于箍筋直径的 10 倍和 75mm 的较大值。

（3）拉筋用作梁、柱复合箍筋中单肢箍筋或梁腰筋间拉结筋时，两端弯钩的弯折角度均不应小于135°，弯折后平直段长度应符合上述（1）的要求；拉筋用作剪力墙、楼板等构件中拉结筋时，两端弯钩可采用一端135°另一端90°，弯折后平直段长度不应小于拉筋直径的5倍。

4. 钢筋的连接

钢筋连接方式应根据设计要求和施工条件选用。常用钢筋连接方法有绑扎搭接连接、焊接连接、机械连接等。

钢筋接头宜设置在受力较小处；有抗震设防要求的结构中，梁端、柱端箍筋加密区范围内不宜设置钢筋接头，且不应进行钢筋搭接。同一纵向受力钢筋不宜设置两个或两个以上接头。接头末端至钢筋弯起点的距离，不应小于钢筋直径的10倍。

（1）焊接连接

当纵向受力钢筋采用焊接接头时，同一构件内的接头宜分批错开。接头连接区段的长度为35d，且不应小于500mm，凡接头中点位于该连接区段长度内的接头均应属于同一连接区段，其中d为相互连接的两根钢筋中较小直径。同一连接区段内，纵向受力钢筋接头面积百分率为该区段内有接头的纵向受力钢筋截面面积与全部纵向受力钢筋截面面积的比值，纵向受力钢筋的接头面积百分率要求：①受拉接头，不宜大于50%；受压接头，可不受限制。②直接承受动力荷载的结构构件中，不宜采用焊接；当采用机械连接时，不应超过50%。

常采用的焊接方法有闪光对焊、电弧焊、电渣压力焊、气压焊和电阻点焊等(图14-2-1)。当环境温度低于－20℃时，不宜进行各种焊接。

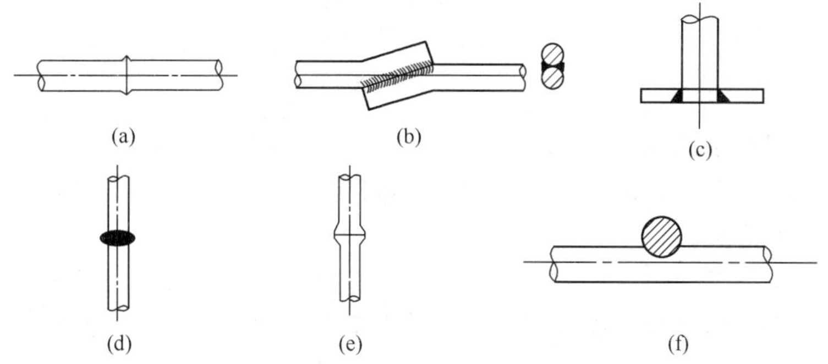

图14-2-1 焊接方法

(a) 闪光对焊；(b)、(c) 电弧焊；(d) 电渣压力焊；(e) 气压焊；(f) 电阻点焊

1）闪光对焊：其适用于HPB300、HRB400（直径8～40mm）、HRB500（直径8～40mm），其工艺方法有连续闪光焊、预热闪光焊和闪光-预热闪光焊。它用于纵向受力钢筋下料前的接长，制作封闭箍筋的闭口焊接，预应力筋与螺丝端杆的焊接。

2）电弧焊：它包括帮条焊、搭接焊、坡口焊、窄间隙焊和熔槽帮条焊。其中，钢筋帮条焊（图14-2-2）、钢筋搭接焊（图14-2-3），可采用单面焊、双面焊，其帮条（搭接）长度l应满足表14-2-4。它广泛用于各种钢筋接头、钢筋与钢板的焊接、钢筋骨架的焊接、预埋件钢筋的焊接等。

钢筋帮条（搭接）长度　　表 14-2-4

钢筋牌号	焊缝形式	帮条（搭接）长度 l（mm）
HPB300	单面焊	≥8d
	双面焊	≥4d
HRB400、HRBF400 HRB500、HRBF500、RRB400	单面焊	≥10d
	双面焊	≥5d

注：d 为主筋直径（mm）。

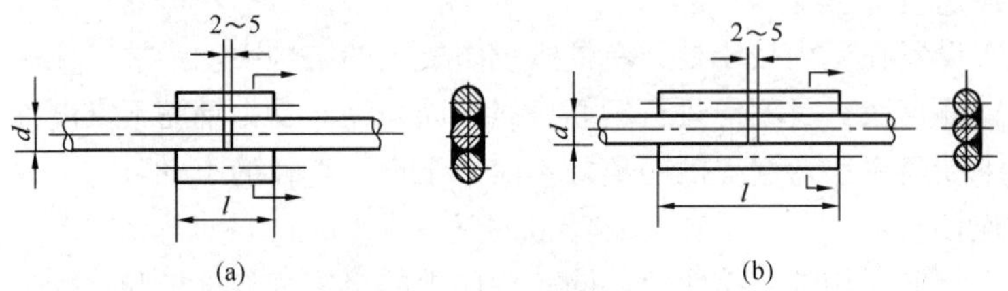

图 14-2-2　钢筋帮条焊接头

（a）双面焊；（b）单面焊

d—钢筋直径；l—帮条长度

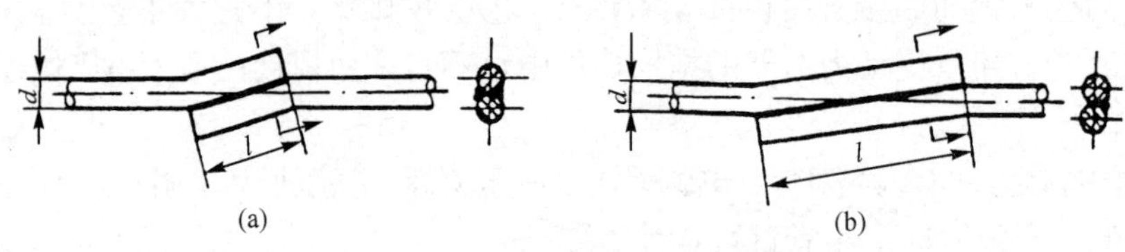

图 14-2-3　钢筋搭接焊接头

（a）双面焊；（b）单面焊

d—钢筋直筋；l—搭接长度

3）电渣压力焊：它适用于 HPB300、HRB400（直径12～32mm）、HRB500（直径 12～32mm）。它只应用于柱、墙等竖向构件中竖向受力钢筋的连接；不得用于梁、板等构件中作水平钢筋的连接。

4）气压焊：它适用于 HPB300、HRB400（直径 12～40mm）、HRB500（直径 12～32mm），分为固态气压焊和熔态气压焊。它可用于竖向或水平向受力钢筋的焊接。

5）电焊点焊：它适用于直径 6～16mm 的各种钢筋，常用于钢筋骨架、钢筋网片的焊接。

（2）机械连接

钢筋机械连接是指通过钢筋与连接件或其他介入材料的机械咬合作用或钢筋端面的承压作用，将一根钢筋中的力传递至另一根钢筋的连接方法。常见的机械接头类型如下：

1）套筒挤压接头：通过挤压力使连接件钢套筒塑性变形与带肋钢筋紧密咬合形成的接头。

2）锥螺纹接头：通过钢筋端头特制的锥形螺纹和连接件锥螺纹咬合形成的接头。

3）镦粗直螺纹接头：通过钢筋端头镦粗后制作的直螺纹和连接件螺纹咬合形成的接头。

4）滚轧直螺纹接头：通过钢筋端头直接滚轧或剥肋后滚轧制作的直螺纹和连接件螺纹咬合形成的接头。

5）套筒灌浆接头：在金属套筒中插入单根带肋钢筋并注入灌浆料拌合物，通过拌合物硬化而实现传力的钢筋对接接头。它主要用于装配式混凝土结构竖向受力钢筋连接。

除套筒灌浆接头外，接头应根据极限抗拉强度、残余变形、最大力下总伸长率以及高应力和大变形条件下反复拉压性能，分为Ⅰ级、Ⅱ级、Ⅲ级三个性能等级，即：

Ⅰ级接头：连接件极限抗拉强度大于或等于被连接钢筋抗拉强度标准值的1.1倍，残余变形小并具有高延性及反复拉压性能。

Ⅱ级接头：连接件极限抗拉强度不小于被连接钢筋极限抗拉强度标准值，残余变形较小并具有高延性及反复拉压性能。

Ⅲ级接头：连接件极限抗拉强度不小于被连接钢筋屈服强度标准值的1.25倍，残余变形较小并具有一定的延性及反复拉压性能。

除套筒灌浆接头外，接头等级的选用为：混凝土结构中要求充分发挥钢筋强度或对延性要求高的部位应选用Ⅱ级或Ⅰ级接头；当在同一连接区段内钢筋接头面积百分率为100%时，应选用Ⅰ级接头。混凝土结构中钢筋应力较高但对延性要求不高的部位可选用Ⅲ级接头。

结构构件中纵向受力钢筋的接头宜相互错开。钢筋机械连接的连接区段长度应按35d计算，当直径不同的钢筋连接时，按直径较小的钢筋计算。位于同一连接区段内的钢筋机械连接接头的面积百分率应符合下列规定：

1）接头宜设置在结构构件受拉钢筋应力较小部位，高应力部位设置接头时，同一连接区段内Ⅲ级接头的接头面积百分率不应大于25%，Ⅱ级接头的接头面积百分率不应大于50%。Ⅰ级接头的接头面积百分率除抗震设防结构、直接承受重复荷载的结构外可不受限制。

2）接头宜避开有抗震设防要求的框架的梁端、柱端箍筋加密区；当无法避开时，应采用Ⅱ级接头或Ⅰ级接头，且接头面积百分率不应大于50%。

3）受拉钢筋应力较小部位或纵向受压钢筋，接头面积百分率可不受限制。

4）对直接承受重复荷载的结构构件，接头面积百分率不应大于50%。

（3）绑扎连接

钢筋绑扎连接的要求，见本书第十六章钢筋混凝土结构。

5. 钢筋的配料与代换

钢筋配料是现场钢筋的深化设计，即根据结构配筋图，先绘出各种形状和规格的单根钢筋简图并加以编号，然后分别计算钢筋下料长度和根数，填写配料单。

钢筋的代换应满足设计要求的构件承载力、裂缝宽度和抗震要求，还应满足最小配筋率、钢筋间距与锚固长度、保护层厚度等构造要求。钢筋代换原则为：

（1）等强度代换：当构件受强度控制时，钢筋可按强度相等的原则进行代换。

（2）等面积代换：当构件按最小配筋率配筋时，钢筋可按面积相等的原则进行代换。

（3）当构件受裂缝宽度或挠度控制时，代换后应进行裂缝宽度或挠度验算。

★★★三、混凝土工程

1. 原材料

混凝土的原材料包括水泥、砂、石、水、掺合料和外加剂。

（1）水泥的选用

水泥品种与强度等级应根据设计、施工要求，以及工程所处环境条件确定。普通混凝土宜选用通用硅酸盐水泥；有特殊需要时，也可选用其他品种水泥。有抗渗、抗冻融要求的混凝土，宜选用硅酸盐水泥或普通硅酸盐水泥。处于潮湿环境的混凝土结构，当使用碱活性骨料时，宜采用低碱水泥。

（2）骨料的选用

粗骨料最大粒径不应超过构件截面最小尺寸的1/4，且不应超过钢筋最小净间距的3/4；对实心混凝土板，粗骨料的最大粒径不宜超过板厚的1/3，且不应超过40mm。泵送混凝土时，粗骨料最大公称粒径与输送管径之比（λ）与泵送高度（H）有关，碎石：$H<$50m时，$\lambda\leqslant1:3.0$；H为50～100m时，$\lambda\leqslant1:4.0$；$H>$100m时，$\lambda\leqslant1:5.0$。卵石：$H<$50m时，$\lambda\leqslant1:2.5$；H为50～100m时，$\lambda\leqslant1:3.0$；$H>$100m时，$\lambda\leqslant1:4.0$。

细骨料宜选用Ⅱ区中砂。当选用Ⅰ区砂时，应提高砂率，并应保持足够的胶凝材料用量，同时应满足混凝土的工作性要求；当采用Ⅲ区砂时，宜适当降低砂率。

混凝土细骨料中氯离子含量，对钢筋混凝土，按干砂的质量百分率计算不得大于0.06%；对预应力混凝土，按干砂的质量百分率计算不得大于0.02%。

有抗渗、抗冻融或其他特殊要求的混凝土，宜选用连续级配的粗骨料，最大粒径不宜大于40mm，含泥量不应大于1.0%，泥块含量不应大于0.5%。

（3）进场检验

对水泥的强度、安定性及凝结时间应进行进场检验。同一生产厂家、同一等级、同一品种、同一批号且连续进场的水泥，袋装水泥不超过200t应为一批，散装水泥不超过500t应为一批。当使用中水泥质量受不利环境影响或水泥出厂超过三个月（快硬硅酸盐水泥超过一个月）时，应进行复验，并应按复验结果使用。

2. 混凝土配合比

混凝土配合比的内容，见本书第十一章土木工程材料。

3. 混凝土的拌制

混凝土的拌制就是胶凝材料（水泥和掺合料）、水、骨料和外加剂等原材料混合在一起进行均匀拌合的过程。搅拌后的混凝土要求匀质，且达到设计要求的和易性和强度。混凝土结构施工宜采用预拌混凝土。

目前普遍使用的搅拌机根据其搅拌机理可分为自落式搅拌机和强制式搅拌机，前者适用于搅拌塑性混凝土和低流动性混凝土，后者适用于搅拌干硬性混凝土、流动性混凝土和轻骨料混凝土。混凝土搅拌制度包括搅拌机的转速、搅拌时间、装料容积和投料顺序等。

目前采用的装料顺序有一次投料法、二次投料法等。其中，一次投料法就是将砂、石、水泥依次放入料斗后再和水一起进入搅拌筒进行搅拌。当采用自落式搅拌机时常用的加料顺序是先倒石子，再加水泥，最后加砂。二次投料法又可分为预拌水泥砂浆法和预拌水泥净浆法。预拌水泥砂浆法是指先将水泥、砂和水投入拌筒搅拌1～1.5min后加入石子再搅拌1～1.5min。预拌水泥净浆法是先将水和水泥投入拌筒搅拌1/2搅拌时间，再加入砂石搅拌到规定时间。试验表明，由于预拌水泥砂浆或水泥净浆对水泥有一种活化作用，因而搅拌质量明显高于一次加料法。若水泥用量不变，混凝土强度可提高15%左右，或在混凝土强度相同的情况下，可减少水泥用量约15%～20%。

掺合料宜与水泥同步投料，液体外加剂宜滞后于水和水泥投料；粉状外加剂宜溶解后再投料。

混凝土搅拌的最短时间应满足表 14-2-5，自落式搅拌机的搅拌时间应比强制式搅拌机延长 30s。

混凝土搅拌的最短时间（s）　　　　**表 14-2-5**

混凝土坍落度（mm）	搅拌机机型	搅拌机出料量（L）		
		<250	250～500	>500
≤40	强制式	60	90	120
>40，且<100	强制式	60	60	90
≥100	强制式	60		

注：1. 混凝土搅拌时间指从全部材料装入搅拌筒中起，到开始卸料时止的时间段；

2. 当掺有外加剂与矿物掺合料时，搅拌时间应适当延长。

对首次使用的配合比应进行开盘鉴定，开盘鉴定应包括：①混凝土的原材料与配合比设计所采用原材料的一致性；②出机混凝土工作性与配合比设计要求的一致性；③混凝土强度；④混凝土凝结时间；⑤工程有要求时，尚应包括混凝土耐久性能等。

施工现场搅拌混凝土的开盘鉴定由监理工程师组织，施工单位项目技术负责人、专业工长、实验室代表等参加；预拌混凝土搅拌站的开盘鉴定由搅拌站总工程师组织，搅拌站技术、质量负责人和实验室代表等参加。

4. 混凝土的运输与输送

混凝土运输是指混凝土搅拌地点至工地卸料地点的运输过程，一般采用混凝土搅拌运输车，以及机动翻斗车。混凝土输送是指对运输至施工现场的混凝土，通过输送泵、溜槽、吊车配备斗容器、升降设备配备小车等方式送至浇筑点的过程。混凝土输送宜采用泵送方式。

混凝土运输、输送、浇筑过程中严禁加水；混凝土运输、输送、浇筑过程中散落的混凝土严禁用于混凝土结构构件的浇筑。

混凝土输送泵管与支架的设置应符合下列规定：

（1）混凝土粗骨料最大粒径不大于 25mm 时，可采用内径不小于 125mm 的输送泵管；混凝土粗骨料最大粒径不大于 40mm 时，可采用内径不小于 150mm 的输送泵管。

（2）向上输送混凝土时，地面水平输送泵管的直管和弯管总的折算长度不宜小于竖向输送高度的 20%，且不宜小于 15m。

（3）输送泵管倾斜或垂直向下输送混凝土，且高差大于 20m 时，应在倾斜或竖向管下端设置直管或弯管，直管或弯管总的折算长度不宜小于高差的 1.5 倍。

（4）输送高度大于 100m 时，混凝土输送泵出料口处的输送泵管位置应设置截止阀。

5. 混凝土的浇筑与振捣

混凝土拌合物入模温度不应低于 5℃，且不应高于 35℃。浇筑混凝土前，应清除模板内或垫层上的杂物。表面干燥的地基、垫层、模板上应洒水湿润；现场环境温度高于 35℃时宜对金属模板进行洒水降温；洒水后不得留有积水。混凝土浇筑应保证混凝土的均匀性和密实性。混凝土宜一次连续浇筑；当不能一次连续浇筑时，可留设施工缝或后浇带分块浇筑。其中，施工缝是指按设计要求或施工需要分段浇筑，先浇筑混凝土达到一定强度后继续浇筑混凝土所形成的接缝。

(1) 施工缝的留设

混凝土施工缝是结构的薄弱部位，宜留在结构受剪力较小且便于施工的部位，应在混凝土浇筑前确定。施工缝留设界面应垂直于结构构件和纵向受力钢筋。柱、墙应留水平缝，梁、板、墙应留竖向施工缝（亦称垂直施工缝）。

水平施工缝的留设位置应符合下列规定：

1) 柱、墙施工缝可留设在基础、楼层结构顶面（图 14-2-4)，柱施工缝与结构上表面的距离宜为 0～100mm，墙施工缝与结构上表面的距离宜为 0～300mm。

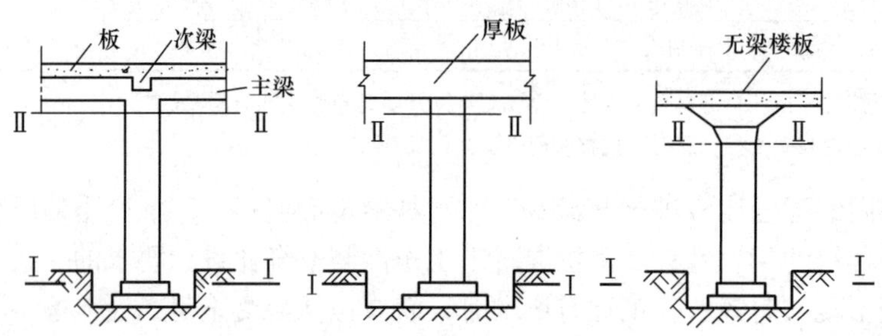

图 14-2-4 浇筑柱的施工缝留设位置

Ⅰ-Ⅰ、Ⅱ-Ⅱ表示施工缝的位置

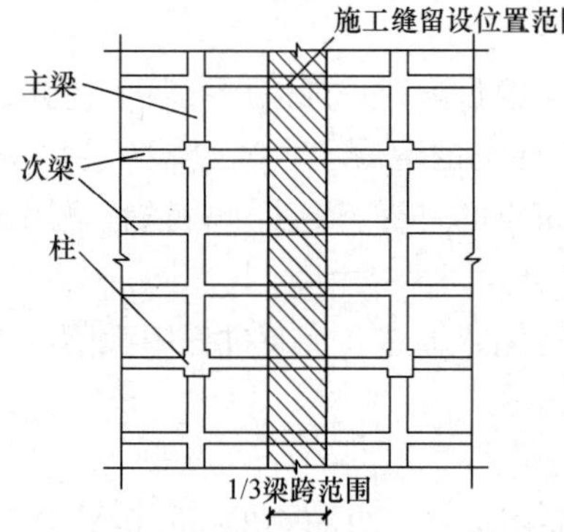

图 14-2-5 主次梁结构垂直施工缝留设位置

2) 柱、墙施工缝也可留设在楼层结构底面，施工缝与结构下表面的距离宜为0～50mm；当板下有梁托时，可留设在梁托下 0～20mm。

竖向施工缝的留设位置应符合下列规定：

1) 有主次梁的楼板施工缝应留设在次梁跨度中间 1/3 范围内（图 14-2-5)。

2) 单向板施工缝应留设在与跨度方向平行的任何位置。

3) 楼梯梯段施工缝宜设置在梯段板跨度端部 1/3 范围内。

4) 墙的施工缝宜设置在门洞口过梁跨中 1/3 范围内，也可留设在纵横墙交接处。

施工缝（或后浇带）处浇筑混凝土时，结合面应采用粗糙面，结合面应清除浮浆、疏松石子、软弱混凝土层，并应清理干净；结合面处应采用洒水方法进行充分湿润，并不得有积水；施工缝处已浇筑混凝土的强度不应小于 1.2MPa；柱、墙水平施工缝水泥砂浆接浆层厚度不应大于 30mm，接浆层水泥砂浆应与混凝土浆液同成分。

(2) 浇筑

混凝土浇筑过程应分层进行，分层浇筑应符合表 14-2-6 规定的分层振捣厚度要求，上层混凝土应在下层混凝土初凝之前浇筑完毕。

混凝土分层振捣的最大厚度 **表 14-2-6**

振捣方法	混凝土分层振捣最大厚度
振动棒	振动棒作用部分长度的 1.25 倍

续表

振捣方法	混凝土分层振捣最大厚度
表面振动器	200mm
附着振动器	根据设置方式，通过试验确定

混凝土运输、输送入模的过程应保证混凝土连续浇筑，从运输到输送入模的延续时间不宜超过表 14-2-7 的规定，且不应超过表 14-2-8 的规定。

运输到输送入模的延续时间（min）　表 14-2-7

条件	气温	
	≤25℃	>25℃
不掺外加剂	90	60
掺外加剂	150	120

运输、输送入模及其间歇总的时间限值（min）　表 14-2-8

条件	气温	
	≤25℃	>25℃
不掺外加剂	180	150
掺外加剂	240	210

混凝土浇筑的布料点宜接近浇筑位置，宜先浇筑竖向结构构件，后浇筑水平结构构件；浇筑区域结构平面有高差时，宜先浇筑低区部分再浇筑高区部分。

柱、墙模板内的混凝土浇筑不得发生离析，倾落高度应符合表 14-2-9 的规定；当不能满足要求时，应加设串筒、溜管、溜槽等装置。

柱、墙模板内混凝土浇筑倾落高度限值　表 14-2-9

条件	浇筑倾落高度限值（m）
粗骨料粒径大于 25mm	≤3
粗骨料粒径小于等于 25mm	≤6

注：当有可靠措施能保证混凝土不产生离析时，混凝土倾落高度可不受本表限制。

柱、墙混凝土设计强度等级高于梁、板混凝土设计强度等级时，混凝土浇筑应符合下列规定：

1）柱、墙混凝土设计强度比梁、板混凝土设计强度高一个等级时，柱、墙位置梁、板高度范围内的混凝土经设计单位确认，可采用与梁、板混凝土设计强度等级相同的混凝土进行浇筑。

2）柱、墙混凝土设计强度比梁、板混凝土设计强度高两个等级及以上时，应在交界区域采取分隔措施；分隔位置应在低强度等级的构件中，且距高强度等级构件边缘不应小于 500mm。

3）宜先浇筑强度等级高的混凝土，后浇筑强度等级低的混凝土。

泵送混凝土浇筑时，宜根据结构形状及尺寸、混凝土供应、混凝土浇筑设备、场地内外条件等划分每台输送泵的浇筑区域及浇筑顺序；采用输送管浇筑混凝土时，宜由远而近浇筑；采用多根输送管同时浇筑时，其浇筑速度宜保持一致。

后浇带混凝土浇筑时，后浇带混凝土强度等级及性能应符合设计要求；当设计无具体要求时，后浇带混凝土强度等级宜比两侧混凝土提高一级，并宜采用减少收缩的技术措施。收缩后浇带混凝土宜在 45d 后浇筑或设计单位确定；沉降后浇带混凝土浇筑时间应在差异沉降稳定后或设计单位确定。

型钢混凝土结构浇筑时，混凝土粗骨料最大粒径不应大于型钢外侧混凝土保护层厚度的 1/3，且不宜大于 25mm。型钢周边混凝土浇筑宜同步上升，混凝土浇筑高差不应大于 500mm。

钢管混凝土结构浇筑时，宜采用自密实混凝土浇筑。钢管截面较小时，应在钢管壁适当位置留有足够的排气孔，排气孔孔径不应小于 20mm。当采用粗骨料粒径不大于 25mm 的高流态混凝土或粗骨料粒径不大于 20mm 的自密实混凝土时，混凝土最大倾落高度不宜大于 9m；倾落高度大于 9m 时，宜采用串筒、溜槽、溜管等辅助装置进行浇筑。

(3) 超长结构混凝土浇筑

1) 可留设施工缝分仓浇筑，分仓浇筑间隔时间不应少于 7d。

2) 当留设后浇带时，后浇带封闭时间（即后浇带混凝土浇筑时间）不得少于 14d。

3) 超长整体基础中调节沉降的后浇带，混凝土封闭时间应通过监测确定，应在差异沉降稳定后封闭后浇带。

4) 后浇带的封闭时间尚应经设计单位确认。

(4) 现浇钢筋混凝土框架结构

浇筑一排柱的顺序应从两端同时开始，向中间推进，以免因浇筑混凝土后由于模板吸水膨胀，断面增大而产生横向推力，最后使柱发生弯曲变形。柱浇筑前，应在其底部先填 5～10cm 厚与混凝土配合比相同的减石子砂浆。

梁、板同时浇筑，浇筑方法应由一端开始用“赶浆法”，即先浇筑梁，根据梁高分层浇筑成阶梯形，当达到板底位置时再与板的混凝土一起浇筑，随着阶梯形不断延伸，梁板混凝土浇筑连续向前进行。与板连成整体高度大于 1m 的梁，允许单独浇筑，其施工缝应留在板底以下 20～30mm 处。

在柱与梁板整体浇筑时，应在柱浇筑完毕后停歇 2h，使其初步沉实，再继续浇筑。

【例 14-2-3】（历年真题）混凝土施工缝宜留置在：

A. 结构受剪力较小且便于施工的位置　　B. 遇雨停工处

C. 结构受弯矩较小且便于施工的位置　　D. 结构受力复杂处

【解答】混凝土施工缝宜留置在结构剪力较小且便于施工的位置，应选 A 项。

【例 14-2-4】（历年真题）浇筑混凝土单向板时，施工缝应留置在：

A. 中间 1/3 跨度范围内且平行于板的长边　　B. 平行于板的长边的任何位置

C. 平行于板的短边的任何位置　　D. 中间 1/3 跨度范围内

【解答】混凝土单向板的施工缝应留置在平行于板的长边的任何位置，应选 B 项。

【例 14-2-5】（历年真题）在进行钢筋混凝土框架结构的梁、柱施工过程中，对混凝土骨料的最大粒径的要求，下面正确的是：

A. 不超过结构最小截面的 1/4，钢筋间最小净距的 1/2

B. 不超过结构最小截面的 1/4，钢筋间最小净距的 3/4

C. 不超过结构最小截面的 1/2，钢筋间最小净距的 1/2

D. 不超过结构最小截面的 1/2，钢筋间最小净距的 3/4

【解答】梁、柱构件混凝土骨料的最大粒径应满足 B 项，应选 B 项。

(5) 大体积混凝土结构浇筑

大体积混凝土是指混凝土结构物实体最小尺寸不小于 1m 的大体量混凝土，或预计会因混凝土中胶凝材料水化引起的温度变化和收缩而导致有害裂缝产生的混凝土。大体积混凝土浇筑方法需根据结构大小、混凝土供应等实际情况决定，一般有全面分层、分段分层和斜面分层三种方法，如图 14-2-6 所示。

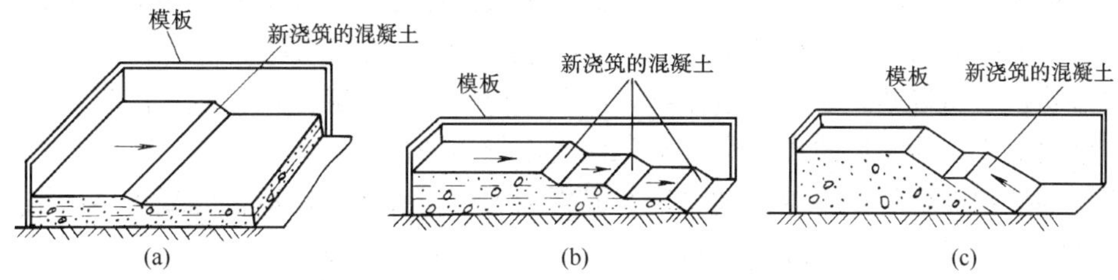

图 14-2-6　大体积混凝土浇筑方法

(a) 全面分层；(b) 分段分层；(c) 斜面分层

全面分层，要求每一层的混凝土浇筑必须在下层混凝土初凝前完成。该方法适用于平面尺寸不太大的结构，施工时宜从短边开始，顺着长边方向推进。

分段分层，要求在第一层第一段末端混凝土初凝前，开始第二段的施工，以保证混凝土接触面结合良好。该方法适用于厚度不大而面积或长度较大的结构。

斜面分层，其适用于结构的长度超过厚度的 3 倍，要求斜面坡度不大于 1/3。施工时，混凝土的振捣需从浇筑层下端开始，逐渐上移。

防治大体积混凝土温度裂缝的措施如下：

1) 宜选用水化热较低的水泥，如矿渣水泥、火山灰质水泥或粉煤灰水泥；在保证混凝土强度的条件下，尽量减少水泥用量和用水量；可采用高性能减水剂；粗骨料宜选用粒径较大的卵石，应尽量降低砂石的含泥量，以减小混凝土的收缩量。

2) 尽量降低混凝土的入模温度，混凝土的浇筑温度不宜超过 30℃，浇筑体最大温升值不宜大于 50℃。

3) 必要时可在混凝土内部埋设冷却水管，利用循环水来降低混凝土温度。

4) 加强混凝土保温、保湿养护措施，严格控制大体积混凝土的内外温差（设计无要求时，温差不宜超过 25℃），可采用草包、炉渣、砂、锯末等保温材料。

(6) 混凝土的振捣

混凝土的振动机械按其工作方式不同，可分为内部振动器、表面振动器、外部振动器和振动台等。这些振动机械的构造原理基本相同，主要是利用偏心锤的高速旋转，使振动设备因离心力而产生振动。

插入式振动器属于内部振动器，其操作要点是："直上和直下、快插与慢拔、插点均匀"，适用于大体积混凝土、基础、柱、梁、墙、厚度较大的板及预制构件的捣实工作。按分层浇筑厚度分别进行振捣，振动棒的前端应插入前一层混凝土中，插入深度不应小于 50mm。

表面振动器，其振动作用深度较小，仅适用于厚度较薄而表面较大的结构，如平板、楼地面、屋面等构件。

附着式振动器属于外部振动器，其适用于振捣钢筋较密、厚度较小等不宜使用插入式振动器的结构。

6. 混凝土的养护

混凝土保湿养护可采用洒水、覆盖、喷涂养护剂等方式。选择养护方式应考虑现场条件、环境温湿度、构件特点、技术要求、施工操作等因素。

洒水养护是指用麻袋或草帘等材料将混凝土表面覆盖，并经常洒水使混凝土表面处于湿润状态的养护方法。当日最低温度低于5℃时，不应采用洒水养护。

覆盖养护是指以塑料薄膜为覆盖物，使混凝土表面空气隔绝，可防止混凝土内的水分蒸发，水泥依靠混凝土中的水分完成水化作用而凝结硬化。

喷涂养护剂养护是指将养护剂喷涂在混凝土表面，溶液挥发后在混凝土表面结成一层薄膜，使混凝土表面与空气隔绝，封闭混凝土内的水分不再被蒸发。

混凝土养护应在混凝土浇筑完毕12h以内，进行覆盖和洒水养护。混凝土的养护时间如下：

(1) 采用硅酸盐水泥、普通硅酸盐水泥或矿渣硅酸盐水泥配制的混凝土，不应少于7d。

(2) 采用粉煤灰硅酸盐水泥、火山灰质硅酸盐水泥、复合硅酸盐水泥配制的混凝土；或采用缓凝型外加剂、大掺量矿物掺合料配制的混凝土，均不应少于14d。

(3) 抗渗混凝土、强度等级C60及以上的混凝土，不应少于14d。

(4) 后浇带混凝土的养护时间不应少于14d。

(5) 地下室底层和上部结构首层柱、墙混凝土带模养护时间，不应少于3d；带模养护结束后，可采用洒水养护等继续养护。

混凝土强度达到1.2MPa前，不得在其上踩踏、堆放物料、安装模板及支架。

7. 混凝土结构的质量检查与评定

混凝土结构施工质量检查可分为过程控制检查和拆模后的实体质量检查。过程控制检查应在混凝土施工全过程中，按施工段划分和工序安排及时进行；拆模后的实体质量检查应在混凝土表面未作处理和装饰前进行。

混凝土的强度等级必须符合设计要求。检验混凝土的强度等级应在现场留置试件，由实验室试验后进行评定。当为了检查结构或构件的拆模、出厂、吊装、张拉、放张等时，还应留置与结构或构件同条件养护的试件。

混凝土强度试件的取样频率和数量按规范要求。每次取样应至少制作一组标准养护试件；同条件养护的试件组数，可根据实际需要确定。每组三个试件应由同一盘或同一车的混凝土中取样制作。

混凝土的试件是边长为150mm的立方体，当采用非标准尺寸试件时，应将其抗压强度乘以尺寸折算系数，折算成边长为150mm的标准尺寸试件抗压强度。尺寸折算系数按下列规定采用：

(1) 当混凝土强度等级低于C60时，对边长为100mm的立方体试件取0.95，对边长为200mm的立方体试件取1.05。

(2) 当混凝土强度等级不低于C60时，宜采用标准尺寸试件；使用非标准尺寸试件时，尺寸折算系数应由试验确定，其试件数量不应少于30个对组。

每组混凝土试件强度代表值的确定，应符合下列规定：

（1）取三个试件强度的算术平均值作为每组试件的强度代表值。

（2）间当一组试件中强度的最大值或最小值与中间值之差超过中间值的 15%时，取中值作为该组试件的强度代表值。

（3）当一组试件中强度的最大值和最小值与中间值之差均超过中间值的 15%时，该组试件的强度不应作为评定的依据。

混凝土强度应分批进行检验评定。一个检验批的混凝土应由强度等级相同、试验龄期相同、生产工艺条件和配合比基本相同的混凝土组成。

对大批量、连续生产的混凝土强度应按统计方法评定。统计方法分为标准差已知方案和标准差未知方案两种。对小批量或零星生产（是指用于评定的样本容量小于 10 组）的混凝土强度应按非统计方法评定。

★四、混凝土预制构件制作

中小构件一般在预制厂制作，其工艺方案有台座法、机组流水法、传送带流水法等。大构件（如屋架、柱、桩等）在施工现场制作。混凝土的振捣方式可采用振动台。

制作预制构件的场地应平整、坚实，并应采取排水措施。当采用台座生产预制构件时，台座表面应光滑平整，2m 长度内表面平整度不应大于 2mm，在气温变化较大的地区宜设置伸缩缝。

混凝土预制构件制作的其他内容，见本章第三节多层装配式混凝土结构。

★★★五、混凝土冬期施工

根据当地多年气象资料统计，当室外日平均气温连续 5 日稳定低于 5℃时，进入冬期施工。混凝土受冻临界强度是指冬期浇筑的混凝土在受冻以前必须达到的最低强度。

1. 原材料、搅拌、运输与浇筑

冬期施工混凝土宜采用硅酸盐水泥或普通硅酸盐水泥；采用蒸汽养护时，宜采用矿渣硅酸盐水泥。

冬期施工混凝土搅拌前，宜加热拌合水，当仅加热拌合水不能满足热工计算要求时，可加热骨料；拌合水与骨料的加热温度可通过热工计算确定，加热温度不应超过表 14-2-10 的规定。水泥、外加剂、矿物掺合料不得直接加热，应置于暖棚内预热。

拌合水及骨料最高加热温度（℃）　　　　**表 14-2-10**

水泥强度等级	拌合水	骨料
42.5 以下	80	60
42.5、42.5R 及以上	60	40

混凝土搅拌前应对搅拌机械进行保温或采用蒸汽进行加温，搅拌时间应比常温搅拌时间延长 30～60s。混凝土搅拌时应先投入骨料与拌合水，预拌后再投入胶凝材料与外加剂。胶凝材料、引气剂或含引气组分外加剂不得与 60℃以上热水直接接触。混凝土拌合物的出机温度不宜低于 10℃，入模温度不应低于 5℃。

混凝土分层浇筑时，分层厚度不应小于 400mm。在被上一层混凝土覆盖前，已浇筑层的温度应满足热工计算要求，且不得低于 2℃。

2. 混凝土受冻临界强度的确定

蓄热法是指混凝土浇筑后，利用原材料加热以及水泥水化放热，并采取适当保温措施延缓混凝土冷却，在混凝土温度降到0℃以前达到受冻临界强度的施工方法。综合蓄热法是掺早强剂或早强型复合外加剂的混凝土，其他同蓄热法的施工方法。

负温养护法是指在混凝土中掺入防冻剂，使其在负温条件下能够不断硬化，在混凝土温度降到防冻剂规定温度前达到受冻临界强度的施工方法。

冬期浇筑的混凝土，其受冻临界强度应符合下列要求：

(1) 当采用蓄热法、暖棚法、加热法施工时，采用硅酸盐水泥、普通硅酸盐水泥配制的混凝土，不应低于设计混凝土强度等级值的30%；采用矿渣硅酸盐水泥、粉煤灰硅酸盐水泥、火山灰质硅酸盐水泥、复合硅酸盐水泥配制的混凝土时，不应低于设计混凝土强度等级值的40%。

(2) 当室外最低气温不低于－15℃时，采用综合蓄热法、负温养护法施工的混凝土受冻临界强度不应低于4.0MPa；当室外最低气温不低于－30℃时，采用负温养护法施工的混凝土受冻临界强度不应低于5.0MPa。

(3) 强度等级等于或高于C50的混凝土，不宜低于设计混凝土强度等级值的30%。

(4) 有抗渗要求的混凝土，不宜小于设计混凝土强度等级值的50%。

(5) 有抗冻耐久性要求的混凝土，不宜低于设计混凝土强度等级值的70%。

3. 混凝土养护与拆模

冬期施工时，混凝土养护方法有：蓄热法、综合蓄热法、蒸汽养护法、暖棚法、电加热法和负温养护法等。

当室外最低气温不低于－15℃时，对地面以下的工程或表面系数不大于$5m^{-1}$的结构，宜采用蓄热法养护，并应对结构易受冻部位加强保温措施；对表面系数为$5\sim15m^{-1}$的结构，宜采用综合蓄热法养护。

对不易保温养护且对强度增长无具体要求的一般混凝土结构，可采用负温养护法进行养护。

上述方法均不能满足施工要求时，可采用暖棚法、蒸汽加热法、电加热法等方法进行养护。

在混凝土养护和越冬期间，不得直接对负温混凝土表面浇水养护。

混凝土强度应达到受冻临界强度，且混凝土表面温度不应高于5℃，模板和保温层才能拆除，同时，应满足一般条件下拆模的规定。墙、板等薄壁结构构件宜推迟拆模。

混凝土强度未达到受冻临界强度和设计要求时，应继续进行养护。当混凝土表面温度与环境温度之差大于20℃时，拆模后的混凝土表面应立即进行保温覆盖。

冬期施工混凝土强度试件的留置，除应符合《混凝土结构工程施工质量验收规范》GB 50204的有关规定外，尚应增加不少于2组的同条件养护试件。同条件养护试件应在解冻后进行试验。试件的留置数量用于施工期间监测混凝土受冻临界强度，拆模或拆除支架时强度。

【例 14-2-6】(历年真题）影响混凝土受冻临界强度的因素是：

A. 水泥品种　　B. 骨料粒径

C. 水灰比　　D. 构件尺寸

【解答】影响混凝土受冻临界强度的因素是水泥品种，应选A项。

【例 14-2-7】(历年真题）冬期施工时，混凝土的搅拌时间应比常温搅拌时间：

A. 缩短25%　　B. 缩短30%

C. 延长 50%　　　　　　　　　　　　D. 延长 75%

【解答】 在常温下，强制式搅拌机的搅拌时间为 60min；冬期施工，比常温下延长 30～60s，故应比常温搅拌时间延长 50%，应选 C 项。

【例 14-2-8】（历年真题）某工程冬期施工中使用普通硅酸盐水泥拌制的混凝土强度等级为 C40，则其要求防冻的最低立方体抗压强度为：

A. 5N/mm^2　　　　　　　　　　　B. 10N/mm^2

C. 12N/mm^2　　　　　　　　　　　D. 15N/mm^2

【解答】 不应低于设计强度等级值的 30%，即 40×30%=12N/mm^2，应选 C 项。

★六、混凝土雨期施工

雨期施工期间，水泥和矿物掺合料应采取防水和防潮措施，并应对粗骨料、细骨料的含水率进行监测，及时调整混凝土配合比。

雨期施工期间，除应采用防护措施外，小雨、中雨天气不宜进行混凝土露天浇筑，且不应进行大面积作业的混凝土露天浇筑；大雨、暴雨天气不应进行混凝土露天浇筑。

雨期施工期间，应采取防止模板内积水的措施。模板内和混凝土浇筑分层面出现积水时，应在排水后再浇筑混凝土。

混凝土浇筑过程中，因雨水冲刷致使水泥浆流失严重的部位，应采取补救措施后再继续施工。混凝土浇筑完毕后，应及时采取覆盖塑料薄膜等防雨措施。

★★★七、预应力混凝土工程

预应力混凝土是指在结构或构件承受使用荷载之前，预先在混凝土受拉区施加一定的预压应力并产生一定压缩变形的混凝土。按施加预应力的施工方法不同可分为先张法施工和后张法施工。按预应力筋与混凝土的粘结状态不同，预应力混凝土可分为：有粘结预应力混凝土和无粘结预应力混凝土等。

预应力混凝土结构可充分发挥高强钢材和高强混凝土，减轻结构构件自重，提高其刚度、抗震性及耐久性，减小变形，同时，提高其疲劳承载力。

1. 锚固体系

锚固体系是预应力混凝土结构和施工的重要组成部分，通常包括锚具、夹具、连接器及锚下支承系统等。锚具是后张法施工中为保持预应力筋的拉力并将其传递到混凝土上所用的永久性锚固装置。夹具是先张法施工时为保持预应力筋拉力并将其固定在张拉台座（设备）上的临时锚固装置；后张法夹具是将张拉设备的张拉力传递到预应力筋的临时性锚固装置。连接器是将多段预应力筋连接形成一条完整预应力锚束的装置。锚下支承系统是指与锚具配套的布置在锚固区混凝土中的锚垫板、螺旋筋或钢丝网片等。锚具、夹具和连接器的代号见表 14-2-11。

锚具、夹具和连接器的代号　　　　**表 14-2-11**

分类代号		锚具	夹具	连接器
夹片式	圆形	YJM	YJJ	YJL
	扁形	BJM	BJJ	BJL
支承式	镦头	DTM	DTJ	DTL
	螺母	LMM	LMJ	LML

续表

分类代号		锚具	夹具	连接器
握裹式	挤压	JYM	—	JYL
	压花	YHM	—	—
组合式	冷铸	LZM	—	—
	热铸	RZM	—	—

(1) 钢铰线的锚固体系

钢铰线的张拉端锚具有夹片式锚具。圆形夹片式锚具有单孔、多孔夹片锚具，如图14-2-7、图14-2-8所示。扁形夹片式锚具主要适用于楼板、扁梁、低高度箱梁等。钢绞线的固定端有握裹式(挤压、压花)锚具，如图14-2-9、图14-2-10所示，压花锚具安装在混凝土结构内部。特殊情况下，固定端也可选用夹片式锚具。

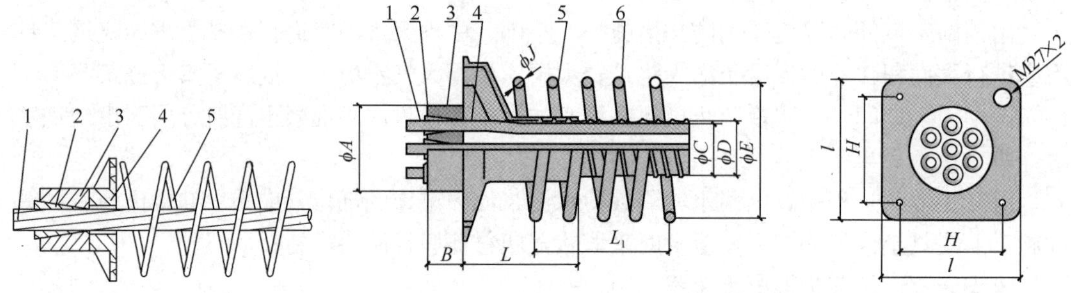

图14-2-7　单孔夹片锚具

1—预应力筋；2—夹片；3—锚环；4—承压板；5—螺旋筋

图14-2-8　多孔夹片锚具

1—钢绞线；2—夹片；3—锚环；4—锚垫板（喇叭口）；5—螺旋筋；6—波纹管

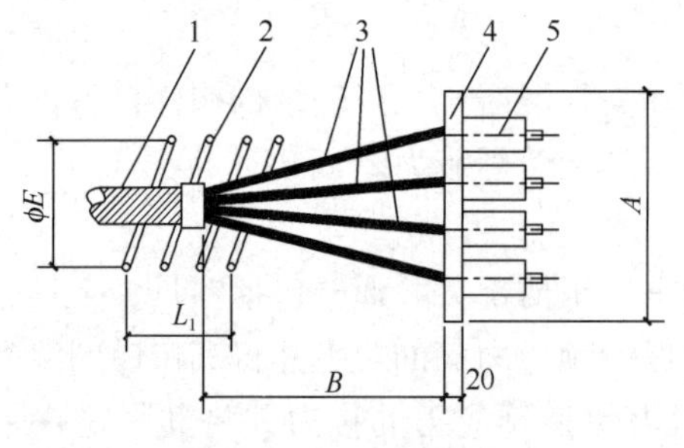

图14-2-9　挤压锚具

1—波纹管；2—螺旋筋；3—钢绞线；4—垫板；5—挤压锚具

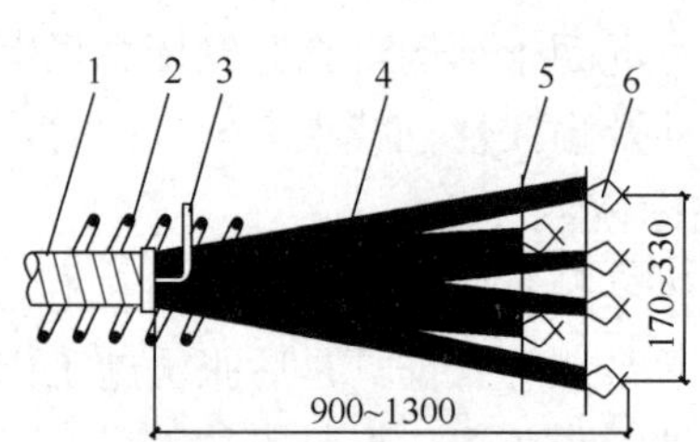

图14-2-10　压花锚具

1—波纹管；2—螺旋筋；3—排气孔；4—钢绞线；5—构造筋；6—压花锚具

在先张法中，钢绞线可采用夹片式夹具、工具式螺杆。其中，在台座上，工具式螺杆与连接器将钢绞线挂在活动模梁上，如图14-2-11所示。

(2) 钢丝束的锚固体系

钢丝束通常采用支承式锚具，常用的镦头锚具分为A型与B型。A型由锚杯与螺母组成，用于张拉端。B型为锚板，用于固定，其构造见图14-2-12。此外，钢丝束也可采用锥形锚具。

单根钢丝的夹片式夹具（图14-2-13），它由套筒和夹片组成，适用于夹持单根直径5～7mm的钢丝。

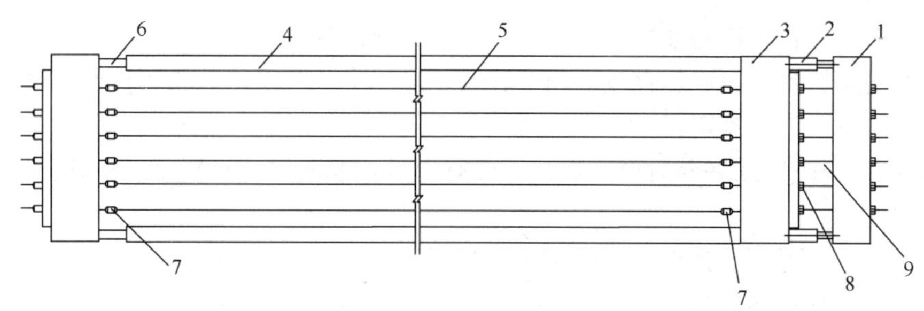

图 14-2-11　三横梁式成组张拉装置

1—活动横梁；2—千斤顶；3—固定横梁；4—横式台座；5—预应力筋；
6—放张装置；7—连接；8—张拉端螺母锚具；9—工具式螺杆

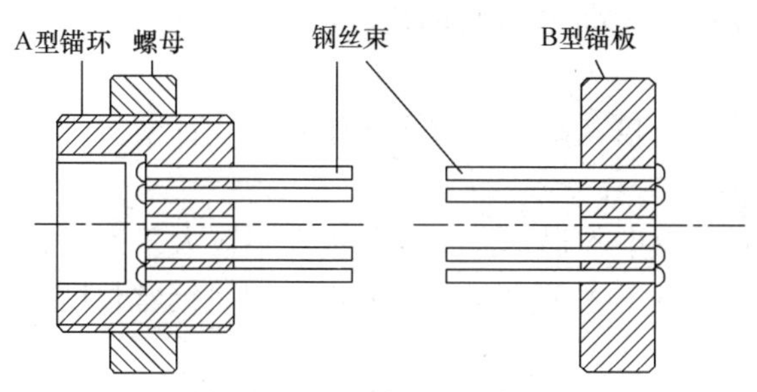

图 14-2-12　钢丝束镦头锚具

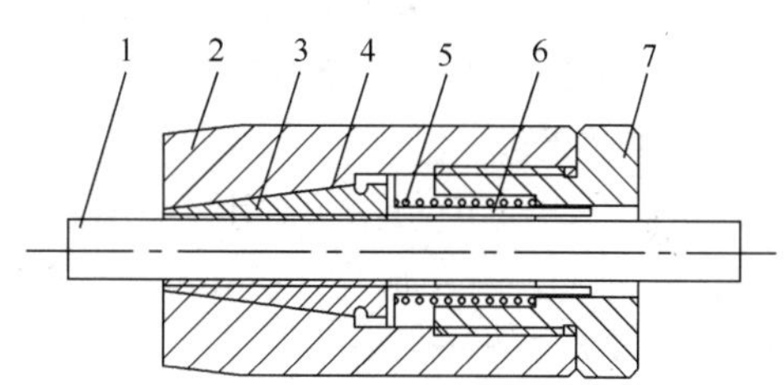

图 14-2-13　单根钢丝夹片式夹具

1—钢丝；2—套筒；3—夹片；4—钢丝圈；
5—弹簧圈；6—顶杆；7—顶盖

在先张法中，钢丝夹具可采用镦头夹具、夹片式夹具、锥形夹具。在预制厂采用机组流水法或传送带法时，可采用钢模张拉用镦头梳筋板夹具。

（3）预应力螺纹钢筋的锚固体系

预应力螺纹钢筋采用螺母锚具（或夹具），如图 14-2-14 所示。

（4）冷（热）铸镦头锚具

冷（热）铸镦头锚具、压接锚具和拉索锚具主要用于预应力空间钢结构。

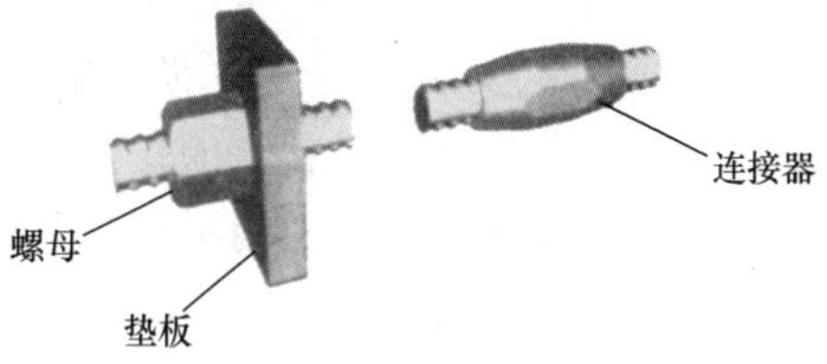

图 14-2-14　螺母锚具

2. 预应力混凝土的基本要求

（1）一般规定

预应力工程应编制专项施工方案。必要时，施工单位应根据设计文件进行深化设计。

预应力工程施工应根据环境温度采取必要的质量保证措施，并应符合下列规定：

1）当工程所处环境温度低于−15℃时，不宜进行预应力筋张拉；

2）当工程所处环境温度高于35℃或日平均环境温度连续5日低于5℃时，不宜进行灌浆施工；当在环境温度高于 35℃或日平均环境温度连续 5 日低于 5℃条件下进行灌浆施工时，应采取专门的质量保证措施。

当预应力筋需要代换时，应进行专门计算，并应经原设计单位确认。

（2）材料

预应力筋的性能，锚具、夹具和连接器应符合国家有关标准的规定。

后张预应力成孔管道的性能应符合国家有关标准的规定。

预应力筋等材料在运输、存放、加工、安装过程中，应采取防止其损伤、锈蚀或污染的措施，并应符合下列规定：

1）有粘结预应力筋展开后应平顺，不应有弯折，表面不应有裂纹、小刺、机械损伤、氧化铁皮和油污等。

2）预应力筋用锚具、夹具、连接器和锚垫板表面应无污物、锈蚀、机械损伤和裂纹。

3）无粘结预应力筋护套应光滑、无裂纹、无明显褶皱。

4）后张预应力用成孔管道内外表面应清洁，无锈蚀，不应有油污、孔洞和不规则的褶皱，咬口不应有开裂或脱落。

(3) 制作与安装

预应力筋的下料长度应经计算确定，并应采用砂轮锯或切断机等机械方法切断。

钢丝镦头及下料长度偏差应符合下列规定：

1）镦头的头型直径不宜小于钢丝直径的 1.5 倍，高度不宜小于钢丝直径；镦头不应出现横向裂纹。

2）当钢丝束两端均采用镦头锚具时，同一束中各根钢丝长度的极差不应大于钢丝长度的 1/5000，且不应大于 5mm。当成组张拉长度不大于 10m 的钢丝时，同组钢丝长度的极差不得大于 2mm。

钢绞线挤压锚具应采用配套的挤压机制作，采用的摩擦衬套应沿挤压套筒全长均匀分布；挤压完成后，预应力筋外端露出挤压套筒不应少于 1mm。

钢绞线压花锚具应采用专用的压花机制作成型，梨形头尺寸和直线锚固段长度不应小于设计值。

3. 先张法

先张法是在构件浇筑混凝土之前，首先张拉预应力筋，并将其临时锚固在台座或钢模上，然后浇筑构件的混凝土。待混凝土达到一定强度后放松预应力筋，借助混凝土与预应力筋的粘结力，使混凝土产生预压应力。该方法广泛适用于中小型预制预应力混凝土构件（如板、梁、桩等）的生产。先张法生产工艺可分为长线台座法、机组流水法和传送带法。其中，台座可分为墩式台座、槽式台座等。先张法施工工艺流程是：预应力筋的加工与铺设、预应力筋张拉、混凝土的浇筑与养护、预应力筋放张等。

(1) 预应力筋张拉

预应力筋的张拉控制应力应按设计的要求。当要求提高构件在施工阶段的抗裂性能而在使用阶段受压区内设置的预应力筋，或要求部分抵消由于松弛、孔道摩擦、预应力筋与台座之间的温差等因素产生的预应力损失时，可采用超张拉，其最大张拉控制应力应满足表 14-2-12。

预应力筋张拉控制应力 σ_{con} 取值（N/mm²） **表 14-2-12**

预应力筋种类	张拉控制应力 σ_{con}	
	一般情况	超张拉情况
消除应力钢丝、钢绞线	$\leqslant 0.75f_{ptk}$	$\leqslant 0.80f_{ptk}$
中强度预应力钢丝	$\leqslant 0.70f_{ptk}$	$\leqslant 0.75f_{ptk}$
预应力螺纹钢筋	$\leqslant 0.85f_{pyk}$	$\leqslant 0.90f_{pyk}$

注：f_{ptk} 为预应力钢丝和钢绞线的抗拉强度标准值；f_{pyk} 为预应力螺纹钢筋的屈服强度标准值。

预应力钢丝张拉程序一般可按下列方式之一进行：

$0 \rightarrow 1.05\sigma_{con}$（持荷 2min）$\rightarrow \sigma_{con}$（锚固）或者 $0 \rightarrow 1.03\sigma_{con}$（锚固）

采用上述张拉程序的目的是为了减少应力松弛损失。应力松弛是指钢材在常温、高应力状态下由于塑性变形而使应力随时间的延续而降低的现象。这种现象在张拉后的头几分钟内发展得特别快，往后趋于缓慢。

低松弛钢绞线张拉可采用一次张拉程序：

对单根张拉：$0 \rightarrow \sigma_{con}$（锚固）

对整体张拉：0→初应力调整→σ_{con}（锚固）

在浇筑混凝土前发生断裂或滑脱的预应力筋必须更换。

张拉后预应力筋的位置与设计位置的偏差不应大于 5mm，且不应大于构件截面短边边长的 4%。

（2）预应力筋放张

预应力筋放张时，混凝土强度必须符合设计要求；当设计无规定时，混凝土强度不得低于设计强度等级的 75%。采用消除应力钢丝和钢绞线作预应力筋的先张法构件，尚不应低于 30MPa。其放张顺序，应符合下列规定：

1）宜采取缓慢放张工艺进行逐根或整体放张。

2）对轴心受压构件，所有预应力筋宜同时放张。

3）对受弯或偏心受压的构件，应先同时放张预压应力较小区域的预应力筋，再同时放张预压应力较大区域的预应力筋。

4）当不能按上述 1）、2）或 3）放张时，应分阶段、对称、相互交错放张。

5）放张后，预应力筋的切断顺序，宜从张拉端开始依次切向另一端。

【例 14-2-9】（历年真题）下列有关先张法预应力筋放张的顺序，说法错误的是：

A. 压杆的预应力筋应同时放张

B. 梁应先同时放张预应力较大区域的预应力筋

C. 桩的预应力筋应同时放张

D. 板类构件应从板外边向里对称放张

【解答】梁应先同时放张预应力较小区域的预应筋，B 项错误，应选 B 项。

4. 后张法

后张法是先制作混凝土构件或结构，待混凝土达到一定强度后，直接在构件或结构上张拉预应力筋，并用锚具将其锚固在构件端部，使混凝土产生预压应力的施工方法。后张法施工工艺流程是：铺设预应力筋管道、预应力筋穿束（可分为先穿束法和后穿束法，前者在浇筑混凝土之前穿束，后者在浇筑混凝土之后穿束）、预应力筋张拉锚固、孔道灌浆、封堵等。后张法广泛应用于大型预制预应力混凝土构件和现浇预应力混凝土结构。

（1）孔道留设

1）方法

预应力筋的孔道形状有直线、曲线和折线三种。孔道内径应比预应力筋外径或需穿过孔道的锚具（连接器）外径大 6～15mm，且孔道面积应大于预应力筋面积的 3～4 倍。预应力筋孔道成型可采用钢管抽芯、胶管抽芯和预埋波纹管法。孔道成型的质量直接影响到预应力筋的穿入与张拉。

① 钢管抽芯法：预先将钢管埋设在模板内的孔道位置处，在混凝土浇筑过程中和浇筑之后，每隔一定时间慢慢转动钢管，使之不与混凝土粘结，混凝土初凝后，终凝前，抽出钢管，即形成孔道。该方法只适用于直线孔道。

② 胶管抽芯法：选用5～7层帆布夹层的普通橡胶管。使用时先充气或充水，持续保持压力为0.8～1.0MPa，此时胶管直径可增大约3mm，密封后浇筑混凝土。待混凝土达到一定强度后抽管，抽管时应先放气或水，待管径缩小与混凝土脱离，即可拔出。该方法可适用于直线孔道或一般的折线与曲线孔道。

③ 预埋管法：预埋管有波纹管和钢管。波纹管主要有金属波纹管和塑料波纹管两种。波纹管用间距0.8～1.5m的钢筋马凳固定，波纹管不再抽出。

2）要求

成孔管道的连接应密封，圆形金属波纹管接长时，可采用大一规格的同波型波纹管作为接头管，接头管长度可取其内径的3倍，且不宜小于200mm，两端旋入长度宜相等，且接头管两端应采用防水胶带密封；塑料波纹管接长时，可采用塑料焊接机热熔焊接或采用专用连接管；钢管连接可采用焊接连接或套筒连接。

成孔管道应平顺，并与定位钢筋绑扎牢固。定位钢筋直径不宜小于10mm，间距不宜大于1.2m。凡施工时需要预先起拱的构件，成孔管道宜随构件同时起拱。

孔道之间的水平净间距不宜小于50mm，且不宜小于粗骨料最大粒径的1.25倍；孔道至构件边缘的净间距不宜小于30mm，且不宜小于孔道外径的50%。

预应力孔道应根据工程特点设置排气孔、泌水孔及灌浆孔，排气孔可兼作泌水孔或灌浆孔，并应符合下列规定（图14-2-15）：

① 当曲线孔道波峰和波谷的高差大于300mm时，应在孔道波峰设置排气孔，排气孔间距不宜大于30m。

② 当排气孔兼作泌水孔时，其外接管伸出构件顶面高度不宜小于300mm。

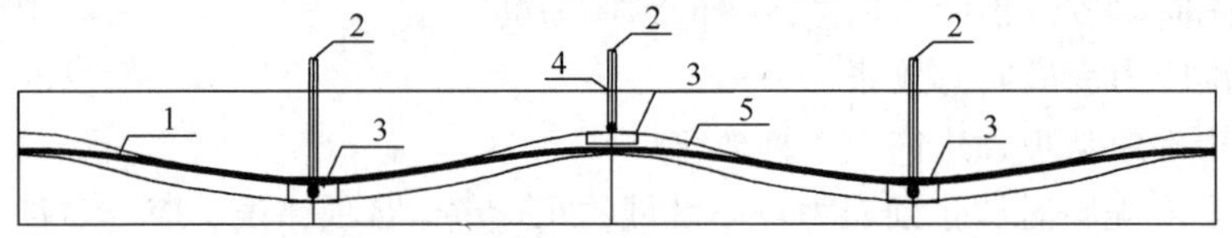

图14-2-15 预应力筋在波纹管中位置图

1—预应力筋；2—排气孔；3—塑料弧形盖板；4—塑料管；5—波纹管孔道

（2）预应力筋穿束

1）对采用蒸汽养护的预制构件，预应力筋应在蒸汽养护结束后穿入孔道。

2）预应力筋穿入孔道后至孔道灌浆的时间间隔不宜过长，当环境相对湿度大于60%或处于近海环境时，不宜超过14d；当环境相对湿度不大于60%时，不宜超过28d。当不能满足时，宜对预应力筋采取防锈措施。

（3）预应力筋张拉

后张法预应力筋张拉时，构件的混凝土强度应符合设计要求，且同条件养护的混凝土抗压强度不应低于设计强度等级的75%，也不得低于所用锚具局部承压所需的混凝土最低强度等级。后张法预应力梁和板，现浇结构混凝土的龄期分别不宜小于7d和5d。

预应力筋的张拉控制应力应符合设计及专项施工方案的要求。当施工中需要超张拉时，调整后的最大张拉控制应力 σ_{con} 应符合表 14-2-12 的规定。

采用低松弛钢丝和钢绞线时，张拉程序为：0→σ_{con}（锚固）。

采用普通松弛预应力筋时，采用超张拉方法可减少预应力筋的应力松弛损失，其超张拉程序为：

墩头锚具等可卸荷锚具：0→1.05σ_{con}（持荷 2min）→σ_{con}（锚固）。

夹片锚具等不可卸荷夹片式锚具：0→1.03σ_{con}（锚固）。

后张法预应力筋的张拉方法，应根据设计和专项施工方案的要求采用一端张拉或两端张拉。当设计无具体要求时，有粘结预应力筋长度不大于20m，可采用一端张拉；长度大于 20m 时，宜两端张拉。预应力筋为直线形时，一端张拉的长度可放宽至 35m。采用两端张拉时，可两端同时张拉，也可一端先张拉锚固，另一端补张拉。

后张法预应力筋的张拉顺序应符合设计要求，当设计无具体要求时，应采用分批、分阶段、均匀、对称的原则进行张拉，使混凝土不产生超应力、构件不扭转与侧弯。平卧重叠制作的构件，宜先上后下逐层进行张拉；为了减少上下层之间因摩阻引起的预应力损失，应自上而下逐层加大张拉力。现浇预应力混凝土楼盖，宜先张拉楼板、次梁的预应力筋，后张拉主梁的预应力筋。

对后张法预应力结构构件，断裂或滑脱的数量严禁超过同一截面预应力筋总根数的 3%，且每束钢丝或每根钢绞线不得超过一丝；对多跨双向连续板，其同一截面应按每跨计算。施工现场应全数检查。

（4）孔道灌浆与端头封锚

1）孔道灌浆

孔道灌浆时间见前面预应力筋穿束。

孔道灌浆用的水泥浆应具有较大的流动性、较小的干缩性与泌水性。灌浆用水泥应优先采用强度等级不低于 42.5 级的普通硅酸盐水泥或硅酸盐水泥。

灌浆用水泥浆，采用普通灌浆工艺时，稠度宜控制在 12～20s，采用真空灌浆工艺时，稠度宜控制在 18～25s，水灰比不应大于 0.45。3h 自由泌水率宜为 0，且不应大于 1%，泌水应在 24h 内全部被水泥浆吸收。24h 自由膨胀率，采用普通灌浆工艺时不应大于 6%；采用真空灌浆工艺时不应大于 3%。水泥浆中氯离子含量不应超过水泥重量的 0.06%。

灌浆用水泥浆的 28d 标准养护的边长为 70.7mm 的立方体水泥浆试块抗压强度不应低于 30MPa。

灌浆用水泥浆宜采用高速搅拌机进行搅拌，搅拌时间不应超过 5min。水泥浆应在初凝前灌入孔道，搅拌后至灌浆完毕的时间不宜超过 30min。

灌浆施工，宜先灌注下层孔道，后灌注上层孔道；灌浆应连续进行，直至排气管排出的浆体稠度与注浆孔处相同且无气泡后，再顺浆体流动方向依次封闭排气孔；全部出浆口封闭后，宜继续加压 0.5～0.7MPa，并应稳压 1～2min 后封闭灌浆口；当泌水较大时，宜进行二次灌浆和对泌水孔进行重力补浆。

2）端头封锚

后张法预应力筋锚固后的外露多余长度，宜采用机械方法切割，也可采用氧-乙炔焰切割，其外露长度不宜小于预应力筋直径的 1.5 倍，且不应小于 30mm。外露锚具和预应力筋应采用封头混凝土保护，其混凝土保护层厚度不应小于：一类环境时 20mm；二 a、二 b 类环境时 50mm；三 a、三 b 类环境时 80mm。

【例 14-2-10】（历年真题）采用钢管抽芯法留设孔道时，抽管时间为：

A. 混凝土初凝前　　　　B. 混凝土初凝后、终凝前

C. 混凝土终凝后　　　　D. 混凝土达到 30%设计强度

【解答】钢管抽管时间为混凝土初凝后、终凝前，应选 B 项。

【例 14-2-11】某构件预应筋直径为 22mm，孔道灌浆后，对预应力筋处理错误的是：

A. 预应力筋锚固后外露长度留足 30mm

B. 多余部分用氧-乙炔焰切割

C. 封头混凝土厚 100mm

D. 锚具采用封头混凝土保护

【解答】预应力筋锚固后外露长度$\geqslant 1.5d=1.5\times 22=33$mm，且$\geqslant$30mm，A 项不满足，应选 A 项。

5. 无粘结预应力混凝土施工

无粘结预应力混凝土是指配有无粘结预应力筋、靠锚具传力的一种预应力混凝土。其施工过程是：先将无粘结预应力筋安装固定在模板内，然后再浇筑混凝土，待混凝土达到设计强度后进行张拉锚固。它适用于现浇楼板（单向板、双向板）、扁梁等。

板中单根无粘结预应力筋的水平间距不宜大于板厚的 6 倍，且不宜大于 1m；带状束的无粘结预应力筋根数不宜多于 5 根，束间距不宜大于板厚的 12 倍，且不宜大于 2.4m。

梁中集束布置的无粘结预应力筋，束的水平净间距不宜小于 50mm，束至构件边缘的净间距不宜小于 40mm。

无粘结预应筋的张拉都是逐根进行的。无粘结预应力筋长度不大于40m时，可一端张拉，大于 40m 时，宜两端张拉。

【例 14-2-12】（历年真题）现浇框架结构中，厚度为 150mm 的多跨连续预应力混凝土楼板，其预应力施工宜采用：

A. 先张法　　　　B. 铺设无粘结预应力筋的后张法

C. 预埋螺旋管留孔道的后张法　　　　D. 钢管抽芯预留孔道的后张法

【解答】厚度 150mm 的多跨连续楼板，无法采用 A、C、D 项，故应选 B 项。

习　题

14-2-1　（历年真题）影响冷拔低碳钢丝质量的主要因素是：

A. 原材料的质量　　　　B. 冷拔的次数

C. 冷拔总压缩率　　　　D. A 和 C

14-2-2　（历年真题）钢筋经冷拉后不得用作构件的：

A. 箍筋　　　　B. 预应力钢筋

C. 吊环　　　　D. 主筋

14-2-3　（历年真题）某工程冬期施工中使用普通硅酸盐水泥拌制的混凝土强度等级为 C50，则其受冻临界强度不宜小于：

A. 5N/mm^2　　B. 10N/mm^2

C. 12N/mm^2　　D. 15N/mm^2

14-2-4 （历年真题）冬期施工中配制混凝土用的水泥，应优先选用：

A. 矿渣水泥　　B. 硅酸盐水泥

C. 火山灰质水泥　　D. 粉煤灰水泥

14-2-5 （历年真题）某悬挑长度为1.5m、强度等级为C30的现浇阳台板，当可以拆除其底模时，混凝土立方体抗压强度至少应达到：

A. 15N/mm^2　　B. 22.5N/mm^2

C. 21N/mm^2　　D. 30N/mm^2

第三节　砌体工程与结构吊装工程

一、砌体工程

砌体结构工程是指由块体和砂浆砌筑而成的墙、柱作为建筑物主要受力构件及其他构件的结构工程。

1. 砌筑材料

砌筑材料主要是砖、石、砌块和砌筑砂浆，见表14-3-1。

砌筑材料及其强度等级　　**表14-3-1**

块体	块体强度等级	砌筑砂浆强度等级
烧结普通砖、烧结多孔砖	MU30、MU25、MU20、MU15、MU10	M15、M10、M7.5、M5、M2.5
蒸压灰砂普通砖、蒸压粉煤灰普通砖	MU25、MU25、MU20、MJ15	Ms15、Ms10、Ms7.5、Ms5.0
石材	MU100、MU80、MU60、MU50、MU40、MU30、MU20	M7.5、M5、M2.5
混凝土砌块、轻骨料混凝土砌块	MU20、MU15、MU10 MU7.5、MU5	Mb20、Mb15、Mb10 Mb7.5、Mb5

注：1. Ms、Mb为专用砌筑的符号。
2. 混凝土普通砖与多孔砖，蒸压加气混凝土砌块未列出。

烧结普通砖、蒸压灰砂普通砖、蒸压粉煤灰普通砖和混凝土普通砖的规格为240mm×115mm×53mm，混凝土小型空心砌块的规格为390mm×190mm×190mm。

当砌筑烧结普通砖、烧结多孔砖、蒸压灰砂砖和蒸压粉煤灰普通砖砌体时，砖应提前1～2d适度湿润，不得采用干砖或吸水饱和状态的砖砌筑。烧结类砖的相对含水率（块体含水率与吸水率的比值）宜为60%～70%；混凝土多孔砖及混凝土实心砖不宜浇水湿润，但在气候干燥炎热的情况下，宜在砌筑前对其浇水湿润；其他非烧结类砖的相对含水率宜为40%～50%。

砌筑砂浆有水泥砂浆、石灰砂浆和混合砂浆。砂浆种类选择及其等级的确定应根据设计要求。其中，水泥砂浆和混合砂浆可用于砌筑潮湿环境和强度要求较高的砌体，但对于基础一般只用水泥砂浆。石灰砂浆宜用于砌筑干燥环境中以及强度要求不高的砌体，不宜用于潮湿环境的砌体及基础。建筑生石灰熟化成石灰膏时，应采用孔径不大于3mm×3mm的网过滤，熟化时间不得少于7d；建筑生石灰粉的熟化时间不得少于2d。

砂浆应随拌随用，如砂浆出现泌水现象，应再次拌合。现场拌制的砂浆应在搅拌后3h内使用完毕，如施工期间最高气温超过30℃，则应在2h内用完。

【例14-3-1】（历年真题）普通砌筑砂浆的强度等级划分中，强度等级最高的是：

A. M20　　B. M25　　C. M10　　D. M15

【解答】普通砌筑砂浆的最高强度等级为M15，应选D项。

★★★2. 砖砌体施工

(1) 砌筑施工

砖砌体施工通常包括抄平、放线、摆砖样、立皮数杆、挂准线、铺灰、砌砖等工序。若为清水墙，则还要进行勾缝。砖砌体施工顺序为：当基底标高不同时，应从低处砌起，并由高处向低处搭接，当设计无要求时，搭接长度不应小于基础扩大部分的高度。墙体砌筑时，内外墙应同时砌筑，不能同时砌筑时，应留槎并做好接槎处理。

砌筑宜采用一铲灰、一块砖、一揉压的“三一”砌筑法。当采用铺浆法砌筑时，铺浆的长度不得超过750mm，如施工期间气温超过30℃时，铺浆长度不得超过500mm。实心砖砌体一般采用一顺一丁、三顺一丁、梅花丁等组砌方法。

砖砌体的转角处和交接处应同时砌筑。在抗震设防烈度8度及以上地区，对不能同时砌筑的临时间断处应砌成斜槎，其中普通砖砌体的斜槎水平投影长度不应小于高度(h)的2/3（图14-3-1），多孔砖砌体的斜槎长高比不应小于1/2。斜槎高度不得超过一步脚手架高度。

砖砌体的转角处和交接处对非抗震设防及在抗震设防烈度为6度、7度地区的临时间断处，当不能留斜槎时，除转角处外，可留直槎，但应做成凸槎。留直槎处应加设拉结钢筋（图14-3-2），每120mm墙厚应设置1ϕ6拉结钢筋；当墙厚为120mm时，应设置2ϕ6拉结钢筋；间距沿墙高不应超过500mm，且竖向间距偏差不应超过100mm；埋入长度从留槎处算起每边均不应小于500mm；对抗震设防烈度6度、7度的地区，不应小于1000mm；拉筋末端应设90°弯钩。

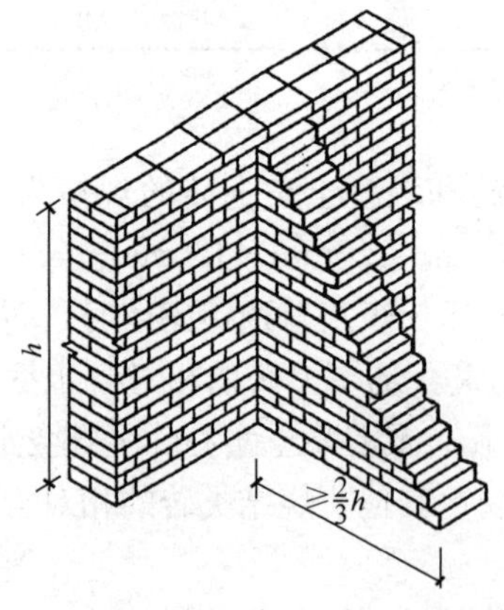

图14-3-1　砖砌体斜槎砌筑示意图

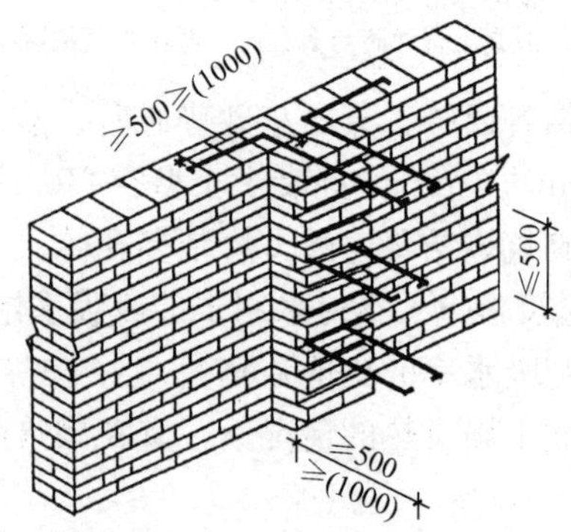

图14-3-2　砖砌体直槎和拉结筋示意图

砌体施工质量着重控制墙体位置、垂直度及灰缝质量，要求做到横平竖直、砂浆饱满、厚薄均匀、上下错缝、内外搭砌、接槎牢固。

砌体灰缝的砂浆应密实饱满，砖墙水平灰缝的砂浆饱满度不得小于80%，砖柱的水平灰缝和竖向灰缝饱满度不应小于 90%；竖缝宜采用挤浆或加浆方法，不得出现透明缝、瞎缝和假缝。不得用水冲浆灌缝。水平灰缝厚度和竖向灰缝宽度宜为 10mm，但不应小于 8mm，且不应大于 12mm。

平拱式过梁拱脚应伸入墙内不小于 20mm，拱底应有 1%起拱。砖过梁底部的模板，应在灰缝砂浆强度不低于设计强度的 75%时，方可拆除。

与构造柱相邻部位砌体应砌成马牙槎，马牙槎应先退后进，每个马牙槎沿高度方向的尺寸不宜超过 300mm，凹凸尺寸宜为 60mm。砌筑时，砌体与构造柱间应沿墙高每 500mm 设拉结钢筋。

在墙体上留置临时施工洞口净宽度不应大于 1m，其侧边距交接处墙面不应小于 500mm。

（2）施工脚手架眼的设置要求

施工脚手架眼不得设置在下列墙体或部位：

1）120mm 厚墙、清水墙、料石墙、独立柱和附墙柱。

2）过梁上部与过梁成 60°角的三角形范围及过梁净跨度 1/2 的高度范围内。

3）宽度小于 1m 的窗间墙。

4）门窗洞口两侧石砌体 300mm，其他砌体 200mm 范围内；转角处石砌体 600mm，其他砌体 450mm 范围内。

5）梁或梁垫下及其左右 500mm 范围内。

6）轻质墙体。

7）夹心复合墙外叶墙。

8）设计不允许设置脚手架眼的部位。

砌体施工质量控制等级分为：A 级、B 级和 C 级。其中，C 级为最低。当设计无要求时，不应低于 B 级。

【例 14-3-2】（历年真题）砌体工程中，下列墙体或部位中可以留设脚手架眼的是：

A. 120mm 厚砖墙、穿斗墙和砖柱

B. 宽度小于 2m，但大于 1m 的窗间墙

C. 门洞窗口两侧 200mm 和距转角 450mm 的范围内

D. 梁和梁垫下及其左右 500mm 范围内

【解答】宽度小于 2m，但大于 1m 的窗间墙可留设脚手架眼，应选 B 项。

★★★3. 混凝土小型空心砌块砌体施工

混凝土小砌块砌筑时的含水率，对普通混凝土小砌块，宜为自然含水率，当天气干燥炎热时，可提前浇水湿润；对轻骨料混凝土小砌块，宜提前 1～2d 浇水润湿。不得雨天施工，小砌块表面有浮水时，不得使用。

使用单排孔小砌块砌筑时，应孔对孔错缝搭砌。单排孔小砌块的搭接长度应为块体长度的 1/2；多排孔小砌块的搭接长度不宜小于砌块长度的 1/3。如个别部位不能满足时，应在灰缝中设置拉结钢筋或铺设钢筋网片，但竖向通缝不得超过 2 皮砌块。

砌筑时，承重墙部位严禁使用断裂的砌块，小型砌块应底面朝上反砌于墙上。建筑底层室内地面以下或防潮层以下的砌体，应采用水泥砂浆，采用强度等级不低于 C20 的混凝土灌实小砌块的孔洞。

小砌块砌体的水平灰缝应平直，其砂浆饱满度按净面积计算不应小于90%。竖向灰缝应采用加浆方法，严禁用水冲浆灌缝，竖向灰缝的饱满度不应小于90%。竖缝不得出现瞎缝或透明缝。水平灰缝的厚度与垂直灰缝的宽度应控制在8～12mm。

小砌块砌体的转角或内外墙交接处应同时砌筑。如必须设置临时间断处，则应砌成斜槎，斜槎水平投影长度不应小于斜槎高度。

正常施工条件下，小砌块砌体每日砌筑高度宜控制在1.4m或一步脚手架高度内。在砌筑砂浆强度大于1.0MPa后，方可浇筑芯柱混凝土，每层应连续浇筑。

★4. 填充墙施工与冬期施工

填充墙砌体砌筑，应在承重主体结构检验批验收合格后进行；填充墙顶部与承重主体结构之间的空隙部位，应在填充墙砌筑14d后进行砌筑。

烧结空心砖墙应侧立砌筑，孔洞应呈水平方向。空心砖墙底部宜砌筑3皮普通砖，且门窗洞口两侧一砖范围内应采用烧结普通砖砌筑。转角及交接处应同时砌筑，不得留直槎，留斜槎时，斜槎高度不宜大于1.2m。

冬期施工不得使用无水泥拌制的砂浆，砂浆宜采用普通硅酸盐水泥拌制，拌合砂浆宜采用两步投料法，并可对水和砂进行加温，但水的温度不得超过80℃，砂的温度不得超过40℃。

烧结普通砖、烧结多孔砖和烧结空心砖在正温度条件下砌筑需适当浇水润湿，但在负温度条件下砌筑时不应浇水而采用增大砂浆稠度的方法。

砌体工程的冬期施工可以采用掺氯盐砂浆法。当最低气温不高于－15℃时，采用掺氯盐砂浆法砌筑承重砌体，其砂浆强度等级应按常温施工时的规定提高一级。

★5. 脚手架

(1) 脚手架的分类

脚手架的种类很多，按其搭设位置分为外脚手架和里脚手架两大类；按其所用材料分为竹脚手架与金属脚手架；按其构造形式分为多立杆式、门式、悬挑式、悬挂式、升降式等；按设置形式分为单排、双排和满堂脚手架，以及封圈型脚手架（指沿建筑周边交圈设置的脚手架）、开口型脚手架（沿建筑周边非交圈设置的脚手架为开口型脚手架。其中，呈直线形的脚手架称为一字形脚手架）。

按用途划分，脚手架可分为作业脚手架、支撑脚手架和防护用脚手架。其中，作业脚手架是为建筑施工提供作业平台和安全防护的脚手架，简称作业架。支撑脚手架是为建筑施工提供支撑和作业平台的脚手架，简称支撑架，如结构安装支撑脚手架、混凝土施工模板支撑脚手架。

对脚手架的基本要求是：工作面满足工人操作、材料堆置和运输的需要；结构有足够的承载能力、刚度和稳定性，变形满足要求；装拆简便，便于周转使用。

外脚手架按搭设安装的方式有四种基本形式，即落地式脚手架、悬挑式脚手架、悬挂式脚手架及升降式脚手架。在高层建筑中，升降式脚手架常用的有自升式、互升式和整体升降式。

(2) 扣件式钢管作业脚手架

扣件式钢管作业脚手架由立杆、纵向水平杆、横向水平杆、连墙件、剪刀撑、脚手板、底座、扫地杆等组成（图14-3-3）。

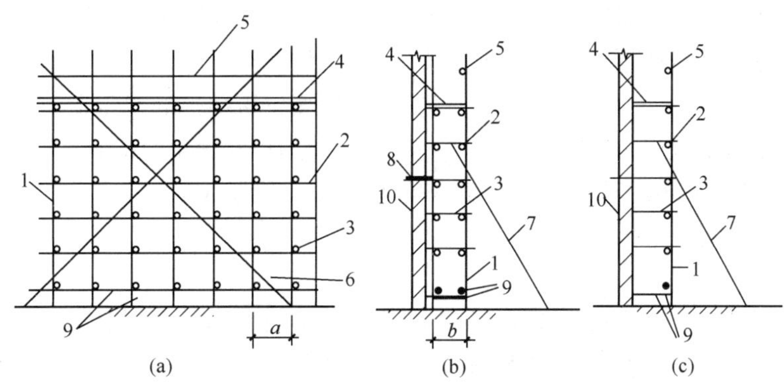

图 14-3-3　扣件式钢管作业脚手架

(a) 立面；(b) 侧面（双排）；(c) 侧面（单排）

1—立杆；2—纵向水平杆；3—横向水平杆；4—脚手板；5—栏杆；

6—剪刀撑；7—抛撑；8—连墙件；9—扫地杆；10—墙体

立杆承担脚手架的竖向荷载，在水平风荷载等作用下，立杆承担水平风荷载。

横向水平杆、纵向水平杆承担竖向荷载，如施工人员和材料等。

连墙件是将脚手架与建筑物主体结构连接，其作用是：①防止脚手架发生横向整体失稳；②防止脚手架在风荷载下产生倾覆，将水平风荷载的水平力传递给建筑结构，即传递拉力和压力；③对立杆起中间支座的作用，提高立杆的刚度、承载力；④能承受施工荷载偏心作用产生的水平力。

剪刀撑加强脚手架的纵向刚度、提高架体整体刚度和空间作用，以保证脚手架稳定，同时，提高架体的抗侧力刚度，减小变形。

单排脚手架的搭设高度不大于 24m；双排脚手架的搭设高度不大于 50m。高度大于 50m 的双排脚手架应采用分段搭设的措施。

纵向水平杆应设置在立杆内侧，单根杆长度不应小于 3 跨。主节点处必须设置一根横向水平杆，用直角扣件扣接且严禁拆除。

双排脚手架立杆横距 1.05～1.55m，纵距 1.2～2.0m；单排脚手架的横距 1.2～1.4m，纵距 1.2～2.0m，脚手架的步距 1.5～1.8m。脚手架立杆的纵、横距及步距根据荷载大小确定。单排脚手架横向水平杆伸入墙内的长度不应小于 180mm。每根立杆底部宜设置底座或垫板。脚手架必须设置纵、横向扫地杆。纵向扫地杆应采用直角扣件固定在距钢管底端不大于 200mm 处的立杆上。横向扫地杆应采用直角扣件固定在紧靠纵向扫地杆下方的立杆上。单排、双排与满堂脚手架立杆接长除顶层顶步外，其余各层各步接头必须采用对接扣件连接。

连墙件的连墙点的水平间距不得超过 3 跨，竖向间距不得超过 3 步，连墙点之上架体的悬臂高度不应超过 2 步；在架体的转角处、开口型作业脚手架端部应增设连墙件，连墙件的垂直间距不应大于建筑物层高，且不应大于 4.0m。

双排脚手架应设置剪刀撑与横向斜撑，单排脚手架应设置剪刀撑。每道剪刀撑的宽度应为 4～6 跨，且不应小于 6m，也不应大于 9m；剪刀撑斜杆与水平面的倾角应在 45°～60°之间。搭设高度在 24m 以下时，应在架体两端、转角及中间每隔不超过 15m 各设置一道剪刀撑，并由底至顶连续设置；搭设高度在 24m 及以上时，应在全外侧立面上由底至顶连续设置。悬挑脚手架、附着式升降脚手架应在全外侧立面上由底至顶连续设置。

【例 14-3-3】（历年真题）设置脚手架连墙件的目的是：

A. 抵抗风荷载　　B. 增加建筑结构的稳定

C. 方便外装饰的施工操作　　D. 为悬挂吊篮创造条件

【解答】 设置脚手架连墙件的目的是抵抗风荷载，应选 A 项。

（3）脚手架的搭设与拆除

1）搭设

落地作业脚手架、悬挑脚手架的搭设应与工程施工同步，一次搭设高度不应超过最上层连墙件两步，且自由高度不应大于 4m；剪刀撑、斜撑杆等加固杆件应随架体同步搭设，不得滞后安装。

作业脚手架连墙件的安装，必须随作业脚手架搭设同步进行，严禁滞后安装；当作业脚手架操作层高出相邻连墙件 2 个步距及以上时，在上层连墙件安装完毕前，必须采取临时拉结措施。

2）拆除

架体的拆除应从上而下逐层进行，严禁上下同时作业；同层杆件和构配件必须按先外后内的顺序拆除；剪刀撑、斜撑杆等加固杆件必须在拆卸至该杆件所在部位时再拆除。

作业脚手架连墙件必须随架体逐层拆除，严禁先将连墙件整层或数层拆除后再拆架体。拆除作业过程中，当架体的自由端高度超过 2 个步距时，必须采取临时拉结措施。

当脚手架拆至下部最后一根长立杆的高度（约 6.5m）时，应先在适当位置搭设临时抛撑加固后再拆除连墙件。

★★★二、起重安装机械

结构吊装中常用的起重机械有自行式起重机（履带式、汽车式和轮胎式）、塔式起重机和非标准起重装置（如独脚拔杆、人字拔杆、桅杆式起重机）。

1. 自行式起重机

履带式起重机主要由行走装置、回转机构、机身及起重臂等部分组成，其作业时不需要支腿支承，可以吊载行驶，可在松软、泥泞、坎坷不平的场地作业，适应性强。它的缺点是：机身稳定性较差，在正常条件下不宜超负荷吊装，转场困难，多用平板拖车装运。它主要适用于单层、5 层以下结构吊装。

汽车式起重机是一种自行式全回转起重机，起重机构安装在汽车通用或专用底盘上，其行驶驾驶室与起重操纵室分开设置。汽车起重机起重量的范围很大，为 8～1000t，按起重量大小分为轻型、中型和重型。它的优点是行驶速度快、机动性好、转移迅速、对地面破坏性小等，特别适合于流动性大、经常变换地点的作业；其缺点是工作时须支腿，不能负荷行驶。轻型汽车式起重机主要用于装卸作业，中型和重型汽车式起重机则用于结构吊装。

轮胎式起重机是把起重机构装在加重型轮胎和轮轴组成的特制底盘上的全回转起重机，用于构件装卸和厂房结构吊装。轮胎式起重机行驶时对路面破坏性小，吊重时一般需使用支腿，否则起重量大大减小。

2. 塔式起重机

塔式起重机的特点及适用对象见表 14-3-2。

塔式起重机特点及适用对象　　表 14-3-2

类型	特点	适用对象
轨道行走式	底部设行走机构，可沿轨道两侧进行吊装，作业范围大，非生产时间少，并可替代履带式和汽车式等起重机； 需铺设专用轨道，路基工作量大、占用施工场地大	大跨度结构、长度较长的单层、10 层以下结构
固定式	无行走机构，底座固定，能增加标准节，塔身可随施工进度逐渐提高； 缺点是不能行走，作业半径较小，覆盖范围很有限	高度及跨度都不大的普通建筑
附着自升式	须将起重机固定，每隔 16～36m 设置一道锚固装置与建筑结构连接，保证塔身稳定性。其特点是可自行升高，起重高度大，占地面积小； 需增设附墙架，对建筑结构会产生附加力，必须进行相关验算	高层建筑
内爬式	特点是塔身长度不变，底座通过附墙架支承在建筑物内部，借助爬升系统随着结构的升高而升高，一般每隔 1～3 层爬升一次。 优点是节约大量塔身，体积小，既不需要铺设轨道，又不占用施工场地；缺点是对建筑物产生较大的附加力，附着所需的支承架及相应的预埋件有一定的用钢量；工程完成后，拆机下楼需要辅助起重设备	超高层建筑

【例 14-3-4】（历年真题）对平面呈板式的六层钢筋混凝土预制结构吊装时，宜使用：

A. 人字桅杆式起重机　　B. 履带式起重机

C. 附着式塔式起重机　　D. 轨道式塔式起重机

【解答】平面呈板式的六层钢筋混凝土预制结构吊装，宜使用轨道式塔式起重机，应选 D 项。

3. 非标准起重装置

独脚拔杆、人字拔杆和桅杆式起重机用于重型构件吊装、狭小场地吊装、协助内爬式塔式起重机的拆除等。

★★★三、单层装配式混凝土厂房吊装

单层装配式混凝土厂房，一般由基础、柱、吊车梁、屋架、天窗架、屋面板等组成，除基础现浇外，其他多为装配式构件，工厂和现场预制，用起重机进行吊装。

吊装前的准备工作包括：构件的制作、运输和堆放；构件质量检查，吊装时混凝土强度需满足设计要求，若设计无要求，柱混凝土强度应不低于设计强度的 75%，屋架混凝土强度应达到设计强度的 100%，且孔道的灌浆强度不应低于 15MPa，方可进行吊装；构件弹线编号；杯形基础的弹线与杯底找平等。

1. 构件吊装工艺

构件吊装一般包括：绑扎、起吊、对位、临时固定、校正和最后固定等。

（1）柱的吊装

1）柱的绑扎

按柱起吊后柱身是否垂直，分为直吊法和斜吊法，相应的绑扎方法如下：

① 斜吊绑扎法：当柱平卧起吊的抗弯能力满足要求时（柱受弯截面有效高度为 b_0），可采用斜吊绑扎（图 14-3-4）。该方法的特点是柱不需翻身，起重钩可低于柱顶，当柱身较长、起重机臂长不够时，用此法较方便，但因柱身倾斜，就位时对中较困难。该方法可

采用一点绑扎或两点绑扎。

② 直吊绑扎法：当柱平卧起吊的抗弯能力不足时，吊装前需先将柱翻身后再绑扎起吊，这时就要采取直吊绑扎法（柱抗弯截面有效高度为 h_0）（图 14-3-5）。起吊时，铁扁担位于柱顶上，柱身呈垂直状态，便于柱垂直插入杯口和对中、校正。该方法可采用一点绑扎或两点绑扎。

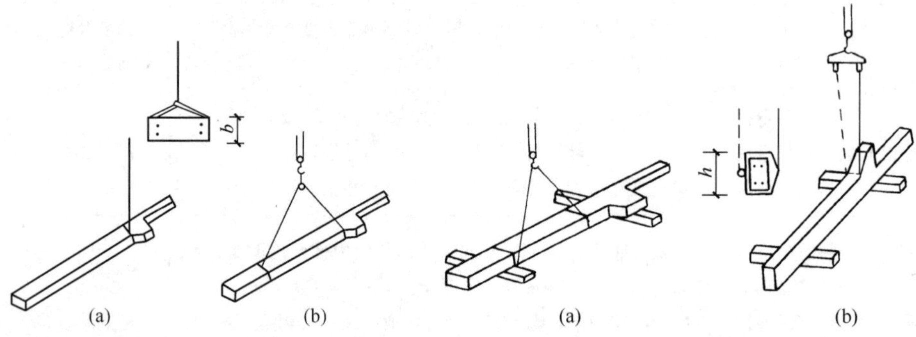

图 14-3-4　斜吊绑扎
（a）一点斜吊绑扎法；（b）两点斜吊绑扎法

图 14-3-5　柱的翻身及直吊绑扎法
（a）柱翻身绑扎法；（b）柱直吊绑扎法

【例 14-3-5】（历年真题）在柱子吊装时，采用斜吊绑扎法的条件是：

A. 柱平卧起吊时受弯承载力满足要求

B. 柱平卧起吊时受弯承载力不满足要求

C. 柱混凝土强度达到设计强度的 50%

D. 柱身较长，一点绑扎受弯承载力不满足要求

【解答】柱子采用斜吊绑扎法的条件是柱平卧起吊时受弯承载力满足要求，应选 A 项。

2）柱的起吊

柱的起吊方法有旋转法和滑行法；按使用机械数量可分为单机起吊和双机抬吊。

① 旋转法：起重机边升钩，边回转起重臂，使柱绕柱脚旋转而呈直立状态，然后将其插入杯口中（图 14-3-6），其特点是：应使柱的绑扎点、柱脚中心和杯口中心点三点共弧。该弧所在圆的圆心即为起重机的回转中心，半径为圆心到绑扎点的距离。该方法适用于中小型柱的吊装。

② 滑行法：柱起吊时，起重机只升钩，起重臂不转动，使柱脚沿地面滑升逐渐直立，

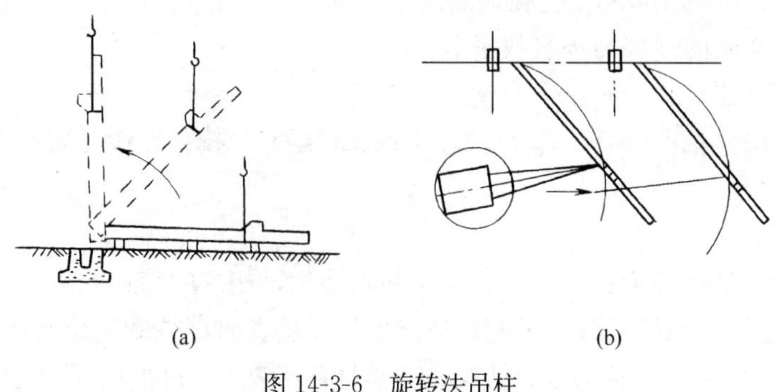

图 14-3-6　旋转法吊柱
（a）旋转过程；（b）平面布置

然后插入基础杯口（图 14-3-7）。采用此法起吊时，柱的绑扎点布置在杯口附近，并与杯口中心位于起重机的同一工作半径的圆弧上，以便将柱子吊离地面后，稍转动起重臂杆，即可就位。该方法适用于柱较重、较长或起重机在安全荷载下的回转半径不够时。

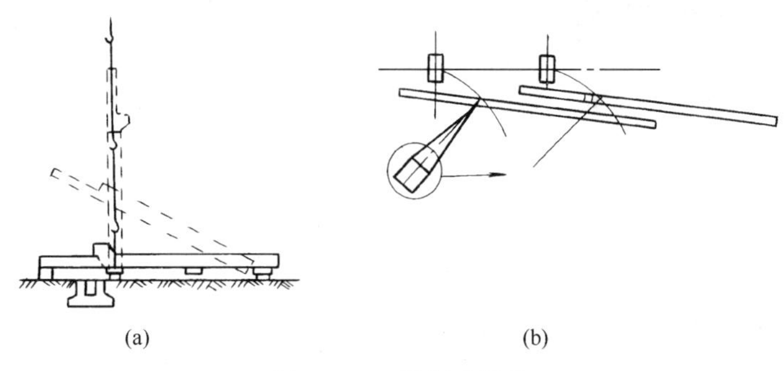

图 14-3-7　滑行法吊柱

（a）滑行过程；（b）平面布置

3）柱的临时固定、校正和最后固定

柱脚插入杯口后，应悬离杯底 30～50mm 处进行对位。对位时，应先沿柱子四周向杯口放入 8 只楔块，并用撬棍拨动柱脚，使柱子安装中心线对准杯口上的安装中心线，保持柱子基本垂直。当对位完成后，即可落钩将柱脚放入杯底，并复查中线，待符合要求后，即可将楔子打紧，使之临时固定。

柱的校正包括平面位置校正、垂直度校正和标高校正。柱校正后，柱脚、柱与基础杯口的空隙用混凝土分两次浇筑、捣固密实，作为最后固定。

（2）吊车梁的吊装

吊车梁安装时应采用两点绑扎，对称起吊，当跨度为 12m 时也可采用横吊梁。吊钩应对准吊车梁重心使其起吊后基本保持水平。吊车梁的校正包括标高、垂直度和平面位置等，其校正可在屋盖吊装前进行，也可在屋盖吊装后进行。重型吊车梁的校正宜在屋盖吊装前进行。吊车梁校正后应立即焊接牢固，并在吊车梁与柱接头的空隙处浇筑细石混凝土进行最后固定。

（3）屋架的吊装

钢筋（预应力）混凝土屋架一般在现场平卧叠浇预制，其吊装工艺为：绑扎、扶直就位、吊装、对位、临时固定、校正和最后固定。

屋架的绑扎点应选在上弦节点处，左右对称，并高于屋架重心，以免屋架起吊后晃动和倾翻。吊索与水平线的夹角不宜小于 45°，以免屋架承受过大的横向压力。必要时，为了减小绑扎高度及所受的横向压力可采用横吊梁。吊点的数目及位置与屋架的形式和跨度有关，一般应经吊装验算确定。当屋架跨度小于或等于 18m 时，采用两点绑扎；当跨度为 18～24m 时，采用四点绑扎；当跨度为 30～36m 时，采用 9m 横吊梁，四点绑扎。

按起重机与屋架相对位置不同，屋架扶直可分为（图 14-3-8）：

1）正向扶直：起重机位于屋架下弦一侧，首先以吊钩中心对准屋架上弦中点，收紧吊钩，然后略略起臂使屋架脱模，接着起重机升钩并升臂使屋架以下弦为轴缓慢转为直立状态。升臂易于操作且安全，应尽可能采用正向扶直。

2）反向扶直：起重机位于屋架上弦一侧，首先以吊钩对准屋架上弦中点，接着升钩

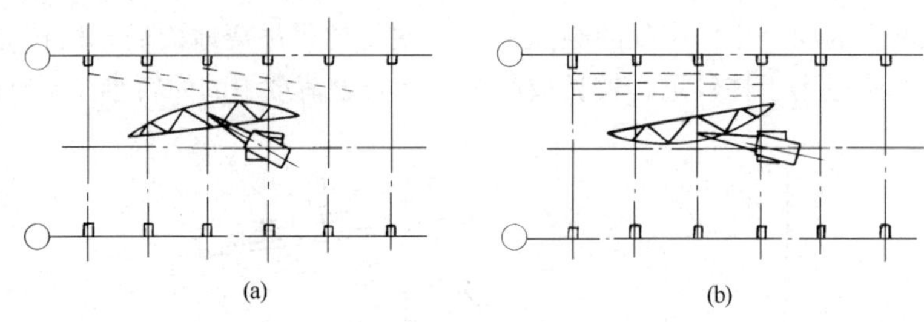

图 14-3-8　屋架的扶直
(a) 正向扶直；(b) 反向扶直

并降臂，使屋架以下弦为轴缓慢转为直立状态。

将屋架吊升超过柱顶约 300mm，然后将屋架缓慢放至柱顶，对准建筑物的定位轴线，其临时固定方法是：第一榀屋架用四根缆风绳从两边将屋架拉牢，其他各榀屋架则采用两根工具式支撑（屋架校正器）撑在前一榀屋架上。

屋架的校正一般采用校正器校正，其垂直度可用经纬仪检查。屋架校正完毕后，立即用电焊最后固定。焊接时，应先焊接屋架两端成对角线的两侧边，避免两端同侧施焊，以免因焊缝收缩使屋架倾斜。

【例 14-3-6】（历年真题）屋架采用反向扶直时，起重机立于屋架上弦一边，吊钩对准上弦中点，则臂与吊钩满足下列(　　)关系。

A. 升臂升钩　　　　B. 升臂降钩

C. 降臂升钩　　　　D. 降臂降钩

【解答】 屋架反向扶直时，采用降臂升钩，应选 C 项。

(4) 屋面板及天窗架的吊装

屋面板预埋有吊环，一般采用一钩多吊。屋面板安装应自两边檐口左右对称地逐块安向屋脊（或中央)。屋面板就位、校正后，应与屋架上弦焊牢。

天窗架常采用单独安装，安装时需待天窗架两侧屋面板安装后进行。此外，天窗架可与屋架组合一次安装。

2. 结构吊装方案

单层厂房结构安装方案的主要内容是：起重机的选择、结构安装方法、起重机开行路线及停机点的确定、构件平面布置等。

(1) 起重机的选择

对于一般中小型厂房，由于平面尺寸不大，构件重量较轻，起重高度较小，厂房内设备为后安装，常采用自行式起重机，尤以履带式起重机应用最为广泛。对于重型厂房，因厂房的跨度和高度都大，构件尺寸和重量亦很大，设备安装往往要同结构安装平行进行，一般采用重型塔式起重机或桅杆式起重机。

起重机的型号应根据构件重量、构件安装高度和构件外形尺寸确定，起重机的工作参数即起重量 Q、起重高度 H 及回转半径 R 都要满足结构安装的需要。

起重机的起重量必须满足下式要求：

$$Q \geqslant Q_1 + Q_2 \tag{14-3-1}$$

式中，Q 为起重机的起重量（t）；Q_1 为构件重量（t）；Q_2 为索具重量（t）。

起重机的起重高度必须满足所吊构件的高度要求（图 14-3-9）：

$$H \geqslant h_1 + h_2 + h_3 + h_4 \tag{14-3-2}$$

式中，H 为起重机的起重高度（m），从停机面至吊钩的垂直距离；h_1 为安装支座表面高度（m），从停机面算起；h_2 为安装间隙，一般不小于 0.3m；h_3 为绑扎点至构件底面的距离（m）；h_4 为索具高度，自绑扎点至吊钩中心的距离，视具体情况而定，不小于 1m。

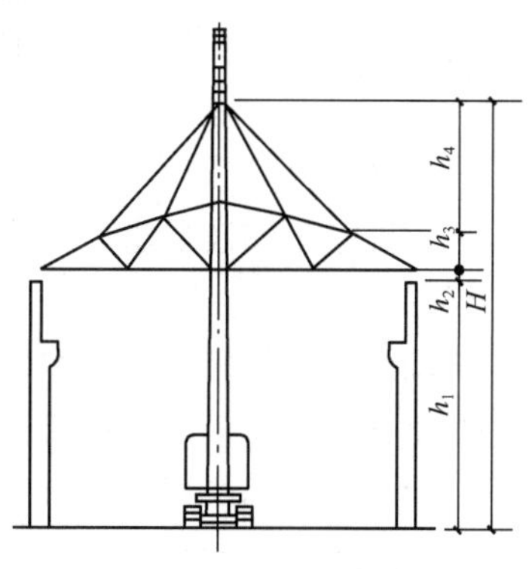

图 14-3-9　起重机的起重高度

当起重机可以不受限制地开到所吊装构件附近去吊装构件时，可不验算起重半径。但当起重机受限制不能靠近吊装位置去吊装构件时，则应验算当起重机的起重半径为一定值时的起重量与起重高度能否满足吊装构件的要求，具体可查起重机性能或性能曲线。

当起重机的起重臂须跨过已安装好的结构去吊装构件，例如跨过屋架安装屋面板时，为了不与屋架相碰，必须求出起重机的最小臂长。求最小臂长可用数解法或图解法。

【例 14-3-7】（历年真题）下列选项中，不是选用履带式起重机时要考虑的因素为：

A. 起重量　　B. 起重动力设备

C. 起重高度　　D. 起重半径

【解答】起重动力设备不是选用履带式起重机时要考虑的因素，应选 B 项。

（2）结构吊装方法

1）分件吊装法（亦称大流水法）

分件吊装法是起重机每开行一次只安装一种或几种构件。通常起重机分三次开行安装完成单层厂房的全部构件：起重机第一次开行，安装完全部柱子并对柱子进行校正和最后固定；第二次开行，安装全部吊车梁、连系梁及柱间支撑等；经三次开行，按节间安装屋架、天窗架、屋盖支撑及屋面构件（如檩条、屋面板、天沟等）。该方法的优点是：构件校正、固定有足够的时间；构件可分批进场，施工现场不致过分拥挤，平面布置较简单；起重机每次开行吊同类型构件，索具不用经常更换，安装效率高。其缺点是不能为后续工序及早提供工作面，起重机开行路线长。

2）综合吊装法（亦称节间吊装法）

综合吊装法是起重机每移动一次就安装完一个节间内的全部构件。先安装这一节间柱子，校正固定后立即安装该节间内的吊车梁、屋架及屋面构件，待安装完这一节间全部构件后，起重机移至下一节间进行安装。该方法的优点是可使后续工序提早进行，进行交叉平行流水作业，起重机开行路线较短。其缺点是多种类型构件同时安装，起重机不能发挥最大效率、校正困难。

（3）构件平面布置与吊装前构件的就位及堆放

单层厂房需要在现场预制的构件主要有柱和屋架，吊车梁有时也在现场制作。其他构件则在构件厂或预制厂制作，运到现场就位安装。

柱的布置按安装方法的不同可分为：斜向布置和纵向布置，前者适用于旋转法，后者适用于滑行法。

屋架的布置一般在跨内预制，其布置方式有三种：正面斜向布置、正反斜向布置、正反纵向布置，应优先选用正面斜向布置。

若吊车梁在现场预制，一般应靠近柱基础顺纵轴线或略作倾斜布置，也可插在柱子之间预制。若具有运输条件，可另行在场外集中预制。

吊装前构件的就位及堆放，由于柱在预制阶段已按安装阶段的就位要求布置，当柱的混凝土强度达到安装要求后，应先吊柱，以便空出场地布置其他构件，如屋面板、屋架、吊车梁等。

★四、单层钢结构厂房吊装

对于柱子、柱间支撑和吊车梁一般采用分件吊装法，即一次性将柱子安装并校正后再安装柱间支撑、吊车梁等构件。该方法尤其适合履带式起重机。

当采用汽车式起重机时，考虑到移动的不方便，可采用综合吊装法，即以 2～3 个柱距为一个单元进行节间构件吊装。

屋盖系统吊装通常采用综合吊装法，即起重机一次吊完一个节间的全部屋盖构件后再吊装下一个节间的屋盖构件。

★五、多层房屋结构吊装

1. 概述

(1) 吊装起重机械的选择

起重机械选择主要根据工程特点（平面尺寸、高度、构件重量和大小等）、现场条件、现有机械设备等来确定。

一般地，5 层以下的民用建筑、高度在 18m 以下的多层工业厂房或外形不规则的房屋，宜选用自行式起重机。

10 层以下或房屋高度在 24m 以下，宽度在 15m 以内，构件重量在 2～3t，可选用塔式起重机。

其他房屋结构，塔式起重机类型的选用可按表 14-3-2 采用。

在选择塔式起重机型号时，首先应分析结构情况，绘出剖面图，并在图上标注各种主要构件的重量 Q_i 及安装时所需起重半径 R_i，然后根据现有起重机的性能，验算其起重量、起重高度和起重半径是否满足要求（图 14-3-10）。当塔式起重机的起重能力用起重力矩表示时，应分别计算出吊装主要构件所需的起重力矩，$M_i = Q_i \cdot R_i$(kN·m)，取其中最大值作为选择依据。

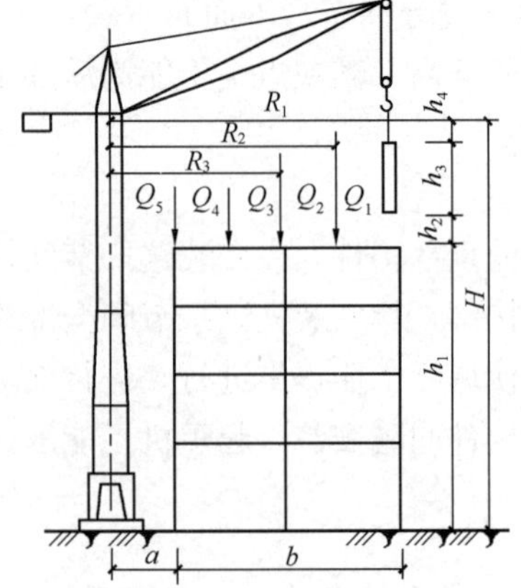

图 14-3-10　塔式起重机工作参数计算简图

(2) 起重机械的布置

塔式起重机的布置主要应根据建筑物的平面形状、构件重量、起重机性能及施工现场环境条件等因素确定。

1) 跨外布置

通常塔式起重机布置在建筑物的外侧，有单侧布置和双侧（或环形）布置两种方案（图 14-3-11）。

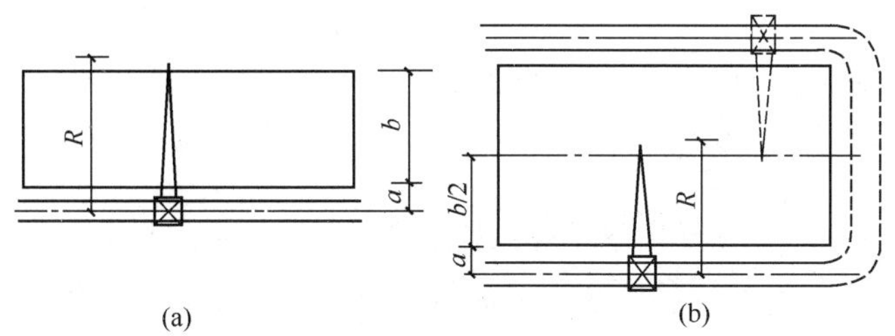

图 14-3-11　塔式起重机跨外布置

（a）单侧布置；（b）双侧（环形）布置

当建筑物宽度较小（15m 左右），构件重量较轻（2t 左右）时，常采用单侧布置，其起重半径应满足：

$$R \geqslant b + a \tag{14-3-3}$$

式中，R 为一起重机吊最远构件时的起重半径（m）；b 为房屋宽度（m）；a 为房屋外侧至塔轨中心线的距离（a=3～5m）。

单侧布置具有轨道长度较短，构件堆放场地较宽等特点。

当建筑物宽度较大（b>15m）或构件较重，单侧布置时起重力矩不能满足最远构件的安装要求时，起重机可双侧布置，其起重半径应满足：

$$R \geqslant b/2 + a \tag{14-3-4}$$

2）跨内布置

当场地狭窄，在建筑物外侧不可能布置起重机，或建筑物宽度较大，构件较重，起重机布置在跨外其性能不能满足安装需要时，也可采用跨内布置，其布置方式有跨内单行布置和跨内环形布置两种（图 14-3-12）。该布置方式结构稳定性差，构件多布置在起重半径之外，且对建筑物外侧围护结构安装较困难；在建筑物一端还需留20～30m长的场地供起重机装卸之用。因此，应尽可能不采用跨内布置，尤其是跨内环形布置。

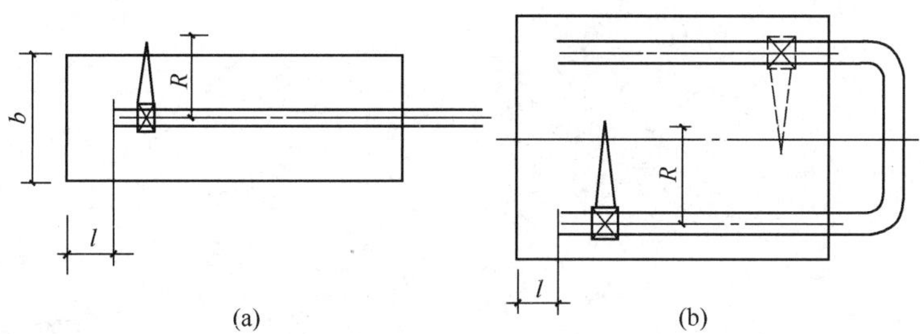

图 14-3-12　塔式起重机跨内布置（l=20～30m）

（a）单行布置；（b）环形布置

2. 多层装配式混凝土结构

（1）概述

目前装配式混凝土结构的连接方式主要有：钢筋套筒灌浆连接；浆锚搭接连接；后浇混凝土连接；螺栓连接；焊接连接等。

对于钢筋套筒灌浆连接，按灌浆套筒结构形式，分为全灌浆套筒（图 14-3-13）和半灌浆套筒。

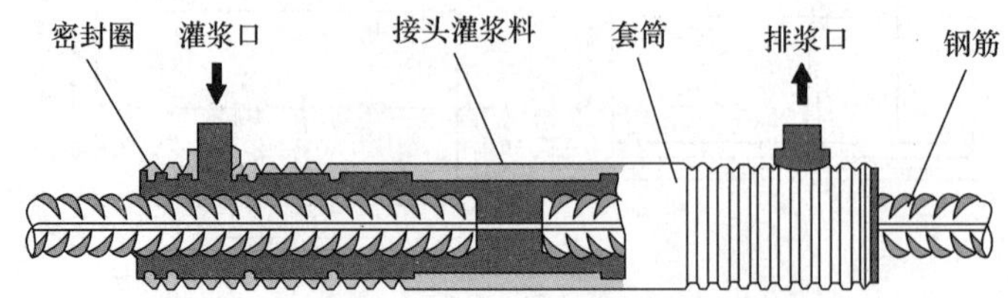

图 14-3-13　全灌浆套筒剖面示意图

对于浆锚搭接连接，按预留孔洞的成型方式不同，分为钢筋约束浆锚搭接连接和金属波纹管浆锚搭接连接，如图 14-3-14 所示。

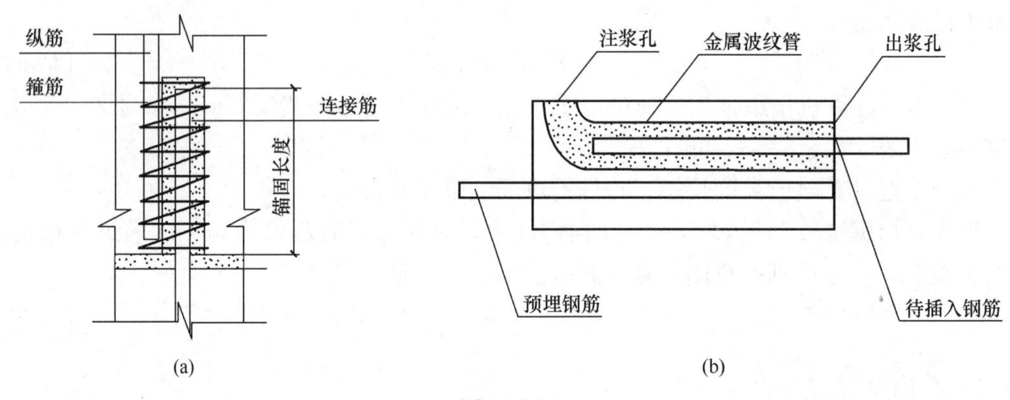

图 14-3-14

(a) 钢筋约束浆锚搭接连接；(b) 金属波纹管浆锚搭接连接

施工现场预制柱、预制梁构件的堆放，如图 14-3-15 所示。预制墙板的竖放，如图 14-3-16所示。

图 14-3-15　预制构件的堆放

(a) 预制柱堆放；(b) 预制梁堆放

施工现场预制梁吊装，如图 14-3-17 所示。施工现场预制柱、预制剪力墙的斜支撑设置，如图 14-3-18 所示。

图 14-3-16　预制墙板竖放

图 14-3-17　预制梁吊装

(a)

(b)

图 14-3-18　预制柱、预制剪力墙的斜支撑设置

（a）预制柱斜支撑设置；（b）预制剪力墙斜支撑设置

（2）多层装配式混凝土框架结构的吊装方法

3. 多层钢结构

多层钢结构吊装应划分安装流水区段，确定构件安装顺序，常采用综合吊装法，其吊装程序是：

（1）平面上，从中间或某一对称节间开始，以一个节间的柱网为一个吊装单元，其吊装施工顺序：钢柱、钢梁、钢支撑，并向四周扩展，以减小焊接误差；

（2）垂直方向，由下向上组成稳定结构后，分层安装次要构件，一节间一节间钢构件、一层楼一层楼安装完，一个流水段一节柱的全部钢构件安装完毕并验收合格后，方可进行下一个流水段的安装，采用对称安装、对称固定的工艺。

习　　题

14-3-1　砖墙施工中皮数杆的作用是：

A. 控制砌体的水平尺寸　　B. 保证墙面平整

C. 控制砌体的竖向尺寸　　D. 检查游丁走缝

14-3-2　砖墙施工工艺顺序是：

A. 放线—抄平—立皮数杆—砌砖—清理

B. 放线—抄平—砌砖—立皮数杆—清理

C. 抄平—放线—立皮数杆—砌砖—清理

D. 抄平—放线—砌砖—立皮数杆—清理

14-3-3　砖砌体应砂浆饱满，对实心砖柱砌体水平灰缝的砂浆饱满度不得低于：

A. 70%　　B. 75%

C. 80%　　D. 90%

14-3-4　砖砌体的外墙转角处留槎要求是：

A. 留直槎　　B. 留斜槎

C. 留直槎或留斜槎　　D. 留直槎加密拉结筋

14-3-5　当柱平卧起吊的抗弯能力不足时，吊装前需先将柱翻身后再绑扎起吊，此时应采用的绑扎方法是：

A. 旋转绑扎法　　B. 两点绑扎法

C. 直吊绑扎法　　D. 斜吊绑扎法

14-3-6　单层厂房结构安装中，起重机在厂房内一次施工中就安装完一个柱节间内的各种类型的构件，这种安装方法是：

A. 分件安装法　　B. 旋转安装法

C. 滑行安装法　　D. 综合安装法

第四节　施工组织设计与流水施工原理

★★★一、施工组织设计

1. 概述与施工组织总设计

（1）概述

施工组织设计是指导土木工程施工全过程各项活动的技术、经济、组织和管理的综合性文件。它的任务是要对具体的拟建工程施工准备工作和整个施工过程，在人力、物力、时间、空间、技术、组织、管理上，做出统筹兼顾、全面合理的计划安排，实现科学管理，达到提高工程质量、加快工程进度、降低工程成本、预防安全事故的目的。

按时间阶段划分，它可为：投标前的施工组织设计，中标签订合同后的施工组织设计，本节主要针对后者。

按编制对象范围不同，它可分为施工组织总设计、单位工程施工组织设计、施工方案。

1）施工组织总设计：它是以整个建设项目或群体工程或特大型项目为对象，根据初步设计或扩大初步设计图纸以及其他有关资料和现场施工条件编制，用以指导整个工地各项施工准备和施工活动的技术经济文件，它由工程总承包单位项目负责人主持编制。

2）单位工程施工组织设计：它是以一个单位工程（或一个子单位工程）为对象编制的。它是根据施工组织总设计的规定和具体实际条件对拟建单位工程的施工工作所做的施工部署，内容比较具体、详细，是在施工图设计完成后，单位工程开工前，由施工单位项目经理主持编制，项目技术负责人负责编制。

3）施工方案：它是以分部（分项）工程和专项工程为编制对象。一般对于工程规模大、技术复杂、施工难度大或采用新工艺、新技术施工的建筑物或构筑物，在编制单位工程施工组织设计之后，常需要对某些重要的又缺乏经验的分部（分项）工程和专项工程再深入编制专业工程的具体施工设计，如深基础工程、大型结构安装工程、脚手架工程等。分部（分项）工程和专项工程的施工方案由施工单位的技术负责人或专业承包单位的技术负责人组织编制，其内容具体、详细、可操作性强。

施工组织总设计是对整个建设项目的全局性战略部署，其内容和范围比较概括；单位工程施工组织设计是在施工组织总设计的控制下，以施工组织总设计和企业施工计划为依据编制的，针对具体的单位工程，把施工组织总设计的有关内容具体化；施工方案是以施工组织总设计、单位工程施工组织设计和企业施工计划为编制依据，针对具体的分部（分项）工程和专项工程，把单位工程施工组织设计进一步具体化，它是专业工程具体的组织施工的设计。

施工组织总设计应由总承包单位技术负责人审批。单位工程施工组织设计应由施工单位技术负责人或技术负责人授权的技术人员审批。

施工方案应由项目技术负责人审批；重点、难点分部（分项）工程和专项工程施工方案应由施工单位技术部门组织相关专家评审，施工单位技术负责人批准。由专业承包单位施工的分部（分项）工程或专项工程的施工方案，应由专业承包单位技术负责人或技术负责人授权的技术人员审批；有总承包单位时，应由总承包单位项目技术负责人核准备案。规模较大的分部（分项）工程和专项工程的施工方案应按单位工程施工组织设计进行编制和审批。

（2）施工组织总设计

施工组织总设计的内容如下：

1）工程概况：它应包括项目主要情况和项目主要施工条件等。

2）总体施工部署：它是总体施工的宏观部署（确定项目施工总目标、确定项目分阶段或分期交付的计划及其合理顺序、空间组织）；对于项目施工的重点和难点应进行简要分析；总承包单位应明确项目管理组织机构形式，并宜采用框图的形式表示。项目管理组织机构形式应根据施工项目的规模、复杂程度、专业特点、人员素质和地域范围确定。大中型项目宜设置矩阵式项目管理组织，远离企业管理层的大中型项目宜设置事业部式项目管理组织，小型项目宜设置直线职能式项目管理组织。

3）施工总进度计划：可采用网络图或横道图表示，并附必要说明。其编制依据是总体施工部署和施工方法。

4）总体施工准备与主要资源配置计划：总体施工准备应包括技术准备、现场准备和资金准备等；主要资源配置计划应包括劳动力配置计划和物资配置计划等。

5）主要施工方法。

6）施工总平面布置。

施工组织总设计的编制程序是：调查研究，获得编制依据→总体施工部署→选择施工方法、估算工程量→编制施工总进度计划→编制劳动力、机具设备、材料配置计划→编制临时供水电热计划→编制施工准备工作计划→设计施工总平面布置→计算技术经济指标。

【例 14-4-1】（历年真题）以整个建设项目或建筑群为编制对象，用以指导整个建筑群或建设项目施工全过程的各项施工活动的综合技术经济文件为：

A. 分部工程施工组织设计　　B. 分项工程施工组织设计

C. 施工组织总设计　　D. 单位工程施工组织设计

【解答】施工组织总设计是以整个建设项目或建筑群为编制对象，故选 C 项。

2. 单位工程施工组织设计

（1）内容

单位工程施工组织设计的内容如下：

1）工程概况：它应包括工程主要情况、各专业设计简介和工程施工条件等。

2）施工部署：工程施工目标应根据施工合同、招标文件以及本单位对工程管理目标的要求确定，包括进度、质量、安全、环境和成本等目标。各项目标应满足施工组织总设计中确定的总体目标。工程主要施工内容及其进度安排应明确说明，施工顺序应符合工序逻辑关系；施工流水段应结合工程具体情况分阶段进行划分；单位工程施工阶段的划分一般包括地基基础、主体结构、装修装饰和机电设备安装三个阶段。工程施工的重点和难点分析。管理的组织机构形式。

3）施工进度计划。

4）施工准备与资源配置计划。

5）主要施工方案。

6）施工现场平面布置。

（2）施工部署

施工部署涉及施工程序、施工起点流向、施工顺序等。

1）施工程序

施工程序是指施工中不同阶段的不同工作内容按照其固有的先后次序、循序渐进向前开展的客观规律。通常遵循的施工程序有："先地下后地上""先主体后围护""先结构后装饰""先土建后设备"。

2）施工起点流向

确定施工起点流向是指确定单位工程在平面上或竖向上施工开始的部位和进展的方向。对于单层建筑物，如厂房，可按其车间、工段或跨间，分区分段地确定出在平面上的施工流向。对于多高层建筑物，除了确定每层平面上的流向外，还应确定沿竖向上的施工流向。确定单位工程施工起点流向时，一般应考虑如下因素：

① 建设单位对生产和使用的要求。一般使用急的工段或部位应先施工。

② 车间的生产工艺流程。影响其他工段试车投产的工段应先施工。

③ 工程的繁简程度和施工过程间的相互关系。一般技术复杂、耗时长的区段或部位

应先施工。此外，关系密切的分部分项工程的流水施工，如果紧前工作的起点流向已经确定，则后续施工过程的起点流向应与之一致。

④ 房屋高低层和高低跨。如当高低跨并列时，一般应先从低跨向高跨处吊装；屋面防水层施工应按先低后高方向施工；基础施工应按先深后浅的顺序施工。

⑤ 工程现场条件和施工方案。如土方工程边开挖边余土外运，施工的起点一般应选定在离道路远的部位，由远而近的流向进行。

⑥ 分部分项工程的特点和相互关系。在流水施工中，施工起点流向决定了各施工段的施工顺序。因此，在确定施工起点流向的同时，应将施工段划分并进行编号。

例如，装饰工程分为室外和室内。根据室内装饰工程的特点，其施工起点流向一般有以下几种情况：

① 自上而下的施工起点流向，通常是指主体结构工程封顶、屋面防水层完成后，从顶层开始逐层向下进行。其优点是主体结构完成后有一定的沉降时间，且防水层已做好，容易保证装饰工程质量不受沉降和下雨影响，而且工序之间交叉少，便于施工和成品保护，垃圾清理也方便。其缺点是不能与主体工程搭接施工，工期较长。当工期不紧时，应选择此种施工起点流向。

② 自下而上的施工起点流向，通常是指主体结构工程施工到三层以上时，装饰工程从一层开始，逐层向上进行。其优点是主体与装饰交叉施工，工期短，其缺点是工序交叉多，成品保护难，质量和安全不易保证。采用此种施工起点流向，必须采取一定的技术组织措施来保证质量和安全。当工期紧时可采用此种施工起点流向。

③ 自中而下再自上而中的施工起点流向，它综合上了述两种流向的优点，通常适于中、高层建筑装饰施工。

室外装饰工程通常均为自上而下的施工起点流向，以便保证质量。

3）施工顺序

施工顺序是指分部分项工程施工的先后次序。确定施工顺序应考虑的因素是：施工工艺、施工方法、施工组织、施工质量与安全，以及气候条件等。

（3）施工方案

施工方案主要是施工方法选择、施工机械选择。其中，施工方法选择时，重点解决影响整个工程施工的分部（分项）工程或专项工程施工方法并进行必要的技术核算。对主要分项工程（工序）明确施工工艺要求。对易发生质量通病、易出现安全问题、施工难度大、技术含量高的分项工程（工序）等应做出重点说明。

施工机械选择时，首先选择主导的施工机械；其次，选择与主导机械配套的辅助施工机械；同一现场的机械型号尽可能少，方便管理。

（4）单位工程施工组织设计的编制

单位工程施工组织设计的编制程序是：调查研究、获得编制依据→施工部署→选择施工方案、计算工程量→编制施工进度计划→编制资源（劳动力、材料、机具设备）配置计划→编制临时供水、供电、供热计划→编制施工准备计划→设计施工平面图→计算技术经济指标。

1）编制施工进度计划

施工进度计划是指为实现项目设定的工期目标，对各项施工过程的施工顺序、起止时间和相互衔接关系所作的统筹策划和安排。它的编制依据是施工部署和施工方案。施工进度计划的编制步骤是：划分施工过程项目→计算工程量→确定劳动量和机械台班量→确定各施工过程项目的持续时间、施工顺序和搭接关系→编制初始施工进度计划→检查与调整施工进度计划→最终的施工进度计划。

2）设计施工平面图

单位工程的施工现场平面布置图的内容如下：

① 工程施工场地状况。

② 拟建建（构）筑物的位置、轮廓尺寸、层数等。

③ 工程施工现场的加工设施、存贮设施、办公和生活用房等的位置和面积。

④ 布置在工程施工现场的垂直运输设施、供电设施、供水供热设施、排水排污设施和临时施工道路等。

⑤ 施工现场必备的安全、消防、保卫和环境保护等设施。

⑥ 相邻的地上、地下既有建（构）筑物及相关环境。

单位工程施工平面图的设计步骤是：确定起重机的位置→确定仓库、材料和构件堆场、加工厂的位置→布置运输道路→布置生产、生活福利用临时设施→布置水电管线→计算技术经济指标。

【例 14-4-2】（历年真题）施工单位的计划系统中，下列哪类计划是编制各种资源需要量计划和施工准备工作计划的依据？

A. 施工准备工作计划　　　　B. 工程年度计划

C. 单位工程施工进度计划　　D. 分部分项工程进度计划

【解答】单位工程施工进度计划是编制各种资源需要量计划和施工准备工作计划的依据，应选 C 项。

【例 14-4-3】（历年真题）下列关于单位工程的施工流向安排的表述正确的是：

A. 对技术简单、工期较短的分部分项工程一般应优先施工

B. 室内装饰工程一般有自上而下、自下而上及自中而下再自上而中三种施工流向安排

C. 当有高低跨并列时，一般应从高跨向低跨处吊装

D. 室外装饰工程一般应遵循自下而上的流向

【解答】根据施工流向安排的考虑因素，上述 A、C、D 均错误，B 项正确，应选 B 项。

3. 施工方案

施工方案的内容包括：工程概况；施工安排；施工进度计划；施工准备与资源配置计划；施工方法及工艺要求。

★★★二、流水施工原理

流水施工是将施工项目中的每一个施工对象分解为若干个施工过程，并按照施工过程成立相应的专业工作队，各专业队按照施工顺序依次完成各个施工对象的施工过程，同时保证施工在时间和空间上连续、均衡和有节奏地进行，使相邻两专业队能最大限度地搭接作业。流水施工可针对分项工程、分部工程、单位工程或群体项目组织实施。

1. 流水施工参数

流水施工参数是表达各施工过程在时间和空间上的开展情况及相互依存关系的参

数，包括工艺参数、空间参数和时间参数。

（1）工艺参数

工艺参数主要是用以表达流水施工在施工工艺方面进展状态的参数，通常包括施工过程和流水强度两个参数。

1）施工过程数 n：它是指根据施工组织及计划安排需要将计划任务划分成的子项数目。

2）流水强度：它是指流水施工的某施工过程（专业工作队）在单位时间内所完成的工程量。

（2）空间参数

空间参数是表达流水施工在空间布置上开展状态的参数，通常包括工作面、施工段和施工层。

1）工作面：它是指供某专业工种的工人或某种施工机械进行施工的活动空间。工作面的大小能反映安排施工人数或机械台数的多少。最小工作面所对应安排的施工人数、施工机械数量是最多的。

2）施工段 m：它是指将施工对象在平面上划分成若干个劳动量大致相等的施工段落。施工段划分应遵循的原则是：①同一专业工作队在各个施工段上的劳动量应大致相等，相差幅度不宜超过10%～15%；②每个施工段内要有足够的工作面；③施工段的界限应尽可能与结构界限（如沉降缝、伸缩缝等）相一致；④施工段的数目要满足合理组织流水施工的要求。

3）施工层 j：它是指为了满足专业工种对操作高度和施工工艺的要求，将施工项目在竖向上划分为若干个操作层。当设置有施工层时，为了实施流水施工，要求：$m \geqslant n$。

（3）时间参数

时间参数是表达流水施工在时间安排上所处状态的参数，主要包括流水节拍、流水步距、工艺间歇时间、组织间歇时间、搭接时间和流水施工工期。

1）流水节拍：它是指在组织流水施工时，某个专业工作队在一个施工段上的施工时间。第 j 个专业工作队在第 i 个施工段的流水节拍一般用 $t_{j,i}$ 来表示（$j=1$，2，…，n；$i=1,2$，…，m）。流水节拍可按定额计算法、经验估算法等进行确定。按定额计算法为：

$$t_{j,i}=\frac{Q_{j,i}}{S_jR_jN_j}=\frac{Q_{j,i}H_j}{R_jN_j}=\frac{P_{j,i}}{R_jN_j} \tag{14-4-1}$$

式中，$t_{j,i}$ 为第 j 个专业工作队在第 i 个施工段的流水节拍；$Q_{j,i}$ 为第 j 个专业工作队在第 i 个施工段要完成的工程量或工作量；S_j 为第 j 个专业工作队的计划产量定额；H_j 为第 j 个专业工作队的计划时间定额：$P_{j,i}$ 为第 j 个专业工作队在第 i 个施工段需要的劳动量或机械台班数量：R_j 为第 j 个专业工作队所投入的人工数或机械台数；N_j 为第 j 个专业工作队的工作班次。

2）流水步距：它是指组织流水施工时，相邻两个施工过程（或专业工作队）相继开始施工的最小间隔时间。流水步距一般用 $K_{j,j+1}$ 来表示，其中 j（$j=1$，2，…，$n-1$）为专业工作队或施工过程的编号。确定流水步距时，一般应满足以下基本要求：

① 各施工过程按各自流水速度施工，始终保持工艺先后顺序。

② 各施工过程的专业工作队投入施工后保持连续作业。

③ 相邻两个施工过程（或专业工作队）在满足连续施工的条件下，能最大限度地实现合理搭接。

3）工艺间歇时间（亦称技术间歇时间）：它是指相邻两个施工过程之间由于工艺需要，应增加的额外等待时间，用 $G_{j,j+1}$ 表示。

4）组织间歇时间：它是指相邻两个施工过程之间由于组织安排需要，应增加的额外等待时间，用 $Z_{j,j+1}$ 表示。

5）搭接时间（亦称提前插入时间）：它是指相邻两个专业工作队在同一施工段上共同作业的时间，用 $C_{j,j+1}$ 表示。

6）流水施工工期：它是指从第一个专业工作队投入流水施工开始，到最后一个专业工作队完成流水施工为止的整个持续时间。由于一项施工项目往往包含有许多流水组，故流水施工工期一般均不是整个施工项目的总工期。

【例 14-4-4】（历年真题）描述流水施工空间参数的指标不包括：

A. 建筑面积　　B. 施工段

C. 工作面　　D. 施工层

【解答】 流水施工空间参数不包括建筑面积，应选 A 项。

【例 14-4-5】（历年真题）流水施工的时间参数不包括：

A. 总工期　　B. 流水节拍和流水步距

C. 组织和技术间歇时间　　D. 平行搭接时间

【解答】 流水施工的时间参数不包括总工期，应选 A 项。

2. 流水施工的表达方式与组织方式

流水施工的表达方式有横道图、垂直图和网络图等。

横道图的优点是：绘图简单，施工过程及其先后顺序表达比较清楚，时间和空间状况形象直观，使用方便，计算机软件实现容易。

垂直图的优点是：施工过程及其先后顺序表达比较清楚，时间和空间状况形象直观，斜向进度线的斜率可以直观地表示出各施工过程的进展速度；其缺点是编制实际工程进度计划不如横道图方便。

流水施工的组织方式按流水节拍的特征可分为：有节奏流水和非节奏流水。

有节奏流水施工是指在组织流水施工时，每一个施工过程在各个施工段上的流水节拍都各自相等的流水施工，可分为等节奏流水施工和异节奏流水施工。

（1）等节奏流水施工：它是指在有节奏流水施工中，各施工过程的流水节拍都相等的流水施工，也称为固定节拍流水施工。

（2）异节奏流水施工：它是指在有节奏流水施工中，各施工过程的流水节拍各自相等而不同施工过程之间的流水节拍不尽相等的流水施工。它可分为如下两类：

1）等步距异节奏流水施工，它是指在组织异节奏流水施工时，按每个施工过程流水节拍之间的比例关系，成立相应数量的专业工作队而进行的流水施工，也称为加快的成倍节拍流水施工。

2）异步距异节奏流水施工，它是指在组织异节奏流水施工时，每个施工过程成立一个专业工作队，由其完成各施工段任务的流水施工，也称为一般的成倍节拍流水施工。

非节奏流水施工是指在组织流水施工时，全部或部分施工过程在各个施工段上的流水节拍不相等的流水施工。

3. 等节奏流水施工（亦称固定节拍流水施工）

等节奏流水施工的特点是：所有施工过程在各个施工段上的流水节拍均相等；相邻施工过程的流水步距相等且等于流水节拍即 $K = t_{j,i}$，专业工作队数等于施工过程数，各个专业工作队在各施工段上能够连续作业，施工段之间没有空闲时间。其流水工期为：

$$T = (mj + n - 1)K + \sum G_1 + \sum Z_1 - \sum C \qquad (14\text{-}4\text{-}2)$$

式中，j 为施工层数；$\sum G_1$、$\sum Z_1$ 分别为一个施工层内各施工过程之间技术间歇、组织间歇时间之和。

例如，某现浇钢筋混凝土柱，分为 4 个流水施工段，柱施工过程为三个：扎筋、支模和浇混凝土，其流水节拍均为 2 天，其施工进度计划的横道图、垂直图分别见图 14-4-1（a）、（b）。

施工过程	施工进度(d)					
	2	4	6	8	10	12
扎筋	①	②	③	④		
支模		①	②	③	④	
浇混凝土			①	②	③	④

(a)

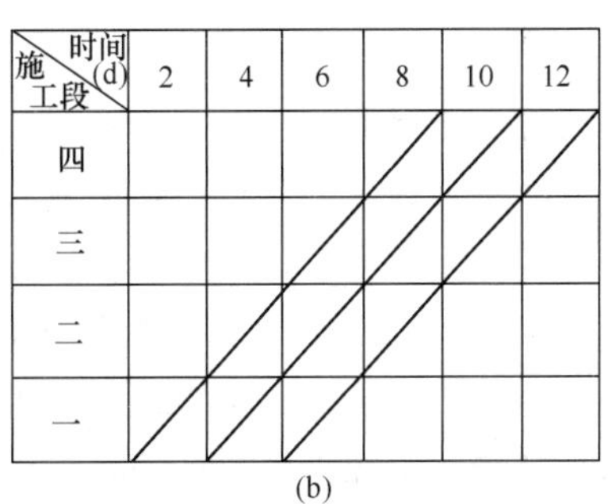

(b)

图 14-4-1　等节奏流水施工进度

（a）横道间；（b）垂直图

4. 等步距异节奏流水（亦称加快的成倍节拍流水）

加快的成倍节拍流水的特征为：

（1）同一施工过程在其各个施工段上的流水节拍均相等；不同施工过程的流水节拍不等，但其值为倍数关系。

（2）相邻专业工作队的流水步距相等，且等于流水节拍的最大公约数（K）。

（3）专业工作队数大于施工过程数，即有的施工过程只成立一个专业工作队，而对于流水节拍大的施工过程，可按其倍数增加相应专业工作队数目，各施工过程的专业工作队数目 $b_i = t_i / K$，总的专业工作队数 $n' = \sum b_i$。

（4）各个专业工作队在施工段上能够连续作业，施工段之间没有空闲时间。

其流水施工工期为：

$$T = (mj + n' - 1)K + \sum G_1 + \sum Z_1 - \sum C \qquad (14\text{-}4\text{-}3)$$

例如，某现浇钢筋混凝土梁，划分为 4 个流水施工段，梁施工过程为三个：支模、扎筋和浇混凝土，其节拍分别为 2d、4d 和 2d，组织为加快的成倍节拍流水施工，其施工工期的计算为：

K＝最大公约数（2，4，2）＝2d，支模队数：$b_1=2/2=1$ 个，扎筋队数：$b_2=4/2=2$ 个；浇混凝土：$b_3=2/2=1$ 个，总队数 $n'=1+2+1=4$ 个，则 $T=(4\times1+4-1)\times2+0+0-0=14$d，其施工进度计划见图 14-4-2。

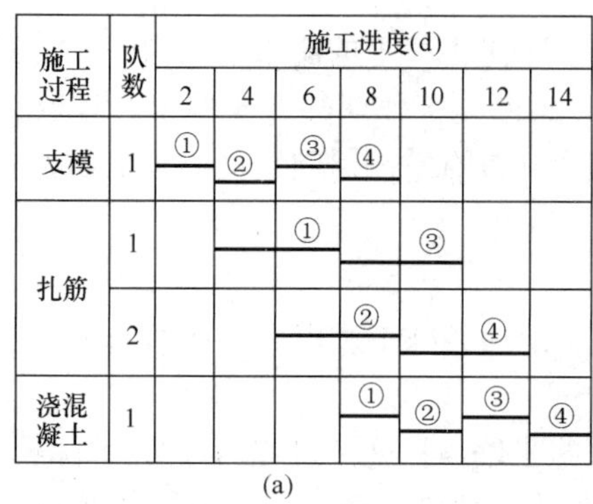

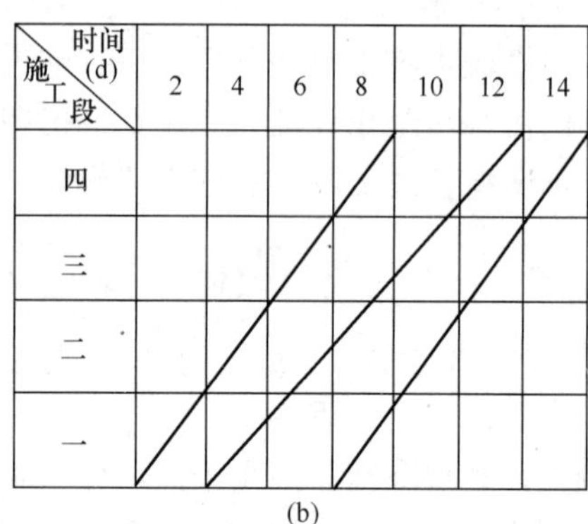

图 14-4-2　加快的成倍节拍流水施工进度

（a）横道图；（b）垂直图

5. 非节奏流水施工

非节奏流水施工的特点是：各施工过程在各施工段的流水节拍不全相等；相邻施工过程的流水步距不尽相等；专业工作队数等于施工过程数；各专业工作队能够在施工段上连续作业，但有的施工段之间可能有空闲时间。在非节奏流水施工中，通常采用累加数列错位相减取大差法计算流水步距，其步骤如下：

（1）对每一个施工过程在各施工段上的流水节拍依次累加，求得各施工过程流水节拍的累加数列；

（2）将相邻施工过程流水节拍累加数列中的后者错后一位，相减后求得一个差数列；

（3）在差数列中取最大值，即为过两个相邻施工过程的流水步距。

其流水施工工期为：

$$T=\sum K+\sum t_n+\sum G_1+\sum Z_1-\sum C \tag{14-4-4}$$

式中，$\sum K$ 为各施工过程（或专业工作队）之间流水步距之和；$\sum t_n$ 为最后一个施工过程（或专业工作队）在各施工段流水节拍之和。

【例 14-4-6】（历年真题）在有关流水施工的概念中，下列正确的是：

A. 对于非节奏专业流水施工，工作队在相邻施工段上的施工可以间断

B. 节奏专业流水的垂直进度图表中，各个施工相邻过程的施工进度线是相互平行的

C. 在组织搭接施工时，应先计算相邻施工过程的流水步距

D. 对于非节奏专业流水施工，各施工段上允许出现暂时没有工作队投入施工的现象

【解答】根据非节奏流水施工的特点，D 项正确，应选 D 项。

例如，某大型建筑物筏形基础施工划分为 4 个施工段，其施工过程为：扎筋、支模和浇混凝土，其施工节拍见表 14-4-1，确定其流水施工工期。

各施工段的流水节拍（d）　　　　表 14-4-1

施工过程＼施工段	①	②	③	④
扎筋	2	3	2	2
支模	4	4	2	3
浇混凝土	2	3	2	2

第一步：依次计算各施工过程流水节拍的累加数列：

扎筋：2，5，7，9

支模：4，8，10，13

浇混凝土：2，5，7，9

第二步：采用"累加数列错位相减取大差法"求流水步距：

$$\begin{array}{rrrrrr} & 2, & 5, & 7, & 9 & \\ -) & & 4, & 8, & 10, & 13 \\ \hline & 2, & 1, & -1, & -1, & -13 \end{array}$$

$$K_{1,2}=\max\{2,1,-1,-1,-13\}=2$$

$$\begin{array}{rrrrrr} & 4, & 8, & 10, & 13 & \\ -) & & 2, & 5, & 7, & 9 \\ \hline & 4, & 6, & 5, & 6, & -9 \end{array}$$

$$K_{2,3}=\max(4,6,5,6,-9)=6$$

$$T=\Sigma K+\Sigma t_n=2+6+(2+3+2+2)=17\text{d}$$

绘制其施工进度计划见图 14-4-3。

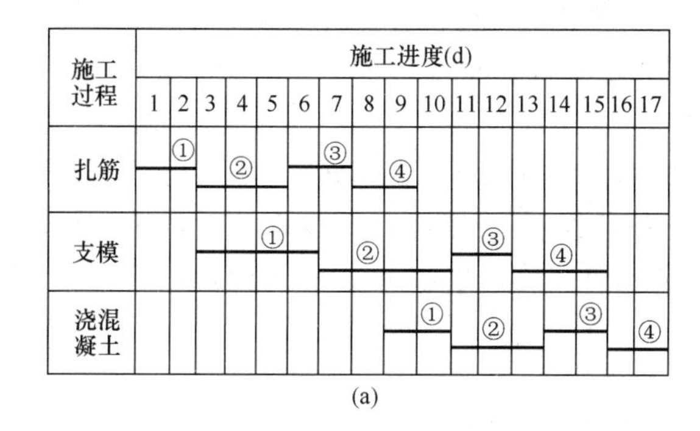

(a)

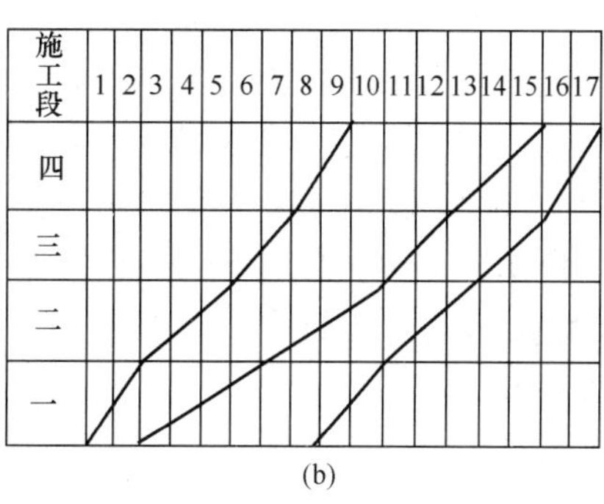

(b)

图 14-4-3　非节奏流水施工进度计划

（a）横道图；（b）垂直图

6. 一般的搭接施工

在施工中，为了防止窝工，通常可采用加强作业调度或安排缓冲工程进行调剂，以解决各主要工种施工过程的连续性。因此，工地上习惯地把这种施工过程有间断的搭接施工也看作是流水施工。一般的搭接施工的特点在于充分利用工作空间，各个施工过程在同一个施工段上的工作，仍是依次按合理的工艺顺序连续施工，它可以使单位工程的工期缩短。因此，搭接施工不需要计算相邻施工过程的步距，而是以工艺顺序先后为依据，前者完成，后者开始，依次开展。

习　　题

14-4-1 （历年真题）在单位工程施工平面图设计中应该首先考虑的内容为：

A. 工人宿舍　　B. 垂直运输机械

C. 仓库和堆场　　D. 场地道路

14-4-2 （历年真题）下列关于单位工程施工流向安排的表述不正确的是：

A. 对技术简单、工期较短的分部分项工程一般优先施工

B. 室内装饰工程一般有自上而下、自下而上及自中而下再自上而中三种流向

C. 当有高低跨并列时，一般应从低跨向高跨处吊装

D. 室外装饰工程一般应遵循自上而下的流向

14-4-3 （历年真题）某工程各施工过程在施工段上的流水节拍见下表，则该工程的工期是：

n \ m	Ⅰ	Ⅱ	Ⅲ
A	3	2	2
B	4	4	3
C	5	4	4

A. 13d　　B. 17d　　C. 20d　　D. 21d

14-4-4 （历年真题）下列关于工作面的说法，不正确的是：

A. 工作面是指安排专业工人进行操作或者布置机械设备进行施工所需的活动空间

B. 最小工作面所对应安排的施工人数和机械数量是最少的

C. 工作面根据专业工种的计划产量定额、操作规程和安全施工技术规程确定

D. 施工过程不同，所对应的描述工作面的计量单位不一定相同

14-4-5 （历年真题）施工组织总设计的编制，需要进行：1. 编制资源需求量计划；2. 编制施工总进度计划；3. 拟定施工方案等多项工作。仅就上述三项工作而言，其正确的顺序为：

A. 1—2—3　　B. 2—3—1

C. 3—1—2　　D. 3—2—1

第五节　网络计划技术

工程网络计划有双代号网络计划、单代号网络计划、双代号时标网络计划和单代号搭

接网络计划等。

★★★一、双代号网络图

1. 基本概念与绘图规则

（1）基本概念

双代号网络图是以箭线及其两端节点的编号表示工作的网络图。

在双代号网络图中，工作应以箭线表示（图 14-5-1）。箭线应画成水平直线、垂直直线或折线，水平直线投影的方向应自左向右。工作名称应标注在箭线上方，持续时间应标注在箭线下方（图 14-5-2）。

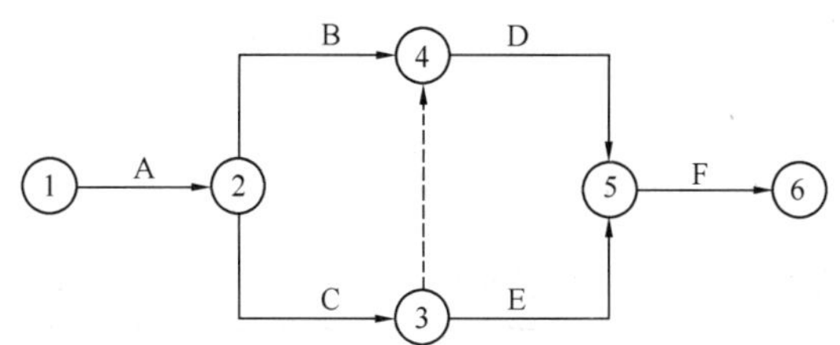

图 14-5-1　双代号网络图

①，②，③，④，⑤，⑥—网络图的节点；

A，B，C，D，E，F—工作

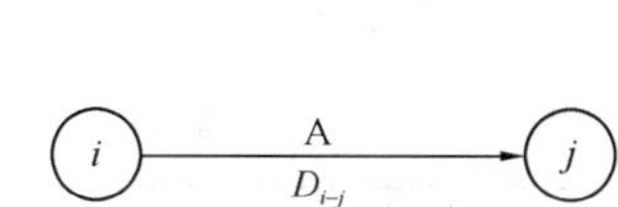

图 14-5-2　双代号网络图工作表示方法

A—工作；D_{i-j}—持续时间

双代号网络图的节点应用圆圈表示，并应在圆圈内编号。节点编号顺序应从左至右、从小到大，可不连续，但严禁重复。其中，起点节点是网络图的第一个节点，表示一项任务（或工作）的开始；终点节点则表示一项任务（或工作）的完成。

在双代号网络图中，一项工作应只有唯一的一条箭线和相应的一对节点编号，箭尾的节点编号应小于箭头的节点编号。

虚工作是指既不耗用时间，也不耗用资源的虚拟的工作，它表示前后工作之间的逻辑关系，用虚箭线表示。如图 14-5-1 中节点③到节点④为虚工作。

逻辑关系是指网络图中工作之间相互制约或相互依赖的关系，它包括工艺关系和组织关系，在网络图中均应表现为工作之间的先后顺序。

紧前工作是指紧排在本工作之前的工作；紧后工作是指紧排在本工作之后的工作。

线路是指网络图中从起点节点开始，沿箭线方向连续通过一系列箭线（或虚箭线）与节点，最后达到终点节点所经过的通路。

（2）绘图规则

1）网络图应正确表达工作之间已定的逻辑关系。

2）网络图中，不得出现回路。

3）网络图中，不得出现带双向箭头或无箭头的连线。

4）网络图中，不得出现没有箭头节点或没有箭尾节点的箭线。

5）当双代号网络图的起点节点有多条外向箭线或终点节点有多条内向箭线时，对起点节点和终点节点可使用母线法绘图（图 14-5-3）。

6）绘制网络图时，箭线不宜交叉；当交叉不可避免时，可用过桥法、断线法或指向法（图 14-5-4）。

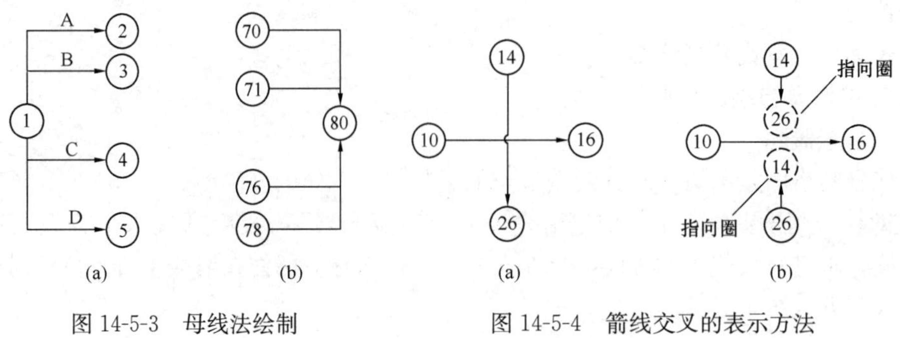

图 14-5-3　母线法绘制

图 14-5-4　箭线交叉的表示方法
(a) 过桥法；(b) 指向法

网络图中常见的各种工作逻辑关系的表示方法见表 14-5-1。

网络图中常见的各种工作逻辑关系的表示方法　　　　**表 14-5-1**

序号	工作之间的逻辑关系	网络图中的表示方法
1	A 完成后进行 B 和 C	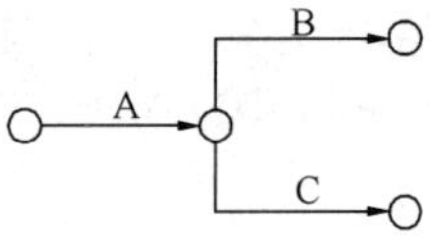
2	A、B 均完成后进行 C	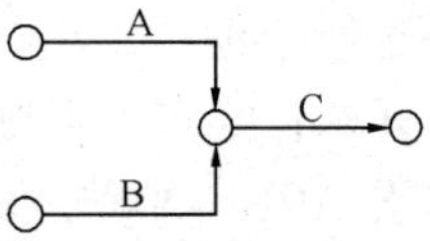
3	A、B 均完成后同时进行 C 和 D	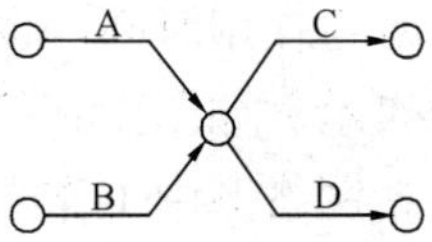
4	A 完成后进行 C A、B 均完成后进行 D	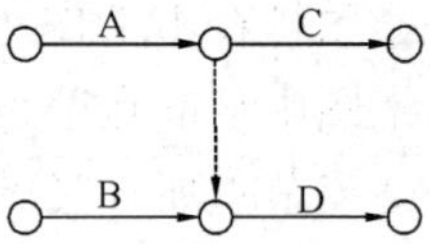
5	A、B 均完成后进行 D A、B、C 均完成后进行 E D、E 均完成后进行 F	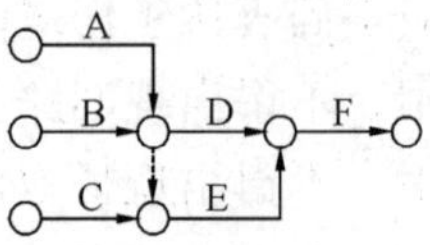
6	A 完成后进行 C A、B 均完成后进行 D B 完成后进行 E	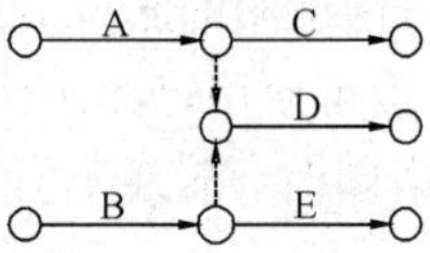

续表

序号	工作之间的逻辑关系	网络图中的表示方法
7	A、B两项工作分成三个施工段，分段流水施工：A_1 完成后进行 A_2、B_1，A_2 完成后进行 A_3，A_2、B_1 均完成后进行 B_2，A_3、B_2 均完成后进行 B_3	有两种表示方法

2. 双代号网络计划的时间参数计算

双代号网络计划时间参数计算的目的在于通过计算各项工作的时间参数，确定网络计划的关键工作、关键线路和计算工期，为网络计划的优化、调整和执行提供明确的时间参数。双代号网络计划时间参数的计算方法很多，常用方法有按工作计算法和按节点计算法两种。以下仅介绍按工作计算法。

（1）时间参数的概念

1）工作持续时间（$D_{i\text{-}j}$）：是指一项工作从开始到完成的时间。

2）工期（T）：指完成任务所需要的时间，一般有以下三种：

① 计算工期，根据网络计划时间参数计算出来的工期，用 T_c 表示。

② 要求工期，任务委托人所要求的工期，用 T_r 表示。

③ 计划工明，根据要求工期和计算工期所确定的作为实施目标的工期，用 T_p 表示。

网络计划的计划工期 T_p 应按下列情况分别确定：

当已规定了要求工期 T_r 时：$T_p \leqslant T_r$；

当未规定要求工期时，可令计划工期等于计算工期：$T_p = T_c$。

3）网络计划中工作的六个时间参数

① 最早开始时间（$ES_{i\text{-}j}$，ES是Early Start的第一个字母）：是指在各紧前工作全部完成后，工作 i-j 有可能开始的最早时刻。

② 最早完成时间（$EF_{i\text{-}j}$）：是指在各紧前工作全部完成后，工作 i-j 有可能完成的最早时刻。

③ 最迟开始时间（$LS_{i\text{-}j}$）：是指在不影响整个任务按期完成的前提下，工作 i-j 必须开始的最迟时刻。

④ 最迟完成时间（$LF_{i\text{-}j}$）：是指在不影响整个任务按期完成的前提下，工作 i-j 必须完成的最迟时刻。

⑤ 总时差（$TF_{i\text{-}j}$）：是指在不影响总工期的前提下，工作 i-j 可以利用的机动时间。

⑥ 自由时差（$FF_{i\text{-}j}$）：是指在不影响其紧后工作最早开始的前提下，工作 i-j 可以利用的机动时间。

按工作计算法计算网络计划中各时间参数，其计算结果应标注在箭线之上，如图14-5-5所示。

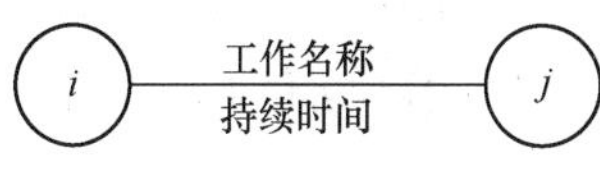

图14-5-5 按工作计算法的标注内容

（2）双代号网络计划时间参数计算

1）工作最早开始时间的计算如下：

工作i-j的最早开始时间($ES_{i\text{-}j}$)应从网络计划的起点节点开始顺着箭线方向依次逐项计算。

以起点节点i为箭尾节点的工作i-j，当未规定其最早开始时间时应按下式计算：

$$ES_{i\text{-}j}=0 \tag{14-5-1}$$

其他工作的最早开始时间（$ES_{i\text{-}j}$）应按下式计算：

$$ES_{i\text{-}j}=\max(ES_{h\text{-}i}+D_{h\text{-}i}) \tag{14-5-2}$$

式中，$D_{h\text{-}i}$为工作i-j的各项紧前工作h-i的持续时间；$ES_{h\text{-}i}$为工作i-j的各项紧前工作h-i的最早开始时间。

2）工作i-j的最早完成时间（$EF_{i\text{-}j}$）应按下式计算：

$$EF_{i\text{-}j}=ES_{i\text{-}j}+D_{i\text{-}j} \tag{14-5-3}$$

3）网络计划的计算工期（T_c）应按下式计算：

$$T_c=\max(EF_{i\text{-}n}) \tag{14-5-4}$$

式中，$EF_{i\text{-}n}$为以终点节点（$j=n$）为箭头节点的工作i-n的最早完成时间。

当无要求工期的限制时，取计划工期等于计算工期，即$T_p=T_c$。

4）工作最迟完成时间的计算如下：

工作i-j的最迟完成时间($LF_{i\text{-}j}$)应从网络计划的终点节点开始，逆着箭线方向依次逐项计算。

以终点节点（$j=n$）为箭头节点的工作，最迟完成时间（$LF_{i\text{-}n}$）应按下式计算：

$$LF_{i\text{-}n}=T_p \tag{14-5-5}$$

其他工作的最迟完成时间（$LF_{i\text{-}j}$）应按下式计算：

$$LF_{i\text{-}j}=\min(LF_{j\text{-}k}-D_{j\text{-}k}) \tag{14-5-6}$$

式中，$LF_{j\text{-}k}$为工作i-j的各项紧后工作j-k的最迟完成时间；$D_{j\text{-}k}$为工作i-j的各项紧后工作j-k的持续时间。

5）工作i-j的最迟开始时间（$LS_{i\text{-}j}$）应按下式计算：

$$LS_{i\text{-}j}=LF_{i\text{-}j}-D_{i\text{-}j} \tag{14-5-7}$$

6）工作i-j的总时差（$TF_{i\text{-}j}$）应按下列公式计算：

$$TF_{i\text{-}j}=LS_{i\text{-}j}-ES_{i\text{-}j} \tag{14-5-8}$$

或

$$TF_{i\text{-}j}=LF_{i\text{-}j}-EF_{i\text{-}j} \tag{14-5-9}$$

7）工作i-j的自由时差（$FF_{i\text{-}j}$）的计算如下：

当工作i-j有紧后工作j-k时，其自由时差应按下式计算：

$$FF_{i\text{-}j}=\min(ES_{j\text{-}k})-EF_{i\text{-}j} \tag{14-5-10}$$

式中，$ES_{j\text{-}k}$为工作i-j的紧后工作j-k的最早开始时间。

以终点节点（$j=n$）为箭头节点的工作，其自由时差应按下式计算：

$$FF_{i\text{-}n} = T_p - EF_{i\text{-}n} \quad (14\text{-}5\text{-}11)$$

8）关键工作与关键线路

关键工作是指网络计划中机动时间最少的工作或总时差最少的工作。

关键线路是指由关键工作组成的线路或总持续时间最长的线路。

例如，某双代号网络图见图 14-5-6，确定各工作的六个时间参数。

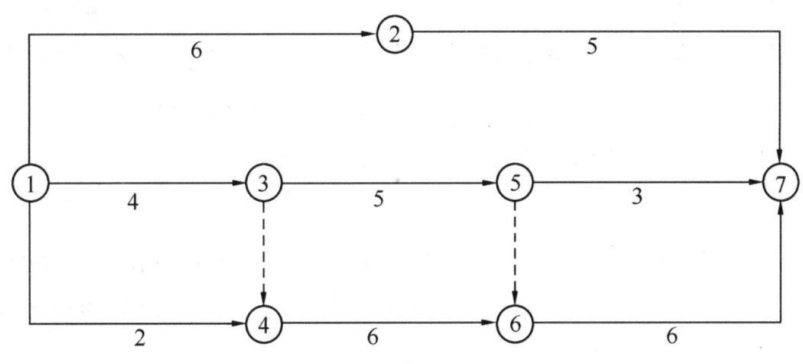

图 14-5-6　双代号网络计划

根据上述计算的程序及计算公式，其计算结果见图 14-5-7，其中，③-⑤工作的自由时差为：$FF_{3\text{-}5} = \min(ES_{5\text{-}7} - EF_{3\text{-}5}, ES_{6\text{-}7} - EF_{3\text{-}5}) = \min(9-9, 10-9) = 0$；关键线路为：①-③-④-⑥-⑦，用双箭线表示。

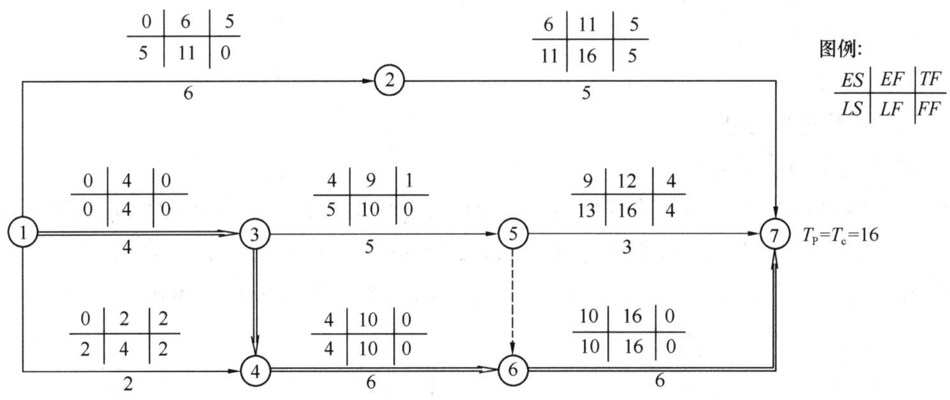

图 14-5-7　双代号网络计划（六时标注法）

【例 14-5-1】（历年真题）以下关于工程网络计划中的关键工作的说法中，不正确的是：

A. 总时差为 0 的工作为关键工作

B. 关键路线上不能有虚工作

C. 关键路线上的工作，其总持续时间为最长

D. 关键路线上的工作都是关键工作

【解答】根据关键工作的定义，A、C、D 项均正确。关键路线上可能有虚工作，选 B 项。

【例 14-5-2】（历年真题）某工作最早完成时间与其所有紧后工作的最早开始时间之差中的最小值，称为：

A. 总时差　　B. 自由时差　　C. 虚工作　　D. 时间间隔

【解答】某工作最早完成时间与其所有紧后工作的最早开始时间之差中的最小值，称为自由时差，应选B项。

【例14-5-3】(历年真题)某项工作有3项紧后工作，其持续时间分别为4d、5d、6d，其最迟完成时间分别为第18、16、14天末，本工作的最迟完成时间是第几天末?

A. 14　　B. 11　　C. 8　　D. 6

【解答】某项工作的紧后工作的最迟开始时间 $LS_i = LF_i - D_i$，分别为：

$$LS_1 = 18 - 4 = 14\text{d},\ LS_2 = 16 - 5 = 11\text{d},LS_3 = 14 - 6 = 8\text{d}$$

可知，本项工作的最迟完成时间是：min（14，11，8）=8d

应选C项。

【例14-5-4】(历年真题)某工作A持续时间为5d，最早可能开始时间为3d，该工作有三个紧后工作B、C、D的持续时间分别为4d、3d、6d，最迟完成时间分别是15d、16d、18d，则该工作A的总时差是：

A. 3d　　B. 4d　　C. 5d　　D. 6d

【解答】工作A的紧后工作的最迟开始时间 $LS_i = LF_i - D_i$，分别为：

$$LS_1 = 15 - 4 = 11\text{d},\ LS_2 = 16 - 3 = 13\text{d},\ LS_3 = 18 - 6 = 12\text{d}$$

工作A的最迟完成时间 $LS_{\text{A}} = \min(11,13,12) = 11\text{d}$

工作A的最早完成时间 $EF_{\text{A}} = 3 + 5 = 8\text{d}$

工作A的总时差 $= LS_{\text{A}} - EF_{\text{A}} = 11 - 8 = 3\text{d}$，应选A项。

★二、单代号网络图

1. 基本概念与绘图规则

单代号网络图是以节点及其编号表示工作，以箭线表示工作之间逻辑关系的网络图，并在节点中加注工作代号、名称和持续时间，以形成单代号网络计划，见图14-5-8。单代号网络图中的每一个节点表示一项工作，节点宜用圆圈或矩形表示，见图14-5-9。

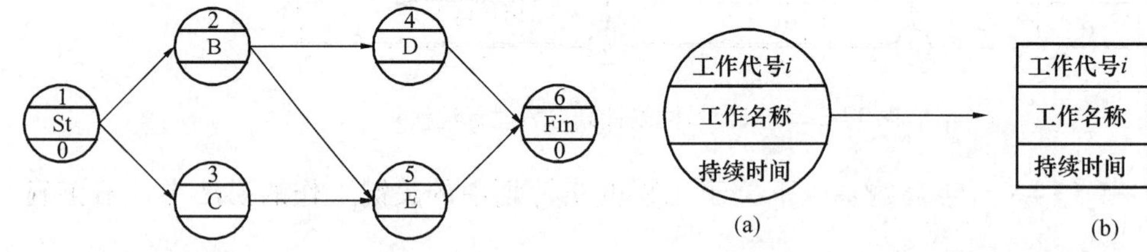

图14-5-8　单代号网络计划图

图14-5-9　单代号网络图工作的表示方法

(a)圆节点表示注；(b)矩形节点表示法

单代号网络图的绘图规则与双代号网络图的绘图规则基本相同，主要区别在于：当网络图中有多项开始工作时，应增设一项虚拟的工作(St)，作为该网络图的起点节点；当网络图中有多项结束工作时，应增设一项虚拟的工作(Fin)，作为该网络图的终点节点。

例如前面表14-5-1中序号1的单代号网络图见图14-5-10；表14-5-1中序号2的单代号网络图见图14-5-11；表14-5-1中序号6的单代号网络图见图14-5-12。

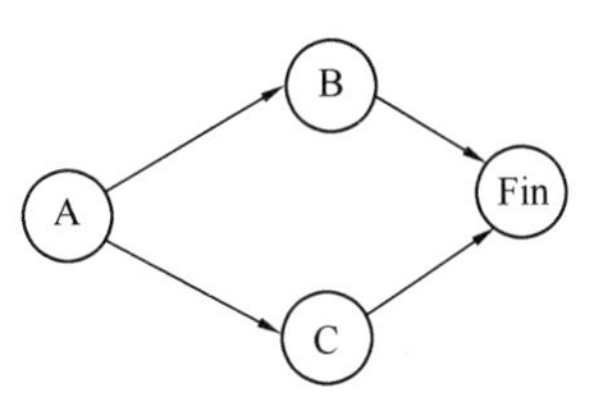

图 14-5-10　序号 1 的单代号网络图

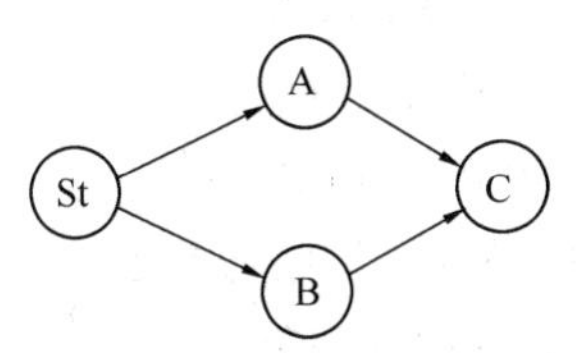

图 14-5-11　序号 2 的单代号网络图

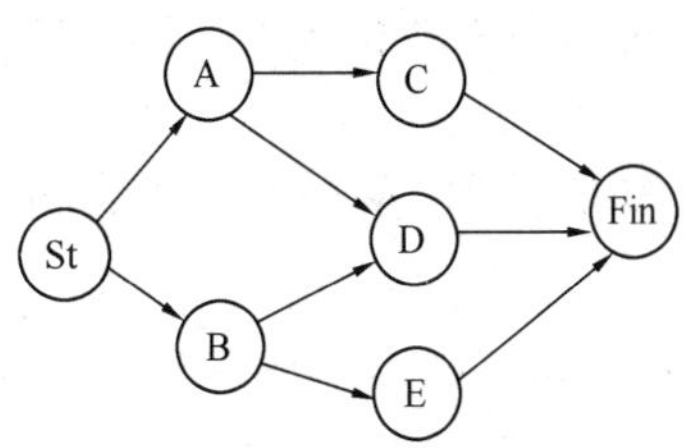

图 14-5-12　序号 6 的单代号网络图

2. 单代号网络计划的时间参数计算

单代号网络计划的时间参数应分别标注，见图 14-5-13。

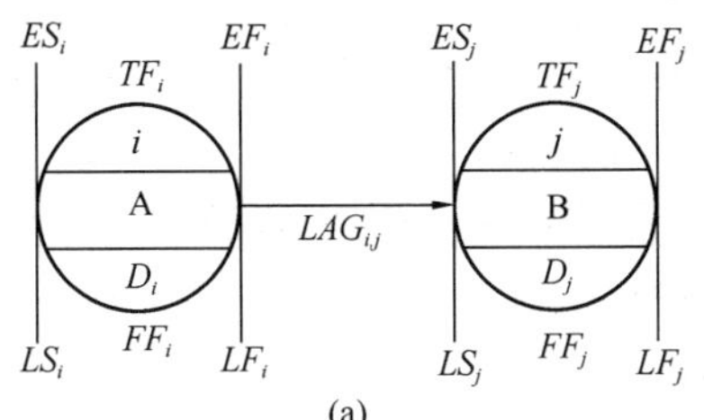

(a)

i	A	D_i
ES_i	EF_i	TF_i
LS_i	LF_i	FF_i

$LAG_{i,j}$

j	B	D_j
ES_j	EF_j	TF_j
LS_j	LF_j	FF_j

(b)

图 14-5-13　单代号网络计划时间参数的标注

(a) 时间参数标注形式一；(b) 时间参数标注形式二

i、j—节点编号；A、B—工作；D_i、D_j—持续时间；

ES_i、ES_j—最早开始时间；EF_i、EF_j—最早完成时间；

LS_i、LS_j—最迟开始时间；LF_i、LF_j—最迟完成时间；

TF_i、TF_j—总时差；FF_i、FF_j—自由时差；$LAG_{i,j}$—间隔时间

（1）时间参数的计算

1）工作最早开始时间的计算如下：

工作i的最早开始时间(ES_i)应从网络计划的起点节点开始顺着箭线方向依次逐项计算。

当起点节点 i 的最早开始时间（ES_i）无规定时，应按下式计算：

$$ES_i = 0 \tag{14-5-12}$$

其他工作 i 的最早开始时间（ES_i）应按下式计算：

$$ES_i = \max(ES_h + D_h) = \max(EF_h) \tag{14-5-13}$$

式中，D_h、ES_h、EF_h 分别为工作 i 的各项紧前工作 h 的持续时间、最早开始时间、最早完成时间。

2）工作最早完成时间（EF_i）应按下式计算：

$$EF_i = ES_i + D_i \tag{14-5-14}$$

3）网络计划计算工期（T_c）应按下式计算：

$$T_c = EF_n \tag{14-5-15}$$

式中，EF_n 为终点节点 n 的最早完成时间。

当未规定要求工期时，令：$T_p = T_c$。

4）工作最迟完成时间的计算如下：

终点节点所代表的工作 n 的最迟完成时间（LF_n）应按下式计算：

$$LF_n = T_p \tag{14-5-16}$$

其他工作 i 的最迟完成时间（LF_i）应按下列公式计算：

$$LF_i = \min(LS_j) \tag{14-5-17}$$

式中，LS_j 为工作 i 的各项紧后工作 j 的最迟开始时间。

5）工作 i 的最迟开始时间（LS_i）应按下列公式计算：

$$LS_i = LF_i - D_i \tag{14-5-18}$$

6）相邻两项工作 i 和 j 之间的间隔时间（$LAG_{i,j}$）的计算如下：

当终点节点为虚拟节点时，其间隔时间应按下式计算：

$$LAG_{i,n} = T_p - EF_i \tag{14-5-19}$$

其他节点之间的间隔时间应按下式计算：

$$LAG_{i,j} = ES_j - EF_i \tag{14-5-20}$$

7）工作总时差的计算如下：

工作 i 的总时差（TF_i）应从网络计划的终点节点开始，逆着箭线方向依次逐项计算。

终点节点所代表工作 n 的总时差（TF_n）应按下式计算：

$$TF_n = T_p - EF_n \tag{14-5-21}$$

其他工作 i 的总时差（TF_i）应按下式计算：

$$TF_i = \min(TF_j + LAG_{i,j}) \tag{14-5-22}$$

8）工作自由时差的计算如下：

终点节点所代表的工作 n 的自由时差（FF_n）应按下式计算：

$$FF_n = T_p - EF_n \tag{14-5-23}$$

其他工作 i 的自由时差（FF_i）应按下式计算：

$$FF_i = \min(LAG_{i,j}) \tag{14-5-24}$$

（2）关键线路

总时差最小的工作为关键工作。由关键工作组成且关键工作之间的间隔时间为零的线路或总持续时间最长的线路为关键线路。

【例 14-5-5】（历年真题）下列关于单代号网络图表述正确的是：

A. 箭线表示工作及其进行的方向，节点表示工作之间的逻辑关系

B. 节点表示工作，箭线表示工作进行的方向

C. 节点表示工作，箭线表示工作之间的逻辑关系

D. 箭线表示工作及其进行的方向，节点表示工作的开始或结束

【解答】单代号网络图中节点表示工作，箭线表示工作之间的逻辑关系，应选 C 项。

★★★三、双代号时标网络计划

双代号时标网络计划是以时间坐标单位为尺度，表示箭线长度的双代号网络计划。

1. 基本规定

双代号时标网络计划应以水平时间坐标为尺度表示工作时间，时标的时间单位应根据需要在编制网络计划之前确定，可为小时、天、周、旬、月、季或年。

双代号时标网络计划应以实箭线表示工作，以虚箭线表示虚工作，以波形线表示工作的自由时差。

双代号时标网络计划中所有符号在时间坐标上的水平投影位置，都必须与其时间参数相对应。节点中心必须对准相应的时标位置。虚工作必须以垂直方向的虚箭线表示，有自由时差时应用波形线表示。

双代号时标网络计划的编制规定如下：

（1）双代号时标网络计划宜按最早时间编制。

（2）编制双代号时标网络计划之前，应先按已确定的时间单位绘出时标计划表。时标可标注在时标计划表的顶部或底部。时标的长度单位必须注明。可在顶部时标之上或底部时标之下加注日历的对应时间。

（3）可采用间接法或直接法绘制时标网络计划。

2. 时间参数的确定

计算工期应为计算坐标体系中终点节点与起点节点所在位置的时标值之差。

按最早时间绘制的双代号时标网络计划，箭尾节点中心所对应的时标值为工作的最早开始时间；当箭线不存在波形线时，箭头节点中心所对应的时标值为工作的最早完成时间；当箭线存在波形线时，箭线实线部分的右端点所对应的时标值为工作的最早完成时间。

工作的自由时差应为工作的箭线中波形线部分在坐标轴上的水平投影长度。

工作总时差的计算应自右向左进行，并应符合下列规定：

以终点节点（$j=n$）为箭头节点的工作，总时差（$TF_{i\text{-}j}$）应按下式计算：

$$TF_{i\text{-}n}=T_{\mathrm{p}}-EF_{i\text{-}n} \tag{14-5-25}$$

其他工作i-j的总时差应按下式计算：

$$TF_{i\text{-}j}=\min(TF_{j\text{-}k}+FF_{i\text{-}j}) \tag{14-5-26}$$

式中，$TF_{j\text{-}k}$为工作i-j的紧后工作j-k的总时差。

工作的最迟开始时间和最迟完成时间，应按下列公式计算：

$$LS_{i\text{-}j}=ES_{i\text{-}j}+TF_{i\text{-}j} \tag{14-5-27}$$

$$LF_{i\text{-}j}=EF_{i\text{-}j}+TF_{i\text{-}j} \tag{14-5-28}$$

例如，将前面双代号网络计划图 14-5-6 用双代号时标网络计划表达，见图 14-5-14。由图 14-5-14，可直接确定下列时间参数：

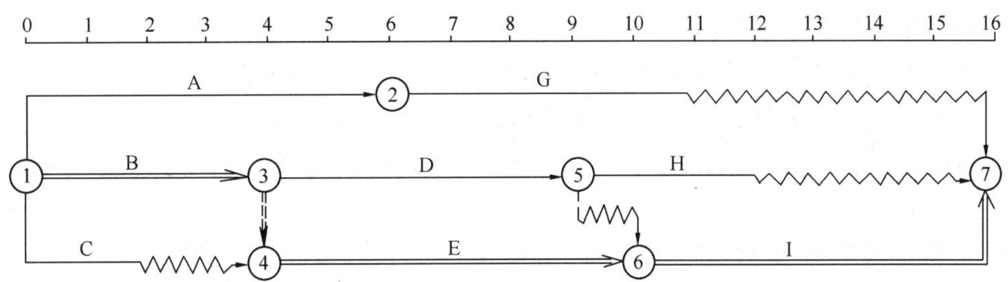

图 14-5-14　双代号时标网络计划

计算工期 $T_{\mathrm{c}}=16\mathrm{d}$，工作 D 的最早开始时间为第 4 天，最早完成时间为第 9 天，其自由时差为 0；工作 G 的最早开始时间为第 6 天，最早完成时间为第 11 天，其自由时差为波形线长度即 4 天。同理，其他工作的最早开始时间、最早完成时间、自由时差均可直接由图确定。各工作的工作总时差、最迟开始时间和最迟完成时间按公式计算得到。

【例 14-5-6】（历年真题）在双代号时标网络计划中，若某项工作的箭线上没有波形线，则说明该工作：

A. 为关键工作　　B. 自由时差为 0

C. 总时差等于自由时差　　D. 自由时差不超过总时差

【解答】此时，说明该工作的自由时差为 0，但不一定是关键工作，应选 B 项。

★★★四、网络计划的优化

网络计划的优化是指在一定约束条件下，按既定目标对网络计划进行不断改进，以寻求满意方案的过程。根据优化目标的不同，网络计划的优化可分为工期优化、费用优化和资源优化三种。

1. 工期优化

当计算工期超过要求工期时，可通过压缩关键工作的持续时间来满足工期要求。

工期优化的计算，应按下列步骤进行：

（1）计算并找出初始网络计划的计算工期、关键工作及关键线路；

（2）按要求工期计算应缩短的时间；

（3）确定各关键工作能缩短的持续时间；

（4）选择缩短持续时间的关键工作，压缩持续时间，并重新计算网络计划的计算工期。当被压缩的关键工作变成了非关键工作，则应延长其持续时间，使之仍为关键工作；

（5）当计算工期仍超过要求工期时，则重复上述(1)～(4)的步骤，直到满足工期要求或工期已不能再缩短为止；

（6）当所有关键工作的持续时间都已达到其能缩短的极限而工期仍不能满足要求时，应对计划的技术方案、组织方案进行调整或对要求工期重新审定。

在选择缩短持续时间的关键工作时，应优先考虑有作业空间、充足备用资源和增加费用最小的工作，以及缩短持续时间对质量和安全影响不大的工作。

2. 资源优化

资源是指为完成一项计划任务所需投入的人力、材料、机械设备和资金等。完成一项工程任务所需要的资源量基本上是不变的，不可能通过资源优化将其减少。资源优化的目的是通过改变工作的开始时间和完成时间，使资源按照时间的分布符合优化目标。

资源优化的前提条件是：

① 在优化过程中，不改变网络计划中各项工作之间的逻辑关系。

② 在优化过程中，不改变网络计划中各项工作的持续时间。

③ 网络计划中各项工作的资源强度（单位时间所需资源数量）为常数，而且是合理的。

④ 除规定可中断的工作外，一般不允许中断工作，应保持其连续性。

（1）“资源有限，工期最短”的优化

它是通过调整计划安排，在满足资源限制条件下，使工期延长最少的过程，其优化的步骤如下：

1）按最早开始时间安排进度计划，计算网络计划每个时间单位的资源需用量。

2）从计划开始日期起，逐个检查每个时段的资源需用量是否超过所能供应的资源限量。如果在整个工期范围内每个时段的资源需用量均能满足资源限量的要求，则可行优化方案就编制完成。否则，必须转入下一步进行计划的调整。

3）分析超过资源限量的时段。如果在该时段内有几项工作平行作业，则采取将一项工作安排在与之平行的另一项工作之后进行的方法，以降低该时段的资源需用量。例如，两项平行作业的工作 m 和工作 i，为了降低相应时段的资源需用量，现将工作 i 安排在工作 m 之后进行，如图 14-5-15 所示，网络计划工期延长值 $\Delta T_{m,i}$ 为：

$$\Delta T_{m,i}=EF_m+D_i-LF_i=EF_m-(LF_i-D_i)=EF_m-LS_i \quad (14\text{-}5\text{-}29)$$

当 $\Delta T_{m,i}>0$ 时，表明工期将延长，其延长值为 $\Delta T_{m,i}$。

当 $\Delta T_{m,i}\leqslant 0$ 时，表明工期不受影响。

在有资源冲突的时段中，对平行作业的工作进行两两排序，即可得出若干个 $\Delta T_{m,i}$，选择其中最小的 $\Delta T_{m,i}$，将相应的工作 i 安排在工作 m 之后进行，既可降低该时段的资源需用量，又使网络计划的工期延长最短或不延长。

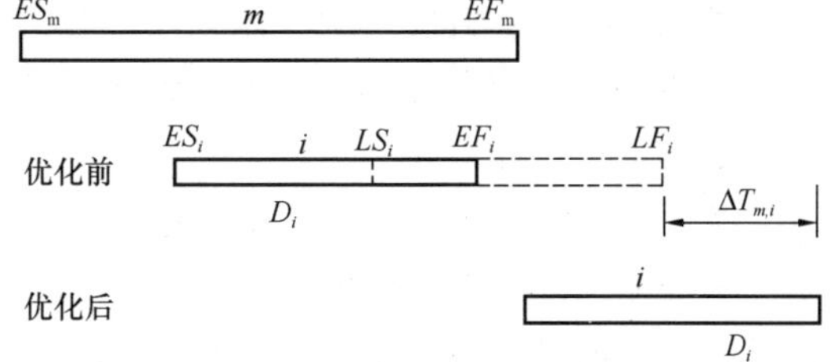

图 14-5-15　“资源有限，工期最短”的优化

4）对调整后的网络计划安排重新计算每个时间单位的资源需用量。

5）重复上述 2）～4），直至网络计划整个工期范围内每个时间单位的资源需用量均满足资源限量为止。

【例 14-5-7】（历年真题）进行网络计划“资源有限，工期最短”优化时，前提条件不包括：

A. 任何工作不得中断

B. 网络计划一经确定，在优化过程中不得改变各工作的持续时间

C. 各工作每天的资源需要量为常数，而且是合理的

D. 在优化过程中不得改变网络计划的逻辑关系

【解答】其前提条件包括 B、C、D 项，不包括 A 项，应选 A 项。

【例 14-5-8】（历年真题）进行资源有限工期最短优化时，当将某工作移出超过限量的资源时段后，计算发现工期增加 Δ 小于零，以下说明正确的是：

A. 总工期不变　　　　B. 总工期会缩短

C. 总工期会延长　　　　D. 这种情况不会出现

【解答】此时，工期增加 $\Delta<0$，说明超过资源限量而调整移动的工作为非关键工作，故总工期不变。

（2）“工期固定，资源均衡”的优化

它是通过调整计划安排，在工期保持不变的条件下，使资源需用量不出现过多的高峰和低谷，即尽可能均衡的过程。它的优化可用削高峰法，利用时差降低资源高峰值，其步骤如下：

1）计算网络计划各个时段的资源需用量。

2）确定削高峰目标，其值等于各个时段资源需用量的最大值减去一个单位资源量。

3）找出高峰时段的最后时间（T_h）及相关工作的最早开始时间（$ES_{i\text{-}j}$ 或 ES_i）和总时差（$TF_{i\text{-}j}$ 或 TF_i）。

4）按下列公式计算有关工作的时间差值：

双代号网络计划：

$$\Delta T_{i\text{-}j} = TF_{i\text{-}j} - (T_h - ES_{i\text{-}j}) \tag{14-5-30}$$

单代号网络计划：

$$\Delta T_i = TF_i - (T_h - ES_i) \tag{14-5-31}$$

应优先以时间差值最大的工作（i'-j' 或 i'）为调整对象，令 $ES_{i'\text{-}j'} = T_h$ 或 $ES_{i'} = T_h$。

5）当峰值不能再减少时，即得到优化方案。否则，重复 1)～4)的步骤。

3. 费用优化（亦称工期-费用优化）

工程费用是由直接费和间接费组成，直接费由人工费、材料费、施工机具使用费、措施费及现场经费等组成。直接费会随着工期的缩短而增加。间接费包括企业经营管理的全部费用，一般会随着工期的缩短而减少。工程费用与工期的关系如图 14-5-16 所示。

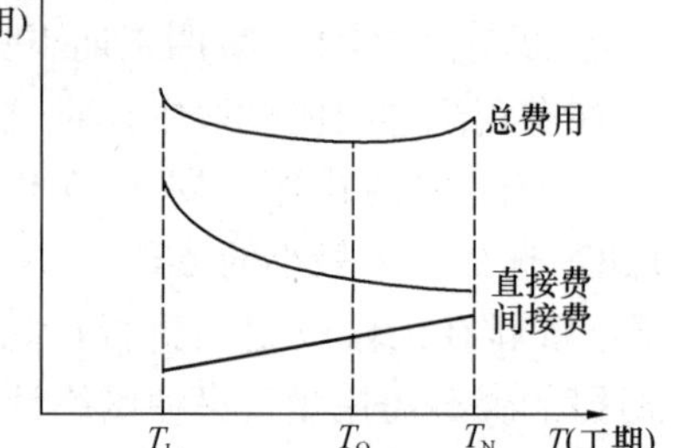

图 14-5-16 费用-工期曲线

T_L—最短工期；T_O—最优工期；T_N—正常工期

直接费用率是指工作持续时间每缩短单位时间而增加的直接费，按下式计算：

$$\Delta C_{i\text{-}j} = \frac{CC_{i\text{-}j} - CN_{i\text{-}j}}{DN_{i\text{-}j} - DC_{i\text{-}j}} \tag{14-5-32}$$

式中，$\Delta C_{i\text{-}j}$ 为工作 i-j 的直接费用率；$CC_{i\text{-}j}$ 为工作 i-j 的持续时间缩短为最短持续时间后，完成该工作所需的直接费用；$CN_{i\text{-}j}$ 为在正常条件下，完成工作 i-j 所需直接费用；$DC_{i\text{-}j}$ 为工作 i-j 的最短持续时间；$DN_{i\text{-}j}$ 为工作 i-j 的正常持续时间。

工期-费用优化的步骤如下：

(1) 按工作的正常持续时间确定计算工期和关键线路。

(2) 计算各项工作的直接费用率。

(3) 当只有一条关键线路时，应找出直接费用率最小的一项关键工作，作为缩短持续时间的对象；当有多条关键线路时，应找出组合直接费用率最小的一组关键工作，作为缩短持续时间的对象。

(4) 对于选定的压缩对象（一项关键工作或一组关键工作），首先比较其直接费用率（或组合直接费用率）与工程间接费用率的大小：

1）如果被压缩对象的直接费用率(或组合直接费用率)小于工程间接费用率，说明压缩关键工作的持续时间会使工程总费用减少，故应缩短关键工作的持续时间。

2）如果被压缩对象的直接费用率(或组合直接费用率)等于工程间接费用率，说明压缩关键工作的持续时间不会使工程总费用增加，故应缩短关键工作的持续时间。

3）如果被压缩对象的直接费用率(或组合直接费用率)大于工程间接费用率，说明压缩关键工作的持续时间会使工程总费用增加，此时应停止缩短关键工作的持续时间，在此之前的方案即为优化方案。

（5）当需要缩短关键工作的持续时间时，其缩短值的确定必须符合下列两条原则：

1）缩短后工作的持续时间不能小于其最短持续时间。

2）缩短持续时间的工作不能变成非关键工作。

（6）计算关键工作持续时间缩短后相应增加的总费用。

（7）重复上述（3）～（6），直至计算工期满足要求工期或被压缩对象的直接费用率（或组合直接费用率）大于工程间接费用率为止。

（8）计算优化后的工程总费用。

【例 14-5-9】（历年真题）对工程网络进行工期-成本优化的主要目的是：

A. 确定工程总成本最低时的工期

B. 确定工期最短时的工程总成本

C. 确定工程总成本固定条件下的最短工期

D. 确定工期固定下的最低工程成本

【解答】工期-成本优化的主要目的是确定工程总成本最低时的工期，应选 A 项。

【例 14-5-10】（历年真题）在进行网络计划的工期-费用优化时，如果被压缩对象的直接费用率等于工程间接费用率时：

A. 应压缩关键工作的持续时间

B. 应压缩非关键工作的持续时间

C. 停止压缩关键工作的持续时间

D. 停止压缩非关键工作的持续时间

【解答】此时，应压缩关键工作的持续时间，应选 A 项。

习　题

14-5-1　（历年真题）单代号网络图中，某工作最早完成时间与其紧后工作的最早开始时间之差为：

A. 总时起　　B. 自由时差

C. 虚工作　　D. 时间间隔

14-5-2　（历年真题）网络计划中的关键工作是：

A. 自由时差总和最大线路上的工作　　B. 施工工序最多线路上的工作

C. 总持续时间最短线路上的工作　　D. 总持续时间最长线路上的工作

14-5-3　（历年真题）与工程网络计划方法相比，横道图进度计划方法的缺点是不能：

A. 直观表示计划中工作的持续时间　　B. 确定实施计划所需要的资源数量

C. 直观表示计划完成所需要的时间　　D. 确定计划中的关键工作和时差

14-5-4　（历年真题）下列关于网络计划的工期优化的表述不正确的是：

A. 一般通过压缩关键工作来实现

B. 可将关键工作压缩为非关键工作

C. 应优先压缩对成本、质量和安全影响小的工作

D. 当优化过程中出现多条关键线路时，必须同时压缩各关键线路的持续时间

14-5-5　（历年真题）某工程项目双代号网络计划中，混凝土浇捣工作 M 的最迟完成时间为第 25d，其持续时间为 6d。该工作共有三项紧前工作分别是钢筋绑扎、模板制作和

预埋件安装，它们的最早完成时间分别为第 10 天、第 12 天和第 13 天，则工作 M 的总时差为：

A. 9d　　B. 7d　　C. 6d　　D. 10d

第六节　施　工　管　理

一、现场施工管理的内容及组织形式

1. 现场施工管理的内容

现场施工管理的内容包括：项目组织管理，施工进度管理，施工质量管理，施工成本管理，施工安全管理，施工资源管理，施工合同管理和工程验收管理等。

项目组织管理主要包括：施工现场平面布置管理，施工现场临时用电用水管理，环境保护管理（文明施工绿色施工），职业健康管理，施工现场消防管理和现场技术应用管理等。

2. 组织形式

施工管理的组织形式有下列三种：

（1）线性组织结构

如图 14-6-1 所示，在线性组织结构中，每一个工作部门只能对其直接的下属部门下达工作指令，每一个工作部门也只有一个直接的上级部门，因此，每一个工作部门只有唯一的指令源，避免了由于矛盾的指令而影响组织系统的运行。

（2）职能组织结构

如图 14-6-2 所示，在职能组织结构中，每一个职能部门可根据它的管理职能对其直接和非直接的下属工作部门下达工作指令，因此，每一个工作部门可能得到其直接和非直接的上级工作部门下达的工作指令，它就会有多个矛盾的指令源。一个工作部门的多个矛盾的指令源会影响组织的运行。

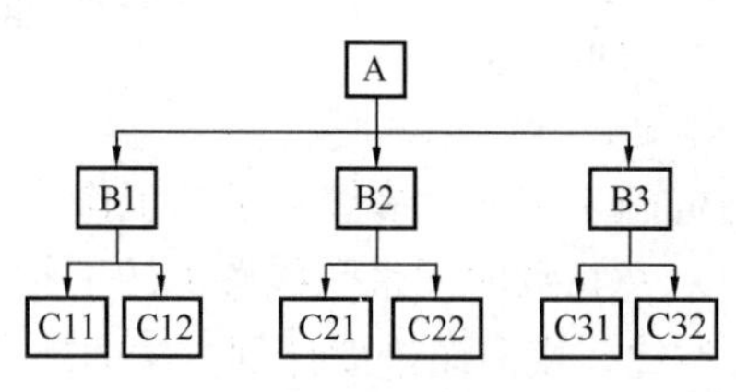

图 14-6-1　线性组织结构

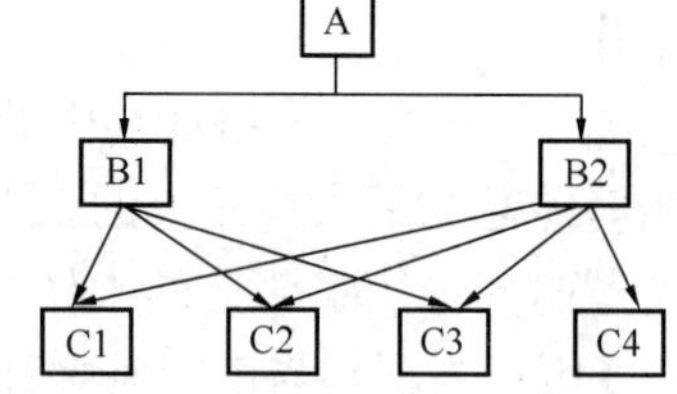

图 14-6-2　职能组织结构

（3）矩阵组织结构

如图 14-6-3 所示，纵向职能工作部门可以是质量管理、合同管理、进度管理、成本管理等；横向可以是各子项目的项目经理部。在该结构中，每一项纵向和横向交汇的工作，其指令来自于纵向和横向两个工作部门，故指令源有两个。当纵向和横向工作部门的指令发生矛盾时，由该组织系统的最高指挥者，如图 14-6-3 中总经理进行协调或决策。为了避免此类情况，可以采用以纵向工作部门指令为主，或以横向工作部门指令为主的模式。矩阵组织结构适用于大型、复杂的施工项目。

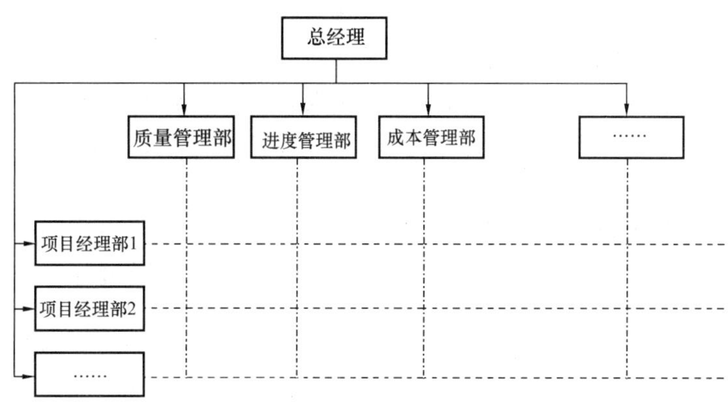

图 14-6-3　矩阵组织结构

二、技术管理

技术管理是指在施工过程中，对各项技术活动过程、技术工作的各种资源等进行管理。其中，技术管理制度是技术管理的重要内容，它具体包括：图纸学习与会审制度、施工组织设计管理制度、技术交底制度、技术复核与核定管理制度、材料设备检验制度、计量管理制度、质量检查与验收制度、施工技术工艺措施制度、技术资料管理制度，以及技术开发管理制度等。

三、全面质量管理

全面质量管理 TQC（Total Quality Control），其基本原理就是强调在企业或组织最高管理者的质量方针指引下，实行全面、全过程和全员参与的质量管理。它的主要特点是：以顾客满意为宗旨；领导参与质量方针和目标的制定；提倡预防为主，科学管理，用数据说话等。工程项目（亦称建设项目）的质量管理应贯彻“三全”管理的思想和方法。

（1）全面质量管理：它是指项目参与各方均应进行工程项目的质量管理，即对工程质量和工作质量的全面管理。

（2）全过程质量管理：它是指根据工程质量的形成规律，进行工程建设的全过程的质量管理，即强调“过程方法”原则。

（3）全员参与质量管理：按照全面质量管理的思想，施工单位内部的每个部门和工作岗位都承担着相应的质量职能，施工单位的最高管理者确定了质量方针和目标，就应组织和动员全体员工参与到实施质量方针的系统活动中去，发挥自己的角色作用。

全面质量管理的基本方法是 PDCA 循环，持续改进。PDCA 循环是：计划 P（Plan）、实施 D（Do）、检查 C（Check）和处理 A（Action）。

★★★四、工程进度管理

工程进度管理是指对工程进度进行计划、组织、指挥、控制和协调，以实现工程项目按预定的时间动用或提前交付使用。工程进度控制是对进度计划的实施过程中经常检查实际进度是否按计划要求开展，对出现的偏差情况进行分析，采取纠偏措施或调整、修改原计划后再付诸实施，如此循环，直到工程竣工验收交付使用。上述循环过程体现了动态控制原理在工程进度控制中的运用。

1. 影响施工进度的因素

（1）因发包人原因导致工期延误

在合同履行过程中，因下列情况导致工期延误和（或）费用增加的，由发包人（建设单位）承担由此延误的工期和（或）增加的费用，且发包人应支付承包人（施工单位）合理的利润：

1）发包人未能按合同约定提供图纸或所提供图纸不符合合同约定的；

2）发包人未能按合同约定提供施工现场、施工条件、基础资料，许可、批准等开工条件的；

3）发包人提供的测量基准点、基准线和水准点及其书面资料存在错误或疏漏的；

4）发包人未能在计划开工日期之日起7天内同意下达开工通知的；

5）发包人未能按合同约定日期支付工程预付款、进度款或竣工结算款的；

6）监理人未按合同约定发出指示、批准等文件的；

7）专用合同条款中约定的其他情形。

（2）因承包人原因导致工期延误

因承包人原因造成工期延误的，可以在专用合同条款中约定逾期竣工违约金的计算方法和逾期竣工违约金的上限。承包人支付逾期竣工违约金后，不免除承包人继续完成工程及修补缺陷的义务。

（3）不利物质条件导致工期延误

不利物质条件是指有经验的承包人在施工现场遇到的不可预见的自然物质条件、非自然的物质障碍和污染物，但不包括气候条件。承包人遇到不利物质条件时，应采取克服不利物质条件的合理措施继续施工，并及时通知发包人和监理人。监理人经发包人同意后应当及时发出指示。承包人因采取合理措施而增加的费用和（或）延误的工期由发包人承担。

（4）异常恶劣的气候条件导致工期延误

异常恶劣的气候条件是指在施工过程中遇到的，有经验的承包人在签订合同时不可预见的，对合同履行造成实质性影响的，但尚未构成不可抗力事件（如地震、海啸、瘟疫等）的恶劣气候条件。承包人应采取克服异常恶劣的气候条件的合理措施继续施工，并及时通知发包人和监理人。监理人经发包人同意后应当及时发出指示。承包人因采取合理措施而增加的费用和（或）延误的工期由发包人承担。

（5）工程变更导致工期延误

发包人和监理人均可以提出变更。变更指示均通过监理人发出，监理人发出变更指示前应征得发包人同意。未经许可，承包人不得擅自对工程的任何部分进行变更。涉及设计变更的，应由设计人提供变更后的图纸和说明。如变更超过原设计标准或批准的建设规模时，发包人应及时办理规划、设计变更等审批手续。

发包人提出变更的，应通过监理人向承包人发出变更指示，变更指示应说明计划变更的工程范围和变更的内容。监理人提出变更建议的，需要向发包人以书面形式提出变更计划，说明计划变更工程范围和变更的内容、理由，以及实施该变更对合同价格和工期的影响，经发包人同意变更后，监理人方可向承包人发出变更指示。

承包人收到监理人下达的变更指示后，认为不能执行，应立即提出不能执行该变更指示的理由。承包人认为可以执行变更的，应当书面说明实施该变更指示对合同价格和工期的影响。当存在总分包时，变更指示由监理人下达给总承包单位。

（6）隐蔽工程检查导致工期延误

1）隐蔽工程检查：除专用合同条款另有约定外，工程隐蔽部位经承包人自检确认具备覆盖条件的，承包人应在共同检查前 48 小时书面通知监理人检查。监理人不能按时进行检查的，应在检查前 24 小时向承包人提交书面延期要求，但延期不能超过 48 小时，由此导致工期延误的，工期应予以顺延。

2）重新检查：承包人覆盖工程隐蔽部位后，发包人或监理人对质量有疑问的，可要求承包人对已覆盖的部位进行钻孔探测或揭开重新检查，承包人应遵照执行。经检查证明工程质量符合合同要求的，由发包人承担由此增加的费用和（或）延误的工期，并支付承包人合理的利润；经检查证明工程质量不符合合同要求的，由此增加的费用和（或）延误的工期由承包人承担。

3）承包人私自覆盖：承包人未通知监理人到场检查，私自将工程隐蔽部位覆盖的，监理人有权指示承包人钻孔探测或揭开检查，无论工程隐蔽部位质量是否合格，由此增加的费用和（或）延误的工期均由承包人承担。

【例 14-6-1】（历年真题）在施工过程中，对于来自外部的各种因素所导致的工期延长，应通过工期签证予以扣除，下列不属于应办理工期签证的情形是：

A. 不可抗拒的自然灾害（地震、洪水、台风等）导致工期拖延

B. 由于设计变更导致的返工时间

C. 基础施工时，遇到不可预见的障碍物后停止施工进行处理的时间

D. 下雨导致场地泥泞，施工材料运输不通畅导致工期拖延

【解答】上述选项中 A、B、C 项均属于办理工期签订的情形，D 项则不属于，应选 D 项。

2. 施工进度计划的检查

施工进度计划的检查内容包括：工程量的完成情况，工作时间和执行情况，进度偏差及原因，资源使用及与进度的匹配情况，上次检查提出问题的整改情况。进度计划的检查过程为：调查、整理、对比分析等。对比分析方法主要有横道图比较法、前锋线法、赢得值（挣值）法、S 形曲线法、香蕉形曲线法等。

（1）横道图比较法

横道图比较法是指将在项目实施中检查实际进度收集的信息，经整理后直接用横道线并列标于原计划的横道线处，进行直观比较的方法。在匀速施工条件下，时间进度与完成工程量进度一致，因此，用到检查日为止的实际进度线与计划进度线长度相比较，二者之差即为时间进度偏差（或称进度偏差）。当实际进度线右端位于检查日期的左侧，表明实际进度拖后（即工期延误）；当实际进度线右端与检查日期重合，表明实际进度与进度计划一致；当实际进度线右端位于检查日期的右侧，则表明实际进度超前。

如图 14-6-4 所示，检查日期为第 10 周末，序号 1、序号 2 的工作已完成，序号 3 的实际进度拖后 2 周，序号 4 的实际进度超前 2 周。

【例 14-6-2】（历年真题）当采用匀速进展横道图比较工作实际进度与计划进度时，如

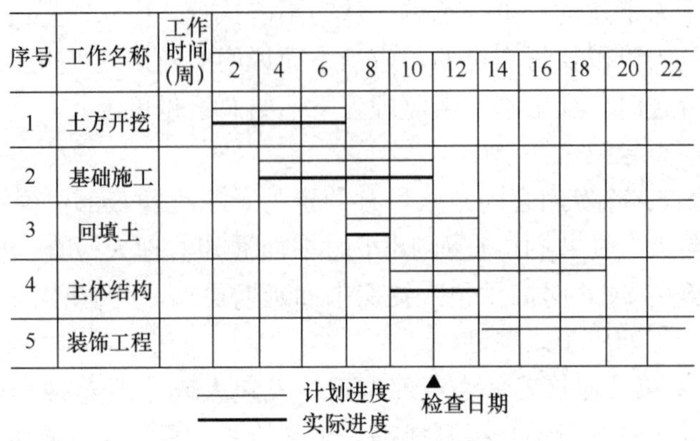

图 14-6-4　匀速施工横道图比较法

果表示实际进度的横道线右端落在检查日期的右侧，这表明：

A. 实际进度超前

B. 实际进度拖后

C. 实际进度与进度计划一致

D. 无法说明实际进度与计划进度的关系

【解答】 此时，表明实际进度超前，应选 A 项。

(2) 前锋线法

前锋线法主要适用于双代号时标网络计划，实际进度前锋线是在原双代号时标网络图上，自上而下从计划检查时刻的时标点出发，用点画线依次将各项工作实际进度达到的前锋点连接而成的折线。

通过实际进度前锋线与原进度计划中各工作箭线交点的位置可以判别实际进度与计划进度的进度偏差，即：当工作实际进度点位置与检查日时间坐标相同，则该工作实际进度与计划进度一致；当工作实际进度点位置在检查日时间坐标右侧，则该工作实际进度超前，超前天数为二者之差；当工作实际进度点位置在检查日时间坐标左侧，则该工作实际进度拖后，拖后天数为二者之差。

如图 14-6-5 所示，分别在等 6 天末和第 11 天末进行检查，其前锋线如图所示。由图可知，在第 6 天末，G 工作超前一天，D 工作拖后 1d，C 工作拖后 1d。在第 11 天末，G 工作拖后 1d，I 工作与原计划一致，H 工作拖后 3d。

(3) 赢得值（挣值）法

赢得值法进行工程项目的费用、进度综合分析控制。赢得值法的三个基本参数：已完工作预算费用；计划工作预算费用；已完工作实际费用。

已完工作预算费用 *BCWP*（Budgeted Cost for Work Perfomed），是指在某一时间已经完成的工作（或部分工作），以批准认可的预算为标准所需要的资金总额，由于发包人正是根据这个值为承包人完成的工作量支付相应的费用，也就是承包人获得（挣得）的金额，故称赢得值或挣值。

$$\text{已完工作预算费用}(BCWP) = \text{已完成工作量} \times \text{预算单价} \tag{14-6-1}$$

计划工作预算费用 *BCWS*（Budgeted Cost for Work Scheduled），是指根据进度计

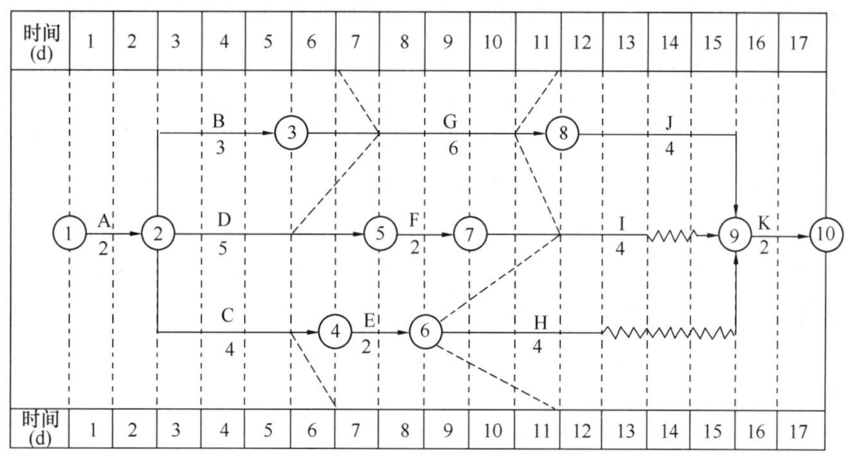

图 14-6-5　前锋线法

划，在某一时刻应当完成的工作（或部分工作），以预算为标准所需要的资金总额。一般来说，除非合同有变更，*BCWS* 在工程实施过程中应保持不变。

$$计划工作预算费用(BCWS) = 计划工作量 \times 预算单价 \tag{14-6-2}$$

已完工作实际费用 *ACWP*（Actual Cost for Work Performed），是指到某一时刻为止，已完成的工作（或部分工作）所实际花费的总金额。

$$已完工作实际费用(ACWP) = 已完成工作量 \times 实际单价 \tag{14-6-3}$$

在上述三个基本参数的基础上，可以确定赢得值法的四个评价指标，它们都是时间的函数。

1）费用偏差 *CV*

$$费用偏差(CV) = 已完工作预算费用(BCWP) - 已完工作实际费用(ACWP) \tag{14-6-4}$$

当费用偏差 *CV* 为负值时，即表示项目运行超出预算费用；当费用偏差 *CV* 为正值时，表示项目运行节支，实际费用没有超出预算费用。

2）进度偏差 *SV*

$$进度偏差(SV) = 已完工作预算费用(BCWP) - 计划工作预算费用(BCWS) \tag{14-6-5}$$

当进度偏差 *SV* 为负值时，表示进度延误，即实际进度落后于计划进度；当进度偏差 *SV* 为正值时，表示进度提前，即实际进度快于计划进度。

3）费用绩效指数（*CPI*）

$$费用绩效指数(CPI) = 已完工作预算费用(BCWP) / 已完工作实际费用(ACWP) \tag{14-6-6}$$

当费用绩效指数（*CPI*）<1 时，表示超支，即实际费用高于预算费用；

当费用绩效指数（*CPI*）>1 时，表示节支，即实际费用低于预算费用。

4）进度绩效指数（*SPI*）

$$\text{进度绩效指数}(SPI)=\text{已完工作预算费用}(BCWP)/\text{计划工作预算费用}(BCWS) \tag{14-6-7}$$

当进度绩效指数（SPI）<1 时，表示进度延误，即实际进度比计划进度慢；

当进度绩效指数（SPI）>1 时，表示进度提前，即实际进度比计划进度快。

【例 14-6-3】（历年真题）某土方工程总挖方量为 1 万 m^3。预算单价 45 元/m^3，该工程总预算为 45 万元，计划用 25d 完成，每天 $400m^3$。开工后第 7 天早晨刚上班时，经业主复核确认的挖方量为 $2000m^3$，承包商实际付出累计 12 万元。应用挣值法（赢得值法）对项目进展进行评估，下列哪项评估结论不正确？

A. 进度偏差＝－1.8 万元，因此工期拖延

B. 进度偏差＝1.8 万元，因此工期超前

C. 费用偏差＝－3 万元，因此费用超支

D. 工期拖后 1d

【解答】 进度偏差＝2000×45－400×6×45＝－18000 元＝－1.8 万元

因此，工期拖延，应选 B 项。

此外，费用偏差＝2000×45－120000＝－30000 元＝－3 万元

因此，费用超支。

$$\text{工期拖后天数}=\frac{400\times6-2000}{400}=1\text{d}$$

3. 施工进度计划的调整

通过检查发现施工进度出现偏差后，利用网络计划分析进度偏差所处位置及其与总时差 TF、自由时差 FF 的对比关系，判断偏差对总工期及后续工作的影响。

当出现偏差的工作为关键工作，则无论偏差大小，都对后续工作及总工期产生影响，必须采取相应的调整措施。

当出现偏差的工作不是关键工作，需要根据偏差值与总时差和自由时差的大小关系，确定对后续工作和总工期的影响程度；当偏差小于该工作的自由时差时，对工作计划无影响；当偏差大于自由时差而小于总时差时，对后续工作的最早开工时间有影响，对总工期无影响；当偏差大于总时差时，对后续工作和总工期都有影响。

施工进度计划的调整方法：

（1）调整关键线路。缩短后续某些工作的持续时间，进行工期-费用优化。

（2）利用时差调整非关键工作的开始时间、完成时间或工作持续时间。

（3）调整某些工作间的逻辑关系。如采用流水施工原理重新组织后续施工任务。

（4）重新估计某些工作的持续时间。

（5）调整资源投入。

★★★五、质量验收与竣工验收

1. 质量验收的划分与基本规定

建筑工程施工质量验收应划分为单位工程、分部工程、分项工程和检验批。

检验批可根据施工、质量控制和专业验收的需要，按工程量、楼层、施工段、变形缝进行划分。

建筑工程的分部工程划为十个，即：地基与基础、主体结构、建筑装饰装修、屋面、

建筑给水排水及供暖、通风与空调、建筑电气、智能建筑、建筑节能和电梯。

建筑工程施工质量应按下列要求进行验收：

（1）工程质量验收均应在施工单位自检合格的基础上进行。

（2）参加工程施工质量验收的各方人员应具备相应的资格。

（3）检验批的质量应按主控项目和一般项目验收。其中，主控项目是指建筑工程中对安全、节能、环境保护和主要使用功能起决定性作用的检验项目。一般项目是除主控项目以外的检验项目。

（4）对涉及结构安全、节能、环境保护和主要使用功能的试块、试件及材料，应在进场时或施工中按规定进行见证检验。

（5）隐蔽工程在隐藏前应由施工单位通知监理单位进行验收，并应形成验收文件，验收合格后方可继续施工。

（6）对涉及结构安全、节能、环境保护和使用功能的重要分部工程，应在验收前按规定进行抽样检验。

（7）工程的观感质量应由验收人员现场检查，并应共同确认。

2. 质量验收的要求

（1）检验批质量验收合格应符合下列规定：

1）主控项目的质量经抽样检验均应合格。

2）一般项目的质量经抽样检验合格。

3）具有完整的施工操作依据、质量验收记录。

（2）分项工程质量验收合格应符合下列规定：

1）所含检验批的质量均应验收合格。

2）所含检验批的质量验收记录应完整。

（3）分部工程质量验收合格应符合下列规定：

1）所含分项工程的质量均应验收合格。

2）质量控制资料应完整。

3）有关安全、节能、环境保护和主要使用功能的抽样检验结果应符合相应规定。

4）观感质量应符合要求。

（4）单位工程质量验收合格应符合下列规定：

1）所含分部工程的质量均应验收合格。

2）质量控制资料应完整。

3）所含分部工程中有关安全、节能、环境保护和主要使用功能的检验资料应完整。

4）主要使用功能的抽查结果应符合相关专业验收规范的规定。

5）观感质量应符合要求。

（5）施工质量不符合要求的处理

1）经返工或返修的检验批，应重新进行验收。

2）经有资质的检测机构检测鉴定能够达到设计要求的检验批，应予以验收。

3）经有资质的检测机构检测鉴定达不到设计要求，但经原设计单位核算认可能够满足安全和使用功能的检验批，可予以验收。

4）经返修或加固处理的分项、分部工程，满足安全及使用功能要求时，可按技术处理方案和协商文件的要求予以验收。

3. 质量验收和竣工验收的程序和组织

(1) 质量验收的程序和组织

1) 检验批应由专业监理工程师组织施工单位项目专业质量检查员、专业工长等进行验收。

2) 分项工程应由专业监理工程师组织施工单位项目专业技术负责人等进行验收。

3) 分部工程应由总监理工程师组织施工单位项目负责人和项目技术负责人等进行验收。

勘察、设计单位项目负责人和施工单位技术、质量部门负责人应参加地基与基础分部工程的验收。

设计单位项目负责人和施工单位技术、质量部门负责人应参加主体结构、节能分部工程的验收。

4) 单位工程中的分包工程完工后，分包单位应对所承包的工程项目进行自检，并应按标准规定的程序进行验收。验收时，总包单位应派人参加。分包单位应将所分包工程的质量控制资料整理完整，并移交给总包单位。

5) 单位工程完工后，施工单位应组织有关人员进行自检。总监理工程师应组织各专业监理工程师对工程质量进行竣工预验收。存在施工质量问题时，应由施工单位整改。整改完毕后，由施工单位向建设单位提交工程竣工报告，申请工程竣工验收。

(2) 工程竣工验收的程序和组织

1) 建设单位接到工程项目竣工报告后，对符合竣工验收要求的工程，组织勘察、设计、施工、监理等单位和其他有关方面的专家组成验收组，制订验收方案。

2) 建设单位应在工程项目竣工验收7个工作日前将验收的时间、地点及验收组名单通知负责该工程的工程质量监督机构。

3) 建设单位组织工程项目竣工验收。

建设、勘察、设计、施工和监理单位分别汇报工程合同履行情况和在建工程建设各个环节执行法律、法规和工程建设强制性标准的情况。审阅建设、勘察、设计、施工和监理单位的工程档案资料。实地查验工程质量。对工程勘察、设计、施工、设备安装质量和各管理环节等方面作出全面评价，形成经验收组人员签署的工程项目竣工验收意见。

参与工程项目竣工验收的建设、勘察、设计、施工和监理等各方面对工程项目竣工不能形成一致意见时，应当协商，提交解决的方法，待意见一致后，重新组织工程项目竣工验收。

4) 工程项目竣工验收合格后，建设单位应及时提交工程项目竣工验收报告。

【例 14-6-4】(历年真题) 检验批验收的项目包括：

A. 主控项目和一般项目

B. 主控项目和合格项目

C. 主控项目和允许偏差项目

D. 优良项目和合格项目

【解答】检验批验收的项目包括主控项目、一般项目，应选 A 项。

【例 14-6-5】(历年真题) 有关施工过程质量验收的内容正确的是：

A. 检验批可根据施工及质量控制和专业验收需要按楼层、施工段、变形缝等进行划分

B. 一个或若干个分项工程构成检验批

C. 主控项目可以有不符合要求的检验结果

D. 分部工程是在所含分项验收基础上的简单相加

【解答】根据施工质量验收规定，A 项正确，应选 A 项。

习　题

14-6-1　(历年真题) 施工过程中设计变更是经常发生的，下列关于设计变更处理的方式规定中不正确的是：

A. 对于变更较少的设计，设计单位可通过变更通知单，由建设单位自行修改，在修改的地方加盖图章，注明设计变更编号

B. 若设计变更对施工产生直接影响，涉及工程造价与施工预算的调整，施工单位应及时与建设单位联系，根据承包合同和国家有关规定，商讨解决办法

C. 设计变更与分包施工单位有关，应及时将设计变更交给分包施工单位

D. 设计变更若与以前洽商记录有关，要进行对照，看是否存在矛盾或不符之处

14-6-2　施工承包企业在施工现场负责全面管理工作的是：

A. 项目经理　　　　B. 企业法定代表人

C. 企业总经理　　　　D. 企业技术负责人

14-6-3　不是施工进度管理所使用的工具的：

A. 横道图　　　　B. 关键线路图

C. 排列图　　　　D. 计划评审技术图

14-6-4　图纸会审工作是属于：

A. 计划管理工作　　　　B. 现场施工管理工作

C. 技术管理工作　　　　D. 文档管理工作

14-6-5　建设项目竣工验收的组织者是：

A. 建设单位　　　　B. 质量监督站

C. 施工单位　　　　D. 监理单位

第十四章　习题解答

第十五章 结 构 力 学

第一节 平面体系的几何组成分析

平面体系的几何组成分析（也称几何构造分析）是指按照几何学的原理对平面体系发生运动的可能性进行分析的过程。通过对体系进行几何组成分析可以判定体系是几何不变体系，还是几何可变体系。一般地，工程结构必须采用几何不变体系，不能采用几何可变体系。

一、基本概念

1. 几何不变体系和几何可变体系

在荷载等作用下，不考虑材料的应变，将杆件视为刚性杆件，体系的几何形状和位置均不会改变，该体系称为几何不变体系（图 15-1-1）。可见，铰接三角形是几何不变的。

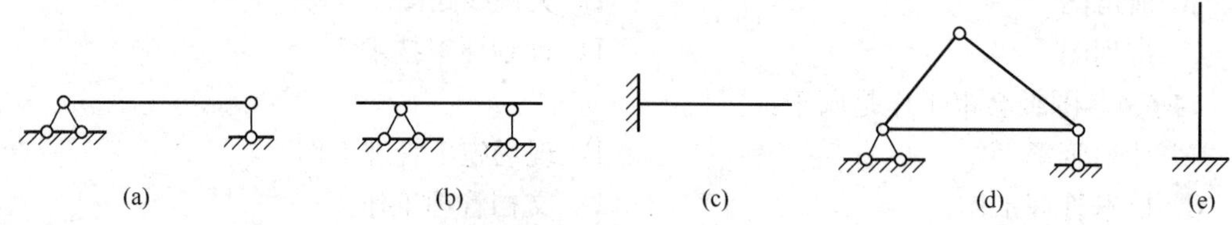

图 15-1-1　几何不变体系

在荷载等作用下，不考虑材料的应变，将杆件视为刚性杆件，体系的几何形状和位置可以发生改变，该体系称为几何可变体系（图 15-1-2）。可见，铰接四边形是几何可变的。造成几何可变体系的原因有：①体系缺乏足够的约束；②体系尽管有足够的(或多余)的约束，但约束布置不合理。

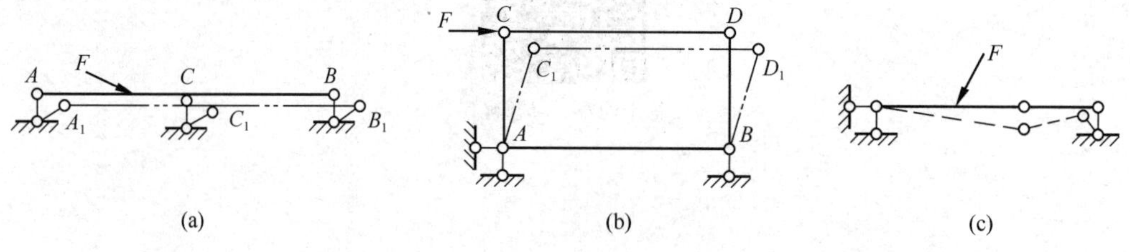

图 15-1-2　几何可变体系

2. 刚片和自由度

体系的几何组成分析不考虑材料的应变，任一杆件均可以看成一个刚片，如梁、柱、斜杆、桁架中的杆件等。与体系连接的地基（或基础）可以看成一个刚片。体系中任一几何不变部分也可以看成一个刚片。

体系的自由度是指完全确定体系位置所需要的独立坐标的数目。注意，独立坐标是指广义坐标，它可以是直角坐标或其他任何可独立变化的几何参数。例如，平面内一个点有 2 个自由度，其位置确定需要 2 个独立坐标，见图 15-1-3（a）。平面内一个刚片有 3 个自由度，其位置确定需要 3 个独立坐标，见图 15-1-3（b）。

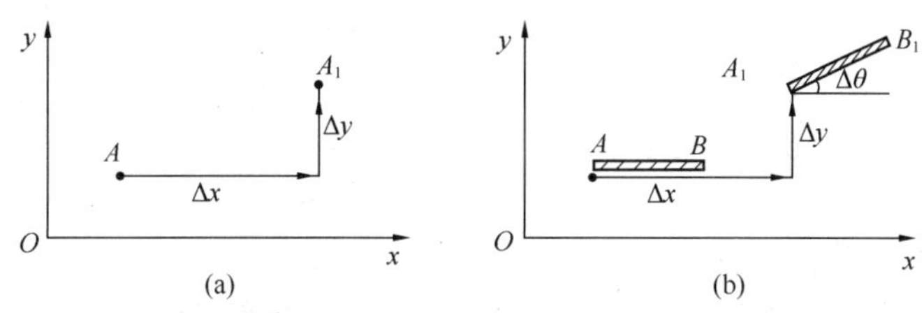

图 15-1-3　体系的自由度

（a）一个点的自由度；（b）一个刚片的自由度

3. 约束

减少自由度的装置称为约束（或联系）。可以减少一个自由度的装置是一个约束。

（1）链杆。链杆是指两端铰接的直杆（或曲杆或折杆）。链杆包括体系内的链杆和支座链杆。如图 15-1-4 所示，刚片Ⅰ用一根链杆与地基（即地基为刚片Ⅱ）相连，刚片Ⅰ不能沿链杆 AC 方向移动，其位置确定只需要两个独立坐标（φ_1、φ_2），故自由度由原来的 3 个变为 2 个，减少 1 个自由度。因此，一根链杆相当于一个约束。

（2）铰。如图 15-1-5（a）所示，连接两个刚片的铰称为单铰，刚片Ⅰ通过铰与地基相连，刚片Ⅰ只能作转动，自由度减少了 2 个。因此，一个单铰相当于两个约束。如图 15-1-5（b）所示称为复铰，连接 n 个刚片的复铰相当于（$n-1$）个单铰，相当于 2（$n-1$）个约束。

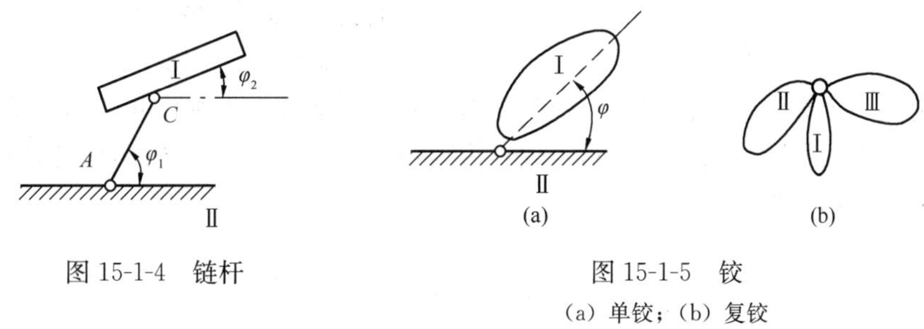

图 15-1-4　链杆

图 15-1-5　铰

（a）单铰；（b）复铰

（3）刚节点。如图 15-1-6（a）所示，连接两个刚片的刚节点称为单刚节点，刚片Ⅰ与刚片Ⅱ通过单刚节点 B 连接后，使两刚片之间不再有相对运动，其自由度减少了 3 个，因此，一个单刚节点相当于三个约束。如图 15-1-6（b）所示为复刚节点，连接 n 个刚片的复刚节点相当于（$n-1$）个单刚节点，相当于 3（$n-1$）个约束。

4. 多余约束

如果在一个体系中增加一个约束，而体系的自由度并不因此而减少，则该约束称为多余约束。例如，图 15-1-7（a）中的 A 点被固定，体系的自由度为零；当增加一根链杆，见图 15-1-7（b），此时，该体系的自由度仍为零，即自由度并不因此而减少，新增加的链杆 AD 为多余约束。注意，多余约束是相对的概念，如链杆 AB 对于链杆 AC、AD 而言是多余约束。

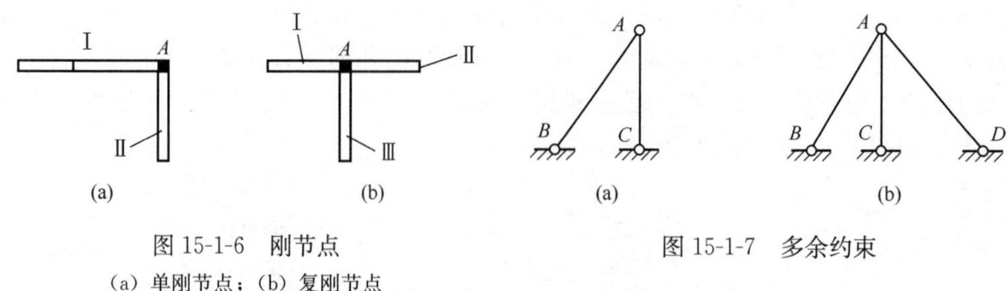

图 15-1-6　刚节点
(a) 单刚节点；(b) 复刚节点

图 15-1-7　多余约束

5. 平面体系的计算自由度 W

设一个平面体系由 m 个刚片，R 个单刚节点，h 个单铰节点，r 个链杆组成，则该体系的计算自由度 $W=3m-(3R+2h+r)$。

若 $W>0$，说明体系缺少维持几何不变的足够约束，体系是几何可变的。

若 $W\leqslant 0$，说明体系要维持几何不变的约束数刚好够或者有多余约束，但不表明该体系一定是几何不变体系，因为即使约束数够了，若约束布置不合理，则仍有可能几何可变。因此，若 $W\leqslant 0$ 时，需要继续分析其约束布置的合理性，从而判断其是几何不变体系还是几何可变体系。平面几何不变体系的基本规则可以判断约束布置是否合理。

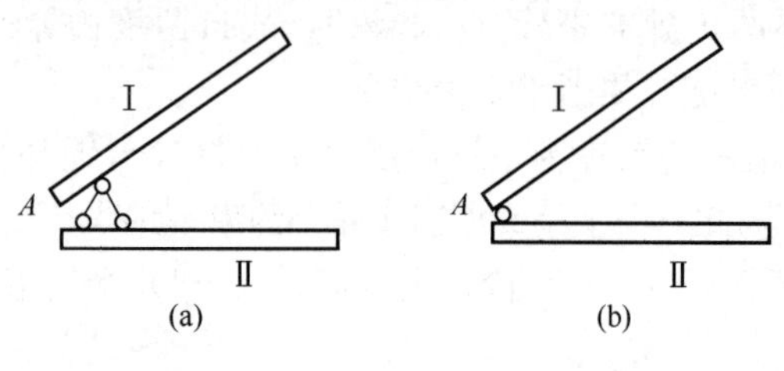

图 15-1-8　实铰

6. 实铰和虚铰

(1) 实铰。如图 15-1-8 (a) 所示，刚片Ⅰ和刚片Ⅱ用两根链杆连接，并交于 A 点，其约束的作用与图 15-1-8 (b) 用一个铰连接的约束作用完全相同。图 15-1-8 (a)、(b) 的铰 A 称为实铰。

(2) 虚铰。如图 15-1-9 (a)、(b) 所示，两根链杆构成一个虚铰 O。在刚片Ⅰ相对于地基Ⅱ（即地基作为刚片Ⅱ）的运动中，交点 O 的位置是随刚片Ⅰ的转动而变化的，故称为瞬铰。图 15-1-9 (c) 的两根链杆相互平行，虚铰视为在无穷远点处。

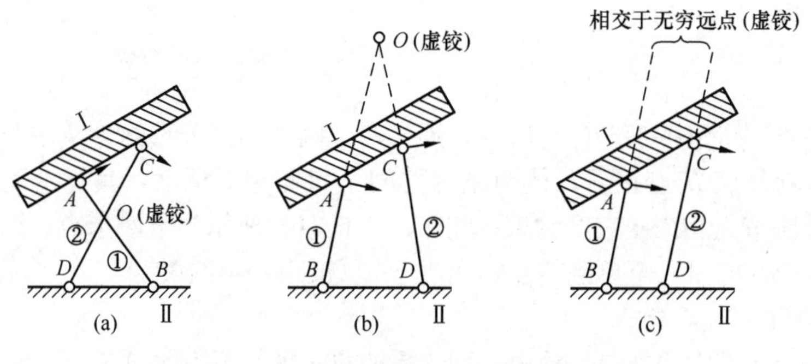

图 15-1-9　虚铰（瞬铰）

两个链杆用铰（实铰或虚铰）替代，这称为约束的等效变换，在平面体系的几何组成分析中常采用这种方法。

★★★二、平面几何不变体系的基本规则

平面几何不变体系遵循一个基本原则，即：铰接三角形是几何不变的。在该基本原则的基础上，建立了三个规则，包括：二元体规划、两刚片规则和三刚片规则。

1. 二元体规则

图 15-1-10（a）为一个几何不变的铰接三角形，将链杆①视为一个刚片Ⅰ，得到图 15-1-10（b），可得：

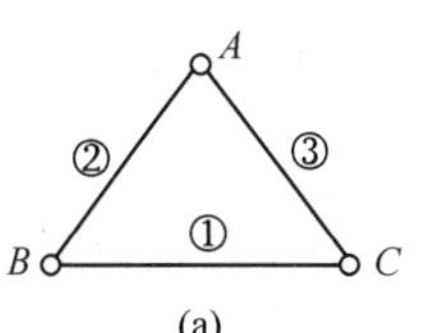

(a)

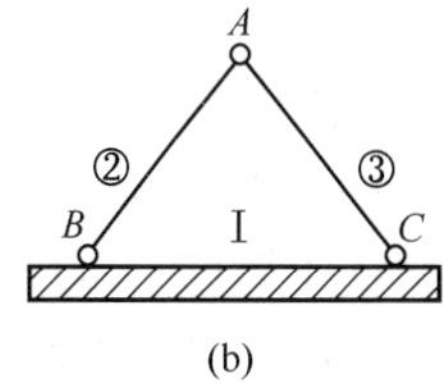

(b)

图 15-1-10　二元体规则

二元体规则（固定一点规则）：一个点与一个刚片用两根不共线的链杆相连，则组成内部几何不变的整体，且无多余约束。

用两根不共线的链杆联结一个新节点的构造，称为二元体，见图15-1-11。由此可得如下结论：

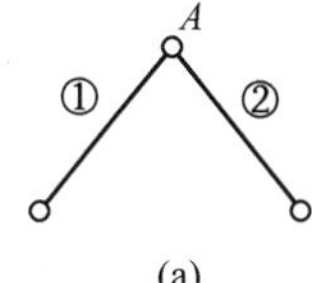

(a)

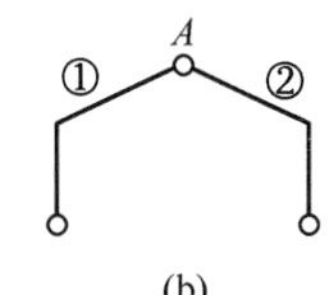

(b)

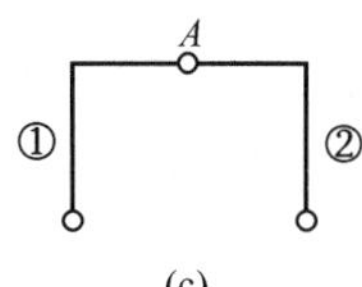

(c)

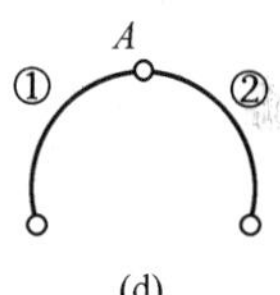

(d)

图 15-1-11　二元体的常见形式

在一个平面体系上依次增加（或减少）若干个二元体，不影响原体系的几何可变性质。注意，该结论为平面体系的几何组成分析带来方便。

2. 两刚片规则

一个铰接三角形，将图 15-1-10（a）中链杆①和链杆②均视为一个刚片Ⅰ和刚片Ⅱ，得到图 15-1-12（a），可得：

两刚片规则（表述 1）：两刚片用一个铰和一根链杆相连，且链杆及其延长线不通过铰，则组成内部几何不变的整体，且无多余约束。

两刚片规则的运用，如简支梁、伸臂梁，熟悉和掌握它们，将为平面体系的几何组成分析带来方便。

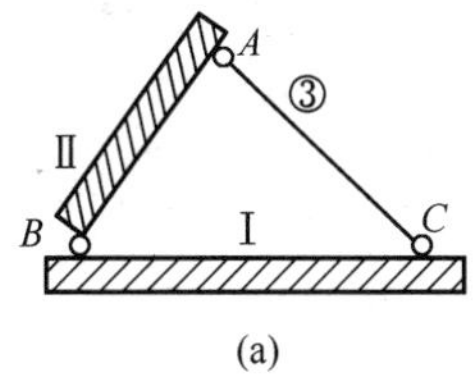

(a)

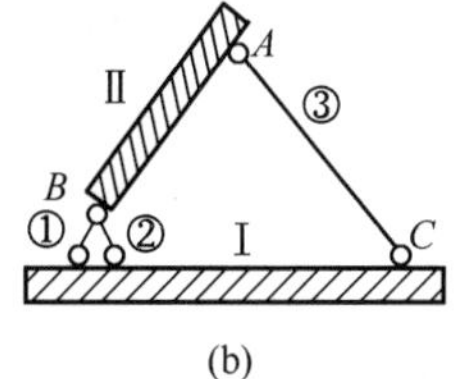

(b)

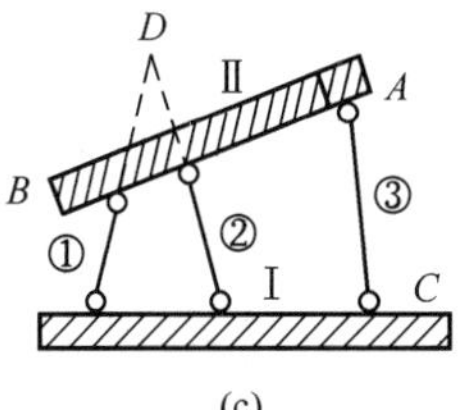

(c)

图 15-1-12　两刚片规则

前面所述，一个铰的约束等效于两根链杆的约束，因此，图 15-1-12（a）可表示为图 15-1-12（b）、（c），可得：

两刚片规则（表述 2）：两个刚片用三个链杆相连，且三根链杆既不全交于一点也不全

平行，则组成内部几何不变的整体，且无多余约束。

3. 三刚片规则

一个铰接三角形，将三个链杆均视为三个钢片Ⅰ、Ⅱ、Ⅲ，得到图 15-1-13（a），可得：

三刚片规则：三个刚片用三个铰两两相连，且三个铰不在一直线上，则组成内部几何不变的整体，且无多余约束。

一个铰的约束可用两根链杆替代，故图 15-1-13（a）可表示为 15-1-13（b）。

三刚片规则的运用，如三铰刚架、三铰拱以及类似的三铰结构，见图 15-1-14，熟悉和掌握它们，将为平面体系的几何组成分析带来方便。

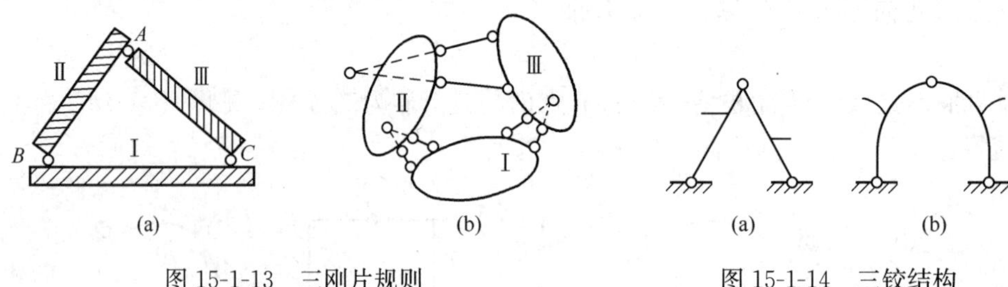

图 15-1-13　三刚片规则

图 15-1-14　三铰结构

★★★三、几何可变体系

平面体系的几何可变体系分为常变体系和瞬变体系。其中，常变体系是指由于当约束布置不恰当，体系可以持续发生大的刚体运动。瞬变体系则指体系只能瞬时绕虚铰产生微小运动。

1. 无多余约束，两个刚片联结的情况

（1）常变体系。图 15-1-15（a）中的三根链杆常交于一点，图 15-1-15（b）中的三根链杆常交于无穷远处一点，均为常变体系。

（2）瞬变体系。瞬变体系见图 15-1-16（a），刚片Ⅱ经瞬时绕虚铰 O 微小运动后，三根链杆不再交于一点，体系变为几何不变体系。

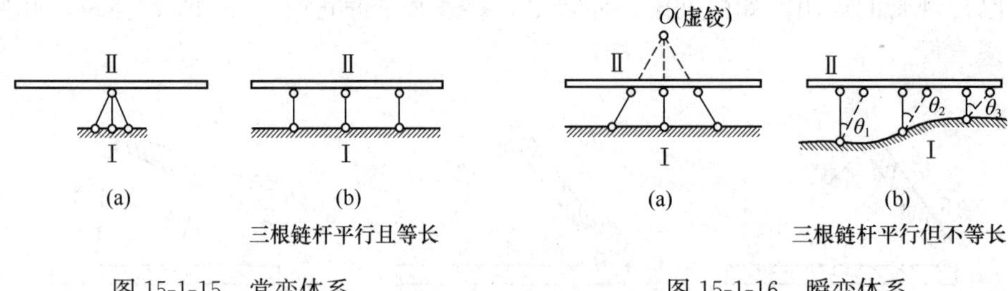

图 15-1-15　常变体系

图 15-1-16　瞬变体系

瞬变体系见图 15-1-16（b），刚片Ⅱ经瞬时绕无穷远处虚铰微小运动后，三根链杆不再全平行（即不在无穷远处点相交），体系变为几何不变体系。

2. 无多余约束，三个刚片联结的情况

若三个铰共在一线(简称共线)，则该体系为可变体系。该可变体系是否为常变体系或瞬变体系，应根据具体的约束布置情况进行判别。

如图 15-1-17（a）所示，三个实铰共线，为瞬变体系。如图 15-1-17（b）所示，只有一个虚铰（链杆 1、2 构成的虚铰），当实铰 O_A 和实铰 O_B 的连线与链杆 1、2 平行时，则三铰共线，为瞬变体系。如图 15-1-17（c）所示，链杆 1、2 不等长，有三个虚铰，三铰共线，为瞬变体系。如图 15-1-17（d）所示，链杆 1、2 等长，有三个虚铰，三铰共线，为常变体系。

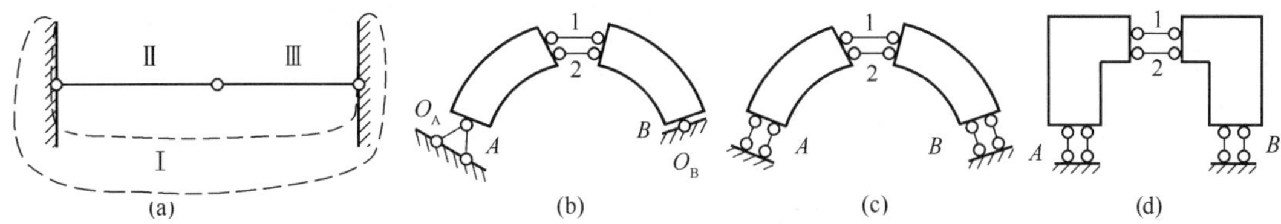

图 15-1-17　无多余约束的几何可变体系

（a）瞬变体系；（b）瞬变体系；（c）瞬变体系；（d）常变体系

3. 有多余约束的几何可变体系

如图 15-1-18 所示，链杆 1、2 为多余约束，由于铰接四边形为可变的，故体系为有多余约束的几何可变体系，且为常变体系。

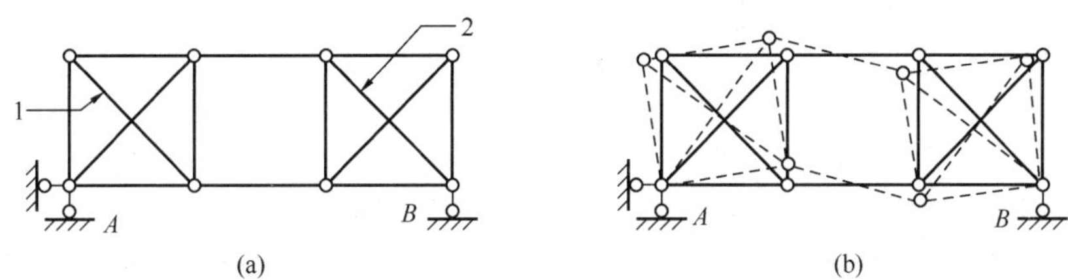

图 15-1-18　有多余约束的几何可变体系

★★★四、平面体系几何组成分析的步骤与应用技巧

1. 步骤

计算自由度 $W \leqslant 0$ 是平面体系几何不变的必要条件，平面几何不变体系的基本规则是体系几何不变的充分条件。因此，几何组成分析时，可以不计算 W，而直接用平面几何不变体系的基本规则进行几何组成分析。

通过几何组成分析，按照体系的几何构造特性，体系可分为：

（1）无多余联系（约束）的几何不变体系；

（2）有多余联系（约束）的几何不变体系；

（3）几何常变的几何可变体系；

（4）几何瞬变的几何可变体系。

此外，可以证明几何不变体系中，没有多余联系的几何不变体系一定为静定结构；有多余联系的几何不变体系一定为超静定结构（$W<0$）。

2. 应用技巧

（1）当体系与地基（或基础）之间的约束多于三个时，则从地基出发进行分析，即：先以地基为基本刚片，将其周围构件按上述基本规则联结在地基刚片上。

（2）当体系与地基（或基础）之间的约束只有三个时，则从体系的内部刚片出发进行分析，即：先在体系内部选取一个刚片或几个刚片作为基本刚片，再将其周围杆件按上述基本规则进行联结，形成一个大的刚片，最后，与地基联结形成整体。

（3）运用增减二元体，即：增加或减少二元体，不影响原体系的几何构造特性。

（4）等效变换。例如：曲杆、折杆用直杆替代；地基（或基础）用一个刚片替代；两个链杆用铰替代；链杆用刚片替代等。注意，刚体不能用链杆替代。

（5）对于某一个体系，其几何组成分析的方法（或途径）可能有多种，但是其结论是唯一的。

【例 15-1-1】 如图（a）所示体系属于：

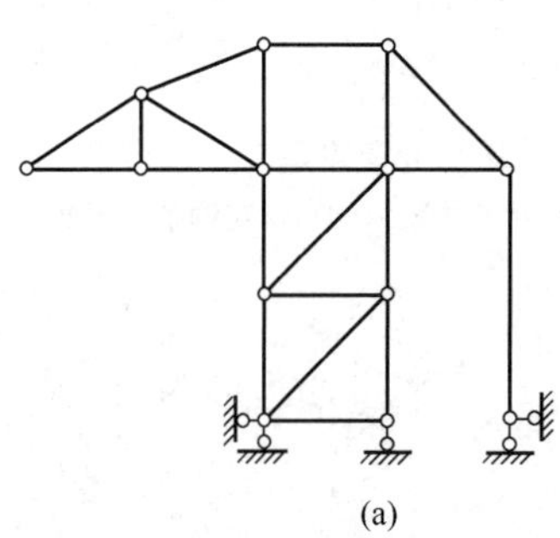
(a)

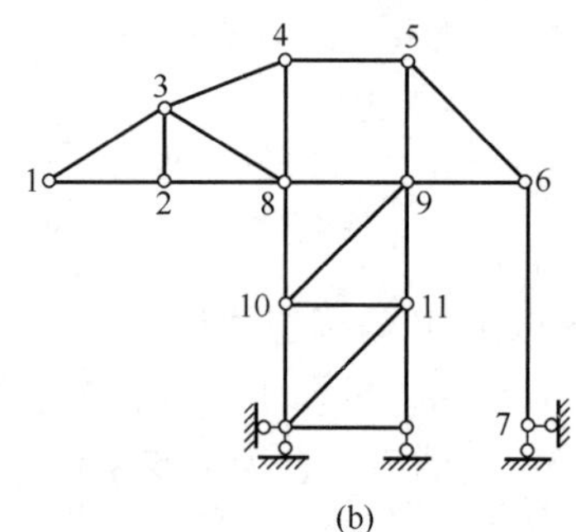

(b)

例 15-1-1 图

A. 无多余约束的几何不变体系　　B. 有多余约束的几何不变体系

C. 常变体系　　D. 瞬变体系

【解答】 如图（b）所示，依次取消二元体 1，2，3，4，5，6，7，8，9，10，11，只剩下一个简支梁，即为无多余约束的几何不变体系，应选 A 项。

【例 15-1-2】 如图（a）所示体系属于：

A. 无多余约束的几何不变体系　　B. 有多余约束的几何不变体系

C. 常变体系　　D. 瞬变体系

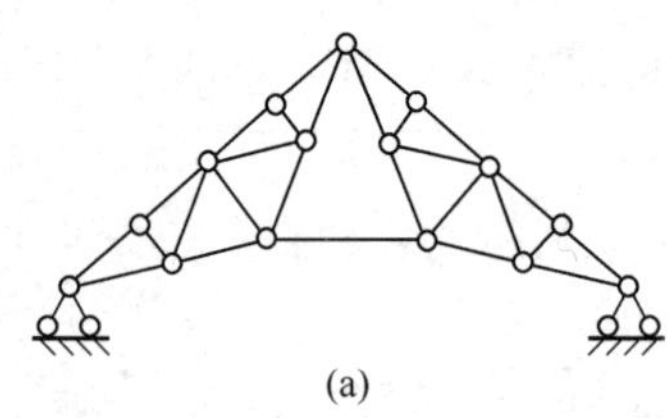
(a)

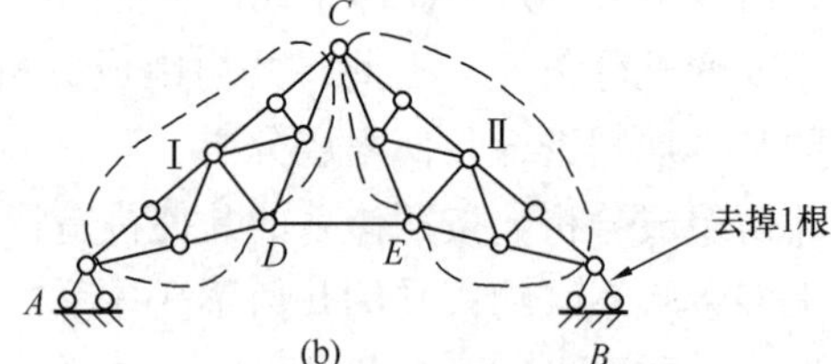

(b)

例 15-1-2 图

【解答】 如图（b）所示，分别增加二元体构成刚片Ⅰ、刚片Ⅱ。刚片Ⅰ和刚片Ⅱ通过铰 C、链杆 DE 联结，依据两刚片规则，体系内部构成一个大刚片。该大刚片与支座 A、B 联结，当去掉支座 B 的一根链杆，由两刚片规则，构成几何不变体系。因此，该体系为有多余约束的几何不变体系。应选 B 项。

【例 15-1-3】 如图（a）所示体系属于：

A. 几何可变体系　　B. 几何不变体系，无多余约束

C. 几何不变体系，有 1 个多余约束　　D. 几何不变体系，有 2 个多余约束

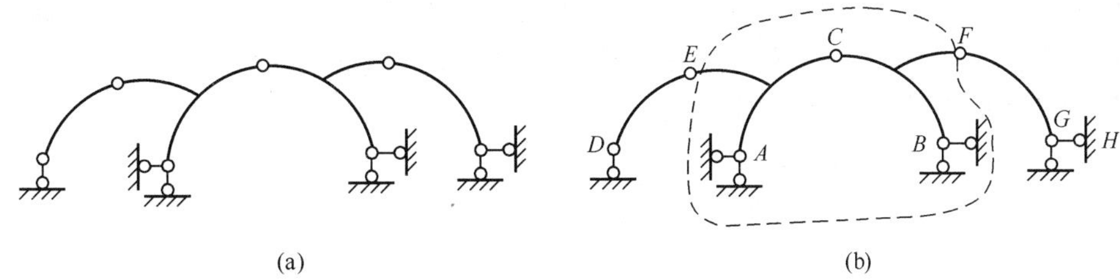

(a)　　　　(b)

例 15-1-3 图

【解答】 如图（b）所示，*ACE* 看为刚片Ⅰ，*BCF* 看为刚片Ⅱ，与铰支座 *A* 和 *B* 构成三铰结构，再增加二元体 *D*；去掉一根链杆 *GH*（为多余约束），再增加二元体 *G*，故为几何不变体系，有 1 个多余约束，应选 C 项。

【例 15-1-4】 如图（a）所示体系属于：

A. 无多余约束的几何不变体系　　B. 有多余约束的几何不变体系

C. 常变体系　　D. 瞬变体系

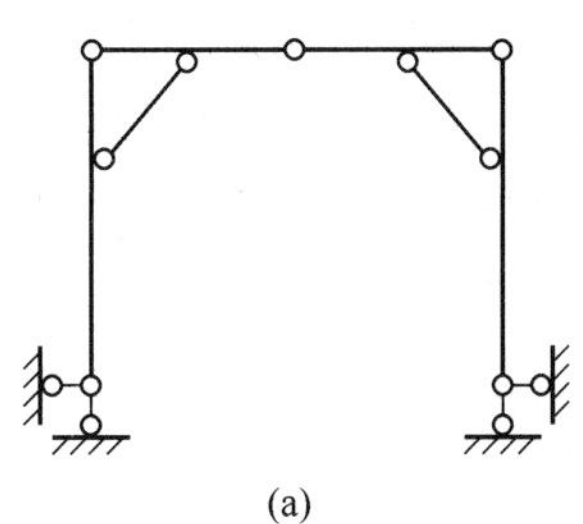

(a)

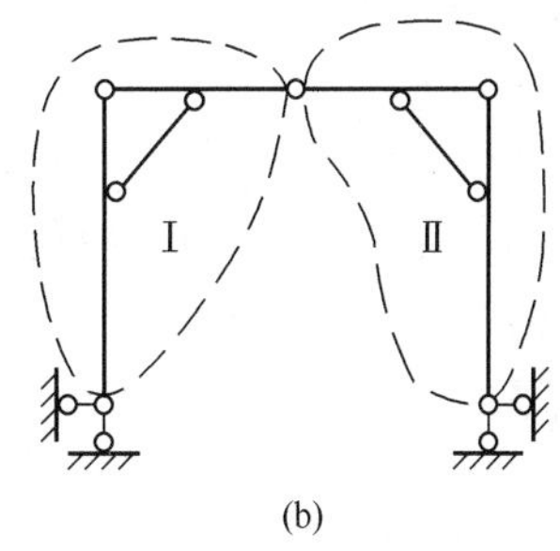

(b)

例 15-1-4 图

【解答】 如图（b）所示，将左侧三链杆按三刚片规则看为刚片Ⅰ，同理，右侧三链杆看为一个刚片Ⅱ，则刚片Ⅰ、Ⅱ与支座构成三铰结构，而三铰结构为无多余约束的几何不变体系，故该体系为无多余约束的几何不变体系，应选 A 项。

【例 15-1-5】 如图（a）所示体系属于：

A. 常变体系　　B. 瞬变体系

C. 无多余约束的几何不变体系　　D. 有多余约束的几何不变体系

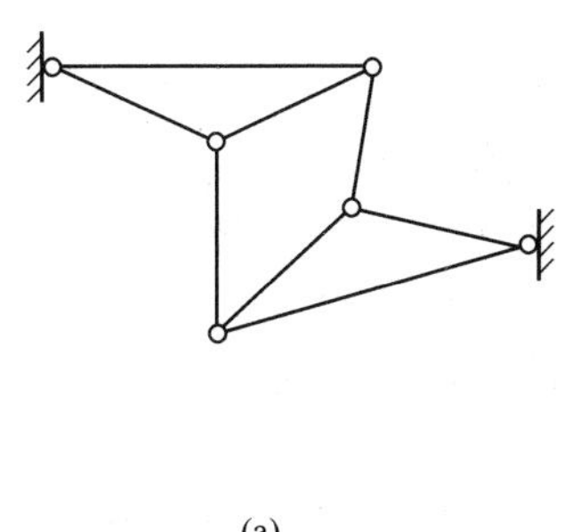

(a)

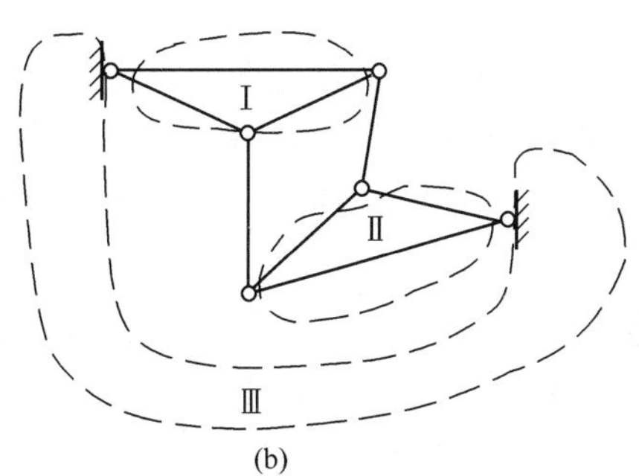

(b)

例 15-1-5 图

【解答】 如图（b）所示，将地基看为刚片Ⅲ，则体系由三个刚片Ⅰ、Ⅱ和Ⅲ组成，两个链杆视为铰，依据三刚片规则，则该体系为无多余约束的几何不变体系，应选 C 项。

【例 15-1-6】 如图（a）所示体系属于：

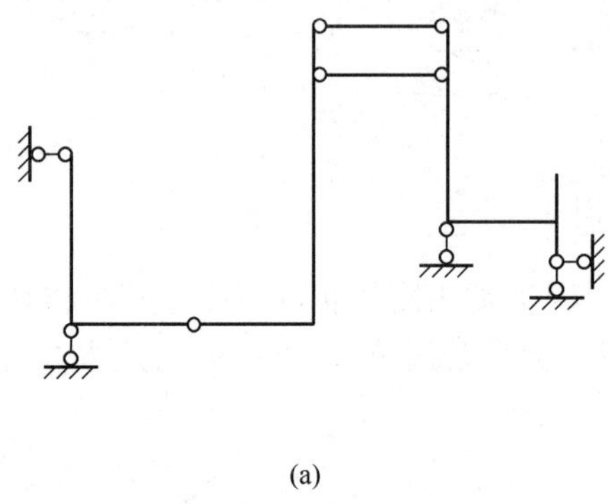
(a)

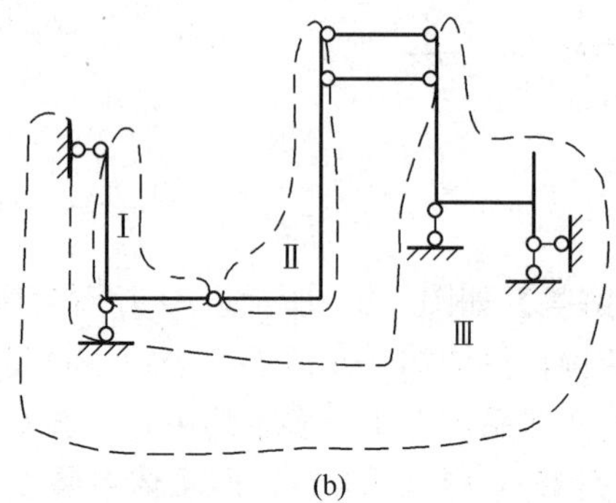

(b)

例 15-1-6 图

A. 无多余约束的几何不变体系　　B. 有多余约束的几何不变体系

C. 常变体系　　D. 瞬变体系

【解答】 如图（b）所示，右侧简支刚架与地基看为刚片Ⅲ，则体系由三个刚片Ⅰ、Ⅱ和Ⅲ组成，刚片Ⅱ和Ⅲ的两根链杆构成一个无穷远处虚铰，依据三刚片规则，则该体系为无多余约束的几何不变体系，应选 A 项。

【例 15-1-7】（历年真题）如图（a）所示体系是：

A. 几何不变的体系　　B. 几何不变且无多余约束的体系

C. 几何瞬变的体系　　D. 几何不变，有一个多余约束的体系

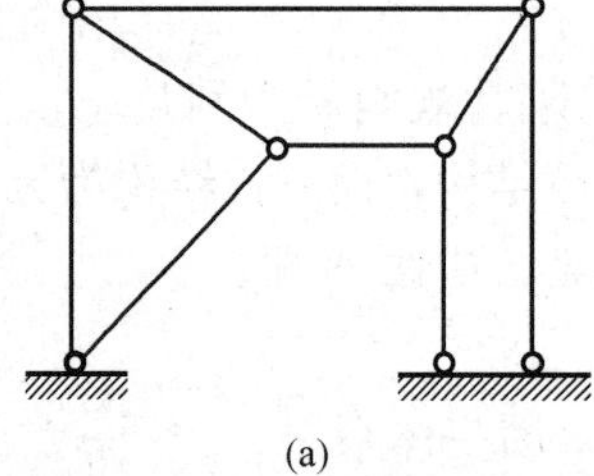
(a)

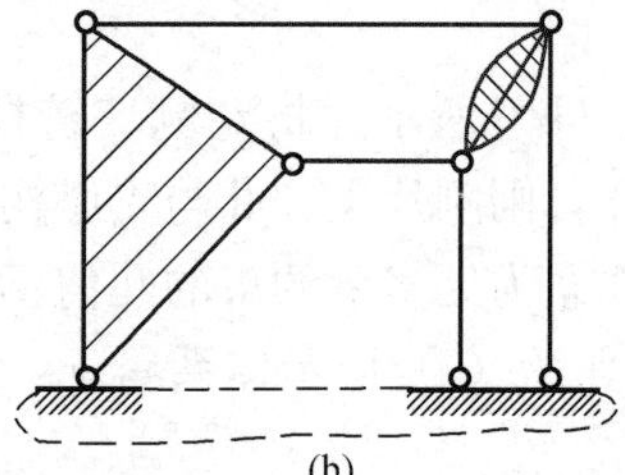
(b)

例 15-1-7 图

【解答】 如图（b）所示，为几何不变且无多余约束的体系，应选 B 项。

【例 15-1-8】（历年真题）如图（a）所示体系的几何组成为：

A. 几何不变，无多余约束　　B. 几何不变，有多余约束

C. 瞬变体系　　D. 常变体系

【解答】 如图（b）所示，为几何不变，无多余约束，应选 A 项。

【例 15-1-9】（历年真题）如图（a）所示体系的几何组成为：

A. 无多余约束的几何不变体系　　B. 有多余约束的几何不变体系

C. 几何瞬变体系　　D. 几何常变体系

【解答】 去掉三根支座链杆，再去掉四个角部的二元体，其简化为图（b）所示，三

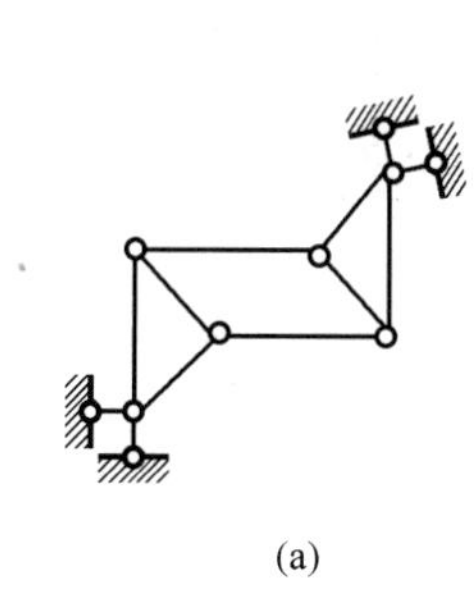

(a)

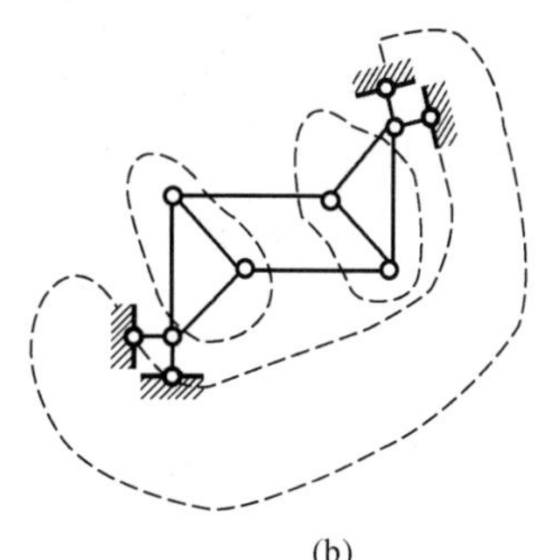

(b)

例 15-1-8 图

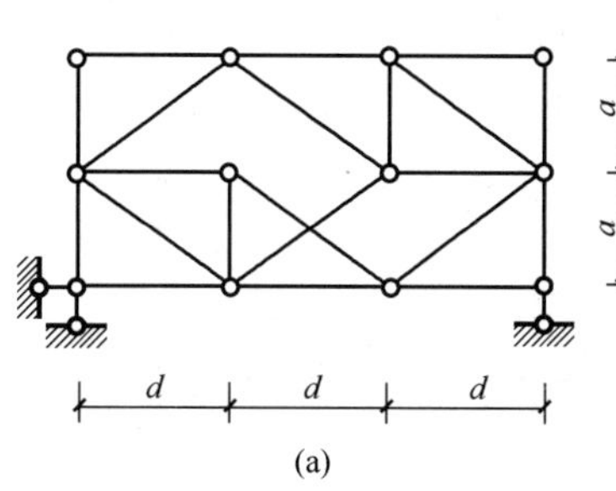

(a)

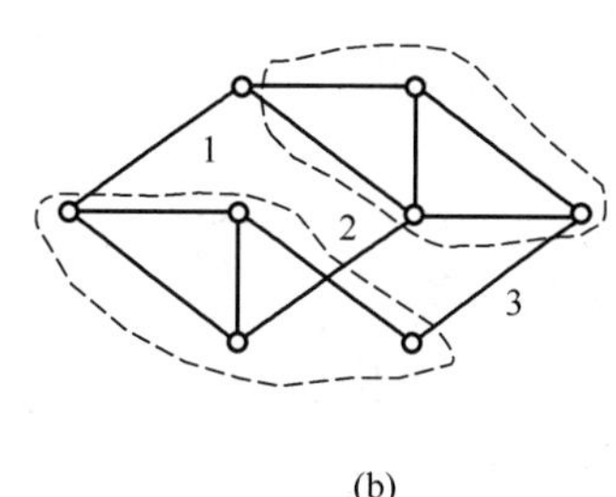

(b)

例 15-1-9 图

根链杆平行，为常变体系，应选 D 项。

习　　题

15-1-1 （历年真题）图示平面体系的计算自由度为：

A. 2 个　　B. 1 个　　C. 0 个　　D. −1 个

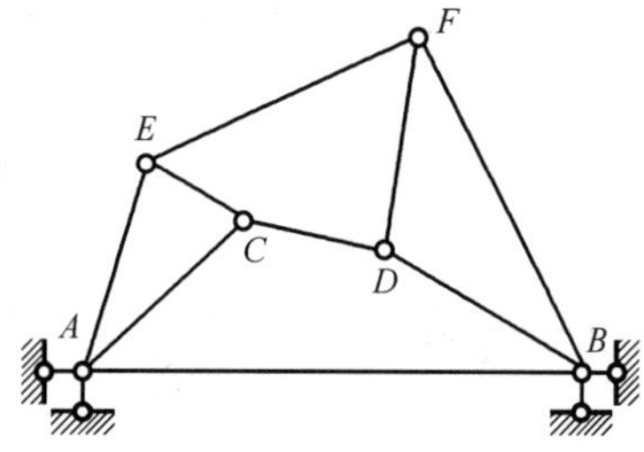

题 15-1-1 图

15-1-2 （历年真题）超静定结构的计算自由度：

A. >0　　B. <0　　C. =0　　D. 不定

15-1-3 （历年真题）几何可变体系的计算自由度为：

A. >0　　B. =0　　C. <0　　D. 不确定

15-1-4 图示平面体系的计算自由度为：

A. 2 个　　B. 1 个　　C. 0 个　　D. −1 个

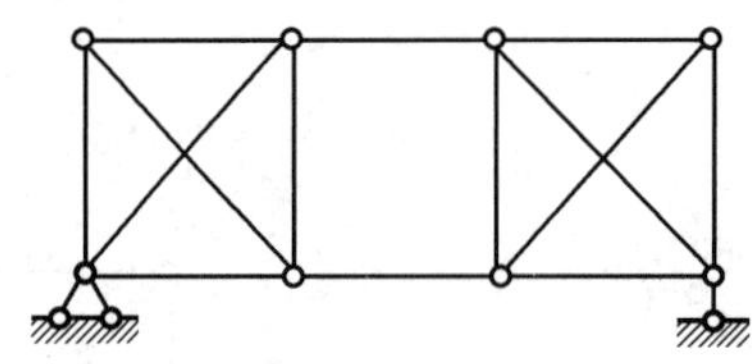

题 15-1-4 图

15-1-5 图示体系的几何组成为：

A. 常变体系　　B. 瞬变体系

C. 无多余约束几何不变体系　　D. 有多余约束几何不变体系

15-1-6 图示体系的几何组成为：

A. 常变体系　　B. 瞬变体系

C. 无多余约束几何不变体系　　D. 有多余约束几何不变体系

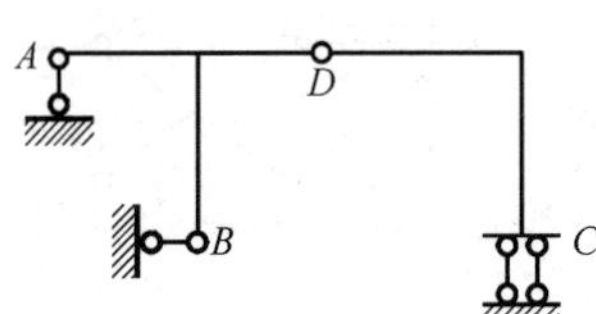

题 15-1-5 图

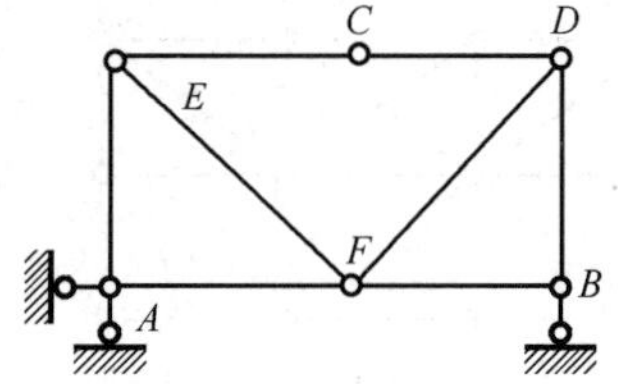

题 15-1-6 图

15-1-7 图示体系的几何组成为：

A. 瞬变体系　　B. 无多余约束的几何不变体系

C. 有 1 个多余约束的几何不变体系　　D. 有 2 个多余约束的几何不变体系

15-1-8 图示体系的几何组成为：

A. 常变体系　　B. 瞬变体系

C. 无多余约束的几何不变体系　　D. 有多余约束的几何不变体系

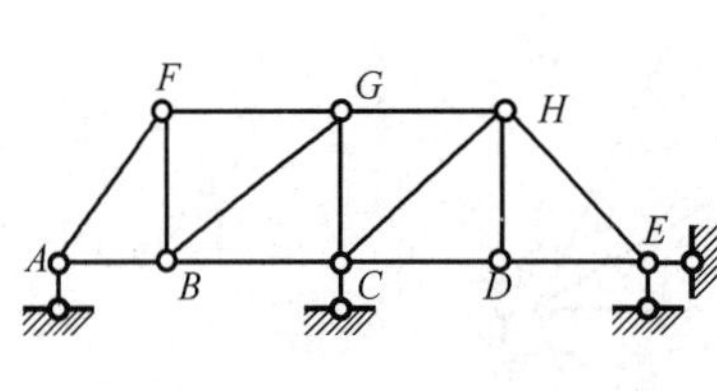

题 15-1-7 图

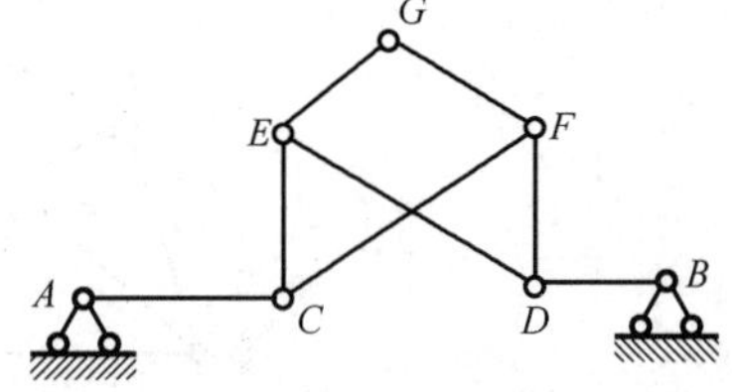

题 15-1-8 图

第二节　静定结构的受力分析与特性

一、静定结构概述

静定结构是无多余约束的几何不变体系。静定结构在任意荷载作用下，全部反力和内力均可以根据静力平衡条件求得。静定结构中，平衡方程的个数和未知力的个数相等。

静定平面杆件结构一般分为五种：静定梁、静定平面刚架、静定拱、静定平面桁架、静定组合结构。

组成静定结构的构件主要有链杆杆件和受弯杆件两种。静定梁、静定平面刚架由受弯杆件组成，静定平面桁架由链杆组成，静定组合结构由链杆和受弯杆件两类杆件共同组成。

1. 受弯杆件内力与荷载之间的关系

对于受弯杆件来说，横截面上一般有三个内力：沿杆轴线方向的轴力 F_N、垂直于杆轴线方向的剪力 F_Q和弯矩 M。轴力以拉力为正，压力为负；剪力以使微段隔离体顺时针方向转动为正，逆时针方向转动为负；弯矩的正负号不作规定，弯矩图画在受拉侧。一般地，静定梁中的弯矩以使截面下侧纤维受拉为正，受压为负。

受弯杆件的内力之间以及内力与荷载集度之间存在以下关系：

$$\frac{\mathrm{d}F_Q}{\mathrm{d}x}=-q_y,\ \frac{\mathrm{d}M}{\mathrm{d}x}=F_Q,\ \frac{\mathrm{d}M^2}{\mathrm{d}x^2}=-q_y,\ \frac{\mathrm{d}F_N}{\mathrm{d}x^2}=-q_x$$

可见，剪力图和弯矩图的形状与横向荷载 q_y有关，轴力图的形状与轴向荷载 q_x有关。因此，可得荷载作用下的剪力图与弯矩图的特征，如图 15-2-1 所示。

2. 内力计算方法

静定结构受力分析是通过对受力结构的整体或某些隔离体作为研究对象，根据静力平衡条件建立平衡方程，由平衡方程求解结构的支座反力和内力。

静定结构受力分析的顺序是：先计算反力，再计算内力。

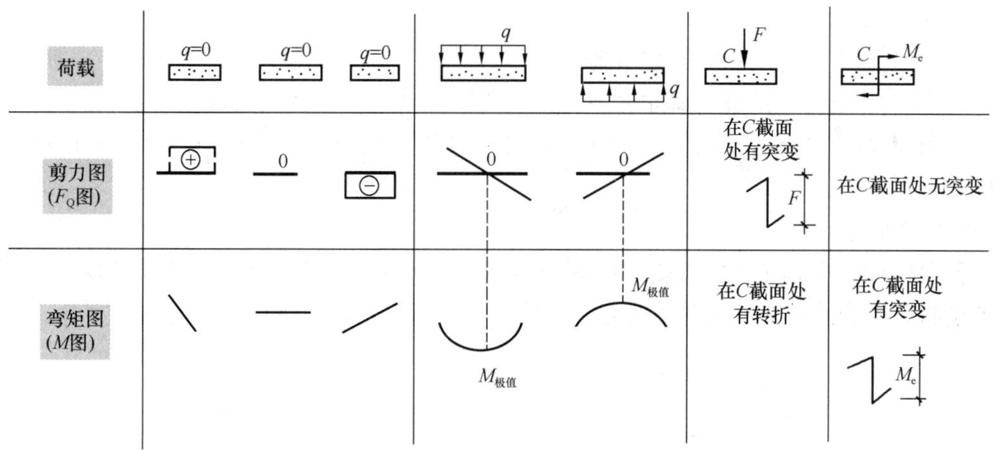

图 15-2-1　梁上荷载与对应的剪力图和弯矩图的特征

★★★二、静定梁

静定梁可分为单跨静定梁和多跨静定梁。其中，单跨静定梁可分为简支梁（包括杆轴水平简支梁和简支斜梁）、悬臂梁、伸臂梁，如图 15-2-2(a)～(d)所示。简支斜梁如楼梯梁。在结构分析中，还有如图 15-2-2(e) 所示的单跨静定梁。

1. 单跨静定梁

（1）单跨静定梁的变形特点和内力特点

当单跨静定梁为水平直梁时，在外力作用下发生平面弯曲时，梁的轴线在其纵向对称平面内由原来的直线变为一条光滑曲线。单跨静定梁和多跨静定梁，其内力一般有弯矩 M、剪力 F_Q（或 V、Q 表示）和轴力 F_N（或 N 表示）；当梁的杆轴水平，外力（荷载）

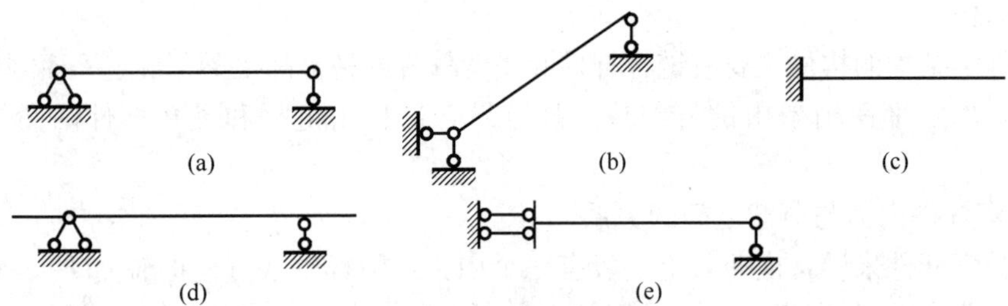

图 15-2-2　单跨静定梁

(a) 水平简支梁;(b) 简支斜梁;(c) 悬臂梁;(d) 伸臂梁;(e) 带滑动支座的梁

与杆轴垂直时，梁的轴力为零。

(2) 单跨静定梁的内力和内力图

单跨静定梁的内力计算采用截面法，其内力计算如下：

1) 计算支座反力。

2) 取脱离体。

3) 列平衡方程。

(3) 根据内力图特征简化梁的内力图绘制

根据内力图特征，结合直接法确定内力，可以简化梁的内力图绘制。其基本步骤如下：

1) 求出支座反力。

2) 根据梁上的外力情况将梁分段。

3) 根据各梁段上的外力确定各梁段的剪力图、弯矩图的几何形状。

4) 由直接法计算各梁段起点、终点及极值点等截面的剪力、弯矩，逐段画出剪力图和弯矩图。

(4) 叠加法作弯矩图

运用叠加原理，将多个荷载作用下的梁的弯矩等于各个荷载单独作用下的弯矩之和。这种绘制梁内力图的方法称为叠加法。如图 15-2-3 所示，按叠加法画弯矩图。

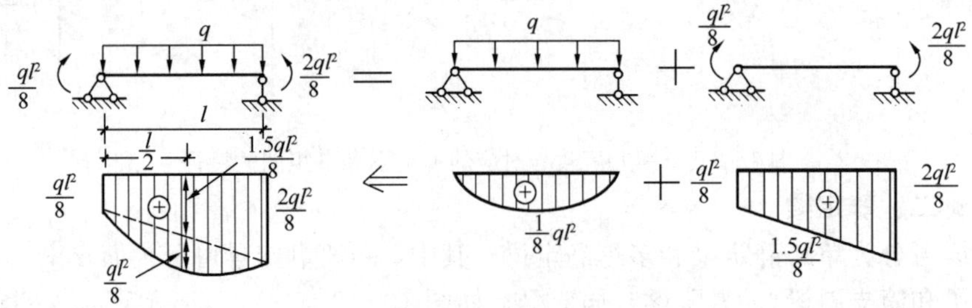

图 15-2-3　叠加法画弯矩图

(5) 利用对称性进行内力分析和内力图

在梁的内力中，弯矩是对称性的，故弯矩为对称内力；剪力是反对称的，故剪力为反对称内力。因此，简支梁的支座反力、内力和内力图的特点（图 15-2-4）如下：

1) 在正对称荷载作用下，对称杆段的内力和支座反力是对称的，其弯矩图是对称的，剪力图是反对称的。在梁跨中点处剪力必为零。

2）在反对称荷载作用下，对称杆段的内力和支座反力是反对称的，其弯矩图是反对称的，剪力图是对称的。在梁跨中点处弯矩必为零。

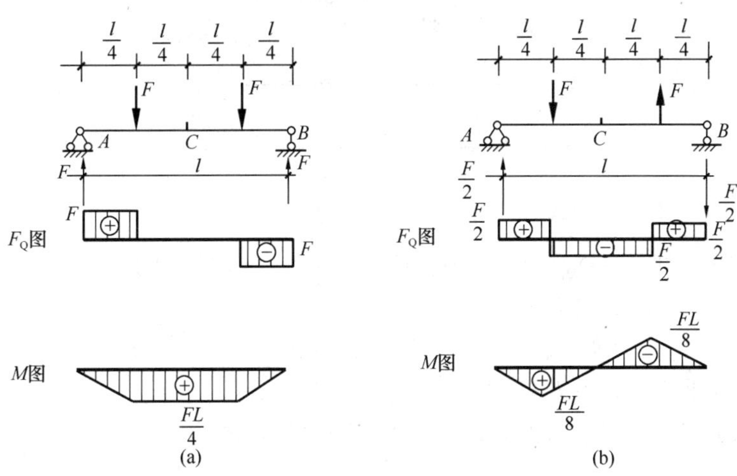

图 15-2-4　对称结构支座反力、内力和内力图

（a）正对称荷载；（b）反对称荷载

2. 多跨静定梁

多跨静定梁是由若干根梁用铰相连，并通过若干支座与地基（或基础或结构）相连而成的静定结构。多跨静定梁的组成包括基本部分和附属部分，基本部分是指不依靠其他部分而能独立承受荷载的部分，例如图 15-2-5（a）中 AC，附属部分则需要依靠基本部分的支承才能承受荷载的部分，如图 15-2-5（a）中 CD。

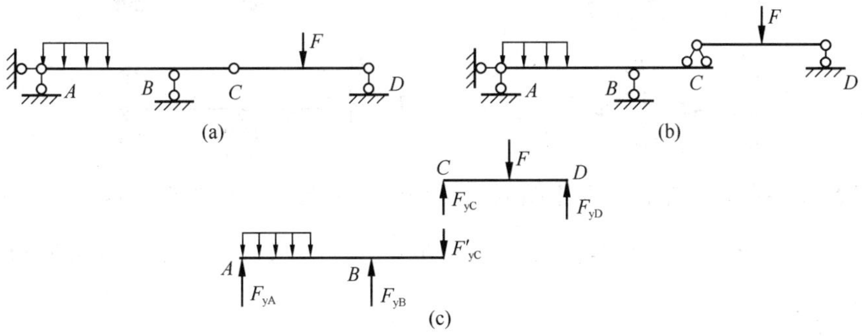

图 15-2-5　多跨静定梁

为使分析计算方便，常画出多跨静定梁的层叠图，即：基本部分画在下层，附属部分画在上层。例如图 15-2-5（b）。

作用在静定结构基本部分上的荷载不会传至附属部分，它仅使基本部分产生内力；而作用在附属部分上的荷载将其内力传至基本部分，使附属部分和基本部分均产生内力。因此，分析计算多跨静定梁时，应将结构在铰接处拆开，按先计算附属部分、后计算基本部分的原则，例如图 15-2-5（c），C 处的水平约束力为零，故未标注。该原则也适用于多跨静定平面刚架、组合结构等。

【例 15-2-1】（历年真题）图示结构，A 支座提供的约束力矩是：

A. 60kN · m，下表面受拉　　B. 60kN · m，上表面受拉

C. 20kN · m，下表面受拉　　D. 20kN · m，上表面受拉

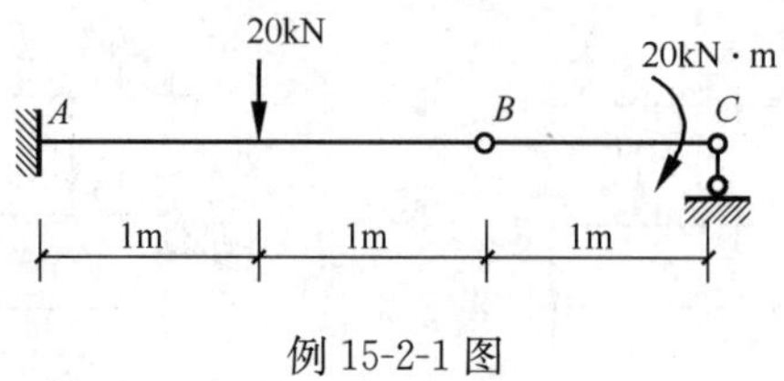

例 15-2-1 图

【解答】取 BC 部分，$\sum M_B=0$，则：$F_{YC}=20/1=20\text{kN}$（↑）

取整体分析，对 A 点取力矩：

$$M_A=20\times3-20\times1=20=20\text{kN}\cdot\text{m}（↑）$$

故 A 支座提供约束力矩为 20kN · m（↓），应选 C 项。

【例 15-2-2】（历年真题）图示等截面梁，正确的 M 图是：

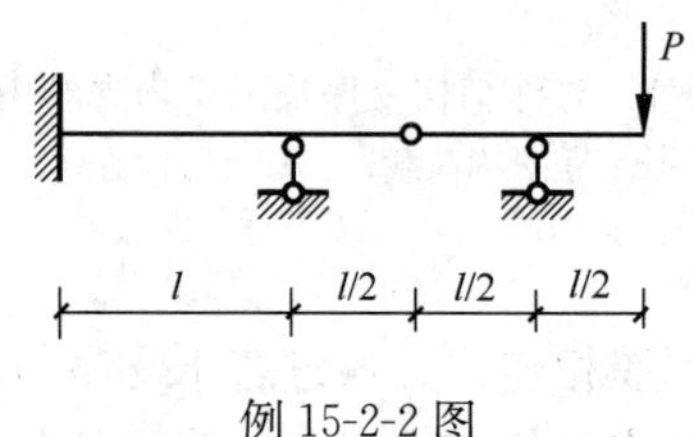

例 15-2-2 图

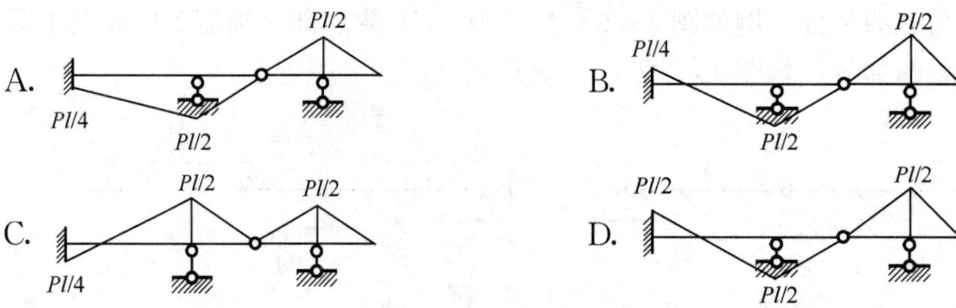

【解答】铰接点处，左、右弯矩图的斜率相同（或为一个连线直线），故 C 项错误。

最左端为固定约束，故其弯矩为 $\dfrac{Pl}{2}$ 的一半，同时，与中间支座处弯矩为同一方向即逆时针，故选 B 项。

★★★三、静定平面刚架

1. 基本特点和规定

(1) 静定平面刚架的分类和变形特点

刚架是由梁和柱组成且具有刚节点的结构。刚节点能传递轴力、剪力和弯矩。当刚架的各杆的轴线都在同一平面内且外力（荷载）也作用于该平面内时称为平面刚架。静定平面刚架的基本类型有悬臂刚架、简支刚架、三铰刚架，以及多跨刚架，如图 15-2-6 所示。此外，刚架还可分为等高刚架和不等高刚架。

刚架的变形特点：连接于刚节点的所有杆件在受力前后的杆端夹角不变，如图 15-2-7 所示。

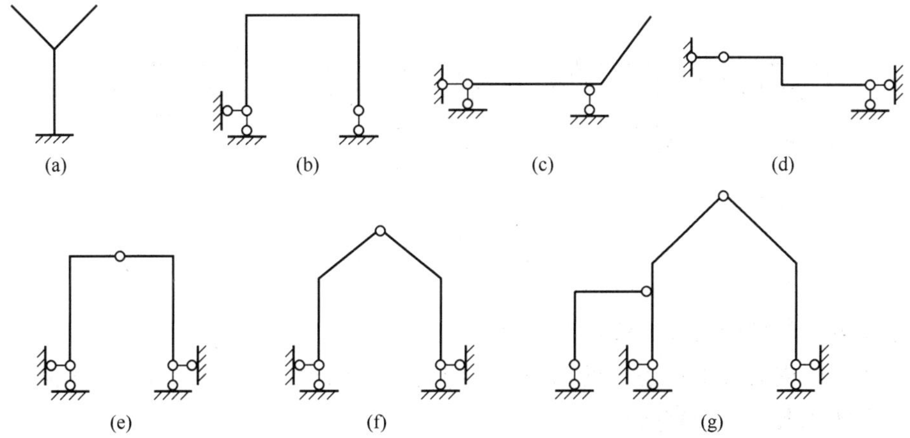

图 15-2-6　静定平面刚架

（a）悬臂刚架；（b）、（c）、（d）简支刚架；（e）Π 形三铰刚架；
（f）门式三铰刚架；（g）多跨刚架

（2）静定平面刚架的受力特点和基本规定

平面刚架的杆件的内力一般包括轴力 F_N、剪力 F_Q 和弯矩 M，其正负号规定与梁相同。为了表明各杆端截面的内力，规定在内力符号后面引用两个脚标：第一脚标表示内力所在杆件近端截面，第二脚标表示远端截面。例如图 15-2-8（b），杆端弯矩 M_{BA} 和剪力 F_{QBA} 分别表示 AB 杆 B 截面的弯矩、剪力。一般地，平面刚架的轴力图和剪力图可绘在杆件的任一侧，并注明正负，如图 15-2-8（d）、（e）所示。弯矩图绘在杆件受拉侧，不需要注明正负，如图 15-2-8（c）所示。

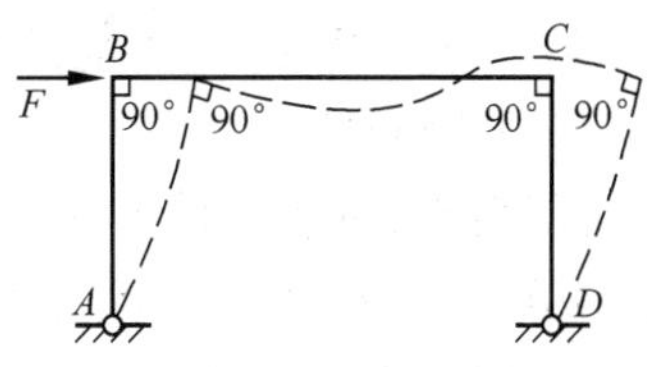

图 15-2-7　刚架变形图

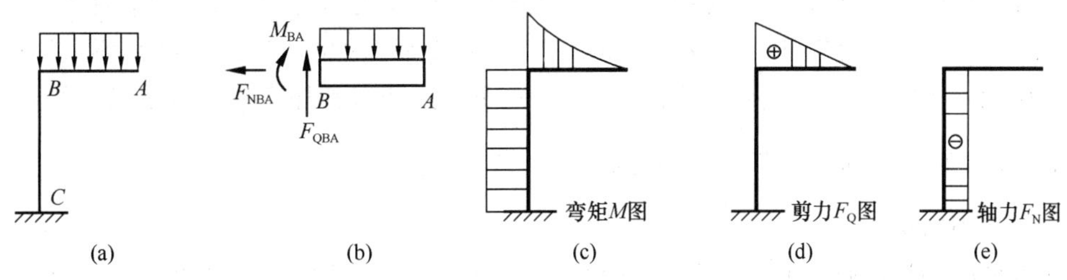

图 15-2-8　刚架的内力符号

刚架的刚节点的内力特点是：满足静力平衡方程（两个力平衡方程和一个力矩平衡方程）。如图 15-2-9 所示，当节点处无外力偶时，刚节点处的弯矩满足力矩平衡。

三铰刚架在竖向荷载作用下会产生水平推力，由支座水平反力与之平衡。

（3）内力计算和内力图绘制

静定平面刚架的内力计算仍采用截面法。其基本步骤是：首先求出支座反力，然后将刚架拆分为单个杆件，逐个求解各杆件的内力图。在求支座反力时，可利用整体或部分隔离体的平衡条件，即灵活运用，使计算简便。内力计算完成后，需根据刚节点或部分隔离

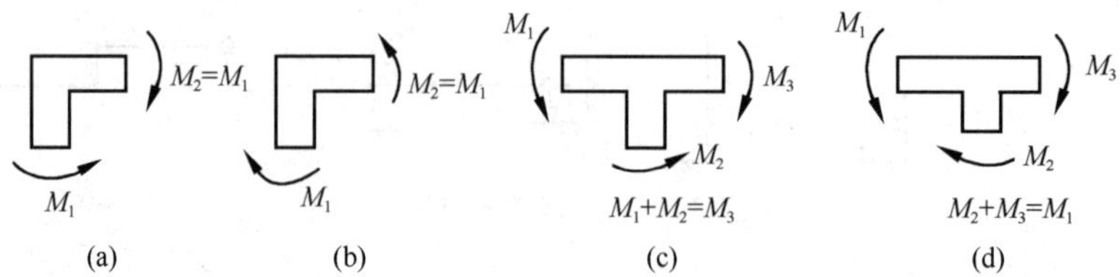

图 15-2-9　无外力偶时刚节点满足力矩平衡

体的平衡条件，校核内力计算值是否正确。

根据各杆的内力分别作各杆的内力图，再将各杆的内力图合在一起就是刚架的内力图。在画弯矩图时，应注意的是：

1）刚节点处的弯矩应满足力矩平衡。

2）铰节点处，当无成对的外力偶（↗↖）时，弯矩必为零。

3）弯矩图的特征应满足前面梁的弯矩图的特征。

4）在多个荷载作用的杆段，仍可采用叠加法绘制弯矩图。

5）利用对称性，见本节后面内容。

2. 悬臂刚架

悬臂刚架的各杆段的内力直接采用截面法，由静力平衡条件求解得到。当计算柱脚处的弯矩时，取整体悬臂刚架分析即可得到。

3. 简支刚架和三铰刚架

（1）叠加法绘制弯矩图

在多个荷载作用的刚架杆段，仍可采用叠加法绘制弯矩图。欲求图 15-2-10（a）所示刚架的 CD 杆端的弯矩和弯矩图，首先求出支座 A 的水平反力，由水平方向力平衡，可得 $F_{xA}=P$，从而求解到 AC 杆 C 端截面的弯矩 $M_{CA}=qa\cdot 2a-qa\cdot a=qa^2$，再根据 C 点刚节点力矩平衡，则 $M_{CD}=M_{CA}=qa^2$。又根据 B 点的反力对杆 DB 的 D 端截面的弯矩为零即 $M_{DB}=0$，D 点刚节点，则 $M_{DC}=M_{DB}=0$，其弯矩图如图 15-2-10（b）所示。杆 CD 在均布荷载 q 作用下的弯矩图如图 15-2-10（c）所示。两者叠加，最终弯矩及弯矩图如图 15-2-10（d）所示，其中，跨中点处弯矩$=\frac{1}{2}qa^2+\frac{1}{8}qa^2=\frac{5}{8}qa^2$。

（2）利用对称性

静定平面刚架的轴力和弯矩均为对称内力，剪力为反对称内力。对称三铰刚架的内力图如图 15-2-11、图 15-2-12 所示。

对称结构静定平面刚架的内力图及变形的特点如下：

1）在正对称荷载作用下，对称杆件的内力（弯矩、轴力和剪力）和支座反力、变形是对称的，其弯矩图和轴力图是对称的，而剪力图是反对称的。在对称轴位置上的杆件的剪力必为零（若剪力不为零，则不能满足静力平衡方程）。

2）在反对称荷载作用下，对称杆件的内力（弯矩、轴力和剪力）和支座反力、变形是反对称的，其弯矩图和轴力图是反对称的，但剪力图是对称的。在对称轴位置上的杆件的弯矩和轴力均为零（若弯矩、轴力不为零，则不能满足静力平衡方程）。

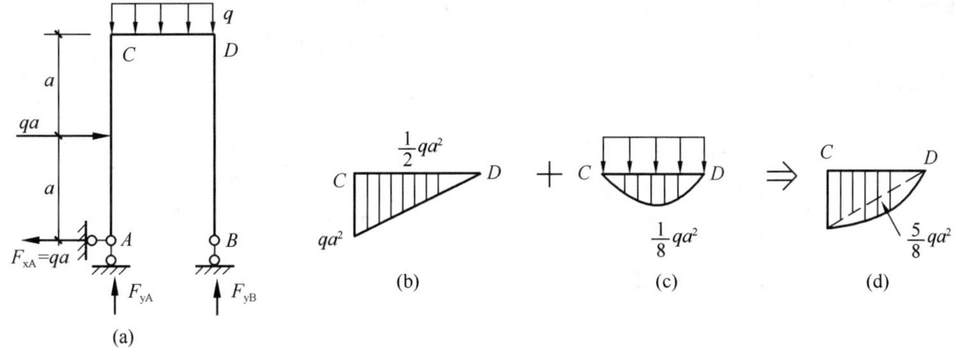

图 15-2-10　叠加法绘制弯矩图

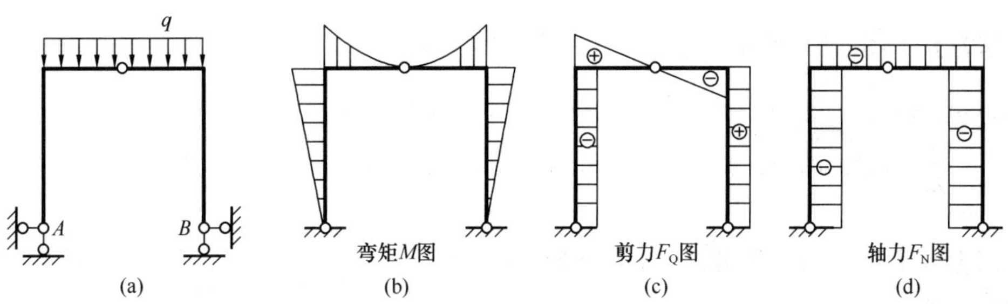

图 15-2-11　正对称荷载作用

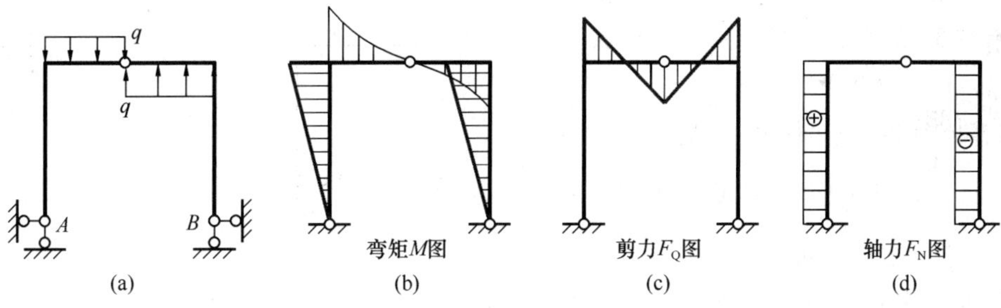

图 15-2-12　反对称荷载作用

4. 多跨刚架

多跨刚架的计算，同样遵循“先附属、后基本”的原则。

【例 15-2-3】（历年真题）图示刚架 M_{ED}值为：

A. 36kN・m

B. 48kN・m

C. 60kN・m

D. 72kN・m

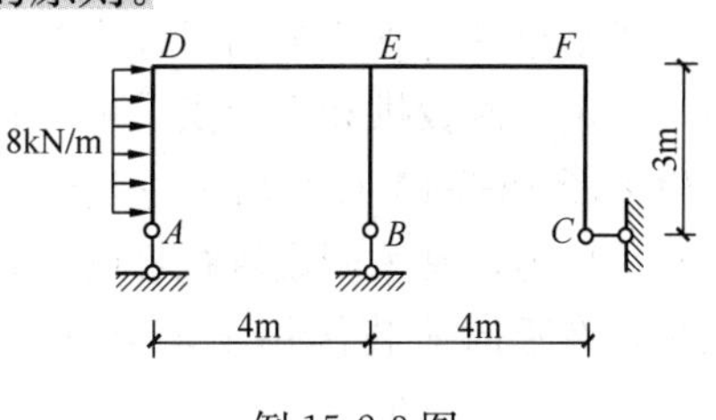

例 15-2-3 图

【解答】 水平方向力平衡，$X_C=8\times3=24$kN

E 点力矩平衡，$M_{ED}=X_C\cdot3=24\times3=72$kN・m

应选 D 项。

【例 15-2-4】(历年真题)如图(a)所示刚架中，M_{AC}等于：

A. 2kN · m(右拉)　　B. 2kN · m(左拉)

C. 4kN · m(右拉)　　D. 6kN · m(左拉)

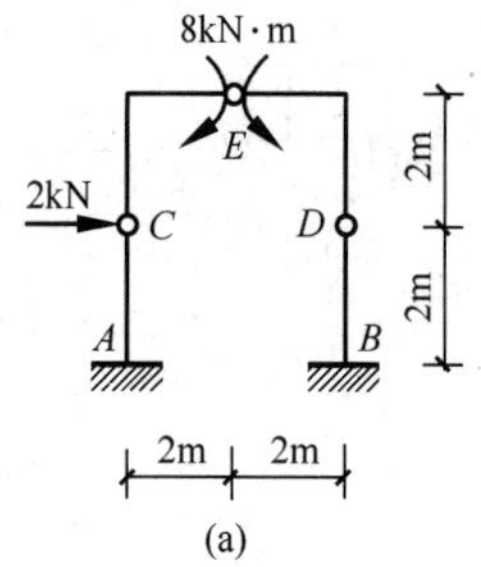

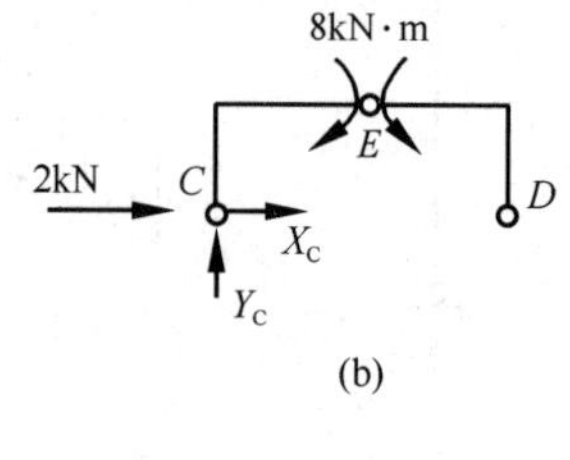

例 15-2-4 图

【解答】如图(b)所示，$\sum M_D=0$，则：$Y_C=0$

取 CE 为对象，$\sum M_E=0$，则：$X_C=\frac{8}{2}-2=2\text{kN}$ (→)

$X_C'=X_C=2\text{kN}$ (←)，$M_{AC}=2X_C'=4\text{kN}\cdot\text{m}$(右拉)

应选 C 项。

【例 15-2-5】(历年真题)图示刚架 M_{DC} 为(下侧受拉为正)：

A. 20kN · m　　B. 40kN · m

C. 60kN · m　　D. 0kN · m

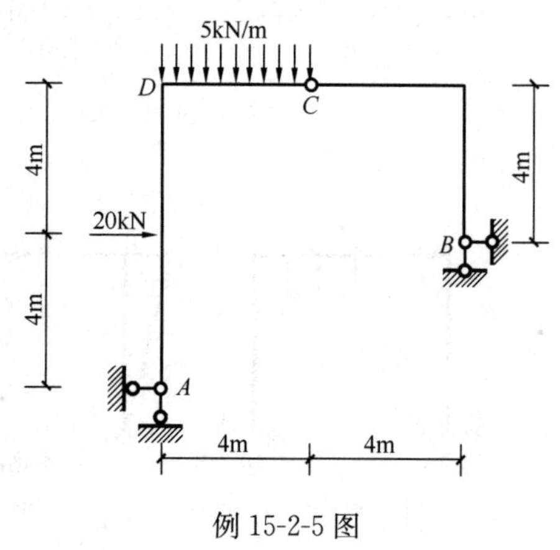

例 15-2-5 图

【解答】取 BC 分析：$Y_B\times4=X_B\times4$，即：$Y_B=X_B$，Y_B (↑)，X_B (←)

取整体分析，$\sum M_A=0$，则：

$$20\times4+5\times4\times\frac{4}{2}=X_B\cdot4+Y_B\cdot8$$

即：$X_B=Y_B=10\text{kN}$

取 DCB 分析：$M_{DC}=5\times4\times2+10\times4-10\times8=0$

应选 D 项。

★★★四、静定拱

拱是指杆件轴线为曲线，在竖向荷载作用下，拱的支座将产生水平推力的结构。拱分为三铰拱、两铰拱和无铰拱。三铰拱属于静定结构，其他两种属于超静定结构。三铰拱的名称如图 15-2-13(a)所示，其中拱高 f 与跨度之比称为高跨比(亦称矢跨比)。为了平衡水平推力，常采用设置拉杆的三铰拱[图 15-2-13(b)]，也属于静定结构。拱与梁的区别是：在竖向荷载作用下，梁无水平推力，而拱有水平推力，故图 15-2-13(c)称为曲梁。

三铰拱的支座反力和内力的计算(图 15-2-14)，常采用与之相应的简支梁(简称“相当梁”)作比较。

A 支座竖向反力 F_{yA}，取整体为研究对象，对 B 点取力矩平衡，由于水平推力不参与

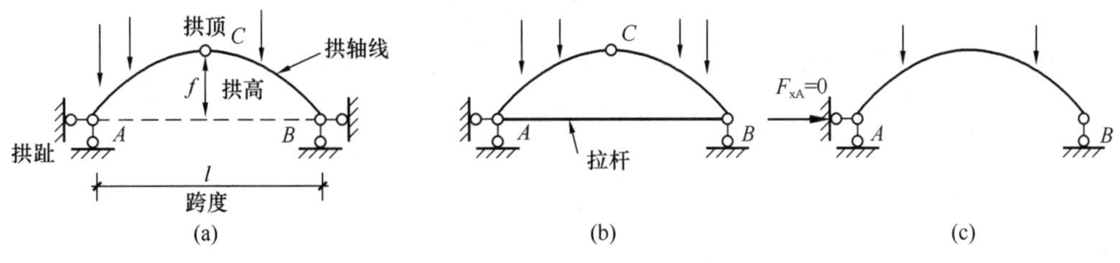

图 15-2-13　三铰拱和曲梁

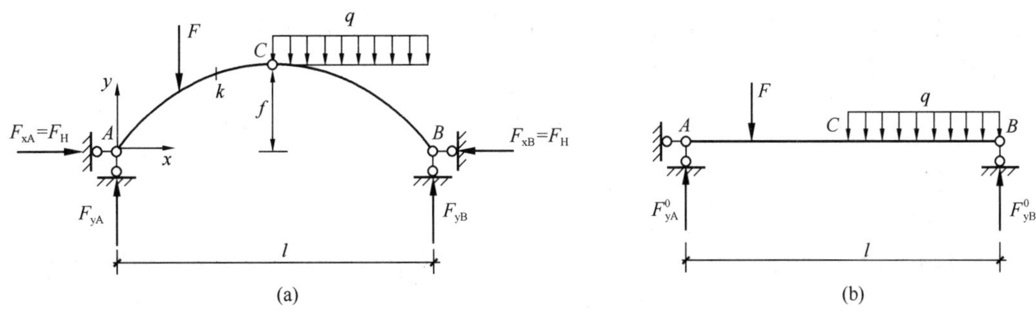

图 15-2-14　三铰拱的内力计算

计算，故 A 支座反力 F_{yA} 的计算与相当梁的支座反力 F^0_{yA} 的计算完全相同，其方向也相同；同理，B 支座反力 F_{yB} 与相当梁的支座反力 F^0_{yB} 也完全相同，可得：

$$F_{yA}=F^0_{yA},\ F_{yB}=F^0_{yB}$$

求拱的水平推力 F_H，取 AC 端为研究对象，对 C 点铰取力矩平衡，A 支座竖向反力和外力对 C 点铰的力矩的代数之和，与相当梁的 A 支座竖向反力和外力对 C 点处的力矩的代数之和（记为：M^0_C）两者相等，因此，水平推力 F_H 为：

$$F_H=\frac{M^0_C}{f} \tag{15-2-1}$$

从上述分析计算结果可得：

（1）在某一荷载作用下，三铰拱的支座反力(包括水平推力)仅与三个铰的位置有关，而与拱的轴线无关。

（2）仅有竖向荷载作用下，三铰拱的支座竖向反力与相当梁的支座竖向反力相同，而水平推力与拱高（也称矢高）f 成反比。拱的高跨比（矢高比）越大，则水平推力越小，反之，水平推力越大。

对于带拉杆的三铰拱，在竖向荷载作用下拉杆的内力的确定，如图 15-2-13（b）所示，以整体为研究对象，求出三个约束反力；用截面法，过顶铰 C 和拉杆 AB 取截面，取右半部分，对顶铰 C 取力矩平衡，即可得到拉杆的轴力。

拱的内力计算仍采用截面法，一般地，拱的内力有轴力、剪力和弯矩。

在给定的荷载作用下，能使拱体所有截面上弯矩为零的拱轴线称为合理拱轴线。

对于受竖向荷载作用的拱，拱截面弯矩公式为：

$$M_K = M_K^0 - F_H y_K$$

当拱轴线为合理拱轴线时，按上述合理拱轴线的定义，令：

$$M = M^0 - F_H y = 0$$

由此得到合理拱轴线的方程为：

$$y = \frac{M^0}{F_H} \tag{15-2-2}$$

三铰拱在竖向均布荷载作用下的合理拱轴线为二次抛物线；在填土自重作用下的合理拱轴线为悬链线；在受拱轴线法向方向的均布荷载作用下的合理拱轴线为圆弧线。

【例 15-2-6】（历年真题）图示三铰拱 $y = \frac{4f}{l^2}x(l-x)$，$l = 16\text{m}$，D 右侧截面的弯矩值为：

A. 2kN·m　　B. 66kN·m

C. 58kN·m　　D. 82kN·m

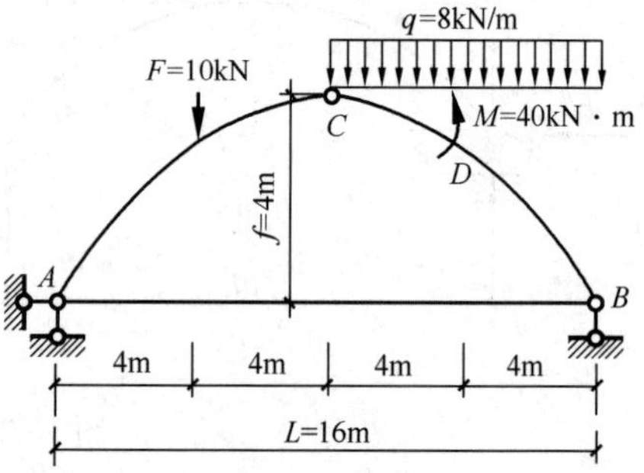

例 15-2-6 图

【解答】 取整体分析：$\sum M_A = 0$，是：$Y_B = (10\times4-40+8\times8\times12)/16 = 48\text{kN}$（↑）

$\sum Y = 0$，则：

$Y_A = 8\times8+10-48 = 26\text{kN}$（↑）

取 AC 为对象，$\sum M_C = 0$，则：

$N_{AB} = (26\times8-10\times4)/4 = 42\text{kN}$

取 BC，对 D 点取力矩：则

$$\begin{aligned} M_D &= 42\times y_D + 8\times4\times2 - Y_B\times4 \\ &= 42\times\frac{4\times4}{16\times16}\times12\times(16-12)+64-48\times4 \\ &= 42\times3+64-192 = -2\text{kN}\cdot\text{m}(\circlearrowleft) \end{aligned}$$

应选 A 项。

【例 15-2-7】（历年真题）如图（a）所示三铰拱支座 B 的水平反力（以向右为正）等于：

A. P　　B. $\frac{\sqrt{2}}{2}P$　　C. $\frac{\sqrt{3}}{2}P$　　D. $\frac{\sqrt{3}-1}{2}P$

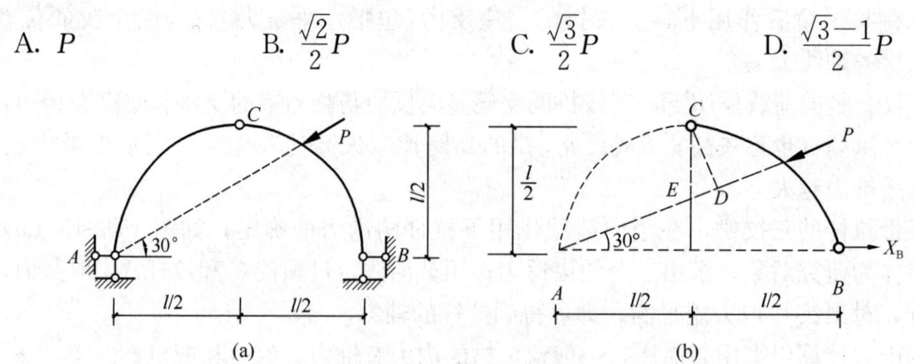

例 15-2-7 图

【解答】取整体分析，$\sum M_A=0$，则：$Y_B=0$；取 BC 分析，见图（b）：

$$\overline{CD}=\overline{CE}\cdot\cos30°=\left(\frac{l}{2}-\frac{l}{2}\tan30°\right)\cos30°$$

$$=\frac{l}{2}(\cos30°-\sin30°)=\frac{l}{2}\left(\frac{\sqrt{3}}{2}-\frac{1}{2}\right)$$

$$P\cdot\overline{CD}=X_B\cdot\frac{l}{2}，则：X_B=\frac{\sqrt{3}-1}{2}P$$

应选 D 项。

【例 15-2-8】（历年真题）图示静定三铰拱，拉杆 AB 的轴力等于：

A. 6kN　　　　B. 8kN

C. 10kN　　　　D. 12kN

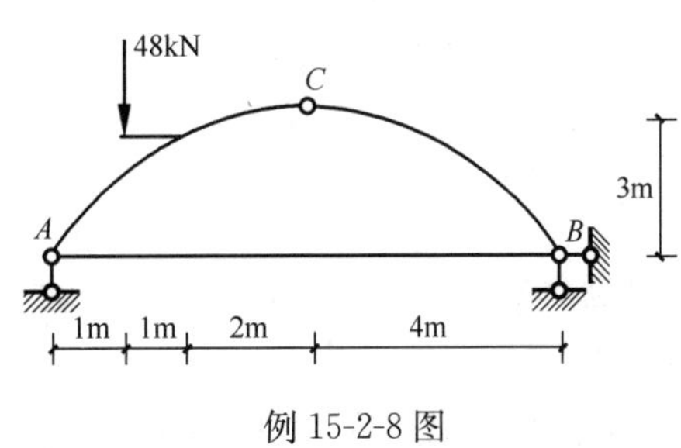

例 15-2-8 图

【解答】取整体分析，$\sum M_B=0$，则：

$Y_A=48\times7/8=42\text{kN}$（↑）

取 AC 分析，$\sum M_C=0$，则：

$$N_{AB}=\frac{42\times4-48\times3}{3}=8\text{kN}$$

应选 B 项。

★★★五、静定平面桁架

为了简化计算，通常对实际的静定平面桁架采用如下计算假定：

（1）各杆都是直杆，其轴线位于同一平面内。

（2）各杆连接的节点（亦称节点）都是光滑铰链连接，即节点为铰接点。

（3）荷载（或外力）和支座的约束力（即支座反力）都集中作用在节点上，并且位于桁架平面内。各杆自重不计。

根据上述假定，这样的桁架称为理想桁架，各杆都视为只有两端受力的二力杆，因此，杆件的内力只有轴力（轴向拉力或轴向压力），单位为 N 或 kN。桁架杆件的内力以拉力为正。计算时，一般先假定所有杆件均为拉力，在受力图中画成离开节点，计算结果若为正值，则杆件受拉力；若为负值，则杆件受压力。

静定平面桁架杆件的内力计算方法有节点法、截面法，以及这两种方法的联合应用。

1. 节点法和截面法

（1）节点法

节点法是取桁架的节点为隔离体，用平面汇交力系的两个静力平衡方程来计算杆件内力的方法。由于平面汇交力系只能利用两个静力平衡方程，故每次截取的节点上的未知力个数不应多余两个。

（2）截面法

截面法是用一个适当的截面（平面或曲面），截取桁架的某一部分为隔离体，然后利用平面任意力系的三个平衡方程计算杆件的未知内力。一般地，所取的隔离体上未知内力的杆件数不多于 3 根，且它们既不全部汇交于一点也不全部平行，可以直接求出所有未知内力。

（3）节点法和截面法的联合应用

【例 15-2-9】 如图(a)所示桁架，AF、BE、CG 杆均铅直，DE、FG 杆均水平，则 DE 杆的内力应为下列何项?

A. P　　B. $-P$　　C. $\sqrt{2}P$　　D. $-\sqrt{2}P$

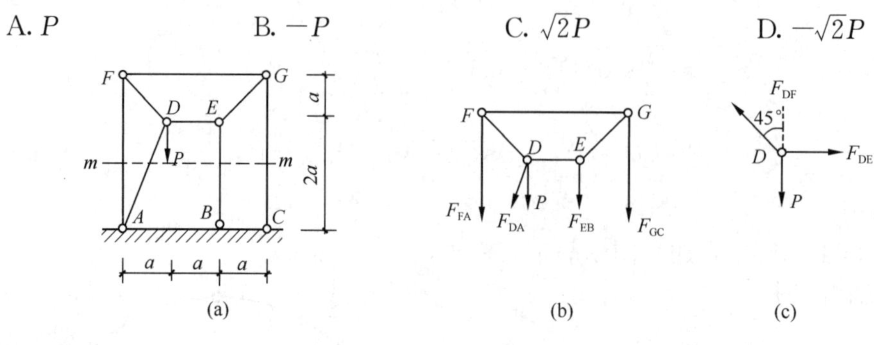

例 15-2-9 图

【解答】 作截面 m-m，取上半部分为研究对象，如图(b)所示，$\sum F_{ix}=0$，则 AD 杆的内力为零。

取节点 D 为研究对象，如图(c)所示，由力的平衡，则：

$F_{DE}=P$，应选 A 项。

2. 零杆及其运用

(1) 零杆

内力为零的杆称为零杆。零杆不能取消，因为理想桁架有计算假定，而实际桁架对应的杆件的内力并不等于零，只是内力很小而已。

判别零杆的方法如下：

1) 不共线的两杆相交的节点上无荷载(或无外力)时，该两杆的内力均为零即零杆，如图 15-2-15(a)所示。

2) 三杆汇交的节点上无荷载(或无外力)，且其中两杆共线时，则第三杆为零杆[图15-2-15(b)]，而在同一直线上的两杆的内力必定相等，受力性质相同。

3) 利用对称形判别零杆，见后面内容。

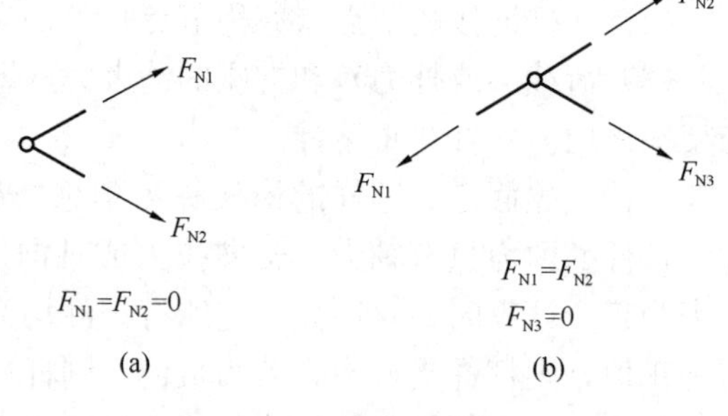

图 15-2-15　零杆

其他判别零杆的方法，均可采用受力分析和力平衡方程得到。

(2) 等力杆

判别等力杆的方法如下：

1) X 形节点(四杆节点)。直线交叉形的四杆节点上无荷载(或无外力)时，则在同一直线上两杆的内力值相等，且受力性质相同，如图 15-2-16(a)所示。

2) K 形节点(四杆节点)。侧杆倾角相等的 K 形节点上无荷载(或无外力)时，则两侧杆的内力值相等，且受力性质相同，如图 15-2-16(b)所示。

3) Y 形节点(三杆节点)。三杆汇交的节点上无荷载(或无外力)时，如图 15-2-16(c)所示，对称两杆的内力值相等($F_{N1}=F_{N2}$)，且受力性质相同。

4) 利用对称性判别等力杆，见后面内容。

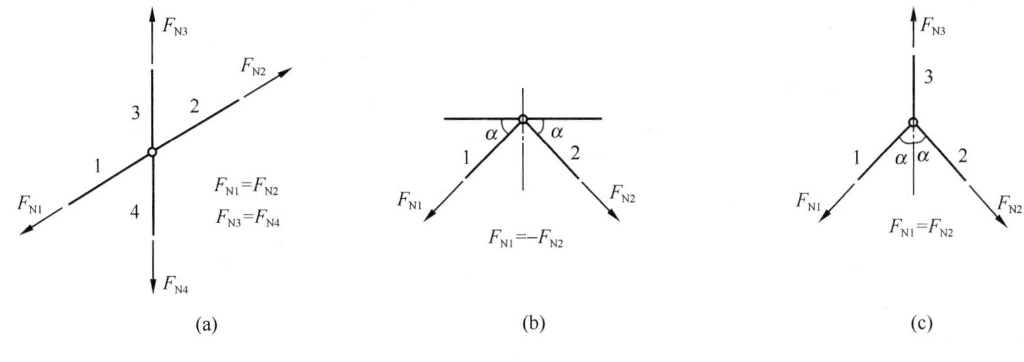

图 15-2-16 等力杆

【例 15-2-10】 如图（a）所示结构，在外力 P 作用下的零杆数应为下列何项？

A. 无零杆　　B. 1 根　　C. 2 根　　D. 3 根

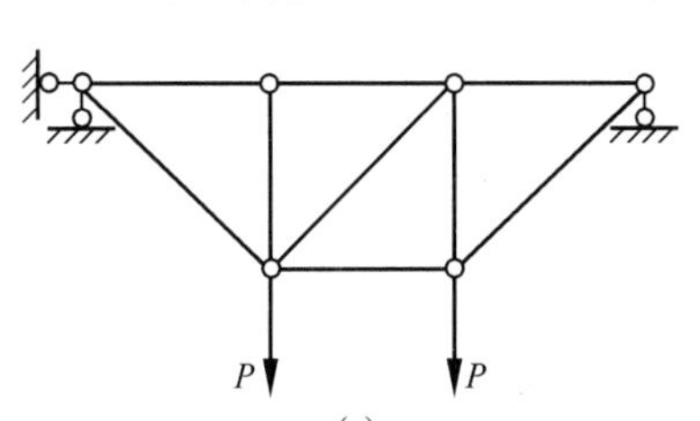

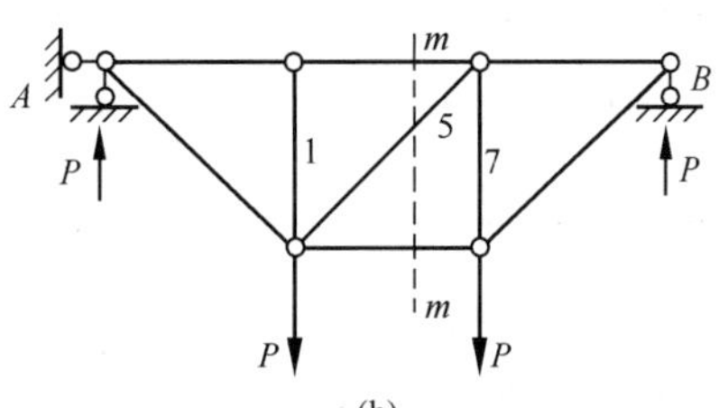

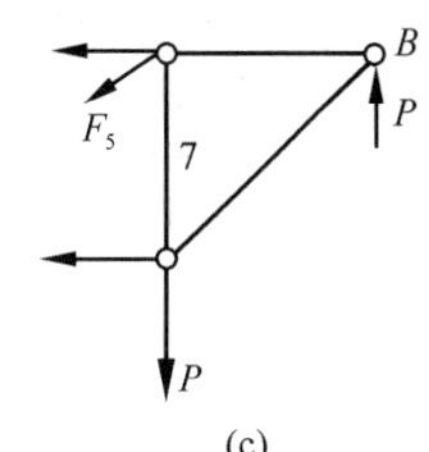

例 15-2-10 图

【解答】 根据零杆判别法，左边竖腹杆（杆 1）为零杆；

根据整体平衡，对支座取矩，则两支座的约束力均为 P，方向向上。

作截面 m-m，如图（b）所示，取右半部分，如图（c）所示，铅垂方向力平衡，则杆 5 的内力为零即零杆；根据零杆判别法，杆 7 为零杆。总零杆数为 3 根，应选 D 项。

3. 对称性的利用

静定平面桁架的各杆件的轴力为对称内力。对称桁架是指桁架的几何形状、支承条件和杆件材料都关于某一轴对称，该轴称为对称轴。静定平面对称桁架的特点如下：

（1）在正对称荷载作用下，对称杆件的轴力是对称的。

（2）在反对称荷载作用下，对称杆件的轴力是反对称的。

（3）在任意荷载作用下，可将该荷载分解为正对称荷载、反对称荷载两组，分别计算出内力后再叠加。

注意，对称轴位置上的杆件（竖杆或横杆）的内力的特点。

【例 15-2-11】 如图（a）所示桁架，在竖向外力 P 作用下的零杆数为下列何项？

A. 2 根　　B. 3 根　　C. 4 根　　D. 5 根

【解答】 整体分析，左边支座的水平反力为零。如图（b）所示，根据支座节点受力分析，杆 1、杆 2 为零杆。根据零杆判别法，杆 3 为零杆。

结构对称、荷载反对称，其杆的内力反对称，杆 4、杆 5 的内力为反对称，其相交节点处的水平方向力平衡，因此，杆 4、杆 5 的内力必定为零，因此，杆 4、杆 5 均为零杆。

总零杆数为 5 根，应选 D 项。

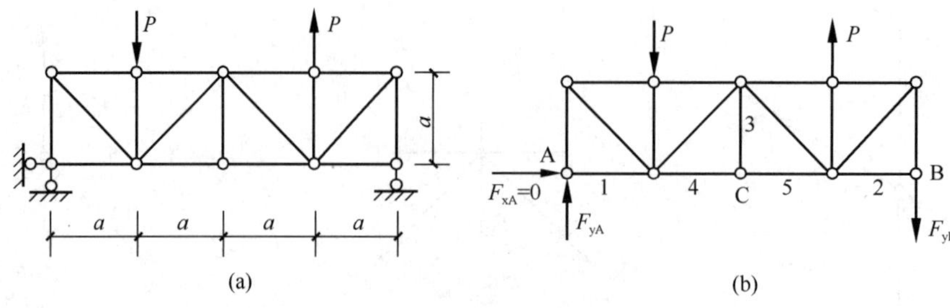

例 15-2-11 图

4. 静定平面桁架受力分析与计算的一般原则

(1) 首先根据零杆判别法进行零杆的判别。

(2) 利用对称性进行零杆的判别、杆件的内力分析。

(3) 采用截面法、节点法进行杆件内力的计算，以及截面法与节点法的联合应用。

【例 15-2-12】(历年真题)桁架受力如图(a)所示，下列杆件中，非零杆是：

A. 杆 2-4　　B. 杆 5-7　　C. 杆 1-4　　D. 杆 6-7

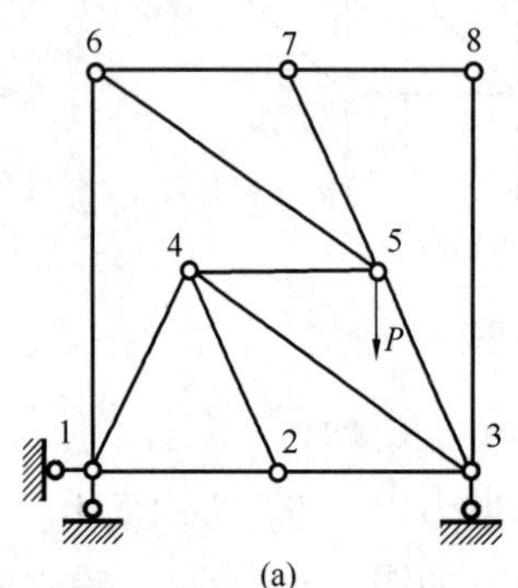

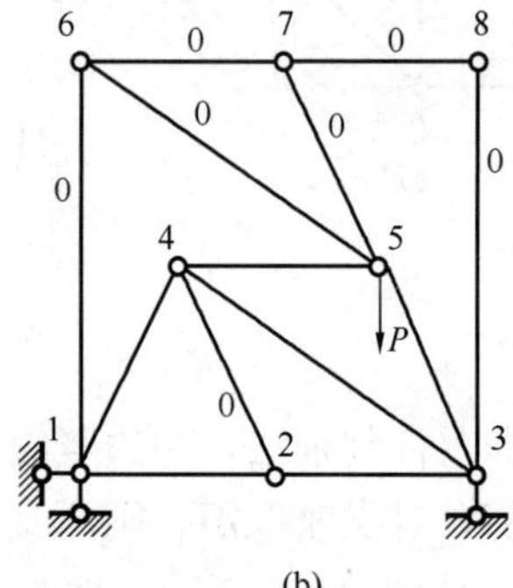

例 15-2-12 图

【解答】如图(b)所示，杆 1-4 为非零杆，应选 C 项。

【例 15-2-13】(历年真题)如图(a)所示桁架杆 1 的内力为：

A. $-P$　　B. $-2P$　　C. P　　D. $2P$

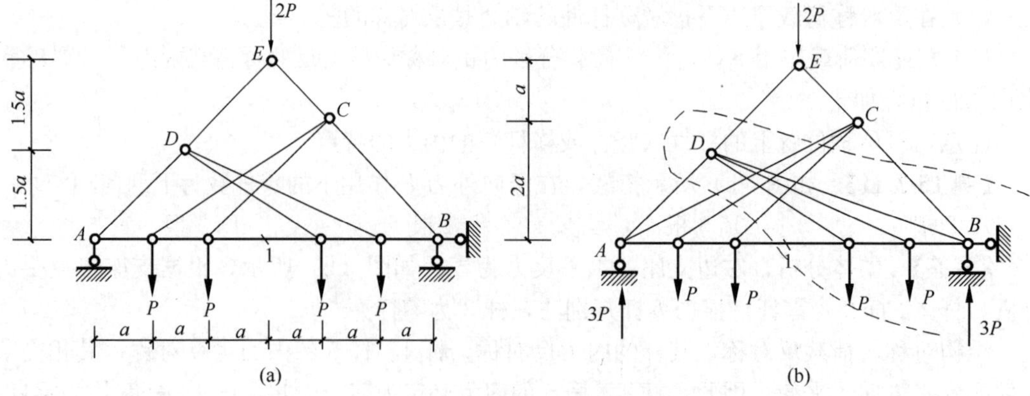

例 15-2-13 图

【解答】如图（b）所示，取截面，对 E 点取力矩平衡：

$$N_1 \cdot 3a + P \cdot a + P \cdot 2a = 3P \cdot 3a$$

$$N_1 = 2P(\text{拉力})$$

应选 D 项。

★★★六、静定组合结构

静定组合结构是指由若干链杆和受弯杆件联合组成的结构，如图 15-2-17 所示，其中链杆只承受轴力；受弯杆件则一般受到弯矩、剪力和轴力的共同作用。

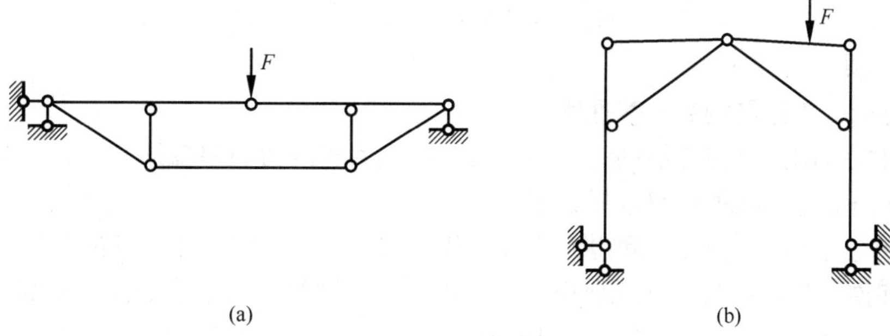

图 15-2-17　静定组合结构

静定组合结构的内力计算的一般步骤：

（1）求支座反力。

（2）计算各链杆的轴力。

（3）计算受弯杆件的内力。

【例 15-2-14】（历年真题）图示结构 BC 杆轴力为：

A. $-2F_P$　　B. $-2\sqrt{2}F_P$　　C. $-\sqrt{2}F_P$　　D. $-4F_P$

【解答】整体分析，$\sum M_A=0$，则：

$$N_{BC} \cdot \sin 45° \times 2 = F_P \times 4$$

$$N_{BC} = \frac{2F_P}{\frac{\sqrt{2}}{2}} = 2\sqrt{2}F_P(\text{压力：}-)$$

应选 B 项。

【例 15-2-15】（历年真题）如图（a）所示结构 K 截面的弯矩值为（以内侧受拉为正）：

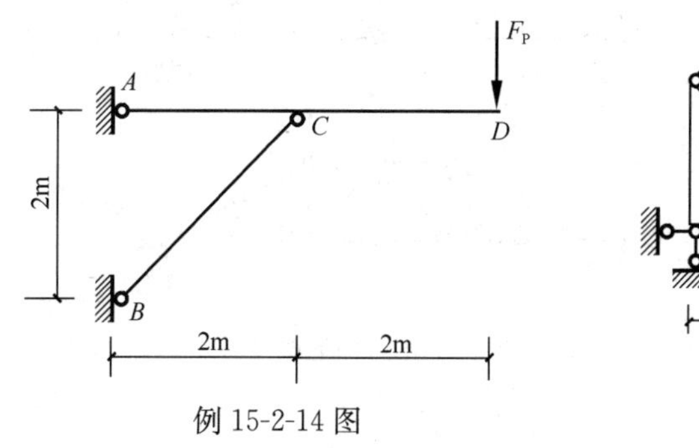

例 15-2-14 图

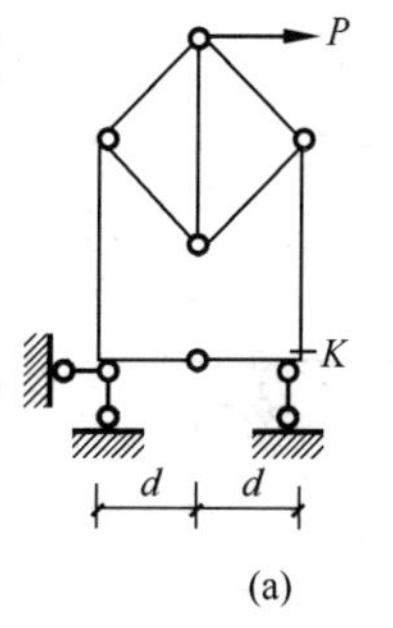

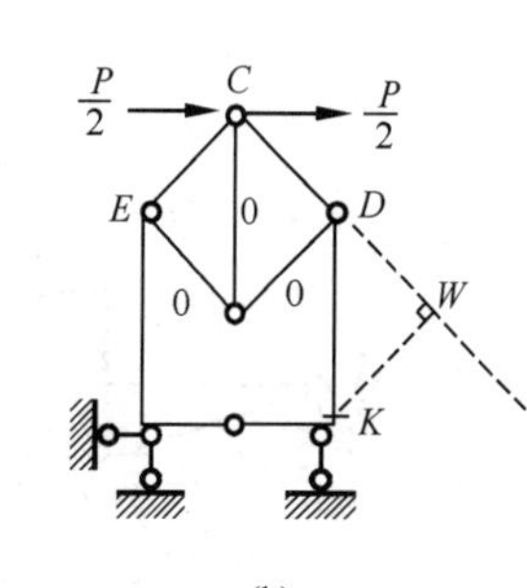

例 15-2-15 图

A. Pd　　　　B. $-Pd$　　　　D. $2Pd$　　　　D. $-2Pd$

【解答】对称结构，将 P 等效为一对反对称荷载：$P/2$，如图（b）所示，则：

$N_{CD}=-N_{CE}$，由水平方向力平衡：

$$2N_{CD}\cos45^\circ = P$$

$$N_{CD} = \frac{P}{2\cos45^\circ}\text{(压力)}$$

$$M_K = N_{CD}\cdot\overline{KW} = \frac{P}{2\cos45^\circ}\cdot 2d\cos45^\circ$$

$$= Pd\text{（内侧受拉）}$$

应选 A 项。

★★★七、静定结构的一般性质

在线弹性范围内，静定结构满足平衡条件的反力和内力的解答是唯一的。根据这一性质，可以推出静定结构的一般性质如下：

(1) 静定结构的支座反力和内力仅与荷载、结构整体几何尺寸和形状有关，而与结构的材料、杆件截面形状与截面几何尺寸、杆件截面的刚度（EI、EA 等）无关。

(2) 非荷载因素的影响。非荷载因素如温度变化、支座位移、材料收缩和制造误差等不引起静定结构的反力和内力。

(3) 平衡力系的影响。平衡力系作用于静定结构中某一几何不变或可独立承受该平衡力系的部分上时，只有该部分受力，其余部分的反力和内力均为零。

如图 15-2-18 所示梁在平衡力系作用下，只在平衡力系作用的部分 CD 段产生内力，其余部分反力和内力均为零。

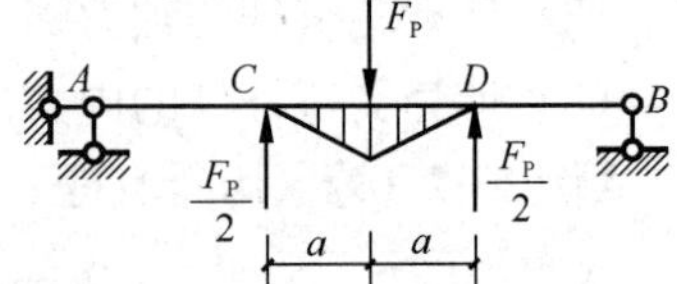

图 15-2-18　平衡力系

(4) 等效荷载的影响。对作用于静定结构中某一几何不变部分上的荷载作等效变换时，则只有该部分的内力发生变化，而其余部分的反力和内力均不变。所谓荷载的等效变换，即用主矢和对同一点的主矩均相等的一组荷载等效替代另一组荷载。

如图 15-2-19 所示，集中荷载 F_P 和两个集中荷载 $F_P/2$ 为等效荷载，当用两个集中荷载 $F_P/2$ 在 CD 杆段等效代替集中荷载 F_P 时，两组荷载产生的弯矩图只有 CD 部分不相同，其余部分都相同。

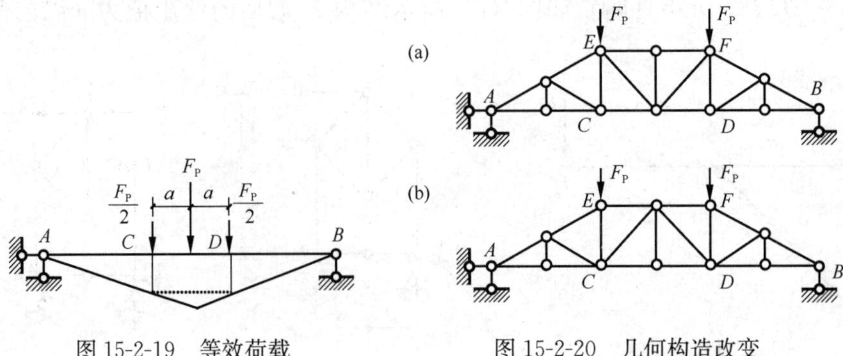

图 15-2-19　等效荷载　　　　图 15-2-20　几何构造改变

(5) 几何构造改变的影响。对静定结构中的某一几何不变部分作几何构造改变时，其余部分的反力和内力均不变。

如图 15-2-20 (a)、(b) 图中两个桁架除了 $CDEF$ 部分几何构造不同，其余部分几何构造均相同。在相同荷载作用下，两个桁架除了 $CDEF$ 部分的杆件内力不同，其余部分反力和内力均相同。

习　题

15-2-1 (历年真题) 静定结构在支座移动时，会产生：

A. 内力　　B. 应力　　C. 刚体位移　　D. 变形

15-2-2 (历年真题) 下面方法中，不能减小静定结构弯矩的是：

A. 在简支梁的两端增加伸臂段，使之成为伸臂梁

B. 减小简支梁的跨度

C. 增加简支梁的梁高，从而增大截面惯性矩

D. 对于拱结构，根据荷载特征，选择合理拱轴曲线

15-2-3 (历年真题) 图示刚架 M_{EB} 的大小为：

A. 36kN·m　　B. 54kN·m　　C. 72kN·m　　D. 108kN·m

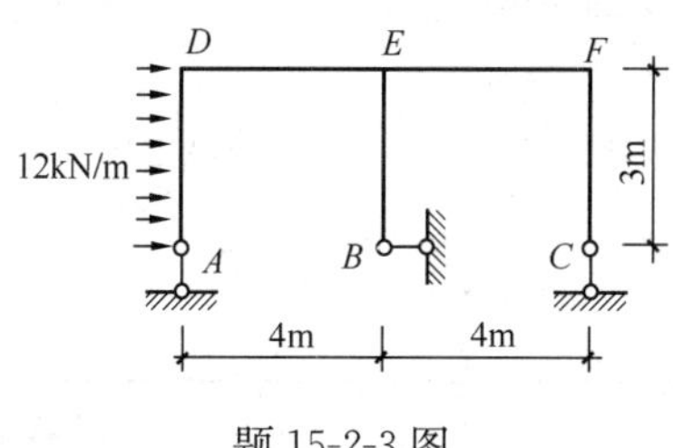

题 15-2-3 图

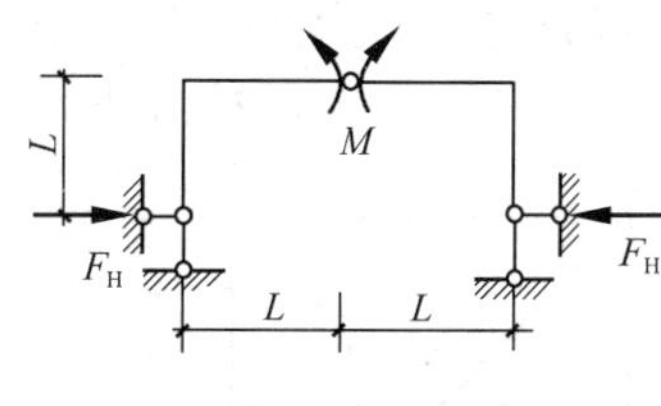

题 15-2-4 图

15-2-4 (历年真题) 图示结构的反力 F_H 为：

A. $\frac{M}{L}$　　B. $\frac{-M}{L}$　　C. $\frac{2M}{L}$　　D. $\frac{-2M}{L}$

15-2-5 (历年真题) 图示结构的反力 F_H 为：

A. $\frac{M}{L}$　　B. $\frac{-M}{L}$　　C. $\frac{2M}{L}$　　D. $\frac{-2M}{L}$

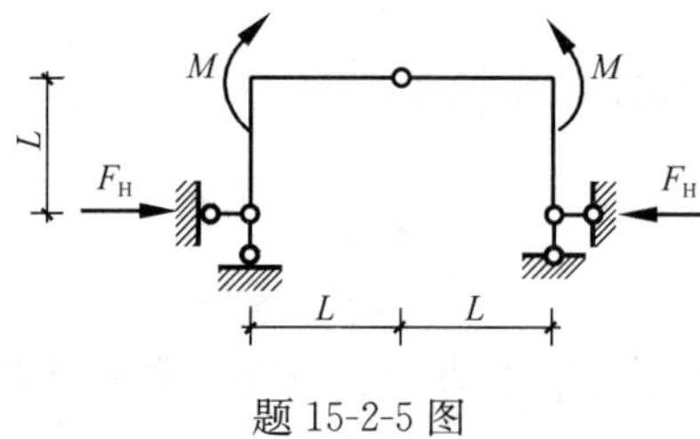

题 15-2-5 图

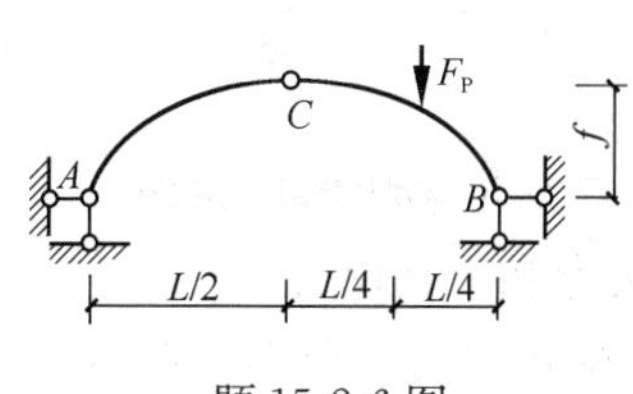

题 15-2-6 图

15-2-6 (历年真题) 图示三铰拱，若使水平推力 $F_H=F_P/3$，则高跨比 f/L 应为：

A. $\frac{3}{8}$　　B. $\frac{1}{2}$　　C. $\frac{5}{8}$　　D. $\frac{3}{4}$

15-2-7 (历年真题) 图示三铰拱，若高跨比 $f/L=1/2$，则水平推力 F_H 为：

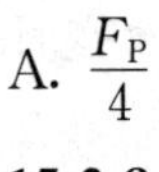

A. $\frac{F_P}{4}$　　B. $\frac{F_P}{2}$　　C. $\frac{3F_P}{4}$　　D. $\frac{3F_P}{8}$

15-2-8 （历年真题）图示结构杆 a 的轴力为：

A. $0.5F_P$　　B. $-0.5F_P$　　C. $1.5F_P$　　D. $-1.5F_P$

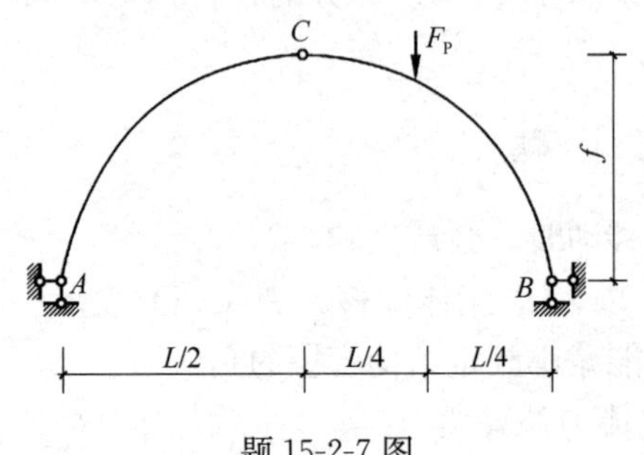

题 15-2-7 图

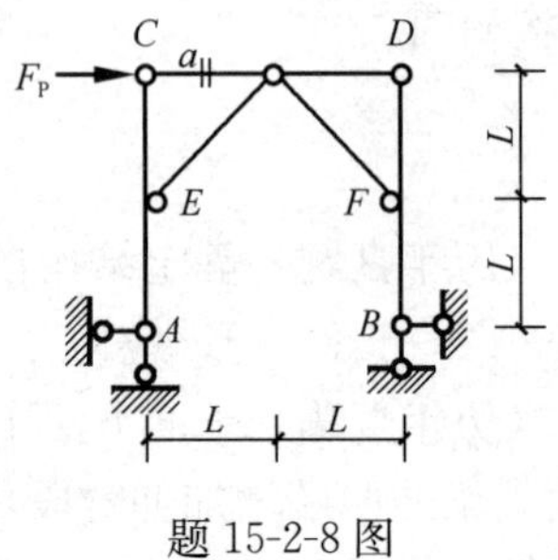

题 15-2-8 图

15-2-9 （历年真题）图示结构杆件 1 的轴力为：

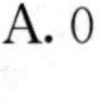

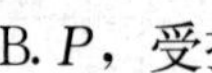

A. $-P$　　B. $-\frac{P}{2}$　　C. $\frac{\sqrt{2}P}{2}$　　D. $\sqrt{2}P$

15-2-10 （历年真题）图示组合结构，梁 AB 的抗弯刚度为 EI，二力杆的抗拉刚度都为 EA。则 DG 杆的轴力为：

A. 0　　B. P，受拉　　C. P，受压　　D. $2P$，受拉

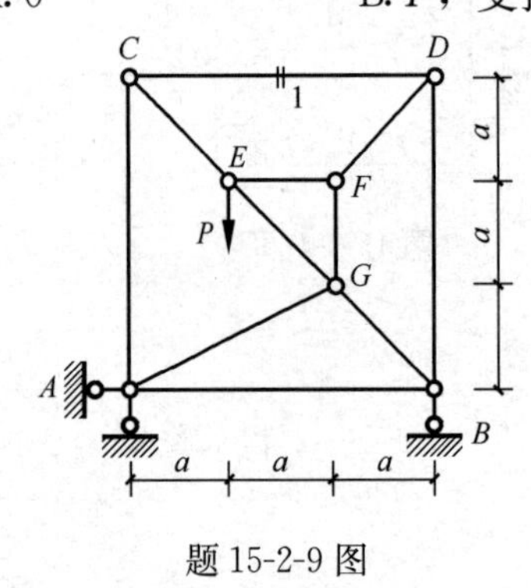

题 15-2-9 图

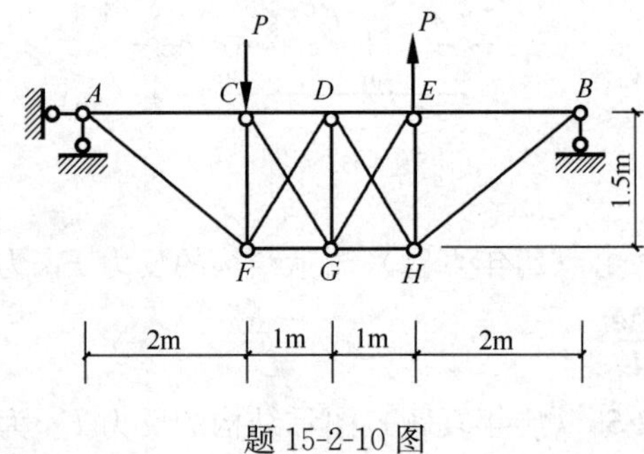

题 15-2-10 图

第三节　静定结构的位移计算

★一、广义位移和虚功原理

1. 广义力和广义位移

结构受到集中力、分布力的作用，也可能受到集中力偶、分布力偶等作用，将集中力、分布力、集中力偶等统称为广义力。

结构在荷载作用下会发生变形，而这种变形会引起结构各处位置的变化，即结构的位移。结构的位移包括线位移、角位移、相对线位移、相对角位移。所有以上这些位移可以统称为广义位移。除荷载之外，温度变化、支座移动、材料收缩和制造误差等非荷载因素，也会使结构产生位移。

2．变形体的虚功原理

变形体的虚功原理可表述为：变形体处于平衡时，在任何无限小的虚位移下，外力所做虚功之和等于变形体所接受的虚变形功。若以 δW_e 表示外力虚功之和，以 δW_i 表示整个变形体所接受的虚变形功，则有如下变形体虚功方程：

$$\delta W_e = \delta W_i = \Sigma\int (F_N\delta\varepsilon + F_Q\delta\gamma_0 + M\delta\kappa)\mathrm{d}s \tag{15-3-1}$$

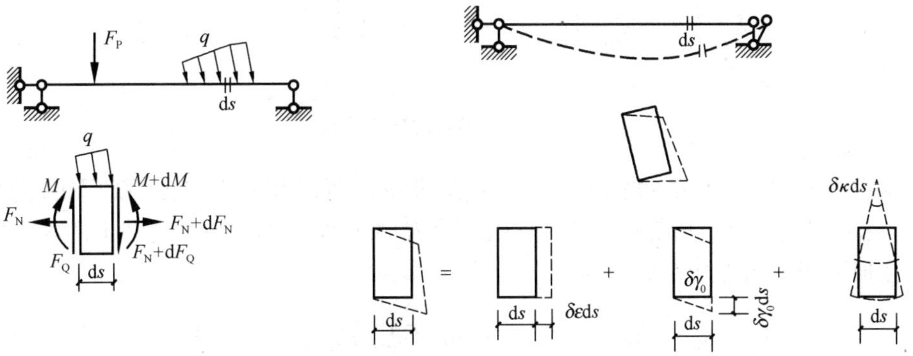

图 15-3-1

以上为平面杆系结构的虚功方程。如图 15-3-1 所示，F_N、F_Q、M 为力状态中任意微段上的轴力、剪力和弯矩；$\delta\varepsilon$、$\delta\gamma_0$ 和 $\delta\kappa$ 为位移状态中相应微段上的轴向虚应变、平均虚剪切角和虚曲率。

在理解和应用变形体的虚功原理时，应注意：

（1）虚功原理中涉及的平衡状态与虚位移状态之间是相互独立的，不存在因果关系，即虚位移并非是由原平衡状态的内、外力引起，而是由其他任意原因引起的可能位移，所以将所做的功称为虚功。

（2）虚位移必须在变形体内部连续，在边界上满足几何约束条件。此外，虚位移还必须是任意的和无限小的，此时虚功本身与虚位移属同阶微量。若将虚位移取为有限小量，则虚功原理不再成立。

（3）变形体虚功原理的表述并未涉及变形体结构的类型，材料的性质和结构从受荷开始至到达平衡状态过程中变形或位移的大小。因此，虚功原理可以适用于任何类型的结构，并可以适用于材料非线性和几何非线性问题。

应用变形体虚功原理时，涉及力状态和位移状态两个状态，这两个状态中一个是实际发生的，一个是虚拟的。因此，可得：

（1）当力状态是实际发生的，位移状态是虚拟的，虚功原理被称为虚位移原理。利用虚位移原理可采用机动法作结构的影响线，见本章第五节。

（2）当位移状态是实际发生的，力状态是虚拟的，虚功原理被称为虚力原理。利用虚力原理推导出结构在荷载作用下位移计算的一般公式，见下面。

★★★二、结构位移计算的一般公式——单位荷载法

如图 15-3-2（a）所示静定结构在荷载（如外力 F_P）、非荷载（如温度变化、支座移

动等）作用下发生的实际状态的变形，欲求任意点 K 的水平位移 Δ。现虚拟单位荷载作用在结构 K 点，如图 15-3-2（b）所示，求出其相应的内力值（轴力$\overline{F}_{\mathrm{N}}$、剪力$\overline{F}_{\mathrm{Q}}$、弯矩$\overline{M}$）和支座 C 的反力$\overline{R}$。

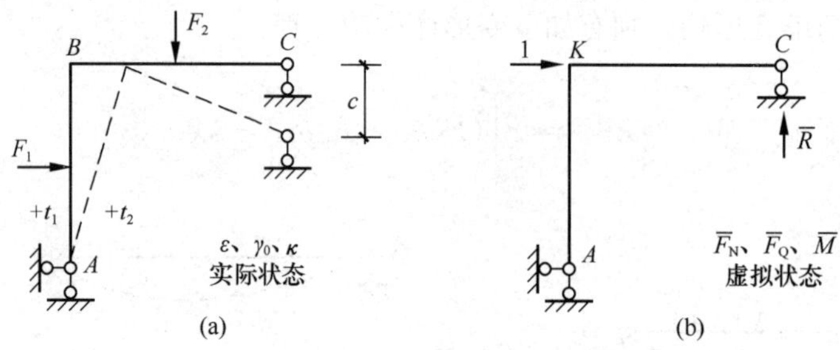

图 15-3-2　单位荷载法原理

根据虚力原理，结构的虚拟外力（即：虚拟单位荷载和虚拟单位荷载下的支座反力$\overline{R}$）在实际状态的位移上所做的虚功（$1\times\Delta+\Sigma\overline{R}_i\times c_i$），与虚拟单位荷载下的内力在实际状态的变形上所做的虚功相等，即：

$$1\times\Delta_{\mathrm{K}}+\Sigma\overline{R}\times c=\Sigma\int\overline{F}_{\mathrm{N}}\varepsilon\mathrm{d}s+\Sigma\int\overline{F}_{\mathrm{Q}}\gamma_0\mathrm{d}s+\Sigma\int\overline{M}\kappa\mathrm{d}s$$

或

$$\Delta_{\mathrm{K}}=\Sigma\int\overline{F}_{\mathrm{N}}\varepsilon\mathrm{d}s+\Sigma\int\overline{F}_{\mathrm{Q}}\gamma_0\mathrm{d}s+\Sigma\int\overline{M}\kappa\mathrm{d}s-\Sigma\overline{R}_ic_i \tag{15-3-2}$$

式中，ε、κ 和 γ_0 分别为实际状态杆件的轴向应变、曲率和平均剪切变形。

这种通过虚设单位荷载作用下的力状态，利用虚功原理求结构位移的方法称为单位荷载法。

公式（15-3-2）不仅可以计算结构的线位移，也可以计算角位移、相对线位移、相对角位移，只要力状态中设置的单位力与位移方向一致即可。虚拟单位荷载应与拟求的广义位移要一致，典型的情况如图 15-3-3 所示。

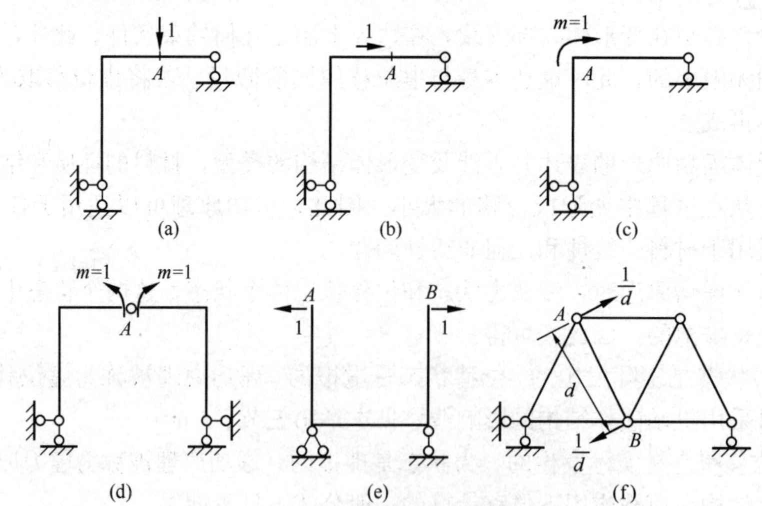

图 15-3-3　虚拟单位荷载

（a）求 A 点的竖向位移；（b）求 A 点的水平位移；（c）求截面 A 的转角；
（d）求铰 A 的两侧截面的相对转角；（e）求 A、B 两点的水平相对线位移；（f）求 AB 杆的转角

虚拟单位荷载的方向可以任意假定，若计算出的结果为正，表明所求的广义位移方向与虚拟单位荷载的方向相同，反之，则相反。

★★★三、荷载作用下的静定结构位移计算

1. 静定平面桁架的位移

在桁架中，各杆只承受轴力，不考虑弯曲变形和剪切变形。杆件轴向应变 $\varepsilon=\sigma/E=(F_N/A)/E=F_N/(EA)$，因此，公式（15-3-2）可简化为：

$$\Delta=\Sigma\frac{\overline{F}_{Ni}F_{Ni}l_i}{EA_i} \tag{15-3-3}$$

式中，F_{Ni} 为外荷载产生的各杆轴力（轴拉力或轴压力）；$\overline{F}_{Ni}$ 为虚拟单位荷载产生的各杆轴力；l_i 为各杆的长度；EA_i 为各杆的截面抗拉（抗压）强度。

2. 静定梁和刚架的位移

在荷载作用下静定梁和刚架的位移计算，可以不考虑轴向变形和剪切变形，仅考虑弯曲变形的影响。曲率 $\kappa=M_P/(EI)$，因此，公式（15-3-2）可简化为：

$$\Delta=\Sigma\int\frac{\overline{M}M_P}{EI}\mathrm{d}s \tag{15-3-4}$$

为了简化计算，可采用图乘法代替上述公式（15-3-4）中的积分运算。采用图乘法的前提条件是：等截面直杆（即 EI 为常数的直杆）；两个弯矩图 M_P（由外部的荷载产生的弯矩图）与 $\overline{M}$（由虚拟单位荷载产生的弯矩图）中至少有一个是直线图形。

采用图乘法时（图 15-3-4），静定梁和刚架的位移计算为：

$$\Delta=\Sigma\int\frac{\overline{M}M_P}{EI}\mathrm{d}s=\Sigma\frac{1}{EI}A_Py_C \tag{15-3-5}$$

式中，A_P 为荷载产生的弯矩图 M_P 的面积；y_C 为弯矩图 M_P 的形心对应于弯矩图 $\overline{M}$ 中相应位置的竖坐标。

运用图乘法时，应注意的是：

（1）当面积 A_P 与竖坐标 y_C 在基线的同一侧时，其乘积 A_Py_C 为正，反之，为负。

（2）竖坐标 y_C 只能从直线弯矩图形上取得。特殊地，当 M_P 图和 $\overline{M}$ 图均为直线时，y_C 可取其中任一图形，但 A_P 应取自另一图形。

（3）分段图乘时，可采用叠加法，如图 15-3-5 所示。

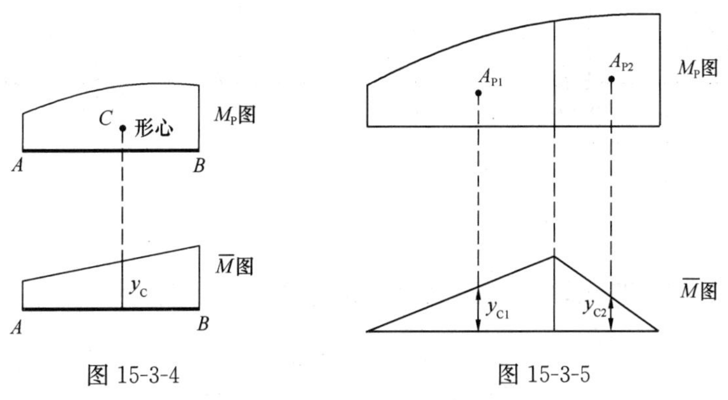

图 15-3-4　　图 15-3-5

（4）非标准抛物线与直线图图乘。图 15-3-6（a）所示为杆件受端弯矩和均布荷载共

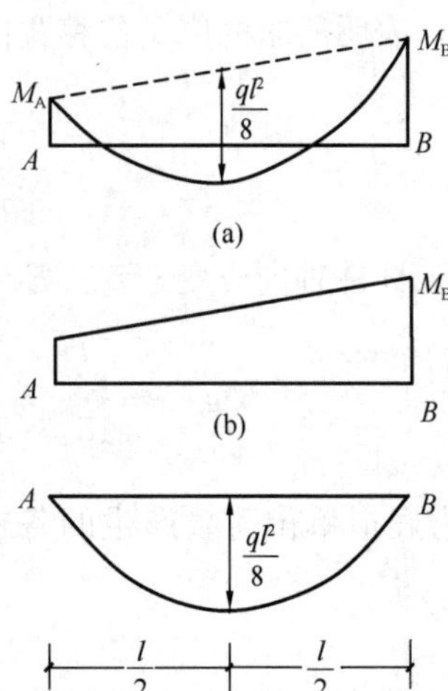

图 15-3-6

同作用下的弯矩图。在采用图乘法计算时，可以将此 M_P 图视为端弯矩作用下的梯形弯矩图［图 15-3-6（b）］与相应简支梁在均布荷载作用下标准抛物线形的弯矩图［图 15-3-6（c）］叠加而成。将上述两个图形分别与 $\overline{M}$ 图相乘，其代数和即为所求位移。

（5）常用简单图形的形心位置和面积，如图 15-3-7 所示。

3. 静定组合结构的位移

在静定组合结构中，有受弯杆件和只承受轴力的链杆两种不同性质的杆件。对于受弯杆件，一般可只考虑弯曲变形的影响，而对于链杆则应考虑其轴向变形的影响。此时，位移计算公式简化为：

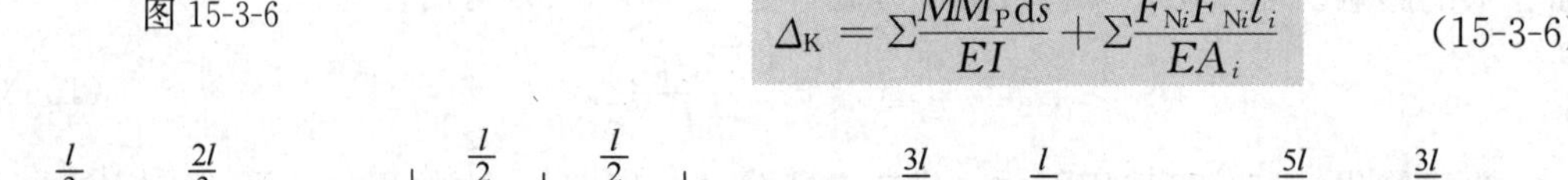

$$\Delta_K = \sum \frac{\overline{M} M_P ds}{EI} + \sum \frac{\overline{F}_{Ni} F_{Ni} l_i}{EA_i} \tag{15-3-6}$$

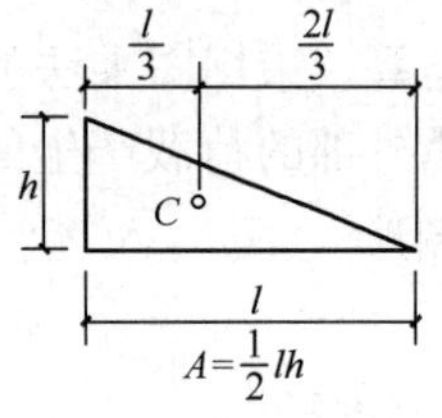

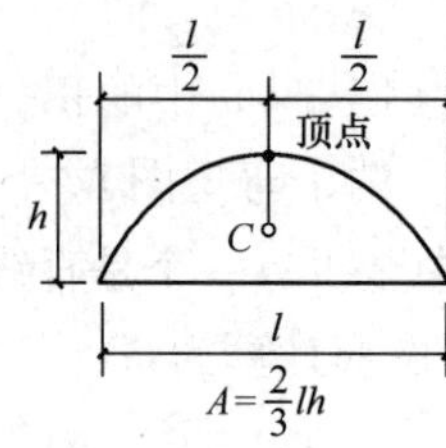

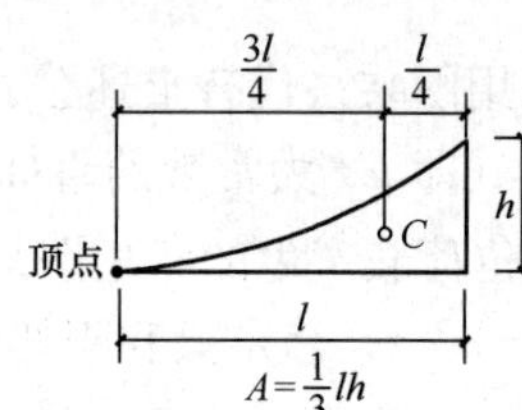

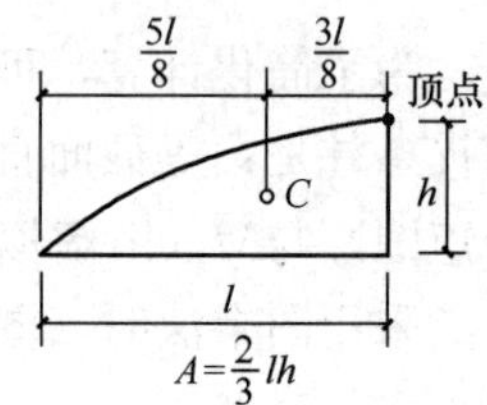

图 15-3-7

【例 15-3-1】（历年真题）图示（a）结构，EA 为常数，杆 BC 的转角为：

A. $\frac{P}{2EA}$ B. $\frac{P}{EA}$ C. $\frac{3P}{2EA}$ D. $\frac{2P}{EA}$

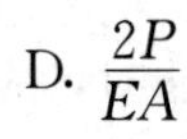

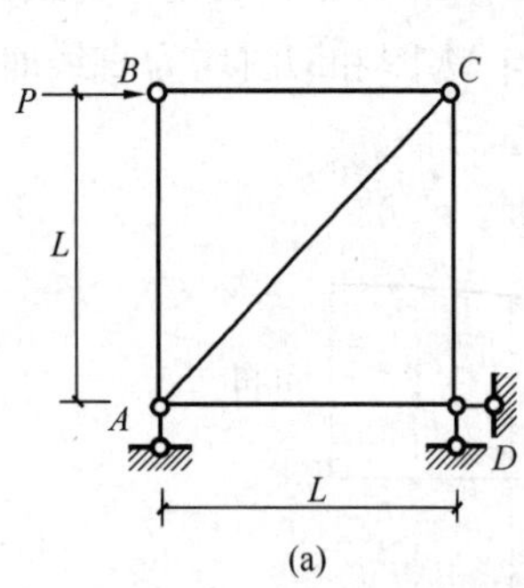

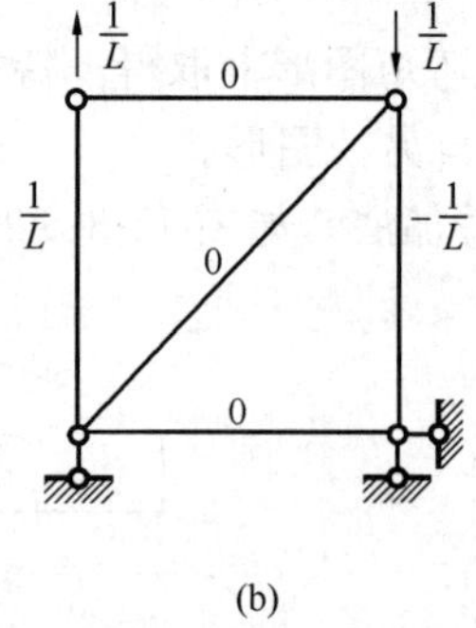

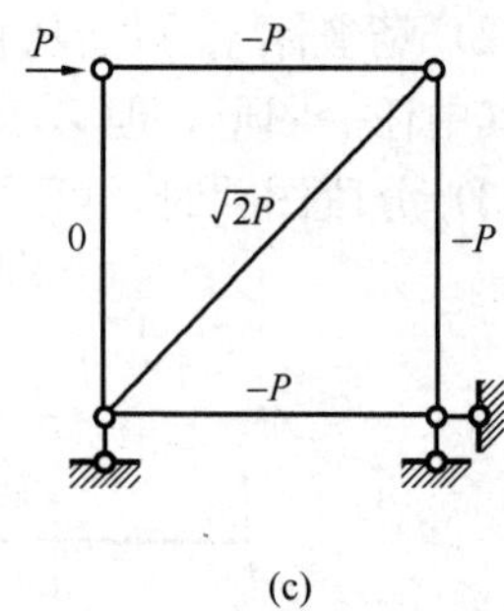

例 15-3-1 图

【解答】如图（b）所示，B、C 点施加单位荷载 $1/L$，则：

$$\theta_{BC} = \frac{\left(-\frac{1}{L}\right)(-P)L}{EA} = \frac{P}{EA}$$

应选 B 项。

【例 15-3-2】（历年真题）如图（a）所示结构，EI 为常数。节点 B 处弹性支撑刚度系数 $k=3EI/L^3$，C 点的竖向位移为：

A. $\frac{PL^3}{EI}$　　B. $\frac{4PL^3}{3EI}$　　C. $\frac{11PL^3}{6EI}$　　D. $\frac{2PL^3}{EI}$

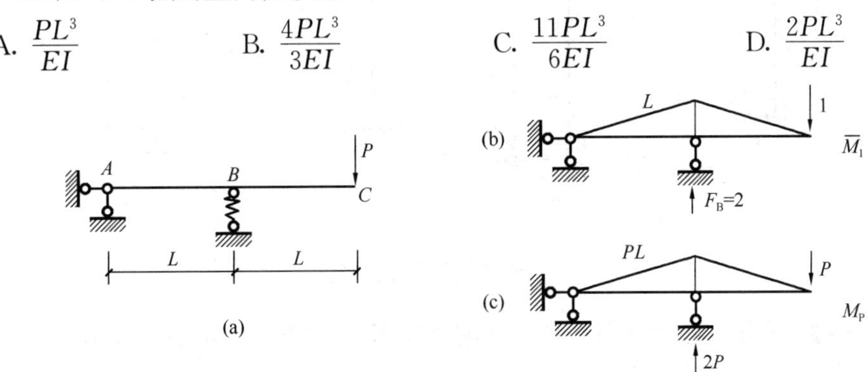

例 15-3-2 图

【解答】如图（b）、（c）所示，C 点施加单位力，荷载产生的 Δ_{CP} 为：

$$\Delta_{CP}=\frac{1}{EI}\left(PL\cdot L\cdot\frac{1}{2}\cdot\frac{2L}{3}\cdot 2\right)$$
$$=\frac{2PL^3}{3EI}$$

弹簧产生的 Δ_{CK} 为：

$$\Delta_{CK}=-(-2)\times\frac{2P}{k}$$
$$=\frac{4P}{3EI/L^3}=\frac{4PL^3}{3}$$
$$\Delta=\Delta_{CP}+\Delta_{CK}=\frac{2PL^3}{EI}$$

应选 D 项。

★★★四、非荷载因素作用下的静定结构位移计算

在非荷载因素（如温度变化、材料收缩、制造误差、支座移动或称支座位移）作用下静定结构不会产生内力，但是会产生位移。

1. 只有支座移动的情况

此时，公式（15-3-2）变为：

$$\Delta=-\Sigma\overline{R}_i c_i \tag{15-3-7}$$

式中，$\overline{R}_i$ 为虚拟单位荷载产生的各支座反力；c_i 为结构实际状态中的各支座位移。

此外，对于简单的静定结构，支座移动引起的位移可直接通过几何方法确定。

【例 15-3-3】如图（a）所示刚架，由于支座 A 向右水平位移 $a=0.1\text{m}$ 和顺时针转角 θ（rad），支座 B 有竖直向下位移 $b=0.2\text{m}$。支座 B 的水平位移 Δ_{xB} 是：

A. $-0.1+6\theta$　　B. $0.1-6\theta$　　C. $-0.3+8\theta$　　D. $0.3-8\theta$

【解答】如图（b）所示，在 B 点施加单位水平力（$X_1=1$），求出支座反力。

$$\Delta_{xB}=-\Sigma\overline{R}_i c_i=-(-1\times0.1-8\theta+2\times0.2)$$
$$=-0.3+8\theta$$

应选 C 项。

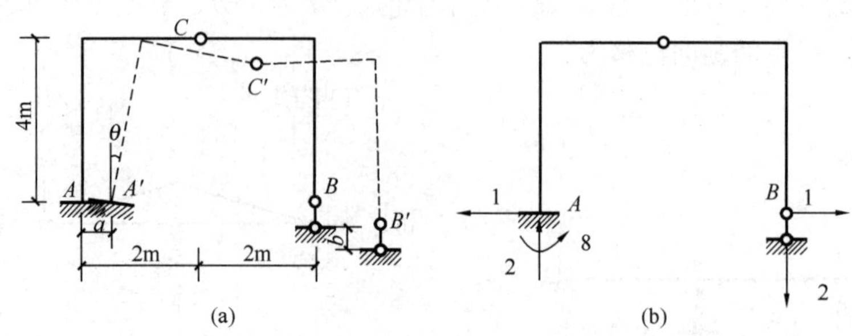

例 15-3-3 图

【例 15-3-4】（历年真题）如图（a）所示刚架，EI 为常数，忽略轴向变形。当 D 支座发生支座沉降 δ 时，B 点转角为：

A. δ/L　　　B. $2\delta/L$　　　C. $\delta/(2L)$　　　D. $\delta/(3L)$

【解答】 如图（b）所示，在 B 点施加 $m=1$，则：

$$\Delta\theta_{\mathrm{B}}=(-\delta)\cdot\left(-\frac{1}{L}\right)=\frac{\delta}{L}$$

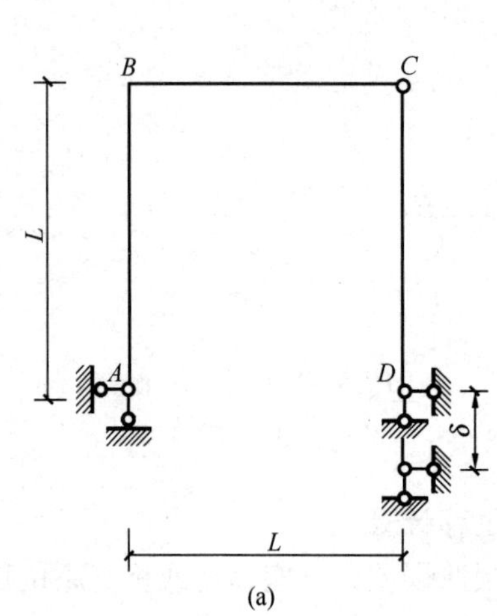

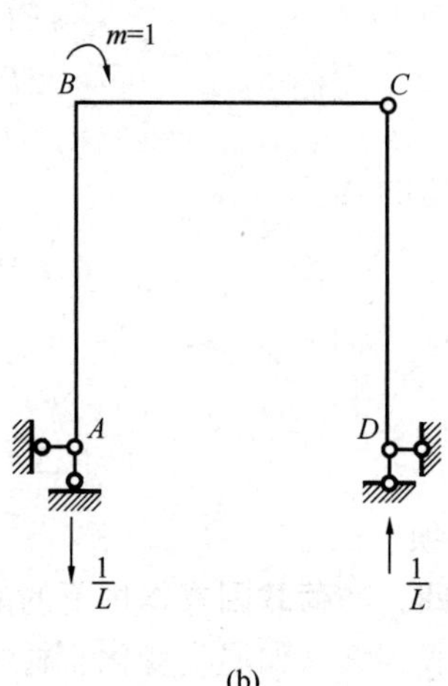

例 15-3-4 图

应选 A 项。

2. 只有温度变化的情况

如图 15-3-8 所示，t_1 表示上侧温度的变化（即温度升高或下降），t_2 表示下侧温度的变化，对称截面杆件轴线温度的变化 $t_0=\frac{1}{2}(t_1+t_2)$，杆件上下侧温度的变化之差 $\Delta t=t_2-t_1$。

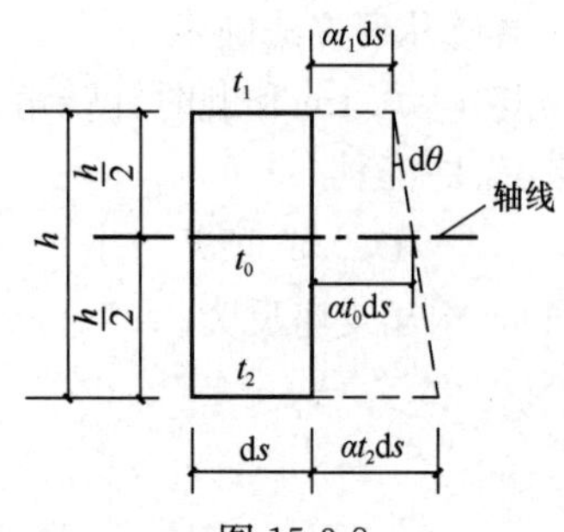

图 15-3-8

杆件轴线温度的变化 t_0 产生轴向变形，杆件上下侧温度的变化之差 $\Delta t=t_2-t_1$ 产生弯曲变形，因此，杆件变形（或位移）Δ 应为两者之和，即：

$$\Delta=\Sigma\alpha t_0 A_{\overline{F}}+\Sigma\alpha\frac{\Delta t}{h}A_{\overline{M}} \tag{15-3-8}$$

式中，α 为材料的线膨胀系数；t_0 为杆件轴线温度的变化；

$A_{\overline{F}}$表示虚拟单位荷载产生的轴力图 $\overline{F}_N$ 的面积；Δt 为杆件上下侧温度变化之差；h 为杆件横截面的高度；$A_{\overline{M}}$表示虚拟单位荷载产生的弯矩图 $\overline{M}$ 的面积。

轴力 $\overline{F}_N$ 以受拉为正，t_0 以温度升高为正；弯矩 $\overline{M}$ 和温差 Δt 引起的弯曲为同一方向时，其乘积取正值（即：弯矩 $\overline{M}$ 和温差 Δt 使杆件的同一侧产生拉伸变形时，其乘积取正值），反之，其乘积取负值。

【例 15-3-5】（历年真题）如图（a）所示结构，EI=常数，截面高 h=常数，线膨胀系数为 α，外侧环境温度降低 t℃，内侧环境温度升高 t℃。引起的 C 点竖向位移大小为：

A. $\dfrac{3\alpha tL^2}{h}$　　B. $\dfrac{4\alpha tL^2}{h}$　　C. $\dfrac{9\alpha tL^2}{2h}$　　D. $\dfrac{6\alpha tL^2}{h}$

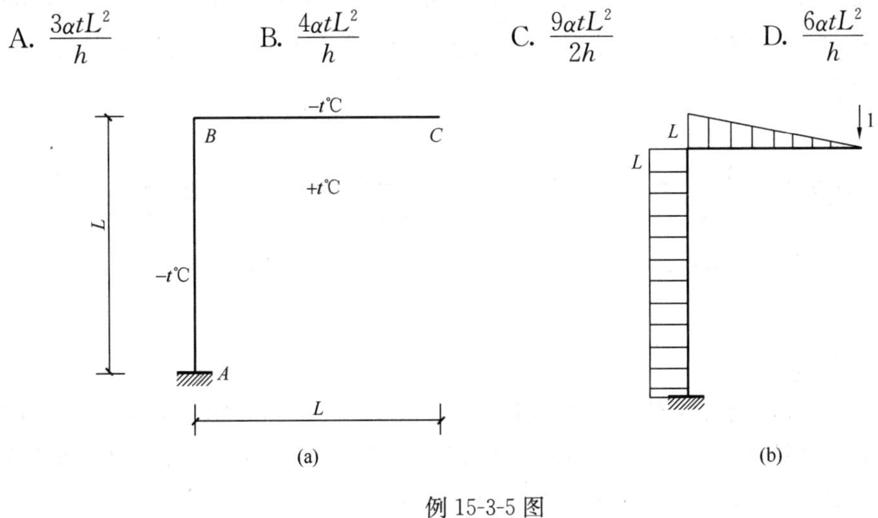

例 15-3-5 图

【解答】 如图（b）所示，作 $\overline{M}_1$ 图：

$$\Delta_C = \Sigma\alpha\frac{\Delta t}{h}A_{\overline{M}} = \alpha\frac{2t}{h}\left(L\times L+\frac{L}{2}\times L\right)=\frac{3\alpha tL^2}{h}$$

应选 A 项。

【例 15-3-6】（历年真题）图示结构忽略轴向变形和剪切变形，若增大弹簧刚度 k，则 A 节点的水平位移 Δ_{AH}：

A. 增大

B. 减小

C. 不变

D. 可能增大，也可能减小

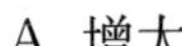

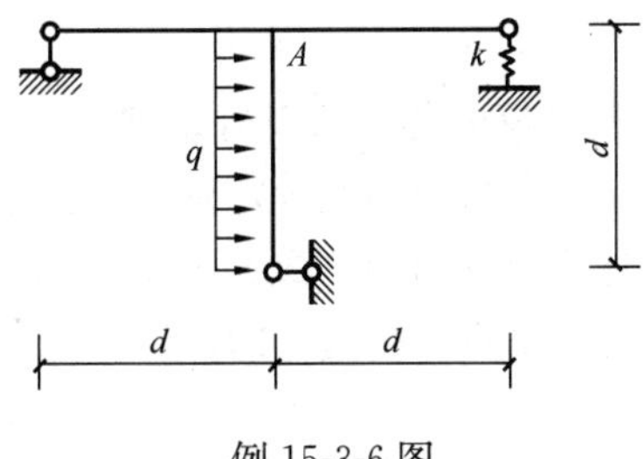

例 15-3-6 图

【解答】 弹簧刚度增大，其整个结构的抗侧刚度（或抗剪切刚度）变大，故 A 点的水平位移减小，应选 B 项。

★五、线弹性体系的互等定律

1. 功的互等定理

线弹性体系功的互等定理：同一个线弹性体系存在两个不同的状态，状态 i 的外力在状态 j 的位移上所做的功等于状态 j 的外力在状态 i 的位移上所做的功，即：$F_{Pi}\Delta_{ij}=F_{Pj}\Delta_{ji}$，如图 15-3-9 所示。

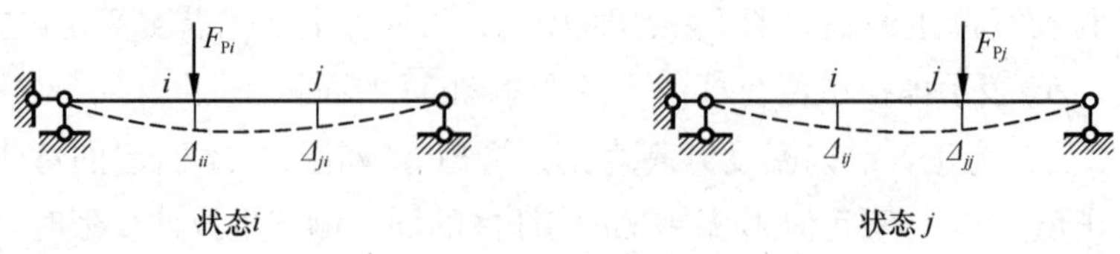

图 15-3-9

2. 位移互等定理

位移互等定理，即第 j 状态的单位力所引起的第 i 状态单位力作用点沿其作用方向的位移，等于第 i 状态的单位力所引起的第 j 状态单位力作用点沿其作用方向的位移，即：$\delta_{ij}=\delta_{ji}$，如图 15-3-10 所示。

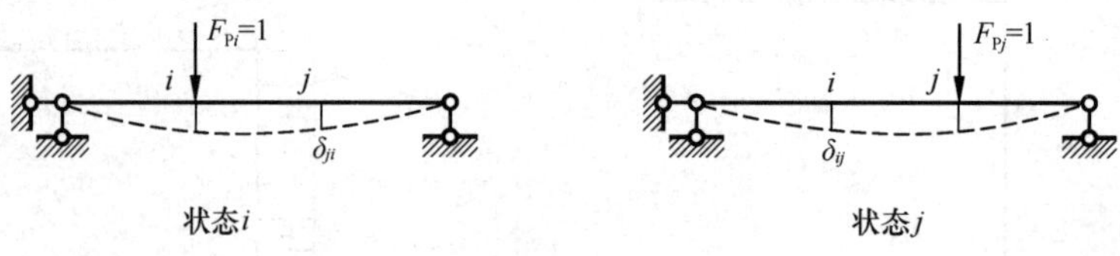

图 15-3-10

3. 反力互等定理

反力互等定理，即第 i 个约束沿该约束方向发生单位位移时在第 j 个约束中产生的反力，等于第 j 个约束沿其约束方向发生单位位移时在第 i 个约束中产生的反力。此定理只适用于超静定结构，即：$r_{ij}=r_{ji}$，如图 15-3-11 所示。

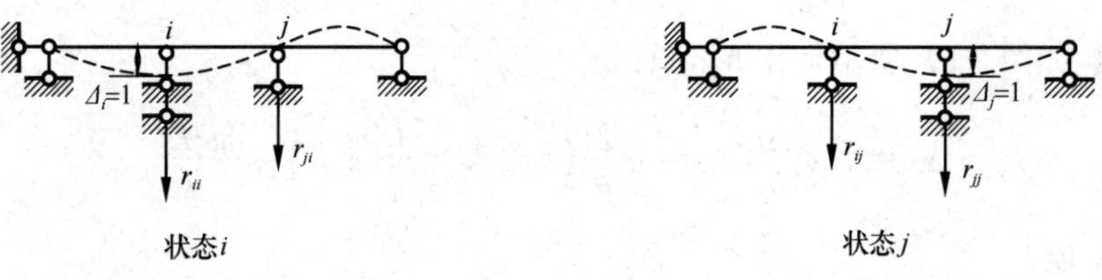

图 15-3-11

4. 反力与位移互等定理

反力与位移互等定理，即由于单位力使体系中某一支座所产生的反力，等于该支座发生与反力方向相一致的单位位移时在单位力作用处所引起的位移，唯符号相反。此定理只适用于超静定结构，即：$r'_{ji}=-\delta'_{ij}$，如图 15-3-12 所示。

图 15-3-12

【例 15-3-7】图示同一结构线弹性梁受到集中力作用，$F_1=10\text{kN}$，$F_2=20\text{kN}$，$F_3=10\text{kN}$，$F_4=20\text{kN}$，相应的位移 $\Delta_1=0.1\text{cm}$，$\Delta_2=0.2\text{cm}$，$\Delta_3=0.2\text{cm}$。则 Δ_4 的位移为：

A. 0.10cm　　B. 0.15cm　　C. 0.20cm　　D. 0.30cm

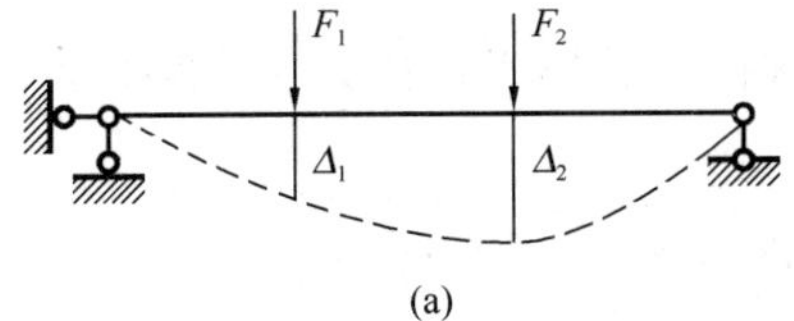

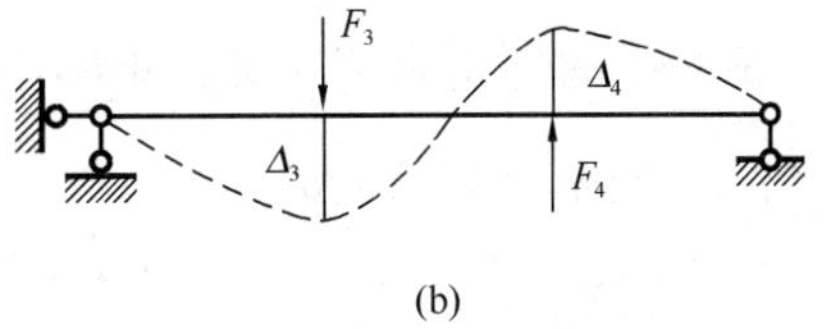

例 15-3-7 图

【解答】 利用功的互等定理，则：

$$F_1\Delta_3 + F_2\Delta_4 = F_3\Delta_1 + F_4\Delta_2$$

$$10 \times 0.2 + 20\Delta_4 = 10 \times 0.1 + 20 \times 0.2$$

可得：$\Delta_4 = 0.15\text{cm}$

应选 B 项。

习　题

15-3-1 （历年真题）图示对称结构 C 点的水平位移 $\Delta_{CH} = \Delta$（→），若 AC 杆 EI 增大一倍，BC 杆 EI 不变，则 Δ_{CH} 变为：

A. 2Δ　　B. 1.5Δ　　C. 0.5Δ　　D. 0.75Δ

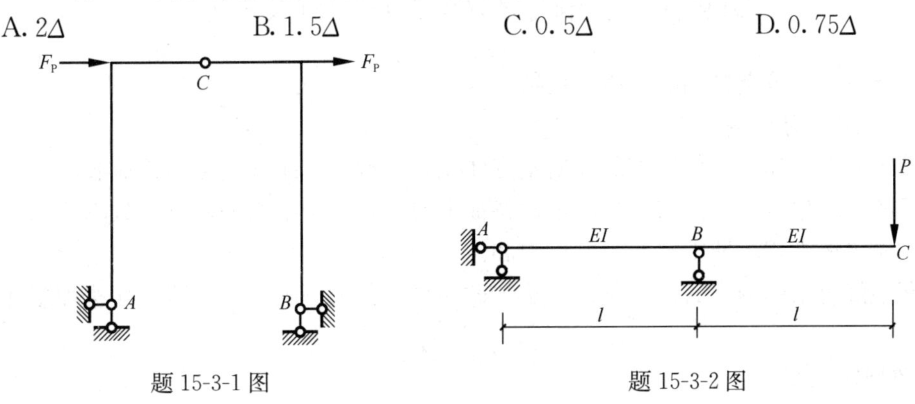

题 15-3-1 图　　题 15-3-2 图

15-3-2 （历年真题）图示结构 B 截面转角位移为（以顺时针为正）：

A. $Pl^2/(EI)$　　B. $Pl^2/(2EI)$　　C. $Pl^2/(3EI)$　　D. $Pl^2/(4EI)$

15-3-3 图示结构 AB 杆件 A 截面的转角 θ_A 值为：

A. $\dfrac{qa^3}{2EI}$（↑）　　B. $\dfrac{2qa^3}{EI}$（↓）　　C. $\dfrac{1.5qa^3}{2EI}$（↑）　　D. $\dfrac{4qa^3}{EI}$（↓）

15-3-4 图示支座 A 产生图中所示的位移，由此引起的节点 E 的水平位移 Δ_{EH} 为：

A. $l\theta - a$，方向水平向右　　B. $3l\theta + a$，方向水平向右

C. $l\theta + a$，方向水平向左　　D. $l\theta - 2b$，方向水平向左

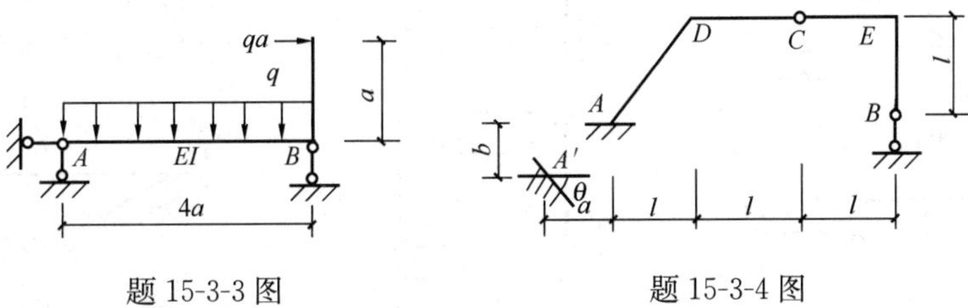

题 15-3-3 图　　题 15-3-4 图

15-3-5 图示等截面刚架，矩形截面高 $h=\frac{l}{10}$，材料的线膨胀系数为 α，在图示温度变化下 C 点的竖向位移 Δ_{CV} 为：

A. $80.5\alpha l$（↑） B. $70\alpha l$（↓） C. $68\alpha l$（↑） D. $72\alpha l$（↓）

15-3-6 图示刚架，EI 为常数，A 点竖向位移 Δ_{AV} 为：

A. $\frac{8Fl^3}{3EI}$（↓） B. $\frac{4Fl^3}{3EI}$（↓） C. $\frac{16Fl^3}{3EI}$（↓） D. $\frac{2Fl^3}{3EI}$（↓）

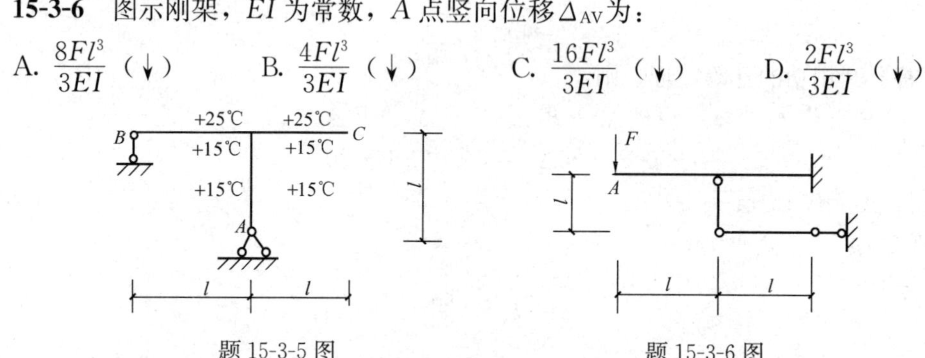

题 15-3-5 图 题 15-3-6 图

第四节 超静定结构受力分析及特性

★★★一、超静定结构的超静定次数

1. 超静定结构概述

超静定结构是具有多余约束的几何不变体系。一般地，超静定结构在荷载和非荷载因素作用下都会产生内力、位移。从静定性特征上看，超静定结构平衡方程数少于未知力的个数，仅靠平衡方程不能求出所有的反力和内力。

计算超静定结构内力的方法有：力法、位移法、剪力分配法、力矩分配法和矩阵位移法等。

2. 超静定次数

超静定次数就是多余约束的个数。超静定结构在去掉 n 个约束后变为静定结构，则该结构的超静定次数为 n。对同一超静定结构，其超静定的次数是唯一的，但是去掉多余约束的方法（或途径）不是唯一的，故得到的静定结构也不相同。

常用的去掉多余约束的方法有如下四种：

（1）去掉(或切断)一根链杆，或撤掉一个支座链杆，相当于去掉一个约束，如图 15-4-1～图 15-4-3 所示。

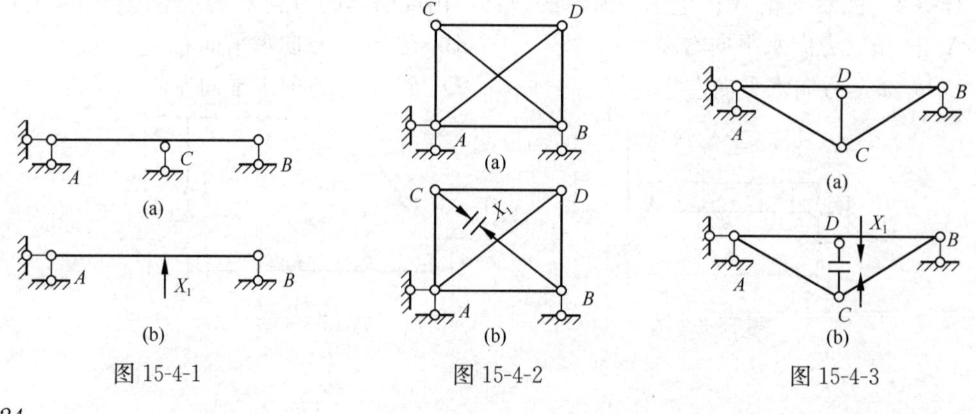

图 15-4-1 图 15-4-2 图 15-4-3

（2）去掉一个单铰(后面的“铰”均指单铰)，或撤掉一个固定铰支座，相当于去掉两个约束，如图 15-4-4、图 15-4-5 所示。

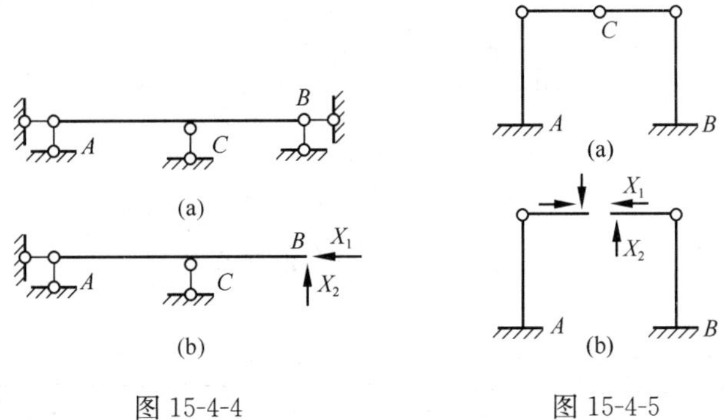

图 15-4-4　　　　图 15-4-5

（3）切断一根梁式杆（或称刚架式杆），或撤掉一个固定支座，相当于去掉三个约束，如图 15-4-6 所示。

（4）将一根梁式杆的某一截面改为铰连接，或将一固定支座改为固定铰支座，相当于去掉一个约束，如图 15-4-7 所示。

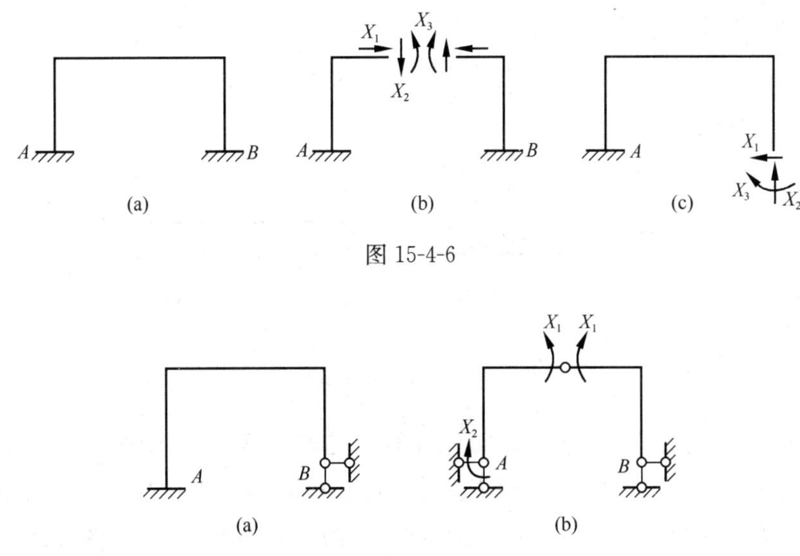

图 15-4-6

图 15-4-7

★★★二、力法

1. 力法的基本概念

将超静定结构转化为静定结构并求解出超静定结构的内力，即为力法的基本原理。

如图 15-4-8（a）所示为超静定结构且为 1 次超静定，将其称为“原结构”。多余约束力 X_1 代替支座 B 的约束，原结构转化为静定结构，如图 15-4-8（b）所示，称该静定结构为“基本结构”。

在基本结构中，荷载在 B 点产生竖向位移 Δ_{1P}，多余约束力 X_1 在 B 点产生竖向位移 Δ_{11}（图 15-4-9），而荷载和多余约束力 X_1 在原结构 B 支座处共同作用的位移 Δ 为零，因

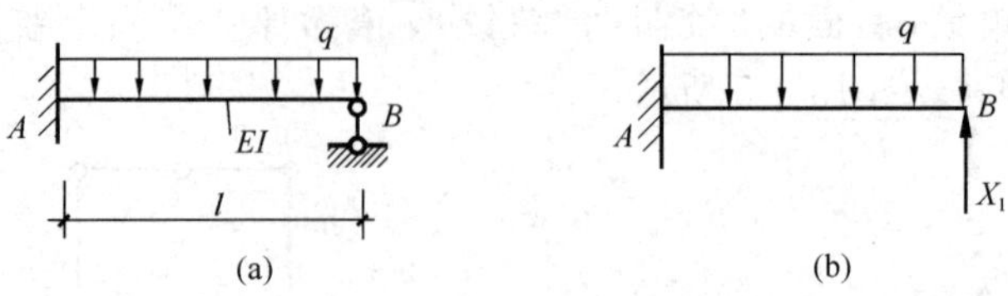

图 15-4-8
(a) 原结构；(b) 基本结构

此，基本结构应满足：$\Delta_{11}+\Delta_{1\mathrm{p}}=\Delta=0$，称为变形协调条件。

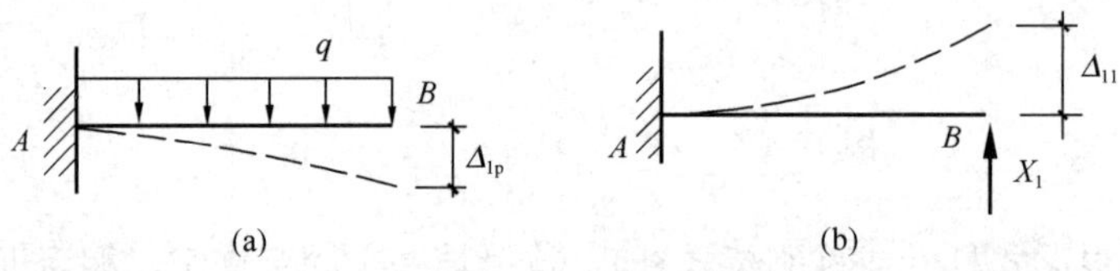

图 15-4-9

荷载产生的$\Delta_{1\mathrm{p}}$的确定，由于基本结构为静定结构，由静定结构的位移计算法——图乘法，即画出荷载产生的弯矩图 M_p，如图 15-4-10（a）所示，施加虚拟单位荷载在 B 点并画出单位荷载下的弯矩图$\overline{M}_1$，如图 15-4-10（b）所示，可得 $\Delta_{1\mathrm{p}}$为：

$$\Delta_{1\mathrm{p}}=-\frac{1}{EI}\cdot\frac{l}{3}\times\frac{ql^2}{2}\times\frac{3l}{4}=-\frac{ql^4}{8EI}$$

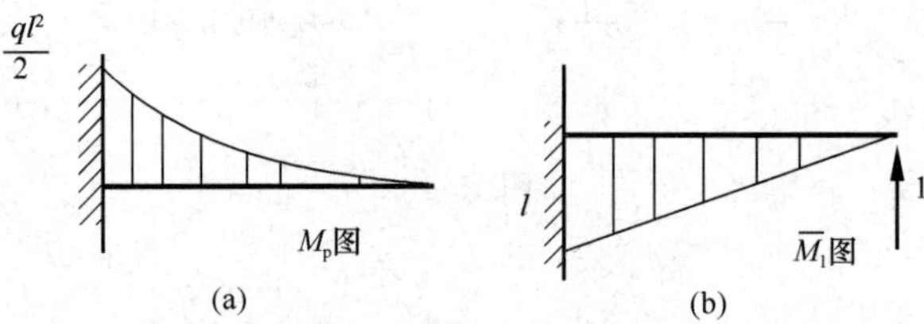

图 15-4-10

多余约束力 X_1的 Δ_{11} 的确定，为简化计算，先求出 $X_1=1$ 时的位移 δ_{11}，则 $\Delta_{11}=\delta_{11}X_1$。为了求位移 δ_{11}，同理，$X_1=1$ 施加在 B 点并画出其弯矩图 $\overline{M}_1$，该弯矩图与虚拟单位荷载下的弯矩图$\overline{M}_1$ 即图 15-4-10（b）相同（故不用重复画出），图乘法时为弯矩图 $\overline{M}_1$ 与弯矩图 $\overline{M}_1$ 的图乘（简称“自身图乘”），δ_{11}为：

$$\delta_{11}=\int\frac{\overline{M}_1\,\overline{M}_1}{EI}\mathrm{d}s=\frac{1}{EI}\cdot\frac{1}{2}\times l\times l\times\frac{2}{3}l=\frac{l^3}{3EI}$$

由变形协调条件 $\Delta_{11}+\Delta_{1\mathrm{p}}=0$，即：

$$\delta_{11}X_1+\Delta_{1\mathrm{p}}=0 \tag{15-4-1}$$

$$\frac{l^3}{3EI}\cdot X_1-\frac{ql^4}{8EI}=0\text{，可得：}X_1=\frac{3ql}{8}$$

所得为正值，表明其实际方向与假定的方向相同，若为负值，则方向相反。公式

(15-4-1）称为力法基本方程。

求出 X_1后，利用叠加原理，可得原结构弯矩 M 为:$M=\overline{M}_1X_1+M_p$。

力学基本体系是指力法基本结构在各多余约束力、外荷载（有时包括温度变化、支座位移等）共同作用下的体系。

2. 力法的典型方程

（1）力法的计算

n 次超静定结构的力法典型方程为：

$$\left.\begin{array}{l}\delta_{11}X_1+\delta_{12}X_2+\cdots+\delta_{1n}X_n+\Delta_{1p}+\Delta_{1t}+\Delta_{1c}=\Delta_1\\ \delta_{21}X_1+\delta_{22}X_2+\cdots+\delta_{2n}X_n+\Delta_{2p}+\Delta_{2t}+\Delta_{2c}=\Delta_2\\ \qquad\vdots\\ \delta_{n1}X_1+\delta_{n2}X_2+\cdots+\delta_{3n}X_n+\Delta_{np}+\Delta_{nt}+\Delta_{nc}=\Delta_n\end{array}\right\}\tag{15-4-2}$$

式中，X_i 为多余未知力（i=1，2，…，n）；δ_{ij} 为基本结构仅由 $X_j=1(j=1,2,\cdots,n)$ 产生的沿 X_i 方向的位移，为基本结构的柔度系数；Δ_{ip}、Δ_{it}、Δ_{ic} 分别为基本结构仅由荷载、温度变化、支座位移产生的沿 X_i 方向的位移，为力法典型方程的自由项；Δ_i 为原超静定结构在荷载、温度变化、支座位移作用下的已知位移。

在力法典型方程中，第一个方程表示：基本结构在 n 个多余未知力、荷载、温度变化、支座位移等共同作用下，在多余未知力 X_i 作用点沿 X_1 作用方向产生的位移，等于原超静定结构的已知相应位移 Δ_1。其余各式的意义可按此类推。可见，力法典型方程也可称为变形协调方程。

同一超静定结构，可以选取不同的基本体系，其相应的力法典型方程的表达式也就不同。但不管选取哪种基本体系，求得的最后内力应是相同的。

力法典型方程中的系数 δ_{ii} 称为主系数，恒为正值；系数 $\delta_{ij}(i\neq j)$ 称为副系数，可为正值、负值或零，并且 $\delta_{ij}=\delta_{ji}$；各自由项 Δ_{ip}、Δ_{it}、Δ_{ic} 可为正值、负值或零。

上述系数、自由项都是力法基本结构（为静定结构）仅由单位力、荷载、温度变化、支座位移产生的位移，故按其定义，用相应的位移计算公式计算。当采用图乘法时，则为自身图乘。

（2）超静定结构的内力计算

求出各多余未知力 X_i 后，将 X_i 和原荷载作用在基本结构上，再根据求作静定结构内力图的方法，作出基本结构的内力图即为超静定结构的内力图，或采用如下叠加法，计算结构的最后内力：

$$M=\overline{M}_1X_1+\overline{M}_2X_2+\cdots+\overline{M}_nX_n+M_p$$

$$V=\overline{V}_1X_1+\overline{V}_2X_2+\cdots+\overline{V}_nX_n+V_p$$

$$N=\overline{N}_1X_1+\overline{N}_2X_2+\cdots+\overline{N}_nX_n+N_p$$

式中，$\overline{M}_i$、$\overline{V}_i$、$\overline{N}_i$ 分别为 $X_i=1$ 引起的基本结构的弯矩、剪力、轴力 $(i=1,2,\cdots,n)$；M_p、

V_p、N_p 分别为荷载引起的基本结构的弯矩、剪力、轴力。

力法求解超静定结构内力的步骤：

1）确定结构的超静定次数，选取合理的基本结构，并将荷载、非荷载因素和作为力法基本未知量的多余约束力作用于基本结构。

2）根据变形协调条件建立力法典型方程。

3）求出各柔度系数 δ_{ij} 和自由项 Δ_{ip}。

4）求解力法方程，得到基本未知量，即多余约束力。

5）作出外荷载和多余约束力共同作用下基本结构的内力图，这实际上就是原结构的内力图，或者依据叠加法求得内力图。

（3）超静定结构的位移计算

超静定结构的位移计算仍应用虚力原理和单位荷载法，并结合图乘法进行。为简化计算，其虚设状态（即单位力状态）可采用原超静定结构的任意一个力法基本结构（为静定结构）。

荷载作用引起的位移计算公式：

$$\Delta_{ip}=\Sigma\int\frac{\overline{M}_iM_p\mathrm{d}s}{EI}+\Sigma\int\frac{\overline{N}_iN_p\mathrm{d}s}{EA}+\Sigma\int\frac{\kappa\overline{V}_iV_p\mathrm{d}s}{GA}\tag{15-4-3}$$

温度变化引起的位移计算公式：

$$\Delta_{it}=\Sigma\int\frac{\overline{M}_iM_t\mathrm{d}s}{EI}+\Sigma\int\frac{\overline{N}_iN_t\mathrm{d}s}{EA}+\Sigma\int\frac{\kappa\overline{V}_iV_t\mathrm{d}s}{GA}+\Sigma\int\frac{\alpha\Delta t}{h}\overline{M}_i\mathrm{d}s+\Sigma\int\alpha t_0\overline{N}_i\mathrm{d}s\tag{15-4-4}$$

支座位移引起的位移计算公式：

$$\Delta_{ic}=\Sigma\int\frac{\overline{M}_iM_c\mathrm{d}s}{EI}+\Sigma\int\frac{\overline{N}_iN_c\mathrm{d}s}{EA}+\Sigma\int\frac{\kappa\overline{V}_iV_c\mathrm{d}s}{GA}-\Sigma\overline{R}_iC\tag{15-4-5}$$

式中，$\overline{M}_i$、$\overline{N}_i$、$\overline{V}_i$ 和 $\overline{R}_i$ 为虚拟状态（原超静定结构的力法基本结构）的弯矩、轴力、剪力和支座反力；M_p、N_p、V_p、M_t、N_t、V_t、M_c、N_c、V_c 分别为原超静定结构在荷载、温度变化、支座位移作用下产生的弯矩、轴力、剪力。

在符合一定的条件下，上述超静定结构的位移计算可采用简化计算。

（4）超静定结构内力计算的校核

超静定结构的内力图需要同时满足静力平衡条件和变形条件。

1）平衡条件的校核

根据求得的内力图，取结构整体或任意部分为隔离体，校核其是否满足静力平衡条件。如果有任何一个平衡条件不满足，则内力图是错误的；如果满足静力平衡条件，还要继续下面第 2）步变形条件的校核。

2）变形条件的校核

根据求得的内力图计算超静定结构的变形即位移，校核其是否与原结构的已知位移条件一致，如果一致说明内力图正确，否则为错误。

【例 15-4-1】（历年真题）用力法求解图示结构（EI 为常数），基本体系及基本未知量如图（a）、（b）所示，柔度系数 δ_{11} 为：

A. $\dfrac{2L^3}{3EI}$　　B. $\dfrac{L^3}{3EI}$　　C. $\dfrac{L^3}{2EI}$　　D. $\dfrac{3L^3}{2EI}$

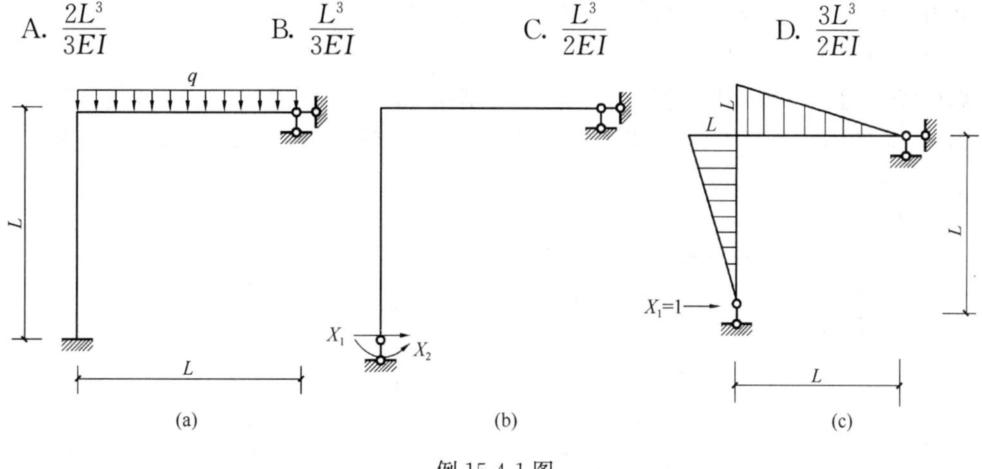

例 15-4-1 图

（a）原结构；（b）基本体系

【解答】 如图（c）所示：

$$\delta_{11}=\frac{1}{EI}\left(L \cdot L \cdot \frac{1}{2} \cdot \frac{2L}{3}\right)\times 2=\frac{2L^3}{3EI}$$

应选 A 项。

【例 15-4-2】（历年真题）图示结构取图（b）为力法基本体系，EI 为常数，下列哪项是错误的？

A. $\delta_{23}=0$　　B. $\delta_{31}=0$　　C. $\Delta_{2p}=0$　　D. $\delta_{12}=0$

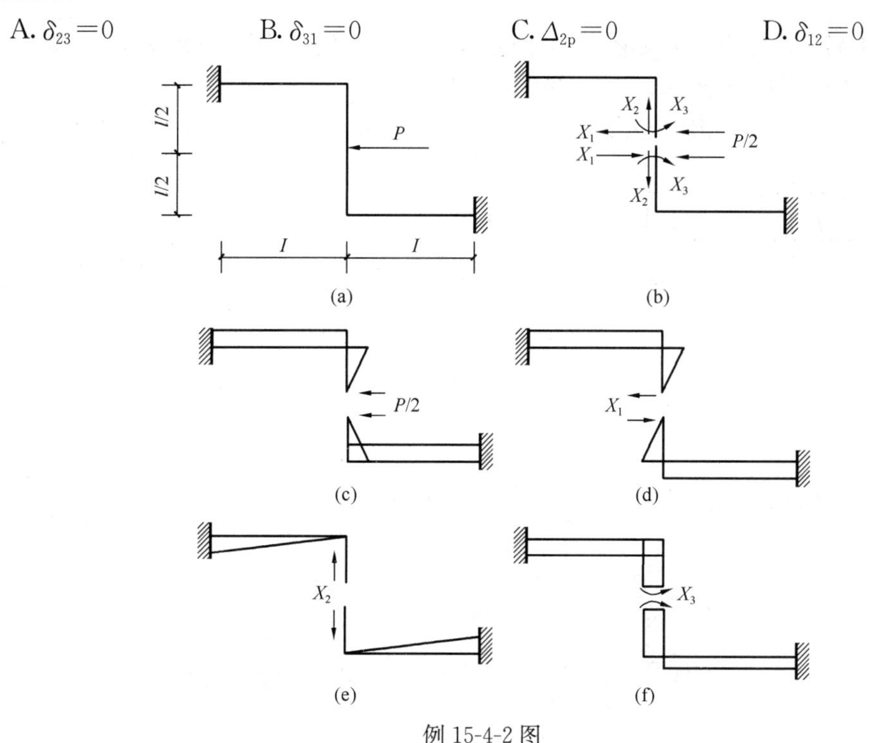

例 15-4-2 图

（a）结构；（b）力法基本体系；（c）M_p 图；（d）$\overline{M}_1$ 图；（e）$\overline{M}_2$ 图；（f）$\overline{M}_3$ 图

【解答】 分别作 M_p、$\overline{M}_1$、$\overline{M}_2$、$\overline{M}_3$ 图，见图（c）～（f）。

可知：$\delta_{12} \neq 0$，$\delta_{31} = 0$，$\delta_{23} = 0$，$\Delta_{2p} = 0$

应选 D 项。

【例 15-4-3】（历年真题）图示（a）、（b）结构，D 支座沉降量为 a。用力法求解（EI =常数），基本体系及基本变量如图（b）所示，基本方程 $\delta_{11}X_1+\Delta_{1c}=0$，则 Δ_{1c}为：

A. $-\dfrac{2a}{L}$　　B. $-\dfrac{3a}{2L}$　　C. $-\dfrac{a}{L}$　　D. $-\dfrac{a}{2L}$

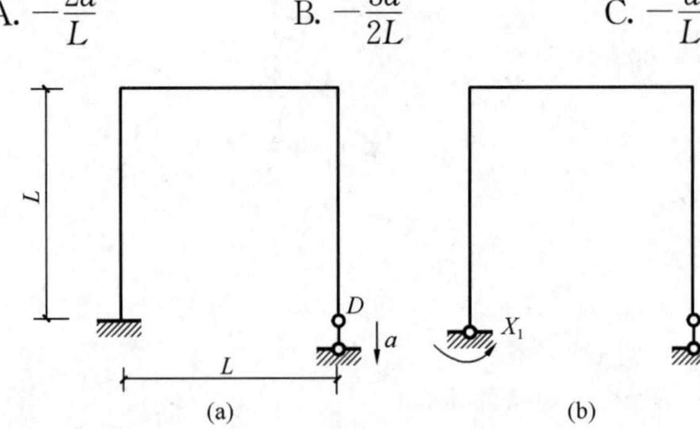

例 15-4-3 图

（a）原结构；（b）基本体系

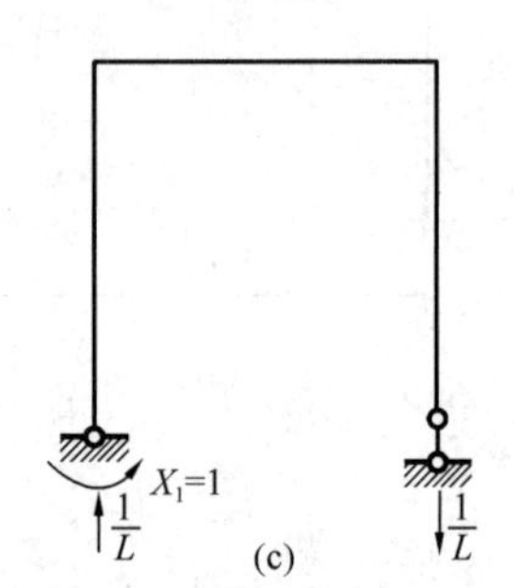

【解答】 作 $X_1=1$ 的受力分析图，见图（c）。

$$\Delta_{1c}=-\sum \overline{R}_i C=-\frac{1}{L}\times a=-\frac{a}{L}$$

应选 C 项。

【例 15-4-4】（历年真题）如图（a）所示梁的抗弯刚度为 EI，长度为 l，弹簧刚度 k $=6EI/l^3$，跨中 C 截面弯矩为（以下侧受拉为正）：

A. 0　　B. $ql^2/32$　　C. $ql^2/48$　　D. $ql^2/64$

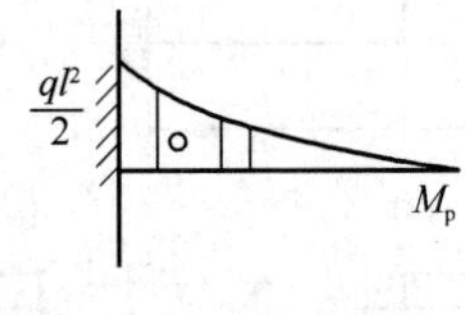

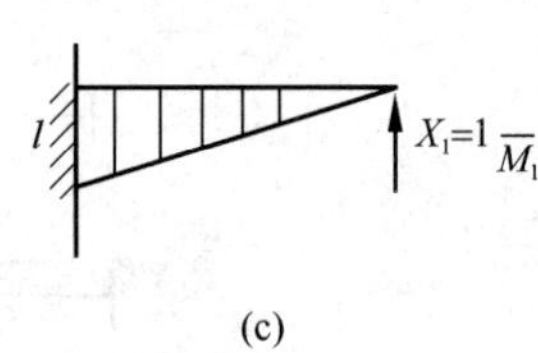

例 15-4-4 图

【解答】 力法计算，作 M_p、$\overline{M}_1$ 图，见图（b）、（c），则：

$$\delta_{11}=\frac{1}{EI}\cdot\frac{1}{2}l\cdot l\cdot\frac{2l}{3}=\frac{l^3}{3EI}$$

$$\Delta_{1p}=-\frac{1}{EI}\cdot\frac{1}{3}\cdot\frac{ql^2}{2}\cdot l\cdot\frac{3}{4}l=-\frac{ql^4}{8EI}$$

$$\delta_{11}X_1+\Delta_{1p}=-\frac{X_1}{k}\text{，可得：}X_1=\frac{ql}{4}\ (\uparrow)$$

取 CB 分析：$M_{CB}=\frac{ql}{4}\cdot\frac{l}{2}-q\frac{l}{2}\cdot\frac{l}{4}=0$，应选 A 项。

【例 15-4-5】（历年真题）图示（a）结构 EI=常数，在给定荷载作用下 M_{BA} 为（下侧受拉为正）：

A. $\frac{Pl}{2}$　　B. $\frac{Pl}{4}$　　C. $-\frac{Pl}{4}$　　D. 0

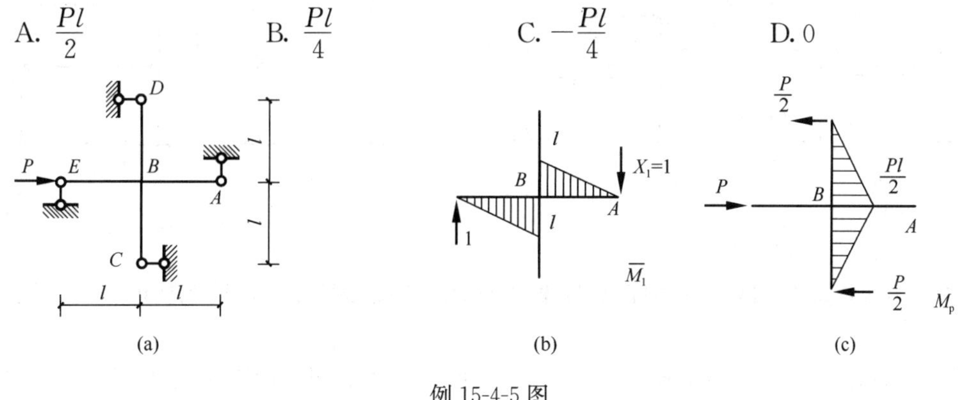

例 15-4-5 图

【解答】方法一：A 点约束反力为 X_1，作 $\overline{M}_1$、M_p 图，见图（b）、（c），则：

$$\Delta_{1p}=0，又\ \delta_{11}X_1+\Delta_{1p}=0，可得：X_1=0$$

则：$M_{BA}=0$，应选 D 项。

方法二：利用结构的特点，在 F 作用下，竖杆的支座反力大小相等，方向相同，即：$X_C=X_D=P/2$。取整体分析，$\sum M_E=0$，则：$Y_A=0$，$M_{BA}=0$。

3. 对称性的利用

（1）对称结构的特点

对称结构的超静定结构具有如下特点：

1）在正对称荷载下，对称杆件的变形（或位移）、内力（弯矩、轴力、剪力）和支座反力是对称的，同时，弯矩图和轴力图是对称的，剪力图是反对称的。位于对称轴上的横杆的剪力为零（否则，铅垂方向的力不平衡）。

2）在反对称荷载下，对称杆件的变形（或位移）、内力（弯矩、轴力、剪力）和支座反力是反对称的，同时，弯矩图和轴力图是反对称的，剪力图是对称的。位于对称轴上的横杆的弯矩和轴力均为零（否则，水平方向的力不平衡）。

3）在任意荷载作用下，可将该荷载分解为正对称荷载、反对称荷载两组，分别计算出内力后再叠加。

（2）对称性的利用与半结构法

利用对称结构在正对称荷载和反对称荷载的作用下的受力特点，可以先取半边结构进行内力分析计算，即减少超静定的次数，简化计算。然后，再根据对称性得到整个结构的内力。

对称结构在任意荷载作用下，有时可将荷载分解成正对称和反对称两种进行计算。

对称结构选取对称的基本体系后，可得：

1）对称结构在正对称荷载作用下，选取对称的基本体系后，反对称未知力等于零，并且对应于反对称未知力的变形（如位移）也等于零，只需求解正对称的未知力。如图 15-4-11所示，$X_3=X_4=0$。

2）对称结构在反对称荷载作用下，选取对称的基本体系后，正对称未知力等于零，并且对应于正对称未知力的变形（如位移）也等于零，只需求解反对称未知力。如图 15-4-12所示，$X_1 = X_2 = 0$。

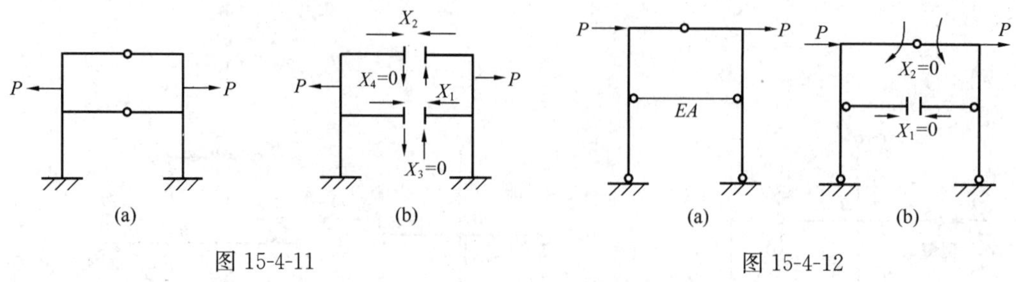

图 15-4-11　　图 15-4-12

半结构法，即利用对称结构在对称轴处的受力和变形特点，截取结构的一半，进行简化计算：

1）奇数跨对称结构。如图 15-4-13（a）所示结构在正对称荷载作用下，可取如图 15-4-13（b)所示的半结构进行计算；如图 15-4-14（a）所示结构在反对称荷载作用下，可取如图 15-4-14（b）所示的半结构进行计算。

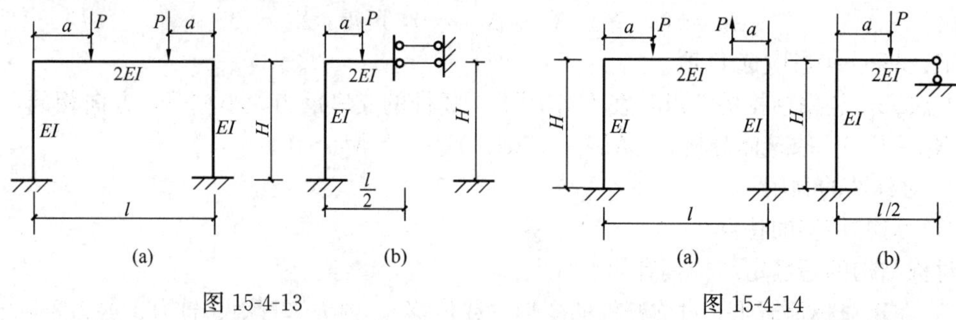

图 15-4-13　　图 15-4-14

2）偶数跨对称结构。如图 15-4-15（a）所示结构在正对称荷载作用下；若不计杆件的轴向变形，可取如图 15-4-15（b）所示的半结构进行计算。如图 15-4-16（a）所示结构在反对称荷载下，可取如图 15-4-16（b）所示的半结构进行计算，取中柱的抗弯刚度为原来的$\frac{1}{2}$。

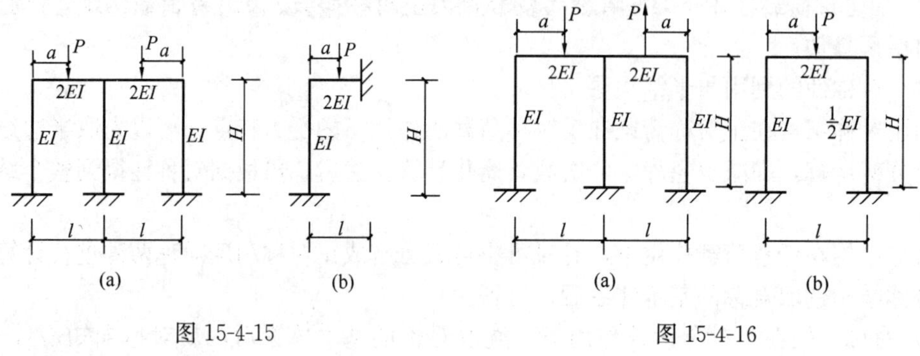

图 15-4-15　　图 15-4-16

【例 15-4-6】（历年真题）图示对称结构 $M_{AD} = ql^3/36$（左拉），$F_{N,AD} = -5ql/12$

（压），则 M_{BC} 为（以下侧受拉为正）：

A. $-ql^2/6$

B. $ql^2/6$

C. $-ql^2/9$

D. $ql^2/9$

例 15-4-6 图

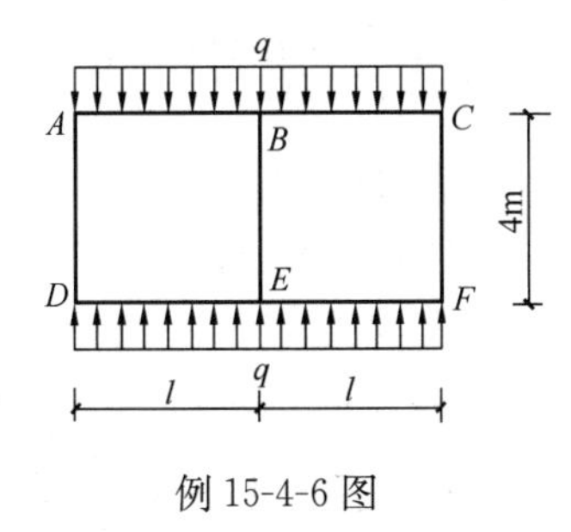

【解答】由结构荷载为正对称，故 $M_{CF}=ql^3/36$，$F_{N,CF}=-5ql/12$，对 B 点取力矩：$M_{BC}=\frac{5ql}{12}\cdot l-\frac{ql^2}{36}-\frac{1}{2}ql^2=-\frac{ql^2}{9}$

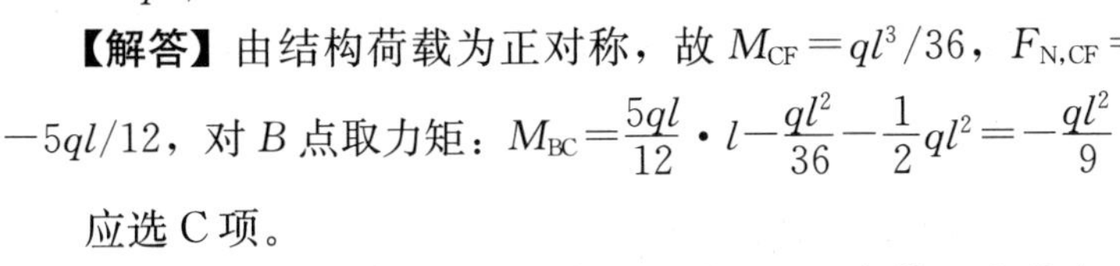

应选 C 项。

【例 15-4-7】（历年真题）图示结构 EI=常数，在给定荷载作用下，水平反力 H_A 为：

A. P　　B. $2P$

C. $3P$　　D. $4P$

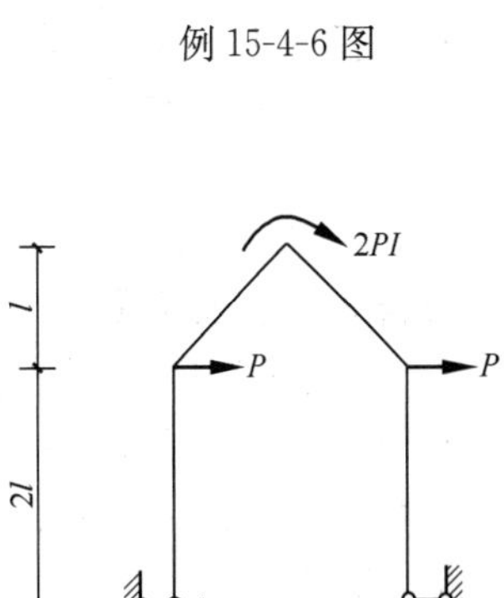

例 15-4-7 图

【解答】结构对称，荷载反对称，支座的反力为反对称，由 $\sum X=0$，则：$H_A=P$

应选 A 项。

【例 15-4-8】（历年真题）如图（a）所示结构 EI=常数，不考虑轴向变形，则 M_{BA} 为（以下侧受拉为正）：

A. $\frac{Pl}{4}$　　B. $-\frac{Pl}{4}$

C. $\frac{Pl}{2}$　　D. $-\frac{Pl}{2}$

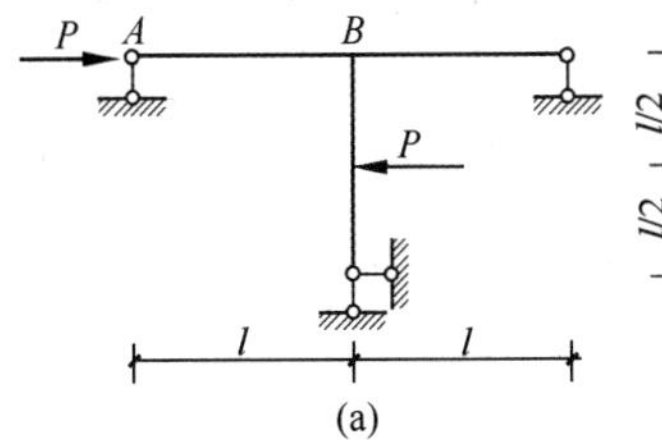

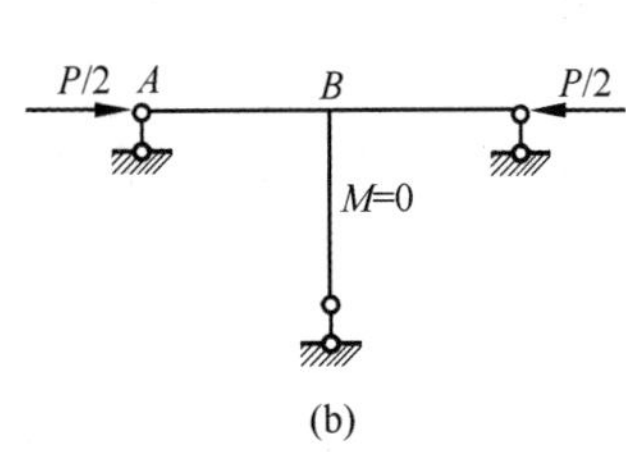

(c)

例 15-4-8 图

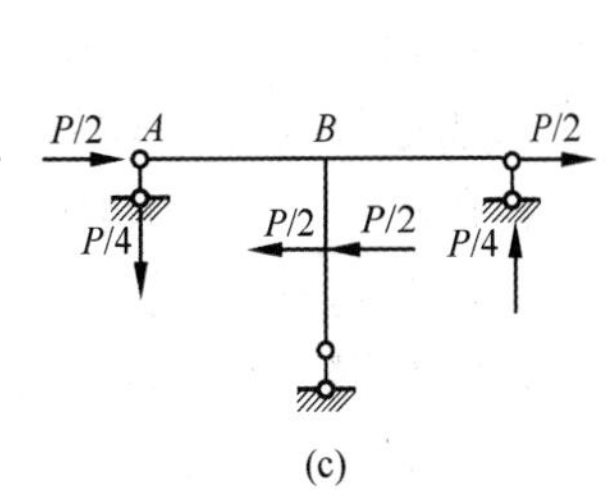

【解答】整体分析，水平方向力平衡，支座的水平反力为零，故结构为对称结构。将荷载分解为正对称、反对称荷载，如图（b）、（c）所示。

可知，$M_{BA}=-\frac{Pl}{4}$，应选 B 项。

【例 15-4-9】（历年真题）图示结构 EI=常数，在给定荷载作用下，竖反向力 V_A 为：

A. $-P$　　B. $2P$

C. $-3P$　　D. $4P$

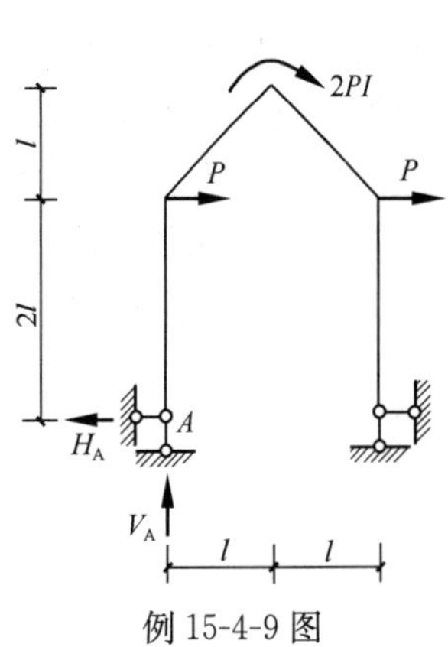

例 15-4-9 图

【解答】对称结构，反对称荷载，水平方向力平衡，H_A

$=H_B=P$（向左），$V_A=-V_B$；对 A 点取力矩平衡：

$$V_A=-V_B=-(2Pl+2P\cdot 2l)/(2l)=-3P$$

应选 C 项。

【例 15-4-10】（历年真题）图示梁 AB，EI 为常数，支座 D 的反力 R_D 为：

A. $ql/2$　　B. ql　　C. $3ql/2$　　D. $2ql$

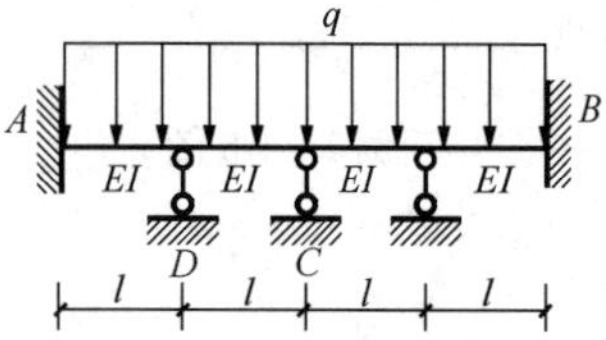

例 15-4-10 图

【解答】 对称结构，正对称荷载，取 AC；再取 AD，此时，$R'_D=\dfrac{ql}{2}$

取整体时，$R_D=2R'_D=ql$

应选 B 项。

★★★三、位移法

1. 位移法的基本概念

在位移法中，将结构的刚节点的角位移和独立的节点线位移作为基本未知量。其中，角位移数等于刚性节点的数目。对于平面刚架独立的节点线位移，如果杆件的弯曲变形是微小的，且忽略其轴向变形，则刚架独立的节点线位移数就是刚架铰接图的自由度数。而刚架铰接图就是将刚架的刚节点（包括固定支座）都改为铰节点后形成的体系。这种处理方法也称为“铰代节点，增设链杆”法。

在结构的节点角位移和独立的节点线位移处增设控制转角和线位移的附加约束，使结构的各杆成为互不相关的单杆体系，称为原结构的位移法基本结构。

位移法基本体系，指位移法基本结构在各节点位移（角位移、节点线位移）、外荷载（有时还有温度变化、支座位移等）作用下的体系。

注意，同一个结构，采用不同方式的附加刚臂、附加链杆约束节点，其相交的位移法的基本未知量数目可能不相同。

在位移法中，用附加刚臂约束节点角位移，用附加链杆约束节点线位移，原结构就成为三类基本的超静定杆件所组成的体系。这三类基本的超静定杆件是指：

（1）两端固定的等截面直杆；

（2）一端固定一端铰支的等截面直杆；

（3）一端固定一端滑动的等截面直杆。

2. 等截面直杆刚度方程

杆件的转角位移方程（刚度方程）表示杆件两端的杆端力与杆端位移之间的关系式。

如图 15-4-17 所示，设线刚度 $i=EI/l$，杆端截面转角 θ_A、θ_B，弦转角 $\beta=\Delta_{AB}/l$，杆端弯矩 M_{AB}、M_{BA}，固端弯矩 M^F_{AB}、M^F_{BA} 均以顺时针（↓）转动为正。杆端剪力 V_{AB}、V_{BA}，固端剪力 V^F_{AB}、V^F_{BA} 均以绕隔离体顺时针（↓）转动为正。

（1）两端固定的平面等截面直杆［图 15-4-17（a)］

$$M_{AB}=4i\theta_A+2i\theta_B-6i\frac{\Delta_{AB}}{l}+M^F_{AB}$$

$$M_{BA}=2i\theta_A+4i\theta_B-6i\frac{\Delta_{AB}}{l}+M^F_{BA}$$

$$V_{AB}=-\frac{6i}{l}\theta_A-\frac{6i}{l}\theta_B+\frac{12i}{l^2}\Delta_{AB}+V^F_{AB}$$

$$V_{BA}=-\frac{6i}{l}\theta_A-\frac{6i}{l}\theta_B+\frac{12i}{l^2}\Delta_{AB}+V_{BA}^F$$

（2）一端固定另一端铰支的平面等截面直杆［图 15-4-17（b）］

$$M_{AB}=3i\theta_A-3i\frac{\Delta_{AB}}{l}+M_{AB}^F$$

$$M_{BA}=0$$

$$V_{AB}=-\frac{3i}{l}\theta_A+\frac{3i}{l^2}\Delta_{AB}+V_{AB}^F$$

$$V_{BA}=-\frac{3i}{l}\theta_A+\frac{3i}{l^2}\Delta_{AB}+V_{BA}^F$$

（3）一端固定另一端定向（滑动）支座的平面等截面直杆［图 15-4-17（c）］

$$M_{AB}=i\theta_A+M_{AB}^F$$

$$M_{BA}=-i\theta_A+M_{BA}^F$$

$$V_{AB}=V_{AB}^F$$

$$V_{BA}=0$$

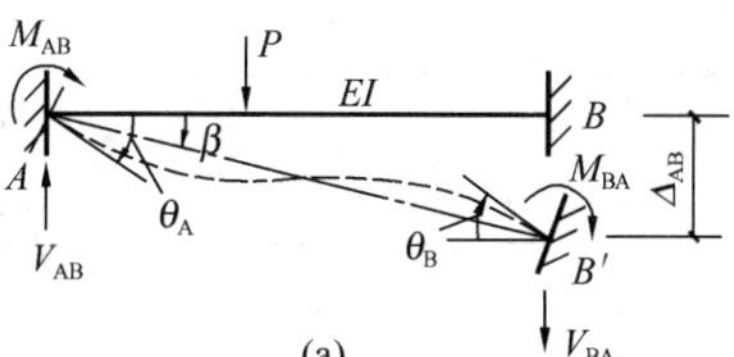

(a)

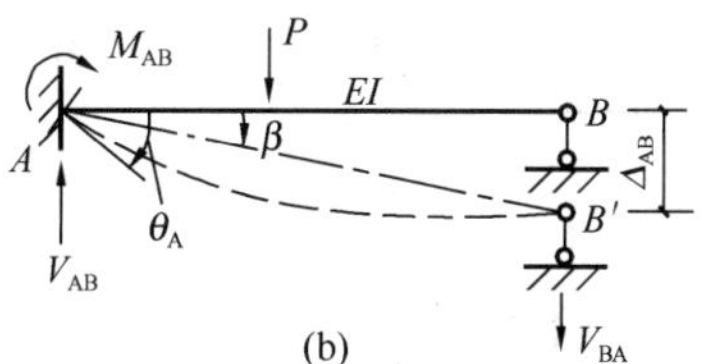

(b)

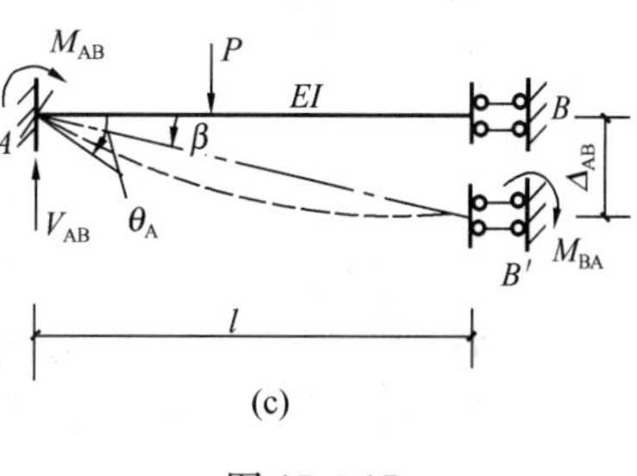

(c)

图 15-4-17

上述式子中，含有 θ_A、θ_B、Δ_{AB} 的各项分别代表该项杆端位移引起的杆端弯矩和杆端剪力，其前面公式中的系数称为杆件的刚度系数，它们只与杆件的长度、支座形式和抗弯刚度 EI 有关。

固端弯矩、固端剪力为由位移、荷载产生的杆端弯矩、杆端剪力。常见位移、荷载产生的固端弯矩和固端剪力，见表 15-4-1。

等截面单跨超静定梁固端弯矩和剪力　　**表 15-4-1**

图号	简图	弯矩图（绘在受拉边缘）	杆端弯矩		杆端剪力	
			M_{AB}	M_{BA}	V_{AB}	V_{BA}
1	A, B, $\varphi_A=1$, l	M_{AB}, M_{BA}, V_{AB}, V_{BA}	$4i_{AB}$	$2i_{AB}$	$-\frac{6i_{AB}}{l}$	$-\frac{6i_{AB}}{l}$
2	A, B, $\Delta=1$, l	M_{AB}, M_{BA}, V_{AB}, V_{BA}	$-\frac{6i_{AB}}{l}$	$-\frac{6i_{AB}}{l}$	$\frac{12i_{AB}}{l^2}$	$\frac{12i_{AB}}{l^2}$
3	A, B, $\varphi_A=1$, l	M_{AB}, V_{BA}, V_{AB}	$3i_{AB}$	0	$-\frac{3i_{AB}}{l^2}$	$-\frac{3i_{AB}}{l^2}$

续表

图号	简图	弯矩图（绘在受拉边缘）	杆端弯矩		杆端剪力	
			M_{AB}	M_{BA}	V_{AB}	V_{BA}
4	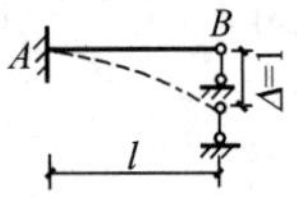	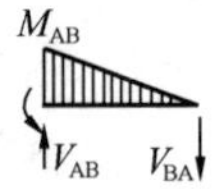	$-\frac{3i_{AB}}{l}$	0	$\frac{3i_{AB}}{l^2}$	$\frac{3i_{AB}}{l^2}$
5	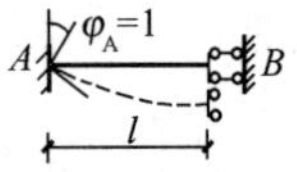	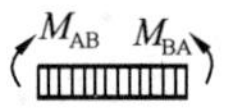	i_{AB}	$-i_{AB}$	0	0
6	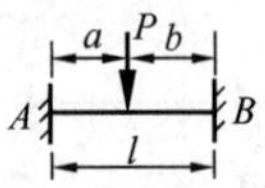	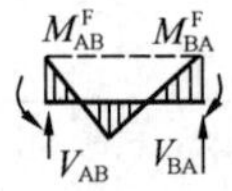	$-\frac{Pab^2}{l^2}$ 当 $a=b$ 时 $-\frac{Pl}{8}$	$+\frac{Pa^2b}{l^2}$ 当 $a=b$ 时 $\frac{Pl}{8}$	$\frac{Pb^2}{l^2}\left(1+\frac{2a}{l}\right)$ 当 $a=b$ 时 $\frac{P}{2}$	$-\frac{Pa^2}{l^2}\left(1+\frac{2b}{l}\right)$ 当 $a=b$ 时 $-\frac{P}{2}$
7	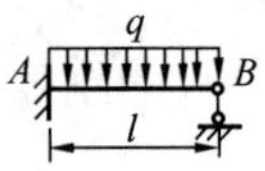	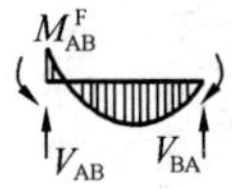	$-\frac{ql^2}{8}$	0	$\frac{5ql}{8}$	$-\frac{3ql}{8}$
8	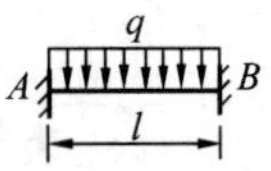	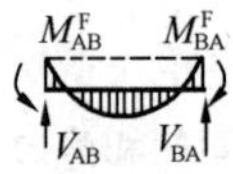	$-\frac{ql^2}{12}$	$\frac{ql^2}{12}$	$\frac{ql}{2}$	$-\frac{ql}{2}$

3. 位移法典型方程

对有 n 个未知量的结构，位移法典型方程为：

$$\left.\begin{aligned}k_{11}\Delta_1+k_{12}\Delta_2+\cdots+k_{1n}\Delta_n+R_{1p}+R_{1t}+R_{1c}=0\\k_{21}\Delta_1+k_{22}\Delta_2+\cdots+k_{2n}\Delta_n+R_{2p}+R_{2t}+R_{2c}=0\\\vdots\qquad\qquad\\k_{n1}\Delta_1+k_{n2}\Delta_2+\cdots+k_{nn}\Delta_n+R_{np}+R_{nt}+R_{nc}=0\end{aligned}\right\}\tag{15-4-6}$$

式中，Δ_i 为节点位移未知量（$i=1,2,\cdots,n$）；k_{ij} 为基本结构仅由于 $\Delta_j=1$（$j=1, 2, \cdots, n$）在附加约束之中产生的约束力，为基本结构的刚度系数；R_{ip}、R_{it}、R_{ic} 分别为基本结构仅由荷载、温度变化、支座位移作用，在附加约束之中产生的约束力，为位移法典型方程的自由项。

位移法典型方程中，第一个方程表示：基本结构在 n 个未知节点位移、荷载、温度变化、支座位移等共同作用下，第一个附加约束中的约束力等于零。其余各式的意义可按此类推。可见，位移法典型方程表示静力平衡方程。

位移法不仅可以计算超静定结构的内力，也可以计算静定结构的内力。

位移法典型方程中的系数 k_{ii} 称为主系数，恒为正值。系数 $k_{ij}(i \neq j)$ 称为副系数，可为正值、负值或为零，并且 $k_{ij}=k_{ji}$；各自由项的值可为正、负或零。

系数和自由项都是附加约束中的反力，都可按上述各自的定义利用各杆的刚度系数、固端弯矩、固端剪力由平衡条件求出。

4. 结构的最后内力计算

求出各未知节点位移 Δ_i 后，由叠加原理可得：

$$M=\overline{M}_1\Delta_1+\overline{M}_2\Delta_2+\cdots+\overline{M}_n\Delta_n+M_p+M_t+M_c$$

$$V=\overline{V}_1\Delta_1+\overline{V}_2\Delta_2+\cdots+\overline{V}_n\Delta_n+V_p+V_t+V_c$$

$$N=\overline{N}_1\Delta_1+\overline{N}_2\Delta_2+\cdots+\overline{N}_n\Delta_n+N_p+N_t+N_c$$

式中，$\overline{M}_i$、$\overline{V}_i$、$\overline{N}_i$ 分别为由 $\Delta_i=1$ 引起的基本结构的弯矩、剪力、轴力；M_p、M_t、M_c、V_p、V_t、V_c、N_p、N_t、N_c 分别为基本结构由荷载、温度变化、支座位移引起的弯矩、剪力、轴力。

【例 15-4-11】（历年真题）图示梁 AB，EI 为常数，固支端 A 发生顺时针的支座转动 θ，由此引起的 B 处的转角为：

A. θ，顺时针　　B. θ，逆时针　　C. $\theta/2$，顺时针　　D. $\theta/2$，逆时针

【解答】位移法：

$$M_{BA}=4i\theta_B+2i\theta_A=4i\theta_B+2i\theta=0$$

则：$\theta_B=-\dfrac{\theta}{2}(\uparrow)$

应选 D 项。

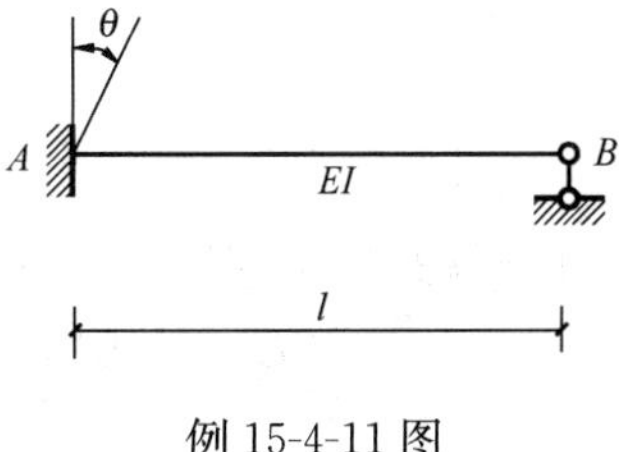

例 15-4-11 图

【例 15-4-12】（历年真题）图示结构 EI=常数，当支座 A 发生转角 θ 时，支座 B 处截面的转角为（以顺时针为正）：

A. $\theta/3$　　B. $2\theta/5$　　C. $-\theta/3$　　D. $-2\theta/5$

【解答】位移法：

$$M_{BA}=4i\theta_B+2i\theta,\ M_{BC}=i\theta_B$$

$$M_{BA}+M_{BC}=0，则：\theta_B=-\frac{2}{5}\theta$$

应选 D 项。

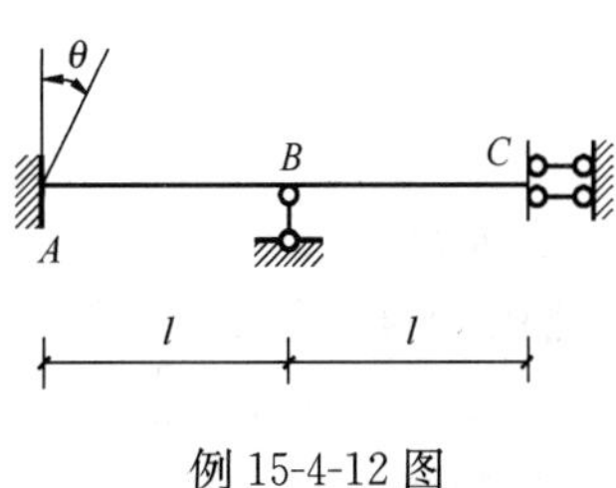

例 15-4-12 图

【例 15-4-13】（历年真题）图示结构 EI=常数，当支座 B 发生沉降 Δ 时，支座 B 处梁截面的转角为（以顺时针为正）：

A. Δ/l　　B. $1.2\Delta/l$

C. $1.5\Delta/l$　　D. $\Delta/(2l)$

【解答】位移法：

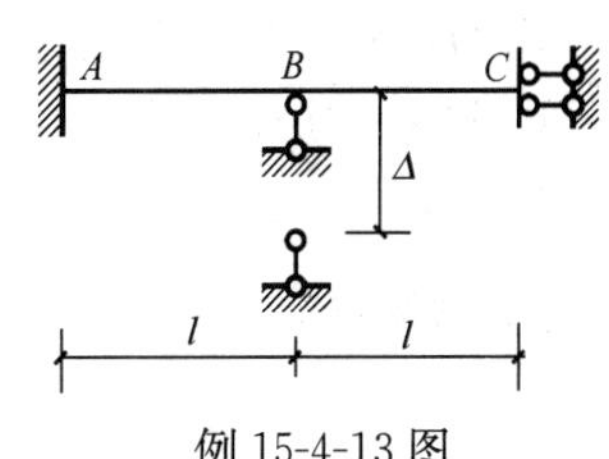

例 15-4-13 图

$$M_{BA}=4i\theta_B-6i\frac{\Delta}{l},\ M_{BC}=i\theta_B$$

$$\sum M_B=0，则：4i\theta_B-6i\frac{\Delta}{l}+i\theta_B=0$$

即：$\theta_B=1.2\frac{\Delta}{l}$

应选B项。

【例 15-4-14】（历年真题）图示结构 B 处弹性支座的弹性刚度 $k=3EI/l^3$，B 节点向下的竖向位移为：

A. $Pl^2/(12EI)$　　B. $Pl^3/(6EI)$　　C. $Pl^3/(4EI)$　　D. $Pl^3/(3EI)$

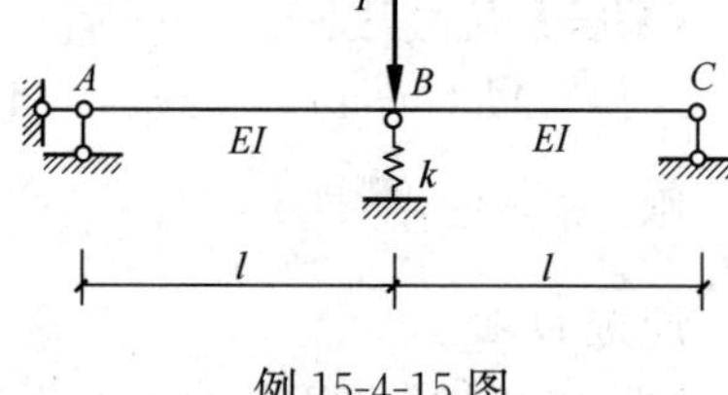

例 15-4-14 图

【解答】位移法，B 节点的剪力：$\frac{3EI}{l^3}\cdot\Delta$，则：

$$\frac{3EI}{l^3}\cdot\Delta+k\cdot\Delta=P，即：\left(\frac{3EI}{l^3}+\frac{3EI}{l^3}\right)\Delta=P$$

可得：$\Delta=\frac{Pl^3}{6EI}$

应选B项。

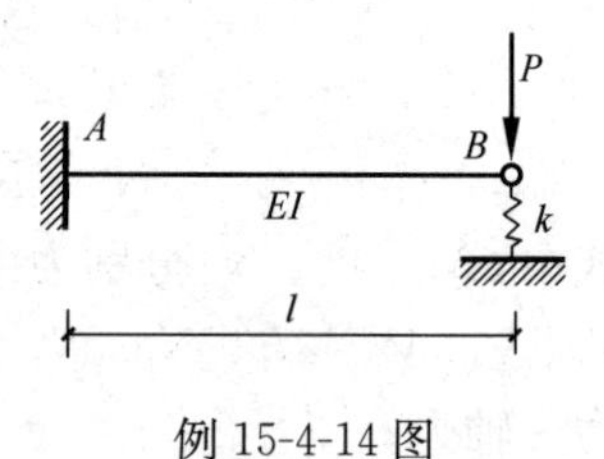

【例 15-4-15】（历年真题）图示结构 B 处弹性支座的弹簧刚度 $k=12EI/l^3$，则 B 截面的弯矩为：

A. Pl　　B. $\frac{Pl}{2}$

C. $\frac{Pl}{3}$　　D. $\frac{Pl}{6}$

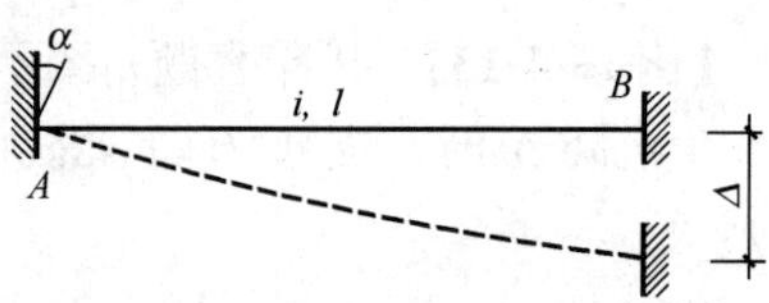

例 15-4-15 图

【解答】用位移法，B 点向下有位移 Δ，则：

$$\left(\frac{3EI}{l^3}+\frac{3EI}{l^3}\right)\Delta+k\Delta=P$$

可得：$\Delta=\frac{Pl^3}{18EI}$

$$M_{BC}=-3i_{BC}\theta_{BC}=-3\frac{EI}{l}\cdot\left(-\frac{\Delta}{l}\right)$$

$$=3\frac{EI}{l}\cdot\frac{Pl^3}{18EIl}=\frac{Pl}{6}$$

应选D项。

【例 15-4-16】（历年真题）图示梁线刚度为 i，长度为 l，当 A 端发生微小转角 α，B 端发生微小位移 $\Delta=l\alpha$ 时，梁两端的弯矩（对杆端顺时针为正）为：

A. $M_{AB}=2i\alpha$，$M_{BA}=4i\alpha$

B. $M_{AB}=-2i\alpha$，$M_{BA}=-4i\alpha$

C. $M_{AB}=10i\alpha$，$M_{BA}=8i\alpha$

D. $M_{AB}=-10i\alpha$，$M_{BA}=-8i\alpha$

例 15-4-16 图

【解答】$M_{AB}=4i\theta_A-6i\frac{\Delta}{l}=4i\alpha-6i\frac{l\alpha}{l}=-2i\alpha$

应选 B 项。

【例 15-4-17】（历年真题）图示结构 EI=常数，当支座 A 发生转角 θ 时，支座 B 处梁截面竖向滑动位移为（以向下为正）：

A. $l\theta$　　B. $\frac{1}{2}l\theta$　　C. $\frac{1}{3}l\theta$　　D. $\frac{l}{4}\theta$

【解答】 B 点竖向剪力为零，则：

$$V_{BA}=-\frac{6i}{l}\theta_A-\frac{6i}{l}\theta_B+\frac{12i}{l^2}\Delta=0$$

即：$\frac{-6i}{l}\theta-0+\frac{12i}{l^2}\Delta=0$

则：$\Delta=\frac{1}{2}l\theta$，应选 B 项。

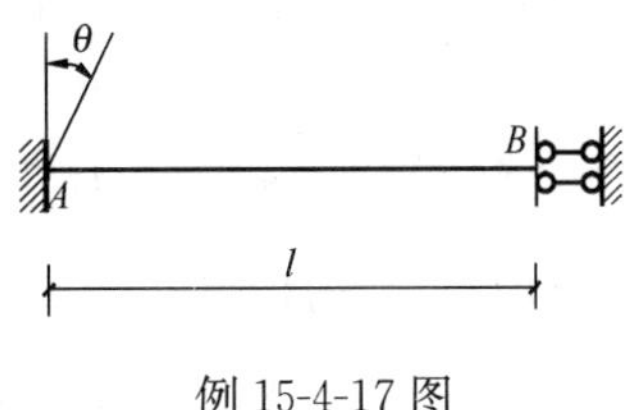

例 15-4-17 图

5. 剪力分配法计算有侧移刚架（或排架）

如图 15-4-18 所示，横梁 EI 为无穷大（$EI=\infty$），节点 B、D、F 均无角位移，柱两端具有同样的相对侧移 Δ。

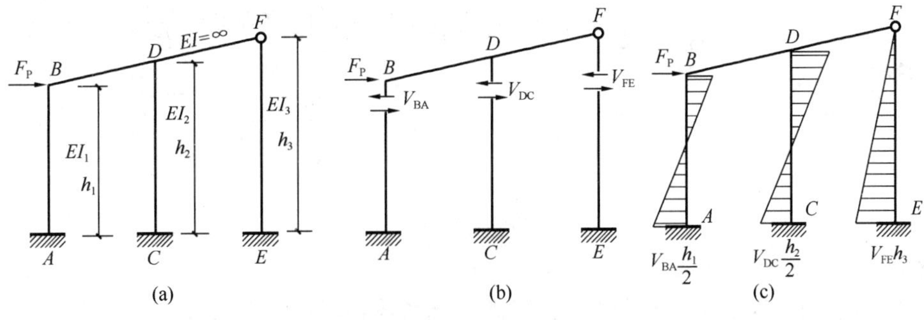

图 15-4-18

由位移法，杆端内力为：

$$M_{AB}=M_{BA}=-\frac{6EI_1}{h_1^2},\ V_{BA}=12\frac{EI_1}{h_1^3}=k_1\Delta$$

$$M_{CD}=M_{DC}=-\frac{6EI_2}{h_2^2}\Delta,\ V_{DC}=12\frac{EI_2}{h_2^3}=k_2\Delta$$

$$M_{EF}=-\frac{EI_3}{h_3^2}\Delta,\ V_{FE}=3\frac{EI_3}{h_3^3}\Delta=k_3\Delta$$

则$\sum X=0$，则：$V_{BA}+V_{DC}+V_{FE}=F_P$，即：

$$(k_1+k_2+k_3)\Delta=F_P$$

$$\Delta=\frac{1}{k_1+k_2+k_3}F_P=\frac{1}{\sum k}F_P$$

各杆件的剪力：$V_{BA}=\frac{k_1}{\sum k}F_P$，$V_{DC}=\frac{k_2}{\sum k}F_P$，$V_{FE}=\frac{k_3}{\sum k}F_P$

可表达为：

$$V_i=\frac{k_i}{\sum k}F_P=\eta_i F_P \tag{15-4-7}$$

$$\eta_i = \frac{k_i}{\sum k} \tag{15-4-8}$$

式中，η_i 为剪力分配系数；k_i 为柱的抗剪切刚度（亦称抗侧刚度）。

可见，柱的剪力按各柱的抗剪切刚度进行分配，这就是剪力分配法。

可知，两端固定的柱的 k 为：$k=\frac{12i}{h^2}=\frac{12EI}{h^3}$

一端固定一端铰支的柱的 k 为：$k=\frac{3i}{h^2}=\frac{3EI}{h^3}$

【例 15-4-18】（历年真题）图示结构 M_{BA} 值的大小为：

A. $Pl/2$　　B. $Pl/3$　　C. $Pl/4$　　D. $Pl/5$

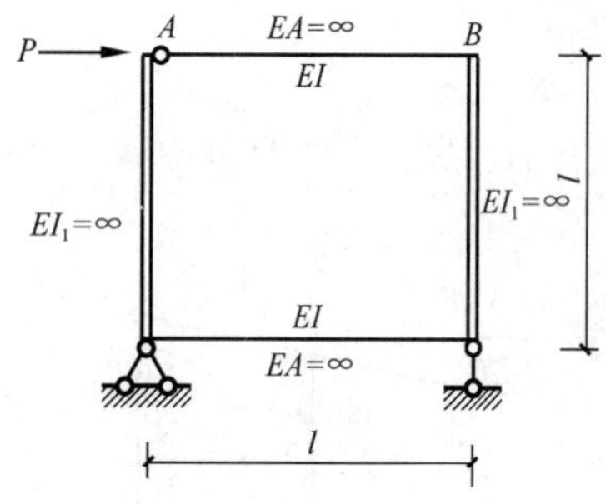

例 15-4-18 图

【解答】整体分析，对右支座取力矩平衡，则：左支座 $Y=P$（拉力）

杆 AB 视为一排架柱，其抗剪刚度为$\frac{3i}{l^2}$；两支座间的水平柱视为框架柱，抗剪刚度为$\frac{12i}{l^2}$。

$$V_{AB}=\frac{3}{3+12}\cdot P=\frac{P}{5}$$

$$M_{BA}=\frac{P}{5}l$$

应选 D 项。

★★★四、力矩分配法

力矩分配法的三要素：转动刚度、弯矩分配系数和弯矩传递系数。

1. 转动刚度

转动刚度（S），指使杆端产生单位转角所需施加的力矩。杆件的转动刚度（S）反映了杆端对转动的抵抗能力，如图 15-4-19 所示：

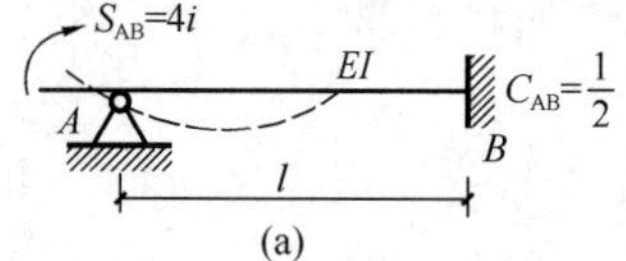

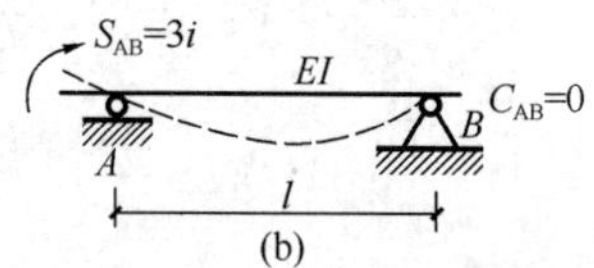

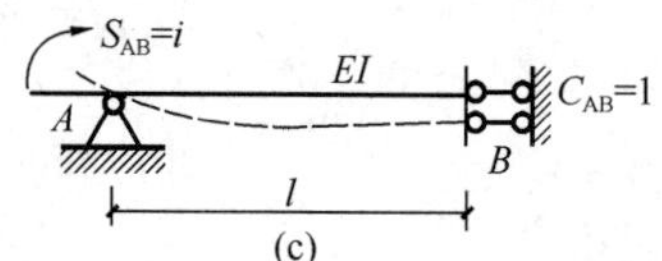

图 15-4-19　杆件的转动刚度

（1）当远端 B 为固定支座时，AB 杆 A 点的转动刚度为：

$$S_{AB}=4i=4EI/l \tag{15-4-9}$$

（2）当远端 B 为铰支座时，AB 杆 A 点的转动刚度为：

$$S_{AB}=3i=3EI/l \tag{15-4-10}$$

（3）当远端 B 为滑动支座时，AB 杆 A 点的转动刚度为：

$$S_{AB}=i=EI/l \tag{15-4-11}$$

节点转动刚度 $\sum_{(A)} S_{AK}$，它表示汇交于刚节点 A 所有单元杆件在 A 端的转动刚度之和，如图 15-4-20 所示。

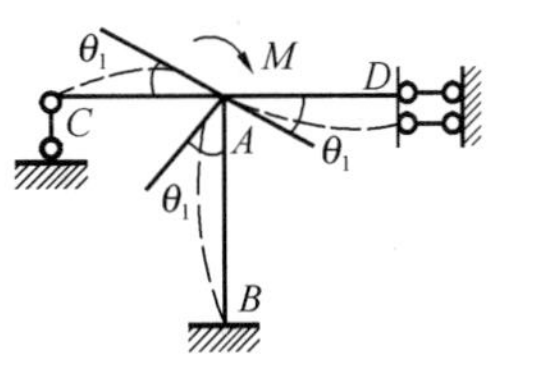

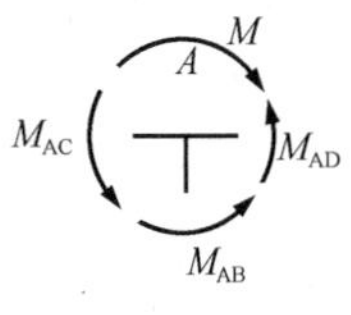

图 15-4-20

2. 弯矩分配系数

任意杆端截面的弯矩分配系数 μ_{AK}：

$$\mu_{AK}=\frac{S_{AK}}{\sum\limits_{(A)}S_{AK}}，且\sum_{(A)}\mu_{AK}=1$$

任意杆端截面的分配弯矩：$M_{AK}^{\mu}=\mu_{AK}M_j$

式中，M_j 为节点处所受的外力矩。

对于图 15-4-20 中，各杆端的弯矩分配系数分别为：

AB 杆：$$\mu_{AB}=\frac{S_{AB}}{S_{AB}+S_{AC}+S_{AD}}=\frac{4i_{AB}}{4i_{AB}+3i_{AC}+i_{AD}}$$

AC 杆：$$\mu_{AC}=\frac{S_{AC}}{S_{AB}+S_{AC}+S_{AD}}=\frac{3i_{AC}}{4i_{AB}+3i_{AC}+i_{AD}}$$

AD 杆：$$\mu_{AD}=\frac{S_{AD}}{S_{AB}+S_{AC}+S_{AD}}=\frac{i_{AD}}{4i_{AB}+3i_{AC}+i_{AD}}$$

显然有：$\mu_{AB}+\mu_{AC}+\mu_{AD}=1$，即：$\sum\limits_{(A)}\mu_{AK}=1$

各杆端分配的弯矩分别为：

AB 杆：$M_{AB}=\mu_{AB}M$

AC 杆：$M_{AC}=\mu_{AC}M$

AD 杆：$M_{AD}=\mu_{AD}M$

3. 弯矩传递系数

弯矩传递系数 C_{AB}表示 AB 杆 A 端转动 θ 角时，B 端（远端）的弯矩 M_{BA}与 A 端（近端）的弯矩 M_{AB}之比，即：

$$C_{AB}=\frac{M_{BA}}{M_{AB}}$$

如图 15-4-19 所示，对于不同的远端支承情况，相应的传递系数也不同，即：

远端为固定支座：$$C_{AB}=\frac{1}{2} \tag{15-4-12}$$

远端为铰支座：$$C_{AB}=0 \tag{15-4-13}$$

远端为滑动支座：$$C_{AB}=-1 \tag{15-4-14}$$

杆端截面的传递弯矩为：

$$M_{KA}^{C}=C_{AK}M_{AK}^{\mu}$$

【例 15-4-19】（历年真题）用力矩分配法求解图示结构，分配系数 μ_{BD}、传递系数 C_{BA}分别为：

A. $\mu_{BD}=3/10$，$C_{BA}=-1$

B. $\mu_{BD}=3/7$，$C_{BA}=-1$

C. $\mu_{BD}=3/10$，$C_{BA}=1/2$

D. $\mu_{BD}=3/7$，$C_{BA}=1/2$

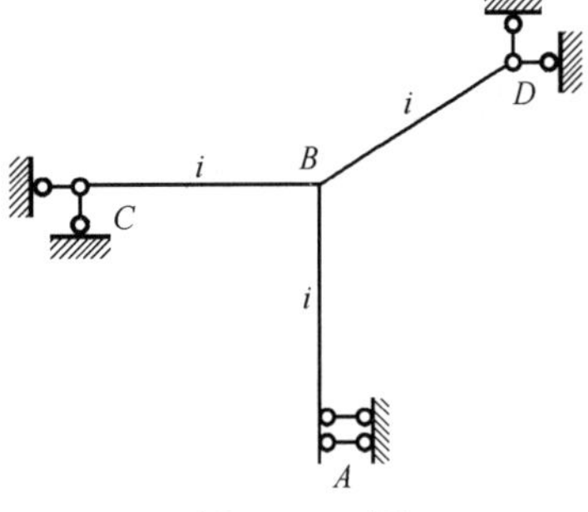

例 15-4-19 图

【解答】$S_{BA}=4i$，$S_{BC}=3i$，$S_{BD}=3i$，则：

$$\mu_{BD}=\frac{3}{4+3+3}=\frac{3}{10}$$

$$C_{BA}=\frac{1}{2}$$

应选 C 项。

【例 15-4-20】(历年真题)用力矩分配法分析图示结构,先锁住节点 B,然后再放松,则传递到 C 处的力矩为:

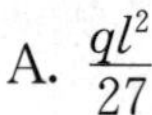

A. $\frac{ql^2}{27}$　　B. $\frac{ql^2}{54}$

C. $\frac{ql^2}{23}$　　D. $\frac{ql^2}{46}$

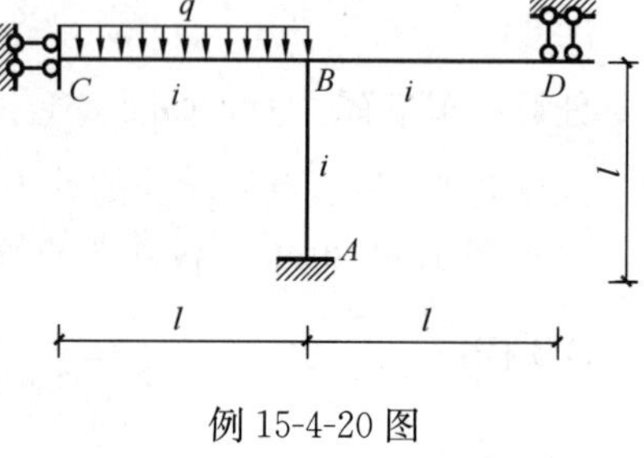

例 15-4-20 图

【解答】$S_{BA}=S_{BD}=4i$,$S_{BC}=i$

$$\mu_{BC}=\frac{1}{4+4+1}=\frac{1}{9}$$

$$M=\frac{ql^2}{3},\ M_{BC}=\frac{1}{9}\times\frac{ql^2}{3}=\frac{ql^2}{27}$$

$$C_{BC}=-1,\text{则:}M_{CB}=-\frac{ql^2}{27}$$

应选 A 项。

【例 15-4-21】(历年真题)图示结构用力矩分配法计算时,分配系数 μ_{AC} 为:

A. 1/4　　B. 4/7

C. 1/2　　D. 6/11

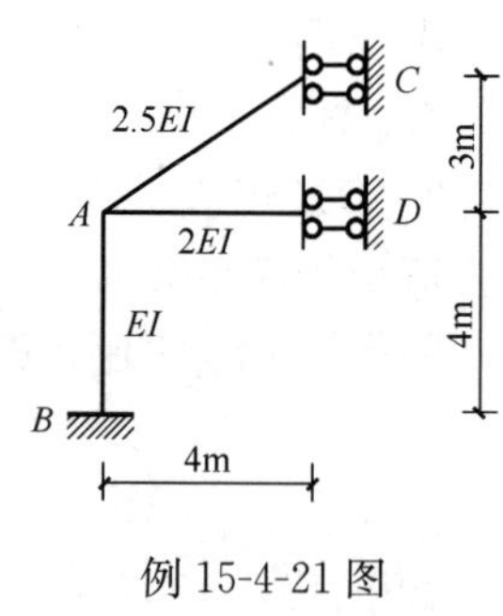

例 15-4-21 图

【解答】$S_{AB}=4EI/4=EI$,$S_{AC}=4\times\frac{2.5EI}{5}=2EI$

$$S_{AD}=\frac{2EI}{4}=0.5EI$$

$$\mu_{AC}=\frac{2}{1+2+0.5}=\frac{2}{3.5}=\frac{4}{7}$$

应选 B 项。

【例 15-4-22】(历年真题)图示结构用力矩分配法计算时,分配系数 μ_{AC} 为:

A. 1/4　　B. 1/2

C. 2/3　　D. 4/9

【解答】$S_{AC}=4\times\frac{2.5EI}{5}=2EI$

$$S_{AB}=4\times\frac{EI}{4}=EI$$

$$S_{AD}=0$$

$$\mu_{AC}=\frac{2}{2+1+0}=\frac{2}{3}$$

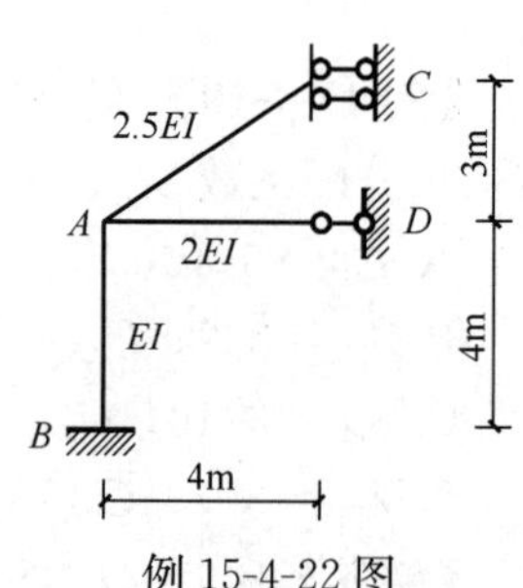

例 15-4-22 图

应选 C 项。

【例 15-4-23】（历年真题）图示结构 M_{BA} 为（以下侧受拉为正）：

A. $-\frac{1}{3}M$　　B. $\frac{1}{3}M$　　C. $-\frac{2}{3}M$　　D. $\frac{2}{3}M$

【解答】$S_{BA}=3EI/l$

$S_{BC}=3\times2EI/l$

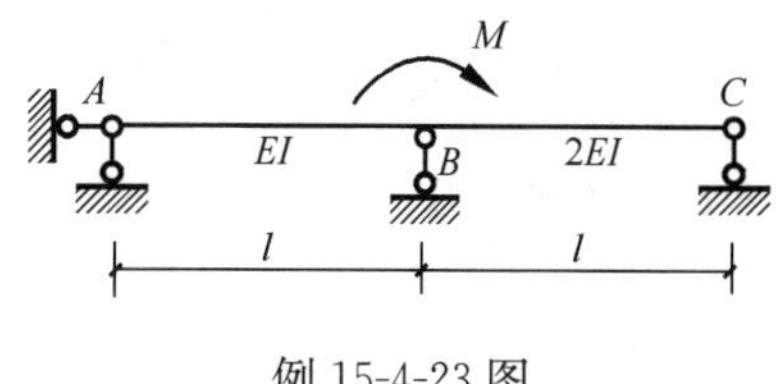

例 15-4-23 图

$\mu_{BA}=\frac{3}{3+6}=\frac{1}{3}$，则：

$M_{BA}=-\frac{1}{3}M$（下侧受拉）

应选 A 项。

★五、超静定结构的特性

超静定结构的特性如下：

1. 同时满足超静定结构的平衡条件和变形协调条件的超静定结构内力的解是唯一真实的解。

2. 一般地，超静定结构在荷载作用下的内力与各杆 EA、i 的相对比值有关，而与各杆 EA、i 的绝对值无关。但特殊情况下，改变超静定结构各杆 EA、i 的值，不会产生超静定结构的内力重新分布，例如单跨超静定梁。

3. 一般地，超静定结构在非荷载(如温度变化、杆件制造误差、材料收缩、支座位移等)作用下会产生内力(也称自内力)，这种内力与各杆 EA、i 的绝对值有关，并且成正比。但特殊情况下，超静定结构在非荷载作用下不产生内力，例如图 15-4-21 所示。

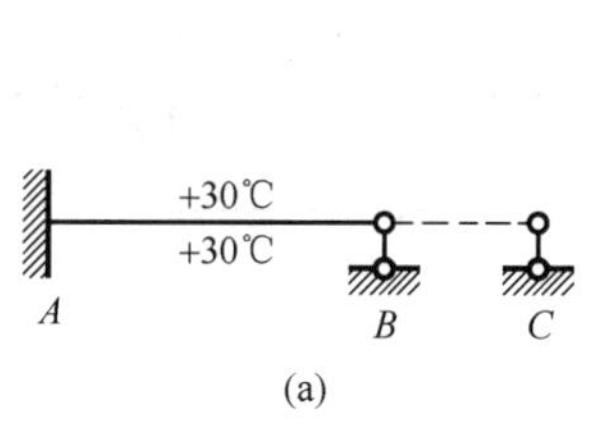

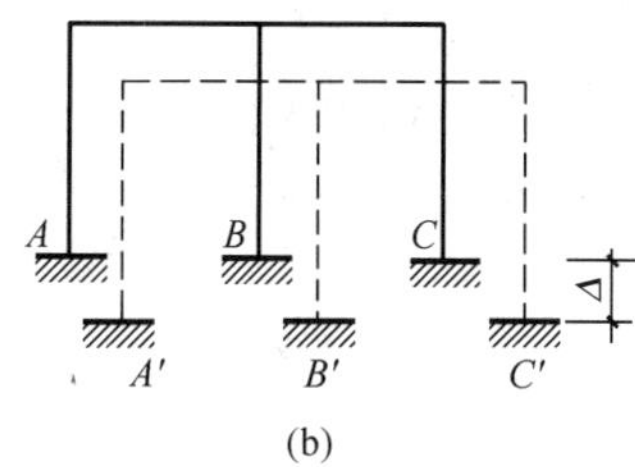

图 15-4-21

4. 超静定结构的内力分布比静定结构均匀，刚度和稳定性都有所提高。

【例 15-4-24】（历年真题）图示两桁架温度均匀降低，则温度改变引起的结构内力状况为：

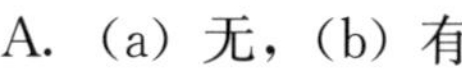

A. (a) 无，(b) 有

B. (a) 有，(b) 无

C. 两者均有

D. 两者均无

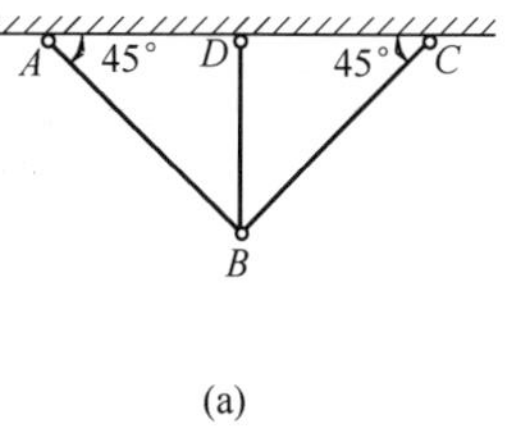

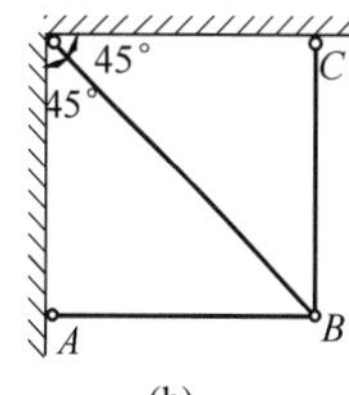

例 15-4-24 图

【解答】题目图 (a)，当各杆收缩时，其中任何一根杆件变形量（收缩量）受到其他两根杆件的约束，即：不能自由收缩；受到约束，必产生杆件的内力。

题目图 (b)，当各杆收缩时，能自由收缩，并且收缩量是变形协调的，故杆件无内力。

应选 B 项。

【例 15-4-25】(历年真题)图示桁架 K 点的竖向位移为最小的图为:

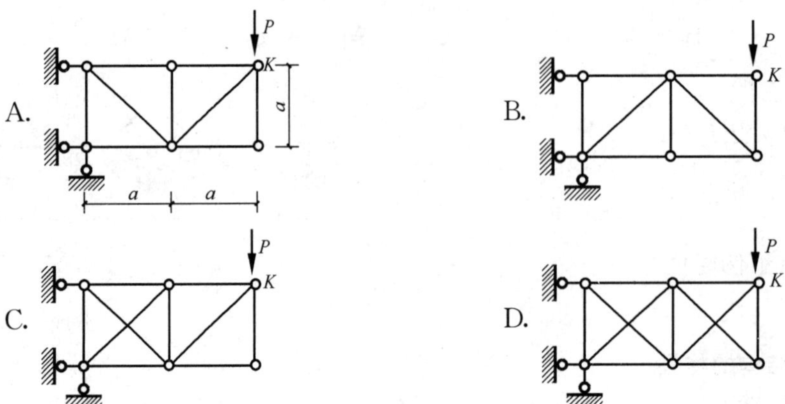

【解答】D 项:为超静定结构,其超静定次数最多,故刚度最大,相应的竖向位移为最小,应选 D 项。

习　题

15-4-1 (历年真题)图示桁架的超静定次数是:

A. 1 次　　B. 2 次　　C. 3 次　　D. 4 次

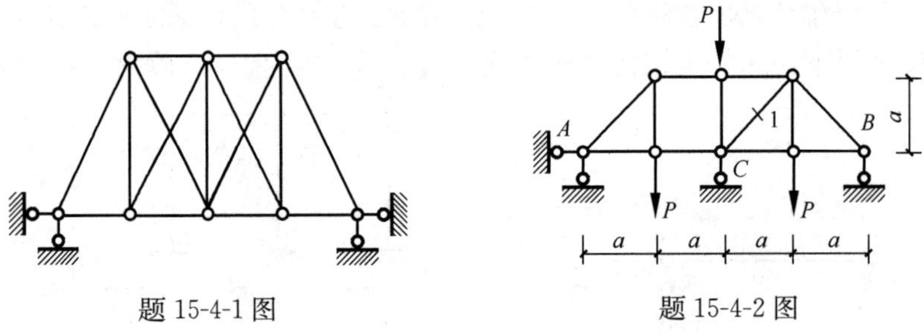

题 15-4-1 图　　题 15-4-2 图

15-4-2 (历年真题)图示桁架杆 1 的轴力为:

A. $2P$　　B. $2\sqrt{2}P$　　C. $-2\sqrt{2}P$　　D. 0

15-4-3 (历年真题)用力法求解图示结构(EI=常数)。基本体系及基本未知量如图

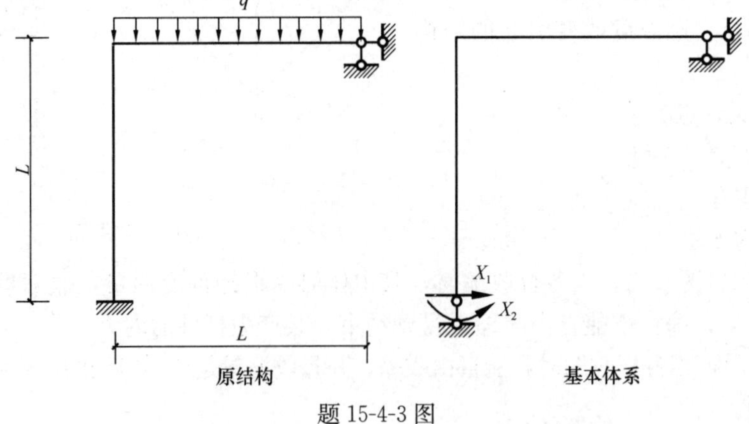

题 15-4-3 图

所示，力法方程中的系数 Δ_{1p} 为：

A. $-\dfrac{5qL^4}{36EI}$　　B. $\dfrac{5qL^4}{36EI}$　　C. $-\dfrac{qL^4}{24EI}$　　D. $\dfrac{5qL^4}{24EI}$

15-4-4 （历年真题）若要保证图示结构在外荷载作用下，梁跨中截面产生负弯矩（上侧纤维受拉），可采用：

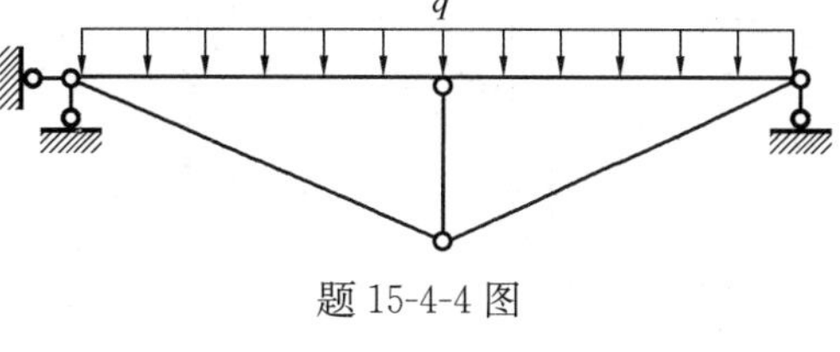

题 15-4-4 图

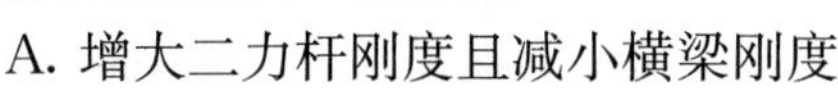

A. 增大二力杆刚度且减小横梁刚度

B. 减小二力杆刚度且增大横梁刚度

C. 减小均布荷载 q

D. 该结构为静定结构，与构件刚度无关

15-4-5 （历年真题）图示梁的抗弯刚度为 EI，长度为 l，欲使梁中点 C 弯矩为零，则弹性支座刚度 k 的取值应为：

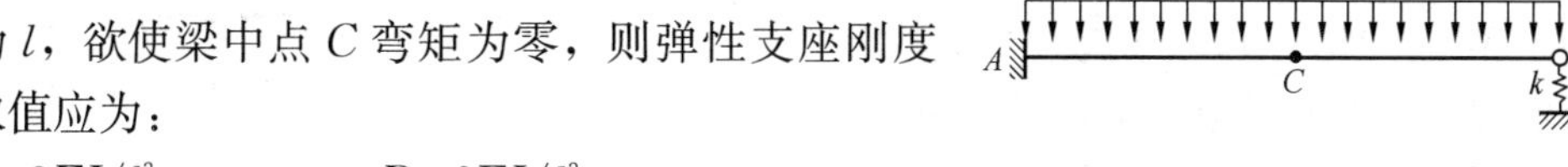

题 15-4-5 图

A. $3EI/l^3$　　B. $6EI/l^3$

C. $9EI/l^3$　　D. $12EI/l^3$

15-4-6 （历年真题）图示结构用力矩分配法计算时，分配系数 μ_{A4} 为：

A. 1/4　　B. 4/7　　C. 1/2　　D. 4/11

15-4-7 （历年真题）图示对称结构 $M_{AD}=ql^2/36$（左拉），$F_{N,AD}=-5ql/12$（压），则 M_{BA} 为（以下侧受拉为正）：

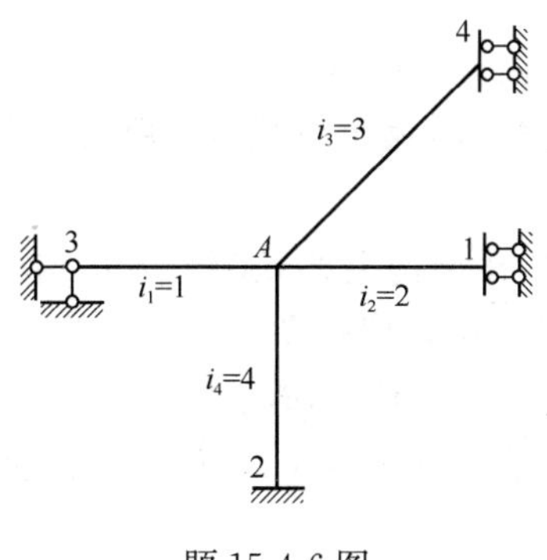

题 15-4-6 图

题 15-4-7 图

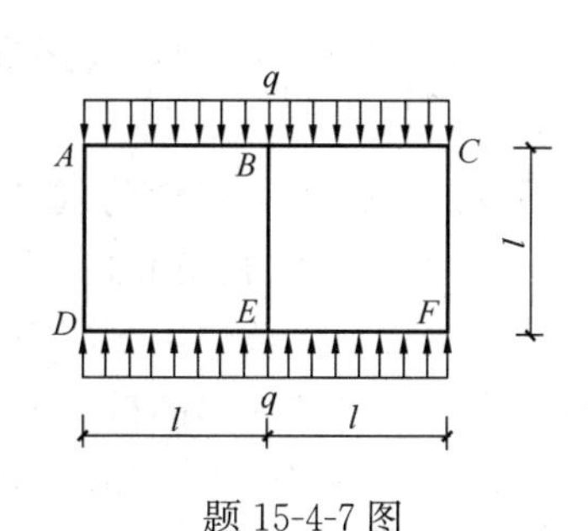

A. $-\dfrac{ql^2}{6}$　　B. $\dfrac{ql^2}{6}$

C. $-\dfrac{ql^2}{9}$　　D. $\dfrac{ql^2}{9}$

15-4-8 （历年真题）图示结构 EI=常数，不考虑轴向变形，则 $F_{Q,BA}$ 为：

A. $\dfrac{P}{4}$　　B. $-\dfrac{P}{4}$

C. $\dfrac{P}{2}$　　D. $-\dfrac{P}{2}$

15-4-9 （历年真题）图示结构当水平支杆产生单位位移时（未注的杆件抗弯刚度为 EI），B-B 截面的弯矩值为：

A. EI/l^2　　B. $2EI/l^2$　　C. $3EI/l^2$　　D. 不定值

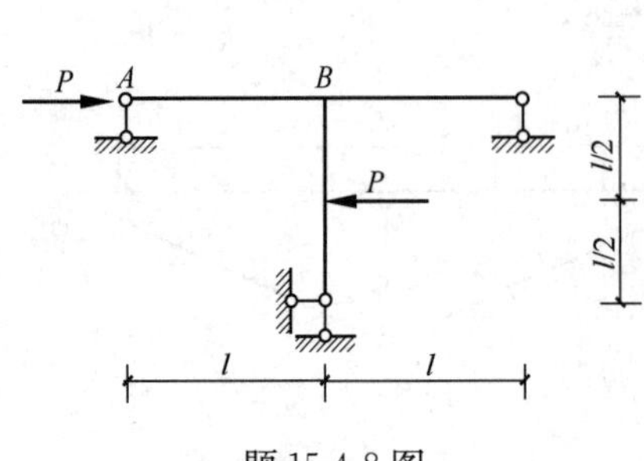

题 15-4-8 图

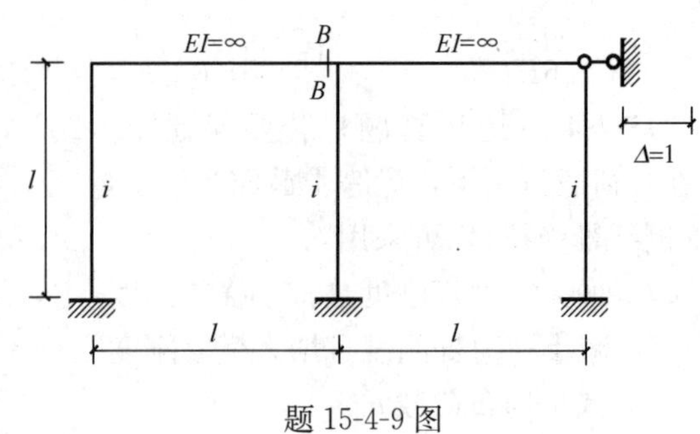

题 15-4-9 图

15-4-10 （历年真题）图示结构 M_{AC} 和 M_{BD} 正确的一组为：

A. $M_{AC}=M_{BD}=Ph$（左边受拉）

B. $M_{AC}=Ph$（左边受拉），$M_{BD}=0$

C. $M_{AC}=0$，$M_{BD}=Ph$（左边受拉）

D. $M_{AC}=Ph$（左边受拉），$M_{BD}=2Ph/3$（左边受拉）

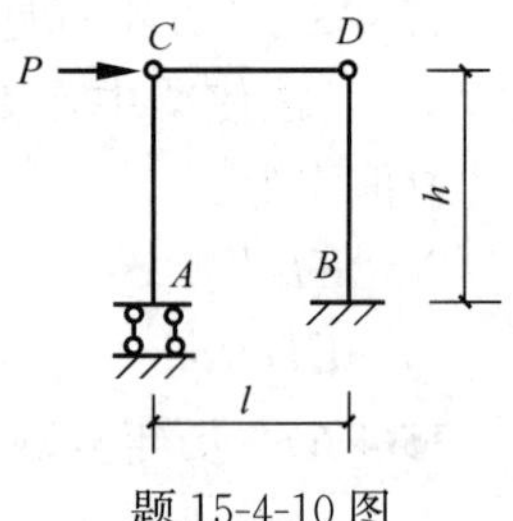

题 15-4-10 图

第五节　影 响 线 及 应 用

一、影响线的概念

移动荷载是指荷载的大小和方向不变而作用位置在结构上移动的荷载。如厂房吊车梁（或吊车桁架）上运行的吊车荷载，公路桥梁上通过的汽车荷载，铁路桥梁上通过的列车荷载等。

一个方向不变的单位集中移动荷载（$P=1$）在结构上移动时，表示结构某指定处的某一量值（反力、弯矩、剪力、轴力、位移等）变化规律的图线，称为该量值的影响线。影响线是研究结构在移动荷载作用下反力和内力等的变化规律的重要工具，通过它确定结构在移动荷载作用下反力和内力的最大值和最小值（最大负荷），作为设计的依据。

作影响线的方法一般有静力法和机动法。

★二、静力法作静定梁的影响线

1. 单跨简支梁的影响线

静力法作影响线是以单位集中移动荷载的位置x为变量，由静力平衡条件建立某量值的函数方程（影响线方程），再按函数方程作影响线。

如图 15-5-1（a）所示双伸臂单跨简支梁有关量值的影响线的做法如下：

（1）反力 R_A、R_B 影响线

设 A 为坐标原点，x 以向右为正，则分别由$\sum M_B=0$、$\sum M_A=0$，得影响线方程为：

$$R_A=\frac{l-x}{l}\quad (l_1\leqslant x\leqslant l+l_2)$$

$$R_B=\frac{x}{l}\qquad (l_1\leqslant x\leqslant l+l_2)$$

影响线分别如图 15-5-1（b）、（c）所示，取反力向上时为正，反之为负。

（2）跨中任意截面 C 的弯矩 M_C 影响线（设使杆件下侧受拉的弯矩为正）和剪力 V_C 影响线（设绕隔离体顺时针向转动的剪力为正）

截断截面 C，由隔离体的平衡条件$\sum M_C=0$、$\sum Y=0$，得：

$M_C = R_A a$　（$P = 1$ 在截面 C 以右时）

$V_C = R_A$　（$P = 1$ 在截面 C 以右时）

$M_C = R_B b$　（$P = 1$ 在截面 C 以左时）

$V_C = -R_B$　（$P = 1$ 在截面 C 以左时）

据此作出的 M_C、V_C 影响线分别如图 15-5-1（d）、（e）所示。同理，可作出图 15-5-1（f）、（g）所示的 $V_{A右}$、$V_{A左}$ 影响线。

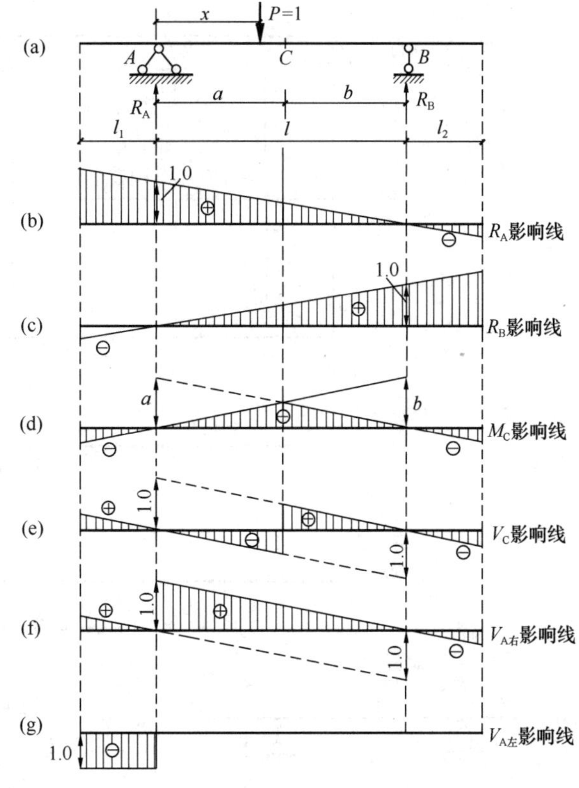

图 15-5-1　双伸臂单跨简支梁的影响线

2. 静定多跨梁的影响线

用静力法作静定多跨梁的影响线，首先区分基本部分和附属部分。由于单位集中力在基本部分移动时，对附属部分无影响，故按照前述单跨简支梁影响线的做法就可作出附属部分的影响线。作基本部分的影响线时，要分两种情况考虑：①当单位集中力在基本部分移动时，仍可按前述单跨简支梁影响线的做法作其影响线；②当单位集中力在附属部分移动时，由分析可知，基本部分某量值的影响线为直线，此直线可以根据铰接处影响线的竖标值为已知，以及在附属部分的支座处，该量值影响线为零的特点作出。用此法作图 15-5-2（a）所示静定多跨梁的 R_B、M_K、$V_{C左}$、R_D 影响线，分别如图 15-5-2（b）、（c）、（d）、（e）所示。

★三、机动法作静定梁的影响线

如图 15-5-3（a）所示，将支座 B 的链杆撤除，代之以支座反力 R_B。沿 R_B 的正方向发生虚位移 δ_B，由虚位移原理，则：

$$1\times\delta_P + R_B\delta_B = 0，即：R_B = -\frac{\delta_P}{\delta_B}$$

若取 $\delta_B=1$，由上式可得：

$$R_B = -\delta_P$$

上式表明，只需将 $\delta_B=1$ 时虚位移图中的 δ_P 改变符号，即取方向向上为正，就可得到所求量值 R_B 的影响线。因此，在影响线的基线（即水平线）以上为正；反之，基线以下为负。

用机动法作图 15-5-2（a）所示多跨静定梁的 R_B、M_K、$V_{C左}$和 $V_{C右}$ 的影响线，其结果与静力法所得结果一致。

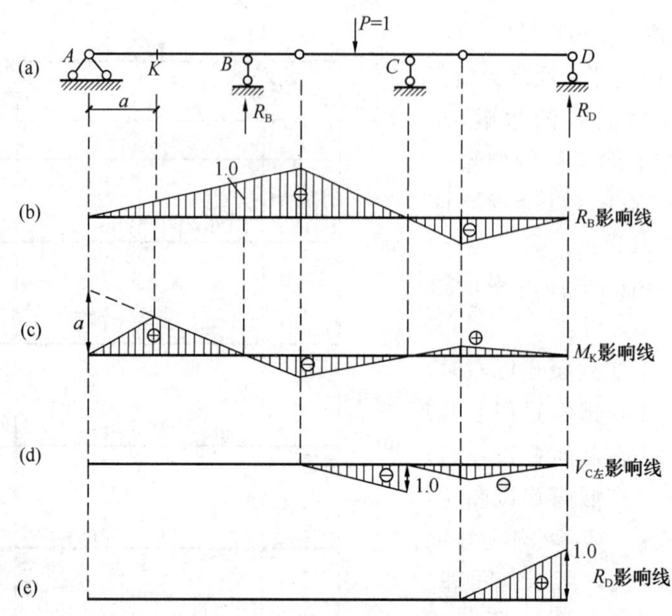

图 15-5-2　静定多跨梁的影响线

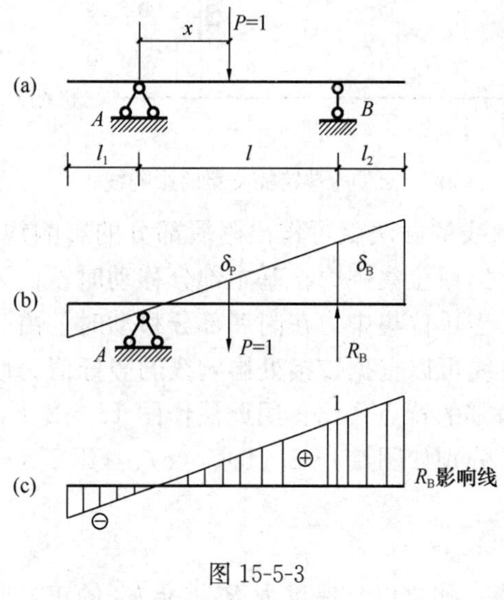

图 15-5-3

机动法作影响线的步骤：

（1）去除与量值对应的约束，使量值暴露出来。

（2）沿量值的正方向发生单位位移，画出承载杆的位移图。

（3）将承载杆的位移图反号可得该量值的影响线，即取方向向上为正。因此，在影响线的基线以上为正，在基线以下为负。

★四、静力法作节点荷载作用下的影响线

1. 静定平面桁架的影响线

如图 15-5-4（a）所示平行弦静定桁架，单位移动荷载（$P=1$）在桁架下弦 AG 移动。欲求任意一杆的轴力影响线，可采用静力法，将 $P=1$ 依次置于 A、B、C、D、E、F、G 点，计算出该杆的轴力，用竖距表示出来，再连以直线，即得到该杆的轴力的影响线。

R_A 和 R_G 的影响线与简支梁相同，图中没有画出。

作上弦杆 bc 的轴力影响线，作截面Ⅰ-Ⅰ，以 C 为力矩中心，$\sum M_C=0$，则：

$$N_{bc}=-\frac{2d}{h}R_A(P=1\text{ 在 }C\text{ 点的右方})$$

$$N_{bc}=-\frac{4d}{h}R_G(P=1\text{ 在 }C\text{ 点的左方})$$

上弦杆 bc 轴力影响线，见图 15-5-4（b）。

作斜杆 bC 的轴力影响线，作截面Ⅰ-Ⅰ，利用$\sum F_y=0$，其轴力在 y 方向的影响线，见图 15-5-4（c）。同理，作竖杆 cC 的轴力影响线，作截面Ⅱ-Ⅱ，利用$\sum F_y=0$，其轴力

影响线，见图 15-5-4（d）。

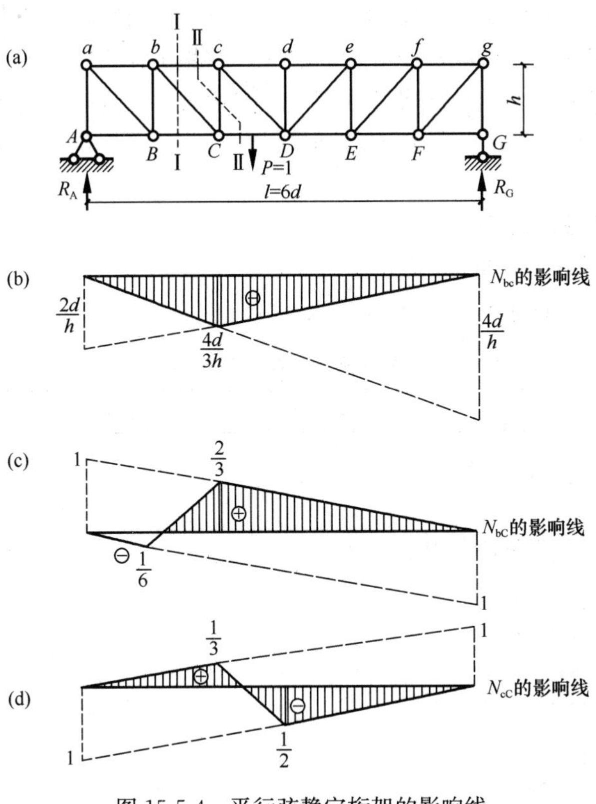

图 15-5-4　平行弦静定桁架的影响线

2. 静定主次梁结构主梁的影响线

如图 15-5-5（a）所示结构，荷载通过纵梁、横梁（节点）传至主梁，主梁承受的是

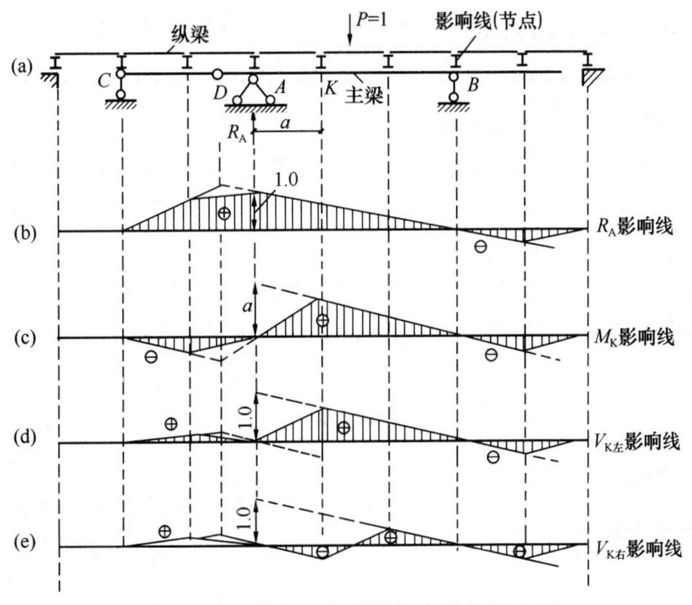

图 15-5-5　静定主次梁结构主梁的影响线

节点（间接）荷载。当 $P=1$ 在相邻两个横梁间移动时，主梁某量值按直线变化；而当 $P=1$ 作用在节点上时，相当于直接作用在主梁上，所以这种主梁某量值的影响线的做法是：先作主梁某量值在直接荷载作用下的影响线，并用虚线表示；然后从各节点引竖线与直接荷载作用下的影响线相交，并将各相邻相交点用直线相连，就得到节点荷载作用下的影响线。图 15-5-5（a）所示主梁的 R_A、M_K、$V_{K左}$、$V_{K右}$ 影响线分别见图 15-5-5（b）、(c)、(d)、(e)。

★★★五、影响线的应用

1. 应用影响线计算影响量

应用影响线计算影响量 S，见表 15-5-1。

用影响线计算影响量　　表 15-5-1

序号	图　形	计算公式
1	P_1　P_2　P_n　y_1 ⊕　y_2 ⊖　y_n　S影响线	$S=\sum_{i=1}^{n}P_iy_i$
2	P_1　P_2　R　P_n　y_1　y_2　y　y_n　S影响线	$S=Ry$ （R 为 $P_1,P_2,\cdots,P_n$ 的合力）
3	q_x　A　B　y ⊕ ⊖　S影响线	$S=\int_A^B q_x y\mathrm{d}x$
4	q　A　B　⊕ ⊖　S影响线	$S=q\omega$ （ω 为 q 作用范围内影响线面积代数和）

2. 应用影响线确定最不利荷载位置

最不利荷载位置是指荷载移动的过程中，使结构上某量值发生最大值或最小值（最大负值）的荷载位置。

(1) 可以任意布置的均布荷载

当可以任意布置的均布活荷载满布相应影响线的正号区时，S 即取得最大正值；反之，当均布活荷载满布相应影响线的负号区时，S 取得最大负值。

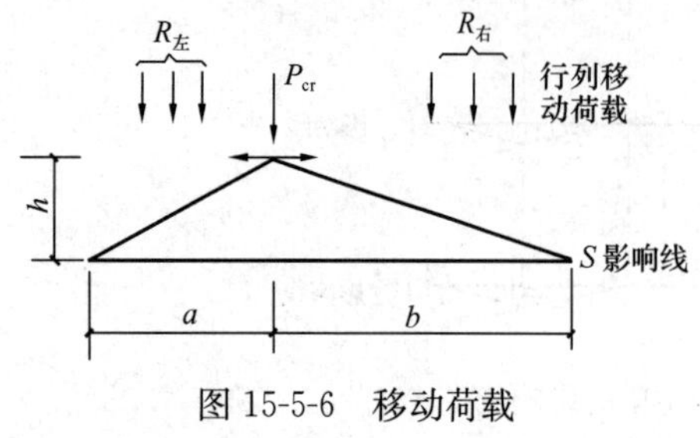

图 15-5-6　移动荷载

(2) 移动荷载组

如图 15-5-6 所示，当影响线为三角形，设一个临界荷载 P_{cr} 位于三角形影响线顶点，三角形左、右直线上荷载的合力分别为 $R_左$、$R_右$，则荷载的临界位置的判别条件是：

行列荷载稍向右移：$\dfrac{R_左}{a}\leqslant\dfrac{P_{cr}+R_右}{b}$

行列荷载稍向左移：$\frac{R_{左}+P_{cr}}{a} \geqslant \frac{R_{右}}{b}$

上式表明：将 P_{cr} 算在影响线的顶点的哪侧，哪侧的平均荷载大。

【例 15-5-1】（历年真题）如图（a）所示简支梁在移动荷载作用下截面 K 的最大弯矩值为：

A. 90kN·m　　B. 120kN·m　　C. 150kN·m　　D. 180kN·m

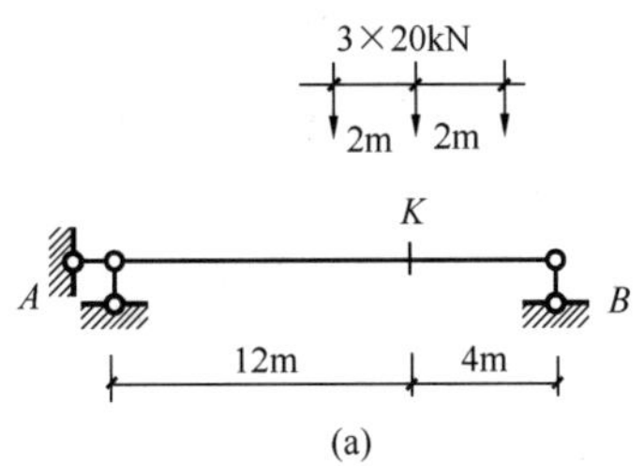

(a)

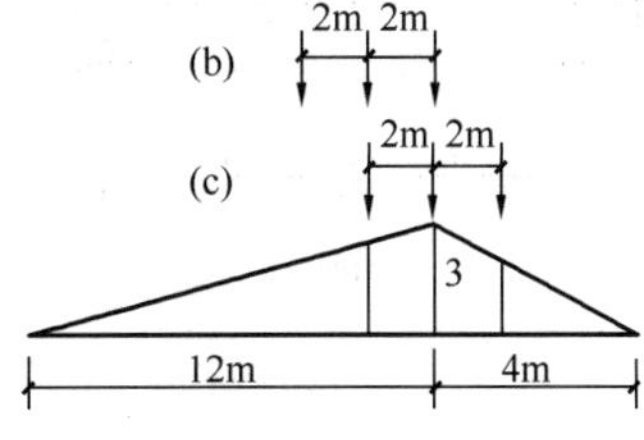

例 15-5-1 图

【解答】作 K 点弯矩影响线，见图（b）、（c）。

图（b）：$M=\left(\frac{12-4}{12}\times 3+\frac{12-2}{12}\times 3+3\right)\times 20=150\text{kN}\cdot\text{m}$

图（c）：$M=\left(\frac{12-2}{12}\times 3+3+\frac{4-2}{4}\times 3\right)\times 20=140\text{kN}\cdot\text{m}$

故取 $M=150\text{kN}\cdot\text{m}$，应选 C 项。

【例 15-5-2】（历年真题）在图示（a）移动荷载（间距为 0.2m、0.4m 的三个集中力，大小为 6kN、10kN 和 2kN）作用下，结构 A 支座的最大弯矩为：

A. 26.4kN·m　　B. 28.2kN·m　　C. 30.8kN·m　　D. 33.2kN·m

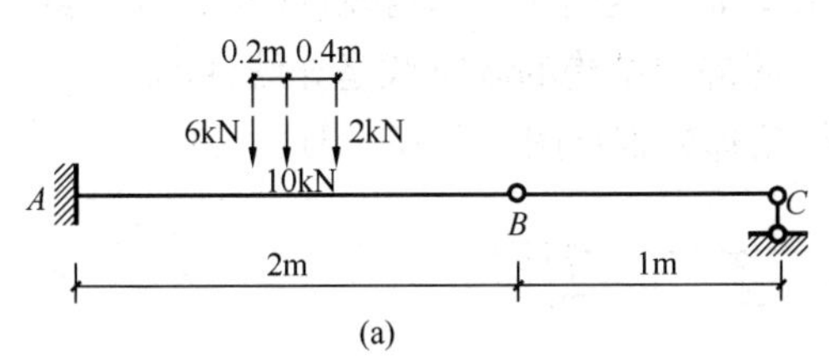

(a)

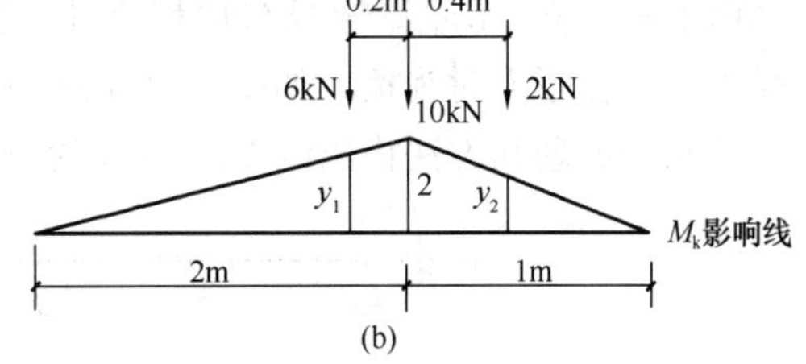

(b)

例 15-5-2 图

【解答】作支座 A 的弯矩影响线，见图（b）。

$$y_1=\frac{1.8}{2}\times 2=1.8\text{m},\ y_2=\frac{0.6}{1}\times 2=1.2\text{m}$$

$$M_A=1.8\times 6+10\times 2+1.2\times 2=33.2\text{kN}\cdot\text{m}$$

应选 D 项。

【例 15-5-3】（历年真题）如图（a）所示移动荷载（间距为 0.4m 的两个集中力，大小分别为 6kN 和 10kN）在桁架结构的上弦移动，杆 BE 的最大压力为：

A. 0kN　　B. 6.0kN　　C. 6.8kN　　D. 8.2kN

【解答】作出杆 BE 的轴力影响线，见图（b）。

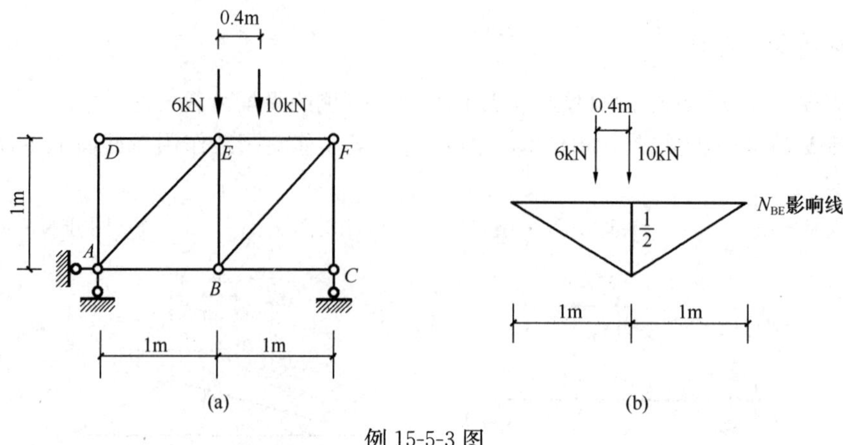

例 15-5-3 图

$$N_{BE}=\frac{1}{2}\times 10+\left(\frac{0.6}{1}\times\frac{1}{2}\right)\times 6$$
$$=6.8\text{kN}$$

应选 C 项。

★六、连续梁的影响线与内力包络图概念

1. 连续梁的影响线

作 15-5-7（a）所示连续梁 K 截面的弯矩 M_K 影响线，可取 15-5-7（b）所示的力法基本体系（此基本体系是超静定的），力法典型方程为：$\delta_{11}M_K+\delta_{1P}=0$，根据位移互等定理 $\delta_{1P}=\delta_{P1}$，则：

$$M_K=-\frac{\delta_{P1}}{\delta_{11}}$$

若取 $\delta_{11}=1$，上式变为：$M_K=-\delta_{P1}$

由上式可知，M_K 影响线与位移 δ_{P1} 图成正比，但符号相反，即影响线竖标在基线上方时为正，在下方时为负，如 15-5-7（c）所示。超静定结构的影响线是非线性的。

按相同原理和方法作出的 V_K、M_D 的影响线轮廓分别见图 15-5-7（d）、（e）。

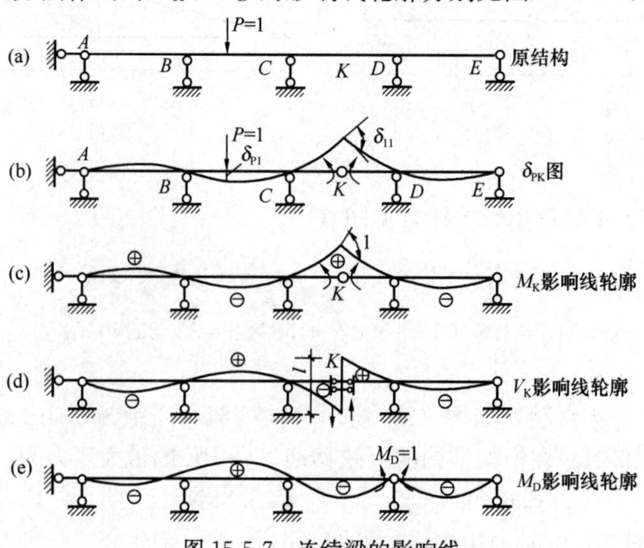

图 15-5-7　连续梁的影响线

2. 内力包络图的概念

结构分析时常需要求出在恒荷载（亦称永久荷载）、活荷载共同作用下各截面上的最大和最小（或最大负值）内力，从而为设计提供依据。如果将结构杆件各截面的最大和最小（或最大负值）内力值按同一比例标在图上，连成曲线，则这种曲线图形就称为内力包络图。

恒荷载是始终存在于结构上的，利用影响线可方便地确定使其一量值 S 达到最大值的最不利的活荷载分布。对于连续梁，确定最不利的活荷载分布的原则是：当活荷载满布相应影响线的正号区时，S 即取得最大正值；反之，当活荷载满布相应影响线的负号区时，S 即取得最大负值。图 15-5-8 所示为活荷载 q 的最不利布置方式。

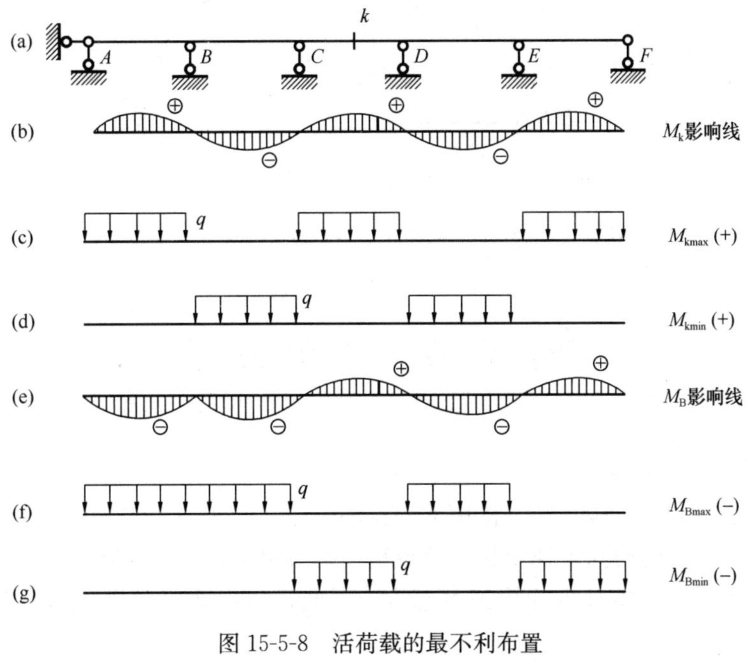

图 15-5-8 活荷载的最不利布置

习 题

15-5-1 （历年真题）图示简支梁在移动荷载作用下跨中截面 K 的最大弯矩值是：

A. 120kN・m　　B. 140kN・m　　C. 160kN・m　　D. 180kN・m

15-5-2 （历年真题）图示简支梁在所示移动荷载下截面 K 的最大弯矩值为：

A. 90kN・m　　B. 110kN・m　　C. 120kN・m　　D. 150kN・m

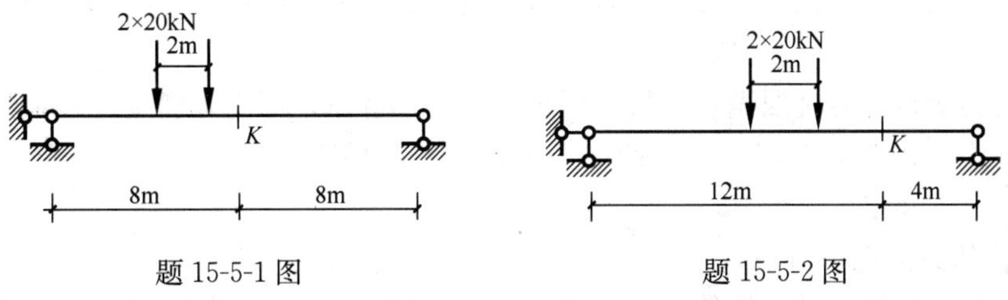

题 15-5-1 图　　题 15-5-2 图

15-5-3 （历年真题）图示圆弧曲梁 K 截面弯矩 M_K（外侧受拉为正）影响线在 C 点的竖标为：

A. 4 ($\sqrt{3}-1$)　　B. $4\sqrt{3}$　　C. 0　　D. 4

15-5-4 （历年真题）图示圆弧曲梁 K 截面轴力 $F_{N,K}$（受拉为正）影响线在 C 点的竖标为：

A. $\frac{\sqrt{3}-1}{2}$　　B. $-\frac{\sqrt{3}-1}{2}$　　C. $\frac{\sqrt{3}+1}{2}$　　D. $-\frac{\sqrt{3}+1}{2}$

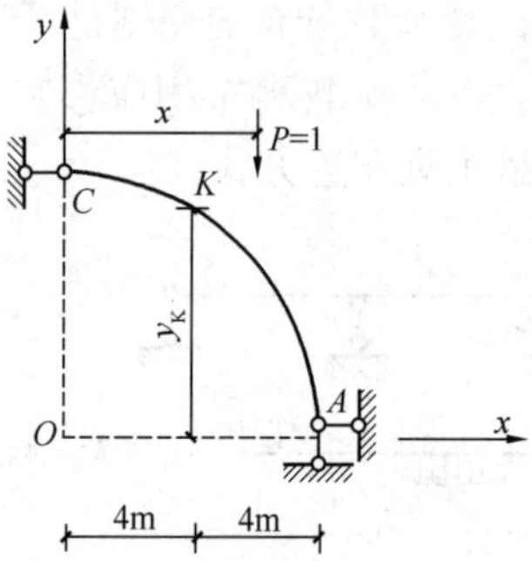

题 15-5-3 图 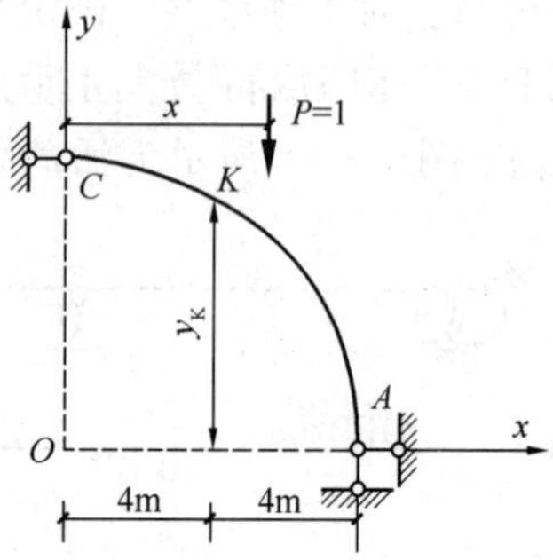　　题 15-5-4 图

第六节　结构动力学

★★★一、概述

1. 结构动力学的特点

结构动力学是研究结构在动力作用下的振动问题。所谓动力作用是指当结构所受作用的大小、方向或位置随时间迅速变化，造成结构上质量运动的加速度较大，乃至相应的惯性力与结构所承受的其他外力相比不容忽视。因此，结构动力分析计算应考虑惯性力的作用。

结构在动力作用下产生的位移和内力称为动位移和动内力，它们均为时间的函数。结构的动位移、动内力、结构振动的速度和加速度等统称为结构的动力响应。

结构的动力响应除与外部作用有关以外，还与结构本身的动力特性密切相关。结构动力特性是反映其本身所固有的动力性能，与外荷载无关。结构的动力特性包括自振频率、振型和阻尼。自振频率是指结构受到某种初位移或初速度作用后发生自由振动时的圆频率或角频率 ω；振型是指结构按某个自振频率作无阻尼自由振动时的位移形态；阻尼是指结构振动过程中的能量耗散。因此，了解结构的自由振动的规律便成为结构动力响应分析的基础。

结构动力分析计算是根据达朗贝尔原理，采用动静法，即引入惯性力的条件下，结构每一瞬时处于形式上的平衡，是一种动平衡，从而采用静力分析计算方法处理结构动力问题。

2. 结构体系的动力自由度

在动力学中，将确定结构体系上全部质量位置所需的独立几何参数的数目称为体系的动力自由度，简称为自由度。

在确定杆系结构的振动自由度时，一般忽略梁或刚架杆件的轴向变形，并忽略集中质量转动惯量的影响。如图 15-6-1（a）所示结构中，在振动过程中要确定全部质量位置，需要 1 个独立的几何参数，属于单自由度的振动体系；如图 15-6-1（b）所示，需要 2 个独立的几何参数，属于多自由度的振动体系；如图 15-6-1（c）所示，需要无限多个独立的几何参数，属于无限自由度的振动体系。

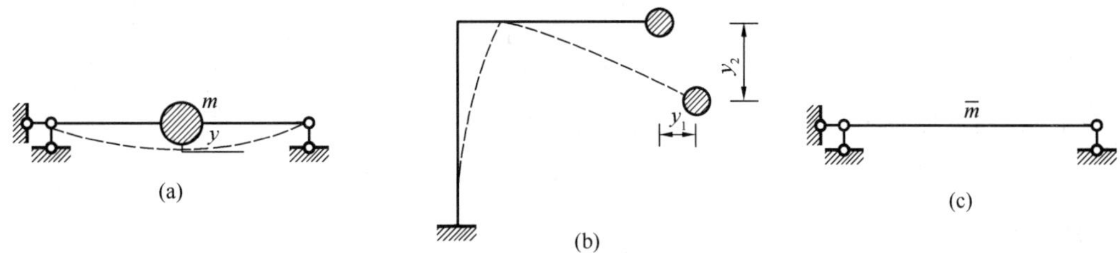

图 15-6-1　结构体系的振动自由度

振动自由度的数目与集中质量的个数并不一定相等，例如图 15-6-1（b）体系虽只包含一个集中质量，但却有两个振动自由度；图 15-6-2 所示有两个集中质量的体系却只有一个振动自由度。对于较为复杂的体系，可以采用在集中质量处增加刚性链杆以限制质量运动的方法来确定振动体系的自由度数。此时，体系振动的自由度数就等于约束所有质量的运动所需增加的最少链杆数目。如图 15-6-3（a）所示体系有 4 个振动自由度，见图 15-6-3（b）。

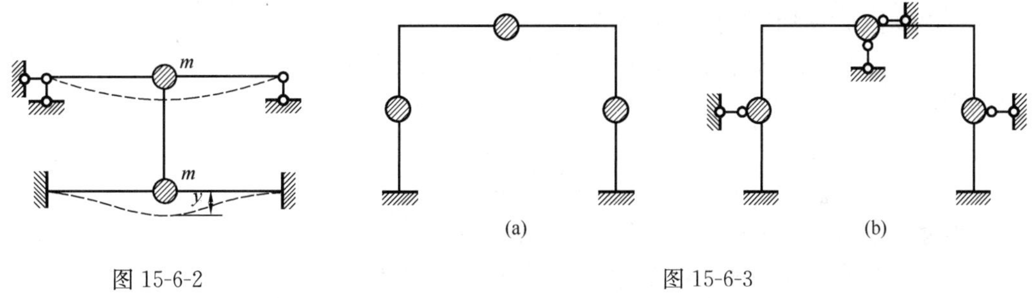

图 15-6-2　　　　图 15-6-3

★★★二、单自由度体系的无阻尼自由振动

自由振动是指在没有动力作用下结构所发生的振动。体系的自由振动可以通过对质量施加初位移或初速度而激发产生。

如图 15-6-4（a）所示代表一单自由度体系的自由振动，不考虑阻尼。采用图 15-6-4（b）所示的弹簧模型来表示图 15-6-4（a），并且建立坐标系，取隔离体如图 15-6-4（c）所示，弹性力（也称恢复力）为 ky，根据达朗贝尔原理，列出其平衡方程为：

$$m\ddot{y}+ky=0 \qquad (15\text{-}6\text{-}1)$$

这就是从力系平衡角度建立的自由振动微分方程。这种推导方法称为刚度法。

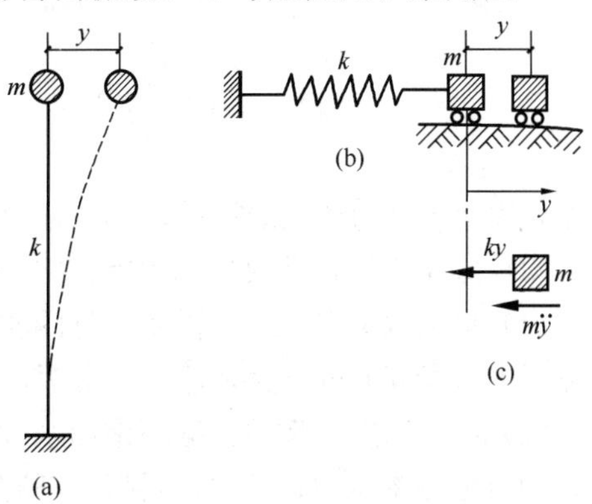

图 15-6-4

另外，自由振动微分方程也可从位移协调角度来推导。用 F_I 表示惯性力：$F_I=-m\ddot{y}$；用 δ 表示弹簧的柔度系数（即在单位力作用下

所产生的位移)，其值与刚度系数 k 互为倒数：$\delta=1/k$，则质量 m 的位移为：

$$y=F_{\mathrm{I}}\delta=(-m\ddot{y})\delta \tag{15-6-2}$$

上式表明，质量 m 在运动过程中任一时刻的位移等于在当时惯性力作用下的静力位移。这种推导方法称为柔度法。

在以上两式中令：

$$\omega^2=\frac{k}{m}=\frac{1}{m\delta} \tag{15-6-3}$$

则单自由度体系无阻尼自由振动方程统一形式为：

$$\ddot{y}+\omega^2 y=0 \tag{15-6-4}$$

其解为：

$$y(t)=y_0\cos\omega t+\frac{v_0}{\omega}\sin\omega t=a\sin(\omega t+\alpha) \tag{15-6-5}$$

其中

$$a=\sqrt{y_0^2+\frac{v_0^2}{\omega^2}},\ \alpha=\arctan\left(\frac{y_0\omega}{v_0}\right)$$

式中，y_0 为初位移；v_0 为初速度；a 为振幅，其代表了振动时最大的位移幅度；α 为初始相位角。

单自由度体系的无阻尼自由振动特征：

(1) 单自由度体系的自由振动是一种周期性的简谐运动，质量完成一周简谐运动所需的时间为：

$$T=\frac{2\pi}{\omega} \tag{15-6-6}$$

T 称为体系的自振周期，其常用单位为秒（s）。

(2) 体系在单位时间内振动的次数，即其振动频率 f 为：

$$f=\frac{1}{T} \tag{15-6-7}$$

f 常称为工程频率，其单位为赫兹（Hz）。

(3) ω 称为圆频率，在结构动力学中，通常将体系作无阻尼自由振动时的圆频率称为自振频率。由式（15-6-3）可得 ω 的计算公式为：

$$\omega=\sqrt{\frac{k}{m}}=\sqrt{\frac{1}{m\delta}}=\sqrt{\frac{g}{W\delta}}=\sqrt{\frac{g}{\Delta_{\mathrm{st}}}} \tag{15-6-8}$$

式中，$W=mg$ 为体系的重量；Δ_{st} 表示 W 沿运动自由度方向作用于质量时产生的静位移。

自振频率是结构重要的动力特性之一。由以上的分析可以看出：

(1) 自振频率仅取决于体系本身的质量和刚度，与外界激发自由振动的因素无关。它是体系本身所固有的属性，所以也称为固有频率。

(2) 单自由度体系的自振频率和刚度与质量比值的平方根成正比。刚度越大或质量越小，则自振频率越高；反之，自振频率越低。

一般地，静定结构因单位荷载作用下的内力容易求得，柔度系数 δ 也就相对比较容易求得，故用 δ 计算 ω_i；对于超静定结构，大多数情况下求其刚度系数 k 比较方便，故用 k 计算 ω。

【例 15-6-1】（历年真题）如图所示结构，质量 m 在杆件中点，$EI=\infty$，弹簧刚度为 k。该体系自振频率为：

A. $\sqrt{\dfrac{9k}{4m}}$　　B. $\sqrt{\dfrac{2k}{m}}$

C. $\sqrt{\dfrac{9k}{2m}}$　　D. $\sqrt{\dfrac{4k}{m}}$

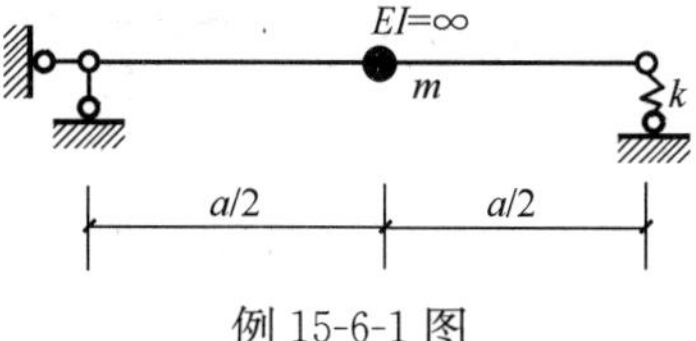

例 15-6-1 图

【解答】 EI 为无穷大，在梁跨的中点处加 $P=1$，则：弹簧受力 $=1\times\dfrac{a}{2}/a=\dfrac{1}{2}$

$$\Delta=\frac{\frac{1}{2}}{k}=\frac{1}{2k}$$

梁跨的中点处位移 $\delta=\dfrac{1}{2}\Delta=\dfrac{1}{4k}$

$$f=\sqrt{\frac{1}{m\delta}}=\sqrt{\frac{4k}{m}}$$

应选 D 项。

【例 15-6-2】（历年真题）如图所示梁 $EI=$ 常数。弹簧刚度为 $k=\dfrac{48EI}{l^3}$，梁的质量忽略不计，则结构的自振频率为：

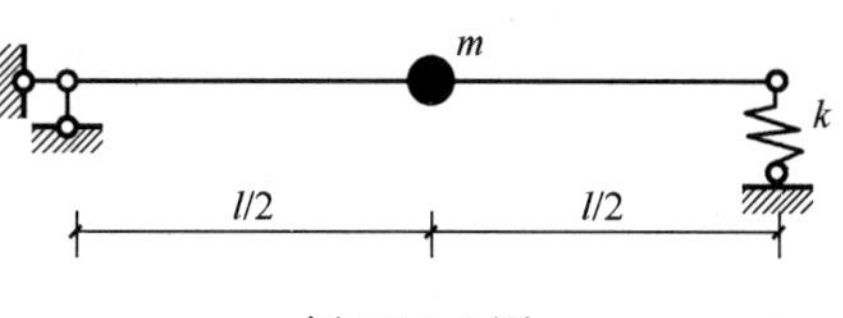

例 15-6-2 图

A. $\sqrt{\dfrac{32EI}{ml^3}}$　　B. $\sqrt{\dfrac{192EI}{5ml^3}}$

C. $\sqrt{\dfrac{192EI}{9ml^3}}$　　D. $\sqrt{\dfrac{96EI}{9ml^3}}$

【解答】 在梁跨中点处施加单位荷载 $P=1$，则：

$$\Delta_{1p}=\frac{Pl^3}{48EI}=\frac{l^3}{48EI}$$

弹簧受力为 $\dfrac{1}{2}$，其产生的梁中点处的位移：

$$\Delta_{1k}=\frac{\frac{1}{2}}{k}\times\frac{1}{2}=\frac{l^3}{4\times48EI}$$

$$\delta=\Delta_{1p}+\Delta_{1k}=\frac{5l^3}{192EI}$$

$$\omega=\sqrt{\frac{1}{m\delta}}=\sqrt{\frac{192EI}{5ml^3}}$$

应选 B 项。

【例 15-6-3】（历年真题）图示（a）所示体系杆的质量不计，$EI_1=\infty$，则体系的自振频率 ω 等于：

A. $\sqrt{\dfrac{3EI}{ml}}$　　B. $\dfrac{1}{h}\sqrt{\dfrac{3EI}{ml}}$　　C. $\dfrac{2}{h}\sqrt{\dfrac{3EI}{ml}}$　　D. $\dfrac{1}{h}\sqrt{\dfrac{EI}{3ml}}$

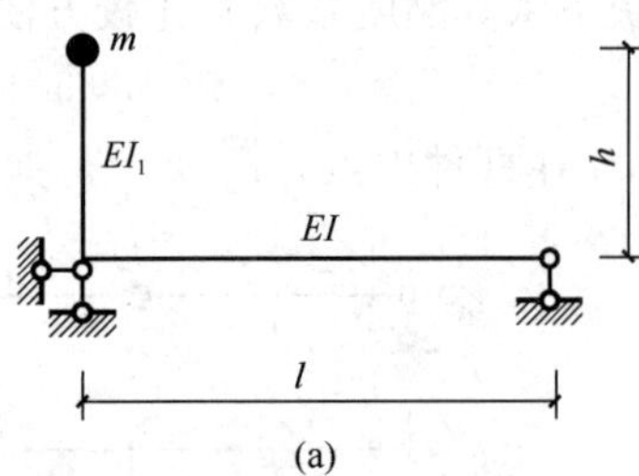

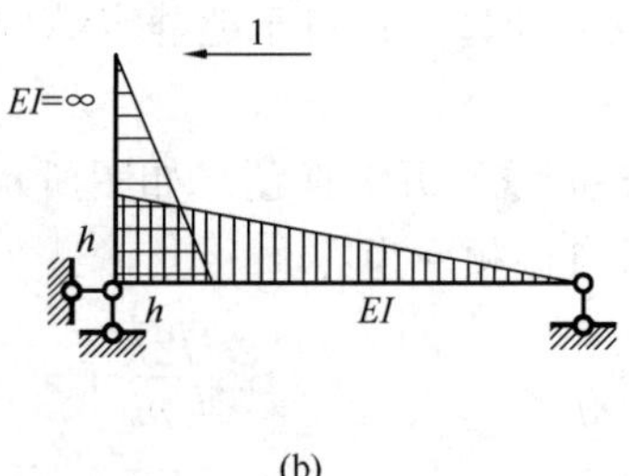

例 15-6-3 图

【解答】 如图（b）所示，则：

$$\delta=\frac{1}{EI}\left(\frac{1}{2}hl\times\frac{3}{2}h\right)=\frac{h^2l}{3EI}$$

$$\omega=\sqrt{\frac{1}{m\delta}}=\frac{1}{h}\sqrt{\frac{3EI}{ml}}$$

应选 B 项。

【例 15-6-4】 图示体系，横梁单位长度的质量为 m_0，柱子质量不计，则其自振频率为：

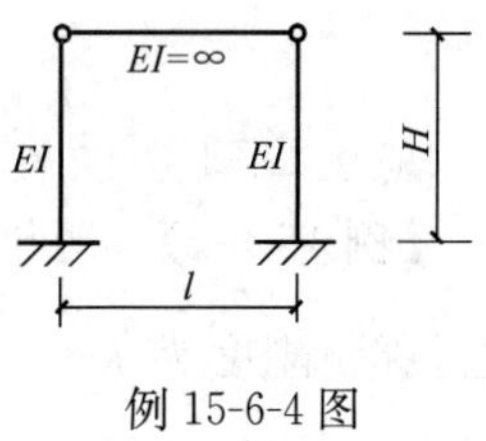

例 15-6-4 图

A. $\sqrt{\frac{3EI}{m_0lH^3}}$　　B. $\sqrt{\frac{4EI}{m_0lH^3}}$

C. $\sqrt{\frac{6EI}{m_0lH^3}}$　　D. $\sqrt{\frac{8EI}{m_0lH^3}}$

【解答】 两根排架柱的抗侧移刚度为：$2\times\frac{3EI}{H^3}$

$$\omega=\sqrt{\frac{k}{m}}=\sqrt{\frac{6EI}{H^3}\cdot\frac{1}{m_0l}}=\sqrt{\frac{6EI}{m_0lH^3}}$$

应选 C 项。

【例 15-6-5】（历年真题）无阻尼等截面梁承受一静力荷载 P，如图（a）所示，设在 $t=0$ 时，撤掉荷载 P，点 m 的动位移为：

A. $y(t)=\frac{Pl^3}{3EI}\cos\sqrt{\frac{3EI}{ml^3}}t$

B. $y(t)=\frac{Pl^3}{3EI}\sin\sqrt{\frac{3EI}{ml^3}}t$

C. $y(t)=\frac{Pl^3}{8EI}\cos\sqrt{\frac{3EI}{ml^3}}t$

D. $y(t)=\frac{Pl^3}{8EI}\sin\sqrt{\frac{3EI}{ml^3}}t$

例 15-6-5 图

【解答】 当 $t=0$ 时，撤掉 P，此时位移量大，故 B、D 项错误。

如图（b）所示，该结构的 $\delta=\frac{1}{EI}\cdot\frac{l}{2}\cdot l\cdot\frac{2l}{3}=\frac{l^3}{3EI}$

$y_{\max}=P\delta=\frac{Pl^3}{3EI}$，应选 A 项。

★★★三、单自由度体系的无阻尼强迫振动

强迫振动（也称受迫振动）是指体系在动力作用下产生的振动。设单自由度体系在质量 m 处沿质量自由度方向作用一个动力荷载 $F_P(t)$，其无阻尼强迫振动的运动方程为：

$$m\ddot{y}+ky=F_P(t) \tag{15-6-9}$$

令 $\omega^2=\dfrac{k}{m}$，上式变为：

$$\ddot{y}+\omega^2 y=\frac{F_P(t)}{m} \tag{15-6-10}$$

下面分别介绍常见动力作用下体系的动力响应情况。

1. 简谐荷载

$$F_P(t)=F\sin\theta t \tag{15-6-11}$$

式中，θ 为简谐荷载的圆频率；F 为荷载的幅值。将式（15-6-11）代入式（15-6-9），得运动方程为：

$$\ddot{y}+\omega^2 y=\frac{F}{m}\sin\theta t \tag{15-6-12}$$

其全解为：

$$y(t)=\frac{v_0}{\omega}\sin\omega t+y_0\cos\omega t-\frac{F}{m(\omega^2-\theta^2)}\cdot\frac{\theta}{\omega}\sin\omega t+\frac{F}{m(\omega^2-\theta^2)}\sin\theta t \tag{15-6-13}$$

式（15-6-13）中的前三项都是频率为 ω 的自由振动。当有阻尼存在时，前三项所代表的自由振动都将迅速衰减。第四项纯强迫振动，由于它的振幅和频率都是恒定的，因而称为稳态强迫振动。单自由度体系在简谐荷载作用下的稳态响应为：

$$y(t)=\frac{F}{m(\omega^2-\theta^2)}\sin\theta t=\frac{1}{1-\dfrac{\theta^2}{\omega^2}}\cdot\frac{F}{m\omega^2}\sin\theta t=\mu y_{st}\sin\theta t \tag{15-6-14}$$

式中，y_{st} 为将动力荷载幅值 F 作为静力荷载作用于体系时所引起的静位移，而

$$\mu=\frac{y_{max}}{y_{st}}=\frac{1}{1-\dfrac{\theta^2}{\omega^2}} \tag{15-6-15}$$

μ 代表了动位移幅值与静位移之比，称为动力系数。动力系数反映了惯性力的影响。动力系数 μ 的值取决于激振力频率与自振频率的比值 $\dfrac{\theta}{\omega}$，两者之间的关系见图 15-6-5，图中纵坐标取 μ 的绝对值。

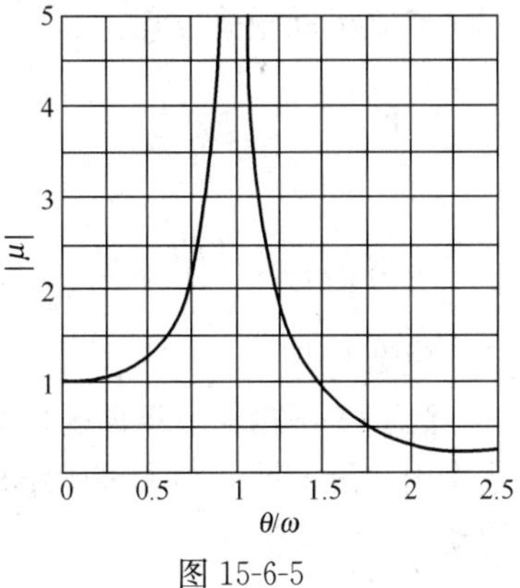

图 15-6-5

由以上的分析可见：

（1）稳态强迫振动的频率与荷载的变化频率相同，且动位移、惯性力以及体系的动内力均与干扰力同时达到幅值。

（2）当 $\theta\ll\omega$，$\left(\dfrac{\theta}{\omega}\right)^2\rightarrow 0$ 时，$\mu\rightarrow 1$，这种情况相当于静力作用。通常当 $\dfrac{\theta}{\omega}\leqslant\dfrac{1}{5}$ 时，可按静力方法计算振幅。

(3) 当$\theta \gg \omega$，$\left(\frac{\theta}{\omega}\right)^2 \rightarrow \infty$时，$\mu \rightarrow 0$，表明当干扰力频率远大于体系的自振频率时，动位移将趋于零。

(4) 当$\theta \rightarrow \omega$时，$\mu \rightarrow \infty$，即体系的振幅将趋于无穷大。实际结构都有阻尼，振幅不可能趋于无穷大，但体系的振幅很大，这种现象称为共振。为了避免共振现象的发生，一般应控制$\frac{\theta}{\omega}$值，避开$0.75<\frac{\theta}{\omega}<1.25$的共振区段。

2. 突加荷载

突加荷载后，质点是围绕其静力平衡位置$y=y_{st}$作简谐运动，动力系数为：$\mu=y_{max}/y_{st}=2$。

【例 15-6-6】(历年真题) 不计阻尼时，如图 (a) 所示体系的运动方程为：

A. $m\ddot{y}+\frac{24EI}{l^3}y=M\sin\theta t$　　B. $m\ddot{y}+\frac{24EI}{l^3}y=\frac{3}{l}M\sin\theta t$

C. $m\ddot{y}+\frac{3EI}{l^3}y=\frac{3}{2l}M\sin\theta t$　　D. $m\ddot{y}+\frac{3EI}{l^3}y=\frac{3}{8l}M\sin\theta t$

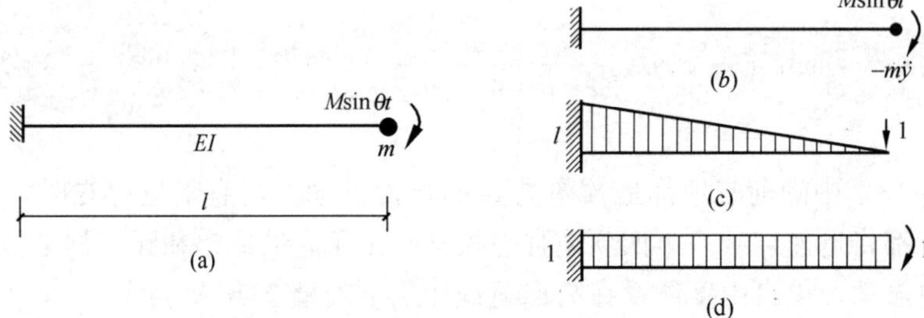

例 15-6-6 图

【解答】 质点m的位移由惯性力$(-m\ddot{y})$和动荷载$M\sin\theta t$构成，如图 (b) 所示，故采用叠加法，如图 (c)、(d) 所示，分别求出δ_{11}、δ_{12}。

$$\delta_{11}=\frac{l}{2EI}\times l\times\frac{2}{3}l=\frac{l^3}{3EI}$$

$$\delta_{12}=\frac{l^2}{2EI}$$

建立运动微分方程：

$$\begin{aligned}y&=\delta_{11}(-m\ddot{y})+\delta_{12}M\sin\theta t\\&=-m\ddot{y}\frac{l^3}{3EI}+\frac{l^2}{2EI}M\sin\theta t\end{aligned}$$

可得：$m\ddot{y}+\frac{3EI}{l^3}y=\frac{3}{2l}M\sin\theta t$

应选 C 项。

【例 15-6-7】(历年真题) 图示单自由度体系受简谐荷载作用，简谐荷载频率等于结构自振频率的 2 倍，则位移的动力放大系数为：

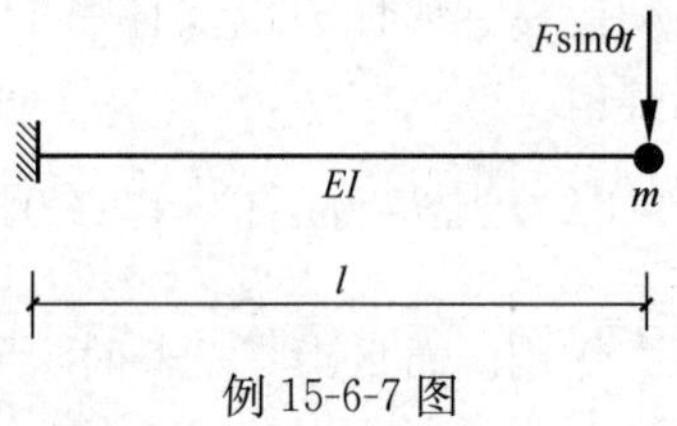

例 15-6-7 图

A. 2　　B. 4/3　　C. −1/2　　D. −1/3

【解答】 $\mu=\dfrac{1}{1-\left(\dfrac{\theta}{\omega}\right)^2}=\dfrac{1}{1-2^2}=-\dfrac{1}{3}$

应选 D 项。

【例 15-6-8】（历年真题）设 μ_a 和 μ_b 分别表示图（a）、（b）所示两结构的位移动力系数，则：

A. $\mu_a=\mu_b/2$

B. $\mu_a=-\mu_b/2$

C. $\mu_a=\mu_b$

D. $\mu_a=-\mu_b$

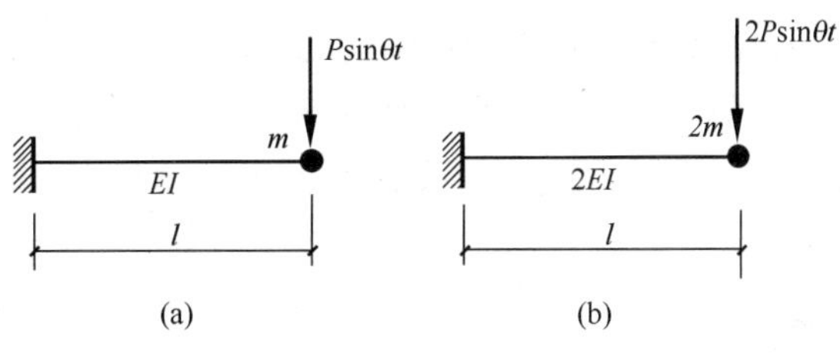

例 15-6-8 图

【解答】根据 $\mu=\dfrac{1}{1-\left(\dfrac{\theta}{\omega}\right)^2}$

题目图（a）、（b）中的 θ 相同，$\delta_a=2\delta_b$

$$\omega_a=\sqrt{\frac{1}{m\delta_a}},\ \omega_b=\sqrt{\frac{1}{2m\delta_b}},\ \text{则：}\frac{\omega_a}{\omega_b}=1$$

故 $\mu_a=\mu_b$，应选 C 项。

★★★四、单自由度体系有阻尼自由振动

实际结构都有阻尼，常采用黏滞阻尼，即：阻尼力是与质点运动的速度成正比，方向与速度方向相反，用公式表达如下：

$$F_D=-c\dot{y} \tag{15-6-16}$$

式中，F_D 为阻尼力；c 为黏滞阻尼系数。

具有黏滞阻尼的自由振动方程为：

$$m\ddot{y}+c\dot{y}+ky=0 \tag{15-6-17}$$

令

$$\omega^2=\frac{k}{m},\ \xi=\frac{c}{2m\omega} \tag{15-6-18}$$

式（15-6-17）可改写为：

$$\ddot{y}+2\xi\omega\dot{y}+\omega^2y=0 \tag{15-6-19}$$

式中，ω 为自振频率；ξ 则反映了阻尼的大小，称为阻尼比。

在实际工程中一般不会发生 $\xi>1$ 的情况，故下面介绍 $\xi\leqslant1$ 的情况。

1. 低阻尼（$\xi<1$）

动位移的表达式可写为：

$$\begin{aligned}y(t)&=e^{-\xi\omega t}\left(y_0\cos\omega_d t+\frac{v_0+\xi\omega y_0}{\omega_d}\sin\omega_d t\right)\\&=e^{-\xi\omega t}a\sin(\omega_d t+\alpha)\end{aligned} \tag{15-6-20}$$

其中

$$\alpha = \sqrt{y_0^2 + \frac{(v_0 + \xi\omega y_0)^2}{\omega_d^2}}$$

$$\alpha = \arctan \frac{y_0 \omega_d}{v_0 + \xi\omega y_0}$$

$$\omega_d = \omega\sqrt{1-\xi^2}$$

ω_d 称为有阻尼自由振动的角频率。

由式(15-6-20)可以作出有阻尼自由振动的y-t曲线(也称位移-时程曲线)，如图 15-6-6 所示，这是一条逐渐衰减的波动曲线。

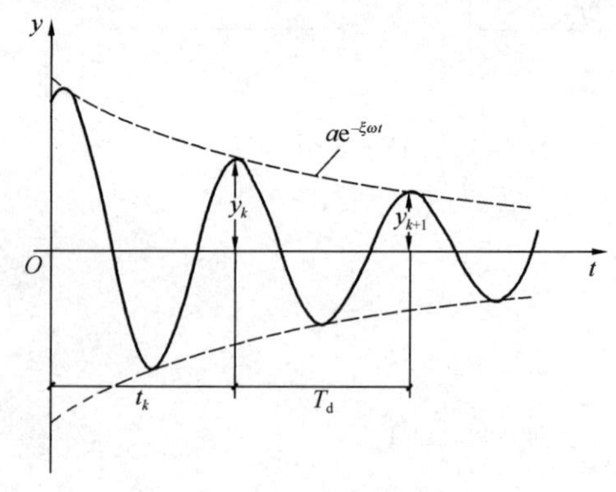

图 15-6-6　位移-时程曲线

从上述分析可以看出：

(1) 体系的运动含有简谐振动的因子，其频率 ω_d 及两相邻极限位置之间的时间间隔(即周期) $T_d = \frac{2\pi}{\omega_d}$仍为常数，但振幅 $ae^{-\xi\omega t}$ 随时间按指数规律减小。阻尼比越大，则振幅的衰减越快。严格地说，此时运动已没有周期性，故称其为衰减振动。

(2) 一般的建筑结构的阻尼比 ξ 的值很小，约在 0.01～0.1 之间，此时，有阻尼自由振动的频率和周期与无阻尼时十分接近。因此，在实际计算中，可以近似地取 $\omega_d \approx \omega$，$T_d \approx T$。

(3) 每经过一个时间间隔 T_d，相邻的两个振幅 y_k 与 y_{k+1} 比值的对数为：

$$\ln \frac{y_k}{y_{k+1}} = \xi\omega T_d = \xi\omega \frac{2\pi}{\omega_d} \approx 2\pi\xi \tag{15-6-21}$$

$\ln \frac{y_k}{y_{k+1}}$称为振幅的对数递减率。在经过 n 次波动后有：

$$\ln \frac{y_k}{y_{k+n}} \approx 2n\pi\xi$$

于是，阻尼比可表达为：

$$\xi = \frac{1}{2n\pi} \ln \frac{y_k}{y_{k+n}} \tag{15-6-22}$$

2. 临界阻尼 (ξ=1)

当 ξ=1 时，体系的运动已不具有波动性质。此时，所对应的阻尼系数称为临界阻尼系数，记为 c_{cr}，则由式 (15-6-18) 可得：

$$c_{cr} = 2m\omega = 2\sqrt{mk} \tag{15-6-23}$$

于是，阻尼比可表达为：

$$\xi = \frac{c}{c_{cr}} \tag{15-6-24}$$

可知，阻尼比等于实际阻尼系数与临界阻尼系数之比，这也就是阻尼比名称的由来。

【例 15-6-9】(历年真题) 单自由度体系自由振动时实测 10 周后振幅衰减为最初的 1%，则阻尼比为：

A. 0.1025　　B. 0.0950　　C. 0.0817　　D. 0.0733

【解答】　$\xi=\frac{1}{2\pi n}\ln\frac{y_k}{y_{k+n}}=\frac{1}{2\pi\times 10}\ln\frac{1}{1\%}=0.0733$

应选 D 项。

【例 15-6-10】（历年真题）单自由度体系自由振动时，实测振动 5 周后振动衰减为 $y_5=0.04y_0$，则阻尼比等于：

A. 0.05　　B. 0.02　　C. 0.008　　D. 0.1025

【解答】　$\xi=\frac{1}{2\pi n}\ln\frac{y_k}{y_{k+n}}=\frac{1}{2\pi\times 5}\ln\frac{1}{0.04}=0.1025$

应选 D 项。

★五、单自由度体系有阻尼强迫振动

采用黏滞阻尼时，单自由度体系有阻尼受迫振动的运动方程为：

$$m\ddot{y}+c\dot{y}+ky=F_P(t)$$

或写成

$$\ddot{y}+2\xi\omega\dot{y}+\omega^2y=\frac{F_P(t)}{m} \tag{15-6-25}$$

1. 简谐荷载

将 $F_P(t)=F\sin\theta t$ 代入式（15-6-25），即得简谐荷载作用下有阻尼受迫振动的运动方程：

$$\ddot{y}+2\xi\omega\dot{y}+\omega^2y=\frac{F}{m}\sin\theta t \tag{15-6-26}$$

上式的一般解由两部分组成，第一部分是频率为 ω_d 的自由振动，其因阻尼的作用随时间迅速完成；第二部分是按动力荷载频率 θ 的有阻尼稳态强迫振动，即：

$$y(t)=A\sin(\theta t-\alpha) \tag{15-6-27}$$

其中

$$A=\frac{F}{m\omega^2}\cdot\frac{1}{\sqrt{\left(1-\frac{\theta^2}{\omega^2}\right)^2+4\xi^2\frac{\theta^2}{\omega^2}}}=y_{st}\mu \tag{15-6-28}$$

$$\alpha=\arctan\left(\frac{2\xi\frac{\theta}{\omega}}{1-\frac{\theta^2}{\omega^2}}\right) \tag{15-6-29}$$

式中，A、α 分别为有阻尼稳态振动的振幅和相位角。由式（15-6-28），动力系数 μ 可表示为：

$$\mu=\frac{1}{\sqrt{\left(1-\frac{\theta^2}{\omega^2}\right)^2+4\xi^2\frac{\theta^2}{\omega^2}}} \tag{15-6-30}$$

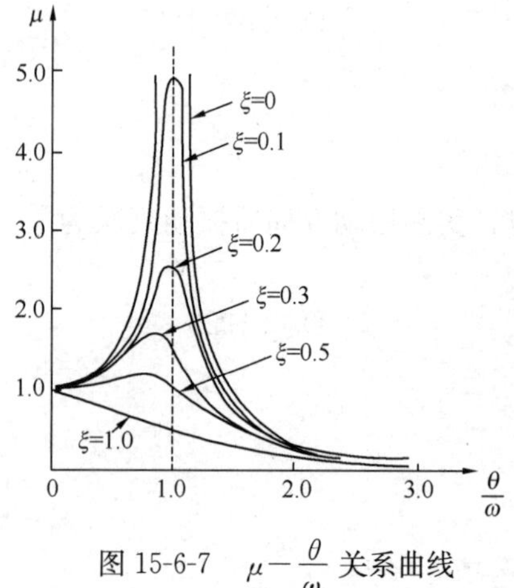

图 15-6-7　$\mu-\frac{\theta}{\omega}$ 关系曲线

上式表明动力系数μ不仅与频率比$\frac{\theta}{\omega}$有关，而且还与阻尼比ξ有关，图 15-6-7 给出了对应不同ξ值时μ与$\frac{\theta}{\omega}$之间的关系曲线。

由以上的分析可见：

（1）阻尼对简谐荷载下的动力系数影响较大，动力系数μ随阻尼比ξ的增大而迅速减小。特别是在$\frac{\theta}{\omega}$值趋近 1 时，μ的峰值因阻尼作用而下降最为显著。

（2）在$\frac{\theta}{\omega}=1$的共振情况下，动力系数为：

$$\mu=\frac{1}{2\xi} \tag{15-6-31}$$

（3）有阻尼时，质量的动位移比动力荷载滞后一个相位角。

1）当$\frac{\theta}{\omega}\to 0$时，即$\theta\ll\omega$时，$\alpha\to 0$，说明$y(t)$与$F_P(t)$趋于同向。此时体系因振动速度慢，惯性力和阻尼力均不明显，动力荷载主要由恢复力平衡，与静力作用时的情况相似。

2）当$\frac{\theta}{\omega}\to\infty$时，即$\theta\gg\omega$时，$\alpha\to\pi$，说明$y(t)$与$F_P(t)$趋于反向。$\mu\to 0$，即体系的动位移趋于零，动力荷载主要由惯性力平衡，体系的动内力趋于零。

3）当$\frac{\theta}{\omega}\to 1$时，即$\theta\approx\omega$共振时，$\alpha\to\frac{\pi}{2}$，这时，惯性力与弹性力平衡，而动力荷载与阻尼力平衡。因此，在$0.75<\frac{\theta}{\omega}<1.25$的共振区内，阻尼对体系的动力响应将起重要作用。

2. 突加荷载

突加荷载作用于质量上，对于一般的建筑物，通常有$0.01<\xi<0.1$，其动力系数近似取为：

$$\mu=1+e^{-\xi\pi} \tag{15-6-32}$$

★六、多自由度体系的自由振动

按建立运动方程的方法，多自由度体系自由振动的求解方法有两种：刚度法和柔度法。刚度法是从平衡方程出发建立基本微分方程，柔度法从位移协调方程出发建立基本微分方程。

1. 刚度法

如图 15-6-8 所示，F_{s1}、F_{s2}均为弹性力，$F_{s1}=k_{11}y_1(t)+k_{12}y_2(t)$，$F_{s2}=k_{21}y(t)+k_{22}y(t)$，根据达朗贝尔原理，可列出平衡方程如下：

$$\left.\begin{aligned}m_1\ddot{y}_1(t)+k_{11}y_1(t)+k_{12}y_2(t)=0\\ m_2\ddot{y}_2(t)+k_{21}y_1(t)+k_{22}y_2(t)=0\end{aligned}\right\} \tag{15-6-33}$$

假设两个质点为简谐振动，上式的解设为如下形式：

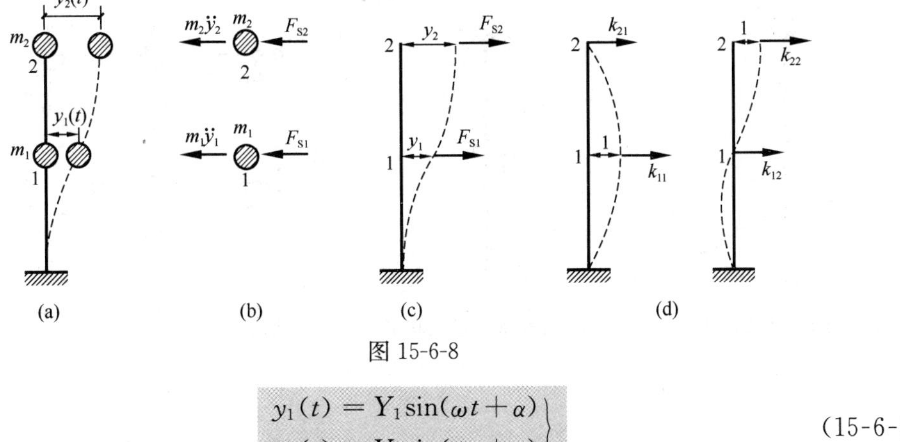

图 15-6-8

$$\left.\begin{array}{l}y_1(t)=Y_1\sin(\omega t+\alpha)\\y_2(t)=Y_2\sin(\omega t+\alpha)\end{array}\right\}\tag{15-6-34}$$

上式所表示的运动具有以下特点：

(1) 在振动过程中，两个质点具有相同的频率 ω 和相同的相位角 α，Y_1 和 Y_2 是位移幅值。

(2) 在振动过程中，两个质点的位移在数值上随时间而变化，但二者的比值始终保持不变，即：

$$\frac{y_1(t)}{y_2(t)}=\frac{Y_1}{Y_2}=\text{常数}$$

这种结构位移形状保持不变的振动形式可称为主振型或振型。

将式（15-6-34）代入式（15-6-33），经整理后得：

$$\left.\begin{array}{l}(k_{11}-\omega^2m_1)Y_1+k_{12}Y_2=0\\k_{21}Y_1+(k_{22}-\omega^2m_2)Y_2=0\end{array}\right\}\tag{15-6-35}$$

上式称为刚度法的振型方程（或特征向量方程），为求 Y_1、Y_2 的非零解，应使上式的系数行列式为零，即：

$$D=\begin{vmatrix}k_{11}-\omega^2m_1 & k_{12}\\k_{21} & k_{22}-\omega^2m_2\end{vmatrix}=0\tag{15-6-36}$$

上式称为刚度法的频率方程（或特征方程），用它可以求出第一频率 ω_1 和第二频率 ω_2；然后，分别将 ω_1、ω_2 代入式（15-6-35）中任一式，可得相应的两个主振型分别为：

$$\frac{Y_{11}}{Y_{21}}=-\frac{k_{12}}{k_{11}-\omega_1^2m_1}$$

$$\frac{Y_{12}}{Y_{22}}=\frac{k_{12}}{k_{11}-\omega_2^2m_1}$$

Y_{11}和 Y_{21}分别表示第一振型中质点 1 和 2 的振幅，见图 15-6-9（a）；Y_{12}和 Y_{22}分别表示第二振型中质点 1 和 2 的振幅，见图 15-6-9（b）。

2. 柔度法

如图 15-6-10 所示，线弹性体系，可应用叠加原理，列出运动方程如下：

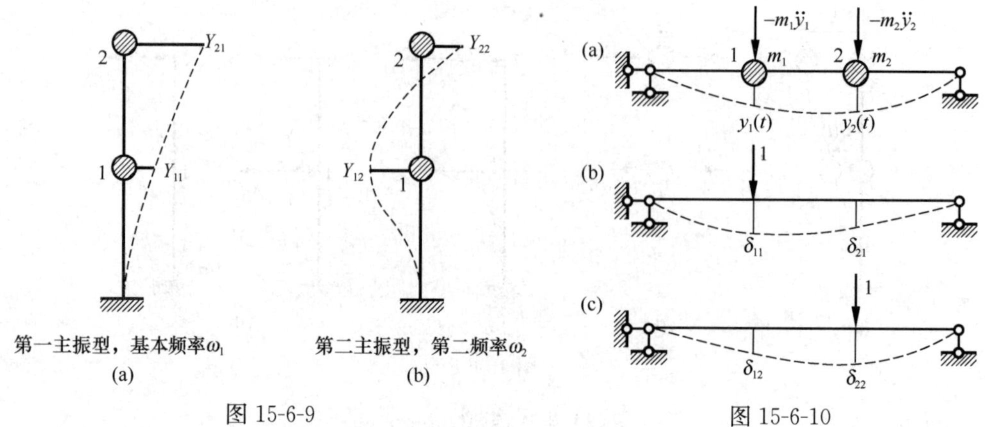

图 15-6-9　　　　图 15-6-10

$$\left.\begin{aligned}y_1(t) &= -m_1\ddot{y}_1(t)\delta_{11} - m_2\ddot{y}_2(t)\delta_{12}\\ y_2(t) &= -m_1\ddot{y}_1(t)\delta_{21} - m_2\ddot{y}_2(t)\delta_{22}\end{aligned}\right\} \tag{15-6-37}$$

假设两个质点为简谐振动，其解为式（15-6-34），即：

$$\left.\begin{aligned}y_1(t) &= Y_1\sin(\omega t+\alpha)\\ y_2(t) &= Y_2\sin(\omega t+\alpha)\end{aligned}\right\}$$

将上式代入式（15-6-37），经整理后得：

$$\left.\begin{aligned}\left(\delta_{11}m_1-\frac{1}{\omega^2}\right)Y_1+\delta_{12}m_2Y_2 &= 0\\ \delta_{21}m_1Y_1+\left(\delta_{22}m_2-\frac{1}{\omega^2}\right)Y_2 &= 0\end{aligned}\right\} \tag{15-6-38}$$

上式称为柔度法的振型方程（或特征向量方程），为使上式的 Y_1、Y_2 具有非零解，则：

$$D=\begin{vmatrix}\left(\delta_{11}m_1-\dfrac{1}{\omega^2}\right) & \delta_{12}m_2\\ \delta_{21}m_1 & \left(\delta_{22}m_2-\dfrac{1}{\omega^2}\right)\end{vmatrix}=0 \tag{15-6-39}$$

上式称柔度法的频率方程（或特征方程）。由上式可求出 ω_1、ω_2；然后，分别将 ω_1、ω_2 代入式（15-6-38）中任一式，可得相应的两个主振型分别为：

$$\frac{Y_{21}}{Y_{11}}=\frac{\dfrac{1}{\omega_1^2}-\delta_{11}m_1}{\delta_{12}m_2}$$

$$\frac{Y_{22}}{Y_{12}}=\frac{\dfrac{1}{\omega_2^2}-\delta_{11}m_1}{\delta_{12}m_2}$$

其振型图如图 15-6-11 所示。

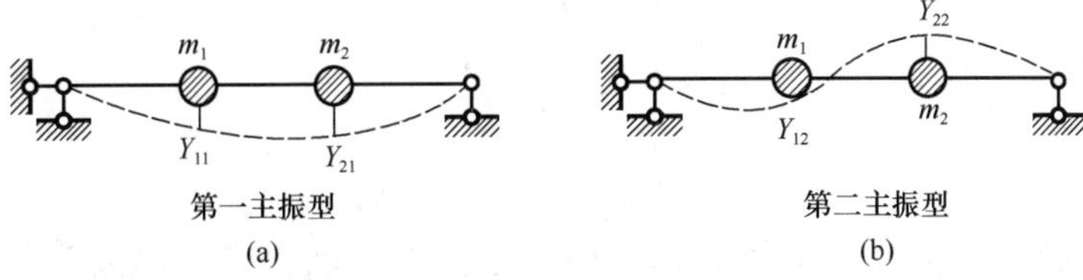

图 15-6-11　振型图

3. 主振型的正交性

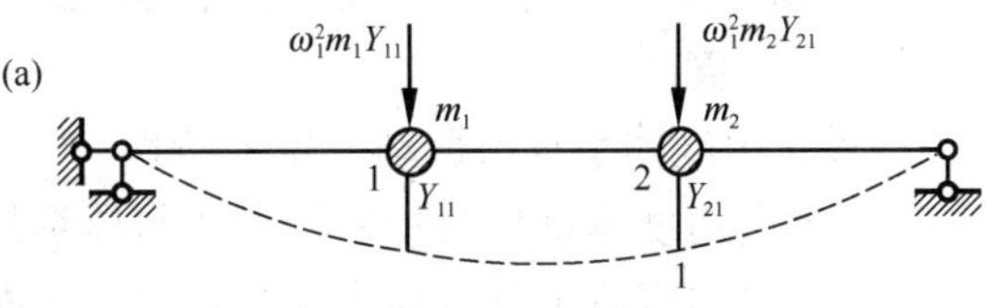

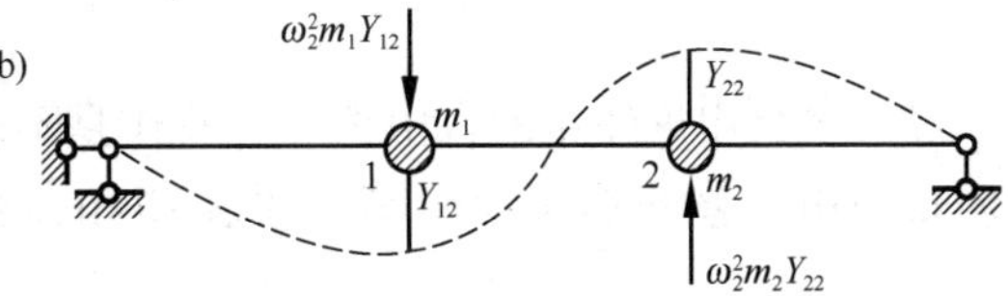

图 15-6-12　主振型的正交性

图 15-6-12（a）为第一主振型，频率为 ω_1，振幅为（Y_{11}、Y_{21}），其值正好等于相应惯性力（$\omega_1^2 m_1 Y_{11}$、$\omega_1^2 m_2 Y_{21}$）所产生的静位移。

图 15-6-12（b）为第二主振型，频率为 ω_2，振幅为（Y_{12}、Y_{22}），其值正好等于相应惯性力（$\omega_2^2 m_1 Y_{12}$、$\omega_2^2 m_2 Y_{22}$）所产生的静位移。

对两种静力平衡状态应用功的互等定理，可得：

$$(\omega_1^2 m_1 Y_{11})Y_{12} + (\omega_1^2 m_2 Y_{21})Y_{22} = (\omega_2^2 m_1 Y_{12})Y_{11} + (\omega_2^2 m_2 Y_{22})Y_{21}$$

移项后，可得：

$$(\omega_1^2 - \omega_2^2)(m_1 Y_{11} Y_{12} + m_2 Y_{21} Y_{22}) = 0$$

如果 $\omega_1 \neq \omega_2$，则有：

$$m_1 Y_{11} Y_{12} + m_2 Y_{21} Y_{22} = 0$$

上式就是两个主振型之间存在的第一个正交关系。推广到 n 个自由度体系，则有：

$$m_1 Y_{12} Y_{1j} + \cdots + m_k Y_{ki} Y_{kj} + \cdots + m_n Y_{ni} Y_{nj} = 0 \tag{15-6-40}$$

若写成矩阵形式，则：

$$(Y_{1i} \quad Y_{2i} \cdots\cdots Y_{ni}) \begin{bmatrix} m_1 & & & 0 \\ & m_2 & & \\ & & \ddots & \\ 0 & & & m_n \end{bmatrix} \begin{Bmatrix} Y_{1j} \\ Y_{2j} \\ \vdots \\ Y_{nj} \end{Bmatrix} = 0 \ (i \neq j)$$

或简写为：

$$\boldsymbol{Y}^{(i)\mathrm{T}} \boldsymbol{M} \boldsymbol{Y}^{(j)} = 0 \quad (i \neq j) \tag{15-6-41}$$

上式表明多自由度体系任意两个主振型之间存在以质量作为权的正交性，或称为第一正交性。

由式（15-6-41），可证明得到下式：

$$\boldsymbol{Y}^{(i)\mathrm{T}} \boldsymbol{K} \boldsymbol{Y}^{(j)} = 0 \quad (i \neq j) \tag{15-6-42}$$

上式中 $\boldsymbol{K}$ 为刚度矩阵，即：

$$\boldsymbol{K}=\begin{pmatrix} k_{11} & k_{12} & \cdots & k_{1n} \\ k_{21} & k_{22} & \cdots & k_{2n} \\ \vdots & \vdots & \vdots & \\ k_{n1} & k_{n2} & \cdots & k_{nn} \end{pmatrix}$$

式(15-6-42)表明多自由度体系任意两个主振型之间存在以刚度为权的正交性，或称为第二正交性。

主振型的正交性可用于校核所求主振型的正确性，以及可将多自由度体系的强迫振动转化为单自由度问题等。

4. 多自由度体系自由振动的重要特性

（1）多自由度体系自振频率的个数与体系的自由度数相等。

（2）多自由度体系自振频率及其相应的主振型均为体系固有的动力特性，与外界因素无关。

（3）多自由度体系的自由振动可看作是不同自振频率对应的主振型的线性组合。只有在质量的初位移和初速度与某个主振型相一致的前提下，体系才会按该主振型作简谐振动。

【例 15-6-11】（历年真题）已知结构刚度矩阵 $\boldsymbol{K}=\begin{pmatrix} 20 & -5 & 0 \\ -5 & 8 & -3 \\ 0 & -3 & 3 \end{pmatrix}$，第一主振型为 $\begin{pmatrix} 0.163 \\ 0.569 \\ 1 \end{pmatrix}$，则第二主振型可能为：

A. $\begin{pmatrix} -0.627 \\ -1.227 \\ 1 \end{pmatrix}$　　B. $\begin{pmatrix} -0.924 \\ -1.227 \\ 1 \end{pmatrix}$　　C. $\begin{pmatrix} -0.627 \\ -2.158 \\ 1 \end{pmatrix}$　　D. $\begin{pmatrix} -0.924 \\ -1.823 \\ 1 \end{pmatrix}$

【解答】根据主振型关于刚度矩阵的正交性，采用验证法，对于 B 项：

$$\begin{pmatrix} 0.163 \\ 0.569 \\ 1 \end{pmatrix}^{\mathrm{T}}\begin{pmatrix} 20 & -5 & 0 \\ -5 & 8 & -3 \\ 0 & -3 & 3 \end{pmatrix}\begin{pmatrix} -0.924 \\ -1.227 \\ 1 \end{pmatrix}=0\text{，满足}$$

应选 B 项。

习　　题

15-6-1（历年真题）图示梁的质量沿轴线均匀分布，该结构动力自由度的个数为：

A. 1　　B. 2

C. 3　　D. 无穷多

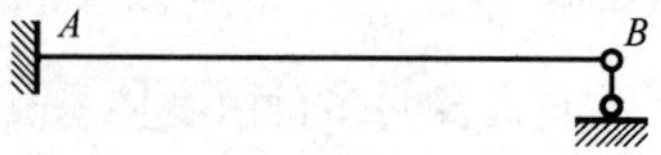

题 15-6-1 图

15-6-2（历年真题）图示结构，忽略轴向变形，梁柱质量忽略不计。该结构动力自由度的个数为：

A. 1　　B. 2　　C. 3　　D. 4

15-6-3（历年真题）图示结构中，若要使其自振频率 ω 增大，可以：

A. 增大 P　　B. 增大 m　　C. 增大 EI　　D. 增大 l

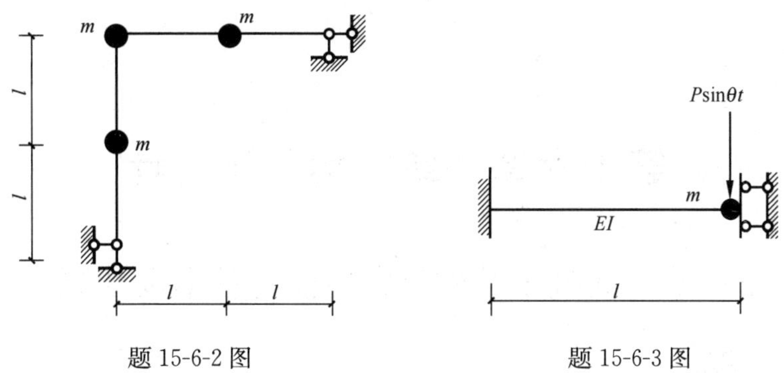

题 15-6-2 图　　　　题 15-6-3 图

15-6-4 （历年真题）有阻尼单自由度体系受简谐荷载作用，当简谐荷载频率等于结构自振频率时，与外荷载平衡的力是：

A. 惯性力　　B. 阻尼力

C. 弹性力　　D. 弹性力+惯性力

15-6-5 （历年真题）设 μ_s 和 μ_b 分别表示图（a）和图（b）两结构的位移动力系数，则：

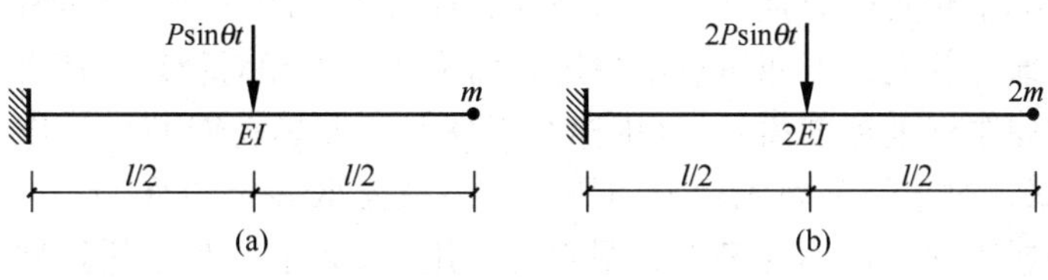

题 15-6-5 图

A. $\mu_a=\frac{1}{2}\mu_b$　　B. $\mu_a=-\frac{1}{2}\mu_b$　　C. $\mu_a=\mu_b$　　D. $\mu=-\mu_b$

15-6-6 （历年真题）单自由度体系自由振动，实测 10 周后振幅衰减为最初的 0.25%，则阻尼比为：

A. 0.25　　B. 0.02　　C. 0.008　　D. 0.0954

第十五章　习题解答

第十六章　结　构　设　计

第一节　混凝土结构材料性能与基本设计原则

★★★一、钢筋

混凝土结构用的线材有钢筋、钢丝和钢绞线三类。钢筋可分为热轧钢筋、冷加工钢筋、热处理钢筋和预应力螺纹钢筋。钢丝是指直径较细并经过冷加工处理的线材，其按加工方法可分为中强度预应力钢丝和消除应力钢丝。钢绞线是指由多根高强钢丝扭结而成，再经过低温回火消除内应力。根据钢筋的力学性能可分为有明显屈服点和明显流幅的软钢、无明显屈服点和无明显流幅的硬钢。其中，热轧钢筋属于软钢。热处理钢筋及消除应力钢丝则为硬钢。

钢筋性能指标主要是屈服强度、极限强度、伸长率、冷弯试验、钢筋疲劳强度等。

屈服强度，通常软钢的上屈服点不稳定，而下屈服点相对稳定，因此，取下屈服点作为屈服强度（即屈服强度标准值）。该指标对于软钢（如热轧钢筋）是作为屈服强度标准值 f_{yk}取值的依据；对于硬钢因无明显屈服点，一般常取残余应变为 0.2%时所对应的应力值作为假定的屈服强度，称为条件屈服强度，用 $\sigma_{0.2}$ 表示。对于热处理钢筋、消除应力钢丝和钢绞线，《混凝土结构设计规范》GB 50010—2010（2015 年版）（以下简称《混规》）统一取极限抗拉强度的 0.85 作为 $\sigma_{0.2}$。

极限强度或抗拉强度，该指标对于硬钢是作为极限强度标准值 f_{ptk}取值的依据；对于软钢，对其有一个最低限值的要求。

伸长率，该指标衡量钢筋塑性性能，是钢筋标准试件拉断时的残余应变，用 δ 表示。国内取应变量测标距 L 为 $5d$ 或 $10d$（d 为钢筋直径），其相应的伸长率用 δ_5 和 δ_{10} 表示，标距不同其伸长率也不同，标距越短，平均残余变形越大。

最大力总延伸率 δ_{gt}（也称均匀延伸率），是指钢筋最大力下的总延伸率。δ_{gt}不受断口-颈缩区域局部变形的影响，反映了钢筋拉断前达到最大力（极限强度）时的均匀应变。根据我国钢筋标准，将 δ_{gt}作为控制钢筋延性的指标。《混凝土结构通用规范》GB 55008—2021 规定，普通钢筋、预应力筋在最大力下的总延伸率 δ_{gt}不应小于表 16-1-1 规定的数值。

普通钢筋及预应力筋在最大力下的总延伸率限值　　表 16-1-1

钢筋品种	普通钢筋				预应筋	
	HPB300	HRB400、HRBF400 HRB500、HRBF500	HRB400E、HRB500E	RRB400	中强度预应力钢丝	其他
δ_{gt}（%）	10.0	7.5	9.0	5.0	4.0	4.5

冷弯试验，它是检验钢筋塑性性能的一种方法，也可以检查钢筋的脆性。冷弯试验的两个主要参数是弯心直径 D 和冷弯角度 α。对不同强度等级的钢筋，其对应的弯心直径 D 和冷弯角度 α 的规定值是不同的。如 HPB300 级钢筋，$\alpha=180°$，$D=d$；对 HRB400 级和

HRB500 级钢筋，$\alpha=180°$，$D=(4\sim8)d$。

钢筋疲劳强度，影响钢筋疲劳强度的主要因素为钢筋疲劳应力幅，即 $\sigma_{max}^{f}-\sigma_{min}^{f}$，《混规》中根据钢筋的疲劳强度设计值，给出了考虑疲劳应力比值的钢筋疲劳应力幅限值。

混凝土结构对钢筋性能的要求有：具有足够的强度和适当的屈强比；足够的塑性；可焊性；低温性能；与混凝土要有良好的粘结力。

《混规》对钢筋的选用规定是：纵向受力普通钢筋可采用 HRB400、HRB500、HRBF400、HRBF500、RRB400、HPB300 钢筋；梁、柱和斜撑构件的纵向受力普通钢筋宜采用 HRB400、HRB500、HRBF400、HRBF500 钢筋；箍筋宜采用 HRB400、HRBF400、HPB300、HRB500、HRBF500 钢筋；预应力筋宜采用预应力钢丝、钢绞线和预应力螺纹钢筋。此外，HPB300 钢筋的直径范围为 6～14mm。

钢筋的强度设计值应按其强度标准值除以钢筋材料分项系数 γ_s 确定。HPB300 的 $\gamma_s=1.10$，HRB400、RRB400 的 $\gamma_s=1.10$，HRB500 的 $\gamma_s=1.15$，预应力筋的 $\gamma_s=1.2$。

普通钢筋、预应力筋及横向钢筋的强度设计值，《混规》规定：

4.2.3　普通钢筋的抗拉强度设计值 f_y、抗压强度设计值 f_y' 应按表 4.2.3-1 采用；预应力筋的抗拉强度设计值 f_{py}、抗压强度设计值 f_{py}'应按表 4.2.3-2 采用。

当构件中配有不同种类的钢筋时，每种钢筋应采用各自的强度设计值。

对轴心受压构件，当采用 HRB500、HRBF500 钢筋时，钢筋的抗压强度设计值 f_y' 应取 400N/mm^2。横向钢筋的抗拉强度设计值 f_{yv}应按表中 f_y的数值采用；但用作受剪、受扭、受冲切承载力计算时，其数值大于 360N/mm^2 时应取 360N/mm^2。

普通钢筋强度设计值（N/mm^2）　　表 4.2.3-1

牌号	抗拉强度设计值 f_y	抗压强度设计值 f_y'
HPB300	270	270
HRB400、HRBF400、RRB400	360	360
HRB500、HRBF500	435	435

预应力筋强度设计值（N/mm^2）　　表 4.2.3-2

种　类	极限强度标准值 f_{ptk}	抗拉强度设计值 f_{py}	抗压强度设计值 f_{py}'
中强度预应力钢丝	800	510	410
	970	650	
	1270	810	
消除应力钢丝	1470	1040	410
	1570	1110	
	1860	1320	
钢绞线	1570	1110	390
	1720	1220	
	1860	1320	
	1960	1390	
预应力螺纹钢筋	980	650	410
	1080	770	
	1230	900	

注：当预应力筋的强度标准值不符合表 4.2.3-2 的规定时，其强度设计值应进行相应的比例换算。

普通钢筋的弹性模量 E_s 可取为：HPB300 的 $E_s=2.10\times10^5$N/mm^2；HRB400、

HRBF400、HRB500、HRBF500、RRB400 的 $E_s=2.00\times10^5\text{N/mm}^2$。预应力筋的弹性模量 E_s 可取为：消除应力钢丝、中强度预应力钢丝的 $E_s=2.05\times10^5\text{N/mm}^2$；钢绞线的 $E_s=1.95\times10^5\text{N/mm}^2$。

【例 16-1-1】（历年真题）钢筋混凝土构件承载力计算中受力钢筋的强度限值为：

A. 有明显流幅的取其极限抗拉强度，无明显流幅的按其条件屈服点取

B. 所有均取其极限抗拉强度

C. 有明显流幅的按其屈服点取，无明显流幅的按其条件屈服点取

D. 有明显流幅的按其屈服点取，无明显流幅的取其极限抗拉强度

【解答】有明显流幅的按其屈服点取，无明显流幅的按其条件屈服点取，应选 C 项。

★★★二、混凝土

1. 混凝土的强度

混凝土的强度包括立方体抗压强度、轴心抗压强度、轴心抗拉强度。

立方体抗压强度，《混规》规定混凝土强度等级应按立方体抗压强度标准值（$f_{cu,k}$）确定，它指按标准方法制作和养护的边长为 150mm 的立方体试件在 28d 龄期或设计规定龄期，用标准方法测得的具有 95%保证率的抗压强度。试件的养护环境定为温度在20±2℃、相对湿度≥95%，试验时标准的加荷速度为 0.15～0.25N/mm²/s。当用边长为 200mm 和 100mm 的试块时，所得数值要分别乘以强度换算系数 1.05 和 0.95 加以校正。

《混凝土结构通用规范》规定，素混凝土结构构件(不含混凝土垫层)的混凝土强度等级不应低于C20；钢筋混凝土结构的混凝土强度等级不应低于C25，当采用强度等级500MPa及以上的钢筋的钢筋混凝土结构构件，混凝土强度等级不应低于C30；承受重复荷载的钢筋混凝土构件，其混凝土强度等级不应低于 C30；预应力混凝土楼板结构的混凝土强度等级不应低于C30，其他预应力混凝土结构构件的混凝土强度等级不应低于C40。抗震等级不低于二级的钢筋混凝土结构构件，混凝土强度等级不应低于 C30。

轴心抗压强度标准值（f_{ck}），能更好地反映混凝土的实际抗压能力，其试件往往取 150mm×150mm×450mm、150mm×150mm×600mm 等尺寸。f_{ck} 与 $f_{cu,k}$ 的关系表达式为：

$$f_{ck}=0.88\alpha_{c1}\alpha_{c2}f_{cu,k}$$

式中，α_{c1} 为棱柱强度与立方体强度的比值，当混凝土强度等级≤C50 时，$\alpha_{c1}=0.76$；当为 C80 时，$\alpha_{c1}=0.82$，中间按线性插入；α_{c2} 为高强度混凝土脆性折减系数，当混凝土强度等级≤C40 时，$\alpha_{c2}=1.0$；当为 C80 时，$\alpha_{c2}=0.87$，中间按线性插入。

轴心抗拉强度标准值（f_{tk}），其大小约为 1/17～1/8 的立方体抗压强度标准值。f_{tk} 与 $f_{cu,k}$ 的关系表达式为：

$$f_{tk}=0.88\times0.395f_{cu,k}^{0.55}(1-1.645\delta)^{0.45}\times\alpha_{c2}$$

式中，δ 为变异系数。

混凝土强度设计值应按其强度标准值除以材料分项系数 γ_c 确定，取 $\gamma_c=1.40$。

混凝土的轴心抗压、抗拉强度标准值及设计值，《混规》规定：

4.1.3 混凝土轴心抗压强度的标准值 f_{ck} 应按表 4.1.3-1 采用；轴心抗拉强度的标准值 f_{tk} 应按表 4.1.3-2 采用。

混凝土轴心抗压强度标准值（N/mm^2）　　**表 4.1.3-1**

强度	混凝土强度等级												
	C20	C25	C30	C35	C40	C45	C50	C55	C60	C65	C70	C75	C80
f_{ck}	13.4	16.7	20.1	23.4	26.8	29.6	32.4	35.5	38.5	41.5	44.5	47.4	50.2

混凝土轴心抗拉强度标准值（N/mm^2）　　**表 4.1.3-2**

强度	混凝土强度等级												
	C20	C25	C30	C35	C40	C45	C50	C55	C60	C65	C70	C75	C80
f_{tk}	1.54	1.78	2.01	2.20	2.39	2.51	2.64	2.74	2.85	2.93	2.99	3.05	3.11

4.1.4　混凝土轴心抗压强度的设计值 f_c 应按表 4.1.4-1 采用；轴心抗拉强度的设计值 f_t 应按表 4.1.4-2 采用。

混凝土轴心抗压强度设计值（N/mm^2）　　**表 4.1.4-1**

强度	混凝土强度等级												
	C20	C25	C30	C35	C40	C45	C50	C55	C60	C65	C70	C75	C80
f_c	9.6	11.9	14.3	16.7	19.1	21.1	23.1	25.3	27.5	29.7	31.8	33.8	35.9

混凝土轴心抗拉强度设计值（N/mm^2）　　**表 4.1.4-2**

强度	混凝土强度等级												
	C20	C25	C30	C35	C40	C45	C50	C55	C60	C65	C70	C75	C80
f_t	1.10	1.27	1.43	1.57	1.71	1.80	1.89	1.96	2.04	2.09	2.14	2.18	2.22

此外，混凝土的剪切变形模量 G_c 可按相应的弹性模量值 E_c 的 40%采用。混凝土的泊松比 ν_c 可按 0.2 采用。

2. 复合受力状态的混凝土强度

双向受力混凝土试件的试验结果，可知：当双向受压时，两个方向的抗压强度比单轴受压时有所提高，最大的抗压强度发生在两个方向的压应力比约为0.5～2.0之间时；当一个方向受压，另一个方向受拉时，其抗压或抗拉强度都比单轴抗压或抗拉时的强度低，当双向受拉时，其抗拉强度与单轴受拉时无明显差别。

由平面法向应力和剪应力的试验结果可知：混凝土的抗压、抗拉强度都将有所降低。当压应力 $\sigma \leqslant 0.6f_{ck}$时，其抗剪强度将随 σ 的增大而提高；但 $\sigma > 0.6f_{ck}$时，其抗剪强度将随 σ 的增大而下降；σ 趋近于 f_{ck}时，将降至小于纯剪强度。

三向受压强度，当试件三向受压时，横向变形受到制约，形成约束混凝土，则强度有较大的增长，同时，变形能力也提高了。

$$f'_{cc} = f'_c + (4.5 \sim 7.0)\sigma$$

式中，f'_{cc}为有侧向压力约束试件的轴心抗压强度；f'_c为无侧向压力约束试件的轴心抗压强度；σ 为侧向约束压力应力。在工程实际中，可用间距较小的螺旋钢筋柱，或用于构件的节点区来提高承载力、延性（或变形能力）和抗震性能。

【例 16-1-2】(历年真题)有关横向约束逐渐增加对混凝土竖向受压性能的影响，下列说法中正确的是：

A. 受压强度不断提高，但其变形能力逐渐下降

B. 受压强度不断提高，但其变形能力保持不变

C. 受压强度不断提高，但其变形能力得到改善

D. 受压强度和变形能力均逐渐下降

【解答】横向约束逐渐增加，混凝土的受压强度不断提高，其变形能力得到改善，应选 C 项。

3. 混凝土的变形

混凝土的变形可分为在荷载下的受力变形和与受力无关的体积变形。

(1) 混凝土在单调、短期加荷作用下的变形性能

通过试验可得到混凝土的应力-应变曲线，该曲线是研究钢筋混凝土构件的强度、变形、延性和受力全过程分析的依据。在整个曲线中，最大应力值 f_{ck}、与 f_{ck} 相应的应变值 ε_0、破坏时的极限应变值 ε_u 是曲线的三个特征值。应变 ε_0 的平均值一般取为 0.002，对于非均匀受压的情况，ε_u 值约为 0.002～0.006，甚至更高。

混凝土受压时的横向应变与纵向应变的关系，即混凝土的泊松比 ν_c，可采用 0.2。

混凝土的弹性模量，《混规》对弹性模量数值的规定：取棱柱试件，加荷至不超过适当的应力 $\sigma=0.5f_{ck}$ 为止，重复 5～10 次，所得应力-应变直线的斜率作为混凝土弹性模量的试验值。

混凝土的受拉变形，由于混凝土抗拉性能弱，对于 C20～C40 强度等级的混凝土，其极限拉应变可取为 $(1\sim1.5)\times10^{-4}$。根据试验资料，混凝土受拉时应力-应变曲线上切线的斜率与受压时基本一致(即两者的弹性模量相同)，当拉应力为 f_{tk} 时，弹性系数 $\nu'=0.5$，所以相应于 f_{tk} 时的变形模量为 $0.5E_c$。

(2) 混凝土在重复荷载下的变形性能

混凝土在重复荷载下的变形性能，即混凝土的疲劳性能。一般将试件承受 200 万次(或更多次数)重复荷载时发生破坏的压应力值，称为混凝土的疲劳强度(f_{ck}^f)。疲劳强度还与对试件所加重复作用应力的变化幅度有关，即按疲劳应力比值(ρ_c^f)对强度予以修正，当 $\rho_c^f\geqslant0.5$ 时，可不修正；当 $\rho_c^f<0.5$ 时，比值越小，则修正得也越多，即疲劳强度修正系数越小。疲劳应力比值为构件作疲劳验算时，截面同一纤维上的混凝土最小应力与最大应力之比($\sigma_{min}^f/\sigma_{max}^f$)。疲劳强度要比棱柱体抗压强度低很多，大体上取为 $0.5f_c$。

《混规》规定，混凝土轴心抗压疲劳强度设计值 f_c^f、轴心抗拉疲劳强度设计值 f_t^f 应分别按其强度设计值乘以疲劳强度修正系数 γ_ρ 确定。当混凝土承受拉-压疲劳应力作用时，取 γ_ρ 为 0.60。

(3) 混凝土在荷载长期作用下的变形性能

在荷载的长期作用下，即使荷载大小维持不变，混凝土的变形随时间而增长的现象称为徐变。混凝土徐变的影响因素主要是混凝土中未晶体化的水泥胶凝体。混凝土的徐变对钢筋混凝土构件的内力分布及其受力性能有所影响。如钢筋混凝土柱的徐变，使混凝土的应力减小，使钢筋的应力增加，最后影响柱的承载力，但徐变对结构也有有利方面，如能缓和应力集中现象、降低温度应力、减少支座不均匀沉降引起的结构内力等。

影响徐变的因素很多，如受力大小、外部环境、内在因素等。试验表明，长期荷载作用应力大小是影响徐变的一个主要因素，当应力 $\sigma \leqslant 0.5f_c$ 时，徐变与应力成正比，此时可称为线性徐变，线性徐变在加荷初期增长很快，至半年徐变大部分完成，一年后趋于稳定。当应力较大时，即当 $\sigma = 0.5 \sim 0.8f_c$ 时，塑性变形剧增，徐变与应力不成正比，称为非线性徐变。当应力 $\sigma > 0.8f_c$ 时，非线性徐变变形骤然增加，变形是不收敛的，将导致混凝土破坏，应用上取 $\sigma = 0.8f_c$ 作为混凝土的长期抗压强度。荷载持续作用的时间越长，徐变越大。

混凝土龄期越短，徐变越大；养护环境湿度越大、温度越高，徐变越小，但在使用期处于高温、干燥条件下，构件的徐变将增大；构件的尺寸越大，则徐变越小；水胶比越大，徐变越大，在常用的水灰比（0.4～0.6）情况下，徐变与水灰比成线性关系；水泥用量越多，徐变越大；此外，水泥品种、骨料的力学性质也影响徐变。

（4）混凝土的收缩和膨胀

收缩和膨胀是混凝土在结硬过程中本身体积的变形，与荷载无关。结硬初期收缩变形发展得很快，半个月大约可完成全部收缩的 25%，一个月可完成约 50%，两个月可完成约 75%，一年左右即渐稳定。在钢筋混凝土构件中，钢筋混凝土收缩受到阻碍，其收缩值较素混凝土小一半，收缩值取为 1.5×10^{-4}。

通常认为产生收缩变形的主要原因是混凝土结硬过程中，特别是结硬初期，水泥水化凝结作用引起体积的凝缩，以及混凝土内游离水分蒸发逸散引起的干缩。减小收缩变形的措施有：增大湿度、高温的养护环境；增大体表比；提高混凝土的密实度；减少水泥用量、水灰比取小值；避免用强度高的水泥；采用弹性模量高、粒径大的骨料等。

★★★三、粘结

1. 粘结力的组成

粘结力是指钢筋和混凝土接触界面上沿钢筋纵向的抗剪能力，即分布在界面上的纵向剪应力。钢筋与混凝土的粘结作用：①混凝土凝结时，水泥胶的化学作用，使钢筋和混凝土在接触面上产生的胶结力；②由于混凝土凝结时收缩，握裹住钢筋，在发生相互滑动时产生的摩阻力；③钢筋表面粗糙不平或变形钢筋凸起的肋纹与混凝土的咬合力。

2. 粘结力的破坏机理及影响粘结强度的因素

光圆钢筋的粘结破坏，由于光圆钢筋与混凝土之间的粘结力主要由胶结力形成，光圆钢筋粘结强度低、滑移量大，其破坏形态可认为是钢筋与混凝土相对滑移产生的，或钢筋从混凝土中被拔出的剪切破坏。

带肋钢筋的粘结破坏，由于带肋钢筋与混凝土之间的粘结力主要是机械咬合力，其大小往往占粘结力的一半以上。根据试验，带肋钢筋的粘结强度高出光圆钢筋 2～3 倍。

影响粘结强度的因素：①混凝土的质量，如水泥性能好、骨料强度高、配比得当、振捣密实、养护良好的混凝土对粘结力非常有利；②钢筋的形式；③钢筋保护层厚度，一般应取保护层厚度 $c \geqslant$ 钢筋的直径 d，以防止发生劈裂裂缝；④横向钢筋对粘结力起有利影响，如设置箍筋可将纵向钢筋的抗滑移能力提高 25%；⑤钢筋锚固区有横向压力对粘结力起有利影响；⑥反复荷载对粘结力起不利影响。

【例 16-1-3】（历年真题）不能提高钢筋混凝土构件中钢筋与混凝土间的粘结强度的处理措施是：

A. 减小钢筋净间距　　　　　　　　　B. 提高混凝土的强度等级

C. 由光圆钢筋改为变形钢筋　　　　　D. 配置横向钢筋

【解答】 减小钢筋净间距不能提高钢筋与混凝土间的粘结强度，应选 A 项。

★四、建筑结构功能与可靠度

建筑结构必须满足安全性、适用性、耐久性的功能要求。

可靠性，是指结构在规定的时间内，在规定的条件下，完成预定功能的能力。对结构可靠性的要求是：安全性、适用性和耐久性的要求。

可靠度，是指结构在规定的时间内，在规定的条件下，完成预定功能的概率。所以，结构可靠度是结构可靠性的一种定量描述（概率度量）。

所谓规定的时间，是指设计时所规定的设计使用年限，具体的设计使用年限应按《工程结构通用规范》GB 55001—2021 和《建筑结构可靠性设计统一标准》GB 50068—2018（以下简称《统一标准》）确定，两本规范是一致的。所谓规定的条件，是指结构正常的设计、施工、使用和维护条件，不考虑人为的过失。预定的功能是指强度、刚度、稳定性、抗裂性、耐久性能等。

《统一标准》规定：

3.3.1　建筑结构的设计基准期应为 50 年。

3.3.2　建筑结构设计时，应规定结构的设计使用年限。

3.3.3　建筑结构的设计使用年限，应按表 3.3.3 采用。

建筑结构的设计使用年限　　　　**表 3.3.3**

类别	设计使用年限（年）
临时性建筑结构	5
易于替换的结构构件	25
普通房屋和构筑物	50
标志性建筑和特别重要的建筑结构	100

【例 16-1-4】（历年真题）建筑结构的可靠性包括：

A. 安全性、耐久性、经济性　　　　B. 安全性、适用性、经济性

C. 耐久性、经济性、适用性　　　　D. 安全性、适用性、耐久性

【解答】 建筑结构的可靠性包括安全性、适用性、耐久性，应选 D 项。

★五、基本设计原则

混凝土结构设计应包括的内容：①结构方案设计；②作用及作用效应分析；③结构的极限状态设计；④结构及构件的构造与连接措施；⑤耐久性及施工的要求。

《混规》仍遵照《混凝土结构通用规范》和《统一标准》所确定的原则，对建筑物和构筑物进行结构设计时，采用以概率理论为基础的极限状态设计法，以可靠指标度量结构构件的可靠度，并采用分项系数的设计表达式。

1. 结构的极限状态

若整个结构或结构的一部分超过某一特定状态就不能满足设计规定的某一功能要求，

则这个特定状态就称为该功能的极限状态，其可分为两类：承载能力极限状态；正常使用极限状态。

（1）承载能力极限状态，是指对应于结构或结构构件达到最大承载力或不适于继续承载的变形的状态。当结构或结构构件出现下列状态之一时，应认为超过了承载能力极限状态：

1）结构构件或连接因超过材料强度而破坏，或因过度变形而不适于继续承载；

2）整个结构或是一部分作为刚体失去平衡；

3）结构转变为机动体系；

4）结构或结构构件丧失稳定；

5）结构因局部破坏而发生连续倒塌；

6）地基丧失承载力而破坏；

7）结构或结构构件的疲劳破坏。

（2）正常使用极限状态，是指对应于结构或结构构件达到正常使用的某项规定限值的状态。当结构或结构构件出现下列状态之一时，应认为超过了正常使用极限状态：

1）影响正常使用或外观的变形；

2）影响正常使用或耐久性能的局部损坏；

3）影响正常使用的振动；

4）影响正常使用的其他特定状态。

对于正常使用极限状态，在可靠度的保证程度上，它可以定得稍低些。

2. 结构功能函数与极限状态方程

结构的极限状态可由下述极限状态方程描述：

$$Z = g(X_1, X_2, \cdots, X_n) = 0$$

式中，$Z=g$（•）为结构功能函数；X_i（$i=1$，2，…，n）为基本变量。

这些基本变量如结构上的各种作用、材料性能、几何参数等均为随机变量。当将基本变量综合为结构的作用效应 S 和结构抗力 R 两个基本变量时，则结构按极限状态设计应符合下式要求：

$$Z = g(S, R) = R - S \geqslant 0$$

当 $Z>0$ 时，结构处于可靠状态；当 $Z<0$ 时，结构处于失效状态；当 $Z=0$ 时，结构处于极限状态。

3. 可靠概率、失效概率与可靠指标

结构能够完成预定功能的概率称为可靠概率，用 p_s 表示；反之，结构不能完成预定功能的概率称为失效概率，用 p_f 表示。可靠概率与失效概率为互补的关系，即：

$$p_s + p_f = 1$$

结构构件的可靠指标应该根据基本变量的平均值、标准差及其概率分布类型进行计算。如果功能函数中的基本变量 R、S 均为正态分布，而且极限状态是线性的 R、S、Z 的概率密度函数图如图 16-1-1 所示，则：

$$p_f = P(Z = R - S \leqslant 0) = \int_{-\infty}^{0} f_Z(z)\mathrm{d}z$$

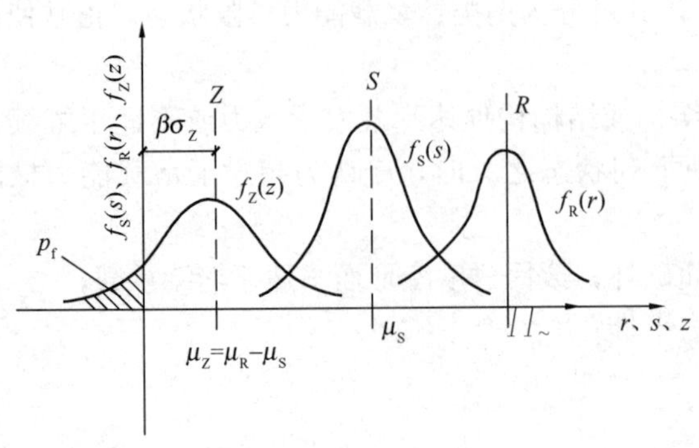

图 16-1-1

尽管用失效概率度量结构构件的可靠度，概念合理，意义明确，但在计算上较烦琐，可以用与失效概率有相应关系的可靠指标 β 来度量：

$$\beta=\frac{\mu_Z}{\sigma_Z}=\frac{\mu_R-\mu_S}{\sqrt{\sigma_R^2+\sigma_S^2}}$$

式中，μ_R、μ_S 为 R、S 的平均值；σ_R、σ_S 为 R、S 的标准值。

4. 可靠指标 β 的确定与结构安全等级

可靠指标 β，是指度量结构可靠度的数值指标。对于新建建筑结构，与可靠度相对应的可靠指标 β，是指设计使用年限的 β。建筑结构构件持久设计状况承载能力极限状态设计的可靠指标，不应小于表 16-1-2 的规定。

建筑结构构件的可靠指标 β **表 16-1-2**

破坏类型	安全等级		
	一级	二级	三级
延性破坏	3.7	3.2	2.7
脆性破坏	4.2	3.7	3.2

建筑结构构件持久设计状况正常使用极限状态设计的可靠指标，宜根据其可逆程度取 0～1.5。

根据建筑结构破坏可能产生的后果的严重性，将建筑结构划分为三个安全等级：

一级：破坏后果很严重，重要的工业与民用建筑；

二级：破坏后果严重，一般的工业与民用建筑；

三级：破坏后果不严重，小型的或临时性贮存建筑等。

对有特殊要求的建筑物，其安全等级应根据具体情况而定。设计时，应针对建筑物的重要性选用安全等级。

5. 耐久性的设计方法

《统一标准》附录 C 规定，建筑结构的耐久性可采用的设计方法有：经验的方法；半定量的方法；定量控制耐久性失效概率的方法。

6. 四种设计状况

设计状况是指代表一定时段内实际情况的一组设计条件，设计应做到在该条件下结构不超越有关的极限状态。设计状况可分为下列四种：

(1) 持久设计状况，是指在结构使用过程中一定出现，且持续期很长的设计状况，其持续期一般与设计使用年限为同一数量级。它适用于结构使用时的正常情况。

(2) 短暂设计状况，是指在结构施工和使用过程中出现概率较大，而与设计使用年限相比，其持续期很短的设计状况。它适用于结构出现的临时情况，包括结构施工和维修时的情况等。

（3）偶然设计状况，是指在结构使用过程中出现概率很小，且持续期很短的设计状况。它适用于结构出现的异常情况，包括结构遭受火灾、爆炸、撞击时的情况等。

（4）地震设计状况，是指结构遭受地震时的设计状况。它适用于结构遭受地震时的情况，在抗震设防地区必须考虑地震设计状况。

7. 承载能力极限状态计算

混凝土结构的承载能力极限状态计算的内容如下：

（1）结构构件应进行承载力（包括失稳）计算；

（2）直接承受重复荷载的构件应进行疲劳验算；

（3）有抗震设防要求时，应进行抗震承载力计算；

（4）必要时还应进行结构的抗倾覆、滑移、漂移验算；

（5）对于可能遭受偶然作用，且倒塌可能引起严重后果的重要结构，宜进行防连续倒塌设计。

承载能力极限状态设计表达式，《混规》规定：

3.3.2　对持久设计状况、短暂设计状况和地震设计状况，当用内力的形式表达时，结构构件应采用下列承载能力极限状态设计表达式：

$$\gamma_0 S \leqslant R \tag{3.3.2-1}$$

$$R = R(f_c, f_s, a_k, \cdots)/\gamma_{Rd} \tag{3.3.2-2}$$

式中：γ_0——结构重要性系数，在持久设计状况和短暂设计状况下，对安全等级为一级的结构构件不应小于1.1，对安全等级为二级的结构构件不应小于1.0，对安全等级为三级的结构构件不应小于0.9；对地震设计状况下应取1.0；

S——承载能力极限状态下作用组合的效应设计值，对持久设计状况和短暂设计状况应按作用的基本组合计算；对地震设计状况应按作用的地震组合计算；

R——结构构件的抗力设计值；

$R(\cdot)$——结构构件的抗力函数；

γ_{Rd}——结构构件的抗力模型不定性系数，静力设计取1.0，对不确定性较大的结构构件根据具体情况取大于1.0的数值；抗震设计应用承载力抗震调整系数γ_{RE}代替γ_{Rd}；

f_c、f_s——混凝土、钢筋的强度设计值，应根据本规范第4.1.4条及第4.2.3条的规定取值；

a_k——几何参数的标准值，当几何参数的变异性对结构性能有明显的不利影响时，应增减一个附加值。

注：公式（3.3.2-1）中的$\gamma_0 S$为内力设计值，在本规范各章中用N、M、V、T等表达。

3.3.4 对偶然作用下的结构进行承载能力极限状态设计时，公式（3.3.2-1）中的作用效应设计值 S 按偶然组合计算，结构重要性系数 γ_0 取不小于 1.0 的数值；公式（3.3.2-2）中混凝土、钢筋的强度设计值 f_c、f_s 改用强度标准值 f_{ck}、f_{yk}（或 f_{pyk}）。

对于持久设计状况和短暂设计状况下的基本组合的效应设计值，《工程结构通用规范》与《统一标准》是一致的，《统一标准》规定：

8.2.4 对持久设计状况和短暂设计状况，应采用作用的基本组合，并应符合下列规定：

1 基本组合的效应设计值按下式中最不利值确定：

$$S_d = S\left(\sum_{i\geqslant 1}\gamma_{G_i}G_{ik} + \gamma_P P + \gamma_{Q_1}\gamma_{L_1}Q_{1k} + \sum_{j>1}\gamma_{Q_j}\psi_{cj}\gamma_{L_j}Q_{jk}\right) \tag{8.2.4-1}$$

式中：$S(\cdot)$ ——作用组合的效应函数；

G_{ik} ——第 i 个永久作用的标准值；

P ——预应力作用的有关代表值；

Q_{1k} ——第 1 个可变作用的标准值；

Q_{jk} ——第 j 个可变作用的标准值；

γ_{G_i} ——第 i 个永久作用的分项系数，应按本标准第 8.2.9 条的有关规定采用；

γ_P ——预应力作用的分项系数，应按本标准第 8.2.9 条的有关规定采用；

γ_{Q_1} ——第 1 个可变作用的分项系数，应按本标准第 8.2.9 条的有关规定采用；

γ_{Q_j} ——第 j 个可变作用的分项系数，应按本标准第 8.2.9 条的有关规定采用；

γ_{L_1}、γ_{L_j} ——第 1 个和第 j 个考虑结构设计使用年限的荷载调整系数，应按本标准第 8.2.10 条的有关规定采用；

ψ_{cj} ——第 j 个可变作用的组合值系数，应按现行有关标准的规定采用。

2 当作用与作用效应按线性关系考虑时，基本组合的效应设计值按下式中最不利值计算：

$$S_d = \sum_{i\geqslant 1}\gamma_{G_i}S_{G_{ik}} + \gamma_P S_P + \gamma_{Q_1}\gamma_{L1}S_{Q_{1k}} + \sum_{j>1}\gamma_{Q_j}\psi_{cj}\gamma_{Lj}S_{Q_{jk}} \tag{8.2.4-2}$$

式中：$S_{G_{ik}}$ ——第 i 个永久作用标准值的效应；

S_P ——预应力作用有关代表值的效应；

$S_{Q_{1k}}$ ——第 1 个可变作用标准值的效应；

$S_{Q_{jk}}$ ——第 j 个可变作用标准值的效应。

8.2.9 建筑结构的作用分项系数，应按表 8.2.9 采用。

建筑结构的作用分项系数　　表 8.2.9

适用情况 / 作用分项系数	当作用效应对承载力不利时	当作用效应对承载力有利时
γ_G	1.3	≤1.0
γ_P	1.3	≤1.0
γ_Q	1.5	0

8.2.10 建筑结构考虑结构设计使用年限的荷载调整系数，应按表 8.2.10 采用。

建筑结构考虑结构设计使用年限的荷载调整系数 γ_L　　表 8.2.10

结构的设计使用年限（年）	γ_L
5	0.9
50	1.0
100	1.1

注：对设计使用年限为 25 年的结构构件，γ_L 应按各种材料结构设计标准的规定采用。

此外，《工程结构通用规范》还规定：标准值大于4kN/m^{2}的工业房屋楼面活荷载，当对结构不利时，作用分项系数 $\gamma_Q \geqslant 1.4$；当对结构有利时，$\gamma_Q = 0$。

8. 正常使用极限状态验算

混凝土结构构件应根据其使用功能及外观要求进行正常使用极限状况验算，具体如下：

(1) 对需要控制变形的构件应进行变形验算。

(2) 对不允许出现裂缝的构件应进行混凝土（拉）应力验算。

(3) 对允许出现裂缝的构件应进行受力裂缝宽度验算。

(4) 对舒适度有要求的楼盖结构应进行竖向自振频率验算。例如：住宅和公寓的楼盖结构不宜低于 5Hz，办公楼和旅馆的楼盖结构不宜低于 4Hz，大跨度公共建筑的楼盖结构不宜低于 3Hz。混凝土高层建筑应满足 10 年重现期水平风荷载作用的振动舒适度要求。

正常使用极限状态设计表达式，《混规》规定：

3.4.2 对于正常使用极限状态，钢筋混凝土构件、预应力混凝土构件应分别按荷载的准永久组合并考虑长期作用的影响或标准组合并考虑长期作用的影响，采用下列极限状态设计表达式进行验算：

$$S \leqslant C \quad (3.4.2)$$

式中：S——正常使用极限状态荷载组合的效应设计值；

C——结构构件达到正常使用要求所规定的变形、应力、裂缝宽度和自振频率等的限值。

正常使用极限状态荷载组合（即标准组合、频遇组合和准永久组合）的效应设计值，《工程结构通用规范》、《统一标准》与《建筑结构荷载规范》规定相同，即：

3.2.8 荷载标准组合的效应设计值 S_d 应按下式进行计算：

$$S_d = \sum_{j=1}^{m} S_{G_j k} + S_{Q_1 k} + \sum_{i=2}^{n} \psi_{c_i} S_{Q_i k} \quad (3.2.8)$$

注：组合中的设计值仅适用于荷载与荷载效应为线性的情况。

3.2.9 荷载频遇组合的效应设计值 S_d 应按下式进行计算：

$$S_d = \sum_{j=1}^{m} S_{G_j k} + \psi_{f_1} S_{Q_1 k} + \sum_{i=2}^{n} \psi_{q_i} S_{Q_i k} \tag{3.2.9}$$

注：组合中的设计值仅适用于荷载与荷载效应为线性的情况。

3.2.10 荷载准永久组合的效应设计值 S_d 应按下式进行计算：

$$S_d = \sum_{j=1}^{m} S_{G_j k} + \sum_{i=1}^{n} \psi_{q_i} S_{Q_i k} \tag{3.2.10}$$

注：组合中的设计值仅适用于荷载与荷载效应为线性的情况。

应注意的是，$\psi_{f1} S_{Q_1 k}$ 为在频遇组合中起主导作用的一个可变荷载频遇值效应值。

习 题

16-1-1 （历年真题）用于建筑结构的具有明显流幅的钢筋，其强度取值是：

A. 极限受拉强度　　B. 比例极限

C. 下屈服点　　D. 上屈服点

16-1-2 （历年真题）正常使用极限状态验算时应进行的荷载效应组合为：

A. 标准组合、准永久组合和频遇组合

B. 基本组合、准永久组合和频遇组合

C. 标准组合、基本组合和偶然组合

D. 偶然组合、频遇组合和准永久组合

第二节 混凝土结构承载能力极限状态计算

★★★一、受弯构件

1. 适筋梁正截面受弯承载力的特点

分三个阶段（图 16-2-1）：

第Ⅰ阶段（未裂阶段）：

开始加载时，由于荷载较小，混凝土基本处于弹性阶段，混凝土的拉应力、压应力呈三角形分布。梁的挠度较小，钢筋的应力也很小，如图 16-2-1(c) 所示。当荷载增加到即将开裂的临界状态（I_a 状态），受拉区混凝土出现明显的塑性，其拉应力呈曲线分布，但是受压区混凝土压应力较小，仍处于弹性，其呈三角形分布。此时，截面所能承担的弯矩 M_{cr}（下标 cr 表示裂缝 crack）称为开裂弯矩，I_a 状态用于抗裂验算。

第Ⅱ阶段（带裂缝工作阶段）：

继续增大荷载，截面不断出现一些裂缝，并且裂缝宽度不断开展，受拉区混凝土大部分退出工作，其拉应力由纵向钢筋承担。受压区混凝土的压应力则不断增大，呈现弹塑性特征，其压应力图形逐渐呈曲线分布，如图 16-2-1(d) 所示。钢筋混凝土构件在正常使用情况下一般处于该阶段，故钢筋混凝土构件通常是带裂缝工作的。因此Ⅱ阶段用于钢筋混凝土构件的裂缝宽度和挠度验算。纵向受拉钢筋没有屈服，梁的挠度明显变大。

第Ⅲ阶段（破坏阶段）：

荷载继续增加，当受拉钢筋的应力到达屈服强度时，该受力状态对应的弯矩记为 M_y（下标 y 表示屈服 yield），也称屈服弯矩。随着钢筋的屈服，钢筋的应力保持不变，但钢筋的应变急速增大，受压区混凝土的塑性表现更为充分，受压区高度减小，因此截面弯矩 M 略大于屈服弯矩 M_y。随着梁的挠度急速增大，裂缝向上延伸、裂缝宽度迅速发展，受拉区混凝土绝大部分已退出工作；受压区混凝土边缘压应变到达极限压应变，标志着截面已开始破坏，相应的截面受力状态称为Ⅲ$_a$状态，其截面弯矩达到极限弯矩 M_u［图 16-2-1（e）］。因此，将Ⅲ$_a$状态用于正截面受弯承载力计算。

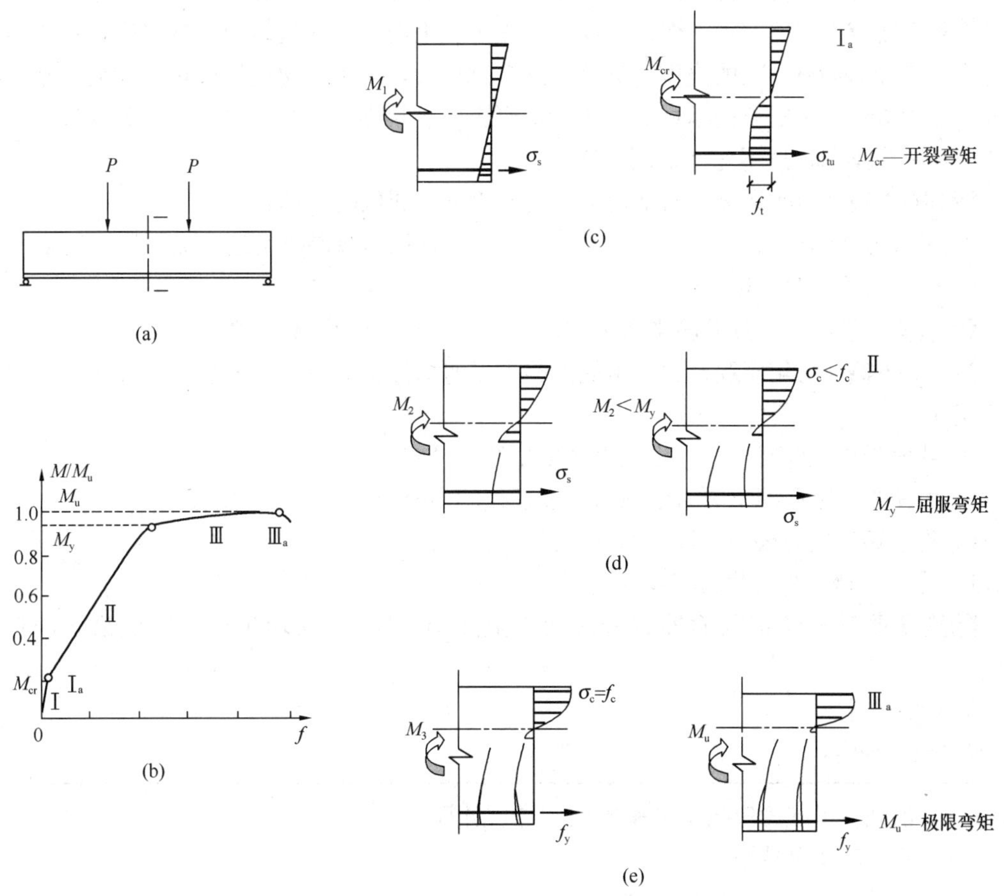

图 16-2-1　适筋梁受弯时各阶段正截面应力分布

（a）适筋梁加载方式；（b）弯矩-挠度关系；（c）第一阶段；（d）第二阶段；（e）第三阶段

综上可知：

（1）适筋梁的破坏过程是：纵向受拉钢筋先屈服，随后裂缝宽度不断开展，中性轴逐步上移，挠度持续变大，直到受压区边缘混凝土压应变达到极限压应变，混凝土压碎破坏。

（2）适筋梁屈服后的承载力基本保持不变，并具有很大的塑性变形能力，在完全破坏前有明显的预兆，故属于延性破坏。

2. 超筋梁和少筋梁的破坏

（1）超筋梁（受压脆性破坏）

当梁的纵向受拉钢筋的配筋率$\rho=A_s/(bh_0)>\rho_{max}$时，或相对受压区高度$\xi>\xi_b$时，发生超筋破坏，其特点是：纵向受拉钢筋未到达屈服前，受压区边缘混凝土已先被压碎，挠度变化不明显，在基本没有明显预兆的情况下因受压区混凝土被压碎而突然破坏，属于脆性破坏。由于超筋梁的破坏取决于受压区混凝土的抗压强度，其M_u与钢筋受拉屈服强度无关，取决于混凝土的抗压强度和梁截面尺寸。因此，工程设计中应避免超筋梁。

(2) 少筋梁（受拉脆性破坏）

当梁的纵向受拉钢筋的配筋率$\rho<\rho_{min}$时[最小配筋率，取$\rho=A_s/(bh)$]，发生少筋破坏，其特点是：构件一旦开裂，原来由受拉区混凝土承担的拉力全部转移给纵向受拉钢筋，导致钢筋应力突然增加，但因钢筋数量很少，钢筋会在开裂瞬间到达屈服，很快到达强化段、甚至被拉断。梁的挠度、裂缝宽度急剧增大，属于受拉脆性破坏。少筋梁破坏与素混凝土梁类似。少筋梁的承载力取决于混凝土的抗拉强度。少筋梁的受拉脆性破坏比超筋梁破坏更为不利，故不允许采用少筋梁。

【例 16-2-1】（历年真题）对适筋梁，受拉钢筋刚屈服时，则：

A. 承载力达到极限　　B. 受压边缘混凝土达到极限压应变ε_{cu}

C. 受压边缘混凝土被压碎　　D. $\varepsilon_s=\varepsilon_y$，$\varepsilon_c<\varepsilon_{cu}$

【解答】适筋梁，受拉钢筋刚屈服时，$\varepsilon_s=\varepsilon_y$，$\varepsilon_c<\varepsilon_{cu}$，应选D项。

【例 16-2-2】（历年真题）关于钢筋混凝土受弯构件正截面即将开裂时的描述，下列哪个不正确？

A. 截面受压区混凝土应力沿截面高度呈线性分布

B. 截面受拉区混凝土应力沿截面高度近似均匀分布

C. 受拉钢筋应力很小，远未达其屈服强度

D. 受压区高度约为截面高度的1/3

【解答】受弯构件正截面即将开裂时，上述A、B、C项均正确，D项错误，应选D项。

3. 计算假定

《混规》规定：

6.2.1 正截面承载力应按下列基本假定进行计算：

1 截面应变保持平面。

2 不考虑混凝土的抗拉强度。

3 混凝土受压的应力与应变关系按下列规定取用：

当$\varepsilon_c\leqslant\varepsilon_0$时

$$\sigma_c=f_c\left[1-\left(1-\frac{\varepsilon_c}{\varepsilon_0}\right)^n\right] \tag{6.2.1-1}$$

当$\varepsilon_0<\varepsilon_c\leqslant\varepsilon_{cu}$时

$$\sigma_c=f_c \tag{6.2.1-2}$$

$$n=2-\frac{1}{60}(f_{cu,k}-50) \tag{6.2.1-3}$$

$$\varepsilon_0 = 0.002 + 0.5(f_{cu,k} - 50) \times 10^{-5} \quad (6.2.1\text{-}4)$$

$$\varepsilon_{cu} = 0.0033 - (f_{cu,k} - 50) \times 10^{-5} \quad (6.2.1\text{-}5)$$

式中：σ_c——混凝土压应变为 ε_c 时的混凝土压应力；

f_c——混凝土轴心抗压强度设计值，按本规范表 4.1.4-1 采用；

ε_0——混凝土压应力达到 f_c 时的混凝土压应变，当计算的 ε_0 值小于 0.002 时，取为 0.002；

ε_{cu}——正截面的混凝土极限压应变，当处于非均匀受压且按公式（6.2.1-5）计算的值大于 0.0033 时，取为 0.0033；当处于轴心受压时取为 ε_0；

$f_{cu,k}$——混凝土立方体抗压强度标准值，按本规范第 4.1.1 条确定；

n——系数，当计算的 n 值大于 2.0 时，取为 2.0。

4　纵向受拉钢筋的极限拉应变取为 0.01。

5　纵向钢筋的应力取钢筋应变与其弹性模量的乘积，但其值应符合下列要求：

$$-f'_y \leqslant \sigma_{si} \leqslant f_y \quad (6.2.1\text{-}6)$$

$$\sigma_{p0i} - f'_{py} \leqslant \sigma_{pi} \leqslant f_{py} \quad (6.2.1\text{-}7)$$

式中：σ_{si}、σ_{pi}——第 i 层纵向普通钢筋、预应力筋的应力，正值代表拉应力，负值代表压应力；

σ_{p0i}——第 i 层纵向预应力筋截面重心处混凝土法向应力等于零时的预应力筋应力，按本规范公式（10.1.6-3）或公式（10.1.6-6）计算；

f_y、f_{py}——普通钢筋、预应力筋抗拉强度设计值，按本规范表 4.2.3-1、表 4.2.3-2 采用；

f'_y、f'_{py}——普通钢筋、预应力筋抗压强度设计值，按本规范表 4.2.3-1、表 4.2.3-2采用。

等效矩形应力图，其等效代换的原则是：两图形压应力合力的大小和作用点位置不变。《混规》规定：

6.2.6　受弯构件、偏心受力构件正截面承载力计算时，受压区混凝土的应力图形可简化为等效的矩形应力图。

矩形应力图的受压区高度 x 可取截面应变保持平面的假定所确定的中和轴高度乘以系数 β_1。当混凝土强度等级不超过 C50 时，β_1 取为 0.80，当混凝土强度等级为 C80 时，β_1 取为 0.74，其间按线性内插法确定。

矩形应力图的应力值可由混凝土轴心抗压强度设计值 f_c 乘以系数 α_1 确定。当混凝土强度等级不超过 C50 时，α_1 取为 1.0，当混凝土强度等级为 C80 时，α_1 取为 0.94，其间按线性内插法确定。

此外，正截面受弯承载力计算的一般规定还涉及结构的重力二阶效应（P-Δ 效应），即：正截面受弯承载力计算中的弯矩设计值 M，当需要考虑重力二阶效应时，M 应当包括由重力二阶效应产生的弯矩作用效应，具体见本节偏心受压构件。

相对界限受压区高度 ξ_b 的计算。如图 16-2-2 所示，适筋梁、超筋梁的应力-应变关

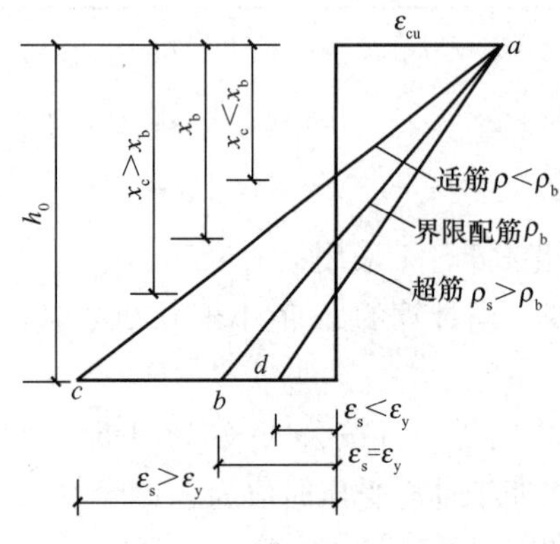

图 16-2-2

系，图中 ab 为界限破坏，即 ε_s 恰好等于钢筋屈服应变 ε_y，此时混凝土受压边缘纤维也同时达到其极限压应变值 ε_{cu}。

对有屈服点钢筋
$$\xi_b=\frac{\beta_1}{1+\dfrac{f_y}{E_s\cdot\varepsilon_{cu}}}$$

对无屈服点钢筋
$$\xi_b=\frac{\beta_1}{1+\dfrac{0.002}{\varepsilon_{cu}}+\dfrac{f_y}{E_s\varepsilon_{cu}}}$$

最小配筋率是少筋梁与适筋梁的界限，其计算原则是：配有 ρ_{min} 的钢筋混凝土在破坏时的正截面受弯承载力计算值 M_u 等于同样截面、同一等级的素混凝土梁的正截面开裂弯矩标准值。

【例 16-2-3】（历年真题）钢筋混凝土受弯构件界限受压区高度确定的依据是：

A. 平截面假设及纵向受拉钢筋达到屈服和受压区边缘混凝土达到极限压应变

B. 平截面假设和纵向受拉钢筋达到屈服

C. 平截面假设和受压区边缘混凝土达到极限压应变

D. 仅平截面假设

【解答】受弯构件 ξ_b 的确定依据是平截面假定，纵向受拉钢筋达到屈服和受压区边缘混凝土达到极限压应变，应选 A 项。

4. 单筋矩形截面正截面受弯承载力计算

对于适筋梁，将混凝土受压区应力图形简化为等效矩形应力图（图 16-2-3），由力平衡和力矩平衡可得：

$$\alpha_1 f_c bx=f_y A_s$$

$$M\leqslant\alpha_1 f_c bx\left(h_0-\frac{x}{2}\right)=f_y A_s\left(h_0-\frac{x}{2}\right)$$

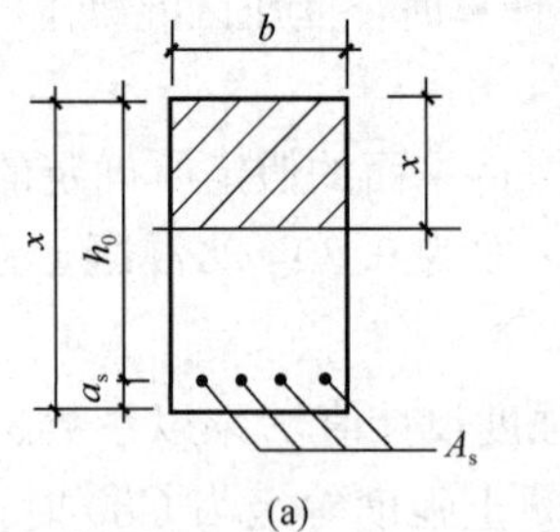

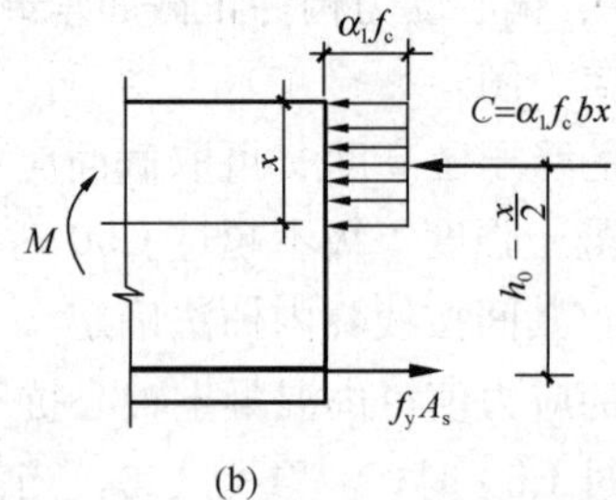

图 16-2-3 单筋矩形截面计算简图

适用条件：

防止超筋破坏：$\xi=x/h_0\leqslant\xi_b$；或 $x\leqslant x_b=\xi_b h_0$；或 $\rho=A_s/(bh_0)\leqslant\rho_{max}$

防止少筋破坏：$\rho=A_s/(bh)\geqslant\rho_{min}$

其中，最大配筋率 ρ_{max} 的计算为：

$$\rho_{max}=A_{s,max}/(bh_0)=\alpha_1 f_c b x_b/(f_y bh_0)=\xi_b\alpha_1 f_c/f_y$$

最小配筋率 ρ_{min} 按适筋梁与少筋梁的界限条件 $M_{cr}=M_u$ 确定，开裂弯矩 M_{cr} 可近似按素混凝土梁截面受力分析确定。注意，计算最小配筋率 ρ_{min} 时应按全截面 bh 考虑；其他情况的配筋率，按有效截面 bh_0 考虑。

翼缘位于受拉边的倒 T 形梁也按上述规定计算。

5. 双筋矩形截面正截面受弯承载力计算

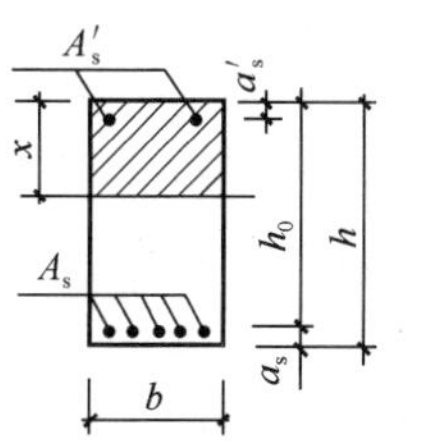

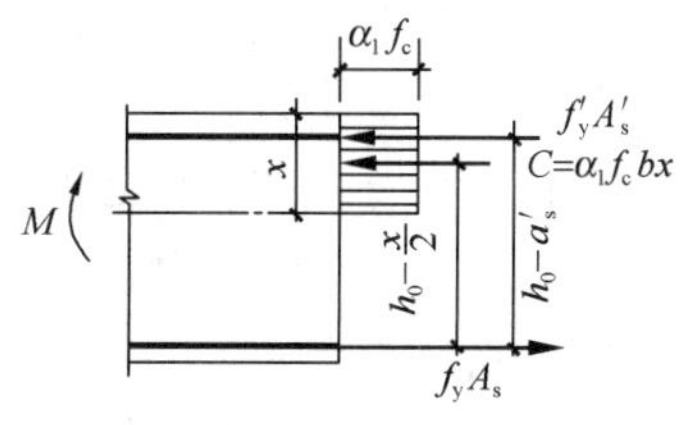

图 16-2-4　双筋矩形截面计算简图

当梁的截面高度受到限制、混凝土强度等级又不能提高时，或梁截面有异号弯矩（正负弯矩）时，可在受压区配置受压钢筋，构成双筋矩形截面梁。双筋矩形截面梁还可以减小梁的混凝土徐变，提高构件的刚度，提高截面的延性。抗震设计时，框架梁配置受压钢筋，可提高构件的延性。

计算公式（图 16-2-4）：

力平衡：

$$\alpha_1 f_c bx+f'_y A'_s=f_y A_s$$

对受拉钢筋取力矩平衡：

$$M\leqslant\alpha_1 f_c bx\left(h_0-\frac{x}{2}\right)+f'_y A'_s(h_0-a'_s)$$

式中，a'_s 为受压钢筋的合力点到截面受压边缘的距离。

适用条件：

混凝土受压区高度应符合下列条件：

防止出现超筋：　$x\leqslant\xi_b h_0$

当计算出的 $x>\xi_b h_0$ 时，取 $x=x_b=\xi_b h_0$

保证受压钢筋到达其抗压强度设计值：$x\geqslant 2a'_s$

同时，箍筋应符合构造规定，如箍筋应做成封闭式，箍筋间距不应大于 $15d$，d 为纵筋直径，且不应大于 400mm。否则，纵向受压钢筋可能发生纵向弯屈（压屈）而向外凸出，引起保护层剥落。

当 $x<2a'_s$ 时，表明受压钢筋不能到达其抗压强度设计值（即受压钢筋未达到屈服），因此《混规》规定，其正截面受弯承载力按下式计算：

$$M\leqslant f_y A_s(h_0-a'_s)=f_y A_s(h-a_s-a'_s)$$

【例 16-2-4】（历年真题）对于双筋矩形截面钢筋混凝土受弯构件，为使配置 HRB400 级受压钢筋达到其屈服强度，应满足下列哪种条件？

A. 仅需截面受压高度 $\geqslant 2a'_s$（a'_s 为受压钢筋合力点到截面受压边缘的距离）

B. 仅需截面受压高度 $<2a'_s$

C. 需截面受压高度 $\geqslant 2a'_s$，且箍筋满足一定的要求

D. 需截面受压高度 $\leqslant 2a'_s$，且箍筋满足一定的要求

【解答】此时，需截面受压高度 $\geqslant 2a'_s$，且箍筋满足一定的要求，应选 C 项。

【例 16-2-5】（历年真题）在进行钢筋混凝土双筋矩形截面构件受弯承载力复核时，若截面受压区高度 x 大于界限受压区高度 x_b，则截面能承受的极限弯矩为：

A. 近似取 $x=x_b$，计算其极限弯矩

B. 按受压钢筋面积未知重新计算

C. 按受拉钢筋面积未知重新计算

D. 按最小配筋率计算其极限弯矩

【解答】此时，可近似取 $x=x_b$，计算其极限弯矩，应选 A 项。

6. T 形截面正截面受弯承载力计算

T 形截面梁受力后，其翼缘上的纵向压应力是不均匀分布的，离梁肋越远其压应力越小，当翼缘很宽，考虑到远离梁肋处的压应力很小，为简化计算，将翼缘限制在一定范围，称为有效翼缘计算宽度 b'_f，即假定在 b'_f范围内压应力是均匀分布的。b'_f的取值，《混规》作了具体规定。

按照构件破坏时受压区（或中性轴）位置的不同，T 形截面梁可分为两类：第一类 T 形截面，其受压区高度（或中性轴）在翼缘内，即 $x\leqslant h'_f$；第二类 T 形截面，其受压区（或中性轴）进入腹板，即 $x>h'_f$。

按受压区是否配置受压钢筋，T 形截面梁又可以分为：单筋 T 形截面（第一类 T 形、第二类 T 形）和双筋 T 形截面（第一类 T 形、第二类 T 形）。

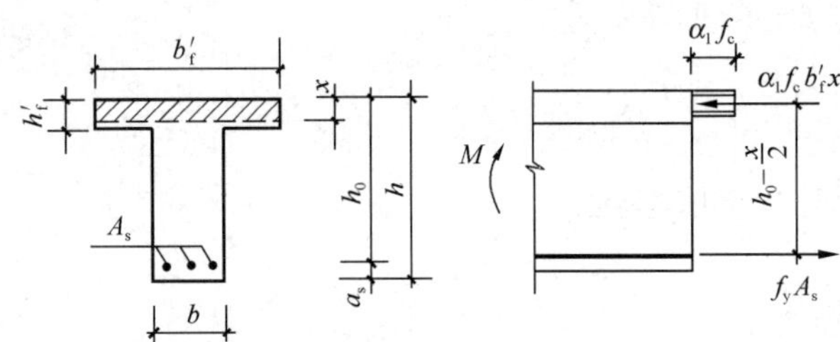

图 16-2-5　第一类 T 形截面

（1）第一类 T 形截面的计算（单筋 T 形）

如图 16-2-5 所示，由于受压区高度 $x\leqslant h'_f$，此时截面虽为 T 形，但受压区面积仍为 b'_f宽的矩形，而受拉区形状与截面受弯承载力无关。因此，可按以b'_f为宽度的矩形截面进行正截面受弯承载力计算，计算时仅需将单筋矩形公式中的梁宽 b 代换为 b'_f即可。

适用条件：

防止超筋破坏：$x\leqslant\xi_b h_0$

一般情况下，由于 h'_f/h 很小，该条件均能满足。

防止少筋破坏：$\rho=A_s/(bh)\geqslant\rho_{min}$，$b$ 取梁肋宽度（或腹板宽度）。

（2）第二类 T 形截面的计算（单筋 T 形）

如图 16-2-6 所示，可视为是以下两个截面相加：一个是由受压翼缘（习惯称“两挑耳”）与相应的部分受拉钢筋构成的，其提供承载力 M_{u1}；另一个是梁肋部分受压区与相应的另一部分受拉钢筋构成的，其提供承载力 M_{u2}。因此总承载力 $M_u=M_{u1}+M_{u2}$。由力平衡和力矩平衡可得：

$$\alpha_1 f_c bx+\alpha_1 f_c(b'_f-b)h'_f=f_y A_s$$

$$M\leqslant\alpha_1 f_c bx\left(h_0-\frac{x}{2}\right)+\alpha_1 f_c(b'_f-b)h'_f\left(h_0-\frac{h'_f}{2}\right)$$

适用条件：

防止超筋破坏：$x\leqslant\xi_b h_0$

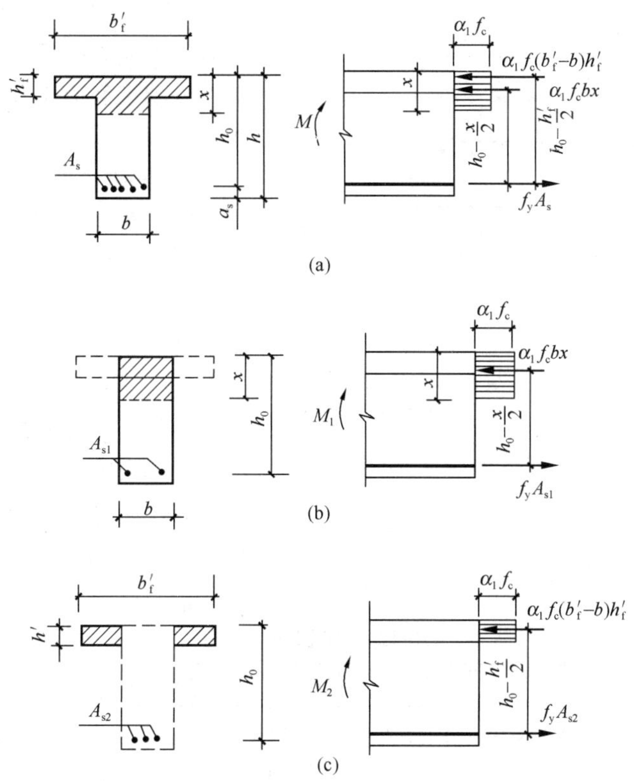

图 16-2-6　第二类 T 形截面

防止少筋破坏：$\rho=A_s/(bh)\geqslant\rho_{min}$

通常第二类 T 形截面配筋较多，能满足最小配筋率要求，故不必验算最小配筋率。

（3）双筋 T 形截面（第一类 T 形、第二类 T 形）

双筋 T 形截面的计算，可按《混规》规定，此时，其受压区高度 x 仍应满足下列条件：

防止超筋破坏：$x\leqslant\xi_b h_0$

保证受压钢筋到达其抗压设计强度值：$x\geqslant 2a'_s$

7. 斜截面的承载力计算

（1）梁斜截面剪切破坏的主要形态

试验研究发现，影响梁斜截面剪切破坏的因素主要有：剪跨比 λ、混凝土强度、腹筋（箍筋和弯起钢筋统称腹筋）配置数量、纵筋配筋率、截面形状等有关。

1）剪跨比 λ

梁斜截面受剪破坏是在弯矩 M 和剪力 V 的共同作用下产生的，与截面上的正应力 σ 和剪应力 τ 的比值（σ/τ）有关。由材料力学知识，正应力 $\sigma=M/W=6M/(bh_0^2)$；剪应力 $\tau=V/(bh_0)$，忽略数字 6，则：剪跨比 $\lambda=\sigma/\tau=M/(Vh_0)$。

对于受集中荷载的简支梁，由于 $M=Va$，则：$\lambda=M/(Vh_0)=a/h_0$，a 称为剪跨，是指集中荷载作用点至支座截面的距离。

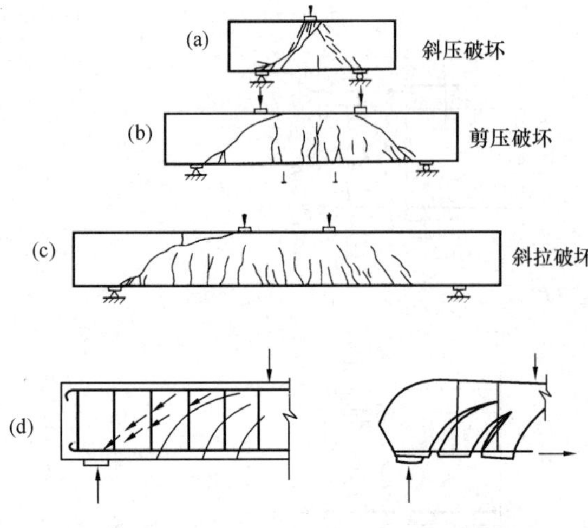

图 16-2-7　剪切破坏形态

(a) 无腹筋 $\lambda<1$；(b) 无腹筋 $1\leqslant\lambda\leqslant3$；(c) 无腹筋 $\lambda>3$

(d) 有腹筋

可见，剪跨比 λ 反映了截面上的正应力和剪应力的相对比值，在一定程度上也反映了截面上弯矩 M 与剪力 V 的相对比值。

2）三种主要破坏形态

梁斜截面剪切破坏的主要形态可分为三种：斜压破坏、剪压破坏、斜拉破坏（图 16-2-7）。无腹筋梁、有腹筋梁，其斜截面剪切破坏的三种破坏形态，见表 16-2-1。

可见，斜压破坏、斜拉破坏、剪压破坏均属于脆性破坏。其中，斜压破坏、斜拉破坏更不利，工程设计中应避免采用。《混规》采用截面限制条件和构造措施防止斜压破坏、斜拉破坏。

梁斜截面剪切破坏形态　　　　**表 16-2-1**

分类		破坏形态
斜压破坏	无腹筋	当剪跨比 $\lambda<1$ 时，在梁支座与加载作用点连线先出现多条大致平行的斜裂缝，继续加载，梁混凝土被斜裂缝分割成若干个斜向受压小柱而被压坏，故称为“斜压破坏”
	有腹筋	当腹筋配置很大，破坏时，腹筋未到达屈服，斜向受压混凝土小柱被压坏
斜拉破坏	无腹筋	当剪跨比 $\lambda>3$ 时，一旦出现斜裂缝，很快产生一条贯通的较宽的主要斜裂缝（称为临界斜裂缝），承载力急剧下降，脆性明显，因混凝土斜向受拉引起故称为“斜拉破坏”，其受剪承载力最小
	有腹筋	当腹筋配置很少，且剪跨比 $\lambda>3$ 时，腹筋太少不足以承担斜裂缝出现前混凝土承担的拉应力，因此斜裂缝一旦出现腹筋就达到屈服
剪压破坏	无腹筋	剪跨比适中（$1\leqslant\lambda\leqslant3$）时，在受拉区边缘先出现一些竖向裂缝，它们沿竖向延伸一小段后，就斜向延伸形成一些斜裂缝，随后会出现一条临界斜裂缝，临界斜裂缝顶端剪压区处混凝土受到剪应力和压应力的共同作用，最终在复合应力下混凝土达到极限强度而破坏
	有腹筋	当腹筋配置适量，且剪跨比 $\lambda\geqslant1$ 时，斜裂缝出现后，腹筋承担斜截面上的拉应力，继续加载，腹筋到达屈服；最终剪压区混凝土在剪应力和压应力的共同作用下达到其极限强度而破坏

（2）斜截面的承载力计算

斜截面受剪承载力计算时，剪力设计值的计算截面位置，《混规》规定：

6.3.2　计算斜截面受剪承载力时，剪力设计值的计算截面应按下列规定采用：

1　支座边缘处的截面（图 6.3.2a、b 截面 1-1）；

2　受拉区弯起钢筋弯起点处的截面（图 6.3.2a 截面 2-2、3-3）；

3　箍筋截面面积或间距改变处的截面（图 6.3.2b 截面4-4）；

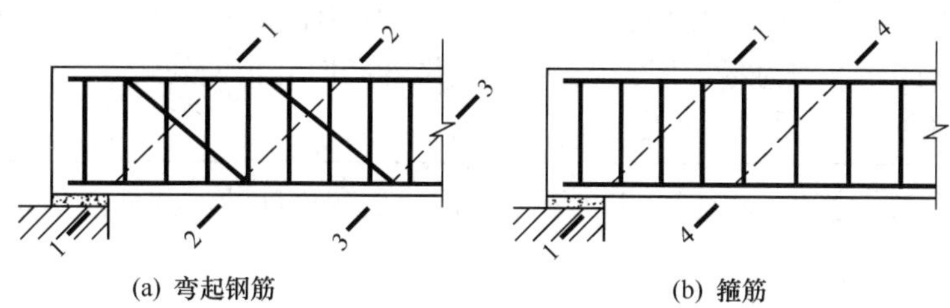

(a) 弯起钢筋　　(b) 箍筋

图 6.3.2　斜截面受剪承载力剪力设计值的计算截面

1-1 支座边缘处的斜截面；2-2、3-3 受拉区弯起钢筋弯起点的斜截面；

4-4 箍筋截面面积或间距改变处的斜截面

4　截面尺寸改变处的截面。

当腹筋数量配置很大时，则在腹筋屈服前，斜压混凝土已经被压坏，故取斜压破坏作为受剪承载力的上限（即最大值）。斜压破坏取决于构件的截面尺寸和混凝土的抗压强度。为此，《混规》规定：

6.3.1（条文说明）规定受弯构件的受剪截面限制条件，其目的首先是防止构件截面发生斜压破坏，其次是限制在使用阶段可能出现的斜裂缝宽度，同时也是构件斜截面受剪破坏的最大配筋率条件。

6.3.1　矩形、T 形和 I 形截面受弯构件的受剪截面应符合下列条件：

当 $h_w/b \leqslant 4$ 时

$$V \leqslant 0.25\beta_c f_c b h_0 \tag{6.3.1-1}$$

当 $h_w/b \geqslant 6$ 时

$$V \leqslant 0.2\beta_c f_c b h_0 \tag{6.3.1-2}$$

当 $4 < h_w/b < 6$ 时，按线性内插法确定。

式中：V——构件斜截面上的最大剪力设计值；

β_c——混凝土强度影响系数，当混凝土强度等级不超过 C50 时，β_c 取 1.0；当混凝土强度等级为 C80 时，β_c 取 0.8；其间按线性内插法确定；

b——矩形截面的宽度，T 形截面或 I 形截面的腹板宽度；

h_0——截面的有效高度；

h_w——截面的腹板高度，矩形截面，取有效高度；T 形截面，取有效高度减去翼缘高度；I 形截面，取腹板净高。

注：1　对T形或I形截面的简支受弯构件，当有实践经验时，公式（6.3.1-1）中的系数可改用0.3；

2　对受拉边倾斜的构件，当有实践经验时，其受剪截面的控制条件可适当放宽。

在斜截面受剪承载力的计算公式中，V_p（在预应力混凝土中由预加力产生的）在钢筋混凝土结构设计计算中为零，即：$V_p=0$，这样容易理解相关公式。

当仅配置箍筋时，《混规》规定：

6.3.4　当仅配置箍筋时，矩形、T形和I形截面受弯构件的斜截面受剪承载力应符合下列规定：

$$V \leqslant V_{cs} + V_p \tag{6.3.4-1}$$

$$V_{cs} = \alpha_{cv} f_t b h_0 + f_{yv} \frac{A_{sv}}{s} h_0 \tag{6.3.4-2}$$

$$V_p = 0.05 N_{p0} \tag{6.3.4-3}$$

式中：V_{cs}——构件斜截面上混凝土和箍筋的受剪承载力设计值；

V_p——由预加力所提高的构件受剪承载力设计值；

α_{cv}——斜截面混凝土受剪承载力系数，对于一般受弯构件取0.7；对集中荷载作用下（包括作用有多种荷载，其中集中荷载对支座截面或节点边缘所产生的剪力值占总剪力的75%以上的情况）的独立梁，取α_{cv}为$\frac{1.75}{\lambda+1}$，λ为计算截面的剪跨比，可取λ等于a/h_0，当λ小于1.5时，取1.5，当λ大于3时，取3，a取集中荷载作用点至支座截面或节点边缘的距离；

A_{sv}——配置在同一截面内箍筋各肢的全部截面面积，即nA_{sv1}，此处，n为在同一个截面内箍筋的肢数，A_{sv1}为单肢箍筋的截面面积；

s——沿构件长度方向的箍筋间距；

f_{yv}——箍筋的抗拉强度设计值，按本规范第4.2.3条的规定采用；

N_{p0}——计算截面上混凝土法向预应力等于零时的预加力，按本规范第10.1.13条计算；当N_{p0}大于$0.3f_cA_0$时，取$0.3f_cA_0$，此处，A_0为构件的换算截面面积。

当同时配置箍筋和弯起钢筋时，《混规》规定：

6.3.5　当配置箍筋和弯起钢筋时，矩形、T形和I形截面受弯构件的斜截面受剪承载力应符合下列规定：

$$V \leqslant V_{cs} + V_p + 0.8 f_{yv} A_{sb} \sin\alpha_s + 0.8 f_{py} A_{pb} \sin\alpha_p \tag{6.3.5}$$

式中：V——配置弯起钢筋处的剪力设计值，按本规范第6.3.6条的规定取用；

V_p——由预加力所提高的构件受剪承载力设计值，按本规范公式（6.3.4-3）计算，但计算预加力N_{p0}时不考虑弯起预应力筋的作用；

> A_{sb}、A_{pb} ——分别为同一平面内的弯起普通钢筋、弯起预应力筋的截面面积；
> α_s、α_p ——分别为斜截面上弯起普通钢筋、弯起预应力筋的切线与构件纵轴线的夹角。

试验表明，箍筋能抑制斜裂缝的发展，在不配置箍筋的梁中，斜裂缝的突然形成可能导致脆性的斜拉破坏。因此，规定当剪力设计值小于无腹筋梁的受剪承载力时，应按规范的规定配置最小用量的箍筋，并且这些箍筋还能提高构件抵抗超载和承受由于变形所引起应力的能力。

非抗震设计时，箍筋的构造配筋，即最小配箍率：

$$\rho_{sv}=\frac{nA_{sv1}}{bs}\geqslant\rho_{sv,min}=0.24\frac{f_t}{f_{yv}}$$

式中，A_{sv1} 为单肢箍筋的截面面积；b 为梁的宽度；s 为箍筋的间距；n 为同一个截面内箍筋的肢数。

一般板类受弯构件，其受剪承载力计算，《混规》规定：

> **6.3.3**　不配置箍筋和弯起钢筋的一般板类受弯构件，其斜截面受剪承载力应符合下列规定：
>
> $$V\leqslant 0.7\beta_h f_t bh_0 \tag{6.3.3-1}$$
>
> $$\beta_h=\left(\frac{800}{h_0}\right)^{1/4} \tag{6.3.3-2}$$
>
> 式中：β_h ——截面高度影响系数：当 h_0 小于 800mm 时，取 800mm；当 h_0 大于 2000mm 时，取 2000mm。

【例 16-2-6】（历年真题）在按《混凝土结构设计规范》GB 50010—2010 所给的公式计算钢筋混凝土受弯构件斜截面承载力时，下列哪项不需要考虑：

A. 截面尺寸是否过小

B. 所配的配箍是否大于最小配箍率

C. 箍筋的直径和间距是否满足其构造要求

D. 箍筋间距是否满足 10 倍纵向受力钢筋的直径

【解答】根据《混规》6.3.1 条、6.3.4 条、9.2.9 条，上述 A、B、C 项均需要考虑，D 项不需要考虑，应选 D 项。

8. 纵筋的构造要求

纵筋的锚固长度，《混规》规定：

> **8.3.1**　当计算中充分利用钢筋的抗拉强度时，受拉钢筋的锚固应符合下列要求：
>
> **1**　基本锚固长度应按下列公式计算：
>
> 普通钢筋
>
> $$l_{ab}=\alpha\frac{f_y}{f_t}d \tag{8.3.1-1}$$

预应力筋

$$l_{ab} = \alpha \frac{f_{py}}{f_t} d \tag{8.3.1-2}$$

式中：l_{ab}——受拉钢筋的基本锚固长度；

f_y、f_{py}——普通钢筋、预应力筋的抗拉强度设计值；

f_t——混凝土轴心抗拉强度设计值，当混凝土强度等级高于 C60 时，按 C60 取值；

d——锚固钢筋的直径；

α——锚固钢筋的外形系数，按表 8.3.1 取用。

锚固钢筋的外形系数 α **表 8.3.1**

钢筋类型	光圆钢筋	带肋钢筋	螺旋肋钢丝	三股钢绞线	七股钢绞线
α	0.16	0.14	0.13	0.16	0.17

注：光圆钢筋末端应做 180°弯钩，弯后平直段长度不应小于 3d，但作受压钢筋时可不做弯钩。

2 受拉钢筋的锚固长度应根据锚固条件按下列公式计算，且不应小于 200mm：

$$l_a = \zeta_a l_{ab} \tag{8.3.1-3}$$

式中：l_a——受拉钢筋的锚固长度；

ζ_a——锚固长度修正系数，对普通钢筋按本规范第 8.3.2 条的规定取用，当多于一项时，可按连乘计算，但不应小于 0.6；对预应力筋，可取 1.0。

3 当锚固钢筋的保护层厚度不大于 5d 时，锚固长度范围内应配置横向构造钢筋，其直径不应小于 d/4；对梁、柱、斜撑等构件间距不应大于 5d，对板、墙等平面构件间距不应大于 10d，且均不应大于 100mm，此处 d 为锚固钢筋的直径。

8.3.3 当纵向受拉普通钢筋末端采用弯钩或机械锚固措施时，包括弯钩或锚固端头在内的锚固长度（投影长度）可取为基本锚固长度 l_{ab}的 60%。

8.3.4 混凝土结构中的纵向受压钢筋，当计算中充分利用其抗压强度时，锚固长度不应小于相应受拉锚固长度的 70%。

受压钢筋不应采用末端弯钩和一侧贴焊锚筋的锚固措施。

梁的纵筋在端支座处的锚固，由于支座处往往同时存在有横向压应力的有利作用，故支座处的锚固长度一般较短。为此，《混规》作了具体规定。

框架梁的纵筋在框架中间层端节点和中间节点处的锚固，《混规》也作了具体规定。

纵向受力钢筋的连接，《混规》规定：

8.4.1 钢筋连接可采用绑扎搭接、机械连接或焊接。机械连接接头及焊接接头的类型及质量应符合国家现行有关标准的规定。

混凝土结构中受力钢筋的连接接头宜设置在受力较小处。在同一根受力钢筋上宜少设接头。在结构的重要构件和关键传力部位，纵向受力钢筋不宜设置连接接头。

8.4.2　轴心受拉及小偏心受拉杆件的纵向受力钢筋不得采用绑扎搭接；其他构件中的钢筋采用绑扎搭接时，受拉钢筋直径不宜大于25mm，受压钢筋直径不宜大于28mm。

8.4.3　同一构件中相邻纵向受力钢筋的绑扎搭接接头宜互相错开。钢筋绑扎搭接接头连接区段的长度为1.3倍搭接长度，凡搭接接头中点位于该连接区段长度内的搭接接头均属于同一连接区段（图8.4.3）。同一连接区段内纵向受力钢筋搭接接头面积百分率为该区段内有搭接接头的纵向受力钢筋与全部纵向受力钢筋截面面积的比值。当直径不同的钢筋搭接时，按直径较小的钢筋计算。

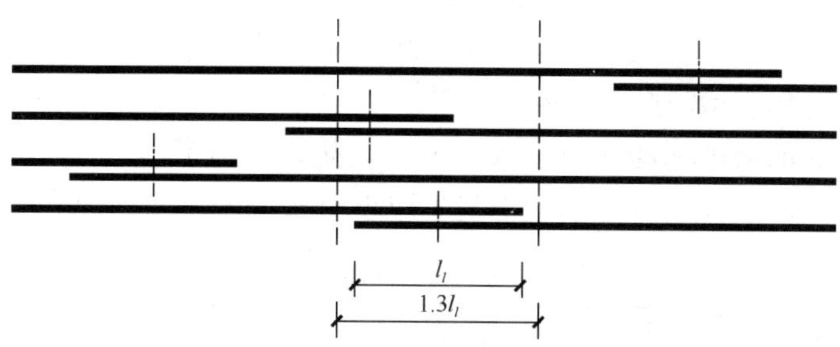

图8.4.3　同一连接区段内纵向受拉钢筋的绑扎搭接接头

注：图中所示同一连接区段内的搭接接头钢筋为两根，当钢筋直径相同时，钢筋搭接接头面积百分率为50%。

位于同一连接区段内的受拉钢筋搭接接头面积百分率：对梁类、板类及墙类构件，不宜大于25%；对柱类构件，不宜大于50%。当工程中确有必要增大受拉钢筋搭接接头面积百分率时，对梁类构件，不宜大于50%；对板、墙、柱及预制构件的拼接处，可根据实际情况放宽。

并筋采用绑扎搭接连接时，应按每根单筋错开搭接的方式连接。接头面积百分率应按同一连接区段内所有的单根钢筋计算。并筋中钢筋的搭接长度应按单筋分别计算。

8.4.4　纵向受拉钢筋绑扎搭接接头的搭接长度，应根据位于同一连接区段内的钢筋搭接接头面积百分率按下列公式计算（此处略，不小于1.2l_a），且不应小于300mm。

8.4.5　构件中的纵向受压钢筋当采用搭接连接时，其受压搭接长度不应小于本规范第8.4.4条纵向受拉钢筋搭接长度的70%，且不应小于200mm。

需注意的是，当直径不同的钢筋（即粗、细钢筋）在同一区段搭接时，按较细钢筋的截面面积计算接头面积百分率及搭接长度。这是因为钢筋通过接头传力时，均按受力较小的细直径钢筋考虑承载受力。

并筋应采用分散、错开搭接的方式实现连接，并按截面内各根单筋计算搭接长度及接头面积百分率。并筋的配置形式，《混规》规定：

4.2.7　构件中的钢筋可采用并筋的配置形式。直径28mm及以下的钢筋并筋数量不应超过3根；直径32mm的钢筋并筋数量宜为2根；直径36mm及以上的钢筋不应采用并筋。并筋应按单根等效钢筋进行计算，等效钢筋的等效直径应按截面面积相等的原则换算确定。

9. 箍筋的构造要求

梁中箍筋的构造要求，《混规》规定：

9.2.9 梁中箍筋的配置应符合下列规定：

1 按承载力计算不需要箍筋的梁，当截面高度大于 300mm 时，应沿梁全长设置构造箍筋；当截面高度 h =150mm～300mm 时，可仅在构件端部 l_0 /4 范围内设置构造箍筋，l_0 为跨度。但当在构件中部 l_0 /2 范围内有集中荷载作用时，则应沿梁全长设置箍筋。当截面高度小于 150mm 时，可以不设置箍筋。

2 截面高度大于 800mm 的梁，箍筋直径不宜小于 8mm；对截面高度不大于 800mm 的梁，不宜小于 6mm。梁中配有计算需要的纵向受压钢筋时，箍筋直径尚不应小于 $d/4$，d 为受压钢筋最大直径。

3 梁中箍筋的最大间距宜符合表 9.2.9 的规定；当 V 大于 $0.7f_tbh_0+0.05N_{p0}$ 时，箍筋的配筋率 ρ_{sv} [$\rho_{sv}=A_{sv}/(bs)$] 尚不应小于 $0.24f_t/f_{yv}$。

梁中箍筋的最大间距（mm） **表 9.2.9**

梁高 h	$V>0.7f_tbh_0+0.05N_{p0}$	$V\leqslant 0.7f_tbh_0+0.05N_{p0}$
$150<h\leqslant 300$	150	200
$300<h\leqslant 500$	200	300
$500<h\leqslant 800$	250	350
$h>800$	300	400

★★★二、受压构件

1. 轴心受压构件

短柱在短期轴心受压荷载下的应力分布：当荷载 N 很小时，混凝土处于弹性工作阶段；当 N 增大时，混凝土将进入弹塑性阶段，导致混凝土的应力增长速度逐渐缓慢，而钢筋应力增长的速度则越来越快，即产生了应力重分布。

长期荷载作用下，由于混凝土的徐变影响，钢筋压应力增大，而混凝土压应力逐渐降低。同时，钢筋与混凝土的应力受徐变影响的幅度与配筋率 ρ' 有关。当对持续受荷的轴心受压构件进行突然卸载时，由于钢筋、混凝土两部分变形不相等，且两者之间存在着粘结力，故其变形必须协调，导致混凝土受拉，而钢筋受压。特别是当纵筋配筋率过大时，可能使混凝土的拉应力达到其抗拉强度而拉裂，故在设计中对全部受压钢筋的最大配筋率有所限制，一般不宜大于 5%。

柱的普通箍筋是为了架立纵向钢筋，承担风或水平地震作用产生的水平剪力，防止纵向钢筋的压屈，并与纵向钢筋一起形成对芯部混凝土的围箍约束作用，提高柱的延性。螺旋式箍筋可以明显增加对芯部混凝土的围箍约束，显著提高柱的延性。

轴心受压构件的正截面受压承载力计算，《混规》规定：

6.2.15 钢筋混凝土轴心受压构件，当配置的箍筋符合本规范第 9.3 节的规定时，其正截面受压承载力应符合下列规定：

$$N \leqslant 0.9\varphi(f_c A + f'_y A'_s) \quad (6.2.15)$$

式中：N——轴向压力设计值；

φ——钢筋混凝土构件的稳定系数，按表 6.2.15 采用；

f_c——混凝土轴心抗压强度设计值，按本规范表 4.1.4-1 采用；

A——构件截面面积；

A'_s——全部纵向普通钢筋的截面面积。

当纵向普通钢筋的配筋率大于 3%时，公式（6.2.15）中的 A 应改用 $(A-A'_s)$ 代替。

钢筋混凝土轴心受压构件的稳定系数（部分）　　表 6.2.15

l_0/b	≤8	10	12	14	16	18	20	22	24	26	28
l_0/d	≤7	8.5	10.5	12	14	15.5	17	19	21	22.5	24
l_0/i	≤28	35	42	48	55	62	69	76	83	90	97
φ	1.00	0.98	0.95	0.92	0.87	0.81	0.75	0.70	0.65	0.60	0.56

注：1　l_0 为构件的计算长度，对钢筋混凝土柱可按本规范第 6.2.20 条的规定取用；

2　b 为矩形截面的短边尺寸，d 为圆形截面的直径，i 为截面的最小回转半径。

配有螺旋式或焊接环式间接钢筋的轴心受压构件，其正截面受压承载力计算，《混规》规定：

6.2.16　钢筋混凝土轴心受压构件，当配置的螺旋式或焊接环式间接钢筋符合本规范第 9.3.2 条的规定时，其正截面受压承载力应符合下列规定：

$$N \leqslant 0.9(f_c A_{cor} + f'_y A'_s + 2\alpha f_{yv} A_{ss0}) \quad (6.2.16\text{-}1)$$

$$A_{ss0} = \frac{\pi d_{cor} A_{ss1}}{s} \quad (6.2.16\text{-}2)$$

式中：f_{yv}——间接钢筋的抗拉强度设计值，按本规范第 4.2.3 条的规定采用；

A_{cor}——构件的核心截面面积，取间接钢筋内表面范围内的混凝土截面面积；

A_{ss0}——螺旋式或焊接环式间接钢筋的换算截面面积；

d_{cor}——构件的核心截面直径，取间接钢筋内表面之间的距离；

A_{ss1}——螺旋式或焊接环式单根间接钢筋的截面面积；

s——间接钢筋沿构件轴线方向的间距；

α——间接钢筋对混凝土约束的折减系数：当混凝土强度等级不超过 C50 时，取 1.0，当混凝土强度等级为 C80 时，取 0.85，其间按线性内插法确定。

注：1　按公式（6.2.16-1）算得的构件受压承载力设计值不应大于按本规范公式（6.2.15）算得的构件受压承载力设计值的 1.5 倍；

2　当遇到下列任意一种情况时，不应计入间接钢筋的影响，而应按本规范第 6.2.15 条的规定进行计算：

1）当 $l_0/d>12$ 时；

2）当按公式（6.2.16-1）算得的受压承载力小于按本规范公式（6.2.15）算得的受压承载力时；

3）当间接钢筋的换算截面面积 A_{ss0} 小于纵向普通钢筋的全部截面面积的 25%时。

柱中纵向受力钢筋、箍筋的构造要求，《混规》规定：

9.3.1 柱中纵向钢筋的配置应符合下列规定：

1 纵向受力钢筋直径不宜小于 12mm；全部纵向钢筋的配筋率不宜大于 5%；

2 柱中纵向钢筋的净间距不应小于 50mm，且不宜大于 300mm；

3 偏心受压柱的截面高度不小于 600mm 时，在柱的侧面上应设置直径不小于 10mm 的纵向构造钢筋，并相应设置复合箍筋或拉筋；

4 圆柱中纵向钢筋不宜少于 8 根，不应少于 6 根，且宜沿周边均匀布置；

5 在偏心受压柱中，垂直于弯矩作用平面的侧面上的纵向受力钢筋以及轴心受压柱中各边的纵向受力钢筋，其中距不宜大于 300mm。

注：水平浇筑的预制柱，纵向钢筋的最小净间距可按本规范第 9.2.1 条关于梁的有关规定取用。

9.3.2 柱中的箍筋应符合下列规定：

1 箍筋直径不应小于 $d/4$，且不应小于 6mm，d 为纵向钢筋的最大直径；

2 箍筋间距不应大于 400mm 及构件截面的短边尺寸，且不应大于 $15d$，d 为纵向钢筋的最小直径；

3 柱及其他受压构件中的周边箍筋应做成封闭式；对圆柱中的箍筋，搭接长度不应小于本规范第 8.3.1 条规定的锚固长度，且末端应做成 135°弯钩，弯钩末端平直段长度不应小于 $5d$，d 为箍筋直径；

4 当柱截面短边尺寸大于 400mm 且各边纵向钢筋多于 3 根时，或当柱截面短边尺寸不大于 400mm 但各边纵向钢筋多于 4 根时，应设置复合箍筋；

5 柱中全部纵向受力钢筋的配筋率大于 3%时，箍筋直径不应小于 8mm，间距不应大于 $10d$，且不应大于 200mm，d 为纵向受力钢筋的最小直径。箍筋末端应做成 135°弯钩，且弯钩末端平直段长度不应小于箍筋直径的 10 倍；

6 在配有螺旋式或焊接环式箍筋的柱中，如在正截面受压承载力计算中考虑间接钢筋的作用时，箍筋间距不应大于 80mm 及 $d_{cor}/5$，且不宜小于 40mm，d_{cor} 为按箍筋内表面确定的核心截面直径。

2. 偏心受压构件

(1) 二阶效应

结构中的二阶效应是指作用在结构上的重力或构件中的轴压力在变形后的结构或构件中引起的附加内力和附加变形。建筑结构的二阶效应包括重力二阶效应（P-Δ 效应）和受压构件的挠曲效应（P-δ 效应）两部分。

重力二阶效应计算属于结构整体层面的问题，一般在结构整体分析中考虑，其计算方法有：有限元法、增大系数法等。

受压构件的挠曲效应计算属于构件层面的问题，一般在构件设计时考虑。在轴向力作用下的偏压杆件，当反弯点不在杆件高度范围内（即沿杆件长度均为同号弯矩）的较细长且轴压比偏大的情况时，经 P-δ 效应增大后的杆件中部弯矩有可能超过柱端控制截面的弯矩。此时，就必须在截面设计中考虑 P-δ 效应的附加影响，但是，在实际工程设计中该种情况较少出现。因此，为了不对各个偏压构件逐一进行验算，《混规》给出了可以不考虑 P-δ 效应的条件，以及应考虑 P-δ 效应的条件，即：

6.2.3 弯矩作用平面内截面对称的偏心受压构件，当同一主轴方向的杆端弯矩比 $\frac{M_1}{M_2}$ 不大于 0.9 且轴压比不大于 0.9 时，若构件的长细比满足公式（6.2.3）的要求，可不考虑轴向压力在该方向挠曲杆件中产生的附加弯矩影响；否则应根据本规范第 6.2.4 条的规定，按截面的两个主轴方向分别考虑轴向压力在挠曲杆件中产生的附加弯矩影响。

$$l_c/i \leqslant 34 - 12(M_1/M_2) \quad (6.2.3)$$

式中：M_1、M_2 ——分别为已考虑侧移影响的偏心受压构件两端截面按结构弹性分析确定的对同一主轴的组合弯矩设计值，绝对值较大端为 M_2，绝对值较小端为 M_1，当构件按单曲率弯曲时，M_1/M_2 取正值，否则取负值；

l_c ——构件的计算长度，可近似取偏心受压构件相应主轴方向上下支撑点之间的距离；

i——偏心方向的截面回转半径。

对于考虑 P-δ 效应的偏压构件，其具体计算方法采用 C_m-η_{ns}法，即《混规》规定：

6.2.4 除排架结构柱外，其他偏心受压构件考虑轴向压力在挠曲杆件中产生的二阶效应后控制截面的弯矩设计值，应按下列公式计算：

$$M = C_m \eta_{ns} M_2 \quad (6.2.4\text{-}1)$$

$$C_m = 0.7 + 0.3\frac{M_1}{M_2} \quad (6.2.4\text{-}2)$$

$$\eta_{ns} = 1 + \frac{1}{1300(M_2/N + e_a)/h_0}\left(\frac{l_c}{h}\right)^2 \zeta_c \quad (6.2.4\text{-}3)$$

$$\zeta_c = \frac{0.5 f_c A}{N} \quad (6.2.4\text{-}4)$$

当 $C_m\eta_{ns}$ 小于 1.0 时取 1.0；对剪力墙及核心筒墙，可取 $C_m\eta_{ns}$ 等于 1.0。

式中：C_m ——构件端截面偏心距调节系数，当小于 0.7 时取 0.7；

η_{ns} ——弯矩增大系数；

N——与弯矩设计值 M_2 相应的轴向压力设计值；

e_a ——附加偏心距，按本规范第 6.2.5 条确定；

ζ_c ——截面曲率修正系数，当计算值大于 1.0 时取 1.0；

h ——截面高度；对环形截面，取外直径；对圆形截面，取直径；

h_0 ——截面有效高度；对环形截面，取 $h_0 = r_2 + r_s$；对圆形截面，取 $h_0 = r + r_s$；此处，r、r_2 和 r_s 按本规范第 E.0.3 条和第 E.0.4 条确定；

A ——构件截面面积。

6.2.5 偏心受压构件的正截面承载力计算时，应计入轴向压力在偏心方向存在的附加偏心距 e_a，其值应取 20mm 和偏心方向截面最大尺寸的 1/30 两者中的较大值。

(2) 偏心受压构件有破坏形态

偏心受压构件按受力情况分为大偏心受压和小偏心受压，按配筋形式可分为对称配筋和非对称配筋。

大偏心受压破坏（受拉破坏），如图 16-2-8 所示，当轴向压力 N 的相对偏心距 e_0/h_0 较大，$e_0=M/N$，并且受拉钢筋配置得不太多时，其破坏特点是：受拉钢筋先达到屈服，随后受拉区裂缝开展，受压区高度减小，最终导致受压区边缘混凝土压碎而破坏，属于延性破坏。该类破坏形态与适筋梁的破坏形态相似。

小偏心受压破坏（受压破坏），可分为如下两种情况：

1）靠近轴向压力 N 的一侧混凝土先被压碎的情况

当轴向压力 N 的相对偏心距较小时，截面大部分受压或全部受压，如图 16-2-9(a)、(b) 所示，其破坏特点是：破坏是首先从靠近轴向压力 N 的一侧混凝土边缘压应变达到混凝土极限压应变开始，破坏时，靠近轴向压力 N 的一侧混凝土被压碎，同侧的受压钢筋也达到屈服；但远离 N 的一侧纵向钢筋，可能受拉，或可能受压，一般均未达到屈服。仅当偏心距很小时，N 很大（$N>f_cbh$）时，远离 N 的一侧纵向钢筋才可能受压屈服。

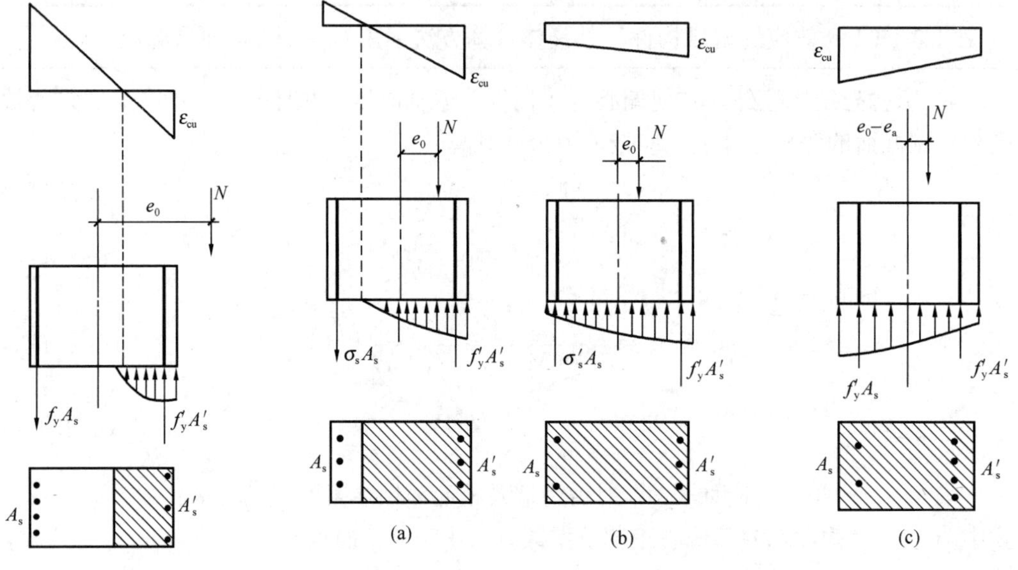

图 16-2-8 大偏心破坏时截面应力

图 16-2-9 小偏心破坏时截面应力

当相对偏心距较大，但远离 N 的一侧纵向钢筋配置较多时，如图 16-2-9(a) 所示，其破坏特点是：靠近轴向压力 N 的一侧混凝土压应变首先达到混凝土极限压应变，混凝土先被压碎，同侧的受压钢筋也达到屈服；但远离 N 的一侧纵向钢筋为受拉，但受拉钢筋始终不屈服。其类似超筋梁，工程设计时应避免。

2）远离轴向压力 N 的一侧混凝土先被压碎的情况

当偏心距很小时，轴向力 N 很大（$N>f_cbh$），由于截面的实际形心和构件的几何中心不重合，远离轴向压力 N 的一侧纵向钢筋配置很少而另侧纵筋配置较多时，如图 16-2-9(c) 所示，其破坏特点是：全截面受压，远离轴向压力 N 的一侧混凝土首先受压破坏

（故称为“反向破坏”），且该侧的纵向钢筋达到屈服；靠近轴向压力 N 的一侧纵向钢筋也达到屈服。

综上可知，小偏心受压破坏（受压破坏）的特点是：混凝土先被压碎，靠近轴向压力 N 的一侧纵向钢筋受压屈服。但是，远离轴向压力 N 的一侧纵向钢筋可能受拉也可能受压，受拉时不屈服，受压时可能不屈服也可能屈服。其破坏均属于脆性破坏。

【例 16-2-7】（历年真题）对于钢筋混凝土受压构件，当相对受压区高度大于 1 时，则：

A. 属于大偏心受压构件

B. 受拉钢筋受压但一定达不到屈服

C. 受压钢筋侧混凝土一定先被压溃

D. 受拉钢筋一定处于受压状态且可能先于受压钢筋达到屈服状态

【解答】此时，受拉钢筋受压，且可能先于受压钢筋达到屈服，应选 D 项。

（3）偏心受压构件的正截面受压承载力计算

矩形截面偏心受压钢筋混凝土构件的正截面受压承载力计算，《混规》作了如下规定，理解下列公式时将预应力钢筋截面面积视为零（即 $A'_p = A_p = 0.0$）：

6.2.17 矩形截面偏心受压构件正截面受压承载力应符合下列规定（图 6.2.17）：

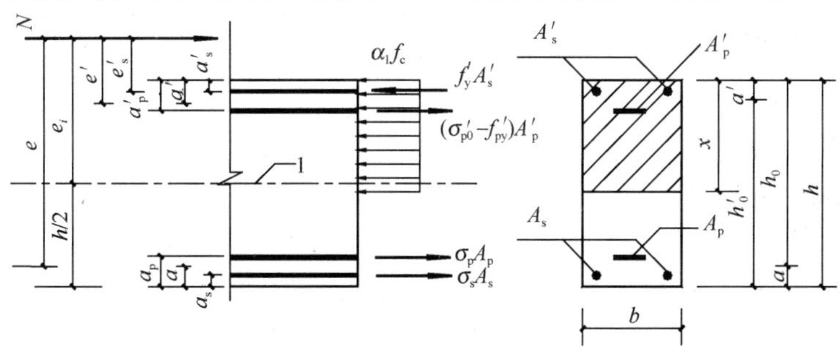

图 6.2.17　矩形截面偏心受压构件正截面受压承载力计算

1—截面重心轴

$$N \leqslant \alpha_1 f_c bx + f'_y A'_s - \sigma_s A_s - (\sigma'_{p0} - f'_{py}) A'_p - \sigma_p A_p \tag{6.2.17-1}$$

$$Ne \leqslant \alpha_1 f_c bx \left(h_0 - \frac{x}{2}\right) + f'_y A'_s (h_0 - a'_s) - (\sigma'_{p0} - f'_{py}) A'_p (h_0 - a'_p) \tag{6.2.17-2}$$

$$e = e_i + \frac{h}{2} - a \tag{6.2.17-3}$$

$$e_i = e_0 + e_a \tag{6.2.17-4}$$

式中：e ——轴向压力作用点至纵向受拉普通钢筋和受拉预应力筋的合力点的距离；

σ_s、σ_p ——受拉边或受压较小边的纵向普通钢筋、预应力筋的应力；

e_i ——初始偏心距；

a ——纵向受拉普通钢筋和受拉预应力筋的合力点至截面近边缘的距离；

e_0 ——轴向压力对截面重心的偏心距，取为 M/N，当需要考虑二阶效应时，M 为按本规范第 5.3.4 条、第 6.2.4 条规定确定的弯矩设计值；

e_a ——附加偏心距，按本规范第 6.2.5 条确定。

按上述规定计算时，尚应符合下列要求：

1 钢筋的应力 σ_s、σ_p 可按下列情况确定：

1) 当 ξ 不大于 ξ_b 时为大偏心受压构件，取 σ_s 为 f_y、σ_p 为 f_{py}，此处，ξ 为相对受压区高度，取为 x/h_0；

2) 当 ξ 大于 ξ_b 时为小偏心受压构件，σ_s、σ_p 按本规范第 6.2.8 条的规定进行计算。

上述公式中，对于钢筋混凝土结构构件，a 取值即为 a_s 取值；a' 取值即为 a'_s 取值。上述公式，对于钢筋混凝土结构构件，当计算中计入纵向受压普通钢筋时，受压区高度 x 应满足下式：

$$x \geqslant 2a'_s$$

当不满足（即 $x<2a'_s$）时，受压钢筋应力可能达不到 f'_y，取 $x=2a'_s$，则：

$$Ne'_s = f_y A_s (h_0 - a'_s)$$

$$e'_s = e_i - \frac{h}{2} + a'_s$$

式中，e'_s 为轴向压力作用点至受压区纵向普通钢筋合力点的距离。

（4）偏心受压构件的 M-N 相关曲线

对于偏心受压构件，当其截面、材料强度和纵筋配筋给定后，到达正截面承载力极限状态时，其受压承载力 N_u 和受弯承载力 M_u 是相互关联的，可用一条 N_u-M_u 相关曲线表示，如图 16-4-10 所示，该曲线具有如下特点：

1）N_u-M_u 相关曲线上的任意一点代表处于正截面承载能力极限状态时的一种内力组合。当某一组内力（M、N）在该曲线内侧，表明未到达正截面承载能力极限状态，是安全的；反之，当某一组内力（M、N）在该曲线外侧，表明正截面承载能力不足。

2）AB 段曲线为大偏心受压的 N_u-M_u 相关曲线，BC 段曲线为小偏心受压的 N_u-M_u 相关曲线。B 点为界限破坏。

3）AB 段大偏心受压，M_u 随 N 的增大而增大。当大偏心受压构件的同一截面处存在有多组内力（M、N）时，一般地，其配筋控制（或最大配筋）是（M 大、N 小）的一组内力。

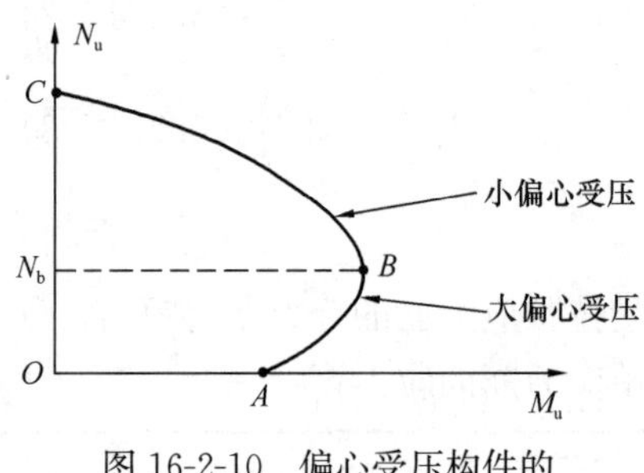

图 16-2-10　偏心受压构件的 M_u-N_u 相关曲线

4）BC 段为小偏心受压，M_u 随 N 的增大而减小。当小偏心受压构件的同一截面处存在有多组内力（M、N）时，一般地，其配筋控制是（M 大、N 大）的一组内力。

5）对称配筋时，界限破坏时的轴压力 N_b 与配筋率无关（图 16-2-10 中 B 点）。

【例 16-2-8】（历年真题）某一钢筋混凝土柱，

在两组轴力和弯矩分别为（N_{1u}，M_{1u}）和（N_{2u}，M_{2u}）作用下发生大偏心受压破坏，且 $N_{1u}>M_{2u}$，则 M_1 与 M_{2u} 的关系是：

A. $M_{1u}>M_{2u}$　　B. $M_{1u}=M_{2u}$

C. $M_{1u}<M_{2u}$　　D. $M_{1u}\leqslant M_{2u}$

【解答】根据偏心受压构件的 M_u-N_u 相关曲线，大偏压破坏时，当 $N_{1u}>N_{2u}$ 时，则有 $M_{1u}>M_{2u}$，应选 A 项。

（5）偏心受压构件的斜截面受剪承载力计算

试验表明，影响偏心受压构件（如框架柱）的抗剪能力的因素有：剪跨比、混凝土强度等级、纵筋配筋率、箍筋强度与配箍率、轴压比等。其中，轴压比对构件抗剪起有利作用，但其作用是有限度的，故《混规》作出了限制。此外，偏压构件的受剪截面应满足截面限制条件。

6.3.12　矩形、T 形和 I 形截面的钢筋混凝土偏心受压构件，其斜截面受剪承载力应符合下列规定：

$$V\leqslant\frac{1.75}{\lambda+1}f_tbh_0+f_{yv}\frac{A_{sv}}{s}h_0+0.07N \tag{6.3.12}$$

式中：λ——偏心受压构件计算截面的剪跨比，取为 $M/(Vh_0)$；

N——与剪力设计值 V 相应的轴向压力设计值，当大于 $0.3f_cA$ 时，取 $0.3f_cA$，此处，A 为构件的截面面积。

计算截面的剪跨比 λ 应按下列规定取用：

1　对框架结构中的框架柱，当其反弯点在层高范围内时，可取为 $H_n/(2h_0)$。当 λ 小于 1 时，取 1；当 λ 大于 3 时，取 3。此处，M 为计算截面上与剪力设计值 V 相应的弯矩设计值，H_n 为柱净高。

2　其他偏心受压构件，当承受均布荷载时，取 1.5；当承受符合本规范第 6.3.4 条所述的集中荷载时，取为 a/h_0，且当 λ 小于 1.5 时取 1.5，当 λ 大于 3 时取 3。

★三、受拉构件

受拉构件可分为轴心受拉构件、偏心受拉构件。其中，偏心受拉构件又可分为：大偏心受拉构件；小偏心受拉构件。

当轴向拉力 N 作用在 A_s 与 A'_s 之间，即偏心距 $e_0<\frac{h}{2}-a_s$ 时，为小偏心受拉。

当轴向拉力 N 作用在 A_s 与 A'_s 范围以外，即 $e_0>\frac{h}{2}-a_s$ 时，为大偏心受拉。

对于钢筋混凝土构件（预应力筋 $A'_p=A_p=0.0$），《混规》规定：

6.2.22　轴心受拉构件的正截面受拉承载力应符合下列规定：

$$N\leqslant f_yA_s+f_{py}A_p \tag{6.2.22}$$

式中：N——轴向拉力设计值；

A_s、A_p——纵向普通钢筋、预应力筋的全部截面面积。

6.2.23 矩形截面偏心受拉构件的正截面受拉承载力应符合下列规定：

1 小偏心受拉构件

当轴向拉力作用在钢筋 A_s 与 A_p 的合力点和 A'_s 与 A'_p 的合力点之间时(图 6.2.23a)：

$$Ne \leqslant f_y A'_s (h_0 - a'_s) + f_{py} A'_p (h_0 - a'_p) \qquad (6.2.23\text{-}1)$$

$$Ne' \leqslant f_y A_s (h'_0 - a_s) + f_{py} A_p (h'_0 - a_p) \qquad (6.2.23\text{-}2)$$

2 大偏心受拉构件

当轴向拉力不作用在钢筋 A_s 与 A_p 的合力点和 A'_s 与 A'_p 的合力点之间时(图 6.2.23b)：

$$N \leqslant f_y A_s + f_{py} A_p - f'_y A'_s + (\sigma'_{p0} - f'_{py}) A'_p - \alpha_1 f_c bx \qquad (6.2.23\text{-}3)$$

$$Ne \leqslant \alpha_1 f_c bx \left(h_0 - \frac{x}{2}\right) + f'_y A'_s (h_0 - a'_s) - (\sigma'_{p0} - f'_{py}) A'_p (h_0 - a'_p) \qquad (6.2.23\text{-}4)$$

此时，混凝土受压区的高度应满足本规范公式（6.2.10-3）的要求（即 $x \leqslant \xi_b h_0$）。当计算中计入纵向受压普通钢筋时，尚应满足本规范公式（6.2.10-4）的条件（即 $x \geqslant 2a'_s$）；当不满足时，可按公式（6.2.23-2）计算。

3 对称配筋的矩形截面偏心受拉构件，不论大、小偏心受拉情况，均可按公式（6.2.23-2）计算。

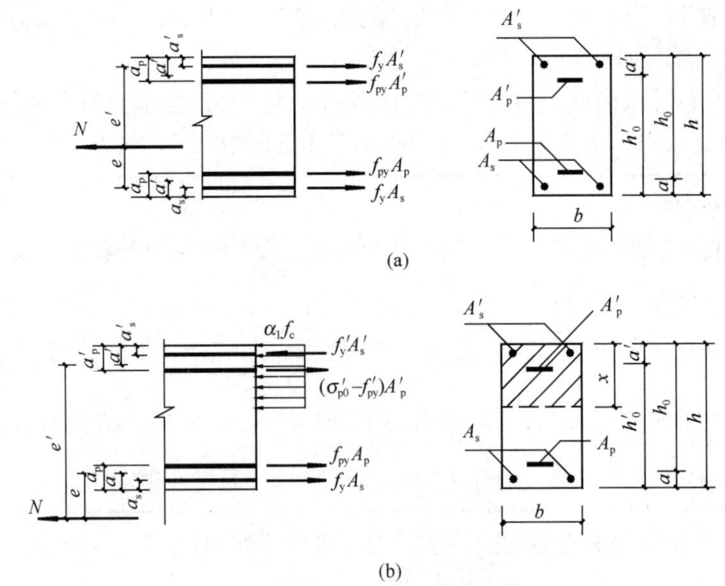

图 6.2.23 矩形截面偏心受拉构件正截面受拉承载力计算

(a) 小偏心受拉构件；(b) 大偏心受拉构件

上述规范式（6.2.10-3）、式（6.2.10-4）分别是指：$x \leqslant \xi_b h_0$；$x \geqslant 2a'_s$。

偏心受拉构件的斜截面受剪承载力计算。试验表明，轴向拉力会使构件的受剪承载力明显降低，其降低幅度随轴向拉力的增大而增大，但与斜裂缝相交的箍筋受剪承载力并不受拉力的影响。此外，偏心受拉构件的斜截面受剪同样受受剪截面条件限制。《混规》规定：

6.3.14　矩形、T形和I形截面的钢筋混凝土偏心受拉构件，其斜截面受剪承载力应符合下列规定：

$$V \leqslant \frac{1.75}{\lambda+1} f_t b h_0 + f_{yv} \frac{A_{sv}}{s} h_0 - 0.2N \tag{6.3.14}$$

式中：N——与剪力设计值V相应的轴向拉力设计值；

λ——计算截面的剪跨比，按本规范第6.3.12条确定。

当公式（6.3.14）右边的计算值小于$f_{yv}\frac{A_{sv}}{s}h_0$时，应取等于$f_{yv}\frac{A_{sv}}{s}h_0$，且$f_{yv}\frac{A_{sv}}{s}h_0$值不应小于$0.36 f_t b h_0$。

★★★四、受扭构件

《混规》受扭构件计算模型采用了变角度空间桁架模型，其基本假定是：混凝土只承受压力，螺旋形裂缝的混凝土外壳组成桁架的斜压杆，纵筋和箍筋只承受拉力，分别为桁架的弦杆和腹杆；不计核心混凝土的受扭作用和钢筋的锚栓作用。

1. 受扭构件的破坏形态

根据受扭钢筋的配筋率的不同，矩形截面受扭构件的破坏形态分为三种：

（1）少筋破坏。当构件受扭纵筋和受扭箍筋配置数量较少时，在扭矩作用下长边中点处应力最大，先出现45°斜裂缝，随后向相邻的其他两面以45°延伸，此时，与斜裂缝相交的受扭箍筋和受扭纵筋达到屈服或被拉断。最后，在另一长边上形成受压面，并随着斜裂缝的开展，受压面混凝土被压碎而破坏。这种破坏类似受弯的少筋梁，呈受拉脆性破坏特征。《混规》采用构造措施防止少筋破坏。

（2）适筋破坏。当构件受扭纵筋和受扭箍筋配置数量适当时，在扭矩作用下，构件将出现许多45°斜裂缝，随后，与临界斜裂缝相交的受扭纵筋和受扭箍筋先达到屈服，然后，受压侧的混凝土被压碎而破坏。这种破坏与受弯的适筋梁类似，具有一定的延性，属于延性破坏。

（3）超筋破坏或部分超筋破坏。当构件受扭纵筋和受扭箍筋配置数量很大时，在扭矩作用下，构件将出现许多45°斜裂缝，由于受扭钢筋数量过多，破坏是由受压侧的混凝土被压碎导致的，而破坏时受扭纵筋和受扭箍筋均未达到屈服。这种破坏类似受弯的超筋梁，呈受压脆性破坏特征。《混规》采用限制截面尺寸条件防止超筋破坏。由于受扭钢筋是由受扭纵筋和受扭箍筋组成，当两者配筋数量或强度相差过大时，还会出现一个达到屈服而另一个未达到屈服的部分超筋破坏。部分超筋破坏的延性比完全超筋破坏要大一些，但小于适筋受扭构件。

【例16-2-9】（历年真题）钢筋混凝土受扭构件随受扭箍筋配筋率的增加，将发生的受扭破坏形态是：

A. 少筋破坏　　B. 适筋破坏

C. 超筋破坏　　　　　　　　　　　　　　D. 部分超筋破坏或超筋破坏

【解答】此时，受扭破坏形态为部分超筋破坏或超筋破坏，应选D项。

2. 截面尺寸要求

《混规》规定：

6.4.1 在弯矩、剪力和扭矩共同作用下，h_w/b 不大于 6 的矩形、T 形、I 形截面和 h_w/t_w 不大于 6 的箱形截面构件（图 6.4.1），其截面应符合下列条件：

当 h_w/b（或 h_w/t_w）不大于 4 时

$$\frac{V}{bh_0}+\frac{T}{0.8W_t}\leqslant 0.25\beta_c f_c \tag{6.4.1-1}$$

当 h_w/b（或 h_w/t_w）等于 6 时

$$\frac{V}{bh_0}+\frac{T}{0.8W_t}\leqslant 0.2\beta_c f_c \tag{6.4.1-2}$$

当 h_w/b（或 h_w/t_w）大于 4 但小于 6 时，按线性内插法确定。

式中：T——扭矩设计值；

b——矩形截面的宽度，T形或I形截面取腹板宽度，箱形截面取两侧壁总厚度 $2t_w$；

W_t——受扭构件的截面受扭塑性抵抗矩，按本规范第 6.4.3 条的规定计算；

h_w——截面的腹板高度，对矩形截面，取有效高度 h_0；对T形截面，取有效高度减去翼缘高度；对I形和箱形截面，取腹板净高；

t_w——箱形截面壁厚，其值不应小于 $b_h/7$，此处，b_h 为箱形截面的宽度。

注：当 h_w/b 大于 6 或 h_w/t_w 大于 6 时，受扭构件的截面尺寸要求及扭曲截面承载力计算应符合专门规定。

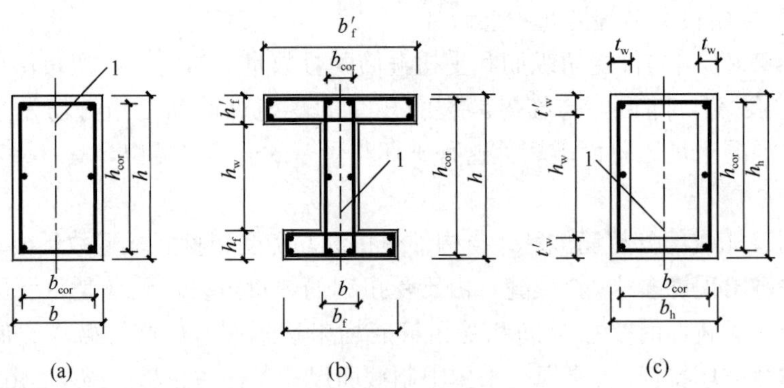

图 6.4.1　受扭构件截面

(a) 矩形截面；(b) T形、I形截面；(c) 箱形截面（$t_w\leqslant t'_w$）

1—弯矩、剪力作用平面

3. 受扭构件按构造配筋的条件

《混规》规定：

6.4.2 在弯矩、剪力和扭矩共同作用下的构件，当符合下列要求时，可不进行构件受剪扭承载力计算，但应按本规范第 9.2.5 条、第 9.2.9 条和第 9.2.10 条的规定配置构造纵向钢筋和箍筋。

$$\frac{V}{bh_0}+\frac{T}{W_t}\leqslant 0.7f_t+0.05\frac{N_{p0}}{bh_0} \tag{6.4.2-1}$$

或

$$\frac{V}{bh_0}+\frac{T}{W_t}\leqslant 0.7f_t+0.07\frac{N}{bh_0} \tag{6.4.2-2}$$

式中：N_{p0}——计算截面上混凝土法向预应力等于零时的预加力，按本规范第 10.1.13 条的规定计算，当 N_{p0} 大于 $0.3f_cA_0$ 时，取 $0.3f_cA_0$，此处，A_0 为构件的换算截面面积；

N——与剪力、扭矩设计值 V、T 相应的轴向压力设计值，当 N 大于 $0.3f_cA$ 时，取 $0.3f_cA$，此处，A 为构件的截面面积。

4. 截面受扭塑性抵抗矩的计算

《混规》规定：

6.4.3 受扭构件的截面受扭塑性抵抗矩可按下列规定计算：

1 矩形截面

$$W_t=\frac{b^2}{6}(3h-b) \tag{6.4.3-1}$$

式中：b、h——分别为矩形截面的短边尺寸、长边尺寸。

2 T 形和 I 形截面

$$W_t=W_{tw}+W'_{tf}+W_{tf} \tag{6.4.3-2}$$

腹板、受压翼缘及受拉翼缘部分的矩形截面受扭塑性抵抗矩 W_{tw}、W'_{tf} 和 W_{tf}，可按下列规定计算：

1）腹板

$$W_{tw}=\frac{b^2}{6}(3h-b) \tag{6.4.3-3}$$

2）受压翼缘

$$W'_{tf}=\frac{h'^2_f}{2}(b'_f-b) \tag{6.4.3-4}$$

3）受拉翼缘

$$W_{tf}=\frac{h^2_f}{2}(b_f-b) \tag{6.4.3-5}$$

式中：b、h——分别为截面的腹板宽度、截面高度；

b'_f、b_f——分别为截面受压区、受拉区的翼缘宽度；

h'_f、h_f——分别为截面受压区、受拉区的翼缘高度。

计算时取用的翼缘宽度尚应符合 b'_f 不大于 $b+6h'_f$ 及 b_f 不大于 $b+6h_f$ 的规定。

5. 纯扭构件的受扭承载力计算

《混规》规定：

6.4.4 矩形截面纯扭构件的受扭承载力应符合下列规定：

$$T \leqslant 0.35 f_t W_t + 1.2\sqrt{\zeta} f_{yv} \frac{A_{st1} A_{cor}}{s} \tag{6.4.4-1}$$

$$\zeta = \frac{f_y A_{stl} s}{f_{yv} A_{st1} u_{cor}} \tag{6.4.4-2}$$

式中：ζ——受扭的纵向普通钢筋与箍筋的配筋强度比值，ζ值不应小于0.6，当ζ大于1.7时，取1.7；

A_{stl}——受扭计算中取对称布置的全部纵向普通钢筋截面面积；

A_{st1}——受扭计算中沿截面周边配置的箍筋单肢截面面积；

f_{yv}——受扭箍筋的抗拉强度设计值，按本规范第4.2.3条采用；

A_{cor}——截面核心部分的面积，取为$b_{cor}h_{cor}$，此处，b_{cor}、h_{cor}分别为箍筋内表面范围内截面核心部分的短边、长边尺寸；

u_{cor}——截面核心部分的周长，取$2(b_{cor}+h_{cor})$。

6.4.5 T形和I形截面纯扭构件，可将其截面划分为几个矩形截面，分别按本规范第6.4.4条进行受扭承载力计算。每个矩形截面的扭矩设计值可按下列规定计算：

1 腹板

$$T_w = \frac{W_{tw}}{W_t} T \tag{6.4.5-1}$$

2 受压翼缘

$$T'_f = \frac{W'_{tf}}{W_t} T \tag{6.4.5-2}$$

3 受拉翼缘

$$T_f = \frac{W_{tf}}{W_t} T \tag{6.4.5-3}$$

式中：T_w——腹板所承受的扭矩设计值；

T'_f、T_f——分别为受压翼缘、受拉翼缘所承受的扭矩设计值。

【例16-2-10】矩形截面纯扭构件的受扭承载力计算时，受扭的纵向普通钢筋与箍筋的配筋强度比值ζ的取值范围为：

A. $0.6 \leqslant \zeta \leqslant 2.0$　B. $0.3 \leqslant \zeta \leqslant 2.0$　C. $0.6 \leqslant \zeta \leqslant 1.7$　D. $0.3 \leqslant \zeta \leqslant 1.7$

【解答】应取为$0.6 \leqslant \zeta \leqslant 1.7$，选C项。

6. 剪力和扭矩共同作用下的剪扭构件承载力计算

《混规》规定：

6.4.8　在剪力和扭矩共同作用下的矩形截面剪扭构件，其受剪扭承载力应符合下列规定：

1　一般剪扭构件

1） 受剪承载力

$$V \leqslant (1.5-\beta_t)(0.7f_t bh_0+0.05N_{p0})+f_{yv}\frac{A_{sv}}{s}h_0 \qquad (6.4.8\text{-}1)$$

$$\beta_t=\frac{1.5}{1+0.5\dfrac{VW_t}{Tbh_0}} \qquad (6.4.8\text{-}2)$$

式中：A_{sv}——受剪承载力所需的箍筋截面面积；

β_t——一般剪扭构件混凝土受扭承载力降低系数：当 β_t 小于 0.5 时，取 0.5；当 β_t 大于 1.0 时，取 1.0。

2） 受扭承载力

$$T \leqslant \beta_t\left(0.35f_t+0.05\frac{N_{p0}}{A_0}\right)W_t+1.2\sqrt{\zeta}f_{yv}\frac{A_{st1}A_{cor}}{s} \qquad (6.4.8\text{-}3)$$

式中：ζ——同本规范第 6.4.4 条。

6.4.9　T 形和 I 形截面剪扭构件的受剪扭承载力应符合下列规定：

1　受剪承载力可按本规范公式（6.4.8-1）与公式（6.4.8-2）或公式（6.4.8-4）与公式（6.4.8-5）进行计算，但应将公式中的 T 及 W_t 分别代之以 T_w 及 W_{tw}；

2　受扭承载力可根据本规范第 6.4.5 条的规定划分为几个矩形截面分别进行计算。其中，腹板可按本规范公式（6.4.8-3）、公式（6.4.8-2）或公式（6.4.8-3）、公式（6.4.8-5）进行计算，但应将公式中的 T 及 W_t 分别代之以 T_w 及 W_{tw}；受压翼缘及受拉翼缘可按本规范第 6.4.4 条纯扭构件的规定进行计算，但应将 T 及 W_t 分别代之以 T'_f 及 W'_{tf} 或 T_f 及 W_{tf}。

【例 16-2-11】（历年真题）当钢筋混凝土受扭构件还同时作用有剪力时，此时构件的受扭承载力将发生下列哪种变化？

A. 减小　　B. 增大　　C. 不变　　D. 不确定

【解答】 根据《混规》6.4.8 条，当有剪力 V 作用时，β_t 减小，由式（6.4.8-3），受扭承载力将减小，应选 A 项。

7. 弯矩、剪力和扭矩共同作用下的弯剪扭构件承载力计算

《混规》规定：

6.4.12　在弯矩、剪力和扭矩共同作用下的矩形、T 形、I 形和箱形截面的弯剪扭构件，可按下列规定进行承载力计算：

1　当 V 不大于 $0.35f_t bh_0$ 或 V 不大于 $0.875f_t bh_0/(\lambda+1)$ 时，可仅计算受弯构件的正截面受弯承载力和纯扭构件的受扭承载力；

2 当 T 不大于 $0.175f_tW_t$ 或 T 不大于 $0.175\alpha_h f_tW_t$ 时，可仅验算受弯构件的正截面受弯承载力和斜截面受剪承载力。

6.4.13 矩形、T形、I形和箱形截面弯剪扭构件，其纵向钢筋截面面积应分别按受弯构件的正截面受弯承载力和剪扭构件的受扭承载力计算确定，并应配置在相应的位置；箍筋截面面积应分别按剪扭构件的受剪承载力和受扭承载力计算确定，并应配置在相应的位置。

★五、受冲切构件

★六、局部受压构件

★七、疲劳强度验算

【例 16-2-12】（历年真题）关于钢筋混凝土受弯构件疲劳验算，下列描述正确的是：

A. 正截面受压区混凝土的法向应力图可取为三角形，而不再取抛物状分布

B. 荷载应取设计值

C. 应计算正截面受压边缘处混凝土的剪应力和钢筋的应力幅

D. 应计算纵向受压钢筋的应力幅

【解答】钢筋混凝土受弯构件疲劳验算，正截面受压区混凝土的法向应力图 取为三角形，应选 A 项。

习 题

16-2-1 （历年真题）若钢筋混凝土双筋矩形截面受弯构件的正截面受压区高度小于受压钢筋混凝土保护层厚度，表明：

A. 仅受拉钢筋未达到屈服　　B. 仅受压钢筋未达到屈服

C. 受拉钢筋和受压钢筋均达到屈服　　D. 受拉钢筋和受压钢筋均未达到屈服

16-2-2 （历年真题）一个钢筋混凝土矩形截面偏心受压短柱，当作用的轴向荷载 N 和弯矩 M 分别为 3000kN 和 350kN·m 时，该构件纵向受拉钢筋达到屈服，受压区混凝土也被压溃。试问下列哪组轴向荷载 N 和弯矩 M 作用下该柱一定处于安全状态？

A. N＝3200kN，M＝350kN·m　　B. N＝2800kN，M＝350kN·m

C. N＝0kN，M＝300kN·m　　D. N＝3000kN，M＝300kN·m

16-2-3 （历年真题）关于混凝土局部受压强度，下列描述中正确的是：

A. 不小于非局部受压时强度

B. 一定比非局部受压时的强度要大

C. 与非局部受压时强度相同

D. 一定比非局部受压时强度要小

16-2-4 （历年真题）为了避免钢筋混凝土受弯构件因斜截面受剪承载力不足而发生斜压破坏，下列措施不正确的是：

A. 增加截面高度　　B. 增加截面宽度

C. 提高混凝土强度等级　　　　　　　　D. 提高配箍率

16-2-5　（历年真题）除了截面形式和尺寸外其他均相同的单筋矩形截面和 T 形截面，当截面高度及单筋矩形截面宽度与 T 形截面的翼缘计算宽度相同时，正确描述它们正截面极限承载能力的情况是：

A. 当受压区高度 x 小于 T 形截面翼缘厚度 h'_f 时，单筋矩形截面的正截面承载力 M_u 与 T 形截面的 M_u^T 相同

B. 当 $x<h'_f$ 时，$M_u>M_u^T$

C. 当 $x<h'_f$ 时，$M_u<M_u^T$

D. 当 $x>h'_f$ 时，$M_u<M_u^T$

16-2-6　（历年真题）关于钢筋混凝土矩形截面小偏心受压构件的构造要求，下列描述正确的是：

A. 宜采用高强度等级的混凝土

B. 宜采用高强度等级的纵筋

C. 截面长短边比值宜大于 1.5

D. 若采用高强度等级的混凝土，则需选用高强度等级的纵筋

16-2-7　（历年真题）关于钢筋混凝土梁，下列叙述中不正确的是：

A. 少筋梁受弯时，钢筋应力过早出现屈服点而引起梁的少筋破坏，因此不安全

B. 钢筋和混凝土之间的粘结力随混凝土的抗拉强度提高而增大

C. 利用塑性调幅法进行钢筋混凝土连续梁设计时，梁承载力比按弹性设计大，梁中裂缝宽度也大

D. 受剪破坏时，若剪跨比 $\lambda>3$ 时，一般不会发生斜压破坏

第三节　混凝土结构正常使用极限状态验算

★★★一、抗裂与裂缝宽度的验算

1. 裂缝控制等级与最大裂缝宽度限值

《混规》规定：

> **3.4.4**　结构构件正截面的受力裂缝控制等级分为三级，等级划分及要求应符合下列规定：
>
> 一级——严格要求不出现裂缝的构件，按荷载标准组合计算时，构件受拉边缘混凝土不应产生拉应力。
>
> 二级——一般要求不出现裂缝的构件，按荷载标准组合计算时，构件受拉边缘混凝土拉应力不应大于混凝土抗拉强度的标准值。
>
> 三级——允许出现裂缝的构件：对钢筋混凝土构件，按荷载准永久组合并考虑长期作用影响计算时，构件的最大裂缝宽度不应超过本规范表 3.4.5 规定的最大裂缝宽度限值。对预应力混凝土构件，按荷载标准组合并考虑长期作用的影响计算时，构件的最大裂缝宽度不应超过本规范第 3.4.5 条规定的最大裂缝宽度限值；对二 a 类环境

的预应力混凝土构件，尚应按荷载准永久组合计算，且构件受拉边缘混凝土的拉应力不应大于混凝土的抗拉强度标准值。

3.4.5 结构构件应根据结构类型和本规范第 3.5.2 条规定的环境类别，按表 3.4.5 的规定选用不同的裂缝控制等级及最大裂缝宽度限值 w_{lim}。

结构构件的裂缝控制等级及最大裂缝宽度的限值（mm） **表 3.4.5**

<table>
<tr><th rowspan="2">环境类别</th><th colspan="2">钢筋混凝土结构</th><th colspan="2">预应力混凝土结构</th></tr>
<tr><th>裂缝控制等级</th><th>w_{lim}</th><th>裂缝控制等级</th><th>w_{lim}</th></tr>
<tr><td>一</td><td rowspan="4">三级</td><td>0.30（0.40）</td><td rowspan="2">三级</td><td>0.20</td></tr>
<tr><td>二 a</td><td rowspan="3">0.20</td><td>0.10</td></tr>
<tr><td>二 b</td><td>二级</td><td>—</td></tr>
<tr><td>三 a、三 b</td><td>一级</td><td>—</td></tr>
</table>

注：1 对处于年平均相对湿度小于 60%地区一类环境下的受弯构件，其最大裂缝宽度限值可采用括号内的数值；

2 在一类环境下，对钢筋混凝土屋架、托架及需作疲劳验算的吊车梁，其最大裂缝宽度限值应取为 0.20mm；对钢筋混凝土屋面梁和托梁，其最大裂缝宽度限值应取为 0.30mm；

3 在一类环境下，对预应力混凝土屋架、托架及双向板体系，应按二级裂缝控制等级进行验算；对一类环境下的预应力混凝土屋面梁、托梁、单向板，应按表中二 a 级环境的要求进行验算；在一类和二 a 类环境下需作疲劳验算的预应力混凝土吊车梁，应按裂缝控制等级不低于二级的构件进行验算。

需注意的是：①钢筋混凝土构件，裂缝宽度验算时荷载组合是取荷载准永久组合，并且考虑长期作用的影响；②预应力混凝土构件，裂缝宽度验算时荷载组合是取荷载标准组合，并且考虑长期作用的影响。二 a 类的预应力混凝土构件，还应取荷载准永久组合验算受拉边混凝土的拉应力不应大于 f_{tk} 值。

2. 最大裂缝宽度的验算

根据轴心受拉构件试验分析，钢筋和混凝土的应力是随着裂缝位置而变化的，呈波浪形起伏。《混规》所规定的裂缝开展宽度是指受拉钢筋重心处构件侧表面上混凝土的裂缝宽度，比构件混凝土底面的裂缝宽度小些。

试验表明，裂缝宽度的离散性比裂缝间距更大些，故平均裂缝宽度 w_m 的确定必须以平均裂缝间距 l_m 为基础。平均裂缝宽度 w_m 等于构件裂缝区段内钢筋的平均伸长与相交水平处构件侧表面混凝土平均伸长的差值，即 $w_m = \varepsilon_{sm} l_m - \varepsilon_{cm} l_m$ 或 $\alpha_c = 1 - \varepsilon_{cm}/\varepsilon_{sm}$，式中，$\varepsilon_{sm}$ 为受拉钢筋的平均拉应变，ε_{cm} 为与受拉钢筋相同水平处侧表面混凝土的平均拉应变。

将 w_m 乘以裂缝宽度扩大系数 τ 和长期荷载作用下的裂缝宽度扩大系数 τ_L 得到最大裂缝宽度 w_{max}，即《混规》式（7.1.2-1）。

正常使用极限状态验算的计算假定，《混规》规定：

7.1.3 在荷载准永久组合或标准组合下，钢筋混凝土构件、预应力混凝土构件开裂截面处受压边缘混凝土压应力、不同位置处钢筋的拉应力及预应力筋的等效应力宜按下列假定计算：

1 截面应变保持平面；

> **2**　受压区混凝土的法向应力图取为三角形；
> **3**　不考虑受拉区混凝土的抗拉强度；
> **4**　采用换算截面。

最大裂缝宽度的验算，《混规》规定：

7.1.2　在矩形、T形、倒T形和I形截面的钢筋混凝土受拉、受弯和偏心受压构件及预应力混凝土轴心受拉和受弯构件中，按荷载标准组合或准永久组合并考虑长期作用影响的最大裂缝宽度可按下列公式计算：

$$w_{\max}=\alpha_{cr}\psi\frac{\sigma_s}{E_s}\left(1.9c_s+0.08\frac{d_{eq}}{\rho_{te}}\right) \tag{7.1.2-1}$$

$$\psi=1.1-0.65\frac{f_{tk}}{\rho_{te}\sigma_s} \tag{7.1.2-2}$$

$$d_{eq}=\frac{\sum n_i d_i^2}{\sum n_i \nu_i d_i} \tag{7.1.2-3}$$

$$\rho_{te}=\frac{A_s+A_p}{A_{te}} \tag{7.1.2-4}$$

式中：α_{cr}——构件受力特征系数，按表7.1.2-1采用；

ψ——裂缝间纵向受拉钢筋应变不均匀系数：当$\psi<0.2$时，取$\psi=0.2$；当$\psi>1.0$时，取$\psi=1.0$；对直接承受重复荷载的构件，取$\psi=1.0$；

σ_s——按荷载准永久组合计算的钢筋混凝土构件纵向受拉普通钢筋应力或按标准组合计算的预应力混凝土构件纵向受拉钢筋等效应力；

E_s——钢筋的弹性模量，按本规范表4.2.5采用；

c_s——最外层纵向受拉钢筋外边缘至受拉区底边的距离（mm）：当$c_s<20$时，取$c_s=20$；当$c_s>65$时，取$c_s=65$；

ρ_{te}——按有效受拉混凝土截面面积计算的纵向受拉钢筋配筋率；对无粘结后张构件，仅取纵向受拉普通钢筋计算配筋率；在最大裂缝宽度计算中，当$\rho_{te}<0.01$时，取$\rho_{te}=0.01$；

A_{te}——有效受拉混凝土截面面积：对轴心受拉构件，取构件截面面积；对受弯、偏心受压和偏心受拉构件，取$A_{te}=0.5bh+(b_f-b)h_f$，此处，b_f、h_f为受拉翼缘的宽度、高度；

A_s——受拉区纵向普通钢筋截面面积；

A_p——受拉区纵向预应力筋截面面积；

d_{eq}——受拉区纵向钢筋的等效直径（mm）；对无粘结后张构件，仅为受拉区纵向受拉普通钢筋的等效直径（mm）；

d_i——受拉区第i种纵向钢筋的公称直径；对于有粘结预应力钢绞线束的直径取为$\sqrt{n_1}d_{p1}$，其中d_{p1}为单根钢绞线的公称直径，n_1为单束钢绞线根数；

n_i——受拉区第 i 种纵向钢筋的根数；对于有粘结预应力钢绞线，取为钢绞线束数；

ν_i——受拉区第 i 种纵向钢筋的相对粘结特性系数，按表 7.1.2-2 采用。

注：1　对承受吊车荷载但不需作疲劳验算的受弯构件，可将计算求得的最大裂缝宽度乘以系数 0.85；

2　对按本规范第 9.2.15 条配置表层钢筋网片的梁，按公式（7.1.2-1）计算的最大裂缝宽度可适当折减，折减系数可取 0.7；

3　对 $e_0/h_0 \leqslant 0.55$ 的偏心受压构件，可不验算裂缝宽度。

构件受力特征系数　　表 7.1.2-1

类型	α_{cr}	
	钢筋混凝土构件	预应力混凝土构件
受弯、偏心受压	1.9	1.5
偏心受拉	2.4	—
轴心受拉	2.7	2.2

钢筋的相对粘结特性系数　　表 7.1.2-2

钢筋类别	钢筋		先张法预应力筋			后张法预应力筋		
	光圆钢筋	带肋钢筋	带肋钢筋	螺旋肋钢丝	钢绞线	带肋钢筋	钢绞线	光面钢丝
ν_i	0.7	1.0	1.0	0.8	0.6	0.8	0.5	0.4

注：对环氧树脂涂层带肋钢筋，其相对粘结特性系数应按表中系数的 80%取用。

根据《混规》式(7.1.2-1)，控制和减小裂缝宽度的措施有：增大配筋降低钢筋应力、采用带肋钢筋、减小钢筋直径、增大混凝土的保护层厚度、提高混凝土强度从而减小不均匀系数 ψ 等。

【例 16-3-1】（历年真题）正常使用下的钢筋混凝土受弯构件正截面受力工作状态为：

A. 混凝土无裂缝且纵向受拉钢筋未屈服

B. 混凝土有裂缝且纵向受拉钢筋屈服

C. 混凝土有裂缝且纵向受拉钢筋未屈服

D. 混凝土无裂缝且纵向受拉钢筋屈服

【解答】正常使用下，钢筋混凝土受弯构件正截面混凝土有裂缝且纵向受拉钢筋未屈服，应选 C 项。

★★★二、变形验算

根据适筋梁的 M-f 关系曲线，在梁裂缝出现后，即第二阶段，由于混凝土的塑性发展，弹性模量降低，同时受拉区混凝土开裂，梁的惯性矩发生了质的变化，刚度下降，故在 M-f 曲线中 f 比 M 增长得快。在正常使用情况下，梁受力状态一般位于第二阶段。因此，要验算钢筋混凝土受弯构件的挠度，关键是确定第二阶段中截面弯曲刚度 B。同时，在长期荷载作用下，构件的刚度将有所降低，《混规》采用了挠度增大的影响系数 θ 来考虑荷载长期作用的影响。在确定梁段刚度时采用了最小刚度原则，《混规》规定：

7.2.1　钢筋混凝土和预应力混凝土受弯构件的挠度可按照结构力学方法计算，且不应超过本规范表 3.4.3 规定的限值。

在等截面构件中，可假定各同号弯矩区段内的刚度相等，并取用该区段内最大弯矩处的刚度。当计算跨度内的支座截面刚度不大于跨中截面刚度的 2 倍或不小于跨中截面刚度的 1/2 时，该跨也可按等刚度构件进行计算，其构件刚度可取跨中最大弯矩截面的刚度。

3.4.3　钢筋混凝土受弯构件的最大挠度应按荷载的准永久组合，预应力混凝土受弯构件的最大挠度应按荷载的标准组合，并均应考虑荷载长期作用的影响进行计算，其计算值不应超过表 3.4.3 规定的挠度限值。

受弯构件的挠度限值　　**表 3.4.3**

构件类型		挠度限值
吊车梁	手动吊车	$l_0/500$
	电动吊车	$l_0/600$
屋盖、楼盖及楼梯构件	当 $l_0<7$m 时	$l_0/200(l_0/250)$
	当 7m$\leqslant l_0\leqslant$ 9m 时	$l_0/250$ $(l_0/300)$
	当 $l_0>9$m 时	$l_0/300$ $(l_0/400)$

注：1　表中 l_0 为构件的计算跨度；计算悬臂构件的挠度限值时，其计算跨度 l_0 按实际悬臂长度的 2 倍取用；
2　表中括号内的数值适用于使用上对挠度有较高要求的构件；
3　如果构件制作时预先起拱，且使用上也允许，则在验算挠度时，可将计算所得的挠度值减去起拱值；对预应力混凝土构件，尚可减去预加力所产生的反拱值；
4　构件制作时的起拱值和预加力所产生的反拱值，不宜超过构件在相应荷载组合作用下的计算挠度值。

1. 钢筋混凝土受弯构件的刚度 B 的计算

（1）短期刚度 B_s 的计算原理

沿梁长方向，各正截面上受拉钢筋的拉应变 ε_{tk}、受压边缘混凝土的压应变 ε_{ck} 都是不均匀分布的，裂缝截面处最大；沿梁长，截面受压区高度是变化的，裂缝截面处最小；当量测范围比较大时，各水平纤维的平均应变沿截面高度的变化符合平截面假定。因此，B_s 为：

$$B_s=\frac{M_k}{\phi}=\frac{M_k}{(\varepsilon_{sm}+\varepsilon_{cm})/h_0}$$

式中，ϕ 为平均曲率；ε_{sm}、ε_{cm} 分别为纵向受拉钢筋重心处的平均拉应变、受压区边缘混凝土的平均压应变。

（2）荷载长期作用下的刚度 B

在荷载长期作用下。受压混凝土将发生徐变，构件截面弯曲刚度将会降低，即构件的挠度将增长，《混规》规定，此时采用 B 计算荷载长期作用下的构件的挠度。对钢筋混凝土结构构件，《混规》规定：

7.2.2 矩形、T形、倒T形和I形截面受弯构件考虑荷载长期作用影响的刚度 B 可按下列规定计算：

2 采用荷载准永久组合时

$$B=\frac{B_s}{\theta} \tag{7.2.2-2}$$

式中：B_s——按荷载准永久组合计算的钢筋混凝土受弯构件，按本规范第 7.2.3 条计算；

θ——考虑荷载长期作用对挠度增大的影响系数，按本规范第 7.2.5 条取用。

7.2.3 按裂缝控制等级要求的荷载组合作用下，钢筋混凝土受弯构件的短期刚度 B_s，可按下列公式计算：

1 钢筋混凝土受弯构件

$$B_s=\frac{E_sA_sh_0^2}{1.15\psi+0.2+\frac{6\alpha_E\rho}{1+3.5\gamma_f'}} \tag{7.2.3-1}$$

式中：ψ——裂缝间纵向受拉普通钢筋应变不均匀系数，按本规范第 7.1.2 条确定；

α_E——钢筋弹性模量与混凝土弹性模量的比值，即 E_s/E_c；

ρ——纵向受拉钢筋配筋率：对钢筋混凝土受弯构件，取为 $A_s/(bh_0)$；对预应力混凝土受弯构件，取为$(\alpha_1A_p+A_s)/(bh_0)$，对灌浆的后张预应力筋，取 $\alpha_1=1.0$，对无粘结后张预应力筋，取 $\alpha_1=0.3$；

γ_f'——受压翼缘截面面积与腹板有效截面面积的比值。

7.2.5 考虑荷载长期作用对挠度增大的影响系数 θ 可按下列规定取用：

1 钢筋混凝土受弯构件

当 $\rho'=0$ 时，取 $\theta=2.0$；当 $\rho'=\rho$ 时，取 $\theta=1.6$；当 ρ' 为中间数值时，θ 按线性内插法取用。此处，$\rho'=A_s'/(bh_0)$，$\rho=A_s/(bh_0)$。

对翼缘位于受拉区的倒T形截面，θ 应增加20%。

2. 挠度计算

对均布荷载的简支梁：$f=\frac{5ql^4}{384B}\leqslant[f]$

对跨中点作用集中荷载的简支梁：$f=\frac{Pl^3}{48B}\leqslant[f]$

对理想均质弹性梁：$f=S\frac{Ml^2}{B}\leqslant[f]$

式中，S 为与荷载形式、支承条件有关的挠度系数；M 值，对钢筋混凝土构件，取荷载的准永久组合值 M_q。

【例 16-3-2】（历年真题）关于钢筋混凝土简支梁挠度验算的描述，不正确的是：

A. 作用荷载应取其标准值

B. 材料强度应取其标准值

C. 对带裂缝受力阶段的截面弯曲刚度按截面平均应变符合平截面假定计算

D. 对带裂缝受力阶段的截面弯曲刚度按截面开裂处的应变分布符合平截面假定计算

【解答】根据梁的截面刚度 B_s 的计算原理，D 项错误，应选 D 项。

【例 16-3-3】（历年真题）提高钢筋混凝土矩形截面受弯构件的弯曲刚度最有效的措施是。

A. 增加构件截面的有效高度　　B. 增加受拉钢筋的配筋率

C. 增加构件截面的宽度　　D. 提高混凝土强度等级

【解答】根据 B_s 的计算公式，B_s 与 h_0 的平方成正比，故最有效的措施是增加构件截面的有效高度，应选 A 项。

习　题

16-3-1　（历年真题）提高受弯构件抗弯刚度（减小挠度）最有效的措施是：

A. 加大截面宽度　　B. 增加受拉钢筋截面面积

C. 提高混凝土强度等级　　D. 加大截面的有效高度

16-3-2　若其他条件完全相同，根据钢筋面积选择钢筋直径和根数时，对减小裂缝有利的是：

A. 较粗的带肋钢筋　　B. 较粗的光圆钢筋

C. 较细的带肋钢筋　　D. 较细的光圆钢筋

16-3-3　下列叙述错误的是：

A. 规范验算的裂缝宽度是指钢筋水平处构件侧表面的裂缝宽度

B. 受拉钢筋应变不均匀系数越大，表明混凝土参加工作程度越小

C. 钢筋混凝土梁采用高等级混凝土时，承载力提高有限，对裂缝宽度和刚度的影响也有限

D. 钢筋混凝土等截面受弯构件，其截面刚度不随荷载变化，但沿构件长度变化

第四节　预应力混凝土和构造要求

★一、预应力混凝土基本概念

1. 预应力混凝土的特点

预应力混凝土的优点：①提高抗裂性、抗渗性，故提高了结构耐久性；②刚度大、变形小；③充分利用了高强钢筋和高强混凝土；④提高了受剪承载力，这是因为施加纵向预应力可延缓混凝土斜裂缝的形成。注意，它不能提高构件的正截面受拉（或受弯）承载力。

2. 材料

预加应力的方法有先张法、后张法两种。

预应力筋宜采用预应力钢丝、钢绞线和预应力螺纹钢筋。

3. 夹具和锚具

一般地，构件制成后能够取下重复使用的称夹具；留在构件上不再取下的称锚具。夹具和锚具主要依靠摩擦、握裹和承压锚固夹住或锚住钢筋。

锚具按所锚固的钢筋类型，可分为锚固粗钢筋的锚具、锚固平行钢筋（丝）束的锚具、锚固钢绞线束的锚具等；按锚固和传递预拉力的原理，可分为依靠承压力的锚具、依靠摩擦力的锚具、依靠粘结力的锚具等。

4. 张拉控制应力

张拉控制应力 σ_{con} 是指在张拉预应力筋时的最大应力值。为此，《混规》规定：

10.1.3 预应力筋的张拉控制应力 σ_{con} 应符合下列规定：

1 消除应力钢丝、钢绞线

$$\sigma_{con} \leqslant 0.75 f_{ptk} \tag{10.1.3-1}$$

2 中强度预应力钢丝

$$\sigma_{con} \leqslant 0.70 f_{ptk} \tag{10.1.3-2}$$

3 预应力螺纹钢筋

$$\sigma_{con} \leqslant 0.85 f_{pyk} \tag{10.1.3-3}$$

式中：f_{ptk}——预应力筋极限强度标准值；

f_{pyk}——预应力螺纹钢筋屈服强度标准值。

消除应力钢丝、钢绞线、中强度预应力钢丝的张拉控制应力值不应小于 $0.4f_{ptk}$；预应力螺纹钢筋的张拉应力控制值不宜小于 $0.5f_{pyk}$。

当符合下列情况之一时，上述张拉控制应力限值可相应提高 $0.05f_{ptk}$ 或 $0.05f_{pyk}$：

1）要求提高构件在施工阶段的抗裂性能而在使用阶段受压区内设置的预应力筋；

2）要求部分抵消由于应力松弛、摩擦、钢筋分批张拉以及预应力筋与张拉台座之间的温差等因素产生的预应力损失。

10.1.4 施加预应力时，所需的混凝土立方体抗压强度应经计算确定，但不宜低于设计的混凝土强度等级值的75%。

注：当张拉预应力筋是为防止混凝土早期出现的收缩裂缝时，可不受上述限制，但应符合局部受压承载力的规定。

5. 预应力混凝土结构设计的基本规定

预应力混凝土结构设计的基本规定，《混规》规定：

10.1.1 预应力混凝土结构构件，除应根据设计状况进行承载力计算及正常使用极限状态验算外，尚应对施工阶段进行验算。

10.1.2 预应力混凝土结构设计应计入预应力作用效应；对超静定结构，相应的次弯矩、次剪力及次轴力等应参与组合计算。

需注意的是，预应力混凝土结构在施工阶段（包括制作、张拉、运输及安装等工序）

应进行承载能力极限状态验算。

6. 预应力损失计算

《混规》规定：

10.2.1 预应力筋中的预应力损失值可按表 10.2.1 的规定计算。

当计算求得的预应力总损失值小于下列数值时，应按下列数值取用：

先张法构件 100N/mm^2；

后张法构件 80N/mm^2。

预应力损失值（N/mm^2） **表 10.2.1**

<table>
<tr><th colspan="2">引起损失的因素</th><th>符号</th><th>先张法构件</th><th>后张法构件</th></tr>
<tr><td colspan="2">张拉端锚具变形和预应力筋内缩</td><td>σ_{l1}</td><td>按本规范第 10.2.2 条的规定计算</td><td>按本规范第 10.2.2 条和第 10.2.3 条的规定计算</td></tr>
<tr><td rowspan="3">预应力筋的摩擦</td><td>与孔道壁之间的摩擦</td><td rowspan="3">σ_{l2}</td><td>—</td><td>按本规范第 10.2.4 条的规定计算</td></tr>
<tr><td>张拉端锚口摩擦</td><td colspan="2">按实测值或厂家提供的数据确定</td></tr>
<tr><td>在转向装置处的摩擦</td><td colspan="2">按实际情况确定</td></tr>
<tr><td colspan="2">混凝土加热养护时，预应力筋与承受拉力的设备之间的温差</td><td>σ_{l3}</td><td>$2\Delta t$</td><td>—</td></tr>
<tr><td colspan="2">预应力筋的应力松弛</td><td>σ_{l4}</td><td colspan="2">消除应力钢丝、钢绞线
普通松弛：
$0.4\left(\frac{\sigma_{con}}{f_{ptk}}-0.5\right)\sigma_{con}$
低松弛：
当 $\sigma_{con}\leqslant 0.7f_{ptk}$ 时
$0.125\left(\frac{\sigma_{con}}{f_{ptk}}-0.5\right)\sigma_{con}$
当 $0.7f_{ptk}<\sigma_{con}\leqslant 0.8f_{ptk}$ 时
$0.2\left(\frac{\sigma_{con}}{f_{ptk}}-0.575\right)\sigma_{con}$
中强度预应力钢丝：$0.08\sigma_{con}$
预应力螺纹钢筋：$0.03\sigma_{con}$</td></tr>
<tr><td colspan="2">混凝土的收缩和徐变</td><td>σ_{l5}</td><td colspan="2">按本规范第 10.2.5 条的规定计算</td></tr>
<tr><td colspan="2">用螺旋式预应力筋作配筋的环形构件，当直径 d 不大于 3m 时，由于混凝土的局部挤压</td><td>σ_{l6}</td><td>—</td><td>30</td></tr>
</table>

注：1 表中 Δt 为混凝土加热养护时，预应力筋与承受拉力的设备之间的温差（℃）；

2 当 $\sigma_{con}/f_{ptk}\leqslant 0.5$ 时，预应力筋的应力松弛损失值可取为零。

10.2.2 直线预应力筋由于锚具变形和预应力筋内缩引起的预应力损失值 σ_{l1} 应按下列公式计算：

$$\sigma_{l1}=\frac{a}{l}E_{\mathrm{s}} \tag{10.2.2}$$

式中：a——张拉端锚具变形和预应力筋内缩值（mm），可按表 10.2.2 采用；

l——张拉端至锚固端之间的距离（mm）。

锚具变形和预应力筋内缩值 a（mm） **表 10.2.2**

锚具类别		a
支承式锚具(钢丝束镦头锚具等)	螺帽缝隙	1
	每块后加垫板的缝隙	1
夹片式锚具	有顶压时	5
	无顶压时	6～8

注：1 表中的锚具变形和预应力筋内缩值也可根据实测数据确定；

2 其他类型的锚具变形和预应力筋内缩值应根据实测数据确定。

块体拼成的结构，其预应力损失尚应计及块体间填缝的预压变形。当采用混凝土或砂浆为填缝材料时，每条填缝的预压变形值可取为 1mm。

10.2.3 后张法构件曲线预应力筋或折线预应力筋由于锚具变形和预应力筋内缩引起的预应力损失值 σ_{l1}，应根据曲线预应力筋或折线预应力筋与孔道壁之间反向摩擦影响长度 l_{f} 范围内的预应力筋变形值等于锚具变形和预应力筋内缩值的条件确定，反向摩擦系数可按表 10.2.4 中的数值采用。

反向摩擦影响长度 l_{f} 及常用束形的后张预应力筋在反向摩擦影响长度 l_{f} 范围内的预应力损失值 σ_{l1} 可按本规范附录 J 计算。

10.2.4 预应力筋与孔道壁之间的摩擦引起的预应力损失值 σ_{l2}，宜按下列公式计算：

$$\sigma_{l2}=\sigma_{\mathrm{con}}\left(1-\frac{1}{\mathrm{e}^{\kappa x+\mu\theta}}\right) \tag{10.2.4-1}$$

当（$\kappa x+\mu\theta$）不大于 0.3 时，σ_{l2} 可按下列近似公式计算：

$$\sigma_{l2}=(\kappa x+\mu\theta)\sigma_{\mathrm{con}} \tag{10.2.4-2}$$

注：当采用夹片式群锚体系时，在 σ_{con} 中宜扣除锚口摩擦损失。

式中：x——从张拉端至计算截面的孔道长度，可近似取该段孔道在纵轴上的投影长度（m）；

θ——从张拉端至计算截面曲线孔道各部分切线的夹角之和（rad）；

κ——考虑孔道每米长度局部偏差的摩擦系数，按表 10.2.4 采用；

μ——预应力筋与孔道壁之间的摩擦系数，按表 10.2.4 采用。

摩擦系数　　表 10.2.4

孔道成型方式	κ	μ	
		钢绞线、钢丝束	预应力螺纹钢筋
预埋金属波纹管	0.0015	0.25	0.50
预埋塑料波纹管	0.0015	0.15	—
预埋钢管	0.0010	0.30	—
抽芯成型	0.0014	0.55	0.60
无粘结预应力筋	0.0040	0.09	—

注：摩擦系数也可根据实测数据确定。

混凝土收缩、徐变引起受拉区和受压区纵向预应力筋的预应力损失值 σ_{l5}、σ'_{l5} 的计算，《混规》也作了规定。

预应力损失值的组合，《混规》规定：

10.2.7　预应力混凝土构件在各阶段的预应力损失值宜按表 10.2.7 的规定进行组合。

各阶段预应力损失值的组合　　表 10.2.7

预应力损失值的组合	先张法构件	后张法构件
混凝土预压前（第一批）的损失	$\sigma_{l1}+\sigma_{l2}+\sigma_{l3}+\sigma_{l4}$	$\sigma_{l1}+\sigma_{l2}$
混凝土预压后（第二批）的损失	σ_{l5}	$\sigma_{l4}+\sigma_{l5}+\sigma_{l6}$

注：先张法构件由于预应力筋应力松弛引起的损失值 σ_{l4} 在第一批和第二批损失中所占的比例，如需区分，可根据实际情况确定。

7. 预应力筋的锚固长度及传递长度

预应力筋的基本锚固长度：$l_{ab}=\alpha\dfrac{f_{py}}{f_t}d$

式中，f_{py} 为预应力筋的抗拉强度设计值，其他符号见本章第二节。先张法预应力筋的传递长度的计算，《混规》规定：

10.1.9　先张法构件预应力筋的预应力传递长度 l_{tr} 应按下列公式计算：

$$l_{tr}=\alpha\frac{\sigma_{pe}}{f'_{tk}}d \tag{10.1.9}$$

式中：σ_{pe}——放张时预应力筋的有效预应力；

d——预应力筋的公称直径，按本规范附录 A 采用；

α——预应力筋的外形系数，按本规范表 8.3.1 采用；

f'_{tk}——与放张时混凝土立方体抗压强度 f'_{cu} 相应的轴心抗拉强度标准值，按本规范表 4.1.3-2 以线性内插法确定。

当采用骤然放张预应力的施工工艺时，对光面预应力钢丝，l_{tr} 的起点应从距构件末端 $l_{tr}/4$ 处开始计算。

10.1.10 计算先张法预应力混凝土构件端部锚固区的正截面和斜截面受弯承载力时，锚固长度范围内的预应力筋抗拉强度设计值在锚固起点处应取为零，在锚固终点处应取为 f_{py}，两点之间可按线性内插法确定。

当采用骤然放张预应力的施工工艺时，对光面预应力钢丝的锚固长度应从距构件末端 $l_{tr}/4$ 处开始计算。

8. 预应力混凝土框架梁及连续梁的弯矩调幅

《混规》规定：

10.1.8 对允许出现裂缝的后张法有粘结预应力混凝土框架梁及连续梁，在重力荷载作用下按承载能力极限状态计算时，可考虑内力重分布，并应满足正常使用极限状态验算要求。当截面相对受压区高度 ξ 不小于 0.1 且不大于 0.3 时，其任一跨内的支座截面最大负弯矩设计值可按下列公式（略）确定，且调幅幅度不宜超过重力荷载下弯矩设计值的 20%。

★二、轴拉构件

轴拉构件计算包括使用阶段的承载力计算、抗裂度验算、裂缝宽度验算；施工阶段张拉（或放松）预应力筋时构件的承载力计算、后张法构件端部锚固区局部受压验算。

1. 施工阶段和使用阶段的应力计算

先张法、后张法预应力混凝土轴心受拉构件施工阶段和使用阶段的应力分别见表 16-4-1、表 16-4-2。

2. 正截面抗裂度及裂缝宽度验算

《混规》将预应力混凝土构件分为三个裂缝控制等级，裂缝控制验算规定：

7.1.1 钢筋混凝土和预应力混凝土构件，应按下列规定进行受拉边缘应力或正截面裂缝宽度验算：

1 一级裂缝控制等级构件，在荷载标准组合下，受拉边缘应力应符合下列规定：

$$\sigma_{ck}-\sigma_{pc}\leqslant 0 \tag{7.1.1-1}$$

2 二级裂缝控制等级构件，在荷载标准组合下，受拉边缘应力应符合下列规定：

$$\sigma_{ck}-\sigma_{pc}\leqslant f_{tk} \tag{7.1.1-2}$$

3 三级裂缝控制等级时，钢筋混凝土构件的最大裂缝宽度可按荷载准永久组合并考虑长期作用影响的效应计算，预应力混凝土构件的最大裂缝宽度可按荷载标准组合并考虑长期作用影响的效应计算。最大裂缝宽度应符合下列规定：

$$w_{max}\leqslant w_{lim} \tag{7.1.1-3}$$

对环境类别为二 a 类的预应力混凝土构件，在荷载准永久组合下，受拉边缘应力尚应符合下列规定：

$$\sigma_{cq}-\sigma_{pc}\leqslant f_{tk} \tag{7.1.1-4}$$

式中：σ_{ck}、σ_{cq}——荷载标准组合、准永久组合下抗裂验算边缘的混凝土法向应力；

先张法预应力混凝土轴心受拉构件施工阶段和使用阶段的应力

表 16-4-1

受力阶段		简图	预应力筋应力 σ_p	混凝土应力 σ_{pc}	普通钢筋应力 σ_s
施工阶段	a. 在台座上穿钢筋		0	—	—
	b. 张拉预应力筋		σ_{con}	—	—
	c. 完成第一批损失		$\sigma_{con}-\sigma_{l\,\mathrm{I}}$	0	0
	d. 放松钢筋	$\sigma_{pe\,\mathrm{I}}A_p$；$\sigma_{pe\,\mathrm{I}}$(压)	$\sigma_{pe\,\mathrm{I}}=\sigma_{co\,\mathrm{I}}-\sigma_{l\,\mathrm{I}}-\alpha_E\sigma_{pc\,\mathrm{I}}$	$\sigma_{pc\,\mathrm{I}}=\dfrac{(\sigma_{con}-\sigma_{l\,\mathrm{I}})A_p}{A_0}$（压）	$\sigma_{s\,\mathrm{I}}=\alpha_E\sigma_{pc\,\mathrm{I}}$（压）
	e. 完成第二批损失	$\sigma_{pe\,\mathrm{II}}A_p$；$\sigma_{pc\,\mathrm{II}}$(压)	$\sigma_{pe\,\mathrm{II}}=\sigma_{con}-\sigma_l-\alpha_E\sigma_{pc\,\mathrm{II}}$ $(\sigma_c=\sigma_{c\,\mathrm{I}}+\sigma_{c\,\mathrm{II}})$	$\sigma_{pc\,\mathrm{II}}=\dfrac{(\sigma_{con}-\sigma_l)A_p-\sigma_{l5}A_s}{A_0}$（压）	$\sigma_{s\,\mathrm{II}}=\alpha_E\sigma_{pc\,\mathrm{II}}+\sigma_{l5}$（压）
使用阶段	f. 加载至 $\sigma_{pc}=0$	N_0；N_0；0 消压	$\sigma_{p0}=\sigma_{con}-\sigma_l$	0	σ_{l5}（压）
	g. 加载至裂缝即将出现	N_{cr}；N_{cr}；f_{tk}(拉)	$\sigma_{pcr}=\sigma_{con}-\sigma_l+\alpha_E f_{tk}$	f_{tk}（拉）	$\alpha_E f_{tk}-\sigma_{l5}$（拉）
	h. 加载至破坏	N_u；N_u	f_{py}	0	f_y（拉）

注：正截面受拉承载力为：$N\leqslant f_yA_s+f_{py}A_p$。

表 16-4-2

后张法预应力混凝土轴心受拉构件施工阶段和使用阶段的应力

受力阶段		简图	预应力筋应力 σ_p	混凝土应力 σ_{pc}	普通钢筋 σ_s
施工阶段	a. 穿钢筋		0	0	0
	b. 张拉钢筋	$\sigma_{pe}A_p$；σ_{pc}(压)	$\sigma_{con}-\sigma_{l2}$	$\sigma_{pc}=\dfrac{(\sigma_{con}-\sigma_{l2})\ A_p}{A_n}$（压）	$\sigma_s=\alpha_E\sigma_{pc}$（压）
	c. 完成第一批损失	$\sigma_{pe\,I}A_p$；$\sigma_{pc\,I}$(压)	$\sigma_{pe\,I}=\sigma_{con}-\sigma_{l\,I}$	$\sigma_{pc\,I}=\dfrac{(\sigma_{con}-\sigma_{l\,I})\ A_p}{A_n}$（压）	$\sigma_{s\,I}=\alpha_E\sigma_{pc\,I}$（压）
	d. 完成第二批损失	$\sigma_{pe\,II}A_p$；$\sigma_{pc\,II}$(压)	$\sigma_{pe\,II}=\sigma_{con}-\sigma_l$ ($\sigma_c=\sigma_{c\,I}+\sigma_{c\,II}$)	$\sigma_{pc\,II}=\dfrac{(\sigma_{con}-\sigma_l)\ A_p-\sigma_{l5}A_s}{A_n}$ （压）	$\sigma_{s\,II}=\alpha_E\sigma_{pc\,II}+\sigma_{l5}$（压）
使用阶段	e. 加载至 $\sigma_{pc}=0$	N_0；N_0；消压 0	$\sigma_{po}=\sigma_{con}-\sigma_l+\alpha_E\sigma_{pc\,II}$	0	σ_{l5}（压）
	f. 加载至裂缝即将出现	N_{cr}；N_{cr}；f_{tk}(拉)	$\sigma_{pcr}=\sigma_{con}-\sigma_l+\alpha_E\sigma_{pc\,II}+\alpha_E f_{tk}$	f_{tk}（拉）	$\alpha_E f_{tk}-\sigma_{l5}$（拉）
	g. 加载至破坏	N_u；N_u	f_{py}	0	f_y（拉）

注：正截面受拉承载力为：$N\leqslant f_yA_s+f_{py}A_p$。

σ_{pc} ——扣除全部预应力损失后在抗裂验算边缘混凝土的预压应力，按本规范公式（10.1.6-1）和公式（10.1.6-4）计算；

f_{tk} ——混凝土轴心抗拉强度标准值，按本规范表 4.1.3-2 采用；

w_{max} ——按荷载的标准组合或准永久组合并考虑长期作用影响计算的最大裂缝宽度，按本规范第 7.1.2 条计算；

w_{lim} ——最大裂缝宽度限值，按本规范第 3.4.5 条采用。

【例 16-4-1】（历年真题）关于预应力钢筋混凝土轴心受拉构件的描述，下列说法不正确的是：

A. 即使张拉控制应力、材料强度等级、混凝土截面尺寸以及预应力钢筋和截面面积相同，后张法构件的有效预压应力值也比先张法高

B. 对预应力钢筋超张拉，可减少预应力钢筋的损失

C. 施加预应力不仅能提高构件抗裂度，也能提高其极限承载能力

D. 构件在使用阶段会始终处于受压状态，发挥了混凝土受压性能

【解答】对于轴心受拉构件，施加预应力仅提高其抗裂度，不提高其极限承载力，C项错，应选 C 项。

★三、受弯构件

受弯构件计算内容包括使用阶段的受弯承载力计算、抗裂度与裂缝宽度验算、斜截面受剪承载力计算、斜截面抗裂度验算、变形（挠度）验算，施工阶段抗裂度验算。

1. 使用阶段的受弯承载力计算

10.1.17 预应力混凝土受弯构件的正截面受弯承载力设计值应符合下列要求：

$$M_u \geqslant M_{cr} \tag{10.1.17}$$

式中：M_u ——构件的正截面受弯承载力设计值，按本规范公式（6.2.10-1）、公式（6.2.11-2）或公式（6.2.14）计算，但应取等号，并将 M 以 M_u 代替；

M_{cr} ——构件的正截面开裂弯矩值，按本规范公式（7.2.3-6）计算。

10.1.17（条文说明）本条目的是控制受拉钢筋总配量不能过少，使构件具有应有的延性，防止其开裂后的突然脆断。

6.2.10 矩形截面或翼缘位于受拉边的倒 T 形截面受弯构件，其正截面受弯承载力应符合下列规定（图 6.2.10）：

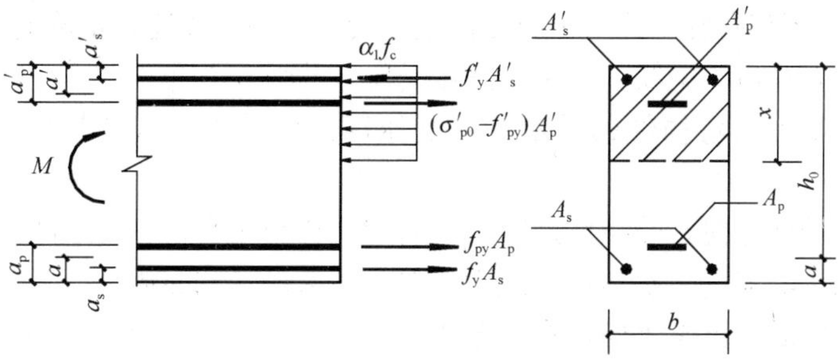

图 6.2.10 矩形截面受弯构件正截面受弯承载力计算

$$M \leqslant \alpha_1 f_c bx\left(h_0 - \frac{x}{2}\right) + f'_y A'_s (h_0 - a'_s)$$

$$- (\sigma'_{p0} - f'_{py}) A'_p (h_0 - a'_p) \qquad (6.2.10\text{-}1)$$

混凝土受压区高度应按下列公式确定：

$$\alpha_1 f_c bx = f_y A_s - f'_y A'_s + f_{py} A_p + (\sigma'_{p0} - f'_{py}) A'_p \qquad (6.2.10\text{-}2)$$

混凝土受压区高度尚应符合下列条件：

$$x \leqslant \xi_b h_0 \qquad (6.2.10\text{-}3)$$

$$x \geqslant 2a' \qquad (6.2.10\text{-}4)$$

式中：M——弯矩设计值；

α_1——系数，按本规范第 6.2.6 条的规定计算；

f_c——混凝土轴心抗压强度设计值；

A_s、A'_s——受拉区、受压区纵向普通钢筋的截面面积；

A_p、A'_p——受拉区、受压区纵向预应力筋的截面面积；

σ'_{p0}——受压区纵向预应力筋合力点处混凝土法向应力等于零时的预应力筋应力；

b——矩形截面的宽度或倒 T 形截面的腹板宽度；

h_0——截面有效高度；

a'_s、a'_p——受压区纵向普通钢筋合力点、预应力筋合力点至截面受压边缘的距离；

a'——受压区全部纵向钢筋合力点至截面受压边缘的距离，当受压区未配置纵向预应力筋或受压区纵向预应力筋应力（$\sigma'_{p0} - f'_{py}$）为拉应力时，公式（6.2.10-4）中的 a' 用 a'_s 代替。

对《混规》式（6.2.10-2）中（$\sigma'_{p0} - f'_{py}$）A'_p 的理解：随着荷载的不断增加，在受压区的预应力筋 A'_p 重心处的混凝土压应力有所增加， 预应力筋 A'_p 的拉应力随之减小。当截面到达破坏时，A'_p 的应力可能仍为拉应力，也可能变为压应力，但其应力值却达不到抗压强度设计值 f'_{py}（或未达到屈服），而仅为 $\sigma'_{p0} - f'_{py}$。

【例 16-4-2】（历年真题）关于预应力混凝土受弯构件的描述，正确的是：

A. 受压区设置预应力钢筋目的是增强该受压区的强度

B. 预应力混凝土受弯构件的界限相对受压区高度计算公式与钢筋混凝土受弯构件相同

C. 承载力极限状态时，受拉区预应力钢筋均能达到屈服，且受压区混凝土被压溃

D. 承载力极限状态时，受压区预应力钢筋一般未能达到屈服

【解答】预应力混凝土受弯构件在承载力极限状态时，其受压区预应力钢筋一般未能达到屈服，应选 D 项。

2. 受弯构件变形验算

预应力混凝土受弯构件的挠度应满足下列条件：

$$f_{1l}-f_{2l}\leqslant[f]$$

式中，f_{1l}为由荷载标准组合并考虑荷载长期作用的影响产生的挠度；f_{2l}为由预加应力产生的，并考虑预压应力长期作用的影响产生的挠度。

受弯构件变形验算步骤如下：

第一步：计算预应力混凝土受弯构件的刚度 B，《混规》规定：

7.2.2 矩形、T形、倒T形和I形截面受弯构件考虑荷载长期作用影响的刚度 B 可按下列规定计算：

1 采用荷载标准组合时

$$B=\frac{M_{\mathrm{k}}}{M_{\mathrm{q}}(\theta-1)+M_{\mathrm{k}}}B_{\mathrm{s}} \tag{7.2.2-1}$$

式中：M_{k}——按荷载的标准组合计算的弯矩，取计算区段内的最大弯矩值；

M_{q}——按荷载的准永久组合计算的弯矩，取计算区段内的最大弯矩值；

B_{s}——按标准组合计算的预应力混凝土受弯构件的短期刚度，按本规范第7.2.3条计算；

θ——考虑荷载长期作用对挠度增大的影响系数，按本规范第7.2.5条取用（即 $\theta=2.0$）。

7.2.3 按裂缝控制等级要求的荷载组合作用下，预应力混凝土受弯构件的短期刚度 B_{s}，可按下列公式计算：

2 预应力混凝土受弯构件

1）要求不出现裂缝的构件

$$B_{\mathrm{s}}=0.85E_{\mathrm{c}}I_{0} \tag{7.2.3-2}$$

2）允许出现裂缝的构件

$$B_{\mathrm{s}}=\frac{0.85E_{\mathrm{c}}I_{0}}{\kappa_{\mathrm{cr}}+(1-\kappa_{\mathrm{cr}})\omega} \tag{7.2.3-3}$$

$$\kappa_{\mathrm{cr}}=\frac{M_{\mathrm{cr}}}{M_{\mathrm{k}}} \tag{7.2.3-4}$$

$$\omega=\left(1.0+\frac{0.21}{\alpha_{\mathrm{E}}\rho}\right)(1+0.45\gamma_{\mathrm{f}})-0.7 \tag{7.2.3-5}$$

$$M_{\mathrm{cr}}=(\sigma_{\mathrm{pc}}+\gamma f_{\mathrm{tk}})W_{0} \tag{7.2.3-6}$$

$$\gamma_{\mathrm{f}}=\frac{(b_{\mathrm{f}}-b)h_{\mathrm{f}}}{bh_{0}} \tag{7.2.3-7}$$

式中：ψ——裂缝间纵向受拉普通钢筋应变不均匀系数，按本规范第7.1.2条确定；

α_{E}——钢筋弹性模量与混凝土弹性模量的比值，即 $E_{\mathrm{s}}/E_{\mathrm{c}}$；

ρ——纵向受拉钢筋配筋率，对钢筋混凝土受弯构件，取为 $A_s/(bh_0)$；对预应力混凝土受弯构件，取为$(\alpha_1 A_p + A_s)/(bh_0)$，对灌浆的后张预应力筋，取 $\alpha_1 = 1.0$，对无粘结后张预应力筋，取 $\alpha_1 = 0.3$；

I_0——换算截面惯性矩；

γ_f——受拉翼缘截面面积与腹板有效截面面积的比值；

b_f、h_f——分别为受拉区翼缘的宽度、高度；

κ_{cr}——预应力混凝土受弯构件正截面的开裂弯矩 M_{cr} 与弯矩 M_k 的比值，当 $\kappa_{cr} > 1.0$时，取 $\kappa_{cr} = 1.0$；

σ_{pc}——扣除全部预应力损失后，由预加力在抗裂验算边缘产生的混凝土预压应力；

γ——混凝土构件的截面抵抗矩塑性影响系数，按本规范第 7.2.4 条确定。

注：对预压时预拉区出现裂缝的构件，B_s应降低 10%。

第二步：计算挠度 f_{1l}。

计算方法与钢筋混凝土受弯构件中的挠度计算方法一致，但 M 值取荷载标准组合下的值。

第三步：计算挠度（反拱值）f_{2l}。

★★★四、构造要求

混凝土结构的构造要求包括：伸缩缝；混凝土保护层；钢筋的锚固与连接；纵向受力钢筋的最小配筋率等。

1. 伸缩缝

《混规》对伸缩缝的规定：

8.1.1 钢筋混凝土结构伸缩缝的最大间距可按表 8.1.1 确定。

钢筋混凝土结构伸缩缝最大间距（m） **表 8.1.1**

结构类别		室内或土中	露 天
排架结构	装配式	100	70
框架结构	装配式	75	50
	现浇式	55	35
剪力墙结构	装配式	65	40
	现浇式	45	30
挡土墙、地下室墙壁等类结构	装配式	40	30
	现浇式	30	20

注：1 装配整体式结构的伸缩缝间距，可根据结构的具体情况取表中装配式结构与现浇式结构之间的数值；

2 框架-剪力墙结构或框架-核心筒结构房屋的伸缩缝间距，可根据结构的具体情况取表中框架结构与剪力墙结构之间的数值；

3 当屋面无保温或隔热措施时，框架结构、剪力墙结构的伸缩缝间距宜按表中露天栏的数值取用；

4 现浇挑檐、雨罩等外露结构的局部伸缩缝间距不宜大于 12m。

8.1.2　对下列情况，本规范表 8.1.1 中的伸缩缝最大间距宜适当减小：

1　柱高（从基础顶面算起）低于 8m 的排架结构；

2　屋面无保温、隔热措施的排架结构；

3　位于气候干燥地区、夏季炎热且暴雨频繁地区的结构或经常处于高温作用下的结构；

4　采用滑模类工艺施工的各类墙体结构；

5　混凝土材料收缩较大，施工期外露时间较长的结构。

8.1.3　如有充分依据对下列情况，本规范表 8.1.1 中的伸缩缝最大间距可适当增大：

1　采取减小混凝土收缩或温度变化的措施；

2　采用专门的预加应力或增配构造钢筋的措施；

3　采用低收缩混凝土材料，采取跳仓浇筑、后浇带、控制缝等施工方法，并加强施工养护。

当伸缩缝间距增大较多时，尚应考虑温度变化和混凝土收缩对结构的影响。

8.1.4　当设置伸缩缝时，框架、排架结构的双柱基础可不断开。

需注意的是，设置后浇带可适当增大伸缩缝间距，但不能代替伸缩缝。

2. 混凝土保护层

钢筋的混凝土保护层厚度是按结构构件中最外层钢筋（包括箍筋、构造筋、分布筋等）的外缘计算。同时，普通钢筋的混凝土保护层厚度不应小于普通钢筋的公称直径（即单筋的公称直径或并筋的等效直径），且不应小于 15mm，以保证握裹层混凝土对钢筋的锚固。《混规》规定：

8.2.1　构件中普通钢筋及预应力筋的混凝土保护层厚度应满足下列要求。

1　构件中受力钢筋的保护层厚度不应小于钢筋的公称直径 d；

2　设计使用年限为 50 年的混凝土结构，最外层钢筋的保护层厚度应符合表 8.2.1的规定；设计使用年限为 100 年的混凝土结构，最外层钢筋的保护层厚度不应小于表 8.2.1 中数值的 1.4 倍。

混凝土保护层的最小厚度 c（mm）　　**表 8.2.1**

环境类别	板、墙、壳	梁、柱、杆
一	15	20
二 a	20	25
二 b	25	35
三 a	30	40
三 b	40	50

注：1　混凝土强度等级不大于 C25 时，表中保护层厚度数值应增加 5mm；

2　钢筋混凝土基础宜设置混凝土垫层，基础中钢筋的混凝土保护层厚度应从垫层顶面算起，且不应小于 40mm。

8.2.2　当有充分依据并采取下列措施时，可适当减小混凝土保护层的厚度。

1　构件表面有可靠的防护层；

2 采用工厂化生产的预制构件；

3 在混凝土中掺加阻锈剂或采用阴极保护处理等防锈措施；

4 当对地下室墙体采取可靠的建筑防水做法或防护措施时，与土层接触一侧钢筋的保护层厚度可适当减少，但不应小于 25mm。

8.2.3 当梁、柱、墙中纵向受力钢筋的保护层厚度大于 50mm 时，宜对保护层采取有效的构造措施。当在保护层内配置防裂、防剥落的钢筋网片时，网片钢筋的保护层厚度不应小于 25mm。

3. 纵向受力钢筋的最小配筋率

非抗震设计时，按《混凝土结构通用规范》规定，钢筋混凝土结构构件中纵向受力钢筋的最小配筋百分率 ρ_{min} 不应小于表 16-4-3 规定的数值。

纵向受力钢筋的最小配筋百分率 ρ_{min}（%） **表 16-4-3**

受力类型			最小配筋百分率
受压构件	全部纵向钢筋	强度等级 500MPa	0.50
		强度等级 400MPa	0.55
		强度等级 300MPa	0.60
	一侧纵向钢筋		0.20
受弯构件、偏心受拉、轴心受拉构件一侧的受拉钢筋			0.20 和 $45f_t/f_y$ 中的较大值

注：1. 受压构件全部纵向钢筋最小配筋百分率，当采用 C60 以上强度等级的混凝土时，应按表中规定增加 0.10；
2. 偏心受拉构件中的受压钢筋，应按受压构件一侧纵向钢筋考虑；
3. 受压构件的全部纵向钢筋和一侧纵向钢筋的配筋率以及轴心受拉构件和小偏心受拉构件一侧受拉钢筋的配筋率均应按构件的全截面面积计算；
4. 受弯构件、大偏心受拉构件一侧受拉钢筋的配筋率应按全截面面积扣除受压翼缘面积 $(b'_f-b)h'_f$ 后的截面面积计算；
5. 当钢筋沿构件截面周边布置时，"一侧纵向钢筋"系指沿受力方向两个对边中一边布置的纵向钢筋。

除悬臂板、柱支承板之外的板类受弯构件，当纵向受拉钢筋采用强度等级 500MPa 的钢筋时，其最小配筋率应允许采用 0.15%和 $0.45f_t/f_y$ 中的较大值。

卧置于地基上的混凝土板，板中受拉钢筋的最小配筋率可适当降低，但不应小于 0.15%。

4. 吊环

《混规》规定：

9.7.6 吊环应采用 HPB300 钢筋或 Q235B 圆钢，并应符合下列规定：

1 吊环锚入混凝土中的深度不应小于 $30d$ 并应焊接或绑扎在钢筋骨架上，d 为吊环钢筋或圆钢的直径。

2 应验算在荷载标准值作用下的吊环应力，验算时每个吊环可按两个截面计算。对 HPB300 钢筋，吊环应力不应大于 65N/mm^2；对 Q235B 圆钢，吊环应力不应大于 50N/mm^2。

3 当在一个构件上设有 4 个吊环时，应按 3 个吊环进行计算。

习　　题

16-4-1　与钢筋混凝土受弯构件相比，预应力混凝土受弯构件的特点是：

①正截面极限承载力大大提高；②构件开裂荷载明显提高；

③外荷作用下构件的挠度减小；④构件在使用阶段刚度比普通构件明显提高。

A. ①②③　　　　B. ①②③④

C. ②③④　　　　D. ②③

16-4-2　预应力混凝土轴心受拉构件的消压状态就是：

A. 预应力钢筋位置处的混凝土应力为零的状态

B. 外荷载为零时的状态

C. 预应力钢筋为零时的状态

D. 构件将要破坏时的状态

第五节　梁板结构与单层厂房

★★★一、梁板结构

1. 塑性内力重分布

（1）塑性铰

塑性铰的特点：①只能承受弯矩；②是单向铰，只能沿弯矩作用方向转动；③它的转动有限度，从钢筋屈服到混凝土压坏。

塑性铰与普通铰相比，有以下区别：

第一，普通铰截面可以任意转动，不传递或承受弯矩，且能沿任意方向转动；塑性铰截面在承受相当于截面塑性承载力的弯矩 M_u 后，可以转动，但不再承受新增加的弯矩；转动方向只能沿弯矩作用方向。

第二，普通铰截面的转动幅度不受限制，塑性铰截面的转动幅度不能过大，否则会引起结构过大的变形和挠度，影响正常使用。

塑性铰的转动能力，其主要取决于钢筋种类、配筋率、混凝土的极限压缩变形。当低或中等配筋率（或 ξ 值较低）时，其内力重分布，主要取决于钢筋的流幅；当较高配筋率（或 ξ 值较大）时，内力重分布取决于混凝土的极限压缩变形。

（2）塑性内力重分布计算方法的适用范围

对于下列结构在受弯承载力计算时，不应考虑塑性内力重分布，应按弹性理论方法计算其内力：直接承受动力荷载的构件；要求不出现裂缝或处于侵蚀环境等情况下的结构。

此外，按考虑塑性内力重分布分析方法设计的结构和构件，尚应满足正常使用极限状态的要求，或采取有效的构造措施。

（3）连续梁（板）塑性内力重分布计算方法

目前，关于连续梁（板）考虑塑性内力重分布的计算方法较多采用弯矩调幅法。弯矩调幅法是调整（一般降低）结构按弹性理论计算得到的某些截面的最大弯矩值。弯矩调幅法的基本原则如下：

1）控制弯矩调幅值，一般情况下不宜超过按弹性理论计算所得弯矩值的 20%（板）

或 25%(梁)。

2）必须保证在调幅截面形成的塑性铰具有足够的转动能力，故钢筋宜选用 HRB400 级、HRB500 级热轧钢筋，混凝土强度等级宜在 C25～C45，梁端截面相对受压区高度 $\xi \leqslant 0.35$，且不宜小于 0.10。

3）梁端负弯矩调幅后，梁跨中弯矩应按平衡条件相应增大。

4）梁跨中截面正弯矩设计值不应小于竖向荷载作用下按简支梁计算的跨中弯矩设计值的 50%。

5）各控制截面的剪力设计值按荷载最不利布置和调整后的支座弯矩由静力平衡条件计算确定。

2. 单向板肋梁楼盖

《混规》规定，对四边均有支承的板，通常当长边 l_2 与短边 l_1 的比 $l_2/l_1 \geqslant 3$ 时按单向板设计。

(1) 计算简图

对于板、次梁的支座均视为铰支座。对于主梁，当两边支座为砖墙，中间支座为钢筋混凝土柱，如果与主梁整浇的钢筋混凝土柱的线刚度与主梁的线刚度之比小于1/5时，则可将主梁视作铰支于钢筋混凝土柱上的连续梁进行内力分析，否则应按框架计算梁的内力。

对于各跨荷载相同，且跨数超过 5 跨的等跨等截面连续梁（板），可按 5 跨来计算其内力。连续梁（板）上的荷载包括恒荷载（亦称永久荷载）和活荷载（亦称可变荷载）。恒荷载是固定存在的，故为全跨满布。活荷载是可变的，不一定全跨满布，其布置原则如下：

1）求某跨跨内的最大正弯矩，该跨应满布活荷载，其余每隔一跨布置活荷载。

2）求某支座的最大负弯矩和最大支座剪力时，该支座相邻两跨应满布活荷载，其余每隔一跨布置活荷载。

上述原则称为活荷载最不利的布置原则，具体见表 16-5-1。

活荷载在梁（板）上最不利的布置原则 **表 16-5-1**

活荷载布置图	最大值	
	弯矩	剪力
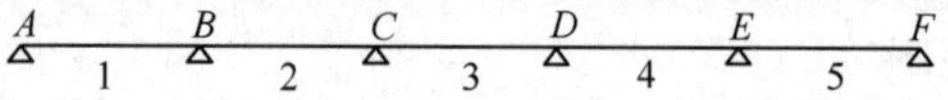 A B C D E F 1 2 3 4 5		
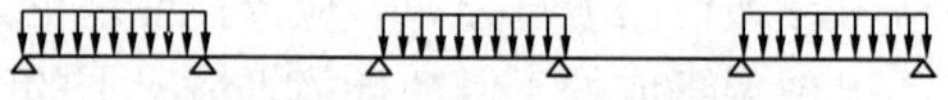	M_1、M_3、M_5	V_A、V_F
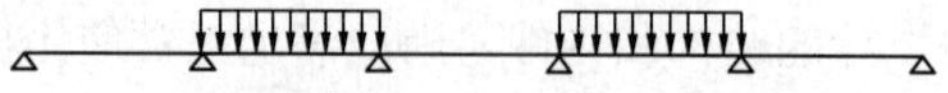	M_2、M_4	
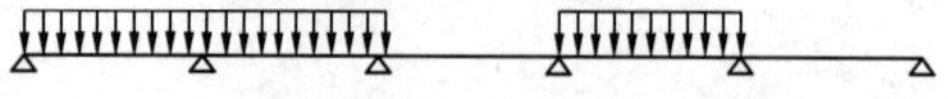	M_B	$V_{B左}$、$V_{B右}$
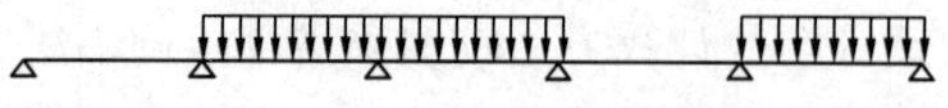	M_C	$V_{C左}$、$V_{C右}$
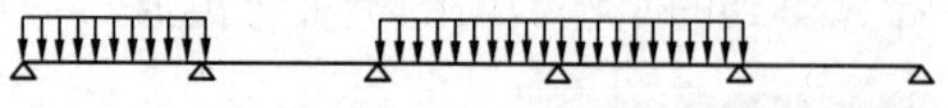	M_D	$V_{D左}$、$V_{D右}$
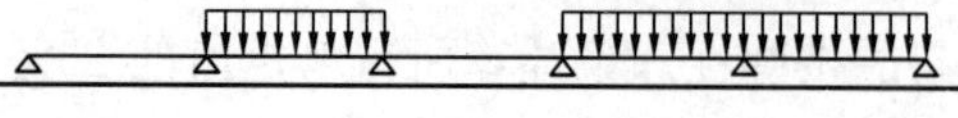	M_E	$V_{E左}$、$V_{E右}$

板、梁的计算跨度 l_0 值应按支座处板、梁的实际可能的转动情况确定。

单跨梁：
$$l_0 = l_n + a \leqslant 1.05 l_n$$

单跨板：
$$l_0 = \begin{cases} l_n + h & \text{（两端搁置在墙上）} \\ l_n + \dfrac{h}{2} & \text{（一端搁置在墙上，一端与梁整浇）} \\ l_n & \text{（两端与梁整浇）} \end{cases}$$

式中，l_n 为板或梁的净跨；h 为板厚；a 为梁的支承长度。

多跨连续的板、梁，对支座为整浇的梁或柱，l_0 一般可取支座中心线间距离。

【例 16-5-1】（历年真题）如图所示五等跨连续梁，为使第 2 跨和第 3 跨间的支座上出现最大负弯矩，活荷载应布置在以下几跨：

A. 第 2、3、4 跨

B. 第 1、2、3、4、5 跨

C. 第 2、3、5 跨

D. 第 1、3、5 跨

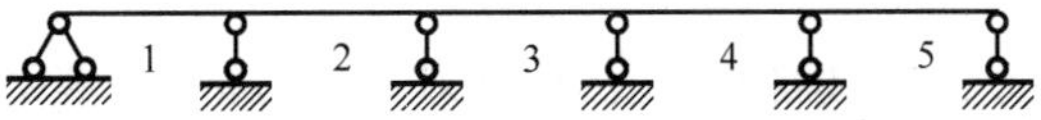

例 16-5-1 图

【解答】根据活荷载最不利布置原则，应布置在第 2、3、5 跨，应选 C 项。

【例 16-5-2】（历年真题）两端固定的均布荷载作用钢筋混凝土梁，其支座负弯矩与正弯矩的极限承载力绝对值相等。若按塑性内力重分布计算，支座弯矩调幅系数为：

A. 0.8　　B. 0.75　　C. 0.7　　D. 0.65

【解答】调幅前：$M_{支} = \dfrac{1}{12} q l^2$，$M_{中} = \dfrac{1}{24} q l^2$

调幅系数为 β，则：$\beta M_{支} = (1-\beta) M_{支} + M_{中}$

$$\beta \cdot \frac{1}{12} q l^2 = (1-\beta) \cdot \frac{1}{12} q l^2 + \frac{1}{24} q l^2$$

可得：$\beta = 0.75$，应选 B 项。

（2）弯矩、剪力计算值

为考虑支座抵抗转动的影响，一般采用增大永久荷载，相应地减小可变荷载的办法，即以折算荷载代替实际计算荷载。

连续板的折算永久荷载：
$$g' = g + \frac{1}{2} q$$

连续板的折算可变荷载：
$$q' = \frac{1}{2} q$$

连续梁的折算永久荷载：
$$g'_b = g + \frac{1}{4} q$$

连续梁的折算可变荷载：
$$q'_b = \frac{3}{4} q$$

式中，g、q 分别为实际永久荷载、实际可变荷载。

当板或梁支承在砖墙上时，荷载不得折算；对主梁按连续梁计算时，因柱对梁的约束作用小，故对主梁荷载不进行折算。

弯矩、剪力的最大者，即危险截面是在支座边界处。求支座弯矩时，取该支座相邻两跨计算跨度的平均值进行计算。

(3) 考虑塑性内力重分布的计算

弯矩：
$$M=\alpha(g+q)l_0^2$$
剪力：
$$V=\beta(g+q)l_n$$
式中，α、β分别为弯矩系数、剪力系数；l_0 为计算跨度；l_n 为净跨度。

需注意的是：①求支座弯矩时，取该支座相邻两跨计算跨度的较大值进行计算；②对跨度差别小于10%的不等跨连续板、梁，仍用上述公式计算，但支座弯矩应按相邻的较大计算跨度计算；跨中弯矩仍取本跨的计算跨度计算。

(4) 板的构造要求

现浇钢筋混凝土单向板的跨厚比不大于30，双向板不大于40；无梁支承的有柱帽板的跨厚比不大于35（无柱帽板不大于30）。

根据《混凝土结构通用规范》规定，现浇钢筋混凝土板的厚度不应小于表16-5-2规定的数值。

板的最小厚度（mm） **表16-5-2**

板的类型		最小厚度
实心楼板		80
密肋楼盖	上、下面板	50
	肋高	250
悬臂板（根部）	悬臂长度不大于500mm	60
	悬臂长度1200mm	100
无梁楼板		150
现浇空心楼板，其顶板、底板		50

板的配筋构造要求，《混规》规定：

9.1.3 板中受力钢筋的间距，当板厚不大于150mm时不宜大于200mm；当板厚大于150mm时不宜大于板厚的1.5倍，且不宜大于250mm。

9.1.4 采用分离式配筋的多跨板，板底钢筋宜全部伸入支座；支座负弯矩钢筋向跨内延伸的长度应根据负弯矩图确定，并满足钢筋锚固的要求。

9.1.5 现浇混凝土空心楼板的体积空心率不宜大于50%。

9.1.6 按简支边或非受力边设计的现浇混凝土板，当与混凝土梁、墙整体浇筑或嵌固在砌体墙内时，应设置板面构造钢筋，并符合下列要求：

1 钢筋直径不宜小于8mm，间距不宜大于200mm，且单位宽度内的配筋面积不宜小于跨中相应方向板底钢筋截面面积的1/3。与混凝土梁、混凝土墙整体浇筑单向板的非受力方向，钢筋截面面积尚不宜小于受力方向跨中板底钢筋截面面积的1/3。

2　钢筋从混凝土梁边、柱边、墙边伸入板内的长度不宜小于 $l_0/4$，砌体墙支座处钢筋伸入板边的长度不宜小于 $l_0/7$，其中计算跨度 l_0 对单向板按受力方向考虑，对双向板按短边方向考虑。

3　在楼板角部，宜沿两个方向正交、斜向平行或放射状布置附加钢筋。

4　钢筋应在梁内、墙内或柱内可靠锚固。

9.1.7　当按单向板设计时，应在垂直于受力的方向布置分布钢筋，单位宽度上的配筋不宜小于单位宽度上的受力钢筋的 15%，且配筋率不宜小于 0.15%；分布钢筋直径不宜小于 6mm，间距不宜大于 250mm；当集中荷载较大时，分布钢筋的配筋面积尚应增加，且间距不宜大于 200mm。

当有实践经验或可靠措施时，预制单向板的分布钢筋可不受本条的限制。

9.1.8　在温度、收缩应力较大的现浇板区域，应在板的表面双向配置防裂构造钢筋。配筋率均不宜小于 0.10%，间距不宜大于 200mm。防裂构造钢筋可利用原有钢筋贯通布置，也可另行设置钢筋并与原有钢筋按受拉钢筋的要求搭接或在周边构件中锚固。

楼板平面的瓶颈部位宜适当增加板厚和配筋。沿板的洞边、凹角部位宜加配防裂构造钢筋，并采取可靠的锚固措施。

9.1.9　混凝土厚板及卧置于地基上的基础筏板，当板的厚度大于 2m 时，除应沿板的上、下表面布置的纵、横方向钢筋外，尚宜在板厚度不超过 1m 范围内设置与板面平行的构造钢筋网片，网片钢筋直径不宜小于 12mm，纵横方向的间距不宜大于 300mm。

（5）次梁、主梁的计算和构造

次梁可按塑性内力重分布方法进行内力计算。主梁通常按弹性理论方法进行，不考虑塑性内力重分布。设计时，应在主梁承受次梁传来的集中力处设置附加横向钢筋，即箍筋或吊筋。

3. 双向板肋梁楼盖

四边支承的板，当长边 l_2 与短边 l_1 之比为 $2<l_2/l_1<3$，按弹性理论计算时，宜按双向板计算；当 $l_2/l_1\leqslant 2$ 时，按双向板计算；按塑性理论计算时，$l_2/l_1\leqslant 3$，按双向板计算。

（1）双向板按弹性理论计算

单跨双向板，当板厚 h 小于板短边边长的 $\frac{1}{30}$，且板的挠度远小于板的厚度时，单跨双向板可按弹性薄板小挠度理论计算，并制成表格可供设计使用。

多跨连续双向板，当同一方向相邻最小跨度与最大跨度之比大于 0.75 时，可采用以单区格板计算为基础的简化计算法。当求跨中最大弯矩时，将活荷载分解为对称与反对称荷载情况，如图 16-5-1 所示：

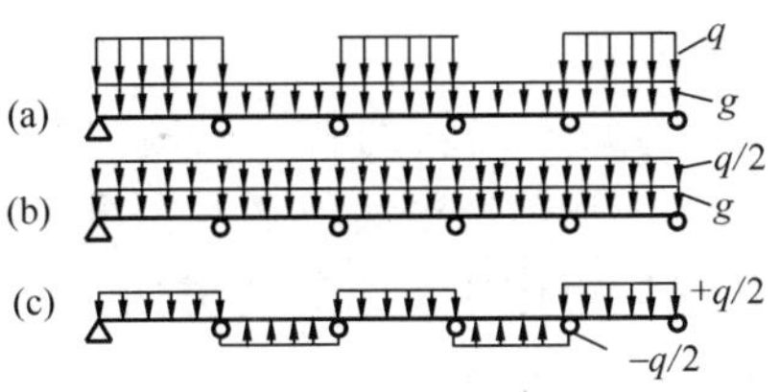

图 16-5-1

对称情况：

$$g+\frac{q}{2}$$

反对称情况：

$$\pm\frac{q}{2}$$

在对称荷载作用下，所在中间区格板均可认为是四边固定边；边区格则为三边为固定边，一边为实际情况；角区格则两内边为固定边，两个边为实际情况。经过这样处理，只有6种可能的边界条件，可利用单跨双向板的内力计算表格，求出每一区格在对称荷载作用下的跨中弯矩。

在反对称荷载$\pm\frac{q}{2}$作用下，中间支座视为简支边，若边支座为简支边，则所有区格板均为四边简支板，利用表格可求得反对称荷载作用下的跨中最大弯矩。最后，将两种荷载情况的跨中弯矩进行叠加，可求出各区格板跨中最大正弯矩。

当求支座最大弯矩时，可假定全板各区格满布活荷载，对内区格可按四边固定的单跨双向板计算其支座弯矩；边区格，其内支座为固定边，边支座边界条件按实际情况考虑，计算出其支座弯矩。

【例 16-5-3】（历年真题）在均布荷载作用下，必须按照双向板计算的钢筋混凝土板是：

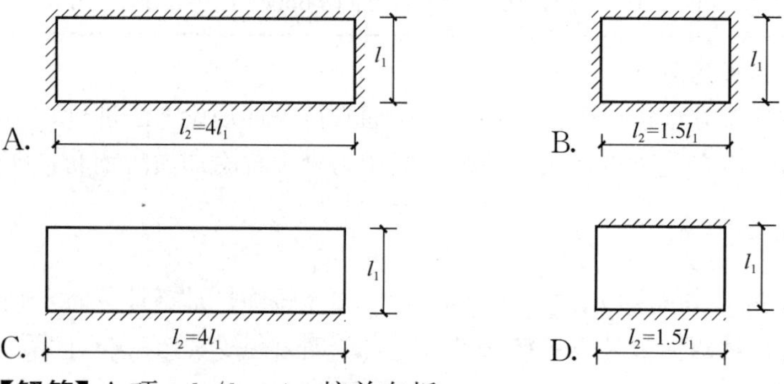

【解答】 A项：$l_2/l_1=4$，按单向板；

B项：$l_2/l_1=1.5<2$，按双向板，应选B项。

（2）双向板按塑性理论的计算

目前常用计算方法有塑性铰线法、板带法以及用程序进行分析的最优配筋法等。其中，塑性铰线法，又称为极限平衡法，采用该法必须事先知道板在特定荷载作用下的破坏图式，按裂缝出现在板底或板面，塑性铰线分为“正塑性铰线”“负塑性铰线”。该法计算的关键是找出最危险的塑性铰线位置，它与板的平面形状、尺寸、边界条件、荷载形式、纵横方向跨中与支座配筋等因素有关。

均布荷载作用下，四边连续矩形双向板的破坏机构主要有倒锥形、倒幂形和正幂形三种。其中，倒锥形是最基本的，其塑性铰线位置为：沿板的支座边由于负弯矩作用形成负塑性铰线，跨中的板底在正弯矩作用下沿长边方向并向四角发展形成正塑性铰线，如图16-5-2(a) 所示。其他情况，见图16-5-2(b)、(c) 和 (d)。

【例 16-5-4】（历年真题）下列给出的混凝土楼板塑性铰线正确的是：

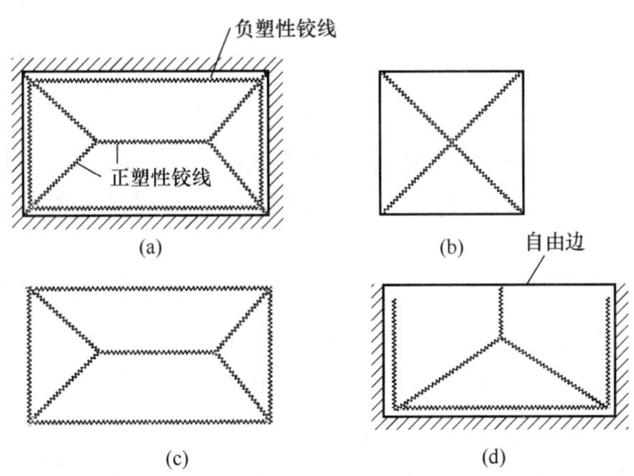

图 16-5-2

(a) 四边固定矩形板；(b) 四边简支方形板；(c) 四边简支矩形板；(d) 三边固定一边自由板

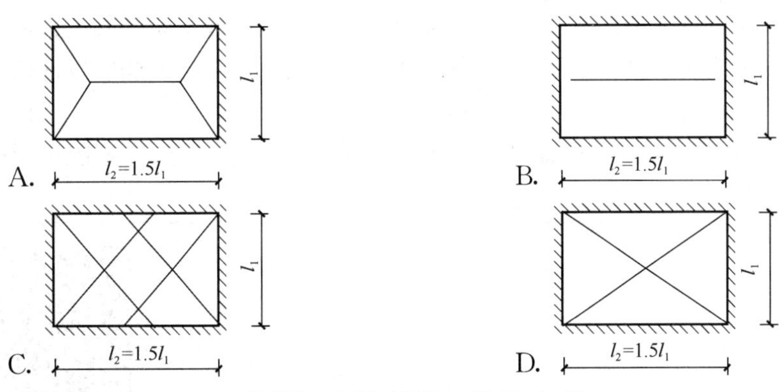

【解答】$l_2/l_1=1.5$，矩形，四边固定，故选 A 项。

(3) 双向板的截面设计和配筋构造

双向板的厚度 h 应在 80～160mm。

对于四边与梁整体连接的双向板，除角区格外，考虑周边支承梁对板的推力的有利影响，对弹性理论或塑性理论计算方法得到的弯矩或配筋可予以折减；对角区格的各截面不应折减。

双向板的配筋，将板在短边 l_1、长边 l_2 方向各分为三个带，其中两边带的宽度均为短边 l_1 的 1/4。在中间带内，按最大正弯矩求得的板底钢筋均匀配置，边带内则减少 50%，但每米宽度内不得少于 3 根；支座边界负弯矩钢筋，不能在边带内减少。

需注意的是，跨中沿短边方向即弯矩较大方向的板底钢筋宜放在沿长边方向板底钢筋的下面，而板面钢筋相反。

双向板的其他配筋构造见单向板肋梁楼盖部分。

(4) 支承双向板的梁设计

荷载传递：从各区格的四角作 45°线与平行于长边的中线相交，把整块板分成四小块，每小块的荷载传至相邻的支承梁上。由此，短边支承梁上承受三角形荷载；长边支承梁上承受梯形荷载，此外，支承梁自重为均布荷载。

支承梁的内力可按弹性理论式考虑内力塑性重分布的调幅法计算。

4. 无梁楼盖

无梁楼盖的计算方法可按弹性理论、塑性理论计算。其中，按弹性理论计算方法中有经验系数法（或称直接设计法）、等效框架法等。

经验系数法计算时，不考虑可变荷载的不利布置，按全部均布荷载作用，求得每个区格板在两个方向的总弯矩值，然后将该弯矩值乘以一个系数再分配给柱上板带和跨中板带的支座和跨中截面，再进行配筋。

当按塑性理论计算时，考虑可变荷载的不利布置，板的破坏情况有：一类是内跨在带形可变荷载作用下，出现平行于带形荷载方向的跨中塑性铰线和支座塑性铰线；另一类是在连续满布可变荷载作用下，每个区格内的跨中板带出现正弯矩的塑性铰线，柱顶及柱上板带出现负弯矩的塑性铰线。

在竖向荷载作用下，有柱帽的无梁楼板内跨由于存在着穹顶作用，故按塑性理论计算结果应予考虑折减。除边跨及边支座外，其余部分截面的弯矩设计值可乘 0.8 的折减系数。

无梁楼盖的配筋。板的配筋分成柱上板带、跨中板带，当跨中或支座的同一区域两个方向具有同号弯矩时，应将较大弯矩方向的受力钢筋置于外层。柱帽的配筋应按柱帽边缘处平板的抗冲切承载力计算箍筋量。

无梁楼盖的周边应设置边梁，其截面高度不小于板厚的 2.5 倍，且边梁需配抗扭的构造钢筋。

★二、单层厂房

【例 16-5-8】（历年真题）关于钢筋混凝土单层厂房柱牛腿，说法正确的是：

A. 牛腿应按照悬臂梁设计

B. 牛腿的截面尺寸根据斜裂缝控制条件和构造要求确定

C. 牛腿设计仅考虑斜截面承载力

D. 牛腿部位可允许带裂缝工作

【解答】牛腿的截面尺寸根据斜裂缝控制条件和构造要求确定，应选 B 项。

习 题

16-5-1 （历年真题）单层工业厂房设计中，若需要将伸缩缝、沉降缝、抗震缝合成一体时，其正确的设计构造做法为：

A. 在缝处从基础底至屋顶把结构分成两部分，其缝宽应满足三种缝中的最小缝宽的要求

B. 在缝处只需从基础顶以上至屋顶把结构分成两部分，其缝宽取三者的最大值

C. 在缝处只需从基础底至屋顶把结构分成两部分，其缝宽取三者的平均值

D. 在缝处只需从基础底至屋顶把结构分成两部分，其缝宽按抗震缝要求设置

16-5-2 （历年真题）在均布荷载 $q=8\text{kN/m}^2$ 作用下，如图所示的四边简支钢筋混凝土板单位宽度的最大弯矩应为：

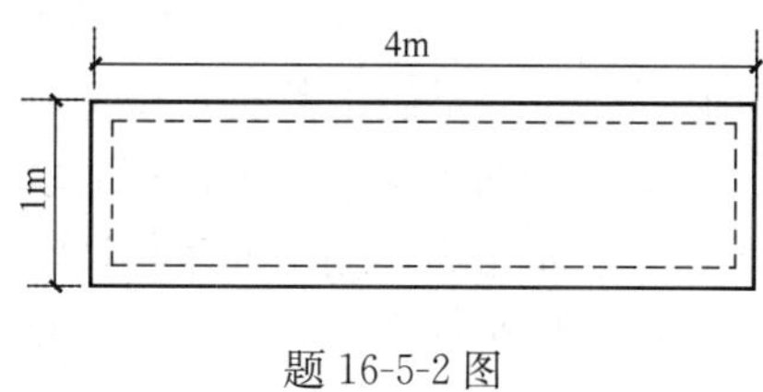

题 16-5-2 图

A. 1kN · m

B. 4kN · m

C. 8kN · m

D. 16kN · m

16-5-3 （历年真题）关于钢筋混凝土单层厂房结构的布置与功能，下列说法不正确的是：

A. 支撑体系分为屋盖支撑和柱间支撑，主要作用是加强厂房结构的整体性和刚度，保证构件稳定性，并传递水平荷载

B. 屋盖分为有檩体系和无檩体系，起到承重和维护双重作用

C. 抗风柱与圈梁形成框架，提高了结构整体性，共同抵抗结构所遭受的风荷载

D. 排架结构、刚架结构和折板结构等均适用于单层厂房

16-5-4 （历年真题）为使 5 等跨连续梁的边跨跨中出现最大正弯矩，其活荷载应布置在：

A. 第 2 和 4 跨　　B. 第 1、2、3、4 和 5 跨

C. 第 1、2 和 3 跨　　D. 第 1、3 和 5 跨

第六节　多高层混凝土结构房屋

一、结构体系和布置

多层及高层钢筋混凝土结构房屋建筑常用的结构体系包括框架结构体系、剪力墙结构体系、框架-剪力墙结构体系、筒体结构体系。

1. 框架结构体系

框架结构体系是指竖向承重结构全部由框架所组成的多（高）层房屋结构体系。按照框架布置方向的不同，框架结构体系可分为横向布置、纵向布置及纵横双向布置三种。

框架结构用以承受竖向荷载是合理的，在非抗震设防区框架结构一般可建至 15 层，最高可达 20 层左右。框架结构在水平荷载作用下，房屋的抗侧移刚度小，水平位移大，故一般称它为柔性结构体系。

2. 剪力墙结构体系

剪力墙是一片高大的钢筋混凝土墙体。剪力墙既承受竖向荷载又承受水平荷载，因剪力墙在其自身平面内有很大的侧向刚度，在水平面方向有刚性楼盖的支承，一般称此种结构体系为刚性结构体系。

板式（条式）体型的剪力墙一般均按横向布置。通常剪力墙的间距为 3.3～8m。当剪力墙开有门窗洞口时，宜上下各层对齐，避免出现错洞墙，门窗洞口宜均匀布置。

3. 框架-剪力墙结构体系

框架-剪力墙结构体系是指由框架和剪力墙共同承受竖向荷载和侧向力的承重结构体

系。在框架-剪力墙结构中，竖向荷载主要由框架承受，水平荷载则主要由剪力墙承受。在一般情况下，剪力墙约可承受70%～90%的水平荷载。

剪力墙的布置除应满足使用要求外，宜放在恒荷载较大处，并宜尽量均匀对称，以免整个房屋在水平力作用下发生扭转。为了增加房屋的抗扭能力，剪力墙宜布置在房屋各区段的两端。在平面形状或刚度有变化处，宜设置剪力墙，以加强薄弱环节。

4. 筒体结构体系

筒体结构体系是指由单个或几个筒体作为竖向承重结构的高层房屋结构体系。筒体可由实心钢筋混凝土或密集柱（称框筒）构成。

★★★二、框架结构计算

1. 内力近似计算

在框架结构内力与位移计算中，现浇楼面可作为框架梁的有效翼缘，无现浇面层的装配式楼面，楼面的作用不予考虑。对现浇楼面的边框架梁，取 $I=1.5I_0$，中框架梁，取 $I=2I_0$；对装配整体式楼盖的边框架梁，取 $I=1.2I_0$，中框架梁，取 $I=1.5I_0$。I_0 为矩形部分的惯性矩。

竖向荷载作用于框架内力采用分层法进行简化计算。

如图 16-6-1 所示，此时每层框架梁连同上、下层柱组成基本计算单元，如同开口的框架。竖向荷载产生的梁固端弯矩是在本层内进行弯矩分配，单元之间不再传递。除了底层柱子外，其他各层柱的线刚度均乘以0.9的折减系数，其弯矩传递系数为1/3；底层柱的线刚度不予折减，其传递系数取为1/2。按照叠加原理，多层多跨框架在多层竖向荷载同时作用下的内力，可看成是各层竖向荷载单独作用下内力的叠加。最后，梁的弯矩取分配后的数值；柱端弯矩取相邻两单元对应柱端弯矩之和。

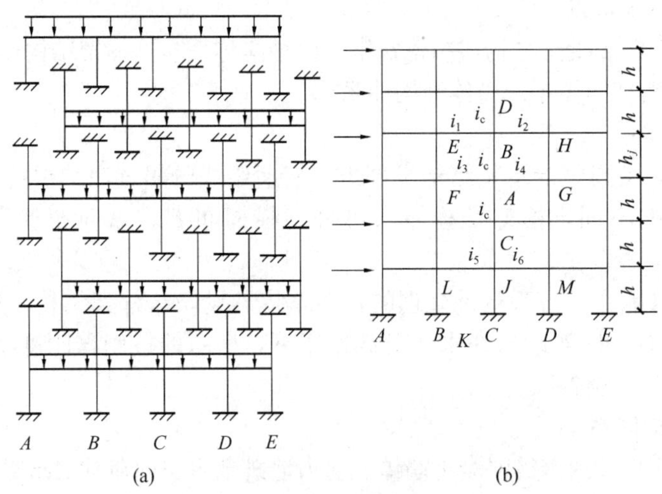

图 16-6-1　框架结构计算

(a) 开口框架；(b) 整体框架结构

风荷载和水平地震作用下的框架内力可以用 D 值法进行简化计算。

水平荷载作用下的反弯点法假定梁柱之间的线刚度之比无穷大，并且假定柱的反弯点高度为一定值，即假定各层框架柱的反弯点位于层高的中点；底层柱的反弯点位于距支座

2/3 层高处。水平荷载作用下的 D 值法对反弯点法中柱的侧向刚度和反弯点高度的计算方法作了改进，故也称为改进反弯点法，其中 D 表示柱的侧向刚度（也称抗侧移刚度）。当梁柱的线刚度比≥3 时，可采用反弯点法；当其线刚度比＜3 时，可采用 D 值法。

为了简化计算，作了如下假定（图 16-6-1）：

（1）柱 AB 以及与柱 AB 相邻的各杆杆端的转角均相等；

（2）与柱 AB 上下相邻的两个柱（即柱 AC 与柱 BD）的层间水平位移均为 Δu_j，并与柱 AB 的层间位移 Δu_j 相等；

（3）与柱 AB 上下相邻的两个柱（柱 AC、柱 BD）的线刚度皆为 i_c，并与柱 AB 的线刚度 i_c 相等。

改进后柱的侧向刚度 D 是指当柱子上下端产生单位相对横向位移时，柱所承受的剪力，对框架结构中第 j 层第 k 柱有：

$$D_{jk}=\frac{V_{ik}}{\Delta j}$$

根据图 16-6-1 中梁柱单元的转角位移方程可导出 $D_{jk}=\alpha\frac{12i_c}{h_j^2}$，$\alpha$ 值表示梁柱刚度比对柱刚度的影响。对一般楼层：$\alpha=\frac{k}{2+k}$，$k=\frac{i_1+i_2+i_3+i_4}{2i_c}$；对底层为固接时，$\alpha=\frac{0.5+k}{2+k}$，$k=\frac{i_5+i_6}{i_c}$。

求得框架柱的侧向刚度 D 值后，可由同一层各柱的层间位移相等的条件，将层间剪力 V_j 按下式分配给该层的各柱：

$$V_{jk}=\frac{D_{jk}}{\sum_{i=1}^{m}D_{jk}}V_j$$

式中，V_{jk} 为第 j 层第 k 柱所分配到的剪力；m 为第 j 层的柱数；D_{jk} 为第 j 层第 k 柱的侧向刚度值。

求修正后的柱反弯点高度，反弯点位置取决于柱上下端转角的比值，其计算为：

$$y_{\mathrm{h}}=(y_0+y_1+y_2+y_3)h$$

式中，y_0 为标准反弯点高度比，是在假定各层层高相等，各层梁线刚度相等的情况下通过理论推导得到的；y_1、y_2、y_3 则分别是考虑上、下梁刚度不同，上层层高有变化，下层层高有变化时反弯点位置变化的修正值。

根据上述求得的柱的侧向刚度、各柱的剪力、各柱的反弯点高度后，可求出各柱的杆端弯矩，再根据节点平衡条件求出梁端弯矩，再求出梁端的剪力和各柱的轴力。

2. 水平荷载作用下侧移近似计算

对多层或高层框架结构，控制侧移包括两部分内容，一是控制顶层最大侧移；二是控制层间侧移。框架结构在水平荷载作用下的变形包括：总体剪切变形和总体弯曲变形。对一般框架结构通常忽略总体剪切变形只考虑梁柱弯曲变形，则：

$$\Delta u_j=\frac{V_j}{\sum_{i=1}^{m}D_{jk}}$$

框架顶点总绝对位移 u 为各层层间相对位移之和，即：

$$u=\sum_{j=1}^{n}\Delta u_j$$

式中，Δu_j 为第 j 层的层间相对位移；n 为框架结构的总层数。

3. 最不利内力组合

柱的最不利内力可归纳为：$|M_{max}|$ 及相应的 N、V；N_{max} 及相应的 M、V；N_{min} 及相应的 M、V；$|M|$ 较大但不是最大，N 较小或 N 较大但不是绝对最小或最大。

4. 弯矩调幅

在竖向荷载作用下可以考虑梁端塑性内力重分布而对梁端负弯矩进行调幅。现浇框架调幅系数为0.8～0.9；装配整体式框架调幅系数为0.7～0.8。梁端负弯矩减小后，应按平衡条件计算调幅后的跨中弯矩。框架梁跨中截面正弯矩设计值不应小于竖向荷载作用下按简支梁计算的跨中弯矩设计值的50%。

竖向荷载产生的梁的弯矩应先进行调幅，再与水平风载荷、水平地震作用产生的弯矩进行组合。

5. 截面设计与框架节点构造要求

框架结构体系的多层厂房，节点常采用全刚接或部分刚接、部分铰接的方案；框架结构体系的高层民用房屋，一般采用全刚接的情况。

装配整体式接头的设计应满足施工阶段和使用阶段的承载力、稳定性和变形的要求。

【例 16-6-1】（历年真题）钢筋混凝土框架结构在水平荷载作用下的内力计算可采用反弯点方法，通常反弯点的位置在：

A. 柱的顶端　　B. 柱的底端

C. 柱高的中点　　D. 柱的下半段

【解答】框架结构在水平荷载作用下，通常反弯点的位置在柱高的中点，应选 C 项。

★★★三、叠合梁

叠合梁指在装配整体式结构中分两次浇捣混凝土的梁。第一次在预制厂内进行，做成预制梁；第二次在施工现场进行，当预制楼板搁置在预制梁上后，再浇捣梁上部的混凝土使板和梁连成整体。在施工阶段不加支撑的叠合式受弯构件（如叠合梁），应对叠合构件及其预制构件部分分别进行计算。其中预制部分应按本章第二节和第三节混凝土受弯构件的规定计算。

当 $h_1/h<0.4$ 时，应在施工阶段设置可靠支撑，此处，h_1 为预制构件的截面高度，h 为叠合构件的截面高度。施工阶段设有可靠支撑的叠合式受弯构件，可按普通受弯构件计算，但是叠合构件斜截面受剪承载力和叠合面受剪承载力应按《混规》附录 H.0.3 条和 H.0.4 条计算。

施工阶段不加支撑的叠合梁，其承载力计算如下。

1. 荷载规定

《混规》规定：

H.0.1　施工阶段不加支撑的叠合式受弯构件（梁、板），内力应分别按下列两个阶段计算。

1　第一阶段　后浇的叠合层混凝土未达到强度设计值之前的阶段。荷载由预制构件承担，预制构件按简支构件计算；荷载包括预制构件自重、预制楼板自重、叠合层自重以及本阶段的施工活荷载。

2　第二阶段　叠合层混凝土达到设计规定的强度值之后的阶段。叠合构件按整体结构计算；荷载考虑下列两种情况并取较大值：

1) 施工阶段　计入叠合构件自重、预制楼板自重、面层、吊顶等自重以及本阶段的施工活荷载；

2) 使用阶段　计入叠合构件自重、预制楼板自重、面层、吊顶等自重以及使用阶段的可变荷载。

2. 受弯承载力和斜截面受剪承载力计算

《混规》规定：

H.0.2　预制构件和叠合构件的正截面受弯承载力应按本规范第6.2节计算，其中，弯矩设计值应按下列规定取用：

预制构件

$$M_1 = M_{1G} + M_{1Q} \tag{H.0.2-1}$$

叠合构件的正弯矩区段

$$M = M_{1G} + M_{2G} + M_{2Q} \tag{H.0.2-2}$$

叠合构件的负弯矩区段

$$M = M_{2G} + M_{2Q} \tag{H.0.2-3}$$

式中：M_{1G}——预制构件自重、预制楼板自重和叠合层自重在计算截面产生的弯矩设计值；

M_{2G}——第二阶段面层、吊顶等自重在计算截面产生的弯矩设计值；

M_{1Q}——第一阶段施工活荷载在计算截面产生的弯矩设计值；

M_{2Q}——第二阶段可变荷载在计算截面产生的弯矩设计值，取本阶段施工活荷载和使用阶段可变荷载在计算截面产生的弯矩设计值中的较大值。

在计算中，正弯矩区段的混凝土强度等级，按叠合层取用；负弯矩区段的混凝土强度等级，按计算截面受压区的实际情况取用。

H.0.3　预制构件和叠合构件的斜截面受剪承载力，应按本规范第6.3节的有关规定进行计算，其中，剪力设计值应按下列规定取用：

预制构件

$$V_1 = V_{1G} + V_{1Q} \tag{H.0.3-1}$$

叠合构件

$$V = V_{1G} + V_{2G} + V_{2Q} \tag{H.0.3-2}$$

式中：V_{1G}——预制构件自重、预制楼板自重和叠合层自重在计算截面产生的剪力设计值；

V_{2G}——第二阶段面层、吊顶等自重在计算截面产生的剪力设计值；

V_{1Q}——第一阶段施工活荷载在计算截面产生的剪力设计值；

V_{2Q}——第二阶段可变荷载产生的剪力设计值，取本阶段施工活荷载和使用阶段可变荷载在计算截面产生的剪力设计值中的较大值。

在计算中，叠合构件斜截面上混凝土和箍筋的受剪承载力设计值V_{cs}应取叠合层和预制构件中较低的混凝土强度等级进行计算，且不低于预制构件的受剪承载力设计值；对预应力混凝土叠合构件，不考虑预应力对受剪承载力的有利影响，取 $V_p=0$。

3. 叠合面受剪承载力计算

$$V \leqslant 1.2 f_t b h_0 + 0.85 f_{yv} \frac{A_{sv}}{s} h_0$$

式中，f_t 取叠合层和预制梁中的较低值。

4. 叠合梁的钢筋应力和裂缝宽度验算

在叠合梁中有“钢筋应力超前”的特点，《混规》附录 H.0.7 条作了规定。

5. 叠合梁、板的构造规定

《混规》规定：

9.5.2 混凝土叠合梁、板应符合下列规定：

1 叠合梁的叠合层混凝土的厚度不宜小于100mm，混凝土强度等级不宜低于C30。预制梁的箍筋应全部伸入叠合层，且各肢伸入叠合层的直线段长度不宜小于10d，d 为箍筋直径。预制梁的顶面应做成凹凸差不小于 6mm 的粗糙面。

2 叠合板的叠合层混凝土厚度不应小于 40mm，混凝土强度等级不宜低于 C25。预制板表面应做成凹凸差不小于 4mm 的粗糙面。承受较大荷载的叠合板以及预应力叠合板，宜在预制底板上设置伸入叠合层的构造钢筋。

★四、剪力墙结构

剪力墙可分为整截面剪力墙、整体小开口剪力墙、联肢剪力墙（双肢剪力墙或多肢剪力墙）、壁式框架四类。

各类剪力墙截面上正应力分布及沿墙高的弯矩分布如图 16-6-2 所示。在水平荷载作用下，整截面剪力墙在墙肢的整个高度上。弯矩图既不发生突变也不出现反弯点，变形曲线以弯曲型为主［图 16-6-2（a)］；整体小开口墙和双肢墙在连系梁处的墙肢弯矩图有突变，但在整个墙肢的高度上，设有或仅在个别楼层中才出现反弯点，其变形曲线仍以弯曲型为主［图 16-6-2（b)、(c)］；壁式框架，其柱的弯矩图不仅在楼层处有突变，且在大多数的楼层中都出现反弯点，整个框架的变形以剪切型为主［图 16-6-2（d)］。

根据对双肢墙的分析，在水平荷载作用下，墙肢局部弯矩的大小取决于剪力墙的整体

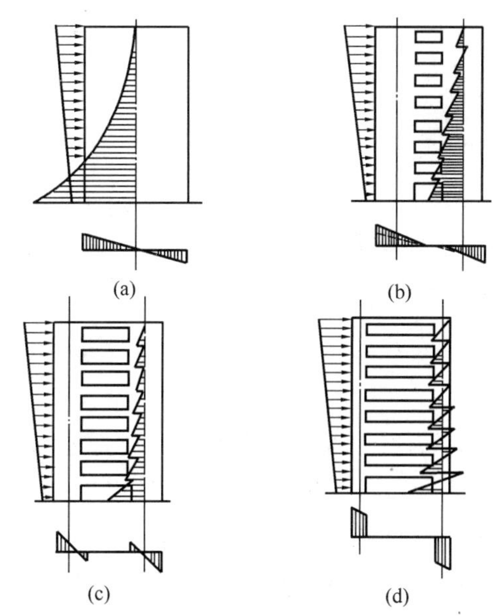
图 16-6-2　不同类型剪力墙受力特性
(a) 整体墙；(b) 小开口整体墙；
(c) 双肢墙；(d) 壁式框架

系数 α 值。α 值实质反映了连系梁与墙肢刚度的比值，体现了整片剪力墙的整体性。此外，墙肢是否出现反弯点，与墙肢惯性矩的比值$\frac{I_A}{I}$、整体性系数 α、层数 n 等因素有关。I_A 为扣除墙肢惯性矩后剪力墙的惯性矩即 $I_A = I-(I_1+I_2)$，故$\frac{I_A}{I}$的限制 $\xi(\alpha,n)$ 作为剪力墙分类的第二个判别标准，其中 $\xi(\alpha,n)$ 已制成数表可查。

综上可得剪力墙分类的判别条件为：

当 $\alpha \geqslant 10$，且 $I_A/I \leqslant \xi$ 时，为整体小开口剪力墙；

当 $\alpha \geqslant 10$，且 $I_A/I > \xi$ 时，为壁式框架；

当 $1<\alpha<10$，且 $I_A/I \leqslant \xi$ 时，为双肢剪力墙。

整截面和整体小开口剪力墙结构的计算：

在承载力计算中，《混规》规定，剪力墙的翼缘计算宽度可取剪力墙的间距、门窗洞间翼墙的宽度、剪力墙厚度加两侧各6倍翼墙厚度、剪力墙墙肢总高度的1/10四者中的最小值。

对整截面剪力墙，因其水平截面在受力后基本上保持平面，故可直接用材料力学公式计算。对整体小开口剪力墙，墙肢水平截面内的正应力可看成是剪力墙整体弯曲所产生正应力和各墙肢局部弯曲所产生正应力之和；总剪力在各墙肢之间的分配与墙肢的截面惯性矩和截面面积有关，则：

墙肢弯矩：
$$M_j = 0.85M\frac{I_j}{I} + 0.15M\frac{I_j}{\sum I_j}$$

墙肢轴力：
$$N_j = 0.85M\frac{A_j y_j}{I}$$

墙肢剪力：
$$V_j = \frac{V}{2}\left(\frac{A_j}{\sum A_j} + \frac{I_j}{\sum I_j}\right)$$

式中，M、V 分别为外荷载在计算截面上所产生的弯矩、剪力；I_j、A_j 分别为第 j 墙肢的截面惯性矩、截面面积；I 为整个剪力墙截面对组合截面形心的惯性矩；y_j 为第 j 墙肢截面形心至整个剪力墙组合截面形心的距离。

连梁的剪力可由上、下墙肢的轴力差计算。

剪力墙顶点的水平位移，计算时应考虑截面剪切变形和洞口对截面刚度削弱的影响，即：

$$u=\begin{cases}\dfrac{1}{8}\dfrac{V_0H^3}{EI_{eq}} & (均布荷载)\\ \dfrac{1}{60}\dfrac{V_0H^3}{EI_{eq}} & (倒三角荷载)\\ \dfrac{1}{3}\dfrac{V_0H^3}{EI_{eq}} & (顶点集中力)\end{cases}$$

式中，V_0 为外荷载在墙底部产生的总剪力；H 为剪力墙的总高度；EI_{eq}为等效抗弯刚度，即：

$$EI_{eq}=\frac{EI_w}{1+\frac{9\mu I_w}{A_wH^2}}$$

式中，I_w 为剪力墙截面惯性矩。对整体墙（包括有小洞口的墙）可取组合截面惯性矩。对整体小开口墙可取组合截面惯性矩的 80%；A_w 为在洞口剪力墙的截面面积，小洞口整截面剪力墙取折算截面面积，即 $A_w-(1-1.25\sqrt{A_{op}/A_f})A$，此处 A 为剪力墙毛截面面积，A_{op}洞口总面积，A_f 为墙面总面积。整体小开口墙取墙肢截面面积之和，即 $A_w=\sum A_{wj}$，此处 A_{wj}为第 j 墙肢截面面积；μ 为截面剪应力分布不均匀系数，对矩形截面，μ=1.2。

★★★五、框架-剪力墙结构

在框架-剪力墙结构中，框架和剪力墙同时承受竖向荷载和侧向水平力。在竖向荷载作用下，框架和剪力墙分别承担其受荷范围内的竖向作用。在侧向水平力作用下，框架和剪力墙协同工作，共同抵抗侧向力。

当侧向水平力单独作用于框架时，其侧移曲线呈剪切型，如图 16-6-3(a) 所示；当侧向水平力单独作用于剪力墙时，其侧向位移曲线呈弯曲型，如图 16-6-3(b) 所示。当侧向水平力作用于框架-剪力墙结构时，由于楼盖结构的连接作用，若不发生结构的整体扭转，则框架与剪力墙在各楼层处必须具有相同的侧向位移，协调后的结构侧向位移曲线如图 16-6-3(c) 所示，呈弯剪型。由此可见，框架与剪力墙对整个结构侧移曲线的影响，沿结构高度方向是变化的。在结构的底部，框架的层间水平位移较大，剪力墙的层间水平位移较小，剪力墙发挥了较大的作用，框架的水平位移受到剪力墙的“牵约”；而在结构的顶部，框架的层间位移较小，剪力墙的层间水平位移较大，剪力墙的水平位移受到框架的“拖住”作用，如图 16-6-3(c)、(d) 所示。

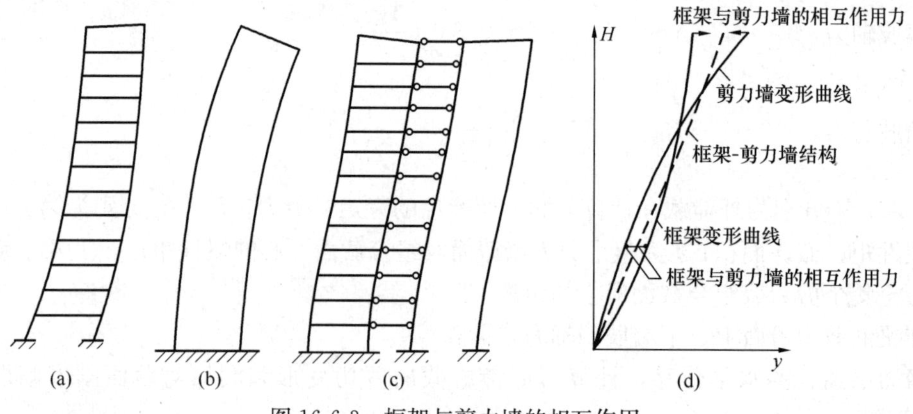

图 16-6-3　框架与剪力墙的相互作用

框架-剪力墙结构一般宜设计为双向抗侧力体系，抗震设计的框架-剪力墙结构，剪力墙应双向布置，并应使两个方向的结构自振周期较为接近。框架梁、柱与剪力的轴线宜重合在同一平面内，砌体填充墙宜与梁柱轴线位于同一平面内。

《高层建筑混凝土结构技术规范》JGJ 3—2010 对框架-剪力墙结构中剪力墙的布置的规定如下：

（1）剪力墙宜均匀地设置在建筑物的周边附近、楼电梯间、平面形状变化处及恒荷载较大的地方，以便改善墙肢的受力性能，有利于提高结构抗侧刚度及结构区段的整体抗扭性能。

（2）为了保证框架与剪力墙在侧向力作用下的协同工作性能，必须保证楼盖结构与其自身平面内的刚度，为此，剪力墙的间距应予以控制。横向剪力墙的间距宜满足表 16-6-1 的要求。剪力墙之间楼面有较大的开洞时，剪力墙的间距应予减小。

框架-剪力墙结构中剪力墙的最大间距（取较小值）　　表 16-6-1

楼面形式	非抗震设计	抗震设防烈度		
		6 度、7 度	8 度	9 度
现浇板、叠合梁板	5B，60m	4B，50m	3B，40m	2B，30m
装配整体式楼板	3.5B，50m	3B，40m	2.5B，30m	不宜采用

注：1. 表中 B 为剪力墙之间的楼盖宽度；
2. 装配整体式楼面指装配式楼面上做配筋现浇层；
3. 现浇部分厚度大于 60mm 的叠合楼板可作为现浇楼板考虑。

（3）纵向剪力墙宜布置在结构单元的中间区段内。房屋纵向较长时，不宜集中在两端布置纵向剪力墙，否则宜留施工后浇带以减小温度、收缩应力的影响。

（4）纵横向剪力墙宜成组布置成 L 形、T 形和口字形等。

（5）剪力墙宜贯通建筑物全高，厚度逐渐减薄，避免刚度突然变化。

（6）抗震设计时，剪力墙的布置宜使结构各主轴方向的侧向刚度接近。

框架-剪力墙结构的计算中应考虑剪力墙和框架两种类型结构的不同受力特点，按协同工作条件进行内力、位移分析，不宜将楼层剪力简单地按某一比例在框架与剪力墙之间分配。框架结构中设置了电梯井、楼梯井或其他剪力墙型的抗侧力结构后，应按框架-剪力墙结构计算。

【例 16-6-2】（历年真题）承受水平荷载的钢筋混凝土框架剪力墙结构中，框架和剪力墙协同工作，但两者之间：

A. 只在上部楼层，框架部分拉住剪力墙部分，使其变形减小

B. 只在下部楼层，框架部分拉住剪力墙部分，使其变形减小

C. 只在中间楼层，框架部分拉住剪力墙部分，使其变形减小

D. 在所有楼层，框架部分拉住剪力墙部分，使其变形减小

【解答】框架与剪力墙协同工作，只在上部楼层，框架侧移较小，故框架部分拉住剪力墙部分，使其变形减小，应选 A 项。

★★★六、筒体结构

筒体结构可分为框架-核心筒结构（简称框筒结构）和筒中筒结构。当结构侧向刚度

不满足要求时，可设置加强层，形成带加强层的框架-核心筒和筒中筒结构，使侧向位移满足要求，同时，也减小内筒的弯矩。

框筒是指由密柱深梁框架围成的结构。框筒在水平荷载作用下，框筒柱的轴力或正应力分布如图 16-6-4 所示，翼缘框架各柱的轴力不是按直线分布而呈不均匀分布，角柱的轴力最大、中部柱轴力较小，这种现象称为“剪力滞后”现象。同样，腹板框架各柱的轴力分布也不是按直线分布，也出现“剪力滞后”现象。

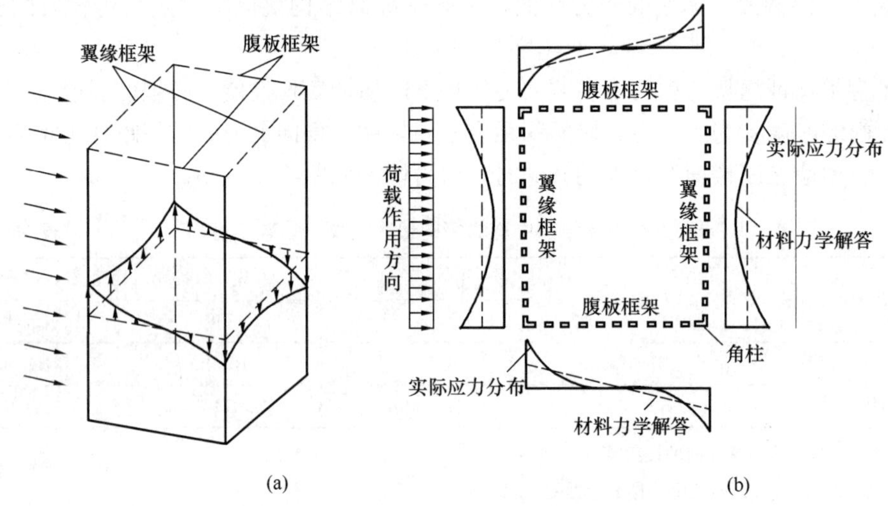

图 16-6-4　框筒的“剪力滞后”现象

影响框筒的剪力滞后的主要因素有：①柱距与裙梁高度；②角柱截面面积；③结构高度；④框筒平面形状。其中，剪力滞后现象沿框筒高度是变化的，在结构底部的剪力滞后现象相对严重，越往上，其剪力滞后现象越缓和。框筒平面形状，选用圆形、正多边形等平面能减小外框筒的“剪力滞后”现象，矩形和三角形平面的“剪力滞后”现象相对严重。

除高度、高宽比和平面形状外，框筒的空间作用的大小还与柱距、墙面开洞率，以及洞口高宽比与层高和柱距之比等有关，矩形平面框筒的柱距越接近层高、墙面开洞率越小，洞口高宽比与层高和柱距之比越接近，外框筒的空间作用越强。

【例 16-6-3】（历年真题）下列关于框筒结构剪力滞后的规律，说法正确的是：

A. 柱距不变，减小梁断面，剪力滞后现象减小

B. 结构上端剪力滞后现象增大

C. 正方形结构，边长增加，剪力滞后现象增大

D. 滞后效应与平面结构形状无关

【解答】根据框筒结构剪力滞后的规律，A、B、D 项均错误，C 项正确，应选 C 项。

【例 16-6-4】（历年真题）与钢筋混凝土框架-剪力墙结构相比，钢筋混凝土筒体结构所特有的规律是：

A. 弯曲型变形与剪切型变形叠加　　B. 剪力滞后

C. 是双重抗侧力体系　　D. 水平荷载作用下是延性破坏

【解答】钢筋混凝土筒体结构的特有的规律是剪力滞后，应选 B 项。

习　　题

16-6-1　（历年真题）高层筒中筒结构、框架-筒体结构设置加强层的作用是：

A. 使结构侧向位移变小和内筒弯矩减小

B. 增加结构刚度，不影响内力

C. 不影响刚度，增加结构整体性

D. 使结构刚度降低

16-6-2　按 D 值法对框架进行近似内力计算时，各柱的侧向刚度的变化规律是：

A. 当柱的线刚度不变时，随框架梁线刚度的增加而减小

B. 当框架梁、柱的线刚度不变时，随层高的增加而增加

C. 当柱的线刚度不变时，随框架梁线刚度的增加而增加

D. 与框架梁的线刚度无关

16-6-3　在钢筋混凝土框架-剪力墙结构中，纵向剪力宜布置在结构单元的中间区段间，当建筑平面纵向较长时，不宜集中在两端布置剪力墙，其理由是：

A. 减少结构扭转的影响

B. 减小温度、收缩应力的影响

C. 减小水平地震作用

D. 水平地震作用在结构单元的中间区段产生的内力较大

第七节　抗震设计要点

★★★一、一般规定

1. 三水准设防与二阶段设计

（1）三水准设防

抗震设防三个水准目标，即“小震不坏、中震可修、大震不倒”。根据我国对建筑工程有影响的地震发生概率的统计分析，设计基准期50年内超越概率约为63%的地震烈度为对应于统计“众值”的烈度，比基本烈度约低一度半，取为第一水准烈度，称为“多遇地震”；50年超越概率约10%的地震烈度，即1990中国地震区划图规定的“地震基本烈度”或中国地震动参数区划图规定的峰值加速度所对应的烈度，取为第二水准烈度，称为“设防地震”；50年超越概率2%～3%的地震烈度，取为第三水准烈度，称为“罕遇地震”，当基本烈度6度时为7度强，7度时为8度强，8度时为9度弱，9度时为9度强。

与三个地震烈度水准相应的抗震设防目标是：一般情况下（不是所有情况下），遭遇第一水准烈度——众值烈度（多遇地震）影响时，建筑处于正常使用状态，从结构抗震分析角度，可以视为弹性体系，采用弹性反应谱进行弹性分析；遭遇第二水准烈度——基本烈度（设防地震）影响时，结构进入非弹性工作阶段，但非弹性变形或结构体系的损坏控制在可修复的范围；遭遇第三水准烈度——最大预估烈度（罕遇地震）影响时，结构有较大的非弹性变形，但应控制在规定的范围内，以免倒塌。

（2）二阶段设计

采用二阶段设计实施上述三个水准的设防目标：

第一阶段设计是承载力验算，取第一水准的地震动参数计算结构的弹性地震作用标准值和相应的地震作用效应，继续采用《统一标准》规定的分项系数设计表达式进行结构构件的截面承载力抗震验算，既满足了在第一水准下具有必要的承载力可靠度，又满足第二水准的损坏可修的目标。对大多数的结构，可只进行第一阶段设计，而通过概念设计和抗震构造措施来满足第三水准的设计要求。

第二阶段设计是弹塑性变形验算，对地震时易倒塌的结构、有明显薄弱层的不规则结构以及有专门要求的建筑，除进行第一阶段设计外，还要进行结构薄弱部位的弹塑性层间变形验算并采取相应的抗震构造措施，实现第三水准的设防要求。

2. 抗震概念设计

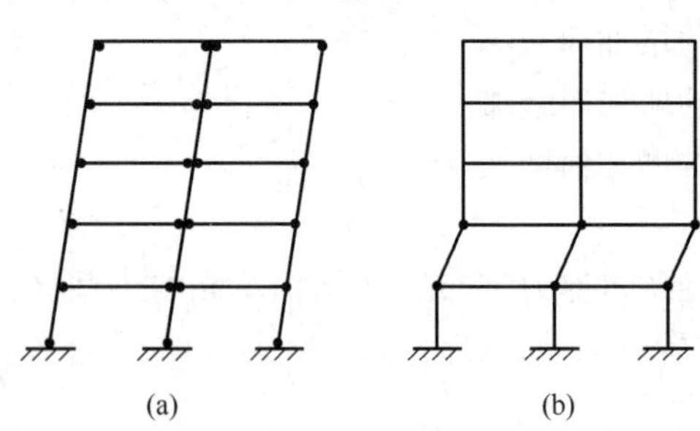

图 16-7-1　框架屈服机制
(a) 梁铰机制；(b) 柱铰机制

(1) “强柱弱梁”和“强剪弱弯”原则。如图 16-7-1(a) 所示为梁铰机制，即塑性铰出在梁端，除底层柱嵌固端外，柱端不出塑性铰；如图 16-7-1 (b) 所示为柱铰机制，即在同一层所有柱的上下端形成塑性铰。梁铰机制优于柱铰机制，这是因为：当柱塑性铰集中在某一层时，塑性变形集中在该层，从而该层成为薄弱层，大震下容易形成倒塌机制，而梁铰分散在各层，也即塑性变形分散在各层，因此，在大震下不至于形成倒塌机制。因此，为了减少柱铰或推迟柱端出铰，采用“强柱弱梁”原则，即：同一梁柱节点处的上下柱端正截面的实际受弯承载力之和大于左右梁端正截面的实际受弯承载力之和，从而迫使梁端优先出铰。

由于梁、柱弯曲破坏为延性破坏，其耗能能力大，而其剪切破坏是脆性破坏，其耗能能力差，因此，框架梁、连梁（指剪力墙经过门窗开洞，其洞口上下之间的部位称为连梁）、框架柱、剪力墙设计均应按“强剪弱弯”原则，即：梁、柱、剪力墙的斜截面的实际受剪承载力大于其正截面实际受弯承载力对应的剪力，从而避免脆性的剪切破坏。

(2) “强节点弱构件”原则。它是指使连接节点的受弯、受剪、受拉等承载力大于构件承载力，保证节点有足够的承载力和刚度，保证结构整体性的设计要求。

(3) 延性。延性是指材料、截面、构件和结构屈服后，具有承载力不降低（或基本不降低），并且有足够变形能力的一种性能。延性大，说明塑性变形能力大，达到最大承载力后承载力降低缓慢，从而有足够的能力吸收和耗散地震能量，故耗能能力大。

【例 16-7-1】（历年真题）钢筋混凝土结构抗震设计时，要求“强柱弱梁”是为了防止：

A. 梁支座处发生剪切破坏，从而造成结构倒塌

B. 柱较早进入受弯屈服，从而造成结构倒塌

C. 柱出现失稳破坏，从而造成结构倒塌

D. 柱出现剪切破坏，从而造成结构倒塌

【解答】“强柱弱梁”是为了防止柱较早进入受弯屈服，从而造成结构倒塌，应选 B 项。

建筑设计应根据抗震概念设计的要求明确建筑形体的规则性。此处，建筑形体是指建

筑平面形状和立面、竖向剖面的变化。

建筑形体及其构件布置的平面、竖向不规则性，应按下列要求划分：

（1）混凝土房屋、钢结构房屋和钢-混凝土混合结构房屋存在表 16-7-1 所列举的某项平面不规则类型或表 16-7-2 所列举的某项竖向不规则类型以及类似的不规则类型，应属于不规则的建筑。

平面不规则的主要类型　　**表 16-7-1**

不规则类型	定义和参考指标
扭转不规则	在具有偶然偏心的规定水平力作用下，楼层两端抗侧力构件弹性水平位移（或层间位移）的最大值与平均值的比值大于 1.2（图 16-7-2）
凹凸不规则	平面凹进的尺寸，大于相应投影方向总尺寸的 30%
楼板局部不连续	楼板的尺寸和平面刚度急剧变化，例如，有效楼板宽度小于该层楼板典型宽度的 50%，或开洞面积大于该层楼面面积的 30%，或较大的楼层错层

竖向不规则的主要类型　　**表 16-7-2**

不规则类型	定义和参考指标
侧向刚度不规则	该层的侧向刚度小于相邻上一层的 70%，或小于其上相邻三个楼层侧向刚度平均值的 80%；除顶层或出屋面小建筑外，局部收进的水平向尺寸大于相邻下一层的 25%
竖向抗侧力构件不连续	竖向抗侧力构件（柱、抗震墙、抗震支撑）的内力由水平转换构件（梁、桁架等）向下传递
楼层承载力突变	抗侧力结构的层间受剪承载力小于相邻上一楼层的 80%

（2）当存在多项不规则或某项不规则超过规定的参考指标较多时，应属于特别不规则的建筑。

（3）严重不规则的建筑，指的是形体复杂，多项不规则指标超过表 16-7-1、表 16-7-2 上限值或某一项大大超过规定值，具有现有技术和经济条件不能克服的严重的抗震薄弱环节，可能导致地震破坏的严重后果者。所以，严重不规则的建筑不应采用。

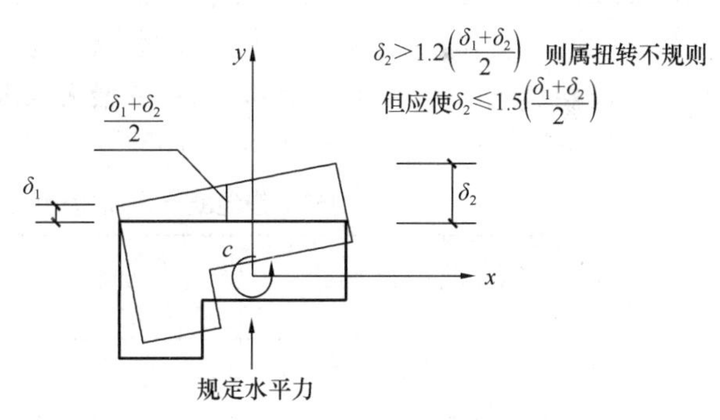

图 16-7-2　建筑结构平面的扭转不规则示例

表 16-7-1中的规定水平力一般采用振型组合后的楼层水平地震剪力换算的水平作用力，并考虑偶然偏心。

建筑形体及其构件布置不规则时，应按下列要求进行地震作用计算和内力调整，并应对薄弱部位采取有效的抗震构造措施：

（1）平面不规则而竖向规则的建筑，应采用空间结构计算模型，并应符合下列要求：

1）扭转不规则时，应计入扭转影响，且在考虑偶然偏心的规定水平力作用下，楼层两端抗侧力构件弹性水平位移或层间位移的最大值与平均值的比值不宜大于 1.5，当最大层间位移远小于规范限值时，可适当放宽；

2）凹凸不规则或楼板局部不连续时，应采用符合楼板平面内实际刚度变化的计算模型；高烈度或不规则程度较大时，宜计入楼板局部变形的影响；

3）平面不对称且凹凸不规则或局部不连续，可根据实际情况分块计算扭转位移比，对扭转较大的部位应采用局部的内力增大系数。

（2）平面规则而竖向不规则的建筑，应采用空间结构计算模型，刚度小的楼层的地震剪力应乘以不小于1.15的增大系数，其薄弱层应按《建筑抗震设计规范》有关规定进行弹塑性变形分析，并应符合下列要求：

1）竖向抗侧力构件不连续时，该构件传递给水平转换构件的地震内力应根据烈度高低和水平转换构件的类型、受力情况、几何尺寸等，乘以1.25～2.0的增大系数；

2）侧向刚度不规则时，相邻层的侧向刚度比应依据其结构类型符合本规范相关章节的规定；

3）楼层承载力突变时，薄弱层抗侧力结构的受剪承载力不应小于相邻上一楼层的65％。

（3）平面不规则且竖向不规则的建筑，应根据不规则类型的数量和程度，有针对性地采取不低于上述（1）、（2）要求的各项抗震措施。特别不规则的建筑，应经专门研究，采取更有效的加强措施或对薄弱部位采用相应的抗震性能化设计方法。

3. 钢筋混凝土结构适用的最大高度和抗震等级

钢筋混凝土结构适用的最大高度，《建筑抗震设计规范》GB 50011—2010（2016年版）（以下简称《抗规》）规定：

6.1.1 本章适用的现浇钢筋混凝土房屋的结构类型和最大高度应符合表6.1.1的要求。平面和竖向均不规则的结构，适用的最大高度宜适当降低。

注：本章“抗震墙”指结构抗侧力体系中的钢筋混凝土剪力墙，不包括只承担重力荷载的混凝土墙。

现浇钢筋混凝土房屋适用的最大高度（m） **表6.1.1**

结构类型		烈度				
		6	7	8(0.2g)	8(0.3g)	9
框架		60	50	40	35	24
框架-抗震墙		130	120	100	80	50
抗震墙		140	120	100	80	60
部分框支抗震墙		120	100	80	50	不应采用
筒体	框架-核心筒	150	130	100	90	70
	筒中筒	180	150	120	100	80
板柱-抗震墙		80	70	55	40	不应采用

注：1 房屋高度指室外地面到主要屋面板板顶的高度（不包括局部突出屋顶部分）；

2 框架-核心筒结构指周边稀柱框架与核心筒组成的结构；

3 部分框支抗震墙结构指首层或底部两层为框支层的结构，不包括仅个别框支墙的情况；

4 表中框架，不包括异形柱框架；

5 板柱-抗震墙结构指板柱、框架和抗震墙组成抗侧力体系的结构；

6 乙类建筑可按本地区抗震设防烈度确定其适用的最大高度。

【例 16-7-2】（历年真题）高层建筑结构体系适用高度按从小到大进行排序，排列正确的是：

A. 框架结构，剪力墙结构，筒体结构

B. 框架结构，筒体结构，框架-剪力墙结构

C. 剪力墙结构，筒体结构，框架-剪力墙结构

D. 剪力墙结构，框架结构，框架-剪力墙结构

【解答】适用高度从小到大排序为：框架结构、剪力墙结构、筒体结构，应选 A 项。

建筑工程分为四类抗震设防类别：特殊设防类（简称甲类）、重点设防类（简称乙类）、标准设防类（简称丙类）和适度设防类（简称丁类）。

房屋建筑混凝土结构构件的抗震等级，《混规》规定：

11.1.3 房屋建筑混凝土结构构件的抗震设计，应根据设防类别、烈度、结构类型和房屋高度采用不同的抗震等级，并应符合相应的计算和构造措施要求。丙类建筑的抗震等级应按表 11.1.3 确定。

混凝土结构的抗震等级　　**表 11.1.3**

<table>
<tr><th colspan="3" rowspan="2">结构类型</th><th colspan="12">设防烈度</th></tr>
<tr><th colspan="2">6</th><th colspan="4">7</th><th colspan="4">8</th><th colspan="2">9</th></tr>
<tr><td rowspan="3">框架结构</td><td colspan="2">高度（m）</td><td>≤24</td><td>>24</td><td colspan="2">≤24</td><td colspan="2">>24</td><td colspan="2">≤24</td><td colspan="2">>24</td><td colspan="2">≤24</td></tr>
<tr><td colspan="2">普通框架</td><td>四</td><td>三</td><td colspan="2">三</td><td colspan="2">二</td><td colspan="2">二</td><td colspan="2">一</td><td colspan="2">一</td></tr>
<tr><td colspan="2">大跨度框架</td><td colspan="2">三</td><td colspan="4">二</td><td colspan="4">一</td><td colspan="2">一</td></tr>
<tr><td rowspan="3">框架-剪力墙结构</td><td colspan="2">高度（m）</td><td>≤60</td><td>>60</td><td><24</td><td colspan="2">>24 且≤60</td><td>>60</td><td><24</td><td colspan="2">>24 且≤60</td><td>>60</td><td>≤24</td><td>>24 且≤50</td></tr>
<tr><td colspan="2">框架</td><td>四</td><td>三</td><td>四</td><td colspan="2">三</td><td>二</td><td>三</td><td colspan="2">二</td><td>一</td><td>二</td><td>一</td></tr>
<tr><td colspan="2">剪力墙</td><td colspan="2">三</td><td>三</td><td colspan="3">二</td><td>二</td><td colspan="3">一</td><td colspan="2">一</td></tr>
<tr><td rowspan="2">剪力墙结构</td><td colspan="2">高度（m）</td><td>≤80</td><td>>80</td><td>≤24</td><td colspan="2">>24 且≤80</td><td>>80</td><td>≤24</td><td colspan="2">>24 且≤80</td><td>>80</td><td>≤24</td><td>24～60</td></tr>
<tr><td colspan="2">剪力墙</td><td>四</td><td>三</td><td>四</td><td colspan="2">三</td><td>二</td><td>三</td><td colspan="2">二</td><td>一</td><td>二</td><td>一</td></tr>
<tr><td rowspan="4">部分框支剪力墙结构</td><td colspan="2">高度（m）</td><td>≤80</td><td>>80</td><td>≤24</td><td colspan="2">>24 且≤80</td><td>>80</td><td>≤24</td><td colspan="2">>24 且≤80</td><td rowspan="4">—</td><td colspan="2" rowspan="4">—</td></tr>
<tr><td rowspan="2">剪力墙</td><td>一般部位</td><td>四</td><td>三</td><td>四</td><td colspan="2">三</td><td>二</td><td>三</td><td colspan="2">二</td></tr>
<tr><td>加强部位</td><td>三</td><td>二</td><td>三</td><td colspan="2">二</td><td>一</td><td>二</td><td colspan="2">一</td></tr>
<tr><td colspan="2">框支层框架</td><td colspan="2">二</td><td colspan="3">二</td><td>一</td><td colspan="3">一</td></tr>
<tr><td rowspan="4">筒体结构</td><td rowspan="2">框架-核心筒</td><td>框架</td><td colspan="2">三</td><td colspan="4">二</td><td colspan="4">一</td><td colspan="2">一</td></tr>
<tr><td>核心筒</td><td colspan="2">二</td><td colspan="4">二</td><td colspan="4">一</td><td colspan="2">一</td></tr>
<tr><td rowspan="2">筒中筒</td><td>内筒</td><td colspan="2">三</td><td colspan="4">二</td><td colspan="4">一</td><td colspan="2">一</td></tr>
<tr><td>外筒</td><td colspan="2">三</td><td colspan="4">二</td><td colspan="4">一</td><td colspan="2">一</td></tr>
</table>

续表

结构类型		设防烈度						
		6		7		8		9
板柱-剪力墙结构	高度（m）	≤35	>35	≤35	>35	≤35	>35	——
	板柱及周边框架	三	二	二	二	一		
	剪力墙	二	二	二	一	二	一	
单层厂房结构	铰接排架	四		三		二		一

注：1 建筑场地为Ⅰ类时，除6度设防烈度外应允许按表内降低一度所对应的抗震等级采取抗震构造措施，但相应的计算要求不应降低；

2 接近或等于高度分界时，应允许结合房屋不规则程度及场地、地基条件确定抗震等级；

3 大跨度框架指跨度不小于18m的框架；

4 表中框架结构不包括异形柱框架；

5 房屋高度不大于60m的框架-核心筒结构按框架-剪力墙结构的要求设计时，应按表中框架-剪力墙结构确定抗震等级。

丙类建筑直接查规范表11.1.3确定抗震等级。

建筑结构抗震设计包括地震作用计算和抗震措施。其中，抗震措施又分为：①一般规定、内力与变形的地震作用效应调整的抗震措施；②抗震构造措施。在具体运用上述《混规》表11.1.3，确定结构构件的抗震措施所对应的抗震等级时，应注意Ⅰ类建筑场地的情况，即《混规》表11.1.3中注1的规定。此时，内力及变形的抗震措施所采用的抗震等级，与抗震构造措施所采用的抗震等级，两者的内涵是不同的，其数值可能不相同。例如：$Ⅰ_1$类建筑场地，7度抗震设防烈度，高度30m的钢筋混凝土框架结构，丙类建筑，其内力及变形的抗震措施所采用的抗震等级，按7度查《混规》表11.1.3，应为抗震等级二级；其抗震构造措施所采用的抗震等级，根据《混规》表11.1.3及注1的规定，按6度查《混规》表11.1.3，应为抗震等级三级。

4. 防震缝

《高层建筑混凝土结构技术规程》规定：

3.4.10 设置防震缝时，应符合下列规定：

1 防震缝宽度应符合下列规定：

1）框架结构房屋，高度不超过15m时不应小于100mm；超过15m时，6度、7度、8度和9度分别每增加高度5m、4m、3m和2m，宜加宽20mm；

2）框架-剪力墙结构房屋不应小于本款1）项规定数值的70%，剪力墙结构房屋不应小于本款1）项规定数值的50%，且二者均不宜小于100mm。

2 防震缝两侧结构体系不同时，防震缝宽度应按不利的结构类型确定；

3 防震缝两侧的房屋高度不同时，防震缝宽度可按较低的房屋高度确定；

4　8、9度抗震设计的框架结构房屋，防震缝两侧结构层高相差较大时，防震缝两侧框架柱的箍筋应沿房屋全高加密，并可根据需要沿房屋全高在缝两侧各设置不少于两道垂直于防震缝的抗撞墙；

5　当相邻结构的基础存在较大沉降差时，宜增大防震缝的宽度；

6　防震缝宜沿房屋全高设置，地下室、基础可不设防震缝，但在与上部防震缝对应处应加强构造和连接；

7　结构单元之间或主楼与裙房之间不宜采用牛腿托梁的做法设置防震缝，否则应采取可靠措施。

5. 结构抗震验算的规定

《抗规》规定：

5.1.6　结构的截面抗震验算，应符合下列规定：

1　6度时的建筑（不规则建筑及建造于Ⅳ类场地上较高的高层建筑除外），以及生土房屋和木结构房屋等，应符合有关的抗震措施要求，但应允许不进行截面抗震验算。

2　6度时不规则建筑、建造于Ⅳ类场地上较高的高层建筑，7度和7度以上的建筑结构（生土房屋和木结构房屋等除外），应进行多遇地震作用下的截面抗震验算。

注：采用隔震设计的建筑结构，其抗震验算应符合有关规定。

6. 承载力抗震调整系数 γ_{RE}

《混规》规定：

11.1.6　考虑地震组合验算混凝土结构构件的承载力时，均应按承载力抗震调整系数 γ_{RE} 进行调整，承载力抗震调整系数 γ_{RE} 应按表11.1.6采用。

正截面抗震承载力应按本规范第6.2节的规定计算，但应在相关计算公式右端项除以相应的承载力抗震调整系数 γ_{RE}。

当仅计算竖向地震作用时，各类结构构件的承载力抗震调整系数 γ_{RE} 均应取为1.0。

承载力抗震调整系数　　**表11.1.6**

结构构件类别	正截面承载力计算					斜截面承载力计算	受冲切承载力计算	局部受压承载力计算
	受弯构件	偏心受压柱		偏心受拉构件	剪力墙	各类构件及框架节点		
		轴压比小于0.15	轴压比不小于0.15					
γ_{RE}	0.75	0.75	0.8	0.85	0.85	0.85	0.85	1.0

注：预埋件锚筋截面计算的承载力抗震调整系数 γ_{RE} 应取为1.0。

7. 抗震验算

《建筑与市政工程抗震通用规范》GB 55002—2021规定：

4.3.1 结构构件的截面抗震承载力，应符合下式规定：

$$S \leqslant R/\gamma_{RE} \tag{4.3.1}$$

式中：S——结构构件的地震组合内力设计值，按本规范4.3.2条的规定确定；

R——结构构件承载力设计值，按结构材料的强度设计值确定。

4.3.2 结构构件抗震验算的组合内力设计值应采用地震作用效应和其他作用效应的基本组合值，并应符合下式规定：

$$S = \gamma_G S_{GE} + \gamma_{Eh} S_{Ehk} + \gamma_{Ev} S_{Evk} + \sum \gamma_{Di} S_{Dik} + \sum \psi_i \gamma_i S_{ik} \tag{4.3.2}$$

式中：S——结构构件地震组合内力设计值，包括组合的弯矩、轴向力和剪力设计值等；

γ_G——重力荷载分项系数，按表4.3.2-1采用；

γ_{Eh}、γ_{Ev}——分别为水平、竖向地震作用分项系数，其取值不应低于表4.3.2-2的规定；

γ_{Di}——不包括在重力荷载内的第 i 个永久荷载的分项系数，应按表4.3.2-1采用；

γ_i——不包括在重力荷载内的第 i 个可变荷载的分项系数，不应小于1.5；

S_{GE}——重力荷载代表值的效应，有吊车时，尚应包括悬吊物重力标准值的效应；

S_{Ehk}——水平地震作用标准值的效应；

S_{Evk}——竖向地震作用标准值的效应；

S_{Dik}——不包括在重力荷载内的第 i 个永久荷载标准值的效应；

S_{ik}——不包括在重力荷载内的第 i 个可变荷载标准值的效应；

ψ_i——不包括在重力荷载内的第 i 个可变荷载的组合值系数，应按表4.3.2-1采用。

各荷载分项系数及组合系数 **表4.3.2-1**

<table>
<tr><th colspan="3">荷载类别、分项系数、组合系数</th><th>对承载力不利</th><th>对承载力有利</th><th>适用对象</th></tr>
<tr><td rowspan="4">永久荷载</td><td>重力荷载</td><td>γ_G</td><td rowspan="2">≥1.3</td><td rowspan="2">≤1.0</td><td rowspan="2">所有工程</td></tr>
<tr><td>预应力</td><td>γ_{Dy}</td></tr>
<tr><td>土压力</td><td>γ_{Ds}</td><td rowspan="2">≥1.3</td><td rowspan="2">≤1.0</td><td rowspan="2">市政工程、地下结构</td></tr>
<tr><td>水压力</td><td>γ_{Dw}</td></tr>
<tr><td rowspan="3">可变荷载</td><td rowspan="2">风荷载</td><td rowspan="2">ψ_N</td><td colspan="2">0.0</td><td>一般的建筑结构</td></tr>
<tr><td colspan="2">0.2</td><td>风荷载起控制作用的建筑结构</td></tr>
<tr><td>温度作用</td><td>ψ_t</td><td colspan="2">0.65</td><td>市政工程</td></tr>
</table>

地震作用分项系数 **表4.3.2-2**

地震作用	γ_{Eh}	γ_{Ev}
仅计算水平地震作用	1.4	0.0
仅计算竖向地震作用	0.0	1.4
同时计算水平与竖向地震作用（水平地震为主）	1.4	0.5
同时计算水平与竖向地震作用（竖向地震为主）	0.5	1.4

8. 材料的要求

根据《混凝土结构通用规范》规定，材料应符合下列要求：

(1) 混凝土结构的混凝土强度等级应符合下列规定：

1) 剪力墙不宜超过 C60；其他构件，9 度时不宜超过 C60，8 度时不宜超过 C70。

2) 不低于二级抗震等级的钢筋混凝土结构构件，不应低于C30；其他各类钢筋混凝土结构构件，不应低于 C25。

(2) 按一、二、三级抗震等级设计的框架和斜撑构件，其纵向受力普通钢筋应符合下列要求：

1) 钢筋的抗拉强度实测值与屈服强度实测值的比值不应小于 1.25；

2) 钢筋的屈服强度实测值与屈服强度标准值的比值不应大于 1.30；

3) 钢筋最大拉力下的总伸长率实测值不应小于 9%。

二、构要求

★★★1. 框架梁的构造要求

(1) 截面尺寸要求

《混规》规定：

11.3.5　框架梁截面尺寸应符合下列要求：

1　截面宽度不应小于 200mm；

2　截面高度与宽度的比值不宜大于 4；

3　净跨与截面高度的比值不宜小于 4。

(2) 梁端混凝土受压区高度的要求

《混规》规定：

11.3.1　梁正截面受弯承载力计算中，计入纵向受压钢筋的梁端混凝土受压区高度应符合下列要求：

一级抗震等级

$$x \leqslant 0.25 h_0 \tag{11.3.1-1}$$

二、三级抗震等级

$$x \leqslant 0.35 h_0 \tag{11.3.1-2}$$

式中：x——混凝土受压区高度；

h_0——截面有效高度。

(3) 纵向受拉钢筋构造要求

《混规》规定：

11.3.6　框架梁的钢筋配置应符合下列规定：

1　纵向受拉钢筋的配筋率不应小于表 11.3.6-1 规定的数值；

框架梁纵向受拉钢筋的最小配筋百分率(%)　　　　表 11.3.6-1

抗震等级	梁中位置	
	支座	跨中
一级	0.40 和 80 f_t/f_y 中的较大值	0.30 和 65 f_t/f_y 中的较大值
二级	0.30 和 65 f_t/f_y 中的较大值	0.25 和 55 f_t/f_y 中的较大值
三、四级	0.25 和 55 f_t/f_y 中的较大值	0.20 和 45 f_t/f_y 中的较大值

2　框架梁梁端截面的底部和顶部纵向受力钢筋截面面积的比值，除按计算确定外，一级抗震等级不应小于 0.5；二、三级抗震等级不应小于 0.3。

11.3.7　梁端纵向受拉钢筋的配筋率不宜大于 2.5%。沿梁全长顶面和底面至少应各配置两根通长的纵向钢筋，对一、二级抗震等级，钢筋直径不应小于 14mm，且分别不应少于梁两端顶面和底面纵向受力钢筋中较大截面面积的 1/4；对三、四级抗震等级，钢筋直径不应小于 12mm。

(4) 箍筋构造要求

《混规》规定：

3　梁端箍筋的加密区长度、箍筋最大间距和箍筋最小直径，应按表 11.3.6-2 采用；当梁端纵向受拉钢筋配筋率大于 2%时，表中箍筋最小直径应增大 2mm。

框架梁梁端箍筋加密区的构造要求　　　　表 11.3.6-2

抗震等级	加密区长度(mm)	箍筋最大间距(mm)	最小直径(mm)
一级	2 倍梁高和 500 中的较大值	纵向钢筋直径的 6 倍，梁高的 1/4 和 100 中的最小值	10
二级	1.5 倍梁高和 500 中的较大值	纵向钢筋直径的 8 倍，梁高的 1/4 和 100 中的最小值	8
三级		纵向钢筋直径的 8 倍，梁高的 1/4 和 150 中的最小值	8
四级		纵向钢筋直径的 8 倍，梁高的 1/4 和 150 中的最小值	6

注：箍筋直径大于 12mm、数量不少于 4 肢且肢距不大于 150mm 时，一、二级的最大间距应允许适当放宽，但不得大于 150mm。

11.3.8　梁箍筋加密区长度内的箍筋肢距：一级抗震等级，不宜大于 200mm 和 20 倍箍筋直径的较大值；二、三级抗震等级，不宜大于 250mm 和 20 倍箍筋直径的较大值；各抗震等级下，均不宜大于 300mm。

11.3.9　梁端设置的第一个箍筋距框架节点边缘不应大于 50mm。非加密区的箍筋间距不宜大于加密区箍筋间距的 2 倍。

★★★2. 框架柱的构造要求

（1）柱截面尺寸要求

《混规》规定：

11.4.11　框架柱的截面尺寸应符合下列要求：

1　矩形截面柱，抗震等级为四级或层数不超过 2 层时，其最小截面尺寸不应小于 300mm，一、二、三级抗震等级且层数超过 2 层时不宜小于 400mm；圆柱的截面直径，抗震等级为四级或层数不超过 2 层时不应小于 350mm，一、二、三级抗震等级且层数超过 2 层时不宜小于 450mm；

2　柱的剪跨比宜大于 2；

3　柱截面长边与短边的边长比不宜大于 3。

（2）柱端弯矩增大系数与柱端剪力增大系数

框架柱端弯矩增大系数：①对框架结构中的框架，一、二、三、四级抗震等级可分别取为 1.7、1.5、1.3、1.2；②对其他结构类型中的框架，一、二、三、四级抗震等级可分别取为 1.4、1.2、1.1、1.1。

框架柱端剪力增大系数：①对框架结构中的框架，一、二、三、四级抗震等级可分别取为 1.5、1.3、1.2、1.1；②对其他结构类型中的框架，一、二、三、四级抗震等级可分别取为 1.4、1.2、1.1、1.1。

（3）柱轴压比限值

为了使框架柱具有较大的延性和良好的耗能能力，因此，限制框架柱的轴压比。为此，《混规》规定：

11.4.16　一、二、三、四级抗震等级的各类结构的框架柱、框支柱，其轴压比不宜大于表 11.4.16 规定的限值。对Ⅳ类场地上较高的高层建筑，柱轴压比限值应适当减小。

柱轴压比限值　　　　表 11.4.16

结构体系	抗震等级			
	一级	二级	三级	四级
框架结构	0.65	0.75	0.85	0.90
框架-剪力墙结构、筒体结构	0.75	0.85	0.90	0.95
部分框支剪力墙结构	0.60	0.70	—	

注：1　轴压比指柱地震作用组合的轴向压力设计值与柱的全截面面积和混凝土轴心抗压强度设计值乘积之比值；

2　当混凝土强度等级为 C65、C70 时，轴压比限值宜按表中数值减小 0.05；混凝土强度等级为 C75、C80 时，轴压比限值宜按表中数值减小 0.10；

3　表内限值适用于剪跨比大于 2、混凝土强度等级不高于 C60 的柱；剪跨比不大于 2 的柱轴压比限值应降低 0.05；剪跨比小于 1.5 的柱，轴压比限值应专门研究并采取特殊构造措施；

4　调整后的柱轴压比限值不应大于 1.05。

【例 16-7-3】（历年真题）钢筋混凝土结构抗震设计中轴压比限值的作用是：

A. 使混凝土得到充分利用　　　　B. 确保结构的延性

C. 防止构件剪切破坏　　　　　　　　D. 防止柱的纵向屈曲

【解答】 轴压比限值的作用是确保结构的延性，应选 B 项。

（4）纵向受力钢筋的构造要求

《混规》规定：

11.4.12 框架柱和框支柱的钢筋配置，应符合下列要求：

1 框架柱和框支柱中全部纵向受力钢筋的配筋百分率不应小于表 11.4.12-1 规定的数值，同时，每一侧的配筋百分率不应小于 0.2；对Ⅳ类场地上较高的高层建筑，最小配筋百分率应增加 0.1；

柱全部纵向受力钢筋最小配筋百分率（%）　　　表 11.4.12-1

柱类型	抗震等级			
	一级	二级	三级	四级
中柱、边柱	0.9（1.0）	0.7（0.8）	0.6（0.7）	0.5（0.6）
角柱、框支柱	1.1	0.9	0.8	0.7

注：1 表中括号内数值用于框架结构的柱；
2 采用 400MPa 级纵向受力钢筋时，应按表中数值增加 0.05 采用；
3 当混凝土强度等级为 C60 以上时，应按表中数值增加 0.1 采用。

11.4.13 框架边柱、角柱及剪力墙端柱在地震组合下处于小偏心受拉时，柱内纵向受力钢筋总截面面积应比计算值增加 25%。框架柱、框支柱中全部纵向受力钢筋配筋率不应大于 5%。

（5）箍筋的构造要求

《混规》规定：

2 框架柱和框支柱上、下两端箍筋应加密，加密区的箍筋最大间距和箍筋最小直径应符合表 11.4.12-2 的规定；

柱端箍筋加密区的构造要求　　　表 11.4.12-2

抗震等级	箍筋最大间距（mm）	箍筋最小直径（mm）
一级	纵向钢筋直径的 6 倍和 100 中的较小值	10
二级	纵向钢筋直径的 8 倍和 100 中的较小值	8
三级、四级	纵向钢筋直径的 8 倍和 150（柱根 100）中的较小值	8

注：柱根系指底层柱下端的箍筋加密区范围；三级、四级，柱截面尺寸不大于 400mm，箍筋最小直径可取 6mm。

3 框支柱和剪跨比不大于 2 的框架柱应在柱全高范围内加密箍筋，且箍筋间距应符合本条第 2 款一级抗震等级的要求；

4 一级抗震等级框架柱的箍筋直径大于 12mm 且箍筋肢距不大于 150mm 及二级抗震等级框架柱的直径不小于 10mm 且箍筋肢距不大于 200mm 时，除底层柱下端外，箍筋间距应允许采用 150mm；四级抗震等级框架柱剪跨比不大于 2 时，箍筋直径不应小于 8mm。

11.4.14 框架柱的箍筋加密区长度，应取柱截面长边尺寸（或圆形截面直径）、柱净高的 1/6 和 500mm 中的最大值；一、二级抗震等级的角柱应沿柱全高加密箍筋。底层柱根箍筋加密区长度应取不小于该层柱净高的 1/3；当有刚性地面时，除柱端箍筋加密区外尚应在刚性地面上、下各 500mm 的高度范围内加密箍筋。

（6）柱箍筋的体积配筋率的构造要求

柱箍筋对混凝土的约束程度是影响框架柱的延性和耗能能力的主要因素之一，其约束程度用配箍特征值度量。为此，《混规》规定：

11.4.17 柱箍筋加密区箍筋的体积配筋率应符合下列规定：

1 柱箍筋加密区箍筋的体积配筋率，应符合下列规定：

$$\rho_v \geqslant \lambda_v \frac{f_c}{f_{yv}} \tag{11.4.17}$$

式中：ρ_v——柱箍筋加密区的体积配筋率，按本规范第 6.6.3 条的规定计算，计算中应扣除重叠部分的箍筋体积；

f_{yv}——箍筋抗拉强度设计值；

f_c——混凝土轴心抗压强度设计值；当强度等级低于 C35 时，按 C35 取值；

λ_v——最小配箍特征值，按表 11.4.17 采用。

柱箍筋加密区的箍筋最小配箍特征值 λ_v **表 11.4.17**

抗震等级	箍筋形式	轴压比								
		≤0.3	0.4	0.5	0.6	0.7	0.8	0.9	1.0	1.05
一级	普通箍、复合箍	0.10	0.11	0.13	0.15	0.17	0.20	0.23	—	—
	螺旋箍、复合或连续复合矩形螺旋箍	0.08	0.09	0.11	0.13	0.15	0.18	0.21	—	—
二级	普通箍、复合箍	0.08	0.09	0.11	0.13	0.15	0.17	0.19	0.22	0.24
	螺旋箍、复合或连续复合矩形螺旋箍	0.06	0.07	0.09	0.11	0.13	0.15	0.17	0.20	0.22
三、四级	普通箍、复合箍	0.06	0.07	0.09	0.11	0.13	0.15	0.17	0.20	0.22
	螺旋箍、复合或连续复合矩形螺旋箍	0.05	0.06	0.07	0.09	0.11	0.13	0.15	0.18	0.20

注：1 普通箍指单个矩形箍筋或单个圆形箍筋；螺旋箍指单个螺旋箍筋；复合箍指由矩形、多边形、圆形箍筋或拉筋组成的箍筋；复合螺旋箍指由螺旋箍与矩形、多边形、圆形箍筋或拉筋组成的箍筋；连续复合矩形螺旋箍指全部螺旋箍为同一根钢筋加工成的箍筋；

2 在计算复合螺旋箍的体积配筋率时，其中非螺旋箍筋的体积应乘以系数 0.8；

3 混凝土强度等级高于 C60 时，箍筋宜采用复合箍、复合螺旋箍或连续复合矩形螺旋箍，当轴压比不大于 0.6 时，其加密区的最小配箍特征值宜按表中数值增加 0.02；当轴压比大于 0.6 时，宜按表中数值增加 0.03。

2 对一、二、三、四级抗震等级的柱，其箍筋加密区的箍筋体积配筋率分别不应小于0.8%、0.6%、0.4%和0.4%。

11.4.18 在箍筋加密区外，箍筋的体积配筋率不宜小于加密区配筋率的一半；对一、二级抗震等级，箍筋间距不应大于 $10d$；对三、四级抗震等级，箍筋间距不应大于 $15d$，此处，d 为纵向钢筋直径。

★★★3. 剪力墙的构造要求

（1）剪力墙截面尺寸要求

《混规》规定：

11.7.12 剪力墙的墙肢截面厚度应符合下列规定：

1 剪力墙结构：一、二级抗震等级时，一般部位不应小于160mm，且不宜小于层高或无支长度的1/20；三、四级抗震等级时，不应小于140mm，且不宜小于层高或无支长度的1/25。一、二级抗震等级的底部加强部位，不应小于200mm，且不宜小于层高或无支长度的1/16，当墙端无端柱或翼墙时，墙厚不宜小于层高或无支长度的1/12。

2 框架-剪力墙结构：一般部位不应小于160mm，且不宜小于层高或无支长度的1/20；底部加强部位不应小于200mm，且不宜小于层高或无支长度的1/16。

3 框架-核心筒结构、筒中筒结构：一般部位不应小于160mm，且不宜小于层高或无支长度的1/20；底部加强部位不应小于200mm，且不宜小于层高或无支长度的1/16。筒体底部加强部位及其上一层不宜改变墙体厚度。

需注意的是，上述计算规定，应取层高或无支长度的较小者进行计算。

（2）墙肢轴压比限值

墙肢轴压比是影响墙肢变形（或弹塑性变形）能力的主要因素之一。当轴压比大于一定值后，即使墙端设置了边缘构件，在强震下，其仍可能因混凝土压溃而丧失承载力。为此，《混规》规定：

11.7.16 一、二、三级抗震等级的剪力墙，其底部加强部位的墙肢轴压比不宜超过表11.7.16的限值。

剪力墙轴压比限值 **表 11.7.16**

抗震等级(设防烈度)	一级(9度)	一级(7、8度)	二级、三级
轴压比限值	0.4	0.5	0.6

注：剪力墙肢轴压比指在重力荷载代表值作用下墙的轴压力设计值与墙的全截面面积和混凝土轴心抗压强度设计值乘积的比值。

（3）剪力墙的分布钢筋的构造要求

《混规》规定：

11.7.13 剪力墙厚度大于140mm时，其竖向和水平向分布钢筋不应少于双排布置。

11.7.14 剪力墙的水平和竖向分布钢筋的配筋应符合下列规定：

1 一、二、三级抗震等级的剪力墙的水平和竖向分布钢筋配筋率均不应小于0.25%；四级抗震等级剪力墙不应小于0.2%；

2 部分框支剪力墙结构的剪力墙底部加强部位，水平和竖向分布钢筋配筋率不应小于0.3%。

注：房屋高度不大于10m且不超过三层的剪力墙，其竖向分布筋最小配筋率应允许按0.15%采用。

11.7.15 剪力墙水平和竖向分布钢筋的间距不宜大于300mm，直径不宜大于墙厚的1/10，且不应小于8mm；竖向分布钢筋直径不宜小于10mm。

部分框支剪力墙结构的底部加强部位，剪力墙水平和竖向分布钢筋的间距不宜大于200mm。

（4）约束边缘构件的构造要求

《混规》规定：

11.7.17 剪力墙两端及洞口两侧应设置边缘构件，并宜符合下列要求：

1 一、二、三级抗震等级剪力墙，在重力荷载代表值作用下，当墙肢底截面轴压比大于表11.7.17规定时，其底部加强部位及其以上一层墙肢应按本规范第11.7.18条的规定设置约束边缘构件；当墙肢轴压比不大于表11.7.17规定时，可按本规范第11.7.19条的规定设置构造边缘构件；

剪力墙设置构造边缘构件的最大轴压比　　表11.7.17

抗震等级(设防烈度)	一级(9度)	一级(7、8度)	二级、三级
轴压比	0.1	0.2	0.3

2 部分框支剪力墙结构中，一、二、三级抗震等级落地剪力墙的底部加强部位及以上一层的墙肢两端，宜设置翼墙或端柱，并应按本规范第11.7.18条的规定设置约束边缘构件；不落地的剪力墙，应在底部加强部位及以上一层剪力墙的墙肢两端设置约束边缘构件；

3 一、二、三级抗震等级的剪力墙的一般部位剪力墙以及四级抗震等级剪力墙，应按本规范第11.7.19条设置构造边缘构件。

11.7.18 剪力墙端部设置的约束边缘构件（暗柱、端柱、翼墙和转角墙）应符合下列要求（图11.7.18）：

1 约束边缘构件沿墙肢的长度 l_c 及配箍特征值 λ_v 宜满足表11.7.18的要求，箍筋的配置范围及相应的配箍特征值 λ_v 和 $\lambda_v/2$ 的区域如图11.7.18所示，其体积配筋率 ρ_v 应符合下列要求：

$$\rho_v \geqslant \lambda_v \frac{f_c}{f_{yv}} \tag{11.7.18}$$

式中：λ_v ——配箍特征值，计算时可计入拉筋。

计算体积配箍率时，可适当计入满足构造要求且在墙端有可靠锚固的水平分布钢筋的截面面积。

2 一、二、三级抗震等级剪力墙约束边缘构件的纵向钢筋的截面面积，对图 11.7.18所示暗柱、端柱、翼墙与转角墙分别不应小于图中阴影部分面积的 1.2%、1.0%和 1.0%。

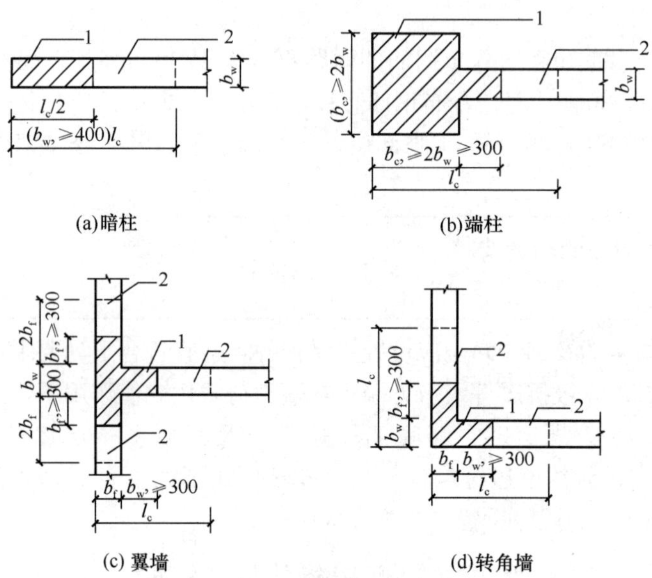

图 11.7.18 剪力墙的约束边缘构件

注：图中尺寸单位为 mm。

1—配箍特征值为 λ_v 的区域；2—配箍特征值为 $\lambda_v/2$ 的区域

3 约束边缘构件的箍筋或拉筋沿竖向的间距，对一级抗震等级不宜大于 100mm，对二、三级抗震等级不宜大于 150mm。

约束边缘构件沿墙肢的长度 l_c 及其配箍特征值 λ_v 表 11.7.18

抗震等级(设防烈度)		一级(9 度)		一级(7、8 度)		二级、三级	
轴压比		≤0.2	>0.2	≤0.3	>0.3	≤0.4	>0.4
λ_v		0.12	0.20	0.12	0.20	0.12	0.20
l_c (mm)	暗柱	$0.20h_w$	$0.25h_w$	$0.15h_w$	$0.20h_w$	$0.15h_w$	$0.20h_w$
	端柱、翼墙或转角墙	$0.15h_w$	$0.20h_w$	$0.10h_w$	$0.15h_w$	$0.10h_w$	$0.15h_w$

注：1 两侧翼墙长度小于其厚度 3 倍时，视为无翼墙剪力墙；端柱截面边长小于墙厚 2 倍时，视为无端柱剪力墙；

2 约束边缘构件沿墙肢长度 l_c 除满足表 11.7.18 的要求外，且不宜小于墙厚和 400mm；当有端柱、翼墙或转角墙时，尚不应小于翼墙厚度或端柱沿墙肢方向截面高度加 300mm；

3 h_w 为剪力墙的墙肢截面高度。

（5）构造边缘构件的构造要求

《混规》规定：

11.7.19 剪力墙端部设置的构造边缘构件（暗柱、端柱、翼墙和转角墙）的范围，应按图 11.7.19 确定，构造边缘构件的纵向钢筋除应满足计算要求外，尚应符合表 11.7.19的要求。

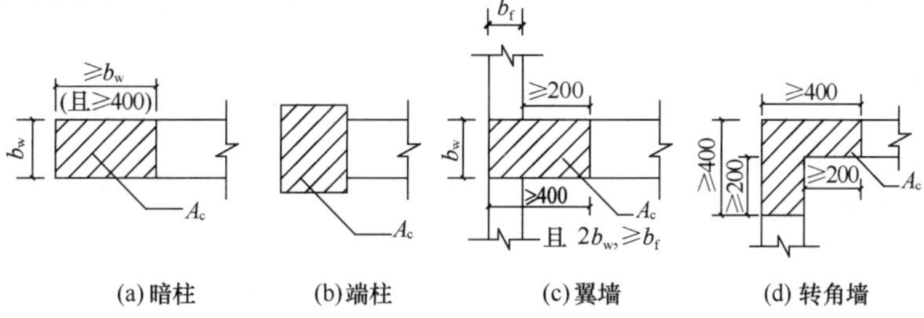

图 11.7.19　剪力墙的构造边缘构件

注：图中尺寸单位为 mm。

构造边缘构件的构造配筋要求　　表 11.7.19

抗震等级	底部加强部位			其他部位		
	纵向钢筋最小配筋量（取较大值）	箍筋、拉筋		纵向钢筋最小配筋量（取较大值）	箍筋、拉筋	
		最小直径（mm）	最大间距（mm）		最小直径（mm）	最大间距（mm）
一	$0.01A_c$，$6\phi16$	8	100	$0.008A_c$，$6\phi14$	8	150
二	$0.008A_c$，$6\phi14$	8	150	$0.006A_c$，$6\phi12$	8	200
三	$0.006A_c$，$6\phi12$	6	150	$0.005A_c$，$4\phi12$	6	200
四	$0.005A_c$，$4\phi12$	6	200	$0.004A_c$，$4\phi12$	6	250

注：1　A_c 为图 11.7.19 中所示的阴影面积；

2　对其他部位，拉筋的水平间距不应大于纵向钢筋间距的 2 倍，转角处宜设置箍筋；

3　当端柱承受集中荷载时，应满足框架柱的配筋要求。

【例 16-7-4】（历年真题）下列关于钢筋混凝土剪力墙结构边缘构件的说法中，不正确的是：

A. 分为构造边缘构件和约束边缘构件两类

B. 边缘构件内混凝土为受约束的混凝土，因此可提高墙体的延性

C. 构造边缘构件内可不设置箍筋

D. 所有剪力墙都要设置边缘构件

【解答】构造边缘构件内应设置箍筋，C 项错误，应选 C 项。

习　　题

16-7-1（历年真题）在结构抗震设计中，框架结构在地震作用下：

A. 允许在框架梁端处形成塑性铰　　B. 允许在框架节点处形成塑性铰

C. 允许在框架柱端处形成塑性铰　　D. 不允许框架任何位置形成塑性铰

16-7-2 （历年真题）下面关于钢筋混凝土剪力墙结构中边缘构件的说法中正确的是：

A. 仅当作用的水平荷载较大时，剪力墙才设置边缘构件

B. 剪力墙若设置边缘构件，必须为约束边缘构件

C. 所有剪力墙都需设置边缘构件

D. 剪力墙只需设置构造边缘构件即可

16-7-3 （历年真题）关于抗震设计，下列叙述中不正确的是：

A. 基本烈度在结构使用年限内的超越概率是10%

B. 乙类建筑的地震作用应符合本地区设防烈度的要求，其抗震措施应符合本地区设防烈度提高一度的要求

C. 应保证框架结构的塑性铰有足够的转动能力和耗能能力，并保证塑性铰首先发生在梁上，而不是柱上

D. 应保证结构具有多道防线，防止出现连续倒塌的状况

16-7-4 （历年真题）现浇钢筋混凝土框架结构梁柱节点区混凝土强度等级应该为：

A. 低于梁的混凝土强度等级　　B. 低于柱的混凝土强度等级

C. 与梁的混凝土强度等级相同　　D. 不低于柱的混凝土强度等级

第八节　钢结构基本设计规定和材料

一、基本设计规定

★★★1. 一般规定

《钢结构设计标准》GB 50017—2017（以下简称《钢标》）规定：

> **3.1.2**　本标准除疲劳计算和抗震设计外，应采用以概率理论为基础的极限状态设计方法，用分项系数设计表达式进行计算。
>
> **3.1.3**　除疲劳设计应采用容许应力法外，钢结构应按承载能力极限状态和正常使用极限状态进行设计。
>
> **3.1.5**　按承载能力极限状态设计钢结构时，应考虑荷载效应的基本组合，必要时尚应考虑荷载效应的偶然组合。按正常使用极限状态设计钢结构时，应考虑荷载效应的标准组合。
>
> **3.1.6**　计算结构或构件的强度、稳定性以及连接的强度时，应采用荷载设计值；计算疲劳时，应采用荷载标准值。
>
> **3.1.7**　对于直接承受动力荷载的结构：计算强度和稳定性时，动力荷载设计值应乘以动力系数；计算疲劳和变形时，动力荷载标准值不乘动力系数。计算吊车梁或吊车桁架及其制动结构的疲劳和挠度时，起重机荷载应按作用在跨间内荷载效应最大的一台起重机确定。
>
> **3.3.4**　计算冶炼车间或其他类似车间的工作平台结构时，由检修材料所产生的荷载对主梁可乘以0.85，柱及基础可乘以0.75。

【例16-8-1】（历年真题）计算钢结构构件的疲劳和正常使用极限状态的变形时，荷载的取值为：

A. 采用标准值

B. 采用设计值

C. 疲劳计算采用设计值，变形验算采用标准值

D. 疲劳计算采用设计值，变形验算采用标准值并考虑长期荷载的作用

【解答】 疲劳计算取荷载的标准值，正常使用极限状态下的变形取荷载的标准值，并按标准组合计算，故选 A 项。

★2. 截面板件宽厚比等级

截面板件宽厚比是指截面板件平直段的宽度和厚度之比，受弯或压弯构件腹板平直段的高度与腹板厚度之比也可称为板件高厚比。绝大多数钢构件由板件构成，而板件宽厚比大小直接决定了钢构件的承载力和受弯及压弯构件的塑性转动变形能力，因此，钢构件截面的分类是钢结构设计技术的基础，尤其是钢结构抗震设计方法的基础。

(1) S1 级截面：可达全截面塑性，保证塑性铰具有塑性设计要求的转动能力，且在转动过程中承载力不降低，称为一级塑性截面，也可称为塑性转动截面；此时图 16-8-1 所示的曲线 1 可以表示其弯矩-曲率关系，ϕ_{p_2} 一般要求达到塑性弯矩 M_p 除以弹性初始刚度得到的曲率 ϕ_p 的 8～15 倍。

(2) S2 级截面：可达全截面塑性，但由于局部屈曲，塑性铰转动能力有限，称为二级塑性截面；此时的弯矩-曲率关系见图 16-8-1 所示的曲线 2，ϕ_{p_1} 大约是 ϕ_p 的 2～3 倍。

(3) S3 级截面：翼缘全部屈服，腹板可发展不超过 1/4 截面高度的塑性，称为弹塑性截面；作为梁时，其弯矩-曲率关系如图 16-8-1 所示的曲线 3。

(4) S4 级截面：边缘纤维可达屈服强度，但由于局部屈曲而不能发展塑性，称为弹性截面；作为梁时，其弯矩-曲率关系如图 16-8-1 所示的曲线 4。

(5) S5 级截面：在边缘纤维达屈服应力前，腹板可能发生局部屈曲，称为薄壁截面；作为梁时，其弯矩-曲率关系为图 16-8-1 所示的曲线 5。

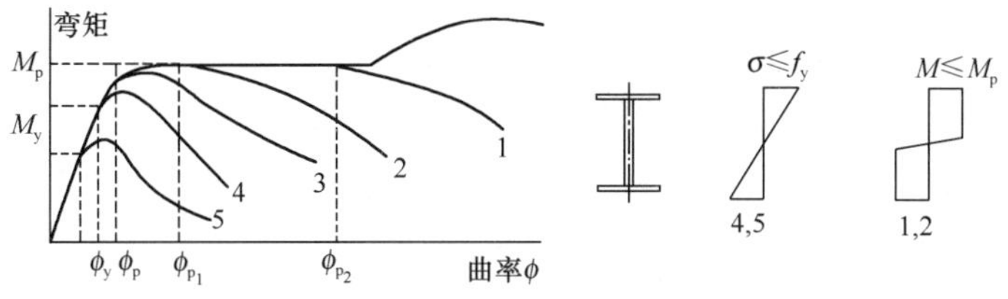

图 16-8-1　截面的分类及其转动能力

为此，《钢标》规定：

3.5.1 进行受弯和压弯构件计算时，截面板件宽厚比等级及限值应符合表 3.5.1 的规定，其中参数 α_0 应按下式计算：

$$\alpha_0 = \frac{\sigma_{max} - \sigma_{min}}{\sigma_{max}} \tag{3.5.1}$$

式中：σ_{max} ——腹板计算边缘的最大压应力 (N/mm²)；

σ_{min} ——腹板计算高度另一边缘相应的应力 (N/mm²)，压应力取正值，拉应力取负值。

压弯和受弯构件的截面板件宽厚比等级及限值　　表 3.5.1

构件	截面板件宽厚比等级		S1 级	S2 级	S3 级	S4 级	S5 级
压弯构件（框架柱）	H 形截面	翼缘 b/t	$9\varepsilon_k$	$11\varepsilon_k$	$13\varepsilon_k$	$15\varepsilon_k$	20
		腹板 h_0/t_w	$(33+13\alpha_0^{1.3})\varepsilon_k$	$(38+13\alpha_0^{1.39})\varepsilon_k$	$(40+18\alpha_0^{1.5})\varepsilon_k$	$(45+25\alpha_0^{1.66})\varepsilon_k$	250
	箱形截面	壁板（腹板）间翼缘 b_0/t	$30\varepsilon_k$	$35\varepsilon_k$	$40\varepsilon_k$	$45\varepsilon_k$	—
	圆钢管截面	径厚比 D/t	$50\varepsilon_k^2$	$70\varepsilon_k^2$	$90\varepsilon_k^2$	$100\varepsilon_k^2$	—
受弯构件（梁）	工字形截面	翼缘 b/t	$9\varepsilon_k$	$11\varepsilon_k$	$13\varepsilon_k$	$15\varepsilon_k$	20
		腹板 h_0/t_w	$65\varepsilon_k$	$72\varepsilon_k$	$93\varepsilon_k$	$124\varepsilon_k$	250
	箱形截面	壁板（腹板）间翼缘 b_0/t	$25\varepsilon_k$	$32\varepsilon_k$	$37\varepsilon_k$	$42\varepsilon_k$	—

注：1　ε_k 为钢号修正系数，其值为 235 与钢材牌号中屈服点数值的比值的平方根；

2　b 为工字形、H 形截面的翼缘外伸宽度，t、h_0、t_w 分别是翼缘厚度、腹板净高和腹板厚度，对轧制型截面，翼缘外伸宽度及腹板净高不包括翼缘腹板过渡处圆弧段；对于箱形截面，b_0、t 分别为壁板间的距离和壁板厚度；D 为圆管截面外径；

3　箱形截面梁及单向受弯的箱形截面柱，其腹板限值可根据工字形截面梁及 H 形截面柱腹板采用；

4　腹板的宽厚比可通过设置加劲肋减小。

注意，$\varepsilon_k=\sqrt{235/f_y}$，$f_y$ 为钢材牌号的屈服点。如 Q390 钢，取 $f_y=390\text{N/mm}^2$。

★3. 结构分析与稳定性设计

《钢标》规定：

5.1.1　建筑结构的内力和变形可按结构静力学方法进行弹性或弹塑性分析，采用弹性分析结果进行设计时，截面板件宽厚比等级为 S1 级、S2 级、S3 级的构件可有塑性变形发展。

5.1.2　结构稳定性设计应在结构分析或构件设计中考虑二阶效应。

5.1.6　结构内力分析可采用一阶弹性分析、二阶 P-Δ 弹性分析或直接分析，应根据本条公式计算的最大二阶效应系数 $\theta_{i,\max}^{\text{II}}$ 选用适当的结构分析方法。当 $\theta_{i,\max}^{\text{II}}\leqslant 0.1$ 时，可采用一阶弹性分析；当 $0.1<\theta_{i,\max}^{\text{II}}\leqslant 0.25$ 时，宜采用二阶 P-Δ 弹性分析或采用直接分析；当 $\theta_{i,\max}^{\text{II}}>0.25$ 时，应增大结构的侧移刚度或采用直接分析。

5.1.7　二阶 P-Δ 弹性分析应考虑结构整体初始几何缺陷的影响，直接分析应考虑初始几何缺陷和残余应力的影响。

二阶 P-Δ 弹性分析是指仅考虑结构整体初始缺陷及几何非线性对结构内力和变形产生的影响，根据位移后的结构建立平衡条件，按弹性阶段分析结构内力及位移。

直接分析设计法是指直接考虑对结构稳定性和强度性能有显著影响的结构整体和构件的初始几何缺陷、残余应力、材料非线性、节点连接刚度等因素，以整个结构体系为对象进行二阶非线性分析的设计方法。该设计法应考虑二阶 P-Δ 和 P-δ 效应，但不需要按计算长度法进行受压稳定承载力验算。

（1）结构整体初始缺陷：结构整体初始几何缺陷模式可按最低阶整体屈曲模态采用。

框架及支撑结构整体初始几何缺陷代表值的最大值 Δ_0 可取为 $H/250$，H 为结构总高度。框架及支撑结构整体初始几何缺陷代表值也可按公式计算确定或可通过在每层柱顶施加假想水平力 H_{ni} 等效考虑。

（2）构件的初始缺陷：构件的初始缺陷代表值可按公式计算确定，该缺陷值包括了残余应力的影响。构件的初始缺陷也可采用假想均布荷载进行等效简化计算，假想均布荷载可按公式确定。

多层和高层钢结构，《钢结构通用规范》GB 55006—2021 规定：

5.2.3 结构稳定性验算应符合下列规定：

1 二阶效应计算中，重力荷载应取设计值；

2 高层钢结构的二阶效应系数不应大于 0.2，多层钢结构不应大于 0.25；

3 一阶分析时，框架结构应根据抗侧刚度按照有侧移屈曲或无侧移屈曲的模式确定框架柱的计算长度系数；

4 二阶分析时应考虑假想水平荷载，框架柱的计算长度系数应取 1.0；

5 假想水平荷载的方向与风荷载或地震作用的方向应一致，假想水平荷载的荷载分项系数应取 1.0，风荷载参与组合的工况，组合系数应取 1.0，地震作用参与组合的工况，组合系数应取 0.5。

★★★4. 钢材的力学性能

钢结构所用的钢材主要为碳素结构钢和低合金高强度结构钢。

钢材的力学性能主要包括强度、塑性、韧性、冷弯性能等。

钢材的强度是根据标准试件一次拉伸试验确定，通过其应力-应变曲线来研究，它包括弹性阶段、弹塑性阶段、屈服阶段、强化阶段、颈缩阶段。钢材的强度指标有：比例极限 f_p；弹性极限 f_e；屈服强度 f_y；极限强度（或抗拉强度）f_u。其中，f_p、f_e、f_y 很接近，通常 Q235 钢取下屈服点 f_y 作为钢材设计强度的依据。f_u/f_y 作为衡量钢材强度储备的一个系数。

钢材可认为是最理想的弹性-塑性体。钢材的塑性指标主要是拉伸试验中断后伸长率 δ 和断面收缩率 ψ：

$$\delta=\frac{l_1-l_0}{l_0}\times 100\%$$

$$\psi=\frac{A_0-A_1}{A_0}\times 100\%$$

式中，l_0 为试件拉伸前标距长度；l_1 为试件拉断后原标距间长度；A_0 为试件截面面积；A_1 为拉断后颈缩区的截面面积。

δ 是标距 l_0 范围内的平均值，不完全代表颈缩区的钢材的最大塑性变形能力，而 ψ 是衡量钢材塑性的一个较真实和稳定的指标。

钢材的韧性指标是冲击韧性 A_{kv}，单位为 J（1J＝1N·m）。钢材的冲击韧性采用夏比（V 形缺口）试验，它随温度变化而不同，低温时冲击韧性将明显降低。

冷弯性能，指钢材在冷加工产生塑性变形时，对产生裂缝的抵抗能力。它由冷弯试验来确定。冷弯性能是鉴定钢材在弯曲状态下塑性应变能力和钢材质量的综合指标。

对于板厚大于 40mm 的钢板需进行沿板厚方向性能试验。试件应取沿板厚方向，检查断面收缩率 ψ 是否满足板厚方向性能等级要求，其含硫量比一般结构用钢的含硫量控制严格，要求不大于 0.1%。

★★★5. 影响钢材力学性能的因素

钢材的两种破坏形式：塑性破坏和脆性破坏。影响钢材力学性能的主要因素有钢材的化学成分，钢材的冶金和轧制过程，时效、冷作硬化，工作温度，加荷速度，焊接和制作技术，复杂应力、应力集中和疲劳现象等。

(1) 化学成分的影响

有益的元素有：碳（C）、硅（Si）、锰（Mn）等，以及合金元素，如镍（Ni）、铬（Cr）、铜（Cu）、钒（V）等，其总量不超过 1.5%。

有害元素有：硫（S）、磷（P）、氧（O）、氮（N）等，其总量不超过 0.95‰。

碳的含量提高，钢材的屈服强度和抗拉极限强度提高，但塑性和韧性，特别是低温冲击韧性下降，钢材的可焊性、疲劳强度和冷弯性能也会下降。因此，建筑结构用钢中的低合金钢的碳当量（碳素结构钢的碳含量）不宜太高，在焊接结构中宜低于 0.45%。

锰能起强化作用，但含量过高（达 1.6%以上）会使钢材变脆；硅能使强度提高，而塑性、韧性等不降低，但含量过高（达≥1.0%时）也会使钢材变脆。

硫、氧为有害元素，会使钢材“热脆”；磷、氮也为有害元素，会使钢材“冷脆”。

(2) 钢材生产过程的影响

结构用钢需经过冶炼、浇铸、轧制和热处理等工序才能成材。根据加入脱氧剂的不同，按质量由低到高依次为：沸腾钢（F），半镇静钢（b），镇静钢（Z），特殊镇静钢（TZ）。其中，半镇静钢已不生产。

钢材的轧制能使金属的晶粒变细，也能使气泡、裂缝等弥合，因而改善了钢材的力学性能。钢材的热处理是通过全相组织的改变，从而得到高强度时具有良好的塑性和韧性性能。

(3) 时效的影响

随着时间的增长钢材变脆的现象称为时效。时效的后果是钢材的强度（屈服点和抗拉强度）提高，但塑性（伸长率）降低。

(4) 钢材疲劳的影响

直接承受动力荷载重复作用的钢结构构件及其连接，当应力变化的循环次数 n 等于或大于 5×10^4 次时，虽然应力还低于极限强度，甚至还低于屈服强度，也会发生破坏，这种现象称为钢材的疲劳现象或疲劳破坏。

《钢标》规定：

16.1.1 直接承受动力荷载重复作用的钢结构构件及其连接，当应力变化的循环次数 n 等于或大于 5×10^4 次时，应进行疲劳计算。

【例 16-8-2】（历年真题）钢材检验塑性的试验方法为：

A. 冷弯试验　　B. 硬度试验

C. 拉伸试验　　D. 冲击试验

【解答】钢材检验塑性的试验方法为拉伸试验，应选 C 项。

【例 16-8-3】（历年真题）结构钢材的主要力学性能指标包括：

A. 屈服强度、抗拉强度和伸长率　　　　B. 可焊性和耐候性
C. 碳、硫和磷含量　　　　D. 冲击韧性和屈强比

【解答】钢材的主要力学性能指标为屈服强度、抗拉强度和伸长率，应选 A 项。

★★★二、材料

1. 钢材的品种和牌号

（1）碳素结构钢

碳素结构钢有五种牌号，Q235是钢结构常用的钢材品种，符号Q代表屈服点，235代表钢材屈服强度。Q235质量等级分为A、B、C、D四级，由A到D表示质量由低到高。对 Q235 来说，A、B 两级钢的脱氧方法可以是 Z、F，而 C 级钢只能是 Z，而 D 级只能是 TZ，表示牌号时 Z 和 TZ 可以省略。如 Q235AF 表示屈服强度 $f_y=235\text{N/mm}^2$、A 级沸腾钢；Q235D 表示屈服强度 $f_y=235\text{N/mm}^2$、D 级特殊镇静钢。

钢材厚度（或直径）越大，其设计用强度指标越小。例如 Q235 钢厚度 $t\leqslant16\text{m}$，取 $f=215\text{N/mm}^2$；$16\text{mm}<t\leqslant40\text{mm}$，取 $f=205\text{N/mm}^2$。

Q235A 不作冲击韧性试验要求，除保证力学性能外，其碳、锰、硅含量可不作为交货条件，但应在质量证明书中注明其含量。

Q235 的 B、C、D 级钢应作冲击韧性试验，都要求达到 $A_{kv}\geqslant27\text{J}$，B、C、D 级的试验温度分别为：20℃，0℃，－20℃。

（2）低合金高强度结构钢

根据《低合金高强度结构钢》GB/T 1591—2018，以 Q355 代替 Q345。

低合金高强度结构钢的牌号由代表屈服强度“屈”字的拼音首字母Q、规定的最小上屈服强度数值、交货状态代号、质量等级符号（B、C、D、E、F）四个部分组成。

交货状态及代号有：热轧（AR 或 WAR），正火（N），正火轧制（＋N）和热机械轧制（M）。当交货状态为热轧时，其代号 AR 或 WAR 可省略；当交货状态为正火或正火轧制状态时，其代号均用 N 表示。

质量等级分为 B、C、D、E 和 F，由 B 到 F 表示质量由低到高。

热轧钢的牌号有：Q355、Q390、Q420 和 Q460。

正火、正火轧制钢的牌号有：Q355N、Q390N、Q420N 和 Q460N。

热机械轧制钢的牌号有：Q355M、Q390M、Q420M、Q460M、Q500M、Q550M、Q620M 和 Q690M。

冲击韧性试验按夏比（V 形缺口）试验，B、C、D、E 和 F 的试验温度分别为：20℃，0℃，－20℃，－40℃，－60℃。

（3）建筑结构用钢板

建筑结构用钢板是指高性能建筑结构钢材，用符号 GJ 代表，故称 GJ 钢。它的质量等级分为：B、C、D 和 E 级，钢的牌号有：Q345GJ、Q390GJ、Q420GJ 和 Q460GJ。如 Q345GJC 表示 $f_y=345\text{N/mm}^2$、高性能建筑结构用钢、C 级质量等级。

2. 钢材的选用

结构钢材的选用应遵循技术可靠、经济合理的原则，综合考虑结构的重要性、荷载特征（如静力荷载或动力荷载）、结构形式、应力状态、连接方法、工作环境、钢材厚度和价格等因素，选用合适的钢材牌号和材性保证项目。例如：对焊接结构应是有碳当量的合

格保证，其为了反映可焊性优劣，碳当量的高低等指标确定了焊接难度等级。

《钢标》规定：

4.3.2 承重结构所用的钢材应具有屈服强度、抗拉强度、断后伸长率和硫、磷含量的合格保证，对焊接结构尚应具有碳当量的合格保证。焊接承重结构以及重要的非焊接承重结构采用的钢材应具有冷弯试验的合格保证；对直接承受动力荷载或需验算疲劳的构件所用钢材尚应具有冲击韧性的合格保证。

4.3.3 钢材质量等级的选用应符合下列规定：

1 A级钢仅可用于结构工作温度高于0℃的不需要验算疲劳的结构，且Q235A钢不宜用于焊接结构。

2 需验算疲劳的焊接结构用钢材应符合下列规定：

1）当工作温度高于0℃时其质量等级不应低于B级；

2）当工作温度不高于0℃但高于−20℃时，Q235钢、Q345钢、Q355钢不应低于C级，Q390钢、Q420钢及Q460钢不应低于D级；

3）当工作温度不高于−20℃时，Q235钢、Q345钢和Q355钢不应低于D级，Q390钢、Q420钢、Q460钢应选用E级。

3 需验算疲劳的非焊接结构，其钢材质量等级要求可较上述焊接结构降低一级但不应低于B级。吊车起重量不小于50t的中级工作制吊车梁，其质量等级要求应与需要验算疲劳的构件相同。

4.3.4 工作温度不高于−20℃的受拉构件及承重构件的受拉板材应符合下列规定：

1 所用钢材厚度或直径不宜大于40mm，质量等级不宜低于C级；

2 当钢材厚度或直径不小于40mm时，其质量等级不宜低于D级。

注意，按《钢标》修订稿，其4.3.3条中Q345钢是指Q345GJ。

【例16-8-4】（历年真题）选用结构钢材牌号时必须考虑的因素包括：

A. 制作安装单位的生产能力　　B. 构件的运输和堆放条件

C. 结构的荷载条件和应力状态　　D. 钢材的焊接工艺

【解答】选用结构钢材牌号必须考虑结构的荷载条件和应力状态，应选C项。

【例16-8-5】（历年真题）高强度低合金钢划分为B、C、D、E等质量等级，其划分指标为：

A. 屈服强度　　B. 伸长率

C. 冲击韧性　　D. 含碳量

【解答】根据冲击韧性高强度低合金钢划分为四个质量等级，应选C项。

【例16-8-6】（历年真题）常用结构钢材中，含碳量不作为交货条件的钢材型号是：

A. Q355A　　B. Q235Bb

C. Q355B　　D. Q235AF

【解答】Q235AF，其含碳量不作为交货条件，应选D项。

【例16-8-7】（历年真题）设计我国东北地区露天运行的钢结构焊接吊车梁时宜选用的钢材牌号为：

A. Q235A　　B. Q345B

C. Q235B　　　　　　　　　　D. Q345D

【解答】 东北地区露天温度低于－20℃，故选 Q345D，应选 D 项。

3. 钢材的规格和表示方法

钢结构所用的钢材主要为热轧成型的钢板和型钢，以及冷弯成型的薄壁型钢，有时还采用圆钢和无缝钢管。

（1）钢板。钢板有厚钢板、薄钢板和扁钢（带钢）之分。图纸中对钢板规格采用"—宽×厚×长"或"—宽×厚"表示，如—450×8×3100。

（2）型钢。钢结构常用的型钢是角钢、槽钢、工字钢、H 型钢、部分 T 型钢和钢管等。

图纸中对等边角钢规格采用"L 宽×厚"表示，如 L180×8；不等边角钢规格采用"L 长肢宽×短肢宽×厚"表示，如 L180×90×8。

槽钢表示方法为：[20 表示槽钢高度 200mm，其余尺寸查型钢表。

工字钢表示方法为：I 40，表示 400mm 高度，其余尺寸查型钢表。

H 型钢规格采用"高×宽×腹板厚×翼缘厚"表示，如 H340×250×9×4。H 型钢可分为：HW 宽翼缘、HM 中翼缘、HN 窄翼缘和 HT 薄壁四种。

部分 T 型钢由 H 型钢切割而成，其规格采用"高×宽×腹板厚×翼缘厚"表示，如 T100×200×8×12。部分 T 型钢可分为：TW 宽翼缘、TM 中翼缘和 TN 窄翼缘三种。

（3）冷弯薄壁型钢。它的壁厚一般为 1.5～5mm，但承重结构受力构件的壁厚不宜小于 2mm。

习　　题

16-8-1　（历年真题）随着钢板厚度增加，钢材的：

A. 强度设计值下降　　　　　　B. 抗拉强度提高

C. 可焊性提高　　　　　　　　D. 弹性模量降低

16-8-2　（历年真题）通过单向拉伸试验可检测钢材的：

A. 疲劳强度　　　　　　　　　B. 冷弯角

C. 冲击韧性　　　　　　　　　D. 伸长率

16-8-3　（历年真题）结构钢材的碳当量指标反映了钢材的：

A. 屈服强度大小　　　　　　　B. 伸长率大小

C. 冲击韧性大小　　　　　　　D. 可焊性优劣

16-8-4　（历年真题）影响焊接钢构件疲劳强度的主要因素是：

A. 应力比　　　　　　　　　　B. 应力幅

C. 计算部位的最大拉应力　　　D. 钢材强度等级

16-8-5　（历年真题）建筑钢结构经常采用的钢材牌号是 Q355，其中 355 表示的是：

A. 抗拉强度　　　　　　　　　B. 弹性模量

C. 屈服强度　　　　　　　　　D. 合金含量

16-8-6　（历年真题）结构钢材牌号 Q355C 和 Q355D 的主要区别在于：

A. 抗拉强度不同　　　　　　　B. 冲击韧性不同

C. 含碳量不同　　　　　　　　D. 冷弯角不同

16-8-7　（历年真题）结构钢材冶炼和轧制过程中可提高强度的方法是：

A. 降低含碳量　　B. 镀锌或镀铝
C. 热处理　　D. 减少脱氧剂

16-8-8 （历年真题）下列属于碳素结构钢材牌号的是：

A. Q345B　　B. Q460GJ
C. Q235C　　D. Q390A

16-8-9 （历年真题）型号为 L160×10 所表示的热轧型钢是：

A. 钢板　　B. 不等边角钢
C. 等边角钢　　D. 槽钢

第九节　轴心受力、受弯、拉弯和压弯构件

★★★一、轴心受力构件

1. 轴心受拉构件

轴心受拉构件计算包括强度、刚度计算。

(1) 强度计算

《钢标》规定：

7.1.1 轴心受拉构件，当端部连接及中部拼接处组成截面的各板件都由连接件直接传力时，其截面强度计算应符合下列规定：

1 除采用高强度螺栓摩擦型连接者外，其截面强度应采用下列公式计算：

毛截面屈服：

$$\sigma=\frac{N}{A}\leqslant f \tag{7.1.1-1}$$

净截面断裂：

$$\sigma=\frac{N}{A_{\mathrm{n}}}\leqslant 0.7f_{\mathrm{u}} \tag{7.1.1-2}$$

3 当构件为沿全长都有排列较密螺栓的组合构件时，其截面强度应按下式计算：

$$\frac{N}{A_{\mathrm{n}}}\leqslant f \tag{7.1.1-4}$$

式中：N——所计算截面处的拉力设计值（N）；

f——钢材的抗拉强度设计值（$\mathrm{N/mm^2}$）；

A——构件的毛截面面积（$\mathrm{mm^2}$）；

A_{n}——构件的净截面面积，当构件多个截面有孔时，取最不利的截面（$\mathrm{mm^2}$）；

f_{u}——钢材的抗拉强度最小值（$\mathrm{N/mm^2}$）。

注意，A_{n} 计算时，根据《钢标》11.5.2 条表 11.5.2 注 3 规定：

注 3　计算螺栓孔引起的截面削弱时可取 $d+4\mathrm{mm}$ 和 d_0 的较大者。

d 为螺栓杆直径，d_0 为螺栓的孔径，故取 $d_{\mathrm{c}}=\max(d+4，d_0)$。

高强度螺栓摩擦型连接的轴心受拉构件的计算，见本章第十节。

非全部直接传力时，轴心受拉构件的强度计算应按《钢标》7.1.3 条，即：

7.1.3　轴心受拉构件和轴心受压构件，当其组成板件在节点或拼接处并非全部直接传力时，应将危险截面的面积乘以有效截面系数 η，不同构件截面形式和连接方式的 η 值应符合表 7.1.3 的规定。

轴心受力构件节点或拼接处危险截面有效截面系数　　　**表 7.1.3**

构件截面形式	连接形式	η	图例
角钢	单边连接	0.85	
工字形、H形	翼缘连接	0.90	
	腹板连接	0.70	

（2）刚度计算

通常用控制拉杆的长细比来满足刚度要求，《钢标》规定：

7.4.7　验算容许长细比时，在直接或间接承受动力荷载的结构中，计算单角钢受拉构件的长细比时，应采用角钢的最小回转半径，但计算在交叉点相互连接的交叉杆件平面外的长细比时，可采用与角钢肢边平行轴的回转半径。受拉构件的容许长细比宜符合下列规定：

1　除对腹杆提供平面外支点的弦杆外，承受静力荷载的结构受拉构件，可仅计算竖向平面内的长细比；

2　中级、重级工作制吊车桁架下弦杆的长细比不宜超过 200；

3　在设有夹钳或刚性料耙等硬钩起重机的厂房中，支撑的长细比不宜超过 300；

4　受拉构件在永久荷载与风荷载组合作用下受压时，其长细比不宜超过 250；

5　跨度等于或大于 60m 的桁架，其受拉弦杆和腹杆的长细比，承受静力荷载或间接承受动力荷载时不宜超过 300，直接承受动力荷载时不宜超过 250；

6　受拉构件的长细比不宜超过表 7.4.7 规定的容许值。

受拉构件的容许长细比　　表 7.4.7

构件名称	承受静力荷载或间接承受动力荷载的结构			直接承受动力荷载的结构
	一般建筑结构	对腹杆提供平面外支点的弦杆	有重级工作制起重机的厂房	
桁架的构件	350	250	250	250
吊车梁或吊车桁架以下柱间支撑	300	—	200	
除张紧的圆钢外的其他拉杆、支撑、系杆等	400	—	350	—

【例 16-9-1】（历年真题）简支平行弦钢屋架下弦杆的长细比应控制在：

A. 不大于 150　　B. 不大于 300

C. 不大于 350　　D. 不大于 400

【解答】简支平行弦钢屋架下弦杆为拉杆，由《钢标》表 7.4.7，取长细比≤350，应选 C 项。

【例 16-9-2】（历年真题）设计螺栓连接的槽钢柱间支撑时，应计算支撑构件的：

A. 净截面惯性矩　　B. 净截面面积

C. 净截面扭转惯性矩　　D. 净截面扇形惯性矩

【解答】柱间支撑一般按拉杆设计，其强度计算时应计算其净截面面积、毛截面面积，应选 B 项。

2. 轴心受压构件

轴心受压构件的计算包括强度、整体稳定性、局部稳定性和刚度。轴心受压构件可分为实腹式轴心受压构件、格构式轴心受压构件。

（1）实腹式轴心受压构件的强度计算

《钢标》规定：

7.1.2　轴心受压构件，当端部连接及中部拼接处组成截面的各板件都由连接件直接传力时，截面强度应按本标准式（7.1.1-1）计算。但含有虚孔的构件尚需在孔心所在截面按本标准式（7.1.1-2）计算。

非全部直接传力时，轴心受压构件的强度计算也应按《钢标》7.1.3 条（见前面）。

（2）实腹式轴心受压构件的整体稳定性

轴心受压实腹式构件失稳模式有：弯曲屈曲、弯扭屈曲、扭转屈曲。

整体稳定性计算时，注意公式中的 A 为毛截面面积。

7.2.1　除可考虑屈曲后强度的实腹式构件外，轴心受压构件的稳定性计算应符合下式要求：

$$\frac{N}{\varphi A f} \leqslant 1.0 \qquad (7.2.1)$$

式中：φ——轴心受压构件的稳定系数（取截面两主轴稳定系数中的较小者），根据构件的长细比（或换算长细比）、钢材屈服强度和表 7.2.1-1、表 7.2.1-2 的截面分类，按本标准附录 D 采用。

轴心受压稳定系数 φ 与构件长细比（或换算长细比）、钢材屈服强度（即钢材牌号的屈服点，如 Q235 钢，取 $f_y=235\text{N/mm}^2$，Q355 钢，取 $f_y=355\text{N/mm}^2$）、截面分类有关（分为 a、b、c 和 d 类）。

纵向残余应力直接影响构件的截面分类，如图16-9-1所示，纵向残余应力的分布情况，压应力取负值，拉应力取正值。

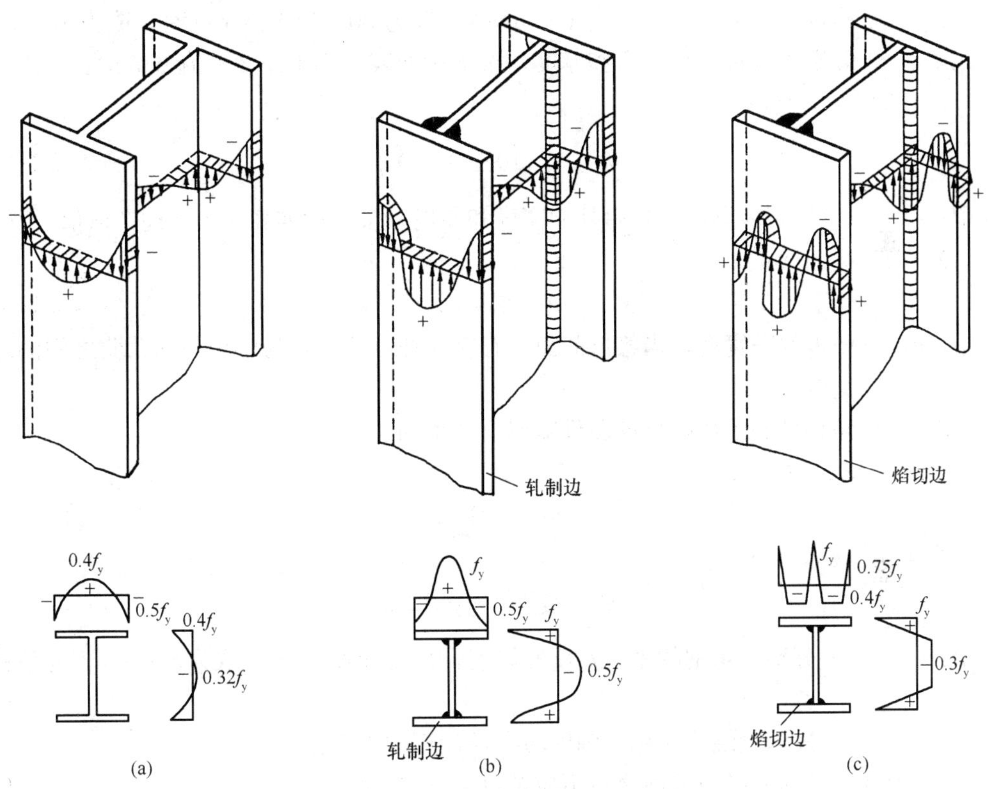

图 16-9-1　纵向残余应力分布

（a）热轧钢；（b）焊接工字形；（c）焊接工字形

轴心受压构件的长细比计算，对双轴对称的截面：

$$\lambda_x = \frac{l_{0x}}{i_x}$$

$$\lambda_y = \frac{l_{0y}}{i_y}$$

对单轴对称截面（如 T 形截面）应考虑扭转效应，采用换算长细比。如 T 形截面绕对称轴的 λ_y 应换算为 λ_{yz}（换算长细比）。双角钢的简化计算公式参阅《钢标》。

等边单角钢轴心受压构件当绕两主轴弯曲的计算长度相等时，可不计算弯扭屈曲。

(3) 实腹式轴心受压构件的局部稳定性

《钢标》对工字形、H形截面构件按等稳定性原则考虑轴心受压构件的局部稳定性，即板件的局部稳定屈曲临界应力不小于构件整体稳定的临界应力。同时，对箱形截面构件按屈服原则确定其局部稳定，即板件的局部稳定屈曲临界应力不小于板件材料屈服强度。由此推导出板件宽厚比的限值：

7.3.1 实腹轴心受压构件要求不出现局部失稳者，其板件宽厚比应符合下列规定：

1 H形截面腹板

$$h_0/t_w \leqslant (25+0.5\lambda)\varepsilon_k \tag{7.3.1-1}$$

式中：λ——构件的较大长细比；当$\lambda<30$时，取为30；当$\lambda>100$时，取为100；

h_0、t_w——分别为腹板计算高度和厚度，按本标准表3.5.1注2取值(mm)。

2 H形截面翼缘

$$b/t_f \leqslant (10+0.1\lambda)\varepsilon_k \tag{7.3.1-2}$$

式中：b、t_f——分别为翼缘板自由外伸宽度和厚度，按本标准表3.5.1注2取值。

3 箱形截面壁板

$$b/t \leqslant 40\varepsilon_k \tag{7.3.1-3}$$

式中：b——壁板的净宽度，当箱形截面设有纵向加劲肋时，为壁板与加劲肋之间的净宽度。

5 等边角钢轴心受压构件的肢件宽厚比限值为：

当$\lambda \leqslant 80\varepsilon_k$时：

$$w/t \leqslant 15\varepsilon_k \tag{7.3.1-6}$$

当$\lambda > 80\varepsilon_k$时：

$$w/t \leqslant 5\varepsilon_k + 0.125\lambda \tag{7.3.1-7}$$

式中：w、t——分别为角钢的平板宽度和厚度，简要计算时w可取为$b-2t$，b为角钢宽度；

λ——按角钢绕非对称主轴回转半径计算的长细比。

6 圆管压杆的外径与壁厚之比不应超过$100\varepsilon_k^2$。

7.3.2 当轴心受压构件的压力小于稳定承载力φAf时，可将其板件宽厚比限值由本标准第7.3.1条相关公式算得后乘以放大系数$\alpha=\sqrt{\varphi Af/N}$确定。

当轴心受压构件的腹板高厚比不满足上述要求时，应按《钢标》进行处理，即：

7.3.3 板件宽厚比超过本标准第7.3.1条规定的限值时，可采用纵向加劲肋加强；当可考虑屈曲后强度时，轴心受压杆件的强度和稳定性可按本条公式计算。

7.3.5 H形、工字形和箱形截面轴心受压构件的腹板，当用纵向加劲肋加强以满足宽厚比限值时，加劲肋宜在腹板两侧成对配置，其一侧外伸宽度不应小于$10t_w$，厚度不应小于$0.75t_w$。

(4) 实腹式轴心受压构件的刚度

轴心受压构件的刚度也采用控制长细比的方法，《钢标》规定：

7.4.6　验算容许长细比时，可不考虑扭转效应，计算单角钢受压构件的长细比时，应采用角钢的最小回转半径，但计算在交叉点相互连接的交叉杆件平面外的长细比时，可采用与角钢肢边平行轴的回转半径。轴心受压构件的容许长细比宜符合下列规定：

1　跨度等于或大于 60m 的桁架，其受压弦杆、端压杆和直接承受动力荷载的受压腹杆的长细比不宜大于 120；

2　轴心受压构件的长细比不宜超过表 7.4.6 规定的容许值，但当杆件内力设计值不大于承载能力的 50%时，容许长细比值可取 200。

受压构件的长细比容许值　　　**表 7.4.6**

构　件　名　称	容许长细比
轴心受压柱、桁架和天窗架中的压杆	150
柱的缀条、吊车梁或吊车桁架以下的柱间支撑	150
支撑	200
用以减小受压构件计算长度的杆件	200

【例 16-9-3】（历年真题）钢结构轴心受压构件应进行下列哪项计算？

A. 强度、刚度、局部稳定　　B. 强度、局部稳定、整体稳定

C. 强度、整体稳定　　D. 强度、刚度、局部稳定、整体稳定

【解答】轴心受压构件应计算强度、刚度、局部稳定和整体稳定，应选 D 项。

【例 16-9-4】（历年真题）轴心受压钢构件常见的整体失稳模态是：

A. 弯曲失稳　　B. 扭转失稳

C. 弯扭失稳　　D. 以上三个都是

【解答】轴心受压构件常见的整体失稳模态是弯曲失稳、弯扭失稳和扭转失稳，应选 D 项。

【例 16-9-5】（历年真题）钢屋盖结构中常用圆管刚性系杆时，应控制杆件的：

A. 长细比不超过 200　　B. 应力设计值不超过 150MPa

C. 直径和壁厚之比不超过 50　　D. 轴向变形不超过 1/400

【解答】刚性系杆按压杆设计，根据《钢标》7.4.6 条，长细比不超过 200，应选 A 项。

【例 16-9-6】（历年真题）计算普通钢结构轴心受压构件的整体稳定性时，应计算：

A. 构件的长细比　　B. 板件的宽厚比

C. 钢材的冷弯效应　　D. 构件的净截面处应力

【解答】轴心受压构件的整体稳定性计算，应计算构件的长细比，从而确定稳定系数 φ，应选 A 项。

（5）格构式轴心受压构件计算

格构式轴心受压构件的截面强度与实腹式构件相同；其绕实轴的整体稳定计算也与实腹式构件相同，但绕虚轴的整体稳定计算是按换算长细比进行计算。

分肢的稳定规定，为了防止分肢在相邻缀条或缀板范围内绕自身最小刚度轴发生失

稳，采用限制该范围内分肢长细比的方法来控制。为此，《钢标》规定：

7.2.4 缀件面宽度较大的格构式柱宜采用缀条柱，斜缀条与构件轴线间的夹角应为40°～70°。缀条柱的分肢长细比 λ_1 不应大于构件两方向长细比较大值 λ_{max} 的 0.7 倍，对虚轴取换算长细比。

7.2.5 缀板柱的分肢长细比 λ_1 不应大于 $40\varepsilon_k$，并不应大于 λ_{max} 的 0.5 倍，当 $\lambda_{max}<50$ 时，取 $\lambda_{max}=50$。

3. 单边连接的单角钢

《钢标》规定：

7.6.1 桁架的单角钢腹杆，当以一个肢连接于节点板时（图 7.6.1），除弦杆亦为单角钢，并位于节点板同侧者外，应符合下列规定：

1 轴心受力构件的截面强度应按本标准式（7.1.1-1）和式（7.1.1-2）计算，但强度设计值应乘以折减系数 0.85。

2 受压构件的稳定性应按下列公式计算：

$$\frac{N}{\eta\varphi Af}\leqslant 1.0 \tag{7.6.1-1}$$

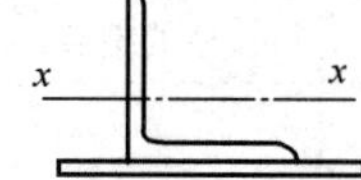

图 7.6.1 角钢的平行轴

等边角钢

$$\eta=0.6+0.0015\lambda \tag{7.6.1-2}$$

短边相连的不等边角钢

$$\eta=0.5+0.0025\lambda \tag{7.6.1-3}$$

长边相连的不等边角钢

$$\eta=0.7 \tag{7.6.1-4}$$

式中：λ——长细比，对中间无联系的单角钢压杆，应按最小回转半径计算，当 $\lambda<20$ 时，取 $\lambda=20$；

η——折减系数，当计算值大于 1.0 时取为 1.0。

★★★二、受弯构件

钢梁在工业与民用建筑中主要承受横向荷载，也称受弯构件。受弯构件包括实腹式（梁）和格构式（桁架）两类。

钢梁按材料和制作方法可分为型钢梁和焊接截面梁。其中，型钢梁常用工字钢和槽钢制成。薄壁型钢梁则可用作受力不大的受弯构件（如檩条、墙梁等）。焊接截面梁由钢板、型钢用焊缝连接而成，如用三块钢板焊成的工字形焊接梁。

钢梁的受力弯曲变形可分为在一个主平面内弯曲的单向受弯梁，在两个主平面内弯曲的双向受弯梁（或称斜弯曲梁）。

受弯构件应进行强度、整体稳定、局部稳定和刚度等计算，才能保证构件的安全。

1. 受弯构件的强度计算

受弯构件应进行正应力、剪应力、局部承压应力和折算应力四个方面的计算，其中局部承压应力、折算应力应根据截面构造、受力状态等情况确定是否进行计算。

《钢标》规定：

6.1.1　在主平面内受弯的实腹式构件，其受弯强度应按下式计算：

$$\frac{M_x}{\gamma_x W_{nx}}+\frac{M_y}{\gamma_y W_{ny}}\leqslant f \tag{6.1.1}$$

式中：M_x、M_y——同一截面处绕 x 轴和 y 轴的弯矩设计值（N・mm）；

W_{nx}、W_{ny}——对 x 轴和 y 轴的净截面模量，当截面板件宽厚比等级为 S1 级、S2 级、S3 级或 S4 级时，应取全截面模量，当截面板件宽厚比等级为 S5 级时，应取有效截面模量，均匀受压翼缘有效外伸宽度可取 $15\varepsilon_k$ 倍翼缘厚度，腹板有效截面可按本标准第 8.4.2 条的规定采用（mm^3）；

γ_x、γ_y——对主轴 x、y 的截面塑性发展系数，应按本标准第 6.1.2 条的规定取值；

f——钢材的抗弯强度设计值（N/mm^2）。

6.1.2　当截面板件宽厚比等级为 S4 或 S5 级时，截面塑性发展系数应取为 1.0，当截面板件宽厚比等级为 S1 级、S2 级及 S3 级时，截面塑性发展系数宜按下列规定取值：

1　工字形和箱形截面：

工字形截面（x 轴为强轴，y 轴为弱轴）：$\gamma_x=1.05$，$\gamma_y=1.20$；

箱形截面：$\gamma_x=\gamma_y=1.05$。

2　其他截面可按本标准表 8.1.1 采用。

3　对需要计算疲劳的梁，宜取 $\gamma_x=\gamma_y=1.0$。

重级工作制吊车梁和重级、中级工作制吊车桁架需要计算疲劳，故取 $\gamma_x=\gamma_y=1.0$。

当直接承受动力荷载重复作用，其应力变化的循环次数 $n\geqslant5\times10^4$ 次时，钢结构构件及其连接应计算疲劳。

【例 16-9-7】（历年真题）设计起重量为 Q=100t 的钢结构焊接工形截面吊车梁且应力变化的循环次数 $n\geqslant5\times10^4$ 次时，截面塑性发展系数取：

A. 105　　B. 1.2　　C. 1.15　　D. 1.0

【解答】吊车梁应力变化的循环次数 $n\geqslant5\times10^4$ 次时，应计算疲劳，故其截面塑性发展系数取为 1.0，应选 D 项。

《钢标》规定：

6.1.3　在主平面内受弯的实腹式构件，除考虑腹板屈曲后强度者外，其受剪强度应按下式计算：

$$\tau=\frac{VS}{It_w}\leqslant f_v \tag{6.1.3}$$

式中：V——计算截面沿腹板平面作用的剪力设计值（N）；

S——计算剪应力处以上（或以下）毛截面对中和轴的面积矩（mm^3）；

I——构件的毛截面惯性矩（mm^4）；

t_w——构件的腹板厚度（mm）；

f_v——钢材的抗剪强度设计值（N/mm²）。

6.1.4 当梁受集中荷载且该荷载处又未设置支承加劲肋时，其计算应符合下列规定：

1 当梁上翼缘受有沿腹板平面作用的集中荷载且该荷载处又未设置支承加劲肋时，腹板计算高度上边缘的局部承压强度应按下列公式计算：

$$\sigma_c = \frac{\psi F}{t_w l_z} \leqslant f \tag{6.1.4-1}$$

$$l_z = 3.25\sqrt[3]{\frac{I_R + I_f}{t_w}} \tag{6.1.4-2}$$

或

$$l_z = a + 5h_y + 2h_R \tag{6.1.4-3}$$

式中：F——集中荷载设计值，对动力荷载应考虑动力系数（N）；

ψ——集中荷载的增大系数，对重级工作制吊车梁，$\psi=1.35$；对其他梁，$\psi=1.0$；

l_z——集中荷载在腹板计算高度上边缘的假定分布长度，宜按式（6.1.4-2）计算，也可采用简化式（6.1.4-3）计算（mm）；

I_R——轨道绕自身形心轴的惯性矩（mm⁴）；

I_f——梁上翼缘绕翼缘中面的惯性矩（mm⁴）；

a——集中荷载沿梁跨度方向的支承长度（mm），对钢轨上的轮压可取50mm；

h_y——自梁顶面至腹板计算高度上边缘的距离，对焊接梁为上翼缘厚度，对轧制工字形截面梁，是梁顶面到腹板过渡完成点的距离（mm）；

h_R——轨道的高度，对梁顶无轨道的梁取值为0（mm）。

2 在梁的支座处，当不设置支承加劲肋时，也应按式（6.1.4-1）计算腹板计算高度下边缘的局部压应力，但ψ取1.0。支座集中反力的假定分布长度，应根据支座具体尺寸按式（6.1.4-3）计算。

6.1.5 在梁的腹板计算高度边缘处，若同时承受较大的正应力、剪应力和局部压应力，或同时承受较大的正应力和剪应力时，其折算应力应按下列公式计算：

$$\sqrt{\sigma^2 + \sigma_c^2 - \sigma\sigma_c + 3\tau^2} \leqslant \beta_1 f \tag{6.1.5-1}$$

$$\sigma = \frac{M}{I_n} y_1 \tag{6.1.5-2}$$

式中：σ、τ、σ_c——腹板计算高度边缘同一点上同时产生的正应力、剪应力和局部压应力，τ和σ_c应按本标准式（6.1.3）和式（6.1.4-1）计算，σ应按式（6.1.5-2）计算，σ和σ_c以拉应力为正值，压应力为负值（N/mm²）；

I_n——梁净截面惯性矩（mm⁴）；

y_1——所计算点至梁中和轴的距离（mm）；

β_1——强度增大系数，当σ与σ_c异号时，取$\beta_1=1.2$；当σ与σ_c同号或$\sigma_c=0$时，取$\beta_1=1.1$。

【例 16-9-8】（历年真题）设计跨中受集中荷载作用的工字形截面简支钢梁的强度时，应计算：

A. 梁支座处抗剪强度　　B. 梁跨中抗弯强度

C. 截面翼缘和腹板相交处的折算应力　　D. 以上三处都要计算

【解答】工字形简支钢梁在集中荷载作用下应计算：梁支座处抗剪强度、梁跨中抗弯强度、截面翼缘和腹板相交处的折算应力，应选 D 项。

2. 梁的挠度计算

$$w \leqslant [w]$$

式中，w 为梁在荷载标准组合下的挠度（按毛截面计算）；$[w]$ 为梁的容许挠度值。

3. 梁的整体稳定性计算

一般的受弯构件（梁）的整体失稳模式为弯扭屈曲，但框架梁支座处有负弯矩且梁顶有混凝土楼板时，梁下翼缘可能发生畸变屈曲。为此，《钢标》规定：

6.2.1　当铺板密铺在梁的受压翼缘上并与其牢固相连，能阻止梁受压翼缘的侧向位移时，可不计算梁的整体稳定性。

6.2.2　除本标准第 6.2.1 条所规定情况外，在最大刚度主平面内受弯的构件，其整体稳定性应按下式计算：

$$\frac{M_x}{\varphi_b W_x f} \leqslant 1.0 \qquad (6.2.2)$$

式中：M_x ——绕强轴作用的最大弯矩设计值（N·mm）；

W_x ——按受压最大纤维确定的梁毛截面模量，当截面板件宽厚比等级为 S1 级、S2 级、S3 级或 S4 级时，应取全截面模量；当截面板件宽厚比等级为 S5 级时，应取有效截面模量，均匀受压翼缘有效外伸宽度可取 $15\varepsilon_k$ 倍翼缘厚度，腹板有效截面可按本标准第 8.4.2 条的规定采用（mm^3）；单轴对称截面时，不应大于塑性截面模量的 0.95 倍；

φ_b ——梁的整体稳定性系数，应按本标准附录 C 确定。

6.2.4　当箱形截面简支梁符合本标准第 6.2.1 条的要求或其截面尺寸（图 6.2.4）满足 $h/b_0 \leqslant 6$，$l_1/b_0 \leqslant 95\varepsilon_k^2$ 时，可不计算整体稳定性，l_1 为受压翼缘侧向支承点间的距离（梁的支座处视为有侧向支承）。

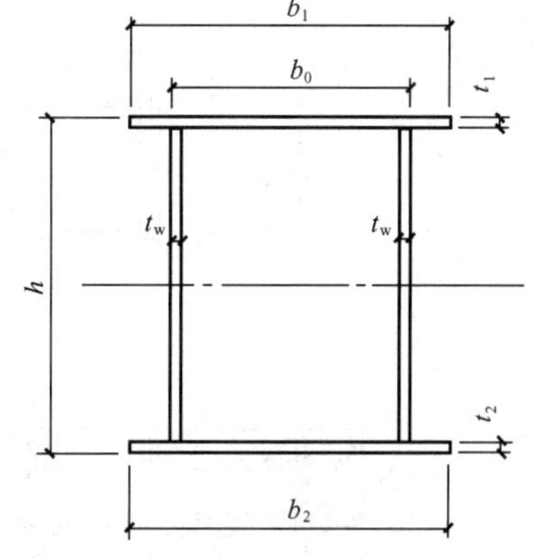

图 6.2.4　箱形截面

6.2.5　梁的支座处应采取构造措施，以防止梁端截面的扭转。当简支梁仅腹板与相邻构件相连，钢梁稳定性计算时侧向支承点距离应取实际距离的 1.2 倍。

按《钢标》附录C计算 φ_b 时，当查表 φ_b 值大于0.6时，应用 φ'_b 代替 φ_b 值，具体计算公式（C.0.1-7)，即：

$$\varphi'_b=1.07-\frac{0.282}{\varphi_b}\leqslant 1.0$$

【例 16-9-9】（历年真题）提高受集中荷载作用简支钢梁整体稳定性的有效方法是：

A. 增加受压翼缘宽度　　B. 增加截面高度

C. 布置腹板加劲肋　　D. 增加梁的跨度

【解答】根据钢梁整体稳定性计算公式，当增加截面高度时，I_x 与高度成三次方正比，则 $W_x=I_x/y$ 相应越大，因此，提高了梁的整体稳定性，应选B项。

4. 梁的局部稳定性计算

梁的局部失稳通常用宽厚比来控制。梁的局部稳定计算又分为翼缘部分和腹板部分。其中，翼缘部分稳定通过控制其板件宽厚比限值来满足局部稳定，见《钢标》3.5.1条（见前面）。

对腹板局部稳定，《钢标》按屈曲后强度和不考虑屈曲后强度两种情况进行。不考虑屈曲后强度的腹板，通常采用设置横向加劲肋和纵向加劲肋来保证腹板局部稳定，即：

6.3.1 承受静力荷载和间接承受动力荷载的焊接截面梁可考虑腹板屈曲后强度，按本标准第6.4节的规定计算其受弯和受剪承载力。不考虑腹板屈曲后强度时，当 $h_0/t_w>80\varepsilon_k$，焊接截面梁应计算腹板的稳定性。h_0 为腹板的计算高度，t_w 为腹板的厚度。轻级、中级工作制吊车梁计算腹板的稳定性时，吊车轮压设计值可乘以折减系数0.9。

6.3.2 焊接截面梁腹板配置加劲肋应符合下列规定：

1 当 $h_0/t_w\leqslant 80\varepsilon_k$ 时，对有局部压应力的梁，宜按构造配置横向加劲肋；当局部压应力较小时，可不配置加劲肋。

2 直接承受动力荷载的吊车梁及类似构件，应按下列规定配置加劲肋（图6.3.2)：

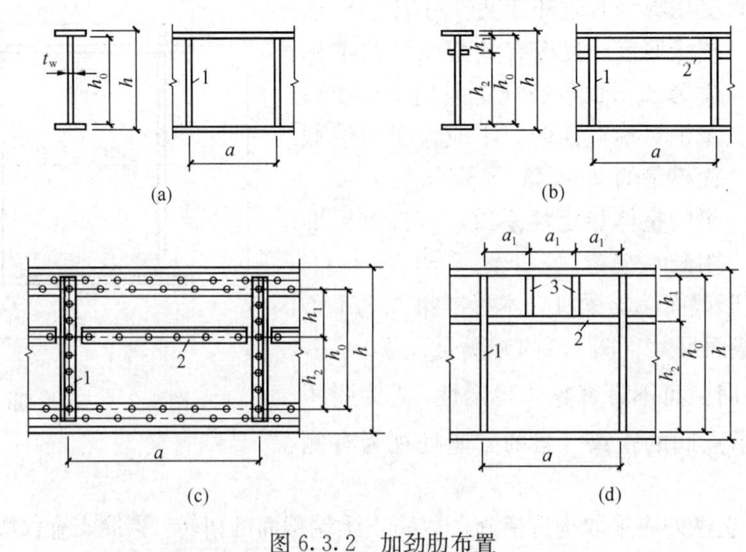

图6.3.2　加劲肋布置

1—横向加劲肋；2—纵向加劲肋；3—短加劲肋

1）当 $h_0/t_w > 80\varepsilon_k$ 时，应配置横向加劲肋；

2）当受压翼缘扭转受到约束且 $h_0/t_w > 170\varepsilon_k$、受压翼缘扭转未受到约束且 $h_0/t_w > 150\varepsilon_k$，或按计算需要时，应在弯曲应力较大区格的受压区增加配置纵向加劲肋。局部压应力很大的梁，必要时尚宜在受压区配置短加劲肋；对单轴对称梁，当确定是否要配置纵向加劲肋时，h_0 应取腹板受压区高度 h_c 的 2 倍。

3 不考虑腹板屈曲后强度时，当 $h_0/t_w > 80\varepsilon_k$ 时，宜配置横向加劲肋。

4 h_0/t_w 不宜超过 250。

5 梁的支座处和上翼缘受有较大固定集中荷载处，宜设置支承加劲肋。

6 腹板的计算高度 h_0 应按下列规定采用：对轧制型钢梁，为腹板与上、下翼缘相接处两内弧起点间的距离；对焊接截面梁，为腹板高度；对高强度螺栓连接（或铆接）梁，为上、下翼缘与腹板连接的高强度螺栓（或铆钉）线间最近距离（图 6.3.2）。

加劲肋的设置要求，《钢标》规定：

6.3.6 加劲肋的设置应符合下列规定：

1 加劲肋宜在腹板两侧成对配置，也可单侧配置，但支承加劲肋、重级工作制吊车梁的加劲肋不应单侧配置。

2 横向加劲肋的最小间距应为 $0.5h_0$，除无局部压应力的梁，当 $h_0/t_w \leqslant 100$ 时，最大间距可采用 $2.5h_0$ 外，最大间距应为 $2h_0$。纵向加劲肋至腹板计算高度受压边缘的距离应为 $h_c/2.5 \sim h_c/2$。

3 在腹板两侧成对配置的钢板横向加劲肋，其截面尺寸应符合下列公式规定：

外伸宽度：

$$b_s \geqslant \frac{h_0}{30} + 40 \quad (\text{mm}) \tag{6.3.6-1}$$

厚度：

$$\text{承压加劲肋 } t_s \geqslant \frac{b_s}{15}\text{，不受力加劲肋 } t_s \geqslant \frac{b_s}{19} \tag{6.3.6-2}$$

4 在腹板一侧配置的横向加劲肋，其外伸宽度应大于按式（6.3.6-1）算得的 1.2 倍，厚度应符合式（6.3.6-2）的规定。

【例 16-9-10】（历年真题）焊接工形截面钢梁设置腹板横向加劲肋的目的是：

A. 提高截面的抗弯强度　　B. 减少梁的挠度

C. 提高腹板局部稳定性　　D. 提高翼缘局部承载能力

【解答】钢梁设置腹板横向加劲肋的目的是：提高腹板局部稳定性，应选 C 项。

★★★三、拉弯和压弯构件

1. 拉弯构件

拉弯构件的计算包括强度和刚度。通常拉弯构件不需要计算整体稳定性，但当拉力较小而弯矩很大时，应和梁一样计算其整体稳定性是否满足要求；若翼缘或腹板受压，也要与梁的板件一样考虑局部稳定性。对于刚度，拉弯构件用长细比控制，其容许长细比按拉杆的容许长细比采用，具体见前面内容。

《钢标》规定：

8.1.1 弯矩作用在两个主平面内的拉弯构件和压弯构件，其截面强度应符合下列规定：

1 除圆管截面外，弯矩作用在两个主平面内的拉弯构件和压弯构件，其截面强度应按下式计算：

$$\frac{N}{A_n} \pm \frac{M_x}{\gamma_x W_{nx}} \pm \frac{M_y}{\gamma_y W_{ny}} \leqslant f \qquad (8.1.1\text{-}1)$$

2 弯矩作用在两个主平面内的圆形截面拉弯构件和压弯构件，其截面强度应按下式计算：

$$\frac{N}{A_n} + \frac{\sqrt{M_x^2 + M_y^2}}{\gamma_m W_n} \leqslant f \qquad (8.1.1\text{-}2)$$

式中：N——同一截面处轴心力设计值（N）；

M_x、M_y——分别为同一截面处对 x 轴和 y 轴的弯矩设计值(N·mm)；

γ_x、γ_y——截面塑性发展系数，根据其受压板件的内力分布情况确定其截面板件宽厚比等级，当截面板件宽厚比等级不满足 S3 级要求时，取 1.0，满足 S3 级要求时，可按本标准表 8.1.1 采用；需要验算疲劳强度的拉弯、压弯构件，宜取 1.0；

γ_m——圆形构件的截面塑性发展系数，对于实腹圆形截面取 1.2，当圆管截面板件宽厚比等级不满足 S3 级要求时取 1.0，满足 S3 级要求时取 1.15；需要验算疲劳强度的拉弯、压弯构件，宜取 1.0；

A_n——构件的净截面面积（mm^2）；

W_{nx}、W_{ny}——分别为同一截面处对 x 轴和 y 轴的构件净截面模量（mm^3）；

W_n——构件的净截面模量（mm^3）。

截面塑性发展系数 γ_x、γ_y（部分） **表 8.1.1**

项次	截 面 形 式	γ_x	γ_y
1	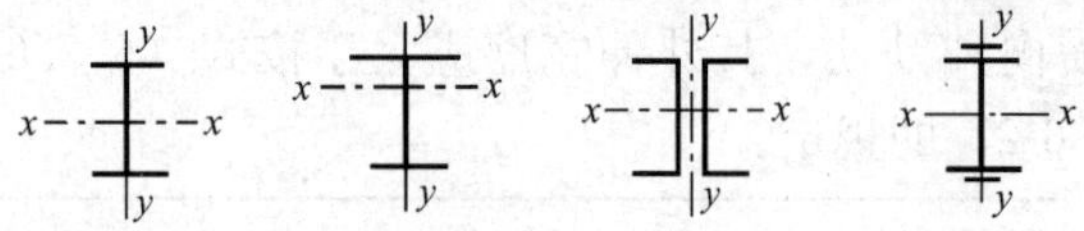	1.05	1.2
2	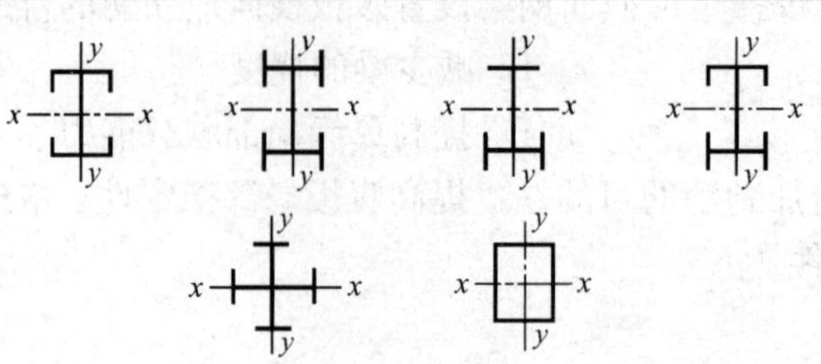		1.05

续表

项次	截面形式	γ_x	γ_y
3	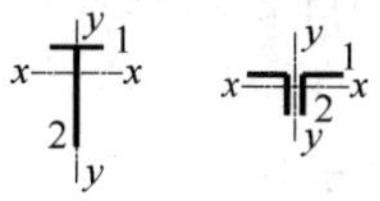	$\gamma_{x1}=1.05$ $\gamma_{x2}=1.2$	1.2
4	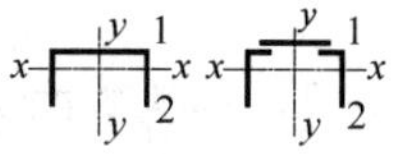		1.05

2. 压弯构件

压弯构件计算的内容包括强度、整体稳定性、局部稳定性、刚度。压弯构件又可分为实腹式压弯构件和格构式压弯构件。

（1）实腹式压弯构件的强度计算

强度计算见前面《钢标》拉弯构件中公式（8.1.1-1）、公式（8.1.1-2）。若为单向压弯构件，其强度计算公式为：$\frac{N}{A_n}\pm\frac{M_x}{\gamma_x W_{nx}}\leqslant f$。

（2）实腹式压弯构件的整体稳定性计算

《钢标》规定：

8.2.1　除圆管截面外，弯矩作用在对称轴平面内的实腹式压弯构件，弯矩作用平面内稳定性应按式（8.2.1-1）计算，弯矩作用平面外稳定性应按式（8.2.1-3）计算；对于本标准表8.1.1第3项、第4项中的单轴对称压弯构件，当弯矩作用在对称平面内且翼缘受压时，除应按式（8.2.1-1）计算外，尚应按式（8.2.1-4）计算。

平面内稳定性计算：

$$\frac{N}{\varphi_x Af}+\frac{\beta_{mx}M_x}{\gamma_x W_{1x}(1-0.8N/N'_{Ex})f}\leqslant 1.0 \tag{8.2.1-1}$$

$$N'_{Ex}=\pi^2 EA/(1.1\lambda_x^2) \tag{8.2.1-2}$$

平面外稳定性计算：

$$\frac{N}{\varphi_y Af}+\eta\frac{\beta_{tx}M_x}{\varphi_b W_{1x}f}\leqslant 1.0 \tag{8.2.1-3}$$

$$\left|\frac{N}{Af}-\frac{\beta_{mx}M_x}{\gamma_x W_{2x}(1-1.25N/N'_{Ex})f}\right|\leqslant 1.0 \tag{8.2.1-4}$$

式中：N——所计算构件范围内轴心压力设计值（N）；

N'_{Ex}——参数，按式（8.2.1-2）计算（N）；

φ_x——弯矩作用平面内轴心受压构件稳定系数；

M_x——所计算构件段范围内的最大弯矩设计值（N·mm）；

W_{1x}——在弯矩作用平面内对受压最大纤维的毛截面模量（mm^3）；

φ_y——弯矩作用平面外的轴心受压构件稳定系数，按本标准第7.2.1条确定；单轴对称截面，应取本标准式（7.2.2-4）的长细比λ_{yz}对应的稳定系数；

φ_b——均匀弯曲的受弯构件整体稳定系数，按本标准附录C计算，其中工字形和T形截面的非悬臂构件，可按本标准附录C第C.0.5条的规定确定；对闭口截面，$\varphi_b=1.0$；

η——截面影响系数，闭口截面$\eta=0.7$，其他截面$\eta=1.0$；

W_{2x}——无翼缘端的毛截面模量（mm^3）。

等效弯矩系数β_{mx}应按下列规定采用：

1 无侧移框架柱和两端支承的构件：

1）无横向荷载作用时，β_{mx}应按下式计算：

$$\beta_{mx}=0.6+0.4\frac{M_2}{M_1} \tag{8.2.1-5}$$

式中：M_1，M_2——端弯矩（N·mm），构件无反弯点时取同号；构件有反弯点时取异号，$|M_1|\geqslant|M_2|$。

2）无端弯矩但有横向荷载作用时，β_{mx}应按下列公式计算：

跨中单个集中荷载：

$$\beta_{mx}=1-0.36N/N_{cr} \tag{8.2.1-6}$$

全跨均布荷载：

$$\beta_{mx}=1-0.18N/N_{cr} \tag{8.2.1-7}$$

$$N_{cr}=\frac{\pi^2 EI}{(\mu l)^2} \tag{8.2.1-8}$$

式中：N_{cr}——弹性临界力（N）；

μ——构件的计算长度系数。

3）端弯矩和横向荷载同时作用时，式（8.2.1-1）的$\beta_{mx}M_x$应按下式计算：

$$\beta_{mx}M_x=\beta_{mqx}M_{qx}+\beta_{m1x}M_1 \tag{8.2.1-9}$$

式中：M_{qx}——横向荷载产生的最大弯矩设计值（N·mm）；

β_{m1x}——取本条第1款第1项计算的等效弯矩系数；

β_{mqx}——取本条第1款第2项计算的等效弯矩系数。

2 有侧移框架柱和悬臂构件，等效弯矩系数β_{mx}应按下列规定采用：

1）除本款第2项规定之外的框架柱，β_{mx}应按下式计算：

$$\beta_{mx}=1-0.36N/N_{cr} \tag{8.2.1-10}$$

2）有横向荷载的柱脚铰接的单层框架柱和多层框架的底层柱，$\beta_{mx}=1.0$。

3）自由端作用有弯矩的悬臂柱，β_{mx}应按下式计算：

$$\beta_{mx}=1-0.36(1-m)N/N_{cr} \tag{8.2.1-11}$$

式中：m——自由端弯矩与固定端弯矩之比，当弯矩图无反弯点时取正号，有反弯点时取负号。

等效弯矩系数 β_{tx} 应按下列规定采用：

1　在弯矩作用平面外有支承的构件，应根据两相邻支承间构件段内的荷载和内力情况确定：

1）无横向荷载作用时，β_{tx} 应按下式计算：

$$\beta_{tx}=0.65+0.35\frac{M_2}{M_1} \tag{8.2.1-12}$$

2）端弯矩和横向荷载同时作用时，β_{tx} 应按下列规定取值：

使构件产生同向曲率时　$\beta_{tx}=1.0$

使构件产生反向曲率时　$\beta_{tx}=0.85$

3）无端弯矩有横向荷载作用时，$\beta_{tx}=1.0$。

2　弯矩作用平面外为悬臂的构件，$\beta_{tx}=1.0$。

等效弯矩系数 β_{mx} 是考虑构件上弯矩分布的影响，即：使非均匀弯矩对构件稳定的效应和等效的均匀弯矩相同。为了简化，可按二阶弯矩最大值相等来处理。

等效弯矩系数 β_{tx} 也是考虑构件上弯矩分布的影响，取决于构件平面外支承和内力状况。

无侧移框架柱的计算长度系数 $\mu\leqslant1.0$，其计算长度 $l_0=\mu l$，l 为柱的几何长度。

有侧移框架柱的计算长度系数 $\mu>1.0$，其计算长度 $l_0=\mu l$，l 为柱的几何长度。

【例 16-9-11】（历年真题）计算有侧移多层钢框架时，柱的计算长度系数取值：

A. 应小于 1.0　　B. 应大于 1.0

C. 应小于 2.0　　D. 应大于 2.0

【解答】计算有侧移多层钢框架柱的计算长度系数应大于 1.0，应选 B 项。

（3）实腹式压弯构件的局部稳定性计算

《钢标》规定：

8.4.1　实腹压弯构件要求不出现局部失稳者，对 H 形、箱形和圆管截面，其腹板高厚比、翼缘宽厚比应符合本标准表 3.5.1 规定的压弯构件 S4 级截面要求。

8.4.3　压弯构件的板件当用纵向加劲肋加强以满足宽厚比限值时，加劲肋宜在板件两侧成对配置，其一侧外伸宽度不应小于板件厚度 t 的 10 倍，厚度不宜小于 $0.75t$。

（4）实腹式压弯构件的刚度

通常采用控制长细比来保证压弯构件的刚度，其容许长细比按压杆的容许长细比采用。如果弯矩很大，则需计算因弯矩引起的挠度是否过大以致不能满足使用要求。

【例 16-9-12】（历年真题）提高钢结构工字形截面压弯构件腹板局部稳定性的有效措施是：

A. 限制翼缘板最大厚度　　B. 限制腹板最大厚度

C. 设置横向加劲肋　　D. 限制腹板高厚比

【解答】提高工字形截面压弯构件的腹板局部稳定性的有效措施是限制腹板高厚比，应选 D 项。

习　题

16-9-1 （历年真题）计算钢结构框架柱弯矩作用平面内稳定性时采用的等效弯矩系数 β_{mx} 是考虑了：

A. 截面应力分布的影响　　B. 截面形状的影响

C. 构件弯矩分布的影响　　D. 支座约束条件的影响

16-9-2 （历年真题）设计钢结构圆管截面支撑压杆时，需要计算构件的：

A. 挠度　　B. 弯扭稳定性

C. 长细比　　D. 扭转稳定性

16-9-3 （历年真题）设计一悬臂钢梁，最合理的截面形式是：

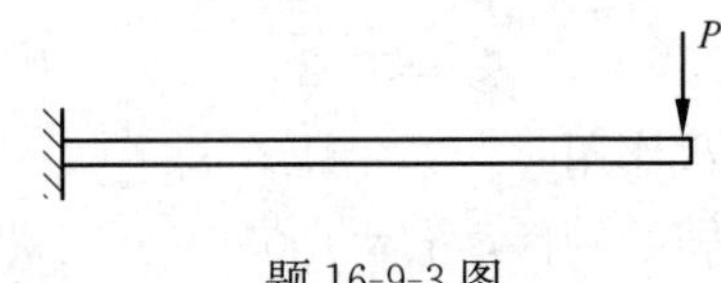

题 16-9-3 图

A.　　B.　　C.　　D. 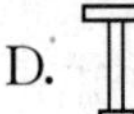

16-9-4 （历年真题）钢结构轴心受拉构件的刚度设计指标是：

A. 荷载标准值产生的轴向变形　　B. 荷载标准值产生的挠度

C. 构件的长细比　　D. 构件的自振频率

16-9-5 （历年真题）焊接 T 形截面构件中，腹板和翼缘相交处的纵向焊接残余应力为：

A. 压应力　　B. 拉应力

C. 剪应力　　D. 零

16-9-6 （历年真题）在验算普通螺栓连接的钢结构轴心受拉构件强度时，需考虑：

A. 构件宽厚比　　B. 螺栓孔对截面的削弱

C. 残余应力　　D. 构件长细比

16-9-7 （历年真题）图中所示工形截面简支梁的跨度、截面尺寸和约束条件均相同，根据弯矩图（$|M_1|>|M_2|$）可判断整体稳定性最好的是：

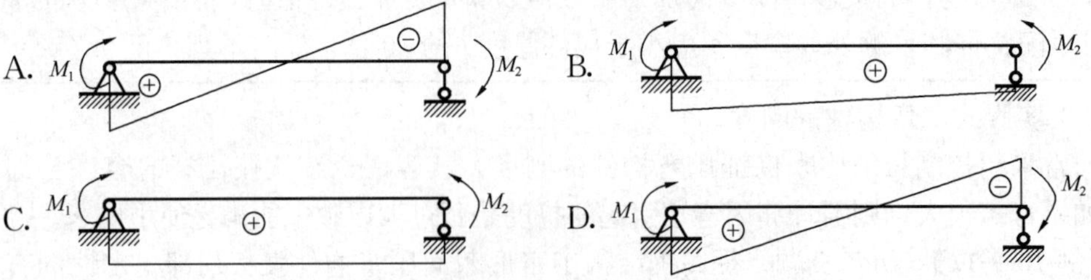

第十节　钢结构的连接和钢屋盖

★★★一、焊缝连接

焊缝分手工焊和自动焊或半自动焊，焊接时的焊条型号应与钢材品种相匹配。手工焊接时，Q235 选用 E43 焊条，Q345、Q390、Q345GJ 和 Q390GJ 选用 E50 或 E55 焊条，Q420、Q460、Q420GJ 和 Q460GJ 选用 E55 或 E60 焊条。当两种不同牌号钢材焊接时，选用与低牌号钢材相匹配的焊接材料。

根据《钢结构工程施工质量验收标准》GB 50205—2020 规定，焊接质量检验方法有：外观检验、超声波探伤、射线探伤。一级焊缝进行外观检验、超声波探伤检验（检测比例 100%）、射线探伤检验（检测比例 100%）；二级焊缝进行外观检验、超声波探伤检验（检测比例 20%）、射线探伤检验（检测比例 20%）；三级焊缝仅进行外观检验。其中，外观焊缝质量等级又分为一级、二级和三级。

对接焊缝可采用一级、二级、三级焊缝，其分别对应不同的焊缝强度设计值；角焊缝采用外观检查。

《钢标》规定：

4.4.5　焊缝的强度指标应按表 4.4.5 采用并应符合下列规定：

1　手工焊用焊条、自动焊和半自动焊所采用的焊丝和焊剂，应保证其熔敷金属的力学性能不低于母材的性能。

2　焊缝质量等级应符合现行国家标准《钢结构焊接规范》GB 50661 的规定，其检验方法应符合现行国家标准《钢结构工程施工质量验收规范》GB 50205 的规定。其中厚度小于 6mm 钢材的对接焊缝，不应采用超声波探伤确定焊缝质量等级。

3　对接焊缝在受压区的抗弯强度设计值取 f_c^w，在受拉区的抗弯强度设计值取 f_t^w。

4　计算下列情况的连接时，表 4.4.5 规定的强度设计值应乘以相应的折减系数；几种情况同时存在时，其折减系数应连乘：

1） 施工条件较差的高空安装焊缝应乘以系数 0.9；

2） 进行无垫板的单面施焊对接焊缝的连接计算应乘折减系数 0.85；

3） 按轴心受力计算的单角钢单面连接时应乘以系数 0.85。

焊缝的强度指标（N/mm²）（部分）　　**表 4.4.5**

焊接方法和焊条型号	构件钢材		对接焊缝强度设计值				角焊缝强度设计值	对接焊缝抗拉强度 f_u^w	角焊缝抗拉、抗压和抗剪强度 f_u^f
	牌号	厚度或直径（mm）	抗压 f_c^w	焊缝质量为下列等级时，抗拉 f_t^w		抗剪 f_v^w	抗拉、抗压和抗剪 f_f^w		
				一级、二级	三级				
自动焊、半自动焊和 E43 型焊条手工焊	Q235	≤16	215	215	185	125	160	415	240
		>16，≤40	205	205	175	120			
		>40，≤100	200	200	170	115			

【例 16-10-1】(历年真题)可以只做外观检查的焊缝质量等级是:

A. 一级焊缝　　　　B. 二级焊缝

C. 三级焊缝　　　　D. 上述三种焊缝

【解答】三级焊缝可只做外观检查,应选 C 项。

1. 对接焊缝的计算

《钢标》规定:

11.2.1 全熔透对接焊缝或对接与角接组合焊缝应按下列规定进行强度计算:

1 在对接和 T 形连接中,垂直于轴心拉力或轴心压力的对接焊接或对接与角接组合焊缝,其强度应按下式计算:

$$\sigma=\frac{N}{l_{w}h_{e}}\leqslant f_{t}^{w}\text{ 或 }f_{c}^{w} \tag{11.2.1-1}$$

式中:N——轴心拉力或轴心压力(N);

l_w——焊缝长度(mm);

h_e——对接焊缝的计算厚度(mm),在对接连接节点中取连接件的较小厚度,在 T 形连接节点中取腹板的厚度;

f_t^w、f_c^w——对接焊缝的抗拉、抗压强度设计值(N/mm^2)。

2 在对接和 T 形连接中,承受弯矩和剪力共同作用的对接焊缝或对接与角接组合焊缝,其正应力和剪应力应分别进行计算。但在同时受有较大正应力和剪应力处(如梁腹板横向对接焊缝的端部)应按下式计算折算应力:

$$\sqrt{\sigma^{2}+3\tau^{2}}\leqslant 1.1f_{t}^{w} \tag{11.2.1-2}$$

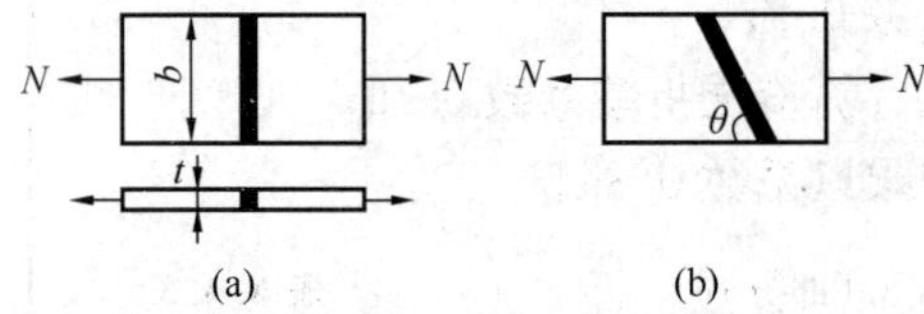

图 16-10-1　对接焊缝连接

轴心受力时,对接焊缝连接如图 16-10-1 所示。

当对接焊缝和 T 形对接与角接组合焊缝无法采用引弧板和引出板施焊时,每条焊缝的长度计算时应各减去 $2t$(t 为较薄板件的厚度)。

当承受轴心力的板件用斜焊缝对接,见图 16-10-1(b),焊缝与作用力间的夹角 θ 符合 $\tan\theta\leqslant1.5$ 时,其强度可不计算。

【例 16-10-2】(历年真题)采用三级对接焊缝拼接的钢板,如采用引弧板,计算焊缝强度时:

A. 应折减焊缝计算长度　　　　B. 无需折减焊缝计算长度

C. 应折减焊缝厚度　　　　D. 应采用角焊缝设计强度值

【解答】若采用引弧板,计算焊缝强度时无需折减焊缝计算长度,应选 B 项。

2. 角焊缝的计算

《钢标》规定:

11.2.2 直角角焊缝应按下列规定进行强度计算:

1 在通过焊缝形心的拉力、压力或剪力作用下:

正面角焊缝(作用力垂直于焊缝长度方向):

$$\sigma_{f}=\frac{N}{h_{e}l_{w}}\leqslant\beta_{f}f_{f}^{w} \tag{11.2.2-1}$$

侧面角焊缝（作用力平行于焊缝长度方向）：

$$\tau_f = \frac{N}{h_e l_w} \leqslant f_f^w \tag{11.2.2-2}$$

2　在各种力综合作用下，σ_f 和 τ_f 共同作用处：

$$\sqrt{\left(\frac{\sigma_f}{\beta_f}\right)^2 + \tau_f^2} \leqslant f_f^w \tag{11.2.2-3}$$

式中：σ_f——按焊缝有效截面（$h_e l_w$）计算，垂直于焊缝长度方向的应力（N/mm^2）；

τ_f——按焊缝有效截面计算，沿焊缝长度方向的剪应力（N/mm^2）；

h_e——直角角焊缝的计算厚度（mm），当两焊件间隙 $b \leqslant 1.5mm$ 时，$h_e = 0.7h_f$；$1.5mm < b \leqslant 5mm$ 时，$h_e = 0.7(h_f - b)$，h_f 为焊脚尺寸（图 11.2.2）；

l_w——角焊缝的计算长度（mm），对每条焊缝取其实际长度减去 $2h_f$；

f_f^w——角焊缝的强度设计值（N/mm^2）；

β_f——正面角焊缝的强度设计值增大系数，对承受静力荷载和间接承受动力荷载的结构，$\beta_f = 1.22$；对直接承受动力荷载的结构，$\beta_f = 1.0$。

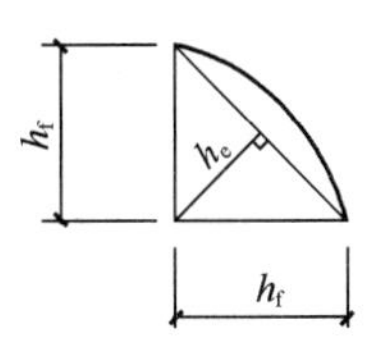

(a) 等边直角焊缝截面

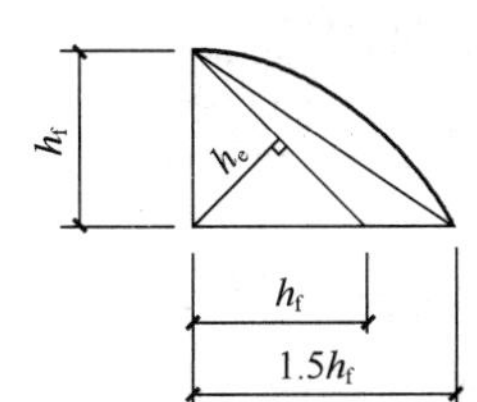

(b) 不等边直角焊缝截面

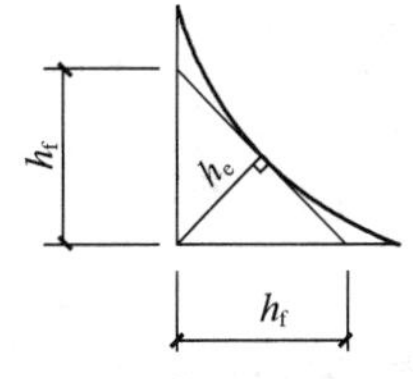

(c) 等边凹形直角焊缝截面

图 11.2.2　直角角焊缝截面

11.2.3　两焊脚边夹角为 $60° \leqslant \alpha \leqslant 135°$ 的 T 形连接的斜角角焊缝，其强度应按本标准式（11.2.2-1）～式（11.2.2-3）计算，但取 $\beta_f = 1.0$，其计算厚度 h_e 的计算应符合本条规定。

3　当 $30° \leqslant \alpha \leqslant 60°$ 或 $\alpha < 30°$ 时，斜角角焊缝计算厚度 h_e 应按现行国家标准《钢结构焊接规范》GB 50661 的有关规定计算取值。

钢板与角钢连接焊缝计算，可分为两面侧焊、三面围焊、L 形围焊三种情况，所有围焊的转角处必须连续施焊。其中，L 形围焊不宜采用。

两面侧焊如图 16-10-2（a）所示，其侧缝的直角角焊缝计算：

肢背：

$$\frac{N_1}{\sum 0.7h_{f1} l_{w1}} = \frac{K_1 N}{\sum 0.7h_{f1} l_{w1}} \leqslant f_f^w$$

肢尖：

$$\frac{N_2}{\sum 0.7h_{f2} l_{w2}} = \frac{K_2 N}{\sum 0.7h_{f2} l_{w2}} \leqslant f_f^w$$

式中，K_1、K_2 为焊缝内力分配系数。等肢角钢，$K_1 = 0.70$，$K_2 = 0.30$；不等肢角钢短肢连接，$K_1 = 0.75$，$K_2 = 0.25$；不等肢角钢长肢连接，$K_1 = 0.65$，$K_2 = 0.35$。

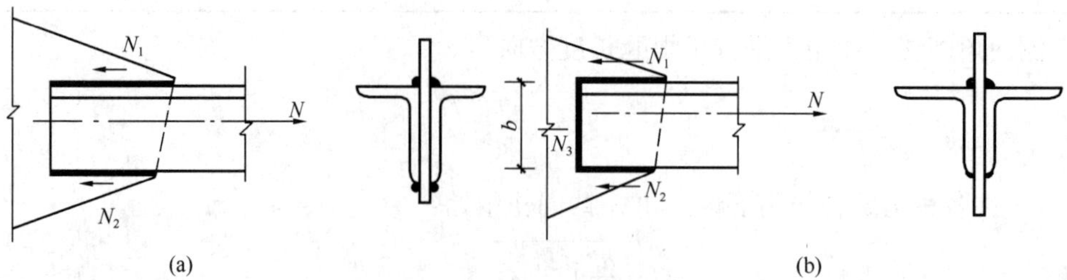

图 16-10-2　节点板与角钢连接

（a）两面侧焊连接；（b）三面围焊连接

三面围焊如图 16-10-2（b）所示，其计算：

端缝 N_3：
$$N_3=\beta_f\sum 0.7h_{f3}l_{w3}\cdot f_f^w$$

肢背：
$$\frac{K_1N-\dfrac{N_3}{2}}{\sum 0.7h_{f1}l_{w1}}\leqslant f_f^w$$

肢尖：
$$\frac{K_2N-\dfrac{N_3}{2}}{\sum 0.7h_{f2}l_{w2}}\leqslant f_f^w$$

端缝长度：
$$l_{w3}=b$$

3. 焊缝计算的其他规定

《钢标》规定：

11.2.6　角焊缝的搭接焊缝连接中，当焊缝计算长度 l_w 超过 $60h_f$ 时，焊缝的承载力设计值应乘以折减系数 α_f，$\alpha_f=1.5-\dfrac{l_w}{120h_f}$，并不小于 0.5。

注意：①当搭接侧面角焊缝的剪应力不均匀分布，且$l_w>60h_f$时，应考虑超长折减系数 α_f，其焊缝计算长度不应超过 $180h_f$；②非搭接的角焊缝（如 T 形、角接）的剪应力不均匀分布时，要求 $l_w\leqslant 60h_f$。

【例 16-10-3】（历年真题）计算角焊缝抗剪承载力时需要限制焊缝的计算长度，主要考虑了：

A. 焊脚尺寸的影响　　B. 焊缝剪应力分布的影响

C. 钢材牌号的影响　　D. 焊缝检测方法的影响

【解答】角焊缝抗剪承载力计算时，需要限制焊缝计算长度，主要考虑焊缝剪应力分布的影响，应选 B 项。

4. 焊缝的构造要求

《钢标》规定：

11.3.3　不同厚度和宽度的材料对接时，应作平缓过渡，其连接处坡度值不宜大于 1∶2.5（图 11.3.3-1 和图 11.3.3-2）。

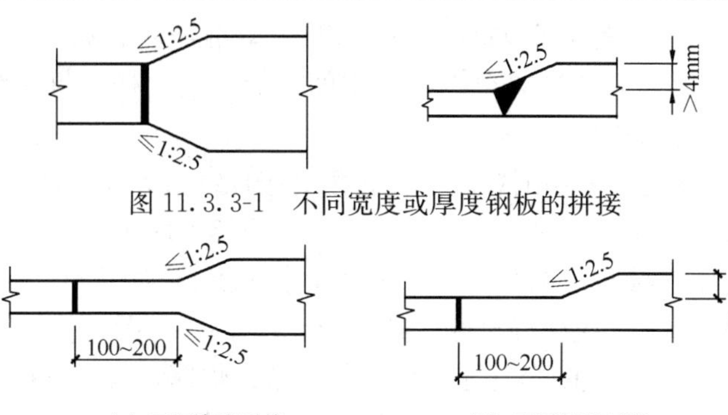

图 11.3.3-1　不同宽度或厚度钢板的拼接

(a) 不同宽度对接　　(b) 不同厚度对接

图 11.3.3-2　不同宽度或厚度铸钢件的拼接

11.3.5　角焊缝的尺寸应符合下列规定：

1　角焊缝的最小计算长度应为其焊脚尺寸 h_f 的 8 倍，且不应小于 40mm；焊缝计算长度应为扣除引弧、收弧长度后的焊缝长度；

2　断续角焊缝焊段的最小长度不应小于最小计算长度；

3　角焊缝最小焊脚尺寸宜按表 11.3.5 取值，承受动荷载时角焊缝焊脚尺寸不宜小于 5mm；

4　被焊构件中较薄板厚度不小于 25mm 时，宜采用开局部坡口的角焊缝；

5　采用角焊缝焊接连接，不宜将厚板焊接到较薄板上。

6　除钢管结构外，角焊缝的焊脚尺寸不宜大于较薄厚度的 1.2 倍。

角焊缝最小焊脚尺寸（mm）　　**表 11.3.5**

母材厚度 t	角焊缝最小焊脚尺寸 h_f	母材厚度 t	角焊缝最小焊脚尺寸 h_f
$t \leqslant 6$	3	$12 < t \leqslant 20$	6
$6 < t \leqslant 12$	5	$t > 20$	8

注：1　采用不预热的非低氢焊接方法进行焊接时，t 等于焊接连接部位中较厚件厚度，宜采用单道焊缝；采用预热的非低氢焊接方法或低氢焊接方法进行焊接时，t 等于焊接连接部位中较薄件厚度；

2　焊脚尺寸 h_f 不要求超过焊接连接部位中较薄件厚度的情况除外。

11.3.6　搭接连接角焊缝的尺寸及布置应符合下列规定：

1　传递轴向力的部件，其搭接连接最小搭接长度应为较薄件厚度的 5 倍，且不应小于 25mm（图 11.3.6-1），并应施焊纵向或横向双角焊缝；

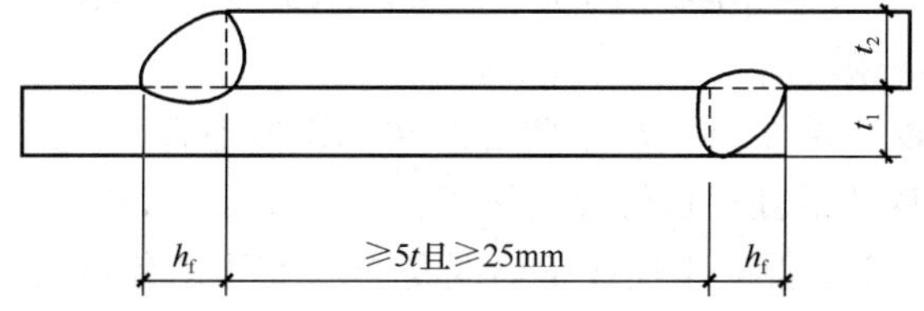

图 11.3.6-1　搭接连接双角焊缝的要求

t—t_1 和 t_2 中较小者；h_f—焊脚尺寸，按设计要求

2 只采用纵向角焊缝连接型钢杆件端部时，型钢杆件的宽度不应大于 200mm，当宽度大于 200mm 时，应加横向角焊缝或中间塞焊；型钢杆件每一侧纵向角焊缝的长度不应小于型钢杆件的宽度；

3 型钢杆件搭接连接采用围焊时，在转角处应连续施焊。杆件端部搭接角焊缝作绕焊时，绕焊长度不应小于焊脚尺寸的 2 倍，并应连续施焊；

4 搭接焊缝沿母材棱边的最大焊脚尺寸，当板厚不大于 6mm 时，应为母材厚度，当板厚大于 6mm 时，应为母材厚度减去 1mm～2mm（图 11.3.6-2）；

5 用搭接焊缝传递荷载的套管连接可只焊一条角焊缝，其管材搭接长度 L 不应小于 5（t_1+t_2），且不应小于 25mm。搭接焊缝焊脚尺寸应符合设计要求（图 11.3.6-3）。

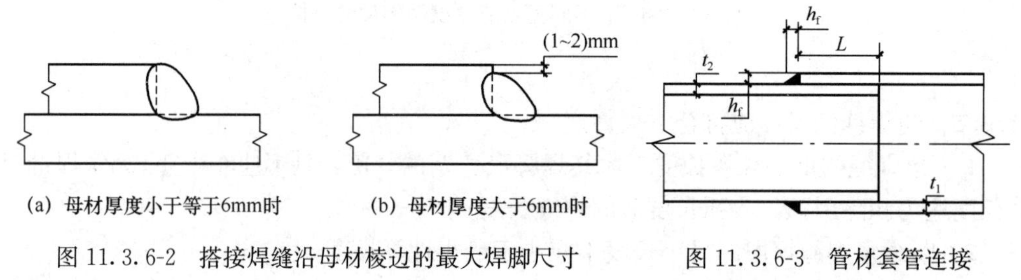

图 11.3.6-2 搭接焊缝沿母材棱边的最大焊脚尺寸

图 11.3.6-3 管材套管连接的搭接焊缝最小长度

h_f—焊脚尺寸，按设计要求

11.3.8 在次要构件或次要焊接连接中，可采用断续角焊缝。断续角焊缝焊段的长度不得小于 $10h_f$ 或 50mm，其净距不应大于 $15t$（对受压构件）或 $30t$（对受拉构件），t 为较薄焊件厚度。腐蚀环境中不宜采用断续角焊缝。

★★★二、螺栓连接

1. 螺栓的种类

钢结构中螺栓有普通螺栓和高强度螺栓。普通螺栓又分 A、B 级（精制螺栓）和 C 级（粗制螺栓）两种。A、B 级螺栓采用 5.6 级和 8.8 级钢材，C 级螺栓采用 4.6 级和 4.8 级钢材。5.6 级中 5 表示钢材抗拉极限强度 $f_u=500\text{N/mm}^2$，0.6 表示钢材屈服强度 $f_y=0.6f_u$，其他型号以此类推。A、B 级螺栓既可受剪又可受拉，其螺杆的孔径比螺栓公称直径大 0.2～0.5mm，而 C 级螺栓的孔径比螺栓公称直径大 1～1.5mm，故剪力作用下剪切变形大，一般用于沿螺杆轴线方向的受拉连接，但在下列情况下可用于受剪连接：承受静力荷载或间接承受动力荷载结构中的次要连接；承受静力荷载的可拆卸结构的连接；临时固定构件用的安装连接。

高强度螺栓按连接方式可分为摩擦型连接和承压型连接。高强度螺栓采用 8.8 级和 10.9 级钢材。高强度螺栓的孔径比螺栓公称直径 d 大 1.5～3.0mm。

此外，在钢屋架、钢筋混凝土柱或钢筋混凝土基础处还有锚固螺栓（简称锚栓），其采用 Q235 或 Q355 钢材。

对直接承受动力荷载的普通螺栓受拉连接应采用双螺帽或其他能防止螺帽松动的有效措施。

【例 16-10-4】（历年真题）我国常用的高强度螺栓等级有：

A. 5.6 级和 8.8 级　　B. 8.8 级和 10.9 级

C. 4.6 级和 5.6 级　　D. 4.6 级和 8.8 级

【解答】我国常用的高强度螺栓等级有：8.8 级、10.9 级，应选 B 项。

2. 普通螺栓的计算

受剪普通螺栓连接破坏时可能出现五种形式：螺杆剪断、孔壁挤压（或称承压）破坏、钢板被拉断、钢板端部或孔与孔间的钢板被剪坏、螺栓杆弯曲破坏。通常对前三种破坏情况通过计算来防止，后两种情况则用构造限制加以保证。如螺栓杆弯曲损坏用限制板叠厚度不超过 $5d$（d 为螺栓直径）。为此，《钢标》规定：

11.4.1　普通螺栓的连接承载力应按下列规定计算：

1　在普通螺栓抗剪连接中，每个螺栓的承载力设计值应取受剪和承压承载力设计值中的较小者。受剪和承压承载力设计值应分别按式（11.4.1-1）和式（11.4.1-3）计算。

普通螺栓：
$$N_v^b = n_v \frac{\pi d^2}{4} f_v^b \tag{11.4.1-1}$$

普通螺栓：
$$N_c^b = d \sum t f_c^b \tag{11.4.1-3}$$

式中：n_v——受剪面数目；

d——螺杆直径（mm）；

$\sum t$——在不同受力方向中一个受力方向承压构件总厚度的较小值（mm）；

f_v^b、f_c^b——螺栓的抗剪和承压强度设计值（N/mm^2）。

2　在普通螺栓杆轴向方向受拉的连接中，每个普通螺栓的承载力设计值应按下列公式计算：

普通螺栓
$$N_t^b = \frac{\pi d_e^2}{4} f_t^b \tag{11.4.1-5}$$

式中：d_e——螺栓或锚栓在螺纹处的有效直径（mm）；

f_t^b——普通螺栓的抗拉强度设计值（N/mm^2）。

3　同时承受剪力和杆轴方向拉力的普通螺栓，其承载力应分别符合下列公式的要求：

$$\sqrt{\left(\frac{N_v}{N_v^b}\right)^2 + \left(\frac{N_t}{N_t^b}\right)^2} \leqslant 1.0 \tag{11.4.1-8}$$

$$N_v \leqslant N_c^b \tag{11.4.1-9}$$

式中：N_v、N_t——分别为某个普通螺栓所承受的剪力和拉力（N）；

N_v^b、N_t^b、N_c^b——一个普通螺栓的抗剪、抗拉和承压承载力设计值（N）。

受剪的普通螺栓（或高强度螺栓）在轴力 N 作用下计算，考虑螺栓的剪应力分布不均匀，应将螺栓承载力乘以超长折减系数 η，即：

11.4.5　在构件连接节点的一端，当螺栓沿轴向受力方向的连接长度 l_1 大于 $15d_0$ 时（d_0 为孔径），应将螺栓的承载力设计值乘以折减系数 $\left(1.1-\frac{l_1}{150d_0}\right)$，当大于 $60d_0$ 时，折减系数取为定值 0.7。

注意，《钢标》11.4.5 条适用普通螺栓、高强度螺栓和铆钉。

$$\frac{N}{n}\leqslant \eta N_{\min}^{b}$$

式中，$N_{\min}^{b}$为一个螺栓抗剪或承压设计承载力的较小值。

净截面强度验算：$$\sigma=\frac{N}{A_n}\leqslant 0.7f_u$$

由《钢标》表 11.5.2 注 3，取 $d_c=\max(d+4,\ d_0)$，当螺栓并列时，则：

$$A_n=A-n_1 d_c t$$

当螺栓错列时，Ⅱ-Ⅱ截面，则：

$$A_n=[2e_1+(n_2-1)\sqrt{a^2+e^2}-n_2 d_c]t$$

式中，n_1 为第一列（Ⅰ-Ⅰ截面）螺栓数目；n_2 为齿形截面（Ⅱ-Ⅱ截面）上的螺栓数目。其余符号如图 16-10-3 所示。

普通螺栓群在弯矩作用下的计算，如图 16-10-4 所示，普通螺栓群绕 A 点（底排螺栓）转动，其螺栓最大拉力为：

$$N_1=\frac{My_1}{m\sum y_i^2}\leqslant N_t^b$$

式中，m 为螺栓群的列数，其余符号如图所示。

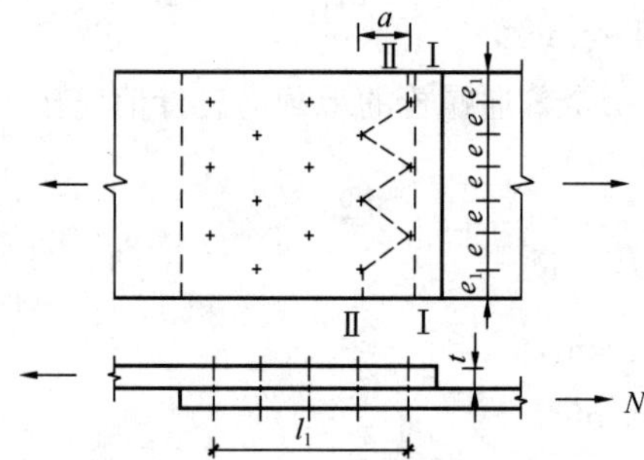

图 16-10-3 轴力作用下剪力螺栓

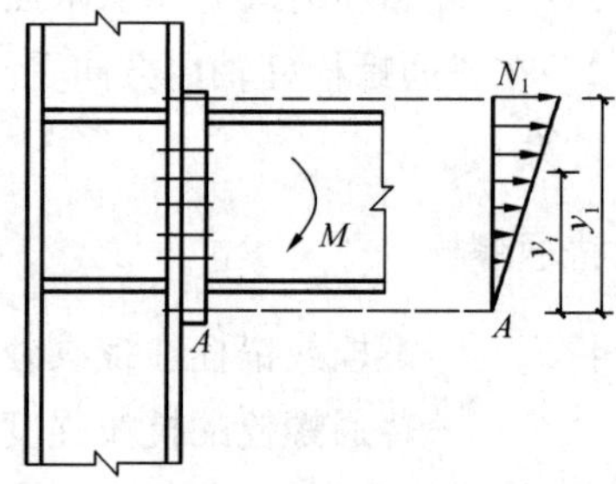

图 16-10-4 弯矩作用下拉力螺栓

【例 16-10-5】（历年真题）计算钢结构螺栓连接超长接头承载力时，需要对螺栓的抗剪承载力进行折减，主要是考虑了：

A. 螺栓剪力分布不均匀的影响　　B. 连接钢板厚度

C. 螺栓等级的影响　　D. 螺栓间距的差异

【解答】对螺栓连接超长接头的抗剪承载力折减，主要是考虑了螺栓剪力分布不均匀的影响，应选 A 项。

【例 16-10-6】（历年真题）计算拉力和剪力同时作用的普通螺栓连接时，螺栓：

A. 抗剪承载力设计值取 $N_v^b=0.9n_f\mu P$

B. 承压承载力设计值取 $N_c^b=d\sum tf_c^b$

C. 抗拉承载力设计值取 $N_t^b=0.8P$

D. 预拉力设计值应进行折减

【解答】 普通螺栓连接时，螺栓承压承载力设计值 $N_c^b = d\Sigma t f_c^b$，应选 B 项。

3. 螺栓连接的构造要求

螺栓（普通螺栓和高强度螺栓）在构件上的排列必须符合构造要求，《钢标》规定：

11.5.2 螺栓（铆钉）连接宜采用紧凑布置，其连接中心宜与被连接构件截面的重心相一致。螺栓或铆钉的间距、边距和端距容许值应符合表 11.5.2 的规定。

螺栓或铆钉的孔距、边距和端距容许值　　表 11.5.2

<table>
<tr><th>名称</th><th colspan="3">位置和方向</th><th>最大容许间距
（取两者的较小值）</th><th>最小容许间距</th></tr>
<tr><td rowspan="5">中心间距</td><td colspan="3">外排（垂直内力方向或顺内力方向）</td><td>$8d_0$或$12t$</td><td rowspan="5">$3d_0$</td></tr>
<tr><td rowspan="3">中间排</td><td colspan="2">垂直内力方向</td><td>$16d_0$或$24t$</td></tr>
<tr><td rowspan="2">顺内力方向</td><td>构件受压力</td><td>$12d_0$或$18t$</td></tr>
<tr><td>构件受拉力</td><td>$16d_0$或$24t$</td></tr>
<tr><td colspan="3">沿对角线方向</td><td>—</td></tr>
<tr><td rowspan="4">中心至构件边缘距离</td><td colspan="3">顺内力方向</td><td rowspan="4">$4d_0$或$8t$</td><td>$2d_0$</td></tr>
<tr><td rowspan="3">垂直内力方向</td><td colspan="2">剪切边或手工切割边</td><td rowspan="2">$1.5d_0$</td></tr>
<tr><td rowspan="2">轧制边、自动气割或锯割边</td><td>高强度螺栓</td></tr>
<tr><td>其他螺栓或铆钉</td><td>$1.2d_0$</td></tr>
</table>

注：1　d_0为螺栓或铆钉的孔径，对槽孔为短向尺寸，t为外层较薄板件的厚度；

2　钢板边缘与刚性构件（如角钢，槽钢等）相连的高强度螺栓的最大间距，可按中间排的数值采用；

3　计算螺栓孔引起的截面削弱时可取 $d+4$mm 和 d_0的较大者。

螺栓在构件上的排列形式有并列、错列两种，对排列的构造要求如图 16-10-5 所示。

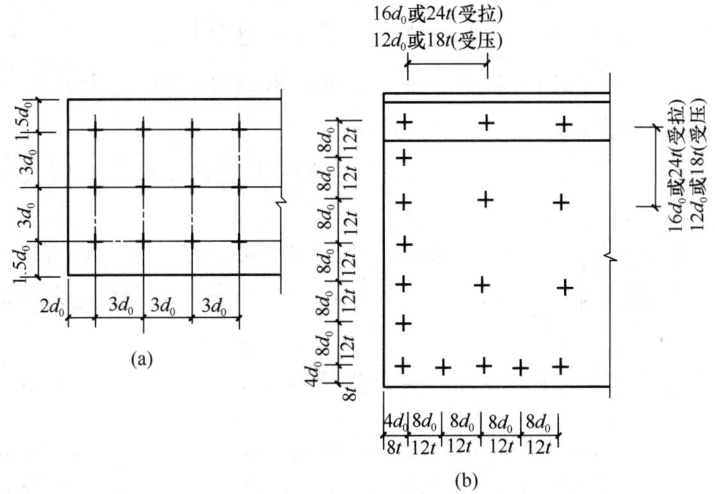

图 16-10-5　钢板上的螺栓排列

（a）螺栓排列的最小距离；（b）螺栓排列的最大距离

【例 16-10-7】(历年真题)采用高强度螺栓连接的构件拼接节点中，螺栓的中心间距应(d_0 为螺栓的孔径)：

A. 不小于 $1.5d_0$　　B. 不小于 $3d_0$

C. 不大于 $3d_0$　　D. 不大于 $1.5d_0$

【解答】此时，螺栓的中心间距不小于 $3d_0$，应选 B 项。

4. 高强度螺栓的计算

高强度螺栓的受剪计算、受拉计算，《钢标》规定：

11.4.2 高强度螺栓摩擦型连接应按下列规定计算：

1 在受剪连接中，每个高强度螺栓的承载力设计值按下式计算：

$$N_v^b = 0.9kn_f\mu P \qquad (11.4.2\text{-}1)$$

式中：N_v^b——一个高强度螺栓的受剪承载力设计值(N)；

k——孔型系数，标准孔取 1.0；大圆孔取 0.85；内力与槽孔长向垂直时取 0.7；内力与槽孔长向平行时取 0.6；

n_f——传力摩擦面数目；

μ——摩擦面的抗滑移系数，可按表 11.4.2-1(表略)取值，即 μ 值与连接处构件接触面的处理方法有关；

P——一个高强度螺栓的预拉力设计值(N)，按表 11.4.2-2(表略)取值。

2 在螺栓杆轴方向受拉的连接中，每个高强度螺栓的承载力应按下式计算：

$$N_t^b = 0.8P \qquad (11.4.2\text{-}2)$$

3 当高强度螺栓摩擦型连接同时承受摩擦面间的剪力和螺栓杆轴方向的外拉力时，承载力应符合下式要求：

$$\frac{N_v}{N_v^b} + \frac{N_t}{N_t^b} \leqslant 1.0 \qquad (11.4.2\text{-}3)$$

式中：N_v、N_t——分别为某个高强度螺栓所承受的剪力和拉力(N)；

N_v^b、N_t^b——一个高强度螺栓的受剪、受拉承载力设计值(N)。

11.4.3 高强度螺栓承压型连接应按下列规定计算：

1 承压型连接的高强度螺栓预拉力 P 的施拧工艺和设计值取值应与摩擦型连接高强度螺栓相同；

2 承压型连接中每个高强度螺栓的受剪承载力设计值，其计算方法与普通螺栓相同，但当计算剪切面在螺纹处时，其受剪承载力设计值应按螺纹处的有效截面积进行计算；

3 在杆轴受拉的连接中，每个高强度螺栓的受拉承载力设计值的计算方法与普通螺栓相同。

高强度螺栓摩擦型连接在轴心力作用下的受剪计算，N 通过螺栓群形心：

每个螺栓受剪计算：$$\frac{N}{n} \leqslant \eta N_v^b$$

式中，η 为螺栓超长折减系数。

构件毛截面屈服的强度验算：

$$\sigma=\frac{N}{A}\leqslant f$$

构件净截面断裂的强度验算：

$$\sigma=\left(1-0.5\frac{n_1}{n}\right)\frac{N}{A_n}\leqslant 0.7f_u$$

式中，n_1 为所计算截面（最外列螺栓处）上高强度螺栓数目；A_n 为验算截面处的净截面面积；n 为螺栓数目；f_u 为钢材的抗拉强度最小值。

高强度螺栓群（摩擦型连接或承压型连接）在弯矩作用下的计算，如图 16-10-6所示，螺栓绕螺栓群形心转动，则：

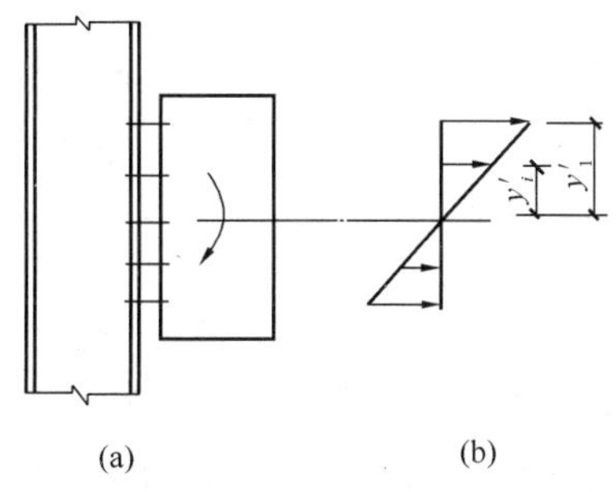

图 16-10-6　弯矩作用下高强度螺栓群连接

$$N_1=\frac{My'_1}{m\sum y'^2_i}\leqslant N^b_t=0.8P$$

式中，y'_1 为最外一排螺栓至螺栓群中心距离；y'_i 为第 i 排螺栓至螺栓群中心距离；m 为螺栓群的列数。

【例 16-10-8】（历年真题）高强度螺栓摩擦型连接中，螺栓的抗滑移系数主要与：

A. 螺栓直径有关　　B. 螺栓预应力值有关

C. 连接钢板厚度有关　　D. 钢板表面处理方法有关

【解答】 高强度螺栓摩擦型连接中，螺栓的抗滑移系数主要与钢板表面处理方法有关，应选 D 项。

【例 16-10-9】（历年真题）计算拉力和剪力同时作用的高强度螺栓承压型连接时，螺栓的：

A. 抗剪承载力设计值取 $N^b_v=0.9n_f\mu P$

B. 抗拉承载力设计值取 $N^b_t=0.8P$

C. 承压承载力设计值取 $N^b_c=d\sum tf^b_c$

D. 预应力设计值应进行折减

【解答】 高强度螺栓承压型连接时，螺栓按普通螺栓计算方法，即承压承载力设计值取 $N^b_c=d\sum tf^b_c$，应选 C 项。

三、钢屋盖

★1. 钢屋盖结构的组成和布置

钢屋盖结构由屋面材料、檩条、屋架、托架和天窗架、屋面支撑等构件组成。根据屋面材料和屋面结构布置情况可分为无檩屋盖和有檩屋盖两种。

屋架的跨度和间距取决于柱网布置，而柱网布置则根据建筑物工艺要求和经济合理等各方面因素而定。当柱距超过屋面板长度时，就必须在柱间设置托架，以支承中间屋架。

（1）钢屋盖支撑的分类与作用

屋盖支撑根据布置位置不同分为：屋架上弦横向水平支撑；屋架下弦横向水平支撑；屋架下弦纵向水平支撑；垂直（竖向）支撑；系杆。其中，系杆一般设置在不设置横向水平支撑的开间，分为刚性系杆（能承受压力）和柔性系杆（只能承受拉力）。为了保证屋架的几何稳定性，必须设置横向水平支撑、屋架端部垂直支撑和系杆。

屋盖支撑的作用包括：保证屋盖结构的几何稳定性；保证屋盖的空间和整体性；为受压弦杆提供侧向支承点；承受和传递纵向水平力（如风荷载、吊车纵向制动力、水平地震作用等）；保证结构在安装和架设过程中的稳定性。

屋架上弦平面支撑可作为上弦杆（压杆）的侧向支承点，从而减小其平面外（垂直屋架平面方向）的计算长度。屋架弦杆可由系杆与支撑桁架的节点连接，也能起到压杆（屋架弦杆）的侧向支承点的作用。

(2) 屋盖支撑的布置

上弦横向水平支撑，它通常设置在房屋两端（或温度伸缩缝区段两端）的第一或第二开间内。当设置在第二个开间内时，必须用刚性系杆将端屋架与横向水平支撑桁架的节点连接。上弦横向水平支撑的间距不宜超过60m。当房屋纵向长度较大时，应在房屋长度中间再增加设置横向水平支撑。

下弦横向水平支撑，它与上弦横向水平支撑在同一开间设置。在有悬挂吊车的屋盖，有桥式吊车或有振动设备的工业厂房或跨度较大（$L\geqslant18$m）的一般房屋中，必须设置下弦横向水平支撑。

下弦纵向水平支撑，在有桥式吊车的单层工业厂房中，除上、下弦横向水平支撑外，还必须设置下弦纵向水平支撑。

竖向支撑，在梯形屋架两端必须设置竖向支撑。另外，在屋架跨度中间，根据屋架跨度的大小，设置一道或二道竖向支撑。对于梯形屋架跨度$L\leqslant30$m，三角形屋架跨度$L\leqslant24$m时，仅在屋架跨度中央设置一道竖向支撑，但屋架跨度大于上述数值时，应在跨度三分点附近或天窗架侧柱处设置二道竖向支撑。当屋架上有天窗时，天窗也应设置竖向支撑。沿房屋的纵向，竖向支撑应与上下弦横向水平支撑设置在同一开间内。

系杆，如果系杆按压杆设计，常称为刚性系杆；如果系杆只需承受拉力，当它承受压力时可退出工作而由另一侧的系杆受拉承担，这种系杆按拉杆设计，常称为柔性系杆。

(3) 支撑的计算和构造

一般地，屋盖支撑受力较小，支撑截面尺寸大多数是由杆件的容许长细比和构造要求而定。按拉杆设计的斜腹杆、柔性系杆等的容许长细比为400；按压杆设计的直腹杆、刚性系杆等的容许长细比为200。

【例 16-10-10】（历年真题）钢结构屋盖中横向水平支撑的主要作用是：

A. 传递吊车荷载　　B. 承受屋面竖向荷载

C. 固定檩条和系杆　　D. 提供屋架侧向支承点

【解答】屋盖中横向水平支撑的主要作用是提供屋架侧向支承点，应选D项。

★★★2. 普通钢屋架

一般的工业厂房中，屋架的计算跨度取支柱轴线之间的距离减去0.3m。

屋架的高度应根据经济、刚度、建筑等要求以及屋面坡度、运输条件等因素来确定。梯形屋架的端部高度：当屋架与柱铰接时为1.6～2.2m，刚接时为1.8～2.4m，端弯矩大时取大值，端弯矩小时取小值。屋架上弦节间的划分主要依据屋面材料而定，如对采用大型屋面板的无檩屋盖，上弦节间长度应等于屋面板的宽度，一般为1.5m或3m。当采用有檩屋盖时，则根据檩条的间距而定，一般为0.8～0.3m。

（1）计算屋架杆件内力时常采用的基本假定

基本假定：屋架的节点为铰接（但当杆件为 H 形或箱形截面时，其内力应计算节点刚性引起的弯矩）；屋架所有杆件的轴线都在同一平面内，且相交于节点的中心；荷载都作用在节点上，且都在屋架平面内。

屋架内力应根据使用过程和施工过程中可能出现的最不利荷载组合计算。在屋架设计时应考虑的三种荷载组合：①永久荷载＋可变荷载；②永久荷载＋半跨可变荷载；③屋架、支撑和天窗架自重＋半跨屋面板重＋半跨屋面活荷载。

屋架上、下弦杆和靠近支座的腹杆按①组合计算；跨中附近的腹杆在②、③组合下可能内力为最大而且可能变号，应按②、③组合计算，取最不利者。

（2）内力计算

轴向力计算，屋架杆件的轴向力可用数解法或图解法求得。

上弦局部弯矩，为了简化，可近似地先按简支梁计算出弯矩 M_0，端节间的正弯矩 $M_1=0.8M_0$，其他节间的正弯矩和节点负弯矩为 $M_2=0.6M_0$。

当屋架与柱刚接时，除上述计算的屋架内力外，还应考虑在排架分析时所得的屋架端弯矩对屋架杆件内力的影响。

（3）屋架杆件设计

屋架杆件的计算长度 l_0 的规定见表 16-10-1。应注意表 16-10-1 注 3 的规定。

桁架弦杆和单系腹杆的计算长度 l_0　　表 16-10-1

项次	弯曲方向	弦杆	腹杆	
			支座斜杆和支座竖杆	其他腹杆
1	在桁架平面内	l	l	$0.8l$
2	在桁架平面外	l_1	l	l
3	斜平面	—	l	$0.9l$

注：1. l 为构件的几何长度（节点中心间距离）；l_1 为桁架弦杆侧向支承点之间的距离。
2. 斜平面系指与桁架平面斜交的平面，适用于构件截面两主轴均不在桁架平面内的单角钢腹杆和双角钢十字形截面腹杆。
3. 无节点板的腹杆计算长度在任意平面内均取其等于几何长度（钢管结构除外）。

当桁架弦杆侧向支承点之间的距离为节间长度的 2 倍（图 16-10-7）且两节间的弦杆轴心压力不相同时，则该弦杆在桁架平面外的计算长度，应按下式确定：

$$l_0=l_1\left(0.75+0.25\frac{N_2}{N_1}\right)\geqslant 0.5l_1$$

式中，N_1 为较大的压力，计算时取正值；N_2 为较小的压力或拉力，计算时压力取正值，拉力取负值。

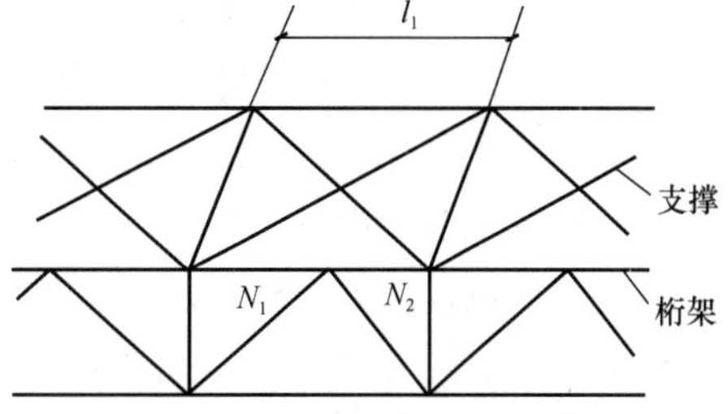

图 16-10-7　弦杆轴心压力在侧向支承点间有变化的桁架简图

确定在交叉点相互连接的桁架交叉腹杆的长细比时，在桁架平面内的计算长度应取节点中心到交叉点间的距离。在桁架平面外的计算长度，当两交叉杆长度相等且在中点相交时，压杆应按《钢标》规定采用；拉杆，应取 $l_0=l$，l 为桁架节点中心间距离（交叉点不作为节点考虑）。

当确定交叉腹杆中单角钢杆件斜平面内的长细比时，计算长度应取节点中心至交叉点的距离。当确定交叉腹杆中单角钢杆件平面外的长细比时，同前述规定，即压杆按《钢标》规定；拉杆，取 $l_0=l$。

杆件的容许长细比，其取值见本章第九节的规定。

【例 16-10-11】（历年真题）简支梯形钢屋架上弦杆的平面内计算长度系数应取：

A. 0.75　　B. 1.1　　C. 0.9　　D. 1.0

【解答】 钢屋架上弦杆，根据表 16-10-1，平面内计算长度系数应取 1.0，应选 D 项。

【例 16-10-12】（历年真题）钢屋盖桁架结构中，腹杆和弦杆直接连接而不采用节点板，则腹杆的计算长度系数为：

A. 1　　B. 0.9　　C. 0.8　　D. 0.7

【解答】 根据表 16-10-1 注 3，腹杆的计算长度系数为 1.0，应选 A 项。

（4）杆件截面设计

普通钢屋架的杆件一般采用两个等肢或不等肢角钢组成的T形截面或十字形截面。由于屋架受压杆件的承载能力主要受稳定条件控制，故选择截面应符合稳定性要求，一般取 $\lambda_x \approx \lambda_y$，而当截面两个主轴方向的截面分类不属于同一类时，应取 $\varphi_x=\varphi_y$。

对于屋架上弦，如无局部弯矩，因屋架平面外计算长度往往是屋架平面内计算长度的两倍或更大，要使 $\lambda_x=\lambda_y$，必须使 $i_y=2i_x$，上弦宜采用两个不等肢角钢短肢相并的 T 形截面形式。如有较大的局部弯矩，宜采用两个不等肢角钢长肢相并的 T 形截面。

对于屋架的支座斜杆（端斜杆），由于它的屋架平面内和平面外的计算长度相等，应使截面的 $i_x \approx i_y$，采用两个不等肢角钢长肢相并的 T 形截面。

对于其他腹杆，因为 $l_{0x}=0.8l_{0y}$，故要求 $i_{0x}=0.8i_{0y}$，宜采用两个等肢角钢组成的 T 形截面。与竖向支撑相连的竖腹杆宜采用两个等肢角钢组成的十字截面。

屋架下弦在平面外的计算长度很大，故宜采用两个不等肢角钢短肢相并的 T 形截面。

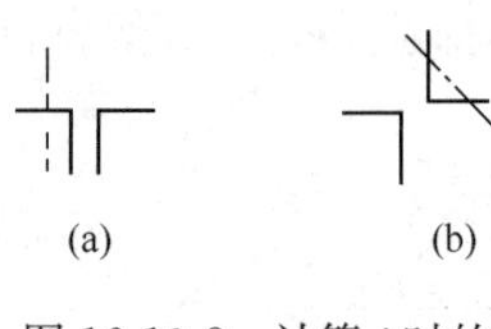

图 16-10-8　计算 i 时的轴线示意图

此外，应在角钢相并肢之间焊上垫板，垫板厚度与节点板厚度相同，垫板宽度一般取 50～80mm，长度比角钢肢宽大 20～30mm，垫板间距在受压杆件中不大于 $40i$，在受拉杆件中不大于 $80i$，在 T 形截面中 i 为一个角钢对平行于垫板自身重心轴的回转半径；在十字形截面中 i 为一个角钢的最小回转半径（图 16-10-8）；在杆件的计算长度范围内至少设置两块垫板。

（5）屋架节点设计

屋架节点设计的要求：各杆件的形心线应尽量与屋架的几何轴线重合，并交于节点中心；屋架节点板上腹杆与弦杆之间以及腹杆之间的间隙不宜小于 20mm；节点板的形状应尽可能简单而有规则，至少应有两边平行，如矩形、棱形、直角梯形等；同一榀屋架中所有节点板宜采用同一种厚度，但支座节点板可比其他节点板厚 2mm。节点板不得作为拼接弦杆用的主要传力杆件。

习　题

16-10-1（历年真题）采用高强度螺栓的梁柱连接中，螺栓的中心间距应（d_0 为螺栓孔径）：

A. 不小于 $2d_0$　　B. 不小于 $3d_0$

C. 不大于 $4d_0$　　D. 不大于 $5d_0$

16-10-2 （历年真题）在荷载作用下，非搭接侧面角焊缝的计算长度大于某一数值时，其超过部分在抗剪计算中一般不予考虑，其值为：

A. $40h_f$　　B. $60h_f$　　C. $80h_f$　　D. $100h_f$

16-10-3 （历年真题）设计采用钢桁架的屋盖结构时，必须：

A. 布置纵向支撑和刚性系杆　　B. 采用梯形桁架

C. 布置横向支撑和垂直支撑　　D. 采用角钢杆件

16-10-4 （历年真题）检测焊透对接焊缝质量时，如采用三级焊缝：

A. 需要进行外观检测和无损检测　　B. 只需进行外观检测

C. 只需进行无损检测　　D. 只需抽样 20%进行检测

16-10-5 （历年真题）与普通螺栓连接抗剪承载力无关的是：

A. 螺栓的抗剪强度　　B. 连接板件的孔壁抗压强度

C. 连接板件间的摩擦系数　　D. 螺栓的受剪面数量

16-10-6 （历年真题）钢框架柱拼接不常用的是：

A. 全部采用坡口焊缝　　B. 全部采用高强度螺栓

C. 翼缘用焊缝而腹板用高强度螺栓　　D. 翼缘用高强度螺栓而腹板用焊缝

第十一节　砌体结构材料性能与设计表达式

★一、块体

块体是砌体的主要部分。根据国家标准《砌体结构设计规范》GB 50003—2011（以下简称《砌规》），常用的块体可分为：烧结普通砖、烧结多孔砖；蒸压灰砂普通砖、蒸压粉煤灰普通砖；混凝土普通砖、混凝土多孔砖；混凝土砌块、轻骨料混凝土砌块；石材。《砌体结构通用规范》GB 55007—2021 还增加蒸压加气混凝土砌块。

1. 烧结普通砖、烧结多孔砖

烧结普通砖，是指由煤矸石、页岩、粉煤灰或黏土为主要原料，经过焙烧而成的实心砖。分烧结煤矸石砖、烧结页岩砖、烧结粉煤灰砖、烧结黏土砖等。

烧结多孔砖，是指以煤矸石、页岩、粉煤灰或黏土为主要原料，经焙烧而成，孔洞率不大于 35%，孔的尺寸小而数量多，主要用于承重部位的砖。我国烧结多孔砖类型很多，如 KM1、KP1、KP2，编号中的字母 K 表示孔洞，M 表示模数，P 表示普通。KM1 的规格为 190mm×190mm×90mm，KP1 的规格为 240mm×115mm×90mm。

烧结空心砖，是指有水平孔洞的黏土空心砖，空心率可达 40%～60%，一般用于填充墙、分隔墙等非承重部分。

块体的强度等级符号以“MU”表示，单位为 MPa（N/mm^2）。烧结普通砖、烧结多孔砖的强度等级划分为：MU30、MU25、MU20、MU15 和 MU10。

烧结空心砖的强度等级划分为：MU10、MU7.5、MU5 和 MU3.5。

2. 蒸压灰砂普通砖、蒸压粉煤灰普通砖

蒸压灰砂普通砖，是指以石灰等钙质材料和砂等硅质材料为主要原料，经坯料制备、压制排气成型、高压蒸汽养护而成的实心砖。

蒸压粉煤灰普通砖，是指以石灰、消石灰（如电石渣）或水泥等钙质材料与粉煤灰等硅质材料及骨料（砂等）为主要原料，掺加适量石膏，经坯料制备、压制排气成型、高压蒸汽养护而成的实心砖。

根据建材标准指标，蒸压灰砂普通砖、蒸压粉煤灰普通砖等蒸压硅酸盐砖不得用于长期受热200℃以上、受急冷急热和有酸性介质侵蚀的建筑部位。这类砖的强度等级划分为：MU25、MU20和MU15。

3. 混凝土普通砖、混凝土多孔砖

混凝土普通砖和混凝土多孔砖，是指以水泥为胶结材料，以砂、石等为主要骨料，加水搅拌、成型、养护制成的一种多孔的混凝土半盲孔砖或实心砖。混凝土多孔砖的主规格尺寸为240mm×115mm×90mm、240mm×190mm×90mm、190mm×190mm×90mm等；混凝土实心砖的主规格尺寸为240mm×115mm×53mm、240mm×115mm×90mm等。这类砖的强度等级划分为：MU30、MU25、MU20和MU15。

4. 混凝土砌块、轻骨料混凝土砌块

高度在180～350mm的块体，一般称为小型砌块；高度在360～900mm的块体，一般称为中型砌块。目前应用的砌块按材料分有两种：混凝土空心砌块和轻骨料混凝土空心砌块。其中，混凝土空心砌块是由普通混凝土制成，有单排孔的和多排孔的，空心率在25%～50%，主规格尺寸为390mm×190mm×190mm。

砌块的厚度及空心率应根据结构的承载力、稳定性、构造与热工要求决定。砌块的强度等级划分为：M20、MU15、MU10、MU7.5和MU5。

5. 石材

重质天然石材强度高，耐久，但导热系数大，一般用于基础砌体和重要建筑物的贴面，不宜作采暖房屋的墙壁。石材按其加工后的外形规则程度，可分为料石和毛石。料石又分为：细料石、粗料石和毛料石。毛石的形状不规则，中部厚度不应小于200mm。

石材的强度等级，可用边长为70mm的立方体试块的抗压强度表示。抗压强度取三个试件破坏强度的平均值。石材的强度等级划分为MU100、MU80、MU60、MU50、MU40、MU30和MU20。

6. 蒸压加气混凝土砌块

蒸压加气混凝土砌块，是指以硅质和钙质材料为主要原料，以铝粉（膏）为发气剂，经加水搅拌、浇注、静停、切割、蒸压养护等工艺过程制成的块体材料。

《砌体结构通用规范》规定：

3.2.4 对处于环境类别1类和2类的承重砌体，所用块体材料的最低强度等级应符合表3.2.4的规定；对配筋砌块砌体抗震墙，表3.2.4中1类和2类环境的普通、轻骨料混凝土砌块强度等级为MU10；安全等级为一级或设计工作年限大于50年的结构，表3.2.4中材料强度等级应至少提高一个等级。

3.2.5 对处于环境类别3类的承重砌体，所用块体材料的抗冻性能和最低强度等级应符合表3.2.5的规定。设计工作年限大于50年时，表3.2.5中的抗冻指标应提高一个等级，对严寒地区抗冻指标提高为F75。

1 类、2 类环境下块体材料最低强度等级　　　表 3.2.4

环境类别	烧结砖	混凝土砖	普通、轻骨料混凝土砌块	蒸压普通砖	蒸压加气混凝土砌块	石材
1（干燥环境）	MU10	MU15	MU7.5	MU15	A5.0	MU20
2（潮湿环境）	MU15	MU20	MU7.5	MU20	—	MU30

3 类环境下块体材料抗冻性能与最低强度等级　　　表 3.2.5

环境类别	冻融环境	抗冻性能			块材最低强度等级		
		抗冻指标	质量损失（%）	强度损失（%）	烧结砖	混凝土砖	混凝土砌块
3（冻融环境）	微冻地区	F25	≤5	≤20	MU15	MU20	MU10
	寒冷地区	F35			MU20	MU25	MU15
	严寒地区	F50			MU20	MU25	MU15

3.2.7　夹心墙的外叶墙的砖及混凝土砌块的强度等级不应低于 MU10。

3.2.8　填充墙的块材最低强度等级，应符合下列规定：

1　内墙空心砖、轻骨料混凝土砌块、混凝土空心砌块应为 MU3.5，外墙应为 MU5；

2　内墙蒸压加气混凝土砌块应为 A2.5，外墙应为 A3.5。

2.0.5　满足 50 年设计工作年限要求的块材碳化系数和软化系数均不应小于 0.85，软化系数小于 0.9 的材料不得用于潮湿环境、冻融环境和化学侵蚀环境下的承重墙体。

★二、砂浆

普通砂浆按其配合成分可分为：水泥砂浆；混合砂浆；非水泥砂浆。普通砂浆的强度是由 28d 龄期的每边长为 70.7mm 的立方体试件的抗压强度指标为依据，其强度等级符号以“M”表示，划分为 M15、M10、M7.5、M5 和 M2.5。验算施工阶段新砌筑的砌体强度和稳定性，因为砂浆尚未硬化，可按砂浆的抗压强度为零确定其砌体强度和允许高厚比值 $[\beta]$。

砌筑用普通砂浆应具有强度、耐久性、流动性（或可塑性）、保水性。其中，砂浆的可塑性，可采用重 3N、顶角 30°的标准锥体沉入砂浆中的深度来测定，锥体的沉入深度根据砂浆的用途规定为：用于砖砌体为 70～100mm；用于砌块砌体为 50～70mm；用于石砌体为 30～50mm。

砂浆的质量在很大程度上取决于其保水性。砂浆的保水性以分层度表示，即将砂浆静置 30min，上下层沉入量之差宜在 10～20mm。纯水泥砂浆的流动性与保水性比混合砂浆差。

蒸压灰砂普通砖和蒸压粉煤灰普通砖砌体的专用砂浆的强度等级用 Ms 表示。蒸压加气混凝土砌块砌体的专用砂浆的强度等级用 Ma 表示。

砌块专用砂浆的强度等级用 Mb 表示。砌块灌孔混凝土的强度等级用 Cb 表示。

《砌体结构通用规范》规定：

3.3.1 砌筑砂浆的最低强度等级应符合下列规定：

1 设计工作年限大于和等于25年的烧结普通砖和烧结多孔砖砌体应为M5，设计工作年限小于25年的烧结普通砖和烧结多孔砖砌体应为M2.5；

2 蒸压加气混凝土砌块砌体应为Ma5，蒸压灰砂普通砖和蒸压粉煤灰普通砖砌体应为Ms5；

3 混凝土普通砖、混凝土多孔砖砌体应为Mb5；

4 混凝土砌块、煤矸石混凝土砌块砌体应为Mb7.5；

5 配筋砌块砌体应为Mb10；

6 毛料石、毛石砌体应为M5。

3.3.3 设计有抗冻要求的砌体时，砂浆应进行冻融试验，其抗冻性能不应低于墙体块材。

3.3.4 配置钢筋的砌体不得使用掺加氯盐和硫酸盐类外加剂的砂浆。

★三、砌体

由块体和砂浆砌筑而成的整体结构称为砌体，它可分为无筋砌体和配筋砌体。砌体包括砖砌体、砌块砌体和石砌体。

砖砌体包括烧结普通砖、烧结多孔砖、蒸压灰砂普通砖、蒸压粉煤灰普通砖、混凝土普通砖、混凝土多孔砖的无筋和配筋砌体。

砌块砌体包括蒸压加气混凝土砌块、混凝土砌块、轻骨料混凝土砌块的无筋和配筋砌体。

按照砖的搭砌方式，实砌砌体通常采用一顺一丁、梅花丁和三顺一丁砌筑法。石砌体进一步分为料石砌体和毛石砌体。

配筋砌体包括网状（或水平）配筋砖砌体、组合砖砌体和配筋砌块砌体。

★★★四、砌体的受压性能

1. 砌体受压时的块体的受力机理

（1）块体在砌体中处于压、弯、剪复杂应力状态

由于块体的表面不平整、砂浆铺砌不可能十分均匀，使砌体受压时的块体并非均匀受压，而是处于压、弯、剪复合应力状态。块体的抗剪、抗弯强度远低于其抗压强度，因而较早地使单个块体出现裂缝，导致块体的抗压强度不能充分发挥。这是砌体抗压强度远低于块体抗压强度的主要原因。

（2）砂浆使得块体在横向受拉

通常，低强度等级的砂浆弹性模量比块体弹性模量低，当砌体受压时，砂浆的横向变形比块体的横向变形大，故砂浆使得块体在横向受拉，从而降低了块体的抗压强度。注意，砂浆的横向变形受到块体的约束，故砂浆处于三向受压。

（3）竖向灰缝中存在应力集中

由于竖向灰缝不可能饱满，造成块体间的竖向灰缝处存在应力集中（即剪应力和横向拉应力的集中），使得块体受力更为不利。

可见，砌体受压时，砌体抗压强度远低于块体抗压强度。

2. 影响砌体抗压强度的主要因素

（1）块体和砂浆强度的影响。块体和砂浆强度是决定砌体抗压强度最主要的因素。砌体抗压强度随块体和砂浆的强度等级的提高而提高。

（2）块体的形状和几何尺寸的影响。块体的表面越平整，越有利于灰缝厚度的均匀，使砌体抗压强度得到提高。块体较高（厚）时，其抗弯、抗剪能力增大，可提高砌体抗压强度。

（3）砌筑质量。砌筑时灰缝的均匀、密实、饱满可明显提高砌体抗压强度。此外，块体的含水率及砌筑方法也会影响砌体抗压强度。

3. 砌体抗压强度设计值

《砌规》规定：

3.2.1 龄期为28d的以毛截面计算的砌体抗压强度设计值，当施工质量控制等级为B级时，应根据块体和砂浆的强度等级分别按下列规定采用：

1 烧结普通砖、烧结多孔砖砌体的抗压强度设计值，应按表3.2.1-1采用。

烧结普通砖和烧结多孔砖砌体的抗压强度设计值（MPa） **表3.2.1-1**

砖强度等级	砂浆强度等级					砂浆强度
	M15	M10	M7.5	M5	M2.5	0
MU30	3.94	3.27	2.93	2.59	2.26	1.15
MU25	3.60	2.98	2.68	2.37	2.06	1.05
MU20	3.22	2.67	2.39	2.12	1.84	0.94
MU15	2.79	2.31	2.07	1.83	1.60	0.82
MU10	—	1.89	1.69	1.50	1.30	0.67

注：当烧结多孔砖的孔洞率大于30%时，表中数值应乘以0.9。

需注意：

（1）砌体的施工质量控制等级分为A级、B级和C级。一般多层砌体结构房屋宜按B级控制。根据《砌体结构工程施工质量验收规范》GB 50203—2011的规定，配筋砌体不得采用C级施工。

（2）根据《砌规》表3.2.1-1，可得如下规律和结论：

1）当要提高砌体抗压强度时，采用提高块体的强度等级比提高砂浆的强度等级更有效。

2）当砂浆强度为0时，砌体抗压强度不为零。

3）砂浆和块体的强度等级的选用应匹配，通常砂浆的强度等级小于或等于块体的强度等级。但特殊情况下，砂浆的强度等级可以大于块体的强度等级。

4）块体抗压强度一定大于砌体的抗压强度。

5）当砂浆强度不为0时，通常砌体的抗压强度小于砂浆的强度。但特殊情况下，砌体抗压强度大于砂浆的强度。

【例16-11-1】（历年真题）砌体在轴心受压时，块体的受力状态为：

A. 压力　　B. 剪力、压力

C. 弯矩、压力　　D. 弯矩、剪力、压力、拉力

【解答】砌体在轴心受压时，块体的受力状态为：弯矩、剪力、压力、拉力，应选D项。

【例16-11-2】（历年真题）砌体抗压强度恒比块材强度低的原因是：

① 砌体受压时块材处于复杂应力状态；

② 砌体中有很多竖缝，受压后产生应力集中现象；

③ 砌体受压时砂浆的横向变形大于块材的横向变形，导致块材在砌体中受拉；

④ 砌体中块材相互错缝咬结，整体性差。

A. ①③　　　　B. ②④

C. ①②　　　　D. ①④

【解答】砌体受压时，块材处于复杂应力状态；砂浆的横向变形大于块材的横向变形，导致块材受拉，故应选A项。

【例 16-11-3】（历年真题）砌体是由块材和砂浆组合而成的。砌体抗压强度与块材及砂浆强度的关系，下列正确的是：

A. 砂浆的抗压强度恒小于砌体的抗压强度

B. 砌体的抗压强度随砂浆强度提高而提高

C. 砌体的抗压强度与块材的抗压强度无关

D. 砌体的抗压强度与块材的抗拉强度有关

【解答】根据《砌规》表 3.2.1-1，可知A、C、D项错误，B项正确，应选B项。

★★★五、砌体的轴心受拉、弯曲受拉和受剪性能

砌体受轴心拉力时，砌体可能会发生沿齿缝截面、也可能沿块体和竖向灰缝截面或者沿通缝截面破坏。砌体的轴心受拉承载力主要取决于块体与砂浆之间的粘结强度，故计算中仅考虑水平灰缝的粘结强度，与砂浆的抗压强度 f_2 关系为：$f_{t,m}=k_3\sqrt{f_2}$，$f_{tm,m}=k_4\sqrt{f_2}$，式中 $f_{t,m}$、$f_{tm,m}$ 分别为砌体轴心抗拉强度平均值、沿齿缝和通缝截面的弯曲抗拉强度平均值。k_3、k_4 为系数。

受纯剪时，砌体可能沿通缝或沿阶梯形截面破坏。在压弯受力状态下，砌体可能发生剪摩破坏、剪压破坏和斜压破坏等。因此，砌体的受剪承载力也主要取决于块体与砂浆之间的粘结强度，与砂浆的抗压强度 f_2 关系为：$f_{v,m}=k_5\sqrt{f_2}$，式中 $f_{v,m}$ 为砌体抗剪强度平均值，k_5 为系数。

《砌规》规定：

3.2.2 龄期为28d的以毛截面计算的各类砌体的轴心抗拉强度设计值、弯曲抗拉强度设计值和抗剪强度设计值，应符合下列规定：

1 当施工质量控制等级为B级时，强度设计值应按表3.2.2采用：

沿砌体灰缝截面破坏时砌体的轴心抗拉强度设计值、弯曲抗拉强度设计值和抗剪强度设计值（MPa）　表 3.2.2

强度类别	破坏特征及砌体种类		砂浆强度等级			
			≥M10	M7.5	M5	M2.5
轴心抗拉	沿齿缝	烧结普通砖、烧结多孔砖	0.19	0.16	0.13	0.09
		混凝土普通砖、混凝土多孔砖	0.19	0.16	0.13	—
		蒸压灰砂普通砖、蒸压粉煤灰普通砖	0.12	0.10	0.08	—
		混凝土和轻骨料混凝土砌块	0.09	0.08	0.07	—
		毛石	—	0.07	0.06	0.04

续表

强度类别	破坏特征及砌体种类		砂浆强度等级			
			≥M10	M7.5	M5	M2.5
弯曲抗拉	沿齿缝	烧结普通砖、烧结多孔砖	0.33	0.29	0.23	0.17
		混凝土普通砖、混凝土多孔砖	0.33	0.29	0.23	—
		蒸压灰砂普通砖、蒸压粉煤灰普通砖	0.24	0.20	0.16	—
		混凝土和轻骨料混凝土砌块	0.11	0.09	0.08	—
		毛石	—	0.11	0.09	0.07
	沿通缝	烧结普通砖、烧结多孔砖	0.17	0.14	0.11	0.08
		混凝土普通砖、混凝土多孔砖	0.17	0.14	0.11	—
		蒸压灰砂普通砖、蒸压粉煤灰普通砖	0.12	0.10	0.08	—
		混凝土和轻骨料混凝土砌块	0.08	0.06	0.05	—
抗剪	烧结普通砖、烧结多孔砖		0.17	0.14	0.11	0.08
	混凝土普通砖、混凝土多孔砖		0.17	0.14	0.11	—
	蒸压灰砂普通砖、蒸压粉煤灰普通砖		0.12	0.10	0.08	—
	混凝土和轻骨料混凝土砌块		0.09	0.08	0.06	—
	毛石		—	0.19	0.16	0.11

注：1　对于用形状规则的块体砌筑的砌体，当搭接长度与块体高度的比值小于1时，其轴心抗拉强度设计值 f_t 和弯曲抗拉强度设计值 f_{tm} 应按表中数值乘以搭接长度与块体高度比值后采用。

需注意：

(1) 根据《砌规》表3.2.2，砌体的轴心抗拉、弯曲抗拉和抗剪强度设计值与块体的强度等级无关。当砂浆的强度等级越高，其砌体的轴心抗拉、弯曲抗拉和抗剪强度设计值也越高。

(2) 毛石砌体总是沿齿缝弯曲破坏，不会沿通缝弯曲破坏，因此《砌规》表3.2.2中无“毛石砌体沿通缝的弯曲抗拉强度”。

【例16-11-4】（历年真题）砌体的抗拉强度主要取决于：

A. 块材的抗拉强度　　B. 砂浆的抗压强度

C. 灰缝厚度　　D. 块材的整齐程度

【解答】 砌体的抗拉强度主要取决于砂浆的抗压强度，应选B项。

★★★六、强度设计值调整和砌体的弹性模量

1. 各类砌体的强度设计值调整系数

《砌规》规定：

3.2.3　下列情况的各类砌体，其砌体强度设计值应乘以调整系数 γ_a：

1　对无筋砌体构件，其截面面积小于 $0.3m^2$ 时，γ_a 为其截面面积加0.7；对配筋

砌体构件，当其中砌体截面面积小于 0.2m^{2}时，γ_a 为其截面面积加 0.8；构件截面面积以“m^2”计；

2 当砌体用强度等级小于 M5.0 的水泥砂浆砌筑时，对第 3.2.1 条各表中的数值，γ_a 为 0.9；对第 3.2.2 条表 3.2.2 中的数值，γ_a 为 0.8；

3 当验算施工中房屋的构件时，γ_a 为 1.1。

此外，《砌规》4.1.1 条～4.1.5 条的条文说明中指出：当施工质量控制等级为 C 级时，取 $\gamma_a=0.89$。

《砌规》还规定：

3.2.4 施工阶段砂浆尚未硬化的新砌砌体的强度和稳定性，可按砂浆强度为零进行验算。对于冬期施工采用掺盐砂浆法施工的砌体，砂浆强度等级按常温施工的强度等级提高一级时，砌体强度和稳定性可不验算。配筋砌体不得用掺盐砂浆施工。

2. 砌体的弹性模量

砌体的弹性模量E取为应力-应变曲线上应力为$0.43f_m$点的割线模量，即$E=0.8E_0$（E_0 为原点弹性模量）。砌体的剪变模量可取 $G=0.4E$。烧结普通砖砌体的泊松比可取 0.15。应注意的是，弹性模量中的砌体抗压强度设计值不用按《砌规》3.2.3 条进行调整。

【例 16-11-5】（历年真题）用水泥砂浆与用同等级混合砂浆砌筑的砌体（块材相同），两者的抗压强度：

A. 相等　　B. 前者小于后者

C. 前者大于后者　　D. 不一定

【解答】 当采用 M2.5 水泥砂浆时，由《砌规》3.2.3 条，其抗压强度应乘以 0.9，故与 M2.5 级混合砂浆的抗压强度不相等，应选 D 项。

【例 16-11-6】（历年真题）《砌体结构设计规范》中砌体弹性模量的取值为：

A. 原点弹性模量　　B. $\sigma=0.43f_m$ 时的切线模量

C. $\sigma=0.43f_m$ 时的割线模量　　D. $\sigma=f_m$ 时的切线模量

【解答】 砌体的弹性模量取 $\sigma=0.43f_m$ 时的割线模量，应选 C 项。

★七、基本设计原则

《砌规》规定：

4.1.1 本规范采用以概率理论为基础的极限状态设计方法，以可靠指标度量结构构件的可靠度，采用分项系数的设计表达式进行计算。

4.1.2 砌体结构应按承载能力极限状态设计，并满足正常使用极限状态的要求。

4.1.5 砌体结构按承载能力极限状态设计时，应按下式中最不利组合进行计算：

$$\gamma_0\left(1.2S_{Gk}+1.4\gamma_L S_{Q1k}+\gamma_L\sum_{i=2}^{n}\gamma_{Qi}\psi_{ci}S_{Qik}\right)\leqslant R(f,a_k\cdots) \qquad (4.1.5\text{-}1)$$

式中：γ_0——结构重要性系数。对安全等级为一级的结构构件，不应小于 1.1；对安全等级为二级的结构构件，不应小于 1.0；对安全等级为三级的结构构件，不应小于 0.9；

γ_L——结构构件的抗力模型不定性系数。对静力设计，考虑结构设计使用年限的荷载调整系数，设计使用年限为50a，取1.0；设计使用年限为100a，取1.1；

S_{Gk}——永久荷载标准值的效应；

S_{Q1k}——在基本组合中起控制作用的一个可变荷载标准值的效应；

S_{Qik}——第 i 个可变荷载标准值的效应；

R（·）——结构构件的抗力函数；

γ_{Qi}——第 i 个可变荷载的分项系数；

ψ_{ci}——第 i 个可变荷载的组合值系数。一般情况下应取0.7；对书库、档案库、储藏室或通风机房、电梯机房应取0.9；

f——砌体的强度设计值，$f=f_k/\gamma_f$；

f_k——砌体的强度标准值，$f_k=f_m-1.645\sigma_f$；

γ_f——砌体结构的材料性能分项系数，一般情况下，宜按施工质量控制等级为B级考虑，取 $\gamma_f=1.6$；当为C级时，取 $\gamma_f=1.8$；当为A级时，取 $\gamma_f=1.5$；

f_m——砌体的强度平均值，可按本规范附录B的方法确定；

σ_f——砌体强度的标准差；

a_k——几何参数标准值。

注意，根据《工程结构通用规范》规定，荷载的基本组合应为下式：

$$\gamma_0(1.3S_{Gk}+1.5\gamma_L S_{Q1k}+\gamma_L\sum_{i=2}^{n}1.5\psi_{ci}S_{Qik})\leqslant R(f_1,a_k\cdots)$$

标准值大于4kN/m^{2}的工业房屋楼面活荷载，取 $\gamma_Q\geqslant1.4$。

在一般的工业与民用建筑中，砌体结构构件的安全等级为二级，其破坏为脆性破坏，故其可靠指标 $\beta\geqslant3.7$。

【例16-11-7】（历年真题）进行砌体结构设计时，必须满足下面哪些要求？

① 砌体结构必须满足承载力极限状态；

② 砌体结构必须满足正常使用极限状态；

③ 一般工业与民用建筑中的砌体构件，目标可靠指标 $\beta\geqslant3.2$；

④ 一般工业与民用建筑中的砌体构件，目标可靠指标 $\beta\geqslant3.7$。

A. ①②③　　B. ①②④　　C. ①④　　D. ①③

【解答】砌体结构设计必须满足①②④，应选B项。

【例16-11-8】（历年真题）砌体结构的设计原则是：

① 采用以概率理论为基础的极限状态设计方法

② 按承载力极限状态设计，进行变形验算满足正常使用极限状态要求

③ 按承载力极限状态设计，由相应构造措施满足正常使用极限状态要求

④ 根据建筑结构的安全等级，按重要性系数考虑其重要程度

A. ①②④　　B. ①③④　　C. ②④　　D. ③④

【解答】砌体结构的设计原则是：①③④，应选B项。

习　　题

16-11-1 （历年真题）砌体的轴心抗拉强度、弯曲抗拉强度、抗剪强度，主要取决于：

A. 砂浆的强度　　B. 块体的抗拉强度

C. 块体的尺寸与形状　　D. 砌筑方式

16-11-2 （历年真题）在确定砌体强度时，下列哪项叙述是正确的？

A. 块体的长宽对砌体抗压强度有影响

B. 水平灰缝厚度越厚，砌体抗压强度越高

C. 砖砌筑时含水量越大，砌体抗压强度越高，但抗剪强度越低

D. 对于提高砌体抗压强度，提高块体强度比提高砂浆强度更有效

16-11-3 （历年真题）关于砂浆强度等级 M0 的说法正确的是：

①施工阶段尚未凝结的砂浆；②抗压强度为零的砂浆；③用冻结法施工的砂浆；④抗压强度很小接近零的砂浆。

A. ①③　　B. ①②　　C. ③④　　D. ②

16-11-4 （历年真题）下列关于砖砌体的抗压强度与砖及砂浆的抗压强度的关系，说法正确的是：

① 砖的抗压强度恒大于砖砌体的抗压强度

② 砂浆的抗压强度恒大于砖砌体的抗压强度

③ 砌体的抗压强度随砂浆的强度提高而提高

④ 砌体的抗压强度随块体的强度提高而提高

A. ①②③④　　B. ①③④

C. ②③④　　D. ③④

16-11-5 （历年真题）施工阶段的新砌体，砂浆尚未硬化时，砌体的抗压强度：

A. 按砂浆强度为零计算　　B. 按零计算

C. 按设计强度的 30%采用　　D. 按设计强度的 50%采用

第十二节　砌体结构房屋静力计算和构造要求

一、结构布置

承重墙体的布置是砌体结构房屋设计中的重要环节，这是因为承重墙体的布置不仅影响了房屋平面的划分和空间的大小，还关系到荷载传递路线及房屋的空间刚度，影响了静力计算方案的确定。

（1）纵墙承重体系，其荷载主要传递路线为：屋（楼）面荷载→纵墙→基础→地基。

（2）横墙承重体系，其荷载主要传递路线为：屋（楼）面荷载→横墙→基础→地基。

（3）纵横墙承重体系，其荷载主要传递路线为：屋（楼）面荷载→横墙、纵墙→基础→地基。

★★★二、静力计算方案

在砌体结构房屋中，纵墙、横墙（包括山墙）、屋（楼）盖、基础等组成一空间受

力体系。砌体结构房屋是以采用属于哪一类静力计算方案来区分空间作用的大小的。静力计算方案有弹性方案、刚性方案、刚弹性方案三种，而且屋（楼）盖类别、横墙间距又是确定静力计算方案的两个主要因素，横墙的刚度对确定静力计算方案有一定的影响。

《砌规》规定：

4.2.1 房屋的静力计算，根据房屋的空间工作性能分为刚性方案、刚弹性方案和弹性方案。设计时，可按表 4.2.1 确定静力计算方案。

房屋的静力计算方案　　表 4.2.1

	屋盖或楼盖类别	刚性方案	刚弹性方案	弹性方案
1	整体式、装配整体和装配式无檩体系钢筋混凝土屋盖或钢筋混凝土楼盖	$s<32$	$32\leqslant s\leqslant 72$	$s>72$
2	装配式有檩体系钢筋混凝土屋盖、轻钢屋盖和有密铺望板的木屋盖或木楼盖	$s<20$	$20\leqslant s\leqslant 48$	$s>48$
3	瓦材屋面的木屋盖和轻钢屋盖	$s<16$	$16\leqslant s\leqslant 36$	$s>36$

注：1　表中 s 为房屋横墙间距，其长度单位为“m”；

2　当屋盖、楼盖类别不同或横墙间距不同时，可按本规范第 4.2.7 条的规定确定房屋的静力计算方案；

3　对无山墙或伸缩缝处无横墙的房屋，应按弹性方案考虑。

4.2.2 刚性和刚弹性方案房屋的横墙，应符合下列规定：

1 横墙中开有洞口时，洞口的水平截面面积不应超过横墙截面面积的 50%；

2 横墙的厚度不宜小于 180mm；

3 单层房屋的横墙长度不宜小于其高度，多层房屋的横墙长度不宜小于 $H/2$（H 为横墙总高度）。

注：1　当横墙不能同时符合上述要求时，应对横墙的刚度进行验算。如其最大水平位移值 $u_{max}\leqslant\frac{H}{4000}$时，仍可视作刚性或刚弹性方案房屋的横墙；

2　凡符合注 1 刚度要求的一段横墙或其他结构构件（如框架等），也可视作刚性或刚弹性方案房屋的横墙。

1. 弹性方案

弹性方案房屋的静力计算，可按屋架或大梁与墙（柱）为铰接的、不考虑空间工作的平面排架或框架计算。

2. 刚性方案

刚性方案房屋的静力计算规定如下：

4.2.5 刚性方案房屋的静力计算，应按下列规定进行：

1 单层房屋：在荷载作用下，墙、柱可视为上端不动铰支承于屋盖，下端嵌固于基础的竖向构件；

2 多层房屋：在竖向荷载作用下，墙、柱在每层高度范围内，可近似地视作两端铰支的竖向构件；在水平荷载作用下，墙、柱可视作竖向连续梁；

3 对本层的竖向荷载，应考虑对墙、柱的实际偏心影响，梁端支承压力 N_l 到墙内边的距离，应取梁端有效支承长度 a_0 的 0.4 倍（图 4.2.5）。由上面楼层传来的荷载 N_u，可视作作用于上一楼层的墙、柱的截面重心处；

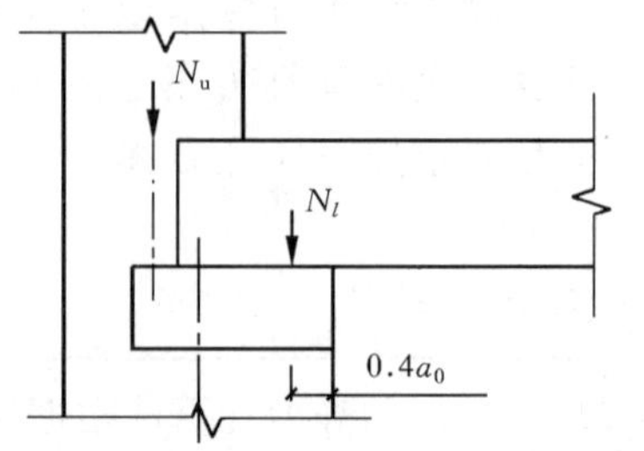

图 4.2.5 梁端支承压力位置

注：当板支撑于墙上时，板端支承压力 N_l 到墙内边的距离可取板的实际支承长度 a 的 0.4 倍。

4 对于梁跨度大于 9m 的墙承重的多层房屋，按上述方法计算时，应考虑梁端约束弯矩的影响。可按梁两端固结计算梁端弯矩，再将其乘以修正系数 γ 后，按墙体线性刚度分到上层墙底部和下层墙顶部，修正系数 γ 可按下式计算：

$$\gamma = 0.2\sqrt{\frac{a}{h}} \tag{4.2.5}$$

式中：a——梁端实际支承长度；

h——支承墙体的墙厚，当上下墙厚不同时取下部墙厚，当有壁柱时取 h_T。

刚性方案时，多层房屋的风荷载计算，《砌规》规定：

4.2.6 刚性方案多层房屋的外墙，计算风荷载时应符合下列要求：

1 风荷载引起的弯矩，可按下式计算：

$$M = \frac{wH_i^2}{12} \tag{4.2.6}$$

式中：w——沿楼层高均布风荷载设计值（kN/m）；

H_i——层高（m）。

3. 刚弹性方案

刚弹性方案房屋的静力计算介于刚性方案和弹性方案之间，可应用空间性能影响系数 η 来考虑空间工作的平面排架或框架计算。为此，《砌规》规定：

4.2.4 刚弹性方案房屋的静力计算，可按屋架、大梁与墙（柱）铰接并考虑空间工作的平面排架或框架计算。房屋各层的空间性能影响系数，可按表 4.2.4 采用，其计算方法应按本规范附录 C 的规定采用。

房屋各层的空间性能影响系数 η_i **表 4.2.4**

屋盖或楼盖类别	横墙间距 s（m）														
	16	20	24	28	32	36	40	44	48	52	56	60	64	68	72
1	—	—	—	—	0.33	0.39	0.45	0.50	0.55	0.60	0.64	0.68	0.71	0.74	0.77
2	—	0.35	0.45	0.54	0.61	0.68	0.73	0.78	0.82	—	—	—	—	—	—
3	0.37	0.49	0.60	0.68	0.75	0.81	—	—	—	—	—	—	—	—	—

注：i 取 1～n，n 为房屋的层数。

由《砌规》表 4.2.4 可知：①空间性能影响系数 η_i 取决于屋（楼）盖类别、横墙间距两个因素；②η_i 越小，则房屋的刚度越大。

在基本条件相同的情况下，单层房屋刚性方案、刚弹性方案和弹性方案的内力值，如图 16-12-1 所示，η_1 为空间性能影响系数，$\eta_1<1.0$。因此，刚性方案的墙底、柱底的内力最小，弹性方案的墙底、柱底的内力最大，刚弹性方案的墙底、柱底的内力介于两者之间。

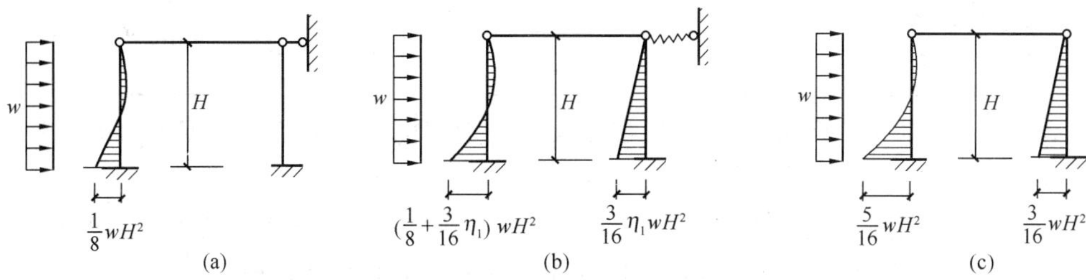

图 16-12-1 静力计算方案的内力值

（a）刚性方案；（b）刚弹性方案；（c）弹性方案

【例 16-12-1】（历年真题）影响砌体结构房屋空间工作性能的主要因素是下列哪一项？

A. 房屋结构所用块材和砂浆的强度等级

B. 外纵墙的高厚比和门窗洞口的开设是否超过规定

C. 圈梁和构造柱的设置是否满足规范的要求

D. 房屋屋盖、楼盖的类别和横墙的距离

【解答】影响砌体结构空间工作性能的主要因素是：楼盖、屋盖的类别和横墙的间距，应选 D 项。

【例 16-12-2】（历年真题）按刚性方案计算的砌体房屋的主要特点为：

A. 空间性能影响系数 η 大，刚度大

B. 空间性能影响系数 η 小，刚度小

C. 空间性能影响系数 η 小，刚度大

D. 空间性能影响系数 η 大，刚度小

【解答】空间性能影响系数小、刚度大，应选 C 项。

【例 16-12-3】（历年真题）对多层砌体房屋进行承载力验算时，“墙在每层高度范围内可近似视作两端铰支的竖向构件”所适用的荷载是：

A. 风荷载　　B. 水平地震作用

C. 竖向荷载　　D. 永久荷载

【解答】此时，该计算模型适用于竖向荷载（如永久荷载、楼面活荷载），应选 C 项。

【例 16-12-4】（历年真题）在相同荷载、相同材料、相同几何条件下，用弹性方案、刚弹性方案和刚性方案计算砌体结构的柱（墙）底端弯矩，结果分别为 $M_{弹}$、$M_{刚弹}$ 和 $M_{刚}$，三者的关系是：

A. $M_{刚弹}>M_{刚}>M_{弹}$　　B. $M_{弹}<M_{刚弹}<M_{刚}$

C. $M_{弹}>M_{刚弹}>M_{刚}$　　D. $M_{刚弹}<M_{刚}<M_{弹}$

【解答】刚性方案柱（墙）底弯矩为最小，而弹性方案为最大，应选 C 项。

★★★三、墙和柱的构造

1. 墙、柱的计算高度与高厚比

墙、柱的构造要满足高厚比要求及其构造要求，而高厚比$\beta=\dfrac{H_0}{h}$，其中H_0为墙、柱的计算高度，h为墙厚或柱与H_0相对应的边长。因此，要确定墙、柱高厚比必须先确定墙、柱的计算高度H_0。

《砌规》规定：

5.1.3 受压构件的计算高度H_0，应根据房屋类别和构件支承条件等按表5.1.3采用。表中的构件高度H，应按下列规定采用：

1 在房屋底层，为楼板顶面到构件下端支点的距离。下端支点的位置，可取在基础顶面。当埋置较深且有刚性地坪时，可取室外地面下500mm处；

2 在房屋其他层，为楼板或其他水平支点间的距离；

3 对于无壁柱的山墙，可取层高加山墙尖高度的1/2；对于带壁柱的山墙可取壁柱处的山墙高度。

受压构件的计算高度 H_0 **表5.1.3**

<table>
<tr><th colspan="3" rowspan="2">房屋类别</th><th colspan="2">柱</th><th colspan="3">带壁柱墙或周边拉接的墙</th></tr>
<tr><th>排架方向</th><th>垂直排架方向</th><th>$s>2H$</th><th>$2H\geqslant s>H$</th><th>$s\leqslant H$</th></tr>
<tr><td rowspan="3">有吊车的单层房屋</td><td rowspan="2">变截面柱上段</td><td>弹性方案</td><td>$2.5H_u$</td><td>$1.25H_u$</td><td colspan="3">$2.5H_u$</td></tr>
<tr><td>刚性、刚弹性方案</td><td>$2.0H_u$</td><td>$1.25H_u$</td><td colspan="3">$2.0H_u$</td></tr>
<tr><td colspan="2">变截面柱下段</td><td>$1.0H_l$</td><td>$0.8H_l$</td><td colspan="3">$1.0H_l$</td></tr>
<tr><td rowspan="5">无吊车的单层和多层房屋</td><td rowspan="2">单跨</td><td>弹性方案</td><td>$1.5H$</td><td>$1.0H$</td><td colspan="3">$1.5H$</td></tr>
<tr><td>刚弹性方案</td><td>$1.2H$</td><td>$1.0H$</td><td colspan="3">$1.2H$</td></tr>
<tr><td rowspan="2">多跨</td><td>弹性方案</td><td>$1.25H$</td><td>$1.0H$</td><td colspan="3">$1.25H$</td></tr>
<tr><td>刚弹性方案</td><td>$1.10H$</td><td>$1.0H$</td><td colspan="3">$1.1H$</td></tr>
<tr><td colspan="2">刚性方案</td><td>$1.0H$</td><td>$1.0H$</td><td>$1.0H$</td><td>$0.4s+0.2H$</td><td>$0.6s$</td></tr>
</table>

注：1 表中H_u为变截面柱的上段高度；H_l为变截面柱的下段高度；

2 对于上端为自由端的构件，$H_0=2H$；

3 独立砖柱，当无柱间支撑时，柱在垂直排架方向的H_0应按表中数值乘以1.25后采用；

4 s为房屋横墙间距；

5 自承重墙的计算高度应根据周边支承或拉接条件确定。

2. 墙、柱高厚比的验算

墙、柱高厚比的限值称为允许高厚比$[\beta]$。砂浆强度等级是影响$[\beta]$的一项重要因素。墙、柱高厚比的验算规定如下：

6.1.1 墙、柱的高厚比应按下式验算：

$$\beta=\frac{H_0}{h}\leqslant\mu_1\mu_2[\beta] \qquad (6.1.1)$$

式中：H_0——墙、柱的计算高度；

h——墙厚或矩形柱与 H_0 相对应的边长；

μ_1——自承重墙允许高厚比的修正系数；

μ_2——有门窗洞口墙允许高厚比的修正系数；

$[\beta]$——墙、柱的允许高厚比，应按表 6.1.1 采用。

注：1 墙、柱的计算高度应按本规范第 5.1.3 条采用；

2 当与墙连接的相邻两墙间的距离 $s\leqslant\mu_1\mu_2[\beta]h$ 时，墙的高度可不受本条限制；

3 变截面柱的高厚比可按上、下截面分别验算，其计算高度可按第 5.1.4 条的规定采用。验算上柱的高厚比时，墙、柱的允许高厚比可按表 6.1.1 的数值乘以 1.3 后采用。

墙、柱的允许高厚比 [β]值 **表 6.1.1**

砌体类型	砂浆强度等级	墙	柱
无筋砌体	M2.5	22	15
	M5.0 或 Mb5.0、Ms5.0	24	16
	≥M7.5 或 Mb7.5、Ms7.5	26	17
配筋砌块砌体	—	30	21

注：1 毛石墙、柱的允许高厚比应按表中数值降低 20%；

2 带有混凝土或砂浆面层的组合砖砌体构件的允许高厚比，可按表中数值提高 20%，但不得大于 28；

3 验算施工阶段砂浆尚未硬化的新砌砌体构件高厚比时，允许高厚比对墙取 14，对柱取 11。

自承重墙失稳时的临界荷载比上端受有荷载时要大，故其 $[\beta]$ 可适当提高，提高系数为 μ_1；而门窗洞口的墙对稳定不利，其 $[\beta]$ 应适当降低，降低系数为 μ_2，具体计算可按《砌规》。

带壁柱墙和带构造柱墙的高厚比验算，《砌规》规定：

6.1.2 带壁柱墙和带构造柱墙的高厚比验算，应按下列规定进行：

1 按公式（6.1.1）验算带壁柱墙的高厚比，此时公式中 h 应改用带壁柱墙截面的折算厚度 h_T，在确定截面回转半径时，墙截面的翼缘宽度，可按本规范第 4.2.8 条的规定采用；当确定带壁柱墙的计算高度 H_0 时，s 应取与之相交相邻墙之间的距离。

2 当构造柱截面宽度不小于墙厚时，可按公式（6.1.1）验算带构造柱墙的高厚比，此时公式中 h 取墙厚；当确定带构造柱墙的计算高度 H_0 时，s 应取相邻横墙间的距离；墙的允许高厚比 $[\beta]$ 可乘以修正系数 μ_c，μ_c 可按下式计算：

$$\mu_c=1+\gamma\frac{b_c}{l} \qquad (6.1.2)$$

式中：γ——系数，对细料石砌体，$\gamma=0$；对混凝土砌块、混凝土多孔砖、粗料石、毛料石及毛石砌体，$\gamma=1.0$；其他砌体，$\gamma=1.5$；

b_c——构造柱沿墙长方向的宽度；

l——构造柱的间距。

当 $b_c/l>0.25$ 时取 $b_c/l=0.25$，当 $b_c/l<0.05$ 时取 $b_c/l=0$。

注：考虑构造柱有利作用的高厚比验算不适用于施工阶段。

3 按公式（6.1.1）验算壁柱间墙或构造柱间墙的高厚比时，s 应取相邻壁柱间或相邻构造柱间的距离。设有钢筋混凝土圈梁的带壁柱墙或带构造柱墙，当 $b/s\geqslant1/30$ 时，圈梁可视作壁柱间墙或构造柱间墙的不动铰支点（b 为圈梁宽度）。当不满足上述条件且不允许增加圈梁宽度时，可按墙体平面外等刚度原则增加圈梁高度，此时，圈梁仍可视为壁柱间墙或构造柱间墙的不动铰支点。

3. 预制板、墙与柱的一般构造要求

预制钢筋混凝土板、墙和柱的一般构造要求，《砌规》规定：

6.2.1 预制钢筋混凝土板在混凝土圈梁上的支承长度不应小于 80mm，板端伸出的钢筋应与圈梁可靠连接，且同时浇筑；预制钢筋混凝土板在墙上的支承长度不应小于 100mm，并应按下列方法进行连接：

1 板支承于内墙时，板端钢筋伸出长度不应小于 70mm，且与支座处沿墙配置的纵筋绑扎，用强度等级不应低于 C25 的混凝土浇筑成板带；

2 板支承于外墙时，板端钢筋伸出长度不应小于 100mm，且与支座处沿墙配置的纵筋绑扎，并用强度等级不应低于 C25 的混凝土浇筑成板带；

3 预制钢筋混凝土板与现浇板对接时，预制板端钢筋应伸入现浇板中进行连接后，再浇筑现浇板。

6.2.2 墙体转角处和纵横墙交接处应沿竖向每隔 400mm～500mm 设拉结钢筋，其数量为每 120mm 墙厚不少于 1 根直径 6mm 的钢筋；或采用焊接钢筋网片，埋入长度从墙的转角或交接处算起，对实心砖墙每边不小于 500mm，对多孔砖墙和砌块墙不小于 700mm。

6.2.5 承重的独立砖柱截面尺寸不应小于 240mm×370mm。毛石墙的厚度不宜小于 350mm，毛料石柱较小边长不宜小于 400mm。

注：当有振动荷载时，墙、柱不宜采用毛石砌体。

6.2.6 支承在墙、柱上的吊车梁、屋架及跨度大于或等于下列数值的预制梁的端部，应采用锚固件与墙、柱上的垫块锚固：

1 对砖砌体为 9m；

2 对砌块和料石砌体为 7.2m。

6.2.7 跨度大于 6m 的屋架和跨度大于下列数值的梁，应在支承处砌体上设置混凝土或钢筋混凝土垫块；当墙中设有圈梁时，垫块与圈梁宜浇成整体。

1 对砖砌体为 4.8m；

2 对砌块和料石砌体为 4.2m；

3　对毛石砌体为 3.9m。

6.2.8　当梁跨度大于或等于下列数值时，其支承处宜加设壁柱，或采取其他加强措施：

1　对 240mm 厚的砖墙为 6m；对 180mm 厚的砖墙为 4.8m；

2　对砌块、料石墙为 4.8m。

6.2.9　山墙处的壁柱或构造柱宜砌至山墙顶部，且屋面构件应与山墙可靠拉结。

【例 16-12-5】（历年真题）对于跨度较大的梁，应在其支承处的砌体上设置混凝土或钢筋混凝土垫块，但当墙中设有圈梁时，垫块与圈梁宜浇成整体。对砖砌体而言，现行规范规定的梁跨度限值是：

A. 6.0m　　B. 4.8m　　C. 4.2m　　D. 3.9m

【解答】根据《砌规》6.2.7 条，取 4.8m，应选 B 项。

【例 16-12-6】（历年真题）砌体结构房屋，当梁跨度大到一定程度时，在梁支承处宜加设壁柱。对砌块砌体而言，现行规范规定的该跨度限值是：

A. 4.8m　　B. 6.0m　　C. 7.2m　　D. 9m

【解答】根据《砌规》6.2.8 条，对砌体，取 4.8m，应选 A 项。

★四、防止或减轻墙体开裂的措施

1. 伸缩缝的最大间距

《砌规》规定：

6.5.1　在正常使用条件下，应在墙体中设置伸缩缝。伸缩缝应设在因温度和收缩变形引起应力集中、砌体产生裂缝可能性最大处。伸缩缝的间距可按表 6.5.1 采用。

砌体房屋伸缩缝的最大间距（m）　　**表 6.5.1**

屋盖或楼盖类别		间距
整体式或装配整体式钢筋混凝土结构	有保温层或隔热层的屋盖、楼盖	50
	无保温层或隔热层的屋盖	40
装配式无檩体系钢筋混凝土结构	有保温层或隔热层的屋盖、楼盖	60
	无保温层或隔热层的屋盖	50
装配式有檩体系钢筋混凝土结构	有保温层或隔热层的屋盖	75
	无保温层或隔热层的屋盖	60
瓦材屋盖、木屋盖或楼盖、轻钢屋盖		100

注：1　对烧结普通砖、烧结多孔砖、配筋砌块砌体房屋，取表中数值；对石砌体、蒸压灰砂普通砖、蒸压粉煤灰普通砖、混凝土砌块、混凝土普通砖和混凝土多孔砖房屋，取表中数值乘以 0.8 的系数，当墙体有可靠外保温措施时，其间距可取表中数值；

2　在钢筋混凝土屋面上挂瓦的屋盖应按钢筋混凝土屋盖采用；

3　层高大于 5m 的烧结普通砖、烧结多孔砖、配筋砌块砌体结构单层房屋，其伸缩缝间距可按表中数值乘以 1.3；

4　温差较大且变化频繁地区和严寒地区不采暖的房屋及构筑物墙体的伸缩缝的最大间距，应按表中数值予以适当减小。

6.5.1（条文说明）为防止墙体房屋因长度过大由于温差和砌体干缩引起墙体产生竖向整体裂缝，规定了伸缩缝的最大间距。按表6.5.1设置的墙体伸缩缝，一般不能同时防止由于钢筋混凝土屋盖的温度变形和砌体干缩变形引起的墙体局部裂缝。

2. 房屋顶层、底层和两端墙体的措施

《砌规》规定：

6.5.2 房屋顶层墙体，宜根据情况采取下列措施：

1 屋面应设置保温、隔热层；

2 屋面保温（隔热）层或屋面刚性面层及砂浆找平层应设置分隔缝，分隔缝间距不宜大于 6m，其缝宽不小于 30mm，并与女儿墙隔开；

3 采用装配式有檩体系钢筋混凝土屋盖和瓦材屋盖；

4 顶层屋面板下设置现浇钢筋混凝土圈梁，并沿内外墙拉通，房屋两端圈梁下的墙体内宜设置水平钢筋；

5 顶层墙体有门窗等洞口时，在过梁上的水平灰缝内设置 2～3 道焊接钢筋网片或 2 根直径 6mm 钢筋，焊接钢筋网片或钢筋应伸入洞口两端墙内不小于 600mm；

6 顶层及女儿墙砂浆强度等级不低于 M7.5（Mb7.5、Ms7.5）；

7 女儿墙应设置构造柱，构造柱间距不宜大于 4m，构造柱应伸至女儿墙顶并与现浇钢筋混凝土压顶整浇在一起；

8 对顶层墙体施加竖向预应力。

6.5.3 房屋底层墙体，宜根据情况采取下列措施：

1 增大基础圈梁的刚度；

2 在底层的窗台下墙体灰缝内设置 3 道焊接钢筋网片或 2 根直径 6mm 钢筋，并应伸入两边窗间墙内不小于 600mm。

6.5.5 房屋两端和底层第一、第二开间门窗洞处，可采取下列措施：

1 在门窗洞口两边墙体的水平灰缝中，设置长度不小于 900mm、竖向间距为 400mm 的 2 根直径 4mm 的焊接钢筋网片。

2 在顶层和底层设置通长钢筋混凝土窗台梁，窗台梁高宜为块材高度的模数，梁内纵筋不少于 4 根，直径不小于 10mm，箍筋直径不小于 6mm，间距不大于 200mm，混凝土强度等级不低于 C20。

3 在混凝土砌块房屋门窗洞口两侧不少于一个孔洞中设置直径不小于 12mm 的竖向钢筋，竖向钢筋应在楼层圈梁或基础内锚固，孔洞用不低于 Cb20 混凝土灌实。

6.5.7 当房屋刚度较大时，可在窗台下或窗台角处墙体内、在墙体高度或厚度突然变化处设置竖向控制缝。竖向控制缝宽度不宜小于 25mm，缝内填以压缩性能好的填充材料，且外部用密封材料密封，并采用不吸水的、闭孔发泡聚乙烯实心圆棒（背衬）作为密封膏的隔离物。

6.5.8 夹心复合墙的外叶墙宜在建筑墙体适当部位设置控制缝，其间距宜为6m～8m。

【例 16-12-7】（历年真题）多层砖砌体房屋，顶部墙体有八字缝产生，较低层则没有。估计产生这类裂缝的原因是：

A. 墙体承载力不足　　　　B. 墙承受较大的局部压力

C. 房屋有过大的不均匀沉降　　　　D. 温差和墙体干缩

【解答】上述情况，估计产生裂缝的原因是温差和墙体干缩，应选 D 项。

习　题

16-12-1　（历年真题）砌体结构为刚性方案、刚弹性方案或弹性方案的判别因素是：

A. 砌体的高厚比

B. 砌体的材料与强度

C. 屋盖、楼盖的类别与横墙的刚度及间距

D. 屋盖、楼盖的类别与横墙的间距，而与横墙本身条件无关

16-12-2　（历年真题）关于伸缩缝的说法不正确的是：

A. 伸缩缝应设在温度和收缩变形可能引起应力集中的部位

B. 伸缩缝应设在高度相差较大或荷载差异较大处

C. 伸缩缝的宽度与砌体种类、屋盖、楼盖类别、保温隔热措施有关

D. 伸缩缝只将墙体及楼盖分开，不必将基础断开

16-12-3　（历年真题）墙体为砌体结构，楼屋盖、圈梁为混凝土结构，这两种不同的材料共同工作，结构工程师在设计时需要特别重视：

A. 两种材料不同的弹性模量　　　　B. 两种材料不同的抗压强度

C. 两种材料不同的抗拉强度　　　　D. 两种材料不同的膨胀系数

16-12-4　（历年真题）关于砌体房屋的空间工作性能，下列说法中正确的是：

A. 横墙间距越大，空间工作性能越好

B. 现浇钢筋混凝土屋（楼）盖的房屋，其空间工作性能比木屋（楼）盖的房屋好

C. 多层砌体结构中，横墙承重体系比纵墙承重体系的空间刚度小

D. 墙的高厚比与房屋的空间刚度无关

第十三节　砌体构件受压承载力计算

★★★一、受压构件

根据砌体受压时截面应力变化，在破坏阶段，受压一侧的极限变形及极限强度均比轴压高，其提高的程度随偏心距的增大而加大。《砌规》采用偏心影响系数 φ 来反映截面承载力与偏心距的关系。

1. 受压构件的承载力计算

《砌规》规定：

5.1.1　受压构件的承载力，应符合下式的要求：

$$N \leqslant \varphi f A \tag{5.1.1}$$

式中：N——轴向力设计值；

φ——高厚比 β 和轴向力的偏心距 e 对受压构件承载力的影响系数；

f——砌体的抗压强度设计值；

A——截面面积。

> 注：1 对矩形截面构件，当轴向力偏心方向的截面边长大于另一方向的边长时，除按偏心受压计算外，还应对较小边长方向，按轴心受压进行验算；
>
> 2 受压构件承载力的影响系数 φ，可按本规范附录 D 的规定采用。

在查《砌规》附录 D 确定 φ 或用公式计算 φ 时，应先对构件高厚比 β 乘以高厚比修正系数 γ_β，这实质是砌体材料类别对构件承载力的影响。《砌规》规定：

5.1.2 确定影响系数 φ 时，构件高厚比 β 应按下列公式计算：

对矩形截面

$$\beta=\gamma_\beta \frac{H_0}{h} \tag{5.1.2-1}$$

对 T 形截面

$$\beta=\gamma_\beta \frac{H_0}{h_T} \tag{5.1.2-2}$$

式中：γ_β ——不同材料砌体构件的高厚比修正系数，按表 5.1.2 采用；

H_0——受压构件的计算高度，按本规范表 5.1.3 确定；

h——矩形截面轴向力偏心方向的边长，当轴心受压时为截面较小边长；

h_T——T 形截面的折算厚度，可近似按 $3.5i$ 计算，i 为截面回转半径。

高厚比修正系数 γ_β **表 5.1.2**

砌体材料类别	γ_β
烧结普通砖、烧结多孔砖	1.0
混凝土普通砖、混凝土多孔砖、混凝土及轻集料混凝土砌块	1.1
蒸压灰砂普通砖、蒸压粉煤灰普通砖、细料石	1.2
粗料石、毛石	1.5

注：对灌孔混凝土砌块砌体，γ_β 取 1.0。

单向偏心受压构件的影响系数 φ 与构件受压承载力设计值 N_u 的关系为：

(1) 短柱（即 $\beta \leqslant 3$ 时），φ 仅与 e/h 有关，与 β 值无关。当 e/h 越大时，则 φ 越小，故承载力设计值 $N_u=\varphi fA$ 也越小。

(2) 非短柱（即 $\beta>3$ 时），φ 与 e/h、β 值均有关，可按《砌规》附录公式计算或查表确定 φ 值。当 e/h 一定时，β 值越大，则 φ 越小，故承载力设计值 $N_u=\varphi fA$ 也越小。当 e/h 越大，并且 β 值越大时，则承载力设计值 N_u 越小。

2. 轴向力的偏心距 e 的限制

轴向力的偏心距 e 按内力设计值计算，并不应超过 $0.6y$。y 为截面重心到轴向力所在偏心方向截面边缘的距离。

【例 16-13-1】（历年真题）截面尺寸为 240mm×370mm 的砌体短柱，当轴力 N 的偏心距如图所示时受压承载力的大小顺序为：

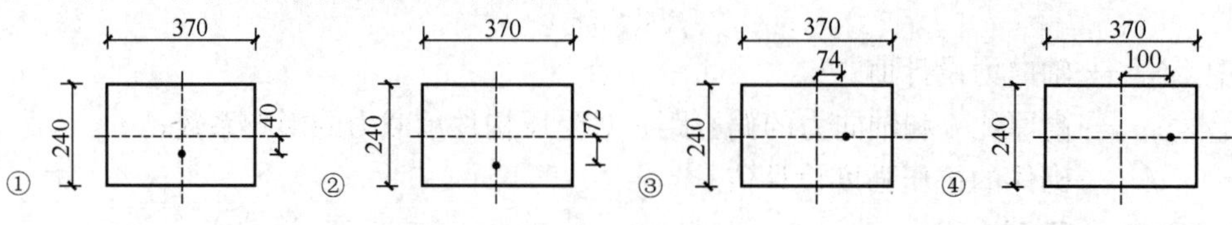

例 16-13-1 图

A. ①>③>④>②　　B. ①>②>③>④
C. ③>①>②>④　　D. ③>②>①>④

【解答】短柱，①：$e/h=40/240=0.167$；②：$e/h=72/240=0.3$
③：$e/h=74/370=0.2$；④：$e/h=100/370=0.27$
则：①>③>④>②，应选 A 项。

★二、局部受压计算

【例 16-13-3】（历年真题）砌体的局部受压，下列说法中错误的是：
A. 砌体的中心局部受压强度在周围砌体的约束下可提高
B. 梁端支承处局部受压面积上的应力是不均匀的
C. 增设梁垫或加大梁端截面宽度，可提高砌体的局部受压承载力
D. 梁端上部砌体传下来的压力，对梁端局部受压承载力不利

【解答】上述选项中，A、B 项正确；根据《砌规》5.2.4 条可知，a_0 越大，则 A_l 越大，故局部受压承载力提高了，C 项正确。故应选 D 项。

★★★三、配筋砖砌体的承载力计算

1. 网状配筋砖砌体

对网状配筋砖砌体构件作用轴向压力时，由于钢筋的弹性模量大于砌体的弹性模量，故它能阻止砌体横向变形，从而提高砌体的抗压强度。这种提高的机理是：钢筋能联结被竖向裂缝所分割的小砖柱，使之不会过早失稳破坏，从而间接地提高了砌体承担轴向荷载的能力，并不是由于钢筋约束使砌体产生三向受压状态的结果。为此，《砌规》规定：

8.1.1 网状配筋砖砌体受压构件，应符合下列规定：

1 偏心距超过截面核心范围（对于矩形截面即$e/h>0.17$），或构件的高厚比$\beta>16$时，不宜采用网状配筋砖砌体构件；

2 对矩形截面构件，当轴向力偏心方向的截面边长大于另一方向的边长时，除按偏心受压计算外，还应对较小边长方向按轴心受压进行验算；

3 当网状配筋砖砌体构件下端与无筋砌体交接时，尚应验算交接处无筋砌体的局部受压承载力。

8.1.2 网状配筋砖砌体（图 8.1.2）受压构件的承载力，应按下列公式计算：

$$N \leqslant \varphi_n f_n A \tag{8.1.2-1}$$

$$f_n = f + 2\left(1 - \frac{2e}{y}\right)\rho f_y \tag{8.1.2-2}$$

$$\rho = \frac{(a+b)A_s}{abs_n} \tag{8.1.2-3}$$

式中：N——轴向力设计值；

φ_n——高厚比和配筋率以及轴向力的偏心距对网状配筋砖砌体受压构件承载力的影响系数，可按附录D.0.2的规定采用；

f_n——网状配筋砖砌体的抗压强度设计值；

A——截面面积；

e——轴向力的偏心距；

y——自截面重心至轴向力所在偏心方向截面边缘的距离；

ρ——体积配筋率；

f_y——钢筋的抗拉强度设计值，当 f_y 大于320MPa时，仍采用320MPa；

a、b——钢筋网的网格尺寸；

A_s——钢筋的截面面积；

s_n——钢筋网的竖向间距（笔者注：采用连弯钢筋时，s_n 取同一方向网的间距）。

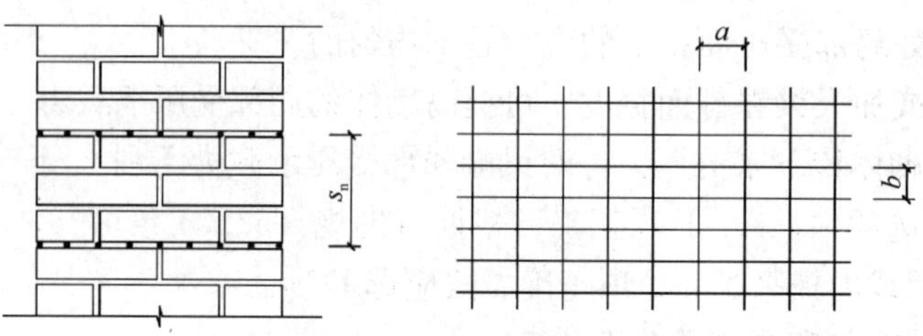

图8.1.2　网状配筋砖砌体

网状配筋砖砌体构件的构造规定，《砌规》规定：

8.1.3　网状配筋砖砌体构件的构造应符合下列规定：

1　网状配筋砖砌体中的体积配筋率，不应小于0.1%，并不应大于1%；

2　采用钢筋网时，钢筋的直径宜采用3mm～4mm；

3　钢筋网中钢筋的间距，不应大于120mm，并不应小于30mm；

4　钢筋网的间距，不应大于五皮砖，并不应大于400mm；

5　网状配筋砖砌体所用的砂浆强度等级不应低于M7.5；钢筋网应设置在砌体的水平灰缝中，灰缝厚度应保证钢筋上下至少各有2mm厚的砂浆层。

【例16-13-4】（历年真题）网状配筋砌体的抗压强度较无筋砌体高，这是因为：

A. 网状配筋约束砌体横向变形　　B. 钢筋可以承受一部分压力

C. 钢筋可以加强块体强度　　D. 钢筋可以使砂浆强度提高

【解答】网状配筋砌体的抗压强度较无筋砌体高是因为网状配筋约束砌体横向变形，应选A项。

2. 组合砖砌体构件

当轴向力的偏心距超过0.6y时，其中，y为截面重心到轴向力所在偏心方向截面边缘的距离，宜采用砖砌体和钢筋混凝土面层或钢筋砂浆面层组成的组合砖砌体构件，如图16-13-1所示。由于面层具有一定的横向约束作用，延缓了竖向裂缝的发展，提高了受压变形能力。组合砖砌体构件通过共同工作来提高承载力和变形。

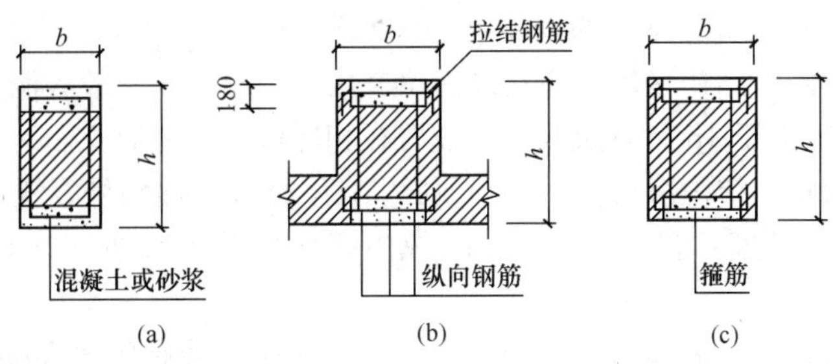

图 16-13-1　组合砖砌体构件截面

组合砖砌体构件的构造规定，《砌规》规定：

8.2.6　组合砖砌体构件的构造应符合下列规定：

1　面层混凝土强度等级宜采用 C20。面层水泥砂浆强度等级不宜低于 M10。砌筑砂浆的强度等级不宜低于 M7.5。

2　砂浆面层的厚度，可采用 30mm～45mm。当面层厚度大于 45mm 时，其面层宜采用混凝土。

3　竖向受力钢筋宜采用 HPB300 级钢筋，对于混凝土面层，亦可采用 HRB335 级钢筋。受压钢筋一侧的配筋率，对砂浆面层，不宜小于 0.1%，对混凝土面层，不宜小于 0.2%。受拉钢筋的配筋率，不应小于 0.1%。竖向受力钢筋的直径，不应小于 8mm，钢筋的净间距，不应小于 30mm。

4　箍筋的直径，不宜小于 4mm 及 0.2 倍的受压钢筋直径，并不宜大于 6mm。箍筋的间距，不应大于 20 倍受压钢筋的直径及 500mm，并不应小于 120mm。

5　当组合砖砌体构件一侧的竖向受力钢筋多于 4 根时，应设置附加箍筋或拉结钢筋。

6　对于截面长短边相差较大的构件如墙体等，应采用穿通墙体的拉结钢筋作为箍筋，同时设置水平分布钢筋。水平分布钢筋的竖向间距及拉结钢筋的水平间距，均不应大于 500mm（图 8.2.6）。

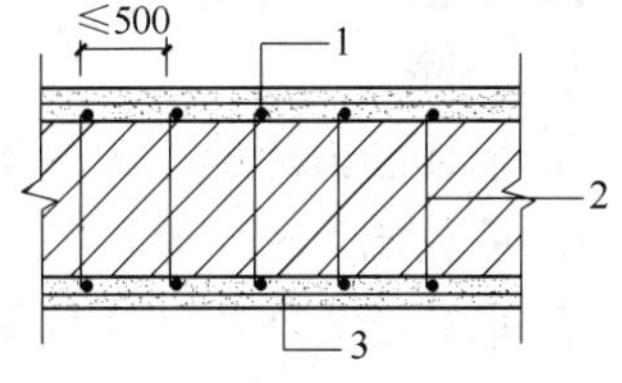

图 8.2.6　混凝土或砂浆面层组合墙

1—竖向受力钢筋；2—拉结钢筋；3—水平分布钢筋

7　组合砖砌体构件的顶部和底部，以及牛腿部位，必须设置钢筋混凝土垫块。竖向受力钢筋伸入垫块的长度，必须满足锚固要求。

3. 砖砌体和钢筋混凝土构造柱组合墙的材料与构造

《砌规》规定：

8.2.9　组合砖墙的材料和构造应符合下列规定：

1　砂浆的强度等级不应低于 M5，构造柱的混凝土强度等级不宜低于 C20。

2　构造柱的截面尺寸不宜小于 240mm×240mm，其厚度不应小于墙厚，边柱、角柱的截面宽度宜适当加大。柱内竖向受力钢筋，对于中柱，钢筋数量不宜少于 4 根、直径不宜小于 12mm；对于边柱、角柱，钢筋数量不宜少于 4 根、直径不宜小于 14mm。构造柱的竖向受力钢筋的直径也不宜大于 16mm。

3 组合砖墙砌体结构房屋，应在纵横墙交接处、墙端部和较大洞口的洞边设置构造柱，其间距不宜大于 4m。各层洞口宜设置在相应位置，并宜上下对齐。

4 组合砖墙砌体结构房屋应在基础顶面、有组合墙的楼层处设置现浇钢筋混凝土圈梁。圈梁的截面高度不宜小于 240mm；纵向钢筋数量不宜少于 4 根、直径不宜小于 12mm。

5 砖砌体与构造柱的连接处应砌成马牙槎，并应沿墙高每隔 500mm 设 2 根直径 6mm 的拉结钢筋，且每边伸入墙内不宜小于 600mm。

6 构造柱可不单独设置基础，但应伸入室外地坪下 500mm，或与埋深小于 500mm 的基础梁相连。

7 组合砖墙的施工顺序应为先砌墙后浇混凝土构造柱。

习　　题

16-13-1 （历年真题）下面关于配筋砖砌体的说法，正确的是：

A. 轴向力的偏心距超过规定值时，宜采用网状配筋砌体

B. 网状配筋砌体抗压强度较无筋砌体提高的原因是由于砌体中配有钢筋，钢筋的强度高，可与砌体共同承担压力

C. 组合砖砌体在轴向压力下，钢筋混凝土面层与砌体共同承担轴向压力并对砌体有横向约束作用

D. 网状配筋砖砌体的配筋率越大，砌体强度越大

16-13-2 （历年真题）对于截面尺寸、砂浆、砌体强度等级都相同的墙体，下列哪种说法是正确的：

A. 承载能力随偏心距的增大而增大

B. 承载能力随高厚比增加而减小

C. 承载能力随相邻横墙间距增加而增大

D. 承载能力不随截面尺寸、砂浆、砂体强度等级变化

16-13-3 （历年真题）砌体局部承载力验算时，局部抗压强度提高系数 γ 受到限制的原因是：

A. 防止构件失稳破坏

B. 防止砌体发生劈裂破坏

C. 防止局压面积以外的砌体破坏

D. 防止砌体过早发生局压破坏

16-13-4 （历年真题）配筋砌体结构中，下列说法正确的是：

A. 当砖砌体受压承载力不符合要求时，应优先采用网状配筋砌体

B. 当砖砌体受压构件承载能力不符合要求时，应优先采用组合砌体

C. 网状配筋砌体灰缝厚度应保证钢筋上下至少有 10mm 厚的砂浆层

D. 网状配筋砌体中，连弯钢筋网的间距 S_n 取同一方向网的间距

第十四节　砌体结构房屋部件设计

★一、圈梁

钢筋混凝土圈梁的宽度宜与墙厚相同，当墙厚$h \geqslant 240$mm时，其宽度不宜小于$\frac{2h}{3}$；其高度应等于每皮砖厚度的倍数，并不应小于120mm。圈梁的作用：增强房屋的整体刚度；防止由于地基的不均匀沉降或较大振动荷载等对房屋引起的不利影响；跨门窗洞口的圈梁若配筋不少于过梁配筋时，可兼作过梁。

圈梁的设置要求，《砌规》规定：

7.1.2　厂房、仓库、食堂等空旷单层房屋应按下列规定设置圈梁：

1　砖砌体结构房屋，檐口标高为5m～8m时，应在檐口标高处设置圈梁一道；檐口标高大于8m时，应增加设置数量；

2　砌块及料石砌体结构房屋，檐口标高为4m～5m时，应在檐口标高处设置圈梁一道；檐口标高大于5m时，应增加设置数量；

3　对有吊车或较大振动设备的单层工业房屋，当未采取有效的隔振措施时，除在檐口或窗顶标高处设置现浇混凝土圈梁外，尚应增加设置数量。

7.1.3　住宅、办公楼等多层砌体结构民用房屋，且层数为3层～4层时，应在底层和檐口标高处各设置一道圈梁。当层数超过4层时，除应在底层和檐口标高处各设置一道圈梁外，至少应在所有纵、横墙上隔层设置。多层砌体工业房屋，应每层设置现浇混凝土圈梁。设置墙梁的多层砌体结构房屋，应在托梁、墙梁顶面和檐口标高处设置现浇钢筋混凝土圈梁。

7.1.4　建筑在软弱地基或不均匀地基上的砌体结构房屋，除按本节规定设置圈梁外，尚应符合现行国家标准《建筑地基基础设计规范》GB 50007的有关规定。

7.1.6　采用现浇混凝土楼（屋）盖的多层砌体结构房屋，当层数超过5层时，除应在檐口标高处设置一道圈梁外，可隔层设置圈梁，并应与楼（屋）面板一起现浇。未设置圈梁的楼面板嵌入墙内的长度不应小于120mm，并沿墙长配置不少于2根直径为10mm的纵向钢筋。

圈梁的构造要求如下：

7.1.5　圈梁应符合下列构造要求：

1　圈梁宜连续地设在同一水平面上，并形成封闭状；当圈梁被门窗洞口截断时，应在洞口上部增设相同截面的附加圈梁。附加圈梁与圈梁的搭接长度不应小于其中到中垂直间距的2倍，且不得小于1m。

2　纵、横墙交接处的圈梁应可靠连接。刚弹性和弹性方案房屋，圈梁应与屋架、大梁等构件可靠连接。

3　混凝土圈梁的宽度宜与墙厚相同，当墙厚不小于240mm时，其宽度不宜小于墙厚的2/3。圈梁高度不应小于120mm。纵向钢筋数量不应少于4根，直径不应小于

10mm，绑扎接头的搭接长度按受拉钢筋考虑，箍筋间距不应大于 300mm。

4 圈梁兼作过梁时，过梁部分的钢筋应按计算面积另行增配。

在抗震设防区时，圈梁设置还应符合抗震设计的有关规定。

当建筑物产生碟形沉降(即中间大两端小)，墙体产生正向挠曲，下层的圈梁将起作用；反之，建筑物产生中间小两端大的沉降，墙体产生反向挠曲，则上层的圈梁起作用。由于正确估计墙体的挠曲方向较困难，故通常在房屋的上、下方都设置圈梁。

【例 16-14-1】（历年真题）设计多层砌体房屋时，受工程地质条件的影响，预期房屋中部的沉降比两端大。为防止地基不均匀沉降对房屋的影响，最宜采取的措施是：

A. 设置构造柱　　B. 在檐口设置圈梁

C. 在基础顶面设置圈梁　　D. 采用配筋砌体结构

【解答】最宜采取的措施是在基础顶面设置圈梁，以抵抗不均匀沉降，应选 C 项。

★★★二、过梁

1. 过梁的分类和构造要求

过梁可分为砖砌过梁和钢筋混凝土过梁。砖砌过梁又可分为砖砌平拱过梁和钢筋砖过梁。

砖砌平拱过梁的厚度等于墙厚，用竖砖砌筑部分的高度不应小于 240mm。砖砌平拱过梁截面计算高度内的砂浆不宜低于 M5（对钢筋砖过梁同样规定)。砖砌平拱过梁的跨度不应超过 1.2m。

钢筋砖过梁底面砂浆层处的钢筋，其直径不应小于 5mm，间距不宜大于 120mm，钢筋伸入支座砌体内的长度不宜小于 240mm，砂浆层厚度不宜小于 30mm，砂浆强度不宜低于 M5。钢筋砖过梁的跨度不应超过 1.5m。

对有较大振动荷载，或可能产生不均匀沉降的房屋，应采用钢筋混凝土过梁。注意，抗震设计时，门窗洞口处应采用钢筋混凝土过梁。

2. 过梁上的荷载

当过梁上的砌体砌筑的高度接近跨度的一半时，由于砌体砂浆随时间增长而逐渐硬化，使砌体与过梁共同工作，这种组合作用可将其上部的荷载直接传递到过梁两侧的砖墙上，从而使跨中挠度增量减小很快，过梁中的内力增大不多。

试验还表明，当梁、板距过梁下边缘的高度较小时，其荷载才会传到过梁上；若梁、板位置较高，而过梁跨度相对较小，则梁、板荷载将通过下面砌体的起拱作用而直接传给支承过梁的墙。为了简化计算，《砌规》规定：

7.2.2 过梁的荷载，应按下列规定采用：

1 对砖和砌块砌体，当梁、板下的墙体高度 h_w 小于过梁的净跨 l_n 时，过梁应计入梁、板传来的荷载，否则可不考虑梁、板荷载；

2 对砖砌体，当过梁上的墙体高度 h_w 小于 l_n /3 时，墙体荷载应按墙体的均布自重采用，否则应按高度为 l_n/3 墙体的均布自重来采用；

3 对砌块砌体，当过梁上的墙体高度 h_w 小于 l_n /2 时，墙体荷载应按墙体的均布自重采用，否则应按高度为 l_n /2 墙体的均布自重采用。

3. 过梁的计算

砖砌过梁在荷载作用下，其破坏时的三种形态：过梁跨中截面受弯承载力不足而破坏；过梁支座附近截面受剪承载力不足，沿灰缝产生45°方向的阶梯形斜裂缝不断扩展而破坏；过梁支座端部墙体长度不够，引起水平灰缝的受剪承载力不足发生支座滑动而破坏。

砖砌平拱过梁计算如下：

跨中正截面受弯承载力计算：　　$M \leqslant W f_{tm}$

式中，M 为按简支梁并取净跨计算的过梁跨中弯矩设计值；W 为过梁的截面抵抗矩；f_{tm} 为砌体沿齿缝截面的弯曲抗拉强度设计值。

支座截面受剪承载力计算：　　$V \leqslant f_v bz$

式中，V 为按简支梁并取净跨计算的过梁支座剪力设计值；f_v 为砌体抗剪强度设计值；b 为过梁的截面宽度；z 为内力臂，$z=\dfrac{I}{s}$，当截面为矩形时，$z=\dfrac{2h}{3}$，I 为截面惯性矩，s 为截面面积矩，h 为过梁截面的计算高度。

工程实践表明，砖砌平拱过梁的承载力总是由受弯控制，设计时一般可以不进行受剪承载力验算。

钢筋砖过梁和钢筋混凝土过梁的计算，《砌规》规定：

7.2.3　过梁的计算，宜符合下列规定：

2　钢筋砖过梁的受弯承载力可按式（7.2.3）计算，受剪承载力，可按本规范第5.4.2条计算；

$$M \leqslant 0.85 h_0 f_y A_s \tag{7.2.3}$$

式中：M ——按简支梁计算的跨中弯矩设计值；

h_0 ——过梁截面的有效高度，$h_0 = h - a_s$；

a_s ——受拉钢筋重心至截面下边缘的距离；

h ——过梁的截面计算高度，取过梁底面以上的墙体高度，但不大于 $l_n/3$；当考虑梁、板传来的荷载时，则按梁、板下的高度采用；

f_y ——钢筋的抗拉强度设计值；

A_s ——受拉钢筋的截面面积。

3　混凝土过梁的承载力，应按混凝土受弯构件计算。验算过梁下砌体局部受压承载力时，可不考虑上层荷载的影响；梁端底面压应力图形完整系数可取1.0，梁端有效支承长度可取实际支承长度，但不应大于墙厚。

【例 16-14-2】（历年真题）作用在过梁上的荷载有砌体自重和过梁计算高度范围内的梁板荷载，对于砖砌体，可以不考虑高于 $l_n/3$（l_n 为过梁净跨）的墙体自重以及高度大于 l_n 上的梁板荷载，这是由于考虑了：

A. 起拱产生的荷载　　B. 应力重分布

C. 应力扩散　　D. 梁墙间的相互作用

【解答】这是由于考虑了梁墙间的相互作用，应选D项。

【例 16-14-3】（历年真题）钢筋砖过梁的跨度不宜超过：

A. 2.0m　　B. 1.8m　　C. 1.5m　　D. 1.0m

【解答】 钢筋砖过梁的跨度不宜超过 1.5m，应选 C 项。

★★★三、墙梁

墙梁由墙和托梁组合而成，它包括简支墙梁、连续墙梁和框支墙梁。墙梁又可分为承重墙梁和自承重墙梁。按墙体开洞情况，它又分为无洞口墙梁、有洞口墙梁。

当托梁及其上砌体墙达到一定强度后，墙和梁共同工作形成梁高较大的墙梁组合结构，也可视为组合深梁。试验表明，墙梁的上部荷载主要通过墙体的拱作用向两端支座传递，托梁承受拉力，两者组成一个带拉杆的拱结构。当墙体上有洞口时，形成大拱套小拱的受力结构，其应力分布与无洞口的墙梁基本一致。可见，托梁在整个受力过程中相当于一个偏心受拉构件。

影响墙梁破坏形态的因素有：砌体的高跨比；托梁的高跨比；砌体、混凝土的抗压强度设计值；托梁的纵向受力钢筋配筋率；墙体开洞及纵向翼墙；加荷方式等。墙梁破坏形态有：弯曲破坏、斜拉破坏、劈裂破坏、斜压破坏、局部受压破坏，如图 16-14-1 所示。

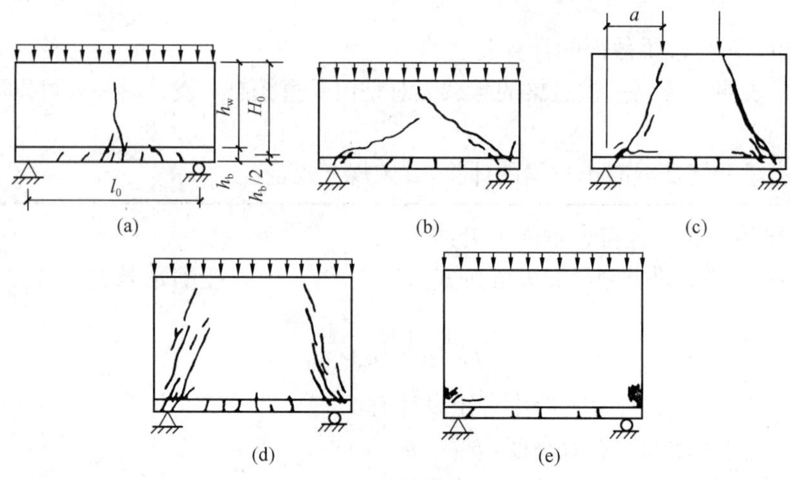

图 16-14-1　墙梁的破坏形态

(a) 弯曲破坏；(b) 斜拉破坏；(c) 劈裂破坏 (d) 斜压破坏；(e) 局部受压破坏

连续墙梁的破坏形态有：弯曲破坏、剪切破坏、局压破坏等。

框支墙梁的破坏形态有：弯曲破坏、剪切破坏、弯剪破坏、局压破坏等。

1. 墙梁的计算简图

《砌规》规定：

7.3.2 采用烧结普通砖砌体、混凝土普通砖砌体、混凝土多孔砖砌体和混凝土砌块砌体的墙梁设计应符合下列规定：

1　墙梁设计应符合表 7.3.2 的规定。

墙梁的一般规定　　　　表 7.3.2

墙梁类别	墙体总高度(m)	跨度(m)	墙体高跨比 h_w/l_{0i}	托梁高跨比 h_b/l_{0i}	洞宽比 b_h/l_{0i}	洞高 h_h
承重墙梁	≤18	≤9	≥0.4	≥1/10	≤0.3	≤$5h_w/6$ 且 h_w-h_h≥0.4m
自承重墙梁	≤18	≤12	≥1/3	≥1/15	≤0.8	—

注：墙体总高度指托梁顶面到檐口的高度，带阁楼的坡屋面应算到山尖墙 1/2 高度处。

2　墙梁计算高度范围内每跨允许设置一个洞口，洞口高度，对窗洞取洞顶至托梁顶面距离。对自承重墙梁，洞口至边支座中心的距离不应小于 $0.1l_{0i}$，门窗洞上口至墙顶的距离不应小于 0.5m。

3　洞口边缘至支座中心的距离，距边支座不应小于墙梁计算跨度的 0.15 倍，距中支座不应小于墙梁计算跨度的 0.07 倍。托梁支座处上部墙体设置混凝土构造柱、且构造柱边缘至洞口边缘的距离不小于 240mm 时，洞口边至支座中心距离的限值可不受本规定限制。

4　托梁高跨比，对无洞口墙梁不宜大于 1/7，对靠近支座有洞口的墙梁不宜大于 1/6。配筋砌块砌体墙梁的托梁高跨比可适当放宽，但不宜小于 1/14；当墙梁结构中的墙体均为配筋砌块砌体时，墙体总高度可不受本规定限制。

7.3.3　墙梁的计算简图，应按图 7.3.3 采用。各计算参数应符合下列规定：

1　墙梁计算跨度，对简支墙梁和连续墙梁取净跨的 1.1 倍或支座中心线距离的较小值；框支墙梁支座中心线距离，取框架柱轴线间的距离；

2　墙体计算高度，取托梁顶面上一层墙体（包括顶梁）高度，当 h_w 大于 l_0 时，取 h_w 等于 l_0（对连续墙梁和多跨框支墙梁，l_0 取各跨的平均值）；

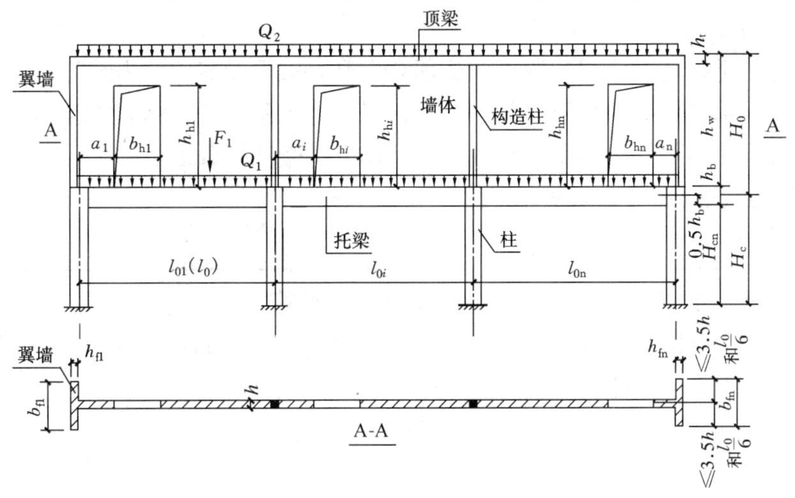

图 7.3.3　墙梁计算简图

$l_0(l_{0i})$—墙梁计算跨度；h_w—墙体计算高度；h—墙体厚度；H_0—墙梁跨中截面计算高度；b_{f1}—翼墙计算宽度；H_c—框架柱计算高度；b_{hi}—洞口宽度；h_{hi}—洞口高度；a_i—洞口边缘至支座中心的距离；Q_1、F_1—承重墙梁的托梁顶面的荷载设计值；Q_2—承重墙梁的墙梁顶面的荷载设计值

3　墙梁跨中截面计算高度，取 $H_0 = h_w + 0.5h_b$；

4　翼墙计算宽度，取窗间墙宽度或横墙间距的 2/3，且每边不大于 3.5 倍的墙体厚度和墙梁计算跨度的 1/6；

5　框架柱计算高度，取 $H_c = H_{cn} + 0.5h_b$；H_{cn} 为框架柱的净高，取基础顶面至托梁底面的距离。

2. 墙梁的计算荷载

《砌规》规定：

7.3.4 墙梁的计算荷载，应按下列规定采用：

1 使用阶段墙梁上的荷载，应按下列规定采用：

1) 承重墙梁的托梁顶面的荷载设计值，取托梁自重及本层楼盖的恒荷载和活荷载；

2) 承重墙梁的墙梁顶面的荷载设计值，取托梁以上各层墙体自重，以及墙梁顶面以上各层楼（屋）盖的恒荷载和活荷载；集中荷载可沿作用的跨度近似化为均布荷载；

3) 自承重墙梁的墙梁顶面的荷载设计值，取托梁自重及托梁以上墙体自重。

2 施工阶段托梁上的荷载，应按下列规定采用：

1) 托梁自重及本层楼盖的恒荷载；

2) 本层楼盖的施工荷载；

3) 墙体自重，可取高度为 $l_{0\max}/3$ 的墙体自重，开洞时尚应按洞顶以下实际分布的墙体自重复核；$l_{0\max}$ 为各计算跨度的最大值。

3. 墙梁的承载力计算内容

墙梁应分别进行托梁使用阶段正截面承载力和斜截面受剪承载力计算、墙体受剪承载力和托梁支座上部砌体局部受压承载力计算，以及施工阶段托梁承载力验算。

自承重墙梁可不验算墙体受剪承载力和砌体局部受压承载力。

4. 托梁的正截面和斜截面承载力计算

《砌规》规定：

7.3.6 墙梁的托梁正截面承载力，应按下列规定计算：

1 托梁跨中截面应按混凝土偏心受拉构件计算，第 i 跨跨中最大弯矩设计值 M_{bi} 及轴心拉力设计值 N_{bti} 可按下列公式计算：

$$M_{bi} = M_{1i} + \alpha_M M_{2i} \tag{7.3.6-1}$$

$$N_{bti} = \eta_N \frac{M_{2i}}{H_0} \tag{7.3.6-2}$$

式中：M_{1i} ——荷载设计值 Q_1、F_1 作用下的简支梁跨中弯矩或按连续梁、框架分析的托梁第 i 跨跨中最大弯矩；

M_{2i} ——荷载设计值 Q_2 作用下的简支梁跨中弯矩或按连续梁、框架分析的托梁第 i 跨跨中最大弯矩；

α_M ——考虑墙梁组合作用的托梁跨中截面弯矩系数；

η_N ——考虑墙梁组合作用的托梁跨中截面轴力系数。

2 托梁支座截面应按混凝土受弯构件计算，第 j 支座的弯矩设计值 M_{bj} 可按下列公式计算：

$$M_{bj} = M_{1j} + \alpha_M M_{2j} \tag{7.3.6-9}$$

式中：M_{1j}——荷载设计值 Q_1、F_1 作用下按连续梁或框架分析的托梁第 j 支座截面的弯矩设计值；

M_{2j}——荷载设计值 Q_2 作用下按连续梁或框架分析的托梁第 j 支座截面的弯矩设计值；

α_M——考虑墙梁组合作用的托梁支座截面弯矩系数。

7.3.8 墙梁的托梁斜截面受剪承载力应按混凝土受弯构件计算，第 j 支座边缘截面的剪力设计值 V_{bj} 可按下式计算：

$$V_{bj} = V_{1j} + \beta_v V_{2j} \tag{7.3.8}$$

式中：V_{1j}——荷载设计值 Q_1、F_1 作用下按简支梁、连续梁或框架分析的托梁第 j 支座边缘截面剪力设计值；

V_{2j}——荷载设计值 Q_2 作用下按简支梁、连续梁或框架分析的托梁第 j 支座边缘截面剪力设计值；

β_v——考虑墙梁组合作用的托梁剪力系数。

5. 多跨框支墙梁框支柱轴力修正

对在墙梁顶面荷载 Q_2 作用下的多跨框支墙梁的框支柱，当边柱的轴力不利时，应乘以修正系数 1.2。

注意，框架柱的弯矩计算不考虑墙梁的组合作用。

6. 托梁施工阶段的计算

托梁应按混凝土受弯构件进行施工阶段的受弯、受剪承载力验算。

7. 墙梁的构造要求

《砌规》规定：

7.3.12 墙梁的构造应符合下列规定：

1 托梁和框支柱的混凝土强度等级不应低于 C30。

2 承重墙梁的块体强度等级不应低于 MU10，计算高度范围内墙体的砂浆强度等级不应低于 M10（Mb10）。

3 框支墙梁的上部砌体房屋，以及设有承重的简支墙梁或连续墙梁的房屋，应满足刚性方案房屋的要求。

4 墙梁的计算高度范围内的墙体厚度，对砖砌体不应小于 240mm，对混凝土砌块砌体不应小于 190mm。

5 墙梁洞口上方应设置混凝土过梁，其支承长度不应小于 240mm；洞口范围内不应施加集中荷载。

6 承重墙梁的支座处应设置落地翼墙，翼墙厚度，对砖砌体不应小于 240mm，对混凝土砌块砌体不应小于 190mm，翼墙宽度不应小于墙梁墙体厚度的 3 倍，并与墙梁墙体同时砌筑。当不能设置翼墙时，应设置落地且上、下贯通的混凝土构造柱。

7 当墙梁墙体在靠近支座 1/3 跨度范围内开洞时，支座处应设置落地且上、下贯通的混凝土构造柱，并应与每层圈梁连接。

8 墙梁计算高度范围内的墙体，每天可砌筑高度不应超过1.5m，否则，应加设临时支撑。

9 托梁两侧各两个开间的楼盖应采用现浇混凝土楼盖，楼板厚度不应小于120mm，当楼板厚度大于150mm时，应采用双层双向钢筋网，楼板上应少开洞，洞口尺寸大于800mm时应设洞口边梁。

10 托梁每跨底部的纵向受力钢筋应通长设置，不应在跨中弯起或截断；钢筋连接应采用机械连接或焊接。

11 托梁跨中截面的纵向受力钢筋总配筋率不应小于0.6%。

12 托梁上部通长布置的纵向钢筋面积与跨中下部纵向钢筋面积之比值不应小于0.4；连续墙梁或多跨框支墙梁的托梁支座上部附加纵向钢筋从支座边缘算起每边延伸长度不应小于$l_0/4$。

13 承重墙梁的托梁在砌体墙、柱上的支承长度不应小于350mm；纵向受力钢筋伸入支座的长度应符合受拉钢筋的锚固要求。

14 当托梁截面高度h_b大于等于450mm时，应沿梁截面高度设置通长水平腰筋，其直径不应小于12mm，间距不应大于200mm。

15 对于洞口偏置的墙梁，其托梁的箍筋加密区范围应延到洞口外，距洞边的距离大于等于托梁截面高度h_b（图7.3.12），箍筋直径不应小于8mm，间距不应大于100mm。

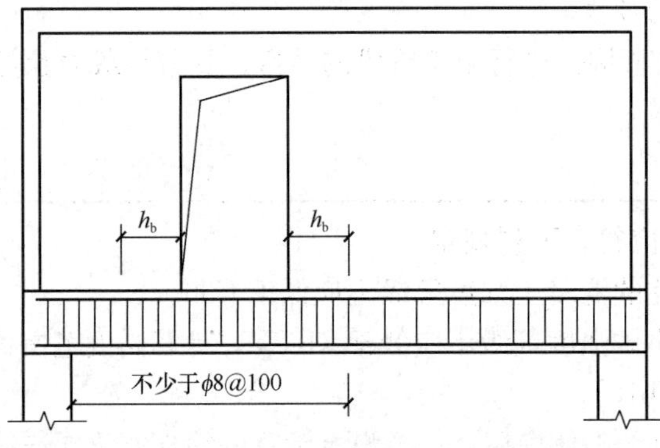

图7.3.12 偏开洞时托梁箍筋加密区

【例16-14-4】（历年真题）进行墙梁设计时，下列说法正确的是：

A. 无论何种设计阶段，其顶面的荷载设计值计算方法相同

B. 托梁应按偏心受拉构件进行施工阶段承载力计算

C. 承重墙梁的支座处均应设落地翼墙

D. 托梁在使用阶段斜截面受剪承载力应按偏心受拉构件计算

【解答】承重墙梁的支座处均应设落地翼墙，应选C项。

【例16-14-5】（历年真题）下列有关墙梁的说法中，正确的是：

A. 托梁在施工阶段的承载力不需要验算

B. 墙梁的受力机制相当于“有拉杆的拱”

C. 墙梁墙体中可无约束地开门洞

D. 墙体两侧的翼墙对墙梁的受力没有什么影响

【解答】墙梁的受力机制相当于“有拉杆的拱”，应选 B 项。

★四、挑梁

习 题

16-14-1 （历年真题）如图所示砌砖体中的过梁（尺寸单位为 mm），作用在过梁上的荷载为（梁自重不计）：

A. 20kN/m

B. 18kN/m

C. 17.5kN/m

D. 2.5kN/m

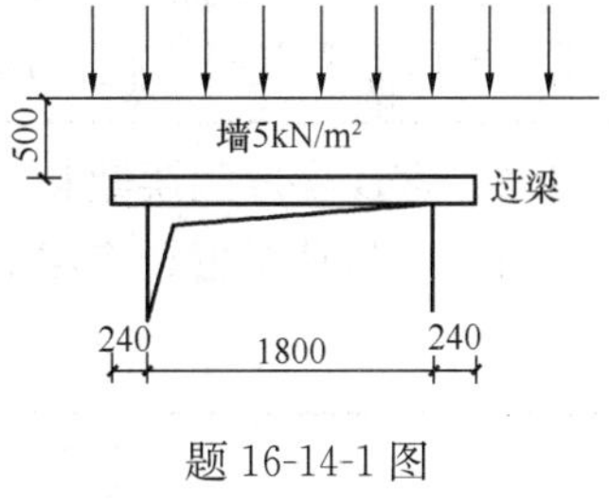

题 16-14-1 图

16-14-2 圈梁必须是封闭的，当砌体房屋的圈梁被门窗洞口切断时，洞口上部应增设附加圈梁与原圈梁搭接，搭接长度不得小于 1m，且不小于其中到中的垂直间距的：

A. 1 倍　　B. 1.2 倍　　C. 2 倍　　D. 1.5 倍

16-14-3 墙梁计算高度范围内的墙体，在不加设临时支撑的条件下，每天砌筑高度不超过：

A. 1.2m　　B. 1.5m　　C. 2m　　D. 2.5m

16-14-4 当计算挑梁的抗倾覆力矩时，荷载取为：

A. 本层的砌体与楼面恒荷载标准值之和

B. 本层的砌体与楼面恒荷载设计值之和

C. 本层恒荷载与活荷载标准值之和

D. 本层恒荷载与活荷载设计值之和

第十五节 砌体结构抗震设计要点

一、一般规定

砌体结构抗震设计的基本要求：

（1）房屋的平、立面布置宜规则、对称，房屋的质量分布和刚度变化宜均匀，楼层不宜错层。

（2）房屋的防震缝可按实际需要设置。当设置防震缝时，应将房屋分成规则的结构单元，留有足够的宽度，使两侧的上部结构完全分开。伸缩缝、沉降缝应符合防震缝的要求。

(3)抗震结构体系，其计算简图应明确，地震作用传递途径合理；宜有多道抗震防线；应具备必要的强度，良好的变形能力和耗能能力；宜具有合理的刚度和强度分布。

(4)抗震砌体结构构件，应按规定设置钢筋混凝土圈梁和构造柱、芯柱，或采用配筋砌体和组合砌体等，以改善结构的变形能力。

(5)附属构件应与主体结构有可靠的连接或锚固，避免倒塌伤人或砸坏设备；避免不合理地设置围护墙和隔墙而导致主体结构的破坏；装饰贴面与主体结构应有可靠连接，应避免吊顶塌落伤人。

(6)施工方面：构造柱、芯柱的施工，应先砌墙后浇混凝土柱；纵墙和横墙的交接处应同时咬槎砌筑或采取拉结措施。

二、砌体结构房屋的抗震措施

《砌规》和《抗规》对砌体结构房屋的抗震措施作了详细的规定。

★1. 多层砌体房屋的高度和层数的规定

多层砌体房屋的抗震性能，除与横墙间距、结构的整体性、砂和砂浆的强度等级、施工质量等因素有关外，还与房屋的总高度和层高密切相关。为此，《抗规》规定：

7.1.2 多层房屋的层数和高度应符合下列要求：

1 一般情况下，房屋的层数和总高度不应超过表 7.1.2 的规定。

房屋的层数和总高度限值(m) **表 7.1.2**

房屋类别		最小抗震墙厚度(mm)	烈度和设计基本地震加速度											
			6		7				8				9	
			0.05g		0.10g		0.15g		0.20g		0.30g		0.40g	
			高度	层数	高度	层数	高度	层数	高度	层数	高度	层数	高度	层数
多层砌体房屋	普通砖	240	21	7	21	7	21	7	18	6	15	5	12	4
	多孔砖	240	21	7	21	7	18	6	18	6	15	5	9	3
	多孔砖	190	21	7	18	6	15	5	15	5	12	4	—	—
	小砌块	190	21	7	21	7	18	6	18	6	15	5	9	3
底部框架-抗震墙砌体房屋	普通砖 多孔砖	240	22	7	22	7	19	6	16	5	—	—	—	—
	多孔砖	190	22	7	19	6	16	5	13	4	—	—	—	—
	小砌块	190	22	7	22	7	19	6	16	5	—	—	—	—

注：1 房屋的总高度指室外地面到主要屋面板板顶或檐口的高度，半地下室从地下室室内地面算起，全地下室和嵌固条件好的半地下室应允许从室外地面算起；对带阁楼的坡屋面应算到山尖墙的 1/2 高度处；

2 室内外高差大于 0.6m 时，房屋总高度应允许比表中的数据适当增加，但增加量应少于 1.0m；

3 乙类的多层砌体房屋仍按本地区设防烈度查表，其层数应减少一层且总高度应降低 3m；不应采用底部框架-抗震墙砌体房屋；

4 本表小砌块砌体房屋不包括配筋混凝土小型空心砌块砌体房屋。

> **2** 横墙较少的多层砌体房屋，总高度应比表 7.1.2 的规定降低 3m，层数相应减少一层；各层横墙很少的多层砌体房屋，还应再减少一层。
>
> 注：横墙较少是指同一楼层内开间大于 4.2m 的房间占该层总面积的 40%以上；其中，开间不大于 4.2m 的房间占该层总面积不到 20%且开间大于 4.8m 的房间占该层总面积的 50%以上为横墙很少。
>
> **3** 6、7 度时，横墙较少的丙类多层砌体房屋，当按规定采取加强措施并满足抗震承载力要求时，其高度和层数应允许仍按表 7.1.2 的规定采用。
>
> **4** 采用蒸压灰砂砖和蒸压粉煤灰砖的砌体的房屋，当砌体的抗剪强度仅达到普通黏土砖砌体的 70%时，房屋的层数应比普通砖房减少一层，总高度应减少 3m；当砌体的抗剪强度达到普通黏土砖砌体的取值时，房屋层数和总高度的要求同普通砖房屋。

《砌规》也作了上述相同的规定。

砌体结构房屋的层高，《砌规》规定：

> **10.1.4** 砌体结构房屋的层高，应符合下列规定：
>
> **1** 多层砌体结构房屋的层高，应符合下列规定：
>
> **1）** 多层砌体结构房屋的层高，不应超过 3.6m；
>
> 注：当使用功能确有需要时，采用约束砌体等加强措施的普通砖房屋，层高不应超过 3.9m。
>
> **2）** 底部框架-抗震墙砌体房屋的底部，层高不应超过 4.5m；当底层采用约束砌体抗震墙时，底层的层高不应超过 4.2m。
>
> **2** 配筋混凝土空心砌块抗震墙房屋的层高，应符合下列规定：
>
> **1）** 底部加强部位（不小于房屋高度的 1/6 且不小于底部二层的高度范围）的层高（房屋总高度小于 21m 时取一层），一、二级不宜大于 3.2m，三、四级不应大于 3.9m；
>
> **2）** 其他部位的层高，一、二级不应大于 3.9m，三、四级不应大于 4.8m。

【例 16-15-1】（历年真题）抗震设防烈度 8 度、设计地震基本加速度为 0.20g 的地区，对普通砖砌体多层房屋的总高度、总层数和层高的限值是：

A. 总高 15m，总层数 5 层，层高 3m

B. 总高 18m，总层数 6 层，层高 3m

C. 总高 18m，总层数 6 层，层高 3.6m

D. 总高 21m，总层数 7 层，层高 3.6m

【解答】 根据《抗规》7.1.2 条，总高为 18m，总层数为 6 层；由《砌规》10.1.4 条，层高限值为 3.6m，应选 C 项。

★2. 多层砌体房屋总高度与总宽度的最大高宽比

为保证房屋的稳定性，避免房屋发生整体弯曲破坏，《抗规》对多层砌体房屋总高度与总宽度的比值作了限制，即：

7.1.4 多层砌体房屋总高度与总宽度的最大比值，宜符合表 7.1.4 的要求。

房屋最大高宽比 **表 7.1.4**

烈度	6	7	8	9
最大高宽比	2.5	2.5	2.0	1.5

注：1 单面走廊房屋的总宽度不包括走廊宽度；

2 建筑平面接近正方形时，其高宽比宜适当减小。

★3. 多层砌体房屋的结构体系

《抗规》规定：

7.1.7 多层砌体房屋的建筑布置和结构体系，应符合下列要求：

1 应优先采用横墙承重或纵横墙共同承重的结构体系。不应采用砌体墙和混凝土墙混合承重的结构体系。

2 纵横向砌体抗震墙的布置应符合下列要求：

1） 宜均匀对称，沿平面内宜对齐，沿竖向应上下连续；且纵横向墙体的数量不宜相差过大；

2） 平面轮廓凹凸尺寸，不应超过典型尺寸的 50%；当超过典型尺寸的 25%时，房屋转角处应采取加强措施；

3） 楼板局部大洞口的尺寸不宜超过楼板宽度的 30%，且不应在墙体两侧同时开洞；

4） 房屋错层的楼板高差超过 500mm 时，应按两层计算；错层部位的墙体应采取加强措施；

5） 同一轴线上的窗间墙宽度宜均匀；墙面洞口的面积，6、7 度时不宜大于墙面总面积的 55%，8、9 度时不宜大于 50%；

6） 在房屋宽度方向的中部应设置内纵墙，其累计长度不宜小于房屋总长度的 60%（高宽比大于 4 的墙段不计入）。

3 房屋有下列情况之一时宜设置防震缝，缝两侧均应设置墙体，缝宽应根据烈度和房屋高度确定，可采用 70mm～100mm：

1） 房屋立面高差在 6m 以上；

2） 房屋有错层，且楼板高差大于层高的 1/4；

3） 各部分结构刚度、质量截然不同。

4 楼梯间不宜设置在房屋的尽端或转角处。

5 不应在房屋转角处设置转角窗。

6 横墙较少、跨度较大的房屋，宜采用现浇钢筋混凝土楼、屋盖。

【例 16-15-2】（历年真题）砌体房屋中对抗震不利的情况是：

A. 楼梯间设在房屋尽端　　B. 采用纵横墙混合承重的结构布置方案

C. 纵横墙布置均匀对称　　D. 高宽比为 1∶1.5

【解答】楼梯间设在房屋尽端对抗震不利，应选 A 项。

★4. 多层砌体房屋抗震横墙的间距

由于多层砌体房屋的横向水平地震作用主要由楼（屋）盖传递，由横墙承担，为保证房屋空间刚度，对抗震横墙的间距作出限制是必要的。为此，《抗规》规定：

7.1.5　房屋抗震横墙的间距，不应超过表7.1.5的要求：

房屋抗震横墙的间距（m）　　**表7.1.5**

房屋类别		烈度			
		6	7	8	9
多层砌体房屋	现浇或装配整体式钢筋混凝土楼、屋盖	15	15	11	7
	装配式钢筋混凝土楼、屋盖	11	11	9	4
	木屋盖	9	9	4	—
底部框架-抗震墙砌体房屋	上部各层	同多层砌体房屋			—
	底层或底部两层	18	15	11	—

注：1　多层砌体房屋的顶层，除木屋盖外的最大横墙间距应允许适当放宽，但应采取相应加强措施；

2　多孔砖抗震横墙厚度为190mm时，最大横墙间距应比表中数值减少3m。

【例16-15-3】（历年真题）现行《砌体结构设计规范》对砌体房屋抗震横墙最大间距限制的目的是：

A. 保证房屋的空间工作性能

B. 保证楼盖具有传递地震作用给墙所需要的水平刚度

C. 保证房屋地震时不倒塌

D. 保证纵墙的高厚比满足要求

【解答】抗震横墙最大间距限制的目的是保证楼盖具有传递地震作用给墙所需要的水平刚度，应选B项。

★5. 多层砌体房屋的局部限值

《抗规》规定：

7.1.6　多层砌体房屋中砌体墙段的局部尺寸限值，宜符合表7.1.6的要求：

房屋的局部尺寸限值（m）　　**表7.1.6**

部　　位	6度	7度	8度	9度
承重窗间墙最小宽度	1.0	1.0	1.2	1.5
承重外墙尽端至门窗洞边的最小距离	1.0	1.0	1.2	1.5
非承重外墙尽端至门窗洞边的最小距离	1.0	1.0	1.0	1.0
内墙阳角至门窗洞边的最小距离	1.0	1.0	1.5	2.0
无锚固女儿墙（非出入口处）的最大高度	0.5	0.5	0.5	0.0

注：1　局部尺寸不足时应采取局部加强措施弥补，且最小宽度不宜小于1/4层高和表列数据的80%；

2　出入口处的女儿墙应有锚固。

★6. 多层砌体房屋材料性能指标

根据《建筑与市政工程抗震通用规范》GB 55002—2021和《砌规》规定，结构材料性能指标应符合下列规定：

(1) 砌体材料应符合下列规定：

1) 普通砖和多孔砖的强度等级不应低于 MU10，其砌筑砂浆强度等级不应低于 M5；蒸压灰砂普通砖、蒸压粉煤灰普通砖及混凝土砖的强度等级不应低于 MU15，其砌筑砂浆强度等级不应低于 Ms5 (Mb5)；

2) 混凝土砌块的强度等级不应低于 MU7.5，其砌筑砂浆强度等级不应低于 Mb7.5；

3) 约束砖砌体墙，其砌筑砂浆强度等级不应低于 M10 或 Mb10；

4) 配筋砌块砌体抗震墙，其混凝土空心砌块的强度等级不应低于 MU10，其砌筑砂浆强度等级不应低于 Mb10。

(2) 混凝土材料应符合下列规定：

1) 托梁，底部框架-抗震墙砌体房屋中的框架梁、框架柱、节点核心区、混凝土墙和过渡层底板，部分框支配筋砌块砌体抗震墙结构中的框支梁和框支柱等转换构件、节点核心区、落地混凝土墙和转换层楼板，其混凝土的强度等级不应低于 C30；

2) 构造柱、圈梁、水平现浇钢筋混凝土带及其他各类构件不应低于 C25，砌块砌体芯柱和配筋砌块砌体抗震墙的灌孔混凝土强度等级不应低于 Cb25。

★★★7. 钢筋混凝土构造柱

构造柱和圈梁（房屋中通常应设置）对墙体有较大的约束，增大了墙体的弹塑性变形能力(即延性)，并提高了墙体的抗剪能力。因此，合理设置的构造柱提高了砌体结构抗震能力和抗倒塌能力。此外，设置构造柱的墙体也增大了墙体允许高厚比值[β]，有利于墙体的稳定性。

《砌规》规定：

10.2.4 各类砖砌体房屋的现浇钢筋混凝土构造柱（以下简称构造柱），其设置应符合现行国家标准《建筑抗震设计规范》GB 50011的有关规定，并应符合下列规定：

1 构造柱设置部位应符合表 10.2.4 的规定；

2 外廊式和单面走廊式的房屋，应根据房屋增加一层的层数，按表 10.2.4 的要求设置构造柱，且单面走廊两侧的纵墙均应按外墙处理；

3 横墙较少的房屋，应根据房屋增加一层的层数，按表 10.2.4 的要求设置构造柱。当横墙较少的房屋为外廊式或单面走廊式时，应按本条 2 款要求设置构造柱；但 6 度不超过四层、7 度不超过三层和 8 度不超过二层时应按增加二层的层数对待；

4 各层横墙很少的房屋，应按增加二层的层数设置构造柱；

5 采用蒸压灰砂普通砖和蒸压粉煤灰普通砖的砌体房屋，当砌体的抗剪强度仅达到普通黏土砖砌体的 70%时（普通砂浆砌筑），应根据增加一层的层数按本条 1～4 款要求设置构造柱；但 6 度不超过四层、7 度不超过三层和 8 度不超过二层时应按增加二层的层数对待；

6 有错层的多层房屋，在错层部位应设置墙，其与其他墙交接处应设置构造柱；在错层部位的错层楼板位置应设置现浇钢筋混凝土圈梁；当房屋层数不低于四层时，底部 1/4 楼层处错层部位墙中部的构造柱间距不宜大于 2m。

砖砌体房屋构造柱设置要求　　　　表 10.2.4

<table>
<tr><th colspan="4">房屋层数</th><th colspan="2" rowspan="2">设置部位</th></tr>
<tr><th>6 度</th><th>7 度</th><th>8 度</th><th>9 度</th></tr>
<tr><td>≤五</td><td>≤四</td><td>≤三</td><td></td><td rowspan="3">楼、电梯间四角，楼梯斜梯段上下端对应的墙体处；
外墙四角和对应转角；
错层部位横墙与外纵墙交接处；
大房间内外墙交接处；
较大洞口两侧</td><td>隔 12m 或单元横墙与外纵墙交接处；
楼梯间对应的另一侧内横墙与外纵墙交接处</td></tr>
<tr><td>六</td><td>五</td><td>四</td><td>二</td><td>隔开间横墙（轴线）与外墙交接处；
山墙与内纵墙交接处</td></tr>
<tr><td>七</td><td>六、七</td><td>五、六</td><td>三、四</td><td>内墙（轴线）与外墙交接处；
内墙的局部较小墙垛处；
内纵墙与横墙（轴线）交接处</td></tr>
</table>

注：1　较大洞口，内墙指不小于 2.1m 的洞口；外墙在内外墙交接处已设置构造柱时允许适当放宽，但洞侧墙体应加强；

2　当按本条第 2～5 款规定确定的层数超出表 10.2.4 范围，构造柱设置要求不应低于表中相应烈度的最高要求且宜适当提高。

10.2.5　多层砖砌体房屋的构造柱应符合下列构造规定：

1　构造柱的最小截面可为 180mm×240mm（墙厚 190mm 时为 180mm×190mm）；构造柱纵向钢筋宜采用 4ϕ12，箍筋直径可采用 6mm，间距不宜大于 250mm，且在柱上、下端适当加密；当 6、7 度超过六层、8 度超过五层和 9 度时，构造柱纵向钢筋宜采用 4ϕ14，箍筋间距不应大于 200mm；房屋四角的构造柱应适当加大截面及配筋。

2　构造柱与墙连接处应砌成马牙槎，沿墙高每隔 500mm 设 2ϕ6 水平钢筋和 ϕ4 分布短筋平面内点焊组成的拉结网片或 ϕ4 点焊钢筋网片，每边伸入墙内不宜小于 1m。6、7 度时，底部 1/3 楼层，8 度时底部 1/2 楼层，9 度时全部楼层，上述拉结钢筋网片应沿墙体水平通长设置。

3　构造柱与圈梁连接处，构造柱的纵筋应在圈梁纵筋内侧穿过，保证构造柱纵筋上下贯通。

4　构造柱可不单独设置基础，但应伸入室外地面下 500mm，或与埋深小于 500mm 的基础圈梁相连。

5　房屋高度和层数接近本规范表 10.1.2 的限值时，纵、横墙内构造柱间距尚应符合下列规定：

1） 横墙内的构造柱间距不宜大于层高的二倍；下部 1/3 楼层的构造柱间距适当减小；

2） 当外纵墙开间大于 3.9m 时，应另设加强措施。内纵墙的构造柱间距不宜大于 4.2m。

【例 16-15-4】（历年真题）砌体结构中构造柱的作用是：

① 提高砖砌体房屋的抗剪能力；

② 构造柱对砌体起了约束作用，使砌体变形能力增强；

③ 提高承载力、减小墙的截面尺寸；

④ 提高墙、柱高厚比的限值。

A. ①②　　B. ①③④　　C. ①②④　　D. ③④

【解答】 砌体结构中构造柱的作用是：①②④，应选C项。

★★★8. 现浇钢筋混凝土圈梁

圈梁不仅能和构造柱（或芯柱）对墙体及房屋产生约束作用，它还可以加强纵横墙的连接，增强房屋的整体性和整体刚度，同时，增强墙体的稳定性。为此《抗规》规定：

7.3.3 多层砖砌体房屋的现浇钢筋混凝土圈梁设置应符合下列要求：

1 装配式钢筋混凝土楼、屋盖或木屋盖的砖房，应按表7.3.3的要求设置圈梁；纵墙承重时，抗震横墙上的圈梁间距应比表内要求适当加密。

2 现浇或装配整体式钢筋混凝土楼、屋盖与墙体有可靠连接的房屋，应允许不另设圈梁，但楼板沿抗震墙体周边均应加强配筋并应与相应的构造柱钢筋可靠连接。

多层砖砌体房屋现浇钢筋混凝土圈梁设置要求　　**表7.3.3**

墙类	烈度		
	6、7	8	9
外墙和内纵墙	屋盖处及每层楼盖处	屋盖处及每层楼盖处	屋盖处及每层楼盖处
内横墙	同上； 屋盖处间距不应大于4.5m； 楼盖处间距不应大于7.2m； 构造柱对应部位	同上； 各层所有横墙，且间距不应大于4.5m； 构造柱对应部位	同上； 各层所有横墙

7.3.4 多层砖砌体房屋现浇混凝土圈梁的构造应符合下列要求：

1 圈梁应闭合，遇有洞口圈梁应上下搭接。圈梁宜与预制板设在同一标高处或紧靠板底；

2 圈梁在本规范第7.3.3条要求的间距内无横墙时，应利用梁或板缝中配筋替代圈梁；

3 圈梁的截面高度不应小于120mm，配筋应符合表7.3.4（此处略）的要求；按本规范第3.3.4条3款要求增设的基础圈梁，截面高度不应小于180mm，配筋不应少于4ϕ12。

9. 多层砌体房屋的楼（屋）盖的抗震构造

《砌规》规定：

10.2.7 房屋的楼、屋盖与承重墙构件的连接，应符合下列规定：

1 钢筋混凝土预制楼板在梁、承重墙上必须具有足够的搁置长度。当圈梁未设在板的同一标高时，板端的搁置长度，在外墙上不应小于120mm，在内墙上，不应小于100mm，在梁上不应小于80mm，当采用硬架支模连接时，搁置长度允许不满足上述要求。

2 当圈梁设在板的同一标高时，钢筋混凝土预制楼板端头应伸出钢筋，与墙体的圈梁相连接。当圈梁设在板底时，房屋端部大房间的楼盖，6 度时房屋的屋盖和 7～9 度时房屋的楼、屋盖，钢筋混凝土预制板应相互拉结，并应与梁、墙或圈梁拉结。

3 当板的跨度大于 4.8m 并与外墙平行时，靠外墙的预制板侧边应与墙或圈梁拉结。

4 钢筋混凝土预制楼板侧边之间应留有不小于 20mm 的空隙，相邻跨预制楼板板缝宜贯通，当板缝宽度不小于 50mm 时应配置板缝钢筋。

5 装配整体式钢筋混凝土楼、屋盖，应在预制板叠合层上双向配置通长的水平钢筋，预制板应与后浇的叠合层有可靠的连接。现浇板和现浇叠合层应跨越承重内墙或梁，伸入外墙内长度应不小于 120mm 和 1/2 墙厚。

6 现浇或装配整体式钢筋混凝土楼、屋盖与墙体有可靠连接的房屋，应允许不另设圈梁，但楼板沿抗震墙体周边均应加强配筋并应与相应的构造柱钢筋可靠连接。

10. 其他构件的抗震构造

《抗规》规定：

7.3.6 楼、屋盖的钢筋混凝土梁或屋架应与墙、柱（包括构造柱）或圈梁可靠连接；不得采用独立砖柱。跨度不小于 6m 大梁的支承构件应采用组合砌体等加强措施，并满足承载力要求。

7.3.8 楼梯间尚应符合下列要求：

1 顶层楼梯间墙体应沿墙高每隔 500mm 设 2ϕ6 通长钢筋和 ϕ4 分布短钢筋平面内点焊组成的拉结网片或 ϕ4 点焊网片；7～9 度时其他各层楼梯间墙体应在休息平台或楼层半高处设置 60mm 厚、纵向钢筋不应少于 2ϕ10 的钢筋混凝土带或配筋砖带，配筋砖带不少于 3 皮，每皮的配筋不少于 2ϕ6，砂浆强度等级不应低于 M7.5 且不低于同层墙体的砂浆强度等级。

2 楼梯间及门厅内墙阳角处的大梁支承长度不应小于 500mm，并应与圈梁连接。

3 装配式楼梯段应与平台板的梁可靠连接，8、9 度时不应采用装配式楼梯段；不应采用墙中悬挑式踏步或踏步竖肋插入墙体的楼梯，不应采用无筋砖砌栏板。

4 突出屋顶的楼、电梯间，构造柱应伸到顶部，并与顶部圈梁连接，所有墙体应沿墙高每隔 500mm 设 2ϕ6 通长钢筋和 ϕ4 分布短筋平面内点焊组成的拉结网片或 ϕ4 点焊网片。

11. 底部框架-抗震墙砌体房屋的抗震构造

《砌规》规定：

10.4.6 底部框架-抗震墙砌体房屋中底部抗震墙的厚度和数量，应由房屋的竖向刚度分布来确定。当采用约束普通砖墙时其厚度不得小于 240mm；配筋砌块砌体抗震墙厚度，不应小于 190mm；钢筋混凝土抗震墙厚度，不宜小于 160mm；且均不宜小于层高或无支长度的 1/20。

10.4.12 底部框架-抗震墙砌体房屋的楼盖应符合下列规定：

1 过渡层的底板应采用现浇钢筋混凝土楼板，且板厚不应小于120mm，并应采用双排双向配筋，配筋率分别不应小于0.25%；应少开洞、开小洞，当洞口尺寸大于800mm时，洞口周边应设置边梁；

2 其他楼层，采用装配式钢筋混凝土楼板时均应设现浇圈梁，采用现浇钢筋混凝土楼板时应允许不另设圈梁，但楼板沿抗震墙体周边均应加强配筋并应与相应的构造柱、芯柱可靠连接。

12. 地基和基础设计的抗震要求

《抗规》3.3.4条、7.3.13条规定如下：

（1）同一结构单元的基础不宜设置在性质截然不同的地基上。

（2）同一结构单元的基础，宜采用同一类型的基础，底面宜埋置在同一标高上，否则应增设基础圈梁并应按1∶2的台阶逐步放坡。

（3）在软弱地基上的房屋，应在外墙及所有承重墙下增设基础圈梁。

习　题

16-15-1 （历年真题）对多层砌体房屋总高度与总宽度的比值要加以限制，主要是为了考虑：

A. 避免房屋两个主轴方向尺寸差异大、刚度悬殊，产生过大的不均匀沉降

B. 避免房屋纵横两个方向温度应力不均匀，导致墙体产生裂缝

C. 保证房屋不致因整体弯曲而破坏

D. 防止房屋因抗剪不足而破坏

16-15-2 （历年真题）下列关于构造柱的说法，不正确的是：

A. 构造柱必须先砌墙后浇柱

B. 构造柱应设置在震害较重、连接构造较薄弱和易于应力集中的部位

C. 构造柱必须单独设基础

D. 构造柱最小截面尺寸为240mm×180mm

16-15-3 （历年真题）考虑抗震设防时，多层砌体房屋在墙体中设置圈梁的目的是：

A. 提高墙体的抗剪承载能力

B. 增加房屋楼（屋）盖的水平刚度

C. 减小墙体的允许高厚比

D. 提供砌体的抗压强度

16-15-4 （历年真题）下列砌体结构抗震设计的概念，正确的是：

A. 6度设防，多层砌体结构既不需做承载力抗震验算，也不需考虑抗震构造措施

B. 6度设防，多层砌体结构不需做承载力抗震验算，但要满足抗震构造措施

C. 8度设防，多层砌体结构需进行薄弱处抗震弹性变形验算

D. 8度设防，多层砌体结构需进行薄弱处抗震弹塑性变形验算

16-15-5 （历年真题）多层砌砖体房屋钢筋混凝土构造柱的说法，正确的是：

A. 设置构造柱是为了加强砌体构件抵抗地震作用时的承载力

B. 设置构造柱是为了提高墙体的延性，加强房屋的抗震能力

C. 构造柱必须在房屋每个开间的四个转角处设置

D. 设置构造柱后砌体墙体的抗侧刚度有很大的提高

第十六章　习题解答

第十七章 结 构 试 验

第一节 结 构 试 验 设 计

★一、结构试验概述

结构试验是指在土木工程结构物或试验试件上，使用仪器设备为工具，利用试验技术为手段，在直接作用（亦称荷载，如重力荷载、风荷载）或间接作用（如温度、变形、地震作用）的作用下，通过量测与结构工作性能有关的各种参数，如挠度、变形、应变、频率、振幅等，从承载能力（强度、稳定）、刚度、抗裂性，以及结构实际破坏形态来判别土木工程结构的实际工作性能，估计结构的承载能力，确定结构满足使用要求的程度，并用以检验和发展结构的计算理论。

在实际工作中，根据不同的试验目的，结构试验可归纳为两大类：研究性试验（也称为探索性试验）；生产性试验（也称为验证性试验）。

研究性试验的目的是验证结构设计计算的各种假定；通过制订各种设计规范，发展新的设计理论，改进设计计算方法；开发新技术（材料、工艺、结构形式）而进行的系统性试验研究。

生产性试验以直接服务于生产为目的，以真实结构为对象，通过试验检测是否符合规范或设计要求，并作出正确的技术结论。该类试验通常用来解决的问题是：①结构的设计和施工通过试验进行鉴定；②工程改建或加固，通过试验判断具体结构的实际承载能力；③处理工程事故，通过试验鉴定提供技术根据；④已建结构的可靠性检验，通过试验推断和估计结构的剩余寿命；⑤鉴定预制构件产品的质量等。

结构试验一般包括：试验规划设计；试验技术准备；试验实施过程；试验数据分析总结。

【例 17-1-1】（历年真题）结构试验分为生产性试验和研究性试验两类，下列哪项不属于研究性试验解决的问题？

A. 综合鉴定建筑的设计和施工质量　　B. 为发展和推广新结构提供实践经验

C. 为制定设计规范提供依据　　D. 验证结构计算理论的假定

【解答】 A 项不属于研究性试验，故选 A 项。

★★★二、结构试验的试件设计

在进行结构试验时，作为结构试验的试件可以取为实际结构的整体或者它的一部分，当不能采用原型结构进行试验时，也可用模型结构（足尺模型或缩尺模型）。其中，足尺模型是指尺寸、材料、受力特性与原型结构相同的模型；缩尺模型是指在几何尺寸上将原型结构按相似关系缩小制作的模型。

试件设计应包括试件形状的选择、试件尺寸与数量的确定，以及构造措施的考虑，同时，必须满足结构与受力的边界条件、试件的破坏特征、试件加载条件的要求等。

1. 试件形状

在试件设计中设计试件形状时，最重要的是要造成与设计目的相一致的应力状态。从整体结构中取出部分构件单独进行试验时，特别是在比较复杂的超静定体系中必须要注意其边界条件的模拟，使其能如实反映该部分结构构件的实际工作。

如作图 17-1-1（a）所示受水平荷载（或水平地震作用）作用的框架应力分析，其试件形状设计为：柱身 *A-A*、*B-B* 部位见图 17-1-1（b）、（c），梁端 *C-C*、梁中 *D-D* 部位见图 17-1-1（d）、（e），梁柱节点见图 17-1-1（f）。此外，柱挠曲变形见图 17-1-1（g）、柱剪切变形见图 17-1-1（h）。

试件的设计，其边界条件的实现还与试件安装、加载装置与约束条件等有密切关系。

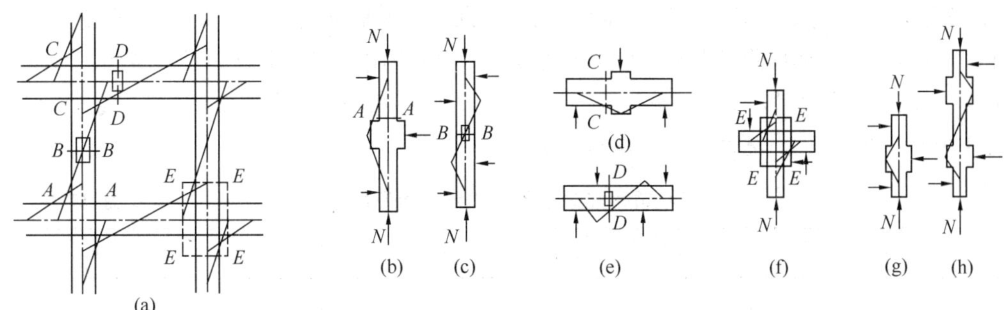

图 17-1-1　框架中梁柱和节点试验

2. 试件尺寸

结构试验所用试件的尺寸和大小，从总体上分为原型和模型两个大类。试件尺寸的选取主要考虑试验成本、试验设备能力、试件尺寸对试件性能的影响等因素。

以研究构件或截面力学性能为主要目的时，混凝土结构试件的尺寸由材料特性所要求的最小尺寸控制。如果采用与实际结构相同的材料，试件尺寸应满足粗骨料最大粒径、钢筋直径、预应力孔道直径等因素所要求的最小尺寸。

钢结构节点的构造和连接有其自身的特点，通常尽可能选用与实际结构相同或相近的尺寸。

砌体结构的块体和灰缝的尺寸都是相对固定不变的，砌体结构试件的尺寸必须满足块体和灰缝尺寸的基本要求。

对于整体结构试验，受各方面条件的限制，往往只能采用缩尺比例较大的模型试件。

总之，对于静载试验，一般取较大的尺寸。对于动载试验，由于受加载设备能力的限制，通常取较小的比例尺。对于抗震试验，其要求是：①砌体试件缩尺比例不宜小于 1/4；②钢筋混凝土试件拟静力、拟动力试验的缩尺比例不宜小于 1/10，节点的缩尺比例不宜小于 1/5；振动台试验弹塑性模型的缩尺比例不宜小于 1/50；③钢结构拟静力、拟动力试验模型的缩尺比例不宜小于 1/5，振动台试验弹塑性模型的缩尺比例不宜小于 1/25；④振动台弹性模型试验的缩尺比例不宜小于 1/100。

3. 试验数量

结构试验的目的以及试验参数的选取决定了试件的数量。在生产性试验中，试验目的是检验试验对象的力学性能是否满足规范要求和设计要求，试件的数量可以按照相关规范的规定选取。如《混凝土结构工程施工质量验收规范》GB 50204—2015 对预制构件的检验数量的规定：①专业企业生产的预制构件进场时，预制构件结构性能检验，同一类型预制构件不超过 1000 个为一批，每批随机抽取 1 个构件进行结构性能检验；②预制构件尺寸偏差检验，同一类型预制构件，不超过 100 个为一批，每批应抽查构件数量的 5%，且不应少于 3 个。

在研究性试验中，试件的数量由试验目的所规定的试验参数决定。如钢筋混凝土梁的抗剪性能试验，当梁的截面尺寸、跨度已经确定后，其主要影响参数是剪跨比、配筋率、混凝土强度等级、纵筋配筋率，每一个参数又要考虑不同的取值，将试验参数的数目称为影响因子数，每个因子可能取值的数目称为水平数，见表 17-1-1，梁抗剪性能影响因子数为 4，水平数为 3，按全组合方法，即每个因子的每个水平都进行组合，共需要 $3^4=81$ 个试件。当可以对影响因子作出相互独立的假定时，可采用正交试验法进行结构试验，即采用正交表设计试件数量，见表 17-1-2，L9（3^4）表示：考虑 4 个影响因子数，每个影响因子取 3 个水平数，正交表为 9 行，试件数目为 9 个。

梁抗剪性能影响因子与水平数及取值　　表 17-1-1

影响因子		水平 1	水平 2	水平 3
A	剪跨比 λ	1.5	2.2	3.0
B	配箍率 ρ_v（%）	0.10	0.25	0.40
C	混凝土强度等级	C30	C35	C40
D	纵筋配筋率 ρ（%）	1.4	1.8	2.2

正交表 L9（3^4）试件因子组合　　表 17-1-2

试件编号	A	B	C	D
	剪跨比	配箍率 ρ_v（%）	混凝土强度等级	纵筋配筋率 ρ（%）
1	A_1：1.5	B_1：0.10	C_1：C30	D_1：1.4
2	A_1：1.5	B_2：0.25	C_2：C35	D_2：1.8
3	A_1：1.5	B_3：0.40	C_3：C40	D_3：2.2
4	A_2：2.2	B_1：0.10	C_2：C45	D_3：2.2
5	A_2：2.2	B_2：0.25	C_3：C40	D_1：1.4
6	A_2：2.2	B_3：0.40	C_1：C30	D_2：1.8
7	A_3：3.0	B_1：0.10	C_3：C40	D_2：1.8
8	A_3：3.0	B_2：0.25	C_1：C30	D_3：2.2
9	A_3：3.0	B_3：0.40	C_2：C35	D_1：1.4

可见，正交试验设计可以只需要少量的试件就可得到主要的信息，对研究问题作出综合评价。其不足之处是不能提供其一因子的单值变化与试验目标之间的函数关系。

4. 试件构造设计

对于每一个具体试件的设计和制作过程中还必须考虑试件安装、加荷、量测的需要，在试件上作出必要的构造措施。

图 17-1-2（a）、(b）所示在支座处和集中荷载作用处预埋钢垫板，防止试件局部受压破坏，或保证加载设备稳定；图 17-1-2（c）所示混凝土垫块使砌体试件均匀受压；图 17-1-2（d)所示偏心受压柱设置牛腿、分布筋以增大端部承压面，便于施加偏心荷载。图 17-1-2（e）所示钢筋混凝土框架作反复荷载试验，增大基础梁的截面，框架梁侧设预埋件便于加载。

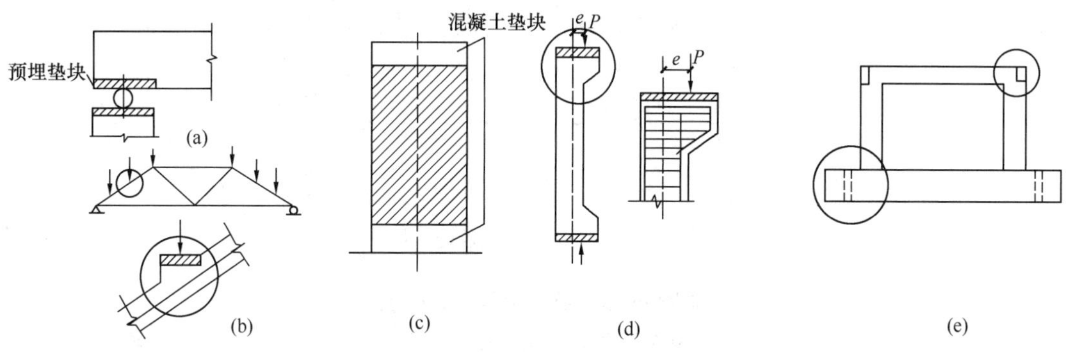

图 17-1-2　试件设计的构造措施

在试验中为了保证结构或构件在预定的部位破坏，以期得到必要的测试数据，就需要对结构或构件的其他部件事先进行局部加固。

为了保证试验量测的可靠性和仪表安装的方便，在试件内必须预设埋件或预留孔洞。如钢筋混凝土试件用电阻应变计量测钢筋应变时，在浇筑混凝土前应先在钢筋上贴好应变计，做好防潮及防止机械损伤的处理。对于为测定混凝土内部应力的预埋元件或专门的混凝土应变计、钢筋应变计等，应在浇筑混凝土前，按相应的技术要求用专门的方法就位固定安装埋设在混凝土内部。

★三、结构试验的荷载设计

1. 试验加载荷载图式的选择与设计

荷载图式是指试验荷载在试件上布置的形式，即荷载类型、作用位置，其要根据试验目的来决定。试验时的荷载应该使结构处于某一种实际可能的最不利的工作情况。

试验时荷载图式要与结构设计计算的荷载图式一样。这时，结构的工作与其实际情况最为接近。例如，吊车梁应按其受弯或受剪最不利时的实际轮压位置布置相应的集中荷载。但是，在试验时也常采用不同于设计计算所规定的荷载图式，其原因是：①对设计计算时采用的荷载图式的合理性有所怀疑，因而在试验时采用某种更接近于结构实际受力情况的荷载布置方式；②在不影响结构的工作和试验成果分析的前提下，由于受试验条件的限制和为了加载的方便，改变加载的图式，采用等效加载的形式。

等效加载是指模拟结构或构件的实际受力状态，使结构或试件控制截面上主要内力相等或相近的加载方式。满足等效加载的要求是：①控制截面或部位上主要内力的数值相等；②其余截面或部位上主要内力和非主要内力的数值相近、内力图形相似；③内力等效对试验结果的影响可明确计算。如图 17-1-3（a）所示，在均布荷载 q 作用下的简支梁，采用集中荷载进行等效加载，其等效荷载及内力图，见图 17-1-3（b)、(c）和（d)。

采用等效荷载时，必须对某些参数进行修正。例如，当构件满足内力等效时，整体变形（如挠度）一般不等效，需对所测变形进行修正，参见表 17-1-3。

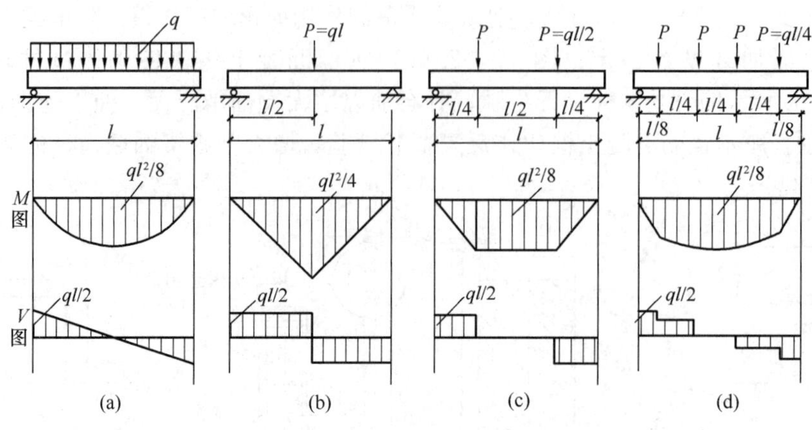

图 17-1-3　等效荷载及内力图

简支受弯试件等效加载模式及等效集中荷载 P 和挠度修正系数 ψ　　**表 17-1-3**

名称	等效加载模式及加载值 P	挠度修正系数 ψ
均布荷载	q；l	1.00
四分点集中力加载	$ql/2$，$ql/2$；$l/4$，$l/2$，$l/4$	0.91
三分点集中力加载	$3ql/8$，$3ql/8$；$l/3$，$l/3$，$l/3$	0.98
八分点集中力加载	$ql/4$；$l/8$，$l/4\times3$，$l/8$	0.97
十六分点集中力加载	$ql/8$；$l/16$，$l/8\times7$，$l/16$	1.00

2. 试验加载装置的设计

为了保证试验工作的正常进行，对于试验加载用的设备装置也必须进行专门的设计。在使用实验室内现有的设备装置时，也可按每项试验的要求对装置的承载力、刚度进行复核计算。

对于加载装置的承载力，首先要满足试验最大荷载量的要求，保证有足够的安全储备，同时，要考虑到结构受载后有可能使局部构件的承载力有所提高。因此，在作试验设计时，加载装置的承载能力至少提高 25%。

加载装置除满足上述承载力要求外，还必须考虑刚度要求。如混凝土应力-应变曲线下降段测试，在结构试验时如果加载装置刚度不足时，将难以获得试件极限荷载后的性能。

加载装置设计应使它能符合结构构件的受力条件，能模拟结构构件的边界条件和变形条件。在加载装置中还必须注意试件的支承方式。此外，试验加载装置应尽可能构造简单，组装时间较少。

3. 结构试验的加载程序

结构试验的加载程序（或称加载制度）是指结构试验进行期间控制荷载与加载时间的关系。它包括加载速度的快慢、加载时间间歇的长短、分级荷载的大小和加载卸载循环的次数等。结构构件的承载能力和变形性质与其所受荷载作用的时间特征有关。不同性质的试验必须根据试验的要求制定不同的加载制度。一般混凝土结构静载试验的加载程序可按《混凝土结构试验方法标准》GB/T 50152—2012 的规定；对于结构抗震试验可按《建筑抗震试验规程》JGJ/T 101—2015 的规定；对于预制混凝土构件进行质量检验评定可按《混凝土结构工程施工质量验收规范》附录 B 的规定。

【例 17-1-2】（历年真题）下述哪项不属于结构试验的加载制度所包含的内容？

A. 加载速度的快慢　　B. 分级荷载的大小

C. 加卸载循环次数　　D. 加载的方式

【解答】加载制度不包括加载的方式，应选 D 项。

★★★四、结构试验的观测设计

观测设计（也称为量测方案）的主要内容包括：①确定观测项目；②选择测量范围，布置测点位置；③选择量测仪器。

1. 确定观测项目

结构在荷载作用下的各种变形可以分成两类：一类是整体变形，其反映结构的整体工作状况，如梁的挠度、转角、支座偏移等；另一类是局部变形，其反映结构的局部工作状况，如应变、裂缝、钢筋滑移等。

在确定试验的观测项目时，首先应该考虑整体变形，因为整体变形能够概括结构工作的全貌，可以基本上反映出结构的工作状况。对梁来说，首先就是挠度，通过挠度的测定，不仅能知道结构的刚度，而且可以知道结构的弹性和非弹性工作性质，挠度的不正常发展还能反映出结构中某些特殊的局部现象。转角的测定往往用来分析超静定连续结构。

对于某些构件，局部变形也是很重要的。例如：钢筋混凝土结构的裂缝出现，能直接说明其抗裂性能；在作非破坏性试验进行应力分析时，控制截面上的最大应变往往是推断结构极限强度的最重要的指标。

2. 测点的选择与布置

一般而言，在满足试验目的的前提下，测点宜少不宜多，以便突出测试重点。任何一个测点的布置都应该具有目的，服从结构分析的需要。

测点的位置必须要有代表性，结构或构件的最大挠度和最大应力的部位上必须布置测点。在所选测点得到的数据能够说明结构的受力性能。如果试验目的不是为了说明局部缺陷的影响，就不应该在有显著缺陷的截面上布置测点。

为了保证测量数据的可靠性还应该布置一定数量的校核性测点。由于在试验量测过程中部分测量仪器会有工作不正常、发生故障，以及偶然因素影响量测数据的可靠性，因此，不仅在需要知道应力和变形的位置上布置测点，也要求在已知应力和变形的位置上布点。这样就可以获得两组测量数据，前者称为测量数据，后者称为校核数据。

校核测点可以布置在结构物的边缘凸角上，它没有受外力作用，其应变为零；当没有凸角可找时，校核测点可以放在理论计算比较有把握的区域上。此外，还经常利用结构本身和荷载作用的对称性，在控制测点相对称的位置上布置一定数量的校核测点。

测点的布置应有利于试验时操作和测读，为了测读方便，减少观测人员，测点的布置宜适当集中。

【例 17-1-3】（历年真题）用仪器对结构或构件进行内力和变形等各种参数的量测时，下列关于测点选择与布置的原则，不全面的是：

A. 测点宜少不宜多

B. 测点的位置必须具有代表性

C. 应布置校核性测点

D. 对试验工作的开展应该是方便的、安全的

【解答】在满足试验目的的前提下，测点宜少不宜多，故 A 项不全面，应选 A 项。

3. 量测仪器的选择

具体内容见本章第二节。

★五、材料的力学性能与试验的关系

1. 概述

一个结构或构件的受力和变形特点，不仅受荷载等外界因素影响，还取决于组成这个结构或构件的材料内部抵抗外力的性能。

由于结构试验研究的是结构或构件的实际性能，故应采用材料的实际性能参数进行计算和分析。材料的实际性能参数应通过材料试样的试验量测确定，并以此作为试验分析的依据。因此，《混凝土结构试验方法标准》GB/T 50152—2012 规定：混凝土结构试验中用于计算和分析的有关材料性能的参数应通过实测确定。可知，结构材料性能的检验与测定是结构试验中的一个重要组成部分，对于在结构试验前或试验过程中正确估计结构的承载能力和实际工作状况，以及在试验后整理试验数据、处理试验结果等都具有非常重要的意义。

在结构试验中按照结构或构件材料性质的不同，必须测定相应的一些最基本的数据，如混凝土的抗压强度、钢材的屈服强度和抗拉极限强度、砌体的抗压强度等。在研究性试验中为了了解材料的荷载-变形、应力-应变关系，材料的弹性模量通常也属于最基本的数据之一而必须加以测定。有时根据试验研究的要求，还须测定混凝土的抗拉强度，以及各种材料的应力-应变曲线等有关数据。

在结构抗震试验中，在周期性反复荷载作用下，结构会进入非线性阶段工作。因此，相应的材料试验必须是在周期性反复荷载下进行，这时钢材将会出现包辛格效应，对于混凝土材料就需要进行应力-应变曲线全过程的测定，特别要测定曲线的下降段部分。

在结构试验中，确定材料力学性能的方法有直接试验法与间接试验法两种：①直接试验法是把材料按规定做成标准试件，然后在试验机上用规定的标准试验方法加荷试验进行测定；②间接试验法也称为非破损试验法或半破损试验法，具体内容见本章第七节。

2. 试验方法对材料强度指标的影响

通过生产实践和研究试验，发现试验方法对材料强度指标有着一定的影响，特别是试件的形状、尺寸和试验加荷速度（应变速率）对试验结果的影响尤为显著。对于同一种材料，仅仅由于试验方法与试验条件的不同，就会得出不同的强度指标。

（1）试件尺寸与形状的影响

混凝土的抗压强度存在尺寸效应，随着材料试件尺寸的缩小，在试验中出现了混凝土强度有系统地稍有提高的现象。一般情况下，截面较小而高度较低的试件得出的抗压强度偏高，这可以归结为试验方法和材料自身的原因等因素，试验方法的因素可解释为试验机压板对试件承压面的摩擦力所起的箍紧作用，对小试件的作用比对大试件要大。材料自身的原因是由于内部存在缺陷（如裂缝）的分布，表面和内部硬化程度的差异在不同大小的试件中起不同影响，随试件尺寸的增大而增加。因此，我国标准规定，测定混凝土立方体抗压强度（f_{cu}）试验的标准试件是边长为 150mm×150mm×150mm 的立方体试件。当采用非标准试件时，应将试验结果乘以表 17-1-4 中的尺寸换算系数。

混凝土轴心抗压强度（f_c）比较接近实际构件中混凝土的受压情况，我国标准规定，其应采用棱柱体试件测定，其标准试件是边长为 150mm×150mm×300mm 的棱柱体试件。当采用非标准试件时，应将试验结果乘以表 17-1-5 中的尺寸换算系数。

当混凝土强度等级在 C50～C80 范围时，$f_c=(0.76\sim0.82)f_{cu}$；C50 及以下时，$f_c=0.76f_{cu}$。

此外，美国、加拿大、日本采用圆柱体标准试件（直径 150mm、高 300mm）。

混凝土立方体抗压强度　　表 17-1-4

试件尺寸（mm）	尺寸换算系数
100×100×100	0.95
150×150×150	1.00
200×200×200	1.05

混凝土棱柱体抗压强度　　表 17-1-5

试件尺寸（mm）	尺寸换算系数
100×100×300	0.95
150×150×300	1.00
200×200×400	1.05

（2）试验加载速度的影响

在测定材料力学性能试验时，加荷速度越快，即引起材料的应变速率越高，试件的强度和弹性模量也会相应提高。

3. 材料试验结果对结构试验的影响

材料的力学性能指标是由钢材、钢筋和混凝土等各种材料分别制成试样或试块进行试验结果的平均值。但由于混凝土强度的不均匀性等原因，使该平均值产生波动。因此，用有波动的材性试验测定的平均值作结构试验的数据处理或理论计算时，其结果也会产生误差。

【例 17-1-4】（历年真题）下列关于加速度对试件材料性能影响的叙述正确的是：

A. 钢筋的强度随加载速度的提高而提高

B. 混凝土的强度随加载速度的提高而降低

C. 加载速度对钢筋强度和弹性模量没有影响

D. 混凝土的弹性模量随加载速度的提高而降低

【解答】钢筋的强度随加载速度的提高而提高，应选 A 项。

【例 17-1-5】（历年真题）通过测量混凝土棱柱体试件的应力-应变曲线计算所用试件的刚度，已知棱柱体试件的尺寸为 10mm×100mm×300mm，浇筑试件完毕并养护，且实测同批次立方体（150mm×150mm×150mm）强度为 300kN，则使用下列哪种试验机完成上述试件的加载试验最合适？

A. 使用最大加载能力为 300kN 的抗拉压试验机进行加载

B. 使用最大加载能力为 500kN 的抗压试验机进行加载

C. 使用最大加载能力为 1000kN 的抗压试验机进行加载

D. 使用最大加载能力为 2000kN 的抗压试验机进行加载

【解答】棱柱体强度 f_c＝（0.76～0.82）×300＝228～246kN，考虑尺寸效应 0.95，f_c＝240～259kN。加载装置的承载力至少提高 25%，即：（240～259）×1.25＝300～324kN，故选 B 项。

习　题

17-1-1（历年真题）下列关于校核性测点的布置不正确的是：

A. 布置在零应力位置

B. 布置在应力较大的位置

C. 布置在理论计算有把握的位置

D. 若为对称结构，一边布置测点，则另一边布置一些校核性测点

17-1-2（历年真题）为测定结构材料的实际物理力学性能指标，应包括以下何项内容：

A. 强度、变形、轴向应力-应变曲线　　B. 弹性模量、泊松比

C. 强度、泊松比、轴向应力-应变曲线　　D. 强度、变形、弹性模量

17-1-3（历年真题）对于试件的最大承载能力和相应变形计算，应按下列哪一项进行？

A. 材料的设计值　　B. 材料的标准值

C. 实际材料性能指标　　D. 材料设计值修正后的取值

第二节　结构试验的加载设备和量测仪器

★一、结构试验的加载设备

1. 概述

试验用的荷载形式、大小、加载方式等都是根据试验的目的要求，以如何能更好地模拟原有荷载等因素来选择。在决定试验荷载时，还取决于实验室的设备和现场所具备的条件。正确的荷载设计和选择适合于试验目的需要的加载设备是保证整个工作顺利进行的关键之一。为此，在选择试验荷载和加载方法时，应满足下列要求：

（1）选用的试验荷载图式应与结构设计计算的荷载图式所产生的内力值相一致或极为接近。

（2）荷载传力方式和作用点明确，产生的荷载数值要稳定，特别是静力荷载要不随加载时间、外界环境和结构的变形而变化。

(3) 荷载分级的分度值要满足试验量测的精度要求，加载设备要有足够的强度储备。

(4) 加载装置本身要安全可靠，不仅要满足强度要求，还应按变形条件来控制加载装置的设计（即还要满足刚度要求）。

(5) 加载设备要操作方便，便于加载和卸载，并能控制加载速度，又能适应同步加载或先后加载的不同要求。

(6) 试验加载方法要力求采用现代先进技术，减轻体力劳动，提高试验质量。

结构试验可分为静载试验和动载试验，相应地试验加载设备也可分为静载加载设备和动载加载设备。

2. 静载加载设备

(1) 重物加载法

在实验室内可以利用的重物有专门浇铸的标准铸铁砝码、混凝土立方试块、水箱等；在现场可就地取材，经常是采用普通的砂、石、砖等建筑材料，或是钢锭、铸铁、废构件等。重物可以直接加于试验结构或构件上，或者通过杠杆间接加在构件上。重物加载法的优点是：荷载值稳定，不会因结构的变形而减小，而且不影响结构的自由变形，特别适用于长期荷载和均布荷载试验。

重物荷载可直接堆放于结构表面（如板的试验）作为均布荷载（图 17-2-1），或置于荷载盘上通过吊杆挂在结构（如屋架的试验）上形成集中荷载（图 17-2-2），此时吊杆与荷载盘的自重应计入第一级荷载。

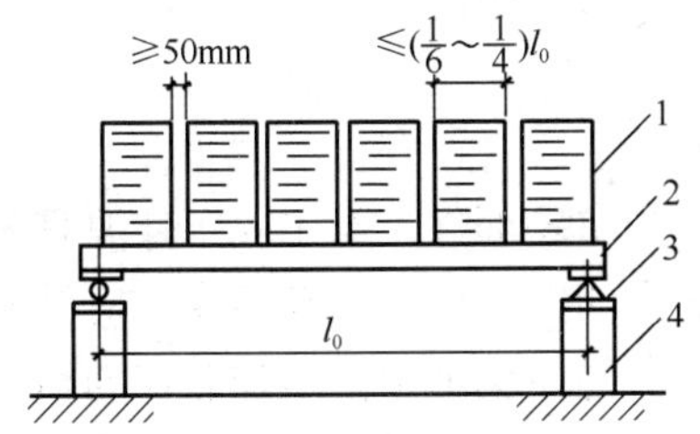

图 17-2-1　重物堆放作均布荷载试验

1—重物；2—试验板；3—支座；4—支墩

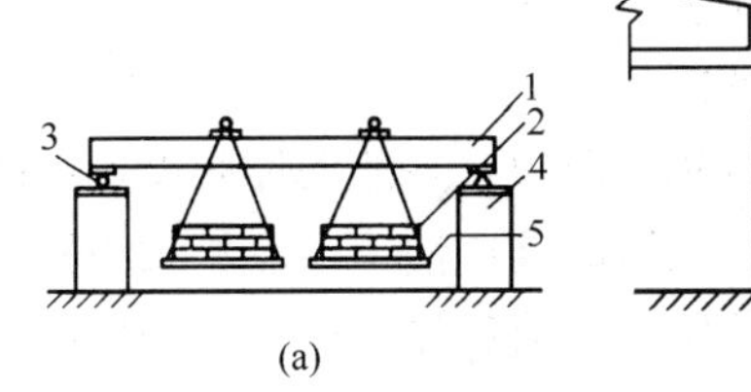

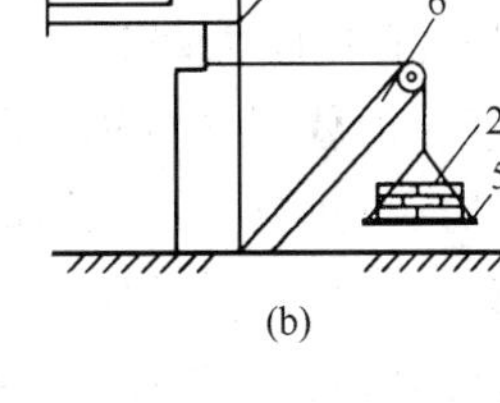

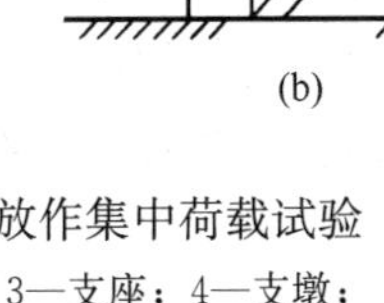

图 17-2-2　重物堆放作集中荷载试验

1—试件；2—重物；3—支座；4—支墩；5—吊篮；6—滑轮

重物加载时，当采用铸铁砝码、砖等作均布荷载时应注意重物尺寸（沿跨度方向的堆积长度宜为 1m）和堆放距离；当采用砂、石等松散颗粒材料作为均布荷载时，切勿连续松散堆放，宜采用袋装堆放，以防止砂石材料摩擦角引起拱作用而产生卸载影响。

利用水作均布荷载试验（图 17-2-3）是一种简易方便而且又十分经济的加载方法，特别适用于网架结构和平板结构加载试验，其缺点是全部承载面被水掩盖，不利于布置仪表和观测。

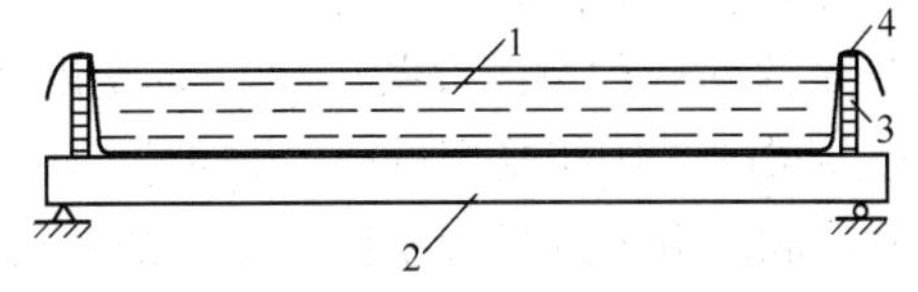

图 17-2-3　水压均布加载

1—水；2—试件；3—围堰；4—水囊或防水膜

重物作集中荷载常采用杠杆原理将荷载值放大，杠杆应保证有足够的刚度，杠杆比一般不宜大于 5，三个作用点应在同一直线上，其适用长期荷载试验。现场试验，杠杆反力支点可用重物、桩基础、墙洞或反弯梁等支承（图 17-2-4）。

（2）气压加载法

气压加载分为正压加载和负压加载两种。其中，正压加载是利用压缩空气的压力对结构施加荷载，特别是对加均布荷载有利，直接通过压力表就可反映加载值，加卸载方便，并可产生较大的荷载（图 17-2-5）。负压加载一般很少采用。气压计的精度不低于 1.0 级。

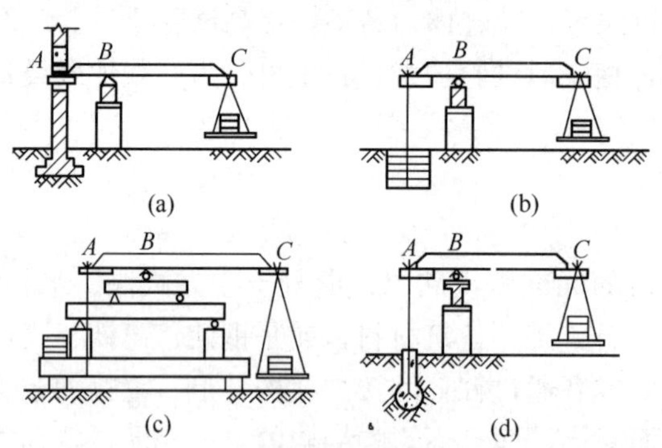

图 17-2-4 现场试验杠杆加载的支承方法

（a）墙洞支承；（b）重物支承；（c）反弯梁支承；（d）桩支承

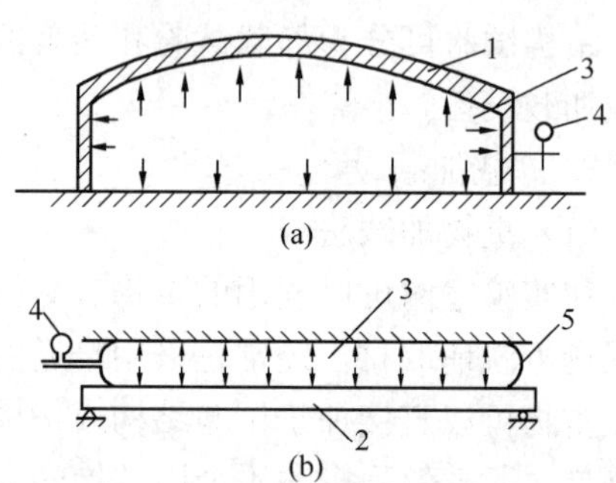

图 17-2-5 气压均布加载

（a）密封容器内压加载；（b）利用气囊进行加载

1—密封容器；2—试件；3—压缩空气；4—气压计；5—气囊

（3）液压加载法

液压加载是目前最常用的试验加载方法，其最大优点是利用油压使液压千斤顶产生较大的荷载，试验操作安全方便。

1）液压加载系统

液压加载器（也称千斤顶）是液压加载设备中的一个主要部件，其主要工作原理是用高压油泵将具有一定压力的液压油压入液压加载器的工作油缸，使之推动活塞，对结构施加荷载。荷载值由油压表示值和加载器活塞受压底面积求得，也可由液压加载器与荷载承力架之间所置的测力计直接测读；或用传感器将信号输给电子秤显示或由记录器直接记录。

液压加载系统主要是由储油箱、高压油泵、液压加载器、测力装置和各类阀门组成的操纵台通过高压油管连接组成。

利用液压加载试验系统可以作屋架、梁、柱、板、墙板等静荷试验，尤其对大吨位、大挠度、大跨度的结构更为适用，其不受加荷点数的多少、加荷点的距离和高度的限制，并且能适应均布和非均布、对称和非对称加荷的需要。

2）大型液压加载试验机

大型结构实验机本身就是一种比较完善的液压加载系统，它是结构实验室内进行大型结构试验的一种专门设备，比较典型的是结构长柱试验机，用以进行柱、墙板、砌体、节点与梁的受压与受弯试验。这种设备由液压操纵台、大吨位的液压加载器和试验机架三部分组成。由于进行大型构件试验的需要，故它的液压加载器的吨位大，国内的试验机的加载值可达 10000kN 以上，机架高度可达 10m 以上。

3）电液伺服液压系统

电液伺服加载设备是目前最先进的加载设备。由于电液伺服技术可以较为精确地控制试件变形和作用外力，广泛地应用在结构试验加载系统及模拟地震振动台上，用以模拟各种试验荷载，特别是地震、海浪等，特别适用于结构抗震研究的伪静力试验、拟动力试验及模拟地震振动台试验。

电液伺服加载系统主要采用了电液伺服阀对油路进行闭环控制，因而可获得高精度的加载和位移控制，其主要组成是电液伺服加载器（也称伺服千斤顶）、控制系统和液压源三大部分（图 17-2-6），其可以将荷载、位移等直接作为控制参数，实行自动控制，并在试验过程中进行控制参量的转换。电液伺服液压系统的关键元件是电液伺服阀，它是由电信号指令到液压油运作的转换控制元件。一方面，电液伺服闭环控制是在试验时以电参量（通常是指控制器发出的电压信号，其由要求的荷载值和位移量来确定）通过伺服阀去控制高压油的流量，推动液压作动器执行元件（千斤顶的活塞）对试件施加荷载。另一方面，传感器检测出的加载试件的某一力学参量（位移、荷载、应变）经传感器转换后以电参量的方式作为反馈信号在比较器中随时与设定的控制电参量进行比较，得出的差值信号经调整放大后控制电液伺服阀再推动液压作动器执行元件，使其向消除差值的方向动作，从而使执行元件的动作与预先设定值保持一致。

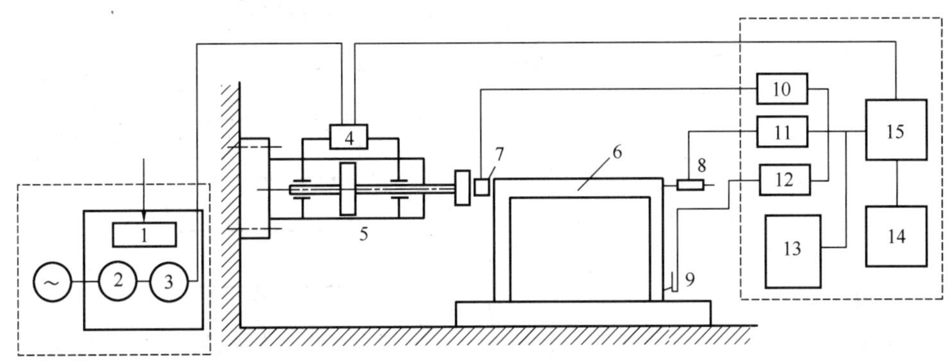

图 17-2-6　电液伺服液压系统工作原理

1—冷却器；2—电动机；3—高压油泵；4—电液伺服阀；5—液压加载器；6—试验结构；7—荷载传感器；8—位移传感器；9—应变传感器；10—荷载调节器；11—位移调节器；12—应变调节器；13—记录及显示装置；14—指令发生器；15—伺服控制器

（4）机械机具加载法

常用的机械式加载机具有绞车、卷扬机、倒链葫芦、螺旋千斤顶和弹簧等（图 17-2-7）。绞车、卷扬机、倒链葫芦等主要用于远距离或高耸结构物施加拉力；弹簧和螺旋千斤顶均适用于长期荷载试验。弹簧加载时，当结构产生变形会自动卸载时，应及时拧紧螺帽调整压力，保持荷载不变。

3. 动载加载设备

（1）惯性力加载法

在结构动载试验中，惯性力加载是利用物体质量在运动时产生的惯性力对结构施加动荷载。按产生惯性力的方法通常分为冲击力、离心力两类。

1）冲击力加载：冲击力加载的特点是荷载作用时间极短，在它的作用下使被加载结构产生自由振动，适用于进行结构动力特性的试验。冲击力加载方法有初位移法和初速度

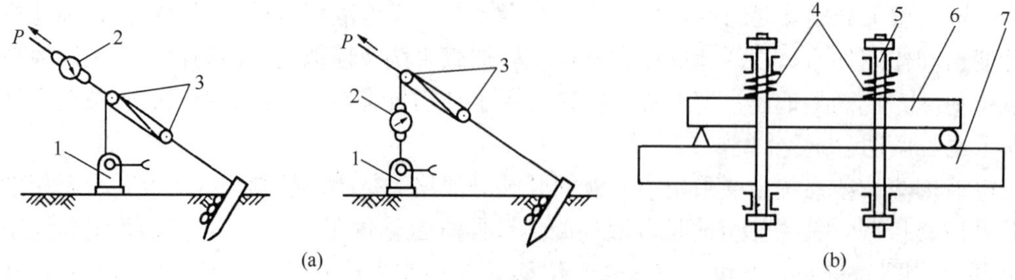

图 17-2-7　机械机具加载

(a) 绞车或卷扬机加载；(b) 弹簧加载

1—绞车或卷扬机；2—测力计；3—滑轮；4—弹簧；5—螺杆；6—试件；7—台座或反弯梁

法两种。其中，初位移法（也称为张拉突卸法）是对结构施加初速度使之振动而测定其动力性能的方法，见图 17-2-8；初速度法（也称为突加荷载法）是对结构施加初位移然后突然释放使之振动而测定其动力性能的方法，见图 17-2-9。

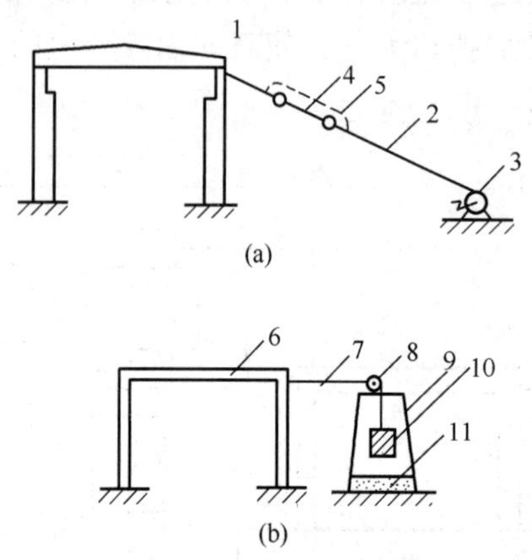

图 17-2-8　用张拉突卸法施加冲击力荷载

(a) 斜向施加；(b) 水平施加

1—结构物；2—钢丝绳；3—绞车；4—钢拉杆；5—保护索；6—模型；7—钢丝；8—滑轮；9—支架；10—重物；11—减振垫层

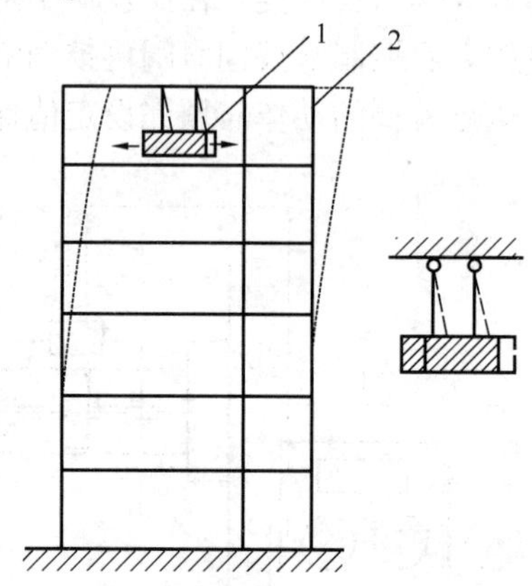

图 17-2-9　用摆锤施加冲击力荷载

1—摆锤；2—结构

在现场结构动力试验中，还研制了一种反冲激振器（也称小火箭激振），利用小火箭发射时的反冲力对建筑物实施激振，也属于初速度法。对于高层建筑物，可将多个小火箭沿结构不同高度布置，以进行高阶振型的测定。

2）离心力加载：离心力加载是根据旋转质量产生的离心力对结构施加简谐振动荷载。其特点是运动具有周期性，作用力的大小和频率按一定规律变化，使结构产生强迫振动。利用离心力加载的机械式激振器的原理如图 17-2-10 所示，一对偏心质量，使它们按相反方向运转，通过离心力产生一定方向的激振力。由偏心质量产生的离心力 $P=m\omega^2r$，式中，m 为偏心块质量，ω 为偏心块旋转角速度，r 为偏心块旋转半径。

激振器产生的激振力等于各旋转质量离心力的合力。改变质量或调整带动偏心质量运转电机的转速，即改变角速度 ω，可调整激振力的大小。通过改变偏心块旋转半径 r 也可以改变离心力大小。

使用时将偏心激振器底座固定在被测结构物上，由底座把激振力传递给结构，致使结

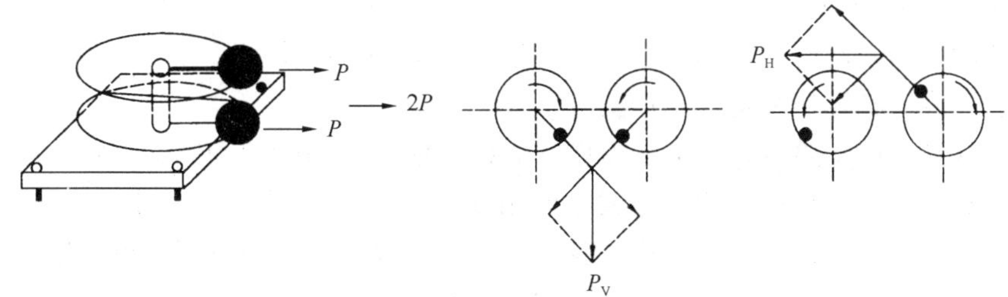

图 17-2-10　机械式偏心激振器的原理图

构受到简谐变化激振力的作用。调整激振器的转速或质量或旋转半径 r，可使激振力与被试结构产生共振，从而得到结构各阶的自振频率。

最早期的机械式水平振动台就将激振器水平激振要求与刚性平台连接。

(2) 电磁加载法

在磁场中通电的导体将受到与磁场方向相垂直的作用力，电磁加载就是根据这个原理工作的，在磁场（永久磁铁或励磁线圈）中放入动圈（工作线圈），通入交变电流即可产生交变激振力，促使台面（振动台）或使固定于动圈上的顶杆（激振器）作往复运动，推动试件作强迫振动。

(3) 人激振动加载法

利用人自身在结构物上的有规律的活动，如：使人的身体作与结构自振周期同步的前后运动，产生足够大的惯性力，就有可能形成适合作共振试验的振幅。利用该方法曾在一座 15 层钢筋混凝土建筑上取得了振动记录。开始几周运动就达到最大值，这时操作人员停止运动，让结构作有阻尼自由振动，从而获得了结构的自振周期和阻尼系数。该方法常用于结构或构件的舒适度试验。

(4) 人工爆炸激振法

在试验结构附近场地采用炸药进行人工爆炸，利用爆炸产生的冲击波对结构进行瞬时激振，使结构产生强迫振动。

(5) 环境随机振动激振法

环境随机振动激振法也称为脉动法。在许多试验观测中，人们发现建筑物或桥梁结构经常处于微小而不规则的振动之中。这种微小而不规则的振动来源于微小的地震活动、其他机器运作、车辆行驶等人为扰动的原因，使地面存在着连续不断的运动，其运动的幅值极为微小，但它所包含的频谱是相当丰富的，故称为地面脉动。由于地面脉动激起建筑物或桥梁结构经常处于微小而不规则的脉动中，通常称为建筑物或桥梁结构脉动。可以利用这种脉动现象来分析测定结构的动力特性，它不需要任何激振设备，又不受结构形式和大小的限制，该方法需要相关的频谱分析仪等。

(6) 模拟地震振动台

模拟地震振动台是一种再现各种加速度的地震波直接输入振动台对结构进行动力加载试验的一种先进的抗震试验设备，其特点是具有自动加载控制和数据采集及数据处理功能，采用了计算机闭环伺服液压控制技术，并配合先进的振动测量仪器。模拟地震振动台主要由振动台台体结构、液压驱动和动力系统、控制系统、测试和分析系统等组成。

4. 荷载支承设备和试验台座

结构试验中的支座是支承结构、正确传递作用力和模拟实际荷载图式的设备，通常由支座和支墩组成，其具体内容见本章第三节。

荷载支承设备在实验室内一般是由横梁立柱组成的反力刚架和试验台座组成，也可利用适宜于试验中小型构件的抗弯大梁或空间桁架式台座。荷载的支承机构主要是由立柱和横梁组成。支承机构可以用型钢制成，其特点是制作简单、取材方便，可按钢结构的柱与横梁设计，组成Ⅱ型支架。横梁与柱的连接采用螺栓或销。这类支承机构的强度、刚度都较大，能满足大型结构构件试验的要求，支架的高度和承载能力可按试验需要设计，成为实验室内固定在大型试验台座上的荷载支承设备。

在现场试验则通过反力支架用平衡重，锚固桩头或专门为试验浇筑的钢筋混凝土地梁来平衡对试件所加的荷载，也可用拉杆或箍架将成对构件作卧位（图 17-2-11）或正反位加荷试验。

在结构实验室内结构试验台座是永久性的固定设备，用以平衡施加在试验结构物上的荷载所产生的反力。结构实验室常采用地槽式反力台座（也称为板式台座）、螺孔式反力台座(也称为箱式台座)。其中，箱式台座本身形成实验室的地下室，可用来放置油泵、管线或专用的仪器设备，钢筋混凝土结构的长期荷载试验也可在地下室进行。为了便于对结构施加较大的水平荷载，实验室还应建造水平反力台座，一般称为反力墙。反力墙通常设置在板式台座或箱式台座的端部，并与台座连成整体，如图 17-2-12 所示。试验台座、反力刚架和反力墙的设计不但要满足承载力要求，还应满足刚度要求，以及承受反复荷载时的疲劳强度要求。

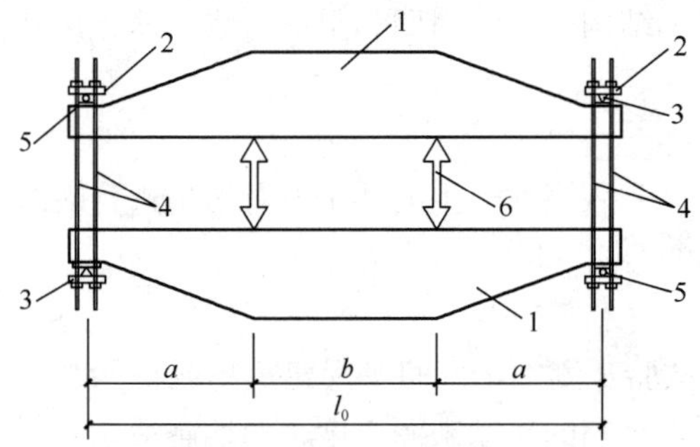

图 17-2-11 试件互为支座的对顶加载

1—试件；2—支座钢板；3—刀口支座；4—拉杆；5—滚动铰支座；6—千斤顶

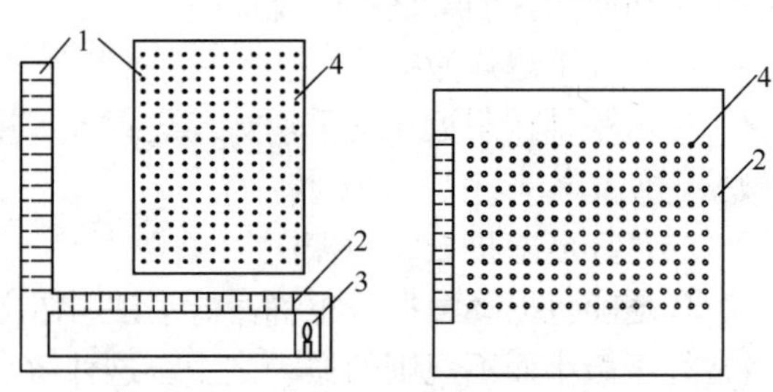

图 17-2-12 抗侧力试验台座

1—反力墙；2—箱形台座；3—通道；4—锚孔

★★★二、结构试验的量测仪器仪表

1. 概述

在结构试验中，试件作为一个系统，所受到的荷载或作用（如力、位移、温度等）是系统的输入数据，试件的反应（如位移、速度、加速度、应力、应变、裂缝等）是系统的输出数据，通过对这些数据的量测、记录和处理分析，可以得到试件系统的特性。

用于数据采集的仪器设备种类繁多，按它们的功能和使用情况可以分为：传感器、放大器、显示器、记录器、分析仪器、数据采集仪，或一个完整的数据采集系统等。其中，传感器的功能主要是感受各种物理量（力、位移、应变等），并把它们转换成电量（电信号）或其他容易处理的信号。结构试验中使用的传感器有机械式传感器、电测传感器、红外线传感器、激光传感器、光纤维传感器和超声波传感器等，还有的是利用两种或两种以上原理组合工作的复合式传感器，以及能进行信号处理和判断的智能传感器。

结构试验所用量测仪表一般采用偏位测定法（亦称直读法）显示定量数据。偏位测定法根据量测仪表发生的偏转或位移定出被测值，如百分表、双杠杆应变仪等。

零位测定法（亦称零位读数法）用已知的标准量去抵消未知物理量引起的偏转，使被测量和标准量对仪器指示装置的效应经常保持相等，指示装置指零时的标准量即为被测物理量，如称重天平等。一般地，零位测定法比偏位测定法更精确，尤其是采用电子量测仪表将被测值和标准值的差值经放大数千倍后，可达到很高的精度。

（1）量测仪器仪表的主要性能指标

1）量程：仪器能测量的最大输入量与最小输入量之间的范围。

2）刻度值：仪器指示装置的最小刻度所指示的测量数值。

3）精确度（精度或准确度）：仪器指示值与被测值的符合程度。目前国内外还没有统一表示的仪表精度的方法，常以最大量程时的相对误差来表示精度，并以此来确定仪表的精度等级。例如一台精度为1.0级的仪表，表示其测定值的误差不超过满量程的±1.0%。

4）灵敏度：仪器的灵敏度是指单位输入量所引起的仪表示值的变化。对于不同用途的仪表，灵敏度的单位也各不相同。

5）分辨率：使仪器输出量产生能观察出变化的最小被测量。

6）滞后：仪表的输入量从起始值增至最大值的测量过程称为正行程，输入量由最大值减至起始值的测量过程称为反行程。同一输入量正反两个行程输出值间的偏差称为滞后。常以满量程中的最大滞后值与满量程输出值之比表示。

7）零位温漂和满量程热漂移：零位温漂是指当仪表的工作环境温度不为20℃时零位输出随温度的变化率。满量程热漂移是指当仪表的工作环境温度不为20℃时满量程输出随温度的变化率。

8）线性范围：它指保持仪器的输入量和输出信号为线性关系时，输入量的允许变化范围。在动态量测中，对仪表的线性度应严格要求，否则量测结果将会产生较大的误差。

9）频响特性：它指仪器在不同频率下灵敏度的变化特性。常以频响曲线（一般以对数频率值为横坐标，以相对灵敏度为纵坐标）表示。

10）相移特性（也称相位特性）：振动参量经传感器转换成电信号或经放大、记录后在时间上产生的延迟叫相移。相移特性常以仪器的相频特性曲线来表示。在使用频率范围内，输出信号相对于信号的相位差应不随频率改变而变化，否则造成相位失真。

此外，由传感器、放大器、记录器组成的整套量测系统，还需注意仪器相互之间的阻抗匹配及频率范围的配合等问题。

（2）量测仪器仪表的选用原则

1）符合量测所需的量程及精度要求。在选用仪表前，应先对被测值进行估算，仪表的预估试验量程宜控制在量测仪表满量程的30%～80%范围之内，以防仪表超量程而损坏。同时，为保证量测精度，应使仪表的最小刻度值不大于最大被测值的5%。此外，应从试验实际需要出发选择仪器仪表的精度，一般来说，测定结果的最大相对误差不大于5%即满足要求。

2）动态试验量测仪表，其线性范围、频响特性以及相移特性等都应满足试验要求。

3）对于安装在结构上的仪表或传感器，要求自重轻、体积小，不影响结构的工作。

4）同一试验中选用的仪器仪表种类应尽可能少，以便统一数据的精度，简化量测数据的整理工作，避免差错。

5）选用仪表时应考虑试验的环境条件，例如在野外试验时仪表常受到风吹日晒，周围的温、湿度变化较大，宜选用机械式仪表。

6）选用量测应变仪表时，还应考虑被测对象所使用的材料来确定标距的大小。标距直接影响应变量测数据的可靠性和精确度。

7）选用仪表时尽可能选用数字化仪表。

【例 17-2-1】（历年真题）结构静载试验对量测仪器精度要求为下列哪一项？

A. 测量最大误差不超过 5%　　B. 测量最大误差不超过 2%

C. 测量误差不超过 5‰　　D. 测量误差不超过 2‰

【解答】要求测量最大误差不超过 5%，应选 A 项。

（3）量测仪器仪表的率定

量测仪器的率定（也称为标定）是指为了确定仪器的精确度或换算系数，判定其误差，需将仪器示值和标准量进行比较的工作。率定后的仪器按国家规定的精确度划分等级。率定设备的精度等级应比被率定的仪器高。所有新生产或出厂的仪器都要经过率定。正常使用的仪器必须定期进行率定；在重要试验开始前，也应进行率定。

2. 应变量测仪器

应变测试方法分为机测和电测。其中，电测最常用的是电阻应变片（计）。

（1）电阻应变片（计）

当电阻丝受到拉伸或压缩后，其长度、截面面积和电阻率都随之发生变化，其电阻变化规律为：

$$\frac{\mathrm{d}R}{R}=K_0\varepsilon \tag{17-2-1}$$

式中，K_0 为电阻丝的灵敏系数；ε 为电阻丝的应变。

当电阻丝用胶贴在试件上与试件共同变形时，ε 即代表试件的应变。

电阻应变片（计）（图 17-2-13）主要性能指标如下：

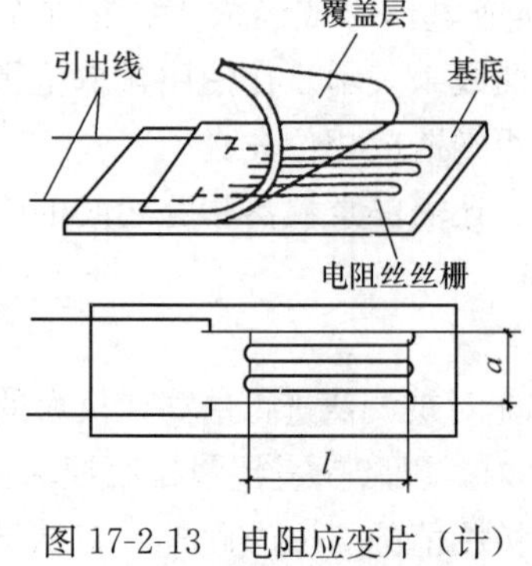

图 17-2-13　电阻应变片（计）构造示意

1）标距 l：电阻丝栅在纵轴方向的有效长度。

2）使用面积：以标距 $l\times$丝栅宽度 a 表示。

3）电阻值 R：一般均按 120Ω 设计。

4）灵敏系数 K：电阻应变片的灵敏系数，K 值一般比单根电阻丝的灵敏系数 K_0 小，这是由于应变片的丝栅形状对灵敏度的影响，通常 $K=2.0$ 左右。

5）应变极限：应变计保持线性输出时所能量测的最大应变值。主要取决于金属电阻丝的材料性质，还与制作及粘贴用胶有关。一般情况下为 1%～3%。

电阻应变片的性能指标分为 A、B、C、D 等级，A 级为最高等级。

在结构试验中，由于测试的试件的应变很小，相应的电阻变化也很小，因此，通过惠斯通电桥（图 17-2-14），将微小电阻变化转换为电压或电流的变化，再经放大器、检波器，在仪表指示盘上显示应变值，即电阻应变仪的工作原理。当接入电桥的四个应变计规格相同时，即 $R_1=R_2=R_3=R_4$，$K_1=K_2=K_3=K_4=K$，则：

$$U_{BD}=\frac{U}{4}K(\varepsilon_1-\varepsilon_2+\varepsilon_3-\varepsilon_4) \tag{17-2-2}$$

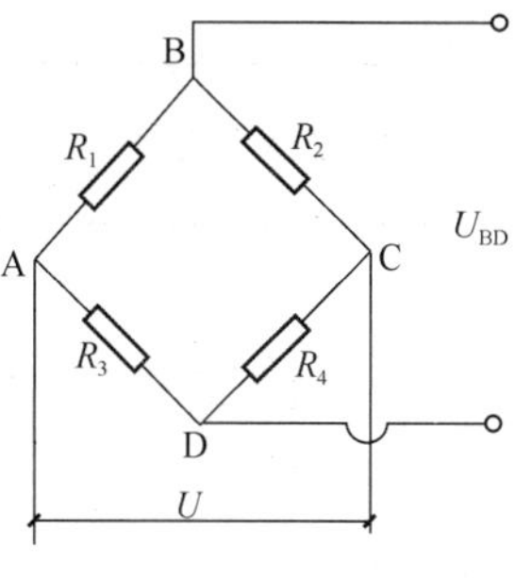

图 17-2-14　惠斯通电桥

用静态电阻应变仪测量应变时，其电阻和电阻应变计共同组成惠斯通电桥。当应变计发生应变，其电阻值发生变化，使电桥失去平衡；如果在电桥中接入一可变电阻，调节可变电阻，使电桥恢复平衡，这个可变电阻调节值与应变计的电阻变化有对应关系，通过测量这个可变电阻调节值来测量应变的方法称为“零位读数法”。目前，常用的静态电阻应变仪已不再采用“零位读数法”，而是直接放大测量电桥失去平衡后的输出电压，再换算成应变值或数字量，这种方法称为直读法（也称为偏位法）。

此外，动态电阻应变仪采用直读法，数据采集仪中应变测量常采用直读法。常用的电桥形式和应变计布置，见表 17-2-1。

常用的电桥形式和应变计布置　　**表 17-2-1**

序号	受力状态及其简图		工作片数	电桥形式	电桥线路	温度补偿	测量电桥输出	测量项目及应变值	特点
1	轴向拉（压）		1	半桥		另设补偿片	$U_{BD}=\frac{1}{4}UK\varepsilon$	抗（压）应变 $\varepsilon_r=\varepsilon$	不易清除偏心作用引起的弯曲影响
2	轴向拉（压）		2	全桥		另设补偿片	$U_{BD}=\frac{1}{2}UK\varepsilon$	拉（压）应变 $\varepsilon_r=2\varepsilon$	输出电压提高 1 倍，可消除弯曲影响
3	轴向拉（压）		2	半桥		互为补偿	$U_{BD}=\frac{1}{4}UK\varepsilon(1+\nu)$	拉(压)应变 $\varepsilon_r=(1+\nu)\varepsilon$	输出电压提高到（$1+\nu$）倍，不能消除弯曲影响
4	轴向拉（压）		4	全桥		互为补偿	$U_{BD}=\frac{1}{2}UK\varepsilon(1+\nu)$	拉(压)应变 $\varepsilon_r=2(1+\nu)\varepsilon$	输出电压提高到 2（$1+\nu$）倍且能消除弯曲影响

续表

序号	受力状态及其简图		工作片数	电桥形式	电桥线路	温度补偿	测量电桥输出	测量项目及应变值	特点
5	弯曲	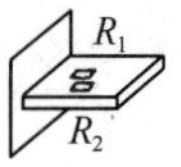 R_1 R_2	2	半桥	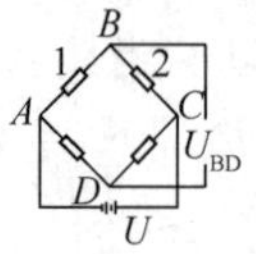 B 1 2 A C U_{BD} D U	互为补偿	$U_{BD}=\frac{1}{2}UK\varepsilon$	弯曲应变 $\varepsilon_r=2\varepsilon$	输出电压提高1倍且能消除轴向抗（压）影响
6	弯曲	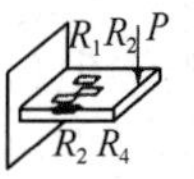 R_1 R_2 P R_2 R_4	4	全桥	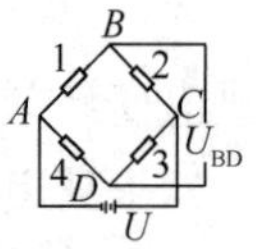 B 1 2 A C 4 3 U_{BD} D U	互为补偿	$U_{BD}=UK\varepsilon$	弯曲应变 $\varepsilon_r=4\varepsilon$	输出电压提高4倍且能消除轴向拉（压）影响
7	弯曲	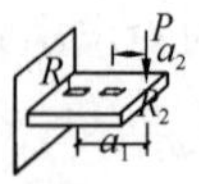 R P a_2 R_2 a_1	2	半桥	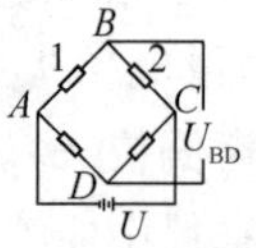 B 1 2 A C U_{BD} D U	互为补偿	$U_{BD}=\frac{1}{4}UK(\varepsilon_1-\varepsilon_2)$	两处弯曲应变之差 $\varepsilon_1=\varepsilon_1-\varepsilon_2$	可测出横向剪力V值 $V=\frac{EW}{\alpha_1-\alpha_2}\varepsilon_r$
8	扭转	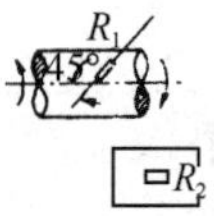 R_1 45° R_2	1	半桥	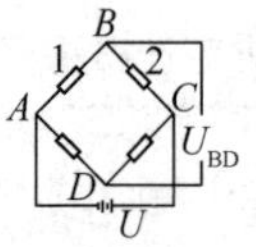 B 1 2 A C U_{BD} D U	另设补偿片	$U_{BD}=\frac{1}{4}UK\varepsilon$	扭转应变 $\varepsilon_r=\varepsilon$	可测出扭矩M_t值 $M_t=M_t\frac{E}{1+\nu}\varepsilon_r$
9	扭转	 R_2 R_1 45°	2	半桥	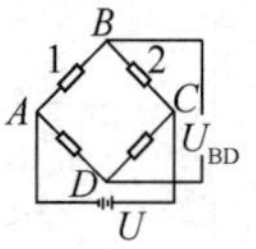 B 1 2 A C U_{BD} D U	互为补偿	$U_{BD}=\frac{1}{2}UK\varepsilon$	扭转应变 $\varepsilon_r=2\varepsilon$	输出电压提高1倍可测剪应变 $\gamma=\varepsilon$

【例 17-2-2】（历年真题）应变片灵敏系数指下列哪一项？

A. 在单向应力作用下，应变片电阻的相对变化与沿其轴向的应变之比值

B. 在 X、Y 双向应力作用下，X 方向应变片电阻的相对变化与 Y 方向应变片电阻的相对变化之比值

C. 在 X、Y 双向应力作用下，X 方向应变值与 Y 方向应变值之比值

D. 对于同一单向应变值，应变片在此应变方向垂直安装时的指示应变与沿此应变方向安装时指示应变的比值（以百分数表示）

【解答】 在单向应力作用下，应变片电阻的相对变化与沿其轴向的应变之比值称为应变片灵敏系数，应选 A 项。

【例 17-2-3】（历年真题）一电阻应变片（$R=120\Omega$，$K=2.0$），粘贴于混凝土轴心受拉构件平行于轴线方向，试件材料的弹性模量为 $E=2\times10^5$MPa，若加载至应力 $\sigma=400$MPa 时，应变片的阻值变化 dR 为：

A. 0.24Ω　　B. 0.48Ω　　C. 0.42Ω　　D. 0.96Ω

【解答】 $\frac{dR}{R}=K\varepsilon$，则：

$$dR = RK\varepsilon = 120 \times 2 \times \frac{400}{2 \times 10^5} = 0.48\Omega$$

应选B项。

【例 17-2-4】（历年真题）下列哪一种量测仪表属于零位测定法？

A. 百分表应变量测装置（量测标距 250mm）

B. 长标距电阻应变计

C. 机械式杠杆应变仪

D. 电阻应变式位移计（量测标距 250mm）

【解答】 长标距电阻应变计属于零位测定法。

电阻应变计的粘贴，其要求是：①测点基底平整、清洁、干燥；②粘结剂的电绝缘性、化学稳定性和工艺性能良好，以及蠕变小、粘贴强度高、温湿度影响小；③同一组应变计规格型号应相同；④粘贴牢固，方位准确，不含气泡。常用的粘结剂有氰基丙烯酸乙酯类（即502粘结剂）、环氧类等。此外，在应变计粘贴完成后，有时还需要对应变计作防潮绝缘处理，常用的防潮材料有石蜡、环氧树脂等。

采用电阻应变计进行实际试验时，还应考虑温度的影响，消除温度影响的方法（或称温度补偿方法）有：①桥路补偿法（亦称补偿方法），见表 17-2-1；②应变片自补偿法。

（2）振弦式应变计与光纤光栅应变计

利用弦的张力与其振动频率的关系，由弦的振动频率变化来反映应变变化的振弦式应变传感器。利用光纤中光波波长变化与应变变化的关系，调制光信号的光纤光栅应变传感器，可安装在结构表面或埋置在混凝土内测量应变。它们均为电测法。

（3）机测法

机测法的原理是利用机械式仪表（如手持式应变仪、千分表或百分表应变装置等）测量试件上两点之间的相对线位移（Δl），即仪器前后两次读数差，然后再转换为应变值（$\varepsilon=\Delta l/l$）。

（4）应变量测仪表的精度及其他性能要求

1）金属粘贴式电阻应变计或电阻片的技术等级不应低于C级，其应变计电阻、灵敏系数和蠕变等工作特性应符合相应等级的要求；量测混凝土应变的应变计或电阻片的长度不应小于50mm和4倍粗骨料粒径。

2）电阻应变仪的准确度不应低于1.0级，其示值误差、稳定度等技术指标应符合该级别的相应要求。

3）振弦式应变计的允许误差为量程的±1.5%；光纤光栅应变计的允许误差为量程的±1.0%。

4）手持式应变仪的准确度不应低于1级，分辨率不宜大于标距的0.5%，示值允许误差为量程的1.0%。

5）当采用千分表或位移传感器等位移计构成的装置测量应变时，其标距允许误差为±1.0%，最小分度值不宜大于被测总应变的1.0%。

【例 17-2-5】（历年真题）通过测量混凝土棱柱体试件的应力-应变曲线计算混凝土试

件的弹性模量，棱柱体试件的尺寸为100mm×100mm×300mm，浇筑试件所用骨料的最大粒径为20mm，最适合完成该试件应变测量的应变片为：

A. 标距为20mm的电阻应变片　　B. 标距为50mm的电阻应变片

C. 标距为80mm的电阻应变片　　D. 标距为100mm的电阻应变片

【解答】 应变片的标距≥max（50，4d）＝max（50，4×20）＝80mm，应选C项。

3. 位移量测仪器

在结构试验中，位移包括线位移、角位移、裂缝张开的相对位移和变形引起的相对位移等。

（1）线位移量测仪器

常用的线位移量测仪器有机械式百分表或千分表、电子百分表（也称电阻应变式位移传感器）、滑阻式传感器和差动电感式传感器（简称LVDT）。它们的工作原理是用一可滑动的测杆去感受线位移，然后把这个位移量用各种方法转换成表盘读数或各种电量。其中，电子百分表和LVDT不但可用于量测静态位移，也可用于量测动态位移。此外，还有利用光纤技术制成的光纤位移传感器，利用电容效应的容差式位移传感器，利用材料压电效应或压阻效应的位移传感器，以及激光测距仪、全站仪等。

当位移值较大、测量要求不高时，可用水准仪、经纬仪及直尺等进行测量。

（2）角位移量测仪器

机械式仪表有水准管式倾角测量仪，电测仪表有电阻应变式倾角传感器。此外，可利用机械装置测量线位移，再将其转换为角位移（图17-2-15）。

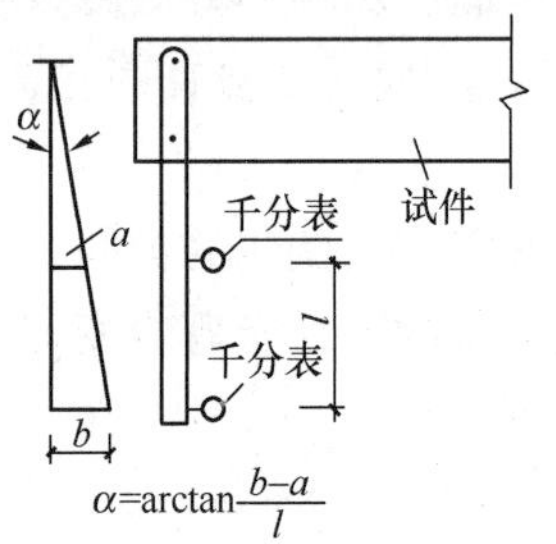

图17-2-15　用千分表测截面倾角

（3）裂缝量测仪器

试件裂缝宽度可选用刻度放大镜、电子裂缝观测仪、裂缝宽度检验卡等进行量测，其性能要求是：刻度放大镜、裂缝宽度检验卡的最小分度值不应大于0.05mm；电子裂缝观测仪的测量精度不应低于0.02mm。

（4）位移量测仪器的精度与误差

1）机械式百分表的分度值为0.01mm，最大型号的量程为100mm。机械式千分表分为两种：分度值为0.001mm，最大型号的量程为5mm；分度值为0.002mm，最大型号的量程为10mm。

2）位移传感器的准确度不应低于1.0级；位移传感器的指示仪表的最小分度值不宜大于所测总位移的1.0%，示值允许误差为量程的1.0%。

3）水准仪和经纬仪的精度分别不应低于DS_3和DJ_2。

4）倾角仪的最小分度值不宜大于5″，电子倾角计的示值允许误差为量程的1.0%。

4. 力值量测仪器

力值的传感器可分为机械式、电阻应变式、振动弦式等。其中，机械式力传感器的种类很多，如图17-2-16所示。

电阻应变式力传感器是利用安装在传感器上的电阻应变片测量传感器弹性变形体的应变，再将弹性体的应变值转换为弹性体所受的力，它需要与电阻应变计配套使用，如图17-2-17所示。

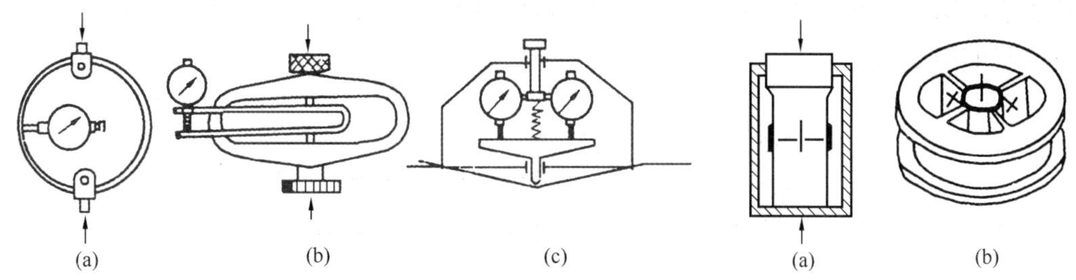

图 17-2-16　三种机械式力传感器

(a) 钢环式；(b) 钢环-杠杆式；(c) 三点变形式

图 17-2-17　电阻应变式力传感器

弹簧式测力仪的最小分度值不应大于仪表量程的 2.0%，示值允许误差为量程的 1.5%。

荷载传感器的精度不应低于 C 级；对于长期试验，精度不应低于 B 级；荷载传感器仪表的最小分度值不宜大于被测力值总量的 1.0%，示值允许误差为量程的 1.0%。

5. 振动参数量测仪器

测振传感器的基本原理是：由惯性质量、阻尼和弹簧组成一个动力系统，这个动力系统固定在振动体上（即传感器的外壳固定在振动体上），与振动体一起振动；通过测量惯性质量相对于传感器外壳的运动，就可以得到振动体的振动。它是一种间接测量方法。测振传感器所测的振动参数通常是位移、速度和加速度等，按振动信号的转换方式和所测振动量，其可以分成很多种类，如磁电式速度传感器、压电式加速度传感器和电容式加速度传感器等。

习　　题

17-2-1　（历年真题）结构试验中，用下列哪项装置可以施加均布荷载？

A. 反力架　　B. 卧梁　　C. 分配梁　　D. 试验台

17-2-2　（历年真题）选择量测仪器时，仪器最大量程不低于最大被测值的：

A. 1.25 倍　　B. 2.0 倍　　C. 1.5 倍　　D. 1.4 倍

17-2-3　（历年真题）试验装置设计和配置应满足一定的要求，下列哪项要求是不对的？

A. 采用先进技术，满足自动化的要求，减轻劳动强度，方便加载，提高试验效率和质量

B. 应使试件的跨度、支承方式、支撑等条件和受力状态满足设计计算简图，并在整个试验过程中保持不变

C. 试验装置不应分担试件应承受的试验荷载，也不应阻碍试件变形的自由发展

D. 试件装置应有足够的强度和刚度，并有足够的储备，在最大试验荷载作用下，保证加载设备参与结构试件工作

17-2-4　（历年真题）我国应变片名义阻值一般取：

A. 240Ω　　B. 120Ω　　C. 100Ω　　D. 80Ω

17-2-5　（历年真题）利用电阻应变原理实测钢梁受到弯曲荷载作用下的弯曲应变，

采用如图所示的测点布置和桥臂连接方式，则电桥的测试值是实际值的多少倍（ν是被测构件材料的泊松比）?

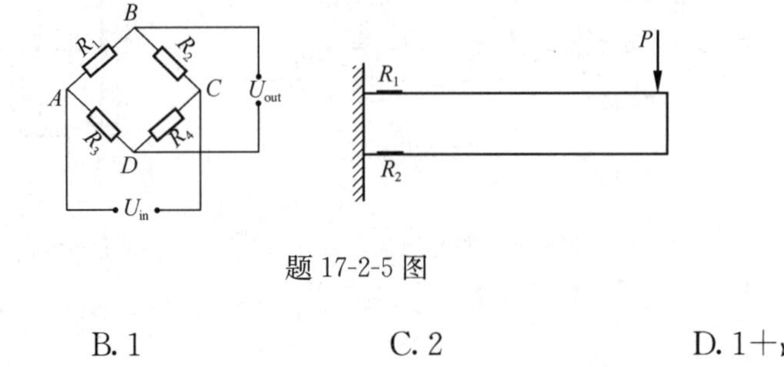

题 17-2-5 图

A. 2（1+ν）　　B. 1　　C. 2　　D. 1+ν

第三节　结构静力（单调）加载试验

★一、概述

结构静力（单调）加载试验是指在短时期内对试验对象进行平稳的一次连续施加荷载，荷载从“零”开始一直加到结构构件破坏或预定的状态目标。它主要用于模拟结构承受静荷载作用下观测和研究结构构件的强度、刚度、抗裂性等基本性能和破坏机制。通过结构静力（单调）加载试验，研究在各种力的作用下结构构件的荷载和变形的关系。对于混凝土结构构件还有荷载与开裂的相关关系和反映构件变形与时间关系的徐变问题。对于钢结构构件则有局部或整体失稳问题。

结构静力（单调）加载试验的缺点是：不能反映荷载作用下的应变速率对结构产生的影响，特别是结构在非线性阶段的试验控制，它无法完成。

★★★二、试验加载

1. 支承装置（支座设计）

结构试验试件的支承装置应保证试验试件的边界约束条件和受力状态符合试验方案的计算简图，应有足够的承载力、刚度和稳定性，不应产生影响试件正常受力和测试精度的变形。为保证支承面紧密接触，支承装置上下钢垫板宜预埋在试件或支墩内；也可采用砂浆或干砂将钢垫板与试件、支墩垫平。当试件承受较大支座反力时，应进行局部承压验算。

(1) 受弯试件的支座设计

简支受弯试件的支座应仅提供垂直于跨度方向的竖向反力。单跨试件和多跨连续试件的支座，除一端应为固定铰支座外，其他应为滚动铰支座（图 17-3-1）。固定铰支座应限制试件在跨度方向的位移，但不应限制试件在支座处的转动；滚动铰支座不应影响试件在跨度方向的变形和位移，以及在支座处的转动（图 17-3-2）。铰支座的长度不宜小于试件在支承处的宽度。各支座轴线间的距离应等于试件的试验跨度。

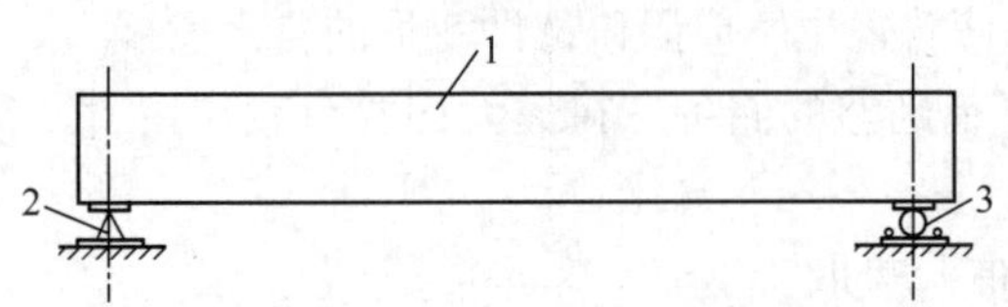

图 17-3-1　简支受弯试件的支承方式

1—试件；2—固定铰支座；3—滚动铰支座

悬臂试件的支座应具有足够的承载力和刚度，并应满足对试件端部嵌固的要求。

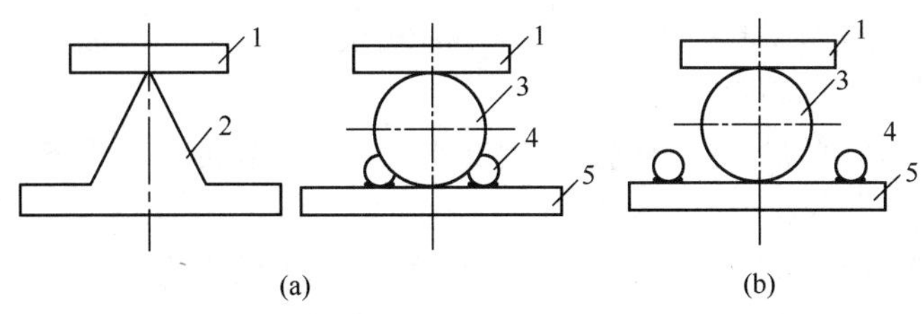

图 17-3-2　铰支座的形式

（a）固定铰支座；（b）滚动铰支座

1—上垫板；2—带刀口的下垫板；3—钢滚轴；4—限位钢筋；5—下垫板

悬臂支座可采用图 17-3-3 所示的形式，c 为设计嵌固长度。四角简支及四边简支双向板试件的支座宜采用图 17-3-4 所示的形式。

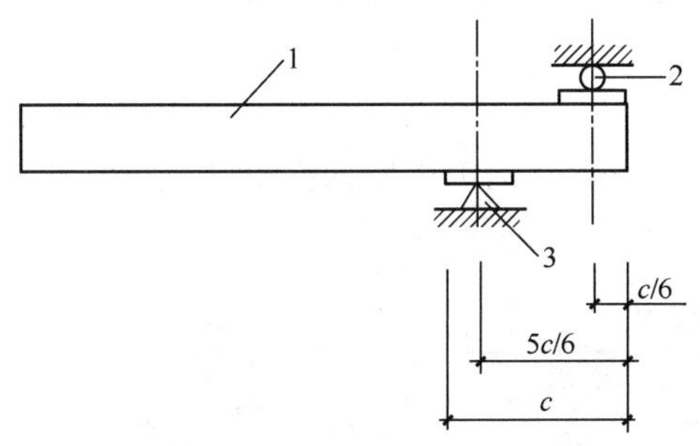

图 17-3-3　悬臂试件嵌固端支座设置

1—悬臂试件；2—上支座；3—下支座

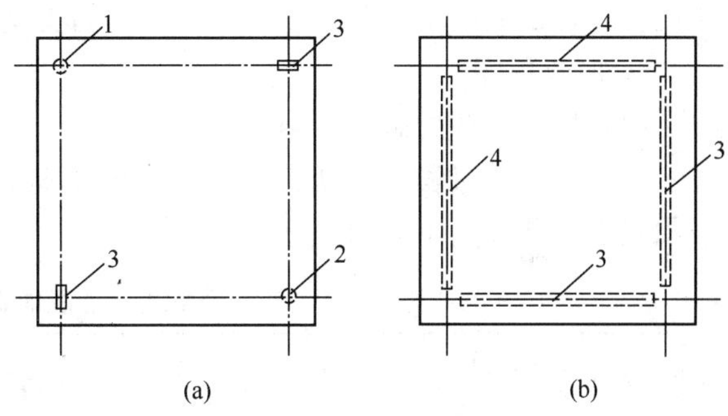

图 17-3-4　简支双向板的支承方式

（a）四角简支；（b）四边简支

1—钢球；2—半圆钢球；3—滚轴；4—角钢

（2）受压试件的支座设计

支座对受压试件只提供沿试件轴向的反力，无水平反力，也不应发生水平位移；试件端部能够自由转动，无约束弯矩。受压试件支座可采用图 17-3-5 和图 17-3-6 所示的形式，轴心受压和双向偏心受压试件两端宜设置球形支座，单向偏心受压试件两端宜设置沿偏压方向的刀口支座，也可采用球形支座，刀口支座和球形支座中心应与加载点重合。对于刀口支座，刀口的长度不应小于试件截面的宽度。安装时，上下刀口应在同一平面内，刀口的中心线应垂直于试件发生

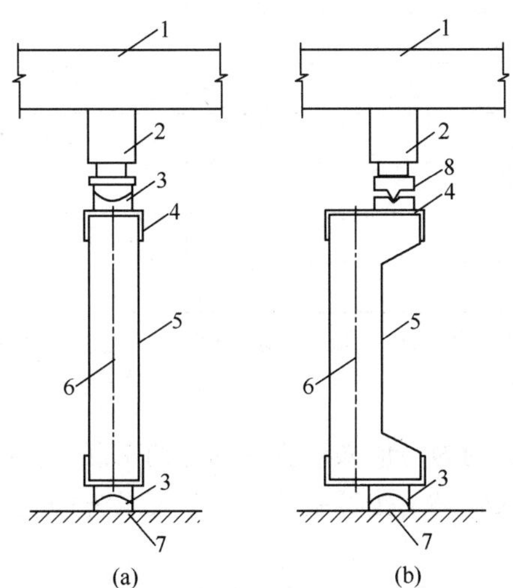

图 17-3-5　受压构件的支座布置

（a）轴心受压；（b）偏心受压

1—门架；2—千斤顶；3—球形支座；4—柱头钢套；5—试件；6—试件几何轴线；7—底座；8—刀口支座

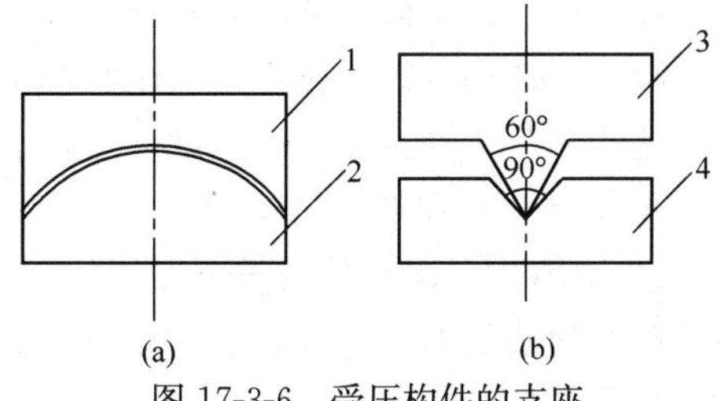

图 17-3-6　受压构件的支座

（a）球形支座；（b）刀口支座

1—上半球；2—下半球；3—刀口；4—刀口支座

纵向弯曲的平面，并应与试验机或荷载架的中心线重合。刀口中心线与试件截面形心间的距离应取为加载设定的偏心距。

【例 17-3-1】（历年真题）柱子试验中铰支座是一个重要的试验设备，比较可靠灵活的铰支座是：

A. 圆球形铰支座　　　　B. 半球形铰支座

C. 可动铰支座　　　　D. 刀口铰支座

【解答】柱子试验中，刀口铰支座比较可靠灵活，应选 D 项。

2. 加载方式

对需在多处加载的试验，可采用分配梁系统进行多点加载。采用分配梁进行试验加载时，分配比例不宜大于 4∶1；分配级数不应大于 3 级；加载点不应多于 8 点。分配梁的刚度应满足试验要求，其支座应采用单跨简支支座。其他要求见本章第二节。

3. 加载程序

（1）构件承载力破坏标志

生产性试验过程中出现表 17-3-1 所列的标志之一，应判别该试验构件已达到承载力极限状态，即发生承载力破坏。

承载力标志及加载系数 $\gamma_{u,i}$　　　　表 17-3-1

受力类型	标志类型（i）	承载力标志	加载系数 $\gamma_{u,i}$
受拉、受压、受弯	1	弯曲挠度达到跨度的 1/50 或悬臂长度的 1/25	1.20（1.35）
	2	受拉主筋处裂缝宽度达到 1.50mm 或钢筋应变达到 0.01	1.20（1.35）
	3	构件的受拉主筋断裂	1.60
	4	弯曲受压区混凝土受压开裂、破碎	1.30（1.50）
	5	受压构件的混凝土受压破碎、压溃	1.60
受剪	6	构件腹部斜裂缝宽度达到 1.50mm	1.40
	7	斜裂缝端部出现混凝土剪压破坏	1.40
	8	沿构件斜截面斜拉裂缝，混凝土撕裂	1.45
	9	沿构件斜截面斜压裂缝，混凝土破碎	1.45
	10	沿构件叠合面、接槎面出现剪切裂缝	1.45
受扭	11	构件腹部斜裂缝宽度达到 1.50mm	1.25

注：当混凝土强度等级不低于 C60 时，或采用无明显屈服钢筋为受力主筋时，取用括号中的数值。

（2）临界试验荷载值的确定

混凝土结构设计是按不同极限状态下的荷载组合的内力值来计算其构件的承载力、挠度、抗裂性及裂缝宽度等。因此，进行混凝土结构试验必须按试验的性质和要求分别确定相应于各个受力阶段的临界试验荷载值。

1）使用状态试验荷载值 F_s：试验时对应于结构正常使用极限状态的荷载值，根据构件设计控制截面的内力计算值与试验加载图式经换算确定。试件的挠度、裂缝宽度试验应确定使用状态试验荷载值 F_s。

2）开裂荷载计算值 F_{cr}^c：试验时对应于结构正常使用极限状态的荷载值，根据构件设计控制截面的开裂内力计算值与试验加载图式经换算确定。试件的抗裂试验应确定开裂荷载计算值 F_{cr}^{c}。

3）承载力试验荷载值：是指试验时对应于构件承载能力极限状态的荷载值。对于生产性试验，其临界承载力试验荷载值为承载力状态荷载设计值 F_d 与加载系数 $\gamma_{u,i}$（见表 17-3-1）、结构重要性系数的乘积。其中，承载力状态荷载设计值 F_d 是在承载能力极限状态下，根据构件设计控制截面上的内力设计值与试验加载图式经换算确定的荷载值。

试件的承载力试验应预估承载力试验荷载值，对生产性试验还应确定承载力状态荷载设计值 F_d。

注意，试验加载值是指试验时扣除试件自重及加载设备重量后实际对试件施加的荷载值。其中，试件自重及加载设备重量不宜大于使用状态试验荷载值 F_s 的 20%。

（3）加载程序

一般地，结构静载试验的加载程序是：预加载→标准荷载→破坏荷载，如图 17-3-7 所示。

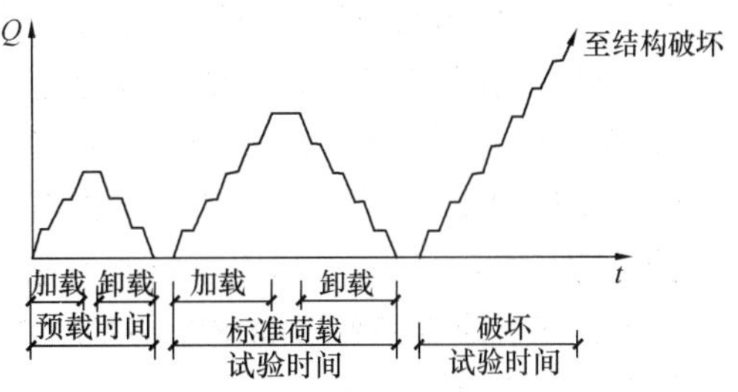

图 17-3-7　静载（单调）加载试验的加载程序

1）预加载

结构试验开始前应进行预加载，检验支座是否平稳，仪表及加载设备是否正常，并对仪表设备进行调零。预加载应控制试件在弹性范围内受力，不应产生裂缝及其他形式的加载残余值。由于混凝土结构构件抗裂试验的结果离散性较大，因此，预加载应严格控制不使结构开裂，预载时的加载值不宜超过该试件开裂试验荷载计算值的 70%。

2）试验荷载的加载与卸载

研究性试验的加载程序应根据试验目的及受力特点确定。生产性试验宜分级进行加载，荷载分级应包括各级临界试验荷载值。以下主要介绍生产性试验的加载与卸载。

生产性试验的分级加载原则如下：

1）在达到使用状态试验荷载值 F_s 以前，每级加载值不宜大于 $0.20F_s$；超过 F_s 以后，每级加载值不宜大于 $0.10F_s$。

2）接近开裂荷载计算值 F_{cr}^{c} 时，每级加载值不宜大于 $0.05F_s$；试件开裂后每级加载值可取 $0.10F_s$。

3）加载到承载能力极限状态的试验阶段时，每级加载值不应大于承载力状态荷载设计值 F_d 的 0.05 倍。

生产性试验每级加载的持荷时间为：①每级荷载加载完成后的持荷时间不应少于 5～10min，且每级加载时间宜相等；②在使用状态试验荷载值 F_s 作用下，持荷时间不应小于 15min；在开裂荷载计算值 F_{cr}^{c} 作用下，持荷时间不宜少于 15min；如荷载达到开裂荷载计算值前已经出现裂缝，则在开裂荷载计算值下的持荷时间不应少于 5～10min；③跨度较大的屋架、桁架及薄腹梁等试件，当不再进行承载力试验时，使用状态试验荷载值 F_s 作用下的持荷时间不宜少于 12h。

分级加载试验时，试验荷载的实测值应按下列原则确定：

1）在持荷时间完成后出现试验标志时，取该级荷载值作为试验荷载实测值。

2）在加载过程中出现试验标志时，取前一级荷载值作为试验荷载实测值。

3）在持荷过程中出现试验标志时，取该级荷载和前一级荷载的平均值作为试验荷载实测值。

对于需要做试件恢复性能的试验，加载完成以后应按阶段分级卸载。每级卸载值可取为承载力试验荷载值的20%，也可按各级临界试验荷载逐级卸载。卸载时，宜在各级临界试验荷载下持荷并量测各试验参数的残余值，直至卸载完毕。

全部卸载完成以后，宜经过一定的时间后重新量测残余变形等，以检验试件的恢复性能。恢复性能的量测时间，对于一般结构构件取为1h，对新型结构和跨度较大的试件取为12h。

【例 17-3-2】（历年真题）结构试验前，应进行预载，以下结论哪一条不当？

A. 混凝土结构预载值不可以超过开裂荷载

B. 预应力混凝土结构预载值可以超过开裂荷载

C. 钢结构的预载值可以加到使用荷载值

D. 预应力混凝土结构预载值可以加至使用荷载值

【解答】预应力混凝土结构预载值不能超过开裂荷载，B项错误，应选B项。

★★★三、应变和变形的量测的基本原则

1. 应变的量测

受弯构件应在弯矩最大的截面上沿截面高度布置测点，每个截面不宜少于2个［图17-3-8(a)］；当需要量测沿截面高度的应变分布规律时，布置测点数不宜少于5个［图17-3-8(b)］。双向受弯构件在构件截面边缘布置的测点不应少于4个［图17-3-8(c)］。

轴心受力构件应在构件量测截面两侧或四侧沿轴线方向相对布置测点，每个截面不应少于2个［图17-3-8(d)］。

偏心受力构件，其量测截面上测点不应少于2个［图17-3-8（d）］；如需量测截面应变分布规律时，测点布置应与受弯构件相同［图17-3-8(b)］。

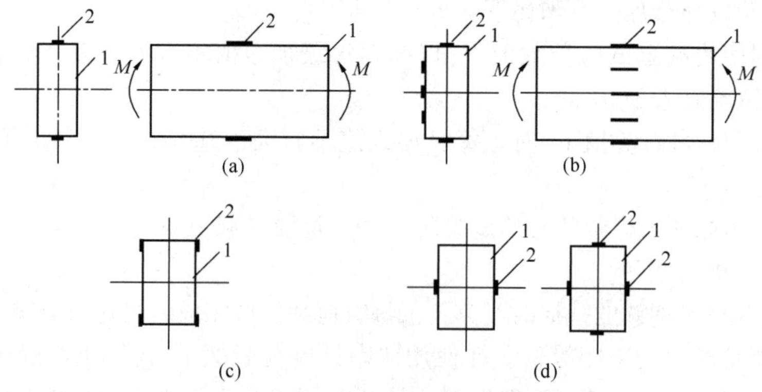

图17-3-8 构件应变测点位置

（a）受弯构件应变测点布置；（b）量测应变沿截面高度分布时受弯构件应变测点布置；

（c）双向受弯构件应变测点布置；（d）轴心受力构件应变测点布置

1—试件；2—应变计

同时承受剪力和弯矩作用的构件，当需要量测主应力大小和方向及剪应力时，应布置45°或60°的平面三向应变测点［图17-3-9（a）］。

受扭构件应在构件量测截面的两长边方向的侧面对应部位上布置与扭转轴线成45°方向的测点［图17-3-9（b）］。

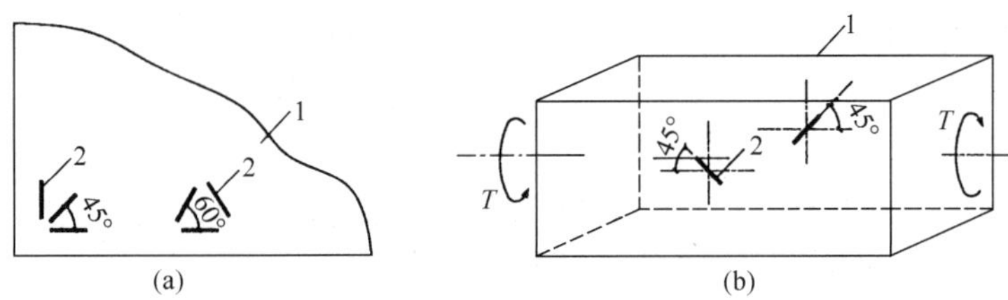

图17-3-9　构件应变测点布置

（a）三向应变测点布置；（b）受纯扭构件应变测点布置

1—试件；2—应变计

2. 位移的量测

在试件最大位移处及支座处布置测点；对宽度较大的试件，还应在试件的两侧布置测点，并取量测结果的平均值作为该处的实测值。

对具有边肋的单向板，除应量测边肋挠度外，还宜量测板宽中央的最大挠度。

对屋架、桁架挠度测点应布置在下弦杆跨中或最大挠度的节点位置上，需要时也可在上弦杆节点处布置测点；还应在跨度方向的支座两端布置水平测点，量测结构在荷载作用下沿跨度方向的水平位移。

3. 挠度的量测

受弯和偏心受压构件量测挠度曲线的测点应沿构件跨度方向布置，包括量测支座沉降和变形的测点在内，测点不应少于5点；对于跨度大于6m的构件，测点数量还宜适当增多。

双向板、空间薄壳结构量测挠度曲线的测点应沿两个跨度或主曲率方向布置，且任一方向的测点数包括量测支座沉降和变形的测点在内不应少于5点。

屋架、桁架量测挠度曲线的测点应沿跨度方向各下弦节点处布置。

4. 裂缝宽度的量测

梁、柱、墙等构件的受弯裂缝应在构件侧面受拉主筋处量测最大裂缝宽度，对其受剪裂缝应在构件侧面斜裂缝最宽处量测最大裂缝宽度。板类构件可在板面或板底量测最大裂缝宽度。

【例17-3-3】（历年真题）对于正截面出现裂缝的试验结构构件，不要采用下列哪项确定开裂荷载实测值？

A. 荷载-挠度曲线判断法。测定试验结构的最大挠度，取其荷载-挠度曲线上斜率首次发生突变时的荷载值作为开裂荷载测值

B. 连续布置应变计法。在截面受拉区最外层表面，沿受力主筋在拉应力最大区段的全长范围内连续搭接布置应变计监测应变值的发展，取应变计的应变增量有突变时的荷载值作为开裂荷载实测值

C. 放大镜观察法。当加载过程中第一次出现裂缝时，应取前一级荷载值作为开裂荷载实测值

D. 放大镜观察法。当在规定的荷载持续时间即将结束前第一次出现裂缝时，应取本

级荷载值作为开裂荷载实测值

【解答】 在持荷过程中出现第一次裂缝，应取该级荷载和前一级荷载的平均值作为荷载实测值，D 项错误，应选 D 项。

【例 17-3-4】（历年真题）在结构实验室进行混凝土构件的最大承载能力试验，需在试验前计算最大加载值和相应变形值，应选取下列哪一项材料参数值进行计算：

A. 材料的设计值　　B. 实际材料性能指标

C. 材料的标准值　　D. 试件最大荷载值

【解答】 此时，材料参数值应取实际材料性能指标进行计算最大加载值和相应变形值，选 B 项。

★四、构件试验

习　题

17-3-1（历年真题）某钢筋混凝土预制板，计算跨度 $L_0=3.3\text{m}$，板宽 $b=0.6\text{m}$，永久荷载标准值 $g_k=5.0\text{kN/m}^2$，可变荷载标准值 $q_k=2.0\text{kN/m}^2$，板自重 $g=2.0\text{kN/m}^2$，预制板检验时用二集中力四分点加载，则承载力检验荷载设计值为（其中，$\gamma_G=1.3$，$\gamma_Q=1.5$）：

A. 7.425kN　　B. 6.831kN　　C. 5.142kN　　D. 4.836kN

17-3-2 下列钢筋混凝土构件的各测量参数中，不适宜用位移计测量的是：

A. 简支梁的转角　　B. 截面曲率

C. 支座的沉降　　D. 受扭构件应变

17-3-3（历年真题）标距 $L=200\text{mm}$ 的手持应变仪，用千分表进行量测读数，读数为 3 小格，测得的应变值的（$\mu\varepsilon$ 表示微应变）：

A. $1.5\mu\varepsilon$　　B. $15\mu\varepsilon$　　C. $6\mu\varepsilon$　　D. $12\mu\varepsilon$

第四节　结构低周反复加载试验

★★★一、概述

结构低周反复加载试验一般以试件（指试验构件、模型结构或原型结构的总称）的荷载值或位移值（变形值）作为控制量，在正、反两个方向对试件进行反复加载和卸载，使试件从弹性阶段到塑性阶段直至破坏的一种全过程试验。加载过程的周期远大于结构的基本周期。因此，它实质是用静力加载方法来近似模拟地震作用，并由其评价结构的抗震性能和抗震能力，故称其为拟静力试验（或伪静力试验）。

结构低周反复加载试验的目的是：(1) 研究结构（或构件）在地震作用下的恢复力特性，确定结构（或构件）恢复力的计算模型。通过试验所得的滞回曲线和曲线所包的面积求得结构的等效阻尼比，衡量结构的耗能能力。从恢复力特性曲线还可得到和一次加载相接近的骨架曲线，结构的初始刚度和刚度退化等重要参数。(2) 通过试验可以从强度、变形和能量三个方面判别和鉴定结构的抗震性能。(3) 通过试验研究结构（或构件）的破坏机理，为制定和修改抗震设计规范提供依据。

结构低周反复加载试验的优点是：加载历程可人为控制，并可按需要随时加以修正；改变加载历程随时可以暂停试验，以观察结构的开裂情况和变形过程及破坏形态；便于检验校核试验数据和仪器的工作情况。其缺点是：试验的加载历程是事先由研究者主观确定的，与地震记录不发生关系，由于加载是按荷载或位移对称反复施加。因此，与任一次确定性的非线性地震反应相差很远，不能反映出应变速率对结构的影响。

【例 17-4-1】（历年真题）下列哪一点不是低周反复加载试验的优点？

A. 在试验过程中可以随时停下来观察结构的开裂和破坏状态

B. 便于检验数据和仪器的工作情况

C. 可按试验需要修正和改变加载历程

D. 试验的加载历程由研究者按力或位移对称反复施加

【解答】上述 A、B、C 项属于低周反复加载试验的优点，而 D 项属于其缺点，故选 D 项。

【例 17-4-2】（历年真题）下列不是低周反复加载试验目的的是：

A. 研究结构动力特性　　B. 研究结构在地震作用下的恢复力特性

C. 判断或鉴定结构的抗震性能　　D. 研究结构的破坏机理

【解答】研究结构动力特性不是低周反复加载试验的目的，应选 A 项。

★★★二、加载方法

1. 单向反复加载方法

单向反复加载方法有：荷载控制、位移控制（即变形控制）、荷载和位移混合控制三种。

(1) 荷载控制的加载方法

荷载控制加载方法是通过施加于试件的作用力数值的变化控制低周反复加载的要求，但必须事先对试验试件的承载力进行估算，根据估算的承载力分级控制加载，如图 17-4-1 所示，若估算的承载力过高，在加载过程中容易发生失控，所以一般很少采用。

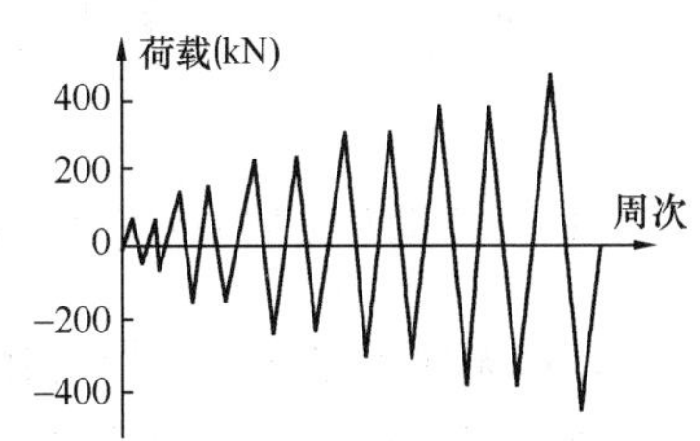

图 17-4-1　荷载控制加载

(2) 位移控制（即变形控制）的加载方法

位移控制加载方法是结构抗震试验中最普遍的加载方法，这种方法以位移为控制值，或以结构的屈服位移为标准值，以标准位移值的倍数作为加载控制值。这里所指的位移概念是广义的，可以是线位移，也可以是转角位移、曲率或应变等。位移控制加载又分为：变幅加载、等幅加载、变幅和等幅混合加载三种。

1) 变幅位移控制加载（图 17-4-2)：一般以图中纵坐标为延性系数 μ 或位移值，横坐标为反复加载循环次数。每一周次后增加位移的幅值。通过试验所得滞回曲线可以建立试件的恢复力模型。通过反复加载循环次数的多少研究得出结构的恢复力特性。

2) 等幅位移控制加载（图 17-4-3)：在整个试验过程中始终按等幅位移施加水平荷载。该加载方法主要用于研究结构的耗能性能、强度退化和刚度退化率。

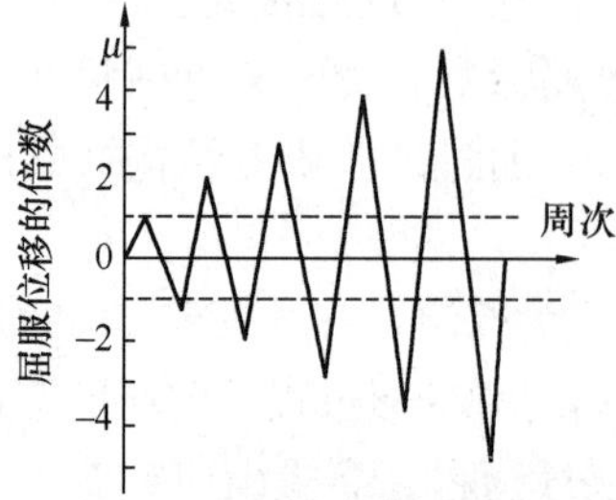

图 17-4-2 位移控制的变幅加载

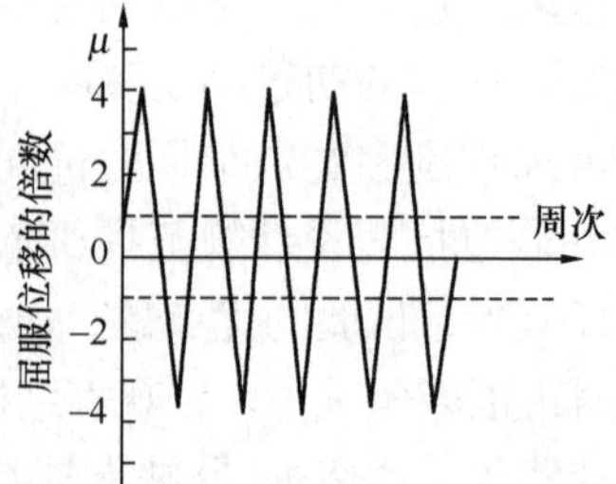

图 17-4-3 位移控制的等幅加载

3) 变幅和等幅混合位移控制加载（图 17-4-4）：它是把等幅位移和变幅位移两种加载方法混合起来控制加载，其主要用于综合研究结构的抗震性能和不同加载位移控制幅值对试件受力的影响。

(3) 荷载控制和位移控制的混合加载方法

混合加载是先荷载控制、后位移控制的加载方法(图17-4-5)，先控制荷载加载时不管实际位移是多少。结构低周反复加载试验宜采用该方法，并且满足下列要求：

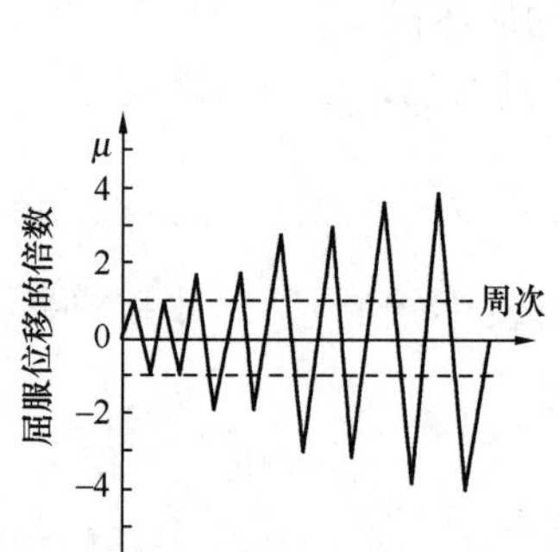

图 17-4-4 位移控制的变幅和等幅混合加载

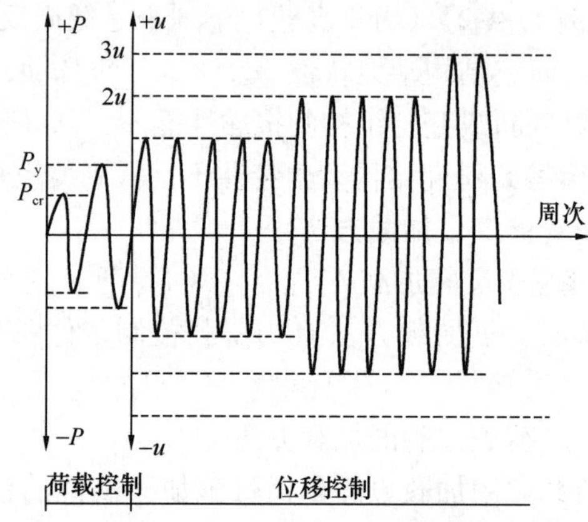

图 17-4-5 荷载和位移控制混合加载制度

1) 对无屈服点试件（如砌体结构试件），试件开裂前应采用荷载控制并分级加载，接近开裂荷载前宜减小级差进行加载；试件开裂后应采用变形控制，变形值宜取开裂时试件的最大位移值，并应以该位移值的倍数为级差进行控制加载。

2) 对有屈服点试件（如钢筋混凝土结构、钢结构试件），试件开裂前宜采用荷载控制并分级加载，接近屈服荷载前宜减小级差进行加载；试件屈服后应采用变形控制，变形值宜取屈服时试件的最大位移值，并应以该位移值的倍数为级差进行控制加载。

3) 施加反复荷载的次数应根据试验目的确定，屈服前每级荷载可反复一次，屈服以后宜反复三次。

2. 双向反复加载方法

为了研究地震对结构构件的组合效应，克服在采用结构单方向（平面内）加载时不考虑另一方向（平面外）地震作用对结构影响的局限性，可在 x、y 两个主轴方向同时施加低周反复荷载。针对不同结构形式，如框架柱或压杆的空间受力、框架梁柱节点在两个主轴方向所在平面内的受力等，可分别选用双向同步或异步的加载方法。

3. 基本要求

试验前，应先进行预加荷载试验，混凝土结构试件的预加载值不宜大于开裂荷载计算值的 30%；砌体结构试件的预加载值不宜大于开裂荷载计算值的 20%。

对于试件的设计恒荷载值，宜先施加满载的 40%～60%，再逐步加至 100%，试验过程中应保持恒荷载的稳定。

试验过程中，应保持反复加载的连续性和均匀性，加载或卸载的速度宜一致。

承载能力极限状态下的破坏特征试验宜加载至试验曲线的下降段，下降值宜控制到极限荷载的 85%。

【例 17-4-3】（历年真题）在检验构件承载能力的低周反复加载试验中，下列不属于加载制度的是：

A. 试验始终控制位移加载　　B. 控制加速度加载

C. 先控制作用力加载再转换位移控制加载　　D. 控制作用力和位移的混合加载

【解答】对于低周反复加载试验，控制加速度加载不属于其加载制度，应选 B 项。

【例 17-4-4】（历年真题）对砌体结构墙体进行低周反复加载试验时，下列哪一项做法是不正确的：

A. 水平反复荷载在墙体开裂前采用荷载控制

B. 按位移控制加载时，应使骨架曲线出现下降段，下降到极限荷载的 90%，试验结束

C. 通常以开裂位移为控制参数，按开裂位移的倍数逐级加载

D. 墙体开裂后按位移进行控制

【解答】骨架曲线出现下降段，下降到极限荷载的 85%，试验结束，故 B 项错误，应选 B 项。

★三、拟静力试验测试项目

1. 砌体结构墙体试验

在砌体结构墙体抗震性能试验中，观测项目一般有：裂缝；开裂荷载；破坏荷载；墙体位移；应变及荷载-位移曲线等，其试验装置及墙体侧向位移的测点布置分别如图 17-4-6、图 17-4-7 所示。

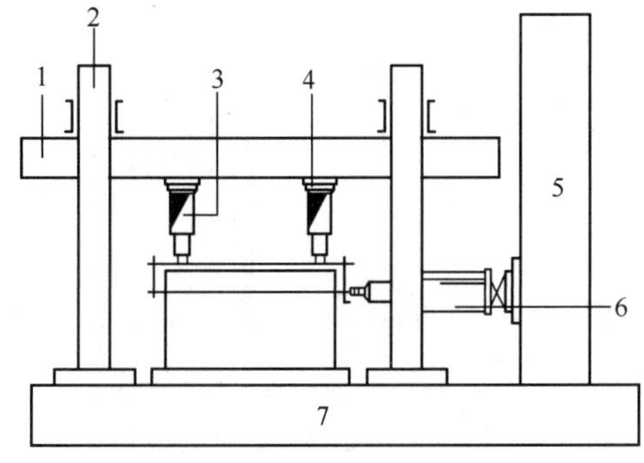

图 17-4-6　墙片试验装置示意

1—横梁；2—反力架；3—千斤顶；4—滚动导轨或平面导轨；5—反力墙；6—往复作动器；7—静力台座

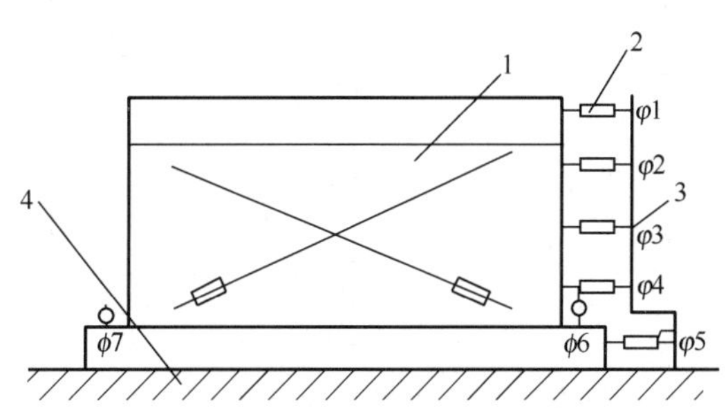

图 17-4-7　墙体侧向位移量测的测点布置

1—试件；2—位移计；3—安装于试验台上的仪表架；4—试验台座

2. 钢筋混凝土框架梁柱节点组合体试验

钢筋混凝土框架梁柱节点的试件可取框架在侧向荷载（或水平地震作用）作用下节点相邻梁柱反弯点之间的组合体，经常采用十字形试件。在实际框架结构中，当水平荷载作用时，节点上柱反弯点有水平位移，用能水平移动的铰模拟，节点下柱反弯点可视为固定铰，如图 17-4-8 (a) 所示，其应采用柱端试验装置（图 17-4-9）。该柱端试验装置适用于以柱端塑性铰区或柱连接处为主要试验研究对象的情况，并且应计入 P-Δ 效应。

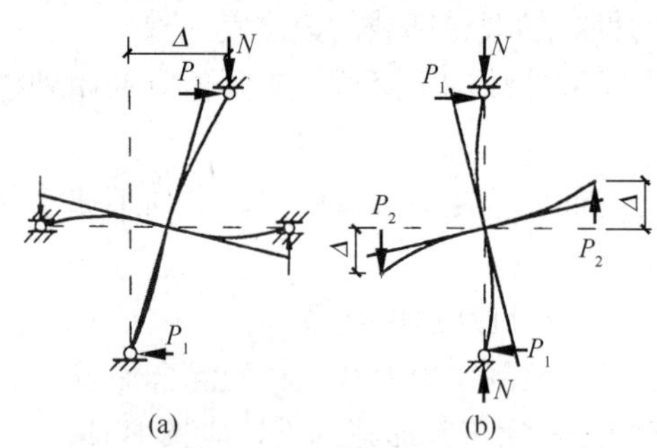

图 17-4-8　梁柱组合节点组合体试件的边界模拟

当不考虑节点上柱反弯点的水平移动时，可采用图 17-4-8(b) 所示的边界模拟，不考虑 P-Δ 效应。为方便加载，常采用梁端施加反对称荷载，采用梁-柱试验装置（图 17-4-10），其适用于以梁端塑性铰区或节点核心区为主要试验研究对象。

试验观测内容可根据试验目的而确定。一般量测项目有：荷载数值及支座反力；荷载-变形曲线；变形（包括梁端或柱端位移，梁或柱塑性铰区曲率或截面转角，节点核心区剪切角）；钢筋应力（包括梁柱交界处梁柱纵筋应力，梁柱塑性铰区或核心区箍筋应力）；钢筋的滑移（包括梁或柱纵向钢筋通过核心区段的锚固滑移）；裂缝观测。

★★★四、试验数据处理

1. 试件的荷载及变形试验数据处理

(1) 开裂荷载及变形应取试件受拉区出现第一条裂缝时相应的荷载和相应变形。

(2) 对钢筋屈服的试件，屈服荷载 F_y 及变形应取受拉区纵向受力钢筋达到屈服应变时相应的荷载和相应变形。

(3) 试件承受的极限荷载 F_{max} 应取试件承受荷载最大时相应的荷载。

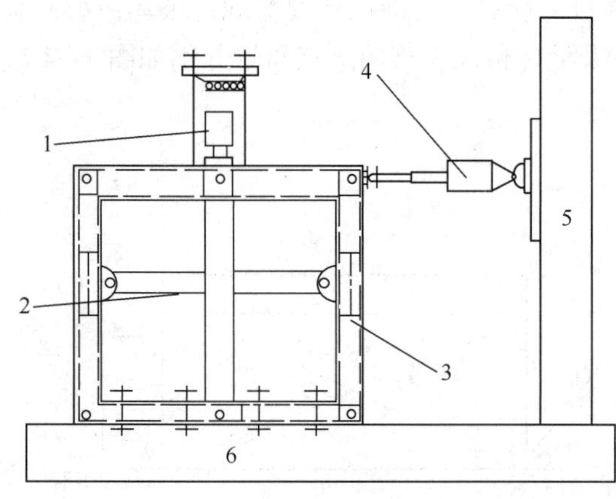

图 17-4-9　柱端试验装置示意

1—千斤顶；2—试件；3—试件架；4—往复作动器；5—反力墙；6—静力台座

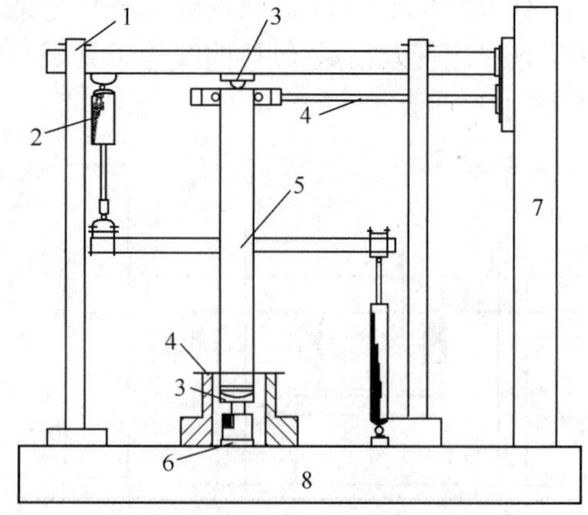

图 17-4-10　梁-柱试验装置示意

1—门架；2—往复作动器；3—铰；4—固定连接件；5—试件；6—千斤顶；7—反力墙；8—静力台座

(4) 破坏荷载及极限变形应取试件在荷载下降至最大荷载的 85%时的荷载和相应变形。

试件的骨架曲线应取荷载-变形曲线的各级加载第一次循环的峰值点所连成的包络线（图 17-4-11）。

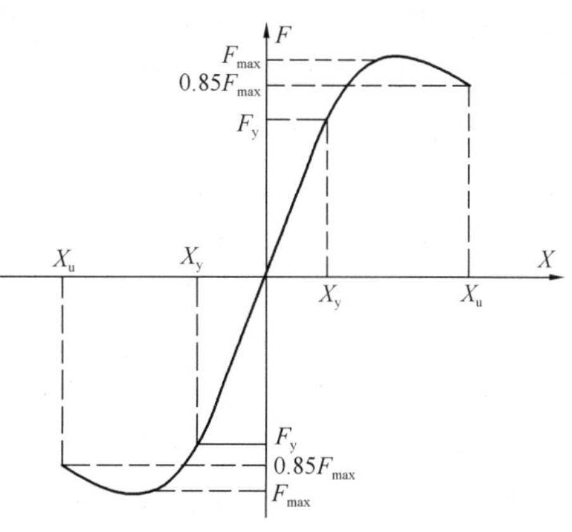

图 17-4-11　试件骨架曲线

2. 刚度、延性系数、强度退化系数和能量耗散能力

(1) 刚度：它是结构变形能力的反映，可采用割线刚度 K_i 来表示，即：

$$K_i=\frac{|+F_i|+|-F_i|}{|+X_i|+|-X_i|} \tag{17-4-1}$$

式中，$+F_i$、$-F_i$ 分别为第 i 次正、反向峰值点的荷载值；$+X_i$、$-X_i$ 分别为第 i 次正、反向峰值点的位移值。

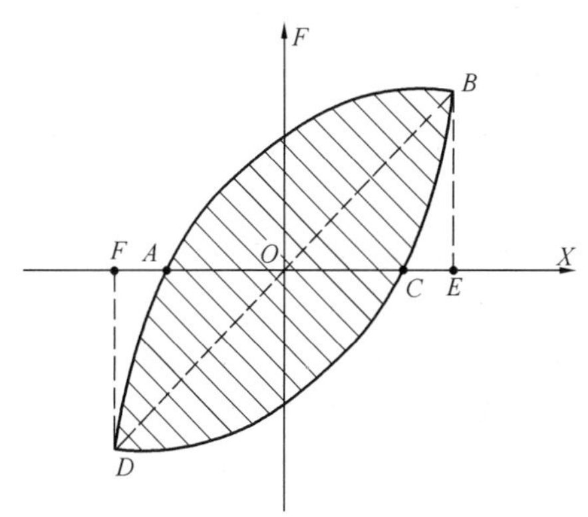

图 17-4-12　等效黏滞阻尼系数计算

(2) 延线系数 μ：它是试件的极限变形 Δ_u 与屈服变形 Δ_y 之比，即 $\mu=\Delta_u/\Delta_y$。

(3) 强度退化系数 λ：它反映结构强度随反复荷载次数增加而降低的特性，其计算为：

$$\lambda_i=\frac{F_j^i}{F_j^{i-1}} \tag{17-4-2}$$

式中，F_j^i 为第 j 级加载时，第 i 次循环峰值点的荷载值；F_j^{i-1} 为第 j 级加载时，第 $i-1$ 次循环峰值点的荷载值。

(4) 试件的能量耗散能力：它是以荷载-变形滞回曲线所包围的面积来衡量，通常用能量耗散系数 E 或等效黏滞阻尼系数 ξ_{eq} 来评价（图 17-4-12），用 $S_{阴影}$ 表示滞回曲线阴影面积，S_{OBE} 表示三角形 OBE 面积，S_{ODF} 表示三角形 ODF 面积，则：

$$E=\frac{S_{阴影}}{S_{OBE}+S_{ODF}} \tag{17-4-3}$$

$$\xi_{eq}=\frac{1}{2\pi}\cdot\frac{S_{阴影}}{S_{OBE}+S_{ODF}} \tag{17-4-4}$$

★★★五、结构拟动力试验和模拟地震振动台试验

结构拟动力试验和模拟地震振动台试验均属于抗震试验，在历年真题中涉及其相关基础知识，下面作简要介绍。

1. 结构拟动力试验

结构拟动力试验是由给定地震加速度记录通过计算机进行非线性动力分析，将得到的

位移反应作为输入数据，控制加载器对试件进行的试验。它采用计算机和试验机联机进行结构试验，以较低的加载速率使结构经历地震作用，将结构在地震中受到的惯性力通过计算转换为静力作用施加到结构上，模拟结构的实际地震反应。结构拟动力试验的优点如下：

（1）它在整个数值分析过程中不需要对结构的恢复力特性作任何假设，这特别有利于分析非线性的系统性能。

（2）它加载的时间周期近乎静态，因此，有条件给试验者有足够的时间来观测结构性能变化和受损破坏的过程，从而获得比较详细的数据资料。

（3）对于一些足尺或大比例尺模型，在模拟地震振动台上进行试验由于受设备技术条件限制而无法实施，可以采用结构拟动力试验。

2. 模拟地震振动台试验

模拟地震振动台试验是通过振动台台面对试件输入地面运动，模拟地震对试件作用的抗震试验。它的特点是：可以再现各种形式的地震波形，可以在实验室条件下直接观测和了解原型结构或模型结构的震害情况和破坏现象。

通过模拟地震振动台试验，验证为非线性地震反应分析所建立的适当的简化模型；采用线性或非线性系统识别方法，分析处理试验数据，识别结构的恢复力模型和整体力学模型；观测和分析试验原型结构或模型结构的破坏机理和震害原因；由试验结果综合评价试验的原型结构或模型结构的抗震能力。

模拟地震振动台模型结构的试验，加载前应采用白噪声激振法测定试件的动力特性。

模拟地震振动台试验，宜采用多次分级加载方法，加载步骤如下：

（1）应按试件模型理论计算的弹性和非弹性地震反应，逐次递增输入台面加速度幅值，加速度分级宜覆盖多遇地震、设防烈度地震和罕遇地震对应的加速度值。

（2）弹性阶段试验，应根据试验加载工况，每次输入某一幅值的地震地面运动加速度时程曲线，测量试件的动力反应、加速度放大系数和弹性性能。

（3）非弹性阶段试验，逐级加大台面输入加速度幅值，使试件由轻微损坏逐步发展到中等程度的破坏，除应采集测试的数据外，还应观察试件各部位的开裂和破坏情况。

（4）破坏阶段试验，继续加大台面输入加速度幅值，或在某一最大的峰值下反复输入，直到试件发生整体破坏，检验结构的极限抗震能力。

习　题

17-4-1（历年真题）下列哪一点不是拟静力试验的优点？

A. 不需要对结构的恢复力特性作任何假设

B. 可以考虑结构动力特性

C. 加载的时间周期近乎静态，便于观察和研究

D. 能进行地震模拟振动台不能胜任的足尺或大比例尺模型的试验

17-4-2 不能作为判断结构恢复力特性的参数是：

A. 能量耗散系数　　B. 刚度退化系数

C. 裂缝宽度　　D. 延性系数

17-4-3 下列低周反复加载试验中的混合加载法的说法中，正确的是：

A. 先控制作用力到开裂荷载，随后用位移控制

B. 先控制作用力到屈服荷载，随后用位移控制

C. 先控制作用力到极限荷载，再用位移控制

D. 先控制作用力到破坏荷载，再用位移控制

17-4-4　钢筋混凝土框架梁柱节点的抗震性能试验，为了反映钢筋混凝土的材料特性，试件尺寸比例一般不小于实际构件的：

A. $\frac{1}{2}$　　B. $\frac{1}{3}$　　C. $\frac{1}{4}$　　D. $\frac{1}{5}$

17-4-5　在低周反复加载试验所得到的数据中，极限变形是指：

A. 屈服荷载时对应的变形值　　B. 开裂荷载时对应的变形值

C. 破坏荷载时对应的变形值　　D. 极限荷载时对应的变形值

第五节　结构动力特性及响应试验

★★★一、结构动力特性量测方法

工程结构的动力特性（又称结构的自振特性）是反映结构本身所固有的动态参数（亦称动力特性参数或振动模态参数），主要包括结构的自振频率、阻尼系数和振型等。这些特性是由结构的组成形式、质量分布、结构刚度、材料性质、构造连接等因素决定的，而与外荷载无关。工程结构的动力特性可按结构动力学的理论进行计算，但由于实际结构的组成、材料和连接等因素，经简化计算得出的理论数据往往会有一定误差，对于结构阻尼系数一般只能通过试验来加以确定。因此，结构动力特性试验就成为动力试验中的一个极为重要的组成部分。

工程结构动力特性量测的目的是：①掌握结构的动力特性，为结构动力分析和结构动力设计提供试验依据；②掌握作用在结构上的动荷载特性；③可以为检测、诊断结构的损伤积累提供可靠的资料和数据。

结构动力特性试验是以研究结构自振特性为主，由于它可以在小振幅试验下求得，不会使结构出现过大的振动和损坏，因此，经常可以在现场进行结构的实物试验。结构动力特性试验的方法主要有：人工激振法；环境随机振动法。其中，人工激振法又可分为自由振动法和强迫振动法。

此外，研究地震、风振的结构动力试验也可以通过抗震实验室、风洞实验室的模型试验来测量结构的动力特性。

1. 人工激振法测定结构动力特性

（1）自由振动法

在试验中采用初位移或初速度的突卸或突加荷载的方法，使结构受一冲击荷载作用而产生有阻尼的自由振动。在现场试验中，可用反冲激振器（亦称小火箭法）对结构产生冲击荷载；在工业厂房中可以通过锻锤、冲床、吊车刹车等使厂房产生自由振动；在桥梁上则可用载重汽车越过障碍物或紧急刹车产生冲击荷载；在实验室内进行模型试验时，可用锤击法使模型产生自由振动。

有阻尼自由振动的振动波形图如图 17-5-1 所示，从实测得到的波形图上，直接测量

振动波形的周期；为了提高精确度，可取若干个波的总时间除以波的数量得到平均数作为基本周期 T，其倒数就是基本频率 $f=\dfrac{1}{T}$。

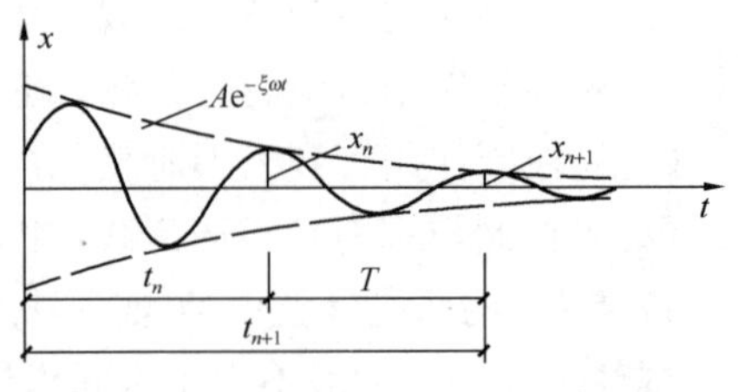

图 17-5-1 有阻尼自由振动波形图

对数衰减率 $$\lambda=\ln\frac{x_n}{x_{n+1}}\tag{17-5-1}$$

阻尼比 $$\xi=\frac{\lambda}{2\pi}\tag{17-5-2}$$

式中，λ 可取平均对数衰减率 $\lambda_{平}=\dfrac{1}{k}\ln\dfrac{x_n}{x_{n+k}}$，$k$ 为波的个数。

自由振动法一般只能测得结构的基本频率，不能测得高阶频率。有阻尼自由振动根据振动波形图确定结构的阻尼的方法称为时域法。

（2）强迫振动法

一般采用惯性式机械离心激振器对结构施加周期性的简谐振动，使结构产生简谐强迫振动。当干扰力的频率与结构本身自振频率相等时，结构就出现共振。利用共振现象测定结构的自振特性。利用激励器可以连续改变激振频率的特点，使结构发生第一次共振、第二次共振，……，至结构产生共振时振幅出现最大值，这时候记录下振动波形图，在图上可以找到最大振幅对应的频率就是结构的第一自振频率（即基本频率），如图 17-5-2（a）所示。根据记录波形图可以作出频率-振幅关系曲线（亦称共振曲线），如图 17-5-2（b）所示。

根据共振曲线，按照结构动力学原理，采用半功率点法 $\left(\dfrac{y_{max}}{\sqrt{2}}=0.707y_{max}\right)$，可求得（图 17-5-3）：

阻尼比 $$\xi=\frac{\omega_b-\omega_a}{2\omega_0}\tag{17-5-3}$$

阻尼系数 $$c=\frac{\omega_b-\omega_a}{2}\tag{17-5-4}$$

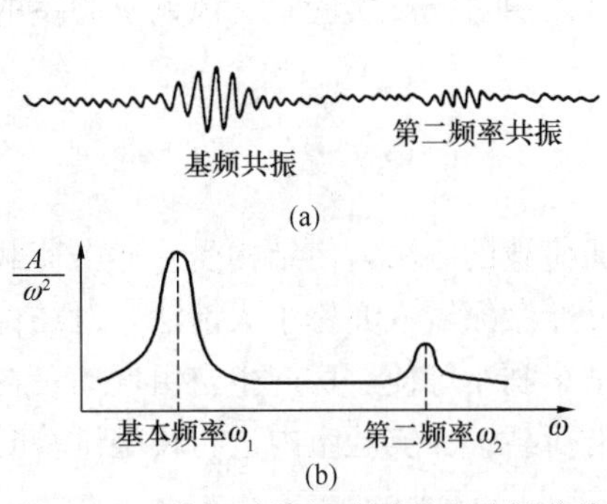

图 17-5-2 共振时的振动图形和共振曲线

（a）共振时振动图形；（b）共振曲线

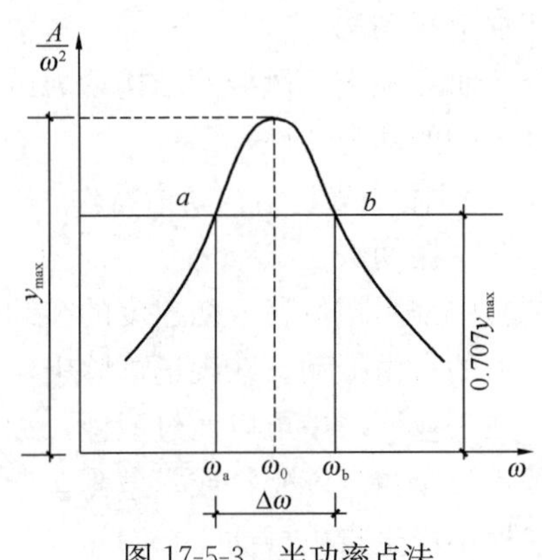

图 17-5-3 半功率点法

此外，当测得结构发生共振时的动力系数 μ，则阻尼比为：$\xi=\frac{1}{2\mu}$。强迫振动法不仅可测得结构的基本频率，也可测得其高阶频率。按半功率法确定结构的阻尼的方法称为频域法。

结构振动时，结构上各点的位移、速度和加速度都是时间和空间的函数。根据结构动力学可知，当结构按某一固有频率振动时各点的位移之间呈现一定的比例关系。如果这时沿结构各点将其位移连接起来，形成一定形式的曲线，则称为结构按此频率振动的振动形式，也称对应该频率时的结构振型。对应于基本频率、第二频率、第三频率分别有基本振型（第一振型）、第二振型、第三振型。采用共振法测量结构振型是最常用的基本试验方法。注意，绘制振型曲线时，要根据相位规定位移的正负值。

（3）谐量分析法

结构动力试验时，有时记录的是复杂的周期振动的合成波，为了掌握它们包含的频率成分，往往要对其合成波形进行谐量分析。谐量分析法是指将两个或两个以上的合成波形分解成单一波形的分析方法，即：分解成知其幅值、频率大小的单一波形。

谐量分析法的基础是傅里叶级数原理。通过谐量分析法不仅可测得结构的基本频率，也可测得高阶频率。

【例 17-5-1】（历年真题）结构动力试验方法中，下列不能用于测得高阶频率的方法是：

A. 自由振动法　　B. 强迫振动

C. 主谐量法　　D. 谐量分析法

【解答】自由振动法不能用于测得高阶频率，应选 A 项。

2. 环境随机振动法测量结构动特性

在试验观测中，人们发现建筑物或桥梁结构由于受外界环境的干扰而经常处于微小而不规则的振动之中，其振幅一般在 0.01mm 以下，这种环境随机振动称为脉动。环境随机振动法又称为脉动法，即利用脉动来测量和分析结构动力特性的方法。

建筑物或桥梁结构的脉动源不论是风还是地面脉动，它们都是不规则的，可以是各种不同值的变量，在随机理论中称这种变量为随机过程，它无法用一确定的时间函数描述，由于脉动源是一个随机过程，则建筑物或桥梁结构的脉动也必定是一个随机过程。重要的是，建筑物或桥梁结构的脉动明显地反映出建筑物或桥梁结构的固有频率和其他自振特性。

随机振动过程是一个复杂的过程，每重复一次所取得的每一个样本都是不同的，因此，一般随机振动特性应从全部事件的统计特性的研究中得出，并且必须认为这种随机过程是各态历经的平稳过程。如果单个样本在全部时间上所求得的统计特性与在同一时刻对振动历程的全体所求得的统计特性相等，则称这种随机过程为各态历经的。当采集的信号有足够长的采样时间，并且每次采集的信号时的环境条件基本相同时，建筑物或桥梁的脉动则为一种各态历经的平稳随机过程。

脉动法的最大优点是测量结构动力特性不需要人工激振，特别适用于测量整体结构的动力特性。

由于脉动法测得的振动为随机振动，为一种非确定性振动，无法用确定的函数来描述，因此，对其测得的振动波形图的分析一般采用频谱分析法、主谐量法等。

(1) 频谱分析法及功率谱法

频谱分析法是将时域信号变换为频域，研究振动的某个物理量（如幅值）与频率之间的关系。频谱分析的目的是把复杂的时间历程波形，经过傅里叶变换分解为若干单一的谐波分量来研究，以获得信号的频率结构以及各谐波和相位信息。例如，从图 17-5-4 (a) 中很难辨别出桥墩的固有频率（或自振频率），而从图 17-5-4 (b) 中可看出三个主要高峰频率值，再结合其他振动实测资料即可综合分析确定出桥墩的固有频率。频谱分析法是直接对随机信号作傅里叶积分变换。

在频谱分析法中常采用功率谱法（或称功率谱分析法），功率谱法是指纵坐标的物理量（如幅值）的均方值与频率之间的关系图谱。功率谱可理解为强调各频率成分对结构物影响的程度，它反映振动能量在各频率成分上的分布情况。用功率谱图的各峰值处的半功率点法确定结构的阻尼比。此外，功率谱是随机振动最好的频域描述，它是对相关函数作傅里叶积分变换得到的。

(2) 主谐量法

从结构脉动反应的时程记录波形图上，发现连续多次出现"拍"现象，因此，根据这一现象可以按照"拍"的特征直接读取频率量值。主谐量法的基本原理是根据结构的固有频率的谐量是脉动信号中最主要的成分，在实测脉动波形记录上可直接反映出来。如果建筑物各部位在同一频率处的相位和振幅符合振型规律，则就可以确定该频率就是建筑物的固有频率。如图 17-5-5 所示，5 个波形的时间为 0.535s，故基本周期 $T=0.535/5=0.107$s，基本频率 $f=1/T=9.346$Hz。

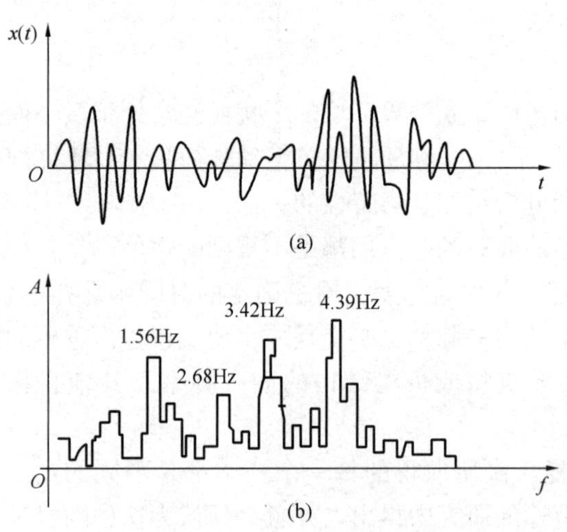

图 17-5-4 列车单机通过桥墩位移波形

(a) 桥墩时域振动图；(b) 桥墩频域振动图

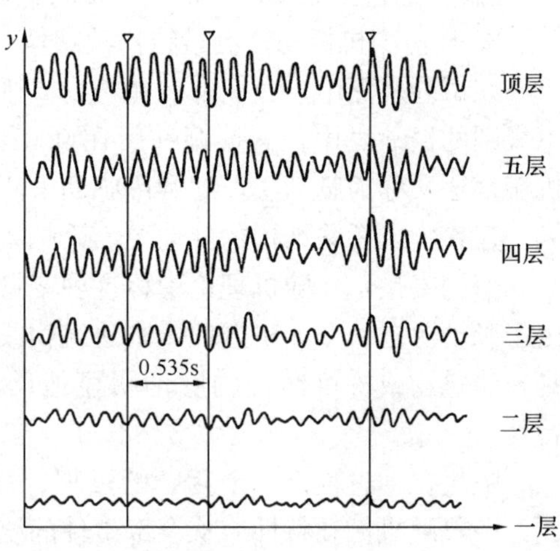

图 17-5-5 用主谐量法分析脉动记录曲线的结果

主谐量法确定结构的基频与主振型比较方便，有时还能测出第二频率及相应振型，高阶振动的脉动信号在记录曲线中出现的机会很少，振幅也小，这样测得的结构动力特性误差较大。主谐量法无法确定结构的阻尼特性。

【例 17-5-2】(历年真题) 为获得建筑结构的动力特性，常采用脉动法量测和分析，下列对该方法的描述中不正确的是：

A. 结构受到的脉动激励来自大地环境的扰动，包括地基的微振、周围车辆的运动

B. 还包括人员的运动和周围环境风的扰动

C. 上述扰动对结构的激励可以看作有限带宽的白噪声激励

D. 脉动实测时采集到的信号可认为是非各态历经的平稳随机过程

【解答】脉动实测时采集到的信号可认为是各态历经的平稳随机过程，应选 D 项。

【例 17-5-3】（历年真题）为获得建筑物的动力特性，下列激励方法错误的是：

A. 采用脉动法量测和分析结构的动力特性

B. 采用锤击激励的方法分析结构的动力特性

C. 对结构施加拟动力荷载分析结构的动力特性

D. 采用自由振动法分析结构的动力特性

【解答】对结构施加拟动力荷载分析结构的动力特性是错误的，应选 C 项。

★二、结构动力响应量测方法

工程结构一般在动荷载持续作用下会产生强迫振动。强迫振动引起结构动力反应，即动位移、动应变、振幅、频率和加速度等动参数。

1. 结构动参数的量测

对结构动参数的量测就是在现场实测结构的动力反应。一般根据在动荷载作用时结构产生振动的影响范围，选择振动影响最大的特定部位布置测点，记录下实测振动波形，分析其振动产生的影响是否有害。为了校核结构在动荷载作用下的强度应将测点布置在最危险的部位。

2. 结构振动形态的量测

为了解结构在动荷载作用下的结构振动形态，需要测定结构的振动形态图，即结构的变形曲线，如图 17-5-6 所示。

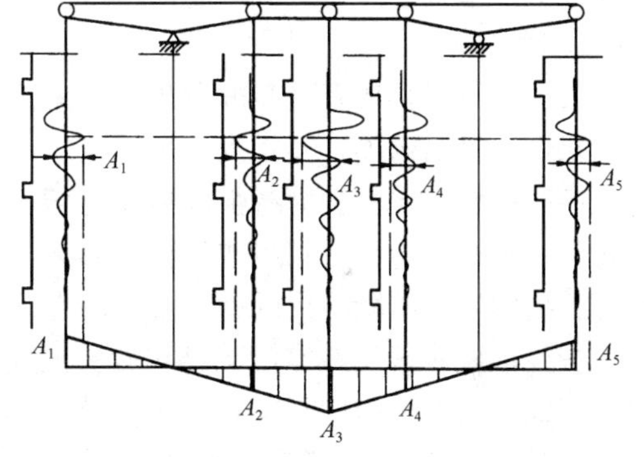

图 17-5-6　双悬臂梁的振动弹性曲线图

3. 结构动力系数的量测

移动荷载作用于结构上所产生的动挠度，往往比静荷载时产生的挠度大。动挠度和静挠度的比值称为动力系数μ。结构动力系数一般用试验方法实测确定。为了求得动力系数，先使移动荷载以最慢的速度驶过结构，测得挠度［图 17-5-7（a）］，然后使移动荷载以不同的速度驶过，得到结构产生的最大挠

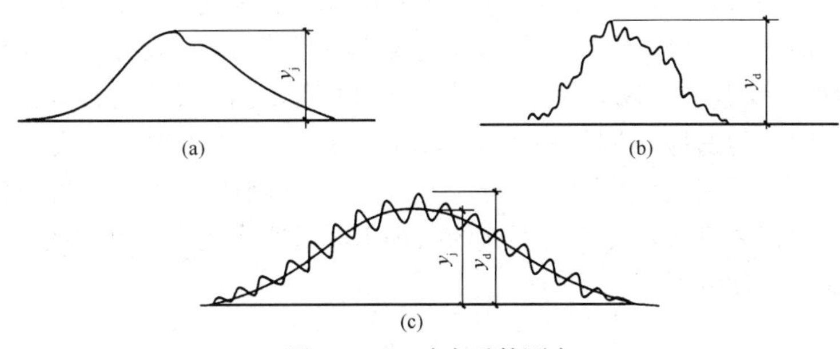

图 17-5-7　动力系数测定

（a）有轨最慢速度移动荷载的变形记录图；（b）有轨不同速度移动荷载的变形记录图；（c）无轨移动荷载的变形记录图

度［图 17-5-7（b）］，从图上量得最大静挠度 y_j 和最大动挠度 y_d，可求得动力系数 $\mu=y_d/y_j$，该方法只适用于一些有轨的动荷载。对于无轨的动荷载（如汽车），这时可以采取只试验一次用高速通过，记录图形如图 17-5-7（c）所示，取曲线最大值为 y_d，同时在曲线上绘出中线，相应于 y_d 处中线的纵坐标即 y_j，再计算动力系数。

4. 动应变的量测

动应变的量测采用动态电阻应变仪，动应变是随时间而变化的、动态的，由记录仪以动态曲线来显示，如图 17-5-8 所示的应变时程记录波形图。

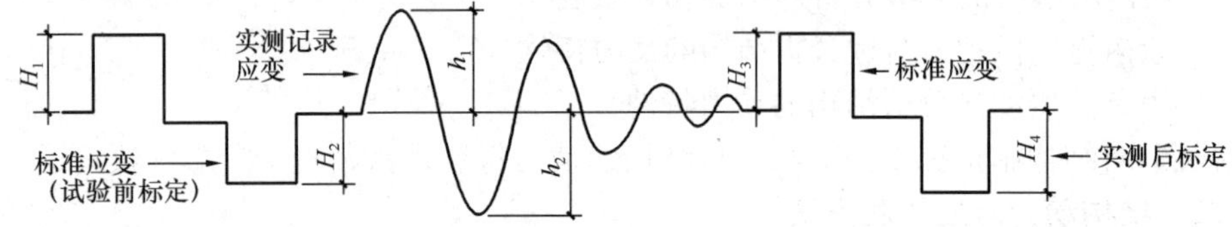

图 17-5-8 动态应变仪实测记录波形

★三、疲劳试验和风洞试验

疲劳试验和风洞试验均属于结构动力试验，在历年真题中涉及相关内容，现简单介绍其最基本的内容。

1. 疲劳试验

工程结构中存在着许多疲劳现象，如工业厂房结构的吊车梁，直接承受悬挂吊车作用的屋架，桥梁结构等，其特点都是受重复荷载作用。这些结构或构件在重复荷载作用下达到破坏时的强度比其静荷载强度要低得多，这种现象称为疲劳。钢筋混凝土结构中有钢筋的疲劳、混凝土的疲劳和组成构件的疲劳，钢结构中构件的疲劳，组合结构中组合梁的疲劳等。结构疲劳试验的目的就是要了解在重复荷载作用下结构的性能及其变化规律。

疲劳试验一般均在专门的结构疲劳试验机上进行，并通过脉冲千斤顶对结构构件施加重复荷载，也有采用偏心轮式激振设备。目前，国内的疲劳试验常采用等幅疲劳试验方法(即施加等幅匀速脉动荷载)，少量的采用变幅疲劳试验方法。

2. 风洞试验

风是由强大的热气流形成的空气动力现象，其特性主要表现在风速和风向。而风速和风向随时都在变化，风速有平均风速和瞬时风速之分，风向多数是水平向的，但极不规则。

高层建筑和桥梁结构在风作用下的受力和振动情况非常复杂，要了解作用在工程结构上的风荷载特性，多数需要通过实测试验或风洞试验才能得到。实测试验就是建筑物在自然风作用下的状态，包括位移、风压分布和建筑物的振动参数的测定。风洞试验，其装置包括风洞和量测系统，其中，风洞是产生不同速度和不同方向（单向、斜向、乱方向）气流的专用试验装置。为适应不同结构类型的风洞试验，风洞的构造形式和尺寸也各不相同。风洞试验一般是采用缩尺模型。风洞试验的测试项目根据研究对象的目的而定，一般地，风洞试验的测试项目有：在不同形式的风和不同风速作用下，结构的风压分布、振动动力特性、动应力、动变形等。

习 题

17-5-1 （历年真题）下述四种试验所选用的设备哪一种最不当?

A. 采用试件表面刷石蜡后，四周封闭抽真空产生负压方法做薄壳试验

B. 采用电液伺服加载装置对梁柱节点构件进行模拟地震反应试验

C. 采用激振器方法对吊车梁做疲劳试验

D. 采用液压千斤顶对桁架进行承载力试验

17-5-2 （历年真题）结构动力试验研究的计算分析中，下列哪一项参数不能由计算所得?

A. 结构的阻尼比　　B. 结构的固有振型

C. 结构的固有频率　　D. 结构的质量

第六节　模型试验

模型试验的理论基础是相似理论（又称相似原理）。仿照原型结构，按相似理论的基本原则制成的结构模型，它具有原型结构的全部或部分特征。通过试验，得到与模型的力学性能相关的测试数据，根据相似理论，可由模型试验结果推断原型结构的性能。

★★★一、模型试验的相似原理

1. 模型的相似要求和相似常数

结构模型试验中的“相似”是指原型结构与模型结构的主要物理量相同或成比例。在相似系统中，各相同物理量之比称为相似常数。

（1）几何相似

“几何相似”要求模型与原型对应的尺寸成比例，该比例即为几何相似常数。以矩形截面简支梁为例，原型结构的截面尺寸为 $b_p \times h_p$，跨度为 L_p，模型结构截面尺寸分别为 b_m、h_m、L_m。几何相似可以表达为：

$$\frac{h_m}{h_p}=\frac{b_m}{b_p}=\frac{L_m}{L_p}=S_l$$

式中，S_l 为几何相似常数。下标 m 取自英文 model 的第一个字母，表示模型；下标 p 取自英文 prototype 的第一个字母，表示原型。由此，可得到其面积比、截面模量以及惯性矩比分别为：$S_A=S_l^2$、$S_W=S_l^3$ 和 $S_I=S_l^4$。

（2）质量相似

对于结构动力问题，要求模型的质量分布（包括集中质量）与原型的质量分布相似，即模型与原型对应部位的质量成比例：

$$S_m=\frac{m_m}{m_p}\text{，或用质量密度表示 } S_\rho=\frac{\rho_m}{\rho_p}$$

由于质量等于密度与体积的乘积，$S_\rho=(\rho_m V_m V_p)/(\rho_p V_p V_m)=S_m/S_l^3$。

（3）荷载相似

荷载（或力）相似要求模型与原型在对应部位所受的荷载大小成比例，方向相同。集中荷载与力的量纲相同，而力又可用应力与面积的乘积表示，因此，集中荷载相似常数可以表示为：

$$S_p=\frac{P_m}{P_p}=\frac{\sigma_m A_m}{\sigma_p A_p}=S_\sigma S_l^2$$

式中，S_σ 为应力相似常数。由此，可得：

线荷载相似常数：$S_W = S_\sigma S_l$

面荷载相似常数：$S_q = S_\sigma$

集中力矩相似常数：$S_M = S_\sigma S_l^3$

(4) 刚度相似

结构变形会用到刚度，材料刚度用弹性模量 E 和剪切模量 G 表示，其相应的相似常数为：

$$S_E = \frac{E_m}{E_p},\ S_G = \frac{G_m}{G_p}$$

(5) 时间相似

对于结构动力问题，在随时间变化的过程中，要求模型与原型在对应的时刻进行比较，要求相对应的时间成比例，时间相似常数为 S_t：

$$S_t = \frac{t_m}{t_p}$$

(6) 边界条件相似

要求模型与原型在与外界接触的区域内的各种条件保持相似，也即要求支承条件相似、约束情况相似以及边界上受力情况的相似。模型的支承和约束条件可以由与原型结构构造相同的条件来满足与保证。

(7) 初始条件相似

对于结构动力问题，为了保证模型与原型的动力反应相似，还要求初始时刻运动的参数相似。运动的初始条件包括初始状态下的初始几何位置、质点的位移、速度和加速度。

【例 17-6-1】(历年真题) 下列哪项不是试验模型和原型结构边界条件相似的要求?

A. 初始条件相似　　B. 约束情况相似

C. 支承条件相似　　D. 受力情况相似

【解答】初始条件相似不是试验模型和原型结构边界条件相似的要求，应选 A 项。

2. 相似原理(也称相似定理)

(1) 相似原理的几个基本概念

1) 相似指标：两个系统中的相似常数之间的关系式称为相似指标。若两系统相似，则相似指标为 1。下面以牛顿第二定律为例加以说明，a 为加速度，F 为惯性力：

原型　$$F_p = m_p a_p \tag{17-6-1}$$

模型　$$F_m = m_m a_m \tag{17-6-2}$$

引入相似常数后，可得：$F_m = S_F F_p$，$m_m = S_m m_p$，$a_m = S_a a_p$，代入式 (17-6-2)：

$$F_p = \frac{S_m S_a}{S_F} m_p a_p \tag{17-6-3}$$

要求模型与原型相似，比较式 (17-6-1)、式 (17-6-3)，则必须满足下式：

$$\frac{S_m S_a}{S_F}=1 \tag{17-6-4}$$

式（17-6-4）左边的关系式称为相似指标。

2）相似判据（亦称相似准则或相似准则数）：它是由物理量组成的无量纲量。例如，将各相似常数代表的物理量之比代入式（17-6-4），可得：

$$\frac{m_p a_p}{F_p}=\frac{m_m a_m}{F_m} \tag{17-6-5}$$

上式就表达了一个相似判据。习惯用 π 表示相似判据，上式写成一般形式：

$$\pi=\frac{ma}{F}$$

也可写成：
$$\pi_p=\pi_m$$

3）单值条件：单值条件是指决定一个物理现象基本特性的条件。单值条件使该物理现象从其他众多物理现象中区分出来。属于单值条件的因素有：系统的几何特性、材料特性、对系统性能有重大影响的物理参数、系统的初始状态、边界条件等。

（2）相似第一定理

相似第一定理的表述为：彼此相似的现象，单值条件相同，相似判据的数值相同。该定理提示了相似现象的本质，说明两个相似现象在数量上和空间中的相互关系。它最早是由牛顿发现的。

（3）相似第二定理（也称为 π 定理）

相似第二定理表达为：当一物理现象由 n 个物理量之间的函数关系来表示，且这些物理量中包含 m 种基本量纲时，可以得到（$n-m$）个相似判据。

描述物理现象的函数关系式的一般方程可写成：

$$f(x_1, x_2, \cdots, x_n)=0 \tag{17-6-6}$$

按照相似第二定理，上式可改写为：

$$\varphi(\pi_1, \pi_2, \cdots, \pi_{n-m})=0 \tag{17-6-7}$$

这样利用相似第二定理，将物理方程转换为相似判据方程。同时，因为现象相似，模型与原型的相似判据都保持相同的 π 值，π 值满足的关系式也应相同。

确定相似判据的方法有方程式分析法和量纲分析法两种。

1）方程式分析法

如图 17-6-1 所示，设计一个梁的模型。

在集中荷载 F 作用下梁的弯矩、F 点截面处的应力为：

原型：
$$M_p=\frac{F_p a_p b_p}{l_p},\ \sigma_p=\frac{F_p a_p b_p}{W_p l_p} \tag{17-6-8}$$

模型：
$$M_m=\frac{F_m a_m b_m}{l_m},\ \sigma_m=\frac{F_m a_m b_m}{W_m l_m} \tag{17-6-9}$$

首先满足几何相似，$\frac{l_m}{l_p}=\frac{a_m}{a_p}=\frac{b_m}{b_p}=S_l$，$\frac{W_m}{W_p}=S_l^3$；荷载相似，$\frac{F_m}{F_p}=S_F$。当要求模型

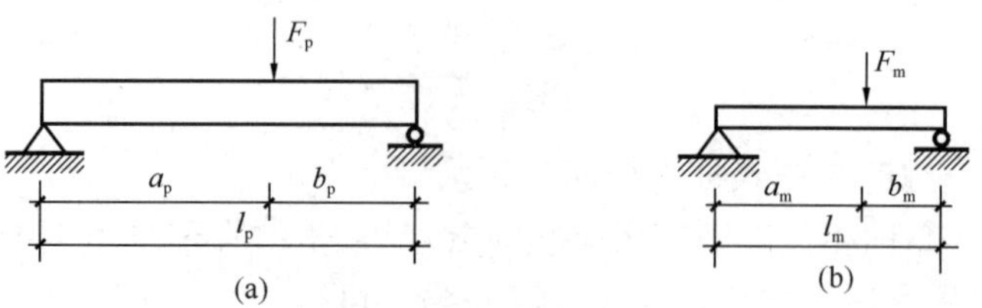

图 17-6-1

(a) 原型；(b) 模型

梁上集中荷载作用点的弯矩、应力与原型梁相似时，其相应的相似常数为：$S_M=\dfrac{M_m}{M_p}$，$S_\sigma=\dfrac{\sigma_m}{\sigma_p}$。

将上述各物理量的相似常数代入式（17-6-8），可得：

$$M_m=\frac{S_M}{S_l S_F}\cdot\frac{F_m a_m b_m}{l_m},\ \sigma_m=\frac{S_\sigma S_l^2}{S_F}\cdot\frac{F_m a_m b_m}{W_m l_m} \tag{17-6-10}$$

要求模型与原型相似，其相似指标应为1，即：

$$\frac{S_M}{S_l S_F}=1,\ \frac{S_\sigma S_l^2}{S_F}=1 \tag{17-6-11}$$

相似判据为：

$$\pi_1=\frac{M}{lF},\ \pi_2=\frac{\sigma l^2}{F} \tag{17-6-12}$$

2）量纲分析法

量纲也称因次，它说明测量物理量时所采用的单位的性质。每一种物理量都对应一种量纲。有些相对物理量是无量纲的，用［1］表示。选择一组彼此独立的量纲为基本量纲，其他物理量的量纲可由基本量纲导出，称为导出量纲。在结构试验中，取长度、力、时间为基本量纲，组成力量系统或绝对系统；如果取长度、质量、时间为基本量纲，则组成质量系统。常用物理量的量纲见表 17-6-1。

在描述物理现象的基本方程中，各项的量纲应相等，同名物理量应采用同一种单位，这就是物理方程的量纲均衡性。

常用物理量及物理常数的量纲 **表 17-6-1**

物理量	质量系统	绝对系统	物理量	质量系统	绝对系统
长度	[L]	[L]	冲量	$[MLT^{-1}]$	[FT]
时间	[T]	[T]	功率	$[ML^2T^{-3}]$	$[FLT^{-1}]$
质量	[M]	$[FL^{-1}T^2]$	面积二次矩	$[L^4]$	$[L^4]$
力	$[MLT^{-2}]$	[F]	质量惯性矩	$[ML^2]$	$[FLT^2]$
温度	$[\theta]$	$[\theta]$	表面张力	$[MT^{-2}]$	$[FL^{-1}]$
速度	$[LT^{-1}]$	$[LT^{-1}]$	应变	[1]	[1]
加速度	$[LT^{-2}]$	$[LT^{-2}]$	相对密度	$[ML^{-2}T^{-2}]$	$[FL^{-3}]$
频率	$[T^{-1}]$	$[T^{-1}]$	密度	$[ML^{-3}]$	$[FL^{-4}T^2]$
角度	[1]	[1]	弹性模量	$[ML^{-1}T^{-2}]$	$[FL^{-2}]$

续表

物理量	质量系统	绝对系统	物理量	质量系统	绝对系统
角速度	$[T^{-1}]$	$[T^{-1}]$	泊松比	$[1]$	$[1]$
角加速度	$[T^{-2}]$	$[T^{-2}]$	线膨胀系数	$[\theta^{-1}]$	$[\theta^{-1}]$
应力或压强	$[ML^{-1}T^{-2}]$	$[FL^{-2}]$	比热	$[L^2T^{-2}\theta^{-1}]$	$[L^2T^{-2}\theta^{-1}]$
力矩	$[ML^2T^{-2}]$	$[FL]$	导热率	$[MLT^{-3}\theta^{-1}]$	$[FT^{-1}\theta^{-1}]$
热或能量	$[ML^2T^{-2}]$	$[FL]$	热容量	$[ML^{-1}T^{-2}\theta^{-1}]$	$[FL^{-1}T^{-1}\theta^{-1}]$

现采用量纲分析法确定图 17-6-1 的相似判据：

一般方程：
$$f(M, \sigma, l, F) = 0 \tag{17-6-13}$$

$$n = 4, m = 2，故其 \varphi 函数为：\varphi(\pi_1, \pi_2) = 0 \tag{17-6-14}$$

$$\pi = M^{a_1}\sigma^{a_2}l^{a_3}F^{a_4} \tag{17-6-15}$$

式中，a_1、a_2、a_3、a_4 为待求的指数，上式用量纲式表示为：

$$[1] = [F]^{a_1}[L]^{a_1}[F]^{a_2}[L]^{-2a_2}[L]^{a_3}[F]^{a_4} \tag{17-6-16}$$

由量纲均衡性，可得：

$$a_1 + a_2 + a_4 = 0,\ a_1 - 2a_2 + a_3 = 0 \tag{17-6-17}$$

可知，$a_4 = -a_1 - a_2$，$a_3 = 2a_2 - a_1$，代入式（17-6-15），则：

$$\pi = M^{a_1}\sigma^{a_2}l^{2a_2-a_1}F^{-a_1-a_2} = \left(\frac{M}{lF}\right)^{a_1}\left(\frac{\sigma l^2}{F}\right)^{a_2} \tag{17-6-18}$$

分别取 $a_1 = 1$，$a_2 = 0$；$a_1 = 0$，$a_2 = 1$，可得两个独立的相似判据：

$$\pi_1 = \frac{M}{lF},\ \pi_2 = \frac{\sigma l^2}{F} \tag{17-6-19}$$

式（17-6-19）与前面按方程分析法得到的式（17-6-12）完全相同。

将相似常数代入式（17-6-19），可得相似指标为：

$$\frac{S_M}{S_l S_F} = 1,\ \frac{S_\sigma S_l^2}{S_F} = 1 \tag{17-6-20}$$

式（17-6-20）与前面按方程分析法得到的式（17-6-11）完全相同。

【例 17-6-2】（历年真题）结构模型试验使用量纲分析法进行模型设计，下列哪一组是正确的基本量纲？

A. 长度［L］、应变［ε］、时间［T］

B. 长度［L］、时间［T］、应变［σ］

C. 长度［L］、时间［T］、质量［M］

D. 时间［T］、弹性模量［E］、质量［M］

【解答】基本量纲为：长度、时间、质量，应选 C 项。

（4）相似第三定理

相似第三定理表述为：具有同一特性的物理现象，当单值条件彼此相似，且由单值条件的物理量所组成的相似判据在数值上相等，则这些现象彼此相似。按照相似第三定理，两个系统相似的充分必要条件是决定系统物理现象的单值条件相似。

相似第一定理和相似第二定理是判别相似现象的重要法则，这两个定理确定了相似现象的基本性质，但它们是在假定现象相似的基础上导出的，未给出相似现象的充分条件。而相似第三定理则确定了物理现象相似的必要和充分条件。

★★★二、模型设计与模型材料

1. 模型设计

(1) 结构模型设计的分类

1) 弹性模型：弹性模型是为研究在荷载作用下原型结构弹性阶段的工作性能，与原型的几形形状相似，但模型材料不一定要和原型材料相似，可以用均匀的弹性材料（如有机玻璃）制作。弹性模型不能预测混凝土结构和砌体结构开裂后的性能，也不能预测钢结构屈服后的性能，同样，也不能预测实际结构所发生的许多其他的非弹性性能以及结构的破坏状态。

2) 强度模型：强度模型是为了研究在荷载作用下原型结构各个阶段工作性能，包括直到破坏的全过程反应，用原材料或相似材料制作。

(2) 模型设计

模型设计一般按下列程序进行：

1) 按试验目的选择模型类型；

2) 按相似原理用方程式分析法或量纲分析法确定相似判据；

3) 确定模型的几何比例，即确定出长度相似常数 S_l；

4) 根据相似判据确定其他各物理量的相似常数；

5) 绘制模型的施工图。

结构模型几何尺寸的变动范围很大，需要综合考虑各种因素，如模型类型、模型材料、模型制作条件以及试验条件等。小模型所需荷载小，但制作困难，加工精度要求高，对量测仪器要求也更高；大模型所需荷载大，但制作方便，对量测仪器无特殊要求。

前述模型设计所得各物理量之间的相似关系均是在假定采用理想弹性材料的情况下推导求得的，在强度模型中研究非线性性能时，对模型材料的相似要求更严格，即应按实际情况建立相似关系。例如，在静力结构模型设计中，模型材料应满足 $S_\rho=S_\sigma/S_l$，当 $S_\sigma=S_E=1$ 时，要求 $S_\rho=1/S_l$，即要求模型材料密度为原型材料的 S_l 倍，对于一般材料难以满足，可以通过在模型试件上增加均匀分布的配重或者施加集中力，即采用附加质量的方法。

在动力结构模型设计中，模型材料应满足 $S_E/(S_a S_\rho)=S_l$，当模型采用原型结构相同的材料 $S_E=S_\rho=1$，这时要求加速度相似常数 $S_a=1/S_l>1$，即 $a_m>g$，要求对模型施加非常大的加速度，可采用一种离心机的大型试验设备。当满足 $S_a=1$ 时，这时要求 $S_E/S_\rho=S_l$，与静力结构模型设计一样，应在模型上附加适当的分布质量，并且这些附加的质量不能改变结构的强度和刚度的特性。

2. 模型材料

对模型材料的要求是：保证相似要求；保证量测要求；材料性能稳定，即不受温度、湿度的影响；材料徐变小；加工制作方便。

(1) 金属：常用金属材料有钢铁、铝、铜等。这些金属材料的力学特性符合弹性理论的基本假定。钢结构，其模型试验多采用钢材或铝合金制作相似模型。钢结构模型加工困难，特别是构件的连接部位不易满足相似要求。铝合金的加工性能略优于钢材。

(2) 无机高分子材料（又称塑料）：它包括有机玻璃、环氧树脂、聚酯树脂、聚氯乙烯等。这类高分子材料的主要优点是在一定应力范围内具有良好的线弹性性能，弹性模量低，容易加工，其缺点是导热性能差，持续应力作用下的徐变较大，弹性模量随温度变化。它常用于制作板、壳体、框架以及其他复杂形状的结构模型。

（3）石膏：石膏性能稳定、成型方便、易于加工，适合于制作弹性模型。此外，通过配筋石膏制作模型，模拟钢筋混凝土板、壳结构的破坏图形。

（4）水泥砂浆：水泥砂浆与混凝土的性能比较接近，常用来制作钢筋混凝土板、薄壳等结构模型。

（5）微粒混凝土：微粒混凝土是用粒径为 2.5～5.0mm 的粗砂代替普通混凝土中的粗骨料，用 0.15～2.5mm 的细砂代替混凝土中的细骨料，并以一定的水灰比及配合比组成的新型模型材料。在结构抗震动力试验中，微粒混凝土是被用作模拟钢筋混凝土的理想材料。

高层建筑的振动台试验模型一般为小比例缩尺模型，原型结构中的钢筋一般采用镀锌铁丝代替，原型结构中的钢材可采用钢材或紫铜模拟。

习　　题

17-6-1　在静力模型试验中，若长度相似常数 $S_l=[L_m]/[L_p]=1/4$，线荷载相似常数 $S_q=[q_m]/[q_p]=1/8$，则原型结构和模型结构材料弹性模量相似常数 S_E 为：

A. 1/2　　B. 1/2.5　　C. 2　　D. 2.5

17-6-2　在结构动力模型试验中，解决重力失真的方法是：

A. 增大重力加速度　　B. 增大模型材料的体积

C. 增大模型材料的密度　　D. 增大模型材料的弹性模量

17-6-3　结构模型设计中，所表示的各物理量之间的关系式均是无量纲，它们均是在假定采用理想的下列哪一项的情况下推导求得的?

A. 脆性材料　　B. 弹性材料　　C. 塑性材料　　D. 弹塑性材料

17-6-4　模型设计中，按试验目的不同可分为弹性模型和强度模型，下列说法不正确的是：

A. 弹性模型要求模型材料为匀质、各向同性的弹性材料

B. 弹性模型要求用原材料或极为相似材料制作结构模型

C. 强度模型试验的成功与否在很大程度上取决于模型材料和原结构材料材性性质

D. 强度模型试验要求模型和原结构直接相似

第七节　结构试验的非破损检测技术

非破损检测技术是在不破坏和不损坏整体结构或构件的使用性能的情况下，检测结构或构件的材料力学性能、缺陷损伤和耐久性等参数，以对结构或构件的性能和质量状况作出定性和定量评定。对于混凝土结构，非破损检测包括混凝土强度与内部缺陷的检测、钢筋直径和混凝土保护层厚度检测、钢筋锈蚀检测等。对于砌体结构，主要是砌体抗压强度检测等。对于钢结构，主要是焊缝缺陷检测等。

非破损检测的目的是：评定工程施工质量；处理施工质量争议；处理质量事故；对既

有建筑的评定或鉴定（如可靠性评定、抗震鉴定、剩余使用年限的评定等）。

一、混凝土结构非破损检测技术

★★★1. 混凝土强度的检测

根据《混凝土结构现场检测技术标准》GB/T 50784—2013，混凝土抗压强度可采用回弹法、超声-回弹法综合法、后装拔出法、后锚固法等间接法进行检测。当具备钻芯法检测条件时，宜采用钻芯法对间接法检测结果进行修正或验证。

（1）回弹法

回弹法的基本原理是使用回弹仪的弹击拉簧驱动仪器内的弹击重锤，通过中心导杆，弹击混凝土的表面，并测得重锤反弹的距离，以反弹距离与弹簧初始长度之比为回弹值 R，由它与混凝土强度的相关关系来推定混凝土强度。

1）回弹法适用对象

《回弹法检测混凝土抗压强度技术规程》JGJ/T 23—2011 规定，普通混凝土（非泵送或泵送）应满足：①混凝土采用的水泥、砂石、外加剂、掺合料、拌合用水符合国家现行标准；②采用普通成型工艺；③采用符合国家标准规定的模板；④蒸汽养护出池经自然养护 7d 以上，且混凝土表层为干燥状态；⑤自然养护且龄期为14～1000d；⑥抗压强度为 10.0～60.0MPa。

当混凝土抗压强度大于 60MPa 时，应采用高强回弹仪检测，按《高强混凝土强度检测技术规程》JGJ/T 294—2013 的规定。回弹法不适用于表层与内部质量有明显差异或内部存在缺陷的混凝土强度检测。

2）检测技术和回弹值及碳化深度值计算

单个构件的检测要求是：①对于一般构件，测区数不宜少于 10 个。当受检构件数量大于 30 个且不需提供单个构件推定强度或受检构件某一方向尺寸不大于 4.5m 且另一方向尺寸不大于 0.3m 时，每个构件的测区数量可适当减少，但不应少于 5 个。②相邻两测区的间距不应大于 2m，测区离构件端部或施工缝边缘的距离不宜大于 0.5m，且不宜小于 0.2m。③测区的面积不宜大于 $0.04m^2$。④测区宜选在能使回弹仪处于水平方向的混凝土浇筑侧面。

批量的检测要求是：应随机抽取构件，抽检数量不宜少于同批构件总数的 30%且不宜少于 10 件。当检验批受检构件数量大于 30 个时，抽样构件数量可适当调整，并不得少于国家现行标准规定的最少抽样数量。

每一测区应读取 16 个回弹值，每一测点的回弹值读数应精确至 1。测点宜在测区范围内均匀分布，相邻两测点的净距离不宜小于 20mm；测点距外露钢筋、预埋件的距离不宜小于 30mm；测点不应在气孔或外露石子上，同一测点应只弹击一次。计算测区平均回弹值时，应从该测区的 16 个回弹值中剔除 3 个最大值和 3 个最小值，其余的 10 个回弹值按下式计算：

$$R_{\mathrm{m}} = \frac{\sum_{i=1}^{10} R_i}{10} \tag{17-7-1}$$

式中，R_{m} 为测区平均回弹值，精确至 0.1；R_i 为第 i 个测点的回弹值。

① 非水平方向检测混凝土浇筑侧面时，应对回弹值进行角度修正。

② 水平方向检测混凝土浇筑表面或浇筑底面时，应对回弹值进行浇筑面修正。

③ 当回弹仪为非水平方向且测试面为混凝土的非浇筑侧面时，应先对回弹值进行角度修正，并应对修正后的回弹值进行浇筑面修正。

回弹值测量完毕后，应在有代表性的测区上测量碳化深度值，测点数不应少于构件测区数的 30%，应取其平均值（d_m）作为该构件每个测区的碳化深度值。当碳化深度值极差大于 2.0mm 时，应在每一测区分别测量碳化深度值。碳化深度值的测量采用浓度为 1%～2%的酚酞酒精溶液，每个点测三次，取三次测量的平均值作为检测结果，并应精确到 0.5mm。

3）混凝土强度的换算值和推定值

构件第 i 个测区混凝土强度换算值 $f^c_{cu,i}$ 可按 R_m、d_m 查 JGJ/T 23 附录 A 或附录 B 得到。附表 A 的部分示例见表 17-7-1。

测区混凝土强度换算表（部分）　　　　**表 17-7-1**

平均回弹值 R_m	测区混凝土强度换算值 $f^c_{cu,i}$（MPa）												
	平均碳化深度值 d_m（mm）												
	0.0	0.5	1.0	1.5	2.0	2.5	3.0	3.5	4.0	4.5	5.0	5.5	≥6
20.0	10.3	10.1	—	—	—	—	—	—	—	—	—	—	—
20.2	10.5	10.3	10.0	—	—	—	—	—	—	—	—	—	—

由构件的测区混凝土强度换算值 $f^c_{cu,i}$ 可计算得到构件的测区混凝土强度平均值 $m_{f^c_{cu}}$，以及强度标准值差 $S_{f^c_{cu}}$。然后，根据 $m_{f^c_{cu}}$、$S_{f^c_{cu}}$ 可得到构件的现龄期混凝土强度推定值。

（2）超声法（超声脉冲法）

超声波实质上是混凝土超声波检测仪的高频电振荡激励仪器换能器中的压电晶体，由压电效应产生的机械振动发出的声波在介质中的传播。它是一种机械波。超声波在混凝土中的传播参数（声速、衰减等）与混凝土抗压强度之间的相关关系是超声脉冲检测混凝土强度方法的基础。混凝土强度越高，相应的超声波声速也越大。经试验归纳，这种相关性可以用反映统计相关规律的非线性的数学模型来拟合，即通过试验建立混凝土强度与声速的关系曲线（f-v 曲线）或经验公式。在普通混凝土强度检测中，通常采用 10～250kHz 的超声频率。混凝土是各向异性的多相复合材料，同时，其内部存在着广泛分布的砂浆与骨料的界面，各种缺陷（微裂、蜂窝、孔洞等）形成的界面，以及含水量，使超声波在混凝土中的传播要比在均匀介质中复杂得多，使声波产生反射、折射和散射现象，并出现较大的衰减。因此，我国相关技术标准规定，超声法一般不单独用于混凝土抗压强度的检测。

（3）超声回弹综合法

超声回弹综合法是指采用混凝土超声波检测仪和回弹仪，在结构或构件混凝土的同一测区分别测量及计算回弹值和声速，利用已建立的测强公式，推定该测区的混凝土抗压强度的方法。与单一的回弹法或超声法相比，超声回弹综合法的优点如下：

1）回弹法通过混凝土表层的弹性和硬质反映混凝土的强度，超声波通过整个截面的弹性特性反映混凝土的强度。回弹法测试低强度混凝土时，由于弹击可能产生较大的塑性变形，影响测试精度，而超声波的声速随混凝土强度增长到一定程度后，增长速度下降，即对较高强度的混凝土不敏感。采用超声回弹综合法，既能反映混凝土的弹性和塑性，也能反映其表层状态和内部构造。

2）在回弹法中，对回弹值影响最为显著的是碳化深度，在超声回弹综合法中不考虑碳化因素的影响，这是因为碳化深度较大的混凝土，由于它的龄期较长而其含水量相应降低，以致声速稍有下降，因此，在超声回弹综合法中可以抵消回弹值上升所造成的影响。

采用超声回弹综合法检测混凝土抗压强度时，应严格按《超声回弹综合法检测混凝土抗压强度技术规程》T/CECS 02—2020 的要求进行。该规程适用于普通混凝土，其抗压强度为 10～70MPa，测点布置如图 17-7-1 所示，结构或构件的每一测区（宜为200mm×20mm）内应先进行回弹测试，后进行超声测试。测区回弹代表值应从测区的 10 个回弹值中剔除 1 个最大值和 1 个最小值，应用剩余 8 个有效回弹值计算测区回弹代表值。回弹值的修正要求同回弹法的规定。

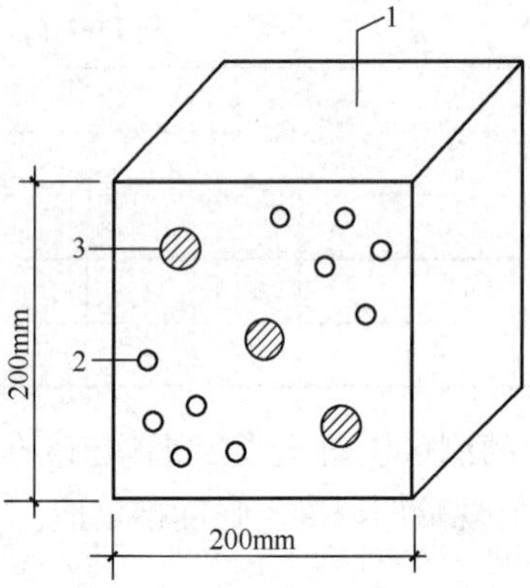

图 17-7-1　超声回弹综合法测点布置图

1—浇筑表面；2—回弹测点；3—超声测点

超声测点的每一测区应布置3个测点，宜采用对测。当采用角测、平测时，其声速计算按规程规定，并考虑声速修正系数。当测点在混凝土浇筑表面或底面时，声速值应考虑声速修正系数。

根据测试及计算得到的测区回弹代表值 R_{ai} 和声速代表值 v_{ai}，通过测强公式或测强曲线，可得测区混凝土抗压强度换算值 $f^{c}_{cu,i}$。然后，按规程规定的评定规则得到构件的混凝土抗压强度推定值。

（4）钻芯法

钻芯法是指从结构或构件中钻取圆柱状试件得到检测龄期混凝土强度的方法。它被认为是一种较为直观可靠的检测混凝土强度的方法。由于需要从结构或构件上取样，对原结构有局部损伤，所以是一种能反映被试结构或构件混凝土实际状态的现场检测的半破损试验方法。

钻取芯样应在结构或构件受力较小的部位，混凝土强度质量具有代表性的部位，应避开主筋、预埋件和管线的位置。抗压芯样试件宜使用直径为 100mm 的芯样，且其直径不宜小于骨料最大粒径的 3 倍；也可采用小直径芯样（直径 70～75mm），但其直径不应小于 70mm 且不得小于骨料最大粒径的 2 倍。芯样试件应在自然干燥状态下进行抗压试验。当结构工作条件比较潮湿，需要确定潮湿状态下混凝土的抗压强度时，芯样试件宜在 20±5℃的清水中浸泡 40～48h，从水中取出去除表面水渍，并立即进行试验。

芯样试件抗压强度值 $f_{cu,cor}=\beta_c F_c/A_c$，其中，$F_c$ 为试验的破坏荷载（N），A_c 为试件截面面积（mm^2），β_c 为强度换算系数（取 $\beta_c=1.0$）。由芯样试件得到相当于边长为 150mm 的立方体试件的混凝土抗压强度。

钻芯法确定单个构件混凝土抗压强度推定值时，芯样试件的数量不应少于 3 个；钻芯对构件工作性能影响较大的小尺寸构件，芯样试件的数量不得少于 2 个。单个构件的混凝土抗压强度推定值不再进行数据的舍弃，而应按芯样试件混凝土抗压强度值中的最小值确定。此外，检测批的混凝土抗压强度推定值，应按《钻芯法检测混凝土强度技术规程》

JGJ/T 384—2016 的规定。

【例 17-7-1】（历年真题）目前在结构的现场检测中较多采用非破损和半破损试验，下列属于半破损检测方法的是：

A. 回弹法　　　　B. 表面硬度法

C. 钻芯法　　　　D. 超声法

【解答】钻芯法属于半破损检测方法，应选 C 项。

【例 17-7-2】（历年真题）在评定混凝土强度时，下列哪一种方法较为理想？

A. 回弹法　　　　B. 超声波法

C. 钻孔后装法　　　　D. 钻芯法

【解答】钻芯法在评定混凝土强度时，较为理想，应选 D 项。

（5）拔出法

拔出法是通过拉拔安装在混凝土中的锚固件，测定极限拔出力，根据预先建立的拔出力与混凝土抗压强度之间的相关关系推定混凝土抗压强度的方法。这是一种局部微破损检测方法。

拔出法分为两类，一类是预埋拔出法，即在混凝土结构或构件的施工过程中预先安装锚固件，待混凝土硬化后再将锚固件拔出，检验新浇混凝土的抗压强度。另一类是后装拔出法，在已硬化的混凝土构件表面钻孔，安装一特制的膨胀螺栓，然后将膨胀螺栓拔出，测定混凝土的抗压强度。实际工程中，后装拔出法应用较多，主要用于既有建筑混凝土抗压强度的检测。拔出法的优点是准确程度较高，可用于高强混凝土检测。

★★★2. 混凝土内部缺陷

当混凝土内部存在缺陷或损伤时，在超声波传播路径上的混凝土内部缺陷将使超声波折射、反射和绕射，接收探头收到的信号出现声时延长，首波信号畸变，甚至首波信号难以辨认。采用同条件下的混凝土超声测试结果对比的方法，通过声时、首波等信息，可以判定在发射探头和接收探头之间的路径上是否存在缺陷或损伤。因此，超声法是目前应用最为广泛的混凝土内部缺陷的检测方法。此外，当混凝土结构仅有一个可测面时，可采用冲击回波法和电磁波反射法（即雷达法）进行检测。对于判别困难的区域应进行钻芯验证或剔凿验证。

（1）超声法检测混凝土结构或构件裂缝

当混凝土结构的裂缝部位只有一个可测面，裂缝的估计深度不大于 500mm 且比被测构件厚度至少小 100mm 以上时，可采用单面平测法检测混凝土裂缝深度（图 17-7-2）；当其裂缝部位有两个相互平行的测试表面时，可采用斜测法检测(图 17-7-3)；当单面平测法不能有效地检测深裂缝（如大体积混凝土、地下基础混凝土），可在裂缝两侧钻孔，采用钻孔法检测（图 17-7-4）。

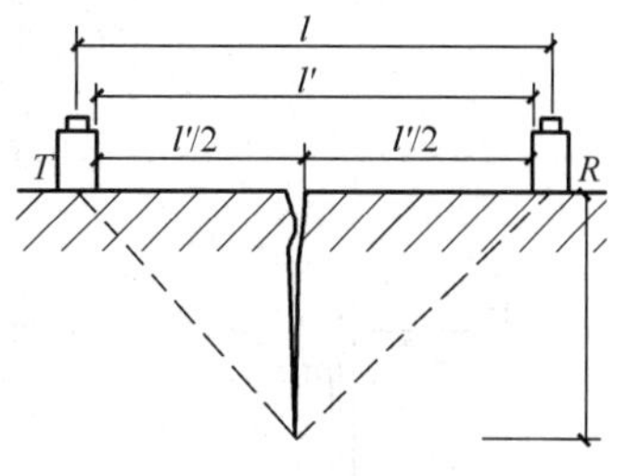

图 17-7-2　平测法

（2）超声波检测混凝土结构或构件内部不密实区

观测法，其适用于当构件具有两对相互平行的测试面；对测和斜测相结合法，其适用于具有一对相互平行的测试面（图 17-7-5）；钻孔和表面测试相结合法，其适用于只有一个测试面（图 17-7-6）。

当测距较大时，可采用钻孔或预埋声测管法，采用双孔平测、双孔斜测、双孔交叉斜测、双孔扇形扫描测（图 17-7-7）；也可采用钻孔与构件表面对测相结合法（图 17-7-8）。

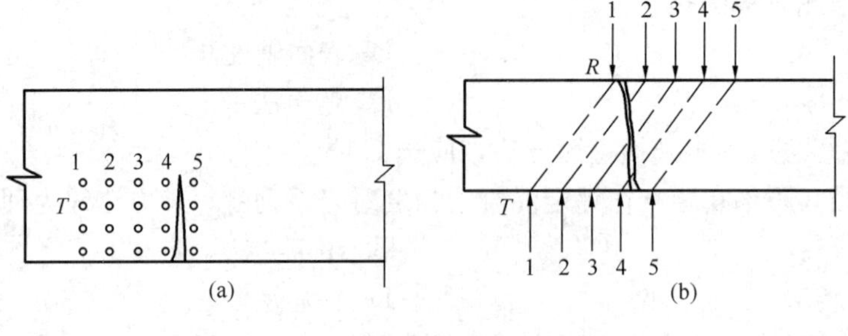

图 17-7-3　斜测法

此外，超声法还可用于混凝土结合面质量的检测，混凝土表面损伤层厚度的检测等。

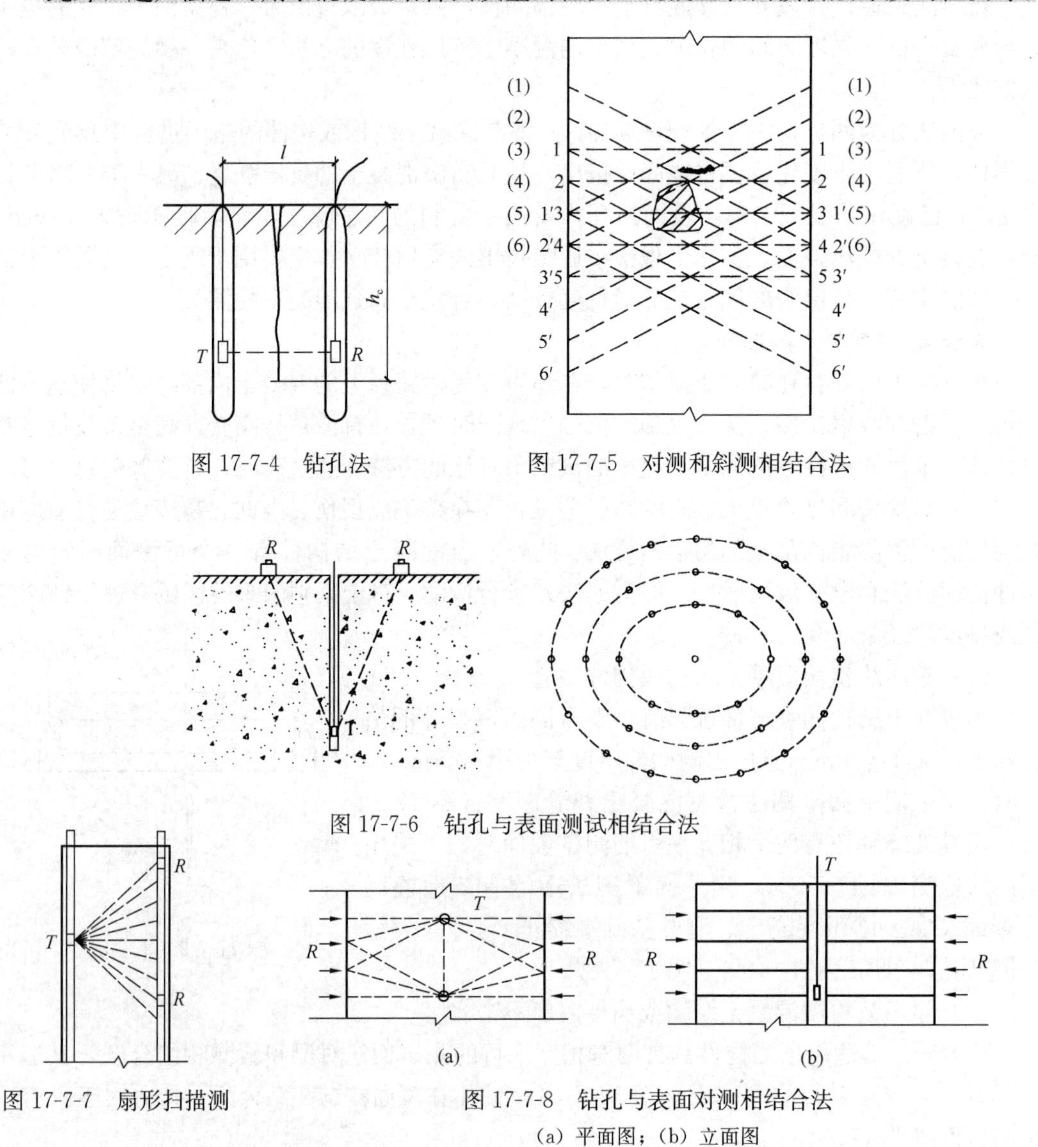

图 17-7-4　钻孔法

图 17-7-5　对测和斜测相结合法

图 17-7-6　钻孔与表面测试相结合法

图 17-7-7　扇形扫描测

图 17-7-8　钻孔与表面对测相结合法

(a) 平面图；(b) 立面图

【例 17-7-3】（历年真题）下列哪项不能用超声法进行检测？

A. 混凝土的裂缝　　B. 混凝土的强度

C. 钢筋的位置　　D. 混凝土的内部缺陷

【解答】超声波不能进行钢筋的位置检测，应选 C 项。

★★★3. 混凝土结构内部钢筋检测

（1）钢筋间距和混凝土保护层厚度的检测

利用电磁感应原理，电磁感应法钢筋探测仪可用于检测混凝土结构中钢筋的间距、混凝土保护层厚度。

雷达法是通过发射和接收到的毫微秒级电磁波来检测混凝土结构中钢筋间距、混凝土保护层厚度的方法。它适用于结构中钢筋间距和位置的大面积扫描检测，以及多层钢筋的扫描检测。该方法的仪器是雷达仪。

（2）钢筋直径的检测

根据《混凝土中钢筋检测技术标准》JGJ/T 152—2019 的规定，混凝土结构中钢筋直径（公称直径）的检测应采用取样称量法，即将混凝土剔凿后，截取部分钢筋，通过称量钢筋重量，得出钢筋直径的方法。

（3）钢筋锈蚀状况

混凝土中钢筋锈蚀状况采用半电池电位法，即通过检测钢筋表面上某一点的电位，并与铜-硫酸铜参考电极的电位作比较，以此来确定钢筋锈蚀性状的方法。该方法不适用于带涂层的钢筋，以及混凝土已饱水和接近饱水的结构构件中钢筋检测。该方法的仪器是半电池电位法钢筋锈蚀检测仪。

此外，当需要对混凝土中钢筋进行是否容易锈蚀（即耐久性）评估时，应用混凝土电阻率测试仪检测混凝土的电阻率。

【例 17-7-4】（历年真题）锈筋锈蚀的检测可采用下列哪一种方法？

A. 电位差法　　B. 电磁感应法

C. 声音发射法　　D. 射线法

【解答】钢筋锈蚀的检测可采用电位差法，应选 A 项。

★二、砌体结构和钢结构非破损检测技术

1. 砌体结构

砌体结构工程的现场检测方法，可按测试内容分为下列几类：

（1）检测砌体抗压强度可采用原位轴压法、扁顶法、切制抗压试件法。其中，原位轴压法和扁顶法属于原位检测（表 17-7-2），切制抗压试件法属于取样检测。

砌体抗压强度检测　　**表 17-7-2**

序号	检测方法	特　点	用　途	限制条件
1	原位轴压法	1. 直观性、可比性较强； 2. 设备较重； 3. 检测部位有较大局部破损	1. 检测普通砖和多孔砖砌体的抗压强度； 2. 火灾、环境侵蚀后的砌体剩余抗压强度	1. 槽间砌体每侧的墙体宽度不应小于 1.5m；测点宜选在墙体长度方向的中部； 2. 限用于 240mm 厚砖墙

续表

序号	检测方法	特　点	用　途	限制条件
2	扁顶法	1. 直观性、可比性较强； 2. 扁顶重复使用率较低； 3. 砌体强度较高或轴向变形较大时，难以测出抗压强度； 4. 设备较轻； 5. 检测部位有较大局部破损	1. 检测普通砖和多孔砖砌体的抗压强度； 2. 检测古建筑和重要建筑的受压工作应力； 3. 检测砌体弹性模量； 4. 火灾、环境侵蚀后的砌体剩余抗压强度	1. 槽部砌体每侧的墙体宽度不应小于 1.5m；测点宜选在墙体长度方向的中部； 2. 不适用于测试墙体破坏荷载大于 400kN 的墙体

(2) 检测砌体工作应力、弹性模量可采用扁顶法。

(3) 检测砌体抗剪强度可采用原位单剪法、原位双剪法。

(4) 检测砌筑砂浆强度可采用推出法、筒压法、砂浆片剪切法、砂浆回弹法、点荷法、砂浆片局压法。

(5) 检测砌筑块体抗压强度可采用烧结砖回弹法、取样法。

2. 钢结构

钢材强度可采用表面硬度法。对于既有钢结构，表面硬度法主要采用里氏硬度检测方法。

钢材和焊缝的表面质量的检测可采用磁粉检测、渗透检测。

钢材和焊缝的内部缺陷的检测可采用超声波检测；当不能采用超声波检测或对超声波检测结果有疑义时，可采用射线检测验证。

习　题

17-7-1 (历年真题) 采用超声波检测混凝土内部的缺陷，下面哪一项不适宜使用该方法检测?

A. 检测混凝土内部空洞和缺陷的范围　　B. 检测混凝土表面损伤厚度

C. 检测混凝土内部钢筋直径和位置　　D. 检测混凝土裂缝深度

17-7-2 用钻芯法检测混凝土强度，抗压芯样试件的高度与直径之比宜为：

A. 1　　B. 2

C. 2.5　　D. 3.5

17-7-3 用电磁感应法钢筋探测仪检测混凝土结构中的钢筋位置时，不能取得满意结果的情况是：

A. 配筋稀疏，且保护层较小

B. 钢筋布置在同一平面内，且间距较大

C. 钢筋直径较大

D. 钢筋布置在不同平面内，且间距较小

17-7-4 砌体工程现场检测时，可直接检测砌体的抗压强度的检测方法是：

A. 扁顶法　　B. 回弹法

C. 推出法　　D. 筒压法

17-7-5　用超声波法对钢结构进行检测时，主要用于：

A. 钢材强度检测　　B. 匀质性检测

C. 钢材锈蚀检测　　D. 内部缺陷检测

第十七章　习题解答

第十八章　土力学与地基基础

第一节　土的物理性质和工程分类

★一、土的生成和组成

1. 土的生成

土是原岩受到风化作用，经剥蚀、搬运、沉积而未固结成岩的松散沉积物。土按其成因类型分为：残积土 、坡积土、洪积土、冲积土、湖积土、沼泽土、风积土、冰积土、海积土，以及人工填土等。土具有三个重要特点：多相性、散体性和自然变异性。

2. 土的组成

土的组成包括构成骨架的固体颗粒、水和气体，通常称之为土的三相组成。

（1）土的固体颗粒

土的性质的影响因素主要取决于粒度成分和矿物成分。

1）粒度成分

在自然界中存在的土，都是由大小不同的土粒组成。土粒的粒径由粗到细逐渐变化时，土的性质相应地发生变化。土粒的大小称为粒度，通常以粒径表示。介于一定粒度范围内的土粒，称为粒组。各个粒组随着分界尺寸的不同而呈现出一定质的变化。划分粒组的分界尺寸称为界限粒径。根据《土的工程分类标准》GB/T 50145—2007 的规定，按界限粒径 200mm、60mm、2mm、0.075mm 和 0.005mm 把土粒分为六大粒组：漂石或块石颗粒、卵石或碎石颗粒、圆砾或角砾颗粒、砂粒、粉粒和黏粒。

土粒的大小及其组成情况，通常以土中各个粒组的相对含量（是指土样各粒组的质量占土粒总质量的百分数）来表示，称为土的粒度成分或颗粒级配。测定和定量描述土的颗粒组成情况可采用土的颗粒分析试验。颗分试验方法有筛分法和沉降分析法两种。对于粒径大于 0.075mm 的粗颗粒采用筛分法；对小于 0.075mm 的土粒采用沉降法。筛分法是用一套不同孔径的标准筛把各种粒组分离出来。沉降法的试验原理是依据土粒在静水中匀速下沉速度与粒径的理论关系，沉降法包括比重计法和移液管法两种。

根据颗粒分析结果，可在对数坐标纸上绘制如图 18-1-1 所示粒径级配累计曲线，纵坐标为小于某粒径土的百分含量，横坐标为土粒粒径。从累计级配曲线可以得到各粒组的相对含量；级配曲线的坡度可以判断土样中所含颗粒大小的均匀程度。如曲线较陡，表示颗粒粒径大小相差不多，即粒度较均匀，从级配意义上讲为级配不良；曲线平缓则表示土样中大小颗粒都有，粒度不均匀，级配良好。但若曲线中出现平坡段，表示可能缺失中间粒径，属不连续级配。由粒径累计曲线可得到如下两个描述土粒级配的定量指标：

不均匀系数
$$C_u=\frac{d_{50}}{d_{10}} \tag{18-1-1}$$

曲率系数
$$C_s=\frac{d_{30}^2}{d_{60}d_{10}} \tag{18-1-2}$$

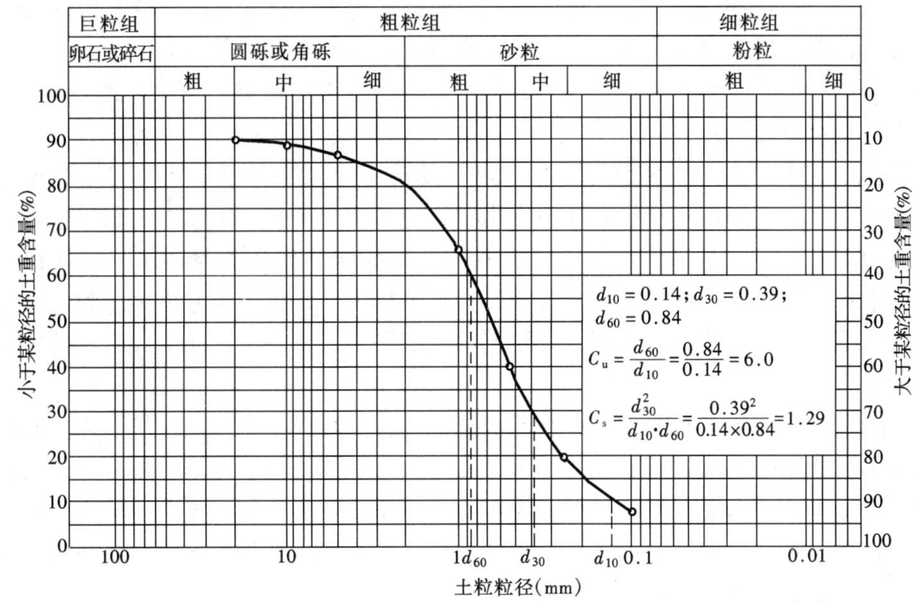

图 18-1-1　粒径累计曲线

式中，d_{10}、d_{30}、d_{60}分别相当于累计百分含量为10%、30%和60%的粒径，d_{10}称为有效粒径；d_{60}称为限制粒径。

不均匀系数C_u反映的是不同粒组的分布情况；曲率系数C_s是描述累计曲线整体形状的指标。$C_u<5$的土称为匀粒土，级配不良；C_u越大，曲线越平缓，土粒越不均匀，粒组分布范围比较广；但C_u过大，可能缺失中间粒径，属不连续级配，故需同时用曲率系数C_s来评价土的级配。工程实践中，当同时满足$C_u\geqslant5$和$C_s=1\sim3$时，土的级配良好。作为填方土粒，级配良好的不均匀土比较容易压实。

2）矿物成分

土中固体颗粒的矿物成分绝大部分是矿物质，同时，或多或少含有一些有机质，如图18-1-2所示 。

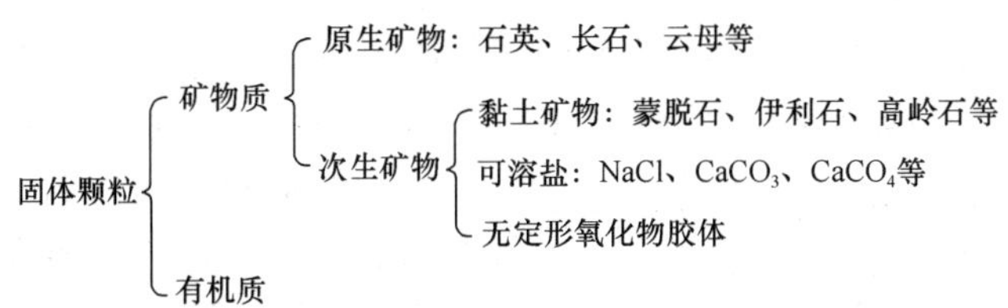

图 18-1-2　固体颗粒的成分

（2）土中水

土中水可分为结合水和自由水两大类。

受土颗粒电场引力作用的水称为结合水。结合水分为：

1）强结合水（也称吸着水）：它没有溶解能力，不能传递静水压力，其冰点低于0℃，密度要比自由水大，具有蠕变性。当温度高于100℃时，它才会蒸发。

2）弱结合水（也称薄膜水）：它也不能传递静水压力，但较厚的结合水能向邻近较薄的水膜缓慢转移。当土中含有较多的弱结合水时，土则具有一定的可塑性。

不受土颗粒电场引力作用的水称为自由水。自由水能传递静水压力，冰点为0℃，有溶解能力，它可以分为：

1）重力水：重力水是存在于地下水位以下的透水土层中的地下水，它是在重力或水头压力作用下自由运动，对土粒有浮力作用。重力水对土中的应力状态有很重要的影响。

2）毛细水：毛细水是受到水与空气交界面上表面张力作用的自由水。它存在于潜水位以上的透水土层中。毛细弯液面张力的反作用力称为毛细压力，它能使土粒之间的有效应力增加。毛细水上升的高度和速度对建筑物底层防潮、路基的冻胀等具有重要影响。

（3）土中气

土中的气体存在于土孔隙中未被水所占据的部位。粗粒土中，土中气与大气相通，它对土的力学性质影响不大；细粒土中，常存在与大气隔绝的封闭气泡，使土在外力作用下的弹性变形增加、透水性减小；淤泥、泥炭等有机土中，常积聚一定数量的沼气，使土层在自重下长期得不到压密，而形成高压缩性土层。此外，土孔隙中充满水而不含气体的土称为饱和土，而含气体的土称为非饱和土。

3. 土的结构和构造

土的组成成分不是决定土性质的全部因素，土的结构和构造对土的性质也有很大影响。

土的结构是指土粒的原位集合体特征，是由土粒单元的大小、矿物成分、形状、相互排列及其联结关系，土中水性质及孔隙特征等因素形成的综合特征。它可分为：①单粒结构，如砂土、碎石土；②蜂窝结构，如粉粒；③絮状结构，如细小的黏粒、胶粒。

土的构造是指同一土层中的物质成分和颗粒大小等都相近的各部分之间的相互关系的特征，表征了土层的层理、裂隙及大孔隙等宏观特征。它的特征可分为：①层理构造（水平层理、交错层理），也是最主要特征；②裂隙性，如黄土、膨胀土；③孔洞。土的构造特征造成土的不均匀性。

★★★二、土的物理性质

1. 土的三相比例指标

表示土的三相比例关系的指标称为土的三相比例指标，包括土粒相对密度、土的含水率、密度、孔隙比、孔隙率和饱和度等。如图18-1-3所示，为土的三相比例关系图。

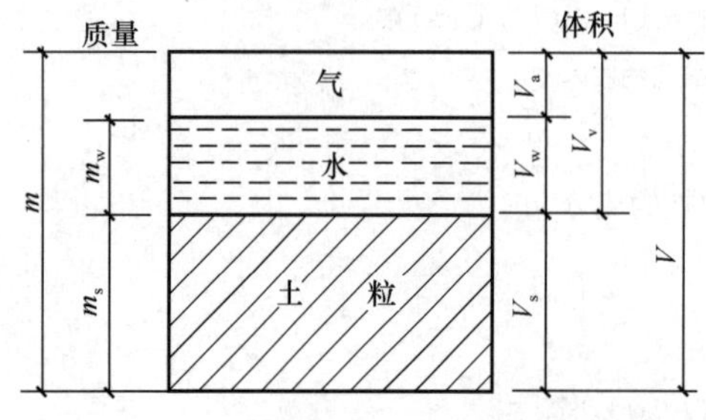

图18-1-3　土的三相比例关系图

三个基本的三相比例指标是指土粒相对密度 d_s、土的含水率 w 和密度 ρ，一般由实验室直接测定其数值。

（1）土粒相对密度 d_s

土粒质量与同体积的4℃时纯水的质量之比称为土粒相对密度 d_s，无量纲，即：

$$d_s = \frac{m_s}{V_s \rho_{w1}} = \frac{\rho_s}{\rho_{w1}} \tag{18-1-3}$$

式中，m_s 为土粒质量（g）；V_s 为土粒体积（cm^3）；ρ_s 为土粒密度（g/cm^3），即土粒单位体积的质量；ρ_{w1} 为纯水在4℃时的密度，等于 $1g/cm^3$。

一般情况下，土粒相对密度在数值上就等于土粒密度，但两者的含义不同，前者是两种物质的质量密度之比，无量纲；而后者是土粒的质量密度，有单位。土粒相对密度决定于土的矿物成分，一般无机矿物颗粒的相对密度为 2.6～2.8；有机质为 2.4～2.5；泥炭为 1.5～1.8。土粒相对密度可在实验室内用比重瓶法测定。

（2）土的含水率 w

土中水的质量（m_w）与土粒质量之比称为土的含水率 w，以百分数计，即：

$$w=\frac{m_w}{m_s}\times 100\% \tag{18-1-4}$$

坚硬黏性土的含水率可小于 30%，饱和砂土的含水率可达 40%，饱和软黏土（如淤泥）可达 60%或更大。一般地，同一类土（尤其是细粒土），当其含水率增大时，其强度就降低。土的含水率一般用烘干法测定。

（3）土的（湿）密度 ρ

土单位体积的质量称为土的（湿）密度 ρ，单位为 g/cm^3，即：

$$\rho=\frac{m}{V} \tag{18-1-5}$$

天然状态下土的密度变化范围较大，黏性土 ρ=1.8～2.0g/cm^3；砂土 ρ=1.6～2.0g/cm^3。土的密度一般用环刀法测定。

（4）土的干密度 ρ_d

土单位体积中固体颗粒部分的质量称为土的干密度 ρ_d，单位为 g/cm^3，即：

$$\rho_d=\frac{m_s}{V} \tag{18-1-6}$$

（5）饱和密度 ρ_{sat}

土孔隙中充满水时的单位体积质量称为土的饱和密度 ρ_{sat}，单位为 g/cm^3，即：

$$\rho_{sat}=\frac{m_s+V_s\rho_w}{V} \tag{18-1-7}$$

式中，ρ_w 为水的密度，近似取为 1g/cm^3。

（6）土的浮密度 ρ'

在地下水位以下，土单位体积中土粒的质量与同体积水的质量之差称为土的浮密度 ρ'，单位为 g/cm^3，即：

$$\rho'=\frac{m_s-V_s\rho_w}{V} \tag{18-1-8}$$

在土的三相比例指标中，土的质量密度指标有：土的（湿）密度 ρ、干密度 ρ_d、饱和密度 ρ_{sat} 和浮密度 ρ'。与之对应，土单位体积的重力（即土的密度与重力加速度的乘积）称为土的重力密度，简称重度 γ，单位为 kN/m^3。有关重度的指标有：土的（湿）重度 γ、干重度 γ_d、饱和重度 γ_{sat} 和浮重度（亦称有效重度）γ'，可分别按下列对应公式计算：$\gamma=\rho g$、$\gamma_d=\rho_d g$、$\gamma_{sat}=\rho_{sat}g$、$\gamma'=\rho' g$，式中 $g=9.81\text{m/s}^2$ 为重力加速度，可近似取 10.0m/s^2。在国际单位体系中，质量密度的单位是 kg/m^3，重度的单位是 N/m^3，但在我国工程实践中，两者分别取 g/cm^3 或 kN/m^3。

（7）土的孔隙比 e

土的孔隙比是土中孔隙体积与土粒体积之比，用小数表示，即：

$$e=\frac{V_v}{V_s} \tag{18-1-9}$$

孔隙比是一个重要的物理性指标，可以用来评价天然土层的密实程度。一般 $e<0.6$ 的土是密实的低压缩性土，$e>1.0$ 的土是疏松的高压缩性土。

(8) 土的孔隙率 n

土的孔隙率是土中孔隙所占体积与土总体积之比，以百分数计，即：

$$h=\frac{V_v}{V}\times 100\% \tag{18-1-10}$$

(9) 土的饱和度 S_r

土中水体积与土中孔隙体积之比称为土的饱和度，以百分数计，即：

$$S_r=\frac{V_w}{V_v}\times 100\% \tag{18-1-11}$$

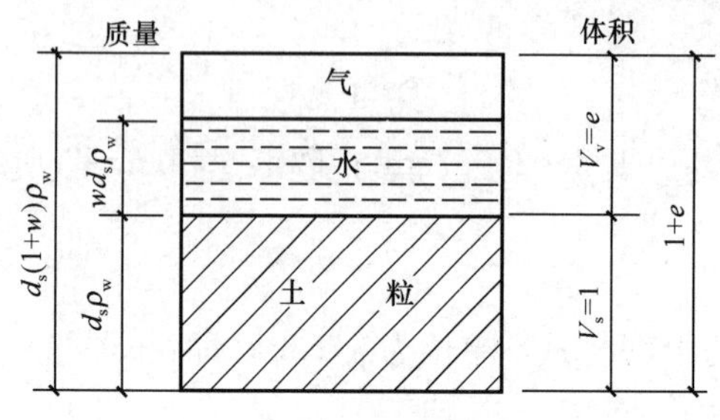

图 18-1-4 土的三相比例指标换算图

砂土的湿度通常根据饱和度 S_r 可分为三种状态：稍湿 $S_r\leqslant 50\%$；很湿 $50\%<S_r\leqslant 80\%$；饱和 $S_r>80\%$。

通过土工试验直接测定土粒相对密度 d_s、含水率 w 和密度 ρ 这三个基本指标后，可计算出其余三相比例指标，又称三相比例换算指标。土的三相比例指标换算图，如图 18-1-4 所示，进行各指标间相互关系的推导。常见的土的三相比例指标换算公式见表 18-1-1。取水的重度 $\gamma_w=10\text{kN/m}^3$。

土的三相比例指标换算公式 **表 18-1-1**

名 称	符号	三相比例表达式	常用换算公式	常见的数值范围
土粒相对密度	d_s	$d_s=\frac{m_s}{V_s\rho_{w1}}$	$d_s=\frac{S_r e}{w}$	黏性土：2.72～2.75 粉土：2.70～2.71 砂土：2.65～2.69
含水率	w	$w=\frac{m_w}{m_s}\times 100\%$	$w=\frac{S_r e}{d_s}$ $w=\frac{\rho}{\rho_d}-1$	20%～60%
密度	ρ	$\rho=\frac{m}{V}$	$\rho=\rho_d(1+w)$ $\rho=\frac{d_s(1+w)}{1+e}\rho_w$	1.6～2.0g/cm³
干密度	ρ_d	$\rho_d=\frac{m_s}{V}$	$\rho_d=\frac{\rho}{1+w}$ $\rho_d=\frac{d_s}{1+e}\rho_w$	1.3～1.8g/cm³
饱和密度	ρ_{sat}	$\rho_{sat}=\frac{m_s+V_v\rho_w}{V}$	$\rho_{sat}=\frac{d_s+e}{1+e}\rho_w$	1.8～2.3g/cm³

续表

名 称	符号	三相比例表达式	常用换算公式	常见的数值范围
浮密度	ρ'	$\rho' = \dfrac{m_s - V_s\rho_w}{V}$	$\rho' = \rho_{sat} - \rho_w$ $\rho' = \dfrac{d_s - 1}{1+e}\rho_w$	$0.8 \sim 1.3 g/cm^3$
重度	γ	$\gamma = \rho g$	$\gamma = \gamma_d(1+w)$ $\gamma = \dfrac{d_s(1+w)}{1+e}\gamma_w$	$16 \sim 20 kN/m^3$
干重度	γ_d	$\gamma_d = \rho_d g$	$\gamma_d = \dfrac{\gamma}{1+w}$ $\gamma_d = \dfrac{d_s}{1+e}\gamma_w$	$13 \sim 18 kN/m^3$
饱和重度	γ_{sat}	$\gamma_{sat} = \dfrac{m_s + V_v\rho_w}{V}g$	$\gamma_{sat} = \dfrac{d_s + e}{1+e}\gamma_w$	$18 \sim 23 kN/m^3$
浮重度（有效重度）	γ'	$\gamma' = \rho' g$	$\gamma' = \gamma_{sat} - \gamma_w$ $\gamma' = \dfrac{d_s - 1}{1+e}\gamma_w$	$8 \sim 13 kN/m^3$
孔隙比	e	$e = \dfrac{V_v}{V_s}$	$e = \dfrac{wd_s}{S_r}$ $e = \dfrac{d_s(1+w)\rho_w}{\rho} - 1$	黏性土和粉土：0.40～1.20 砂土：0.30～0.90
孔隙率	n	$n = \dfrac{V_v}{V} \times 100\%$	$n = \dfrac{e}{1+e}$ $n = 1 - \dfrac{\rho_d}{d_s\rho_w}$	黏性土和粉土：30%～60% 砂土：25%～45%
饱和度	S_r	$S_r = \dfrac{V_w}{V_v} \times 100\%$	$S_r = \dfrac{wd_s}{e}$ $S_r = \dfrac{w\rho_d}{n\rho_w}$	$0 \leqslant S_r \leqslant 50\%$ 稍湿 $50\% < S_r \leqslant 80\%$ 很湿 $80\% < S_r \leqslant 100\%$ 饱和

【例 18-1-1】（历年真题）土的孔隙比为 47.71%，则用百分比表示的该土体的孔隙率为：

A. 109.60%　　B. 91.24%　　C. 67.70%　　D. 32.30%

【解答】

$$n = \frac{e}{1+e} = \frac{47.71\%}{1+47.71\%} = 32.3\%$$

应选 D 项。

【例 18-1-2】（历年真题）某饱和土体，土粒相对密度 $d_s = 2.70$，含水率 $w = 30\%$，则其干密度为：

A. $1.49g/cm^3$　　B. $1.94g/cm^3$　　C. $1.81g/cm^3$　　D. $0.81g/cm^3$

【解答】

$$e = \frac{wd_s}{S_r} = \frac{30\% \times 2.70}{1} = 0.81$$

$$\rho_d = \frac{d_s}{1+e}\rho_w = \frac{2.70}{1+0.81} \times 1 = 1.49g/cm^3$$

应选 A 项。

【例 18-1-3】（历年真题）下列表示土的饱和度的表述中，哪项是正确的？

A. 土中水的质量与土粒质量之比

B. 土中水的质量与土的质量之比

C. 土中水的体积与孔隙体积之比

D. 土中水的质量与土粒质量加水的质量的和之比

【解答】土的饱和度是指土中水的体积与孔隙体积之比，应选 C 项。

2. 黏性土的物理状态指标

(1) 界限含水率

界限含水率是指黏性土从一种状态转入另一种状态的分界含水率。黏性土由一种状态转到另一种状态的界限含水率，总称为阿太堡界限。

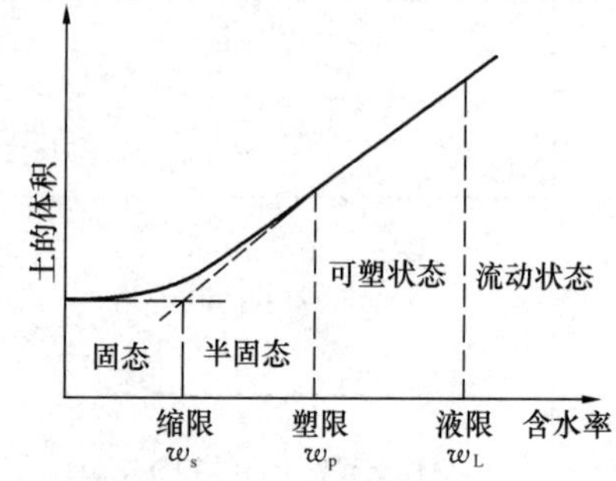

图 18-1-5 黏性土的状态与界限含水率

如图 18-1-5 所示，黏性土物理状态土由可塑状态转到流动状态的界限含水率，称为液限，用符号 w_L 表示；土由可塑状态转为半固态的界限含水率，称为塑限，用符号 w_p 表示；土由半固态不断蒸发水分，则体积继续逐渐缩小，直到体积不再收缩时，对应土的界限含水率叫缩限，用符号 w_s 表示。

液限 w_L 采用锥式液限仪测定，当重 76g 平衡锥（锥角 30°）自由沉入土膏 10mm 时的含水率称为液限。塑限采用搓条法测定，当土条搓至 3mm 时刚好断裂成若干段，这时的含水率称为塑限。

当黏性土土粒之间只有强结合水时，土表现为固态或半固态，当土粒之间有强结合水、弱结合水时，土表现为可塑状态；当土粒之间有结合水和自由水时，土表现为流动状态。

(2) 塑性指数

土的塑性指数是指液限和塑限的差值（省去%符号），即土处在可塑状态的含水率变化范围，用符号 I_p 表示，即：

$$I_p = w_L - w_p \tag{18-1-12}$$

塑性指数的大小综合反映了黏粒含量及其矿物成分与水相互作用的能力。因此，工程上按塑性指数对黏性土进行分类，见本节后面内容。

(3) 液性指数

土的液性指数是指黏性土的天然含水率和塑限的差值与塑性指数之比，用符号 I_L 表示，即：

$$I_L = \frac{w - w_p}{w_L - w_p} = \frac{w - w_p}{I_p} \tag{18-1-13}$$

液性指数 I_L 主要用于表征天然沉积黏性土的物理状态。按液性指数 I_L 划分黏性土的状态，见表 18-1-2。

按液性指数划分黏性土的状态 **表 18-1-2**

状态	坚硬	硬塑	可塑	软塑	流塑
液性指数	$I_L \leqslant 0$	$0 < I_L \leqslant 0.25$	$0.25 < I_L \leqslant 0.75$	$0.75 < I_L \leqslant 1.0$	$I_L > 1.0$

【例 18-1-4】（历年真题）黏性土处于什么状态时，含水率减小，土体积不再发生变化？

A. 固体　　B. 可塑　　C. 流动　　D. 半固体

【解答】黏性土处于固体时，含水率减小，土体积不再发生变化，应选 A 项。

【例 18-1-5】（历年真题）某土样液限 $w_L=24.3\%$，塑限 $w_p=15.4\%$，含水率 $w=20.7\%$，可以得到其塑性指数 I_p 为：

A. $I_p=0.089$　　B. $I_p=8.9$　　C. $I_p=0.053$　　D. $I_p=5.3$

【解答】

$$I_p=w_L-w_p=24.3-15.4=8.9$$

应选 B 项。

【例 18-1-6】（历年真题）某土样液限 $w_L=25.8\%$，塑性 $w_p=16.1\%$，含水率（含水量）$w=13.9\%$，可以得到其液性指数 I_L 为：

A. $I_L=0.097$　　B. $I_L=1.23$　　C. $I_L=0.23$　　D. $I_L=-0.23$

【解答】

$$I_L=\frac{w-w_p}{w_L-w_p}=\frac{13.9\%-16.1\%}{25.8\%-16.1\%}=-0.23$$

应选 D 项。

（4）黏性土的灵敏度和触变性

1）灵敏度

天然状态下的黏性土通常都具有一定的结构性，当受到外来因素的扰动时，土的强度降低和压缩性增大。土的结构性对强度的这种影响，一般用灵敏度 S_t 来衡量。土的灵敏度是以原状土的强度与该土经过重塑（土的结构性彻底破坏）后的强度之比来表示。对于饱和黏性土的灵敏度 S_t 可按下式计算：

$$S_t=\frac{q_u}{q_u'} \tag{18-1-14}$$

式中，q_u 为原状试样的无侧限抗压强度（kPa）；q_u' 为重塑试样的无侧限抗压强度（kPa）。

黏性土的结构性分类见表 18-1-3。

黏性土的结构性分类　　**表 18-1-3**

结构性分类	低灵敏	中灵敏	高灵敏	极高灵敏	流性
S_t	$1<S_t\leqslant2$	$2<S_t\leqslant4$	$4<S_t\leqslant8$	$8<S_t\leqslant16$	$S_t>16$

土的灵敏度越高，其结构性越强，受扰动后土的强度降低就越多。因此，在基础施工中应注意保护基坑或基槽，尽量减少对坑（槽）底土的结构扰动。

2）触变性

黏性土的结构受到扰动，导致土的强度降低，但当扰动停止后，土的强度又随时间而逐渐部分恢复。这种强度随时间部分恢复的胶体化学性质称为土的触变性。例如：在黏性土中打桩时，当基桩施工完成后经过适当休止期，才能进行单桩承载力检测，就是考虑了土的强度可随时间部分恢复，基桩承载力逐渐提高，即利用了土的触变性机理。

【例 18-1-7】（历年真题）关于土的灵敏度，下面说法正确的是：

A. 灵敏度越大，表明土的结构性越强　　B. 灵敏度越小，表明土的结构性越强
C. 灵敏度越大，表明土的强度越高　　D. 灵敏度越小，表明土的强度越高

【解答】土的灵敏度越大，则结构性越强、受扰动后的土强度降低越多，应选 A 项。

3. 无黏性土的物理状态指标

无黏性土一般是指碎石（类）土和砂（类）土。无黏性土的物理性质主要决定于土的密实度状态，土的湿度状态仅对细砂、粉砂有影响。无黏性土呈密实状态时，强度较大，是良好的天然地基；呈稍密、松散状态时则是一种软弱地基，尤其是饱和的粉砂、细砂在振动荷载作用下易发生液化失稳现象。

（1）砂土

砂土的相对密实度 D_r 为：

$$D_r = \frac{e_{max} - e}{e_{max} - e_{min}} \tag{18-1-15}$$

式中，e_{max}为砂土在最松散状态时的孔隙比，即最大孔隙比；e_{min}为砂土在最密实状态时的孔隙比，即最小孔隙比；e 为砂土在天然状态时的孔隙比。

当 $D_r=0$ 时，表示砂土处于最松散状态；当 $D_r=1$ 时，表示砂土处于最密实状态。

在工程实践中，采用标准贯入锤击数 N 来划分密实度（表 18-1-4）。标准贯入试验是用锤重 63.5kg 和落距 76cm 把标准贯入器打入土中，记录每贯入 30cm 所需的锤击数 N 的一种原位测试方法。可见，锤击数 N 越大，土越密实。

按标准贯入击数 N 划分砂土密实度　　表 18-1-4

密实度	密实	中密	稍密	松散
标贯击数 N	$N>30$	$30\geqslant N>15$	$15\geqslant N>10$	$N\leqslant 10$

（2）碎石土

碎石土的密实度可按重型圆锥动力触探试验的锤击数 $N_{63.5}$划分，见表 18-1-5。

按重型圆锥动力触探锤击数 $N_{63.5}$ 划分碎石土密实度　　表 18-1-5

密度度	密实	中密	稍密	松散
$N_{63.5}$	$N_{63.5}>20$	$20\geqslant N_{63.5}>10$	$10\geqslant N_{63.5}>5$	$N_{63.5}\leqslant 5$

注：本表适用于平均粒径小于等于 50mm 且最大粒径不超过 100mm 的卵石、碎石、圆砾、角砾。

4. 土的压实性

在压实功作用下，土颗粒重新排列，粗颗粒之间的孔隙可以被细颗粒充填，从而可以达到较高的密实度和强度。当压实功一定时，土的压实效果主要取决于颗粒级配和含水量。级配好的土，容易被压实；含水率对压实的影响表现在土中未出现自由水之前，含水率增加产生润滑作用促使颗粒移动，当孔隙中出现自由水时又会阻止土的压实。

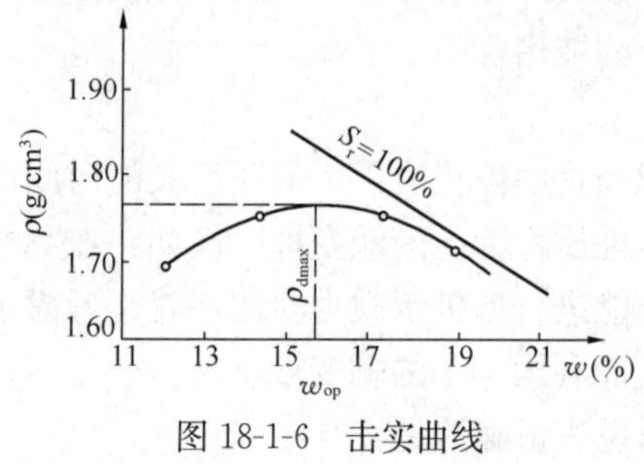

图 18-1-6　击实曲线

土的压实性可以通过室内击实试验得到。在击实试验条件下，不同含水率的土样得到不同的压实效果。多次试验结果绘制成 ρ_d-w 压实曲线如

图 18-1-6 所示，峰值所对应的称为最大干密度 ρ_{dmax} 和最佳（最优）含水率 w_{op}。最佳含水率 w_{op} 表示在这一含水率下，以这种压实方法（即相同压实功），能够得到最大干密度 ρ_{dmax}。

在工程实践中，常用最佳含水率来控制填土的施工；采用压实系数 λ_c 控制施工质量。填土的实际（现场）控制干密度 ρ_d 与室内试验最大干密度 ρ_{dmax} 之比，称为压实系数 λ_c（$\lambda_c = \rho_d / \rho_{dmax}$）。显然，$\lambda_c$ 越接近 1，填土施工的质量越好。

【例 18-1-8】（历年真题）对细颗粒土，要求在最优含水率时压实，主要考虑的是：

A. 在最优含水率时压实，能够压实得更均匀

B. 在最优含水率时压实，在相同压实功下，能够得到最大的饱和度

C. 在最优含水率时压实，在相同压实功下，能够得到最大的干密度

D. 偏离最优含水率，容易破坏土的结构

【解答】在最优含水率时压实，在相同压实功下，能够得到最大的干密度，应选 C 项。

5. 土的渗透性

土体孔隙中自由水在水力梯度作用下产生的流动称为渗流。水在土中渗流的规律常可用达西定律来描述，如图 18-1-7 所示，水从 a 点向 b 点流动，单位时间内流过与水流方向垂直的截面面积 A 的流量 Q 及流速 v 分别可表示为：

$$Q = kAi \tag{18-1-16}$$

$$v = ki \tag{18-1-17}$$

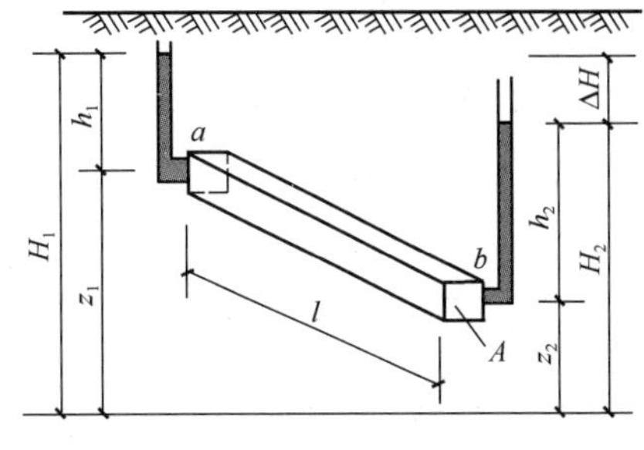

图 18-1-7　水在土中渗流

式中，Q 为流量（cm^3/s 或 m^3/d）；v 为流速（cm/s 或 m/d）；i 为水力梯度，即 a、b 两点间水头差与流径长度 l 之比，$i = \dfrac{H_1 - H_2}{l}$；k 为渗透系数（cm/s 或 m/d）；A 为通过的面积（cm^2 或 m^2）。

影响土的渗透性的因素很多，主要有土的粒度成分和矿物成分、土的结构构造和土中气体等，它们集中反映在土的渗透系数数值大小上。

水在土中渗流时会受到土颗粒的阻力，水流也必然有一个相等的反作用力作用在土颗粒上，这就是所谓渗流力（习惯称为动水压力）。渗流力是体积力，方向与水流方向一致，其数值与水力梯度成正比，它作用在土的颗粒上。渗流力 J 按下式计算：

$$J = \gamma_w i \tag{18-1-18}$$

水自下向上渗流时，当渗流力等于上覆土的有效重度 γ' 时，土将变成流动的状况，土颗粒随着水流移动而失去稳定，称为流砂（或称为流土）。这时候的水力梯度定义为临界梯度 i_{cr}，即：

$$\gamma_w i_{cr} = \gamma',\ i_{cr} = \frac{\gamma'}{\gamma_w} \tag{18-1-19}$$

【例 18-1-9】（历年真题）与地基的临界水力梯度有关的因素为：

A. 有效重度　　B. 抗剪强度　　C. 渗透系数　　D. 剪切刚度

【解答】与地基的临界水力梯度有关的是有效重度 γ'，应选 A 项。

★三、土的工程分类

1. 建筑地基土的分类

《建筑地基基础设计规范》GB 50007—2011（以下简称《建筑地基规范》）规定：

4.1.1 作为建筑地基的岩土，可分为岩石、碎石土、砂土、粉土、黏性土和人工填土。

4.1.2 作为建筑地基的岩石，除应确定岩石的地质名称外，尚应按本规范第 4.1.3 条划分岩石的坚硬程度，按本规范第 4.1.4 条划分岩体的完整程度。岩石的风化程度可分为未风化、微风化、中等风化、强风化和全风化。

4.1.3 岩石的坚硬程度应根据岩块的饱和单轴抗压强度 f_{rk} 按表 4.1.3 分为坚硬岩、较硬岩、较软岩、软岩和极软岩。

岩石坚硬程度的划分　　表 4.1.3

坚硬程度类别	坚硬岩	较硬岩	较软岩	软岩	极软岩
饱和单轴抗压强度标准值 f_{rk}(MPa)	$f_{rk}>60$	$60\geqslant f_{rk}>30$	$30\geqslant f_{rk}>15$	$15\geqslant f_{rk}>5$	$f_{rk}\leqslant 5$

4.1.4 岩体完整程度应按表 4.1.4 划分为完整、较完整、较破碎、破碎和极破碎。

岩体完整程度划分　　表 4.1.4

完整程度等级	完整	较完整	较破碎	破碎	极破碎
完整性指数	>0.75	0.75～0.55	0.55～0.35	0.35～0.15	<0.15

注：完整性指数为岩体纵波波速与岩块纵波波速之比的平方。选定岩体、岩块测定波速时应有代表性。

4.1.5 碎石土为粒径大于 2mm 的颗粒含量超过全重 50%的土。碎石土可按表 4.1.5 分为漂石、块石、卵石、碎石、圆砾和角砾。

碎石土的分类　　表 4.1.5

土的名称	颗粒形状	粒组含量
漂石块石	圆形及亚圆形为主棱角形为主	粒径大于 200mm 的颗粒含量超过全重 50%
卵石碎石	圆形及亚圆形为主棱角形为主	粒径大于 20mm 的颗粒含量超过全重 50%
圆砾角砾	圆形及亚圆形为主棱角形为主	粒径大于 2mm 的颗粒含量超过全重 50%

注：分类时应根据粒组含量栏从上到下以最先符合者确定。

4.1.7 砂土为粒径大于 2mm 的颗粒含量不超过全重 50%、粒径大于 0.075mm 的颗粒超过全重 50%的土。砂土可按表 4.1.7 分为砾砂、粗砂、中砂、细砂和粉砂。

砂土的分类　　表 4.1.7

土的名称	粒组含量
砾砂	粒径大于 2mm 的颗粒含量占全重 25%～50%
粗砂	粒径大于 0.5mm 的颗粒含量超过全重 50%
中砂	粒径大于 0.25mm 的颗粒含量超过全重 50%
细砂	粒径大于 0.075mm 的颗粒含量超过全重 85%
粉砂	粒径大于 0.075mm 的颗粒含量超过全重 50%

注：分类时应根据粒组含量栏从上到下以最先符合者确定。

4.1.9　黏性土为塑性指数 I_p 大于 10 的土，可按表 4.1.9 分为黏土、粉质黏土。

黏性土的分类　　　　**表 4.1.9**

塑性指数 I_p	土的名称
$I_p>17$	黏土
$10<I_p\leqslant17$	粉质黏土

注：塑性指数由相应于 76g 圆锥体沉入土样中深度为 10mm 时测定的液限计算而得。

4.1.11　粉土为介于砂土与黏性土之间，塑性指数 I_p 小于或等于 10 且粒径大于 0.075mm 的颗粒含量不超过全重 50%的土。

4.1.14　人工填土根据其组成和成因，可分为素填土、压实填土、杂填土、冲填土。素填土为由碎石土、砂土、粉土、黏性土等组成的填土。经过压实或夯实的素填土为压实填土。杂填土为含有建筑垃圾、工业废料、生活垃圾等杂物的填土。冲填土为由水力冲填泥砂形成的填土。

【例 18-1-10】（历年真题）关于土的塑性指数，下面说法正确的是：

A. 可以作为黏性土工程分类的依据之一

B. 可以作为砂土工程分类的依据之一

C. 可以反映黏性土的软硬情况

D. 可以反映砂土的软硬情况

【解答】土的塑性指数 I_p 可以作为黏性土工程分类的依据之一，应选 A 项。

2. 特殊土性土的分类

《建筑地基规范》规定：

4.1.12　淤泥为在静水或缓慢的流水环境中沉积，并经生物化学作用形成，其天然含水量大于液限、天然孔隙比大于或等于 1.5 的黏性土。当天然含水量大于液限而天然孔隙比小于 1.5 但大于或等于 1.0 的黏性土或粉土为淤泥质土。含有大量未分解的腐殖质，有机质含量大于 60%的土为泥炭，有机质含量大于或等于 10%且小于或等于 60%的土为泥炭质土。

4.1.13　红黏土为碳酸盐岩系的岩石经红土化作用形成的高塑性黏土。其液限一般大于 50%。红黏土经再搬运后仍保留其基本特征，其液限大于 45%的土为次生红黏土。

4.1.15　膨胀土为土中黏粒成分主要由亲水性矿物组成，同时具有显著的吸水膨胀和失水收缩特性，其自由膨胀率大于或等于 40%的黏性土。

4.1.16　湿陷性土为在一定压力下浸水后产生附加沉降，其湿陷系数大于或等于 0.015 的土。

习　题

18-1-1　（历年真题）土体的孔隙率为 47.71%，用百分比表示的该土体的孔隙比为：

A. 91.24　　B. 109.60　　C. 47.71　　D. 52.29

18-1-2　（历年真题）某饱和土样的天然含水率 $w=20\%$，土粒相对密度 $d_s=2.75$，该土样的孔隙比为：

A. 0.44　　B. 0.55　　C. 0.62　　D. 0.71

18-1-3 （历年真题）某饱和土体，土粒相对密度 $d_s=2.70$，含水率（含水量）$w=30\%$，取水的重度 $\gamma_w=10\text{kN}/^3$，则该土的饱和重度为：

A. 19.4kN/m^3　　B. 20.2kN/m^3　　C. 28.8kN/m^3　　D. 21.2kN/m^3

18-1-4 （历年真题）计算砂土相对密度 D_r 的公式是：

A. $D_r=\dfrac{e_{\max}-e}{e_{\max}-e_{\min}}$　　B. $D_r=\dfrac{e-e_{\min}}{e_{\max}-e_{\min}}$　　C. $D_r=\dfrac{\rho_{\text{dmax}}}{\rho_d}$　　D. $D_r=\dfrac{\rho_d}{\rho_{\text{dmax}}}$

18-1-5 （历年真题）土的三相物理性质指标中可以借助三个基本量测指标导出的指标是：

A. 含水率　　B. 土粒相对密度　　C. 重度　　D. 孔隙比

第二节　土　中　应　力

对建筑地基进行承载力、变形和稳定性计算，均会用到土（地基土）的应力大小和分布。

★★★一、土中自重应力

假设天然地面是半空间（半无限体）表面的一个无限大的水平面，因而在任意竖直面和水平面上均无剪应力存在。如图 18-2-1 所示，如果天然地面下土质均匀，土的天然重度为 $\gamma(\text{kN/m}^3)$，在天然地面下任意深度 $z(\text{m})$ 处 a-a 水平面上任意点的竖向自重应力 σ_{cz}(kPa)，可取作用于该水平面任一单位面积上的土柱体自重 $\gamma z\times1$，计算如下：

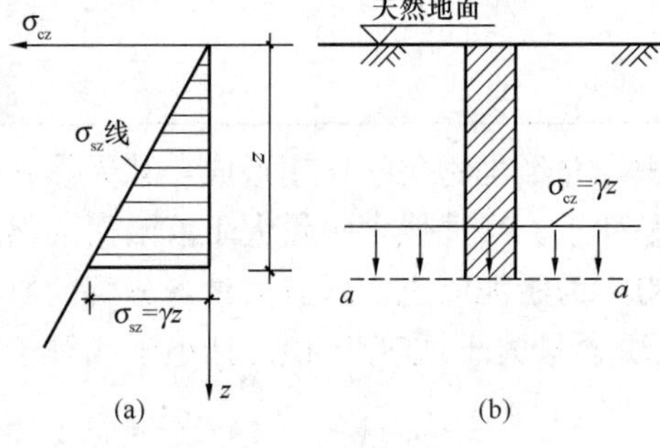

图 18-2-1　均质土中竖向自重应力

(a) 沿深度的分布；(b) 任意水平面上的分布

$$\sigma_{cz}=\gamma z \tag{18-2-1}$$

地基土中除有作用水平面的竖向自重应力 σ_{cz} 外，还有作用于竖直面的侧向（水平向）自重应力 σ_{cz} 和 σ_{cy}。土中任意点的侧向自重应力与竖向自重应力成正比关系，而剪应力 τ 均为零，即：

$$\sigma_{cx}=\sigma_{cy}=K_0\sigma_{cz} \tag{18-2-2}$$

式中，K_0 称为土的侧压力系数。

只有通过土粒接触点传递的粒间应力才能使土粒彼此挤紧，产生土体的体积变形，而且粒间应力又是影响土体强度的一个重要因素，故粒间应力又称为有效应力。因此，当计算点在地下水位以下时，由于水对土体有浮力作用，水下部分土柱体自重必须扣去浮力，应采用土的浮重度 γ' 替代（湿）重度 γ 计算。

如图 18-2-2 所示，成层土中自重应力如下：

$$\sigma_{cz}=\sum_{i=1}^{n}\gamma_i h_i \tag{18-2-3}$$

式中，σ_{cz} 为天然地面下任意深度 z 处的竖向有效自重应力（kPa）；n 为深度 z 范围内的土层总数；h_i 为第 i 层土的厚度（m）；γ_i 为第 i 层土的天然重度（kN/m^3），对地下水位以

下的土层取浮重度 γ_i'。

在地下水位以下，当埋藏有不透水层(例如只含结合水的坚硬黏土层)，由于不透水层中不存在水的浮力，所以不透水层顶面的自重应力值及屋面以下的自重应力应按上覆土层的水土总重计算。

地下水位升降，使地基土中自重应力也相应发生变化。图 18-2-3（a）为地下水位下降的情况，如软土地区抽取大量地下水，使地基中有效自重应力增加，从而导致地面大面积沉降。图 18-2-3（b）为地下水位长期上升的情况，水位上升会引起地基承载力减小、湿陷性土的塌陷现象。

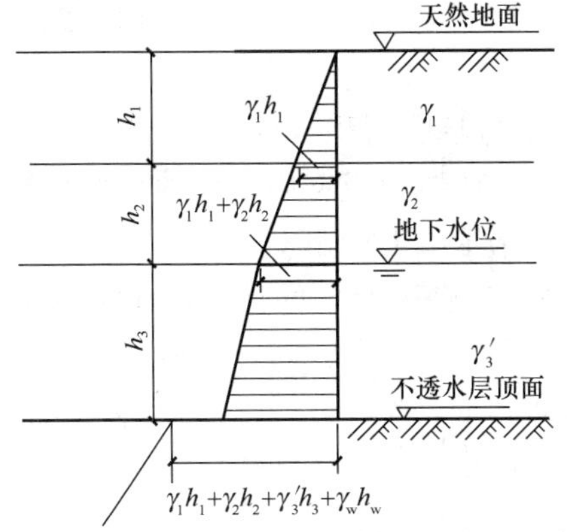

图 18-2-2 成层土中竖向自重应力分布

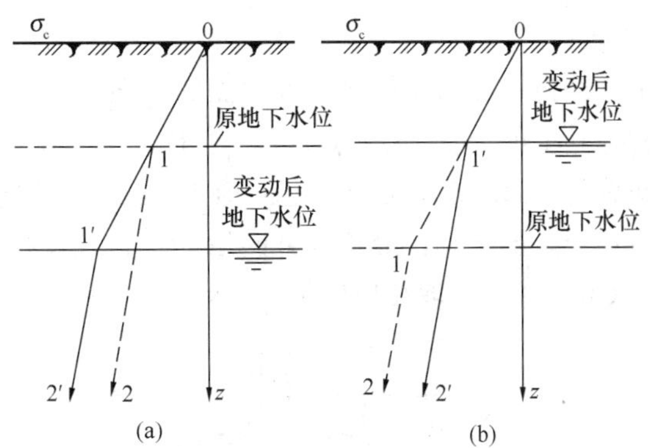

图 18-2-3 地下水位升降对土中自重应力的影响

（a）地下水位下降情况；（b）地下水位上升情况

0-1-2 线为原来自重应力的分布；

0-1′-2′线为地下水位变动后自重应力的分布

【例 18-2-1】（历年真题）下列说法中错误的是：

A. 地下水位的升降对土中自重应力有影响

B. 地下水位的下降会使土中自重应力增大

C. 当地层中有不透水层存在时，不透水层中的静水压力为零

D. 当地层中存在有承压水层时，该层的自重应力计算方法与潜水层相同，即该层土的重度取有效重度来计算

【解答】上述选项 A、B、C 项均正确。地层中存在有承压水质时，该层的自重应力计算方法与潜水层不相同，潜水层土的自重应力取土的有效重度计算，承压水层土的自重应力取土的有效重度与渗流力之和计算，D 项错误，应选 D 项。

【例 18-2-2】（历年真题）一个地基包含 1.50m 厚的上层干土层和下卧饱和土层，干土层重度 15.6kN/m^3，而饱和土层重度为 19.8kN/m^3。则埋深 3.50m 处的总竖向自重应力为：

A. 63kPa　　B. 23.4kPa　　C. 43kPa　　D. 54.6kPa

【解答】 $\sigma_{cz}=15.6\times1.5+(19.8-10)\times(3.5-1.5)=43\text{kPa}$

应选 C 项。

【例 18-2-3】（历年真题）均匀地基中，地下水位埋深为 1.80m，毛细水向上渗流 0.60m。如果土的干重度为 15.9kN/m^3，土的饱和重度为 17kN/m^3，地表超载为

25.60kN/m^2，那么地基埋深 3.50m 处的垂直有效应力为：

A. 66.78kPa　　B. 72.99kPa　　C. 70.71kPa　　D. 41.39kPa

【解答】 $\sigma_{cz}=25.60+1.2\times15.9+0.6\times17+(17-10)\times(3.5-1.8)=66.78\text{kPa}$

应选 A 项。

★★★二、基底附加应力

1. 基底压力

(1) 中心荷载作用下，基底压力 p 为均匀分布［图 18-2-4 (a)］：

$$p=\frac{F+G}{A} \tag{18-2-4}$$

式中，F 为上部结构传至基础顶面的竖向力值（kN）；A 为基底面积（m^2）；G 为基础自重和基础上的土重，$G=\gamma_G Ad$，其中 d 为基础埋深（从设计地面或室内、外的平均设计地面算起），γ_G 为基础及其上回填土的加权平均重度，一般取 20kN/m^3。

对于条形基础，沿长度方向取一单位长度的截条进行基底压力 p 的计算，此时 A 改为 b（m），F、G 取相应的值（kN/m）。

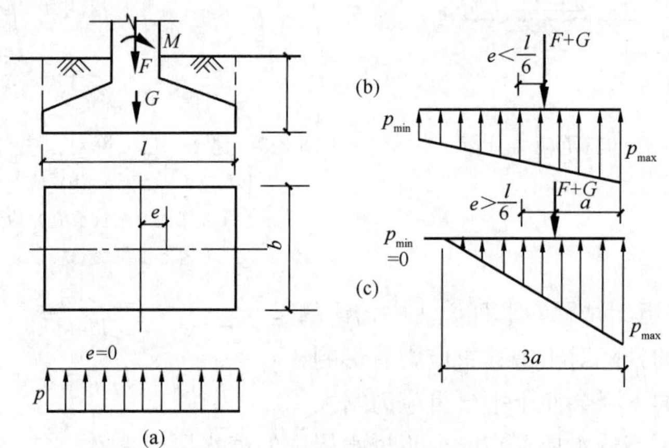

图 18-2-4　基底压力分布的简化计算

(a) 中心荷载；(b) 偏心荷载 $e<l/6$；(c) 偏心荷载 $e>l/6$

(2) 偏心荷载作用下

如图 18-2-4 (b) 所示，当 $e=\dfrac{M}{F+G}<\dfrac{l}{6}$ 时，基底压力呈梯形分布，其值为：

$$p_{\min}^{\max}=\frac{F+G}{bl}\pm\frac{M}{W}=\frac{F+G}{bl}\left(1\pm\frac{6e}{l}\right) \tag{18-2-5}$$

式中，M 为作用于矩形基础底面的力矩（kN·m）；W 为矩形基础底面的抵抗矩（m^3），$W=\dfrac{bl^2}{6}$。

当 $e=\dfrac{l}{6}$ 时，基底压力呈三角形分布。

当 $e>\frac{l}{6}$ 时，如图 18-2-4（c）所示，基底最大压力为：

$$p_{\max}=\frac{2(F+G)}{3ba} \tag{18-2-6}$$

式中，a 为合力作用点至基底最大压力边缘的距离（m），$a=\frac{l}{2}-e$。

注意：① 地基承载力计算所用的基底压力，F、G 应采用荷载的标准组合。

② 地基变形（即沉降）计算所用的基底压力，F、G 应采用荷载的准永久组合。

2. 基底附加应力

建筑物建造前，土中早已存在自重应力，基底附加压力 p_0 是基底压力与基底处建造前土中自重应力之差，是引起地基附加应力和变形的主要原因，如图 18-2-5 所示，即：

$$p_0=p-\sigma_{cz}=p-\gamma_m d \tag{18-2-7}$$

式中，p 为基底平均压力（kPa）；σ_{cz} 为基底处土的自重应力（kPa）；γ_m 为基底标高以上天然土层的加权平均重度（kN/m³），$\gamma_m=\sum\gamma_i h_i/d$；$d$ 为基础埋置深度（m）。

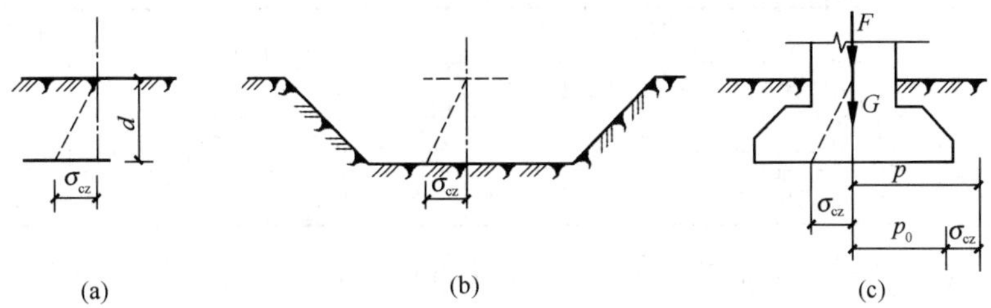

图 18-2-5　基底附加压力的计算

★★★三、地基土中附加应力

计算地基土中附加应力时，假定地基土是均匀的、各向同性的半无限弹性体，利用弹性理论中布辛尼斯克（Boussinesq，1885）解进行计算。

1. 竖向集中力 P 作用下的附加应力

它属于空间问题，如图 18-2-6 所示，土中任意点 M 的附加应力：

$$\sigma_z=\frac{3P}{2\pi}\cdot\frac{z^3}{R^5}=\alpha\frac{P}{z^2} \tag{18-2-8}$$

式中，z 为点 M 与集中力 P 的竖向距离；R 为点 M 与坐标原点 O 的与离；α 为竖向附加应力系数，为 r/z 的函数，r 为点 M 与集中力 P 的水平距离，可查表确定 α。

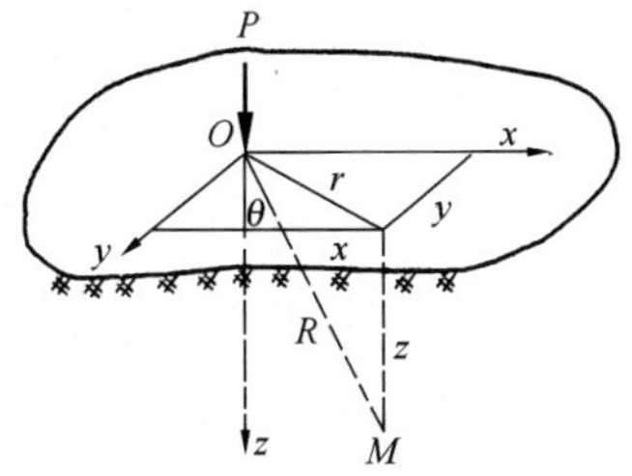

图 18-2-6　集中力作用下的任意点的附加应力 σ_z

2. 均布矩形荷载 p_0 作用下的附加应力

它属于空间问题，如图 18-2-7 所示，用积分法求得矩形荷载面角点下任意深度 z 处点 M 的附加应力：

$$\sigma_z=\alpha_c p_0 \tag{18-2-9}$$

式中，α_c 为均布矩形荷载角点下的竖向附加应力系数，按 $\frac{l}{b}$、$\frac{z}{b}$，查表 18-2-1 确定。

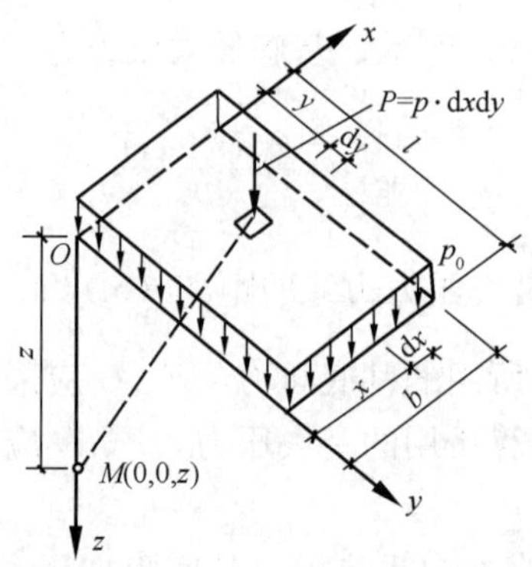

图 18-2-7 均布矩形荷载面角点下的附加应力 σ_z

均布矩形荷载角点下的竖向附加应力系数 α_c(部分) **表 18-2-1**

z/b	l/b											
	1.0	1.2	1.4	1.6	1.8	2.0	3.0	4.0	5.0	6.0	10.0	条形
0.0	0.250	0.250	0.250	0.250	0.250	0.250	0.250	0.250	0.250	0.250	0.250	0.250
0.2	0.249	0.249	0.249	0.249	0.249	0.249	0.249	0.249	0.249	0.249	0.249	0.249
0.4	0.240	0.242	0.243	0.243	0.244	0.244	0.244	0.244	0.244	0.244	0.244	0.244
0.6	0.223	0.228	0.230	0.232	0.232	0.233	0.234	0.234	0.234	0.234	0.234	0.234

应用角点法可以计算荷载面积内或荷载面积外地基中任意一点的附加应力。如图 18-2-8所示,求 O 点的附加应力如下:

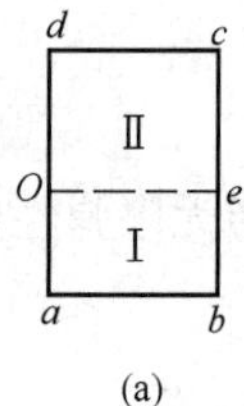

(a)

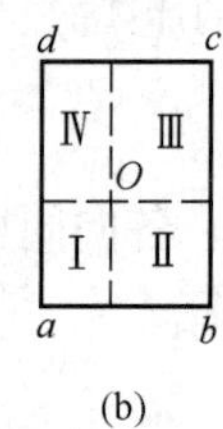

(b)

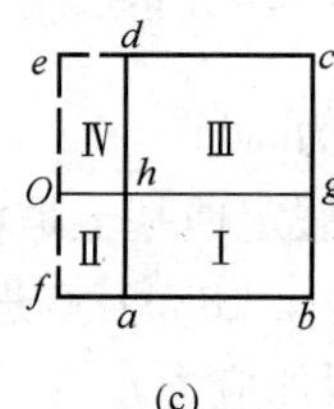

(c)

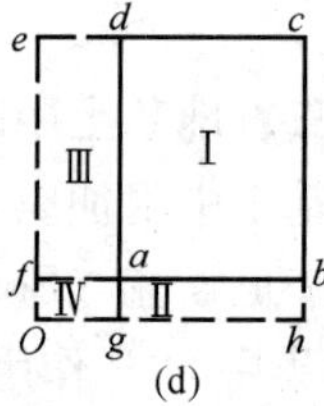

(d)

图 18-2-8 角点法计算矩形均布荷载下地基附加应力

(a) 荷载面边缘;(b) 荷载面内;(c) 荷载面外侧;(d) 荷载面外

(1) O 点在荷载面边缘

$$\sigma_z = (\alpha_{c\text{Ⅰ}} + \alpha_{c\text{Ⅱ}})p_0$$

(2) O 点在荷载面内

$$\sigma_z = (\alpha_{c\text{Ⅰ}} + \alpha_{c\text{Ⅱ}} + \alpha_{c\text{Ⅲ}} + \alpha_{c\text{Ⅳ}})p_0$$

(3) O 点在荷载面外侧,这时荷载 $abcd$ 对 O 点的影响可看作由Ⅰ($Ofbg$)与Ⅱ($Ofah$)之差和Ⅲ($Ogce$)与Ⅳ($Ohde$)之差合成的,则

$$\sigma_z = (\alpha_{c\text{Ⅰ}} - \alpha_{c\text{Ⅱ}} + \alpha_{c\text{Ⅲ}} - \alpha_{c\text{Ⅳ}})p_0$$

(4) O 点在角点外侧,同理,是由Ⅰ($Ohce$)、Ⅱ($Ohbf$)、Ⅲ($Ogde$)和Ⅳ($Ogaf$)四块应力面积叠加而成,则

$$\sigma_z=(\alpha_{c\mathrm{I}}-\alpha_{c\mathrm{II}}-\alpha_{c\mathrm{III}}+\alpha_{c\mathrm{IV}})p_0$$

应用角点法进行叠加计算时，用以计算的每个矩形都要有一个角点是计算点；所有用以计算的矩形面积之代数和应等于原有受荷面积；每个矩形确定应力系数 α_c 时，都是取短边为 b、长边为 l。

3. 其他荷载作用下的附加应力

空间问题：矩形、三角形、圆形均布荷载作用下的附加应力，均可采用积分法求解；便于手算，可用应力系数查表求解。

平面问题：线荷载作用下的附加应力，可采用积分法求解。条形均布荷载作用下的附加应力，可采用积分法求解；便于手算，可用应力系数查表求解。

4. 地基土附加应力 σ_z 的分布规律

(1) σ_z 不仅发生在荷载面积之下，而且分布在荷载面积以外相当大的范围之下，这就是地基附加应力的扩散分布；

(2) 在距离基础底面不同深度 z 处的各个水平面上，以基底中心点下轴线处 σ_z 为最大，随着距离中轴线越远 σ_z 越小；

(3) 在荷载分布范围内任意点沿垂线的 σ_z 值，随深度越向下越小，在荷载边缘以外任意点沿垂线的 σ_z 值，随深度从零开始向下先增大后减少。

由图 18-2-9 (a)、(b) 可见，方形荷载所引起的 σ_z，其影响深度要比条形荷载小得多，例如方形荷载中心下 $z=2b$ 处 $\sigma_z\approx0.1p$，而在条形荷载下 $\sigma_z=0.1p$ 等值线则在中心下 $z\approx6b$ 处通过。由图 18-2-9 (c)、(d) 条形荷载下的 σ_x 和 τ_{xz} 的等值线图可见，σ_x 的影响范围较浅，故基础下地基土的侧向变形主要发生于浅层；而 τ_{xz} 的最大值出现于荷载边缘，故位于基础边缘下的土体容易发生剪切滑动而首先出现塑性变形区。

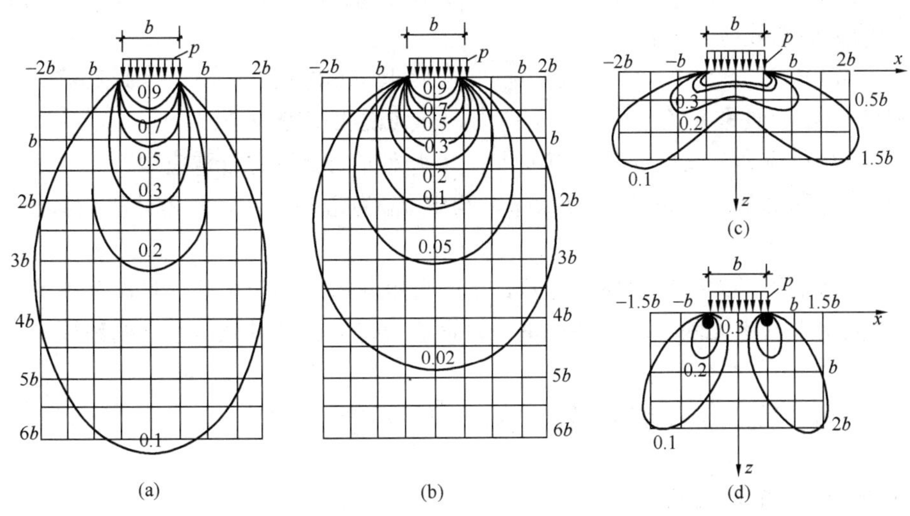

图 18-2-9　地基土附加应力等值线

(a) 等 σ_z 线（条形荷载）；(b) 等 σ_z 线（方形荷载）；(c) 等 σ_x 线（条形荷载）；(d) 等 τ_{xz} 线（条形荷载）

【例 18-2-4】（历年真题）关于附加应力，下面说法正确的是：

A. 土中的附加应力会引起地基的压缩，但不会引起地基的失稳

B. 土中的附加应力除了与基础底面压力有关外，还与基础埋深等有关

C. 土中的附加应力主要发生在竖直方向，水平方向上则没有附加应力

D. 土中的附加应力一般小于土的自重应力

【解答】土中的附加应力与基础底面压力、基础埋深等有关，应选 B 项。

【例 18-2-5】（历年真题）在相同的地基上，甲、乙两条形基础的埋深相等，基底附加压力相等，基础甲的宽度为基础乙的 2 倍。在基础中心以下相同深度 $z(z>0)$ 处基础甲的附加应力 σ_A 与基础乙的附加应力 σ_B 相比：

A. $\sigma_A>\sigma_B$，且 $\sigma_A>2\sigma_B$

B. $\sigma_A>\sigma_B$，且 $\sigma_A<2\sigma_B$

C. $\sigma_A>\sigma_B$，且 $\sigma_A=2\sigma_B$

D. $\sigma_A>\sigma_B$，但 σ_A 与 $2\sigma_B$ 的关系尚要根据深度 Z 与基础宽度的比值确定

【解答】令甲基础宽度为 $2b$，乙基础宽度为 b，各自划分为 4 个小矩形：

甲基础：$\frac{z}{b}$，令 $z/b=0.2$，查表 18-2-1，$\alpha_c=0.249$

乙基础：$\frac{z}{b/2}$，即 $\frac{z}{b/2}=2\times0.2=0.4$，查表 18-2-1，$\alpha_c=0.244$

$$\sigma_A=4p_0\times0.249，\sigma_B=4p_0\times0.244$$

可知，$\sigma_A>\sigma_B$，且 $\sigma_A<2\sigma_B$，应选 B 项。

习　题

18-2-1 （历年真题）均匀地基中地下水位埋深为 1.40m，不考虑地基中的毛细效应，地基土重度为 15.8kN/m^3，地下水位以下土体的饱和重度为 19.8kN/m^3。则距地面 3.60m 处的竖向有效应力为：

A. 64.45kPa　　B. 34.68kPa　　C. 43.68kPa　　D. 71.28kPa

18-2-2 （历年真题）关于土的自重应力，下列说法正确的是：

A. 土的自重应力只发生在竖直方向上，在水平方向上没有自重应力

B. 均质饱和地基的自重应力为 $\gamma_{sat}h$，其中 γ_{sat} 为饱和重度，h 为计算位置到地表的距离

C. 表面水平的半无限空间弹性地基，土的自重应力计算与土的模量没有关系

D. 表面水平的半无限空间弹性地基，自重应力过大也会导致地基土的破坏

第三节　地　基　变　形

★★★一、土的压缩性

1. 土的压缩试验与压缩指标

(1) 固结试验和压缩曲线

压缩曲线是室内土的固结试验的直接成果，它是土的孔隙比与所受压力的关系曲线，由它可得到土的压缩性指标。固结试验所用的固结仪由固结容器、加压设备和量测设备组成（图 18-3-1）。

设土样的初始高度为 H_0，受压后土样高度为 H_i，则 $H_i = H_0 - \Delta H_i$，ΔH_i 为压力 p_i 作用下土样的稳定压缩量，如图 18-3-2 所示。根据土的孔隙比的定义以及土粒体积 V_s 不会变化，则：

$$\frac{H_0}{1+e_0} = \frac{H_i}{1+e_i} = \frac{H_0 - \Delta H_i}{1+e_i} \tag{18-3-1}$$

可得：

$$e_i = e_0 - \frac{\Delta H_i}{H_0}(1+e_0) \tag{18-3-2}$$

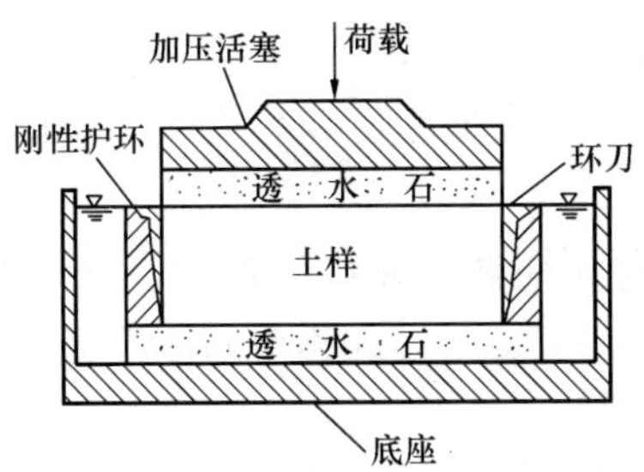

图 18-3-1　固结仪的固结容器简图

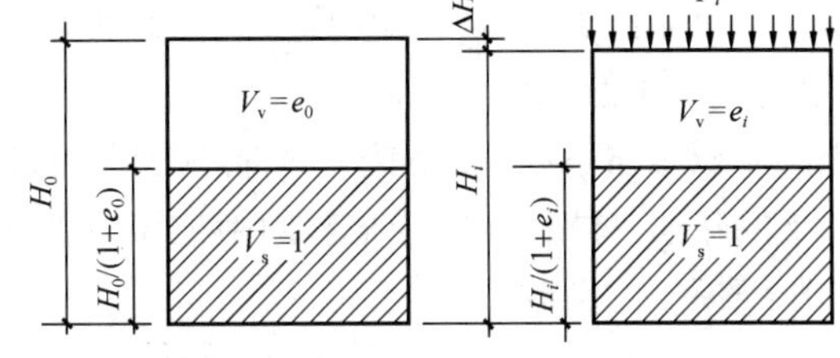

图 18-3-2　侧限条件下土样孔隙比的变化

式中，$e_0 = d_s(1+w_0)\rho_w/\rho_0 - 1$，其中 d_s、w_0、ρ_0、ρ_w 分别为土粒相对密度、土样初始含水率、土样初始密度和水的密度。因此，只要测定土样在各级压力 p_i 作用下的稳定压缩量 ΔH_i 后，就可按式（18-3-2）计算出相应的孔隙比 e_i，从而绘制土的压缩曲线（图 18-3-3 和图 18-3-4，p 为有效应力）。

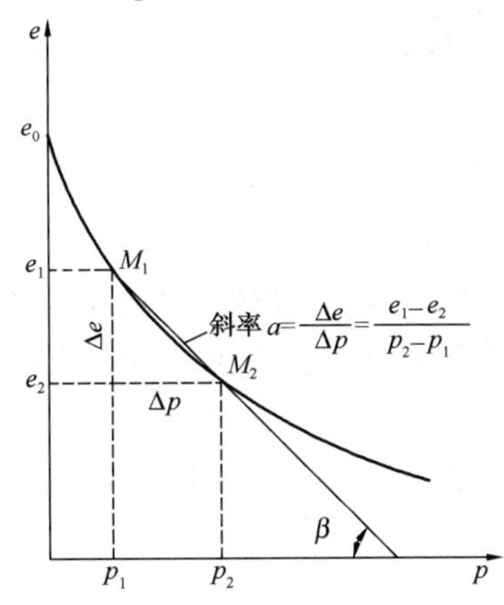

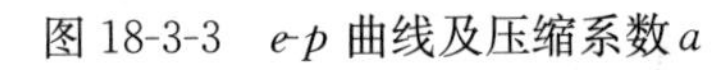

图 18-3-3　e-p 曲线及压缩系数 a

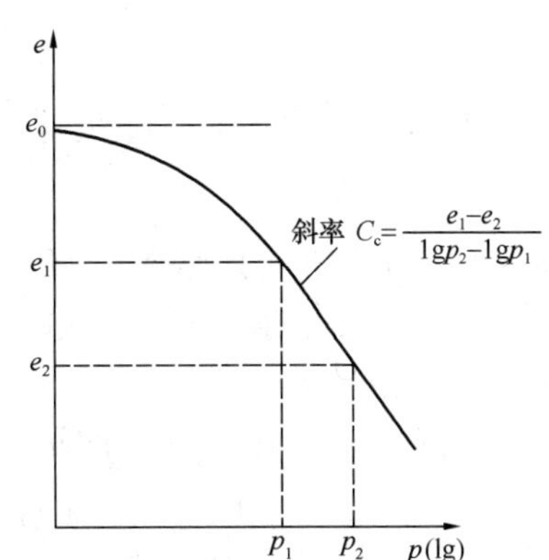

图 18-3-4　e-$\lg p$ 曲线及压缩指数 C_c

（2）压缩系数、压缩模量和体积压缩系数

土的压缩系数 a 的定义是土体在侧限条件下孔隙比减小量与有效压应力增量的比值（MPa^{-1}），即 e-p 曲线中某一压力段的割线斜率（图 18-3-3）：

$$a = \frac{\Delta e}{\Delta p} = \frac{e_1 - e_2}{p_2 - p_1} \tag{18-3-3}$$

为了便于比较，通常采用压力段由 $p_1=0.1$MPa（100kPa）增加到 $p_2=0.2$MPa（200kPa）时的压缩系数 $a_{1\text{-}2}$ 来评定土的压缩性如下：

当 $a_{1\text{-}2}<0.1\text{MPa}^{-1}$ 时，为低压缩性土；

当 $0.1\leqslant a_{1\text{-}2}<0.5\text{MPa}^{-1}$ 时，为中压缩性土；

当 $a_{1\text{-}2}\geqslant 0.5\text{MPa}^{-1}$ 时，为高压缩性土。

土的压缩模量 E_s 是指土体在侧限条件下的应力应变模量，其中应变 $\varepsilon_i=\Delta H_i/H_0$，即：

$$E_s=\frac{p_2-p_1}{\varepsilon_i}=\frac{p_2-p_1}{\Delta H_i/H_0}=\frac{p_2-p_2}{\dfrac{e_1-e_2}{1+e_1}}=\frac{1+e_1}{a} \tag{18-3-4}$$

为了便于比较，参照低压缩性土 $a_{1\text{-}2}<0.1\text{MPa}^{-1}$ 时，近似取 $e_1=0.6$，则 $E_{s,1\text{-}2}>16$MPa；高压缩性土 $a_{1\text{-}2}\geqslant 0.5\text{MPa}^{-1}$ 时，近似取 $e_1=1.0$，则 $E_{s,1\text{-}2}\leqslant 4$MPa。土的压缩模量 E_s 值越小，土的压缩性越高。

土的体积压缩系数 m_v 是按 e-p 曲线求得的第三个压缩性指标，它的定义是土体在侧限条件下的竖向（体积）应变与竖向附加压应力之比（MPa^{-1}），亦称单向体积压缩系数，即土的压缩模量的倒数：

$$m_v=1/E_s=a/(1+e_1) \tag{18-3-5}$$

与压缩系数 a 一样，体积压缩系数 m_v 值越大，土的压缩性越高。

（3）压缩指数

我国工程界将土的压缩指数 C_c 的定义为土体在侧限条件下孔隙比减小量与有效压应力常用对数值增量的比值，即 e-lg$p$ 曲线中某一压力段的直线斜率（图 18-3-4）：

$$C_c=\frac{e_1-e_2}{\lg p_2-\lg p_1}=\frac{e_1-e_2}{\lg\dfrac{p_2}{p_1}} \tag{18-3-6}$$

国外工程界将 C_c 表达为：$C_c=\dfrac{e_1-e_2}{\ln p_2-\ln p_1}=\dfrac{e_1-e_2}{\ln\dfrac{p_2}{p_1}}$

【例 18-3-1】（历年真题）厚度为 21.7mm 的干砂试样在固结仪中进行压缩试验，当垂直应力由初始的 10.0kPa 增加到 40.0kPa 后，试样厚度减小了 0.043mm，则该试样的体积压缩系数 m_v（MPa^{-1}）为：

A. 8.40×10^{-2}　　B. 6.60×10^{-2}　　C. 3.29×10^{-2}　　D. 3.40×10^{-2}

【解答】 $m_v=\dfrac{1}{E_s}=\dfrac{1}{\Delta p/\varepsilon_i}=\dfrac{\varepsilon_i}{\Delta p}=\dfrac{\Delta H/H}{\Delta p}$

$=\dfrac{0.043/21.7}{(40-10)\times10^{-3}}=6.60\times10^{-2}\text{MPa}^{-1}$

应选 B 项。

【例 18-3-2】（历年真题）某国家用固结仪试验结果计算土样的压缩指数（常数）时，不是用常用对数，而是用自然对数对应取值的。如果根据我国标准（常用对数），一个土样的压缩指数（常数）为 0.00485，有一个土样竖向应力增大为初始状态的 100 倍，则土样孔隙比将：

A. 增大 0.0112　　B. 减小 0.0112　　C. 增大 0.0224　　D. 减小 0.0224

【解答】　$C_c=\dfrac{e_1-e_2}{\ln p_2-\ln p_1}=\dfrac{\Delta e}{\ln p_2/p_1}$，即：

$$\Delta e=C_c\ln\frac{p_2}{p_1}=0.00485\ln 100=0.02234$$

应选 D 项。

【例 18-3-3】（历年真题）某国家，用固结仪试验结果计算土样的压缩指数（常数）时，不是用常用对数，而是用自然对数对应取值的。如果根据我国标准（常用对数），一个土样的压缩指数（常数）为 0.0012，则根据该国标准，该土样的压缩指数为：

A. 4.86×10^{-3}　　B. 5.0×10^{-4}　　C. 2.34×10^{-3}　　D. 6.43×10^{-3}

【解答】

$$C_c=0.0112=\frac{e_1-e_2}{\lg p_2-\lg p_1}=\frac{\Delta e}{\lg p_2/p_1}$$

$$C_c'=\frac{e_1-e_2}{\ln p_2-p_1}=\frac{\Delta e}{\ln p_2/p_1}$$

则：

$$\frac{C_c'}{C_c}=\frac{\lg p_2/p_1}{\ln p_2/p_1}=\frac{\ln p_2/p_1/\ln 10}{\ln p_2/p_1}=\frac{1}{\ln 10}$$

$C_c'=0.0112\times\dfrac{1}{\ln 10}=4.86\times10^{-3}$，应选 A 项。

2. 土的回弹曲线和再压缩曲线及土应力历史

(1) 土的回弹曲线和再压缩曲线

在室内固结试验过程中，如加压到某值 p_i 后不再加压，而是进行逐级退压到零，可观察到土样的回弹，测定各级压力作用下土样回弹稳定后的孔隙比，绘制相应的孔隙比与压力的关系曲线，图 18-3-5（a）中的 bc 段曲线，称为回弹曲线。由于土样已在压力 p_i 作用下压缩变形，卸压完毕后，土样并不能完全恢复到初始孔隙比 e_0 的 a 点处，这就显示出土的压缩变形是由弹性变形和残余变形两部分组成的，而且以后者为主。如重新逐级加压，可测得土样在各级压力下再压缩稳定后的孔隙比，从而绘制再压缩曲线，如图中 cdf 所示。其中 df 段像是 ab 段的延续，犹如其间没有经过卸压和再加压过程一样。在半对数曲线上，如图 18-3-5（b）所示 e-$\lg p$ 曲线，也同样可以看到这种现象。

在图 18-3-5（b）的回弹曲线上可求出回弹指数 C_s：

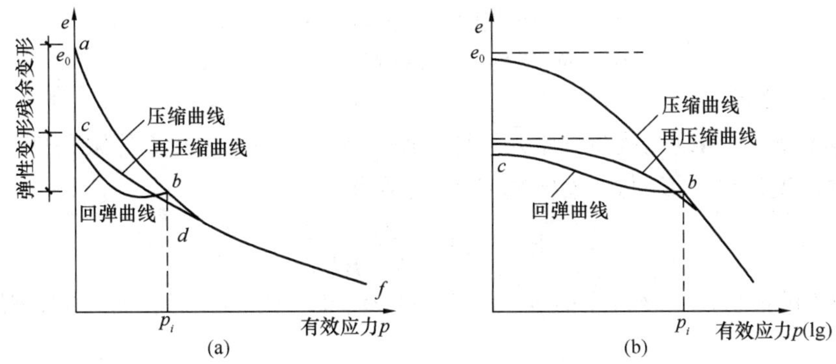

图 18-3-5　土的回弹曲线和再压缩曲线

（a）e-p 曲线；（b）e-$\lg p$ 曲线

$$C_s = \frac{e_i - e_{i+1}}{\lg p_{i+1} - \lg p_i} \tag{18-3-7}$$

深基坑地基土的开挖、回填，就应考虑土的回弹曲线和再压缩曲线，确定地基土的回弹模量 E_c 及回弹变形量。

利用压缩、回弹、再压缩的 e-$\lg p$ 曲线，可以分析应力历史对土的压缩性的影响。

(2) 土的应力历史

天然土层在历史上受过最大固结压力（指土体在固结过程中所受的最大竖向有效应力），称为先期固结压力。根据应力历史可将土（层）分为正常固结土（层）、超固结土（层）和欠固结土（层）三类，如图 18-3-6 所示。正常固结土在历史上所经受的先期固结压力等于现有覆盖土重；超固结土历史上曾经受过大于现有覆盖土重的先期固结压力；欠固结土的先期固结压力则小于现有覆盖土重。在研究沉积土层的应力历史时，通常将先期固结压力与现有覆盖土重应力之比值定义为超固结比 OCR，即：

$$OCR = \frac{p_c}{p_1} \tag{18-3-8}$$

式中，p_c 为先期固结压力（kPa）；p_1 为现有覆盖自重应力（kPa）。

正常固结土（层）、超固结土（层）和欠固结土（层）的超固结比分别为 $OCR=1$，$OCR>1$ 和 $OCR<1$。

根据《土工试验方法标准》GB/T 50123—2019 的规定，原状土的 p_c 值在 e-$\lg p$ 曲线上按卡萨格兰特图解法确定。

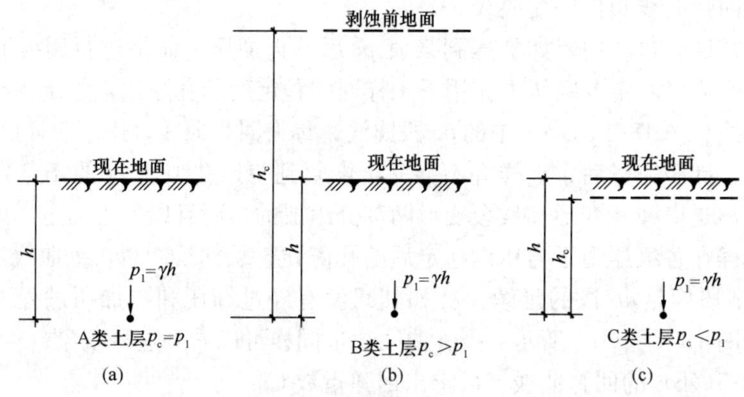

图 18-3-6　沉积土层按先期固结压力 p_c 分类

（a）正常固结土；（b）超固结土；（c）欠固结土

3. 变形模量 E_0

变形模量 E_0 是由现场载荷试验并经计算得到的，它是土体在无侧限条件下的应力与应变的比值。变形模量 E_0 与压缩模量 E_s 的关系为：

$$E_0 = \left(1 - \frac{2\mu^2}{1-\mu}\right) E_s \tag{18-3-9}$$

式中，μ 为土的泊松比，碎石土的 $\mu=0.15\sim0.25$；砂土的 $\mu=0.25\sim0.30$；黏土的 $\mu=0.25\sim0.42$。

★★★二、地基沉降

1. 分层总和法计算地基最终沉降

分层总和法单向压缩基本公式假定地基土压缩时不考虑侧向变形，其具体步骤如下：

(1) 地基土分层。把基底以下地基土分为 n 个分层；每一分层的厚度 h_i，可考虑为基础宽度的 0.4 左右，同时，应考虑到不同土层的界面和地下水位面。

(2) 计算各分层界面处土的自重应力 σ_c 及基础中点下的附加应力 σ_z，并作出 σ_c 和 σ_z 的分布曲线（图 18-3-7）。注意，计算附加应力时从基础底面算起；计算自重应力时应从天然地面算起。

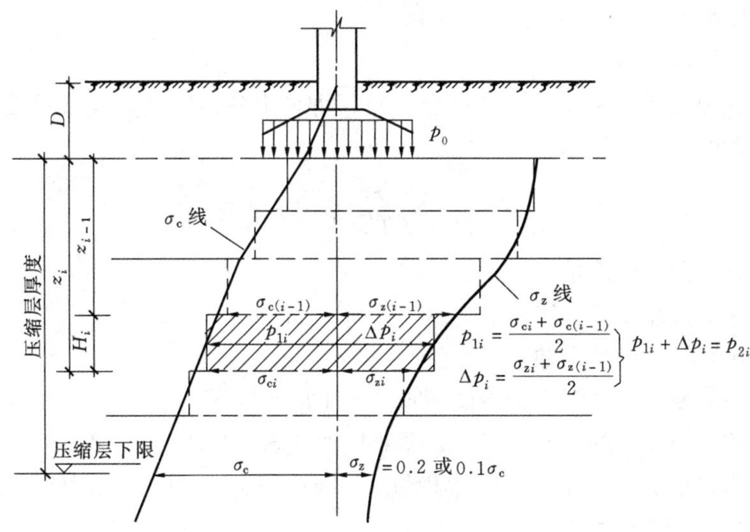

图 18-3-7 分层总和法计算沉降

(3) 确定基础底面下压缩层的厚度。压缩层厚度就是地基沉降计算深度，指从基底到压缩层下限的深度，以 z_n 表示。压缩层下限深度的确定，一般可取附加应力 $\sigma_z=0.2\sigma_c$ 的标高作为压缩层下限；对高压缩性土取 $\sigma_2=0.1\sigma_c$ 的标高为压缩层下限。

(4) 计算各分层土的压缩量 Δs_i。根据各分层土的厚度 h_i，各分层的自重应力及附加应力的平均值，结合该分层土样压缩试验得到的 e-p 曲线，计算各分层土的压缩量 Δs_i：

$$\Delta s_i=\varepsilon_i H_i=\frac{\Delta p_i}{Es_i}H_i=\frac{e_{1i}-e_{2i}}{1+e_{1i}}H_i \tag{18-3-10}$$

地基的最终沉降量 s：

$$s=\sum_{i=1}^{n}\Delta s_i=\sum_{i=1}^{n}\frac{\Delta p_i}{Es_i}H_i=\sum_{i=1}^{n}\frac{e_{1i}-e_{2i}}{1+e_{1i}}H_i \tag{18-3-11}$$

或

$$s=\sum_{i=1}^{n}\frac{a_i\Delta p_i}{1+e_{1i}}H_i=\sum_{i=1}^{n}m_{vi}\Delta p_i H_i \tag{18-3-12}$$

【例 18-3-4】（历年真题）关于分层总和法计算沉降的基本假定，下列说法正确的是：

A. 假定土层只发生侧向变形，没有竖向变形

B. 假定土层只发生竖向变形，没有侧向变形

C. 假定土层只存在竖向附加应力，不存在水平附加应力

D. 假定土层只存在水平附加应力，不存在竖向附加应力

【解答】分层总和法计算的基本假定包括：土层只发生竖向变形，没有侧向变形，应选 B 项。

【例 18-3-5】（历年真题）某土层压缩系数为 0.50MPa^{-1}，天然孔隙比为 0.8，土层厚 1m，已知该土层受到的平均附加应力 $\overline{\sigma_z}=60\text{kPa}$，则该土层的沉降量为：

A. 16.3mm　　B. 16.7mm　　C. 30mm　　D. 33.6mm

【解答】 $s=\frac{\overline{\sigma_z}}{E_{si}}H_i=\frac{a\overline{\sigma_z}}{1+e}H_i=\frac{0.50\times60\times10^{-3}}{1+0.8}\times1000=16.7\text{mm}$

应选 B 项。

2.《建筑地基规范》计算地基最终沉降量

《建筑地基规范》规定：

5.3.5 计算地基变形时，地基内的应力分布，可采用各向同性均质线性变形体理论。其最终变形量可按下式进行计算：

$$s=\psi_s s'=\psi_s\sum_{i=1}^{n}\frac{p_0}{E_{si}}(z_i\overline{\alpha}_i-z_{i-1}\overline{\alpha}_{i-1})\tag{5.3.5}$$

式中：s——地基最终变形量（mm）；

s'——按分层总和法计算出的地基变形量（mm）；

ψ_s——沉降计算经验系数；

n——地基变形计算深度范围内所划分的土层数（图 5.3.5）；

p_0——相应于作用的准永久组合时基础底面处的附加压力（kPa）；

E_{si}——基础底面下第 i 层土的压缩模量（MPa），应取土的自重压力至土的自重压力与附加压力之和的压力段计算；

z_i、z_{i-1}——基础底面至第 i 层土、第 $i-1$ 层土底面的距离（m）；

$\overline{\alpha}_i$、$\overline{\alpha}_{i-1}$——基础底面计算点至第 i 层土、第 $i-1$ 层土底面范围内平均附加应力系数，可按本规范附录 K 采用。

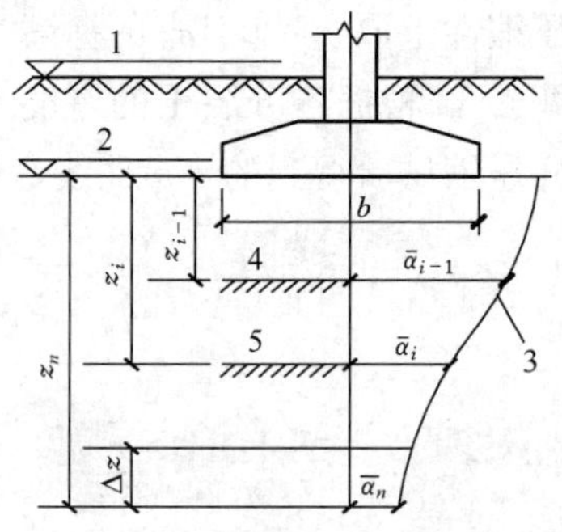

图 5.3.5 基础沉降计算的分层示意

1—天然地面标高；2—基底标高；3—平均附加应力系数 $\overline{\alpha}$ 曲线；4—$i-1$ 层；5—i 层

5.3.7 地基变形计算深度 z_n（图 5.3.5），应符合式（5.3.7）的规定。当计算深度下部仍有较软土层时，应继续计算。

$$\Delta s'_n\leqslant0.025\sum_{i=1}^{n}\Delta s'_i\tag{5.3.7}$$

式中：$\Delta s'_i$——在计算深度范围内，第 i 层土的计算变形值（mm）；

$\Delta s'_n$——在由计算深度向上取厚度为 Δz 的土层计算变形值（mm）。

5.3.8 当无相邻荷载影响，基础宽度在 1m～30m 范围内时，基础中点的地基变形计算深度也可按简化公式（5.3.8）进行计算。

$$z_n = b(2.5 - 0.4\ln b) \tag{5.3.8}$$

式中：b——基础宽度（m）。

3. 弹性理论方法计算地基最终沉降量

$$s = pb\omega \frac{1-\mu^2}{E_0} \tag{18-3-13}$$

式中，s 为地基表面各种计算点的沉降量（mm）；b 为矩形荷载的宽度或圆形荷载的直径（m）；p 为地基表面均布荷载（kPa）；E_0 为地基土的变形模量（MPa），替换不常用的弹性模量 E；ω 为各种沉降影响系数，按基础的刚度、基底形状及计算点位置而定，可查相应表得到。

★★★三、地基变形与时间关系

1. 地基最终沉降量的组成

地基土在荷载作用下会发生沉降，根据变形的发展过程，地基最终总沉降量 s 通常由三个部分组成（图 18-3-8），即：

$$s = s_d + s_c + s_s \tag{18-3-14}$$

式中，s_d 称为瞬时沉降；s_c 为固结沉降（也称为主固结沉降）；s_s 为次固结沉降。

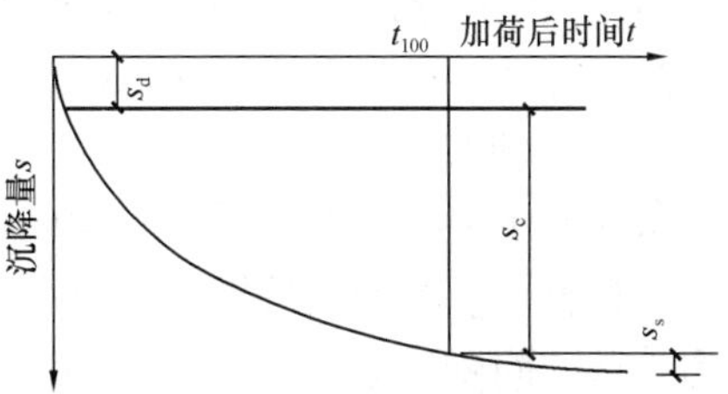

图 18-3-8　地基表面某点总沉降量的三个分量示意图

瞬时沉降是加荷后即时发生的沉降，这类沉降与时间无关，具有弹性性质；固结沉降是由于荷载作用下孔隙水逐渐挤出，孔隙体积相应减小而发生的；次固结沉降是由于土骨架的蠕动变形所引起的。这三部分沉降的相对大小和历时过程是随土的类型而异的。例如，砂土的沉降几乎在加荷后即时发生，而黏性土的沉降过程可延续很长时间。在饱和软黏土地基上，固结沉降和次固结沉降所占比例很大。一般地，次固结沉降与固结沉降相比是不重要的，但对于很软的土，次固结沉降较大，应引起重视。

2. 有效应力原理

在土体中，通过土粒接触点传递的粒间应力称为土中有效应力 σ'，它是控制土的体积变形和强度变化的土中应力。通过土中孔隙传递的应力称为孔隙应力（习惯称孔隙压力），包括孔隙水压力和孔隙气压力。土中某点的有效应力与孔隙压力之和称为总应力 σ。

饱和土中没有孔隙气压力，仅有孔隙水压力 u，可分两种情况：①当无外荷载作用时（或总应力为土自重应力时），孔隙水压力为静孔隙水压力（或称静水压力）；②当有外荷载作用时（或总应力为附加应力时），孔隙水压力为超静孔隙水压力（也称超孔隙水压力）。因此，有效应力原理可表达为：

$$\sigma = \sigma' + u \tag{18-3-15}$$

饱和土的有效应力原理包含两个基本要点：①土的有效应力 σ' 等于总应力 σ 减去孔隙水压力 u；②土的有效应力控制了土的变形及强度性能。

【例 18-3-6】（历年真题）饱和土中总应力为 200kPa，孔隙水压力为 50kPa，孔隙率 0.5，那么土中的有效应力为

A. 100kPa　　B. 25kPa　　C. 150kPa　　D. 175kPa

【解答】$\sigma'=200-80=150\text{kPa}$，应选 C 项。

3. 饱和土的渗流固结模型

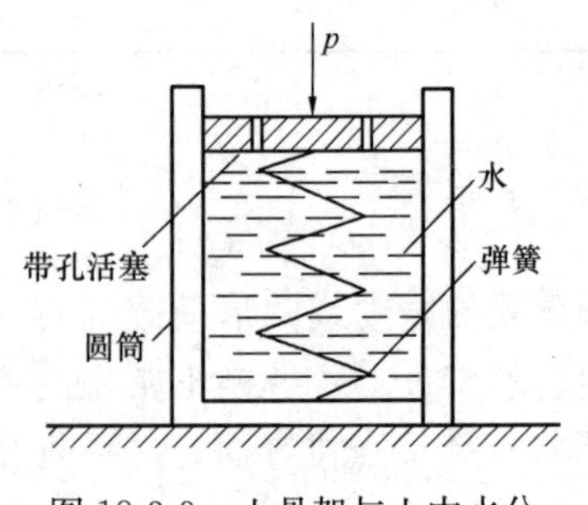

图 18-3-9　土骨架与土中水分担应力变化的简单模型

饱和土的渗流固结，可借助弹簧活塞模型来说明。如图 18-3-9 所示，在一个盛满水的圆筒中装着一个带有弹簧的活塞，弹簧上下端连接活塞和筒底，活塞上有许多透水的小孔。当在活塞上施加外压力 p 的一瞬间，弹簧没有受压而全部压力由圆筒内的水所承担。水受到超孔隙水压力后开始经活塞小孔逐渐排出，受压活塞随之下降，才使得弹簧受压而且逐渐增加，直到外压力全部由弹簧承担时为止。设想以弹簧来模拟土骨架，圆筒内的水就相当于土孔隙中的水，则此模拟可以用来说明饱和土在渗流固结中，土骨架和孔隙水对压力的分担作用，即施加在饱和土上的外压力开始时全部由土中水承担，随着土孔隙中一些自由水被挤出，外压力逐渐转嫁给土骨架，直到全部由土骨架承担为止。用数学方法表示为：

当 $t=0$ 时：有效应力 $\sigma'=0$，孔隙水应力 $u=p$

当 $0<t<\infty$ 时：$p=\sigma'+u$，$\sigma'>0$，$u>0$

当 $t=\infty$ 时：　$p=\sigma'+u$，$\sigma'=p$，$u=0$

从饱和土力学模型分析，外荷载首先是通过超孔隙水压力逐渐转移到骨架上成为有效应力。在整个应力传递过程中，静水压力始终不变，所以，在固结分析中只考虑超孔隙水压力消散的问题。饱和土的渗流固结就是超孔隙水压力的消散和有效应力相应增长的过程。衡量土层固结的程度称为平均固结度 U，通常以百分数表示。根据这一概念可用下述公式表示：

$$U=\frac{\text{某时刻有效应力面积}}{\text{最终时有效应力面积}}=1-\frac{\text{某时刻孔隙水压力面积}}{\text{最终时有效应力面积}} \tag{18-3-16}$$

4. 一维固结理论及其解

一维固结理论的基本假设如下：

(1) 土层是均质、各向同性和完全饱和的；

(2) 土粒和孔隙水都是不可压缩的；

(3) 土中附加应力沿水平面是无限均匀分布的，因此，土层的固结和土中水的渗流都是竖向的；

(4) 土中水的渗流服从达西定律；

(5) 在渗透固结中，土的渗透系数 k 和压缩系数 a 都是不变的常数；

(6) 外荷载是一次骤然施加的，在固结过程中保持不变；

(7) 土体变形完全是由土层中超孔隙水压力消散引起的。

饱和土的一维固结微分方程为：

$$C_v = \frac{\partial^2 u}{\partial z^2} = \frac{\partial u}{\partial t} \tag{18-3-17}$$

荷载一次瞬时施加时，地基土的固结度为：

（1）土层为单面排水时［超孔隙水分布图为矩形，见图 18-3-10（a）］：

$$U_z = 1 - \frac{8}{\pi^2} e^{-\frac{\pi^2}{4} T_v} \tag{18-3-18}$$

（2）土层为单面排水时［超孔隙水分布图为三角形，见图 18-3-10（b）］：

$$U_z = 1 - \frac{32}{\pi^2} e^{-\frac{\pi^2}{4} T_v} \tag{18-3-19}$$

（3）土层为双面排水时［超孔隙水分布可为矩形或三角形或梯形，见图 18-3-10（c）］：

$$U_z = 1 - \frac{8}{\pi^2} e^{-\frac{\pi^2}{4} T_v} \tag{18-3-20}$$

式中，T_v 为时间因数（无量纲），$T_v = \frac{C_v t}{H^2}$；C_v 为固结系数（cm^2/s），$C_v = \frac{k(1+e)}{a\gamma_w} = \frac{kE_s}{\gamma_w}$；$k$ 为土的渗透系数（cm/s）；a 为压缩系数（MPa^{-1}）；e 为孔隙比；γ_w 为水的重度（kN/m^3）；E_s 为压缩模量（MPa）；t 为时间（s）；H 为最大排水路径（cm），单面排水，取整个土层厚度；双面排水，取整个土层厚度的一半。

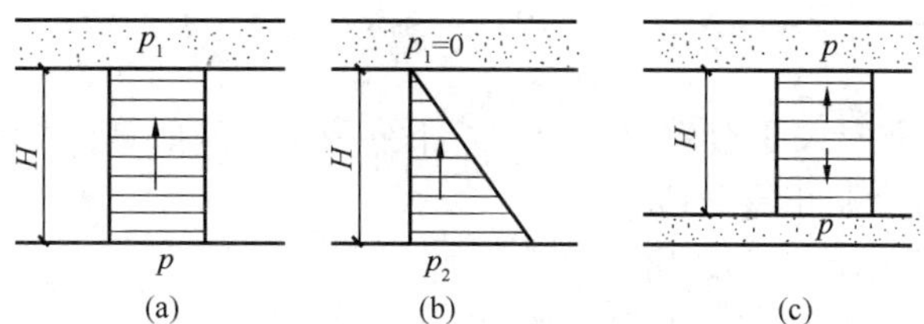

图 18-3-10　几种不同的起始超孔隙水压力分布图

在地基固结过程中，任意时刻的变形量的计算为：

$$s_{ct} = U_z s_c \tag{18-3-21}$$

式中，s_c 为地基最终固结变形量，对于正常固结土，它可取地基最终沉降量（见前面分层总和法计算）。

【例 18-3-7】（历年真题）下面可以作为时间因数单位的是：

A. 无量纲　　B. m^2/年

C. 年　　D. m/年

【解答】时间因数 T_v 的单位是无量纲，应选 A 项。

【例 18-3-8】（历年真题）一层 5.1m 厚的黏土层受到 30.0kPa 的地表超载，其渗透系数为 0.0004m/d。根据以往经验该层黏土会被压缩 0.040m。如果仅上表面或下表面发生渗透，则计算的主固结完成的时间约为：

A. 240d　　B. 170d　　C. 50d　　D. 340d

【解答】 $s=\frac{a}{1+e}\Delta pH$，则：$\frac{a}{1+e}=\frac{s}{\Delta pH}=\frac{0.040}{30\times5.1}=0.261\times10^{-3}\text{kPa}^{-1}$

$$C_{\text{v}}=\frac{k(1+e)}{a\gamma_{\text{w}}}=\frac{0.4\times10^{-3}}{0.261\times10^{-3}\times10}=0.153\text{m}^2/\text{d}$$

主固结完成：$U_{\text{t}}=1$，$T_{\text{v}}=1$，$T_{\text{v}}=\frac{C_{\text{v}}t}{H^2}$，则：

$t=\frac{T_{\text{v}}H^2}{C_{\text{v}}}=\frac{1\times5.1^2}{0.153}=170\text{d}$，应选B项。

【例 18-3-9】（历年真题）一个厚度为25mm的黏土试样固结试验结果表明，孔隙水压力从初始值到消减为零，用时2分45秒。如果地基中有一厚度为4.6m的相同黏土层，且该黏土层和试验样品的上下表面均可排水，则该黏土层的固结时间为：

A. 258.5d　　B. 120d

C. 64.7d　　D. 15.5d

【解答】 $T_{\text{v}}=\frac{C_{\text{v}}t^2}{H^2}$，双面排水，$t_2=165\text{s}$，则：

$$\frac{t_1}{t_2}=\left(\frac{H_1}{H_2}\right)^2=\left(\frac{4600/2}{25/2}\right)^2,\ t_1=5586240\text{s}=64.7\text{d}$$

应选C项。

习　题

18-3-1 （历年真题）关于有效应力原理，下列说法正确的是：

A. 土中的自重应力属于有效应力

B. 土中的自重应力属于总应力

C. 地基土层中水位上升不会引起有效应力的变化

D. 地基土层中水位下降不会引起有效应力的变化

18-3-2 （历年真题）饱和砂土在振动下液化，主要原因是：

A. 振动中细颗粒流失

B. 振动中孔压升高，导致土的强度丧失

C. 振动中总应力大大增加，超过了土的抗剪强度

D. 在振动中孔隙水流动加剧，引起管涌破坏

18-3-3 （历年真题）已知甲土的压缩模量为5MPa，乙土的压缩模量为10MPa，关于两种土的压缩性的比较，下面说法正确的是：

A. 甲土比乙土的压缩性大

B. 甲土比乙土的压缩性小

C. 不能判断，需要补充两种土的泊松比

D. 不能判断，需要补充两种土所受的上部荷载

18-3-4 （历年真题）已知甲土的压缩系数为0.1MPa^{-1}，乙土的压缩系数为

0.6MPa^{-1}，关于两种土的压缩性的比较，下面说法正确的是：

A. 甲土比乙土的压缩性大

B. 甲土比乙土的压缩性小

C. 不能判断，需要补充两种土的泊松比

D. 不能判断，需要补充两种土的强度指标

18-3-5　（历年真题）下面哪一个可以作为固结系数的单位？

A. 年/m　　B. m^2/年　　C. 年　　D. m/年

18-3-6　（历年真题）一个厚度为25mm的黏土试样固结试验结果表明，孔隙水压力消散为0，需要11min，该试验仅在样品的上表面排水。如果地基中有一层4.6m厚的相同黏土层，上下两个面都可以排水，则该层黏土固结时间为：

A. 258.6d　　B. 64.7d

C. 15.5d　　D. 120d

第四节　土的抗剪强度和土压力

★★★一、抗剪强度的基本概念

土的抗剪强度τ_f是指土体对于外荷载所产生的剪应力的极限抵抗能力。土的强度是指土的抗剪强度。土的抗剪强度理论运用于土压力计算、挡土墙设计、地基承载力计算、地基稳定性验算，以及土坡稳定验算等。

C·A·库仑（Coulomb，1773）根据砂土和黏性土的试验，将土的抗剪强度τ_f表达为剪切破坏面上法向总应力σ的函数，即：

砂土
$$\tau_f = \sigma\tan\varphi \tag{18-4-1}$$

黏性土
$$\tau_f = c + \sigma\tan\varphi \tag{18-4-2}$$

式中，τ_f为土的抗剪强度（kPa）；σ为总应力（kPa）；c为土的黏聚力，或称内聚力（kPa）；φ为土的内摩擦角（°）。

式（18-4-1）和式（18-4-2）统称为库仑公式或库仑定律，式中c、φ称为抗剪强度指标（参数）。σ-τ_f坐标中库仑公式表示为两条直线，如图18-4-1所示，可称为库仑强度线。由库仑公式可见，无黏性土的抗剪强度与剪切面上的法向应力成正比，还与内摩擦角有关，它的抗剪强度主要取决于土粒表面的粗糙度、土的密实度以及颗粒级配等因素。黏性土的抗剪强度由两部分组成，一部分是摩阻力（与法向应力成正比）；另一部分是与法向应力无关的、抵抗土体颗粒间相互滑动的黏聚力。

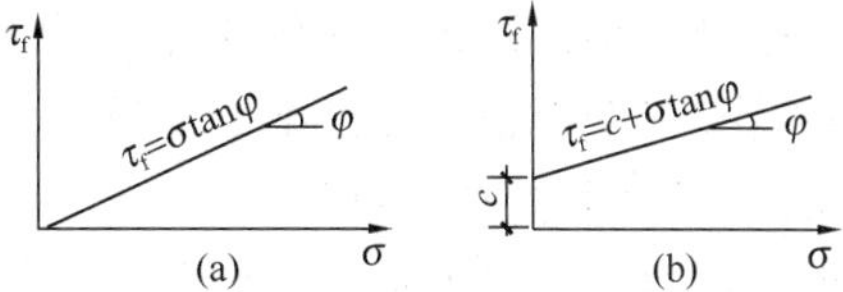

图18-4-1　抗剪强度与法向压应力之间的关系

（a）无黏性土；（b）黏性土

土的抗剪强度不仅与土的性质有关，还与试验时的排水条件、剪切速率、应力状态和应力历史等许多因素有关，其中最重要的是试验时的排水条件。根据K·太沙基（Terzaghi）的有效应力原理，库仑公式应表达为：

砂土 $$\tau_f = \sigma' \tan\varphi' \tag{18-4-3}$$

黏性土 $$\tau_f = c' + \sigma' \tan\varphi' \tag{18-4-4}$$

式中，σ'为有效应力（kPa）；c'为有效黏聚力（kPa）；φ'为有效内摩擦角（°）。

因此，土的抗剪强度有两种表达方法，一种是以总应力σ表示剪切破坏面上的法向应力，称为抗剪强度总应力法，相应的c、φ称为总应力强度指标（参数）；另一种则以有效应力σ'表示剪切破坏面上的法向应力，称为抗剪强度有效应力法，c'和φ'称为有效应力强度指标（参数）。注意，土的抗剪强度指标 、指标的试验测定方法要与具体的计算分析方法相匹配。

★★★二、抗剪强度的测定方法

土的抗剪强度测定方法有多种，在实验室内常用的有直接剪切试验、三轴压缩试验和无侧限抗压强度试验，现场原位测试有十字板剪切试验等。

1. 直接剪切试验

直接剪切试验（简称直剪试验）采用直接剪切仪（简称直剪仪）。为了近似模拟土体在现场受剪的排水条件，直剪试验可分为快剪、固结快剪和慢剪三种方法：①快剪试验是在试样施加竖向压力σ后，立即快速（0.8mm/min）施加水平剪应力使试样剪切；②固结快剪试验是允许试样在竖向压力下排水，待固结稳定后，再快速（0.8mm/min）施加水平剪应力使试样剪切破坏；③慢剪试验也是允许试样在竖向压力下排水，待固结稳定后，则以缓慢的速率（小于0.02mm/min）施加水平剪应力使试样剪切。

直剪试验可得到土的应力-应变曲线（τ-δ曲线）、抗剪强度曲线（τ-σ曲线）。

直剪仪具有构造简单、操作方便等优点，其存在的缺点是：①剪切面限定在上下盒之间的平面，而不是沿土样最薄弱面剪切破坏；②剪切面上剪应力分布不均匀，土样剪切破坏时先从边缘开始，在边缘发生应力集中现象；③在剪切过程中，土样剪切面逐渐缩小，而在计算抗剪强度时却是按土样的原截面面积计算的；④试验时不能严格控制排水条件，不能量测孔隙水压力。

直剪试验的三种试验，可以得到三组不同的强度指标，实际应用时应根据工程和土层的具体情况选用试验方法及其强度指标。例如，在深厚的高塑性黏土地基上，建筑物施工速度很快，预计黏土层在施工期排水固结程度很小，应采用快剪指标来分析地基的稳定性；若施工期很长，预计土层能够充分排水固结，但竣工后可能有瞬时加载，在这种情况下可以采用固结快剪指标；又若施工期很长，预计土层能够排水固结，地基荷载增长速度较慢，可以采用慢剪指标。

【例 18-4-1】（历年真题）直剪试验中快剪的试验结果最适用于下列哪种地基？

A. 快速加荷排水条件良好的地基　　B. 快速加荷排水条件不良的地基

C. 慢速加荷排水条件良好的地基　　D. 慢速加荷排水条件不良的地基

【解答】快剪适用于快速加荷排水条件不良的地基，应选B项。

2. 三轴压缩试验

三轴压缩试验采用三轴压缩仪。三轴压缩仪由压力室、轴向加荷系统、施加周围压力系统、孔隙水压力量测系统等组成。如图18-4-2所示，从材料力学应力分析可知，在σ_1和σ_3主应力作用下，任意方向平面上的正应力和剪应力可以用应力圆来表示。当应力圆的位置正好与抗剪强度线相切时，即切点对应平面上的剪应力 τ 达到了土的强度 τ_f，土样就被剪坏了。根据这一关系，取 3～4 个土样，在不同的 σ_3 作用下增加 $\Delta\sigma_1$ 直至 σ_1 使其破坏，分别将破坏时的应力圆画出来，作这些圆的公切线，即为土的抗剪强度线，其截距和倾角即为抗剪强度指标 c 和 φ。

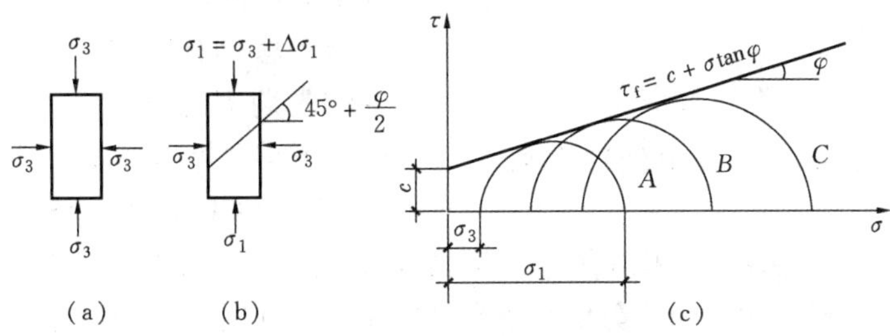

图 18-4-2　三轴压缩试验原理

（a）试样受周围压力；（b）破坏时试件上的主应力；（c）莫尔破坏包线

三轴压缩试验按剪切前受到周围压力 σ_3 的固结状态和剪切时的排水条件，分为如下三种方法：

（1）不固结不排水三轴试验（UU-test，unconsolidation undrained test）：简称不排水试验，试样在施加围压和随后施加竖向压力直至剪切破坏的整个过程中都不允许排水，试验自始至终关闭排水阀门，其强度指标符号为 c_u、φ_u。

（2）固结不排水三轴试验（CU-test，consolidation undrained test）：简称固结不排水试验，试样在施加围压 σ_3 时打开排水阀门，允许排水固结，待固结稳定后关闭排水阀门，再施加竖向压力，使试样在不排水的条件下剪切破坏，其强度指标符号为 c_{cu}、φ_{cu}。

（3）固结排水三轴试验（CD-test，consolidation drained test）：简称排水试验，试样在施加围压 σ_3 时允许排水固结，待固结稳定后，再在排水条件下施加竖向压力至试样剪切破坏，其强度指标符号为 c_d、φ_d。

三轴压缩仪的突出优点是能较为严格地控制排水条件以及可以量测试样中孔隙水压力的变化。试样中的应力状态也比较明确，破裂面是在最弱处。三轴压缩试验的缺点是试样中的主应力 $\sigma_2=\sigma_3$，而实际上土体的受力状态未必都属于这类轴对称情况。为此，应采用真三轴压缩仪、空心圆柱扭剪仪对试样在不同的三个主应力（$\sigma_1\neq\sigma_2\neq\sigma_3$）作用下进行试验。

饱和黏性土的三种试验（UU 试验、CU 试验和 CD 试验），其试验过程中控制排水条件也就是控制有效应力。

对于 UU 试验来说（图 18-4-3），整个试验过程中土样的体积不变，有效应力不随外应力而变化，所以三个总应力圆直径不变，有效应力圆只有一个。因此，只能得到土的总应力强度指标，即：

$$\varphi_u = 0 \tag{18-4-5}$$

$$\tau_f = c_u = \frac{\sigma_1 - \sigma_3}{2} = \frac{\sigma_1' - \sigma_3'}{2} \tag{18-4-6}$$

由于一组试样试验的结果，有效应力圆是同一个，因而无法得到有效应力破坏包线和

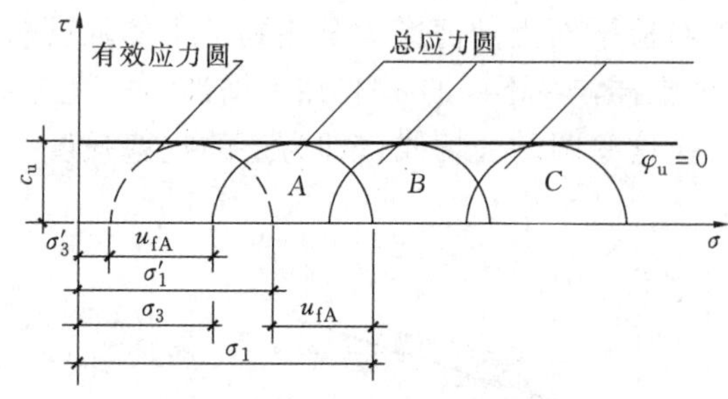

图 18-4-3　饱和黏性土不排水试验结果

c'、φ'值，因此，这种试验一般只用于测定饱和黏性土的不排水强度。如果饱和黏性土从未固结过，如泥浆状土，抗剪强度也必然等于零。一般从天然土层中取出的试样，相当于在某一压力下已经固结，总具有一定的天然程度。天然土层的先期固结压力 σ_p 是随深度变化的，所以不排水抗剪强度 c_u 也随深度变化。

对于 CU 试验（图 18-4-4），第一阶段施加 σ_3 时土样充分排水，体积压缩，外应力 σ_3 转化为骨架上的有效应力，土的强度随固结应力 σ_3 的增大而增大。因为剪切时不允许排水，破坏时仍有一部分孔隙水压力存在，总应力圆与有效应力圆直径大小相同，两者之间位置差即孔隙水压力 u_f。此时可分别得到一组总应力圆和强度包线（实线表示）及有效应力圆和强度包线（虚线表示），相应地能分别得到土的总应力强度指标 c_{cu}、φ_{cu}及有效应力强度指标 c'、φ'。

对于 CD 试验（图 18-4-5），整个试验过程中充分排水，故总应力圆就是有效应力圆，只能得到一条强度包线及其指标，即：$c'=c_d$、$\varphi'=\varphi_d$。

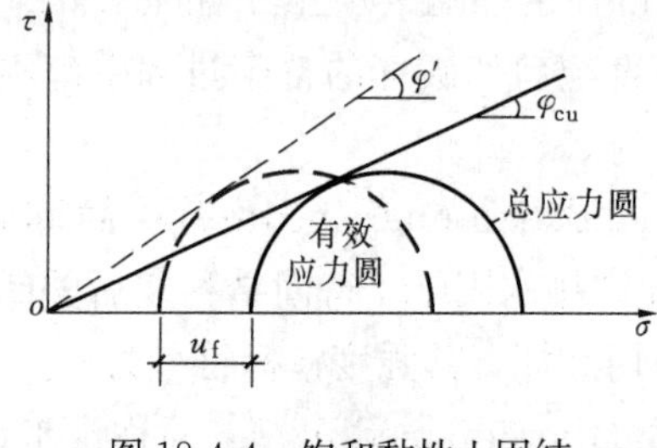

图 18-4-4　饱和黏性土固结不排水试验结果

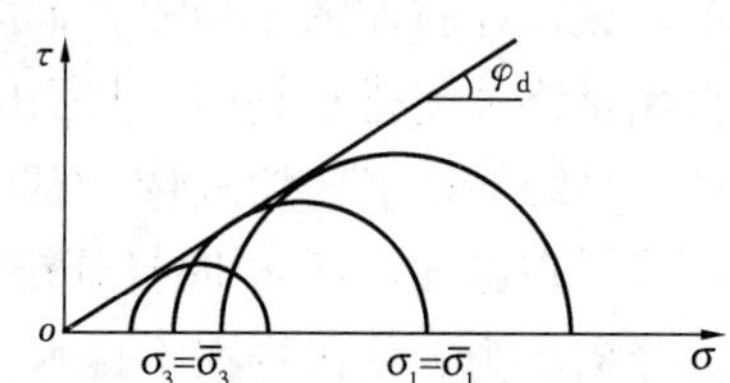

图 18-4-5　饱和黏性土固结排水试验结果

对于 CU 试验、CD 试验，正常固结的饱和黏性土，因为在固结压力为零时为泥浆状，不会具有抗剪强度，所以理论上有：$c_{cu}=0$；$c_d=0$。但从天然土层中取出的试样总具有一定的先期固结压力 σ_p，若此压力大于三轴试验围压时，土样呈超固结状态，因此，通常 c_{cu}及 c_d 不等于零。

同一种黏性土分别在三种不同排水条件下的试验结果，在 τ-σ 图上，如果以总应力表示，将得出完全不同的试验结果，而以有效应力表示，则不论采用哪种试验方法，都得到近乎同一条有效应力破坏包线。由此可见，土的抗剪强度与有效应力有唯一的对应关系。

一般地，由三轴固结不排水试验确定的有效应力强度指标 c'和 φ'宜用于分析地基的长期稳定性（例如土坡的长期稳定性分析，估计挡土结构物的长期土压力，位于软土地基上结构物的长期稳定分析等）；而对于饱和软黏土的短期稳定性问题，则宜采用不固结不排水试验的强度指标 c_u，即 $\varphi_u=0$，以总应力法进行分析。

若建筑物施工速度较快，而地基土的透水性和排水条件不良时，可采用三轴不固结不排水试验结果；如果地基荷载增长速率较慢，地基土的透水性较好（如低塑性黏土）以及排水条件较佳时（如黏土层中夹砂层），则可以采用三轴固结排水试验结果；如果介于以上两种情况之间，可采用三轴固结不排水试验结果。由于实际加荷情况和土的性质非常复杂，在确定强度指标时还应结合工程经验。

【例 18-4-2】（历年真题）下面哪一种试验方法不能用于测试土的不排水强度指标？

A. 快剪试验　　B. 不固结不排水试验

C. 十字板剪切试验　　D. 固结不排水试验

【解答】固结不排水试验时，首先进行排水固结，故不能用于测试土的不排水强度指标，应选 D 项。

3. 无侧限抗压强度试验

无侧限抗压强度试验采用无侧限抗压试验仪，它是在不加任何侧向压力的情况下施加垂直压力，直到使试样剪切破坏为止。

无侧限抗压强度试验又称单轴压缩试验，相当于三轴试验中 $\sigma_3=0$ 的条件。试验结果只能得到一个应力圆（图 18-4-6），若抗压强度为 q_u，则不排水抗剪强度 τ_f：

$$\tau_f = c_u = \frac{1}{2}q_u \tag{18-4-7}$$

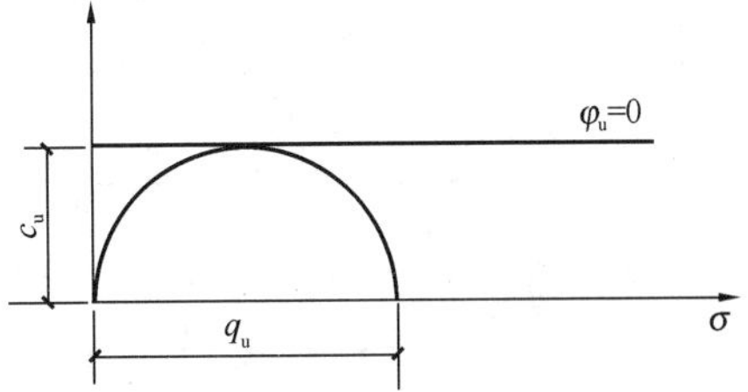

图 18-4-6　无侧限抗压强度试验结果

无侧限抗压试验仪还可以用来测定土的灵敏度 S_t。

4. 十字板剪切试验

十字板剪切试验常采用十字板剪切仪，它属于原位测试方法，其现场测定的土的抗剪强度 τ_f 按下式计算：

$$\tau_f = \frac{2M}{\pi D^2\left(H+\frac{D}{3}\right)} \tag{18-4-8}$$

式中，M 为剪切破坏时的扭力矩（kN·m）；H、D 分别为十字板的高度（m）和直径（m）。

十字板剪切试验在现场测定的土的抗剪强度，属于不排水剪切的试验条件，因此，其结果一般与无侧限抗压强度试验结果接近，即 $\tau_f \approx q_u/2$。十字板剪切试验适用于饱和软黏土（$\varphi=0$）。

【例 18-4-3】（历年真题）针对一项地基基础工程，到底是进行排水还是不排水固结，与下列哪项因素基本无关？

A. 地基渗透性　　B. 施工速率

C. 加载或者卸载　　D. 都无关

【解答】针对一项地基基础工程，到底是进行排水还是不排水固结，与地基渗透性、施工速率等有关，与加载或卸载无关，应选 C 项。

★★★三、土的抗剪强度理论

土中任意一点的应力状态用摩尔应力圆表示，图 18-4-7 表示该点摩尔应力圆与土的抗剪强度包线之间的关系。圆Ⅰ位于强度包线下方，说明该点在任何平面上的剪应力都小于土的抗剪强度；圆Ⅱ正好与强度包线相切，则切点 A 所代表的平面上的剪应力正好等于土的抗剪强度，该面即为破裂面，该面上的应力条件为极限平衡状态，圆Ⅱ也称为极限摩尔应力圆；圆Ⅲ与强度线相割，表示该点多个方向平面上剪应力超过了土的抗剪强度，实际上这种应力条件是不可能存在的。

根据极限摩尔应力圆与库仑强度线相切的几何关系，可建立下面的极限平衡条件，该条件称为莫尔-库仑强度理论。

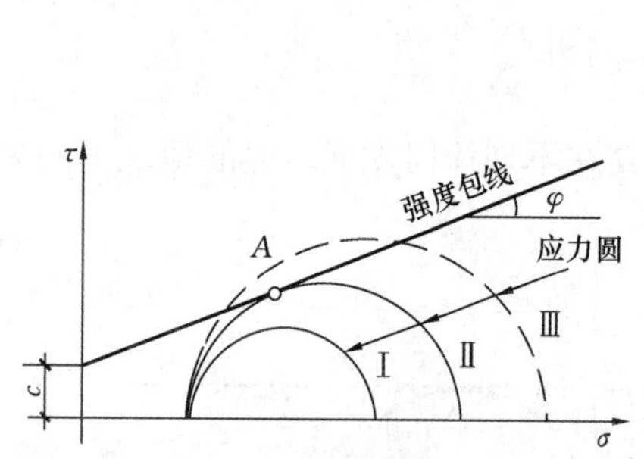

图 18-4-7　摩尔应力圆与抗剪强度包线的关系

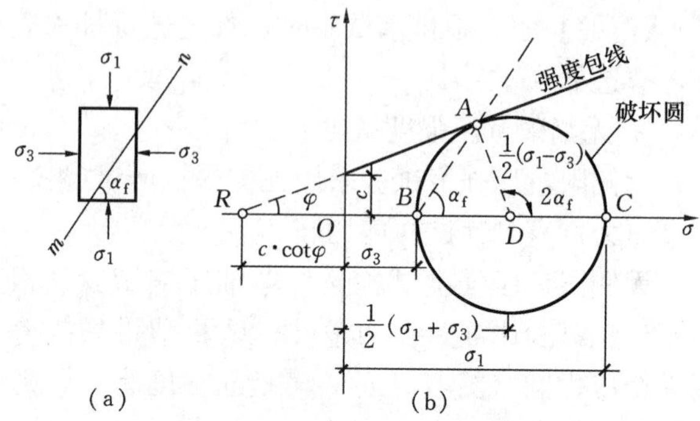

图 18-4-8　土体中一点达极限平衡状态时的莫尔圆

（a）单元微体；（b）极限平衡状态时的莫尔圆

如图 18-4-8 所示，根据几何关系，可得：

$$\sin\varphi = \frac{\overline{AD}}{\overline{RD}} = \frac{\frac{1}{2}(\sigma_1 - \sigma_3)}{c\cot\varphi + \frac{1}{2}(\sigma_1 + \sigma_3)} \tag{18-4-9}$$

由三角函数关系可得黏性土的极限平衡条件为：

$$\sigma_1 = \sigma_3 \tan^2\left(45^\circ + \frac{\varphi}{2}\right) + 2c\tan\left(45^\circ + \frac{\varphi}{2}\right) \tag{18-4-10}$$

或

$$\sigma_3 = \sigma_1 \tan^2\left(45^\circ - \frac{\varphi}{2}\right) - 2c\tan\left(45^\circ - \frac{\varphi}{2}\right) \tag{18-4-11}$$

对于砂土等无黏性土，由于 $c=0$，其极限平衡条件为：

$$\sigma_1 = \sigma_3 \tan^2\left(45^\circ + \frac{\varphi}{2}\right) \tag{18-4-12}$$

或

$$\sigma_3 = \sigma_1 \tan^2\left(45^\circ - \frac{\varphi}{2}\right) \tag{18-4-13}$$

其破裂面与大主应力 σ_1 作用面的夹角 α_f 为：

$$\alpha_f = 45^\circ + \frac{\varphi}{2} \tag{18-4-14}$$

【例 18-4-4】（历年真题）直径为 38mm 的干砂样品，进行常规三轴试验，围压恒定为

24.3kPa，竖向加载杆的轴向力为45.3N，则该样品的内摩擦角为：

A. 20.8°　　B. 22.3°　　C. 24.2°　　D. 26.8°

【解答】 干砂 $c=0$，竖向应力增量 $\Delta\sigma_1=\dfrac{F}{A}=\dfrac{45.3\times10^{-3}}{\dfrac{\pi}{4}\times0.038^2}=39.96\text{kPa}$

已知围压 $\sigma_3=24.33\text{kP}$，故 $\sigma_1=\Delta\sigma_1+\sigma_3=64.29\text{kPa}$

由极限平衡条件　$\sigma_3=\sigma_1\tan^2\left(45°-\dfrac{\varphi}{2}\right)$，则：

$24.33=64.29\tan^2\left(45°-\dfrac{\varphi}{2}\right)$，$\varphi=26.8°$

应选D项。

【例18-4-5】（历年真题）某饱和砂土（$c'=0$）试样进行CU试验，已知：围压 $\sigma_3=200\text{kPa}$，土样破坏时的轴向应力 $\sigma_{1f}=400\text{kPa}$，孔隙水压力 $u_f=100\text{kPa}$，则该土样的有效内摩擦角 φ' 为：

A. 20°　　B. 25°　　C. 30°　　D. 35°

【解答】 砂土 $c'=0$，$\sigma'_3=\sigma_3-u_f=200-100=100\text{kPa}$

$\sigma'_1=\sigma_{1f}-u_f=400-100=300\text{kPa}$

极限平衡条件：$\sigma'_3=\sigma'_1\tan^2\left(45°-\dfrac{\varphi'}{2}\right)$，则：

$100=300\tan^2\left(45°-\dfrac{\varphi'}{2}\right)$，$\varphi'=30°$

应选C项。

四、土压力计算

★1. 概述

土压力通常是指土因自重对挡土结构物产生的侧向压力，是作用于挡土结构物上的主要荷载。挡土墙侧的土压力可分为如下三种：

（1）主动土压力：当挡土墙向离开土体方向偏移至土体达到极限平衡状态时，作用在墙上的土压力称为主动土压力，用 E_a 表示，如图18-4-9（a）所示。

（2）被动土压力：当挡土墙向土体方向偏移至土体达到极限平衡状态时，作用在挡土墙上的土压力称为被动土压力，用 E_p 表示，如图18-4-9（b）所示。

（3）静止土压力：当挡土墙静止不动，土体处于弹性平衡状态时，土对墙的压力称为静止土压力，用 E_0 表示，如图18-4-9（c）所示。

在相同条件下，主动土压力小于静止土压力，而静止土压力又小于被动土压力，即：$E_a<E_0<E_p$，而且产生被动土压力所需的微小位移 Δ_p 大大超过产生主动土压力所需的微小位移 Δ_a（图18-4-10）。

2. 静止土压力

在墙背填土表面下任意深度 z 处取一单元体（图18-4-11），其上作用着竖向的土自重应力 γz，则该点的静止土压力强度可按下式计算：

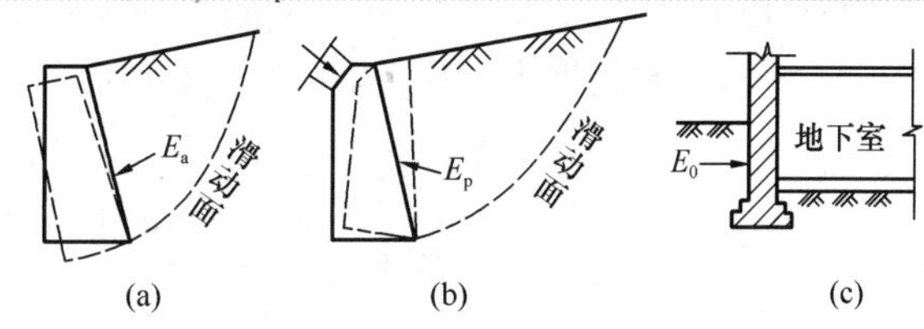

图18-4-9　挡土墙侧的三种土压力

（a）主动土压力；（b）被动土压力；（c）静止土压力

$$\sigma_0 = K_0 \gamma z \tag{18-4-15}$$

式中，σ_0 为静止土压力强度（kPa）；K_0 为静止土压力系数，对于正常固结土按经验公式 $K_0 = 1 - \sin\varphi'$（φ'为土的有效内摩擦角）计算；γ 为墙背填土的重度（kN/m^3）。

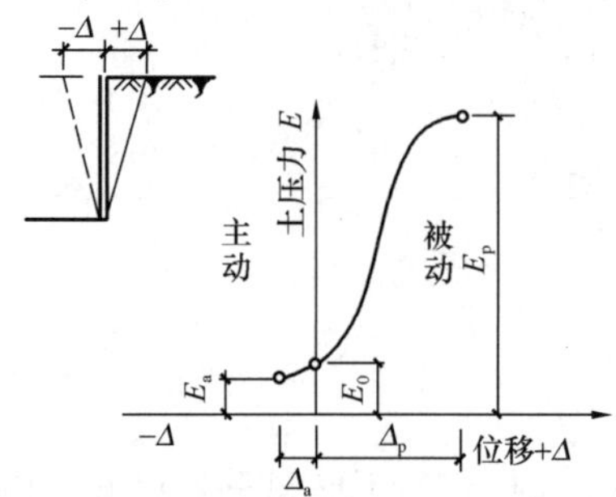

图 18-4-10　墙身位移和土压力的关系

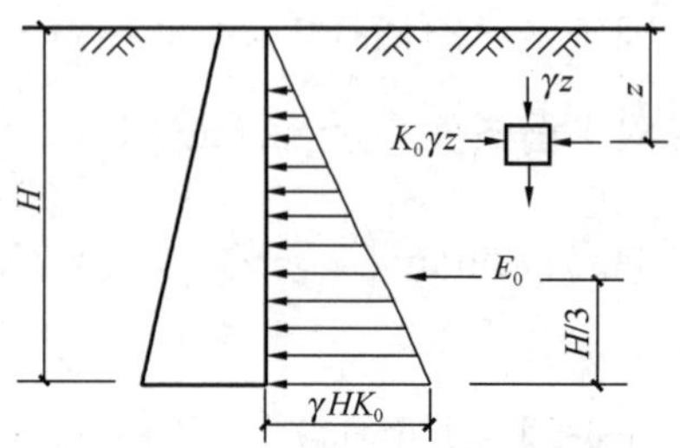

图 18-4-11　静止土压力的分布

静止土压力强度 σ_0 沿墙高为三角形分布。

取单位墙长，作用在墙上的静止土压力为：

$$E_0 = \frac{1}{2}\gamma H^2 K_0 \tag{18-4-16}$$

式中，E_0 为静止土压力（kN/m），E_0 的作用点在距墙底 $H/3$ 处；H 为挡土墙高度（m）。

【例 18-4-6】（历年真题）正常固结砂土地基土的内摩擦角为 30°，则其静止土压力系数为：

A. 0.50　　B. 1.0　　C. 0.68　　D. 0.25

【解答】 $K_0 = 1 - \sin 30° = 0.50$

应选 A 项。

★★★3. 朗肯土压力理论

朗肯土压力理论是根据半空间的应力状态和土单元体（土中一点）的极限平衡条件而得出的土压力古典理论之一，其基本假定是：墙背竖直且光滑无摩擦，墙后填土面水平。

（1）朗肯主动土压力

把挡土墙视作一半的土体，墙背可看作为小主应力平面；水平面为大主应力平面。达到主动破坏时，作用在墙背上的土压力为小主应力即 $\sigma_a = \sigma_3$。

墙背上任意深度 z 处的土压力强度值为（图 18-4-12）：

无黏性土
$$\sigma_a = \gamma z K_a \tag{18-4-17}$$

黏性土
$$\sigma_a = \gamma z K_a - 2c\sqrt{K_a} \tag{18-4-18}$$

式中，c 为填土的黏聚力；K_a 为主动土压力系数，它与填土的内摩擦角 φ 的关系是：

$$K_a = \tan^2\left(45° - \frac{\varphi}{2}\right) \tag{18-4-19}$$

朗肯主动土压力强度沿墙高呈线性分布，因此，对无黏性土作用在高度为 H 的墙背上的主动土压力 E_a 作用在离墙底 $H/3$ 处，其值为：

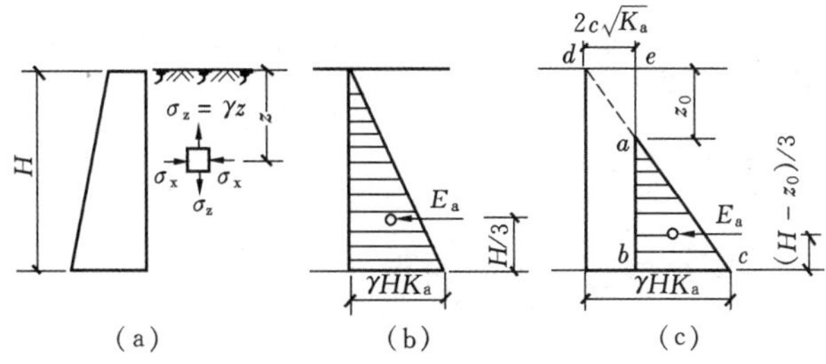

图 18-4-12　主动土压力强度分布图

(a) 主动土压力的作用；(b) 无黏性土；(c) 黏性土

$$E_a = \frac{1}{2}\gamma H^2 K_a \tag{18-4-20}$$

黏性土由于黏聚力 c 引起负侧压力 $2c\sqrt{K_a}$，对墙背是拉力，墙与土在很小的拉力作用下会分离，故不考虑该部分即临界深度 z_0 范围内的拉力。在 z_0 深度范围内可以竖直开挖，即使没有支挡也不易失稳。令式（18-4-18）为零，可求出 z_0 值：

$$z_0 = \frac{zc}{\gamma\sqrt{K_a}} \tag{18-4-21}$$

黏性土的主动土压力 E_a 为：

$$E_a = \frac{1}{2}(H - z_0)(\gamma HK_a - 2c\sqrt{K_a}) \tag{18-4-22}$$

E_a 作用在离墙底（$H-z_0$）/3 处。

【例 18-4-7】（历年真题）黏聚力为 10kPa，内摩擦角为 10°，重度为 18kN/m³ 的黏土中进行垂直开挖，侧壁保持不滑动的最大高度为：

A. 1.3m　　B. 0m　　C. 5.2m　　D. 10m

【解答】 $H_{max} = z_0 = \frac{2c}{\gamma\sqrt{K_a}}$，又 $K_a = \tan^2\left(45° - \frac{10°}{2}\right) = 0.704$，则：

$H_{max} = \frac{2\times10}{18\times\sqrt{0.704}} = 1.32$m，应选 A 项。

(2) 朗肯被动土压力

朗肯被动土压力是由于墙推土引起的土压力，因此，墙面变成为大主应力作用平面，与其垂直的水平面为小主应力作用平面。作用在墙背上的土压力为大主应力即 $\sigma_p = \sigma_1$。图 18-4-13表示墙背被动土压力的分布情况，墙背被动土压力分布强度 σ_p 和被动土压力 E_p 为：

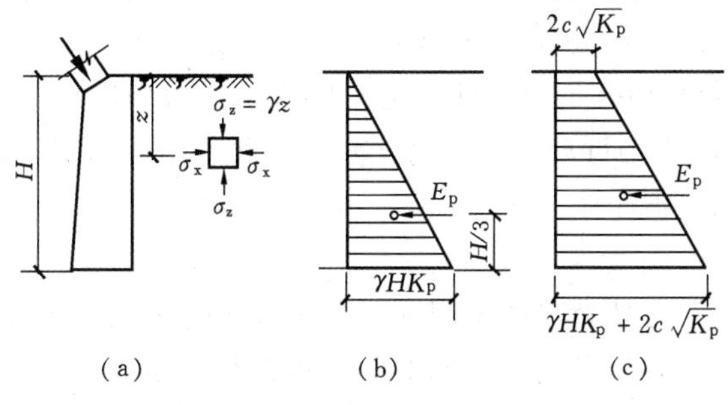

图 18-4-13　被动土压力强度分布图

(a) 被动土压力的作用；(b) 无黏性土；(c) 黏性土

无黏性土 $\sigma_p = \gamma z K_p$ (18-4-23)

黏性土 $\sigma_p = \gamma z K_p + 2c\sqrt{K_p}$ (18-4-24)

无黏性土 $E_p = \frac{1}{2}\gamma H^2 K_p$ (18-4-25)

黏性土 $E_p = \frac{1}{2}\gamma H^2 K_p + 2cH\sqrt{H_p}$ (18-4-26)

式中，K_p 为被动土压力系数，即：

$$K_p = \tan^2\left(45° + \frac{\varphi}{2}\right) \tag{18-4-27}$$

E_p 作用在三角形（无黏性土）或梯形（黏性土）的形心处。

（3）几何特殊情况下的朗肯土压力计算

1）墙后填土表面有超载时，土压力计算总的原则是将超载看作增加了滑动体的重量来考虑，即将超载视为当量土层。

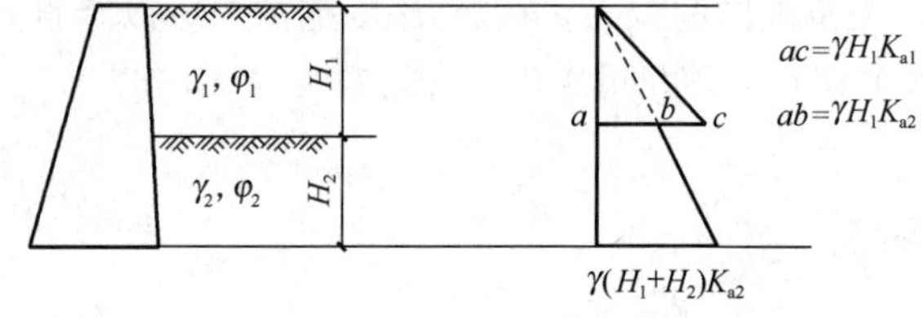

图 18-4-14 成层土的土压力计算

2）墙后填土成层的情况。例如墙后填土由两层不同种类的水平土层组成时，第一层仍按均质计算；计算第二层土压力时，可将第一层土重量 $\gamma_1 H_1$ 作为超载作用在第二层顶面，并按第二层土指标计算土压力。因此，在土层分界面上会出现两个土压力强度数值：其中一个是第一土层底面的土压力强度；另一个是第二土层顶面的土压力强度，如图 18-4-14所示，双层砂土填土，$\varphi_1 < \varphi_2$，$\gamma_1 = \gamma_2$。

3）墙后填土中有地下水存在时，墙背上除受到土压力作用外，还受到水压力作用。地下水位以上部分的土压力计算同前，对地下水位以下部分的水、土压力，一般采用“水土分算”和“水土合算”两种方法。对于砂性和粉土，可按水土分算原则进行，即分别计算土压力和水压力，然后两者叠加，对于黏性土可根据现场情况和工程经验，按水土分算或水土合算进行。水土分算法是采用土的有效重度 γ' 及有效应力强度指标 c' 和 φ' 来计算土压力，按静压力计算水压力，然后两者叠加为总的侧压力；而水土合算可用土的饱和重度 γ_{sat} 计算总的水土压力。

（4）其他注意事项

朗肯土压力理论忽略了墙背与填土之间的摩擦影响，因此，使朗肯主动土压力计算值比理论值（即极限平衡理论解）大，朗肯被动土压力计算值比理论值小。

【例 18-4-8】（历年真题）朗肯土压力理论没有考虑墙背与土体之间的摩擦作用，这会导致使用朗肯土压力理论计算的主动土压力与实际相比：

A. 偏小

B. 偏大

C. 在墙背与填土间的摩擦角较小时偏大，较大时偏小

D. 在墙背与填土间的摩擦角较小时偏大，较大时偏大

【解答】 朗肯主动土压力计算值比实际值偏大，应选 B 项。

★4. 库仑土压力理论

库仑土压力理论是根据墙后土体处于极限平衡状态并形成一滑动楔体时，从楔体的静力平衡条件得出的土压力计算理论，其基本假定是：①墙后的填土是想想的散粒体（黏聚力 $c=0$）；②滑动破坏面为一平面；③滑动土楔体视为刚体。

（1）库仑主动土压力

如图 18-4-15（a）所示，当墙向前移动或转动而使墙后土体沿某一破坏面$\overline{BC}$破坏时，土楔 ABC 向下滑动而处于主动极限平衡状态。此时，作用于土楔 ABC 上的力有：

1）土楔体的自重 $G=\triangle ABC\cdot\gamma$，$\gamma$ 为填土的重度，只要破坏面$\overline{BC}$的位置确定，G 的大小就是已知值，其方向向下；

2）破坏面$\overline{BC}$上的反力 R，其大小是未知的，R 与破坏面$\overline{BC}$的法线 N_1 之间的夹角等于土的内摩擦角 φ，并位于 N_1 的下侧；

3）墙背对土楔体的反力 E，与它大小相等、方向相反的作用力就是墙背上的土压力。

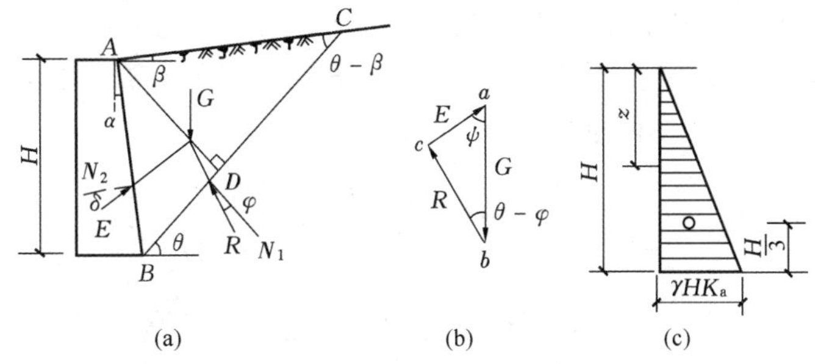

图 18-4-15　按库仑理论求主动土压力

（a）土楔上的作用力；（b）力矢三角形；（c）主动土压力强度分布

土楔体在以上三力作用下处于静力平衡状态，其构成一闭合的力矢三角形。根据三角函数关系以及土楔体自重 G，可推导出库仑主动土压力 E_a 的计算公式，即：

$$E_a=\frac{1}{2}\gamma H^2K_a \tag{18-4-28}$$

$$K_a=\frac{\cos^2(\varphi-\alpha)}{\cos^2\alpha\cos(\alpha+\delta)\left[1+\sqrt{\dfrac{\sin(\varphi+\delta)\sin(\varphi-\beta)}{\cos(\alpha+\delta)\cos(\beta-\alpha)}}\right]^2} \tag{18-4-29}$$

式中，K_a 为库仑主动土压力系数；α 为墙背的倾斜角，俯斜时取正号，仰斜时取负号；φ 为填土的内摩擦角；δ 为土对挡土墙墙背的摩擦角；β 为墙后填土面的倾角。

库仑主动土压力强度可按下式计算：

$$\sigma_a=\frac{\mathrm{d}E_a}{\mathrm{d}z}=\frac{\mathrm{d}}{\mathrm{d}z}\left(\frac{1}{2}\gamma z^2K_a\right)=\gamma zK_a \tag{18-4-30}$$

由上式可见，库仑主动土压力强度沿墙高呈三角形分布，主动土压力的作用点在离墙底 $H/3$ 处，方向与墙背法线的夹角为 δ。注意，图 18-4-15（c）所示的主动土压力强度分布图只表示其大小，而不代表其作用方向。

（2）库仑被动土压力

当墙受外力作用推向填土，直至土体沿某一破坏面$\overline{BC}$破坏时，土楔 ABC 向上滑动，并处于被动极限平衡状态（图 18-4-16）。按上述求库仑主动土压力同样的原理可求得库仑被动土压力 E_p 的计算公式为：

$$E_p=\frac{1}{2}\gamma H^2K_p \tag{18-4-31}$$

$$K_p=\frac{\cos^2(\varphi+\alpha)}{\cos^2\alpha\cos(\alpha-\delta)\left[1-\sqrt{\dfrac{\sin(\varphi+\delta)\sin(\varphi+\beta)}{\cos(\alpha-\delta)\cos(\alpha-\beta)}}\right]^2} \tag{18-4-32}$$

式中，K_p 为库仑被动土压力系数。

库仑被动土压力强度可按下式计算：

$$\sigma_p=\frac{dE_p}{dz}=\frac{d}{dz}\left(\frac{1}{2}\gamma z^2K_p\right)=\gamma zK_p \tag{18-4-33}$$

库仑被动土压力强度沿墙高也呈三角形分布，被动土压力的作用点在距离墙底 $H/3$ 处，方向与墙背法线的夹角为 δ。注意，图 18-4-16（c）所示的被动土压力强度分布图只表示其大小，而不代表其作用方向。

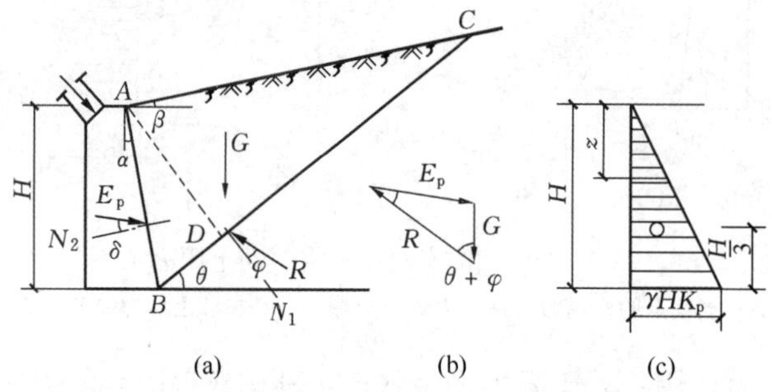

图 18-4-16 按库仑理论求被动土压力

（a）土楔上的作用力；（b）力矢三角形；（c）被动土压力强度分布

（3）注意事项

1）当墙背竖直且光滑，填土表面为水平（$\alpha=0$，$\delta=0$，$\beta=0$）时，用库仑和朗肯这两种理论计算的结果相同。

2）从库仑主动土压力计算公式可知，主动土压力系数K_a与 φ、α、β、δ 等因素有关，即：

① φ 越大，K_A 越小。故要重视墙后填土的质量，夯填密实，可减小主动土压力。

② 填土与墙背的摩擦角 δ 与墙背粗糙度、填料性质、排水条件等因素有关。当墙背平滑或排水不良时，可取 $\delta=0\sim\frac{1}{3}\varphi$；当墙背粗糙和排水良好时，可取 $\delta=\left(\frac{1}{3}\sim\frac{1}{2}\right)\varphi$。当 δ 越大，K_a 越小。

3）库仑变动土压力计算值比理论值（极限平衡理论解）小，其偏小不多；库仑被动土压力计算值比理论值大，其偏大较多。

★★★五、挡土墙设计

1. 概述

挡土墙按所用材料分类可分为：毛石、砖、混凝土和钢筋混凝土等；按结构类型可分为：重力式、悬臂式、扶壁式、板桩式等（图 18-4-17）。

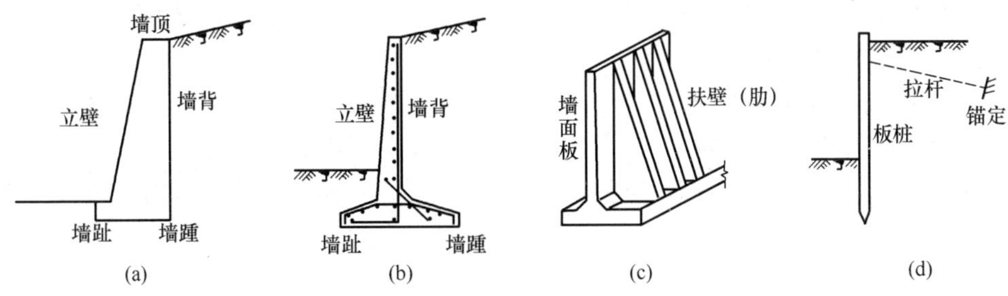

图 18-4-17　挡土墙类型

（a）重力式；（b）悬臂式；（c）扶壁式；（d）板桩式

重力式挡土墙按墙背的倾斜情况分为仰斜、垂直和俯斜三种（图 18-4-18）。墙基的前缘称为墙址，后缘称为墙踵。从受力情况分析，仰斜式的主动土压力最小，俯斜式的主动土压力最大。从挖、填方施工角度来看，如果边坡为挖方，采用仰斜式较合理，因为仰斜式的墙背可以和开挖的临时边坡紧密贴合；如果边坡为填方，则采用俯斜式或垂直式较合理，因为仰斜式挡土墙的墙背填土的夯实比较困难。此外，当墙前地形平坦时，采用仰斜式较好，而当地形较陡时，则采用垂直墙背较好。综上所述，设计时应优先采用仰斜式，其次是垂直式。

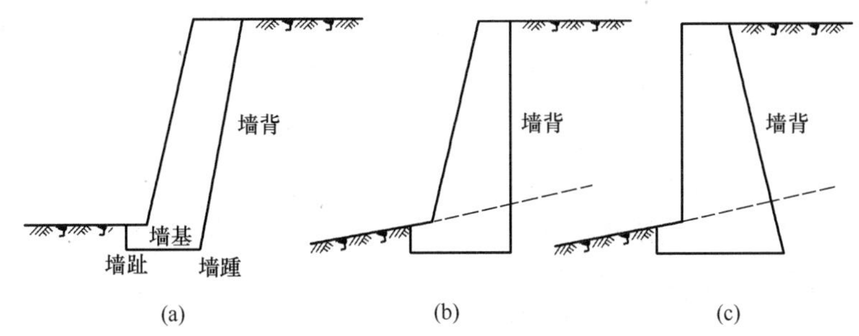

图 18-4-18　重力式挡土墙墙背倾斜形式

（a）仰斜墙；（b）垂直墙；（c）俯斜墙

为了减小主动土压力，还可采用衡重式、带减压平台的挡土墙，如图18-4-19所示。为了满足挡土墙的抗滑稳定性要求，可将挡土墙基底做成逆坡；为了减小基底压力，可以加墙趾台阶，这有利于墙的抗滑移和抗倾覆稳定，如图 18-4-19 所示。

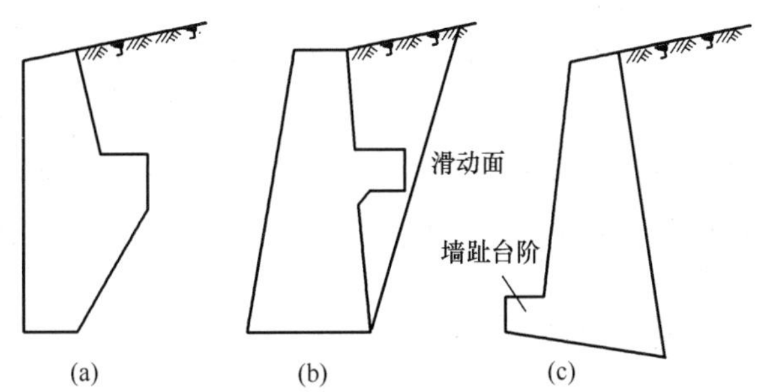

图 18-4-19　几种特殊的重力式挡土墙

（a）衡重式；（b）带减压平台的；（c）逆坡式和墙趾台阶

【例 18-4-9】(历年真题)如果其他条件保持不变,墙后填土的下列哪项指标的变化,会引起挡土墙的主动土压力增大?

A. 填土的内摩擦角 φ 减小　　B. 填土的重度 γ 减小

C. 填土的压缩模量 E 增大　　D. 填土的黏聚力 c 增大

【解答】根据挡土墙主动土压力系数,可知,当填土的内摩擦角 φ 减小,主动土压力系数增大,即主动土压力增大,应选 A 项。

2. 重力式挡土墙设计

重力式挡土墙设计内容包括:①稳定性验算,即抗倾覆和抗滑移稳定性验算;②地基承载力验算;③地基整体稳定性验算;④墙身强度计算;⑤构造等。《建筑地基规范》规定:

6.7.5 挡土墙的稳定性验算应符合下列规定:

1 抗滑移稳定性应按下列公式进行验算(图 6.7.5-1):

$$\frac{(G_n+E_{an})\mu}{E_{at}-G_t}\geqslant 1.3 \quad (6.7.5\text{-}1)$$

$$G_n=G\cos\alpha_0 \quad (6.7.5\text{-}2)$$

$$G_t=G\sin\alpha_0 \quad (6.7.5\text{-}3)$$

$$E_{at}=E_a\sin(\alpha-\alpha_0-\delta) \quad (6.7.5\text{-}4)$$

$$E_{an}=E_a\cos(\alpha-\alpha_0-\delta) \quad (6.7.5\text{-}5)$$

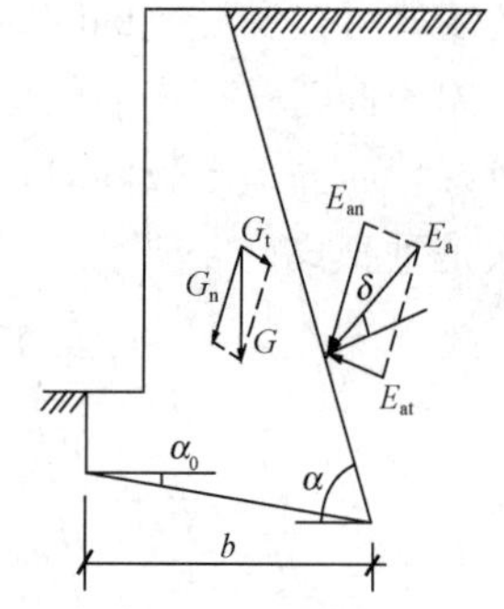

图 6.7.5-1 挡土墙抗滑稳定验算示意

式中:G——挡土墙每延米自重(kN);

α_0——挡土墙基底的倾角(°);

α——挡土墙墙背的倾角(°);

δ——土对挡土墙墙背的摩擦角(°);

μ——土对挡土墙基底的摩擦系数。

2 抗倾覆稳定性应按下列公式进行验算(图 6.7.5-2):

$$\frac{Gx_0+E_{az}x_f}{E_{ax}z_f}\geqslant 1.6 \quad (6.7.5\text{-}6)$$

$$E_{ax}=E_a\sin(\alpha-\delta) \quad (6.7.5\text{-}7)$$

$$E_{az}=E_a\cos(\alpha-\delta) \quad (6.7.5\text{-}8)$$

$$x_f=b-z\cot\alpha \quad (6.7.5\text{-}9)$$

$$z_f=z-b\tan\alpha_0 \quad (6.7.5\text{-}10)$$

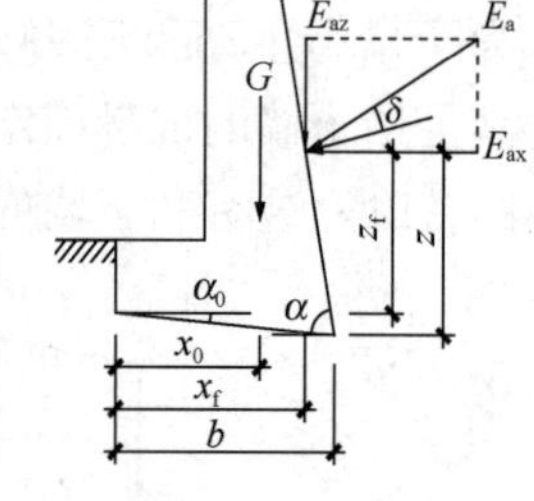

图 6.7.5-2 挡土墙抗倾覆稳定验算示意

式中:z——土压力作用点至墙踵的高度(m);

x_0——挡土墙重心至墙趾的水平距离(m);

b——基底的水平投影宽度(m)。

6.7.4 重力式挡土墙的构造应符合下列规定:

1 重力式挡土墙适用于高度小于 8m、地层稳定、开挖土石方时不会危及相邻建筑物的地段。

2　重力式挡土墙可在基底设置逆坡。对于土质地基，基底逆坡坡度不宜大于1∶10；对于岩石地基，基底逆坡坡度不宜大于1∶5。

3　毛石挡土墙的墙顶宽度不宜小于400mm；混凝土挡土墙的墙顶宽度不宜小于200mm。

4　重力式挡墙的基础埋置深度，应根据地基承载力、水流冲刷、岩石裂隙发育及风化程度等因素进行确定。在特强冻涨、强冻涨地区应考虑冻涨的影响。在土质地基中，基础埋置深度不宜小于0.5m；在软质岩地基中，基础埋置深度不宜小于0.3m。

5　重力式挡土墙应每间隔10m～20m设置一道伸缩缝。当地基有变化时宜加设沉降缝。在挡土结构的拐角处，应采取加强的构造措施。

习　　题

18-4-1　（历年真题）在饱和软黏土地基上进行快速临时基坑开挖，不考虑坑内降水。如果有一个测压管埋置在基坑边坡位置内，开挖结束时的测压管水头比初始状态会：

A. 上升　　B. 不变　　C. 下降　　D. 不确定

18-4-2　（历年真题）要估计一个过去曾经滑动过的古老边坡的稳定性，宜采用下述哪个土体强度指标？

A. 峰值强度　　B. 临界强度　　C. 残余强度　　D. 特征应力强度

18-4-3　（历年真题）影响岩土的抗剪强度的因素有：

A. 应力路径　　B. 剪胀性　　C. 加载速度　　D. 以上都是

18-4-4　（历年真题）利用土的侧限压缩试验不能得到的指标是：

A. 压缩系数　　B. 侧限变形模量　　C. 体积压缩系数　　D. 泊松比

18-4-5　（历年真题）土的强度指标 c、φ 涉及下面的哪一种情况？

A. 一维固结　　B. 地基土的渗流

C. 地基承载力　　D. 黏性土的压密

18-4-6　（历年真题）下面哪一种试验不能测试土的强度指标？

A. 三轴试验　　B. 直剪试验

C. 十字板剪切试验　　D. 载荷试验

第五节　地基承载力理论和边坡稳定

一、地基承载力理论

★★★1. 地基破坏模式

在竖向荷载作用下，浅基础的地基破坏模式有三种：整体剪切破坏、局部剪切破坏和冲切剪切破坏，如图18-5-1所示。

（1）整体剪切破坏：如图18-5-1（a）所示，当荷载达到一定数值时，在基础的边缘点下土体首先发生剪切破坏，随着荷载增加，剪切破坏区也逐渐扩大，其 p-s 曲线由线性开始弯曲。当剪切破坏区在地基中形成一片，成为连续的滑动面时，基础就会急剧下沉并向一侧倾斜及倾倒，基础两侧的地面向上隆起，地基发生整体剪切破坏，地基基础失去了

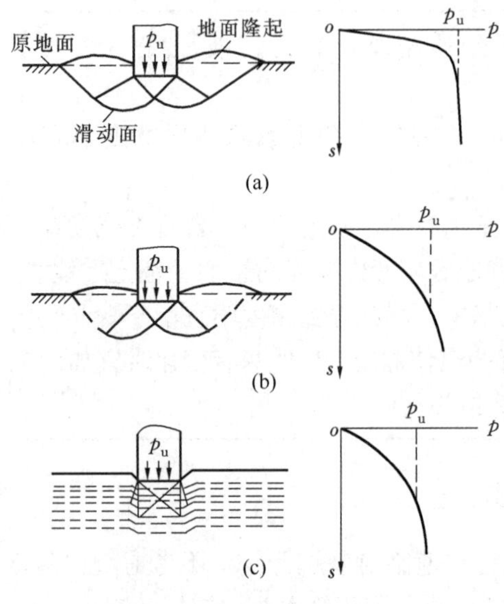

图 18-5-1　地基破坏模式
（a）整体剪切破坏；（b）局部剪切破坏；（c）冲切剪切破坏

继续承载能力。其 p-s 曲线具有明显的转折点，破坏前建筑物一般不会发生过大的沉降，它是一种典型的土体抗剪强度破坏，破坏有一定的突然性。整体剪切破坏一般在密砂和坚硬的黏土中最有可能发生。

（2）局部剪切破坏：如图 18-5-1(b)所示，在荷载作用下，地基在基础边缘以下开始发生剪切破坏，随着荷载增加，地基变形增大，破坏区域继续扩大，基础两侧土体有部分隆起，但破坏只集中在某一个区域，没有形成连续的滑动面延伸至地面，基础没有明显的倾斜和倒塌。基础由于产生过大的沉降而丧失继续承载能力。其 p-s 曲线一般没有明显的转折点，其直线段范围较小，是一种以变形较快发展为主要特征的破坏模式。

（3）冲切剪切破坏：如图 18-5-1（c）所示，在荷载作用下，基础产生较大沉降，基础周围的部分土体也产生下陷，破坏时基础好像“刺入”地基土层中，不出现明显的破坏区和滑动面，基础没有明显的倾斜，其 p-s 曲线没有转折点，是一种典型的以变形为特征的破坏模式。冲切剪切破坏在压缩性较大的松砂、软土地基中或基础埋深较大情况下较容易发生。

★★★2. 地基临塑荷载、临界荷载和极限荷载

根据载荷试验，地基土中应力状态分为三个阶段：压缩阶段、剪切阶段和隆起阶段，如图 18-5-2 所示。

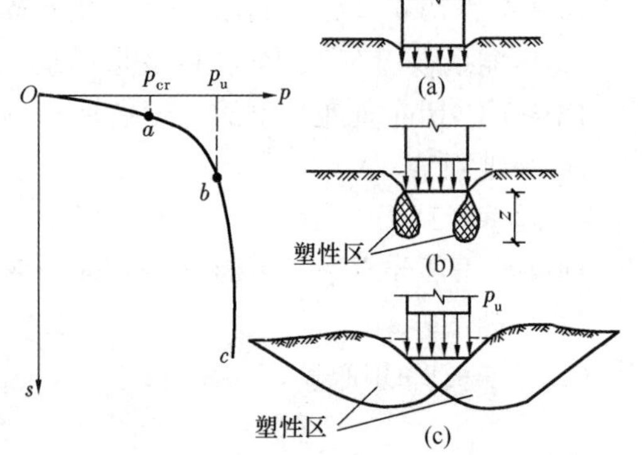

图 18-5-2　地基土中应力状态的三个阶段
（a）压缩阶段；（b）剪切阶段；（c）隆起阶段

压缩阶段：对应于 p-s 曲线的 Oa 段，这个阶段的外加荷载较小，地基土以压缩变形为主，压力与变形之间基本呈线性关系，此时地基中的应力处于弹性平衡状态。

剪切阶段（又称塑性变形阶段）：对应于 p-s 曲线的 ab 段，从基础两侧底边缘开始，局部区域土中剪应力等于该处土的抗剪强度，土体发生塑性变形，宏观上 p-s 曲线呈现非线性变化。随着荷载的增大，基础下土的塑性变形区扩大，p-s 曲线的斜率增大。在这一阶段，虽然地基土的部分区域发生了塑性变形，但塑性变形区并未在地基中连成一片，地基仍有一定的稳定性。

隆起阶段：对应 p-s 曲线的 bc 段，该阶段基础以下两侧的地基塑性变形区贯通并连成一片，基础两侧土体隆起，滑动边界范围内的全部土体都处于塑性破坏状态，地基丧失稳定。

（1）临塑荷载（亦称比例界限荷载）

临塑荷载 p_{cr} 是指基础边缘地基中刚要出现塑性变形区时基底单位面积上所承担的荷载，即从压缩阶段过渡到剪切阶段的界限荷载，是 p-s 曲线上 a 点所对应的荷载。根据塑性变形区边界方程，可推导出地基临塑荷载 p_{cr}，即：

$$p_{cr} = cN_c + qN_q \tag{18-5-1}$$

式中，N_c、N_q 为承载力系数，均为土的内摩擦角 φ 的函数；q 为基础两侧超载；c 为土的黏聚力。

（2）临界荷载

临界荷载是指允许地基土产生一定范围塑性变形区所对应的荷载。在中心荷载作用下，控制塑性区最大开展深度 $z_{max}=b/4$（b 为基础宽度），在偏心荷载下控制 $z_{max}=b/3$，对一般建筑物是允许的。$p_{1/4}$、$p_{1/3}$ 分别是允许地基产生 $z_{max}=b/4$ 和 $b/3$ 范围塑性区所对应的两个临界荷载。推导可得到 $p_{1/4}$、$p_{1/3}$ 的计算公式如下：

$$p_{1/4} = cN_c + qN_q + \gamma b N_{1/4} \tag{18-5-2}$$

$$p_{1/3} = cN_c + qN_q + \gamma b N_{1/3} \tag{18-5-3}$$

式中，$N_{1/4}$、$N_{1/3}$ 均为承载力系数，均为 φ 的函数，其他同前。

由上可知，临界荷载 $p_{1/4}$、$p_{1/3}$ 均由三项组成，第一项、第二项分别反映了地基土黏聚力和基础埋深对承载力的影响，这两项组成了临塑荷载；第三项表现为基础宽度和地基土重度的影响，实际上受塑性区开展深度的影响。这三项都随内摩擦角 φ 的增大而增大。临界荷载随 c、φ、q、γ、b 的增大而增大。

（3）极限荷载（亦称极限承载力）

极限荷载 p_u 是指从剪切阶段过渡到隆起阶段的界限荷载，是 p-s 曲线上 b 点所对应的荷载，即地基失稳时所能承受的极限荷载，故也称地基极限承载力。

【例 18-5-1】（历年真题）某地基土的临塑荷载 p_{cr}，临界荷载 $p_{1/4}$、$p_{1/3}$ 及极限荷载 p_u 间的数值大小关系为：

A. $p_{cr}<p_{1/4}<p_{1/3}<p_u$　　B. $p_{cr}<p_u<p_{1/3}<p_{1/4}$

C. $p_{1/3}<p_{1/4}<p_{cr}<p_u$　　D. $p_{1/4}<p_{1/3}<p_{cr}<p_u$

【解答】 $p_{cr}<p_{1/4}<p_{1/3}<p_u$，应选 A 项。

★3. 地基极限承载力理论计算

（1）普朗特和瑞斯纳极限承载力

普朗特（Prandtl）假定条形基础具有足够大的刚度，且底面光滑，地基土具有刚塑性性质，地基土重度为零，基础置于地基表面。当作用在基础上的荷载足够大时，基础陷入地基中，产生如图 18-5-3 所示的整体剪切破坏。如图 18-5-3 所示，塑性极限平衡区分为三个区域：Ⅰ区为朗肯主动区，即中心楔体；与之相邻的Ⅱ区为普朗特区（也称过渡区）；与过渡区相邻的Ⅲ区为朗肯被动区。由此推导出地基极限承载力为：

$$p_u = cN_c \tag{18-5-4}$$

式中，N_c 为承载力系数，与地基土的内摩擦角 φ 值有关；c 为土的黏聚力。

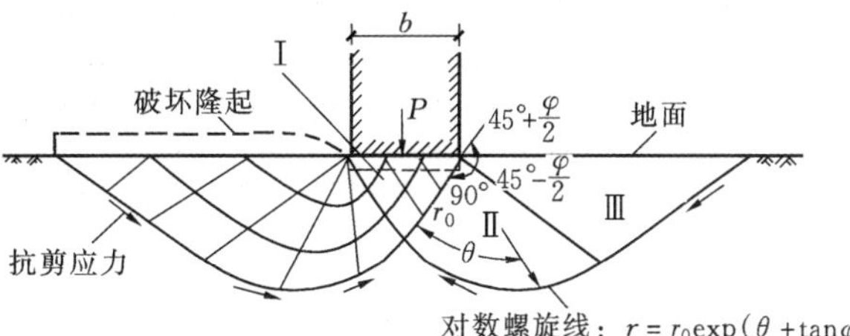

图 18-5-3　普朗特地基整体剪切破坏模式

瑞斯纳（Ressiner）考虑了基础埋深的影响，对普朗特公式进行了修正，其地基极限承载力为：

$$p_u = cN_c + qN_q \tag{18-5-5}$$

式中，N_q 为承载力系数，与地基土的 φ 值有关。

（2）太沙基极限承载力

K·太沙基（Terzaghi）对普朗特理论进行了修正，考虑了：①地基土有重量，即 $\gamma \neq 0$；②基底粗糙；③不考虑基底以上填土的抗剪强度，把它仅看成作用在基底水平面上的超载；④假定地基中滑动面的形状如图 18-5-4 所示。基底以下的Ⅰ区就像刚性核（也称弹性核）一样随着基础一起向下移动，为弹性区。除弹性核外，滑动区域范围Ⅱ、Ⅲ区内的所有土体均处于塑性变形状态，取弹性核为脱离体，可推导出地基极限承载力为：

$$p_u = cN_c + qN_q + \frac{1}{2}\gamma bN_r \tag{18-5-6}$$

式中，N_c、N_q、N_r 为不完全粗糙基底的承载力系数，是 φ、ψ（弹性楔体与水平面的夹角）的函数。

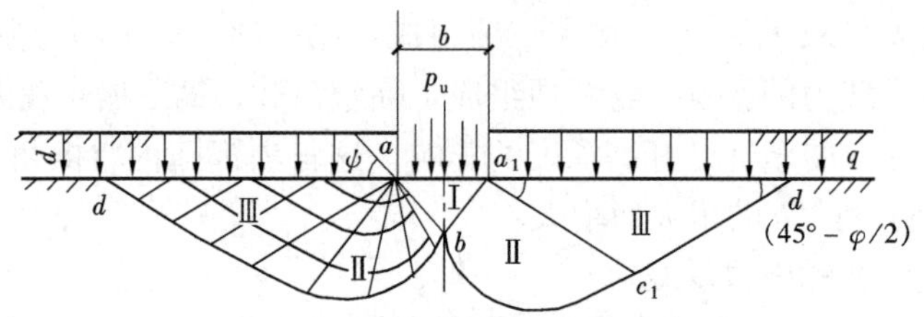

图 18-5-4　太沙基地基剪切破坏模式

太沙基给出了基底完全粗糙情况的解答，此时，$\psi = \varphi$，给出了相应的 N_c、N_q、N_r 的计算公式，并给出了承载力系数曲线图（图 18-5-5）。由内摩擦角 φ 直接从图中可查得 N_c、N_q、N_r 值。此外，地基局部剪切破坏时，由 φ 从图中可查得 N'_c、N'_q、N'_r 值。

$$N_c = (N_q - 1)\cot\varphi$$

$$N_q = \frac{e^{\left(\frac{3\pi}{2}-\varphi\right)\tan\varphi}}{2\cos^2\left(45° + \frac{\varphi}{2}\right)}$$

$$N_r = \frac{\tan\varphi}{2}\left(\frac{K_{p_1}}{\cos^2\varphi} - 1\right)$$

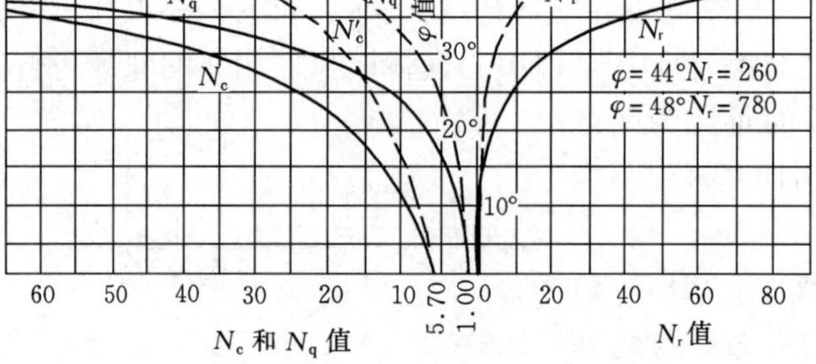

图 18-5-5　太沙基地基承载力系数

（基底完全粗糙）

式中，K_{p_1} 为由于滑动土体重量所产生的被动主压力系数。

根据太沙基理论求得的是地基极限承载力，一般取它的 1/3～1/2 作为地基承载力特征值（见本章浅基础一节），它的取值大小与结构类型、建筑物重要性、荷载的性质等有关，即对太沙基理论的安全系数一般取 $K=2\sim3$。

【例 18-5-2】（历年真题）地基极限承载力计算公式 $p_m=\frac{1}{2}\gamma BN_r+qN_q+cN_c$，系数 N_c 主要取决于：

A. 土的黏聚力 c　　B. 土的内摩擦角 φ

C. 基础两侧载荷 q　　D. 基底以下土的重度 γ

【解答】 N_c 取决于土的内摩擦角 φ，应选 B 项。

★★★二、边坡稳定

1. 概述

土坡是指具有倾斜坡面的土体，一般可分为天然土坡和人工土坡。当土坡的顶面和底面都是水平的，并延伸至无穷远，且由均质土组成时，则称为简单土坡。

影响土坡滑动失稳的主要因素有：①外界荷载作用或土坡环境变化等导致土体内部剪应力加大，例如，基坑或路堑的开挖，堤坝施工中上部填土荷重的增加，降雨导致土体饱和增加重度，土体内部水的渗流力，坡顶荷载过量或由于地震、打桩等引起的动力荷载等；②由于外界各种因素影响导致土体抗剪强度降低，促使土坡失稳破坏，例如孔隙水压力的升高，气候变化产生的干裂、冻融，黏土夹层因雨水等侵入而软化，以及黏性土蠕变导致的土体强度降低等。

2. 无黏性土土坡稳定性

图 18-5-6 表示一坡度为 β 的无黏性土土坡。假设土坡及其地基都是同一种土，且不考虑渗流的影响。

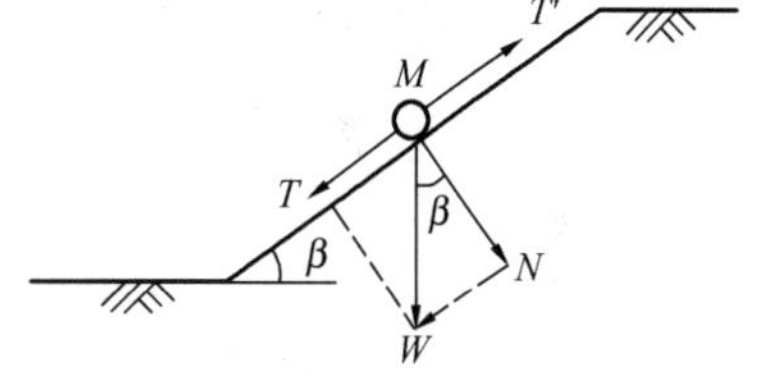

图 18-5-6　无黏性土边坡稳定分析

设坡面上颗粒 M，重量为 W，砂土内摩擦角为 φ，则重量 W 的颗粒在垂直和平行于坡面方向的分力分别为：$N=W\cos\beta$，$T=W\sin\beta$。分力 T 使颗粒 M 向下滑动，是滑动力；而垂直分量 N 引起的摩擦力 $T'=N\tan\varphi=W\cos\beta\tan\varphi$，为抗滑力，则抗滑力和滑动力之比称为稳定安全系数，用 K 表示，即：

$$K=\frac{T'}{T}=\frac{W\cos\beta\tan\varphi}{W\sin\beta}=\frac{\tan\varphi}{\tan\beta} \tag{18-5-7}$$

由上式可知，当 $\beta=\varphi$ 时，$K=1$，土坡处于极限平衡状态。所以砂土的内摩擦角 φ 也就是土坡的极限坡角，称为自然休止角。只要坡角 $\beta<\varphi$，土坡就是稳定的。为了保证土坡有足够的安全度，通常要求 $K=1.1\sim1.5$。

3. 黏性土土坡稳定性

（1）整体圆弧滑动法

对于均质黏性土坡，由于剪切而破坏的滑动面大多为一曲面。破坏前，一般在坡顶首先出现张力裂缝，然后沿某一曲面产生整体滑动。此外，滑动体沿纵向也有一定范围，并且也是曲面。为了简化，进行稳定性分析时往往假设滑动面为圆筒面。

黏性土土坡如图 18-5-7 所示，AC 为假定的滑动面，圆心为 O，半径为 R。当土体

ABC 保持稳定时必需满足力矩平衡条件（滑弧上的法向反力 N' 通过圆心），则稳定安全系数为：

$$K=\frac{抗滑力矩}{滑动力矩}=\frac{\tau_f \widehat{AC}R}{Wa} \tag{18-5-8}$$

式中，$\widehat{AC}$为滑弧弧长；a 为土体重心离滑弧圆心的水平距离。

饱和黏土，在不排水剪条件下，$\varphi_u=0$，故 $\tau_f=c_u$，则：

$$K=\frac{c_u \widehat{AC}R}{Wa} \tag{18-5-9}$$

由于计算上述稳定安全系数时，滑动面为任意假定，并不是最危险滑动面，因此，所求结果并非最小安全系数。通常在计算时需假定一系列的滑动面，进行多次试算，计算工作量颇大。为此，瑞典工程师 W·费伦纽斯（Fellenius，1927）通过大量计算分析，提出了确定最危险滑动面圆心的经验方法。此外，目前软件已能处理寻找最小稳定安全系数问题。

（2）瑞典条分法（也称简单条分法）

瑞典条分法首先由 W·费伦纽斯提出，该方法可以分析均质简单土坡，还可分析比较复杂的土坡。任意选一圆心 O，半径为 R 的滑动圆弧 AC，如图 18-5-8(a) 所示，将滑动面以上的土体分成 n 个土条。取其中第 i 条作为隔离体进行分析，见图 18-5-8(b)，作用在土条上的力有：土条自重 W_i（包括作用在土条上的荷载），作用在滑动面 ab（简化为直线段）上的法向反力 N'_i 和剪切力 T_i，以及作用在土条侧面 ac 和 bd 上的法向力 E_i、E_{i+1} 和剪力 X_i、X_{i+1}。在近似计算中不考虑侧面的法向力 E 和剪力 X，仅考虑 W_i、N'_i 和 T_i。

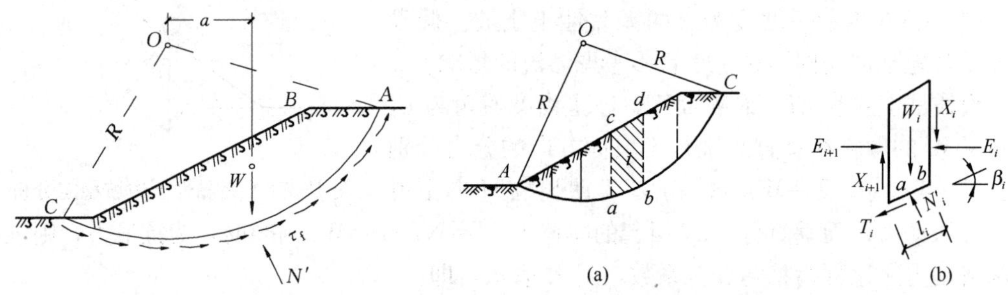

图 18-5-7　均质土土坡的整体圆弧滑动

图 18-5-8　瑞典条分法计算图式

根据隔离体平衡条件：$N'_i=W_i\cos\beta_i$，$T_i=W_i\cos\beta_i$；作用在滑动面 AC 上的总剪切力为：$T=\sum T_i=\sum W_i\sin\beta_i$。

土条 ab 上的抵抗剪切的抗剪力为：

$$T_{fi}=(c_i+\sigma_i\tan\varphi_i)l_i=c_il_i+N'_i\tan\varphi_i=c_il_i+W_i\cos\beta_i\tan\varphi_i$$

则 AC 面上总的抗剪力为：

$$T_f=\sum T_{fi}=\sum(c_il_i+W_i\cos\beta_i\tan\varphi_i)$$

抗滑力矩与滑动力矩之比为稳定安全系数 K，即：

$$K=\frac{T_fR}{TR}=\frac{\sum(c_il_i+W_i\cos\beta_i\tan\varphi_i)}{\sum W_i\sin\beta_i} \tag{18-5-10}$$

计算时需注意土条的位置，如图18-5-8(a)所示，当土条底面中心在滑弧圆心O的垂线右侧时，剪切力T_i方向与滑动方向相同，起剪切作用，取正号；而当土条底面中心在圆心的垂线左侧时，T_i 方向与滑动方向相反，起抗剪作用，取负号。抗剪力 T_{fi} 则无论何处其方向均与滑动方向相反。假定不同的滑弧，则可求出不同的 K 值，其中最小的 K 值即为土坡的稳定安全系数。

瑞典条分法因忽略了土条两侧作用力，不能满足所有的平衡条件，故其计算的稳定安全系数偏小。

(3) 毕肖普条分法和杨布条分法（也称简布条分法）

毕肖普条分法考虑了土条两侧的作用力，计算结果比较合理。但该方法同样不能满足所有的平衡条件，故不是一个严格的方法。

杨布条分法对某一个土条分别取竖直方向力的平衡、水平方向力的平衡和对土条中点取力矩平衡，最后推导出土坡稳定安全系数 K 的计算公式。实际计算需采用迭代法。杨布条分法特别适用于不均匀土体的情况。

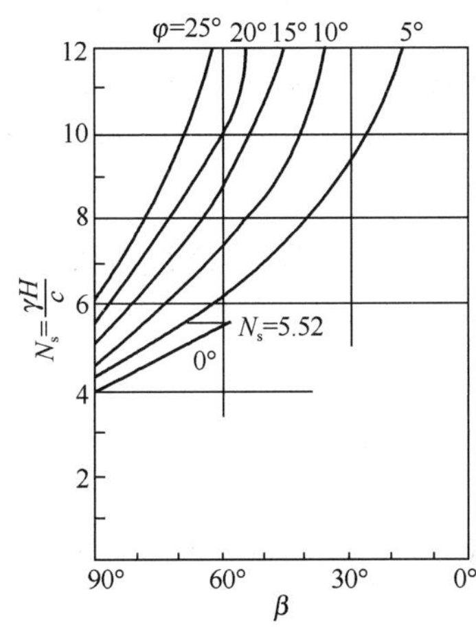

图 18-5-9　泰勒稳定数图表

(4) 图解法

泰勒（1937 年）对于均质简单土坡根据理论计算的结果绘制成如图 18-5-9 所示的图表，应用这些图表就可以很简便地分析均质简单土坡的稳定性。图中横坐标为土坡的坡角 β，纵坐标 N_s 称为稳定因数，由下式确定：

$$N_s = \frac{\gamma H}{c} \tag{18-5-11}$$

式中，γ 为土的重度（kN/m^3）；c 为土的黏聚力（kPa）；H 为土坡高度（m）。

从该图中可直接处理下列问题：

1) 已知坡角 β 及土的 c、φ、γ，求稳定的坡高 H；

2) 已知坡高 H 及土的 c、φ、γ，求稳定的坡角 β；

3) 已知坡高 H 及坡角 β 和土的 c、φ、γ，求稳定安全系数 K，即：

$$H_c = N_s c/\gamma$$

$$K = \frac{H_c}{H} \tag{18-5-12}$$

对于饱和软黏土，当土层很厚，即坡脚下土层厚度大于 3 倍土坡高度时，可取 $N_s=5.52$，并与坡角 β 无关，边坡的临界高度 H_c 为：

$$H_c = \frac{5.52c_u}{\gamma} \tag{18-5-13}$$

式中，c_u为饱和软黏土的不排水抗剪强度（kPa）；γ 为饱和软黏土的重度（kN/m^3）。

此外，苏联学者洛巴索夫也提出了计算简单土坡稳定用图表，与泰勒稳定因数图表的内涵一致。

【例 18-5-3】（历年真题）土坡高度为 8m，土的内摩擦角 $\varphi=10°$（$N_s=9.2$），$c=25\text{kPa}$，$\gamma=18\text{kN/m}^3$ 的土坡，其稳定安全系数为：

A. 1.6　　B. 1.0　　C. 2.0　　D. 0.5

【解答】$H_c=\dfrac{N_s c}{\gamma}=\dfrac{9.2\times 25}{18}=12.78\text{m}$

$K=\dfrac{H_c}{H}=\dfrac{12.78}{8}=1.6$，应选 A 项。

习　题

18-5-1　下面哪一项关于地基承载力的计算中假定基底存在弹性核?

A. 临塑荷载的计算

B. 临界荷载的计算

C. 太沙基关于极限承载力的计算

D. 普朗特-瑞斯纳关于极限承载力的计算

18-5-2　某条形基础宽10m，埋深 2m，埋深范围内土的重度 $\gamma_0=18\text{kN/m}^3$，$\varphi=22°$，$c=10\text{kPa}$。地下水位于基底，地基持力层土的饱和重度 $\gamma_{sat}=20\text{kN/m}^3$，$\varphi=20°$，$c=12\text{kPa}$。按太沙基理论求得地基发生整体剪切破坏时的地基极限承载力为：

（$\varphi=20°$时，承载力系数：$N_r=5.0$，$N_q=7.42$，$N_c=17.6$；$\varphi=22°$时，承载力系数 $N_r=6.5$，$N_q=9.17$，$N_c=20.2$）

A. 728.32kPa　　B. 897.52kPa

C. 928.32kPa　　D. 1147.52kPa

第六节　地　基　勘　察

一、岩土工程勘察分级

根据工程重要性等级、场地复杂程度等级和地基复杂程度等级，划分岩土工程勘察等级如下：

甲级：在工程重要性、场地和地基复杂等级中，有一项或多项为一级。

乙级：除勘察等级为甲级和丙级以外的勘察项目。

丙级：工程重要性、场地复杂程度和地基复杂程度等级均为三级。

如果建筑为在岩质地基上的一级工程，但场地和地基复杂等级均为三级时，岩土工程勘察可定为乙级。

二、岩土工程勘察阶段

岩土工程勘察阶段的划分是与设计阶段的划分相一致的。一定的设计阶段需要相应的岩土工程勘察工作。勘察阶段可分为可行性研究勘察、初步勘察和详细勘察三个阶段。可行性研究勘察应符合选择场址方案的要求；初步勘察应符合初步设计的要求；详细勘察应符合施工图设计的要求。对场地条件复杂或有特殊要求的工程，宜进行施工勘察。对场地较小且无特殊要求的工程，可合并勘察阶段。当建筑物平面布置已经确定，且场地或其附近已有工程地质相关资料时，可根据实际情况，直接进行详细勘察。

★三、岩土工程勘察方法

岩土工程勘察的基本方法有：工程地质测绘和调查、勘探与取样、岩土工程现场测试与长期观测等。

1. 工程地质测绘和调整

岩石出露或地貌、地质条件较复杂的场地，应进行工程地质测绘。对地质条件简单的场地，可用调查代替工程地质测绘。工程地质测绘和调查宜在可行性研究或初步勘察阶段进行，在详细勘察阶段可对某些专门地质问题作补充调查。

工程地质测绘和调查方法主要有像片成图法和实地测绘调查法。其中，实地测绘调查法主要有：路线法、布点法和追索法。

2. 勘探与取样

勘探是在工程地质测绘和调查的基础上，为了进一步查明地表以下工程地质问题，取得深部工程地质资料而进行的。勘探的方法主要有井探、槽探、洞探、钻探和地球物理勘探等方法。

（1）井探、槽探和洞探

井探、槽探是用人工或机械方式挖掘井、槽，以便直接观察岩土层的天然状态以及各地层之间接触关系等地质结构，并能取出接近实际的原状结构土（岩）样。探井、探槽的深度不宜超过地下水位。在地下工程、大型边坡等勘察中，当需要详细查明深部岩层性质、构造特征时，可采用竖井或平洞进行勘探。在井探、槽探和洞探中采用的井、槽、洞的类型见表 18-6-1。

井、槽、洞的类型　　表 18-6-1

类型	特点	用途
试坑	深数十厘米的小坑，形状不定	局部剥除地表覆土，揭露基岩
浅井	从地表向下垂直，断面呈圆形或方形，深 5～15m	确定覆盖层及风化层的岩性及厚度，取原状样，载荷试验，渗水试验
探槽	在地表垂直岩层或构造线挖掘成深度不大的（小于 3～5m）长条形槽子	追索构造线、断层，探查残积层、坡积层、风化岩石的厚度和岩性
竖井	形状与浅井同，但深度可超过 20m，一般在平缓山坡、漫滩、阶地等岩层较平缓的地方，有时需支护	了解覆盖层厚度及性质，构造线、岩石破碎情况、岩溶、滑坡等，岩层倾角较缓时效果较好
平洞	在地面有出口的水平坑道，深度较大，适用于较陡的基岩岩坡	调查斜坡地质构造，对查明地层岩性、软弱夹层、破碎带、风化岩层时效果较好，还可取样或做原位试验

（2）钻探

钻探是指在地表下用钻头钻进地层的勘探方法。在地层内钻成直径较小并具有相当深度的圆筒形孔眼的孔称为钻孔。通常将直径达 500mm 以上的钻孔称为钻井。钻孔的直径、深度、方向取决于钻孔用途和钻探地点的地质条件。钻孔的直径一般为 75～150mm，但在一些大型建（构）筑物的工程地质钻探时，孔径往往大于 150mm，有时可达到 500mm。钻孔的深度由数米至上百米。钻孔的方向一般为垂直，也有打成倾斜的钻孔，这种孔称为斜孔。

在地下工程中有打成水平甚至直立向上的钻孔。钻探方法有回转钻进、冲击钻进、振动钻进、冲洗钻进等，其适用范围见表 18-6-2。

各钻探方法的适用范围 **表 18-6-2**

钻探方法		钻进地层					勘察要求	
		黏性土	粉土	砂土	碎石土	岩石	直观鉴别、采取不扰动试样	直观鉴别、采取扰动试样
回转	螺旋钻进	++	+	+	−	−	++	++
	无岩芯钻进	++	++	++	+	++	−	−
	岩芯钻进	++	++	++	+	++	++	++
冲击	冲击钻进	−	+	++	++	−	−	−
	锤击钻进	++	++	++	+	−	++	++
振动钻进		++	++	++	+	−	+	++
冲洗钻进		+	++	++	−	−	−	−

注：++：适用；+：部分适用；−：不适用。

土试样质量等级见表 18-6-3。

土试样质量等级 **表 18-6-3**

级别	扰动程度	试验内容
Ⅰ	不扰动	土类定名、含水量、密度、强度试验、固结试验
Ⅱ	轻微扰动	土类定名、含水量、密度
Ⅲ	显著扰动	土类定名、含水量
Ⅳ	完全扰动	土类定名

注：1. 不扰动是指原位应力状态虽已改变，但土的结构、密度和含水量变化很小，能满足室内试验各项要求；
2. 除地基基础设计等级为甲级的工程外，在工程技术要求允许的情况下可用Ⅱ级土试样进行强度和固结试验，但宜先对土试样受扰动程度作抽样鉴定，判定用于试验的适宜性，并结合地区经验使用试验成果。

在钻孔取样时，采用薄壁取土器所采得的土试样定为Ⅰ级或Ⅱ级；对于采用中厚壁或厚壁取土器所采得的土试样定为Ⅱ级或Ⅲ级；对于采用标准贯入器、螺旋钻头或岩芯钻头所采得的黏性土、粉土、砂土和软岩的试样均定为Ⅲ级或Ⅳ级。

在钻孔中采取Ⅰ、Ⅱ级土试样时，应满足下列要求：

1）在软土、砂土中宜采用泥浆护壁；如使用套管，应保持管内水位等于或稍高于地下水位，取样位置应低于套管底 3 倍孔径的距离。

2）采用冲洗、冲击、振动等方式钻进时，应在预计取样位置 1m 以上改用回转钻进。

3）下放取土器前应仔细清孔，清除扰动土，孔底残留浮土厚度不应大于取土器废土段长度（活塞取土器除外）。

4）采取土试样宜用快速静力连续压入法。

Ⅰ、Ⅱ、Ⅲ级土试样应妥善密封，防止湿度变化，严防曝晒或冰冻。在运输中应避免振动，保存时间不宜超过三周。对易于振动液化和水分离析的土试样宜就近进行试验。

（3）地球物理勘探

地球物理勘探（简称物探）是通过研究和观测各种地球物理场的变化来探测地层岩性、地质构造等地质条件。该方法兼有勘探与试验两种功能。与钻探相比，具有设备轻便、成本低、效率高、工作空间广等优点，但物探不能取样，不能直接观察，故多与钻探配合使用。物探作为原位测试手段，测定岩土体的波速、动弹性模量、动剪切模量、卓越周期、电阻率、放射性辐射参数、土对金属的腐蚀性等参数。

★★★四、原位测试

原位测试是指在岩土体所处的位置，基本保持岩土原来的结构、温度和应力状态，对岩土体进行的测试。原位测试的主要方法有：载荷试验、触探试验、剪切试验、地基土动力特性试验，以及现场渗透试验等。

1. 载荷试验

载荷试验是在拟建建筑场地上，在挖至设计的基础埋置深度的平整坑底放置一定规格的方形或圆形承压板，在其上逐级施加荷载，测定相应荷载作用下地基土的稳定沉降量，分析研究地基土的强度与变形特性，求得地基土承载力与变形模量等。可见，载荷试验实际上是一种与建筑物基础工作条件相似，直接对天然埋藏条件下的土体进行的现场模拟试验。所以，对于建筑物地基承载力的确定，载荷试验比其他测试方法更接近实际；当试验影响深度范围内土质均匀时，用此法确定该深度范围内土的变形模量也比较可靠。

（1）适用对象

浅层平板载荷试验适用于浅层地基土；深层平板载荷试验适用于深层地基土和大直径桩的桩端土；螺旋板载荷试验适用于深层地基土或地下水位以下的地基土。其中，深层平板载荷试验的试验深度不应小于5m。

（2）技术要点

载荷试验应布置在有代表性的地点，每个场地不宜少于3个，当场地内岩土体不均时，应适当增加。浅层平板载荷试验应布置在基础底面标高处。浅层平板载荷试验的试坑宽度或直径不应小于承压板宽度或直径的3倍；深层平板载荷试验的试井直径应等于承压板直径；当试井直径大于承压板直径时，紧靠承压板周围土的高度不应小于承压板直径。

载荷试验宜采用圆形刚性承压板，根据土的软硬或岩体裂隙密度选用合适的尺寸；土的浅层平板载荷试验承压板面积不应小于0.25m^2，对软土和粒径较大的填土不应小于0.5m^2；土的深层平板载荷试验承压板面积宜选用0.5m^2；岩石载荷试验承压板的面积不宜小于0.07m^2。

加荷方式应采用常规慢速法（即分级维持荷载沉降相对稳定法），加荷载宜取10～12级，并且不应少于8级。当出现下列情况之一时，可终止试验：

1）承压板周边的土出现明显侧向挤出，周边岩土出现明显隆起或径向裂缝持续发展。

2）本级荷载的沉降量大于前级荷载沉降量的5倍，荷载与沉降曲线出现明显陡降。

3）在某级荷载下24h沉降速率不能达到相对稳定标准。总沉降量与承压板直径（或宽度）之比超过0.06。

（3）应用

根据载荷试验成果分析要求，绘制荷载（p）与沉降（s）曲线，必要时绘制各级荷载下沉降（s）与时间（t）或时间对数（$\lg t$）曲线。应根据 p-s 曲线拐点，必要时结合 s-$\lg t$ 曲线特征，确定比例界限压力和极限压力。当 p-s 呈缓变曲线时，可取对应于某一相对沉降值（即 s/d，d 为承压板直径）的压力评定地基土承载力。

浅层平板载荷试验的变形模量 E_0（MPa）可按下式计算：

$$E_0 = I_0(1-\mu^2)\frac{pd}{s} \tag{18-6-1}$$

深层平板载荷试验和螺旋板载荷试验的变形模量 E_0（MPa）可按下式计算：

$$E_0 = \omega\frac{pd}{s} \tag{18-6-2}$$

式中，I_0 为刚性承压板的形状系数，圆形承压板取 0.758；方形承压板取 0.886；μ 为土的泊松比（碎石土取 0.27，砂土取 0.30，粉土取 0.35，粉质黏土取 0.38，黏土取 0.42）；d 为承压板直径或边长（m）；p 为 p-s 曲线线性段的压力（kPa）；s 为与 p 对应的沉降（mm）；ω 为与试验深度和土类有关的系数。

基准基床系数 K_v 可根据承压板边长为 30cm 的平板载荷试验，按下式计算：

$$K_v = \frac{p}{s} \tag{18-6-3}$$

【例 18-6-1】（历年真题）在现场载荷试验中，加荷分级应满足的条件是：

A. 不少于 5 级　　　　B. 不少于 8 级

C. 不少于 15 级　　　　D. 每级不小于 100kPa

【解答】现场载荷试验中，加荷分级不少于 8 级，应选 B 项。

2. 静力触探试验

静力触探的贯入机理是个很复杂的问题，因此，目前还不能完善综合地从理论上解释圆锥探头与周围土体间的接触应力分布及相应的土体变形问题。静力触探可根据工程需要采用单桥探头、双桥探头或带孔隙水压力量测的单、双桥探头，可测定比贯入阻力（p_s）、锥尖阻力（q_c）、侧壁摩阻力（f_s）和贯入时的孔隙水压力（u）。

（1）适用对象

静力触探试验适用于软土、一般黏性土、粉土、砂土和含少量碎石的土。

（2）技术要点

当贯入深度超过 30m，或穿过厚层软土后再贯入硬土层时，应采取措施防止孔斜或断杆，也可配置测斜探头，量测触探孔的偏斜角，校正土层界线的深度。

（3）应用

绘制各种贯入曲线：单桥和双桥探头应绘制 p_s-z 曲线、q_c-z 曲线、f_s-z 曲线、R_f-z 曲线；孔压探头尚应绘制 u_i-z 曲线、q_t-z 曲线、f_t-z 曲线等。其中，R_f 为摩阻比；u_i 为孔压探头贯入土中量测的孔隙水压力（即初始孔压）；q_t 为真锥头阻力（经孔压修正）；f_t 为真侧壁摩阻力（经孔压修正）。

根据贯入曲线的线型特征，结合相邻钻孔资料和地区经验，划分土层和判定土类。

根据静力触探资料，利用地区经验，可进行力学分层，估算土的塑性状态或密实度、强度、压缩性、地基承载力、单桩承载力、沉桩阻力，进行液化判别等。根据孔压消散曲线可估算土的固结系数和渗透系数。

3. 圆锥动力触探试验

圆锥动力触探试验是利用一定的锤击动能，将一定规格的圆锥探头打入土中，根据打入土中的阻力大小判别土层的变化，对土层进行力学分层，并确定土层的物理力学性质，对地基土作出工程地质评价。通常以打入土中一定距离所需的锤击数来表示土的阻力。

（1）适用对象

圆锥动力触探试验的类型可分为轻型、重型和超重型三种，其规格和适用土类应符合表 18-6-4的规定。

圆锥动力触探类型　　**表 18-6-4**

类型	轻型	重型	超重型
落锤的质量（kg）	10	63.5	120
指标	贯入 30cm 的读数 N_{10}	贯入 10cm 的读数 $N_{63.5}$	贯入 10cm 的读数 N_{120}
主要适用岩土	浅部的填土、砂土、粉土、黏性土	砂土、中密以下的碎石土、极软岩	密实和很密的碎石土、软岩、极软岩

（2）技术要点

对轻型动力触探，当 $N_{10}>100$ 或贯入 15cm 锤击数超过 50 时，可停止试验；对重型动力触探，当连续三次 $N_{63.5}>50$ 时，可停止试验或改用超重型动力触探。

（3）应用

根据圆锥动力触探试验指标和地区经验，可进行力学分层，评定土的均匀性和物理性质（状态、密实度）、土的强度、变形参数、地基承载力、单桩承载力，查明土洞、滑动面、软硬土层界面，检测地基处理效果等。

【例 18-6-2】（历年真题）桩基岩土工程勘察中对碎石土宜采用的原位测试手段为：

A. 静力触探　　B. 标准贯入试验

C. 重型或超重型圆锥动力触探　　D. 十字板剪切试验

【解答】对碎石土宜采用重型或超重型圆锥动力触探，应选 C 项。

4. 标准贯入试验

标准贯入试验是利用一定的锤击动能，将一定规格的对开管式贯入器打入钻孔孔底的土层中，根据打入土层中的贯入阻力，评定土层的变化和土的物理力学性质。

（1）适用对象

标准贯入试验适用于砂土、粉土和一般黏性土。

（2）技术要点

贯入器打入土中 15cm 后，开始记录每打入 10cm 的锤击数，累计打入 30cm 的锤击数为标准贯入试验锤击数 N（也称标贯击数）。当锤击数已达 50 击，而贯入深度未达 30cm 时，可记录 50 击的实际贯入深度，按下式换算成相当于 30cm 的标准贯入试验锤击数 N，并终止试验：

$$N = 30 \times \frac{50}{\Delta S} \tag{18-6-4}$$

式中，ΔS 为 50 击时的贯入度（cm）。

（3）应用

标准贯入试验锤击数 N 值，可对砂土、粉土、黏性土的物理状态，土的强度、变形参数、地基承载力、单桩承载力，砂土和粉土的液化，成桩的可能性等作出评价。应用 N 值时是否修正和如何修正，应根据建立统计关系时的具体情况确定。

【例 18-6-3】（历年真题）在标准贯入试验中，当锤击数已达 50 击，而实际贯入深度为 25cm 时，则相当于 30cm 的标准贯入试验锤击数 N 为：

A. 60　　B. 40　　C. 50　　D. 80

【解答】 $N=30\times\frac{50}{25}=60$ 击，应选 A 项。

5. 十字板剪切试验

十字板剪切试验包括钻孔十字板剪切试验和贯入电测十字板剪切试验，其基本原理都是：施加一定的扭转力矩，将土体剪坏，测定土体对抵抗扭剪的最大力矩，通过换算得到土体抗剪强度值（假定 $\varphi\approx0$）。

（1）适用对象

十字板剪切试验可用于测定饱和软黏性土（$\varphi\approx0$）的不排水抗剪强度和灵敏度。

（2）技术要点

十字板剪切试验点的布置，对均质土竖向间距可为 1m，对非均质或夹薄层粉细砂的软黏性土，宜先作静力触探，结合土层变化，选择软黏土进行试验。

十字板板头形状宜为矩形，径高比 1∶2，板厚宜为 2～3mm；十字板头插入钻孔底的深度不应小于钻孔或套管直径的 3～5 倍；十字板插入至试验深度后，至少应静止 2～5min，方可开始试验。

（3）应用

计算各试验点土的不排水抗剪峰值强度、残余强度、重塑土强度和灵敏度；绘制单孔十字板剪切试验土的不排水抗剪峰值强度、残余强度、重塑土强度和灵敏度随深度的变化曲线。

十字板剪切试验成果可按地区经验，确定地基承载力、单桩承载力，计算边坡稳定，判定软黏性土的固结历史。

【例 18-6-4】（历年真题）十字板剪切试验最适用的土层是：

A. 硬黏土　　B. 软黏土　　C. 砂砾石　　D. 风化破碎岩石

【解答】 十字板剪切试验最适用于软黏土，应选 B 项。

6. 旁压试验

旁压试验是将圆柱形旁压仪竖直地放入土中，通过旁压仪在竖直的孔内加压，使旁压膜膨胀，并由旁压膜（或护套）将压力传给周围土体（或岩层），使土体（或岩层）产生变形直至破坏，通过量测施加的压力和土变形之间的关系，即可得到地基土在水平方向上的应力-应变关系。旁压仪包括预钻式、自钻式和压力式三种。国内目前以预钻式为主。旁压试验适用于黏性土、粉土、砂土、碎石土、残积土、极软岩和软岩等。

根据压力与体积曲线，结合蠕变曲线确定初始压力、临塑压力和极限压力。

根据压力与体积曲线的直线段斜率，可计算旁压模量 E_m。

根据初始压力、临塑压力、极限压力和旁压模量，结合地区经验可评定地基承载力和变形参数。根据自钻式旁压试验的旁压曲线，还可测求土的原位水平应力、静止侧压力系数、不排水抗剪强度等。

7. 扁铲侧胀试验（亦称扁板侧胀试验）

扁铲侧胀试验是用静力（有时也用锤击动力）把一扁铲形探头贯入土中，达试验深度后，利用气压使扁铲侧面的圆形钢膜向外扩张进行试验，它可作为一种特殊的旁压试验。它的优点在于简单、快速、重复性好和便宜。扁铲侧胀试验适用于软土、一般黏性土、粉土、黄土和松散—中密的砂土。

根据扁铲侧胀试验指标和地区经验，可判别土类，确定黏性土的状态、静止侧压力系数、水平基床系数等。

五、岩土工程勘察报告

1. 勘察报告内容

岩土工程勘察报告应根据任务要求、勘察阶段、工程特点和地质条件等具体情况编写，并应包括下列内容：

（1）勘察目的、任务要求和依据的技术标准；

（2）拟建工程概况；

（3）勘察方法和勘察工作布置；

（4）场地地形、地貌、地层、地质构造、岩土性质及其均匀性；

（5）各项岩土性质指标、岩土的强度参数、变形参数、地基承载力的建议值；

（6）地下水埋藏情况、类型、水位及其变化；

（7）土和水对建筑材料的腐蚀性；

（8）可能影响工程稳定的不良地质作用的描述和对工程危害程度的评价；

（9）场地稳定性和适宜性的评价。

岩土工程勘察报告应对岩土利用、整治和改造的方案进行分析论证、提出建议；对工程施工和使用期间可能发生的岩土工程问题进行预测，提出监控和预防措施的建议。

2. 工程地质图及其他附件

岩土工程勘察成果报告应附下列图件：

（1）勘探点平面布置图；

（2）工程地质柱状图；

（3）工程地质剖面图；

（4）原位测试成果图表；

（5）室内试验成果图表。

习　题

18-6-1　（历年真题）在黏性土地基上进行浅层平板载荷试验，采用 0.5m×0.5m 荷载板，得到结果为：压力与沉降曲线（p-s 曲线）初始段为线性，其板底压力与沉降的比值为 25kPa/mm，方形承载板形状系数取 0.886，黏性土的泊松比取 0.4，则地基土的变形模量为$\left[E_0=\omega\ (1-\mu^2)\ \dfrac{P}{s}b\right]$：

A. 9303kPa　　B. 9653kPa　　C. 9121kPa　　D. 8243kPa

18-6-2　（历年真题）在工程地质勘察中，能够直观地观测地层的结构和变形是：

A. 坑探　　B. 钻探　　C. 触探　　D. 地球物理勘探

18-6-3　（历年真题）确定地基土的承载力的方法中，下列哪个原位测试方法的结果最可靠?

A. 载荷试验　　　　B. 标准贯入试验

C. 轻型动力触探试验　　　　D. 旁压试验

18-6-4　标准贯入试验适用的地层是：

A. 弱风化至强风化岩石　　　　B. 砂土、粉土和一般黏性土

C. 卵砾石和碎石类　　　　D. 软土和淤泥

第七节　浅　基　础

基础有浅基础和深基础两大类型。浅基础和深基础并没有一个明确的深度界限，主要是从施工角度来考虑的。通常将只需经过挖坑、排水、浇筑基础等简单施工工序就可以建造的基础统称为浅基础。浅基础的埋置深度一般小于 5m，或虽超过 5m 但小于基础宽度，如筏板基础等。若浅层土质不良，需将基础置于深部好的地层时，就要借助于特殊的施工方法来建造深基础了，如桩基础、沉井基础、地下连续墙基础等。通常浅基础的设计计算不考虑基础侧壁摩阻力的影响，而深基础的设计计算应考虑基础侧壁摩阻力的作用。

一、浅基础类型

浅基础根据结构形式可分为扩展基础、柱下条形基础、柱下交叉条形基础、筏形基础、箱形基础和壳体基础等。根据基础所用材料的性能可分为无筋基础（刚性基础）和钢筋混凝土基础。根据基础整体受力的特点可分为连续基础（也称整体式基础）（如柱下条形基础、柱下交叉条形基础、筏形基础和箱形基础）、非整体式基础（如柱下独立基础）。

1. 扩展基础

墙下条形基础和柱下独立基础统称为扩展基础。扩展基础的作用是把墙或柱的荷载侧向扩展到土中，使之满足地基承载力和变形的要求。扩展基础包括无筋扩展基础和钢筋混凝土扩展基础。

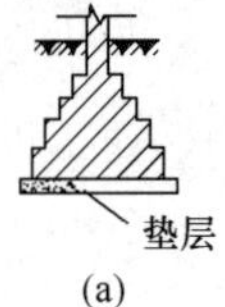

(a)

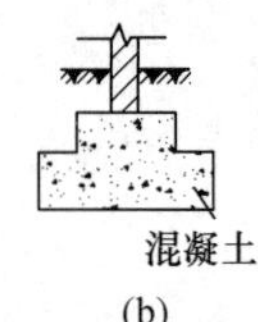

(b)

图 18-7-1　刚性基础

(a) 砖基础；(b) 混凝土基础

(1) 无筋扩展基础（刚性基础）

无筋扩展基础系指由砖、毛石、混凝土或毛石混凝土、灰土和三合土等材料组成的无须配置钢筋的墙下条形基础或柱下独立基础（图 18-7-1）。无筋基础的材料都具有较好的抗压性能，但抗拉、抗剪强度都不高，为了使基础内产生的拉应力和剪应力不超过相应的材料强度设计值，设计时需要加大基础的高度。因此，这种基础几乎不发生挠曲变形，故习惯上把无筋基础称为刚性基础。无筋扩展基础适用于单层、多层民用建筑和轻型厂房。

(2) 钢筋混凝土扩展基础

钢筋混凝土扩展基础通常简称为扩展基础，系指墙下钢筋混凝土条形基础和柱下钢筋混凝土独立基础。这类基础的抗弯和抗剪性能良好，可在竖向荷载较大、地基承载力不高以及承受水平力和力矩等情况下使用。与无筋基础相比，其基础高度较小，因此，更适宜在基础埋置深度较小时使用。

墙下钢筋混凝土条形基础的构造如图 18-7-2 所示。一般情况下可采用无肋的墙基础，

如地基不均匀，为了增强基础的整体性和抗弯能力，可以采用有肋的墙基础，肋部配置足够的纵向钢筋和箍筋，以承受由不均匀沉降引起的弯曲应力。

柱下钢筋混凝土独立基础的构造如图 18-7-3 所示。现浇柱的独立基础可做成锥形或阶梯形；预制柱则采用杯口基础。杯口基础常用于装配式单层工业厂房。

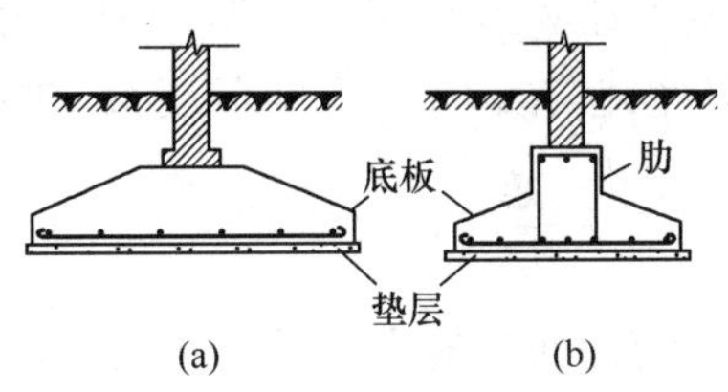

图 18-7-2　墙下钢筋混凝土条形基础

（a）无肋的；（b）有肋的

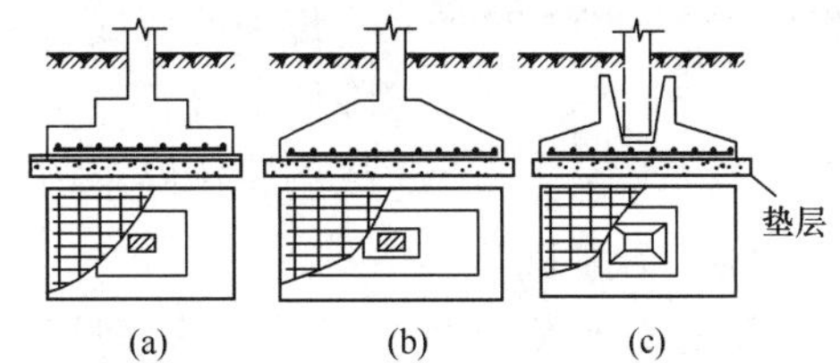

图 18-7-3　柱下钢筋混凝土独立基础

（a）阶梯形基础；（b）锥形基础；（c）杯口基础

2. 柱下条形基础

柱下条形基础，如图 18-7-4 所示，其抗弯刚度较大，因而具有调整不均匀沉降的能力，并能将所承受的集中柱荷载较均匀地分布到整个基底面积上。柱下条形基础是常用于软弱地基上框架结构或排架结构的一种基础形式。

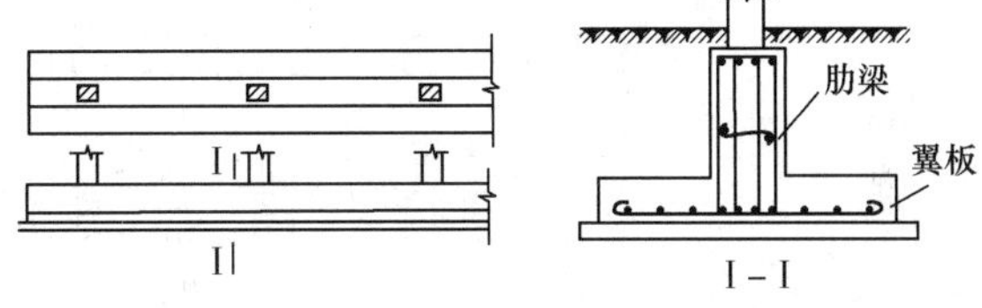

图 18-7-4　柱下条形基础

3. 柱下交叉条形基础

如果地基软弱且在两个方向分布不均，需要基础在两方向都具有一定的刚度来调整不均匀沉降，则可在柱网下沿纵横两方向分别设置钢筋混凝土条形基础，从而形成柱下交叉条形基础（图 18-7-5）。

4. 筏形基础

筏形基础分为平板式和梁板式筏形基础(图18-7-6)，筏形基础由于其底面积大，故可减小基底压力，同时也可提高地基土的承载力，并能更有效地增强基础的整体性，调整不均匀沉降。此外，它能提供宽敞的地下空间，如地下停车场等。筏形基础可用于多层砌体结构的基础和多高层钢筋混凝土框架结构、剪力墙结构、框架-剪力墙结构、框架-核心筒结构等的基础。

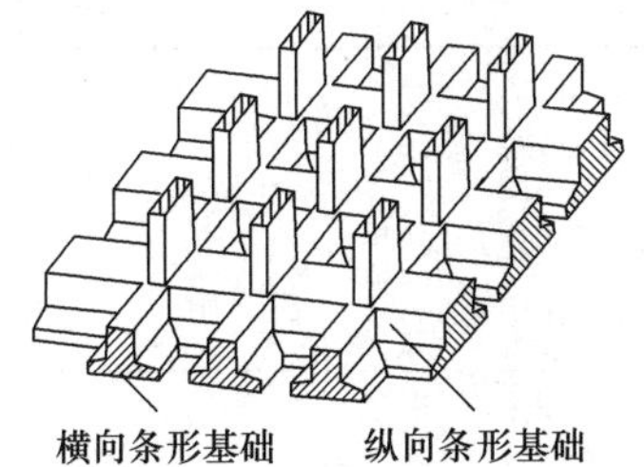

图 18-7-5　柱下交叉条形基础

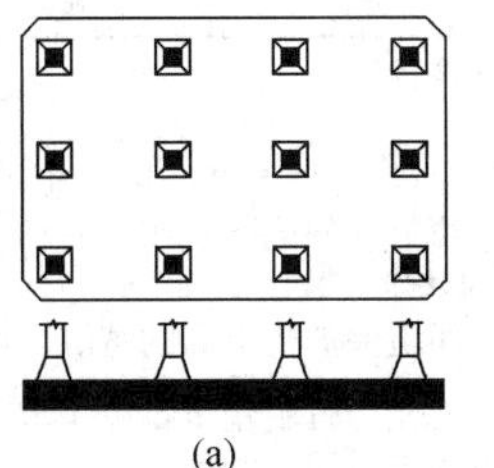

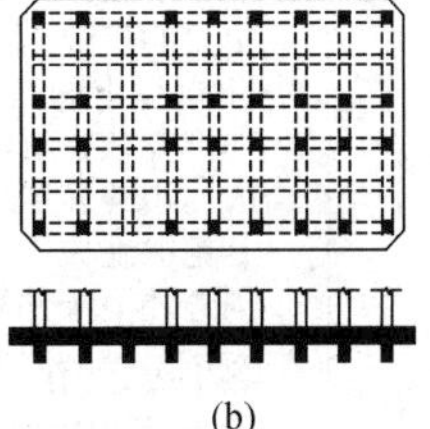

图 18-7-6　柱下筏形基础

（a）平板式；（b）梁板式

5. 箱形基础

箱形基础是由钢筋混凝土的底板、顶板、外墙和内隔墙组成的有一定高度的整体空间

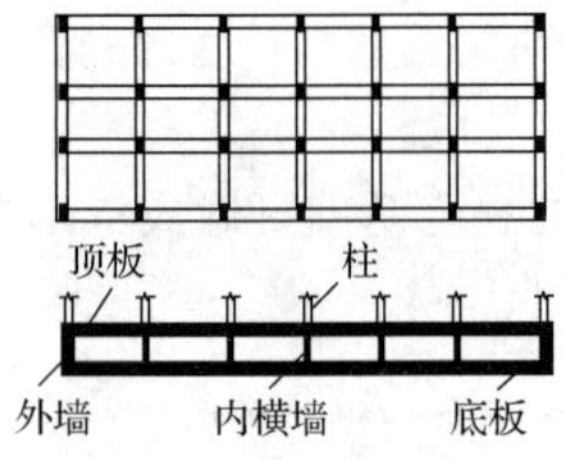

图 18-7-7　箱形基础

结构（图 18-7-7），适用于软弱地基上的高层、重型或对不均匀沉降有严格要求的建筑物。与筏形基础相比，箱形基础具有更大的抗弯刚度，只能产生大致均匀的沉降。箱形基础埋深较大，基础中空，从而使开挖卸去的土重部分抵偿了上部结构传来的荷载，形成补偿式基础，因而能显著减小基底压力、降低基础沉降量，且抗震性能好，但地下空间受墙的制约，故不能作停车场。

6. 其他特殊基础

双柱联合基础（图 18-7-8）是指同列相邻两柱公共的钢筋混凝土基础。在为相邻两柱分别设置独立基础时，常因其中一柱靠近建筑界线，或因两柱间距较小，而出现基底面积不足或荷载偏心过大等情况，此时可考虑采用双柱联合基础。

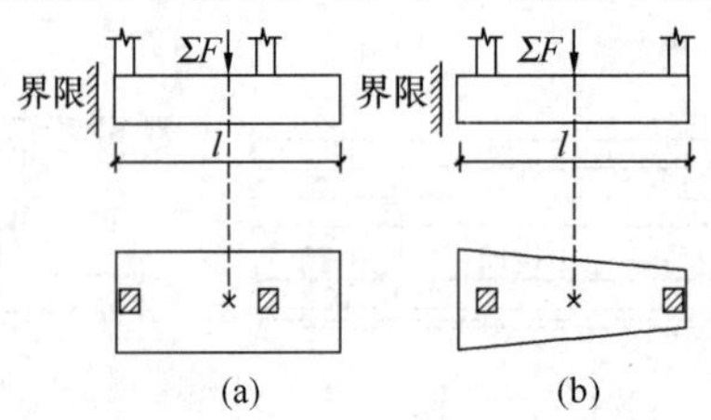

图 18-7-8　双柱联合基础

（a）矩形联合基础；（b）梯形联合基础

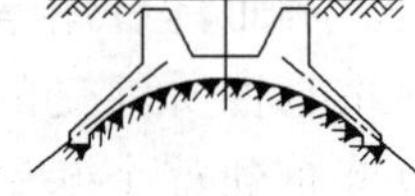
图 18-7-9　壳体基础

为了发挥混凝土抗压性能好的特性，可以将基础的形式做成壳体（图 18-7-9）。壳体基础可用作柱基础和筒形构筑物（如烟囱、水塔、料仓、中小型高炉等）的基础。

★★★二、地基基础设计的基本规定

《建筑地基规范》规定：

3.0.1　地基基础设计应根据地基复杂程度、建筑物规模和功能特征以及由于地基问题可能造成建筑物破坏或影响正常使用的程度分为三个设计等级，设计时应根据具体情况，按表 3.0.1 选用。

地基基础设计等级（部分）　　**表 3.0.1**

设计等级	建筑和地基类型
甲级	重要的工业与民用建筑物 30 层以上的高层建筑 体型复杂，层数相差超过 10 层的高低层连成一体建筑物 大面积的多层地下建筑物（如地下车库、商场、运动场等） 开挖深度大于 15m 的基坑工程 周边环境条件复杂、环境保护要求高的基坑工程
乙级	除甲级、丙级以外的工业与民用建筑物 除甲级、丙级以外的基坑工程
丙级	场地和地基条件简单、荷载分布均匀的七层及七层以下民用建筑及一般工业建筑；次要的轻型建筑物 非软土地区且场地地质条件简单、基坑周边环境条件简单、环境保护要求不高且开挖深度小于 5.0m 的基坑工程

3.0.2　根据建筑物地基基础设计等级及长期荷载作用下地基变形对上部结构的影响程度，地基基础设计应符合下列规定：

1　所有建筑物的地基计算均应满足承载力计算的有关规定；

2　设计等级为甲级、乙级的建筑物，均应按地基变形设计；

3　设计等级为丙级的建筑物有下列情况之一时应作变形验算：

1）地基承载力特征值小于 130kPa，且体型复杂的建筑；

2）在基础上及其附近有地面堆载或相邻基础荷载差异较大，可能引起地基产生过大的不均匀沉降时；

3）软弱地基上的建筑物存在偏心荷载时；

4）相邻建筑距离近，可能发生倾斜时；

5）地基内有厚度较大或厚薄不均的填土，其自重固结未完成时。

4　对经常受水平荷载作用的高层建筑、高耸结构和挡土墙等，以及建造在斜坡上或边坡附近的建筑物和构筑物，尚应验算其稳定性；

5　基坑工程应进行稳定性验算；

6　建筑地下室或地下构筑物存在上浮问题时，尚应进行抗浮验算。

3.0.3　表 3.0.3 所列范围内设计等级为丙级的建筑物可不作变形验算。

可不作地基变形验算的设计等级为丙级的建筑物范围（部分）　　表 3.0.3

地基主要受力层情况	地基承载力特征值 f_{ak}(kPa)	80≤f_{ak}<100	100≤f_{ak}<130	130≤f_{ak}<160	160≤f_{ak}<200	200≤f_{ak}<300
	各土层坡度(%)	≤5	≤10	≤10	≤10	≤10
建筑类型	砌体承重结构、框架结构(层数)	≤5	≤5	≤6	≤6	≤7

注：1　地 基主要受力层系指条形基础底面下深度为3b（b为基础底面宽度），独立基础下为1.5b，且厚度均不小于 5m 的范围(二层以下一般的民用建筑除外)。

2　其他见规范。

3.0.5　地基基础设计时，所采用的作用效应与相应的抗力限值应符合下列规定：

1　按地基承载力确定基础底面积及埋深或按单桩承载力确定桩数时，传至基础或承台底面上的作用效应应按正常使用极限状态下作用的标准组合；相应的抗力应采用地基承载力特征值或单桩承载力特征值；

2　计算地基变形时，传至基础底面上的作用效应应按正常使用极限状态下作用的准永久组合，不应计入风荷载和地震作用；相应的限值应为地基变形允许值；

3　计算挡土墙、地基或滑坡稳定以及基础抗浮稳定时，作用效应应按承载能力极限状态下作用的基本组合，但其分项系数均为 1.0；

4　在确定基础或桩基承台高度、支挡结构截面、计算基础或支挡结构内力、确定配筋和验算材料强度时，上部结构传来的作用效应和相应的基底反力、挡土墙土压力以及滑坡推力，应按承载能力极限状态下作用的基本组合，采用相应的分项系数；当需要验算基础裂缝宽度时，应按正常使用极限状态下作用的标准组合；

5　基础设计安全等级、结构设计使用年限、结构重要性系数应按有关规范的规定采用，但结构重要性系数 γ_0 不应小于 1.0。

★★★三、基础埋置深度

《建筑地基规范》规定：

5.1.1 基础的埋置深度，应按下列条件确定：

1 建筑物的用途，有无地下室、设备基础和地下设施，基础的形式和构造；

2 作用在地基上的荷载大小和性质；

3 工程地质和水文地质条件；

4 相邻建筑物的基础埋深；

5 地基土冻胀和融陷的影响。

5.1.2 在满足地基稳定和变形要求的前提下，当上层地基的承载力大于下层土时，宜利用上层土作持力层。除岩石地基外，基础埋深不宜小于0.5m。

5.1.3 高层建筑基础的埋置深度应满足地基承载力、变形和稳定性要求。位于岩石地基上的高层建筑，其基础埋深应满足抗滑稳定性要求。

5.1.4 在抗震设防区，除岩石地基外，天然地基上的箱形和筏形基础其埋置深度不宜小于建筑物高度的1/15；桩箱或桩筏基础的埋置深度（不计桩长）不宜小于建筑物高度的1/18。

5.1.5 基础宜埋置在地下水位以上，当必须埋在地下水位以下时，应采取地基土在施工时不受扰动的措施。当基础埋置在易风化的岩层上，施工时应在基坑开挖后立即铺筑垫层。

5.1.6 当存在相邻建筑物时，新建建筑物的基础埋深不宜大于原有建筑基础。当埋深大于原有建筑基础时，两基础间应保持一定净距，其数值应根据建筑荷载大小、基础形式和土质情况确定。

5.1.8 季节性冻土地区基础埋置深度宜大于场地冻结深度 z_d。对于深厚季节冻土地区，当建筑基础底面土层为不冻胀、弱冻胀、冻胀土时，基础埋置深度可以小于场地冻结深度，基础底面下允许冻土层最大厚度应根据当地经验确定。此时，基础最小埋置深度 d_{min} 可按下式计算：

$$d_{min} = z_d - h_{max} \tag{5.1.8}$$

式中：h_{max}——基础底面下允许冻土层最大厚度（m）。

【例 18-7-1】（历年真题）在保证安全可靠的前提下，浅基础埋深设计时应考虑：

A. 尽量浅埋　　B. 尽量埋在地下水位以下

C. 尽量埋在冻结深度以上　　D. 尽量采用人工地基

【解答】在保证安全可靠的前提下，浅基础埋深设计应尽量浅埋，应选 A 项。

★★★四、地基承载力设计

1. 地基承载力特征值

地基承载力特征值是指由载荷试验测定的地基土压力变形曲线线性变形段内规定的变形所对应的压力值，其最大值为比例界限值。

《建筑地基规范》规定：

5.2.3 地基承载力特征值可由载荷试验或其他原位测试、公式计算，并结合工程实践经验等方法综合确定。

5.2.4 当基础宽度大于 3m 或埋置深度大于 0.5m 时，从载荷试验或其他原位测试、经验值等方法确定的地基承载力特征值，尚应按下式修正：

$$f_a = f_{ak} + \eta_b \gamma (b-3) + \eta_d \gamma_m (d-0.5) \tag{5.2.4}$$

式中：f_a——修正后的地基承载力特征值（kPa）；

f_{ak}——地基承载力特征值（kPa），按本规范第 5.2.3 条的原则确定；

η_b、η_d——基础宽度和埋置深度的地基承载力修正系数，按基底下土的类别查表 5.2.4取值；

γ——基础底面以下土的重度（kN/m^3），地下水位以下取浮重度；

b——基础底面宽度（m），当基础底面宽度小于 3m 时按 3m 取值，大于 6m 时按 6m 取值；

γ_m——基础底面以上土的加权平均重度（kN/m^3），位于地下水位以下的土层取有效重度；

d——基础埋置深度（m），宜自室外地面标高算起。在填方整平地区，可自填土地面标高算起，但填土在上部结构施工后完成时，应从天然地面标高算起。对于地下室，当采用箱形基础或筏基时，基础埋置深度自室外地面标高算起；当采用独立基础或条形基础时，应从室内地面标高算起。

承载力修正系数　　**表 5.2.4**

土的类别		η_b	η_d
淤泥和淤泥质土		0	1.0
人工填土 e 或 I_L 大于等于 0.85 的黏性土		0	1.0
红黏土	含水比 $\alpha_w>0.8$	0	1.2
	含水比 $\alpha_w\leqslant 0.8$	0.15	1.4
大面积压实填土	压实系数大于 0.95、黏粒含量 $\rho_c\geqslant 10\%$ 的粉土	0	1.5
	最大干密度大于 2100kg/m^3 的级配砂石	0	2.0
粉土	黏粒含量 $\rho_c\geqslant 10\%$ 的粉土	0.3	1.5
	黏粒含量 $\rho_c<10\%$ 的粉土	0.5	2.0
e 及 I_L 均小于 0.85 的黏性土		0.3	1.6
粉砂、细砂(不包括很湿与饱和时的稍密状态)		2.0	3.0
中砂、粗砂、砾砂和碎石土		3.0	4.4

注：1　强风化和全风化的岩石，可参照所风化成的相应土类取值，其他状态下的岩石不修正；

2　地基承载力特征值按本规范附录 D 深层平板载荷试验确定时 η_d 取 0；

3　含水比是指土的天然含水量与液限的比值；

4　大面积压实填土是指填土范围大于两倍基础宽度的填土。

5.2.5 当偏心距 e 小于或等于 0.033 倍基础底面宽度时，根据土的抗剪强度指标确定地基承载力特征值可按下式计算，并应满足变形要求：

$$f_a = M_b \gamma b + M_d \gamma_m d + M_c c_k \quad (5.2.5)$$

式中：f_a——由土的抗剪强度指标确定的地基承载力特征值（kPa）；

M_b、M_d、M_c——承载力系数，按表 5.2.5 确定；

b——基础底面宽度（m），大于 6m 时按 6m 取值，对于砂土小于 3m 时按 3m 取值；

c_k——基底下一倍短边宽度的深度范围内土的黏聚力标准值（kPa）。

承载力系数 M_b、M_d、M_c（部分） **表 5.2.5**

土的内摩擦角标准值 φ_k（°）	M_b	M_d	M_c
0	0	1.00	3.14
2	0.03	1.12	3.32
4	0.06	1.25	3.51
6	0.10	1.39	3.71

注：φ_k—基底下一倍短边宽度的深度范围内土的内摩擦角标准值（°）。

【例 18-7-2】（历年真题）关于地基承载力特征值的深度修正式 $\eta_d \gamma_m$（d−0.5），下面说法不正确的是：

A. $\eta_d \gamma_m$（d−0.5）的最大值为 5.5$\eta_d \gamma_m$

B. $\eta_d \gamma_m$（d−0.5）总是大于或等于 0，不能为负值

C. η_d 总是大于或等于 1

D. γ_m 取基底以上土的重度，地下水以下取浮重度

【解答】根据《建筑地基规范》5.2.4 条对 f_a 的修正规定，B、C、D 项均正确，A 项错误，应选 A 项。

【例 18-7-3】（历年真题）在相同的砂土地基上，甲、乙两基础的底面均为正方形，且埋深相同。基础甲的面积为基础乙的 2 倍。根据载荷试验得到的承载力进行深度和宽度修正后，有：

A. 基础甲的承载力大于基础乙

B. 基础乙的承载力大于基础甲

C. 两个基础的承载力相等

D. 根据基础宽度不同，基础甲的承载力可能大于或等于基础乙的承载力，但不会小于基础乙的承载力

【解答】甲、乙基础的宽度值未提供，当甲基础宽度 b>3m 时，甲基础承载力大于乙基础；当甲基础宽度 $b \leqslant$3m 时，两基础承载力相等，故选 D 项。

【例 18-7-4】（历年真题）某均质地基承载力特征值为 100kPa，基础深度的地基承载力修正系数为 1.45，地下水位深 2m，水位以上天然重度为 16kN/m³，水位以下饱和重度为 20kN/m³，条形基础宽 3m，则基础埋深为 3m 时，按深宽修正后的地基承载力为：

A. 151kPa　　B. 165kPa　　C. 171kPa　　D. 181kPa

【解答】$\gamma_m = \dfrac{16 \times 2 + (20-10) \times 1}{3} = 14\text{kN/m}^3$

$$f_a = f_{ak} + \eta_b \gamma(b-3) + \eta_d \gamma_m (c-0.5)$$
$$= 100 + 0 + 1.45 \times 14 \times (3-0.5) = 151\text{kPa}$$

应选 A 项。

【例 18-7-5】（历年真题）某均质地基承载力特征值为 100kPa，地下水位于地面以下 2m 处，基础深度的地基承载力修正系数为 1.5，水位上土层重度为 16kN/m^3，水位下土的饱和重度为 20kN/m^3，基础宽度为 3m，则地基承载力须达到 166kPa 时基础最小埋深为：

A. 3m　　　　B. 3.9m　　　　C. 4.5m　　　　D. 5m

【解答】 设最小埋深为 d，则：$\gamma_m = \dfrac{16 \times 2 + (d-2) \times (20-10)}{d}$

$$f_a = 100 + 0 + 1.5 \times \frac{32 + (d-2) \times 10}{d} \times (d-0.5)$$

A 项：$f_a = 100 + 1.5 \times \dfrac{32 + 1 \times 10}{3} \times 2.5 = 152.5\text{kPa}$，不满足

B 项：$f_a = 100 + 1.5 \times \dfrac{32 + 1.9 \times 10}{3.9} \times 3.4 = 166.7\text{kPa}$，满足

应选 B 项。

2. 地基承载力计算

《建筑地基规范》规定：

5.2.1 基础底面的压力，应符合下列规定：

1 当轴心荷载作用时

$$p_k \leqslant f_a \tag{5.2.1-1}$$

式中：p_k——相应于作用的标准组合时，基础底面处的平均压力值（kPa）；

f_a——修正后的地基承载力特征值（kPa）。

2 当偏心荷载作用时，除符合式（5.2.1-1）要求外，尚应符合下式规定：

$$p_{kmax} \leqslant 1.2 f_a \tag{5.2.1-2}$$

式中：p_{kmax}——相应于作用的标准组合时，基础底面边缘的最大压力值（kPa）。

5.2.2 基础底面的压力，可按下列公式确定：

1 当轴心荷载作用时

$$p_k = \frac{F_k + G_k}{A} \tag{5.2.2-1}$$

式中：F_k——相应于作用的标准组合时，上部结构传至基础顶面的竖向力值（kN）；

G_k——基础自重和基础上的土重（kN）；

A——基础底面面积（m^2）。

2 当偏心荷载作用时

$$p_{kmax} = \frac{F_k + G_k}{A} + \frac{M_k}{W} \tag{5.2.2-2}$$

$$p_{kmin} = \frac{F_k + G_k}{A} - \frac{M_k}{W} \tag{5.2.2-3}$$

式中：M_k——相应于作用的标准组合时，作用于基础底面的力矩值（kN·m）；

W——基础底面的抵抗矩（m^3）；

p_{kmin}——相应于作用的标准组合时，基础底面边缘的最小压力值（kPa）。

3 当基础底面形状为矩形且偏心距 $e>b/6$ 时（图 5.2.2），p_{kmax}应按下式计算：

$$p_{kmax}=\frac{2(F_k+G_k)}{3la} \quad (5.2.2\text{-}4)$$

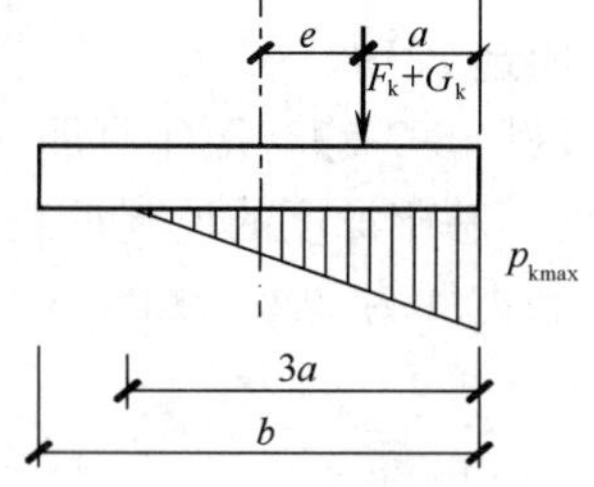

图 5.2.2 偏心荷载（$e>b/6$）下基底压力计算示意

b—力矩作用方向基础底面边长

式中 l——垂直于力矩作用方向的基础底面边长（m）；

a——合力作用点至基础底面最大压力边缘的距离（m）。

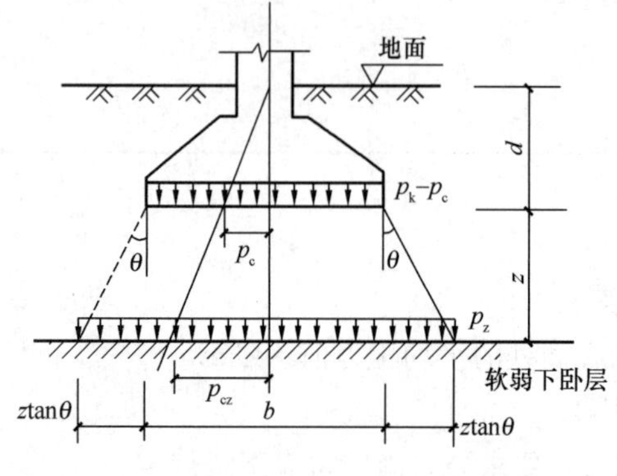

图 18-7-10 软弱下卧层验算简图

当地基受力层范围内有软弱下卧层时，如图 18-7-10 所示，其验算为：

$$p_z+p_{cz}\leqslant f_{az} \quad (18\text{-}7\text{-}1)$$

式中，p_z为相应于作用的标准组合时，软弱下卧层顶面处的附加压力值（kPa）；p_{cz}为软弱下卧层顶面处土的自重压力值（kPa），从地面（边柱、边墙按室外地面）起算至软弱软下卧层顶面处的自重压力；f_{az}为软弱下卧层顶面处经深度修正后的地基承载力特征值（kPa）。

对条形基础和矩形基础，式（18-7-1）中的 p_z值可按下列公式简化计算：

条形基础

$$p_z=\frac{b(p_k-p_c)}{b+2z\tan\theta} \quad (18\text{-}7\text{-}2)$$

矩形基础

$$p_z=\frac{lb(p_k-p_c)}{(b+2z\tan\theta)(l+2z\tan\theta)} \quad (18\text{-}7\text{-}3)$$

式中，b 为矩形基础或条形基础底边的宽度（m）；l 为矩形基础底边的长度（m）；p_c为基础底面处土的自重压力值（kPa），从地面（边柱、边墙按室外地面）起算至基础底面处的自重压力；z 为基础底面至软弱下卧层顶面的距离（m）；θ 为地基压力扩散线与垂直线的夹角（°），可按表 18-7-1 采用。

地基压力扩散角 θ　　　　**表 18-7-1**

E_{s1}/E_{s2}	z/b	
	0.25	0.50
3	6°	23°
5	10°	25°
10	20°	30°

注：1. E_{s1}为上层土压缩模量；E_{s2}为下层土压缩模量；

2. $z/b<0.25$ 时取 $\theta=0°$，必要时，宜由试验确定；$z/b>0.50$ 时 θ 值不变；

3. z/b 在 0.25 与 0.50 之间可插值使用。

【例 18-7-6】（历年真题）条形基础埋深 3m，宽 3.5m，上部结构传至基础顶面的竖向力为 200kN/m，偏心弯矩为 50kN · m/m，基础自重和基础上的土重可按综合重度 20kN/m³ 考虑，则该基础底面边缘的最大压力值为：

A. 141.6kPa　　B. 212.1kPa

C. 340.3kPa　　D. 180.5kPa

【解答】 $e=\dfrac{M}{F+G}=\dfrac{50}{200+3.5\times3\times1\times20}=0.12\text{m}<\dfrac{b}{6}=\dfrac{3.5}{6}=0.58\text{m}$

故基底压力为梯形分布，则：

$$p_{\max}=\frac{F+G}{A}+\frac{M}{W}=\frac{200+3.5\times1\times3\times20}{3.5\times1}+\frac{50}{\frac{1}{6}\times1\times3.5^2}=141.6\text{kPa}$$

应选 A 项。

【例 18-7-7】（历年真题）软弱下卧层验算公式 $p_z+p_{cz}\leqslant f_{az}$，其中 p_{cz} 为软弱下卧层顶面处土的自重应力值，下面说法正确的是：

A. p_{cz}的计算应当从基础底面算起　　B. p_{cz}的计算应当从地下水位算起

C. p_{cz}的计算应当从基础顶面算起　　D. p_{cz}的计算应当从地表算起

【解答】 p_{cz}的计算应当从地表算起，应选 D 项。

3. 基础平面尺寸的确定

确定矩形基础的底面尺寸（长×宽$=l\times b$），一般可按下列步骤：

（1）对承载力特征值 f_{ak} 进行埋置深度 d 修正，暂不考虑宽度修正，初步确定修正后的 f_a。

（2）根据荷载作用计算基底面积 A：

轴心荷载：$p_k=\dfrac{F_k+G_k}{A}\leqslant f_a$，即：$\dfrac{F_k+\gamma_G dA}{A}\leqslant f_a$，则：

$$A\geqslant\frac{F_k}{f_a-\gamma_G d}\tag{18-7-4}$$

偏心荷载

$$A\geqslant\frac{(1.1\sim1.4)F_k}{f_a-\gamma_G d}\tag{18-7-5}$$

（3）根据 A，确定出 l、b 值，一般取 $l/b\leqslant2$。

（4）考虑是否应对地基承载力进行宽度修正。如需要，在承载力修正后，重复上述

(2)、(3) 两个步骤，使所取宽度前后一致。

(5) 计算偏心距 e 和基底最大压力 p_{kmax}，并验算是否满足 $p_{kmax} \leqslant 1.2f_a$ 和 $e \leqslant \frac{l}{6}$ 的要求。

(6) 若 b、l 取值不适当（太大或太小），可调整尺寸再行验算，如此反复一两次，便可定出合适的尺寸。

【例 18-7-8】（历年真题）某条形基础上部中心荷载为 300kN/m，埋深 1.5m，基底以上土的重度为 20kN/m，深度修正后的承载力特征值为 180kPa，既满足承载力要求又合理的基础底宽为：

A. 2.0m　　B. 2.3m　　C. 2.5m　　D. 3.0m

【解答】 根据 A、B、C、D 项的宽度值，不考虑宽度修正，则：

$p_k = \frac{F_k + G_k}{A} \leqslant f_a$，则：$b \geqslant \frac{F_k}{f_a - \gamma_G d} = \frac{300}{180 - 20 \times 1.5} = 2\text{m}$

应选 A 项。

★★★五、地基沉降验算和稳定性验算

1. 地基沉降验算

建筑物的地基变形计算值不应大于地基变形允许值。地基变形特征可分为沉降量、沉降差、倾斜、局部倾斜（图 18-7-11）。

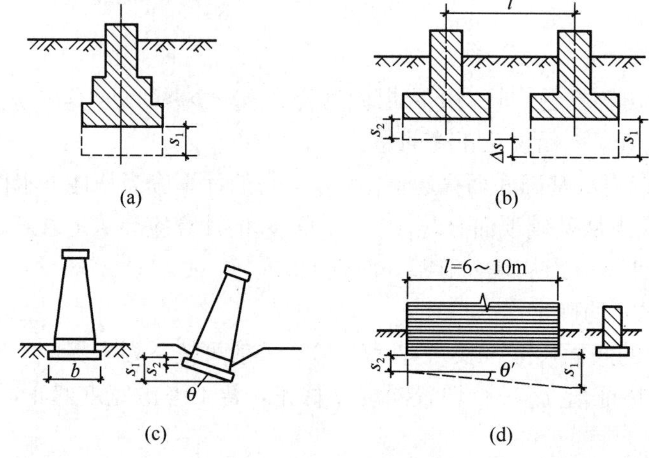

图 18-7-11　地基变形特征示意图

(a) 沉降量 s_1；(b) 沉降差 $\Delta s = s_1 - s_2$；(c) 倾斜 $\frac{s_1 - s_2}{b}$；(d) 局部倾斜 $\frac{s_1 - s_2}{l}$

由于建筑地基不均匀、荷载差异很大、体型复杂等因素引起的地基变形，对于砌体承重结构应由局部倾斜值控制；对于框架结构和单层排架结构应由相邻柱基的沉降差控制；对于多层或高层建筑和高耸结构应由倾斜值控制；必要时尚应控制平均沉降量。

《建筑地基规范》规定：

> **5.3.4**　建筑物的地基变形允许值应按表 5.3.4 规定采用。对表中未包括的建筑物，其地基变形允许值应根据上部结构对地基变形的适应能力和使用上的要求确定。

建筑物的地基变形允许值（部分）　　**表 5.3.4**

<table>
<tr><th colspan="2" rowspan="2">变　形　特　征</th><th colspan="2">地基土类别</th></tr>
<tr><th>中、低压缩性土</th><th>高压缩性土</th></tr>
<tr><td colspan="2">砌体承重结构基础的局部倾斜</td><td>0.002</td><td>0.003</td></tr>
<tr><td rowspan="3">工业与民用建筑相邻柱基的沉降差</td><td>框架结构</td><td>$0.002l$</td><td>$0.003l$</td></tr>
<tr><td>砌体墙填充的边排柱</td><td>$0.0007l$</td><td>$0.001l$</td></tr>
<tr><td>当基础不均匀沉降时不产生附加应力的结构</td><td>$0.005l$</td><td>$0.005l$</td></tr>
<tr><td colspan="2">单层排架结构（柱距为 6m）柱基的沉降量（mm）</td><td>(120)</td><td>200</td></tr>
<tr><td rowspan="2">桥式吊车轨面的倾斜（按不调整轨道考虑）</td><td>纵　向</td><td colspan="2">0.004</td></tr>
<tr><td>横　向</td><td colspan="2">0.003</td></tr>
<tr><td rowspan="4">多层和高层建筑的整体倾斜</td><td>$H_g \leqslant 24$</td><td colspan="2">0.004</td></tr>
<tr><td>$24 < H_g \leqslant 60$</td><td colspan="2">0.003</td></tr>
<tr><td>$60 < H_g \leqslant 100$</td><td colspan="2">0.0025</td></tr>
<tr><td>$H_g > 100$</td><td colspan="2">0.002</td></tr>
<tr><td colspan="2">体型简单的高层建筑基础的平均沉降量（mm）</td><td colspan="2">200</td></tr>
</table>

注：1　本表数值为建筑物地基实际最终变形允许值；
2　有括号者仅适用于中压缩性土；
3　l 为相邻柱基的中心距离（mm）；H_g 为自室外地面起算的建筑物高度（m）；
4　倾斜指基础倾斜方向两端点的沉降差与其距离的比值；
5　局部倾斜指砌体承重结构沿纵向 6m～10m 内基础两点的沉降差与其距离的比值。

地基最终沉降量的计算，见本章第三节地基变形。

【例 18-7-9】（历年真题）对于相同的场地，下面哪种情况可以提高地基承载力并减少沉降？

A. 加大基础埋深，并加做一层地下室

B. 基底压力 p（kPa）不变，加大基础宽度

C. 建筑物建成后抽取地下水

D. 建筑物建成后，填高室外地坪

【解答】只有 A 项满足提高地基承载力且减少沉降，应选 A 项。

2. 地基稳定性验算

《建筑地基规范》规定：

5.4.1　地基稳定性可采用圆弧滑动面法进行验算。最危险的滑动面上诸力对滑动中心所产生的抗滑力矩与滑动力矩应符合下式要求：

$$M_R / M_S \geqslant 1.2 \qquad (5.4.1)$$

式中：M_S——滑动力矩（kN·m）；

M_R——抗滑力矩（kN·m）。

5.4.3 建筑物基础存在浮力作用时应进行抗浮稳定性验算，并应符合下列规定：

1 对于简单的浮力作用情况，基础抗浮稳定性应符合下式要求：

$$\frac{G_k}{N_{w,k}} \geqslant K_w \tag{5.4.3}$$

式中：G_k——建筑物自重及压重之和（kN）；

$N_{w,k}$——浮力作用值（kN）；

K_w——抗浮稳定安全系数，一般情况下可取1.05。

2 抗浮稳定性不满足设计要求时，可采用增加压重或设置抗浮构件等措施。在整体满足抗浮稳定性要求而局部不满足时，也可采用增加结构刚度的措施。

★★★六、减少不均匀沉降损害的措施

1. 建筑措施

（1）在满足使用和其他要求的前提下，建筑体型应力求简单。

（2）当建筑体型比较复杂时，宜根据其平面形状和高度差异情况，在适当部位用沉降缝将其划分成若干个刚度较好的单元。建筑物的下列部位，宜设置沉降缝：①建筑平面的转折部位；② 高度差异或荷载差异处；③长高比过大的砌体承重结构或钢筋混凝土框架结构的适当部位；④地基土的压缩性有显著差异处；⑤建筑结构或基础类型不同处；⑥分期建造房屋的交界处。沉降缝宽度δ要求：2～3层，δ为50～80mm；4～5层，δ为80～120mm；5层以上，$\delta \geqslant$120mm。

（3）相邻建筑物基础间的净距应满足规范要求。

（4）建筑物各组成部分的标高，应根据可能产生的不均匀沉降采取相应措施：①室内地坪和地下设施的标高，应根据预估沉降量予以提高。建筑物各部分（或设备之间）有联系时，可将沉降较大者标高提高；②建筑物与设备之间，应留有净空。

2. 结构措施

（1）为减少建筑物沉降和不均匀沉降，可采用下列措施：

1）选用轻型结构，减轻墙体自重，采用架空地板代替室内填土；

2）设置地下室或半地下室，采用覆土少、自重轻的基础形式；

3）调整各部分的荷载分布、基础宽度或埋置深度；

4）对不均匀沉降要求严格的建筑物，可选用较小的基底压力。

（2）对于建筑体型复杂、荷载差异较大的框架结构，可采用箱基、桩基、筏基等加强基础整体刚度，减少不均匀沉降。

（3）对于砌体承重结构的房屋，宜采用下列措施增强整体刚度和承载力：

1）对于三层和三层以上的房屋，其长高比L/H_f宜小于或等于2.5；当房屋的长高比为$2.5 < L/H_f \leqslant 3.0$时，宜做到纵墙不转折或少转折，并应控制其内横墙间距或增强基础刚度和承载力。

2）墙体内宜设置钢筋混凝土圈梁或钢筋砖圈梁。

3）在墙体上开洞时，宜在开洞部位配筋或采用构造柱及圈梁加固。

（4）圈梁应按下列要求设置：

1）在多层房屋的基础和顶层处应各设置一道，其他各层可隔层设置，必要时也可逐层设置。单层工业厂房、仓库，可结合基础梁、连系梁、过梁等酌情设置。

2）圈梁应设置在外墙、内纵墙和主要内横墙上，并宜在平面内连成封闭系统。

3. 施工措施

（1）合理组织施工程序：应先建高、重部分，后建低、轻部分；先主体后附属建筑。

（2）活荷载较大的建筑物，有条件时可先堆载预压；在初期堆载应控制加载速率和加载范围，避免大量迅速、集中堆载。

（3）要注意打桩、井点降水、基坑开挖对邻近建筑物的影响。

（4）基坑开挖时，应注意对淤泥及淤泥质软弱土的保护，减少扰动。

【例 18-7-10】（历年真题）减小地基不均匀沉降的措施不包括：

A. 增加建筑物的刚度和整体性

B. 同一建筑物尽量采用同一类型的基础并埋置于同一土层中

C. 采用钢筋混凝土十字交叉条形基础或筏形基础、箱形基础等整体性好的基础形式

D. 上部采用静定结构

【解答】上部采用静定结构不能减小地基不均匀沉降，应选 D 项。

【例 18-7-11】（历年真题）软土上的建筑物为减小地基的变形和不均匀沉降，无效的措施是：

A. 减小基底附加应力　　　B. 增大基础宽度和埋深

C. 增大基础的强度　　　D. 增大上部结构的刚度

【解答】基础的强度与刚度是不同的概念，增大基础的强度是无效的，应选 C 项。

【例 18-7-12】（历年真题）下面哪种措施有利于减轻不均匀沉降的危害？

A. 建筑物采用较大的长高比　　　B. 复杂的建筑物平面形状设计

C. 增强上部结构的整体刚度　　　D. 增大相邻建筑物的高差

【解答】增强上部结构的整体刚度有利于减轻不均匀沉降，应选 C 项。

【例 18-7-13】（历年真题）先修高的、重的建筑物，后修矮的、轻的建筑物能够达到下面哪一种效果？

A. 减小建筑物的沉降量　　　B. 减小建筑物的沉降差

C. 改善建筑物的抗震性能　　　D. 减小建筑物以下土层的附加应力分布

【解答】先修高、重的建筑物，后修矮、轻的建筑物，可减小建筑物的沉降差，应选 B 项。

★★★七、浅基础结构设计

1. 无筋扩展基础（刚性基础）设计

无筋扩展基础的抗拉强度和抗剪强度较低，因此，必须控制基础内的拉应力和剪应力。设计时可以通过控制材料强度等级和台阶宽高比（台阶的宽度与其高度之比）来确定基础的截面尺寸，而无需进行内力分析和截面强度计算。图 18-7-12 所示为无筋扩展基础构造示意图，要求基础每个台阶的宽高比（$b_2 : h$）都不得超过表 18-7-2 所列的台阶宽高比的允许值（可用图中基础的刚性角 α 的正切 $\tan\alpha$ 表示）。设计时一般先选择适当的基础埋深和基础底面尺寸，设基底宽度为 b，则按上述要求，基础高度 H_0 应满足下列条件：

$$H_0 \geqslant \frac{b-h_0}{2\tan\alpha} \tag{18-7-6}$$

式中，b_0 为基础顶面处的墙体宽度或柱脚宽度。

由于台阶宽高比的限制，无筋扩展基础的高度一般都较大，但不应大于基础埋深，否则，应加大基础埋深或选择刚性角较大的基础类型（如混凝土基础），如仍不满足，可采用钢筋混凝土基础。

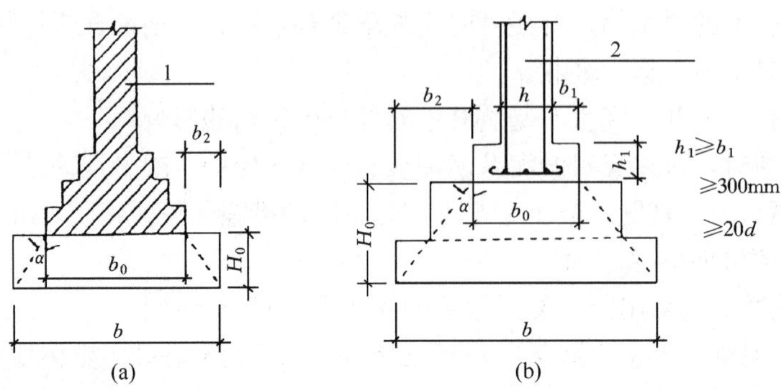

图 18-7-12　无筋扩展基础构造示意

d—柱中纵向钢筋直径；

1—承重墙；2—钢筋混凝土柱

无筋扩展基础台阶宽高比的允许值　　**表 18-7-2**

基础材料	质量要求	台阶宽高比的允许值		
		$p_k \leqslant 100$kPa	100kPa$< p_k \leqslant$200kPa	200kPa$< p_k \leqslant$300kPa
混凝土基础	C20 混凝土	1∶1.00	1∶1.00	1∶1.25
毛石混凝土基础	C20 混凝土	1∶1.00	1∶1.25	1∶1.50
砖基础	砖不低于 MU10、砂浆不低于 M5	1∶1.50	1∶1.50	1∶1.50
毛石基础	砂浆不低于 M5	1∶1.25	1∶1.50	—

注：1. p_k为作用的标准组合时基础底面处的平均压力值(kPa)；

2. 阶梯形毛石基础的每阶伸出宽度，不宜大于 200mm；

3. 当基础由不同材料叠合组成时，应对接触部分作抗压验算；

4. 混凝土基础单侧扩展范围内基础底面处的平均压力值超过 300kPa 时，尚应进行抗剪验算；对基底反力集中于立柱附近的岩石地基，应进行局部受压承载力验算。

【例 18-7-14】（历年真题）如果无筋扩展基础不能满足刚性角的要求，可以采取以下哪种措施？

A. 增大基础高度　　B. 减小基础高度

C. 减小基础宽度　　D. 减小基础埋深

【解答】 增大基础高度 H_0，$\tan\alpha=\dfrac{b-b_0}{H_0}$变小，$\alpha$ 减小且满足刚性角，应选 A 项。

【例 18-7-15】（历年真题）无筋扩展基础需要验算下面哪一项？

A. 冲切验算　　B. 抗弯验算

C. 斜截面抗剪验算　　D. 刚性角

【解答】 无筋扩展基础需要验算刚性角，应选 D 项。

2. 钢筋混凝土扩展基础

《建筑与市政地基基础通用规范》GB 55003—2021 规定：扩展基础的混凝土强度等级

不应低于 C25。

（1）扩展基础的计算规定

扩展基础的计算应符合下列规定：

1）对柱下独立基础，当冲切破坏锥体落在基础底面以内时，应验算柱与基础交接处以及基础变阶处的受冲切承载力；

2）对基础底面短边尺寸小于或等于柱宽加两倍基础有效高度的柱下独立基础，以及墙下条形基础，应验算柱（墙）与基础交接处的基础受剪切承载力；

3）基础底板的配筋，应按抗弯计算确定；

4）当基础的混凝土强度等级小于柱的混凝土强度等级时，尚应验算柱下基础顶面的局部受压承载力。

（2）柱下钢筋混凝土独立基础

柱下独立基础的受冲切承载力应按下列公式验算（图 18-7-13）：

$$F_l \leqslant 0.7\beta_{hp} f_t a_m h_0 \tag{18-7-7}$$

$$a_m = (a_t + a_b)/2 \tag{18-7-8}$$

$$F_l = p_j A_l \tag{18-7-9}$$

式中，β_{hp}为受冲切承载力截面高度影响系数；f_t为混凝土轴心抗拉强度设计值（kPa）；h_0为基础冲切破坏锥体的有效高度（m）；a_m为冲切破坏锥体最不利一侧计算长度（m）；a_t为冲切破坏锥体最不利一侧斜截面的上边长（m），当计算柱与基础交接处的受冲切承载力时，取柱宽；当计算基础变阶处的受冲切承载力时，取上阶宽；a_b为冲切破坏锥体最不利一侧斜截面在基础底面积范围内的下边长（m），$a_b=a_t+2h_0$；p_j为扣除基础自重及其上土重后相应于作用的基本组合时的地基土单位面积净反力（kPa）；A_l为冲切验算时取用的部分基底面积（m^2）（图中的阴影面积 $ABCDEF$）；F_l为相应于作用的基本组合时作用在A_l上的地基土净反力设计值（kPa）。

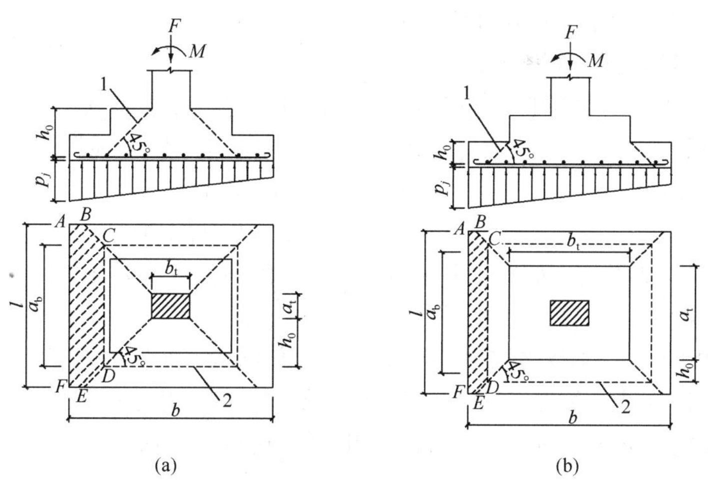

图 18-7-13　计算阶形基础的受冲切承载力截面位置

（a）柱与基础交接处；（b）基础变阶处

1—冲切破坏锥体最不利一侧的斜截面；2—冲切破坏锥体的底面线

柱下独立基础的底板弯矩 M 按规范规定进行计算，基础底板钢筋面积可按下式计算，且配筋率［$\rho=A_s/(bh)$］应满足规范最小配筋率（$\rho_{min}=0.15\%$）要求：

$$A_s=\frac{M}{0.9f_yh_0} \tag{18-7-10}$$

(3) 墙下钢筋混凝土条形基础

墙下钢筋混凝土条形基础的内力计算一般取单位长度计算，设计内容主要包括基础的高度及基础底板配筋等。基础高度由受剪承载力确定，基础底板的横向受力钢筋则由基础验算截面的弯矩确定。

(4) 柱下条形基础

柱下条形基础在其纵、横两个方向均产生弯曲变形，故在这两个方向的截面内均存在剪力和弯矩。柱下条形基础的横向剪力与弯矩通常由翼板的抗剪、抗弯能力承担，其内力计算与墙下钢筋混凝土条形基础相同。柱下条形基础纵向的剪力与弯矩由基础梁承担，基础梁的纵向内力通常可采用基底反力直线分布的连续梁计算，否则按弹性地基梁法计算。按连续梁计算时，边跨跨中弯矩及第一内支座弯矩宜乘以 1.2。此外，还应验算柱边缘处基础梁的受剪承载力；当存在扭矩时，还应作抗扭计算。

【例 18-7-16】(历年真题) 如果扩展基础的冲切验算不能满足要求，可以采取以下哪种措施?

A. 降低混凝土强度等级　　B. 加大基础底板的配筋

C. 增大基础的高度　　D. 减小基础宽度

【解答】可采取提高混凝土强度等级、增大基础的高度、增大基础宽度，应选 C 项。

【例 18-7-17】(历年真题) 在设计柱下条形基础的基础梁最小宽度时，下列哪项为正确的?

A. 梁宽应大于柱截面的相应尺寸

B. 梁宽应等于柱截面的相应尺寸

C. 梁宽应大于柱截面宽高尺寸中的最小值

D. 由基础梁截面强度计算确定

【解答】基础梁最小宽度由基础梁截面强度计算确定，应选 D 项。

【例 18-7-18】(历年真题) 扩展基础的抗弯验算主要用于哪一项设计内容?

A. 控制基础高度　　B. 控制基础宽度

C. 控制基础长度　　D. 控制基础配筋

【解答】扩展基础的抗弯验算主要用于控制基础配筋，应选 D 项。

(5) 筏形基础

筏形基础的平面尺寸应根据工程地质条件、上部结构的布置、地下结构底层平面以及荷载分布等因素按规范有关规定确定。对单幢建筑物，在地基土比较均匀的条件下，基底平面形心宜与结构竖向永久荷载重心重合。当不能重合时，在荷载的准永久组合下，偏心距 e 宜符合下式规定：

$$e\leqslant 0.1W/A \tag{18-7-11}$$

式中，W 为与偏心距方向一致的基础底面边缘抵抗矩（m^3）；A 为基础底面积（m^2）。

筏形基础的混凝土强度等级不应低于C30，当有地下室时应采用防水混凝土。防水混凝土的抗渗等级与筏基埋置深度 d（m）有关。当 $d<10\text{m}$ 时，抗渗等级为P6；当 $10\text{m}\leqslant d<20\text{m}$ 时，抗渗等级为P8。采用筏形基础的地下室，钢筋混凝土外墙厚度不应小于250mm，内墙厚度不宜小于200mm。

1）平板式筏基

平板式筏基的板厚应满足受冲切承载力的要求。平板式筏基柱下板厚的抗冲切验算应满足规范要求；当柱荷载较大，等厚度筏板的受冲切承载力不能满足要求时，可在筏板上面增设柱墩或在筏板下局部增加板厚或采用抗冲切钢筋等措施满足受冲切承载能力要求。平板式筏基内筒（即框架-核心筒结构的内筒）下的板厚应满足受冲切承载力要求。

平板式筏基应验算距内筒和柱边缘 h_0 处截面的受剪承载力。当筏板变厚度时，尚应验算变厚度处筏板的受剪承载力。

当筏板的厚度大于2000mm时，宜在板厚中间部位设置直径不小于12mm、间距不大于300mm的双向钢筋网。

2）梁板式筏基

梁板式筏基底板应计算正截面受弯承载力，其厚度尚应满足受冲切承载力、受剪切承载力的要求。

当底板区格为矩形双向板时，底板受冲切所需的厚度 h_0 应按规范公式进行计算，其底板厚度与最大双向板格的短边净跨之比不应小于1/14，且板厚不应小于400mm。当底板板格为单向板时，其底板厚度不应小于400mm。

梁板式筏基基础梁和平板式筏基的顶面应满足底层柱下局部受压承载力的要求。对抗震设防烈度为9度的高层建筑，验算柱下基础梁、筏板局部受压承载力时，应计入竖向地震作用对柱轴力的影响。

筏基（平板式和梁板式）的内力通常采用弹性地基梁板法；当满足规范条件时可采用仅考虑局部弯曲作用的简化方法，即基底反力按直线分布进行计算，与前述柱下条形基础按连续梁计算相同。

筏形基础地下室施工完毕后，应及时进行基坑回填工作。填土应按设计要求选料，回填时应先清除基坑中的杂物，在相对的两侧或四周同时回填并分层夯实，回填土的压实系数不应小于0.94。

★八、地基、基础与上部结构共同作用概念

通常设计是将上部结构、基础与地基三者分离出来作为独立的结构体系进行力学分析。分析上部结构时用固定支座来代替基础，并假定支座没有任何变形，以求得结构的内力和变形以及支座反力；然后将支座反力作用于基础上，用力学的方法求得地基反力，进而求得基础的内力和变形；再把地基反力作用于地基，验算其承载力和沉降。这种计算方法虽然满足静力平衡条件，但却完全忽略了三者之间受荷前后的变形连续性，其后果是导致底层和边跨梁柱的实际内力大于计算值，而基础的实际内力则比计算值小很多。

实际上，上部结构通过墙、柱等竖向构件与基础相连接，基础底面直接与地基接触，三者是相互联系成整体来承担荷载而共同发生变形的。三者在接触处既传递荷载，又相互约束和相互作用。三部分将按各自的刚度对变形产生相互制约的作用，从而使整个体系的内力（包括上部结构、基础和基底反力）和变形发生变化。可见，三者是共同工作的，因此，合理的设计方法应将三者作为一个整体，考虑接触部位的变形协调来计算其内力和变形。

习　题

18-7-1 （历年真题）下列哪种情况不能提高地基承载力？

A. 加大基础宽度　　B. 增加基础深度

C. 降低地下水　　D. 增加基础材料的强度

18-7-2 （历年真题）对于建筑体型及荷载复杂的结构，减小基础底面的沉降的措施不包括：

A. 采用箱基　　B. 柱下条形基础

C. 采用筏基　　D. 单独基础

18-7-3 （历年真题）确定常规浅基础埋置深度时，一般可不考虑的因素为：

A. 土的类别与土层分布　　B. 基础类型

C. 地下水位　　D. 基础平面尺寸及形状

18-7-4 （历年真题）关于地基承载力特征值的宽度修正公式 $\eta_b\gamma$（$b-3$），下列说法不正确的是：

A. $\eta_b\gamma$（$b-3$）的最大值为 $3\eta_b\gamma$

B. $\eta_b\gamma$（$b-3$）总是大于或等于 0，不能为负数

C. η_b 可能等于 0

D. γ 取基底以上土的重度，地下水以下取浮重度

18-7-5 （历年真题）软弱下卧层验算公式为 $p_z+p_{cz}\leqslant f_{cz}$，其中 p_{cz} 为软弱下卧层顶面处土的自重压力值。关于 p_z，下列说法正确的是：

A. p_z 是基础底面压力

B. p_z 是基底附加应力

C. p_z 是软弱下卧层顶面处的附加应力，由基底附加压力按一定的扩散角计算得到

D. p_z 是软弱下卧层顶面处的附加应力，由基底压力按一定的扩散角计算得到

18-7-6 （历年真题）当地基沉降验算不能满足要求时，采取下面哪种措施对减小地基沉降比较有利？

A. 加大基础埋深　　B. 降低地下水位

C. 减不基础深度　　D. 将无筋扩展基础改为扩展基础

第八节　深　基　础

一、深基础类型

深基础类型主要有桩基础、沉井基础、地下连续墙、墩基础，以及桩筏基础、桩箱基础等。

1. 桩基础

桩基础是指通过承台把若干根桩的顶部联结成整体，共同承受竖向荷载、水平荷载的一种深基础。对大直径灌注桩，当为一柱一桩时，可不设承台直接将桩与柱连接。

2. 沉井基础

沉井基础是一个用混凝土或钢筋混凝土等制成的井筒形结构物，它可以仅作为建筑物基础使用，也可以同时作为地下结构物使用。沉井基础施工的施工方法是先就地制作第一节井筒，然后在井筒内挖土，使沉井在自重作用下克服土的阻力而下沉。随着沉井的下沉，逐步加高井筒，沉到设计标高后，在其下端浇筑混凝土封底。沉井只作为建筑物基础使用时，常用低强度混凝土或砂石填充井筒，若沉井作为地下结构物使用，则不进行填充而在其上端接筑上部结构。

3. 地下连续墙

地下连续墙是利用专门的成槽机械在地下成槽，在槽中安放钢筋笼（网）后以导管法浇灌水下混凝土，形成一个单元墙段，再将顺序完成的墙段以特定的方式连接组成的一道完整的现浇地下连续墙体。地下连续墙具有挡土、防渗，以及作主体承重结构等多种功能。

4. 墩基础

与桩基础相比，墩基础的墩直径大，墩身长度为6～20m，长径比不大于30，即短而粗，常常单独承担荷载，比单桩承载力高，且不能采用打入和压入地基的方法进行施工。

★★★二、桩与桩基础的类型及选型

1. 桩与桩基础的类型

桩按受力特点可分为：承担竖向压力的抗压桩，承担水平力的水平受荷桩，承担竖向上拔力的抗拔桩，承担竖向力与水平力的复合受荷桩等。

桩按桩身材料可分为：混凝土桩，钢筋混凝土桩，钢管混凝土桩和钢桩等。

（1）按承载性状分类

1）摩擦型桩，可细分为：

① 摩擦桩：在承载能力极限状态下，桩顶竖向荷载由桩侧阻力承受，桩端阻力小到可忽略不计。

② 端承摩擦桩：在承载能力极限状态下，桩顶竖向荷载主要由桩侧阻力承受。

2）端承型桩，可细分为：

① 端承桩：在承载能力极限状态下，桩顶竖向荷载由桩端阻力承受，桩侧阻力小到可忽略不计。

② 摩擦端承桩：在承载能力极限状态下，桩顶竖向荷载主要由桩端阻力承受。

（2）按成桩方法分类

1）非挤土桩：干作业法钻（挖）孔灌注桩、泥浆护壁法钻（挖）孔灌注桩、套管护壁法钻（挖）孔灌注桩。

2）部分挤土桩：冲孔灌注桩、钻孔挤扩灌注桩、搅拌劲芯桩、预钻孔打入（静压）预制桩、打入（静压）式敞口钢管桩、敞口预应力混凝土空心桩和H型钢桩。

3）挤土桩：沉管灌注桩、沉管夯（挤）扩灌注桩、打入（静压）预制桩、闭口预应力混凝土空心桩和闭口钢管桩。

（3）桩径（设计直径d）大小分类

小直径桩：$d \leqslant 250$mm；中等直径桩：250mm$<d<$800mm；大直径桩：$d \geqslant 800$mm。

(4) 按施工工艺分类

桩按施工工艺可分为预制桩和灌注桩两大类。

(5) 按承台的位置分类

1) 高桩承台基础：承台底面高于地面（或冲刷线）。

2) 低桩承台基础：承台底面低于地面（或冲刷线）。

【例 18-8-1】（历年真题）打入式敞口钢管桩属于：

A. 非挤土桩　　B. 部分挤土桩

C. 挤土桩　　D. 端承桩

【解答】打入式敞口钢管桩属于部分挤土桩，应选 B 项。

2. 桩型的选择

桩型与成桩工艺应根据建筑结构类型、荷载性质、桩的使用功能、穿越土层、桩端持力层、地下水位、施工设备、施工环境、施工经验、制桩材料供应条件等，按安全适用、经济合理的原则选择，并且符合下列要求：

(1) 对于框架-核心筒等荷载分布很不均匀的桩筏基础宜选择基桩尺寸和承载力可调性较大的桩型和工艺。

(2) 挤土沉管灌注桩用于淤泥和淤泥质土层时应局限于多层住宅桩基。

(3) 抗震设防烈度为8度及以上地区不宜采用预应力混凝土管桩（PC）和预应力混凝土空心方桩（PS）。

【例 18-8-2】（历年真题）地震 8 度以上的区域不能用下列哪种类型的桩：

A. 钻孔灌注桩　　B. 泥浆护壁钻孔灌注桩

C. 预应力混凝土管桩　　D. H 型钢桩

【解答】地震烈度 8 度以上的区域不能用预应力混凝土管桩，应选 C 项。

★三、桩和桩基的构造

《建筑地基规范》规定：

8.5.3 桩和桩基的构造，应符合下列规定：

1 摩擦型桩的中心距不宜小于桩身直径的 3 倍；扩底灌注桩的中心距不宜小于扩底直径的 1.5 倍，当扩底直径大于 2m 时，桩端净距不宜小于 1m。在确定桩距时尚应考虑施工工艺中挤土等效应对邻近桩的影响。

2 扩底灌注桩的扩底直径，不应大于桩身直径的 3 倍。

3 桩底进入持力层的深度，宜为桩身直径的 1 倍～3 倍。在确定桩底进入持力层深度时，尚应考虑特殊土、岩溶以及震陷液化等影响。嵌岩灌注桩周边嵌入完整和较完整的未风化、微风化、中风化硬质岩体的最小深度，不宜小于 0.5m。

4 布置桩位时宜使桩基承载力合力点与竖向永久荷载合力作用点重合。

5 设计使用年限不少于 50 年时，非腐蚀环境中预制桩的混凝土强度等级不应低于 C30，预应力桩不应低于 C40，灌注桩的混凝土强度等级不应低于 C25；二 b 类环境及三类及四类、五类微腐蚀环境中不应低于 C30；水下灌注混凝土的桩身混凝土强度等级不宜高于 C40。

8 桩身纵向钢筋配筋长度应符合下列规定：

1）受水平荷载和弯矩较大的桩，配筋长度应通过计算确定；

2）桩基承台下存在淤泥、淤泥质土或液化土层时，配筋长度应穿过淤泥、淤泥质土层或液化土层；

3）坡地岸边的桩、8度及8度以上地震区的桩、抗拔桩、嵌岩端承桩应通长配筋；

4）钻孔灌注桩构造钢筋的长度不宜小于桩长的2/3；桩施工在基坑开挖前完成时，其钢筋长度不宜小于基坑深度的1.5倍。

9 桩身配筋可根据计算结果及施工工艺要求，可沿桩身纵向不均匀配筋。

10 桩顶嵌入承台内的长度不应小于50mm。主筋伸入承台内的锚固长度不应小于钢筋直径（HPB300）的30倍和钢筋直径（HRB400）的35倍。

11 灌注桩主筋混凝土保护层厚度不应小于50mm；预制桩不应小于45mm，预应力管桩不应小于35mm；腐蚀环境中的灌注桩不应小于55mm。

★四、单桩的荷载传递

单桩轴向受压时，其轴向荷载的传递过程如图18-8-1所示。由桩身轴力分布曲线可知，桩身轴力 N_z 随深度 z 增加而减小，桩顶处最大，桩底处 N_l 最小且 $N_l=Q_p$（Q_p 为桩端阻力）。

由桩侧摩阻力分布曲线可知，桩侧摩阻力 $q_s(z)$ 为曲线，开始 $q_s(z)$ 由小变大，达到最大后，由大变小。

综上可知，单桩轴向受压荷载的传递过程就是总桩侧阻力 Q_s、桩端阻力 Q_p 的发挥过程，在桩底处，有：$Q=Q_s+Q_p$。

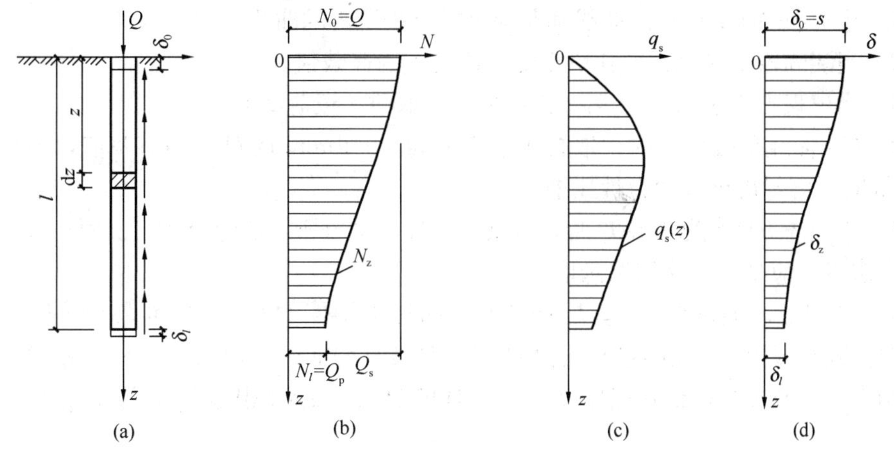

图18-8-1 单桩轴向受压荷载传递

（a）轴向受压的单桩；（b）桩身轴力分布曲线；

（c）桩侧摩阻力分布曲线；（d）桩截面位移曲线

【例18-8-3】（历年真题）均质土中等截面抗压桩的桩身轴力分布规律是：

A. 从桩顶到桩端逐渐减小　　B. 从桩顶到桩端逐渐增大

C. 从桩顶到桩端均匀分布　　D. 桩身中部最大，桩顶与桩端处变小

【解答】从桩顶到桩端，桩身轴力逐渐减小，应选A项。

★★★五、单桩竖向承载力的确定

1. 单桩竖向静载荷试验

单桩竖向承载力特征值应通过单桩竖向静载荷试验确定。在同一条件下的试桩数量，不宜少于总桩数的1%且不应少于3根。《建筑地基规范》规定：

Q.0.1 单桩竖向静载荷试验的加载方式，应按慢速维持荷载法。

Q.0.4 开始试验的时间：预制桩在砂土中入土7d后；黏性土不得少于15d；对于饱和软黏土不得少于25d。灌注桩应在桩身混凝土达到设计强度后，才能进行。

Q.0.5 加荷分级不应小于8级，每级加载量宜为预估极限荷载的1/8～1/10。

Q.0.7 在每级荷载作用下，桩的沉降量连续两次在每小时内小于0.1mm时可视为稳定。

Q.0.8 符合下列条件之一时可终止加载：

1 当荷载-沉降（Q-s）曲线上有可判定极限承载力的陡降段，且桩顶总沉降量超过40mm；

2 $\dfrac{\Delta s_{n+1}}{\Delta s_n} \geqslant 2$，且经24h尚未达到稳定；

3 25m以上的非嵌岩桩，Q-s曲线呈缓变型时，桩顶总沉降量大于60mm～80mm；

4 在特殊条件下，可根据具体要求加载至桩顶总沉降量大于100mm。

注：1 Δs_n——第n级荷载的沉降增量；Δs_{n+1}——第$n+1$级荷载的沉降增量；

2 桩底支承在坚硬岩（土）层上，桩的沉降量很小时，最大加载量不应小于设计荷载的两倍。

Q.0.10 单桩竖向极限承载力应按下列方法确定：

1 作荷载-沉降（Q-s）曲线和其他辅助分析所需的曲线。

2 当陡降段明显时，取相应于陡降段起点的荷载值。

3 当出现本附录Q.0.8第2款的情况，取前一级荷载值。

4 Q-s曲线呈缓变型时，取桩顶总沉降量s=40mm所对应的荷载值，当桩长大于40m时，宜考虑桩身的弹性压缩。

5 按上述方法判断有困难时，可结合其他辅助分析方法综合判定。对桩基沉降有特殊要求者，应根据具体情况选取。

6 参加统计的试桩，当满足其极差不超过平均值的30%时，可取其平均值为单桩竖向极限承载力。极差超过平均值的30%时，宜增加试桩数量并分析极差过大的原因，结合工程具体情况确定极限承载力。对桩数为3根及3根以下的柱下桩台，取最小值。

Q.0.11 将单桩竖向极限承载力除以安全系数2，为单桩竖向承载力特征值（R_a）。

2. 其他原位测试方法

当桩端持力层为密实砂卵石或其他承载力类似的土层时，对单桩竖向承载力很高的大直径端承型桩，可采用深层平板载荷试验确定桩端土的承载力特征值。地基基础设计等级为丙级的建筑物，可采用静力触探及标贯试验参数结合工程经验确定单桩竖向承载力特征值。

3. 经验参数法

《建筑地基规范》规定：

4　初步设计时单桩竖向承载力特征值可按下式进行估算：

$$R_a = q_{pa}A_p + u_p \sum q_{sia} l_i \tag{8.5.6-1}$$

式中：A_p ——桩底端横截面面积（m^2）；

q_{pa}，q_{sia} ——桩端阻力特征值、桩侧阻力特征值（kPa），由当地静载荷试验结果统计分析算得；

u_p ——桩身周边长度（m）；

l_i ——第 i 层岩土的厚度（m）。

5　桩端嵌入完整及较完整的硬质岩中，当桩长较短且入岩较浅时，可按下式估算单桩竖向承载力特征值：

$$R_a = q_{pa}A_p \tag{8.5.6-2}$$

式中：q_{pa} ——桩端岩石承载力特征值（kN）。

6　嵌岩灌注桩桩端以下 3 倍桩径且不小于 5m 范围内应无软弱夹层、断裂破碎带和洞穴分布，且在桩底应力扩散范围内应无岩体临空面。

对于灌注桩，为了提高单桩竖向承载力特征值，当桩长、桩径不变时，可采用后注浆工艺，可分为单一桩端后注浆、复式注浆（即桩端与桩侧均注浆）。后注浆可增大桩端阻力、桩侧阻力。此外，后注浆还有利于减小桩基沉降量。

【例 18-8-4】（历年真题）对混凝土灌注桩进行载荷试验，从成桩到开始试验的间歇时间为：

A. 7d　　B. 15d

C. 25d　　D. 桩身混凝土达设计强度

【解答】混凝土灌注桩载荷试验，其间歇时间为达到桩身混凝土设计强度，应选 D 项。

【例 18-8-5】（历年真题）下面哪种情况对桩的竖向承载力有利？

A. 建筑物建成后在桩基附近堆土　　B. 桩基周围的饱和土层发生固结沉降

C. 桥梁桩基周围发生淤积　　D. 桩基施工完成后在桩周注浆

【解答】桩基施工完成后在桩周注浆可提高桩竖向承载力，应选 D 项。

【例 18-8-6】（历年真题）某桩基础的桩的截面为 400mm×400mm，建筑地基土层由上而下依次为粉质黏土（3m 厚）、中密粗砂（4m 厚）、微风化软质岩（5m 厚）。对应的桩周土摩擦力特征值分别为 20kPa、40kPa、65kPa，桩长为 9m，桩端岩土承载力特征值为 6000kPa，则单桩竖向承载力特征值为：

A. 1120kN　　B. 1420kN　　C. 1520kN　　D. 1680kN

【解答】$R_a = 0.4 \times 4 \times (20 \times 3 + 40 \times 4 + 65 \times 2) + 0.4 \times 0.4 \times 6000 = 1520\text{kN}$

应选 C 项。

★★★六、群桩效应与复合基桩

1. 群桩效应

群桩基础通常是指由 2 根以上桩组成的桩基础。在竖向荷载作用下，由于承台、桩、土相互作用，群桩基础中的一根桩单独受荷时的承载力和沉降性状，往往与相同地质条件和同样设置方法的独立单桩有显著差别，这种现象称为群桩效应。因此，群桩基础的竖向抗压承载力（Q_g）常不等于其中各根单桩的竖向抗压承载力之和（$\sum Q_i$）。通常用群桩效应系数 η（$\eta=Q_g/\sum Q_i$）来衡量群桩基础中各根单桩的平均承载力比独立单桩降低（$\eta<1$）或提高（$\eta>1$）的幅度。

由摩擦型桩组成的低承台群桩基础，在其建成后，承台底面与地基土可能脱开，例如车辆频繁行驶振动。在通常情况下，承台底面与地基土是接触的、不脱开。

承台底面脱开地面的摩擦型群桩基础，其各桩均匀受荷，如同独立单桩［图 18-8-2(a)］，群桩基础的各桩顶荷载主要通过桩侧阻力扩散产生桩端平面的附加应力。当桩距 $s<D$ 时，群桩桩端平面的附加应力因各邻桩桩周扩散产生的附加应力的相互重叠而增大，如图 18-8-2（b）中虚线。因此，摩擦型群桩的沉降大于独立单桩的沉降。

在竖向荷载作用下的刚性承台协作各桩同步均匀沉降，同时，它促使各桩的桩顶荷载发生由承台中部向外围转移。因此，角桩受力最大，中心桩最小，边桩居中，并且桩数越多，角桩与中心桩受力差异越大，如图 18-8-3 所示，桩反力呈马鞍形分布。同时，各桩沉降出现内大外小的碟形分布，见图中虚线。

对于承台不脱开地面的摩擦型群桩基础，上述群桩效应同样存在，变化规律也相同，如图 18-8-3 所示。

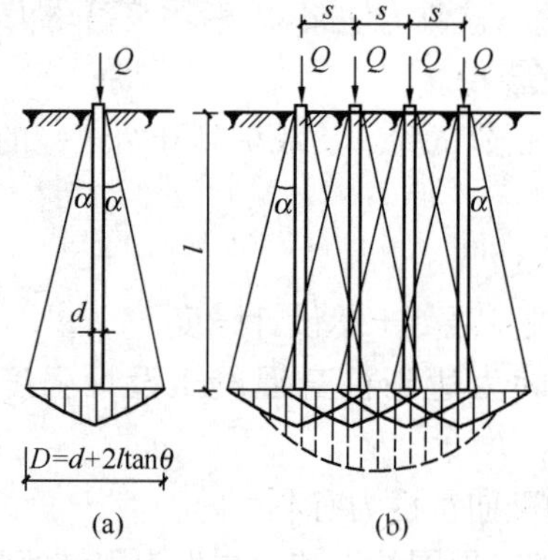

图 18-8-2　摩擦型桩的桩顶荷载通过侧阻扩散形成的桩端平面附加应力分布
（a）单桩；（b）群桩

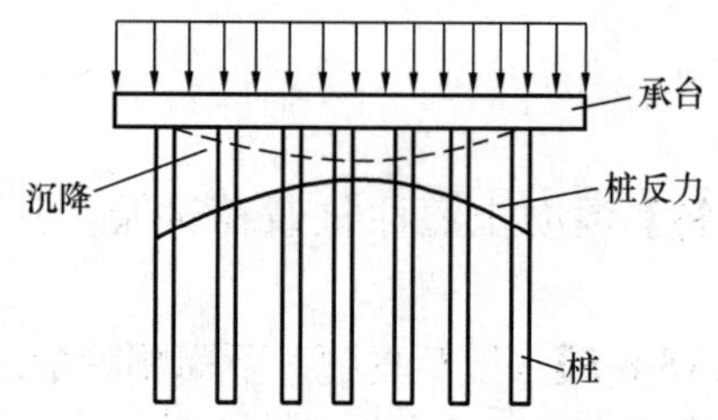

图 18-8-3　摩擦型群桩基础的桩反力

2. 复合基桩承载力特征值

承台不脱开地面的摩擦型群桩基础在竖向荷载作用下，承台底面地基土反力分担了部分竖向荷载，此时，单桩的承载力含有承台底面地基土分担的竖向荷载的贡献，故称为复合基桩。为了考虑承台的贡献，引入承台效应系数 η_c。

对于端承型桩基、桩数少于 4 根的摩擦型柱下独立桩基，或由于地层土性、使用条件等因素不宜考虑承台效应时，基桩竖向承载力特征值应取单桩竖向承载力特征值。

对于符合下列条件之一的摩擦型桩基，宜考虑承台效应确定其复合基桩的竖向承载力特征值：

（1）上部结构整体刚度较好、体型简单的建（构）筑物。

（2）对差异沉降适应性较强的排架结构和柔性构筑物。

（3）按变刚度调平原则设计的桩基刚度相对弱化区。

（4）软土地基的减沉复合疏桩基础。

【例 18-8-7】（历年真题）对于摩擦型群桩基础，确定其复合基桩的竖向承载力特征值时，下列哪种情况可以不考虑承台效应？

A. 桩数少于 4 根

B. 上部结构整体刚度较好

C. 对差异沉降适应性较强的排架结构和柔性构筑物

D. 桩基沉降较大，土与承台紧密接触且结构能正常使用

【解答】摩擦型群桩基础，当桩数少于 4 根，不考虑承台效应，应选 A 项 。

【例 18-8-8】（历年真题）对桩周土层、桩尺寸和桩顶竖向荷载都一样的摩擦桩，桩距为桩径 3 倍的群桩的沉降量比单桩的沉降量：

A. 大　　B. 小

C. 大或小均有可能　　D. 一样大

【解答】摩擦型群桩基础，当桩距为 3 倍桩径时，考虑群桩效应，群桩的地基土附加应力更大，故沉降量比单桩的沉降量大，应选 A 项。

【例 18-8-9】（历年真题）均质地基，承台上承受均布荷载，如图所示，正常工作状态下下面哪根桩的受力最大？

例 18-8-9 图

A. 桩 A　　B. 桩 B

C. 桩 C　　D. 桩 D

【解答】正常工作状态下，由于群桩效应，桩 A 受力最大，应选 A 项。

★★★七、群桩中单桩承载力计算

1. 群桩中单桩桩顶作用力

（1）轴心竖向力作用下

$$N_k=\frac{F_k+G_k}{n} \tag{18-8-1}$$

式中，F_k 为相应于荷载的标准组合时，作用于桩基承台顶面的竖向力（kN）；G_k 为桩基承台自重及承台上土自重标准值（kN）；N_k 为相应于荷载的标准组合时，轴心竖向力作用下基桩或复合基桩的平均竖向力（kN）；n 为桩基中的桩数。

（2）偏心竖向力作用下

$$N_{ik}=\frac{F_k+G_k}{n}\pm\frac{M_{xk}y_i}{\sum y_i^2}\pm\frac{M_{yk}x_i}{\sum x_i^2} \tag{18-8-2}$$

式中，N_{ik} 为相应于荷载的标准组合时，偏心竖向力作用下第 i 根基桩或复合基桩的竖向力（kN）；M_{xk}、M_{yk} 为相应于荷载的标准组合时，作用于承台底面通过桩群形心的 x、y 轴的力矩（kN・m）；x_i、y_i 为第 i 根桩至桩群形心的 y、x 轴线的距离（m）。

（3）水平力作用下

$$H_{ik}=\frac{H_k}{n} \tag{18-8-3}$$

式中，H_k 为相应于荷载的标准组合时，作用于承台底面的水平力（kN）；H_{ik} 为相应于荷载的标准组合时，作用于第 i 根基桩或复合基桩的水平力（kN）。

2. 轴心竖向力作用下，桩基竖向承载力计算

（1）荷载的标准组合：

$$N_k \leqslant R \tag{18-8-4}$$

（2）地震作用和荷载的标准组合：

$$N_{Ek} \leqslant 1.25R \tag{18-8-5}$$

式中，N_k 为相应于荷载的标准组合轴心竖向力作用下，基桩或复合基桩的平均竖向力（kN）；N_{Ek} 为相应于地震作用和荷载的标准组合下，基桩或复合基桩的平均竖向力（kN）；R 为基桩或复合基桩竖向承载力特征值（kN）。

3. 偏心竖向力作用下，桩基竖向承载力计算

（1）荷载的标准组合下，除应符合式（18-8-4）的要求外，尚应符合下式规定：

$$N_{kmax} \leqslant 1.2R \tag{18-8-6}$$

（2）地震作用和荷载的标准组合下，除应符合式（18-8-5）的要求外，尚应符合下式规定：

$$N_{Nkmax} \leqslant 1.5R \tag{18-8-7}$$

式中，N_{kmax}为相应于荷载的标准组合偏心竖向力作用下，基桩或复合基桩的最大竖向力（kN）；N_{Ekmax}为相应于地震作用和荷载的标准组合下，基桩或复合基桩的最大竖向力（kN）。

4. 受水平荷载作用下，桩基水平承载力计算

$$H_{ik} \leqslant R_h \tag{18-8-8}$$

式中，R_h 为单桩基础或群桩中基桩的水平承载力特征值（kN）。

★八、桩基础沉降计算

下列建筑桩基应进行沉降计算：

（1）设计等级为甲级的非嵌岩桩和非深厚坚硬持力层的建筑桩基；

（2）设计等级为乙级的体型复杂、荷载分布显著不均匀或桩端平面以下存在软弱土层的建筑桩基；

（3）软土地基多层建筑减沉复合疏桩基础。

嵌岩桩、设计等级为丙级的建筑物桩基、对沉降无特殊要求的条形基础下不超过两排桩的桩基、吊车工作级别 A5 及 A5 以下的单层工业厂房桩基（桩端下为密实土层），可不进行沉降验算。当有可靠地区经验时，对地质条件不复杂、荷载均匀、对沉降无特殊要求的端承型桩基也可不进行沉降验算。

桩基础的沉降不得超过建筑物的沉降允许值，并应符合相关规范的规定。

★九、桩基桩身结构和承台结构设计

1. 桩身结构设计

钢筋混凝土轴心受压桩正截面受压承载力计算如下：

（1）当桩顶以下 $5d$ 范围的桩身螺旋式箍筋间距不大于 100mm，且符合规范规定时：

$$N \leqslant \psi_c f_c A_{ps} + 0.9 f'_y A'_s \tag{18-8-9}$$

（2）当桩身配筋不符合上述（1）规定时：

$$N \leqslant \psi_c f_c A_{ps} \tag{18-8-10}$$

式中，N 为荷载的基本组合下的桩顶轴向压力设计值（N）；ψ_c 为基桩成桩工艺系数；f_c 为混凝土轴心抗压强度设计值（N/mm^2）；f'_y 为纵向主筋抗压强度设计值（N/mm^2）；A'_s 为纵向主筋截面面积（mm^2）。

2. 桩基承台结构设计

柱下桩基独立承台结构设计内容包括：①承台计算截面的弯矩及配筋；②柱对承台的冲切计算；③角桩对承台的冲切计算；④承台斜截面受剪计算；⑤当承台的混凝土强度等级低于柱或桩的混凝土强度等级时，尚应验算柱下或桩上承台的局部受压承载力；⑥承台构造要求等。

承台构造要求，《建筑地基规范》规定：

> **8.5.17**　桩基承台的构造，除满足受冲切、受剪切、受弯承载力和上部结构的要求外，尚应符合下列要求：
>
> **1**　承台的宽度不应小于500mm。边桩中心至承台边缘的距离不宜小于桩的直径或边长，且桩的外边缘至承台边缘的距离不小于150mm。对于条形承台梁，桩的外边缘至承台梁边缘的距离不小于75mm。
>
> **2**　承台的最小厚度不应小于300mm。
>
> **3**　承台的配筋，对于矩形承台，其钢筋应按双向均匀通长布置，钢筋直径不宜小于10mm，间距不宜大于200mm；对于三桩承台，钢筋应按三向板带均匀布置，且最里面的三根钢筋围成的三角形应在柱截面范围内。
>
> **4**　纵向钢筋的混凝土保护层厚度不应小于70mm，当有混凝土垫层时，不应小于50mm；且不应小于桩头嵌入承台内的长度。

【例18-8-10】（历年真题）承台设计无须验算下列哪一项？

A. 柱对承台的冲切　　B. 角桩对承台的冲切

C. 斜截面抗剪　　D. 刚性角

【解答】承台设计无须验算刚性角，应选D项。

★★★十、桩侧负摩阻力和抗拔桩

1. 桩侧负摩阻力

如图18-8-4所示，地面大面积堆载使桩侧土层压缩，并且在桩长中上部范围桩侧土层变形量大于相应深度处桩的下沉量，即桩侧土相对于桩产生向下的位移，桩侧土对桩产生向下的摩阻力，即桩侧负摩阻力 q_{si}^n。

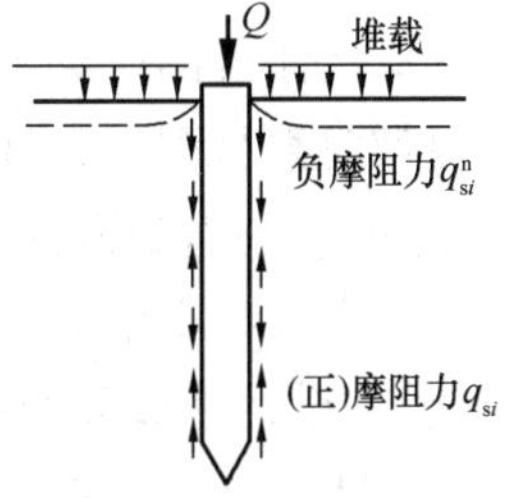

图18-8-4　产生负摩阻力的原因

符合下列条件之一的桩基，当桩周土层产生的沉降超过单桩的沉降时，在计算基桩承载力时应计入桩侧负摩阻力：

（1）桩穿越较厚松散填土、自重湿陷性黄土、欠固结土、液化土层进入相对较硬土层时；

(2) 桩周存在软弱土层，邻近桩侧地面承受局部较大的长期荷载，或地面大面积堆载（包括填土）时；

(3) 由于降低地下水位，使桩周土有效应力增大，并产生显著压缩沉降时。

如图 18-8-5 所示，O_1 点为中性点，单桩的负摩阻力产生的总下拉荷载 Q_g^n 在中性点最大，故桩身轴压力在 O_1 点最大；随着深度 z 增加，正摩阻力 q_{si} 的出现和不断增加，桩身轴压力自 O_1 点向下逐渐减小。

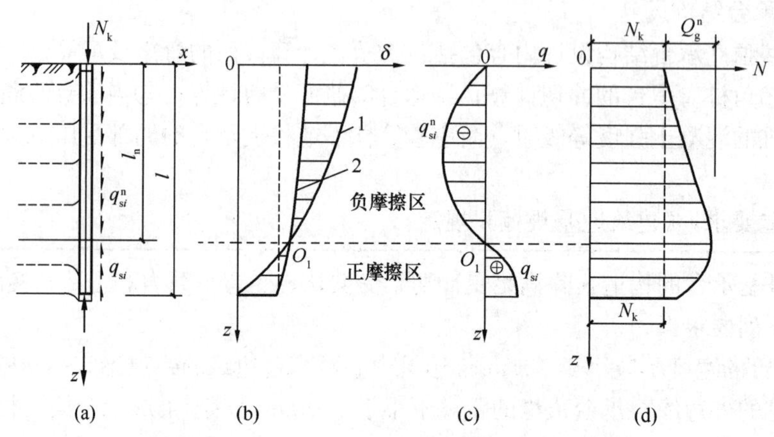

图 18-8-5　单桩在产生负摩阻力时的荷载传递

(a) 单桩；(b) 位移曲线；(c) 桩侧摩阻力分布曲线；(d) 桩身轴力分布曲线

1—土层竖向位移曲线；2—桩的截面位移曲线

2. 抗拔桩

如图 18-8-6 所示抗拔桩，在上拔力 N 作用下，桩侧土产生的侧阻力向下，桩身轴拉力随深度 z 增加而递减。

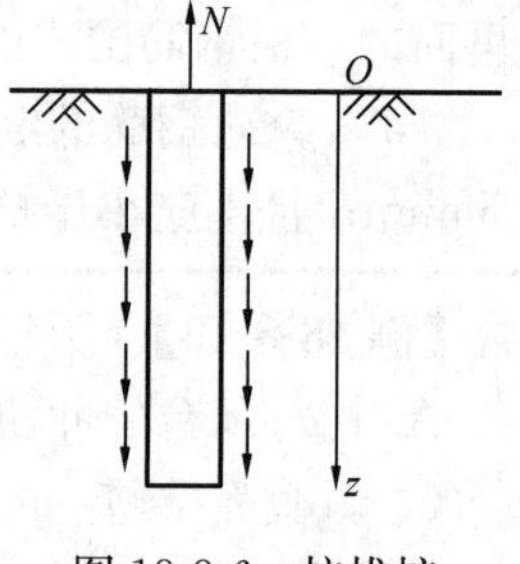

图 18-8-6　抗拔桩

【例 18-8-11】（历年真题）关于抗浮桩，下列说法正确的是：

A. 抗浮桩设计时侧阻力的方向向上

B. 抗浮桩设计时侧阻力的方向向下

C. 抗浮桩的荷载主要由端阻力承担

D. 抗浮桩的荷载主要由水的浮力承担

【解答】 抗浮桩设计时侧阻力的方向向下，应选 B 项。

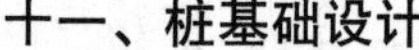

十一、桩基础设计

1. 桩基设计等级

桩基设计等级分为甲级、乙级和丙级三个等级。

2. 桩基设计的基本要求

桩基设计的基本要求如下：

(1) 所有桩基均应进行承载力和桩身强度计算。对预制桩，尚应进行运输、吊装和锤击等过程中的强度和抗裂验算。

(2) 桩基础沉降验算应符合规范的规定。

（3）桩基础的抗震承载力验算应符合《建筑抗震设计规范》的有关规定。

（4）桩基宜选用中、低压缩性土层作桩端持力层。

（5）同一结构单元内的桩基不宜选用压缩性差异较大的土层作桩端持力层，不宜采用部分摩擦桩和部分端承桩。

（6）对位于坡地、岸边的桩基应进行桩基的整体稳定验算。

（7）对于抗浮、抗拔桩基应进行单桩和群桩的抗拔承载力计算。

（8）应考虑桩基施工中挤土效应对桩基及周边环境的影响，在深厚饱和软土中不宜采用大片密集有挤土效应的桩基。

习　题

18-8-1 （历年真题）泥浆护壁法钻孔灌注混凝土桩属于：

A. 非挤土桩　B. 部分挤土桩　C. 挤土桩　D. 预制桩

18-8-2 （历年真题）群桩的竖向承载力不能按各单桩承载力之和进行计算的是：

A. 桩数少于 3 的端承桩　B. 桩数少于 3 的非端承桩

C. 桩数大于 3 的端承桩　D. 桩数大于 3 的摩擦桩

18-8-3 （历年真题）下面哪种方法不能用于测试单桩竖向承载力？

A. 载荷试验　B. 静力触探

C. 标准贯入试验　D. 十字板剪切试验

18-8-4 （历年真题）断桩现象最容易发生在下面哪种桩？

A. 预制桩　B. 灌注桩　C. 旋喷桩　D. 水泥土桩

18-8-5 （历年真题）用混凝土土桩进行地基处理后的筏形基础属于：

A. 浅基础　B. 桩基础　C. 深基础　D. 扩展基础

18-8-6 （历年真题）关于桩的侧阻力，下列说法正确的是：

A. 通常情况下侧阻力的方向向下

B. 灌注桩施工完毕后采用后压浆技术可以提高桩的侧阻力

C. 竖向荷载变化时侧阻力和端阻力的分担比例不变

D. 抗拔桩不存在侧阻力

18-8-7 （历年真题）下面哪种情况下的群桩效应比较突出？

A. 间距较小的端承桩　B. 间距较大的端承桩

C. 间距较小的摩擦桩　D. 间距较大的摩擦桩

18-8-8 （历年真题）某 4×4 等间距排列的端承桩，桩径 1m，桩距 5m，单桩承载力 2000kN，则此群桩承载力为：

A. 32000kN　B. 16000kN　C. 12000kN　D. 8000kN

第九节　地　基　处　理

★一、地基处理的目的与处理方法分类

1. 地基处理的目的

地基处理的对象是软弱土地基和特殊土地基。软弱土地基是指主要由软土、冲填土、

杂填土、松散土（松散粉细砂及粉土）等土层构成的地基。特殊土地基大部分带有地区性特点，主要包括湿陷性黄土、膨胀土、盐渍土、红黏土和冻土等。

地基处理的目的如下：

(1) 提高土的抗剪强度，以提高地基承载力、增加地基的稳定性。

(2) 降低土的压缩性，以减小地基的沉降和不均匀沉降。

(3) 改善土的渗透性，以防止地基的渗流破坏。

(4) 改善土的动力特性，以防止地基土的振动液化和震陷。

(5) 消除特殊性土的湿陷性、胀缩性或冻胀性等不良特殊性质。

2. 地基处理方法的分类

按地基处理的功效可分为土质改良、土的置换和土的补强（也称增强）三类：(1) 土质改良是指用机械（力学）、化学、电、热等手段增加地基土的密度，或使地基土固结，这一方法是尽可能地利用原有地基；(2) 土的置换是将部分或全部软土换填为良质土（如砂土等）；(3) 土的补强是采用在土中放入抗拉强度高的补强材料（如土工织物、土钉等）以加强和改善地基土的剪切特性。

按地基处理原理进行分类，常见的地基处理方法见表 18-9-1。此外，目前还常用水泥粉煤灰碎石桩（简称 CFG 桩）复合地基，其特点是：承载力提高幅度大、地基变形小、适用范围较大，其适用于处理黏性土、粉土、砂土和自重固结已完成的素填土。

软弱土地基处理方法分类表 **表 18-9-1**

编号	分类	处理方法	原理及作用	适用范围
1	压实法	机械碾压、振动压实	利用压实原理，通过机械碾压夯击，把表层地基土压实	大面积填土地基
2	夯实法	强夯法、强夯置换法	利用强大的夯击能，在地基中产生强烈的冲击波和动应力，迫使土固结密实，提高地基承载力，减小沉降	处理碎石土、砂土、粉土、低饱和度的黏性土、杂填土、湿陷性黄土等地基，对饱和黏性土地基应慎重采用
3	换填垫层法	砂石垫层、素土垫层、灰土垫层、矿渣垫层、加筋土垫层	以砂石、素土、灰土和矿渣等强度较高的材料置换地基表层软弱土，提高持力层的承载力，扩散应力，减小沉降	处理地基浅层软弱土、局部不均匀土层及暗沟、暗塘等
4	预压法	堆载预压、真空预压、真空和堆载联合预压等	在地基中增设竖向排水体，加速地基的固结和强度增长，提高地基的稳定性；加速沉降发展，使地基沉降提前完成	处理淤泥质土、淤泥、冲填土等饱和黏性土地基
5	挤密法	灰土、土挤密桩法	利用横向挤压成孔设备成孔，使桩间土得以挤密。用灰土或素土填入桩孔内分层夯实形成桩体，并与桩间土组成复合地基，从而提高地基承载力，减小沉降	处理地下水位以上的粉土、黏性土、湿陷性黄土、素填土和杂填土等地基
6	振密法	振冲碎石桩、沉管砂石桩	通过振动沉管等在地基中成孔并设置碎石桩、砂石桩，在成孔中对土体产生振密挤密，桩体与桩间土组成复合地基	挤密处理松散砂土、粉土、粉质黏土、素填土、杂填土等及可液化地基

续表

编号	分类	处理方法	原理及作用	适用范围
7	深层搅拌法与旋喷法	水泥土搅拌桩、旋喷桩	在软弱地基中掺入水泥或喷入水泥浆作为固化剂，使土粒胶结，形成增强体，并与桩间土形成复合地基，提高地基承载力，减小沉降，防止渗漏	处理淤泥、淤泥质土、黏性土、粉土、砂土、黄土、素填土、碎石土等地基
8	加筋	土工合成材料加筋、锚固、树根桩、加筋土	在地基土中埋设强度较大的土工合成材料等加筋材料，使地基土体能承受拉力，防止断裂，保持整体性，提高刚度，改变土体的应力场和应变场，从而提高地基承载力，改善变形特性	软弱土地基、人工填土的路堤、挡土墙结构及土坡加固稳定
9	其他	灌浆、冻结、托换技术、纠倾技术	通过特种技术措施处理软弱土地基	根据实际情况确定

★★★二、地基处理方法

1. 压实法

压实法是利用平碾、振动碾、冲击碾或其他碾压设备将地基土分层压密实，其处理后的人工地基称为压实地基。压实法的处理原理（或作用机理）、适用范围见表 18-9-1。地下水位以上填土，可采用碾压法和振动压实法；非黏性土或黏粒含量少、透水性较好的松散填土地基宜采用振动压实法。

压实填土的填料可选用粉质黏土、灰土、粉煤灰、级配良好的砂土或碎石土，以及质地坚硬、性能稳定、无腐蚀性和无放射性危害的工业废料等，并应满足下列要求：

（1）以碎石土作填料时，其最大粒径不宜大于 100mm；

（2）以粉质黏土、粉土作填料时，其含水量宜为最优含水量，可采用击实试验确定；

（3）不得使用淤泥、耕土、冻土、膨胀土以及有机质含量大于 5%的土料；

（4）采用振动压实法时，宜降低地下水位到振实面下 600mm。

碾压法和振动压实法施工时，应根据压实机械的压实性能，地基土性质、密实度、压实系数和施工含水量等，并结合现场试验确定碾压分层厚度、碾压遍数、碾压范围和有效加固深度等施工参数。每层铺填厚度 h（mm），平碾：h 为 200～300mm；羊足碾：h 为 200～350mm；振动碾：h 为 500～1200mm。压实填土的质量以压实系数 λ_c 控制。

填料前，应清除填土层底面以下的耕土、植被或软弱土层等。基槽内压实时，应先压实基槽两边，再压实中间。性质不同的填料，应采取水平分层、分段填筑，并分层压实；同一水平层，应采用同一填料，不得混合填筑；填方分段施工时，接头部位如不能交替填筑，应按 1∶1 坡度分层留台阶；如能交替填筑，则应分层相互交替搭接，搭接长度不小于 2m；压实填土的施工缝，各层应错开搭接，在施工缝的搭接处，应适当增加压实遍数；边角及转弯区域应采取其他措施压实，以达到设计标准。

在施工过程中，应分层取样检验土的干密度和含水量；每 50～100m^2 面积内应设不少于 1 个检测点，每一个独立基础下，检测点不少于 1 个，条形基础每 20 延米设检测点不少于1个。

压实地基的施工质量检验应分层进行。每完成一道工序，应按设计要求进行验收，未经验收或验收不合格时，不得进行下一道工序施工。

2. 夯实法

夯实法是指将夯锤反复提到高处使其自由落下，给予地基土冲击和振动能量，将土压密实，经夯实处理后的人工地基称为夯实地基。夯实法分为强夯法、强夯置换法，其相应的人工地基称为强夯地基、强夯置换地基，其适用范围见表18-9-1。

强夯法的有效加固深度应根据现场试验或当地的经验确定。当缺乏试验资料和经验时，也可按下式估算：

$$H = k\sqrt{\frac{Mh}{10}} \tag{18-9-1}$$

式中，H为有效加固深度（m）；M为锤重（kN）；h为落距（m）；k为与土的性质和夯击方法有关的系数。

强夯处理后的地基承载力检验，应在施工结束后间隔一定时间进行，对于碎石土和砂土地基，间隔时间宜为7～14d；粉土和黏性土地基，间隔时间宜为14～28d。强夯置换地基，间隔时间宜为28d。

强夯地基均匀性检验，可采用动力触探试验或标准贯入试验、静力触探试验等原位测试，以及室内土工试验。

强夯置换墩的深度应由土质条件决定。除厚层饱和粉土外，应穿透软土层，到达较硬土层上，深度不宜超过10m。墩体材料可采用级配良好的块石、碎石、矿渣、工业废渣、建筑垃圾等坚硬粗颗粒材料，且粒径大于300mm的颗粒含量不宜超过30%。

强夯置换地基单墩载荷试验数量不应少于墩点数的1%，且不少于3点；对饱和粉土地基，当处理后墩间土能形成2.0m以上厚度的硬层时，其地基承载力可通过现场单墩复合地基静载荷试验确定。

【例18-9-1】（历年真题）按地基处理作用机理，强夯法属于：

A. 土质改良　　B. 土的置换　　C. 土的补强　　D. 土的化学加固

【解答】 强夯法属于土质改良，应选A项。

3. 换填垫层法

换填垫层法就是将浅基础底面以下不太深的一定范围内软弱土层（土层厚度0.5～3.0m）挖去，然后用强度高、压缩性能好的岩土材料，如砂、碎石、矿渣、灰土、土工合成材料等，分层填筑，采用碾压、振密等方法使垫层密实。通过垫层将上部荷载扩散传到垫层下卧层地基中，以满足提高地基承载力和减小沉降的要求。它的适用范围见表18-9-1。

(1) 设计与施工

垫层厚度确定：用一定厚度的垫层置换软弱土层后，上部荷载通过垫层按一定扩散角传递至下卧土层顶面上的全部压力（包括自重压力和附加压力）不应超过下卧土层的地基承载力。垫层的厚度一般不宜大于3m。垫层的宽度，一方面要满足应力扩散的要求；另一方面应防止侧面土的挤出。

垫层的施工方法、分层铺填厚度、每层压实遍数宜通过现场试验确定。除接触下卧软土层的垫层底部应根据施工机械设备及下卧层土质条件确定厚度外，其他垫层的分层铺填厚度宜为200～300mm。垫层上下两层的缝距不得小于500mm，且接缝应夯压密实。换填垫层的施工质量检验应分层进行，并应在每层的压实系数符合设计要求后铺填上层。

【例18-9-2】（历年真题）在进行地基处理时，淤泥和淤泥质土的浅层处理宜采用下面哪种方法？

A. 换土垫层法　　B. 砂石桩挤密法

C. 强夯法　　D. 振冲挤密法

【解答】浅层处理采用换土垫层法，应选A项。

（2）土工合成材料

土工合成材料是指工程建设中应用的与土、岩石或其他材料接触的聚合物材料（含天然的）的总称。

用作加筋材的土工合成材料有：土工织物（其具有透水性，细分为：有纺土工织物和无纺土工织物）、土工格栅、土工带和土工格室等。

用于防渗工程的土工合成材料有：土工膜、复合土工膜、加筋复合土工膜，土工合成材料膨润土防渗垫（GCL）等。

用于需要反滤功能的土工合成材料有：无纺土工织物，或兼顾其他需要采用有纺土工织物。

用于需要排水功能的土工合成材料有：无纺土工织物等。

【例18-9-3】（历年真题）按地基处理作用机理，加筋法属于：

A. 土质改良　　B. 土的置换

C. 土的补强　　D. 土的化学加固

【解答】加筋法属于土的补强，应选C项。

【例18-9-4】（历年真题）土工聚合物在地基处理中的作用不包括：

A. 排水作用　　B. 加筋

C. 挤密　　D. 反滤

【解答】土工聚合物在地基处理中的作用是：排水、加筋、反滤，不包括挤密，故选C项。

4. 预压法

预压法（也称为排水固结法）是运用排水固结原理进行地基处理的方法，其基本原理是：饱和软黏土地基在上部堆载或真空负压的荷载作用下，土孔隙中的水被慢慢排出，孔隙体积逐渐减小，地基发生固结变形，压缩性减小，同时，随着超静孔隙水压力逐渐消散，有效应力逐渐提高，地基土的强度逐渐增长。预压法主要解决：一是沉降问题，使地基的沉降在加载预压期间大部分或基本完成，以便建筑物在使用期间不致产生不利的沉降和沉降差；二是稳定问题，促使地基土的抗剪强度增长，从而提高地基的承载力和稳定性；三是地基土的排水问题。预压法的适用范围见表18-9-1。预压法按处理工艺可分为堆载预压、真空预压、真空和堆载联合预压。

为改善厚层软黏性土的排水条件，在土层中按一定间距设置井孔，并灌入透水性良好的砂作为排水孔，即形成所谓砂井，然后进行堆载预压，排水固结效果尤为显著。排水还可采用塑料排水带。砂井顶面应设置一定厚度的砂垫层，以使土中水能通过砂井和砂垫层排出。

根据固结理论，竖井（砂井）的直径越大，竖井间距越小，达到某一固结度所需的时间越短，或在某一时间内达到的固结度越大。因此，竖井的有效排水直径 d_e、竖井直径 d_w 对地基土的固结影响很大，通常用井径比 n（$n=d_e/d_w$）来表征其影响，其中，d_e 与竖井的间距 s 的关系为：竖井为等边三角形排列，$d_e=1.05s$；竖井为正方形排列，$d_e=1.13s$。当井径比 n 越小时，达到某一固结度所需的时间越短。

在相同井径比 n 的条件下，缩短竖井的间距比增大井径对加速软土固结的效果更好，因此，采用“细而密”的原则选择竖井的直径和间距比较合理。但必须考虑施工的具体条件，如直径太细不易保证灌砂的密实和连续；间距太小，则在沉管施工时可能使竖井周围土的结构被挤压而破坏。一般普通砂井直径为 300～500mm，袋装砂井直径为 70～120mm；竖井的间距按一定的井径比 $n=6\sim8$ 确定。

竖井的长度，系根据软土层的厚度来考虑。如果土层较厚，从地基稳定方面考虑，竖井的长度应穿越地基的可能滑动面 2m；从沉降方面考虑，竖井的长度应穿过地基的主要受力层。竖井顶部设置的排水砂垫层厚度不小于 500mm。

预压荷载大小应根据设计要求确定。对于沉降有严格限制的建筑，可采用超载预压法处理，超载量大小应根据预压时间内要求完成的变形量通过计算确定，并宜使预压荷载下受压土层各点的有效竖向应力大于建筑物荷载引起的相应点的附加应力。

预压荷载顶面的范围应不小于建筑物基础外缘的范围。

加载速率应根据地基土的强度确定。当天然地基土的强度满足预压荷载下地基的稳定性要求时，可一次性加载；如不满足，应分级逐渐加载，待前期预压荷载下地基土的强度增长满足下一级荷载下地基的稳定性要求时，方可加载。

应对预压的地基土进行原位试验和室内土工试验。原位试验可采用十字板剪切试验或静力触探，检验深度不应小于设计处理深度。原位试验和室内土工试验，应在卸载 3～5d 后进行。

【例 18-9-5】（历年真题）关于堆载预压法加固地基，下面说法正确的是：

A. 砂井除了起加速固结的作用外，还作为复合地基提高地基的承载力

B. 在砂井长度相等的情况下，较大的砂井直径和较小的砂井间距都能够加速地基的固结

C. 堆载预压时控制堆载速度的目的是为了让地基发生充分的蠕变变形

D. 为了防止预压时地基失稳，堆载预压通常要求预压荷载小于基础底面的设计压力

【解答】堆载预压法加固地基不属于复合地基，故 A 项错误；其次，C、D 项均错误。应选 B 项。

【例 18-9-6】（历年真题）对软土地基采用真空预压法进行加固后，下面土的哪一项指标会增大?

A. 压缩系数　　B. 抗剪强度　　C. 渗透系数　　D. 孔隙比

【解答】软土地基用真空预压法加固后，土的抗剪强度会增大，应选 B 项。

【例 18-9-7】（历年真题）采用真空预压法加固地基，计算表明在规定时间内达不到要求的固结度，加快固结进程时，下面哪种措施是正确的?

A. 增加预压荷载　　B. 减小预压荷载

C. 减小井径比　　　　　　　　　　D. 将真空预压法改为堆载预压

【解答】根据预压法固结理论，减小井径比可加快固结过程，应选 C 项。

5. 挤密法（灰土挤密桩和土挤密桩复合地基）

挤密法的处理原理、适用范围见表 18-9-1。当以消除地基土的湿陷性为主要目的时，可选用土挤密桩；当以提高地基土的承载力或增强其水稳性为主要目的时，宜选用灰土挤密桩。

桩孔直径宜为 300～600mm。桩孔宜按等边三角形布置，桩孔之间的中心距离，可为桩孔直径的 2～3 倍。

桩孔内的灰土填料，消石灰与土的体积配合比宜为 2∶8 或 3∶7。土料宜选用粉质黏土，土料中的有机质含量不应超过 5%，且不得含有冻土和膨胀土，渣土垃圾粒径不应超过 15mm。石灰可选用新鲜的消石灰或生石灰粉，粒径不应大于 5mm。消石灰的质量应合格，有效 CaO+MgO 含量不得低于 60%。

孔内填料应分层回填夯实，填料的平均压实系数 $\bar{\lambda}_c$ 不应低于 0.97，其中压实系数最小值不应低于 0.93。

桩顶标高以上应设置 300～600mm 厚的褥垫层。垫层材料可根据工程要求采用 2∶8 或 3∶7 灰土、水泥土等，其压实系数均不应低于 0.95。

基础垫层施工前，应按设计要求将桩顶设计标高以上的预留土层（沉管成孔预留土层不宜小于 0.5m，冲击、钻孔夯扩法成孔预留土层不宜小于 1.2m）挖除或夯（压）密实。

【例 18-9-8】（历年真题）挤密桩的桩孔中，下面哪一种材料不能作为填料？

A. 黄土　　　　B. 膨胀土　　　　C. 水泥土　　　　D. 碎石

【解答】膨胀土不能作为挤密桩的填料，应选 B 项。

6. 振密法（振冲碎石桩和沉管砂石桩复合地基）

振密法的处理原理、适用范围见表 18-9-1。

桩径可根据地基土质情况、成桩方式和成桩设备等因素确定，桩的平均直径可按每根桩所用填料量计算。振冲碎石桩桩径宜为 800～1200mm；沉管砂石桩桩径宜为 300～800mm。桩长可根据工程要求和工程地质条件通过计算确定，并且桩长不宜小于 4m。

振冲桩桩体材料可采用含泥量不大于 5%的碎石、卵石、矿渣或其他性能稳定的硬质材料，不宜使用风化易碎的石料。

沉管桩桩体材料可采用含泥量不大于 5%的碎石、卵石、角砾、圆砾、砾砂、粗砂、中砂或石屑等硬质材料，最大粒径不宜大于 50mm。

桩顶和基础之间宜铺设厚度为 300～500mm 的褥垫层，垫层材料宜采用中砂、粗砂、级配砂石和碎石等，最大粒径不宜大于 30mm，其夯填度（夯实后的厚度与虚铺厚度的比值）不应大于 0.9。

振冲碎石桩振密孔施工顺序：宜沿直线逐点逐行进行。

沉管砂石桩的施工顺序：对砂土地基宜从外围或两侧向中间进行。

【例 18-9-9】（历年真题）下列地基中，最适于使用振冲法处理的是：

A. 饱和黏性土　　　B. 松散的砂土　　　C. 中密的砂土　　　D. 密实砂土

【解答】松散的砂土最适于使用振冲法处理，应选 B 项。

7. 深层搅拌法与旋喷法（水泥土搅拌桩和旋喷桩复合地基）

由于深层搅拌法与旋喷法将固化剂（即水泥）与原地基黏性土混合，因而减小了水对周围地基的影响，也不使地基侧向挤出，故对已有建筑物影响较小；与堆载预压法相比，它在短时期内即可获得很高的地基承载力；与换填垫层法相比，减少大量土方工程量；土体处理后重度基本不变，不会使软弱下卧层产生附加沉降；因无振动、无噪声施工，因而在城市软弱地基加固、基坑围护工程中普遍采用。

（1）水泥土搅拌桩

水泥土搅拌桩的长度应根据上部结构对地基承载力和变形的要求确定。干法的加固深度不宜大于 15m，湿法的加固深度不宜大于 20m。

桩长超过 10m 时，可采用固化剂变掺量设计。在全长桩身水泥总掺量不变的前提下，桩身上部 1/3 桩长范围内，可适当增加水泥掺量及搅拌次数。

水泥土搅拌桩复合地基宜在基础和桩之间设置褥垫层，厚度可取 200～300mm。褥垫层材料可选用中砂、粗砂、级配砂石等，最大粒径不宜大于 20mm。褥垫层的夯填度不应大于 0.9。

成桩 3d 内，采用轻型动力触探（N_{10}）检查上部桩身的均匀性，检验数量为施工总桩数的 1%，且不少于 3 根。成桩 7d 后，采用浅部开挖桩头进行检查，开挖深度宜超过停浆（灰）面下 0.5m，检查搅拌的均匀性，量测成桩直径，检查数量不少于总桩数的 5%。

（2）旋喷桩

旋喷桩施工应根据工程需要和土质条件选用单管法、双管法和三管法。旋喷桩加固体形状可分为柱状、壁状、条状或块状。

旋喷桩复合地基宜在基础和桩顶之间设置褥垫层。褥垫层厚度宜为 150～300mm，褥垫层材料可选用中砂、粗砂和级配砂石等，褥垫层最大粒径不宜大于 20mm。褥垫层的夯填度不应大于 0.9。

旋喷桩可根据工程要求和当地经验采用开挖检查、钻孔取芯、标准贯入试验、动力触探和静载荷试验等方法进行检验。成桩质量检验点的数量不少于施工孔数的 2%，并不应少于 6 点；旋喷桩承载力检验宜在成桩 28d 后进行。

【例 18-9-10】（历年真题）位于城市中心区的饱和软黏土地基需要进行地基处理，比较适合的方法为：

A. 深层搅拌法　　　　B. 强夯法

C. 灰土挤密法　　　　D. 振冲法

【解答】城市中心区的饱和软黏土地基的地基处理宜采用深层搅拌法，应选 A 项。

8. 复合地基的计算

复合地基可分为两大类：①散体材料增强体复合地基，如灰土挤密桩和土挤密桩复合地基、振冲碎石桩和沉管砂石桩复合地基、石灰桩复合地复；②有粘结强度增强体复合地基，如水泥土搅拌桩复合地基、旋喷桩复合地基、水泥粉煤灰碎石桩（简称 CFG 桩）复合地基等。

初步设计时，对散体材料增强体复合地基应按下式估算：

$$f_{spk}=[1+m(n-1)]f_{sk} \tag{18-9-2}$$

式中，f_{spk}为复合地基承载力特征值（kPa）；f_{sk}为处理后桩间土承载力特征值（kPa），可按地区经验确定；n 为复合地基桩土应力比，可按地区经验确定；m 为面积置换率，$m=d^2/d_e^2$；d 为桩身平均直径（m），d_e 为一根桩分担的地基处理面积的等效圆直径(m)：等边三角形布桩 $d_e=1.05s$，正方形布桩 $d_e=1.13s$，矩形布桩 $d_e=1.13\sqrt{s_1 s_2}$，s、s_1、s_2 分别为桩间距、纵向桩间距和横向桩间距（图 18-9-1）。

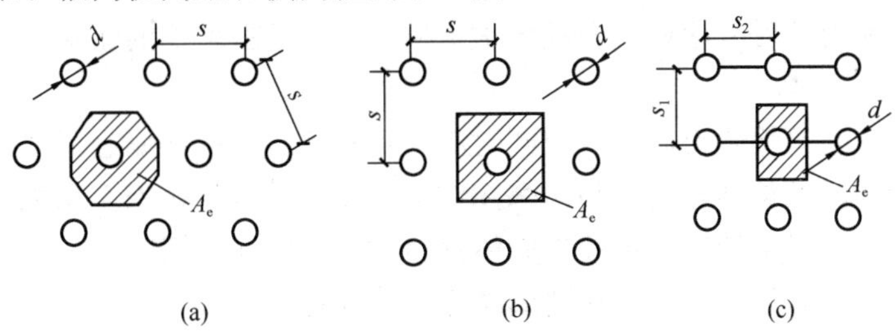

图 18-9-1　桩体平面布置形式

（a）等边三角形布置；（b）正方形布置；（c）矩形布置

注：图中阴影面积为一根桩分担的地基处理的面积 $A_e=\pi d_e^2/4$

初步设计时，对有粘结强度增强体复合地基应按下式计算：

$$f_{spk}=\lambda m\frac{R_a}{A_p}+\beta(1-m)f_{sk} \tag{18-9-3}$$

式中，λ 为单桩承载力发挥系数，可按地区经验取值；R_a 为单桩竖向承载力特征值（kN）；A_p 为桩的截面面积（m^2）；β 为桩间土承载力发挥系数，可按地区经验取值。

增强体单桩竖向承载力特征值 R_a 的计算，见规范规定。

【例 18-9-11】（历年真题）复合地基中桩的直径为 0.36m，桩的间距（中心距）为 1.2m，当桩按正方形布置时，面积置换率为：

A. 0.142　　B. 0.035　　C. 0.265　　D. 0.070

【解答】 正方形布桩，$d_e=1.13s=1.13\times1.2$

$$m=\frac{A_p}{A_e}=\frac{d^2}{d_e^2}=\frac{0.36^2}{(1.13\times1.2)^2}=0.070$$

应选 D 项。

【例 18-9-12】（历年真题）已知某一复合地基中桩的面积置换率为 0.16，桩土应力比为 7，基础底面压力为 p（kPa），则桩间土的应力为：

A. $3.17p$　　B. $0.65p$　　C. $0.51p$　　D. $0.76p$

【解答】 设基础底面积为 A，桩间土的应力为 p_s，则：

$$0.16A\cdot 7p_s+(1-0.16)A\cdot p_s=Ap，可得：p_s=0.51p$$

应选 C 项。

三、地基处理原则和处理方法的选择

1. 地基处理原则

地基处理设计和施工的总原则是，做到安全适用、技术先进、经济合理、确保质量、保护环境。地基处理除应满足工程设计要求外，尚应做到因地制宜、就地取材、保护环境和节约资源等。进行地基处理时，一般应注重以下几点：

（1）处理后的地基应满足建筑物地基承载力、变形和稳定性要求。

(2) 经处理后的地基，当在受力层范围内仍存在软弱下卧层时，应进行软弱下卧层地基承载力验算。

(3) 按地基变形设计或应作变形验算且需进行地基处理的建筑物或构筑物，应对处理后的地基进行变形验算。

(4) 对建造在处理后的地基上受较大水平荷载或位于斜坡上的建筑物及构筑物，应进行地基稳定性验算。

(5) 处理后地基的承载力验算，应同时满足轴心荷载作用和偏心荷载作用的要求。

(6) 处理后地基的整体稳定分析可采用圆弧滑动法，其稳定安全系数不应小于1.30。散体加固材料的抗剪强度指标，可按加固体材料的密实度通过试验确定；胶结材料的抗剪强度指标，可按桩体断裂后滑动面材料的摩擦性能确定。

2. 地基处理方法的选择

在选择地基处理方案前，应搜集详细的岩土工程勘察资料、上部结构及基础设计资料；根据工程的要求和采用天然地基存在的主要问题，确定地基处理的目的、处理范围和处理后要求达到的各项技术经济指标；结合工程情况，了解当地地基处理经验和施工条件，对于有特殊要求的工程，尚应了解其他地区相似场地上同类工程的地基处理经验和使用情况等；调查邻近建筑、地下工程和有关管线等情况；了解建筑场地的环境情况。

在选择地基处理方案时，应考虑上部结构、基础和地基的共同作用，并经过技术经济比较，选用地基处理方案或加强上部结构和处理地基相结合的方案。

地基处理方法的选择宜按下列步骤：

(1) 根据结构类型、荷载大小及使用要求，结合地形地貌、地层结构、土质条件、地下水特征、环境情况和对邻近建筑的影响等因素进行综合分析，特别应考虑上部结构、基础和地基的协同作用，并经过技术经济分析比较，选用处理地基或加强上部结构和处理地基相结合的方案。初步选出两种或多种地基处理方案。

(2) 对初步选出的各种地基处理方案，分别从加固原理、适用范围、预期处理效果、耗用材料、施工机械、工期要求和对环境的影响等方面进行技术经济分析和对比，选择最佳的地基处理方法。

(3) 对已选定的地基处理方法，宜按地基基础设计等级和场地复杂程度，在有代表性的场地进行相应的现场试验或试验性施工，并进行必要的测试，以检验设计参数和处理效果。如达不到设计要求，应查明原因，修改设计参数或调整地基处理方法。

经地基处理的建筑，应在施工期间进行沉降观测，对重要的或对沉降有严格限制的建筑物，尚应在使用期间继续进行沉降观测。

习　题

18-9-1 （历年真题）砂桩复合地基提高天然地基承载力的机理是：

A. 置换作用与排水作用　　B. 挤密作用与排水作用

C. 预压作用与挤密作用　　D. 置换作用与挤密作用

18-9-2 （历年真题）经过深层搅拌法处理后的地基属于：

A. 天然地基　　B. 人工地基

C. 桩基础　　D. 其他深基础

18-9-3 （历年真题）挤密桩的桩孔中，下面哪一种可以作为填料？

A. 黄土　　B. 膨胀土

C. 含有有机质的黏性土　　D. 含有冰屑的黏性土

18-9-4 （历年真题）对软土地基采用真空预压法进行加固后，下面哪一项指标会减小？

A. 压缩系数　　B. 抗剪强度

C. 饱和度　　D. 土的重度

18-9-5 （历年真题）采用堆载预压法加固地基时，如果计算表明在规定时间内达不到要求的固结度，加快固结进程时，不宜采取下面哪种措施？

A. 加快堆载速率　　B. 加大砂井直径

C. 减小砂井间距　　D. 减小井径比

18-9-6 （历年真题）下面哪一种土工合成材料不能作为加筋材料？

A. 土工格栅　　B. 有纺布　　C. 无纺布　　D. 土工膜

18-9-7 （历年真题）强夯法处理黏性土地基后，地基土层的下列哪一性质发生了变化？

A. 颗粒级配　　B. 相对密度

C. 矿物成分　　D. 孔隙比

第十八章　习题解答

附录三

一级注册结构工程师执业资格考试基础考试大纲（下午段）

十、土木工程材料

10.1 材料科学与物质结构基础知识

材料的组成：化学组成　矿物组成及其对材料性质的影响

材料的微观结构及其对材料性质的影响：原子结构　离子键金属键　共价键和范德华力　晶体与无定形体（玻璃体）

材料的宏观结构及其对材料性质的影响

建筑材料的基本性质：密度　表观密度与堆积密度　孔隙与孔隙率

特征：亲水性与憎水性　吸水性与吸湿性　耐水性　抗渗性　抗冻性　导热性　强度与变形性能　脆性与韧性

10.2 材料的性能和应用

无机胶凝材料：气硬性胶凝材料　石膏和石灰技术性质与应用

水硬性胶凝材料：水泥的组成　水化与凝结硬化机理　性能与应用

混凝土：原材料技术要求　拌合物的和易性及影响因素　强度性能与变形性能　耐久性、抗渗性、抗冻性、碱-骨料反应　混凝土外加剂与配合比设计

沥青及改性沥青：组成、性质和应用

建筑钢材：组成、组织与性能的关系　加工处理及其对钢材性能的影响　建筑钢材的种类与选用

木材：组成、性能与应用

石材和黏土：组成、性能与应用

十一、工程测量

11.1 测量基本概念

地球的形状和大小　地面点位的确定　测量工作基本概念

11.2 水准测量

水准测量原理　水准仪的构造、使用和检验校正　水准测量方法及成果整理

11.3 角度测量

经纬仪的构造、使用和检验校正　水平角观测　垂直角观测

11.4 距离测量

卷尺量距　视距测量　光电测距

11.5 测量误差基本知识

测量误差分类与特性　评定精度的标准　观测值的精度评定　误差传播定律

11.6 控制测量

平面控制网的定位与定向　导线测量　交会定点　高程控制测量

11.7 地形图测绘

地形图基本知识　地物平面图测绘　等高线地形图测绘

11.8 地形图应用

地形图应用的基本知识 建筑设计中的地形图应用 城市规划中的地形图应用

11.9 建筑工程测量

建筑工程控制测量 施工放样测量 建筑安装测量 建筑工程变形观测

十二、职业法规

12.1 我国有关基本建设、建筑、房地产、城市规划、环保等方面的法律法规

12.2 工程设计人员的职业道德与行为准则

十三、土木工程施工与管理

13.1 土石方工程 桩基础工程

土方工程的准备与辅助工作 机械化施工 爆破工程 预制桩、灌注桩施工 地基加固处理技术

13.2 钢筋混凝土工程与预应力混凝土工程

钢筋工程 模板工程 混凝土工程 钢筋混凝土预制构件制作 混凝土冬、雨期施工 预应力混凝土施工

13.3 结构吊装工程与砌体工程

起重安装机械与液压提升工艺 单层与多层房屋结构吊装 砌体工程与砌块墙的施工

13.4 施工组织设计

施工组织设计分类 施工方案 进度计划 平面图 措施

13.5 流水施工原则

节奏专业流水 非节奏专业流水 一般的搭接施工

13.6 网络计划技术

双代号网络图 单代号网络图 网络计划优化

13.7 施工管理

现场施工管理的内容及组织形式 进度、技术、全面质量管理 竣工验收

十四、结构设计

14.1 钢筋混凝土结构

材料性能：钢筋 混凝土 粘结

基本设计原则：结构功能 极限状态及其设计表达式 可靠度

承载能力极限状态计算：受弯构件 受扭构件 受压构件 受拉构件 冲切 局压 疲劳

正常使用极限状态验算：抗裂 裂缝 挠度

预应力混凝土：轴拉构件 受弯构件

构造要求

梁板结构：塑性内力重分布 单向板肋梁楼盖 双向板肋梁楼盖 无梁楼盖

单层厂房：组成与布置 排架计算 柱 牛腿 吊车梁 屋架 基础

多层及高层房屋：结构体系及布置 框架近似计算 叠合梁剪力墙结构 框-剪结构 框-剪结构设计要点 基础

抗震设计要点：一般规定 构造要求

14.2 钢结构

钢材性能：基本性能　影响钢材性能的因素　结构钢种类　钢材的选用

构件：轴心受力构件　受弯构件（梁）　拉弯和压弯构件的计算和构造

连接：焊缝连接　普通螺栓和高强度螺栓连接　构件间的连接

钢屋盖：组成　布置　钢屋架设计

14.3　砌体结构

材料性能：块材　砂浆　砌体

基本设计原则：设计表达式

承载力：受压　局压

混合结构房屋设计：结构布置　静力计算　构造

房屋部件：圈梁　过梁　墙梁　挑梁

抗震设计要求：一般规定　构造要求

十五、结构力学

15.1　平面体系的几何组成

名词定义　几何不变体系的组成规律及其应用

15.2　静定结构受力分析及特性

静定结构受力分析方法　反力、内力的计算与内力图的绘制

静定结构特性及其应用

15.3　静定结构的位移

广义力与广义位移　虚功原理　单位荷载法　荷载下静定结构的位移计算　图乘法　支座位移和温度变化引起的位移　互等定理及其应用

15.4　超静定结构受力分析及特性

超静定次数　力法基本体系　力法方程及其意义　等截面直杆刚度方程　位移法基本未知量　基本体系　基本方程及其意义　等截面直杆的转动刚度　力矩分配系数与传递系数　单结点的力矩分配　对称性利用　半结构法　超静定结构位移　超静定结构特性

15.5　影响线及应用

影响线概念　简支梁、静定多跨梁、静定桁架反力及内力影响线　连续梁影响线形状　影响线应用　最不利荷载位置　内力包络图概念

15.6　结构动力特性与动力反应

单自由度体系周期、频率、简谐荷载与突加荷载作用下简单结构的动力系数、振幅与最大动内力　阻尼对振动的影响　多自由度体系自振频率与主振型　主振型正交性

十六、结构试验

16.1　结构试验的试件设计、荷载设计、观测设计、材料的力学性能与试验的关系

16.2　结构试验的加载设备和量测仪器

16.3　结构静力（单调）加载试验

16.4　结构低周反复加载试验（伪静力试验）

16.5　结构动力试验

结构动力特性量测方法、结构动力响应量测方法

16.6　模型试验

模型试验的相似原理　模型设计与模型材料

16.7　结构试验的非破损检测技术

十七、土力学与地基基础

17.1　土的物理特性及工程分类

土的生成和组成　土的物理性质　土的工程分类

17.2　土中应力

自重应力　附加应力

17.3　地基变形

土的压缩性　基础沉降　地基变形与时间关系

17.4　土的抗剪强度

抗剪强度的测定方法　土的抗剪强度理论

17.5　土压力、地基承载力和边坡稳定

土压力计算　挡土墙设计、地基承载力理论　边坡稳定

17.6　地基勘察

工程地质勘察方法　勘察报告分析与应用

17.7　浅基础

浅基础类型　地基承载力设计值　浅基础设计　减少不均匀沉降损害的措施　地基、基础与上部结构共同工作概念

17.8　深基础

深基础类型　桩与桩基础的分类　单桩承载力　群桩承载力　桩基础设计

17.9　地基处理

地基处理方法　地基处理原则　地基处理方法选择

附录四

一级注册结构工程师执业资格考试基础试题配置说明（下午段）

土木工程材料	7 题
工程测量	5 题
职业法规	4 题
土木工程施工与管理	5 题
结构设计	12 题
结构力学	15 题
结构试验	5 题
土力学与地基基础	7 题

注：试卷题目数量合计 60 题，每题 2 分，满分为 120 分。考试时间为 4 小时。

参 考 文 献

1. 同济大学. 高等数学（上、下册）[M]. 7 版. 北京：高等教育出版社，2014.
2. 同济大学. 高等数学附册——学习辅导与习题选解 [M]. 7 版. 北京：高等教育出版社，2014.
3. 同济大学. 线性代数 [M]. 上海：同济大学出版社，2014.
4. 褚宝增，等. 线性代数 [M]. 北京：北京大学出版社，2009.
5. 盛骤，等. 概率论与数理统计 [M]. 4 版. 北京：高等教育出版社，2008.
6. 同济大学. 概率统计复习与习题全解 [M]. 3 版. 上海：同济大学出版社，2005.
7. 程守洙，等. 普通物理学 [M]. 7 版. 北京：高等教育出版社，2016.
8. 唐南，等. 大学物理学 [M]. 3 版. 北京：高等教育出版社，2018.
9. 浙江大学. 普通化学 [M]. 5 版. 北京：高等教育出版社，2004.
10. 甘孟瑜，等. 大学化学 [M]. 北京：高等教育出版社，2017.
11. 姚素梅. 基础化学 [M]. 北京：海洋出版社，2009.
12. 董宪武，等. 有机化学 [M]. 3 版. 北京：化学工业出版社，2021.
13. 哈尔滨工业大学. 理论力学 [M]. 北京：高等教育出版社，2016.
14. 同济大学. 理论力学 [M]. 上海：同济大学出版社，2018.
15. 刘鸿文. 材料力学 [M]. 北京：高等教育出版社，2004.
16. 孙训方，等. 材料力学 [M]. 北京：高等教育出版社，2019.
17. 同济大学. 材料力学 [M]. 上海：同济大学出版社，2011.
18. 刘鹤年，等. 流体力学 [M]. 3 版. 北京：中国建筑工业出版社，2016.
19. 伍悦滨. 工程流体力学 [M]. 北京：中国建筑工业出版社，2006.
20. 高学平. 水力学 [M]. 北京：中国建筑工业出版社，2018.
21. 龚沛曾，等. 大学计算机 [M]. 北京：高等教育出版社，2017.
22. 站德臣，等. 大学计算机基础 [M]. 北京：电子工业出版社，2006.
23. 秦曾煌. 电工学 [M]. 北京：高等教育出版社，2009.
24. 林孔元. 模拟电子技术 [M]. 哈尔滨：哈尔滨工业大学出版社，2009.
25. 侯世英，周静. 电工学Ⅰ：电路与电子技术 [M]. 2 版. 北京：高等教育出版社，2017.
26. 侯世英，孙韬. 电工学Ⅱ：电机与电气控制 [M]. 2 版. 北京：高等教育出版社，2019.
27. 阎石. 数字电子技术基础 [M]. 北京：高等教育出版社，2016.
28. 朱承高，等. 数字电子技术 [M]. 哈尔滨：哈尔滨工业大学出版社，2009.
29. 国家发改委，建设部. 建设项目经济评价方法与参数 [M]. 3 版. 北京：中国计划出版社，2006.
30. 刘晓君. 工程经济学 [M]. 北京：中国建筑工业出版社，2015.
31. 邵颖红，等. 工程经济学 [M]. 上海：同济大学出版社，2015.
32. 付家骥，等. 工业技术经济学 [M]. 北京：清华大学出版社，2001.
33. 刘星，等. 工程测量学 [M]. 重庆：重庆大学出版社，2015.
34. 王晓光，等. 测量学 [M]. 北京：北京理工大学出版社，2018.
35. 重庆大学，等. 土木工程施工 [M]. 北京：中国建筑工业出版社，2016.
36. 中国建设监理协会. 建设工程进度控制 [M]. 北京：中国建筑工业出版社，2020.

37. 东南大学，等. 混凝土结构 [M]. 北京：中国建筑工业出版社，2020.
38. 陈绍蕃，等. 钢结构 [M]. 北京：中国建筑工业出版社，2014.
39. 东南大学，等. 砌体结构 [M]. 北京：中国建筑工业出版社，2018.
40. 施楚贤. 砌体结构 [M]. 北京：中国建筑工业出版社，2012.
41. 龙驭球，等. 结构力学 [M]. 北京：高等教育出版社，2012.
42. 朱慈勉，等. 结构力学 [M]. 北京：高等教育出版社，2016.
43. 肖允徽，等. 结构力学 [M]. 北京：机械工业出版社，2007.
44. 符芳，等. 建筑材料 [M]. 南京：东南大学出版社，2002.
45. 钱晓倩，等. 建筑材料 [M]. 北京：中国建筑工业出版社，2019.
46. 白宪臣. 土木工程材料 [M]. 北京：中国建筑工业出版社，2019.
47. 彭小芹，等. 土木工程材料 [M]. 重庆：重庆大学出版社，2002.
48. 华南理工大学，等. 基础工程 [M]. 北京：中国建筑工业出版社，2019.
49. 周景星，等. 基础工程 [M]. 北京：清华大学出版社，2007.
50. 李广信，等. 土力学 [M]. 北京：清华大学出版社，2013.
51. 东南大学，等. 土力学 [M]. 北京：中国建筑工业出版社，2020.
52. 姚振纲，等. 建筑结构试验 [M]. 上海：同济大学出版社，1996.
53. 易伟建，等. 建筑结构试验 [M]. 北京：中国建筑工业出版社，2020.
54. 熊仲明，等. 土木工程结构试验 [M]. 北京：中国建筑工业出版社，2006.
55. 同济大学. 一级注册结构工程师基础考试复习教程 [M]. 北京：中国建筑工业出版社，2016.
56. 中华人民共和国住房和城乡建设部. 钢结构设计标准：GB 50017—2017 [S]. 北京：中国建筑工业出版社，2017.
57. 中华人民共和国住房和城乡建设部. 建筑结构可靠性设计统一标准：GB 50068—2018 [S]. 北京：中国建筑工业出版社，2018.
58. 中华人民共和国住房和城乡建设部. 工程结构通用规范：GB 55001—2021 [S]. 北京：中国建筑工业出版社，2021.
59. 中华人民共和国住房和城乡建设部. 建筑与市政工程抗震通用规范：GB 55002—2021 [S]. 北京：中国建筑工业出版社，2021.

增 值 服 务

兰老师及其团队开通知识星球服务，提供包括知识点答疑、备考经验、现场应试能力、历年真题及解答等服务，联系方式：微信小程序搜索“知识星球”，再搜索“兰老师结构基础”进入。微博：搜索“兰定筠”进入。

本书学习理解过程中遇到的问题，请发邮箱：Landj2020@163.com，我们会及时回复。

本书的勘误见：兰博士专业咨询网。